"十二五"普通高等教育本科国家级规划教材

国家精品在线开放课程配套教材
国家级优秀教学团队教学成果
线上线下混合式一流课程教学成果
新型工业化·新计算·计算机学科系列

计算机组成原理

（第6版）

纪禄平 罗克露 刘 辉 张 建/编著

電子工業出版社
Publishing House of Electronics Industry
北京·BEIJING

内 容 简 介

本书为“十二五”普通高等教育本科国家级规划教材。

本书以当前主流微型计算机技术为背景，以建立系统级的整机概念为目的，深入介绍计算机各功能子系统的逻辑组成和工作机制。全书共6章，第1章概述计算机的基本概念、发展历程和系统的硬件、软件组织及计算机相关的性能指标；第2章介绍数据信息的表示、运算和校验方法；第3章介绍CPU的一般模型、指令系统和x86架构、MIPS32架构简易CPU的设计；第4章介绍存储子系统的存储原理、主存设计和计算机三级存储体系等；第5章介绍总线与输入/输出子系统，包括接口、总线以及中断、DMA和IOP、PPU等I/O传输控制模式；第6章介绍键盘原理、显示器件和打印机等外围设备。

本书可作为高等院校计算机及相关专业“计算机组成原理”及相关课程的教材，也可作为从事计算机专业考研和工程技术人员的参考书。

图书在版编目（CIP）数据

计算机组成原理 / 纪禄平等编著. -- 6版. -- 北京 :
电子工业出版社, 2024. 7. -- ISBN 978-7-121-48749-1

Ⅰ. TP301

中国国家版本馆CIP数据核字第2024V3Q944号

责任编辑：章海涛　　文字编辑：纪　林　　特约编辑：李松明
印　　刷：河北鑫兆源印刷有限公司
装　　订：河北鑫兆源印刷有限公司
出版发行：电子工业出版社
　　　　　北京市海淀区万寿路173信箱　邮编：100036
开　　本：787×1092　1/16　印张：29.5　字数：755千字
版　　次：2004年9月第1版
　　　　　2024年7月第6版
印　　次：2025年2月第2次印刷
定　　价：76.00元

凡所购买电子工业出版社图书有缺损问题，请向购买书店调换。若书店售缺，请与本社发行部联系，联系及邮购电话：（010）88254888，88258888。

质量投诉请发邮件至zlts@phei.com.cn，盗版侵权举报请发邮件至dbqq@phei.com.cn。

本书咨询联系方式：192910558（QQ群）。

前　言

本书源自电子科技大学《计算机组成原理》教材 40 余年的传承。

本书的初版（1997 年）由[倖远帧]教授主持编写，第 1 版（2004 年）和第 2 版（2010 年）均由罗克露教授主编，2014 年入选“十二五”普通高等教育本科国家级规划教材。

在此两版的基础上，纪禄平教授继续主持了本书的修订和改编，出版了第 3 版（2014 年）、第 4 版（2017 年）和第 5 版（2020 年）。通过深入学习领悟党的“二十大”精神，认真贯彻落实习近平总书记在报告中关于“加强教材建设和管理”的重要论述，遵照电子科技大学《一流本科教育行动计划》和《“十四五”发展规划》的工作部署，启动专业核心课程教材体系专项建设计划，纪禄平教授于 2024 年继续主持了本书第 6 版的修订。

全书共 6 章，主要按计算机硬件功能子系统来安排章节内容。

第 1 章概述计算机的概念、发展历程、硬件和软件组织，以及性能评价指标。

第 2 章介绍数据信息的表示、运算和校验方法。

第 3 章首先介绍 CPU 模型和指令系统，然后展示 x86 架构 CISC 型处理器和 MIPS32 架构 RISC 型处理器的典型设计实例。

第 4 章介绍存储子系统，主要讨论存储的基本原理、主存储器设计和三级存储体系架构，以及高性能存储系统。

第 5 章介绍总线与输入/输出子系统，包括设备接口、总线以及程序中断方式、DMA 和 IOP 等经典的 I/O 控制模式。

第 6 章介绍典型输入/输出设备，如键盘、显示器和打印机。

全书由纪禄平教授主编和统稿。第 1 章和第 2 章由罗克露编写，第 3 章和第 4 章由纪禄平编写，第 5 章由刘辉编写，第 6 章由张建编写。作为计算机组成原理课程教学和教材编写的资深前辈，罗克露教授在本书的编写过程中给予了悉心指导，提出了许多宝贵建议，也为本书的审阅付出大量心血。在此，我们向尊敬的罗克露教授致以崇高的敬意！

本书的修订改编工作还得到了电子科技大学的立项支持，电子工业出版社也为此提供了积极的协助，一并向他们致以诚挚谢意！

本书有配套的辅导教材——《计算机组成原理（第 6 版）学习指导与实验》，其中包含与本书相关的实验等内容。

本书为任课教师提供配套教学资源（包含电子教案），需要者可登录华信教育资源网站（http://www.hxedu.com.cn），注册后免费下载，或者扫描封底的二维码获取。

由于作者水平有限，书中内容难免会有疏漏和错误，恳请读者批评指正，我们将不胜感激。如有任何问题，请直接通过邮件与作者联系：jiluping@uestc.edu.cn。

作　者

目　录

第 1 章
计算机系统概述

“计算机组成原理”课程的主要内容是以单机系统为对象，阐述计算机系统的硬件组成，其核心是建立一个计算机系统的整机概念。这里提到的“整机概念”包括两层面，即 CPU 级的整机和硬件系统级的整机，且每个层面都涉及硬件的逻辑组成及其工作原理机制。本书将从这两层面逐步建立前述的整机概念。

为此，本章首先阐明三个重要的基本概念：信息的数字化表示、存储程序工作方式和计算机系统的层次结构，并将这些概念作为了解计算机的逻辑组成结构和硬件系统工作原理的基本出发点。

1.1 计算机的基本概念

计算机是20世纪人类最伟大的发明之一，是一种通过执行程序指令，自动、高速、精确地对各种信息进行存储和复杂运算处理，并输出运算结果的电子设备。计算机是人类进入信息化时代的里程碑式标志之一，也是最基本、最常用的信息处理工具。

计算机系统通常由硬件和软件两大部分组成。硬件是指看得见、摸得着且物理存在的设备器件，如运算器、控制器、存储器、输入设备（键盘）和输出设备（显示器）等，如图1-1所示。

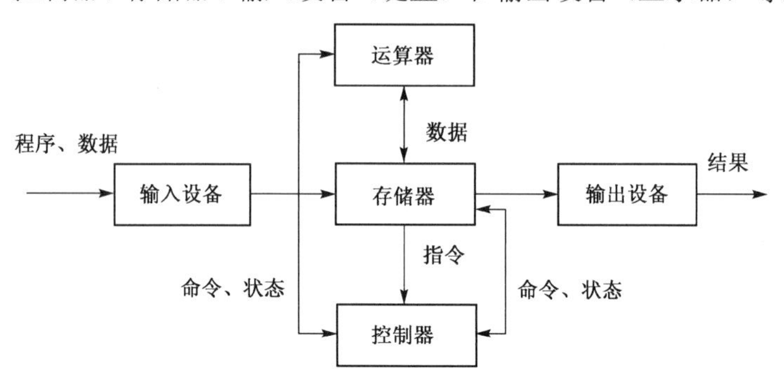

图1-1 计算机系统的硬件组成

软件是指不能直接触摸但确实在逻辑上存在的可感知对象，如程序和文档等。

设计计算机硬件系统的基本原则是功能部件的模块化，即用逻辑电路构造各种功能独立的部件，如用门电路、触发器等来构造运算器和存储器等。在硬件基础上，再根据应用需要配置各种软件，如操作系统、编程语言及各种支撑软件等。

硬件和软件按层次逻辑组成一个复杂的计算机系统。通过硬件、软件的协同，计算机能够灵活地执行特定任务，兼具高复杂性、自动化和智能化等特性，这些都是计算机与其他电子设备的显著区别。

不管是进行复杂的数学计算还是对大量的数据进行处理，或者对一个过程进行自动控制，用户都应先按照预定的步骤，用编程语言编写程序，然后通过输入设备（如键盘），将程序和需处理的数据输入计算机并存入存储器。用户编写的程序被称为源程序，是不能被计算机直接执行的。计算机只能执行机器指令，即要求计算机完成某种操作的命令，如执行加法操作的加法指令、执行乘法操作的乘法指令、执行传送操作的传送指令等。因此，计算机在运行程序前，必须将源程序编译为计算机可识别的机器指令，并按一定顺序存入存储器的若干存储单元。每个单元对应一个称为地址的固定编号，只要给出确定的地址，就能访问相应的存储单元，对该单元进行读或写操作，从中读出指令，将执行结果写回存储器。

当计算机启动运行后，控制器将某个地址送往存储器，从该地址单元取回一条指令。控制器根据这条指令的含义，发出相应的操作命令，控制该指令的执行。比如，执行一条加法指令，先要从存储单元或寄存器取出操作数，送入运算器，再将两个操作数相加，并将运算结果送回存储单元或寄存器存放。如果用户要了解处理结果，那么计算机可通过输出设备（如显示器、打印机等），将结果显示在屏幕或打印在纸上。其工作流程如图1-2所示。

由上可知，作为一个能够自动处理信息的智能工具，计算机的设计过程必须考虑很多因素。首先，信息如何表示才能方便计算机进行识别和处理。其次，计算机硬件系统应该由哪些部件组成，每部分的相互关系是怎样的，以及如何控制它们协同工作。再次，采用什么样的工作方式才能使计算机能够自动地对信息进行处理。最后，应该提供怎样的人机交互接口才能方便操作计算机。

纵观计算机的诞生和发展历程可知，上述核心问题自始至终贯穿于计算机发展的各阶段中。不同时代对计算机有特定的应用需求，而基于这些需求提出的解决思路完美地回答了这些问题，从而促进了计算机由弱到强、从低级到高级的发展。

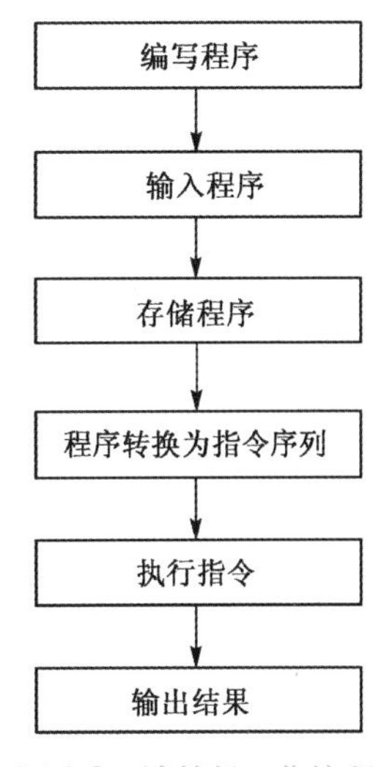

图 1-2 计算机工作流程

1.1.1 信息的数字化表示

计算机是通过执行程序（指令序列）来实现对数据的加工处理的。因此，计算机中的信息可以分为两大类：控制信息和数据信息。

控制信息用来控制计算机的工作。计算机执行指令时，用指令产生的控制命令（称为微命令）控制有关操作，所以指令序列和微命令序列属于控制信息类。

数据信息是计算机加工处理的对象。计算机根据指令要求取出的操作数并对操作数处理的结果等，都属于数据信息类。数据信息又分为数值型数据和非数值型数据两类。数值型数据有数值大小与正负之分，如 6、−15 等。非数值型数据则无数值大小，也不分正负，如字符、文字、图像、声音等信息，以及条件、状态、命令等用于判定的逻辑信息。那么，计算机如何表示这些信息呢？

前面讲过，计算机的主要部件是由逻辑电路即电子电路构成的，所以现代计算机中传输和处理的信息都采用数字化表示方法。信息的数字化表示包含两层含义：① 用数字代码表示各类信息；② 用数字信号表示数字代码。信息表示数字化的概念是我们理解计算机工作原理的一个基本出发点。

1. 在计算机中用数字代码表示各类信息

数字代码是指一组数字的集合，通常是指二进制数字代码。我们可以根据需要描述的信息（某类控制信息或某类数据信息），用一组约定了含义的数字代码来表示它。

【例 1-1】 用数字代码表示数值型数据。

6 和−7 是两个数值型数据。可以约定，用 1 位二进制代码表示每个数的符号，如用 0 表示正数，用 1 表示负数；再用 4 位二进制代码表示每个数的大小。这样，代码 00110 表示 6（左边第一个 0 代表正号），代码 10111 表示−7（左边第一个 1 代表负号）。

当然，也可以用 8 位二进制代码表示一个数的大小。代码位数增多，数的表示范围将扩大。例如，用 4 位二进制代码不能表示 200 这个数，但用 8 位二进制代码可以表示它。

【例 1-2】 用数字代码表示字符。

字符本身没有大小和正负之分，但仍然可以用数字代码来表示它。计算机中常约定用 7 位代码表示一个西文字符，如用 1000001 表示字符 A，用 1000010 表示字符 B；或用 7 位代码表示一个控制字符，如用 0001100 表示换页（FF），用 0001101 表示回车（CR）。字符的这种编码称为 ASCII，是国际上广泛采用的一种字符表示方法。另外，可以约定用两组 8 位二进制代码表示一个中文字符，如用 01010110 01010000 表示“中”，用 00111001 01111010 表示“国”

等。总之，用数字代码可以表示各种字符，以字符为基础又可以表示范围广泛的各种文字。

【例 1-3】 用数字代码表示图像。

字符的种类总是有限的，因而可以用若干位编码来表示。图像则不然，其变化是无穷无尽的，那么，如何用数字代码来表示这些随机分布的图像信息呢？实际上，一幅图像可以被细分为若干个点，这些点被称为像素。也就是说，可以用像素的组合来呈现真实的图像。图像划分得越细，像素越多，组成的图像也就越真实。按照信息表示数字化的思想，像素可以用数字代码表示。例如，用一位代码表示一个像素，若像素是亮的，则用代码 1 表示；若像素是暗的，则用代码 0 表示；再将表示一幅图像所有像素的代码按照像素在图像中的位置进行组织，就可用数字代码表示图像。

【例 1-4】 用数字代码表示声音。

为了将声音信息数字化，可以先将声波转换为电流波，再按一定频率对电流波进行采样，即在长度相同的时间间隔内分别对电流波的幅值进行测量，每次测到的电流幅值都用一个数字量来表示。只要采样频率足够高，得到的数字信息就能逼真地保持声波信息，还原后，会真实地再现原来的声音。

【例 1-5】 用数字代码表示指令。

指令属于控制信息。通常，一条指令需提供要求计算机做什么操作及如何获取操作数等信息。因此可以用一段数字代码表示操作类型，这段代码被称为操作码；用另一段代码表示获取操作数的途径，被称为地址码。将操作码和地址码组合在一起，就形成了机器指令代码。

例如，操作码取 4 位，可以约定，0000 表示传送操作，0001 表示加法操作，0010 表示减法操作……地址码取 12 位，用 6 位表示一个操作数的来源，用其余 6 位表示另一个操作数的来源，如约定 000000 表示操作数来自 0#寄存器，000001 表示另一操作数来自 1#寄存器。这样，16 位代码 00010000 00000001 表示一条加法指令，其含义是将 0#寄存器的内容与 1#寄存器的内容相加，结果存入 1#寄存器。

【例 1-6】 用数字代码表示设备状态。

计算机在工作时往往需要了解外部设备的状态，根据外设状态决定做什么操作。不同的外部设备可能有不同的工作状态，如打印机将字符打印在纸上，显示器则将字符显示在屏幕上。这些设备的状态可以归纳为三种：空闲（设备没有工作）、忙（设备正在工作）、完成（设备做完一次操作）。相应地，可以用约定的数字代码表示这三种状态，如用 00 表示空闲，01 表示忙，10 表示完成。

2．在物理机制上用数字信号表示数字代码

为什么能用数字代码来表示各种信息呢？这就涉及计算机的物理机制。计算机是一种复杂的电子线路，传输和处理的实际对象是电信号。电信号又分为模拟信号和数字信号两种。

模拟信号是一种随时间连续变化的电信号，如电流信号、电压信号等。我们可以用电流或电压的幅值来模拟数值或物理量的大小，如模拟温度的高低、压力的大小等。用模拟信号表示数据的大小有许多缺点，如表示的精度低、表示的范围小、抗干扰能力弱、不便于存储等。如果用数字信号表示信息，就可克服以上缺点。

数字信号是一种在时间上或空间上断续变化的电信号，如电平信号和脉冲信号。单个电信号一般只取两种状态，如电平的高或低、脉冲的有或无，这两种状态可以分别用数字代码 1 和 0 表示，称为二值逻辑。比如，用 1 表示高电平状态，用 0 表示低电平状态；或者用 1 表示有

脉冲的状态，用 0 表示无脉冲的状态。用一位数字信号表示 1 位数字代码，用多位数字信号的组合可以表示多位数字代码。处理数字信号的计算机被称为数字计算机，电平信号和脉冲信号是数字计算机中最基本的电信号形式。用数字信号可以表示数字代码，用数字代码又可以表示各种信息，因而数字计算机能用于各行各业，处理广泛的信息。下面通过例子说明如何用多位电信号的组合来表示多位数字代码。

【例 1-7】 用一组电平信号表示 4 位数字代码。

电平信号利用信号电平的高、低状态表示不同的代码，所以电平信号通常需要一段有效维持时间。可以用 4 根信号线分别输出 4 个电平信号，每个电平信号表示 1 位代码。我们约定，+5V 为高电平，表示 1；0V 为低电平，表示 0。如图 1-3 所示，4 位电平信号表示 4 位数字代码 1011，它们可能表示一个 4 位的二进制数，也可能表示一个命令或一种状态的编码。

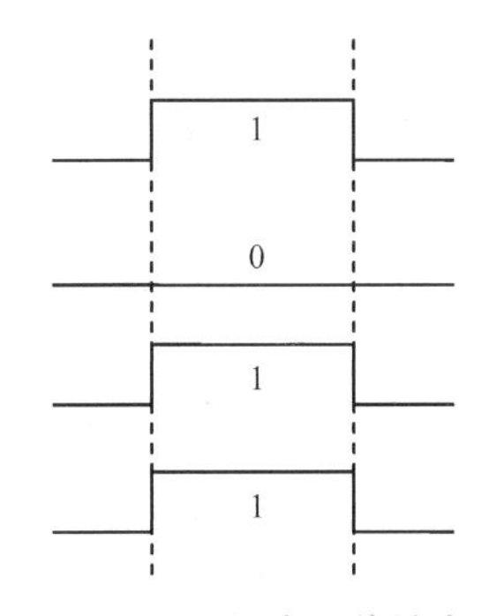

图 1-3 用一组电平信号表示多位数字代码

每个信号各占用一根信号线，因而这组电平信号在空间上的分布是离散的。在计算机中，常用电平信号表示并行传输的信息，如用若干信号线同时传输的数据、地址或其他信息的编码。

【例 1-8】 用一串脉冲信号表示 4 位数字代码。

与电平信号不同，脉冲信号的电平维持时间很短，如信号电平从 0V 向+5V（或−5V）跳变，维持极短时间后再回到原来的 0V 状态。因此，信号出现时，其电平为+5V（或−5V），信号未出现时，其电平为 0V，如图 1-4 所示。由于脉冲信号在时间上的分布是离散的，因此可以用一根信号线发出一串脉冲信号，在约定的时间内用 1 表示有脉冲，用 0 表示无脉冲。图 1-4 中的脉冲串表示 4 位数字代码 1011。

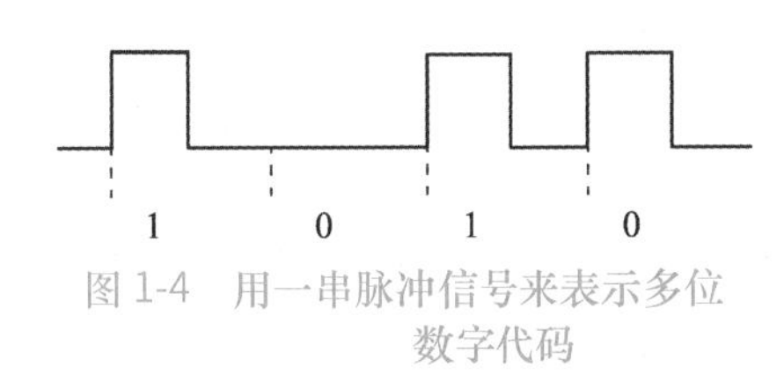

图 1-4 用一串脉冲信号来表示多位数字代码

可以用脉冲信号的上升边沿或下降边沿表示某时刻，对某些操作定时。例如，在计算机中，在脉冲上升边沿将数据送入某寄存器，常用脉冲信号表示串行传输的数据。

3．用数字化方法表示信息的主要优点

1）在物理上容易实现信息的表示与存储

每个信号只取两种可能的状态表示 1 或 0，因此在物理上可以用多种方法来实现，如开关的接通或断开、晶体管的导通或截止、电容上有电荷或无电荷、磁性材料的正向磁化或反向磁化、磁化状态的变化或不变等。凡是具有两种稳定状态的物理介质均可用来存储信息，如用双稳态触发器存储信息，利用电容上存储的电荷来存储信息，还可以用磁性材料记录信息，或者用激光照射过的介质记录信息。

2）抗干扰能力强，可靠性高

由于单个数字信号的两种状态（高电平与低电平，或者有脉冲与无脉冲）差别较大，即使信号受到一定程度的干扰，仍能比较可靠地鉴别出电平的高低或信号的有无。例如，高电平+5V 表示 1，低电平 0V 表示 0，假设信号处于 0 状态，即使出现了 2V 的干扰信号，也不会将原来信号的 0 状态改变到 1 状态。

3）数值的表示范围大，表示精度高

一位数字信号的表示范围很窄，用多位数字信号的组合表示一个数时，可以获得很大的表

示范围和很高的精度。例如，用4位电平信号表示一个4位的二进制整数时（不考虑符号），能够表示的最大数值是15。若要表示一个4位的二进制小数，同样不考虑符号，则数的精度为 2^{-4}。位数越多，数的表示范围越大，表示精度越高。理论上，位数的增加是没有限制的，但位数增多，花费的硬件开销也相应增大。

4）可表示的信息类型极其广泛

各种非电量类型的信息可以先转换为电信号，模拟电信号又可以转换为数字电信号，因此表示的信息类型和范围几乎没有限制。

5）运用数字逻辑技术进行信息处理

根据处理功能逻辑化的思想，计算机的所有操作最终是用数字逻辑电路来实现的。因此，用逻辑运算对信息进行处理就形成了计算机硬件设计的基础，可以用非常有限的几种逻辑单元（如与门、或门、非门等）构造出变化无穷的计算机系统和其他数字系统。

从事计算机技术工作的重要基础是善于用约定的数字代码表示各种需要描述的信息。这里再次强调“信息数字化”的概念：① 计算机中的各种信息都用数字代码表示，这些信息包括数值型的数字、非数值型的字符、图像、声音，以及逻辑型的命令、状态等；② 数字代码中的每一位都用数字信号来表示，数字信号可以是电平信号或脉冲信号。

1.1.2 存储程序工作方式

存储程序是计算机的核心内容，表明了计算机的工作方式，包含三个要点：事先编写程序，存储程序，自动、连续地执行程序。这体现了计算机求解问题的过程，下面分别加以说明。

1）根据求解问题事先编写程序

计算机处理任何复杂的问题都是通过执行程序来实现的。因此，在求解某问题时，用户要根据解决这个问题所采用的算法事先编写程序，规定计算机需要做哪些事情，按什么步骤去做。程序还应提供需要处理的数据，或者规定计算机在什么时候、什么情况下从输入设备获得数据，或向输出设备输出数据。

2）事先将程序存入计算机

如前所述，用户用某种编程语言编写的程序称为源程序，它是由字符组成的，计算机不能识别。因此，需要通过编译器将源程序转换为二进制代码，保存在存储器中。这时的程序还不是指令代码，不能被计算机执行，需进一步转换为机器指令序列。所以，事先编写的程序最终将变为指令序列和原始数据，并保存在存储器中，提供给计算机执行。

3）计算机自动、连续地执行程序

程序已经存储在计算机内部，计算机启动后，不需要人工干预，就能自动、连续地从存储器中逐条读取指令，按指令要求完成相应操作，直到整个程序执行完。当然，在某些采用人机对话方式工作的场合，也允许用户以外部请求方式干预程序的运行。

指令和数据都是以二进制代码的形式存放在存储器中的，那么计算机如何区分它们？又如何自动地从存储器中读取指令呢？首先，将指令和数据分开存放。由于在多数情况下，程序是顺序执行的，因此大多数指令需要依次相邻存放，而将数据放在该程序区中不同的区间。其次，可以设置一个程序计数器（Program Counter，PC），用来存放当前指令所在的存储单元的地址。如果程序顺序执行，就在读取当前指令后将PC的内容加1（当前指令只占用一个存储单元），指示下一条指令的地址。如果程序要进行转移，就将转移目标地址送入PC，以便按照转移地址读取后续指令。所以，依靠 PC 的指示，计算机能够自动地从存储器中读取指令，再根据指令提供的操作数地址读取数据。

对于传统的冯·诺依曼机而言，存储程序工作方式是一种控制流驱动方式，即按照指令的执行序列依次读取指令，再根据指令所含的控制信息调用数据进行处理。这里的控制流也称为指令流，是指在程序执行过程中，各条指令逐步发出的控制信息，它们始终驱动计算机工作。而依次被处理的数据信息称为数据流，它们是被驱动的对象。

1.1.3 计算机的分类

计算机的种类有多种多样，从不同的角度出发，可以将它们分成不同的种类。

首先，按计算机处理信息的制式，计算机可以分为数字计算机和模拟计算机。

数字计算机是通过信号的两种不同状态来表示数字信息（1 和 0）的，可以方便地对数字信号进行算术和逻辑运算，具有速度快、精度高、便于存储等优点。目前，通常讲的计算机一般是指数字计算机。

模拟计算机一般只能处理模拟信号，如连续变化的电压、电流和温度等，主要由模拟信号运算器件组成，适合求解微分方程等。这种计算机在模拟计算和实时控制系统中有应用，但通用性不强，信息不易表示和存储，精度也不高，因此它只应用在特殊领域。

其次，按照计算机通用性的差异，计算机可以分为专用计算机和通用计算机。

专用计算机即专门为解决某特定问题而设计制造的计算机，一般只具有为实现某特定任务而定制的最小软件、硬件结构，也拥有相对固定的存储程序。专用计算机具有执行速度快、可靠性高、结构简单和价格便宜等优点，但它的功能单一，对应用环境的适应性很差。例如，控制轧钢过程的轧钢控制计算机、计算导弹弹道的专用计算机等都属于专用计算机。

通用计算机指各行业和各种工作环境都能使用的计算机，一般具有较高的运算速度、较大的存储容量，配备了比较齐全的外部设备及软件。与专用计算机相比，通用计算机的结构比专用计算机更复杂、价格也更昂贵。

通用计算机的适应能力很强，其应用范围也很广。它的运行效率、速度和经济性等指标在不同的应用场景下表现会有很大差别。我们平常使用的个人计算机等都属于通用计算机。

如果按照计算机系统的规模和处理能力等技术指标，从小到大、从弱到强地进行区分，典型的通用计算机可以分为如下几类。

1）微型机

微型机，俗称微机，是计算机领域中目前发展得最快、应用也最广泛的一种计算机。第一台典型意义的微型机 MCS-4 是由美国 Intel 公司在 1971 年以自主研发的 4 位微处理器（Intel 4004）为基础，扩展并增加存储系统和输入/输出接口等组成的。从那以后，Intel、MITS 和 IBM 等公司陆续推出了更新型的微机产品。

常见的微型机有个人台式计算机、笔记本电脑、一体机和工作站等。

微型计算机与其他类型计算机的主要区别在于，它广泛采用了集成度很高的电子元件和独特的总线（Bus）结构，还具有轻便、价格低、操作和使用方便等优点，应用范围最广，发展普及也最快，已经成为大众化的信息处理和数字娱乐工具。

2）小型机

小型机是相对于大型机而言的，其软件、硬件系统规模比较小，但价格低、可靠性高、便于维护和使用。

小型机最初是在 20 世纪 70 年代由美国 DEC 公司首先开发的一种高性能计算产品，曾经风行一时。小型机也曾用来表示一种多用户、采用主机/终端模式的计算机，它的规模和性能介于大型机与微型机之间。目前，主流小型机的内部一般集成了几十或上百个 CPU，且采用不同版本的 UNIX 操作系统，常作为中高端的专业服务器。国内的服务器领域还习惯性地将各类 UNIX 服务器简称为小型机。

小型机采用的是主机/终端模式，并且各厂商均有各自的体系结构，如处理器架构、I/O 通道和操作系统软件等都是特别设计的，一般彼此之间互不兼容。与普通服务器相比，小型机还具有高 RAS（Reliability，Availability，Serviceability）性能，即：① 高可靠性，可以 7×24 持续工作永不停机；② 高可用性，重要资源都有备份，能检测到潜在异常，能转移任务到其他资源以减少停机时间保持持续运行，且具备实时在线维护和延迟性维护等功能；③ 高服务性，能够实时在线诊断，精确定位发生的故障，并做到准确无误的快速修复。

3）大型机

大型计算机简称大型机，一般作为大型的高性能商业服务器，因其具有较大的体积（通常占地面积几十平方米）而得名。

大型机通常使用专用的处理器指令集（如 IBM 公司的 Z/Architecture 架构 CISC 指令集）、专用的操作系统（如 Z/OS）和专用的应用软件（如 IBM DB2 数据库系统），通常具有较高的运算速度，一般为每秒数千万亿次级别，还具有较大的存储容量，具备较好的通用性，功能也比较完备，能支持大量用户同时使用计算机的数据和程序，具有强大的数据处理能力，但价格相对昂贵。

大型机除了像小型机那样要求高 RAS 性能，还特别强调了 I/O 数据的吞吐率和处理器指令架构的兼容性。大型机一般通过专用处理器来控制通道进行 I/O 处理，一个 I/O 通道能同时处理多个 I/O 操作、控制上千个 I/O 设备，因此能同时处理上千个数据流，还能保证每个数据流高速运转。大型机的高 RAS 性能、分区和负载能力、I/O 性能优势是其他类型服务器不能匹敌的；处理复杂的多任务时表现出超强的处理能力，其宕机时间远远低于其他类型的服务器；I/O 能力强，擅长超大型数据库的访问，采取动态分区管理，根据不同应用负载量的大小，灵活地分配系统资源；从底层防止入侵的设计策略提高了安全性。

目前，能生产大型机的企业主要有美国的 IBM 和 Unisys 等公司。IBM 公司生产的大型机系列产品几乎占据了全球 90%以上的市场份额，曾于 2005 年与电子科技大学签署合作协议，并提供一台 IBM eServer Z900 大型机用于教学和培训。大型机通常应用在银行、证券和航空等大型企业中，对大数据处理能力和系统的安全性、稳定性等都有极为苛刻要求的应用场合。我国仅有中国科学院计算所、国防科技大学和浪潮等单位能设计和生产大型机。

4）超级计算机

超级计算机，早期叫巨型机，现在常简称为“超算”。与大型机相比，超级计算机通常由成千上万个计算节点和服务节点组成，具有强大的计算和处理数据的能力，主要特点表现为超高的计算速度和超大的存储容量，并配有多种外部和外围设备及功能丰富的软件系统。

超级计算机是功能最强、运算速度最快、存储容量最大的一类计算机，多用于国家高科技领域和尖端技术研究，是一个国家科研实力的体现，对国家安全，经济和社会发展具有举足轻重的意义，是国家科技发展水平和综合国力的重要标志。

超级计算机与大型机的主要区别如下。

① 大型机使用专用指令系统和操作系统；而超级计算机使用通用处理器及 UNIX 或类 UNIX 操作系统，如 Linux 等。

② 大型机擅长非数值计算（数据处理）；而超级计算机擅长数值计算（科学计算）。

③ 大型机主要用于商业领域，如银行和电信等；而超级计算机常用于尖端科学领域，特别是国防和天气预报等领域。

④ 大型机大量使用冗余等技术确保其安全性及稳定性，所以内部结构通常会有备份；而超级计算机使用大量的处理器，通常由数十个机柜组成，体积比大型机更大。

超级计算机主要由高速运算部件和大容量主存等部件构成，一般需要半导体快速扩充存储器和海量（磁盘）存储子系统的支持。超级计算机的主机一般不直接管理低速 I/O 设备，而是通过 I/O 接口连接前端机，由前端机处理 I/O 任务。此外，I/O 的另一种途径是通过网络，联网用户借助其终端机（微型、小型或大型机）与超级计算机交互，I/O 均由用户终端机来完成，这种方式可以大大提高超级计算机的利用率。

为提高系统性能，现代的超级计算机在系统结构、硬件、软件、工艺和电路等方面采取各种支持并行处理的技术。例如，超级计算机一般采用多处理器结构，处理器除了支持传统的标量数据，还支持向量或数组类型数据；硬件方面大多采用流水线、多功能部件、阵列结构或多处理机、向量寄存器、标量运算、并行存储器等技术。

我国的超级计算机研制始于 20 世纪 60 年代。由国防科技大学慈云桂教授主持研发的国内首台超级计算机“银河－I”于 1983 年 12 月 22 日诞生。

注意，计算机领域中对于微型机、小型机、大型机和超级计算机的划分都是一个相对的概念，其划分标准也会随着技术的不断发展而发生动态变化。目前的微型机，其性能或许已超出了数十年前的小型机。甚至在若干年后，现在的小型机因其综合性能相对落后，将会被划分到那个时代的微型机范畴。这些情况也都是极有可能会发生。

1.2 计算机的诞生和发展

1.2.1 冯·诺依曼体系

作为一个能够自动地处理信息的智能化工具，计算机系统必须解决好两个基本问题：第一，信息如何表示才能方便地让计算机识别和处理；第二，采用什么工作方式才能使计算机自动地对信息进行处理。

对上述问题的解决方案做出杰出贡献并产生深远影响的是美籍匈牙利科学家约翰·冯·诺依曼（John von Neumann，1903—1957）。冯·诺依曼在 1944 年加入了美国 ENIAC（Electronic Numerical Integrator And Computer，电子数字积分计算机）的研制。1945 年，他提出并发表了“存储程序通用电子计算机”方案，即 EDVAC（Electronic Discrete Variable Automatic Computer），具体介绍了制造电子计算机和程序设计的新思想。这份方案是计算机发展史上一个划时代的文献，宣告了电子计算机时代的来临。

冯·诺依曼明确提出，新型计算机的结构应由五大部分组成：运算器、控制器、存储器、输入设备和输出设备，并且阐述了这五大部分的功能和相互之间的逻辑关系。他还对 EDVAC 的两大设计思想做了进一步的论证，为新型电子计算机的设计指明了方向，树立了一座里程碑，具有划时代的意义。

设计思想之一是信息采用二进制来表示。根据电子元件的双稳态工作特点，他建议在电子计算机中采用二进制来表示信息，还分析了二进制的优点，并预言二进制的采用将大大简化计算机硬件系统的逻辑结构。

设计思想之二是程序存储的思想。把运算程序存储在计算机的存储器中，程序设计员只需在存储器中寻找运算指令，计算机就能自行计算，这样就不必对每个问题重新编程，从而大大加快了运算的进程。程序存储的思想标志着计算机自动运算的实现，同时标志着电子计算机设计思想的成熟，且已成为电子计算机设计的基本原则。

总体上，冯•诺依曼体系的主要思想可概括为：① 计算机硬件系统由五大部件（存储器、运算器、控制器、输入设备和输出设备）组成；② 计算机采用二进制形式表示信息（数据、指令）；③ 采用存储程序的工作方式，这也是冯•诺依曼体系最为核心的思想。

冯•诺依曼针对 EDVAC 提出的新型电子计算机体系结构及设计思想奠定了现代电子计算机设计的理论基础，并开创了程序设计的新时代。因此，他提出的这些计算机设计思想也被称为冯•诺依曼思想，相应的计算机体系结构也被称为冯•诺依曼体系结构。也正是因为对计算机的这种划时代贡献，他被尊称为“计算机之父”。

采用冯•诺依曼体系的计算机就被称为冯•诺依曼计算机。几十年来，尽管计算机的体系结构已经发生了许多演变，但总体上仍然没有脱离冯•诺依曼体制的核心思想，现在的绝大多数计算机仍然是冯•诺依曼机体系的计算机。当然，本质上，传统的冯•诺依曼机采用的是串行处理的工作机制、逐条执行指令序列。要想提高计算机的性能，根本方向之一是采取并行处理机制，如用多个处理部件形成流水线，依靠时间上的重叠来提高处理效率，或者用多个冯•诺依曼机组成多机系统，以支持并行算法等。

1.2.2 计算机的发展历程

1946 年 2 月 14 日，在美国的宾夕法尼亚大学，世界上第一台严格意义上的电子数字计算机 ENIAC 诞生了，它标志着电子计算机时代的到来。这台计算机由美国军方定制，专门为了计算导弹的弹道和射击特性而研制。承担开发任务的“莫尔小组”主要由四位科学家和工程师埃克特、莫克利、戈尔斯坦、博克斯组成，后来冯•诺依曼作为技术顾问加入了该小组。ENIAC 的主要元器件采用的是电子管，共使用了 1500 个继电器和 18800 个电子管，占地约 170 m^2，重达 30 多吨，耗电 150 kW，造价高达 48 万美元，每秒能完成 5000 次加法运算、400 次乘法运算，比当时最快的计算工具快 300 倍，是继电器计算机的 1000 倍、手工计算的 20 万倍。由于研制工期和技术原因，ENIAC 并没遵照冯•诺依曼体系进行设计，比如没有存储器，仍然采用打孔卡片的方式记录信息。

发展到现在，计算机经历了不同的阶段，各具特色。

1．第一代：电子管计算机（1946—1957）

第一代计算机的主要特征是采用电子管元件作基本器件，一般使用光屏管或者汞延时电路作为存储器，输入或者输出主要采用穿孔卡片或纸带等，通常体积较大、功耗较高、计算速度较慢、存储容量较小、可靠性较差、维护很困难而且价格昂贵。在程序设计上，第一代计算机通常使用机器语言或者汇编语言来编写程序，主要用于军事科学计算。

电子计算机在我国的研制起步较晚。1957 年 4 月，我国购买了 M-3 计算机的技术资料，在这些技术资料的基础上开始研制。以中国科学院计算所研究员张梓昌和莫根生为主，组织了M-3（代号为103）计算机工程组。通过与北京有线电厂的密切配合，工程组于1958年8月1日研制成功（实为在苏联专家指导下仿制）了我国第一台小型电子管数字计算机—103型机（定点32位，最初的平均运算速度仅为每秒30次），填补了国内电子计算机的空白。后经技术改进，其平均速度提高到每秒1800次，定名为DJS-1型计算机。

1959年10月，以БЭСМ-Ⅱ机为蓝本，我国宣布研制成功了第一台大型电子管数字通用计算机（浮点40位，平均每秒1万次）即104型机，后定名为DJS-2型计算机，其技术指标在当时不亚于英国和日本的水平。

103机和104机属于我国第一代电子管计算机，它们的相继推出标志着我国的计算机事业终于蹒跚起步，为我国解决了大量过去无法计算的经济和国防等领域的计算难题，填补了我国计算机技术的空白，是我国计算机发展史的第一个里程碑。

在研制104机的同时，中国科学院计算所夏培肃研究员领导的小组首次自行设计并于1960年4月研制成功了一台小型的串行通用电子管数字计算机107机（定点32位，平均每秒250次）。1964年，中国科学院计算所吴几康研究员等主持的我国第一台自行设计的大型通用电子管计算机119机（浮点44位，平均每秒5万次）也研制成功。

2．第二代：晶体管计算机（1958—1964）

20世纪50年代中期，晶体管的出现使计算机生产技术得到了根本性的发展，晶体管代替了电子管作为计算机的基础器件，普遍采用磁芯和磁鼓作为存储器。在整体性能上，第二代计算机比第一代计算机有了很大的提高，速度更快、寿命更长、体积更小、重量更轻且功耗更低。同时，许多专用的计算机程序设计的高级语言也相应出现了，如FORTRAN、COBOL和Algo160等。在此阶段，晶体管计算机在被用于科学计算的同时，也开始在数据处理、过程控制等领域得到了广泛应用。

我国的晶体管计算机发展也远落后于世界发达国家，在研制电子管计算机的同时，晶体管计算机的研制也在逐步展开。国内在1963年才开始出现晶体管计算机，如“109原型机”和“441B”等。直到1965年，我国第一台独立设计的大型晶体管计算机“109乙”（浮点32位，每秒6万次）才由中国科学院计算所正式研制成功，标志着我国正式进入第二代计算机（晶体管）时代。此时，国外已在大力研制第三代计算机了。经过对“109乙”历时两年的技术改进，又成功推出了“109丙”计算机。该机为“两弹一星”实验做出了卓越贡献，因此被誉为“功勋计算机”。国内其他科研院所陆续推出了108机、121机和320机等型号的晶体管计算机。

3．第三代：中小规模集成电路计算机（1965—1971）

20世纪60年代中期，随着半导体工艺的发展，集成电路开始出现，中小规模集成电路逐渐成为计算机的主要逻辑部件，半导体存储器也开始采用，这些改进使计算机的体积更小、功耗更低，计算速度和可靠性更高。在软件方面，出现了标准化的程序设计语言和人机会话式的BASIC语言，程序设计方面也出现了结构化程序设计的思想，为编写更复杂的软件提供了技术保证。与此同时，分时操作系统出现，多个用户可共享计算机软件、硬件资源，这些变化都导致计算机的应用领域进一步扩大。

我国对第三代计算机的研制受到“文革”的巨大冲击，整体上落后国外一代。1964年，美国IBM公司就推出了360系列大型机，那时我国正在研制第二代计算机，第三代计算机的研制尚在规划阶段。1972 年，我国才研制成功运算速度达到每秒 11 万次的大型集成电路通用计算机。1973 年，北京大学与北京有线电厂合作，研制成功了我国第一台运算速度在百万次级的大型集成电路通用计算机“150 机”（支持浮点 48 位运算，计算速度达到每秒 100 万次）。

进入 20 世纪 80 年代，我国的高速计算机特别是向量计算机技术有了新的发展。1983 年，中国科学院计算所研制的我国第一台大型向量计算机“757 机”问世，其计算速度可达每秒 1000 万次，这一记录同年 11 月又被国防科技大学研制的巨型计算机“银河—I”打破，其计算速度可达每秒 1 亿次。“银河—I”是我国高速计算机研制的一个重要里程碑，表明我国成为继美、日等国之后，能够独立设计和制造巨型机的国家。

4．第四代：大规模和超大规模集成电路计算机（1971 年至今）

大规模和超大规模集成电路（Very Large Scale Integration Circuit，VLSI）技术逐渐成熟，因此被用于计算机的核心逻辑部件，使得计算机的体积、功耗和成本等进一步降低，微型机随之出现。同时，半导体存储器的集成度越来越高，容量也越来越大，发展出了并行技术和多机系统，出现了精简指令集计算机（Reduced Instruction Set Computer，RISC），软件系统工程化、理论化和程序设计自动化也得到充分发展。软盘、硬盘和光盘及 U 盘等辅助存储器相继出现，各种新颖的输入设备、输出设备推陈出新，软件产业也高速发展，各类应用软件层出不穷，计算机与通信技术相结合的典范计算机网络也得到了迅猛发展，多媒体技术异军突起。微型机的应用和普及范围扩大，几乎应用到所有领域。

我国的超大规模集成电路计算机的研制也是从微型机开始的，只不过从 20 世纪 80 年代中期才开始。20 世纪 80 年代初期，国内很多单位开始采用 Z80、X86 和 M6800 等芯片研制微型机。1985 年，原电子部六所研制成功能与 IBM PC（1981 年）兼容的 DJS-0520CH 微机。1987 年，第一台国产 286 微机长城 286 问世。

1995 年，曙光 1000 大型机通过鉴定，其峰值可达每秒 25 亿次。曙光 1000 与美国 Intel 公司 1990 年推出的大规模并行机体系结构与实现技术相近，此时与国外先进技术之间的差距缩小到 5 年左右。2000 年，我国自行研制成功高性能计算机“神威 I”，其主要技术指标和性能达到国际先进水平。我国成为继美国、日本之后成为世界上第三个具备自行研制高性能计算机能力的国家。

2001 年，中国科学院计算所研制成功我国第一款通用 CPU 芯片“龙芯”。2002 年，曙光公司推出完全自主知识产权的“龙腾”服务器。龙腾服务器采用“龙芯—1”CPU，采用曙光公司和中国科学院计算所联合研发的服务器专用主板，采用曙光 Linux 操作系统。龙腾服务器是国内第一台完全实现自有产权的计算机产品，在国防等部门发挥了重大作用。2009 年，国防科技大学研制成功“天河一号”超级计算机，峰值速度达到 1.206 PFLOPS，实测 563.1 TFLOPS，为国内首台达到千万亿次运行速度的超级计算机，其改进版本“天河一号 A”搭载了 2048 颗国产 FT-1000 处理器（8 核 64 线程），在架构设计上采用了基于 TH Express-2 主干网的集群式“胖树”拓扑结构，计算速度更快，最终的实测速度高达 2.566 PFLOPS。

目前，在高性能计算机领域，无论是超级计算机的拥有量还是运算速度，我国都处于世界领先地位，最具代表性的是国防科技大学研制的“天河”、中国科学院研制的“曙光”、国家并行计算机工程技术研究中心研制的“神威·太湖之光”等超级计算机，它们的最高速度已突破每秒十亿亿次。其中，“天河二号”（部署于国家超算广州中心）内置 4096 颗国产 FT-1500 处理器（16 核 SPARC V9 架构，40 nm 制程，主频 1.8 GHz），持续计算速度高达 33.86 PFLOPS。

“神威·太湖之光”（国家超算无锡中心）内置 40960 颗国产“申威 26010”众核处理器（64 位 Alpha 架构，260 核，65 nm 制程，主频 1.5 GHz），其持续计算能力高达 93.015 PFLOPS。

1.2.3 计算机的发展趋势

自从 1946 年诞生后，计算机经历了四个发展阶段，核心器件从最初的电子管、晶体管再发展到集成电路和超大规模集成电路，功能和性能越来越强大，应用范围也越来越广，涉及社会的方方面面。随着科学技术的发展，计算机也继续在向前发展。总体上，计算机的发展趋势可以简单地用五个字来加以概括，即“巨”、“微”、“多”、“网”、“智”。

1．巨型化

计算机的巨型化是指发展运算高速、大容量存储和功能强大的超大型计算机。这既是军事、天文、气象、原子和核反应等尖端科学领域发展的迫切需要，也是人类进一步探索新兴科学领域，诸如宇宙工程、生物生命工程等的需要，也是为了让计算机具有像人脑一样高度发达的学习和推理等复杂功能。尤其是在信息爆炸性增长的时代背景下，天量数据的记忆、存储和处理是必要的，这也会促进未来的计算机朝巨型化的方向发展。

2．微型化

与巨型化发展趋势相比，计算机的微型化是相反的发展趋势。半导体技术、工艺的不断发展，计算机部件的集成度越来越高、性能也越来越强，计算机的体积和功耗也越来越低。尤其是在互联网时代，各种移动应用正蓬勃发展，各种各样的移动式、便携式、手持式精巧计算设备也越来越受到用户青睐，这就促使计算机向微型化方向持续发展。比如，现在几乎人手一个的智能手机，以及各种小巧的一体机、笔记本电脑、平板电脑等，这些都可以看出计算机正朝微型化方向发展，未来甚至还可能出现微型得几乎难以目视的计算机产品。

3．多媒体化

计算机的多媒体化是指计算机与以数字技术为核心的图文声像和通信技术等融合在一起发展。计算机多媒体化的目标是：无论何时何地，只需要简单的设备，就能自由地以人机交互和对话的方式交流，其实质是让人们利用计算机以更加自然、简单的方式进行交流，提供更直观的交互方式、更好的用户体验。

4．网络化

计算机网络是计算机技术发展中崛起的又一个重要分支，是现代通信技术与计算机技术结合的产物。从单机走向联网，是计算机应用发展的必然结果。在一定的地理区域内，将分布在不同地点、不同机型的计算机和设备由通信网络互连，组成规模更大、功能更强的网络系统，共享软件、硬件和数据。

计算机的网络化既指计算机系统的发展必然支持多种网络协议和网络接口，也强调了通过网络把数量众多的计算机和各类终端设备整合在一起，形成一台虚拟的超级计算机，从而实现对计算资源、存储资源、数据资源、信息资源、知识资源、专家资源的深度共享。

5．智能化

智能化是指让计算机模拟人的感觉、行为和思维等过程，从而使计算机具备与人一样的思维和行为能力，形成智能型和超智能型的计算机。智能化的研究包括模式识别、物形分析、自然语言的生成和理解、定理的自动证明、自动程序设计、专家系统、学习系统、智能机器人等。人工智能的研究使计算机远远突破了“计算”的最初含义，从本质上拓宽了计算机的能力，可以更好地代替人的活动，如神经网络计算机。

目前处于研制阶段的生物器件的生物计算机和采用光器件的光子计算机是全新的计算机，本质上已经超越了“电子计算机”的含义。生物计算机的存储能力巨大，处理速度极快，能量消耗极微，总体具有模拟人脑的能力。光子计算机利用光子代替电子，利用光互连代替导线互连，以光器件代替电子器件，以光运算代替电子运算，理论上比传统的电子计算机具有更高的计算速度、更低的功耗、更好的可靠性。

作为人类文明发展进程中的一种重要工具，电子计算机既然有它的发生和发展阶段，也必然有它的衰落直至消亡阶段，这是任何事物发展的必然规律。或许，也仅仅是或许，下一代的新型计算机就是生物计算机、光子计算机或者量子计算机。

1.3 计算机系统的组织

1.3.1 硬件系统

在冯•诺依曼体系中，计算机硬件系统是由存储器、运算器、控制器、输入设备和输出设备五大部件组成的。随着计算机技术的发展，计算机硬件系统的组织结构已发生了许多重大变化，如运算器和控制器已组合成一个整体，称为中央处理器（Central Processing Unit，CPU），存储器已成为多级存储器体系，包含内存、外存和高速缓存三级。下面以目前常见的计算机硬件系统组成为例，讨论系统中各部件应该具有哪些功能，以及这些部件通过什么方式相互连接构成整机等硬件设计方面的问题，然后简单介绍典型的硬件系统结构。

1. 计算机硬件系统基本组成

计算机硬件系统的结构模型如图 1-5 所示，其中包含 CPU、存储器、输入/输出（I/O）设备和接口等部件，各部件之间通过系统总线相连接。

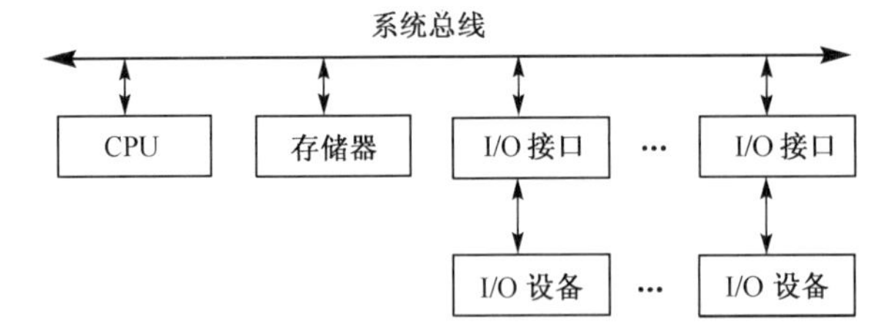

图 1-5 计算机硬件系统的结构模型

1）CPU

CPU 是计算机硬件系统的核心部件，在微型计算机或其他应用大规模集成电路技术的系统中，它被集成在一块芯片上，构成微处理器。CPU 的主要功能是读取并执行指令，在执行指令的过程中，由它向系统中的各功能部件发出各种控制信息，同时收集各部件的状态信息，并与其他各功能部件交换数据信息。

CPU 由运算部件、寄存器组和控制器组成，它们通过 CPU 内部的总线相互交换信息。运算部件完成算术运算（定点数运算、浮点数运算）和逻辑运算。寄存器组用来存放数据信息和控制信息。控制器提供整个系统工作所需的各种微命令，这些微命令可以通过组合逻辑电路产生，也可以通过执行微程序产生，分别被称为组合逻辑方式和微程序控制方式。

2）存储器

存储器用来存储信息，包括程序、数据、文档等。如果存储器的存储容量越大、存取速度越快，那么系统的处理能力越强，工作效率越高。但是一个存储器很难同时满足大容量、高速度的要求，因此常将存储器分为内存、外存和高速缓存三级存储体系。

内存（也称为主存），用来存放 CPU 需要使用的程序和数据，通常采用半导体材料构成。内存的每个存储单元都有固定的地址，CPU 可以按地址直接访问它们。因此，内存的存取速度很快，但目前因半导体材料和技术条件的限制，它的容量非常有限，一般仅为几个 或者几十个 GB。此外，通常将 CPU 和主存合并称为主机。

外存（也称为辅存），位于主机之外，用来存放大量的需要联机保存但 CPU 暂不使用的程序和数据。需要时，CPU 并不直接按地址访问它们，而是按文件名将它们从外存调入内存。外存的容量通常很大，但存取速度比内存更慢。典型的外存有磁盘、光盘和 U 盘等。

高速缓存（Cache）是为了提高 CPU 的访存速度，在 CPU 与内存之间设置的存取速度很快的存储器，容量较小，用来存放 CPU 当前正在使用的程序和数据。高速缓存由高速的半导体存储器构成。高速缓存的地址总是与内存某区间的地址相映射，工作时，CPU 先访问高速缓存，如果未找到所需的内容，再访问内存。在现代计算机中，高速缓存是集成在 CPU 内部的，一般集成了两级，高端芯片（如多核处理器）甚至集成了第三级。早期的计算机中常在 CPU 外部设置片外高速缓存，但这种方式已经被淘汰很多年了。

3）输入设备和输出设备

输入设备将各种形式的外部信息转换为计算机能够识别的代码后输入主机。常见的输入设备有键盘、鼠标等等。输出设备将计算机处理的结果转换为人们所能识别的形式输出。常见的输出设备有显示器、打印机等。

从信息传输的角度，输入设备和输出设备都与主机之间传输数据，只是传输方向不同，因此常将输入设备和输出设备合称为输入/输出（I/O，即 Input/Output）设备。它们在逻辑划分上位于主机之外，又被称为外围设备或外部设备，简称外设。磁盘、光盘等外存既可看成存储系统的一部分，也可看成具有存储能力的输入/输出设备。

4）总线

总线是一组能为多个部件分时共享的信息传输线。现代计算机普遍采用总线结构，用一组系统总线将 CPU、存储器和 I/O 设备连接起来，各部件通过这组总线交换信息。注意：任意时刻只能允许一个部件或设备通过总线发送信息，否则会引起信息的碰撞；但允许多个部件同时从总线上接收信息。

根据系统总线上传输的信息类型，系统总线可分为地址总线、数据总线和控制总线。地址总线用来传输 CPU 或外设发向主存的地址码。数据总线用来传输 CPU、主存以及外设之间需要交换的数据。控制总线用来传输控制信号，如时钟信号、CPU 发向主存或外设的读/写命令和外设送往 CPU 的请求信号等。

5）接口

在图 1-5 中，为什么在系统总线与 I/O 设备之间设置了接口部件，如 USB 接口、SATA 接口和 PCI-E 接口等？这是因为计算机通常采用确定的总线标准，每种总线标准都规定了其地址线和数据线的位数、控制信号线的种类和数量等。但计算机系统连接的各种外部设备并不是标准的，在种类与数量上都是可变的。因此，为了将标准的系统总线与各具特色的I/O设备连接起来，需要在系统总线与I/O设备之间设置一些接口部件，它们具有缓冲、转换、连接等功能，这些部件经常就被统称为I/O接口。

计算机的各种操作都可以归结为信息的传输。信息在计算机中能够沿着什么途径传输，主要取决于硬件系统的电路结构。信息在计算机的传输途径被称为数据通路结构。因此，硬件系统结构的核心是数据通路结构。不同类型的计算机，比如传统的微型机、小型机、中型机、大型机，其功能侧重点各有不同，因而它们的数据通路结构也是有区别的。下面介绍几种典型的计算机硬件架构及其特点。

2. 典型的硬件架构及其特点

1）微型机经典的南－北桥架构

典型的微型计算机的硬件架构如图1-6所示，基于Intel平台经典的南－北桥布局结构，广泛流行多年。在这种架构中，CPU、存储器、输入/输出设备和接口等部件通过各类总线实现互连互通。

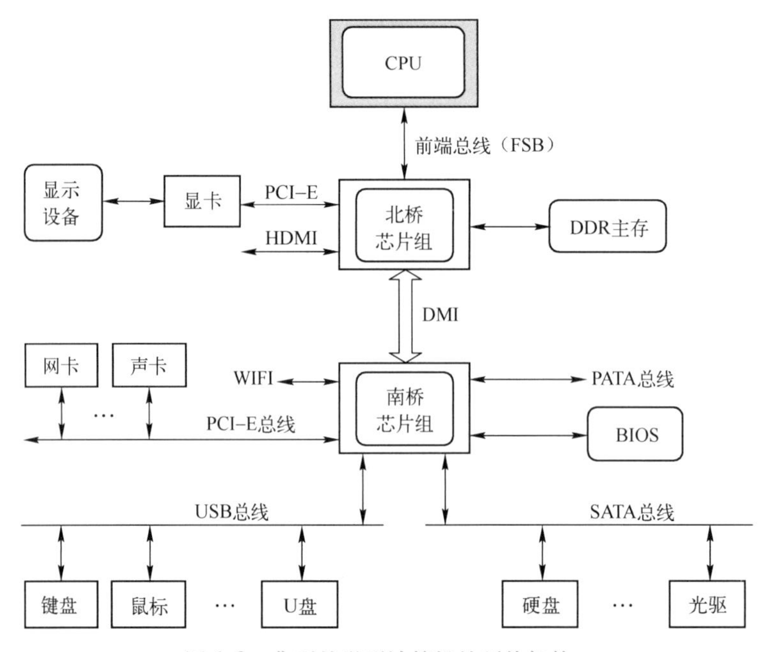

图1-6　典型的微型计算机的硬件架构

总体架构上，图1-6中的微型机采用的是南－北桥架构：北桥芯片组（North Bridge Chipset）主要承担内存控制、视频控制和与CPU的交互；南桥芯片组（South Bridge Chipset）负责控制外部设备的输入和输出，如键盘、鼠标、硬盘、网络设备等，还承担BIOS（Basic Input/Output System，基本输入/输出系统）的管理任务。北桥（有的资料上也称为主桥）与南桥之间通过DMI（Direct Media Interface，直接媒体接口）标准的总线相互连接，形成“CPU－北桥－南桥－外设”模式的信息传输与控制架构。

因此，图1-6所示的架构中存在不同的总线，不再是单总线模式，如FSB、DMI、PATA、PCI-E、USB和SATA等。

2）小型机的硬件体系架构

微型机和小型机系统往往侧重于以较低的硬件代价实现较强的系统功能，因此常用多组系统总线作为系统中各部件互连的基础，如连接 CPU、存储器和 I/O 接口，再通过接口连接外部设备。

惠普公司的 ProLiant DL300 系列小型机（双处理器，服务器）的硬件架构如图 1-7 所示，主要特征是：采用双 CPU 模式和 Intel C600 系列芯片组构成单桥体系架构，不再采用微型机中经典的南 - 北桥架构布局。该小型机仅使用了一个芯片组，因为其使用的处理器（E5-2620 v2）已集成了绝大多数北桥芯片的功能，如内存控制和显示核心等，因此只需保留类似于南桥芯片组（Intel C600 芯片组）的功能即可。实际上，这种架构在服务器中非常具有代表性。

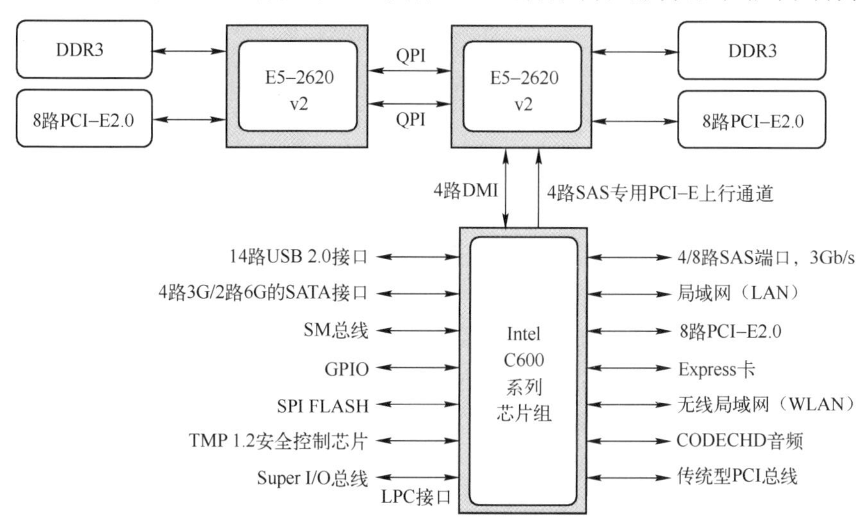

图 1-7　ProLiant DL300 系列小型机的硬件架构

在这种双处理器机架式服务器中，两个处理器（Intel Xeon E5-2620 v2，22 nm 工艺，64 位 Ivy Bridge 微架构，6 核 12 线程，2.1 GHz 主频，共享 15 MB 三级缓存）之间通过 QPI（Quick Path Interconnect）总线互连。主处理器通过 DMI 总线与 Intel C600 系列芯片组互连。此外，芯片组提供 14 路 USB 2.0 接口、SM（System Management，系统管理）总线、GPIO（General Purpose Input Output，通用输入/输出端口）、TMP 安全控制芯片、Super I/O 总线、普通 PCI 总线和 4/8 路带宽为 3 Gbps 的 SAS（Serial attached SCSI）磁盘接口，以及 8 路 PCI-E 2.0 总线和 PCI Express 卡插槽、无线局域网接口和传统的音频输出接口等。

Intel C600 系列芯片组提供的接口、插槽、总线能对存储系统和外围设备等进行扩展，构建一个高性能的企业级专用小型机服务器。这种架构设置了两个处理机，因此也可以看成一个多处理机系统，且两个处理机都有自己的专有存储器，共享主存。这种模式也可以看成一种紧密耦合型多处理机系统。

3）超级计算机的硬件架构

除了微型机的单处理器、南 - 北桥架构和小型机的多处理器、单桥架构，超级计算机一般采用多处理机的分布式架构，如图 1-8 所示的“天河二号”硬件架构。

总体上，“天河二号”的硬件分成 4 个集群：通信集群、管理集群、存储集群和计算集群。各集群间通过基于 TH Express-2 的通信主干网络形成“胖树”拓扑结构，网络中的数据通过光电混合传输及专有网络协议（Proprietary Network Protocol，PNP）进行高速的可靠传输。

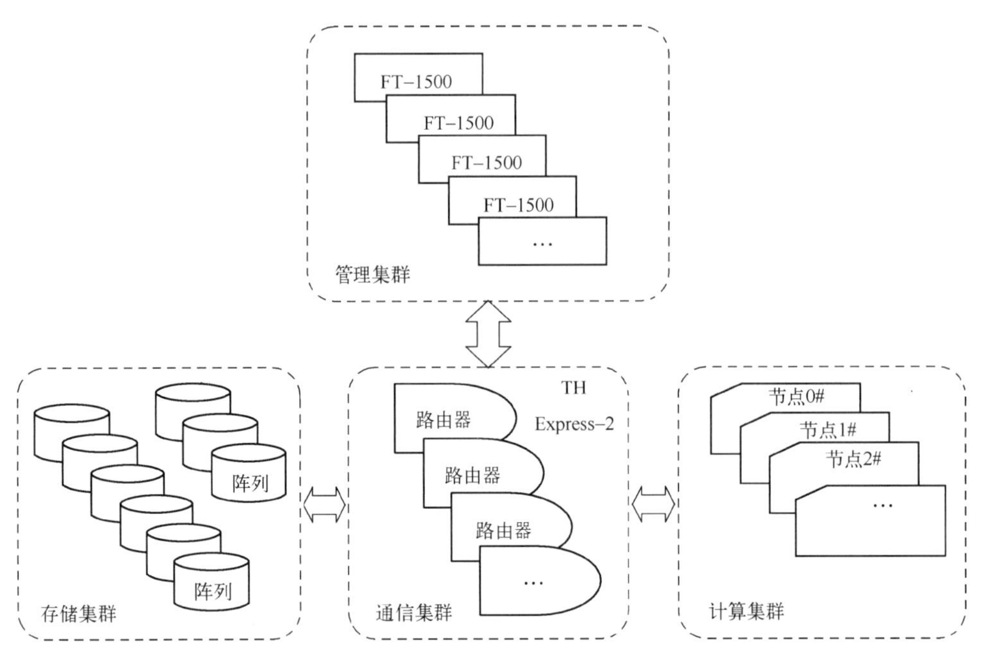

图 1-8 超级计算机“天河二号”的硬件架构

通信集群由 13 个通信机柜构成，每个机柜安装一台 576 端口大型路由器和若干各级交换机，各计算节点通过 PCI-E 2.0 标准协议接入通信集群。

用于前端处理器的管理集群共 8 个大型机柜，各节点包含 4096 颗 FT-1500 处理器（国防科技大学研制，16 核 SPARC V9 架构，40nm 工艺，1.8GHz 主频，峰值性能 144GFLOPS）。管理集群的主要功能是管理整个计算机系统，包括故障诊断、大型计算任务在计算节点上的分配和调度，以及权限和通信资源的分配、管理。

存储集群包括 24 个存储机柜，采用磁盘阵列技术，总容量高达 12.4PB。

计算集群是整个系统的计算核心，由 125 个机柜组成，每个机柜容纳 4 个机框，每一个机框能够容纳 16 块主板，每一块主板上部署有 2 个计算节点，总共 16000 个计算节点。每个节点拥有独立的 64GB 内存，使用中央处理器及协处理器的架构布局。单块主板包含 APU 和 CPM 两个模块。APU 承载 5 块 Xeon Phi 31S1P（61 核，使用时屏蔽掉 4 核）协处理器，CPM 承载 1 块 Xeon Phi 31S1P +4 颗 Xeon E5-2692 v2（12 核）。APU 与 CPM 之间以 CPU 集成的 PCI-E 3.0 16X 接口进行连接，但受 Xeon Phi31S1P 限制，实际仅支持 PCI-E 2.0 16x，单通道传输率可高达 10Gbps。

各节点共享同一个外存集群，是同级对等的，任何节点发生故障都不会影响到其他节点的正常运行。系统在管理集群的控制下，可以实现自动重构。

“天河二号”计算节点的结构如图 1-9 所示，由 2 个 Xeon E5-2692 主处理器和 3 个 Xeon Phi 31S1P 协处理器组成，主处理器之间通过 QPI 标准互连。因为每个主处理器集成了内存控制器，所以可连接 32GB 容量的 DDR3 内存。第一主处理器与 PCH 芯片组之间仍然通过 DMI 标准互连，主处理器与协处理器之间通过 PCI-E 2.0 16x 标准进行连接。

超级计算机“天河二号”是一种典型的松散耦合型多处理机系统。松散耦合型多处理机系统的特点是，用通信网络连接各节点，节点之间以中断方式传输信息包。每个节点内有一个 CPU、一个局部存储器，可能还有独自的外存或其他外设。通信网络的连接可以有星型、总线

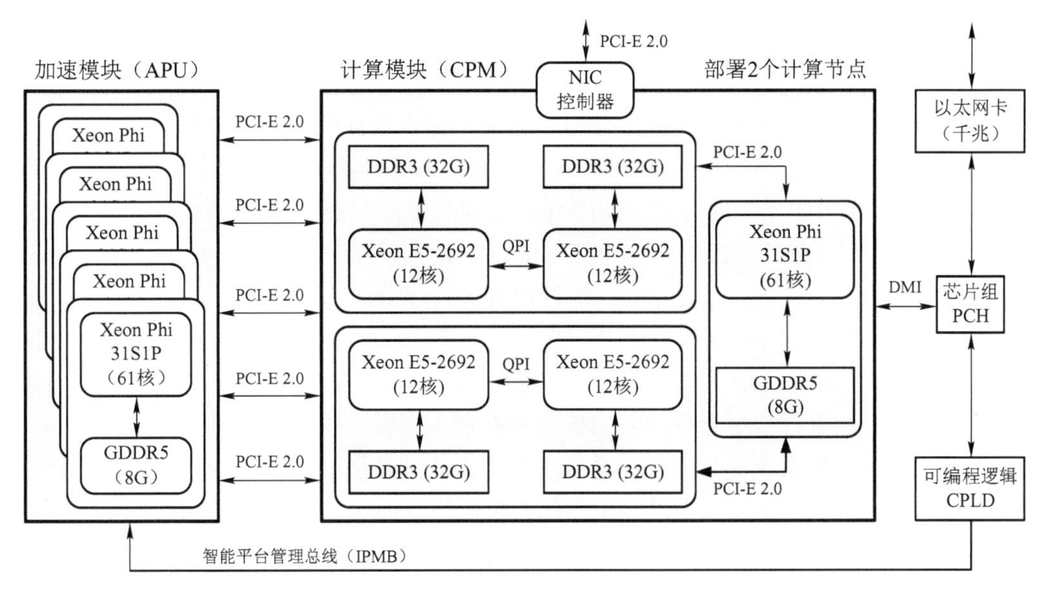

图 1-9 “天河二号”计算节点的结构

型、环型等拓扑形式。每个节点是一个计算机模块，模块内用局部总线连接了一个处理器 CPU、局部存储器 LM、一些 I/O 设备等。消息传送系统（Message Transfer System，MTS）将若干这样的节点连接构成多机系统。消息传送系统可以是比较简单的通信总线，也可以是比较复杂的互连网络，每个节点通过通信接口 CAS 与 MTS 相连。

此外，主处理器通过终端网络接口控制器（NIC）与其他计算节点互连。管理节点通过主板的千兆以太网接口和 PCH 芯片组对各主处理器进行管理，同时通过 PCH 芯片组、复杂可编程逻辑器件（Complex Programming Logic Device，CPLD），利用智能平台管理总线（Intelligent Platform Management Bus，IPMB）实现对各协处理器的管理。

2013 年 6 月，“天河二号”以峰值计算速度 54.9 PFLOPS（千万亿次浮点运算，Linpack 实测）和持续速度 33.86 PFLOPS 超越美国的泰坦超级计算机（峰值 27.11 PFLOPS，持续 17.59 PFLOPS），成为当年世界上计算能力最快的超级计算机，并跃登 TOP 500 榜首。

1.3.2 软件系统

计算机软件通常包含各类程序和文件。一般来讲，程序是用字符和符号描述的某种算法的实现过程，最终体现为机器指令序列，要被计算机硬件执行。文件则是对编写程序和运行、维护程序所做的说明，如对编程工具与运行环境的说明、帮助提示信息及其他参考信息等。在计算机系统中，各种软件有机地组合起来，构成软件系统。从软件的功能和配置的角度出发，软件可以分为系统软件、应用软件两大类。

1. 系统软件

作为计算机系统的一种基础软件，系统软件的主要功能是负责系统任务的调度和管理，提供程序的运行环境和开发环境，向用户提供各种系统级服务，以保证计算机系统能够正常、状态良好地运行。从软件配置的角度，系统软件是用户所使用的计算机系统的一部分，通常它也作为系统资源（软设备）供用户使用。常见的系统软件如下。

1）操作系统（Operation System，OS）

操作系统是软件系统的核心，负责管理和控制计算机系统的硬件资源、软件资源和运行的程序。操作系统是用户和计算机之间的接口，为用户提供软件的开发环境和运行环境。

操作系统一般由任务调度、存储管理、设备管理、文件系统、作业调度等模块组成。这些模块相互配合，以尽可能优化的方式来调度管理系统的硬件、软件资源，合理地组织工作流程，提高系统效率。例如，在具备多道程序运行环境的计算机系统中，需要任务调度模块对处理机的分配和运行进行有效管理；需要存储管理模块为各程序分配内存资源、提供存储保护等；需要设备管理模块为用户程序分配 I/O 设备、提供人机界面，完成相关 I/O 操作；需要文件系统模块为大量的、以文件形式组织和保存的信息提供管理；需要作业调度模块对以作业形式存放在外存中的用户程序进行调度管理，将它们从外存调入内存，交由 CPU 执行。

用户一般通过操作系统提供的各种系统功能来操作和使用计算机，如 DOS 操作系统提供的键盘命令、Windows 操作系统提供的图形化人机操作界面等。人们通过按键或点击鼠标，可以打开、关闭计算机，也可以使用计算机来完成任意的合法操作。所以，操作系统提供了用户和计算机硬件系统之间的接口。

当我们在开发用户程序时，常常需要调用在操作系统管理下的某些软件资源，以便得到操作系统的最大支持。这些程序一般作为文件，由操作系统进行统一管理。程序运行时可能调用操作系统管理的其他资源，使用操作系统的有关内核功能。所以，操作系统为用户提供了软件的开发环境和运行环境。

2）语言处理程序

用户通常使用程序设计语言来编写源程序。程序设计语言可以是 BASIC、Pascal、C、C++等高级编程语言，也可以是较低级的汇编语言。但是计算机硬件只能识别和执行由二进制代码表示的指令序列，所以需要用语言处理程序将源程序转换为指令序列，即用机器语言表示的目标程序。基本的转换方式有两种，一种是解释方式，另一种是编译方式。相应地，语言处理程序可以分为解释程序和编译程序两种。

在解释方式中，操作系统调用某编程语言的解释程序（如 BASIC 语言的解释程序，或者国产工业软件 MWOKS 的解释程序等），然后执行该解释程序，将源程序逐段地转换为具有等价功能的指令序列；转换完成后，处理器开始执行与其对应的指令序列。再转换下一段源程序并执行下一段指令序列，直到整个源程序被解释执行完成。因此，这是一种“边翻译边执行”的工作模式，目标代码的执行始终离不开源程序和对应的解释程序。

在编译方式中，操作系统调用的是某编程语言的编译程序（如 C 语言的编译程序）并执行，将整个源程序全部转换为目标指令序列，也就是可执行的目标程序。然后不再需要源程序和编译程序，直接由计算机单独地执行目标程序。这是多数程序设计语言采用的处理方式，即“先翻译后执行”。

将用汇编语言编写的源程序转换为目标程序，这个过程称为“汇编”，也属于编译类型。用于转换的程序称为汇编程序，它与解释程序、编译程序一样，都是语言处理程序。在剖析某些重要的软件时，常常需要将目标程序转换为用汇编语言表示的程序，这是汇编的逆过程，称为“反汇编”。相应地，反汇编需要用反汇编程序来实现。

3）数据库管理系统

随着计算机技术在信息管理领域的广泛应用，数据管理的重要性更加突出，因此出现了数据库技术。所谓数据库，是指在计算机存储器中合理存放的、相互关联的数据集合，能提供给不同的用户共享使用。计算机需配置数据库管理系统（DataBase Management System，DBMS），负责数据装配、内容更新、查询检索、通信控制，以及对用数据库语言编写的程序进行翻译，控制相关的运行操作等。如 SQL Server、Oracle、MySQL 等都是常见的数据库管理系统。

4）各种服务性软件

为了帮助用户使用和维护计算机，向用户提供服务性手段而编写的一类程序统称为服务性软件，一般是指输入和装配程序、编辑程序、调试程序、诊断程序、提示系统、窗口软件，以及一些可供调用的通用性应用软件，如文字处理软件、表格处理软件、图形处理软件等。这些服务性软件往往作为操作系统可以调用的文件，根据需要进行配置，也可看成操作系统的扩充部分。

为了使用户更有效、更方便地操作计算机，现在软件开发中的一个重要趋势是将开发及运行过程中用到的各种软件集成为一个综合的软件系统，称为软件平台，为用户提供一个完善的集成环境，具有良好的人机界面和完善的服务支持。

5）各种标准程序库

标准程序库是由系统事先配置的通用、优化的标准子程序，作为库文件可供用户调用。例如，许多编译程序中含有库文件，在对用户编写的源程序进行编译时，编译程序根据源程序给出的调用名，便可调出相应的库文件。

2．应用软件

应用软件直接面向用户需要，是在各自应用领域中为解决各类问题而编写的程序。计算机的应用领域极其广泛，因而应用软件几乎涉及各行各业。按照应用目的，应用软件大致可分为以下几种：科学计算类软件、工程设计类软件、数据处理类软件、信息管理类软件、自动控制类软件和情报检索类软件。

系统软件和应用软件的划分并不是一成不变的，一些具有通用价值的应用软件也可以归入系统软件的范畴，作为一种软件资源提供给用户使用。例如，前面提到的数据库管理系统是面向信息管理应用领域的，就其功能而言属于应用软件，但在计算机系统中需要事先配置，所以又属于系统软件的一部分。

1.3.3 计算机系统的层次结构

计算机系统以硬件为基础，通过配置各种软件来扩充系统功能，形成一个有机组合的复杂系统。为了对计算机系统的有机组成建立整机概念，便于对系统进行分析、设计和开发，我们常常采用一种层次结构的观点，将计算机系统从不同的角度分为若干层次。在分析计算机的工作原理时，可以根据不同的工作需要，具体观察、分析计算机的组成、性能和工作机理。例如，人们要了解计算机的硬件功能，可以从指令系统级入手进行分析；要了解主机对外设的控制情况，可以从汇编语言级分析设备驱动程序。在设计或构造一个计算机系统时，也常常分层进行，如在硬件的基础上逐级配置软件资源，逐级扩展功能。在开发应用程序时，也可按不同模块进行，如编程人员可以面向用户、面向系统分别编写不同功能的模块。

总之，按分层结构化设计策略实现的系统不仅易于建造、调试和维护，也易于扩充。根据不同的需要和目的，有多种划分方法，下面主要介绍两种常见的系统模型。

1．从软件、硬件组成角度的系统模型

这种系统模型表明了计算机系统包括哪些硬件和软件，并描述了硬件与软件之间的关系，如图 1-10 所示。这种系统模型的层次结构分为 8 层，其中微程序级和逻辑部件级属于硬件部分，传统机器级可看成硬件与软件之间的界面，其他都属于软件部分。从下层向上层，反映了计算机系统逐级生成的一般过程；从上层向下层，则反映了利用计算机进行问题求解的具体过程。

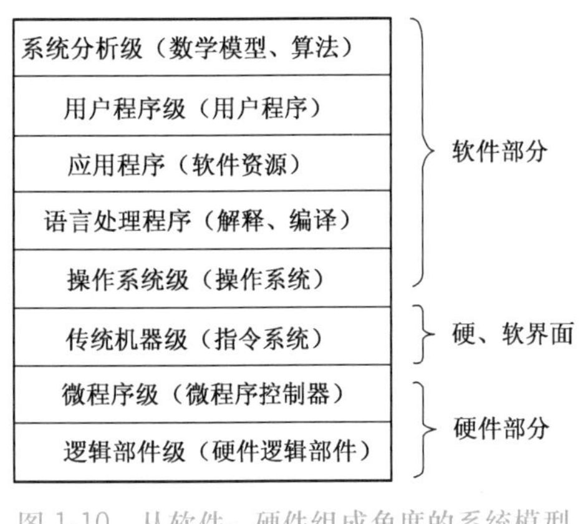

图 1-10　从软件、硬件组成角度的系统模型

1）自下而上：计算机系统的逐级生成过程

① 制定指令系统。先规定指令系统包含的各种基本功能，这些功能都要由硬件来实现；各种软件最终也要转换为指令序列，才能被硬件识别和执行。所以，指令系统，即传统机器级，是连接硬件和软件的界面。指令系统常常用汇编语言来描述，便于用户级的分析和设计，但硬件系统最终能直接执行的仍然是用机器语言来表示的二进制代码。

② 创建硬件系统。计算机硬件系统根据指令系统来设计和实现。硬件系统也称为硬核，其核心是 CPU 和内存，通过系统总线和接口，将各种外存和外部设备连接起来，构成完整的计算机系统。从工作机制看，很多 CPU 采用微程序控制方式，即用微程序控制器来解释和执行指令，因而常常将硬件分为两级：下面一级是用连线连接的各种逻辑部件，称为硬连线逻辑，包括寄存器和门电路；上面一级是微程序控制器，通过执行微程序，发出各种微命令，控制各逻辑部件的正常工作。

③ 配置操作系统。操作系统是系统软件的核心和基础，硬件系统创建后，首先配置操作系统，并根据硬件系统的特点不断改进、扩展操作系统，推出新版本。例如，个人计算机早期配置的是单用户系统 PC-DOS，后来为多任务系统 Windows。一些操作系统的核心源程序可以配置到多种计算机上，具有一定的通用性。计算机通常只需配置一种操作系统就可以工作，但为了适合不同的应用领域，有些计算机配置了多种操作系统。

④ 配置语言处理程序及各种软件资源。根据系统需要，配置相应的语言处理程序，如某种编程语言的编译程序、解释程序或汇编程序，并配置所需的各种软件资源。将这些软件归于操作系统的调度管理下，形成一些通用的或面向某种应用领域的软件平台，供用户随时调用。

⑤ 输入用户程序。当构建了一个硬件、软件配置完备的计算机系统之后，便可输入用户编写的应用程序，由计算机执行。

2）自上而下：应用计算机求解问题的过程

① 系统分析级。系统分析人员根据对具体任务的需求分析结果，设计算法，构建数学模型，并根据数学模型和算法进行概要设计和详细设计。

② 用户程序级。编程人员根据详细设计，选择某种程序设计语言编写用户应用程序。

③ 操作系统级。计算机在操作系统的管理之下调用语言处理程序，如编译、解释或汇编程序，将源程序转换为用机器语言描述的目标程序。在源程序的输入、编辑、编译和调试过程中，通常要调用软件开发平台所提供的各种软件资源。

④ 传统机器级。形成的目标程序是用机器语言描述的指令序列，这些能够被计算机硬件

识别和执行的二进制代码构成了可执行文件，即可执行的目标代码。这一级的程序和计算机的工作属于传统机器级，或称为机器语言级。

⑤ 硬件系统级。由硬件执行机器语言程序，完成指令规定的操作。一般用户看到的计算机工作到这一级就可以了。但硬件设计者和维护人员需要了解硬核的工作情况，因此要深入微程序级和逻辑部件级，集成电路制造人员还要细化到电路级，甚至到元器件级。

2. 从语言功能角度划分的系统模型

从语言功能角度划分的系统层次模型如图 1-11 所示，出发点是将计算机功能简化为由若干种语言编写的多个程序的执行。

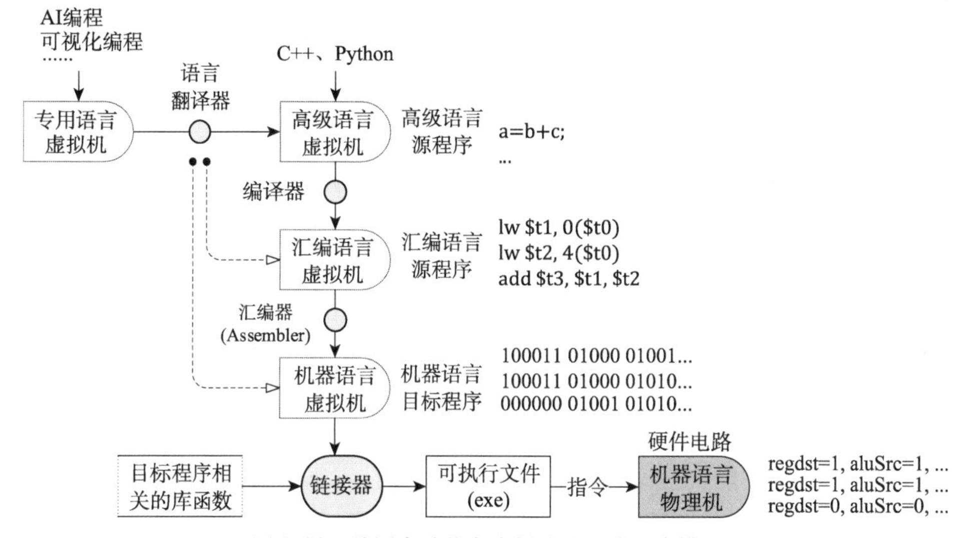

图 1-11 从语言功能角度划分的系统层次模型

计算机硬件的物理功能是执行机器语言程序，因此被称为机器语言物理机。换句话说，用户在这一级上看到的是一台实际的计算机。

与实际计算机密切相关的还有汇编语言，因为它是用助记符来表示指令系统的，所以我们常将助记符描述的指令称为汇编指令。我们使用“虚拟机”的概念来描述。所谓虚拟机，是指通过配置软件，扩充机器功能（如扩充某种语言功能）后形成的一台计算机，实际硬件在物理功能上并不具备这种语言功能。在汇编语言级，用户看到计算机能接受并执行用汇编语言编写的程序，但实际的计算机只能执行机器语言指令，通过配置汇编程序才能处理汇编语言程序。所以，用户在汇编语言级看到的是一台能执行汇编语言功能的虚拟机。

与算法、数学模型甚至自然语言接近的程序设计语言被称为高级语言，如 Python、C、C++等。用户在这一级看到的计算机是高级语言虚拟机。例如，配置了 C 编译程序的计算机能执行 C 语言程序，因此是一台具有 C 语言功能的虚拟机；配置了 BASIC 解释程序的计算机则是一台能执行 BASIC 语言程序的虚拟机。

某些特殊的应用领域或者特定的用户也可以使用某种专用语言。例如，在数字电路设计中，虚拟硬件描述语言（Virtual Hardware Description Language，VHDL）用来描述电路中的组成与连接情况；在数据库应用中，某种数据库语言用来创建和管理数据库；可视化编程依据图元构建应用程序。用户在这一级看到的是具有某种专用语言功能的虚拟机。

虚拟机概念是计算机设计的一个重要策略，抽象出计算机提供给用户的功能，脱离具体的物理机器，使用户摆脱内部具体细节的约束。例如，许多系统软件的层次结构常分为虚拟层和物理层，在虚拟层上开发的系统软件具有较强的通用性，通过标准访问物理层，只要改变其与物理层的接口，就能应用在不同的物理机上。

图 1-11 表明：用程序设计语言编写的程序必须翻译为机器语言程序才能被计算机理解和执行，其流程一般为：专用语言程序通常先由翻译器（Translator）翻译成用高级语言源程序（高级语言虚拟机层）；高级语言源程序通过编译器（Compiler）编译成汇编语言源程序（汇编语言虚拟机层）；汇编语言源程序由汇编器（Assembler）汇编成机器语言目标程序（机器语言虚拟机层）；机器语言目标程序和相关库函数等由链接器（Linker）链接成完整的可执行程序文件。可执行程序包含的指令译码后由硬件电路直接执行（机器语言物理机层），以输出控制信号序列的方式驱动底层电路完成指令功能。除此之外，有的还存在跨层翻译的情况，如有的高级语言可以直接翻译成机器语言。

3．硬件、软件划分和逻辑等价

计算机系统以硬件为基础，通过配置软件扩充其功能，并采用执行程序的方式来体现其功能。一般，硬件只完成最基本的功能，复杂的功能往往通过软件来实现。但是硬件与软件之间的功能分配关系常常随着技术发展而变化，哪些功能分配给硬件，哪些功能分配给软件，是没有固定模式的。实际上，在计算机中，许多功能既可以直接由硬件实现，也可以在硬件支持下依靠软件来实现，对用户而言，在功能上是等价的，这种情况称为硬件、软件在功能上的逻辑等价。例如，乘法运算可以由硬件乘法器实现，也可以在加法器和移位器的支持下，通过执行乘法子程序实现。在设计一个计算机时，如何恰当地分配硬件、软件的功能？这既取决于所选定的设计目标、系统的性能价格比等因素，也与当时的技术水平有关。

早期曾采用“硬件软化”的技术策略。计算机刚出现时，各种基本功能均通过硬件来实现。随后为了降低造价，只让硬件完成较简单的指令操作，如传送、加法、减法、移位和基本逻辑运算，乘法、除法、浮点运算等较复杂的功能交给软件来实现。这导致了在当时条件下小型机的出现。“硬件软化”使小型机结构简单，又具有较强的功能，推动了计算机的普及和应用。

随着集成电路技术的飞速发展，人们可以将功能很强的模块集成在一块芯片上，于是出现了“软件硬化”的情况，将原来依靠软件才能实现的一些功能改由大规模或超大规模集成电路直接实现，如浮点运算、存储管理等。这使得计算机具有更高的处理速度，在软件支持下有更强的功能。

微程序控制技术使计算机的结构和硬件、软件功能分配发生了变化，对指令的解释和执行是通过运行微程序来实现的，因此出现了另一种技术策略“软件固化”。利用程序设计技术和扩大微程序的容量，可以使原来属于软件级的一些功能纳入微程序级。微程序类似于软件，但被固化在只读存储器中，属于硬件 CPU 的范畴，称为固件。这种方式简化了 CPU 的结构。另外，通过软件固化策略，系统软件的核心部分（如操作系统的内核、常用软件中固定不变的部分）被固化在存储芯片中，从用户角度，它们属于系统硬件（如系统板）的一部分。例如，IBM-PC 将操作系统的 BIOS 固化在系统板上，Pentium 微处理器将存储管理功能集成于 CPU 芯片之内，等等。

系统设计者必须关心硬件、软件之间的界面如何划分，决定系统功能哪些由硬件实现，哪些由软件实现。用户更关心系统究竟能提供哪些功能，至于这些功能是由硬件实现还是由软件实现，在逻辑功能上是等价的，只是执行速度不同而已。

尽管我们常按层次结构来分析、设计计算机系统，但考虑到初学者的认识过程，本书不准备机械地分级讨论计算机组成原理，而是以讨论计算机各组成部件的原理及整机连接为基线，即讨论 CPU 组织、存储器组织、外围设备组织、以总线和接口为基础的 I/O 系统组织。但在分析这些计算机组织时，注意它们的硬件、软件功能分配和界面关系，抽象出相应的概念模型，从寄存器级、微操作控制级、机器指令级去了解计算机的硬件组成和工作机制。例如，分析 CPU、存储器、接口、I/O 设备中有哪些寄存器，以及与寄存器相当的部件，如加法器、输入/输出通道、选择器等，了解它们通过什么样的数据通路结构相连接。从寄存器级进行描述容易获得清晰的系统概念。

CPU 硬件系统的功能特性体现为指令系统，而硬件的任务就是执行指令，执行寄存器级的信息传输操作。为此，指令流程可以先分解为若干步寄存器级传输操作，再从微操作控制级产生微操作命令序列，控制完成寄存器级的传输操作。而微操作命令的产生既可以通过组合逻辑控制方式实现，也可以通过微程序控制方式实现。

1.4 计算机性能的评价指标

在实际的应用中，我们可能需要根据计算机性能的评价指标进行系统的软件和硬件配置，或者判断性能优劣，主要包括 CPU 的综合性能、存储容量、数据的输入/输出能力（I/O 吞吐率）、响应时间和功耗等。

1. 基本字长

在计算机中，算术运算可以分为定点运算和浮点运算两大类。基本字长一般是指处理器中参加一次定点运算的操作数的位数，如 8 位、16 位、32 位或 64 位。基本字长影响着计算的精度、硬件的成本，甚至对指令系统功能也有影响。

在一次运算过程中，操作数和运算结果通过数据总线，在寄存器和运算部件之间传输。因此，基本字长标志着计算精度的高低，也反映了寄存器、运算部件和数据总线的位数。基本字长越长，操作数的位数越多，计算精度就越高；但相应部件的位数也会增加，使硬件成本随之增加。另外，某些信息（如字符类信息）只需要用 8 位二进制代码来表示，8 位称为 1 字节。因此，为了较好地协调计算精度与硬件成本的制约关系，针对不同需求，大多数计算机允许采用变字长运算，即允许硬件实现以字节为单位的运算以及基本字长（如 16 位）运算、双字长（如 32 位）运算和 64 位字长运算，甚至可以通过软件实现更长的字长运算。

指令字长与数据字长之间也存在一定的对应关系。基本字长较长的计算机，其指令的位数可能也较多，读取指令的速度和处理指令的效率更高，指令系统的功能相应比较强，这在传统的小型机中表现较为明显。

2. 外频

外频，也叫外部频率或基频，有时称为系统时钟频率，是指主板上的振荡器输出的时钟频率，也是计算机中一切硬件部件工作所依据的基准时钟信号。外频经过倍频系数放大后，用作计算机各部件的工作频率，如 CPU、内存和各类总线等。标准外频有 100 MHz、133 MHz，甚至 166 MHz、200 MHz，一般很少超过 300 MHz。

外频一般不会直接用来评价计算机的性能，但它却是其他频率指标如 CPU 主频、总线频率或者内存工作频率等的基础。

3．CPU 的综合性能

CPU 的运算速度是计算机的一项重要性能指标，计算机追求的目标之一就是提高运算速度。计算机执行不同的运算所需的时间可能不同，如定点运算所需的时间较少，而浮点运算所需的时间较多。综合性能取决于诸多因素，常通过基准程序进行评估，如 SPEC 等。

1）CPU 的主频

CPU 的主频（f）是指 CPU 内核的工作频率，通常所说的某款 CPU 是多少 GHz，就是指 CPU 的主频，有时也叫 CPU 的时钟频率（$T=1/f$）。主频=外频×倍频系数，提高两者中的任何一项指标都可以提升 CPU 的主频（实现 CPU 超频）。

CPU 主频的高低是决定计算机工作速度的重要因素，但两者之间并没有正比关系。在 CPU 时钟频率中，相邻两个时钟脉冲之间的间隔即一个时钟周期，与 CPU 完成一步微操作所需的时间是相对应的。例如，Intel 8088 CPU 的时钟频率为 4.77 MHz，80386 的时钟频率为 33 MHz，80486 的时钟频率为 100 MHz，Pentium 系列的时钟频率高达 300 MHz、500 MHz、1 GHz 甚至更高。CPU 执行某种运算所需的总时间等于时钟周期数×时钟周期宽度，即 $t=m\times T$ 。

2）平均每秒执行的指令数 IPS

CPU 平均每秒执行执行指令的数量即 IPS（Instructions Per Second），也常用更大的单位 MIPS 或 GIPS 来表示。这个指标适合评价标量运算，不适合评价向量运算。

虽然计算机的指令类型很多，各指令执行的时间和出现的频度都不会完全相同，但计算机在运行过程中执行的大部分指令都是简单指令，因此用每秒平均执行的指令条数作为 CPU 的速度指标，在一定程度上反映出计算机的运算速度。特别是 RISC 型的 CPU，其指令几乎全是简单指令，更适合用 IPS 来衡量其速度。例如，80486 CPU 的运算速度为 20 MIPS，Pentium 超过 100 MIPS，ALPHA（RISC 微处理器）则高达 400 MIPS。

3）平均每条指令的时钟周期数 CPI

CPU 执行程序时，每条指令所需的平均时钟周期数（Clock cycles Per Instruction，CPI）也常用来衡量 CPU 的综合性能。

CPI 是基于标准测试程序的统计意义上的平均数概念，其物理含义可以理解为：CPU 在执行一个程序时所需的时钟周期数总数与这个程序对应的指令总数的比值，即 $\text{CPI}=m_c/n_i$ 。这里的 m_c 代表这个程序的时钟周期总数，n_i 代表这个程序的指令总数。

4）每秒执行定点/浮点运算的次数

CPU 每秒钟能够完成的定点或者浮点运算次数（非指令数）也可以用来刻画计算机的综合运算速度。早期的计算机常用定点运算次数来表示其计算速度，如 DJS-1 计算机的运算速度通常被表示为：平均每秒可完成 1800 次 32 位定点数的运算。

高性能计算机主要是进行浮点向量运算，一般用每秒能完成的浮点运算次数（Floating-point Operations Per Second，FLOPS）来表示计算机的计算能力。例如，“天河二号”的计算速度为 33.86 PFLOPS。在表示浮点运算次数时，常用的表达单位有 MFLOPS、GFLOP、TFLOPS、PFLOPS、EFLOPS 和 ZFLOPS，它们之间以数量级 2^{10}（有时简约成 1000）递增。

5）CPU 的功耗

目前的 CPU 都是基于半导体超大规模集成电路工艺实现的，功耗也是评价 CPU 综合性能的一个重要指标。CPU 在运行过程中也存在一定的功耗（P，也称为功率）：动态功耗和静态功耗，主要与晶体管开关过程中产生的功耗和晶体管电荷静态泄漏过程（挥发）中产生的功耗相关。

动态功耗取决于晶体管的负载电容 C、工作电压 U 和开关频率 f，即 $P = C \times U^2 \times f$，这里的 f 实际上就是 CPU 的时钟频率，而 C 与处理器内部集成的晶体管总数、集成电路的半导体材料和制作工艺密切相关。比如，两款 CPU 的负载电容比为 0.8、电压比为 0.9、工作频率比为 1.2，则两者的功耗比为 $0.8\times0.9^2\times1.2\approx0.78$。

4．数据通路宽度与数据传输率

这两个指标主要用来衡量计算机及其部件的数据传输能力（I/O 吞吐率）。

1）数据通路宽度

数据通路宽度是指数据总线一次能并行传输的数据位数，会直接影响计算机的性能。

数据通路宽度一般分为 CPU 内部和 CPU 外部两种情况。CPU 的内部数据通路宽度一般与 CPU 的基本字长相同，也等于 CPU 内总线的位宽。CPU 的外部数据通路宽度则等于系统数据总线的位宽。有的 CPU 的这两种数据通路宽度相同，有的则不同。例如，Intel 8088 处理器的 CPU 内部数据宽度是 16 位，外部数据宽度却只是 8 位，Intel 80386/80486 处理器的 CPU 内部、外部数据宽度相同，两者都是 32 位。

2）数据传输率

数据传输率（Data Transfer Rate，DTR）也叫比特率，是指单位时间内信道的数据传输量，基本单位是 bps。在计算机或网络学科中，也常常借用带宽（Bandwidth）来表示数据传输率。显然，这里的“带宽”与其原始含义不同，已经发生了习惯性转义。数据传输率与传输信道的数据通路宽度和最大的工作频率有关，其通常的简化计算规则如式(1-1)所示：

$$\mathrm{DTR} = \frac{D}{T} = Wf\ (\mathrm{bps}) \tag{1-1}$$

其中，DTR 表示数据传输率，D 是数据的传输量，T 是相应的数据传输时间，W 是数据通路的宽度，f 是工作频率。例如，若 PCI 总线的位宽是 32 位，总线频率为 33.33 MHz，则总线的数据传输率（总线带宽）约为 133 MBps。实际上，对于目前主流的 PCI-E 总线，在计算带宽时还需要考虑通道数、传输模式、编码方式等因素，见第 5 章的式(5-1)。

实际上，对计算机而言，所有硬件都会涉及位宽和带宽的概念，如 Intel 平台的 FSB（Front Side Bus，前端总线）、AMD 平台的 HT（Hyper Transport）总线，甚至内存、网络设备等。不论对何种硬件部件，在理解其带宽概念时，只需紧紧把握住单位时间内传输的数据量这个特性即可。

5．存储容量

存储容量用来衡量计算机的信息存储能力，也会影响到系统的综合性能。计算机的存储器分为内存（主存）和外存（辅存），两者的存储容量各有特点。

1）内存容量

内存（主存）用来存放 CPU 当前需要执行的程序和需要处理的数据，与 CPU 直接交互数据。内存的容量越大，能存放从外存中读入的数据量就越大，不致频繁地与外存（如硬盘，速度较慢）交换数据，从而缩短 CPU 读取内存数据的等待时间。内存容量太小，会因等待数据而拖慢 CPU 的工作节奏，制约其运算能力的充分发挥。

内存容量就是指内存能存储的数据量，取决于内存的编址单元数和每个编址单元的位数

（宽度）。CPU 根据内存地址码直接访问内存单元，有的以字节为编址单位（如 MIPS32），有的则以字长为编址单位，常用如下两种方式来表示内存容量。

（1）字节数

微型机的内存多按字节编址，每个编址单元含 8 位数据，所以可以用字节数来表示内存容量的大小。例如，PC/XT 的内存容量为 1 兆字节，记为 1 MB（B 是字节 Byte 的缩写，$1M = 2^{20}$，$1K = 2^{10}$）；现在主流的微型机，其内存容量可达 32 GB（$1G = 2^{30}$）以上。

（2）字数×位数

某些计算机的内存按“字”编址，每个编址单元存放的是单字长数据，所以可以用字数（或单元数）×字长位数来表示主存的容量。例如，某计算机的内存有 64×1024 个字单元，每个字单元是 16 位，则对应的内存容量是 64K×16 bit=128 KB。

内存的最大可编址单元数（编址空间）是由地址线的位数决定的。若地址线有 16 位，则内存的最大可编址单元数就只能是 $2^{16}=16K$；若地址线有 20 位或 32 位，则内存的最大可编址空间就是 1M 或 4G。若内存的实际可编址空间（有效容量）大于由地址线决定的最大编址空间，则超出的内存单元无法分配到有效地址，因此无法被系统识别，从而成为无效容量。

2）外存容量

外存（辅存）是指计算机系统中能够联机读写的外部存储器，如硬盘、光盘和 U 盘等。因此，外存容量就是指外部存储器能存储的最大数据量，基本单位为 B、MB、GB 或 TB 等。例如，现在主流硬盘的容量一般为 500 GB、1 TB 或更高；其他外部存储器如 U 盘、光盘或者磁盘阵列等，通常用 GB 或 TB 来表示。

计算机的软件资源，如操作系统、编译程序和应用程序等，除了正在执行的部分，其余都是存放在外存的，需要时再读入内存。操作系统一般通过虚拟存储技术管理外存，因此外存的有效容量取决于存储器自身，而与地址总线的位数无直接关系。

【例 1-9】 某段程序由 2000 条指令构成，各类指令的情况如表 1-1 所示。CPU 每次完整地执行该程序，均可从 I/O 总线输出 4 KB 数据。假设 CPU 的主频是 $f=3.2$ GHz，请计算 I/O 总线带宽。（假设单位换算的简化关系为：1K=1000，1M=1000K，1G=1000M）

表 1-1 各类指令的情况示例

指令类型	占比 P_n	CPI_n
传输类指令	40%	15
双操作数指令	30%	20
单操作数指令	20%	15
转移类指令	10%	10

解

已知程序中每类指令的比例和 CPI，则

$$\mathrm{CPI}=\sum_{n=1}^{4} P_n \times \mathrm{CPI}_n$$
$$=40\%\times 15+30\%\times 20+20\%\times 15+10\%\times 10=16$$

CPU 执行此程序包含的 2000 条指令，所需的时钟周期总数等于指令数×平均每条指令所需的时钟周期，即 $T=2000\times 16=32000=32K$。

CPU 主频 f=3.2 GHz，表明 1 秒钟内能产生 3.2G 个时钟周期，因此每秒钟此程序可被执行的次数就等于每秒钟的时钟周期总数÷程序完整执行一次所需的时钟周期数，即该程序每秒执行次数 $=f/T=3.2G/32K=10^5$ 次。

I/O 带宽指的是单位时间内传输的总数据量，而总数据量等于程序被执行的次数×每次输出的数据量，即 $10^5\times 4$ KB，所以 I/O 带宽 $=(10^5\times 4\,\mathrm{KB})/\mathrm{s}=400$ MBps。

习题 1

1-1 简要解释下列名词术语。

数字计算机	硬件	软件	CPU	主存储器
外存储器	信息的数字化表示	存储程序工作方式		数据通路宽度
数据传输速率	字长	CPU 外频	CPU 主频	CPU 功耗

1-2 数字计算机的主要特点是什么？

1-3 计算机有哪些主要性能指标？

1-4 冯•诺依曼思想包含哪些要点？

1-5 信息的数字化表示包含哪两层含义？

1-6 用数字信号表示代码有什么优点？

1-7 编译方式和解释方式对源程序的处理有什么区别？

1-8 为什么要对计算机系统进行层次划分？

1-9 软件系统一般包含哪些部分？试列出你熟悉的几种系统软件。

1-10 以你熟悉的一种计算机系统为例，列举出该系统所用的 CPU 型号、时钟频率、字长、内存容量、外存容量、所连接的 I/O 设备的名称等。

1-11 什么是控制流驱动？什么是数据流驱动？

1-12 你是否曾在计算机的机器指令级、操作系统级、汇编语言级或高级语言级上做过工作或练习，或调用过该级的功能？举出所做的工作或调用的功能名。

1-13 试分析微型机、小型机和大型机的特点。

1-14 有三款单核处理器 CPU1、CPU2 和 CPU3，它们执行一段相同的程序，各项指标如下。

处理器	时钟频率 *f*/GHz	CPI
CPU1	2	1.5
CPU2	1.5	1.0
CPU3	3	2.5

请回答下列问题：

（1）哪款处理器的综合性能更好？

（2）如果每款处理器执行程序都花费 10 秒钟，那么各自的时钟周期数和指令数各是多少？

（3）如果执行时间减少 30%会使 CPI 同步增加 20%，那么时钟频率应该至少是多少才能确保时间减少 30%？

1-15 CPU 的浮点运算能力常用 MFLOPS（每秒百万次浮点运算数）表示，定义为

$$\text{MFLOPS} = (\text{浮点运算的次数} \div \text{执行时间}) \div 10^6$$

程序代号	程序指令总数	与操作有关的指令比例			与操作等效的 CPI		
		读写	浮点	分支	读写	浮点	分支
P1	10^6	50%	40%	10%	0.75	1	1.5
P2	3×10^6	40%	40%	20%	1.25	0.7	1.25

假设 CPU 时钟频率为 3 GHz，且每条浮点指令平均执行 1 次浮点运算。现有如下两个程序，请计算：

（1）若每条浮点指令平均执行 1 次浮点运算，CPU 执行程序 P1 和 P2 时的 MFLOPS。

（2）CPU 执行程序 P1 和 P2 时的 MIPS。

（3）CPU 执行程序 P1 和 P2 时的执行时间。

第 2 章 数据的表示、运算和校验

计算机是处理信息的工具。要了解计算机的工作原理，首先需要了解计算机中信息的表示方法。计算机中的信息可分为两大类：一类是计算机处理的对象，泛称为数据，进一步分为数值型数据和非数值型数据（如字符、图像等）；另一类是控制计算机工作的信息，泛称为控制信息，基本依据是指令信息。

本章将介绍数值型数据的表示（原码、反码、补码和移码，定点数和浮点数）、字符型数据的表示、数据的运算方法和常见的数据校验规则等。

2.1 数值型数据

一个数值型数据的完整表示包含 3 个方面：① 采用什么进位计数制，通俗地讲，就是逢几进位；② 如何表示一个带符号的数，即如何使符号数字化，这就涉及机器数的编码方法，常用的有原码和补码；③ 小数点如何处理，即定点法和浮点法。

2.1.1 进位计数制

用若干数位的组合去表示一个数，形成一串代码序列（如 $X_n X_{n-1} \cdots X_0$）。如果从 0 开始计数以得到各种数值，就存在一个由低位向高位进位的问题，这种按一定进位方式计数的数制称为进位计数制，简称进位制。我们也可以将它展开为多项式，这种形式能清晰地表明各数位之间的关系，可由此寻找各种进位制之间的转换规律。这种多项式的通式可写为

$$(S)_r = X_n R^n + X_{n-1} R^{n-1} + \cdots + X_0 R^0 + X_{-1} R^{-1} + X_{-2} R^{-2} + \cdots + X_{-m} R^{-m} = \sum_{i=-m}^{n} X_i R^i \qquad (2\text{-}1)$$

其中包含 $n+1$ 位整数及 m 位小数，X_i 为 $0,1,\cdots,r-1$ 中的一个整数。

数的进位制涉及两个概念：基数 r 和各数位的权值 r^i，是构成某种进位制的两个基本要素。基数 r 是进位制中会产生进位的数值，等于每个数位中允许的最大数码值（r–1）加 1，也就是数位中允许选用的数码个数。例如十进制，每个数位允许 0～9 这 10 个数中的某一个，基数 r=10。各数位中允许选用的最大数码值为 9，再加 1 就会逢 10 进位，因此基数为 10。

数码处在不同的数位上时，它所代表的数值不同。例如在十进制中，个位的 1 表示 10^0，而百位上的 1 则表示 10^2。因此在进位制中每个数位都有自己的权值，它是一个与所在数位相关的常数，称为该位的位权，简称为权。该位数码所表示的数值等于该数码本身的值乘以该位的权值。显然，各数位的权值是不同的。例如十进制数，从小数点往左，整数部分的位权依次是 10^0，10^1，10^2，…；从小数点往右，小数部分的位权依次是 10^{-1}，10^{-2}，…。在十进制数 139 中，十位上的数值等于 3×10^1。不难看出，相邻两位的权值之比恰好等于基数 r，如 $10^2/10^1=10$。

1．计算机中常用的进位制

在日常生活和数学运算中，我们一般采用十进制数的形式表示数值，因此在编程中也采用十进制数的形式表示数值型数据。但计算机硬件采用二进制数的形式，即用 0、1 代码表示数字。这就需要进行十进制数与二进制数之间的转换。为了与日常使用的十进制数相衔接，计算机中也可以部分采用“二－十”进制，即用 4 位二进制数来表示 1 位十进制数。程序与数据需存入计算机的存储器。存储器分为许多存储单元（编址单元），为各单元分配地址码，编程时常用八进制数或十六进制数表示地址码。实际上，八进制数和十六进制数都可以视为二进制数的一种缩写形式。本节将分别说明几种进位制的表示方法，然后讨论它们之间的相互关系和转换方法。

1）二进制

在二进制中，每个数位仅能选择 0、1 这两个数码中的一个（非 0 即 1），逢 2 进位或借 1 当 2，基数 r=2。

若采用代码序列形式，其通式可写为$(X_n X_{n-1} \cdots X_0.X_{-1} X_{-2} \cdots X_{-m})_2$。代码序列本身只给出了各数位的数码，而基数及各位的权值都是隐含约定的，为了区别于其他进位制，可给代码序列加上括号，在括号下标处注明基数值。

若采用多项式形式，则基数值与各数位的权值均包含在多项式中。可由式(2-1)导出二进制数的通式如下：

$$
\begin{aligned}
(S)_2 &= X_n 2^n + X_{n-1} 2^{n-1} + \cdots + X_0 2^0 + X_{-1} 2^{-1} + X_{-2} 2^{-2} + \cdots + X_{-m} 2^{-m} \\
&= \sum_{i=-m}^{n} X_i 2^i \qquad (x_i \text{为 0 或 1})
\end{aligned} \tag{2-2}
$$

式(2-2)的基数为2，$(S)_2$表示一个二进制数S。整数共n+1位，对应代码序列$X_n X_{n-1} \cdots X_0$，X_0的位权是2^0，X_n的位权是2^n。小数共m位，对应代码序列$X_{-1} X_{-2} \cdots X_{-m}$，$X_{-1}$的位权是$2^{-1}$，$X_{-m}$的位权是$2^{-m}$。

【例 2-1】 $(101.01)_2 = 1\times2^2 + 0\times2^1 + 1\times2^0 + 0\times2^{-1} + 1\times2^{-2} = (5.25)_{10}$。

2）八进制

在八进制中，每位可选用的数码有 8 个：0～7。逢 8 进位，基数r=8。

八进制数的多项式形式为：

$$
(S)_8 = X_n 8^n + X_{n-1} 8^{n-1} + \cdots + X_0 8^0 + X_{-1} 8^{-1} + X_{-2} 8^{-2} + \cdots + X_{-m} 8^{-m} \tag{2-3}
$$

式(2-3)表明了八进制数的基数值r=8，各位的位权为8^i。

【例 2-2】 $(703.64)_8 = 7\times8^2 + 0\times8^1 + 3\times8^0 + 6\times8^{-1} + 4\times8^{-2} = (451.8125)_{10}$。

在例 2-2 中，703.64 是一个八进制数的代码序列，给出了它的多项式，451.8125 是转换为十进制数后的代码序列。

八进制数与二进制数之间可以分段对应转换，即用 3 位二进制数对应 1 位八进制数，因而又称为“二－八”进制数。一位八进制数可表示的最大值是 7，而 3 位二进制数可表示的最大值也是 7。当由二进制数转换为八进制数时，整数部分自小数点向左、小数部分自小数点向右，每 3 位一段，然后分段转换为对应的八进制数。反之，当由八进制数转换为二进制数时，将每 1 位八进制数转换为 3 位二进制数即可。

【例 2-3】 $(703.64)_8 = (111000011.110100)_2$。

3）十六进制

在十六进制中，每位可选用的数码共 16 个，相当于十进制中的 0～15，书写为 0、1、…、8、9、A、B、C、D、E、F，逢 16 进位，基数r=16。

十六进制数的多项式形式为

$$
(S)_{16} = X_n 16^n + X_{n-1} 16^{n-1} + \cdots + X_0 16^0 + X_{-1} 16^{-1} + X_{-2} 16^{-2} + \cdots + X_{-m} 16^{-m} \tag{2-4}
$$

式(2-4)表明了十六进制数的基数值为 16，各位的位权为16^i。

【例 2-4】 $(\mathrm{BC3.89})_{16} = 11\times16^2 + 12\times16^1 + 3\times16^0 + 8\times16^{-1} + 9\times16^{-2} \approx (3011.535)_{10}$。

在例 2-4 中，BC3.89 是一个十六进制数的代码序列，给出了它的多项式，3011.535 是转换为十进制数后的代码序列。十六进制数的标注方法还有一种，即以 H 为后缀，如 BC3.89H。

与八进制数类似，十六进制数与二进制数之间也可以分段对应转换，即用 4 位二进制数对应 1 位十六进制数，因而又称为“二－十六”缩写。1 位十六进制数可表示的最大值是 15，而 4 位二进制数可表示的最大值也是 15。当由二进制数转换为十六进制数时，整数部分自小数点向左、小数部分自小数点向右，每 4 位一段，然后分段转换为对应的十六进制数。反之，当由十六进制数转换为二进制数时，将每 1 位十六进制数转换为 4 位二进制数即可。

【例 2-5】 $(BC3.89)_{16} = (101111000011.10001001)_2$。

4）二 - 十进制

日常生活中人们习惯使用十进制数，但计算机内部以二进制数表示为基础，那么计算机如何对十进制数进行运算处理呢？有两种方法可供选择。

一种方法是在编写程序时使用十进制数，输入计算机后，用“十翻二”程序将运算结果转换为二进制数处理，再用“二翻十”程序将运算结果转换为十进制数，以供输出。如果计算机需处理的是科学计算任务，原始数据量不大而运算处理比较复杂，就可以采取这种方式。

另一种方法是采用“二 - 十”进制表示，即用 4 位二进制数表示 1 位十进制数。这种用二进制编码表示十进制数的编码方法称为 BCD（Binary Coded Decimal）码。那么，1 位十进制数又用什么样的二进制编码来表示呢？最常用的方法是取常规二进制中 0～9 这 10 种编码去对应十进制数 0～9。从高位起，这 4 位的位权依次为 2^3、2^2、2^1、2^0，即 8、4、2、1，所以这种二 - 十进制编码又称为“8421 码”。从每位二进制码看，基数为 2。但从二 - 十进制码（4 位二进制码）看，与常规十进制数相同，只允许选用 0～9 中的一个，逢 10 进位，基数为 10。如果计算机处理的是数据统计（如财务管理）类任务，原始数据量大而计算处理比较简单，可以在编程时采用十进制数，而在计算机内部采用“二 - 十”进制数。十进制数与二 - 十进制数之间可以分段对应，可用简单的硬件电路实现转换。

【例 2-6】 $(137)_{10}=(000100110111)_{BCD}$。

当由十进制数转换为二 - 十进制数时，自高位起，将各位十进制码分别用 4 位二进制码代换。由二 - 十进制数转换为十进制数时，从高位或从低位起每 4 位一组，分别将各组的 4 位二进制码直接转换为十进制码。

表 2-1 给出了 4 位二进制数与其他进位制数之间的对应关系。

表 2-1 常用进位制之间的对应关系

十进制数	二进制数	八进制数	十六进制数	二 - 十进制数
0	0000	0	0	0000
1	0001	1	1	0001
2	0010	2	2	0010
3	0011	3	3	0011
4	0100	4	4	0100
5	0101	5	5	0101
6	0110	6	6	0110
7	0111	7	7	0111
8	1000	10	8	1000
9	1001	11	9	1001
10	1010	12	A	00010000
11	1011	13	B	00010001
12	1100	14	C	00010010
13	1101	15	D	00010011
14	1110	16	E	00010100
15	1111	17	F	00010101

如前所述，在编写程序时，通常用十进制数表示数值，用十六进制数或八进制数表示地址码。在计算机内部硬件操作时，用二进制数或二－十进制数表示数值，用二进制表示地址码。

2．各种进位制之间的相互转换

上述进位制可以分为两组。一组是二进制、八进制、十六进制，它们之间可以分段对应转换，比较简单。另一组是十进制、二－十进制，它们之间也可以分段对应转换。两组之间则需通过二进制与十进制的转换来实现。例如，将一个十六进制数转换为二－十进制数，可先将这个十六进制数转换为二进制数，再将二进制数转换为十进制数，最后转换成二－十进制数。所以，进位制之间的转换重点是要解决二进制与十进制之间的转换问题。

二进制数与十进制数之间不存在简单的分段对应关系，需要分成整数和小数两部分，分别按相应转换算法进行整体转换。由于多项式形式比代码序列形式的数学关系更明确，因此以式(2-2)为基础去寻找转换规律。基本思路是，按位权关系逐位分离（由十进制数转换为二进制数），或各位相加（由二进制数转换为十进制数）。

1）十进制整数转换为二进制整数

为了实现按权逐位分离，通常有下述两种方法可供选择。

（1）减权定位法

若转换后的二进制数代码序列为 $X_n X_{n-1} \cdots X_0$，则从高位起，将十进制数依次与二进制数各位的权值进行比较，若够减，则对应位 $X_i = 1$，减去该位权值后，继续往下比较；若不够减，则对应位 $X_i = 0$，越过该位后，继续往下比较；如此继续，直到所有二进制位的位权都比较完毕为止。

【例 2-7】 将 $(116)_{10}$ 转换为二进制数。

因为 128 > 116 > 64，所以从权值 64 开始比较。

减权比较	X_i	位权
116 − 64 = 52	1	64
52 − 32 = 20	1	32
20 − 16 = 4	1	16
4 < 8	0	8
4 − 4 = 0	1	4
0 < 2	0	2
0 < 1	0	1

转换结果：$(116)_{10} = (1110100)_2$。

注意：第一步求得的是最高位；差值为 0 时不一定是比较结束，必须对全部二进制数位都比较完毕（比较到位权为 1）。

减权定位法的思路是：从高位起，由十进制数中逐位分离出二进制数位。这种方法比较直观，适于手算；但各步骤操作不统一，程序实现较烦琐。

（2）除基取余法

分析二进制数的多项式形式会发现：将式(2-2)的整数部分除以二进制的基数 2，得到

$$\frac{S}{2} = (X_n 2^{n-1} + X_{n-1} X^{n-2} + \cdots + X_1 2^0) + \frac{X_0}{2} \tag{2-5}$$

显然，式(2-5)的括号内是除 2 操作后得到的商，而 X_0 是余数。若余数为 0，表明 $X_0 = 0$；若余数为 1，则表明 $X_0 = 1$。继续对商除以基数 2，可依次判定多项式的各项系数（二进制代码序列的各位）$X_1 \sim X_n$。

由此得到除基取余法的转换方法：将十进制整数除以 2，所得余数作为对应的二进制数低

位的值；继续对商除以 2，所得的各次余数就是二进制数的各位值；如此进行，直到商等于 0 为止。注意，最后一项余数为二进制数最高位的值。

【例 2-8】 将 $(116)_{10}$ 转换为二进制数。

除以 2		余数	二进制数位
2 | 116			
2 | 58	……	0	$X_0 = 0$
2 | 29	……	0	$X_1 = 0$
2 | 14	……	1	$X_2 = 1$
2 | 7	……	0	$X_3 = 0$
2 | 3	……	1	$X_4 = 1$
2 | 1	……	1	$X_5 = 1$
0	……	1	$X_6 = 1$

转换结果：$(116)_{10} = (1110100)_2$。

除基取余法也是一种逐位分离法。与减权定位法不同，它从整数部分的低位开始分离，通过除以基数实现。由于每步都是重复执行除 2 运算，各步操作统一，适于编程实现。当然，由于计算机中并无真正的十进制数，只能用二－十进制数来代替十进制数，编程实现的实际上是二－十进制数到二进制数的转换，因此其具体的实现方法也略有不同。

2）十进制小数转换为二进制小数

（1）减权定位法

与整数转换所用的减权定位法相似，也是自高位起按位权逐位分离。但转换后得到的二进制小数其位数可能很长，究竟在小数点后取多少位呢？这要根据规定的字长或实际需要的精度来决定。

【例 2-9】 将 $(0.635)_{10}$ 转换为二进制小数。

减权比较	X_i	位权
$0.635 - 0.5 = 0.135$	1	0.5
$0.135 < 0.25$	0	0.25
$0.135 - 0.125 = 0.010$	1	0.125

转换结果：$(0.635)_{10} = (0.101\cdots)_2$。

（2）乘基取整法

将式(2-2)的小数部分单独写出，即

$$S = X_{-1}2^{-1} + X_{-2}2^{-2} + \cdots + X_{-m}2^{-m}$$

等式两边同乘以基数 2，得到

$$2S = X_{-1} + (X_{-2}2^{-1} + \cdots + X_{-m}2^{-m+1}) \tag{2-6}$$

显然，式(2-6)的括号内仍为小数；若 $2S$ 出现整数部分，则表明 X_{-1} 为 1；若 $2S$ 仍为小数，则表明 X_{-1} 为 0。继续对小数部分乘以基数 2，根据各次乘积是否出现整数部分，依次判定 $X_{-2} \sim X_{-m}$。

由此得到乘基取整法的转换规则：将待转换的十进制小数乘以基数 2，所得的整数部分就是二进制小数的高位值；继续对所余小数部分乘以基数 2，所得的整数部分就是次高位值；如此继续，直到乘积的小数部分为 0，或已满足所需精度要求为止。

【例 2-10】 将 $(0.625)_{10}$ 转换为二进制小数。

小数部分乘以 2	整数部分
0.625×2 = 1.25	1
0.25×2 = 0.5	0
0.5×2 = 1	1

转换结果：$(0.625)_{10} = (0.101)_2$。

前面已经指出，将十进制数转换为二进制数采取的基本思路是：按二进制位权逐位分离出二进制数位，然后进行转换。转换有两种方法。一是在减权定位法中，不论是整数还是小数，都是从二进制数高位起逐位分离。二是基于与基数的乘、除运算，就要从小数点起分别向两边延伸，即分成整数和小数分别转换。对整数部分是从二进制数低位开始，通过除基取余法进行分离。对小数部分是从二进制数高位开始，通过乘基取整法进行分离。

3）二进制整数转换为十进制整数

（1）按权相加法

将二进制数展开成多项式求和的形式，即引入各位的权值，按各位的权与系数求出各项的数值，然后相加，就得到转换结果。

【例 2-11】 $(1011)_2 = 1\times 2^3 + 0\times 2^2 + 1\times 2^1 + 1\times 2^0 = (11)_{10}$。

这种方法比较直观，适于手算，但各位权值不同，所以各步操作不统一，程序实现较烦琐。

（2）逐次乘基相加法

将式(2-2)的整数部分改写：

$$\begin{aligned} S &= X_n 2^n + X_{n-1} 2^{n-1} + \cdots + X_1 2^1 + X_0 2^0 \\ &= \{[(X_n\times 2 + X_{n-1})\times 2 + X_{n-2}]\times 2 + \cdots\}\times 2 + X_0 \end{aligned} \tag{2-7}$$

从式(2-7)可以推导出逐次乘基相加法的转换过程如下：从二进制的最高位开始，乘以基数 2，然后与次高位也就是相邻低位相加；所得结果再乘以基数 2，再与相邻低位相加；如此继续，直到加上最低位为止，所得就是最后结果。

【例 2-12】 将$(1011)_2$转换为十进制数。

1×2+0=2

2×2+1=5

5×2+1=11

转换结果：$(1011)_2 = (11)_{10}$。

由式(2-2)可知，相邻两位权值之比等于基数。逐次乘基法就是根据这一点，对高位乘以基数之后就能与相邻低位相加了，而逐次乘以基数后就能让各位恢复原来的权值。与直接按位权实现各位相加的方法相比，逐次乘基相加法的各步操作统一，更适于编程实现。

4）二进制小数转换为十进制小数

（1）按权相加法

小数转换的按权相加法与整数转换的按权相加法相同。

【例 2-13】 $(0.1011)_2 = 1\times 2^{-1} + 0\times 2^{-2} + 1\times 2^{-3} + 1\times 2^{-4} = (0.6875)_{10}$。

（2）逐次除基相加法

将式(2-2)的小数部分改写为

$$\begin{aligned} S &= X_{-1} 2^{-1} + X_{-2} 2^{-2} + \cdots + X_{-m} 2^{-m} \\ &= 2^{-1}\times\{X_{-1} + 2^{-1}\times[X_{-2} + \cdots + 2^{-1}\times(X_{-m+1} + 2^{-1} X_{-m})]\} \end{aligned} \tag{2-8}$$

从式(2-8)可以推导出逐次除基相加法的转换过程如下：从二进制数的最低位开始，除以基数 2 之后与次低位（相邻高位）相加，所得结果再除以 2；所得结果继续与相邻高位相加，再除以 2；如此继续，直到与小数点后的第一位相加并除以 2 为止。

【例 2-14】 将 $(0.1011)_2$ 转换为十进制小数。

$$(1 + 1\times2^{-1})\times2^{-1} = 0.75$$

$$(0 + 0.75)\times2^{-1} = 0.375$$

$$(1 + 0.375)\times2^{-1} = 0.6875$$

转换结果：$(0.1011)_2 = (0.6875)_{10}$。

同样根据“相邻两位权值之比等于基数值”，与整数不同，小数部分位权值 2^i 中的 i 是负值，因此小数部分的转换采取从最低位开始逐次除基相加方法。除以基数 2 后再与相邻高位相加，而逐次除以基数后，就能让各位恢复原来的权值。

至此，我们对每种转换都提供了两种方法：第一种方法比较直观，适于手算；第二种方法各操作统一，更适于编程实现。当然，在具体实现上允许有一些变化。

2.1.2 带符号数的表示

首先，我们来定义两个术语：真值、机器数。在日常的书写习惯中，往往用正、负符号加绝对值表示数值，用这种形式表示的数值称为真值。例如，用十进制数表示的真值 139、-139，用二进制数表示的真值 1011、-1011 等。编程时常采用真值形式表示数值。

在计算机内部使用的，连同数符一起数字化的数被称为机器数（一般是指补码格式的数）。在由真值转换为计算机硬件能够直接识别、处理的机器数时，需要解决 3 个问题：① 只能采用二进制数，每位数码非 0 即 1；② 将符号位数字化，如用 0 表示正号，用 1 表示负号；③ 采用什么编码方法表示数值。相应地，机器数可以有 4 种码制：原码、补码、反码和移码，其中比较常用的是补码和原码，CPU 一般支持补码运算和原码运算。

1. 原码表示法

原码表示法约定：让数码序列的最高位为符号位，符号位为 0 表示该数为正，为 1 表示该数为负；数码序列的其余部分为有效数值，用二进制数绝对值表示。换句话说，原码表示法是数码化的符号位加上数的绝对值。根据该约定，可分别得到纯小数（定点小数）与纯整数（定点整数）的原码定义式如下。若定点小数的原码序列为 $X_0.X_1X_2\cdots X_n$，则

$$[X]_{原}=\begin{cases}X, & 0\leqslant X<1\\1-X=1+|X|, & -1<X\leqslant0\end{cases} \tag{2-9}$$

其中，X 表示真值，$[X]_{原}$ 为用原码表示的机器数，可简写为 $X_{原}$。当 X 为正时，$X_{原}$ 与 X 相同，即 $X_{原}$ 中的符号位为 0，再加上小数部分的绝对值。当 X 为负时，$X_{原}=1+|X|$，即 $X_{原}$ 中的符号位为 1，再加上小数部分的绝对值。在小数的原码中，符号位 X_0 固定为小数点左边的一位。式(2-9)中的符号位被赋予位权 2^0。

【例 2-15】 若 $X=+0.1011$，则 $X_{原}=0.1011$。

【例 2-16】 若 $X=-0.1011$，则 $X_{原}=1.1011$。

若定点整数的原码序列为 $X_nX_{n-1}\cdots X_0$，其中 X_n 表示符号位，则

$$[X]_{原}=\begin{cases}X, & 0\leqslant X<2^n\\2^n-X=2^n+|X|, & -2^n<X\leqslant0\end{cases} \tag{2-10}$$

当 X 为正时，$X_{原}$ 与 X 相同，即符号位为 0。当 X 为负时，$X_{原}=2^n+|X|$，即符号位 X_n 为 1 再加上整数部分的绝对值。注意，在整数的原码中，符号位 X_n 是数码序列中最高位，对应 n+1 位整数数码序列，式(2-10)中为符号位 X_n 赋予位权 2^n。

【例 2-17】 若 $X=+1011$，则 5 位字长的 $X_{原}=01011$，而 8 位字长的 $X_{原}=00001011$。

【例 2-18】 若 $X=-1011$，则 5 位字长的 $X_{原}=11011$，而 8 位字长的 $X_{原}=10001011$。

对于某种计算机，硬件的基本字长固定，即对机器数位数有约定。在小数中，符号位是最高位，位于小数点的左边；有效数值占据高位部分，紧跟小数点之后；若机器数的字长大于有效数值位数，则所余低位中数码为 0，书写时可以略去，参见例 2-15 和例 2-16。对于整数，符号位仍是最高位，但有效数值占据低位部分，若机器数的字长大于有效数值位数，则所余的高位段（符号位与有效数值之间）必须补充数码 0，参见例 2-17 和例 2-18。

2．补码表示法

为了克服原码表示法在加、减运算中的缺点，引入了补码表示法，并以此作为加、减运算的基础。引入补码表示法的目的是：让符号位也作为数值的一部分直接参与运算，以简化加、减运算的规则，又能化减为加。下面通过两个例子说明补码的实际含义。

例如，时钟以 12 为一个计数循环，在有模运算中称为“以 12 为模”。13 点舍去模 12 后，就是 1 点。从 0 点位置出发，沿反时针方向将时针拨动-1 格（-1 点），等同于沿顺时针方向拨动 11 格（11 点）。换句话说，在以 12 为模的前提下，-1 可以映射为+11，如图 2-1 所示。由此我们得到启发：在有模运算中，一个负数可以用一个与它互为补码的正数来代替。

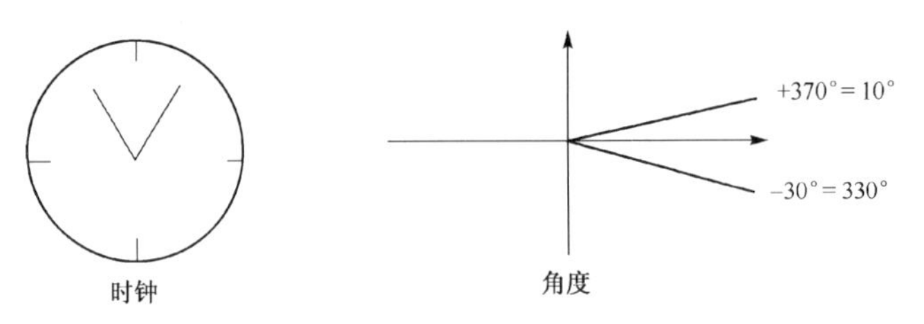

图 2-1 补码思想示意

又如，角度的表示方法。在讨论三角函数时，将 360°分为 0～+180°（正域）和 0～–180°（负域），以 360°为一个计数循环。在以 360°为模的前提下，370°可认为是 10°，即 370°–360°=10°；而–30°可以映射为 330°，即 360°–30°=330°。在这个例子中，模值与正、负域范围之间的关系与计算机中补码表示非常相似。补码定点小数的表示范围为–1～+1，以 2 为模。

计算机的寄存器与运算部件都有一定的字长限制，比如一定位数的计数器，在计满后会产生溢出，又从头开始计数。产生溢出的最大量就是计数器的模，相当于时钟例子中的模 12。因此，计算机中的运算也是一种典型的带模运算，比如在以 2 为模的前提下表示–1～+1 之内的小数，也可以实现正、负数之间的互补性映射。

1）补码定义

补码的统一定义式为

$$X_{补}=(X+M)\bmod M \tag{2-11}$$

其中，模为 M，X 是真值；$[X]_{补}$是数 X 的补码，或称为 X 对模 M 的补数，也可简写为 $X_{补}$。

若 $X\geqslant 0$，则式(2-11)中的模 M 可作为溢出量舍去，如时钟例中舍去模 12 一样，则 $X_{补}=X$。若 $X<0$，则 $X_{补}=M+X=M-|X|$。

式(2-11)是一个对正负数都适用的二进制补码统一定义公式，由它可以进一步推导出二进制定点小数与定点整数的补码定义。

定点小数的补码定义式：若定点小数的补码序列为 $X_0.X_1X_2\cdots X_n$，其溢出量为 2^1（注意：符号位 X_0 的权值是 2^0），因此以 2 为模。

$$[X]_{补}=\begin{cases}X, & 0\leqslant X<1\\ 2+X=2-|X|, & -1\leqslant X<0\end{cases} \tag{2-12}$$

【例 2-19】 若 $X=0.1011$，则 8 位字长的 $X_{补}$=0.1011000 。

因为 X 是正数，所以 $X_{补}=X$ 。对于 8 位字长，低位补 0；对于正数，补码与原码相同。

【例 2-20】 若 $X=-0.1011$，则 $X_{补}=2-0.1011=1.0101$，写成 8 位字长，$X_{补}$=1.0101000 。

因为 X 是负数，所以 $X_{补}=2-|X|$，因此得到的结果中符号位为 1，但它是根据式(2-12)计算得到的。相应地，小数点之后的部分在形式上与原码、绝对值不同。

定点整数的补码定义式：若定点整数的补码序列为 $X_nX_{n-1}\cdots X_1X_0$，即连同符号位有 n+1 位，其溢出量为 2^{n+1}（注意：符号位 X_n 的权值是 2^n），因此以 2^{n+1} 为模。

$$[X]_{补}=\begin{cases}X, & 0\leqslant X<2^n\\ 2^{n+1}+X=2^{n+1}-|X|, & -2^n\leqslant X<0\end{cases} \tag{2-13}$$

【例 2-21】 若 X=1011，则 5 位字长的 $X_{补}$=01011，而 8 位字长的 $X_{补}$=00001011。当机器数字长超出有效数值的位数时，高位部分补 0。

【例 2-22】 若 $X=-1011$，则 5 位字长的 $X_{补}$=100000－1011=10101，而 8 位字长的 $X_{补}$= 100000000–1011＝11110101。注意，当机器数字长超出有效数值的位数时，高位部分补 1。

2）由真值、原码转换为补码

通常，在编程时用真值来表示数值，经过编译、解释后转换成用原码或补码表示的机器数，这就存在一个转换方法的问题。如果由真值转换为补码，就可以先按真值写出其原码（加上符号位），再由原码转换为补码。虽然可以根据补码定义式由真值求得补码，但只要比较原码与补码之间在形式上的差异，就可以找到几种更简便、实用的方法。

（1）正数的补码表示与原码相同

【例 2-23】 若 $X_{原}$=0.1010，则 $X_{补}$ = 0.1010 。

（2）负数原码转换为负数补码的方法之一

符号位保持为 1 不变，其余各位先变反，然后在末位加 1（在定点小数中，末位加 1 相当于数值加 2^{-n}）。这个方法可以简称为“变反加 1”。

【例 2-24】 若 $X_{原}$=1.1010，求 $X_{补}$=?

$X_{原}$=	1.1010
尾数变反	1.0101
末位加 1	+ 1
$X_{补}$ =	1.0110

注意：通常将除符号位外的有效数值部分称为尾数。

（3）负数原码转换为负数补码的方法之二

符号位保持为 1 不变，尾数部分自低位向高位，第一个 1 及其以前的各低位 0 都保持不变，以后的各高位则按位变反。

【例 2-25】 若 $X_{原}=1.1010$，求 $X_{补}=?$

$X_{原}=$	1.	10	10
$X_{补}=$	1.	01	10
	不变	变反	不变

这两种方法获得的结果与根据补码定义式(2-13)所得的结果一致，但更简便。计算机中更多采用第一种方法实现负数原码到补码的编码，即先用寄存器执行代码反相输出，再通过加法器在末位加 1。此外，也有一些专用的串行编码逻辑电路也采用第二种编码方式。

3）由补码表示转换为原码和真值

计算机运算结果常为补码表示，但负数的补码不直观，需要转换为真值形式或比较直观的原码表示。如前所述，正数补码与原码相同，不需要转换。由负数补码转换为原码则可采取上述两种方法之一，对补码再次进行补码表示即可。

【例 2-26】 若 $X_{补}=1.0110$，求 $X_{原}$ 与真值。

$X_{补}=$	1.0110
尾数变反	1.1001
末位加 1	+ 1
$X_{原}=$	1.1010
真值	–0.1010

【例 2-27】 同上例，用另一种方法求 $X_{原}$ 与真值。

$X_{补}=$	1.	0 1	1 0
$X_{原}=$	1.	1 0	1 0
	不变	变反	不变
	真值	–0.1010	

以上 4 个例子都是以小数为例讨论转换方法，整数的转换方法也与之相同，请读者自行通过实例进行深入分析和理解。

4）讨论

我们沿数轴列出真值、原码、补码三者的一些典型值，如图 2-2 所示，其中给出了一些典型的真值，并在对应位置标明原码与补码的数码序列。

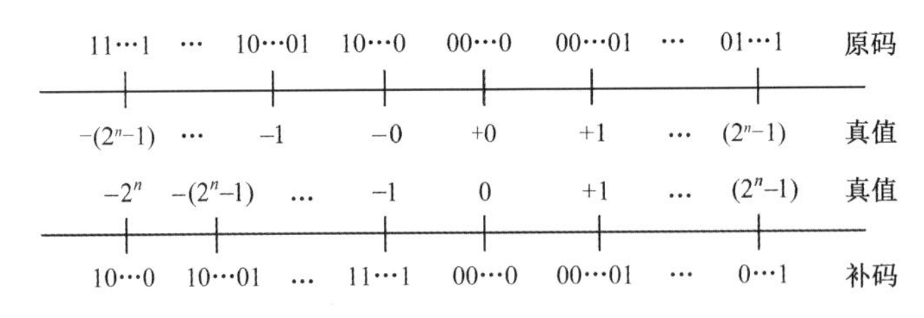

图 2-2 真值、原码、补码之间的对应关系

分析前面的式(2-9)、式(2-10)和图 2-2，可以得出以下结论。

① 在原码表示中，真值 0 可以有两种表示形式，可分别称为+0 与–0。以小数为例：

$$[+0]_{原}=0.00\cdots0$$

$$[-0]_{原}=1.00\cdots0$$

它们的真值含义相同。

② 对于原码小数，表示范围$-1<X<1$；对于整数原码 $X_nX_{n-1}\cdots X_1X_0$，表示范围 $-2^n<X<2^n$。

③ 符号位不是数值的一部分，是人为地约定“0 正 1 负”。所以，在原码运算中，需将符

号位与有效数值部分分开处理，也就是取数的绝对值进行运算（又称为无符号数运算），而把符号位单独处理。这一点请务必注意。

因为数值是用绝对值表示的，所以原码表示很直观，用原码实现乘除运算也比较方便。但是用原码进行加、减运算比较复杂，它的实际操作要由操作性质（加还是减）和两个数的数符综合决定，如 3-(-2)=？表面上是要做减法运算，但由于减数是负数，因此实际操作是 3+2。

根据式(2-12)、式(2-13)和图 2-2，我们可以得出如下结论。

① 在补码表示中仍以最高位作为符号位，“0 正 1 负”，这点与原码相同。但补码的符号值由补码定义式计算而得，它是数值的一部分，可以与尾数一起直接参与运算，不需要单独处理。例如，负小数补码中符号位 X_0 为 1，这个 1 是真值 X（负）加模 2 后产生的。

② 在补码表示中，数值 0 只有一种表示，即 00…00。图 2-2 清楚地表明了这点。请注意补码定义式(2-12)、式(2-13)与原码定义式(2-9)、式(2-10)在数域划分上的一点细微差别。例如，式(2-9)中对原码小数负数域定义是 $-1 < X \leqslant 0$，而式(2-12)中对补码小数负数域则定义为 $-1 \leqslant X < 0$。也就是说：在原码中有“–0”，而补码中没有“–0”。

③ 从补码定义式与原码定义式数域划分的比较中还可发现：负数补码的表示范围比原码稍宽一点，即多一种组合。根据图 2-2，整数原码表示中的绝对值最大负数是 $-(2^n-1)$，而补码表示中的绝对值最大负数是 -2^n，其代码序列是 10…00。

④ 将负数 X 的真值与其补码 $X_{补}$ 作映射图，可以进一步看出：负数补码表示的实质是将负数映射到正数域，因而可实现化减为加，达到简化运算的目的。

以定点整数为例，根据补码定义，可得如图 2-3 所示的映射关系。引入模 2^{n+1} 后，用 $X_{补}=2^{n+1}+X$ 表示负数 X，相当于将负数 X 正向平移 2^{n+1}，把负数 $X_{补}$ 映射到正域。于是，减一个正数（加一个负数）可被转化为加上一个数，这个数就是负数的补码映射。$X_{补}$ 中的符号位是映射值的最高数位，因此在补码运算中符号位可以与数值部分一起直接参与运算。

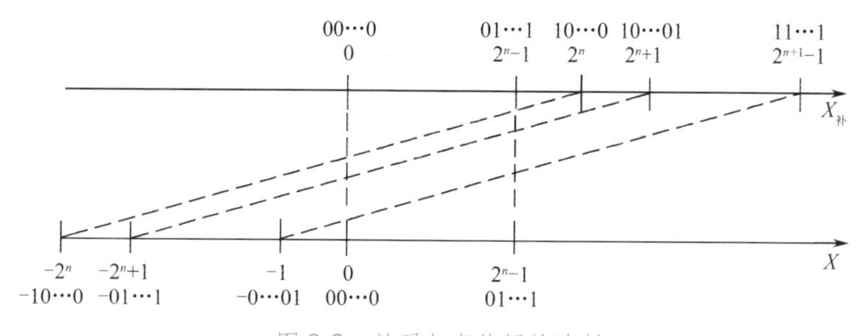

图 2-3　补码与真值间的映射

3. 反码表示法

除了前面介绍的原码和补码，还有一种机器数的表示方法即反码，约定如下：正数的反码表示与原码相同；负数反码的符号位为 1，尾数由原码尾数逐位变反。对比由原码转换为补码的方法，不难看出，在形式上，反码与补码的区别就是末位少加一个 1，由补码定义推得反码定义如下：

若定点小数的反码序列为 $X_0.X_1X_2\cdots X_n$，则

$$[X]_{反}=\begin{cases}X, & 0 \leqslant X < 1 \\ (2-2^{-n})+X, & -1 < X \leqslant 0\end{cases} \tag{2-14}$$

若定点整数的反码序列为 $X_n X_{n-1} \cdots X_1 X_0$，则

$$[X]_{反} = \begin{cases} X, & 0 \leqslant X < 2^n \\ (2^{n+1}-1)+X, & -2^n < X \leqslant 0 \end{cases} \tag{2-15}$$

【例 2-28】 若 $X_{原} = 0.1010$，则 $X_{反} = 0.1010$。

【例 2-29】 若 $X_{原} = 1.1010$，则 $X_{反} = 1.0101$。

4．移码（增码）表示

移码是一种常用于表示定点整数的码制，虽然没有显式的符号位，但它与符号数存在一一对应关系，是通过对符号数进行正向偏移以后得到的，因此可以把移码数看成一种隐藏了符号的特殊符号数。移码数避开了对符号位的处理，有利于通过电路快速比较两个数的大小。

若移码数 $X_{移}$ 的字长为 n 位，其代码序列记为 $X_n X_{n-1} \cdots X_1 X_0$，则

$$X_{移} = 2^{n-1} + X \quad (-2^{n-1} \leqslant X < 2^{n-1}) \tag{2-16}$$

其中的 X 是定点整数的真值。$X_{移}$ 相当于将 X 沿数轴正向平移 2^{n-1}，所以形象地将其称为移码，也可以理解成将 X 增加了 2^{n-1}，故又称为增码。

标准移码是把真值正向平移 2^{n-1}，但 IEEE 754 格式浮点数中使用到的移码是一种非标准移码数，由真值平移 $2^{n-1}-1$ 后得到，具体规则见下一节。如字长为 8 位，真值 $X=-32$，则标准移码 $X_{移} = 2^7 - 32 = 96 = 01100000$，IEEE 754 的非标准移码 $X_{移} = 2^7 - 1 - 32 = 95 = 01011111$，两者的直接代码值相差 1。

【例 2-30】 某补码表示的浮点的数阶码（连同 1 位阶符）共 8 位，则阶码的真值表示范围为$-128 \leqslant X \leqslant 127$。若将阶码的真值 X 用移码来表示，则 $X_{移} = 2^7 + X$，即 $0 \leqslant X_{移} \leqslant 255$。此浮点数的阶码真值 X 与长度为 8 位的原码、移码和补码之间的对应关系如表 2-2 所示。

表 2-2　真值、标准移码、补码对照表

真值 X（十进制）	$X_{原}$	$X_{移}$	$X_{补}$
−128	超出表示范围	00000000	10000000
−127	11111111	00000001	10000001
…	…	…	…
−1	10000001	01111111	111111111
0	00000000/10000000	10000000	00000000
+1	00000001	10000001	00000001
…	…	…	…
+127	01111111	11111111	01111111

由表 2-2 可以直观地看出：

① 移码符号位为 0 时，X 为负；为 1 时，X 为正。这一点与原码、补码、反码的相反。

② 除了符号位相反，移码的其余各位与补码相同。这是由于 X 平移 2^7 得到了移码，而平移了 2^8（模值）才能得到补码。

③ 让 X 从−128 逐渐增至+127，相应地，$X_{移}$ 从 00⋯00 逐渐变化至 11⋯11，呈递增状。由此可见，采用移码能利用逐位电路快速比较正、负数的大小，比如+1 与−127 的比较。

2.1.3 定点数和浮点数

实际的数可能既有整数部分又有小数部分。众所周知，在进行加、减运算时需要先将两个数的小数点位置对准，然后才能加、减。这就提出了一个如何表示小数点位置的问题。根据小数点位置是否固定，在计算机中，数的格式又可分为定点表示、浮点表示两类。

1．定点表示法

在计算机中，小数点位置固定不变的数被称为定点数。为了处理方便，一般只采取三种简单的约定，相应地有三种类型的定点数。

1）无符号定点整数

无符号定点整数由于没有符号位，全部数位都被用来表示数值，因此它的表示范围比带符号定点整数更大，且它的小数点隐含在最低位之后，在数码序列中并不存在。

对于某一种数的表示方法，我们关心它的两项指标：一是表示范围，即这种方法能表示多大的数（正、负两个方向）；二是分辨率，即精细的程度（精度）。这就好像一把尺子一次测量的范围由其长度决定，而尺子的精度由它的最小刻度（是厘米还是毫米）决定。在分析出有关的典型值后，就可以得到这两项指标。

若无符号定点整数的代码序列为 $X_nX_{n-1}\cdots X_1X_0$，即 n+1 位正整数，则

典型值	真值	代码序列
最大正数	$2^{n+1}-1$	11…11
最小非零正数	1	00…01

由于是正数，原码形式与补码形式相同，两者之间没有区别，也不需要符号位，其表示范围为 0～$2^{n+1}-1$，相应的分辨率为 1。

对于正数域，由 0 至最大的正数就是其表示范围。非零的最小正数这一典型值就是其分辨率，它反映了这种表示方法的绝对精度。

2）带符号定点整数

带符号定点整数是纯整数，小数点在最低位之后，最高位为符号位。常用补码表示，也有采用原码表示的，因此在列出典型值与表示范围时需分成原码与补码来讨论。若带符号定点整数的代码序列是 $X_nX_{n-1}\cdots X_1X_0$，其中 X_n 是符号位，则

典型值	真值	代码序列
原码绝对值最大负数	$-(2^n-1)$	11…11
原码绝对值最小负数	-1	10…01
原码最小非零正数	+1	00…01
原码最大正数	2^n-1	01…11
补码绝对值最大负数	-2^n	10…00
补码绝对值最小负数	-1	11…11
补码最小非零正数	+1	00…01
补码最大正数	2^n-1	01…11

前面对原码与补码的分析讨论，很大程度上在这些典型值中得到体现。由绝对值最大的负数到最大正数，就是该码制定点整数的表示范围。因此得到：

原码定点整数表示范围：　$-(2^n-1)$～(2^n-1)

补码定点整数表示范围：　-2^n～(2^n-1)

原码、补码定点整数分辨率：　1

3）带符号定点小数

带符号定点小数是纯小数，用原码或补码表示，若代码序列为 $X_0.X_1X_2\cdots X_n$，最高位 X_0 是符号位，小数点位置在符号位之后。在原码中，$X_1X_2\cdots X_n$ 是数值的有效部分，常称为尾数，并将 X_1 称为最高数位或最高有效位，在补码中也沿用这种叫法。

典型值	真值	代码序列
原码绝对值最大负数	$-(1-2^{-n})$	1.1…11
原码绝对值最小负数	-2^{-n}	1.0…01
原码最小非零正数	2^{-n}	0.0…01
原码最大正数	$1-2^{-n}$	0.1…11
补码绝对值最大负数	-1	1.0…00
补码绝对值最小负数	-2^{-n}	1.1…11
补码最小非零正数	2^{-n}	0.0…01
补码最大正数	$1-2^{-n}$	0.1…11

相应地，对于 n+1 位定点小数 $X_0.X_1X_2\cdots X_n$，其表示范围与分辨率为：

原码定点小数表示范围：　　$-(1-2^{-n})\sim 1-2^{-n}$

补码定点小数表示范围：　　$-1\sim -(1-2^{-n})$

分辨率：　　2^{-n}

定点数的小数点位置是固定的，不需要设置专门的硬件或数位来表示它。换句话说，小数点本身并不存在，在书写定点小数的格式中标注小数点只是为了醒目而已，提醒你这是小数。所以，上述三种定点数是在程序中的一种隐含约定，在硬件上并无区别。编程者根据自己的需要，在程序中自行约定选择哪一种定点数格式。

不难想象，如果某个数据既有整数又有小数，要将它规范为某种定点数，就需要在程序中设置比例因子，才能将它缩小为定点小数或扩大为定点整数。运算后，再根据比例因子与实际经历的运算操作，将所得到的运算结果还原为实际值。

在描述定点小数序列时采用的顺序是 $X_0X_1\cdots X_n$，即 X_0 为最高位而 X_n 为最低位。在描述定点整数序列时采用的顺序是 $X_nX_{n-1}\cdots X_1X_0$，即 X_0 为最低位，X_n 为最高位。在这两种定点数中，X_0 位的权值都是 2^0，所以这种顺序是一类通式描述，与位数无关。计算机大多采取以定点整数为参考体系的定义方法，如定义 8 位数据线为 D_7～D_0（低），16 位地址线为 A_{15}～A_0（低）。但是在讨论运算方法时又常以小数为对象，再将所得到的运算方法推广到整数。这是因为定点小数补码以 2^1 为模，与位数无关，而定点整数的模 2^{n+1} 与位数有关。

定点数的表示范围有限，如果运算结果超出表示范围，就称为溢出；大于最大正数，就称为正溢；沿负的方向超出绝对值最大负数（或描述为小于定点数的最小值），就称为负溢。如果比例因子选择不当，如在变为定点小数时缩小比例不足，运算就可能产生溢出。因此，计算机硬件应具有溢出判断功能，一旦产生溢出，就立即转入溢出处理，调整比例因子。反之，在设置比例因子时，如果缩小比例过大，将会降低精度。

定点数比较简单，实现定点运算的硬件成本比较低。但在有限位数的定点数中，表示范围与精度这两项指标不易兼顾，选取比例因子的办法也比较麻烦。

2．浮点数的表示原理

通过前面的分析可以看出，不论是哪一种定点数，如果位数固定，那么它的表示范围和分辨率两项指标也就固定不变，不能根据实际需要而灵活改变，只能依靠外设比例因子的办法。

如果采取数字的科学表示法，并且将比例因子作为数的一部分也包含在数的内部，既能够按照实际需要表示数的大小，又能具有足够的相对精度，由此引出了数的浮点表示法。浮点数是一种小数点位置不固定、可随需要动态浮动的数。

1）浮点数的表示格式

先将数写成一种比例因子与尾数相乘的形式，而且比例因子采用指数形态，即

$$N = \pm R^E \times M \tag{2-17}$$

其中，N 为真值，R^E 为比例因子，M 是尾数。对于某种浮点格式，R 固定不变且隐含约定，因此浮点数代码序列中只需分别给出 E 和 M 这两部分（连同它们的符号）。相应地，浮点数的原理性表达格式就可以被表示成如图 2-4 所示的格式。

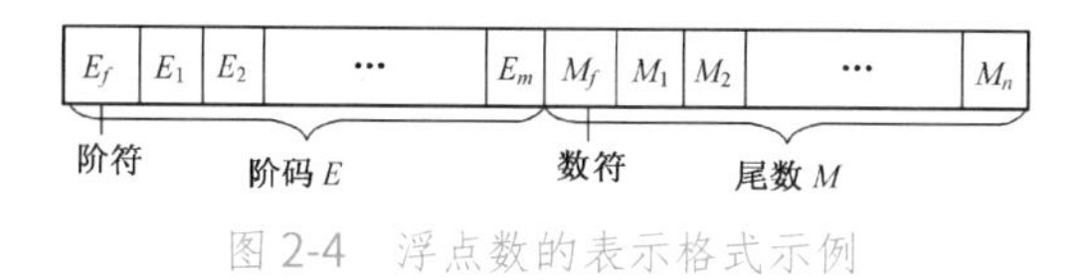

图 2-4　浮点数的表示格式示例

E 是阶码，也就是比例因子 R^E 的指数值，为带符号定点整数，可用补码或移码表示（有关移码的概念将在后面介绍）。若阶码 E 为正值，则表明尾数 M 将被扩大若干倍；若 E 为负值，则表明尾数 M 将被缩小。

R 是阶码的底数，与尾数 M 的基数相同。例如，尾数为二进制，基数为 2，则选择 R=2。如前所述，对于某一种浮点数格式，R 是隐含约定的一个值，因此不占用代码位。

式(2-17)中的 M 是浮点数的尾数，它是一个带符号的定点原码或补码小数。为了充分利用尾数部分的有效位数，使表示精度尽可能高，以及确保任何一个数用浮点数形式表示时其尾数的代码表示具有唯一性，一般对尾数 M 有规格化要求。

以 R=2 为基底，若浮点数用原码来表示，则尾数规格化的要求是使尾数的绝对值满足条件：$1/2 \leqslant |M| < 1$，而此时满足该条件的规格化尾数其最高有效位将始终为 1。

同样以 R=2 为基底，若浮点数用补码来表示，则尾数规格化的要求是使尾数的绝对值满足条件：$-1 \leqslant M < -1/2$ 或 $1/2 \leqslant M < 1$，此时规格化尾数的符号位与最高有效位刚好相反。当 $-1 \leqslant M < -1/2$ 时，规格化尾数的最高有效位将为 0；当 $1/2 \leqslant M < 1$ 时，规格化尾数的最高有效位将为 1。

对于正数，无论是用原码还是补码来表示，其规格化的特征是 $M_1 = 1$；对于原码表示的负数，其规格化的特征也是 $M_1 = 1$。但是，对于补码表示的负数，其规格化的特征却是 $M_1 = 0$。由此可见，我们可以根据尾数的正负性质、原码还是补码表示以及最高有效位 M_1 是 1 还是 0，来快速判定该尾数是否属于已经被规格化的尾数。

在分析尾数规格化时，–1 和–1/2 这两个特殊取值需要特别注意。用原码表示尾数时，M 不可能等于–1，而用补码表示时，M 可以等于–1。根据规格化的定义可知：用原码表示时，–1 不是规格化的尾数，而用补码表示时，–1 是规格化的尾数。同理，对原码表示而言，–1/2 是规格化的尾数；但对补码表示而言，–1/2 不是规格化的尾数。

注意：数符 M_f 决定了浮点数的正负性质，阶符 E_f 仅决定阶码自身的正负性质，同时表明阶符为正时需将尾数扩大，为负时需将尾数缩小。

2）表示范围与精度分析

浮点数的原理性表示格式见图 2-4，其中的阶码部分 m+1 位，含 1 位阶符，补码表示，以

2 为底；尾数部分 n+1 位，含 1 位数符，也是补码表示，规格化。

这种浮点数的典型值如表 2-3 所示，表示范围为 $-(2^{2^m-1}) \sim (2^{2^m-1})\times(1-2^{-n})$，最高分辨率为 $(2^{-2^m})\times(2^{-1})$。

表 2-3　浮点数的典型值

典 型 值	浮点数代码		真　值
	阶　码	尾　数	
最小的负数	011…111	1.00…000	$(2^{2^m-1})\times(-1)$
最大的负数	100…000	1.01…111	$(2^{-2^m})\times(-2^{-1}-2^{-n})$
最小的正数	100…000	0.10…000	$(2^{-2^m})\times(2^{-1})$
最大的正数	011…111	0.11…111	$(2^{2^m-1})\times(1-2^{-n})$

对于最大的正数或最小的负数，阶码应当是正的最大值，对应的补码代码为 01…1，真值是 2^m-1，但最小负数的尾数本身也应是最小负数，小数的补码可达–1，对应的补码为 1.0…0。最大正数的尾数本身也应是最大正数，小数的补码可达 $1-2^{-n}$，对应的代码为 0.1…1。对于最大的负数或最小的正数，它的阶码应当是绝对值最大的负数，对应的补码为 10…0，对应的阶码真值是 -2^m。注意：规格化尾数 M 的最小非零正值是 2^{-1}（不是 2^{-n}），而规格化尾数的最大负值是 $-2^{-1}-2^{-n}$，它并不等于 -2^{-1}。

在表 2-3 中，阶码的二进制代码是用补码来表示的，若改用移码表示，则代码序列中的阶符与用补码表示时的阶符相反，其余位全部相同。移码表示不会影响阶码的真值。

现在通过两个例子，对定点表示与浮点表示的两项指标进行对比。

【例 2-31】 若定点整数字长 32 位，含 1 位数符，补码表示，则此定点数的表示范围为 $-2^{31}\sim2^{31}-1$，分辨率为 1。

【例 2-32】 若某浮点数的字长为 32 位，其中阶码为 8 位，含 1 位阶符，补码表示，以 2 为底；规格化的尾数为 24 位，含 1 位数符，也用补码表示。则该浮点数的表示范围为 $-2^{127}\sim 2^{127}\times(1-2^{-23})$，这种格式浮点数的最高分辨率为 $1/2\times2^{-128}=2^{-129}$。

同样的字长，为什么浮点数的表示范围要比定点数大得多，分辨精度也高得多呢？其实，上面给出的分辨率 2^{-129} 是该浮点格式的最高分辨率，对应阶码为绝对值最大的负数（-128）、尾数为最小正数（0.5）时。当阶码值增大时分辨率将随之降低（值变大），而阶码值减少时分辨率随之提高（值变小）。例如，阶码真值为 23 时，分辨率为 1，即尾数改变一个最小量（2^{-23}）时，真值改变值为 1。事实上，要表示一个很大的数值时，分辨精度不会要求很高，如在计算天体之间的距离时就以光年为单位。当需要很高的分辨精度时，数值不会很大，如在半导体芯片加工中，控制精度要达到微米级或纳米级，但芯片是厘米级。由于浮点数的阶码可根据实际需要而变化，在表示较小数值时，可使阶码为绝对值较大的负数，从而获得很高的分辨精度；而在表示精度要求不高的数值时，可使阶码为较大的正数，从而使表示范围很大。

可以把某种格式的浮点数所对应的精度分为两类：相对精度和绝对精度。相对精度是指尾数本身的分辨率，取决于尾数的位数，如例 2-32 的相对精度为 2^{-23}。绝对精度是指浮点数的最高分辨率，定义为 $\min(|M|)\times R^{\min(E)}$，因此它与阶码 E 和尾数 M 同时相关。

阶码的变化使比例因子 R^E 变化，相当于使小数点位置浮动，所以称为浮点数。浮点数不需外设比例因子，容易达到所需的计算精度，精度要求较高时往往采取浮点数运算。一个浮点数由一个定点整数（E）和一个定点小数（M）构成，因此浮点运算可转换成定点运算来实现。

3）真值与浮点数之间的转换

根据浮点数原理性格式并参照表 2-3 的典型值实例，不难根据一个浮点数代码求出它的真值，或将真值写成浮点数代码。

【例 2-33】 某浮点数格式见图 2-4，字长 32 位；阶码 8 位，含 1 位阶符，补码表示，以 2 为底；尾数 24 位，含 1 位数符，补码表示，规格化。若浮点数代码为$(A3680000)_{16}$，求其对应的真值 N。

$$(A3680000)_{16} = (10100011, 011010000000\cdots0)_2$$
$$E = -(1011101)_2 = -(93)_{10}$$
$$M = (0.11010\cdots0)_2 = (0.8125)_{10}$$
$$N = 2^{-93}\times0.8125$$

【例 2-34】 按图 2-4 所示的浮点数格式将$-(1011.11010\cdots0)_2$写成浮点数代码 F。

$$N = -(1011.11010\cdots0)_2$$
$$= -(0.101111010\cdots0)_2\times2^4$$
$$E = (4)_{10} = (00000100)_2$$
$$M_{补} = (1.010000110\cdots0)_2$$

所以，$F=(00000100, 1010000110\cdots0)_2= (04A18000)_{16}$。

3．IEEE754 标准格式的浮点数

前面讨论的是一种浮点数的原理性表示格式，以便于初学者掌握基本原理。计算机中实际很少使用那种格式来表示浮点数，实际使用的浮点数格式与此有明显差异。

下面简要介绍在当前主流微机中广泛采用的 IEEE754 标准浮点数格式。IEEE754 标准定义了 3 种浮点数格式，分别是短浮点数、长浮点数和扩展浮点数。

表 2-4　3 种浮点数格式

浮点数格式	数符位数	阶码位数	尾数位数	总位数
短浮点数（单精度）格式	1	8	23	32
长浮点数（双精度）格式	1	11	52	64
扩展浮点数（双精度扩展格式，如 x86 FPU）	1	15	64	80

以 32 位短浮点数为例，其格式如图 2-5 所示。

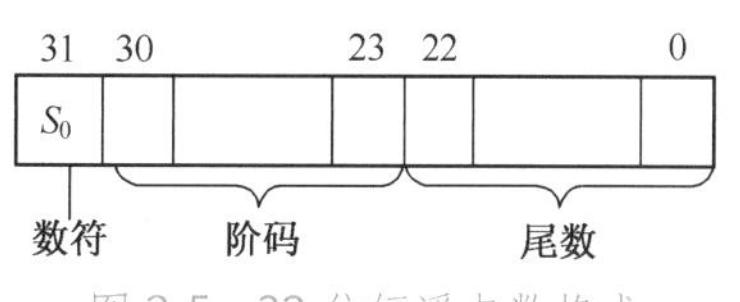

图 2-5　32 位短浮点数格式

最高位 S_0 是数符，其后是 8 位的阶码，以 2 为底，采用移码表示，但实际偏移量为 127。例如，若某阶码的真值为 1，则该阶码值应记录为 128（1+127），与前述原理性偏置量 128 不同。其余 23 位是用原码来表示的尾数（符号位 S_0 放在浮点数编码的最高位，不在尾数中）为纯小数。此外，IEEE 754 标准隐含约定尾数的最高数位为 2^0（即为 1），且并不出现在浮点数的代码序列中，因此尾数实际上相当于还有 1 位整数位，尾数真值等于 1（整数部分）+M（小数部分，23 位）得到的结果。

为了确保 IEEE 754 格式浮点数的表示代码具有唯一性，也要求用原码表示的尾数 M 必须满足 $0\leq|M|<1$（规格化要求）。除此之外，还应注意下列 4 种特殊的代码定义：

① 阶码 E 各位全为 0 且尾数 M 的各位也全为 0 时，浮点数 F=0。

② 阶码 E 各位全为 0 但尾数 M 的各位非全为 0 时，F 按非规范化浮点数解析：阶码 E 的真值被解析为−126，M 被解析为尾数的实际值（不加 1，这与规范化浮点数不同）。

③ 阶码 E 各位全为 1 且尾数 M 的各位全部为 0 时，浮点数 $F=\pm\infty$。

④ 阶码 E 各位全为 1 且尾数 M 的各位非全为 0 时，F 为非数（NaN，Not a Number）。

IEEE754 专门定义第②种非规范化浮点数的目的在于使浮点数全域均匀分布。规范化浮点数（$1\leqslant E\leqslant 254$，偏置 127）的非 0 最小值是 $(1+0)\times 2^{1-127}$、次小值是 $(1+2^{-23})\times 2^{1-127}$，两者的值相差 2^{-149}。为了使数集分布均匀，还需定义一组非规范化浮点数，使这组数中的非 0 最小值恰好等于 2^{-149}（且此时 E 为全 0，即 E=0）。由于 $2^{-149}=(0+2^{-23})\times 2^{0-126}$，因此当 $E=0$ 且 $M\neq 0$ 时，浮点数的真值应解析为 $M\times 2^{-126}$，这样才能满足在值域中均匀分布的要求。

【例 2-35】 将十进制数 20.59375 转换成符合 IEEE754 格式的 32 位短浮点数，写出其二进制代码，并转换成十六进制代码。

解　首先，分别将整数和小数部分转换成二进制数（真值的绝对值）：

$$20.59375=10100.10011$$

然后，移动小数点，使其在第 1、2 位数字之间（为了使整数位的真值是 1）：10100.10011= 1.010010011×2^4。小数点左移了 4 位，于是得到：e=4（阶码的真值）。

尾数符号位：S_0=0（正数）；阶码表示成移码：E=4+127=131=1000 0011。

尾数 M=010010011（这里是原码表示的，切勿错误地表示成了补码）。

最后，得到 IEEE754 的 32 位浮点数二进制存储格式为

$$F=(0100\ 0001\ 1010\ 0100\ 1100\ 0000\ 0000\ 0000)_2$$
$$=(41A4C000)_{16}$$

对于 IEEE754 定义的浮点数，在分析代码时要特别强调几个注意事项：

① 浮点数最高位代码表示浮点数的符号位（这与前述表示原理不同）。

② 浮点数的阶码是移码形式。规范化的短浮点数中的 8 位阶码按偏移量 $2^7-1=127$ 解码，长浮点数处理方式类似。特别注意阶码为全 0 或者全 1 时的 4 种特殊定义。

③ 无论 32 位还是 64 位的浮点数，尾数均采用原码格式来表示。

④ 规范化的浮点数中，尾数 M 是一个绝对值省略了+1 的纯小数，所以尾数的实际值应解码成 1+M，但在代码表示中要隐藏 1。非规范化浮点数则把 M 直接解码得到尾数实际值。

至此，我们分析了表示数值型数据时涉及的三方面要素：进位制、带符号数、小数点，对某个机器数的具体描述往往需综合这三个方面。例如，某数是定点小数，补码表示，二进制数。又如，某数是浮点数，它由两个定点数组成，其中阶码为定点整数、补码表示、二进制数，尾数为定点小数、补码表示、二进制数，等等。

2.2 字符型数据

计算机中的数据信息分为数值型和非数值型数据两类。实际应用中需要由计算机处理的非数值型数据信息种类非常多，一类是字符及以字符为基础的多种数据信息，另一类是可以被数字化表示的各种信息，如图像、音频、物理量、逻辑信息等。

字符是非数值型信息的表示基础，也可以间接地表示数值型数据。例如，以字符为基础来表示文字信息，而文字可以描述范围极其广泛的许多抽象信息，其中包含知识在内。又如，用字符与字符串构成程序设计语言，可以用来编写程序代码，而高级语言程序中包含的数值型数据也是先用字符来表示（如 0～9 和 A～F 等）。

1. ASCII

在计算机系统中，无论是信息的输入、传输、处理，还是存储或者输出，都涉及字符信息的表示，因此要为字符制定一种统一的表达格式，才能实现数据的兼容。国际上广泛采用美国信息交换标准码（American Standard Code For Information Interchange，ASCII）作为字符的表达标准。ASCII 本来是为信息交换所规定的标准，由于字符数量有限、编码简单，因此输入、存储和计算机内部处理时也往往采用该标准。

ASCII 字符集共有 128 种常用字符，其中包含：数字 0～9，大小写英文字母，常用的符号（如运算符、标点符号、标识符），以及一些常用的格式控制符等。这些字符种类大致能够满足编程语言、西文字符和常用的控制命令表示等应用需要。每个 ASCII 字符自身用 7 位编码，存储器中的 1 字节信息可以存放一个字符的 ASCII 值。1 字节共 8 位，除去 7 位有效位，高位还空出 1 位，可以用来存放奇偶校验位。常见字符的 ASCII 值（十六进制）如表 2-5 所示。

表 2-5　常见字符的 ASCII 值

ASCII 值	字符	ASCII 值	字符	ASCII 值	字符	ASCII 值	字符
00	NUL	20	SP	40	@	60	、
01	SOH	21	!	41	A	61	a
02	STX	22	”	42	B	62	b
03	ETX	23	#	43	C	63	c
04	EOT	24	$	44	D	64	d
05	ENQ	25	%	45	E	65	e
06	ACK	26	&	46	F	66	f
07	BEL	27	’	47	G	67	g
08	BS	28	(	48	H	68	h
09	HT	29	)	49	I	69	i
0A	LF	2A	*	4A	J	6A	j
0B	VT	2B	+	4B	K	6B	k
0C	FF	2C	,	4C	L	6C	l
0D	CR	2D	–	4D	M	6D	m
0E	SO	2E	.	4E	N	6E	n
0F	SI	2F	/	4F	O	6F	o
10	DLE	30	0	50	P	70	p
11	DC1	31	1	51	Q	71	q
12	DC2	32	2	52	R	72	r
13	DC3	33	3	53	S	73	s
14	DC4	34	4	54	T	74	t
15	NAK	35	5	55	U	75	u
16	SYN	36	6	56	V	76	v
17	ETB	37	7	57	W	77	w
18	CAN	38	8	58	X	78	x
19	EM	39	9	59	Y	79	y
1A	SUB	3A	:	5A	Z	7A	z
1B	ESC	3B	;	5B	[	7B	{
1C	FS	3C	<	5C	\	7C	|
1D	GS	3D	=	5D	]	7D	}
1E	RS	3E	>	5E	↑	7E	~
1F	US	3F	?	5F	–	7F	DEL

2. 汉字编码简介

与西文字符不同，汉字字符很多，所以汉字编码比西文编码复杂。一个汉字信息处理系统的不同部位需使用几种编码，可分属如下三类：输入码、内部码、交换码。

1）汉字输入码

对于绝大多数汉字输入人员来说，要直接记住数千个汉字的二进制码非常困难，键盘上也很难将几千个汉字都做成按键，所以需要一些比较直观、方便、快速的汉字输入方法。为此，研究人员已经提出了至少几百种汉字编码方案，实际使用的也有几十种之多。归纳起来，采用的方法可分为几类：拼音码、字形码、音形结合、联想功能等。产生的汉字输入码需要借助输入码与内部码的对照表（称为输入字典），才能转换成便于计算机处理的内部码。

2）汉字内部码

汉字内部码简称内码，是计算机内部供存储、处理、传输用的代码。早期，不同的设计者设计了自己的汉字内部码，因而各种计算机使用的汉字内部码不统一，造成了交换汉字信息时的困难。我国推出汉字交换码的国家标准后，于 1990 年提出了基于 ASCII 体系的汉字内部码推荐方案，它与国标汉字交换码有一种简单的对应关系，用 2 字节编码表示一个汉字。

3）汉字交换码

如前所述，早期的各种汉字系统的内码不统一，因此在各汉字系统之间或汉字系统与通信系统之间进行汉字信息交换（传输）时，需要制定一种编码标准，即汉字交换码。

首先，我国制定了《信息处理交换用的七位编码字符集》，后来成为国家标准，除了个别字符（如货币符号），基本与 ASCII 一致，可视为 ASCII 的中国版本。

1981 年，我国公布了汉字交换码的国家标准《信息交换用汉字编码字符集——基本集》（GB 2312—1980），用 2 字节构成一个汉字字符编码，收录了 6763 个汉字字符和 682 个非汉字图形字符（如间隔、标点、运算符、制表符、数字、汉语拼音、拉丁文字母、希腊文字母、俄文字母、日文假名等）。它们排成一个 94×94 的行列矩阵，矩阵的行称为区，列称为位，相应地，每个字符处于某区、某位。而字符的国标交换码与区位号有一个简单的对应关系。

此后，我国陆续公布了汉字交换码的 5 个辅集，收录了更多的汉字字符。

从标准的推出时间看，为了与国际接轨，我国首先制定了 ASCII 的中国版，一开始仅作为部颁标准，后来又成为国家标准。在 ASCII 体系的基础上制定了汉字交换码的国家标准，然后陆续予以补充完善。此后，在汉字交换码的国标基础上又提出了汉字内部码的推荐方案。目前，内部码推荐方案还不完全等同于汉字交换码国标，但两者之间存在简单的对应关系。

2.3 数据代码的处理和存储

在计算机系统中，数据的处理和存储一般会涉及移位操作、舍入处理、扩展与压缩，以及存储时的大小端模式和边界对齐。

1. 移位操作

移位是算术、逻辑运算的又一种基本操作，几乎所有机器指令系统中都设有各类移位操作指令。移位通常分为逻辑移位和算术移位两大类。

1）逻辑移位

在逻辑移位中，数字代码被当成纯逻辑代码，没有数值含义，因此没有符号与数值变化的概念。也可能是一组有数值含义的代码，但我们将它视为纯逻辑代码，通过逻辑移位对其进行判别、组装或某种加工。逻辑移位可分为循环左移、循环右移、非循环左移、非循环右移等。

逻辑移位可应用在多种场合：利用移位操作，将串行输入的数据组装成可并行输出的数据，即实现串-并转换；利用移位操作，将并行输入的数据以串行方式输出，即实现并-串转换。为了对一串代码中的某一位进行判别（是 0 或 1）或修改（置为 0、置为 1、变反），可以把该位左移至最高位，或右移至最低位，然后进行位判别或修改，这样所花的硬件代价可以最小。

实现移位的硬件方法有两种。一是使用移位寄存器，在寄存器中实现移位，主机与外部进行串-并转换时常用这种方法。二是在寄存器间传送时利用斜位传送实现移位，如左斜 1 位相当于各位左移 1 位，在运算器内部常用这种方法实现移位，如乘除运算。这里所说的移位逻辑既适用于逻辑移位，也适用于算术移位。

2）算术移位

在算术移位中，数字代码具有数值含义，而且大多带有符号位。因此，算术移位中必须保持符号位不变，一个正数在移位后应该还是正数。数值代码的各位有自己的权值，因此算术移位后将发生数值变化，若移位前的二进制数为 X，则左移 1 位变为 $2X$，右移 1 位则变为 $X/2$。因此，可以通过算术移位求一个数的 2^n 倍值。在算术移位中，正数补码和原码的尾数相同，因而它们的移位规则也相同，但正负数补码的移位规则不同。

① 正数补码（包括原码）移位规则：数符不变，空位补 0。

- 左移——如 0.0101 左移 1 位成为 0.1010，00.1010 左移 1 位成为 01.0100。若采用单符号位，且移位前绝对值已大于等于 1/2，则左移后将溢出，因而是不允许的。若采用双符号位，模等于 4，则允许左移 1 位，第二符号位暂时用来保存有效数值，第一符号位仍能表示其数符，在除法运算中常常这样应用。
- 右移——如 0.1010 右移 1 位成为 0.0101，01.0100 右移一位成为 00.1010。

注意：*如果采用双符号位，那么上次运算中暂存于第二符号位的数值，在右移后将移回至最高有效位，双符号位又恢复一致。在乘法运算中常有这种情况发生。*

② 负数补码移位规则：数符不变，左移时空位补 0，右移时空位补 1。

- 左移——如 1.1011 左移 1 位成为 1.0110，11.0110 左移 1 位成为 10.1100。若采用单符号位，且移位前绝对值已大于等于 1/2，即补码最高有效位为 0，则左移后将溢出，因而是不允许的。若采用双符号位，则允许左移 1 位，第二符号位暂时用来保存有效数值，第一符号位仍能表示其数符。
- 右移——如 1.1011 右移 1 位成为 1.11011，1.0110 右移 1 位成为 1.10110，10.1100 右移 1 位成为 11.0110。由于补码负数的尾数与补码正数的尾数之间存在差别，从最低位起，第一个 1 以后的各位变反。这就不难理解右移规则：正数高位补 0，负数高位补 1。

2．舍入处理

固定字长的数，右移将舍去低位部分。两个 n 位字长的数相乘或者相除，其计算结果可能超出 n 位，因此需舍去低位。舍入的原则应该使本次舍入造成的误差以及按相同舍入规则产生的累计误差都比较小。下面介绍两种常用的简单舍入规则。

1）0 舍 1 入

原码与补码尾数的最末位相同，因而采用相同的舍入方法。这种方法类似十进制中的“四舍五入”。由于二进制中只有 0 与 1 之分，相应地采取“0 舍 1 入”。设舍入前是 $n+1$ 位，舍入

后为 n 位，具体规则为：若第 $n+1$ 位是 0，则舍去后并不作修正；若第 $n+1$ 位是 1，则舍去第 $n+1$ 位后在第 n 位上加 1（此规则类似数学中的四舍五入法则）。

【例 2-36】 原码 0.1101，舍入后得 0.111（只保留 3 位有效尾数）；

原码 0.1100，舍入后得 0.110。

【例 2-37】 补码 1.0011，舍入后得 1.010；

补码 1.0100，舍入后得 1.010。

低位舍入后一般会产生误差，误差值小于被舍去位的权值。

2）末位恒置 1

无论第 $n+1$ 位是 1 还是 0，舍入时都将第 n 位（最低有效位）固定设置为 1。

【例 2-38】 原码 0.1101，舍入后得 0.111（保留 3 位有效尾数）；原码 0.1011，舍入后得 0.101。

【例 2-39】 补码 1.0011，舍入后得 1.001；补码 1.0101，舍入后得 1.011。

这种舍入方法比较简单，没有进位运算，逻辑上易于实现。当负数补码第 n 位被恒置 1 后，尾数其余各位与原码具有按位相反的对应关系，这在补码除法中作用明显。

3．代码的扩展和压缩

计算机中经常会涉及数据字长的扩展和压缩操作。比如，把 32 位数值型数据扩展成 64 位，或者把 8 位的逻辑型数据扩展成 16 位等，此时应该执行数据位的扩展操作。数据位扩展方式有两种：符号扩展和 0 扩展。除此之外，有时需把长数位数据转换成短数位数据，此时执行的是数据位的压缩操作。

1）符号扩展和 0 扩展

所谓符号扩展，就是指扩展符号数的位数时，直接把各扩展位（高位）设置为数符（0 或 1）。具体而言：对于真值为正的符号数，其符号位为 0，则把扩展位全部置为 0；对于真值为负的符号数，其符号位为 1，所以在扩展位数时把扩展位全部都置为 1。

对补码格式的数，对它进行符号扩展时，不会改变原数的真值。

所谓 0 扩展，就是指在扩展数据位时，各扩展位均固定置为 0。这种扩展模式主要针对扩展位数时不必考虑数符或者该数据本身不具备符号位的数据，如逻辑值。

【例 2-40】 补码数的扩展。

80H→FF80H（符号扩展）　　　　80H→0080H（0 扩展）

28H→0028H（符号扩展）　　　　28H→0028H（0 扩展）

2）数位压缩

长字长的数据位压缩成短字长数据位时，去除高位保留低位即可。

对数据位进行压缩操作时，有时候会改变原数的真值。只有原数值符合压缩后数据位数的表示范围，数位压缩操作才不会改变原数值（无损），否则只能采用“饱和”等操作，将数压缩成数据位的边界值（有损）。

【例 2-41】 补码数的压缩。

FF80H(−128)→80H(−128)（无损）　　　　FE80H(−384)→80H(−128)（有损）

4．大小端存储模式

在计算机系统中存储数据通常以字节为单位，每个地址单元都存储 1 字节（8 位）。但在 C 语言等高级语言中，除了 8 位的 char，还有 16 位的 short 型、32 位的 long 型等。另外，对于位数大于 8 位的处理器，如 16 或者 32 位处理器，其寄存器宽度大于 1 字节，则必然存在如何安排多字节的问题，因此出现大小端存储模式的差别。

1）大端模式（Big-Endian）

大端模式是指数据的高字节保存在内存的低地址段中，而数据的低字节保存在内存的高地址单元中。这种存储模式有点类似于把数据当作字符串顺序处理：地址由小向大增加，而数据则从高位向低位依次存放。数据字节的这种存储特点与我们的阅读习惯基本保持一致。

2）小端模式（Little-Endian）

小端模式是指数据的高字节保存在内存的高地址段中，而数据的低字节保存在内存的低地址单元中。这种存储模式将存储单元地址的高低和数据位的权值有效地结合了起来，高地址部分的权值高，而低地址部分的权值低。

【例 2-42】 字长 32 位的数据 12345678H 分别存储到地址单元 1000H～1003H。

单元地址	1000H	1001H	1002H	1003H
大端模式	0x12	0x34	0x56	0x78
小端模式	0x78	0x56	0x34	0x12

注意：大、小端字节存储模式仅仅针对数据字节有效，与指令操作码等无关。

比如，某个 32 位的 MIPS 指令“addi rt, rs, imm”，则大小端存储模式仅限于指令中的 16 位常数 imm，而与指令的操作码 addi 与寄存器的地址码 rt、rs 均无关。

目前，Intel 的 80x86 系列芯片基本上还在坚持只使用小端模式，而 ARM 系列芯片默认采用小端模式，但可以切换为大端模式。MIPS 等芯片要么全部采用大端模式，要么提供可选项，以支持在大小端之间的切换。另外，对于数据大小端的处理通常与编译器有关，标准 C 语言默认是小端（但在一些对于单片机的实现中却是基于大端，如 Keil 51C），而 Java 是与平台无关的、默认为大端模式。在互联网上传输的数据也普遍采用大端模式。

5．数据字的存储对齐

所谓数据字的存储对齐方式，指的是一个多字节数据字在进行存储安排的时候，其首字节数据安排的起始地址位置。计算机系统中可以有多种首地址对齐模式，如按照字对齐、按照半字对齐或者按照字节对齐，等等。假设字长为 32 位，存储器是按字节编址，则：

- 字地址为 4 的整数倍，即地址的最低两位为 00。
- 半字地址为 2 的整数倍，即地址的最低位为 0。
- 字节地址为 1 的整数倍，即地址可以是任意值（0 或 1）。

【例 2-43】 假设存储器按字节编址，有 4 种数据类型：int i，short k，double x，char c，分别按字对齐方式和字节对齐方式进行存储，试分析两种存储模式的差异。

解 int 型数据分配 4 字节，short 型数据分配 2 字节，double 型数据分配 8 字节，char 型数据分配 1 字节，两种存储对齐模式分别如下：

地址码	00	01	10	11
00H	i	i	i	i
04H	k	k		
08H	x	x	x	x
0CH	x	x	x	x
10H	c			

按字边界对齐

地址码	00	01	10	11
00H	i	i	i	i
04H	k	k	x	x
08H	x	x	x	x
0CH	x	x	c	
10H				

按字节对齐

由此可见，若按字边界对齐，则每个变量分配的存储区首字节地址为 4 的整数倍，即最低两位为 00，因此当变量只分配 2 字节时（如 k），地址单元 02H 和 03H 空置不分配数据，变量 x 只能从 08H 单元开始连续存储，存在较大的存储浪费（如造成内存碎片）。

若按字节对齐方式存储，则 4 个变量的首字节地址可以是任意的，因此在存储这些变量时存储空间分配是连续的，每个变量都紧跟着前一个变量的最后一字节存储。这种方式的存储空间利用率较高，但数据的读写效率会降低。

2.4 基本运算方法

本节将讨论计算机系统中数值型数据的运算方法。数值型数据的各种复杂运算都可以分解为四则运算或基本逻辑运算，而四则运算可以转化成为基本的加法运算，所以本节介绍几种代表性的算术运算，包括定点四则运算和浮点四则运算，并讨论有关算法的逻辑实现。

2.4.1 定点加减运算

在计算机中，带符号的数有原码、补码、反码等表示方法。原码加减和补码加减是一切算术运算的基础。但原码加减运算复杂，它基于操作数的绝对值进行运算，而实际操作并不仅取决于操作码，还与操作数的正负有关，甚至还需对运算结果进行修正。补码加减运算则比较简单，因而在计算机中基本采用补码加减法。下面主要讨论补码加减运算方法。

1. 补码的加减运算

补码加减是指：两个操作数都用补码来表示，连同符号位一起运算，结果也用补码表示。

1）运算规则

两个补码数的加减运算，所依据的基本数学公式如下：

$$(X+Y)_{补} = X_{补} + Y_{补} \tag{2-18}$$

$$(X-Y)_{补} = X_{补} + (-Y)_{补} \tag{2-19}$$

式(2-18)表明：进行加法运算时，可直接将补码表示的两个操作数 $X_{补}$ 和 $Y_{补}$ 相加，不必考虑它们的数符是正或负，所得结果即为补码表示的和。

式(2-19)表明：进行减法运算时，可转换为与减数的负数相加，从而化“减”为“加”。其中，$(-Y)_{补}$ 是 $Y_{补}$ 的机器负数。由于 $Y_{补}$ 的真值是可正可负的，故 $(-Y)_{补}$ 也可正可负。根据 $Y_{补}$ 求 $(-Y)_{补}$，称为对 $Y_{补}$ 进行“变补”，即将 $Y_{补}$ 连同符号位一起变反、末位再加 1（无论 $Y_{补}$ 为正或负）。若减数 Y 为正，则“变补”后可转换为加上一个负数；若减数 Y 为负，则“变补”后可转换为加上一个正数。

我们举几个例子来验证上述关系式。假设机器数字长是 5 位，包含 1 位符号位。

【例 2-44】

```
9 + 3 = 12                 (-9)+(- 3) = -12
   01001                      10111（-9的补码）
 + 00011                    + 11101（-3的补码）
 --------                   ---------
   01100                     110100（-12的补码）
                            ↖符号位产生的进位自然丢弃
```

9−3 = 6　　　　　　　　　9 −(−3) = 12　　　　　　3−9 = −6

```
  01001               01001                00011
+ 11101（3变补）     + 00011（−3变补）     + 10111（9变补）
-------              -------               -------
100110                01100                11010（−6的补码）
```

图 2-6 用流程图的形式描述了补码加减算法，其运算规则如下：

- 参与运算的操作数用补码表示，符号位作为数的一部分直接参与运算，所得运算结果即为补码表示形式。
- 若操作码为加，则两数的补码直接相加。
- 若操作码为减，则将减数“变补”后再与被减数的补码数相加。

如何用加法器来实现补码加减法的执行逻辑呢？

图 2-7 给出了补码加减运算器的逻辑示意。图中有一个 n 位的加法器（$\Sigma_1 \sim \Sigma_n$）、一个“2 选 1”的选择器和一个 n 位反相器，可同时输入 2 个操作数 A 和 B（n 位），运算逻辑的功能为 A±B→F，同时输出最高位的进位信号 C_{out} 并，并产生一组共 5 个标志位：0 标志 ZF、进位标志 CF、溢出标志 OF、符号标志 SF 和奇偶标志 PF。

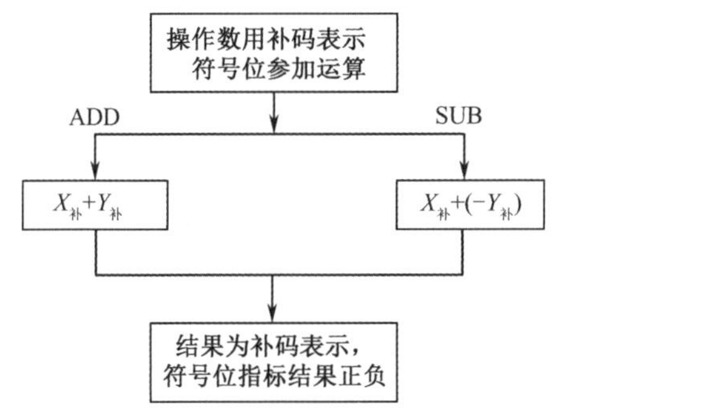

图 2-6　补码加减算法的流程

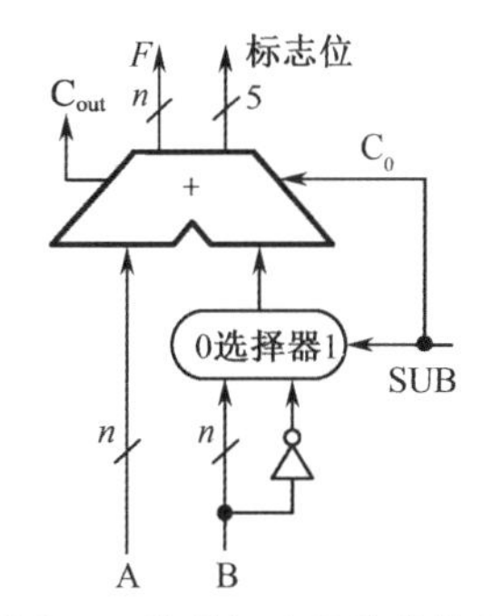

图 2-7　补码加减运算器的逻辑

我们可以沿着“数据传送”这一线索去构成运算器，即分别考虑实现加法应当选取哪些操作数送入加法器，实现减法又应当选取哪些操作数。运算器既能实现加法又能实现减法，则需使用与或逻辑形态将两种功能的控制命令综合起来。根据算法，ALU 执行“A+B”时，应将 A、B 内容直接送加法器；执行“A−B”时，将 A 输入加法器，B 先“变补”后再输入加法器。在“变补”时，需要对 B 各位变反末位再加 1，因此还为 B 设置了一个位反相器。“末位加 1”则在 ALU 的 C_0 端（低位初始进位信号）输入 C_0=1 并通过加法器实现。仅当 A−B 时，C_0=1；当 A+B 时，C_0=0，因此，C_0 的赋值取决于当前是执行何种操作：“+”则设置 SUB=0，此时 B 被选择器选通以作为加法器的一个输入；“−”则设置 SUB=1，此时 B 变反后被选通。

2）溢出的判断逻辑

如果想获得更高的计算精度，可采取双倍字长运算，先做低位字运算，再做高位字运算。低位字运算的进位值可保留，作为高位字运算时的初始进位值，使两次运算能够衔接。因数据字长是固定的，运算结果有可能超出了数据字长的表示范围，符号位和各数值代码位的进位可能会使数符或真值出现异常从而使运算结果发生溢出。

补码加减运算中，当同号相加或异号相减时，运算结果的绝对值将增大。若该值超出了机器数的表示范围，则称为溢出，通过标志位 OF 指示。两个正数相加而绝对值超出允许的表示范围，称为正溢。两个负数相加而绝对值超出允许的表示范围，则称为负溢。一旦发生溢出，溢出的部分将被丢失，留下来的结果将不正确。如果只有一个符号位，溢出将使结果的符号位产生错乱。因此，计算机中应设置溢出判断逻辑，如果产生溢出，将停机并显示“溢出”标志OF；或者通过溢出处理程序，自动修改比例因子，然后重新运算。

我们先列举若干典型实例，其中有溢出与未溢出的情况。分析在什么情况下可能产生溢出，从中找到判断溢出的方法。设 A、B 两数字长 5 位，含 1 位数符。S_A、S_B 分别表示两数的数符，S_f 表示结果的符号，C_f 表示符号位（代码的最高位）产生的进位，C 表示最高有效数值位（符号位右边的那位）产生的进位。

【例 2-45】 9 + 3 = 12

$$\begin{array}{r} 01001 \\ +\ 00011 \\ \hline 01100 \end{array} \qquad (C_f=0,C=0)$$

【例 2-47】 (−9) + (−3) = −12

$$\begin{array}{r} 10111 \\ +\ 11101 \\ \hline 110100 \end{array} \qquad (C_f=1,C=1)$$

【例 2-49】 9−3 = 6

$$\begin{array}{r} 01001 \\ +\ 11101 \\ \hline 100110 \end{array} \qquad (C_f=1,C=1)$$

【例 2-46】 11 + 7 = 18（正溢）

$$\begin{array}{r} 01011 \\ +\ 00111 \\ \hline 10010 \end{array} \qquad (C_f=0,C=1)$$

【例 2-48】 (−11) + (−7) = −18（负溢）

$$\begin{array}{r} 10101 \\ +\ 11001 \\ \hline 101110 \end{array} \qquad (C_f=1,C=0)$$

【例 2-50】 3−9 = −6

$$\begin{array}{r} 00011 \\ +\ 10111 \\ \hline 11010 \end{array} \qquad (C_f=0,C=0)$$

上述 6 个例子中，由于机器数的尾数为 4 位，补码表示，因此定点整数表示范围为−16～+15，超出这个范围即溢出（例 2-46 为正溢，例 2-48 为负溢）。在例 2-47、例 2-48 和例 2-49 中，C_f表示超出模的部分，可舍去，但它不是溢出；C=1，也并未溢出。进位不等于溢出，因此不能简单地根据单个进位信号去判断有无溢出，而应当根据全部相关信号去进行判断。

先定义溢出标志 OF，若 OF=1，则表示运算有溢出；OF=0，则表示运算无溢出发生。

（1）溢出判断逻辑一

$$\mathrm{OF} = \overline{S_A}\,\overline{S_B}\,S_f + S_A S_B \overline{S_f}$$

这是从符号位之间的关系出发进行判断。第一项表明：两正数相加，即 $S_A = S_B = 0$，若和为负数，即 $S_f = 1$（如例 2-46），则 OF=1 表示产生了正溢。第二项表明：两负数相加，即 $S_A = S_B = 1$，若相加的和为正数，即 $S_f = 0$（如例 2-48），则 OF=1 表示产生了负溢。

注意：上式中第一项和第二项之间的“+”是“逻辑或”关系，表明任何一项的值为逻辑 1，则必有溢出发生。

上述分析表明，只有同号数相加才可能产生溢出，而溢出的标志是结果数符 S_f 与两个操作数的数符刚好相反。这个判断逻辑也可以直观地表述为：两正数相加结果为负值，或者两负数相加结果正值，则运算过程中必然发生了溢出。

（2）溢出判断逻辑二

$$\mathrm{OF} = C_f \oplus C$$

这是从两种进位信号之间的关系出发判断溢出的，C_f 为符号位运算后产生的进位，C 为最高有效数位产生的进位。分析上述实例就会发现：产生正溢时，由于操作数较大，因而 C=1，但由于两个正数的符号位皆为 0，则 $C_f = 0$；产生负溢时，由于补码映射值较小，C=0，但由于两个负数的符号位皆为 1，故 $C_f = 1$。其他未溢出情况，C_f 与 C 皆相同。所以第二种判断逻辑可以理解成：C_f 与 C 不同时，OF=1 表明有溢出；相同时，OF=0 表明无溢出。

（3）溢出判断逻辑三

单符号位的信息量只能表示两种可能：数为正或为负，如果发生溢出，就会使符号位的含义发生混乱。将符号位扩充为两位，就能判别是否有溢出以及正确的结果符号。我们仍取前面 4 个例子加以说明，操作数和结果均用双符号位表示。

```
   9+3=12
   001001
 + 000011
 --------
   001100

(-9)+(-3)=-12
   110111
 + 111101
 --------
   110100

   11+7=18
   001001
 + 000111
 --------
   010010

(-11)+(-7)=-18
   110101
 + 111001
 --------
   101110
```

由前述 4 个例子可以先定义双符号位的含义：00—结果为正，无溢出；01—结果正溢；10—结果负溢；11—结果为负，无溢出。

如果将第一符号位和第二符号位分别定义为 S_{f1} 和 S_{f2}，那么两个符号位不一致时表明有溢出。但不管结果是否有溢出，第一符号位 S_{f1} 将始终指示运算结果的正负性质。

上述分析可以归纳出溢出判断的第三个逻辑条件（基于双符号位）：

$$\mathrm{OF} = S_{f1} \oplus S_{f2}$$

若 $S_{f1} = S_{f2}$，则 OF=0 无溢出；若 $S_{f1} \neq S_{f2}$，则 OF=1 表示有溢出情况发生。

采用多符号位的补码又叫变形补码，实质是扩大了模数 M、增加了数据位的宽度。若采用双符号位，则模 $M=4$。在乘除运算中广泛使用多符号位，但在主存中仍保持单符号位，运算时再扩展为多符号位，运算结束后又压缩成单符号数据，并将其保存到存储单元之中。

2. 原码的加减运算

与补码加减法不一样，定点数的原码加减法的基本原则是：先对数值位进行**绝对值**加减，然后再单独处理符号位，具体运算操作如下。

加法：被加数与加数符号相同，则数值位求和；被加数与加数符号相反，则数值位求差。

减法：被减数与减数符号相反，则数值位求和；被减数与减数符号相同，则数值位求差。

① 在对数值位进行求和时，把数值位直接相加，且求和结果的符号取被加数或者被减数的符号。若最高位有进位产生，则表明运算结果发生了溢出。

② 在对数值位进行求差时，把被减数与减数“求补”得到的结果相加。最高数值位可能产生进位，也可能不产生进位，应分别进行处理：

- 有进位：求差结果即为真值，且最终结果的符号取为与被加数（或被减数）相同。
- 无进位：还需再对求差结果进行“求补”，转换成最终结果的绝对值，且运算结果的符号取为与被加数（或被减数）的符号相反。

【例 2-51】 已知 $X_{原}=1.0011$，$Y_{原}=1.1010$，分别计算 $[X+Y]_{原}$ 和 $[X-Y]_{原}$。

解　由原码加减规则，由于 $X_{原}$ 和 $Y_{原}$ 的符号均为 1，同号相加则数值位求和。

数值位求和：0011+1010=1101

结果符号位与被加数符号相同：1，则 $[X+Y]_{原}=1.1101$。

由于 $X_{原}$ 和 $Y_{原}$ 的符号均为 1，同号相减，则数值位求差。

数值位求差：$0011-1010=0011+(1010)_{求补}=0011+0110=1001$。

最高数值位无进位，还需对 1001 再次求补，$(1001)_{求补}=0111$。

结果符号位与被减数符号相反：0，则 $[X-Y]_{原}=0.0111$。

3．标准移码的加减运算

标准移码的定义为

$$X_{移}=X+2^{n-1}$$

其中，X 为真值，n 为码字位数。把真值正向偏移形成的移码，已不再具有显式的符号位，因此在进行加减运算时，不再单独处理被隐含的符号位。

已知两个移码数 $X_{移}$ 和 $Y_{移}$，则有如下推导：

$$X_{移}+Y_{移}=X+2^{n-1}+Y+2^{n-1}=X+Y+2^{n}=[X+Y]_{补}$$

$$X_{移}-Y_{移}=X+2^{n-1}-Y-2^{n-1}+2^{n}=(X-Y)+2^{n}=[X-Y]_{补}$$

（模 2^n，即忽略最高位的进位）

结论：两个数表示成移码形式后进行加减运算，等于这两个数直接加减运算后再表示成补码。此外，根据补码和移码的标准定义可知，同一个数的移码和补码，两者数值位相同、符号位相反，故可以归纳出如下移码加减法则。

加法：将 $X_{移}$ 和 $Y_{移}$ 进行模 2^n 加（忽略最高位进位），并把结果符号位变反。

减法：先将减数 $Y_{移}$ 求补，再与被减数 $X_{移}$ 进行模 2^n 加，并把结果符号位变反。

溢出判断：进行模 2^n 加时，两个加数（移码形式）与和的符号（最高位代码）相同，则运算过程发生了溢出，否则运算过程没有溢出情况发生。

【例 2-52】 字长 4 位，用移码规则计算“−7+(−6)”和“6−3”的值。

$$[-7]_{移}=0001\quad[-6]_{移}=0010\quad[3]_{移}=1011\quad[6]_{移}=1110$$

$$[-7]_{移}+[-6]_{移}=0001+0010=(0011)_{补}$$ （运算结果错误）

两移码加数的最高位均为 0、和的最高位也为 0，三者完全相同，则判断有溢出发生。

$$[6]_{移}-[3]_{移}=1110+(0011)_{补}=1110+0101=(0011)_{补}=(1011)_{移}=3$$

两个移码加数的最高位分别为 1 和 0、和的最高位为 0，三者不完全相同，则判断无溢出。

对于非标准移码（实际偏移 $2^{n-1}-1$），它的加减运算规则与前述标准移码（实际偏移 2^{n-1}）存在较大差异，具体请参见后续的“非标准移码的加减运算”相关内容。

4．非标准移码的加减运算

下面以字长为 8 位的非标准移码数（偏移 127）为例，介绍非标准移码的加减运算规则。

假设 $X_{移}$ 和 $Y_{移}$ 分别是两个字长 8 位的移码数，移码加减运算后的和、差值也表示成移码。

① 加法：两个数的真值相加，等于这两个数的移码相加、再加修正码 10000001（129），运算过程忽略最高位进位，即 $(X+Y)_{移}=X_{移}+Y_{移}+129$。证明过程如下：

$$\begin{aligned}(X+Y)_{移}&=127+X+Y=(127+X)+(127+Y)-127=X_{移}+Y_{移}-127\\&=X_{移}+Y_{移}+(127)_{求补}=X_{移}+Y_{移}+(01111111)_{求补}=X_{移}+Y_{移}+10000001\\&=X_{移}+Y_{移}+129\end{aligned}$$

② 减法：两个数的真值相减，等于把减数的移码求补后与被减数移码相加、再加上修正码 01111111（127），运算过程忽略最高位进位，即 $(X-Y)_{移}=X_{移}+(Y_{移})_{求补}+127$。

证明过程如下：

$$(X-Y)_{移}=X-Y+127=(X+127)-(Y+127)+127=X_{移}-Y_{移}+127$$
$$=X_{移}+(Y_{移})_{求补}+01111111=X_{移}+(Y_{移})_{求补}+127$$

此处也通过对$Y_{移}$执行求补运算，将减法转化为了加法操作。

【例 2-53】 字长 8 位，用非标准移码规则计算“10+(−5)”和“10−(−5)”的值。

X=10，则$X_{移}=10+127=137=10001001$；$Y$= −5，则

$$Y_{移}=127-5=122=01111010,\quad (Y_{移})_{求补}=(01111010)_{求补}=10000110$$

$$(X+Y)_{移}=X_{移}+Y_{移}+129=10001001+01101010+10000001=10000100\ （132）$$

真值：132−127=5。

$$(X-Y)_{移}=X_{移}+(Y_{移})_{求补}+127=10001001+10000110+01111111=10001110\ （142）$$

真值：142−127=15。

因字长是 8 位，故运算过程忽略了最高位的进位，等效于模 2^8 运算，即除以 2^8 后的余数。

2.4.2 定点乘法运算

乘法运算比加减运算复杂。我们先举一个用手计算定点小数相乘的例子，如果将手算改为机器运算，会遇到哪些问题？有哪些方法可以实现乘法运算？

【例 2-54】 手工计算 0.1101×0.1011 并分析。

```
     0.1101
  ×  0.1011
  ---------
       1101
      1101
     0000
    1101
  ---------
 0.10001111
```

解 如右的运算过程所示，采用二进制后乘法变得很简单。对每一位乘数而言，无非乘以 1 或 0，相应地让部分积累加被乘数或加 0。但由手算到机器实现，需要解决 3 个问题：① 符号问题；② 多项部分积相加，如何解决进位传递问题；③ 乘数权值每高一位，新部分积需左移一位，才能保持两次部分积之间的相对位权关系，这会导致加法的位数增加，能否改变移位方法？

对于符号位的处理方法，可采用原码乘法或补码乘法。原码乘法是先取绝对值相乘，再根据同号相乘为正、异号相乘为负的规则来单独决定乘积的符号。补码乘法则让符号位直接参与乘法运算过程，算法会更复杂。

如何处理多项部分积？这导致两种乘法器结构。一种乘法器是将 n 位乘法转换为 n 次累加及移位循环，因而可用常规加法器实现。即每次只处理一位乘数，每求得一项部分积，就立即累加一次。相应地，将新部分积左移一位改为：原部分积的累加和右移一位。这样做的优点是：新旧部分积之间的位权对应关系不变，但原部分积中不再参与累加的低位已经右移，则加法器的位数不需扩充。这样，多位乘需分解为多步实现，依靠时序控制分步，所以又称为时序控制乘法器。若计算机中只有常规的双操作数加法器，则软件实现乘法也采取类似的算法。以上是传统乘法器的实现途径，也可以每步处理两位乘数，使速度快些，称为两位乘法。

为了快速实现乘法运算，可以采取一种保存进位的策略，以解决多操作数直接相加时的进位结构问题，利用中大规模集成电路，在一拍中可实现多项部分积的相加。这就形成了另一类乘法器结构，称为阵列乘法器。

本节主要讨论如何通过累加、移位实现分步乘法运算。

1. 原码一位乘法

原码一位乘法是指：取两操作数的绝对值（即原码中的尾数）相乘，每次将一位乘数对应的部分积与原部分积的累加和进行相加，并右移一位。

1）分步乘法过程

【例 2-55】 $X=0.1101$，$Y=-0.1011$，求 $XY=?$

解 设寄存器 A = 00.0000，B = $|X|$ = 00.1101，C = $|Y|$ = .1011。

采用原码一位乘法的具体过程如下：

步数	条件	操作	A	C C_n——判断位
			00.0000	.101<u>1</u>
第一步	C_n=1	+B	+00.1101	
			00.1101	
		→	00.0110	1.101<u>1</u>
第二步	C_n-1	+B	+00.1101	
			01.0011	
		→	00.1001	11.1<u>0</u>
第三步	C_n-1	+0	+00.0000	
			00.1001	
		→	00.0100	111.<u>1</u>
第四步	C_n=1	+B	+00.1101	
			01.0001	
		→	00.1000	1111

最后补加符号位，则乘积 XY=1.10001111。

例 2-55 中的分步算式清晰地表明了计算过程、依据的条件、执行的操作及结果。采用这种规范化的描述形式可以避免许多错误。下面对分步运算过程进行分析。

（1）寄存器分配与初始值

为了能用机器实现运算，需要设置相关寄存器，用来存放有关操作数和运算结果。在上例中，用 A 寄存器存放部分积的累加和，初始值为 0；B 寄存器存放被乘数 X，在算式中只写其绝对值，即尾数部分，符号位另行处理；C 寄存器存放乘数 Y，在算式中也只写绝对值，将符号位略去，以免计算时将符号位误作一位数字加以处理。C 寄存器的初始值是乘数 Y 的尾数，以后每乘一次，将已处理的低位乘数右移舍去，同时将 A 寄存器的末位移入 C 寄存器高位。乘法运算结束时，A 寄存器中存放着乘积的高位部分，C 寄存器中存放着乘积的低位部分。

（2）符号位

A 和 B 均设置双符号位。因为部分积累加时最高有效数位有可能产生进位，这时可用第二符号位暂存该进位（并非溢出），后续右移时再把它移回尾数部分。

第一符号位始终指示部分积的符号，它决定了在右移时第一符号位补 0。只考虑原码一位乘，由于是先当成两个正数相乘，在最后加符号位前部分积肯定为正，因此也可将第一符号位略去，右移时符号位将始终补 0。但考虑到常将乘法器与除法器合成为一个乘除部件，除法运算需要双符号位，所以本例中采用双符号位，暂不考虑简化的可能。

（3）基本操作

在原码一位乘法中，每步操作只处理一位乘数，即位于 C 寄存器末位的乘数 C_n。其余各位乘数将依次右移到该位，所以我们称之为判断位，它是决定每步操作的条件。

若 $C_n=1$，执行 $A+B$ 操作，然后将累加和右移一位，用"→"表示。

若 $C_n=0$，执行 $A+0$ 操作，然后右移，或直接让 A 右移一位。

右移时，A 的末位移入 C 的高位，A 的第二符号位移入尾数最高位，第一符号位移入第二符号位，而第一符号位本身则补 0。

（4）操作步数

若乘数的尾数位数为 n（本例中 n=4），则需进行 n 次累加移位。机器实现时可用一个计数器来控制累加移位的操作循环次数。注意：本例中是先加后移位（包括可能的加 0 操作），最后一步累加后也必须右移一位。

2）算法流程与逻辑实现

根据上述分析，可归纳出原码一位乘法的流程，如图 2-8 所示。其中 CR 是一个计数器，用来控制操作的步数。

现在来讨论原码一位乘法的硬件逻辑实现，即如何构成硬件乘法器。我们曾经强调过这样的设计思路：用控制数据传输的观点实现某种运算操作。因此，先拟出原码一位乘所需的各种传输控制命令，再根据这些命令设计加法器与各寄存器的输入逻辑。

原码一位乘的基本操作有两种：A+B 或 A+0。相应地，需在加法器输入端设置+A 与+B 两个控制命令，以选择 A 与 B 进入加法器。如果只发+A 而不发+B，则实现 A+0。在算式中，先将累加和送回 A 寄存器，再右移一位，机器实现时可以将两步合成一步，即将加法器输出右斜一位传回 A 寄存器，相应地将 A 寄存器输入门的控制命令用 Σ/2→A 表示。此外，C 寄存器需右移，控制命令记作 $\overrightarrow{\mathrm{C}}$。A 寄存器与 C 寄存器都采用同步输入方式，需要同步打入脉冲 CPA、CPC。原码一位乘所需的控制命令可归结如下：+A，+B，Σ/2→A，$\overrightarrow{\mathrm{C}}$，$\mathrm{CP_A}$，$\mathrm{CP_C}$。

图 2-9 给出了原码一位乘法器的框图，采取分段画法，即分别画出加法器、A、B、C 等寄存器。重点是输入逻辑，而加法器和寄存器本身描述得较粗略。

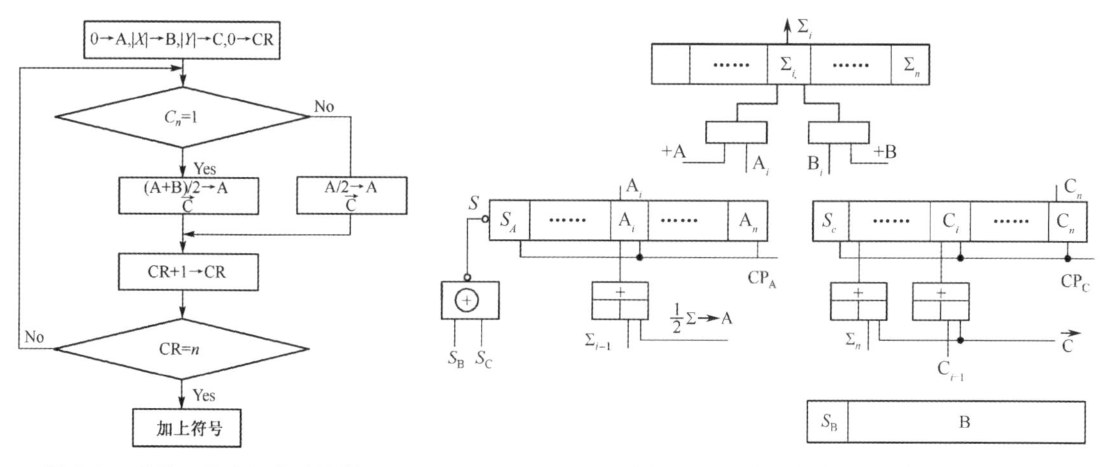

图 2-8　原码一位乘的算法流程　　　　图 2-9　原码一位乘法器的框图

根据上述算法，若乘数的尾数部分有 n 位，则分成 n 步实现 n 位乘。每步操作所需时间称为一拍。在每拍中，控制器根据乘法指令操作码与判断位 C_n，发出有关控制命令，使乘法器实现一步操作。若 $C_n=1$，则控制器发出+A、+B、Σ/2→A、C 等微命令，实现 A+B，并将累加和右斜一位传回 A，同时将 C 右移一位。控制传输的电位型微命令将维持一拍时间，当运算结果稳定后，由同步脉冲 $\mathrm{CP_A}$ 与 $\mathrm{CP_C}$ 的上升沿将结果打入寄存器 A、C。若 $C_n=0$，则控制器发+A、Σ/2→A、C 等微命令，实现 A 与 C 右移一位，由 $\mathrm{CP_A}$、$\mathrm{CP_C}$ 打入。

乘积符号由异或逻辑形成，反相后置入 A 寄存器符号位 S_A。由于累加与右移能在一拍中完成，不需要用第二符号位暂存进位信号，因此单纯的乘法器可以只设一个符号位。

寄存器 A 和 C 的输入端采用与或逻辑，一组输入门用来实现右移回传，另一组门没有细画，可用来输入操作数或作其他用途。

2. 补码一位乘法

原码乘法比较简单，但由于补码加减较原码加减简单，在通用计算机中常采用补码表示，从存储器中读得的操作数是补码表示的机器数。如果同一运算部件对加减运算采用补码算法，而对乘除运算又采用原码算法，就需进行码制转换，因而不太方便，这就需要寻求补码乘法。补码乘法是指：操作数与结果均以补码表示，连同符号位一起，按相应算法运算。

实现补码乘法有两种方法。一种是先按原码乘法那样直接乘，再根据乘数符号进行校正。限于篇幅，证明从略，只简述其算法规则。

- 不管被乘数 $X_{补}$ 的符号如何，只要乘数 $Y_{补}$ 为正，则可像原码乘法一样进行运算，其结果不需校正。
- 若乘数 $Y_{补}$ 为负，则先按原码乘法运算，结果再加一个校正量 $-X_{补}$。

这种算法称为校正法。

另一种方法是将校正法的两种情况统一起来，演变为比较法。由于它是 Booth 夫妇首先提出的，因此又习惯把它称为 Booth 算法。Booth 算法是现在广泛采用的补码乘法，如果不加任何说明，一般的补码乘法就是指的比较法。

1）比较法的算法分析

补码一位乘比较法可表示为

$$[XY]_{补}=[X]_{补}[0.Y_1Y_2\cdots Y_n]-[X]_{补}Y_0 \tag{2-20}$$

式(2-20)概括了校正法的两种情况：若乘数为正，即 $Y_0=0$，则将 Y 的尾数乘以被乘数 $[X]_{补}$，此时不需要校正；若乘数为负值，即 $Y_0=1$，则 $[X]_{补}$ 乘以 $[Y]_{补}$ 的尾数后，还需要采取减去 $[X]_{补}$ 的方式来对运算结果进行校正。

可以将式(2-20)改写为如下：

$$\begin{aligned}[XY]_{补}&=[X]_{补}[2^{-1}Y_1+2^{-2}Y_2+\cdots+2^{-n}Y_n]-[X]_{补}Y_0\\&=[X]_{补}\left[-Y_0+(Y_1-2^{-1}Y_1)+(2^{-1}Y_2-2^{-2}Y_2)+\cdots+(2^{-(n-1)}Y_n-2^{-n}Y_n)+0\right]\\&=[X]_{补}\left[(Y_1-Y_0)+2^{-1}(Y_2-Y_1)+\cdots+2^{-n}(0-Y_n)\right]\\&=[X]_{补}\left[(Y_1-Y_0)+2^{-1}(Y_2-Y_1)+\cdots+2^{-n}(Y_{n+1}-Y_n)\right]\end{aligned} \tag{2-21}$$

在机器实现中可在末位 Y_n 后增设一个附加位 Y_{n+1}，其初始值为 0，对乘数 Y 的值并无影响。若定义 $[A_0]_{补}$ 为初始部分积，$[A_1]_{补}$ ～ $[A_n]_{补}$ 依次为各步求得的累加并右移后的部分积，则可将式(2-21)改写为如下递推形式，它更接近于乘法的分步运算形式。

$$\begin{aligned}&[A_0]_{补}=0\\&[A_1]_{补}=2^{-1}\times\{[A_0]_{补}+(Y_{n+1}-Y_n)\times[X]_{补}\}\\&[A_2]_{补}=2^{-1}\times\{[A_1]_{补}+(Y_n-Y_{n-1})\times[X]_{补}\}\\&\cdots\\&[A_n]_{补}=2^{-1}\times\{[A_{n-1}]_{补}+(Y_2-Y_1)\times[X]_{补}\}\\&[XY]_{补}=[A_n]_{补}+(Y_1-Y_0)\times[X]_{补}\end{aligned} \tag{2-22}$$

式(2-22)表明了补码一位乘的基本操作：被乘数 $X_{补}$乘以对应的相邻两位乘数之差值，再与原部分积累加，然后右移 1 位，形成该计算步的部分积的累加和。比较法是根据相邻两位乘数之差（低位减高位），即两位的比较结果来决定相应操作。因为每一步要要右移 1 位，所以参与比较的两位始终是最末的 2 位，即 Y_n 和 Y_{n+1}，然后可根据这两位的代码值决定相应的操作，规则如表 2-6 所示。

表 2-6　补码一位乘的基本规则

Y_n（高位）	Y_{n+1}（低位）	操　作
0	0	$1/2\ A_{补}$
0	1	$1/2\ (A_{补}+X_{补})$
1	0	$1/2\ (A_{补}-X_{补})$
1	1	$1/2\ A_{补}$

2）运算实例

【例 2-56】　$X=-0.1101$，$Y=-0.1011$，求$[XY]_{补}$。

设 $\text{A}=00.0000$， $\text{B}=X_{补}=11.0011$， $-\text{B}=-X_{补}=00.1101$， $\text{C}=Y_{补}=1.0101$。

步数	条件	操作	A	C	C_{n+1}	
	C_nC_{n+1}		00.0000	1.0101	0	
第一步	10	−B	+00.1101			
			00.1101			
		→	00.0110	11.010	1	
第二步	01	+B	+11.0011			
			11.1001			
		→	11.1100	111.01	0	
第三步	10	−B	+00.1101			
			00.1001			
		→	00.0100	1111.0	1	
第四步	01	+B	+11.0011			
			11.0111			
		→	11.1011	11111	0	
第五步	10	−B	+00.1101			结果校正
			00.1000	1111		

因此，$[XY]_{补}=0.10001111$。

本例以分步算式的形式说明了补码一位乘法的运算过程，下面再对有关要点进行说明。

（1）初始值和符号位

A 寄存器用来存放部分积的累加和，初始值为 0，采取双符号位。累加时可能产生的进位暂存于第二符号位，第一符号位始终指示部分积的累加和的正负，以控制右移时补 0 或补 1。补码乘法中有加或减，相应地，部分积可能有正也有负，这就需要第一符号位保持正负标志。

B 寄存器中存放补码表示的被乘数 $X_{补}$，双符号位（与 A 对应）。补码一位乘的基本操作有 $\text{A}+\text{B}$ 和 $\text{A}-\text{B}$，所以算式中先写出 $X_{补}$(B) 和 $-X_{补}$(−B) 的值。

C 寄存器存放补码表示的乘数 $Y_{补}$。取单符号位，以控制最后一步操作，该操作体现了乘数正负的影响。Y 的末位添 0，称为附加位 Y_{n+1}(C_{n+1})。

（2）基本操作

用 C 寄存器最末 2 位（含增加的 C_{n+1}）作为判断位，按前述规则决定各步操作。如第①步，判断位为 10，低位减高位得−1，所以执行 $\text{A}-\text{B}$，然后右移 1 位。又如第②步，判断位为 01，低位减高位得 1，执行 $\text{A}+\text{B}$。每步加/减后，让 A 与 C 右移 1 位，而每次是相邻两位乘数比较，所以除去 C 的符号位和增加的末位 0 以外，各乘数位将参加两次比较。

注意：现在讨论的是补码一位乘，比较两位只相当于处理一位乘数，不可误认为两位乘。

（3）移位

在右移时，第二符号位移入尾数的最高数位，第一符号位移入第二符号位，第一符号位本身不变，而 A 末位移入 C。

（4）步数与最后一步操作

如上例，乘数的有效尾数是 4 位，共做 5 步。除了 C_0 、C_{n+1} 位，有效尾数中各位均参与 2 次比较。注意，最后一步不移位，因为它是用来处理符号位的，见式(2-22)。

3）逻辑实现

根据补码一位乘法构成乘法器，其设计方法与原码乘法器的设计相似，即先拟定各种操作所需的控制命令，再据此确定加法器与各寄存器的输入逻辑。其基本思路仍围绕数据传输这一线索。所需的控制命令有：+A、+B、$+\overline{B}$ 、+1、Σ→A、Σ/2→A、$\vec{C}$ 、CP_A、CP_C。

加法器 A 输入端设置一个控制门，由+A 控制选择 A 寄存器数据。加法器的 B 输入端需设置一个与或门，由+B 控制选择 B 寄存器内容；由 $+\overline{B}$ 控制选择 B 寄存器的反码且在末位加 1（初始进位为 1）。A 寄存器的输入需设置与或门，其中一组由 Σ/2→A 控制，使加法器输出右斜 1 位写回寄存器 A。C 寄存器输入中的一组可实现 C 右移功能。CP_A 和 CP_C 分别为 A、C 寄存器的定时打入脉冲。上述控制命令由控制器分时发出，根据 C_nC_{n+1} 比较结果发出+B 或 $+\overline{B}$ 与+1。

3．原码两位乘法

在使用常规双操作数加法器的前提下，如何提高乘法速度呢？一种合乎逻辑的途径是每步同时处理两位乘数，根据两位乘数的组合决定本步应该做什么操作，从而在一步内求得与两位乘数相对应的部分积，称为两位乘法。其运算速度将比一位乘提高近 1 倍。

1）算法分析

若两位乘数按高低顺序为 Y_iY_{i+1}，则 4 种可能组合对应的操作如下：

Y_i	Y_{i+1}	操　作
0	0	原部分积右移 2 位
0	1	原部分积+X，再右移 2 位
1	0	原部分积+2X，再右移 2 位
1	1	原部分积+3X，再右移 2 位

以上是原码两位乘本应执行的操作，但机器实现时有困难。加法器可实现的操作有+X 和 –X，通过将加数左斜一位送加法器可实现+2X。但+3X 如何实现？这就需要做出转换。可将+3X 当成 4X–X 来处理，即本步只执行–X，用欠账触发器 C_j 记下欠账，到下一步再补上+4X。

表 2-7　原码两位乘的规则

Y_i	Y_{i+1}	C_j	操　作	
0	0	0	A/4	0→C_j
0	0	1	1/4（A+X）	0→C_j
0	1	0	1/4（A+X）	0→C_j
0	1	1	1/4（A+2X）	0→C_j
1	0	0	1/4（A+2X）	0→C_j
1	0	1	1/4（A–X）	1→C_j
1	1	0	1/4（A–X）	1→C_j
1	1	1	A/4	1→C_j

注意：*每步累加后部分积要右移 2 位，移位前后相差 4 倍，所以前一步移位前欠下的+4X 操作，到了移位后的下一步，只需执行+X 操作即可。不难通过实例证明这一相对关系。*

由此可得，原码两位乘的规则如表 2-7 所示。该表的左栏是判断条件，其中含两位乘数，另有一位欠账触发器 C_j。C_j 不是一位乘数。Y_i 、Y_{i+1} 、C_j 组成三位判断位。表的右栏是应执行的基本操作，A 表示部分积，A/4 表示将 A 右移两位。例如第 4 行，$Y_iY_{i+1} = 01$，本应执行+X；但 $C_j = 1$，表明上一步欠账+4X，本步应补还+X；所以综合结果应执行+2X，不再欠账，因而 C_j 变为 0。又如第 6 行，$Y_iY_{i+1}=10$，本应执行+2X；但 $C_j = 1$，表明欠账+4X，本步应补还+X；综合结果应执行+3X；实际改作−X，记下欠账+4X，所以 C_j 变为 1。

2）运算实例

【例 2-57】 $X = -0.111111$，$Y = 0.111001$，求 XY。

解 令 A = 000.000000，B = $|X|$ = 000.111111，则 −B = 111.000001，+2B = 001.111110，C = $|Y|$ = 00.111001。

对运算过程的几点说明如下：

① 初始值与符号位。根据原码乘法规则，先取绝对值相乘，用 B 寄存器存放被乘数 X 的绝对值，C 中存放乘数 Y 的绝对值。可能的操作有+B、−B、+2B，所以在算式中先写出 B 的机器负数和 2B，机器实现时通过 +$\overline{B}$ 与末位+1 实现−B（将 B 变补相加），通过将 B 左斜一位的结果送入加法器，从而实现+2B 操作。

步数	条件 $C_{n-1}=C_nC_j$	操作	A	C	C_j
			000.000000	00.111001	0
第一步	010	+B	+000.111111		
			000.111111		
		→2	000.001111	1100.1110	0
第二步	100	+2B	+001.111110		
			010.001101		
		→2	000.100011	011100.11	0
第三步	110	−B	+111.000001		
			111.100100		
		→2	111.111001	00011100	1
第四步	00.1	+B	+000.111111		
		（还账）	000.111000	000111	

加符号位，则乘积 XY =1.111000000111。

A 与 B 均取三符号位。因为有+2B 操作，2B 本身有可能进位到第三符号位，累加后则可能进位到第二符号位，如本例中第二步所示。操作中可能有−B，部分积有可能暂时为负（补码表示），需由第一符号位指示正负，以控制移位操作，如第三步。

C 取双符号位 00，在最后一步还清欠账时，双符号位充当判断位中的乘数，如第四步。

注意：*每步处理两位乘数，所以应使乘数的尾数保持为偶数位，否则应在末位后补 0，以凑足偶数位。*

② 欠账触发器 C_j。与补码乘中的附加位 C_{n+1} 不同，C_j 是独立的触发器，不是乘数的一部分，运算前没有欠账，C_j 初始值为 0。以后每步根据是否欠账来决定 C_j 的状态，因此 C_j 的值并不是由移位获得的。

③ 操作。依据表 2-7 所示的规则决定操作，“→2”表示右移 2 位。

④ 步数。乘数的尾数有 n 位，需要做 n/2 步操作。如果最后一步欠了账，还需增加一步还账操作。在本例中，一共执行了 4 步（含还账）。注意：*最后一步（**还账**）不移位。*

3）逻辑实现

按上述分析来设计原码两位乘法器，可拟出各种数据传送所需的控制命令如下：+A、+B、+2B、+$\overline{B}$、+1、0→C_j、1→C_j、Σ→A、Σ/4→A、C/4→C、CP_A、CP_C。

加法器 A 输入端需设置一个控制门，由+A 控制；加法器 B 输入端需设置一个与或门，视操作需要选择+B、+2B、–B；对 C_j 应有复位、置 1 功能；由 Σ/4→A 控制将加法器输出右斜两位传回寄存器 A；C/4→C 控制 C 寄存器每步右移 2 位；CP_A 与 CP_C 为同步定时脉冲。根据以上命令和相应逻辑可以构成原码两位乘法器。

2.4.3 定点除法运算

人工进行除法运算时遵循的规则是：比较被除数与除数的绝对值大小，够减（被除数绝对值大于除数绝对值）商 1，用被除数减去除数，将余数左移（末位补 0），再与除数比较，以便求下一位商；不够减（被除数绝对值小于除数绝对值）商 0，不做减法，将余数左移，继续与除数比较。可将被除数看成初始余数。除法的关键是比较余数与除数的大小，判断是否够减。转变为机器实现时，如何判断是否够减？如何处理符号？应该如何提高除法运算速度呢？

1）如何判断够减

一种方法是先用逻辑电路进行比较判别：如果够减，才执行减法，并商 1；如果不够减，就不再进行减操作，商 0。这种方法增加了硬件代价，又无明显的优点，因而很少采用。

另一种方法是用减法试探，即在减后根据余数与除数的符号比较，判断本次减操作究竟够减还是不够减。如果判明不够减，又派生出两种算法，一是恢复余数法，二是不恢复余数法。

恢复余数法的处理思路是：先减后判，若减后发现不够减，则商 0，并加除数，恢复减前的余数，相当于取消已做的减操作，再往后运算。这是一种基于除法基本算法的处理方法，既增加了一些不必要的操作，又使操作步数随着不够减情况出现的次数而变化。操作步数不固定将给控制时序的安排带来一些困难，并增加了运算时间，因而也已很少采用。

不恢复余数除法又称为加减交替除法，其处理思路是：先减后判，若减后发现不够减，则在下一步改做加除数操作。这样，操作步数是固定的，仅与商的位数有关，因此这种除法法则也是现在普遍采用的一种算法。

2）如何处理符号位

与乘法相似，除法也分为原码除法与补码除法两类。原码除法是先取绝对值相除（即取原码的尾数），符号位单独处理：同号相除为正、异号相除为负。补码除法是带符号的补码直接相除，那么：补码商有正有负，且正商、负商的尾数是不同的，如何确定上商的规则？

3）如何提高除法运算速度

与乘法相似，常见除法器有以下 3 种。

- 传统的除法可以利用常规的双操作数加法器，将除法分解为若干次“加减与移位”循环，由时序控制分步实现。
- 为了提高速度，一种途径是采用迭代除法，将除法转换为乘法处理，就可以利用快速乘法器实现除法。
- 阵列除法器，一次求得商和余数，这已成为实现快速除法的基本途径。

本节主要讨论第一种方法，即用加减与移位分步实现的不恢复余数除法。

1．原码不恢复余数除法

1）算法分析

为了推导不恢复余数算法，我们先讨论恢复余数的情况。

设 Y 表示除数，r 表示余数。第 i 步将余数左移一位后减除数 $2r_{i-1}-Y$，则其上商与下一步操作可能出现两种情况：若够减，即余数 $r_i = 2r_{i-1} - Y > 0$，则商 $Q_i = 1$，下一步做 $r_{i+1} = 2r_i - Y$；若不够减，即 $r_i' = 2r_{i-1} - Y < 0$（由于不够减，暂将余数记为 r_i'，有别于恢复后的余数 r_i），则商 $Q_i = 0$，恢复余数为 $r_i = r_i' + Y = 2r_{i-1}$，下一步做 $r_{i+1} = 2r_i - Y$。这里有：

$$r_{i+1} = 2r_i - Y \ = 2(r_i' + Y) - Y = 2r_i' + Y \tag{2-23}$$

式(2-23)表明：当出现不够减情况时，也可以不恢复余数而直接做下一步，将操作改为 $2r_i' + Y$，其结果与恢复余数后再减 Y 是等效的。这就是不恢复余数除法，也称为加减交替法。

原码不恢复余数除法的要点如下：

① 取绝对值（原码尾数）相除，符号位单独处理。

② 对于定点小数除法，为使商不致溢出，要求被除数绝对值小于除数绝对值，即 $|X|<|Y|$。

③ 每步操作后，可根据余数 r_i 符号判断是否够减：r_i 为正，表明够减，上商 $Q_i = 1$；r_i 为负，表明不够减，上商 $Q_i = 0$。

④ 基本操作可用通式描述为

$$r_{i+1} = 2r_i + (1 - 2Q_i)Y \tag{2-24}$$

其中包含了两种情况：若第 i 步够减，$Q_i = 1$，则第 $i+1$ 步应做 $2r_i - Y$；若第 i 步不够减，$Q_i = 0$，则第 $i+1$ 步应做 $2r_i + Y$。

⑤ 原码除的思路是先当成正数相除，若最后一步所得余数为负，则恢复余数，以保持 $r \geqslant 0$。

2）运算实例

【例 2-58】 若 X=−0.10110，Y=0.11111，求 $X \div Y$。

设 $\mathrm{A} = |X| = 00.10110$，$\mathrm{B} = |Y| = 00.11111$，则 $-\mathrm{B} = 11.00001$、$\mathrm{C} = |Q| = 0.0000$，运算如下。

步数	条件	操作	A		C	C_n
			00.10110	r_0	0.00000	
第一步		←	01.01100	$2r_0$		
		−B	+ 11.00001			
	$S_A = 0$		00.01101	r_1	0.00001	Q_1
第二步	$C_n = 1$	←	00.11010	$2r_1$		
		−B	+ 11.00001			
	$S_A = 1$		11.11011	r_2	0.00010	Q_2
第三步	$C_n = 0$	←	11.10110	$2r_2$		
		+B	+ 00.11111			
	$S_A = 0$		00.10101	r_3	0.00101	Q_3
第四步	$C_n = 1$	←	01.01010	$2r_3$		
		−B	+ 11.00001			
	$S_A = 0$		00.01011	r_4	0.01011	Q_4
第五步	$C_n = 1$	←	00.10110	$2r_4$		
		−B	+ 11.00001			
	$S_A = 1$		11.10111	r_5'	0.10110	Q_5
第六步	$C_n = 0$	+B	+ 00.11111			
		恢复余数	00.10110	r_5		

因此，商= −0.10110，余数= −0.10110×2^{-5}。

对运算过程的补充说明如下：

① 寄存器分配与符号位。A 寄存器中开始存放被除数的绝对值，以后将存放各次余数。A 取双符号位，左移一位时，有效数位可能需暂时存放在第二符号位；第一符号位指示正负，可判断是否够减，从而决定商值。

B 寄存器存放除数的绝对值，取双符号位与 A 相对应。由于有 ± B 两种操作，在算式中我们将–B 值也写出。C 寄存器用来存放商的绝对值，取单符号位。在机器实现中商由末位置入，在每次置入新商的同时，原有的商同时左移一位。

② 第一步操作。将被除数 X 视为初始余数 r_0，则在 $|X|<|Y|\lim\limits_{x\to\infty}$ 的前提下，第一步操作为 $2r_0-Y$。

③ 基本操作和上商。如前所述，基本操作依据通式 $r_{i+1}=2r_i-(1-2Q_i)Y$，体现了加减交替法思路。而商值根据各步余数 r_i 的符号来决定，r_i 为正，则上商 1；r_i 为负，则上商 0。

按移位规则，左移时末位补 0，尾数的最高位将移入第二符号位暂存。

④ 操作步数与最后一步操作。如果要求 n 位商（不含符号位），则需做 n 步“左移、加减”循环；若第 n 步余数 r_n 为负，则需增加一步恢复余数，使最终的余数仍为绝对值形式。增加的这一步不移位。如本例，5 步求得 5 位商，再增加一步恢复余数。

⑤ 结果表达：除法的结果是求得商及余数。余数左移后，在形式上提高了位权，因此余数的实际位权要比形式上书写的低，r_n 的位权应乘以 2^{-n}，如本例中最后得到的余数 r_5 的实际值就应该是 0.10110×2^{-5}。

原码除是先当成正数相除，求得商与余数的绝对值后，商符按同号相除为正，异号相除为负确定；余数的实际符号与被除数的符号相同。

3）逻辑实现

在逻辑实现中，可将左移一位与加减合为一步进行，相应地需设置下列微命令：

+2A、+A	加法器 A 输入端选择命令
+B、$+\bar{B}$、+1	加法器 B 输入端选择命令及初始进位
Σ→A	A 寄存器输入选择命令
$\overleftarrow{C}$	C 寄存器左移控制命令
$Q_i\to C_n$	置入商值 Q_i
CP_A、CP_C	同步打入脉冲

根据以上命令可设计加法器、A 寄存器、C 寄存器的输入逻辑，从而组成除法器。

2．补码不恢复余数除法

补码除法是指被除数、除数、所求得的商、余数等都用补码表示。由于符号位要参与运算，与原码除法的绝对值运算相比，补码除法需要解决一些新的问题，即如何根据操作数的符号决定实际操作？如何判断够减？如何求商值？如何确定商符？表 2-8 概括了补码不恢复余数法（也称为加减交替法）的运算规则，分析和讨论其中的关键问题。

1）判断够减

随着除法运算的进行，余数的绝对值应越除越小。因此，被除数与除数同号时，两数应当相减；两数异号时，则应相加。这是带符号数相除的特点。下面通过两组例子说明操作与数符之间的关系，以便找出判断够减的方法（为便于理解，以带符号的十进制真值为例）。

表 2-8　补码不恢复余数法

$X_补$ $Y_补$数符	商符	第一步操作	$r_补$ $Y_补$数符	上商	下一步操作
同号	0	减	同号（够减）　异号（不够减）	1　0	$2[r_i]_补-Y_补$　$2[r_i]_补+Y_补$
异号	1	加	同号（不够减）　异号（够减）	1　0	$2[r_i]_补-Y_补$　$2[r_i]_补+Y_补$

【例 2-59】 同号相除。

（1）7÷4______1

$$\begin{array}{r} 1 \\ 4\overline{)\ 7} \\ -4 \\ \hline 3 \end{array} \quad \begin{array}{l} \\ \text{---}X \\ \text{---}Y \\ \text{---}r \end{array}$$

够减

（2）4÷7_____0

$$\begin{array}{r} 0 \\ 7\overline{)\ 4} \\ -7 \\ \hline -3 \end{array}$$

不够减

【例 2-60】 异号相除。

（1）−7÷4_____1

$$\begin{array}{r} 1 \\ 4\overline{)\ -7} \\ +4 \\ \hline -3 \end{array}$$

够减

（2）−4÷7_____0

$$\begin{array}{r} 0 \\ 7\overline{)\ -4} \\ +7 \\ \hline +3 \end{array}$$

不够减

从以上例子可以看出，用余数 r 与被除数 X 进行数符比较可以判断是否够减，如例 2-59 和例 2-60 的（1），r、X 同号表明够减；而两组例子中的（2），r、X 异号表明不够减。但运算后 X 将被新的余数 r 所取代，不再保留，除数 Y 则在运算中一直保持不变，所以我们改用 Y 与 r 作数符比较。在同号相除时，若 r、Y 同号，表明够减；若 r、Y 异号，表明不够减。在异号相除时，若 r、Y 同号，表明不够减；若 r、Y 异号，则表明够减。

2）求商值

同号相除商为正，够减商 1，不够减商 0。异号相除商为负，怎样上商？若对补码商采取“末位恒置 1”的舍入方法，则负数补码与正数之间将变为一种简单的对应关系，即除去恒定为 1 的末位外，尾数的其他各位与正数相反。因此当商为负数补码时，够减商 0，不够减商 1。

结合对够减与否的判别方法，恰巧使求商值的规则在形式上统一起来，见表 2-8。即不管够减或不够减，只要 r、Y 同号便商 1，异号便商 0。因此，商值逻辑为：

$$Q_i = \overline{S_{ri} \oplus S_Y} \tag{2-25}$$

其中，S_{ri} 为余数 r_i 的数符，S_Y 为除数 Y 的数符。

3）确定商符

补码符号位参加运算，因而商符是通过运算求得的，在补码除法中有两种常见方法。不管采用哪种方法，最后的商符应与实际商符一致，即同号相除商符为 0，异号相除商符为 1。

第一种方法：先做 $X_{补} \pm Y_{补}$，按表 2-8 中求商值的规律求商符。如果 X、Y 同号，做 $X_{补} - Y_{补}$，由于定点小数除法要求 $|X| < |Y|$，因此第一步操作结果肯定是不够减的，r、Y 异号，商符为 0。如果 X、Y 异号，做 $X_{补} + Y_{补}$，由于不够减，r、Y 同号，因此商符为 1。这种方法的优点是：求商符与求商值的规则一致。缺点是：第一步做 $X_{补} \pm Y_{补}$，以后各步做 $2r_{补} \pm Y_{补}$，操作不统一，控制上稍微复杂。

第二种方法：一开始就将被除数 X 当成初始余数 r_0，r_0、Y 同号时商符为 1，r_0、Y 异号时商符为 0。然后根据商符第一步做 $2r_{0补} \pm Y_{补}$。显然，按商值规律求得的商符与实际商符相反，将它称为假商符，通过求反将它校正。

这种方法将求商符与求商值的规则先暂时统一起来，各操作的规律也是统一的。虽然需对商符进行校正，但这并不困难，因此我们推荐第二种方法。

4）对商校正

如果采用第二种方法，就存在一个商的校正问题，包括将商的末位恒置 1 和将商符变反。我们略去严格的算法推导，仅从概念上简明地说明校正方法。

若需求 n 位商（不含符号位），则做 n 步，求得假商符与 n–1 位商，称为假商，然后让假商值再加$1+2^{-n}$，即可获得校正后的真商。假商符号加 1 并舍去进位，就能变反成为真商的符号。尾数加2^{-n}相当于令商的第 n 位恒定为 1，这恰好符合前面推出求商规则时所用的前提（即末位恒置 1）。这种方式对所计算得到的商，能将误差控制在末位。

【例 2-61】 $X=0.1000$，$Y=-0.1010$，求 $X \div Y$。

设 $A=X_{补}=00.1000$，$B=Y_{补}=11.0110$，$-B=00.1010$，$C=X \div Y=Q_{补}=0.0000$，如下：

步数	符号判断	操作	被除数	余数	商Q
		初始化	00.1000	$r_0=X_{补}$	0.0000
1	r_0和$Y_{补}$异号	上商0	00.1000	$=r_0$	0.0000
		$\leftarrow 2r_0$	01.0000		0.0000
		$+Y_{补}$	+11.0110		
2	r_1和$Y_{补}$异号	上商0	100.0110	$=r_1$	0.0000
		$\leftarrow 2r_1$	00.1100		0.0000
		$+Y_{补}$	+11.0110		
3	r_2和$Y_{补}$异号	上商0	100.0010	$=r_2$	0.0000
		$\leftarrow 2r_2$	00.0100		0.0000
		$+Y_{补}$	+11.0110		
4	r_3和$Y_{补}$同号	上商1	11.1010	$=r_3$	0.0001
		$\leftarrow 2r_3$	11.0100		0.0010
		$-Y_{补}$	+00.1010		
			11.1110	$=r_4$	

相关说明如下：

① 寄存器分配与符号位。用寄存器 A 存放被除数（补码），以后存放余数，取双符号位。寄存器 B 存放除数（补码），双符号位，在算式中先写明–B。寄存器 C 存放商，初始值为 0（未考虑商符之前），单符号位。

② 假商符。在第一步操作之前，先根据 r_0、Y 符号比较确定假商符（与真商符相反）。

③ 基本操作。各步操作统一。根据假商符值决定第一步操作，并根据第一步操作结果决定第一位商值。如本例，假商符 $Q_0=0$，第一步做 $2r_0$+B，然后根据 r_1、Y 异号上商 $Q_1=0$。

④ 步数。本例求 4 位商（尾数），所以做 4 步，但假商中只取 3 位商，第 4 位商通过校正（恒置 1）获得。

⑤ 假商校正。本例中假商为 0.001，含一位假商符与三位商值。校正（加 1.0001）后得到真商 1.0011，商符由 0 校正为实际值 1，末位的商恒置为 1。

⑥ 结果表达。补码相除后，商与余数自带符号（算式中最后一步求得的余数符号就是实际的余数符号），可正可负，可以分别写出商与余数的补码或真值形式。注意余数的权。

所以，假商为 0.0010。由于两异号数相除真商的符号为 1，还需对末位恒置 1，则

真商为 0.0010+1.0001=1.0011（补码）= – 0.1101（真值）

余数为 $2^{-4}\times r_4=2^{-4}\times 11.1110$（补码）=11.11111110（补码）= – 2^{-7}（真值）

逻辑实现中所需的微命令与原码除法微命令相同，因此补码除法器在逻辑结构上与原码除法器基本相同，区别仅在于微命令形成逻辑与商值形成逻辑是根据补码除法规则产生。

2.4.4 IEEE754 浮点数四则运算

浮点数比定点数的表示范围广，有效精度高，更适合科学和工程计算的需要。当要求计算精度较高时，往往采用浮点运算。但浮点数的格式较定点数复杂，硬件实现成本高，完成一次浮点四则运算所需的时间也比定点运算长。低档的计算机在硬件上只有定点运算，通过软件子程序实现浮点运算；一些微型计算机的 CPU 没有硬件浮点运算功能，另配浮点处理器或协处理器；高性能计算机配置专门的浮点运算部件，指令系统中自然也包含了浮点运算指令。

IEEE754 浮点代码中包含两组定点代码：采用整数移码格式的阶码和采用定点小数原码格式的尾数，隐含约定阶码底数是 2。浮点运算实质上包含两组定点运算：阶码的移码运算和尾数的原码运算，而且这两部分都有各自的作用和相互间的关联。

1．浮点数的加减运算

规格化浮点加减运算可按以下步骤进行。

1）检测能否简化操作

浮点运算较为复杂，能简化则尽量简化，一个简单的方法是判断操作数是否为零。当两个操作数中只要有一个为零时，加减运算应当简化，以免执行对阶等不必要的后续操作。

如何判断浮点数为 0 呢？对于 IEEE754 格式的浮点数而言，只有当阶码和尾数均同时为 0 时，浮点数的真值才被解析为 0 值。

2）对阶

在浮点数中，尾数是定点小数，而阶码则体现出了放大或缩小的比例因子。只有阶码相同的数，其尾数位的真正权值才相同，才能让尾数直接加减。因此，两个浮点数加减时，必须将它们的阶码调整得一样大，这个过程称为对阶，这是浮点加减中关键的一步。比如：

$$\begin{array}{lcl} \text{浮点数 1：} 2^3\times0.100100 & \xrightarrow{\text{对阶}} & 2^3\times0.100100 \\ \text{浮点数 2：} 2^1\times0.110100 & & 2^3\times0.001101 \end{array}$$

上述的两个浮点数，被加数的阶码为 3，而加数的阶码为 1，因此它们的尾数不能直接相加。只有通过对阶将阶码调整到相同后，才能让尾数相加。对阶的基本规则是：阶码小的数向阶码大的数对齐。换句话说，以大的阶码为基准，把小的阶码变大，即小阶向大阶对齐。

当调整阶码时，尾数应同步移位，才能保持浮点数的值不变。如果阶码以 2 为底，那么每当阶码增 1 时尾数应右移 1 位，舍去低位时有可能带来误差。小阶码向大阶码对齐，相对误差会更小一些。如果大阶向小阶对齐，那么尾数会因左移而舍去高位代码，造成误差很大。

如果阶码是以 2 为底数，A_E、B_E 分别表示两数的阶码（移码），A_M、B_M 分别表示两数的尾数（原码），那么对阶操作的步骤如下：

① 若 $A_E > B_E$，则浮点数 B 的尾数右移 1 位，阶码加 1，记为：$\vec{B}_M$，B_E+1，直到 $B_E = A_E$。

② 若 $A_E < B_E$，则执行 $\vec{A}_M$，A_E+1，直到 $A_E = B_E$。

3）尾数相加/减

当两数的阶码对齐后，相当于已将两个尾数的原码小数点位置按实际权重对齐，因此可以让两个尾数做原码加/减运算，运算结果表示为 M，记为：$A_M \pm B_M \to M$。

4）结果规格化

尾数加减后有可能不符合 IEEE754 浮点数的尾数规格化要求（$1 \leqslant |M_{真}| < 2$），因而需要将尾数移位使其规格化，为了确保浮点数值不变还需同步调整阶码，此操作即对结果规格化。

为了便于用硬件电路快速判别运算结果是否符合规格化要求，一种办法是让尾数的符号位扩展为双符号位，分别定义为M_{f1}和M_{f2}，其最高数位表示为M_1，阶码表示为E。在加减运算中，有两种可能需要进行尾数规格化的情况，分别讨论如下。

① 两个同号数相加（两个正数或者两个负数），若出现$2 \leqslant |M_{真}| < 4$，则需将尾数右移 1 位使之规格化。尾数右移规格化也简称为右规。

右规的判断逻辑：$M_{f1}=1$（M的原码形如 1x.xx…xx），右规操作：$\overrightarrow{M}$，$E+1$。

② 两个异号数相加（或同号数相减），若出现$0 \leqslant |M_{真}| < 1$，则需将尾数左移 1 位使之规格化。尾数左移规格化也简称为左规。

左规的判断逻辑：$A_{f1}+A_{f2}=0$（M的原码形如 00. xx…xx），左规操作：$\overleftarrow{M}$，$E-1$。

另外一种运算结果：当$1 \leqslant |M| < 2$时（M的原码形如 01.xx…xx），此时M是符合 IEEE 754 规范化要求的，不需再进行规格化处理。两个规范化的浮点数做加减运算，无论对运算结果进行左规还是右规，尾数M最多移动 1 位（同时调整E）就可以实现规格化处理。

由于浮点数的表示范围宽广，在实际应用中很少出现溢出。理论上，仅在两种极端情况下可能溢出。一种情况是同号数相加前，其中一数的绝对值很大，使正阶码已达到最大值，而相加后又需右规，且右规时阶码将增大，可能上溢。另一种情况是异号数相加前，两数的绝对值很小，使负阶码绝对值很大，而相加后又需左规，且左规时阶码将减小，可能发生下溢。

【例 2-62】 已知$X=0.5$，$Y=-0.4375$，请按 IEEE754 格式短浮点数计算$[X+Y]_{浮}$。

解 先把X和Y表示成形如$\pm M \times 2^E$的格式，则

$$X_{真}=0.5=0.100\cdots00=1.000\cdots00\times 2^{-1}$$

$$Y_{真}=-0.4375=-0.01110\cdots00=-1.110\cdots00\times 2^{-2}$$

IEEE 754 规格化短浮点数代码：

$$[X]_{浮}=\underline{0}\,01111110,000\cdots00$$

$$[Y]_{浮}=\underline{1}\,01111101,110\cdots00$$

阶差为

$$\Delta E=E_X-E_Y=01111110-01111101$$

$$=01111110+(01111101)_{求补}+127=10000000$$

因为$E_X>E_Y$，需对Y对阶，可得到

$Y=\underline{1}\,0111\,1110,1110\ldots00$（须恢复成真值再对阶）

把X和Y对阶后的尾数（原码）相加，则

$$M_{X+Y}=\underline{0}1.0000\cdots00+\underline{1}0.1110\cdots00$$

因为这两个尾数的符号相反，所以等价于把两者的数值部分求差（相减），即

$M_{X+Y}=1.0000\cdots00-0.1110\cdots00=1.0000\cdots00+(0.1110\cdots00)_{求补}=1.0000\cdots00+1.0010\cdots00$

$=\boxed{1}0.0010\cdots00$（加外框的数字 1 是最高位产生的进位）

$=\underline{\mathbf{0}}0.0010\cdots00$（符号位取为被加数的符号 0）

$$[X+Y]_{浮}=\underline{0}\,0.0010\cdots00\times 2^{-1}$$

尾数代码 0.0010…00 值小于 1，需左移 3 位规格化，则

$$[X+Y]_{浮}=\underline{0}\,1.0000\cdots00\times 2^{-4}$$

$$=\underline{0}\,0111\,1011\,000\cdots00$$

（IEEE 754 格式短浮点数代码）

$$[X+Y]_{真}=+0.0625$$

上述计算过程中，标注了下画线且加粗的数字 <u>**0**</u>、<u>**1**</u>，均代表浮点数代码中的符号位。

2. 浮点乘法运算

两浮点数 $A=2^{A_E}\times A_M$，$B=2^{B_E}\times B_M$，其中的阶码为移码，尾数为原码，则乘法规则为：

$$A\times B=(A_M\times B_M)\times 2^{A_E+B_E} \tag{2-26}$$

即两数相乘等于两数的尾数相乘、阶码相加，运算过程可按以下步骤进行。

1）检测能否简化操作并置乘积数符

只要有一个操作数为 0 则乘积必为 0，不需做其他操作。只有两数均不为 0 才进行后续运算。乘积的数符按同号相乘为正、异号相乘为负的规则确定。

2）阶码相加

阶码用移码表示，则阶码相加应按非标准移码（偏移 127）的加法进行，即相加结果的值 $E=A_E+B_E+10000001$。阶码相加有可能产生溢出，同号相加可能上溢（正阶码），也可能下溢（负阶码）。当产生溢出时，浮点运算器将发出溢出信号，通知运算系统转入溢出处理。

3）尾数相乘，可以用任何一种定点小数的原码乘法实现

浮点数乘法包含两组定点运算，即定点整数的阶码运算与定点小数的尾数运算，把尾数相乘的结果表示为 M。这两组运算可以共用一个加法器分步执行，也可以在常规加法器的基础上再设置一个专门的阶码加法器来并行执行，以提高运算速度。

4）乘积的规格化

由于$1\leqslant|A_M|<2$且$1\leqslant|B_M|<2$，尾数 A_M 和 B_M 相乘，其乘积必满足$1\leqslant|M|<4$。规格化处理的要求是使尾数满足：$1\leqslant|M|<2$，因此尾数 M 不需变化（不需左规）。此外，由于乘积还可能会出现$2\leqslant|M|<4$的情况，这种情况应把$|M|$变小同时增大 E（右规），但 M 最多只需右移 1 位就可以实现规格化。右规处理时阶码 E 加 1，这里还存在阶码上溢的可能性。

3. 浮点除法运算

IEEE 754 标准的 A、B 两浮点数相除，其运算公式如下：

$$A\div B=(A_M\div B_M)\times 2^{A_E-B_E} \tag{2-27}$$

即阶码相减、尾数相除。浮点数的除法运算被分解成：两个尾数（原码）的除法运算和两个阶码（移码）的减法运算，具体可按下列步骤进行。

1）检测能否简化操作，并置商的数符

若被除数为 0，则商为 0。若除数为 0，则除法运算立即终止，运算器给出标志信息提示除数为 0，另行处理。结果数符的置位规则与乘法相同。

2）阶码相减

阶码是用移码表示的，则 A_E 和 B_E 按非标准移码（偏移 127）规则做减法运算，即两个阶码相减后的值

$$E=A_E+(B_E)_{求补}+01111111$$

两个异号阶码相减时，有可能超出阶码的表示范围而产生溢出，上溢（正数减去负数时）和下溢（负数减去正数时）这两种情况皆会出现，因此运算器中应设置相应的溢出处理机制。

3）尾数相除

尾数是定点小数原码表示的，因此可以直接利用定点数原码相关的除法来实现，这里也把

除法得到的商表示为 M。如果运算器设置有专门的阶码运算部件与尾数运算部件，则第 2）步和第 3）步可同时进行，否则需分步执行运算。

4）结果规格化

由于$1 \leqslant |A_M| < 2$且$1 \leqslant |B_M| < 2$，因此尾数 A_M 和 B_M 相除，其商 M 必然满足：

$$1/2 < |M| < 4$$

由此可见，不需再对 M 进行右规，但当 $1/2<|M|<1$ 时需要对其进行左规。在执行左规时，只需将尾数 M 往左移 1 位且使 $E-1$，就能确保两个标准浮点数的除法运算结果满足规格化要求。

2.5 常用的数据校验方法

校验方法大多采用冗余校验方法。待写入的二进制代码，从全 0 到全 1 各种组合，都有可能，不一定都符合规律。但是，可在写入时增加部分代码（校验位），将待写的有效代码和增加的校验位一起，按约定的校验规律进行编码，获得的编码称为校验码，全部写入主存。读出时，对读得的校验码（包括有效码和校验位）进行校验，看它是否仍满足约定的校验规律。对有效代码而言，校验位是为校验需要而额外增加的，故也称为冗余位。如果校验规律选择得当，不仅能判断是否有错，还可根据出错特征定位出错位，将其变反而实现纠错。

常用“码距”来量化某一种校验码码制的冗余程度，评估它的检错和纠错能力。

由若干位代码组成一个字，称为码字。一种编码体制（码制）中可有多种码字。将两个不同的码字逐位比较，代码不同位的个数称为这两个码字间的“距离”。在一种码制中，任何两个合法码字间的距离可能不同，各合法码字（非出错的码字）间的最小距离称为“码距”。例如，常用的 8421 码是一种编码体制，0000 与 0001 之间的距离为 1，而 0000 与 1111 之间的距离为 4，因此 8421 码的码距为最小距离 1。如果从主存中读得一个码字为 0111，就无法判断它是正确的 7，还是 6 的最低位出错。因此，认为 8421 码的码距为 1 太小，只能区分两个合法码字的不同，不具备查错能力，更不具备纠错能力。

如果按照某校验规律编码，就可使其码距扩大。因为增加校验位（冗余位）后，代码组合数增加，但我们只取其中符合校验规律的合法代码，将不符合校验规律的视为出错代码。因此从信息量角度看，合法代码之间的距离加大，才有可能分辨合法代码与出错代码，并判断该出错代码靠近哪个合法代码，因而确定可能是哪位出错，将它变反纠正为正确代码。

综上所述，约定的校验规律提供了编码和校验（译码）的基本依据，而扩大码距从扩大信息量的角度提供了查错和纠错的可能性。

2.5.1 奇偶校验

主存储器一般都支持奇偶校验，这是一种简单且应用广泛的校验方法。

1）奇偶校验原理

奇偶校验是根据代码字的奇偶性质进行编码和校验，有两种校验规则：① 奇校验，使完整编码（有效位和校验位）中“1”的个数为奇数个；② 偶校验，使完整编码（有效位和校验位）中“1”的个数为偶数个。

有效信息本身不一定满足约定的奇偶性质，但增设校验位后可使编码符合约定的奇偶性质。如果两个有效信息代码字之间有一位不同（至少有一位不同），则它们的校验位也应不同，因此奇偶校验码的码距为2。根据码距，奇偶校验能发现一位错，但不能判断是哪位出错，所以没有纠错能力。从所采用的奇偶校验规则看，只要是奇数个代码出错，都将破坏约定规律，所以这种校验方法的查错能力为：能发现奇数个错。如果是偶数个错，不影响码字的奇偶性质，因此不能判断信息是否出错。

【例 2-63】 待编有效信息 10110001
奇校验码（配校验位后） 101100011
偶校验码（配校验位后） 101100010

【例 2-64】 待编有效信息 10110101
奇校验码（配校验位后） 101101010
偶校验码（配校验位后） 101101011

2）奇偶校验逻辑

为了快速进行奇（偶）编码写入与读出后的奇（偶）校验，通常采用并行奇偶统计方法，其逻辑电路可用若干异或门构成，如图2-10所示。这种塔形结构同时给出了“奇形成”“奇校错”“偶形成”“偶校错”。若机器选用偶校验方式，可取消“奇形成”和“奇校错”两个信号。

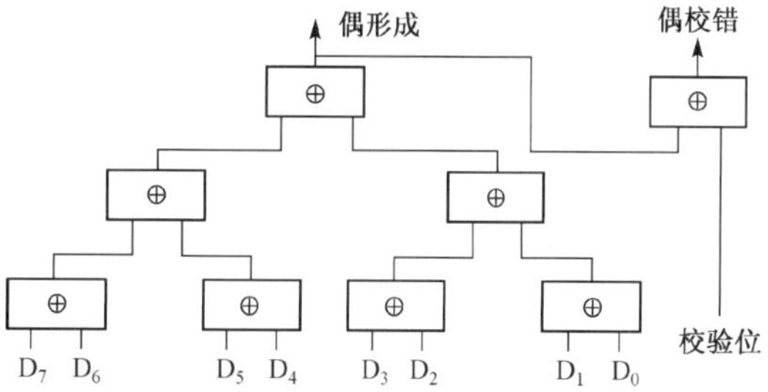

图 2-10 奇偶校验逻辑电路

现以偶校验为例说明它的编码、译码过程。

① 编码。编码即写入时配置校验位，当将8位代码D_7～D_0写入主存时，同时将它们送往偶校验逻辑电路。

若D_7～D_0中有偶数个1，则$D_7 \oplus D_6 \oplus D_5 \oplus D_4 \oplus D_3 \oplus D_2 \oplus D_1 \oplus D_0 = 0$，即“偶形成”= 0。

若D_7～D_0中有奇数个1，则$D_7 \oplus D_6 \oplus D_5 \oplus D_4 \oplus D_3 \oplus D_2 \oplus D_1 \oplus D_0 = 1$，即“偶形成”=1。

将D_7～D_0和“偶形成”一道写入主存。

② 译码。译码即读出时进行校验，将读出的8位代码与1位校验位同时送入偶校验逻辑电路，若“偶校错”为0，表明数据正确（无奇数个错）；若“偶校错”为1，表明数据有错（奇数个错）。因此，“偶校错”就是检错信息。

奇偶校验是一种编码校验，在主存储器中是按字节（字）为单位进行的，基本上依靠硬件实现。除此之外，还可通过软件实现“累加和”校验，即在写入一个数据块或程序段时，边写入边累加，最后将累加和也写入主存。如果需要写后复查，或是在调用该程序段（或数据块）前先检查信息是否被破坏，可以通过检查累加和实现校验。

2.5.2 海明校验

这是由Richard Hamming提出的一种校验方法，因而称为海明校验。它实际上是一种多重奇偶校验，即将代码按照一定规律组织为若干小组，分组进行奇偶校验，各组的检错信息组成一个指误字，不但能检测是否出错，而且在只有一位出错的情况下可指出是哪一位错，从而将该位自动地变反纠错。下面通过一个例子说明其编码方法、查错与纠错能力。

【例 2-65】 待编信息4位$A_1A_2A_3A_4$进行海明校验编码后，要求能发现并纠正一位错。

（1）分成几组？增设多少校验位？设待编的有效信息k位，分成r组，每组增设一个校验位，共需增设r位校验位，组成一个n位的海明校验码。校验时每组产生1位校验信息，组成

一个 r 位的指误字，可指出 2^r 种状态，其中全 0 表示无错，余下的组合可分别指明 2^r-1 位中的某一位错误。因此，从信息量的角度，若要求海明校验码能发现并纠正一位错，则应满足香农第二定理：

$$n = k + r \leqslant 2^r - 1 \tag{2-28}$$

若 $k=4$，则 $r \geqslant 3$，可组成 7 位海明码。

（2）分组方法。设待编有效信息 $A_1A_2A_3A_4$，增设校验位 $P_1P_2P_3$，分为 3 组校验，可产生 3 位指误字 $G_3G_2G_1$。为了使指误字指明出错位，就要求 $G_3G_2G_1$ 与 7 个出错位之间存在一一对应关系。本例采用一种最简单的对应关系：指误字代码与出错位序号相同。例如，将 A_1 安排在第 3 位，让它参加第 1 组与第 2 组的校验。将来若是第 3 位出错，则 A_1 未参加的第 3 组检错信息为 0，而 A_1 参加的第 1、2 组检错信息均为 1，于是产生指误字 $G_3G_2G_1 = 011 = 3$，表明是第 3 位出错。按照这种分组原则，7 位海明校验码的序号与分组关系如表 2-9 所示，其中“√”标记每位参加的分组。

表 2-9　7 位海明编码（$k=4$，$r=3$，$d=3$）

分组	1	2	3	4	5	6	7	指误字
	P_1	P_2	A_1	P_3	A_2	A_3	A_4	
第 3 组				√	√	√	√	G_3
第 2 组		√	√			√	√	G_2
第 1 组	√		√		√		√	G_1
正确码	1	0	1	1	0	1	0	$G_3G_2G_1 = 000$
一位错	1	0	1	1	1	1	0	$G_3G_2G_1 = 101$

每个校验位只参加 1 组奇偶校验，将 $P_1P_2P_3$ 分别安排在第 1、2、4 位，并分别参与相应的第 1、2、3 组的校验，且每组只有一位校验位。由于要求指误字能反映出错位的序号，所以将 P_1 安排在第 1 位。只参加第 1 组校验，一旦 P_1 出错，错误字为 001 表明第 1 位出错。同理，P_2 安排为第 2 位，只参加第 2 组；P_3 安排为第 4 位，只参加第 3 组校验。

有效信息 $A_1A_2A_3A_4$ 分别参加两组以上的校验，它们依次占据剩下的 3、5、6、7 位，并分别参加与此相应的组别：(1, 2)，(l, 3)，(2, 3)，(1, 2, 3)。由于所有各位参加的组别并不完全重复，一旦某位出错，指误字将与出错位序号存在唯一的对应关系。

（3）编码。设每组都采取偶校验，即让 1 的个数为偶数。现向外存写入有效信息（1010），将它们分别填入第 3、5、6、7 位，即 $A_1A_2A_3A_4$，再分组进行奇偶统计，按偶校验要求填入校验位 $P_1P_2P_3$。若参加第 1 组偶校验的有 $P_1A_1A_2A_4$，则 P_1 应为 1，才能使该组 1 的个数为偶数。同理，$P_2=0$，$P_3=1$。最后得到海明校验码 7 位（1011010）见表 2-9。

（4）检错和纠错（译码）。若从外存中读得 7 位海明码为 1011010，则按表 2-9 分组进行奇偶检测。三组都满足偶校验要求，$G_3G_2G_1=000$，表明收到的码字是正确的，可从中提出有效信息 $A_1A_2A_3A_4$。

若读到的代码是 1011110，同样按表 2-9 分组进行奇偶检测，得到三组的检错信息，形成指误字 $G_3G_2G_1=101$，表明第 5 位（A_2）出错。将第 5 位变反，即可纠正为 1011010。

由于海明校验的实质是分组奇偶校验，因此它的编码和查错逻辑与图 2-10 相似。但海明校验具有自动纠错能力，可将三位检错信息构成的指误字 $G_3G_2G_1$ 进行译码，除全 0 外，其余 7 种译码输出分别控制七路异或门，控制对应位读出信息是否需要变反纠正。如例 2-65，第 5

位异或门的一路输入为 A_2，另一路输入由指误字译码器提供 1，$1 \oplus A_2 = \overline{A}_2$，变反纠正后输出。

在 k=4、r=3 的海明码中，两合法（正确）码字之间至少有一位有效信息不同，由于有效信息位 A_i 至少参加两组校验，相应的两组校验位也将随之不同，因此这种海明码的码距 d=3。进一步分析，可以得出结论：d=3 的海明校验码可检测出 2 位错（无法纠正），或者能检测并纠正 1 位错。在设计系统时应事先确定：要么只要求发现错误而不纠正，则最多可检测出 2 位出错的情况；要么要求能发现并且自动纠正1位错，如例 2-65。

能否做到检测 2 位错并纠正 1 位错呢？为了提高校验码的查错、纠错能力，需要进一步扩大码距。一种方案是增加一个第 4 组，所有位（$P_i A_i$）都参加这组校验，则该组的检错信息 G_4 将能判别是 1 位错（$G_4 = 1$），还是 2 位错（$G_4 = 0$）。若是 1 位错，则由指误字译码输出将其变反纠正。若是 2 位错，即 $G_4 = 0$，而 $G_3G_2G_1 \neq 0$，则只给出校验错信息，不予纠正。

在 $k = 4$、$r = 3$ 海明码中，待编有效信息 4 位，而校验位 3 位，冗余度较大，将降低外存的有效利用率。如果增大 k，则 r 增加不多，冗余度降低。但 k 增大导致硬件增加。一般让 k=8，即以字节为单位进行海明编码。海明校验是一种基本的校验方法，至今仍被广泛使用，主要用于要求能快速自动纠错的场合。

2.5.3 循环冗余校验

循环冗余码校验（Cyclic Redundancy Check，CRC）是目前在磁表面存储器中应用最广泛的一种校验方法，也是多机网络通信中常用的校验方法。它约定的校验规则是：让校验码除以某个按规则约定的代码，如果余数为 0，则表明代码正确，否则利用余数指明出错位。

任意一串数码，很可能除不尽，将产生一个余数。如果让被除数减去余数，势必能为约定除数所除尽。但减法操作可能需要借位运算，难以用简单的拼装方法实现编码。因此我们采用一种模 2 运算，即通过模 2 减来实现模 2 除，以模 2 加将所得余数拼接在被除数后面，形成一个能除尽的校验码。当然，在采用模 2 除后，对除数的选择是有条件的。

这里所讲的模 2 运算是一种以按位加减为基础的四则运算，不考虑进位和借位。注意，它与以 2 为模的定点小数运算是两个不同的概念。因此，模 2 加减即按位加减，逻辑上等价于“异或”运算，因此可用异或门实现。

待编码的信息是一串代码，可能是表示数值大小的数字，也可能是字符编码，或其他性质的代码。在模 2 除中，暂将它视为数字，可用多项式来描述。我们定义待编信息（被除数）为 $M(x)$；约定的除数为 $G(x)$，因为它是用来产生余数的，所以 $G(x)$ 又称为生成多项式，所产生的余数 $R(x)$ 相当于所配的冗余校验位。

1）编码方法

（1）将待编码的 k 位有效信息 $M(x)$ 左移 r 位，得 $M(x) \cdot x^r$。这样做的目的是空出 r 位，以便拼装将来求得的 r 位余数。

（2）选取一个 r+1 位的生成多项式 $G(x)$。对 $M(x) \cdot x^r$ 作模 2 除。

$$\frac{M(x)x^r}{G(x)} = Q(x) + \frac{R(x)}{G(x)} \quad （模 2 除）$$

要产生 r 位余数，所以除数应为 r+1 位。

（3）将左移 r 位的待编码有效信息，与余数 $R(x)$ 模 2 加，即拼接得到循环校验码。

$$M(x) \cdot x^r + R(x) = Q(x) \cdot G(x) \quad （模 2 加）$$

在按位运算中，“模 2 加”等价于“异或”运算。$M(x)\cdot x^r$ 的末尾 r 位是 0，所以再与余数 $R(x)$做“模 2 加”实际上是将 $M(x)$与 $R(x)$拼接。拼接成的校验码必定能被约定的 $G(x)$除尽。在本节中，将 $M(x)\cdot x^r + R(x)$称为循环校验码，即 CRC 码。但在许多磁表面存储器的记录格式中，有时候只将 $R(x)$对应的这部分代码称为校验码。

【例 2-66】 将 4 位有效信息 1100 编成循环校验码，选择生成多项式 1011。

$M(x) = x^3 + x^2$，　　即 1100　　（$k = 4$）

$M(x)\cdot x^r = x^6 + x^5$　　即 1100000　　（$r = 3$）

$G(x) = x^3 + x + 1$　　即 1011　　（$r + 1 = 4$）

$$\frac{M(x)\cdot x^3}{G(x)} = \frac{1100000}{1011} = 1110 + \frac{010}{1011} \quad （模 2 除）$$

$M(x)\cdot x^3 + R(x) = 1100000 + 010 = 1100010$　　（模 2 加）

```
          1110    <---- Q(x)
    1011 |1100000 <---- M(x)·x^3
      ↑   1011
      |    1110
      |    1011
      |     1010
      |     1011
    G(x)     010  <---- R(x)
```

将编写成的循环冗余校验码称为(7, 4)码，即 $n = 7$，$k = 4$。

循环冗余校验的核心是“模 2 除”电路，限于篇幅限制，这里不再详述，右侧展示的是上例中的模 2 除运算过程。

当被除数最高位为 1 时，商 1，与 $G(x)$作模 2 减运算，然后所得余数左移一位。当被除数最高位为 0 时，商 0，然后把余数左移 1 位。

2）译码和纠错

将收到的循环校验码用约定的生成多项式 $G(x)$去除，若码字无误，则余数为全 0；若某一位出错，则余数不会为全 0。不同的出错位对应的余数也不同，余数代码与出错位序号之间有唯一的对应关系，通过余数可以推测出错位，反之亦然。

通过上例可求出其出错模式如表 2-10 所示，即余数与出错位序号之间存在严格的一一对应关系。更换不同待测码字可以证明，出错模式只与码制和生成多项式有关，与码字代码无关，对于(7, 4)码制的 CRC 编码，表 2-10 具有通用性，可作为(7, 4)码的判别依据。当然，对于其他码制或选用其他生成多项式，出错模式可能不同。

表 2-10 列举了 8 种最多只有 1 位出错的情况。第一种是正确编码码字，除以 1011 所得余数为 000。其余 7 种只有 1 位出错，对应余数不为全 0，且余数与出错位一一对应。深入研究余数后发现一个重要规律：如果只有 1 位出错，则除以 $G(x)$后能得到一个不为全 0 的余数；对任意余数低位补 0 后继续除以 $G(x)$，得到的余数将按表 2-10 中的顺序循环出现。

表 2-10 (7, 4)循环码的出错模式（$G(x) = 1011$）

正确的编码	A_7	A_6	A_5	A_4	A_3	A_2	A_1	余数			出错位
	1	1	0	0	0	1	0	0	0	0	无
只有 1 位出错的 CRC 编码	1	1	0	0	0	1	**1**	0	0	1	A_1
	1	1	0	0	0	**0**	0	0	1	0	A_2
	1	1	0	0	**1**	1	0	1	0	0	A_3
	1	1	0	**1**	0	1	0	0	1	1	A_4
	1	1	**1**	0	0	1	0	1	1	0	A_5
	1	**0**	0	0	0	1	0	1	1	1	A_6
	0	1	0	0	0	1	0	1	0	1	A_7

假设 A_1 位出错（从 0 变成了 1），此时计算得到的余数是 001，若在 001 之后补 0，继续除以 $G(x)$，又得到余数 010（对应到 A_2 出错）。继续进行下去，后续余数将依次为 100、011、

110、111、101。经过 n=7 次循环操作后，所得的余数会再次成为 001，意味着余数已经循环出现。这恰好是循环冗余校验中“循环”一词的得名由来。

这个规律启示我们，可以采取一种节省硬件的纠错办法：只针对固定码位设置变反纠错电路，如针对 A_1 位（由余数 001 指示）。如果被测码字的初始余数是 110，不等于 000 和 001，则对余数 110 的低位补 0 后继续做模 2 除，并同步将被检测码字循环左移 1 位，以便保持出错位与余数的对应关系。当出现余数 001 时，说明出错位已被同步移到了 A_1 位置，此时将 A_1 变反，即可实现纠错。然后，余数低位继续补 0 后模 2 除以 $G(x)$且码字左移，直到余数再次出现 110 时停止循环。此时已循环执行了 7 次“余数补 0 模 2 除、码字左移”操作，意味着待测码字 A_7～A_1 的位置已恢复原状，且对应的码字中的那位出错位也已在余数为 001 时被纠正。

CRC 不需对出错位进行定位，它通过跟踪余数、把出错位循环左移到代码的最低位，并固定只对最低位（本例中为 A_1）进行置反纠错，不必像海明校验那样为每一位都提供纠错电路。当位数增多时，采用循环码能有效地降低硬件成本。循环码的检错和纠错同样可用硬件逻辑来快速实现，如在磁盘数据校验时；也可以利用软件方法来实现，如在某些数据通信网络中。

【例 2-67】 CRC 生成多项式代码：1011，若数据 1100011 中最多有 1 位出错，试纠错。

解　模 2 除运算 1100011 / 1011 → 余数 001，余数代码非全 0，有 1 位出错。

余数 001 对应最低位 A_1 出错的情况，只需对 A_1 置反即可纠错，即 $A_1=1\oplus A_1=\overline{A}_1=0$。

纠错后的代码：1100010。

【例 2-68】 CRC 生成多项式代码：1011，若代码 1100110 中最多有 1 位出错，试纠错。

解　模 2 除运算 1100110 / 1011，初始余数 R=100，余数代码非全 0，原数据中的出错位肯定不是最低位 A_1，则需要循环在余数尾补 0、模 2 除以 1011、代码同步循环左移：

第 1 步：　1000 / 1011，　余数 011，　1001101 ← 1100110
第 2 步：　0110 / 1011，　余数 110，　0011011 ← 1001101
第 3 步：　1100 / 1011，　余数 111，　0110110 ← 0011011
第 4 步：　1110 / 1011，　余数 101，　1101100 ← 0110110
第 5 步：　1010 / 1011，　余数 001，　1011001 ← 1101100

此时出现了余数 001，表明出错位已被移到最低位 A_1，故将 A_1 变反得到：1011000

第 6 步：　0010 / 1011，　余数 010，　0110001 ← 1011000
第 7 步：　0100 / 1011，　余数 100，　1100010 ← 0110001

此时得到的余数是 100，与初始余数 R 相同，这说明经过若干次循环操作后 R 已经再次出现。原始代码虽然被同步地循环左移了多次，但由于余数和出错位存在严格对应关系，初始余数 100 的再次出现，意味着除了在第 5 步中被变反纠错的那位，数据中的其余未出错代码位已经被恢复原状，所以数据纠错后得到的正确代码就是：1100010。

利用初始余数判断数据是否有错，通过余数的指示把出错位左移至最低位并置反纠错，然后再根据初始余数的再次出现来把纠错后的代码恢复原状，这就是 CRC 纠错的核心要点。

3）CRC 生成多项式的选取

并不是任何一个多项式都可以作为生成多项式的，从检错和纠错的要求出发，生成多项式应能满足下列要求：生成多项式 $G(x)$的最高位和最低位应同时为 1；任何一位发生错误都应使余数不为 0；不同位发生错误应当使余数不同；余数补 0 继续模 2 除能够循环出现。

对使用者来说，可从有关资料上查到对应于不同码制的可选生成多项式。计算机和通信系统中广泛使用了一些标准的生成多项式，代表性的有国际电信联盟（ITU）推荐的 CRC-4：x^4+x+1，国际电报电话咨询委员会（CCITT）推荐的 CRC-8：$G(x)=x^8+x^7+x^3+x^2+1$ 和 CRC-16：$G(x)=x^{16}+x^{12}+x^5+1$，以及电气和电子工程师协会（IEEE）推荐的 CRC-32：$G(x)=x^{32}+x^{26}+x^{23}+x^{22}+x^{16}+x^{12}+x^{11}+x^{10}+x^8+x^7+x^5+x^4+x^2+1$，等等。

习 题 2

2-1　简要解释下列名词术语

原码　　**补码**　　**移码**　　**定点数**　　**浮点数**

IEEE754 短浮点数　　**规格化浮点数**　　**对阶**

2-2　将二进制数$(1111010.00111101)_2$转换为八进制数和十六进制数。

2-3　将二进制数$(101010.01)_2$转换为十进制数及其 BCD 码。

2-4　将八进制数$(37.2)_8$转换为十进制数及其 BCD 码。

2-5　将十六进制数$(AC.E)_{16}$转换为十进制数及其 BCD 码。

2-6　将十进制数$(75.34)_{10}$转换为 8 位二进制数、八进制数及十六进制数。

2-7　将十进制数 13/128 转换为二进制数。

2-8　分别写出下列各二进制数的原码与补码，字长（含一位数符）为 8 位。

（1）0　　（2）-0　　（3）0.1010

（4）-0.1010　　（5）1010　　（6）-1010

2-9　若 $X_{补}=0.1010$，写出其 $X_{原}$与真值 X。

2-10　若 $X_{补}=1.1010$，写出其 $X_{原}$与真值 X。

2-11　某定点小数字长 16 位，含 1 位符号，原码表示，分别写出下列典型值的二进制代码和十进制真值。

（1）非零最小正数　　（2）最大正数

（3）绝对值最小负数　　（4）绝对值最大负数

2-12　某定点小数字长 16 位，含 1 位符号，补码表示，分别写出下列典型值的二进制代码和十进制真值。

（1）非零最小正数　　（2）最大正数

（3）绝对值最小负数　　（4）绝对值最大负数

2-13　某定点整数字长 16 位，含 1 位符号，补码表示，分别写出下列典型值的二进制代码和十进制真值。

（1）非零最小正数　　（2）最大正数

（3）绝对值最小负数　　（4）绝对值最大负数

2-14　判别下列各补码表示的尾数是否属于规格化尾数。

（1）1.0110101　　（2）1.1101001

（3）0.1011101　　（4）0.0100111

（5）1.0000000　　（6）1.1000000

2-15　某浮点数字长 16 位，其中阶码 6 位，含 1 位阶符，补码表示，以 2 为底；尾数 10 位，含 1 位数符，补码表示，规格化。分别写出下列各典型值的二进制代码和十进制真值。

（1）非零最小正数　　（2）最大正数

（3）绝对值最小负数　　　　（4）绝对值最大负数

2-16　若采用图 2-4 的浮点数格式，字长 16 位，其中阶码 6 位，含 1 位阶符，补码表示，以 2 为底；尾数 10 位，含 1 位数符，补码表示，规格化；某浮点数代码为$(A27F)_{16}$，写出其十进制真值。

2-17　若采用图 2-5 所示的 IEEE754 短浮点数格式，请将十进制数 37.25 写成浮点数，并写出其二进制代码序列，再转换成 16 进制数。

2-18　某一个标准的 IEEE754 格式的短浮点数，表示为十六进制形式为 2AB03700H，请将其转化成对应的十进制数，要求写出主要的转化步骤。

2-19　用变形补码计算 $X_{补} + Y_{补}$ =？并指出是否有溢出。

（1）$X_{补} = 00.110011$　　$Y_{补} = 00.101101$

（2）$X_{补} = 00.010110$　　$Y_{补} = 00.100101$

（3）$X_{补} = 11.110011$　　$Y_{补} = 11.101101$

（4）$X_{补} = 11.001101$　　$Y_{补} = 11.010011$

2-20　用变形补码计算 $X_{补} - Y_{补}$ =？并指出是否有溢出。

（1）$X_{补} = 00.100011$　　$Y_{补} = 00.101101$

（2）$X_{补} = 00.110110$　　$Y_{补} = 11.010011$

（3）$X_{补} = 11.100011$　　$Y_{补} = 00.110100$

（4）$X_{补} = 11.101101$　　$Y_{补} = 11.010011$

2-21　请按情况对下列数进行 16→32 的数位扩展。

（1）X=D00FH，补码数　　（2）X=A12BH，逻辑数

（3）X=7F3AH，补码数　　（4）X=6B20H，逻辑数

（5）X=F02AH，原码数　　（6）X=5D0CH，原码数

2-22　假设某指令的格式如下：

操作码字段（8 位）	寻址方式说明（8 位）	常数一（16 位）	寻址方式说明（8 位）	常数二（16 位）
20H	34H	0123H	56H	4567H

如果存储器按字节编址，且该指令从地址码为 1000H 开始的存储单元连续存储，请分别在下列表格中填写按大端模式和小端模式存储指令时，各存储单元中存储的数据（十六进制）。

地址单元	1000H	1001H	1002H	1003H	1004H	1005H	1006H
大端							
小端							

2-23　按要求完成下列字长 8 位的定点数和字长 32 位的浮点数运算。

（1）按原码规则计算−16+24 和−37−15

（2）按补码规则计算−16+24 和−37−15

（3）按移码规则计算−16+24 和−37−15

（4）按 IEEE754 短浮点数计算$(1.25\times2^{12}) + (1.375\times2^{11})$和$(1.25\times2^{12})-(1.375\times2^{11})$

2-24　用流程图描述下列算法流程。

（1）补码一位乘法　　（2）原码两位乘法

（3）原码加减交替除法　　（4）补码加减交替除法

（5）浮点加减运算　　（6）浮点乘法运算

（7）浮点除法运算

2-25　参照图 2-9 形式，设计下列乘法器和除法器。

（1）补码一位乘的乘法器　　（2）原码两位乘的乘法器

（3）原码加减交替除法器　　（4）补码加减交替除法器

2-26　某乘法器基本字长 8 位（含 1 位数符），运算时可扩展为双符号位。请参照图 2-9 结构，画出乘法器的完整逻辑图。

2-27　欲写入代码 10011100（原始有效信息）：

（1）采用奇校验，写出配校验位后的校验码。

（2）采用偶校验，写出配校验位后的校验码。

2-28　欲写入 8 位有效信息 01101101，试将它编为海明校验码。以表格形式说明其编码方法，并分析所选用的编码方案具有什么样的检错与纠错能力。

2-29　某海明编码 $K=4$，$r=3$，请为此设计其编码、译码、纠错逻辑。

2-30　某循环校验码，生成多项式 $x^3+x^1+x^0$。请为此设计一个模 2 除法器。

2-31　设计一套硬件逻辑，以实现循环校验码的编码、译码、校正。画出粗框图。

2-32　设计一套子程序，以实现循环校验码的编码、译码、校正。画出流程图。

2-33　将 4 位有效信息 1001 编成循环校验码，选择生成多项式 $x^3+x^1+x^0$，试写出编码过程。

第 3 章
CPU 子系统

在现代计算机中，传统的运算器和控制器已合二为一，成为计算机系统的核心组成部件，称为 CPU（Central Processing Unit，中央处理器）。在微型计算机中，CPU 被集成在一块称为微处理器的芯片上，通过内部总线，建立起芯片内各部件之间的信息传输通路。为支持大量的复杂计算，大型机、巨型机一般会采用多个计算节点、多级控制方式。随着并行处理技术的发展，常采用多个微处理器构成的多机系统来实现大型机、巨型机（超算）。

在计算机系统中，CPU 所处的逻辑位置如图 3-1 所示。计算机系统由主机和外围设备构成，其中主机又包括主存和 CPU，外围设备包括硬盘、鼠标和显示器等，实线箭头表示数据信息，空心箭头表示控制信号。

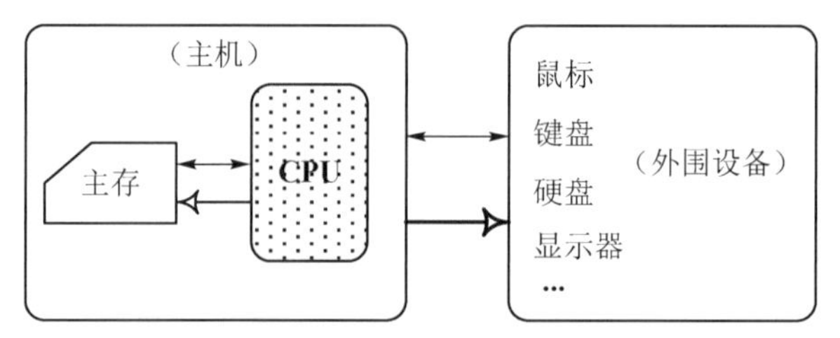

图 3-1　CPU 在计算机系统中的逻辑位置

计算机在工作时，主存与 CPU 之间存在数据交互，主机与外围设备之间同样存在数据交互。CPU 会对主存进行控制，也要对外围设备进行控制。CPU 是计算机系统中最核心的功能部件，其主要任务是通过执行指令完成数据运算、控制整个系统协同工作。

CPU 也是计算机系统中逻辑结构最复杂、技术含量最高、技术难度最大的功能部件。

本章的学习目标是建立起 CPU 层次的整机概念，体现在 CPU 的逻辑组成和工作机制两方面。CPU 的主要功能是执行指令、控制各项操作，包括运算操作、传送操作、输入/输出操作等。为了实现这些功能，需要解决下面几个关键问题：

- CPU 支持哪些指令？
- 面向指令功能，CPU 应由哪些部件来构成？
- 各部件之间如何通过恰当的数据通路交换信息？
- CPU 如何建立与外部的连接？
- CPU 如何形成控制命令（微命令）序列，以控制指令的正确执行？

前四个问题涉及 CPU 的硬件功能和相关的逻辑组成结构，最后一个问题则涉及 CPU 的工作原理和工作机制及硬件系统的逻辑设计问题。

为此，本章首先介绍 CPU 的基本逻辑结构模型、基本的功能部件和常用的控制方法，然后讨论指令系统和运算部件的组织，最后通过一款 X86 架构的多周期简易 CPU 模型设计过程来分析指令的执行流程和控制系统的两种设计模式，重点讨论指令执行过程中各类信号在数据通路中的传递过程和组合逻辑（硬连线）及微程序模式下的控制系统设计方法。此外，本章将重点分析指令的功能和执行过程，从寄存器传送级来分析指令的分步执行流程，从微操作控制级来阐明 CPU 中的寄存器级传送控制的具体实现。

3.1　CPU 概述

3.1.1　硬件结构模型

CPU 的种类繁多，体系架构各有不同，但通常包含运算部件、缓存部件、寄存器组、微命令产生部件（控制部件）、时序系统等基本功能部件，这些部件通过 CPU 内部总线连接，实现数据和控制信息的交换。图 3-2 显示了 CPU 的基本组成结构模型，其中细线箭头为控制信号的连接通路，粗线箭头为数据信号的连接通路。

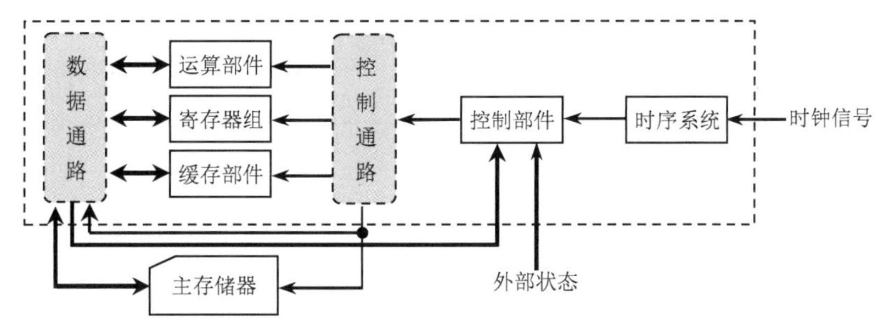

图 3-2　CPU 的基本组成结构模型

CPU 的主要功能部件可以粗略归纳为如下几种：运算部件、缓存部件、寄存器组（堆）、控制部件、时序系统、数据/控制通路。

1. 运算部件

运算部件的基本任务是对操作数进行加工处理。那么，如何获取操作数呢？怎样对数据进行运算操作？如何输出运算结果？在回答这些问题之前，本章先分析运算部件的基本组成和结构逻辑，如图 3-3 所示。

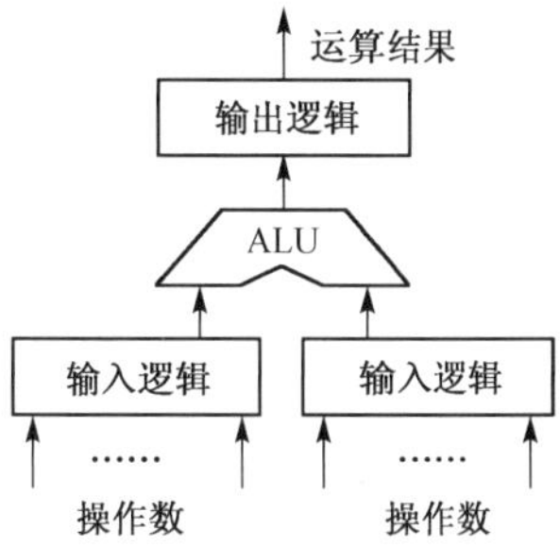

图 3-3　运算部件逻辑结构

1）输入逻辑

操作数既可以来自各种寄存器，也可以来自 CPU 内部的数据线。每次运算最多只能对两个数据进行操作，所以运算部件设置了两个输入逻辑，它们可以是选择器或暂存器，两者的主要作用是分别选择两个操作数，以便进行后续运算。

2）算术逻辑运算单元

算术逻辑运算单元（Arithmetic & Logic Unit，ALU）是运算部件的核心，完成具体的运算操作。其主要构成是一个加法器，负责对两个操作数进行求和运算。两个数进行算术加时有可能产生进位，所以加法器除了具有求和逻辑，还具有提供进位信号的传递逻辑，称为进位链。

3）输出逻辑

运算结果可以直接送往接收部件，也可以经左移或右移（实现快速乘除运算）后再送往接收部件，所以输出逻辑往往具有移位功能，常采用移位门（多路选择器），通过移位传送实现左移、右移或者字节交换等操作。

运算部件直接影响计算机的运算功能，通常有 4 种典型的 ALU 设置方式。

① 只设置一个 ALU。在低档的微处理器中，全机只设置一个 ALU，因而通过硬件只能实现基本的定点加、减运算和逻辑运算，需要依靠软件子程序才能实现定点乘除运算、浮点运算和其他更加复杂的运算。

② 设置一个 ALU，并配合时序控制。在高档微处理器中，除了设置一个 ALU，还可以通过时序控制，在硬件级实现定点乘法和除法运算，通常分若干步来完成。如果设置了专门的阵列乘法器和除法器，那么乘、除运算也可同加、减运算一样，只需一步便能完成。

浮点运算较为复杂，可采用软件或硬件方法来实现，如执行浮点运算子程序；或者选择配置浮点协处理器，将它作为一种扩展部件，通过简单的接口芯片连接到 CPU 上，或做成一种浮点加速器插件，直接插入到系统总线的插槽。

③ 设置一个 ALU，并将定点乘除部件和浮点部件作为基本配置。在超级小型机中，这是一种常见的配置，其运算功能已达到传统的中型机级别。

④ 设置多个运算部件。大型机、超级计算机中往往有多个运算部件，以实现流水处理，完成复杂的运算操作。例如，巨型机 CRAY-1 有 12 个运算部件，包括定点标量运算器、浮点运算器、向量运算器等，分别用来处理标量运算或者向量运算等。

2．缓存部件

在运行过程中，CPU 需要不断从主存中读取指令和数据，并将运算结果写回到主存。为了提高 CPU 的访存效率，通常会在 CPU 内部集成多级缓存部件。

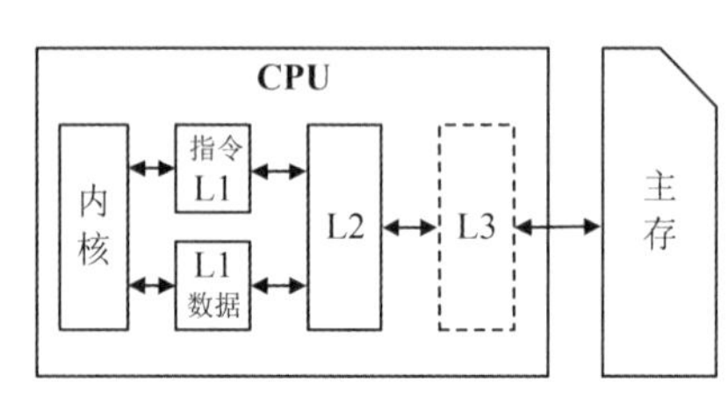

图 3-4　多级缓存结构模式

现代的微处理器（如图 3-4 所示）一般集成了一级缓存 L1 和二级缓存 L2，高端的服务器专用 CPU 甚至集成了三级缓存 L3（图中用虚线框表示），如 Intel 第 5 代酷睿 Broadwell 架构 i7 系列处理器内置了 4MB 的 L3。此外，L1 可以进一步细分成独立的指令缓存和数据缓存部件。

在这种多级缓存模式下，主存的热点数据被部分缓存到 L3，而 L3 的热点数据部分被缓存到 L2，然后 L2 的热点数据又被缓存到 L1，而 CPU 内核直接与 L1 交互热点数据。

3．寄存器组（堆）

计算机在工作时，CPU 需要处理大量的控制信息和数据信息，如对指令进行译码，以产生相应的控制信号，对操作数进行算术或逻辑运算等，CPU 内部需要设置若干寄存器来暂时存放这些信息。根据功能和存储信息的差异，这些寄存器可分为如下 8 种。

1）通用寄存器组

通用寄存器组是一组可通过程序访问的寄存器，指令系统还为这组寄存器分配了各自的编号，因而可以在指令中访问某个指定编号的寄存器。

通用寄存器自身的逻辑一般很简单，也比较统一，甚至可以是一些小规模的存储单元，但通过编程与运算部件的寄存器相互配合，可以实现多种功能，如提供操作数和存放临时的运算结果，或者作为地址指针，或者作为基址寄存器、变址寄存器、计数器等。因为这类寄存器通用性较强，所以常被称为通用寄存器。

不同的计算机对通用寄存器的功能分配并不完全相同。有的计算机没有对各通用寄存器分配特定的任务，它们可被指定去完成多种工作，此时通用寄存器组的命名也就没有特殊意义，如可简单命名为 R_0、R_1、R_2 等。有的 CPU 为各通用寄存器分别规定了特定的任务分配，并按任务对其命名，如累加器 AX、基址寄存器 BX、计数寄存器 CX 和数据寄存器 DX 等。

从寄存器的组成来看，早期常用 D 触发器构成寄存器组，各寄存器可以同时输入或输出数据，采用小规模集成电路工艺，集成度很低。现在广泛采用中大规模集成电路 RAM 来构成寄存器组，一个存储单元用于一个寄存器，有单口和双口之分。单口（单地址端、单数据端）RAM 寄存器组每次只能访问一个寄存器，而双口（双地址端、双数据端）RAM 寄存器组每次可以访问两个寄存器，满足了双操作数指令的快速运算需求。

2）暂存器

与通用寄存器不同，暂存器没有编号，不能在指令中显式使用，只能在 CPU 工作时内部使用。设置暂存器的目的是暂存某些中间信息，以便后续使用，也能避免覆盖通用寄存器的内容。例如，要将某个主存单元的内容送往另一个主存单元，需要先从主存读取源数据并暂存起来，再根据目的单元地址，将该内容写入目的主存单元。如果将读出的源数据暂存到通用寄存器，就会限制其他操作使用该通用寄存器，因此将源数据暂存到暂存器中比较恰当，且这个暂存过程对 CPU 外部是透明的。又如，两个操作数不能直接从其他部件同时送入 ALU 时，也需要在输入端设置暂存器来暂存操作数，当两个操作数都准备好时，才同时将它们送入 ALU 进行运算。

以上两种寄存器主要用来存放数据信息，提供处理对象。

3）指令寄存器

指令寄存器（Instruction Register，IR）用来存放当前正在执行的指令，它的输出包括操作码信息、地址信息等，是产生微命令的主要逻辑依据。

为了提高读取指令的速度，常常在主存的数据寄存器与指令寄存器之间建立直接传输通路，指令从主存取出后经数据寄存器，沿直接通路快速送往 IR。为了提高指令之间的衔接速度、支持流水线操作，大多数计算机将指令寄存器扩充为指令队列（也叫指令栈），允许预取若干条指令。

4）程序计数器

程序计数器（Program Counter，PC），也称为指令计数器或指令指针，用来指示指令在存储器中的存放位置。当程序顺序执行时，每次从主存取出一条指令，PC 内容就增量计数，指向下一条指令的地址。增量值取决于现行指令所占的存储单元数，如果现行指令只占 1 个存储单元，则 PC+1；若现行指令占用 4 个存储单元，那么 PC+4，以此类推。当程序要转移时，将转移地址打入 PC，使 PC 指向下一条指令的地址。因此，当现行指令执行完时，PC 中存放的是后续指令的地址，将该地址送往主存的地址寄存器，便可从主存储器读取到下一条指令。

5）程序状态字寄存器

程序状态字（Program Status Word，PSW）寄存器主要用来记录现行程序的运行状态和指示程序的工作方式等，主要包含以下两部分。

① 特征位，也称为标志位、条件码，用来反映当前程序的执行状态。一条指令执行后，CPU 根据执行结果设置相应特征位，作为决定程序流向的判断依据。例如，如果特征位的状态与转移条件符合，程序就进行转移，否则顺序执行。

常见的特征位包括：

- 进位/借位标志 C——运算过程如果产生进位/借位，将 C 置 1，否则将 C 置 0。
- 溢出标志 O——运算过程发生溢出时，将 O 置 1，否则将 O 置 0。
- 零标志 Z——运算结果为零时，将 Z 置 1，否则将 Z 置 0。
- 符号标志 S——运算结果为负数时，将 S 置 1，否则将 S 置 0（对应运算结果≥0）。
- 奇偶标志 P——运算结果代码中 1 的个数为偶数时，将 P 置为 1，否则将 P 置 0。

② 编程设定位。PSW 中的某些位或某些字段是由 CPU 编程设定的，以决定程序的调试、对中断的响应、程序工作方式等，包括：

- 跟踪位 T——编程设定的断点标志，以便对程序进行调试。如果在编程时将 T 置为 1，并在程序断点处安排一条测试指令，则执行到该条指令时，检测 T 的状态，便可由当前程序转入调试程序。
- 允许中断位 I 或程序优先级字段——在程序运行过程中，当出现外部中断请求时，CPU 是否暂停当前程序去响应中断请求呢？这需要比较现行程序和外部请求事件的重要性。因此，有的 CPU 在 PSW 中设置了允许中断位 I。当 I 为 1 时，表明外部请求事件比现行程序重要，允许 CPU 响应外部中断请求（开中断）；当 I 为 0 时，表明禁止 CPU 响应外部请求（关中断）。有的 CPU 在 PSW 中还设置了优先级字段，编程时为现行程序赋予某种优先级别，外部请求也分成不同的优先级。在开中断模式下，如果外部请求的优先级高于现行优先级，那么 CPU 响应外部请求，否则不响应。

- 工作方式字段——用来指明程序的特权级。例如，有些计算机将 CPU 状态分为用户态和核心态（又称为管态）。在用户态下，CPU 运行用户程序，此时禁止执行某些特权指令；在核心态下，CPU 运行系统级程序，才允许使用某些特权指令。

不同系列的 CPU 对 PSW 字段的设置可能千差万别，有些微处理器中只是简单地设置了若干位特征触发器（标志位），而有些 CPU 在 PSW 中可能包括了更丰富、更复杂的信息。

IR、PC、PSW 等专用寄存器属于控制部件，其存放的信息是产生控制信号的重要依据。

6）地址寄存器

CPU 访问主存时，首先要找到需访问的存储单元，因此设置地址寄存器（Memory Address Register，MAR）来存放目标单元的地址。当需要读取指令时，CPU 先将 PC 的内容送入 MAR，再由 MAR 将指令地址送往主存进行寻址。当需要读取或存放数据时，也要先将该数据的有效地址送入 MAR，再送往主存进行译码。

并非所有的 CPU 中都会设置专用的地址寄存器，某些 RISC 型处理器（如 MIPS32）通常用暂存器来替代专用的内存地址寄存器，以便能简化 CPU 结构、提高指令执行效率。

7）数据缓冲寄存器

数据缓冲寄存器（Memory Buffer Register，MBR）用来存放 CPU 与主存之间交换的数据。由 CPU 写入主存的数据通常先送入 MBR，再从 MBR 送往主存相应单元。由主存读出的数据一般也先送入 MBR，再从 MBR 送至 CPU 指定的寄存器。

地址寄存器和数据缓冲寄存器是连接 CPU 与主存的桥梁，设置这两个寄存器使 CPU 与主存之间的传输通路变得比较单一，容易控制。这两个寄存器不能直接编程访问，对用户是透明的。例如，一条传送指令将 CPU 某寄存器的内容送入某存储单元，用户看到的操作只是该寄存器和该存储单元之间的数据传输。用户看不见数据传输的具体实现过程，即通过地址寄存器的地址发送和经过数据缓冲寄存器的数据中转等细节。

8）堆栈指针寄存器

堆栈指针寄存器（Stack Pointer，SP），也称为堆栈指针，用来保存堆栈的栈顶单元地址。在工作过程中，CPU 需要访问堆栈存储区时，就根据堆栈指针中保存的栈顶单元地址，去定位堆栈的栈顶单元。访问堆栈的操作结束后，自动修改堆栈指针中保存的地址，使得其地址码能始终指向堆栈的栈顶单元。

4．控制部件

控制部件的主要功能是对指令进行译码，并且根据时序信号和外部输入的状态信号，产生指令执行过程中每个时钟周期所需的控制信号（微命令）。

从用户角度，计算机的工作体现为指令序列的连续执行；从内部实现机制，指令的读取和执行体现为信息的传输，相应地，在计算机中形成了控制流和数据流这两大信息流。实现信息传输要靠微命令的控制，因此在 CPU 中设置微命令产生部件，根据控制信息产生微命令序列，对指令功能所要求的数据传输进行控制，并在数据传输至运算部件时控制完成运算处理。

可执行程序的最终形态是指令序列，各条指令往往需分步执行，如一条运算指令的读取和执行过程常需划分为取指令、取源操作数、取目的操作数、执行运算操作、存放运算结果等阶段，每个阶段又可再分成若干步操作，这就要求微命令也能分步产生。因此，微命令产生部件在一段时间内发出一组微命令，控制完成一步操作；在下一段时间内又发出一组微命令，控制完成下一步操作。完成若干步操作便实现了一条指令的功能，而实现了若干条指令的功能即完成了一段程序的任务。

CPU 在执行指令过程中所需的各种控制信号，既可以用硬连线（Hard Wired）方式通过组合逻辑（Combinational Logic）电路来产生，也可以用微程序（Micro-program）方式通过微指令译码来产生，或者综合运用组合逻辑和微程序这两种方式来共同产生。

因此，CPU 中可以使用两种控制部件：组合逻辑控制器和微程序控制器，对应的两种控制方式分别为组合逻辑控制方式和微程序控制方式。在目前的微处理器领域中，这两种方式常常被混合使用来产生各类控制信号。

5. 时序系统

不管是哪一种控制方式，若想在正确的时间产生所需的控制信号来控制 CPU 中各部件协调工作，则在时钟驱动方式下必须有时间信号的支持。CPU 执行一条指令的过程是分步进行的，各步在时间上存在确定的联系，这就要求有一组时间信号作为各步的标志，如周期和节拍等。节拍是执行一步操作所需的时间，一个周期可能执行几步，所以可能包含几个节拍。一条指令在执行过程中，只有根据不同的周期、节拍等时间信号，才能在恰当的时间发出正确的微命令，控制执行部件完成相应的指令功能。

许多操作要求严格的定时控制，如在约定的时刻将数据送入某寄存器，或者进行周期的转换，在规定的时刻结束当前周期的操作，并转入下一个周期。这些定时操作需要同步脉冲进行控制，在脉冲的上升沿或下降沿完成定时控制。

周期、节拍、脉冲等时间信号称为时序信号，产生时序信号的部件称为时序发生器或时序系统，它是由一个晶体振荡器和一组计数倍频逻辑组成的。晶体振荡器是一个脉冲源，能输出频率稳定的基准时钟脉冲，也叫外频。晶体振荡器一般位于主板之上，也是计算机系统中其他部件（如主存和总线等部件）的时序信号来源。CPU 的工作频率信号就是在外频信号的基础上，经过倍频电路，将系统时钟频率放大以后得到的。

CPU 在工作时，各部件都要严格受控于统一的时钟信号，具体而言，是指时钟信号的边沿（上升沿或者下降沿）、所有部件的动作都需要时钟信号去驱动、触发。因此，从控制模式来讲，CPU 采用的是一种同步控制（也称为同步定时）方式。实际上，不只是 CPU 采用同步控制方式，计算机系统中的其他部件也大多采用同步控制方式。

部件加电后，振荡器就开始振荡，但当 CPU 启动或停止时有可能与振荡器不同步，导致产生残缺的脉冲信号，就会使工作不可靠。因此，需要设置一套启停控制逻辑，保证可靠地送出完整的时钟脉冲。启停控制逻辑在加电时还产生一个总清信号，或称为复位信号（RESET），对有关部件进行初始化。

6. 数据通路和控制通路

CPU 内部各部件之间需要传输信息，如寄存器将操作数送往 ALU 进行运算，ALU 将运算结果送入寄存器存放等。如何将这些部件连接起来，为信息传输提供通路呢？这就涉及 CPU 内部的数据通路结构，这是 CPU 组成的核心问题。不同的计算机，由于设计目标和设计方法不同，其 CPU 内部数据通路结构差异很大。我们主要讨论采用内部总线的数据通路结构，这种方式能使结构简单，较有规律，并便于控制。

通常，在内部结构比较简单的 CPU 中只设置一组数据传输总线，用来连接 CPU 的寄存器和 ALU 部件，在微处理器中常将这组总线称为 ALU 总线。在较复杂的 CPU 中，为了提高传输速率，可能需要设置几组数据总线，同时传输多个数据。有的 CPU 包含了用于控制的存储逻辑和内存管理所需的地址变换部件，因此除了数据总线，还设有专门传输地址信息的地址总线。下面介绍 3 种典型的 CPU 数据通路结构。

1）单路内部总线、分立寄存器结构

图 3-5 是一种早期的小型机所采用的 CPU 数据通路结构，这是一种最简单的通路结构，其特点是：采用分立寄存器，各寄存器有自己独立的输入、输出端口；用一路单向数据总线连接寄存器和 ALU，使 ALU 成为内部数据通路的中心。

在这种单向总线结构中，ALU 通过移位器只能向内部总线发送数据，不能直接从内部总线接收数据。各寄存器能够从内部总线上接收数据，但不能直接向内部总线发送数据。如果一个寄存器向另一个寄存器传输数据，则只能将数据送往 ALU，通过 ALU 来传输。因此，在 ALU 的输入端汇集了多个数据，需设置两个多路选择器，每次最多可以选择两个寄存器的内容，送入 ALU 进行运算；或者只选择一个寄存器的内容，经 ALU 送至另一寄存器。

2）单路内部总线、集成寄存器结构

为了提高寄存器的集成度，寄存器组常采用小型半导体存储器结构，一个存储单元相当于一个寄存器，存储单元的位数即寄存器的字长。采用集成寄存器结构的典型 CPU 数据通路结构如图 3-6 所示，高速的半导体随机存储器作为寄存器组，再用一路双向数据总线连接寄存器与 ALU，并分别在 ALU 的两个输入端设置暂存器。

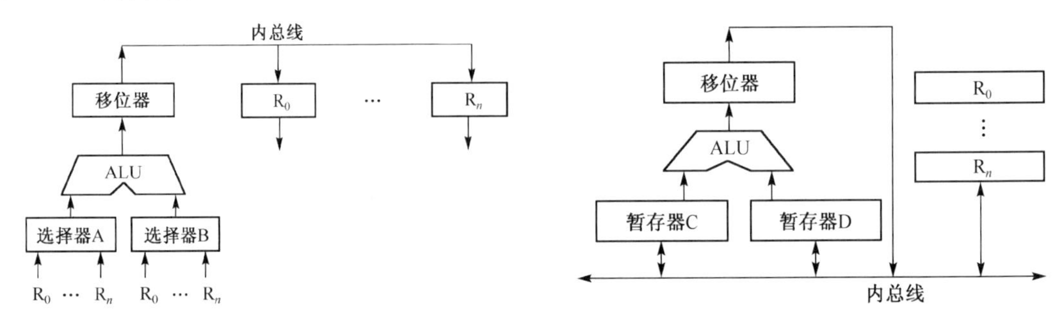

图 3-5 分立寄存器结构的 CPU 数据通路　　图 3-6 采用集成寄存器结构的典型 CPU 数据通路

图 3-6 所示模型采用双向数据总线，使 ALU 不仅可以向内部总线输出运算结果，也可以从内部总线上接收数据，各类寄存器也能直接从内部总线接收数据和向内部总线发送数据。这样，寄存器与 ALU 之间、寄存器与寄存器之间的数据传输都可以在这路内部总线上进行，因而进一步简化了 CPU 内部数据传输通路的结构。

由于内部总线每次只能提供一个操作数，而 ALU 本身不具备暂存数据的能力，因此需要在 ALU 的输入端设置暂存器，暂存由内部总线送来的数据。例如，要将寄存器 R_0 的内容与寄存器 R_1 的内容相加，可以先将 R_0 的内容经内部总线送入暂存器 C，再将 R_1 的内容通过内部总线送入暂存器 D，两个操作数准备好后送入 ALU 相加。由于寄存器组采用的是单端口 RAM，每次只能访问一个寄存器单元，要在寄存器之间传输数据就需要用暂存器作为中间暂存部件。例如，要将 R_0 的内容写入 R_1，可以先将 R_0 的内容送入某暂存器，再由暂存器送至 R_1。

3）多路总线结构

以上两种 CPU 数据通路结构中都只有一路数据总线，其优点是结构简单规整、控制方便，但每个节拍内只能完成一次基本的数据传输操作，即将数据从一个来源地送往一个或多个目的地，导致 CPU 的整体工作效率较低。效率较高的 CPU 可能需要设置多路数据总线，一个节拍可以并行执行多路数据传输操作，这种方式可有效避免竞争总线，以提高数据传输速率。

采用了多路总线结构的 MIPS 架构简易处理器内部通路如图 3-7 所示，其中包括集成的寄存器堆和若干暂存器。这就是一种典型的多路总线结构，部件之间通过专用线路连接。

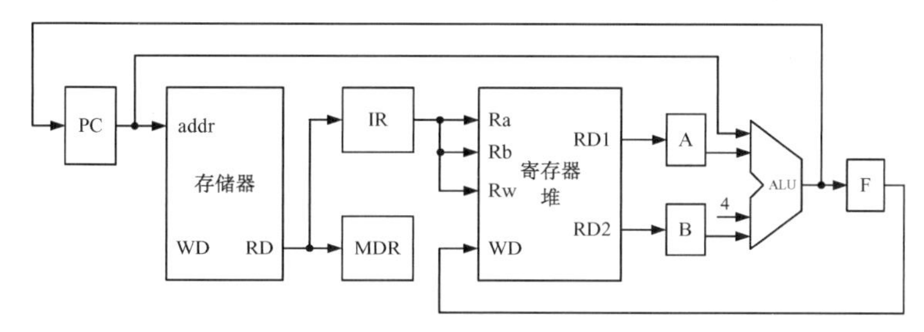

图 3-7　一种 MIPS 架构简易处理器内部的多路总线结构

实际的 CPU 往往结构更复杂，比如：设置指令栈（或称指令队列）和数据栈，以便能预取若干条指令和数据；采用 ROM（控制存储器）来存放微程序；有的设置了多个运算部件，以便并行执行多种运算操作；有的还有片内高速缓冲存储器 Cache 等。为了提高指令的执行效率，需要在各类部件之间建立多种连接，以便高效传输数据、指令和地址等信息。

3.1.2　CPU 的基本功能和控制

笼统地讲，CPU 的功能主要是通过执行程序（指令），实现对数据的运算，以及控制信息的输入和输出操作。

1. CPU 的基本功能

① 指令处理：CPU 处理指令的含义是指控制程序中指令的执行顺序。程序中的各指令之间是有严格顺序的，必须严格按程序规定的顺序执行，才能保证计算机系统工作的正确性。

② 操作执行：一条指令完成的功能往往是由计算机中的各类工作部件执行一系列的操作来实现的。CPU 要根据指令的编码信息产生相应的操作控制信号，发给相应的部件，从而控制这些部件按指令的要求执行相关硬件操作。

③ 时间控制：对各种操作实施时间上的定时。在一条指令的执行过程中，在什么时间做什么操作均应受到严格的控制，这样计算机系统才能有条不紊地工作。

④ 数据处理：指对数据进行算术运算、逻辑运算和其他处理（如格式转换等）。

总体来看，CPU 的工作过程就是从主存（或缓存）中读取指令，将指令放入指令寄存器（IR），然后对指令译码，把指令分解成一系列的微操作，再发出各种相应的控制命令，控制各功能部件执行相关操作，从而完成一条指令的执行，实现对应的功能。

归纳起来，CPU 执行指令时的工作过程可概括为如下 4 个阶段。

① 取指令：根据 PC 中的指令地址，从主存（或缓存）中读取指令，放入指令寄存器 IR。

② 指令译码：CPU 根据 IR 中保存的指令，结合指令系统定义的规范，将指令分解成操作码、地址码等。操作码指示要进行哪种运算，地址码则指示如何得到操作数、结果如何保存，

以及后续指令的地址如何形成等。

③ 指令执行：在指令的执行阶段主要完成操作数的读取、按指令操作码执行运算，暂存运算结果，甚至形成后继指令地址等。

④ 保存结果：将计算结果保存到主存（或缓存）或者寄存器，有时需要响应外部的某种请求，如响应外部的中断或者 DMA 请求等。

2．控制信号的产生方式

在 CPU 中，控制器的任务是决定在什么时间、根据什么条件、发什么命令、做什么操作。因此，产生微命令的基本依据是时间（如周期、节拍、脉冲等时序信号）、指令代码（如操作码、寻址方式、寄存器号）、状态（如 CPU 内部的程序状态字、外部设备的状态）、外部请求（如控制台请求、外部中断请求、DMA 请求）等。这些信息，或作为逻辑变量，经组合逻辑电路产生微命令序列；或形成相应的微程序地址，通过执行微指令直接产生微命令序列。

按照微命令的产生方式，控制器可分为组合逻辑控制器和微程序控制器两种。

1）组合逻辑控制器

采用组合逻辑控制方式的控制器称为组合逻辑控制器。任何微命令的产生都需要以逻辑条件和时间条件作为输入，输入条件与输出的微命令之间存在严格的逻辑关系，这种逻辑关系可用组合逻辑电路来实现。执行指令时，由组合逻辑电路（微命令发生器）在相应时间发出所需的微命令，控制有关操作，这种产生微命令的方式就是组合逻辑控制方式。通常也把组合逻辑控制器称为硬连线控制器，微命令的形成逻辑是通过组合逻辑电路来直接实现的。

组合逻辑控制器的基本原理如图 3-8 所示，主要包括微命令发生器、指令寄存器 IR、程序计数器 PC、状态字寄存器 PSW、时序系统等部件。

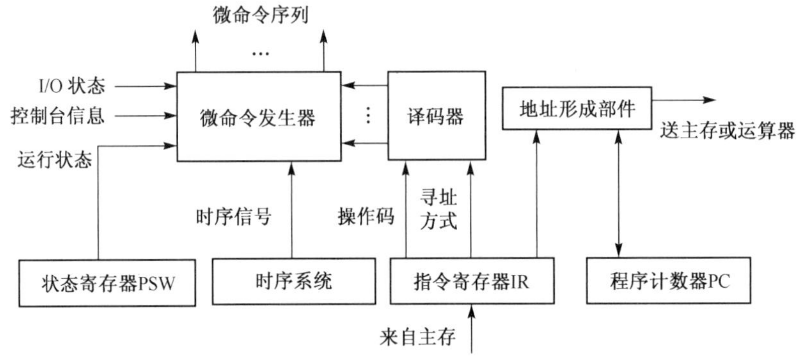

图 3-8 组合逻辑控制器的基本原理

微命令发生器是由若干门电路组成的组合逻辑电路。从主存读取的现行指令存放在 IR 中，其中，操作码与寻址方式代码分别经译码器形成一些中间逻辑信号，送入微命令发生器，作为产生微命令的基本逻辑依据。微命令的形成还需考虑各种状态信息，如 PSW 反映的 CPU 内部运行状态、I/O 设备与接口的有关状态、外部请求等。微命令是分时产生的，所以微命令发生器还需引入时序系统提供的工作周期、节拍、脉冲等时序信号。

2）微程序控制器

采用微程序控制方式的控制器称为微程序控制器。所谓微程序控制方式，是指微命令不是由组合逻辑电路产生，而是由微指令译码产生的。一条机器指令往往分成几步执行，将每步操作所需的若干微命令以二进制代码形式预先编写并存储成一条微指令，若干条微指令组成一段微程序，对应一条机器指令。在设计 CPU 时，根据指令系统的需要，预先编制好各段微程序，并将它们按一定的组织结构存入一个专用的存储器中，通常被称为控制存储器。

微程序控制器的基本原理如图 3-9 所示。微程序控制器中同样有指令寄存器 IR、程序状态字寄存器 PSW、程序计数器 PC、时序系统等外围部件。但与组合逻辑控制器的最大不同是，微命令产生部件的实体发生了变化，不再是一些组合逻辑电路的集合，而是一个控制存储器 CM 和相应的微指令寄存器μIR，以及微地址形成电路和微地址寄存器μAR 等部件。CPU 执行指令时，从控制存储器 CM 中定位与指令相应的微程序段，逐次读取微指令并送入微指令寄存器μIR，然后微指令中的微指令字段被译码器映射成各种微指令，去控制部件的功能操作。

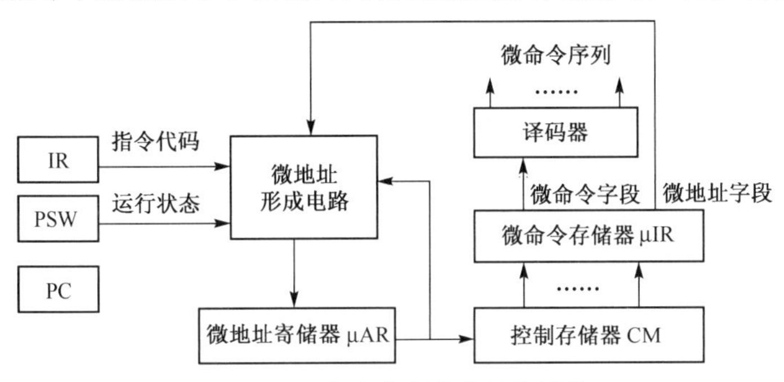

图 3-9　微程序控制器的基本原理

控制存储器 CM 通常是一个结构比较规整的只读存储器，通过读取存储器获得微指令的过程的电路延时较大，因此微程序控制方式下微指令的产生速度通常比组合逻辑更慢。

3．时序控制方式

CPU 内部的功能部件较多，部件之间的连接复杂，需要实现的指令功能千差万别。在执行指令的时候，常需要将指令的执行过程分解成若干子步骤。如何控制 CPU 内部的这些功能部件，使它们协调一致地配合完成指令功能呢？时序控制方式主要有三种，分别是同步控制、异步控制和扩展的同步控制。

1）同步控制

同步控制方式是指用统一的时序信号对各项操作进行控制，所有操作均只由这些时序信号触发，各操作之间不存在控制信号的交互。这里的时序信号是指前述时序系统部件发出的周期、节拍、脉冲等信号。图 3-10 给出了采用同步控制方式时，CPU 向存储器发出地址码与从存储器接收数据这两个操作的同步控制。

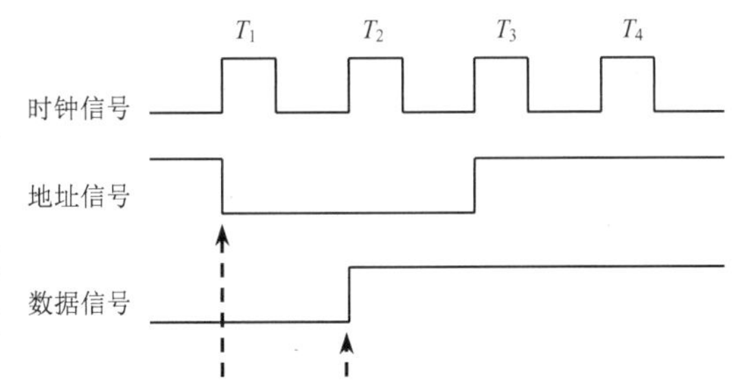

图 3-10　发出地址与接收数据操作的同步控制

T_1 的上升沿触发 CPU 发出地址信号，间隔 1 个时钟周期，T_2 的上升沿触发从存储器接收数据。这两步操作都由时钟信号的上升沿触发，相互之间不存在控制信号交互。这种方式能确保数据接收部件从存储器收到稳定的数据信号，按严格的先后时序控制，也能避免存储器数据输出信号还没有稳定时就开始接收数据的错误操作情况出现。

同步控制方式的优点是：时序关系简单，时序划分规整（如将时序信号划分为工作周期、节拍、脉冲等三级时序），控制不复杂，控制部件在结构上易于集中，设计方便。因此，在 CPU

内部、其他部件或设备（如主存、外设）内部广泛采用同步控制方式。

同步控制方式的缺点是：在时间的安排上可能不合理，对时间的利用不经济。因为各操作实际所需的时间可能不同，如果将它们安排在统一的固定时钟周期内完成，必然要根据最长操作所需的时间来确定时钟周期，对于需时较短的操作则存在时间上的浪费。

2）异步控制

异步控制方式是指各操作不受统一时序信号（如时钟周期）的约束，而是根据实际需要安排不同的时间。各操作之间的衔接、各部件之间的数据传输均采用异步应答方式。

在异步控制涉及的操作范围内，没有统一的时钟周期划分和同步定时脉冲，这是异步控制方式的基本特点。如果操作所需的时间较长，分配给该操作的时间就长一些；如果操作所需的时间较短，该操作所占用的时间就短些。不要求各操作必须在统一的时间段内完成。

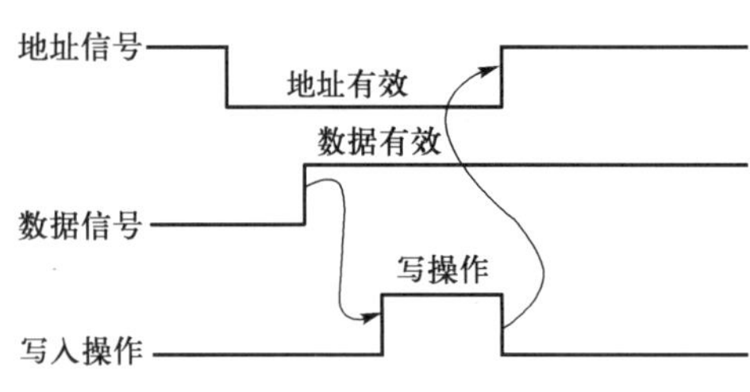

图 3-11　读出数据和写入操作的异步控制

图 3-11 列举了一种从存储器中读出数据，再把数据写入某寄存器的异步控制方式，不需要使用统一的外部时序信号。CPU 发出地址信号后，延迟一段时间，存储器输出的数据信号稳定，由读出数据操作向写入操作发送信号，触发写寄存器操作。写操作完成以后，向地址部件发送信号，地址部件接收到这个信号后，立即将地址信号撤销（将地址线置为高阻状态）。

在异步控制方式下，读出数据和把数据写入寄存器之间的协同是依靠相互之间发送信号来实现的，两者之间存在信息交互。与同步控制方式不同，在异步控制方式下不再使用外部时序信号。异步控制方式的优点是时间安排紧凑、合理，可以按不同部件、不同操作的实际需要来分配时间，时间利用率比同步方式更高。缺点是控制起来比较复杂，因为两种操作之间存在信息交互，CPU 内部或设备内部很少采用异步控制方式。

3）扩展的同步控制

同步和异步控制方式各有特点。CPU 执行指令时，不同操作所需时间可能不同，甚至有较大差异。所有操作都分配相同的时间显然不恰当，常见的做法是根据实际时间来分配时钟周期数，以适应不同场合的需要。各种操作仍然由时序信号来触发，但操作之间的时间间隔根据实际需要来灵活确定，只要是时钟周期的整数倍即可，称为扩展的同步控制方式。

4．单周期 CPU 与多周期 CPU

根据一条指令在执行时所需的时钟周期是固定为一个还是多个，CPU 可以粗略地分成两种：单周期 CPU 和多周期 CPU。

1）单周期 CPU

单周期 CPU，顾名思义，就是在一个时钟周期内完成一条指令的 CPU。

所有指令必须在一个时钟周期内执行完成，而不同指令实际所需的时间并不相同，所以时钟周期的宽度应该以耗时最长的指令为基准来确定。而且，因为指令固定在一个时钟周期内执行完毕，所以在指令的执行过程中，每个部件都只能获得一次时钟信号驱动机会，相关部件必须单独设置，不能多次共享使用。这种方式会使 CPU 的硬件冗余度增大，数据通路中可能配置多个运算部件，如 1 个加法器专用于 PC+4，1 个 ALU 用于算术逻辑运算。

每条指令需要一个时钟周期，所以单周期 CPU 的平均 CPI 为 1。

2）多周期 CPU

多周期 CPU，就是在多个时钟周期内执行完成一条指令的 CPU。

根据指令的功能，多周期 CPU 将指令执行过程划分成若干连续的操作，每步操作分配一个时钟周期的执行时间。

操作步骤的划分方式可以有多种。在 X86 架构的 CPU 中，通常分为取指、源操作、目的操作和执行等；在 MIPS 架构的 CPU 中，也可以分为取指、译码、执行、访存和寄存器堆写回等。每个操作可以视情况进一步划分成若干子操作。因为每个子操作分配一个时钟周期，时钟周期的宽度应该等于耗时最长的操作步骤，通常与读写存储器的操作时间一致。

因为每个操作（或子操作）独立分配一个时钟周期，而大多数操作实际需要的时间远小于访存时间，所以多周期 CPU 的时间利用效率并不一定比单周期 CPU 高。指令分配多个时钟周期，还使部件有机会获得多次时钟信号驱动机会，如设置若干暂存器，以临时存储部件输出，就可以使部件在不同的时钟周期中被多次共享使用，降低 CPU 的硬件冗余。

每条指令需要多个时钟周期才能执行完成，所以多周期 CPU 的平均 CPI≥2。

单周期 CPU 与多周期 CPU 的指令周期和时钟周期的对应关系如图 3-12 所示。可以看到，单周期 CPU 的指令周期与时钟周期宽度完全一致，即使是不同指令安排的指令周期彼此相同。不同的是，多周期 CPU 的指令周期通常包括多个时钟周期，而且不同的指令需安排的时钟周期数一般不同，导致指令周期也可能互不相同。除此之外，就时钟周期宽度而言，单周期 CPU 的时钟周期宽度要远远大于多周期 CPU 的时钟周期宽度。

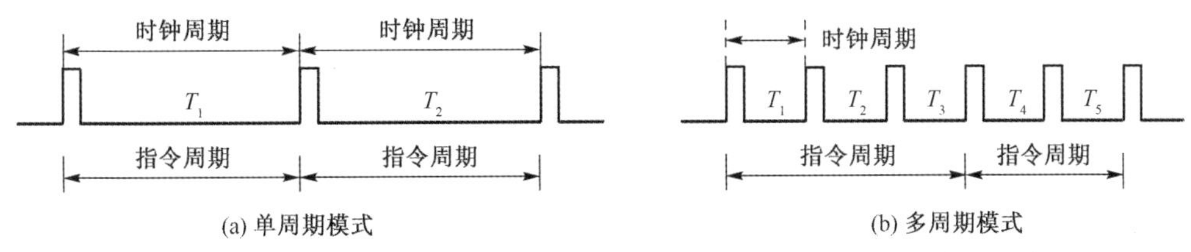

图 3-12　单周期 CPU 与多周期 CPU 的指令周期和时钟周期的对应关系

设计一个 CPU 需要考虑机器的指令系统、总体结构、时序系统等问题，最后形成控制逻辑，因此通常按下述 5 个步骤进行设计。

<1> 拟定指令系统。一台计算机的指令系统表明了这台机器所具有的硬件功能。例如，指令系统中包括乘、除运算指令，表明乘法、除法可以直接由硬件完成；如果指令系统中没有乘、除指令，那么乘、除运算只能通过执行程序来实现。因此在设计 CPU 时，首先要明确机器硬件应具有哪些功能，根据这些功能设置相应指令，包括确定所采用的指令格式、所选择的寻址方式和所需要的指令类型。

<2> 确定数据通路的总体结构。为了实现指令系统的功能，在 CPU 中需要设置哪些寄存器？设置多少寄存器？采用什么样的运算部件？如何为信息的传输提供通路？这些问题都是在确定 CPU 总体结构时需要解决的主要问题。

<3> 拟定指令流程和微命令序列。这是设计中最关键的步骤，因为需要根据该步骤的设计结果形成最后的控制逻辑。拟定指令流程是将指令执行过程中的每步传输操作（寄存器之间的信息传输）用流程图的形式描述出来，拟定微命令序列是用操作时间表列出每步操作所需的微命令及其产生条件。这些工作涉及 CPU 的核心机制，是本课程需要重点掌握的内容。

<4> 安排时序。由于 CPU 的工作是分步进行的，而且需要严格定时控制，因此应设置时

序信号，以便在不同时间发出不同的微命令，控制完成不同的操作。组合逻辑控制方式和微程序控制方式在时序安排上有区别，前者多采用三级时序划分，后者往往采用两级时序。这一步将分两种情况进行。

<5> 形成控制逻辑。这是设计的最后一步，视组合逻辑控制方式或微程序控制方式而采用不同的设计方法。在组合逻辑控制方式中，将产生微命令的条件进行综合、化简，形成逻辑式，从而构成控制器的核心逻辑电路。在微程序控制方式中，则根据微命令来编写微指令，组成微程序，从而构成以控制存储器为核心的控制逻辑。

5．外部连接和 I/O 控制

在现代计算机系统中，CPU 与外部的连接模式主要体现为两种，一种是与北桥芯片组的连接，另一种是与其他 CPU、主存、视频、总线和芯片组的连接，如图 3-13 所示。

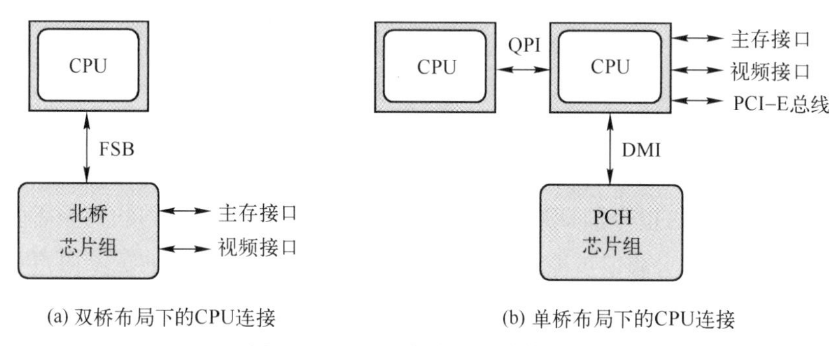

图 3-13　CPU 与外部的连接模式

图 3-13(a)是一种经典的“南 - 北”桥体系结构，CPU 直接通过 FSB（Front Side Bus，前端总线）与北桥芯片组连接。在这种模式下，因为 CPU 没有集成内存控制器和显示核心，所以只能与北桥芯片组连接。

图 3-13(b)表示的是单桥体系结构模式下 CPU 与外部的连接情况。CPU 与其他 CPU 可以通过 QPI（Quick Path Interconnect）总线标准实现互连，并通过 DMI（Direct Media Interface）总线标准与 PCH 芯片组连接。此外，这种 CPU 一般集成了内存控制器和显示接口，因此可以直接与主存及视频接口相连，并且提供若干路 PCI-E 标准的总线接口。

总体上，CPU 对主机和外围设备之间的信息传输控制有 5 种方式：直接程序传输方式（Programed Input/Output，PIO）、程序中断方式、直接内存访问（Direct Memory Access，DMA）方式、输入/输出处理器（Input/Output Processor，IOP）方式（如通道）和外围处理器（Peripheral Processor Unit，PPU）方式。

在不同的信息传输方式下，主机 CPU 承担的任务各不相同。直接程序传输方式（PIO）全程需要 CPU 通过执行 I/O 程序才能够实现主机与外设之间的输入、输出控制。程序中断方式需要 CPU 响应外部设备的随机请求，再暂停执行当前程序，转向中断服务程序，再返回被暂停的程序继续执行。在直接内存访问（DMA）方式下，CPU 也是响应随机请求，但具体的输入、输出控制由 DMA 控制器进行控制，CPU 不需参与具体控制，传输效率高但灵活性差。在输入/输出处理器（IOP）方式或者外围处理器（PPU）方式下，CPU 启动 IOP 或 PPU 后，具体的输入、输出操作由 IOP 或 PPU 执行 I/O 程序来完成，也不参与具体的输入、输出控制，CPU 与 IOP/PPU 可同步并行，因此这种模式的传输性能最高。

3.1.3 CPU 的发展历程

计算机的发展历程总体上历经了 4 个发展阶段，每个阶段实际上都是由 CPU 技术的发展而推动的。每出现一种技术更先进的 CPU，都会带动计算机的部件随之发展，同时促进计算机体系结构进一步优化，如存储器存取容量不断增大、存取速度不断提高、外围设备不断改进，以及新的应用设备不断推陈出新。

在电子管、晶体管计算机时代，一般通过复杂的硬件逻辑让计算机实现运算，那时的 CPU 集成度很低、体积庞大、功耗高、运算速度较低，也正是中小规模集成电路技术的发展（第三代计算机）促进了微处理器 CPU 的诞生。根据 CPU 的制造工艺、集成度、基本字长和指令功能的变化情况，CPU 的发展历程可以概括为如下八个阶段。

1．第一阶段：1946—1970 年

这个阶段的 CPU 主要由电子管或者较低集成度的晶体管构成，体积庞大，功耗比较高，且运算速率慢，适合处理 32 位定点数或者超过 40 位浮点数四则运算，主要用于军事国防领域的计算机。此阶段，CPU 还没有微处理器的概念。

代表性产品：国产 103 机的 CPU 及“功勋计算机”109 丙的 CPU。

2．第二阶段：1971—1973 年

这个阶段是中小规模集成电路的初期，以 4 位和 8 位低档微处理器为主，主要特点是：采用 PMOS 半导体工艺，集成了约 4000 个晶体管，处理器架构和指令系统都比较简单，有 20 多条基本指令，基本指令周期为 20～50 μs，主要用于简单控制。

从本阶段开始，CPU 正式进入微处理器时代。

代表性产品：Intel 4004/8008。

3．第三阶段：1974—1977 年

这个阶段以 8 位中高档微处理器为主，主要特点是：普遍采用 NMOS 半导体工艺，芯片集成了大约 16000 个晶体管，处理器的指令周期为 1～2 μs，而且对应的指令系统逐渐完善，基本上具备中断和 DMA 等 I/O 控制功能。

代表性产品：Intel 8080/8085，Zilog Z80。

4．第四阶段：1978—1984 年

这个阶段以 16 位微处理器为主，主要特点是：采用 HMOS 3 μm 工艺，集成了 20000～70000 个晶体管，指令周期约 0.5 μs，指令系统更加完善，支持多级中断和多种寻址方式，具备段式存储机构和硬件乘除等部件。

代表性产品：Intel 8086/8088/80286，Motorola M68000，Zilog Z8000 等。

5．第五阶段：1985—1992 年

这个阶段以 32 位微处理器为主，主要特点是：采用 HMOS 或 CMOS 2 μm 工艺，集成了大约 100 万个晶体管，具有 32 位地址线和 32 位数据总线，指令周期约 0.16 μs。1989 年，Intel 发布的 80486 首次突破 100 万晶体管的集成度，并集成了协处理器，是 80X86 系列的首款采用多重流水线技术的处理器。

代表性产品：Intel 80386/80486，Motorola M69030/68040 等。

6．第六阶段：1993—2002 年

这个阶段还是以 32 位微处理器为主，典型产品是 Intel 公司的奔腾系列和与之兼容的 AMD K6、K7 系列微处理器芯片。

1993 年，Intel 公司发布了奔腾（Pentium）处理器，即 586，内建 MMX（Multi Media eXtended，多媒体指令集），0.8 μm 工艺，外围电路采用芯片组方式。与 Pentium MMX 属于同一级别的有 AMD K6、Cyrix 6X86 MX 等。

1997 年，Intel 公司推出了 Pentium II处理器，SLOT1 架构，0.35 μm 工艺，SEC（Single Edge Contact）匣形封装，集成了约 750 万个晶体管。

1998 年，Intel 公司推出了 Pentium II的低端版本，即 Celeron（赛扬）系列，最大的差别就是取消了第二级缓存，后又在 Celeron 300A 中恢复。

1999 年，Intel 公司推出了 Pentium III处理器，指令集中新加入了 70 个新指令，采用 SIMD（Single Instruction Multiple Data，单指令流多数据流）技术，Socket 370 接口，0.25 μm 工艺，集成了约 950 万个晶体管。同级产品还有 Pentium III的低端版本 Celeron 3 系，0.13 μm 工艺。

2000 年，Intel 公司发布了 Pentium 4 处理器，采用 SSE2 指令集，新增 144 个指令，集成了约 4200 万个晶体管，采用 Socket 478 架构，0.18 μm 半导体工艺，256 KB 二级缓存，主频 1.8～2.4 GHz。代表性产品是 Pentium 4 5X0 和 Pentium 4 5X5 系列。

2002 年，中国科学院计算所发布了我国第一款通用处理器“龙芯一号”，32 位内核，MIPS III指令集，具有七级流水线、32 位整数单元和 64 位浮点单元，主频 266 MHz；2005 年，发布“龙芯二号”，0.18 μm 工艺，主频 1.0 GHz，相当于 Pentium 4 的速度。

7．第七阶段：2003—2004 年

这个阶段以 64 位的单核微处理器为主。2003 年，对于 32 位处理器，Intel 公司针对笔记本电脑推出了 Pentium M 处理器，结合了 855 芯片组和 Intel PRO/Wireless 2100 网络接入技术，成为 Intel Centrino（迅驰）移动计算的最重要组成部分，主频达 1.60 GHz，并采用能耗最佳的 400 MHz 系统总线、微处理作业融合和专用堆栈管理器，使处理器能快速执行指令集且功耗很低。对于 64 位微处理器，Intel 公司仍专注于 Itannium 处理器，但 AMD 公司发布面向台式机的 64 位 Athlon 64 和 Athlon 64 FX 系列处理器，采用 AMD-64 架构，初始频率为 2.0 GHz，0.13 μm 工艺，集成了约 1.059 亿个晶体管；苹果公司推出了 64 位的 Power PC 970 处理器（G5）。

直到 2004 年，Intel 公司才发布了 EM64T 架构，推出 64 位 Pentium 4 系列处理器，采用 LGA 775 接口，代表性的产品有 Pentium 4 5X1 和 5X6、Pentium 4 6XX 系列、Celeron D。同年，Freescale（飞思卡尔）公司也推出了 64 位的 e700 core，VIA Technologies（威盛）公司发布了 64 位的 Isaiah 处理器。

8．第八阶段：2005 年至今

这个阶段的 CPU 正式进入 64 位的多核处理器时代。2005 年，Intel 公司推出双核处理器 Pentium EE（Extreme Edition）、Pentium D 和 Xeon 系列，并推出了 945/955/965/975 芯片组来支持，两者都采用 90 nm 工艺，使用无引脚 LGA 775 接口标准，有 755 个触点（贴片电容），通过与插槽内 775 根触针接触来传输信号。随后，AMD 公司也推出了首款双核处理器 Athlon 64 X2，集成 1 MB 二级缓存，集成了大约 2.332 亿个晶体管。IBM 公司也推出了 Power PC 970 MB 双核处理器。

2006 年，进入 Core（酷睿）架构时代，它采用 65 nm 工艺，集成了大约 1.5 亿个晶体管，原生双核共享 2 MB L2，Socket 479 Core 接口。随后进入 Core 2 架构时代，前端总线提升至 1333 MHz，L2 达 4 MB，LGA 775 接口，增加的全新智能缓存技术提高了双核心乃至多核心处理器的工作效率。代表性产品有 Core 2 Duo（双核）和 Quad（四核）系列。

2008 年开始，Intel 公司陆续发布了基于 Nahalem 微架构的第 1 代酷睿 Core i7/i5/i3 系列的多核处理器，AMD 公司从 2009 年开始才陆续推出 Athlon II系列多核处理器。进入 2011 年以后，Intel 公司以每年一代、雄霸全球的速度推出了多款集成了 GPU 的新版酷睿处理器：第 2 代（Sandy Bridge，2011）、第 3 代（LvyBridage，2012）、第 4 代（Haswell，2013）、第 5 代（Broadwell，2014）、第 6 代（Skylake，2015）等。第 6 代酷睿多核处理器采用超低的 14 nm 工艺，具备更强的 CPU/GPU 运算能力、更低的功耗，目前已在高端计算机中使用。

我国首款多核处理器是中国科学院计算技术所 2009 年发布的“龙芯”3A（4 核，65 nm 工艺，主频为 1 GHz），随后在 2012 年推出了“龙芯”3B-1500 处理器（8 核，28 nm 工艺，最高主频为 1.5 GHz）。此外，国防科技大学专门为“天河一号”（2009 年 10 月）研制了 FT-1000（8 核 64 线程），为“天河二号”（2013 年 5 月）研制了 FT-1500（16 核，SPARC V9 架构，40 nm 工艺，主频达 1.8 GHz）。这些都是国产处理器的代表。

纵观 CPU 几十年的发展历程可以看出，它的发展具有如下特点：半导体制作工艺越来越精密，从最初的几微米到现在的几十纳米，芯片集成度呈几何级提高；位宽从早期的 4 位、8 位、16 位、32 位发展到现在的 64 位甚至 128 位，位宽增加了至少 16 倍；从单核单线程发展到多核多线程、在内部集成 GPU 等，处理器性能发生了翻天覆地的变化；工作频率由早期的 MHz 发展到现在的 GHz，工作频率提高了约 1000 倍；指令集越来越丰富，硬件架构越来越复杂，硬件功能越来越强，功耗却越来越低。

在通用处理器领域，Intel 和 AMD 两大巨头公司无疑全球独领风骚；在高性能计算领域，IBM 和 HP 等公司的处理器尚能占有一席之地。国产处理器与国外处理器巨头发布的产品相比，其技术水平差距较大，基本处于技术引进和仿制阶段，也仅有少数几款处理器在高性能计算领域有零星应用。无论是技术创新还是应用普及，国产处理器都任重而道远。

3.2 指令系统

CPU 的工作基本上体现为执行指令，可以从两个角度来理解指令的含义。从程序的编制和执行角度，用高级语言编制的程序经过编译，转换为可由硬件直接识别并执行的程序形态，即二进制的指令序列。每条指令能控制计算机实现一种操作，因此指令中应规定操作的类型及操作数地址，它们是产生控制信息的基础。从硬件角度，在设计计算机时，首先要确定其硬件能直接执行哪些操作，既然每种操作对应一条指令，这些操作集合在一起就可以被看成一个指令集。

所谓指令系统，是指计算机能执行的全部指令的集合，可以看成计算机硬件的语言系统，也是软件、硬件的重要典型分界面。计算机的指令系统包含若干条指令，因此指令系统必须对指令的格式、功能、类型、数量和相关寻址方式等做出明确定义。本节将介绍指令系统涉及的一些基本概念：指令格式、寻址方式、指令类型等。

3.2.1 CISC和RISC

如前所述，CPU是通过执行指令来完成某种运算或进行某种控制的。每款CPU在设计之初就应定义好一系列与其硬件电路相适应的指令系统，如指令的格式、指令的类型、指令的数量、指令涉及的各种寻址方式等。由此可见，指令集与计算机系统的硬件结构和基本的硬件功能紧密相关，因此它是CPU的一个重要指标。

根据主流CPU的指令架构，计算机主要有两种设计模式：复杂指令集计算机（Complex Instruction Set Computer，CISC）和精简指令集计算机（Reduced Instruction Set Computer，RISC）。

1．CISC

早期的计算机部件比较昂贵，CPU的主频较低，运算速度慢。为了提高运算速度和扩展功能，不得不将越来越多的复杂指令加入指令系统中，以提高计算机的处理效率，这就逐步形成了CISC架构模式。

CISC的特点是：指令系统庞大，指令功能复杂，指令格式多变，寻址方式也很多；绝大多数指令需要多个时钟周期才能完成；各种指令几乎都可以访问存储器；主要采用微程序控制方式；设置有少量专用寄存器；难以用优化编译技术生成高效的目标代码。

Intel公司的X86系列（IA-32架构）、AMD和VIA等公司的X86兼容系列及后来的X86-64（或AMD 64）架构系列处理器，基本上属于CISC类型。

在CISC中，各种指令的使用频率悬殊，约有20%的指令高频使用（约占程序的80%），其余80%的指令较少使用（约占程序的20%），这就是著名的“指令二－八”规律（1975，John Cocke，IBM公司）。而且，为了实现大量的复杂指令，CPU的控制逻辑十分复杂且极不规整，从而限制了超大规模集成电路（VLSI）技术在处理器设计和生产中的应用。20世纪80年代，飞速发展的半导体存储技术使很多之前需要复杂指令才能完成的功能改用子程序来实现，也能获得差不多的运算速度，这就使精简指令集成为了可能。

2．RISC

RISC是一种执行较少类型计算机指令的微处理器，起源于20世纪80年代的MIPS主机，采用的微处理器统称为RISC处理器。

相对于CISC，RISC不但精简了指令系统，其指令格式更统一、指令种类更少，寻址方式更简单，而且采用了“超标量和超流水线”结构，大大增加了CPU的并行处理能力，处理速率提高很多。RISC指令集是高性能CPU的发展方向，在中高档服务器中普遍采用，且更适合高档服务器的操作系统，如Windows 7/10和Linux等。

中高档服务器采用RISC的CPU主要有IBM公司的Power PC处理器、SUN公司的SPARC处理器、HP公司的PA-RISC处理器、MIPS公司的MIPS处理器和Compaq公司的Alpha处理器等。一些低端处理器也属于RISC类型，比较常见的有Acorn公司发布的ARM和Cortex系列处理器。

除了RISC和CISC，显式并行指令集计算机（Explicitly Parallel Instruction Computer，EPIC）比较独特，既不同于CISC也不同于RISC，它是否应被归为一种全新的指令集类型一直存在争议。EPIC由Intel和HP公司于1997年联合提出，并于2001年在安腾（Itaninum）处理器上首次采用，它也是第一款基于IA-64（X92）架构的处理器。

在EPIC的指令中，有3位是专门用来指示前后指令相关性的，如果前后指令之间无相关性，那么这两条指令可以分别被分配到两个不同的 CPU 运算节点上同时处理，还允许处理器根据编译器的调度来并行地执行指令。

3.2.2 指令的一般格式

指令中通常应包含哪些信息？地址如何安排？指令的编码长度如何定义？这些都是分析指令格式时需要把握的核心。

1．指令中的基本信息

一条指令的编码通常应该包含以下信息。

① 操作码。指令应当给出操作的类型，即要求计算机执行什么操作，如加、减、乘、除等。为此，指令中用若干位的编码表明操作性质，这小段编码称为操作码。每条指令都有一个对应的操作码，它也是区别不同指令的主要依据。

② 操作数或操作数的地址。参与运算的数据简称为操作数，指令应当给出操作数的有关信息。极少情况下会由指令直接给出操作数，大多数指令一般只会给出操作数的获取途径，如寄存器号及其寻址方式，并指明 CPU 如何根据它们去寻找操作数，所以一般认为指令中的基本信息是两大部分：操作码和地址码。

③ 存放运算结果的地址，即运算完成后所得到的运算结果应当存放在何处。

④ 后继指令地址。为了求解一个问题，往往需要一段程序，最后编译成一段可执行的指令序列。一条指令可能只是若干指令中的一条，当这条指令（称为现行指令）执行完后，需要明确到何处去读取下一条指令（后继指令）。存放后继指令的主存储器单元的地址码称为后继指令地址。后面将会说明，后继指令地址多以隐含方式给出，不在指令中直接给出。

概括起来，大部分指令的基本格式如下，包含两类基本信息：

操作码 OP	地址码 A

如前所述，一条指令中可能包含几个地址码。进一步讨论，指令格式将涉及下述几方面：地址结构、操作码结构、指令字长。

2．指令的地址结构

指令的地址结构是指在指令中明确给出几个地址、给出哪些地址。在大多数指令中，地址信息所占的位数最多，因此地址结构是指令格式的一个重要问题。

如果在指令代码中明显地给出地址，如在指令中写明主存储器单元地址码或者寄存器号，那么这种地址称为显地址。一条指令中给出几个显地址，就称为几地址指令。按照地址结构，指令可分为三地址指令、二地址指令、一地址指令、零地址指令。

如果地址是以隐含方式约定的，指令中并不出现该地址，那么这种地址被称为隐地址。例如，事先约定操作数在某寄存器中，或者约定操作数在堆栈中（有关堆栈的概念后面再介绍）。为什么要采取隐含约定的方法呢？因为地址信息需占用指令的大部分位数，如果所有的地址信息都以显地址方式在指令中给出，势必使指令变得很长，导致程序所需占用的存储空间增大，读取和执行指令所需时间也会增加。为了解决前述问题，就需要简化指令的地址结构，最常使用的办法就是减少指令中“显地址”的数量，其有效措施就是在指令中使用“隐地址”。

一条指令的执行涉及的操作数个数与操作类型有关，如加减运算常涉及两个操作数，加 1、减 1 运算常只涉及一个操作数，有些指令甚至无操作数。从操作数个数角度，可将指令分为双操作数指令、单操作数指令、零操作数指令，指令使用到的操作数通常不会多于两个。

对于双操作数运算，指令本应给出 4 个地址：操作数 1 存放地址、操作数 2 存放地址、运算结果存放地址、后继指令地址。如果它们都以显地址方式出现在指令中，这种指令就是四地址指令。但这种地址结构所需的指令位数太多，而且直接给出后继指令地址会使程序不能根据运算结果灵活转移，所以需要采用一些隐地址，减少指令中的显地址数，以便简化地址结构。

按地址结构，实用指令可以分为以下几类。

1）三地址指令

指令格式：

OP	A1	A2	A3

指令功能：(A1) OP (A2) → A3

(PC)+n → PC

由四地址指令简化为三地址指令，关键是让后继指令地址采用隐地址方式，这样一条双操作数指令只需给出三个显地址。指令格式表明指令代码分成 4 段：OP 是操作码，表明这条指令做什么操作；A1 是操作数 1 所在的地址，A2 是操作数 2 所在的地址，A3 是运算结果的存放地址，它们可能是寄存器号，也可能是主存储器单元的地址码。

我们用一种寄存器级传输语句的形式来描述指令功能。(A1)表示按地址 A1 所读取的内容，即操作数 1。A1 是地址码，好比一所房屋的门牌号；(A1)是按 A1 地址读得的内容，它是数据，好比该房屋内的东西。

“(A2)”表示按地址 A2 所读取的内容，即操作数 2。寄存器传输级语句“(A1) OP (A2) → A3”表明指令功能是：先按地址 A1 和 A2 分别读取两个操作数，再按操作码 OP 进行运算，最后将运算结果存入地址 A3 指定的主存单元或寄存器。例如，如果操作码 OP 规定做加法操作，则指令的基本功能就是：(A1) + (A2)→ A3。

为了以隐含方式给出后继指令地址，CPU 中设置了一个程序计数器 PC。PC 是一个兼有寄存器和计数器两种功能的部件，其中存放着读取指令的地址。一个基本程序段往往依次存放在主存储器的一段连续区域中，假定它的第一条指令共占 n 字节单元，第 1 字节存放在 1000H 单元中（地址码为十六进制数 1000H），则执行这段程序时，先将程序的初始地址 1000H 送入 PC；然后按 PC 存放的指令地址访问主存储器，从中读取指令；每读 1 字节，PC 的内容加 1，当读完第一条指令（共 n 字节）后，PC 内容一共加 n。如果 CPU 在执行完第一条指令之后是顺序往下执行的，那么 PC 现在的内容（加 n 后）就是后继指令地址。如果第一条指令要求程序转移至 2000H 处，就将转移地址 2000H 送入 PC，仍按 PC 新内容读取后继指令。所以，程序计数器 PC 的作用就像一个指针，它指引 CPU 从何处去读取指令。PC 又被称为指令指针。

在解释了 PC 的设置及其作用后，现在来看指令功能的第二部分，它用寄存器级传送语句描述为：(PC)+n → PC。其含义是：如果现行指令占 n 字节存储单元，那么读完本指令（称为现行指令）后，PC 内容共加 n，使 PC 指向后继指令地址。

隐含约定由 PC 提供指令地址，所以指令代码中不需给出后继指令地址，即后继指令地址是一种隐含地址。因此，对 PC 内容的增量计数操作也是隐含约定的，指令代码本身不需说明。

注意：从一个寄存器或一个存储单元读取指令或数据后，原来存放的内容并不会改变，除非将新的内容写入。因此，上述三地址指令执行后，A1、A2 地址的操作数并不丢失，可以再次使用；该指令本身仍然保存在原来的位置，可以再次调用执行，所以程序可以多次执行。

2）二地址指令

指令格式：

OP	A1	A2

指令功能：(A1) OP (A2) → A1

(PC)+n → PC

在许多情况下，两个操作数运算后有一个不需要保留。例如，两数相乘时，部分积的累加和将代替原来的累加和，后者就不需要保留。又如两数相除，原来的余数将被新的余数取代，没有必要保留。因此，可以将运算结果存放在不需要保留的那个操作数的所在地址。根据这一点，某些三地址指令可以进一步简化为二地址指令。

由地址 A2 提供的操作数，在运算后仍保存在原处，称为源操作数，A2 称为源地址。由地址 A1 提供的操作数，在运算后不再保留，该地址改用来存放运算结果。因为 A1 最终是存放运算结果的目的地，所以一开始由 A1 提供的操作数被称为目的操作数。相应地，指令的基本功能被描述为(A1) OP (A2) → A1，即按地址 A1 和 A2 分别读取操作数，按操作码 OP 进行运算操作，然后将结果存入地址 A1 所指定的主存单元或寄存器。后继指令地址的产生方法与三地址指令基本相同，这里不再赘述。

3）一地址指令

指令格式：

OP	A

一地址指令有两种常见的形态，可以根据操作码的含义确定它究竟是哪一种。下面分别介绍这两种一地址指令的隐地址方式。

① 只有目的操作数的单操作数指令。有些指令只需一个操作数，称为单操作数指令。例如，对某操作数加 1、减 1、求反、求补等指令，按地址 A 读取操作数，进行操作码 OP 要求的操作，运算结果存回原地址 A。如前所述，这样的操作数被称为目的操作数。

指令功能：OP (A) → A

(PC)+n → PC

② 隐含约定目的地的双操作数指令。如果操作码含义是加、减、乘、除、与、或、异或等，就说明该指令是双操作数指令。按指令给出的源地址 A 可读取源操作数，那么另一个操作数呢？CPU 中一般设置有一个被称为累加器（AC）的寄存器，指令可以隐含约定另一个操作数（目的操作数）由累加器提供，运算结果也将存放在累加器中。

指令功能：(AC) OP (A) → AC

(PC)+n → PC

可见，一地址指令不仅可用于处理单操作数运算，也可用于处理双操作数运算，这是采用隐地址简化地址结构的又一个例子。

4）零地址指令

指令格式：

OP

如果指令中只给出了操作码 OP，却没给出与操作数有关的任何直接信息（显式地址），那么这种类型的指令被称为零地址指令。

可能使用零地址指令的情况如下：

① 不需要操作数的指令。例如，空操作指令本身没有实质性运算操作，用于消耗时间，以达到延时的目的。又如，停机指令当然不需要操作数。

② 零地址指令是一条单操作数指令，并隐含约定操作数在累加器中，即对累加器中的内

容进行 OP 指定的运算操作。

指令功能：OP（AC）→ AC

③ 对堆栈栈顶单元中的数据进行操作。后面将介绍，堆栈是一种按“后进先出”顺序进行存取的存储组织，每次存取的对象是栈顶单元，该单元是浮动的，由一个被称为堆栈指针的寄存器 SP 给出栈顶单元地址。因此，对堆栈的操作可以只给出操作码，隐含约定由 SP 提供地址。在学习了有关堆栈的知识后，大家就会明白，对堆栈操作的零地址指令既可以用于单操作数运算，也可以用于双操作数运算。

在上述分析中体现了一条思路：采用隐地址（隐含约定）可以简化指令的地址结构，即减少指令中的显式地址数。例如，用隐地址方式给出后继指令地址，将提供操作数的地址与存放运算结果的目的地址统一为一个，隐含约定操作数在累加器 AC 或堆栈中等。

究竟是显地址数多好还是显地址数少好？应该说各有利弊。采用的显地址数多，则指令可能更长，所需存储空间大，读取时间长，但地址数多，使用较灵活。显地址数少，则指令可能更短，所需存储空间小，读取时间短，但隐地址的方式只能依靠操作码来隐含约定地址选择方式，具有地址数量上的局限性。就目前情况看，设计者往往采取折中的办法，在实际的 CPU 中，通常显式三地址、二地址和一地址的指令的使用频率较高，四地址指令几乎没有。

3．操作码结构

操作码的位数决定了操作类型的多少，位数越多所能表示的操作种类就越多。例如，操作码为 8 位，则该指令系统最多可以支持 256 条指令。但如果指令字长有限，地址部分的位数和操作码的位数就会相互制约，即如果地址部分所占位数较多，那么允许操作码占用的位数会相应地减少，从而限制了指令的种类数目。所以在操作码结构设计上有一些不同的方法。

1）固定长度操作码

如果指令较长（位数多），或者采用可变字长指令格式，就往往采用固定长度操作码，即操作码位数一定且位置固定。现在计算机较多采用这种格式，最常见的指令格式是：一条指令由几字节组成，其中第 1 字节（8 位）表示操作码。

由于操作码的位数一定且位置固定，因此读取和识别指令都比较方便。例如，所读取的第 1 字节指令代码是操作码，就知道该指令是单操作数指令还是双操作数指令，以及相应的地址信息组织方法。此外，分析操作码含义所用的译码电路也比较简单。

2）可变长度操作码（扩展操作码）

为了提高指令的读取与执行速度，往往需要限制指令的字长。要想在指令字长有限的前提下仍能保持比较丰富的指令种类，可采取变长度操作码，即：当指令中的地址部分位数较多时，让操作码的位数少些；当指令的地址部分位数减少时（如现在是一地址指令，因而地址位数相应减少），可让操作码的位数增多，以增加指令种类。这称为扩展操作码。当然，这会增加操作码译码的复杂性和难度。

【例 3-1】 某指令系统的指令字长 16 位，最多可给出三个地址段 X、Y、Z，每个地址字段占 4 位（当然这只是一种示意性的假设，实际指令中每个地址字段不止 4 位）。试给出一种扩展操作码的方案。

图 3-14 给出了一种扩展操作码的原理性方案。对于三地址指令，三个地址共占 12 位；操作码 4 位，全部用来表示操作功能，可以表示 $2^4=16$ 种，现在只取其中的 15 种组合 0000～1110，分别表示 15 条三地址指令，留下 1111 作为扩展操作码标志。

15　12	11　8	7　4	3　0	
				指令格式
0000 … 1110	X … X	Y … Y	Z … Z	15条三地址指令
1111 … 1111	0000 … 1101	Y … Y	Z … Z	14条二地址指令
1111 … 1111 1111 … 1111	1110 … 1110 1111 … 1111	0000 … 1111 0000 … 1110	Z … Z Z … Z	31条单地址指令
1111 … 1111	1111 … 1111	1111 … 1111	0000 … 1111	16条零地址指令

图 3-14　扩展操作码示意

对于二地址指令，两个地址共占 8 位，尚余 8 位，在高 4 位（第 15～12 位）为 1111 的扩展标志指示下，将第 11～8 位扩展为操作码；若取其中 14 种组合表示二地址指令，即 11110000～11111101，则留下的 11111110、11111111 可作为扩展操作码标志。对于单地址指令，地址段只占 4 位，又可将第 7～4 位扩展为操作码。由于在设计二地址指令时留下了两种扩展标志，加上第 7～4 位的编码，可得 $2\times2^4=32$ 种组合。现在只取其中 31 种组合表示单地址指令，即 111111100000～111111111110，留下的 111111111111 作为扩展标志。对于零地址指令，在第 15～4 位为全 1 的扩展标志指引下，可有 16 种零地址指令（一般机器不需要这么多条零地址指令）。

图 3-14 给出的只是一种原理性的分配方案，实际机器会在细节上有一些变化。在本例中，我们有意为二地址指令预留 1 种扩展标志，因此只有 15 条三地址指令；而为单地址指令留下 2 种扩展标志，剩余的代码只能编码 14 条二地址指令，因而单地址指令可以有 31 条。

3）单功能型或复合型操作码

为了能快速识别并执行操作码，多数指令采用单功能型操作码，让操作码只表示一种操作含义，如相加或相减。有的 CPU 因为指令字长固定，指令数目也不多，为了使指令能表示更丰富、粒度更细的操作信息，经常会采用复合型操作码的编排方式，即将操作码字段进一步细分成若干子段，每个编码子段都能表示特定的操作含义，这样能使操作码的含义更丰富。

4．指令字长

前面的讨论中已经多次涉及指令字长问题。指令字的位数越多，所能表示的操作信息和地址信息就越多，指令功能更丰富。但是编码位数越多，则指令所占存储空间就会越多，从存储器中读取指令的时间一般也会更长，而且指令越复杂，执行时间也可能越长。与此相反，指令字长固定，则格式简单，读取与执行时间就短。

在指令设计上有两种截然相反的思路：一种是让指令功能尽可能丰富，指令数量也尽可能多，即复杂指令集（CISC）；另一种是只选取简单且使用频率较高的指令，即精简指令集（RISC）。与此相应，指令字长的设计也有两种思路：固定字长和可变字长，如图 3-15 所示。

1）可变字长指令

传统的大、中、小型计算机及常用微型计算机中采用可变字长指令格式，不同的指令可以有不同的字长，需长则长，能短则短。但因为主存储器一般按字节编址，即以字节（8 位）为基本单位，所以指令字长多为字节的整数倍，如单字节、双字节、三字节等。这种指令格式适

指令

32 位

(a) 固定字长

操作码

操作数说明符 1

……

操作数说明符 n

(b) 可变字长

图 3-15　指令的长度类型举例

合表示复杂指令系统。那么，CPU 怎么知道这条指令有多少字节呢？一般的做法是：将操作码放在指令的第 1 字节，读出操作码后就可以马上判定，这是一条单操作数指令还是一条双操作数指令，或者是零地址指令，从而知道后面还应该读取几字节指令代码。当然，在采取预取指令的技术时，这个问题会稍微复杂一些。

2）固定字长指令

在早期的小型计算机中曾经广泛采用固定字长指令，如一条指令 16 位。后来逐渐转化为变字长指令，以获得功能丰富的指令系统。但从 20 世纪 70 年代开始出现一种趋势，即采取精简指令系统以提高执行速率，相应地恢复采用固定字长指令格式。随着技术逐渐成熟，RISC 技术已经广泛用于工作站一类的高档微机，或采用众多的 RISC 处理器构成大规模并行处理阵列，对 PC（个人计算机）的发展趋势也产生了影响。

3.2.3　常见寻址方式

寻址就是指按某种规则形成操作数的有效地址，我们把产生操作数有效地址的方式称为寻址方式。CPU 执行指令时，根据指令约定的寻址方式获取操作数。有的指令通过操作码隐含约定采用何种寻址方式，有的指令则设置专门的寻址方式说明字段。如果是双操作数指令或数据传输指令，那么指令会涉及多个地址，对应的寻址方式可以互不相同，一条指令可以有多种寻址方式。寻址方式主要是针对操作数而言，但转移类指令通常需要形成转移的目标地址，这与形成操作数地址的含义并无区别，因此可归入寻址方式的范畴一并讨论。

一个指令系统具有哪几种寻址方式，即地址以什么方式给出，如何为编程提供方便和灵活性，这不仅是设计指令系统的关键，也是初学者理解一个指令系统的难点所在。因此，大家在学习本节内容时，要从众多的寻址方式中归纳出一条清晰的思路。

首先，指令要调用的操作数可能存放在什么地方？通常有以下 5 种可能：

① 操作数就包含在该指令中，或紧跟着该指令，此时需要由指令直接给出操作数。

② 操作数在 CPU 的某寄存器中。例如，已由主存储器将操作数读入 CPU，或者运算处理的中间结果，因而它们在 CPU 的寄存器中，此时指令中应给出寄存器号。

③ 操作数在主存中，指令应以某种方式给出主存单元地址码。这里还可以分为几种情况：有的是对单个操作数进行处理，有的是对一个连续的数组或是对数组中的某个元素进行处理，有的是对一个表格或者对表格中的某个元素进行处理等。相应地，需要采取不同的寻址方式。

④ 操作数在堆栈区中，可以隐含约定由堆栈指针 SP 提供地址。

⑤ 操作数在某个 I/O 接口的寄存器中。一般采取两种办法对 I/O 接口中的寄存器进行编址：一种是单独编址，指令中需提供 I/O 端口地址；另一种是与主存单元统一编址，指令中需提供总线地址。这些问题将在后续章节中专门讲述。

在设计指令系统时，为什么需要有多种寻址方式供编程者选择呢？根据从简到繁的思路，寻址方式大致可以归纳为以下4类。

① 立即寻址。在读取指令时就从指令中获得了操作数。

② 直接寻址类。直接给出主存地址或寄存器号，以读取操作数。

③ 间接寻址类。先从某寄存器中或主存中读取地址，再按这个地址访问主存以读取操作数。间接寻址的目的是：在使用同一条指令的前提下，使操作数地址可以变化，从而增加编程的灵活性，使一条指令甚至是一段指令能被重复利用。

④ 变址类。指令给出的是形式地址（不是最后地址），经过某种计算（如相加、相减、高低位地址拼接等）才获得有效地址，据此访问主存储器，以读取操作数。

尽管不同指令系统中涉及的寻址方式数量甚多，但几乎以上述4类（立即、直接、间址、变址）寻址方式为基础，进行了针对性的简化或者扩展，寻址过程十分相似。

注意：对CPU指令读取与执行流程的理解是本课程的重点之一，而对各种寻址方式的理解是掌握指令流程的关键。

下面分别介绍几种常见的寻址方式，请注意各种寻址方式的物理含义、寻址过程，以及各自的适用范围和具体的使用方法。

1. 立即寻址

由指令直接给出操作数，直接对指令中代码段进行截取就得到操作数，这种寻址方式被称为立即寻址方式。与之相应，通过立即寻址方式从指令中得到的操作数通常被称为立即数（或者常数），常通过指令为程序提供常数或赋初始值。虽然立即寻址方式能快速、简便地获得操作数，但在多数场合中指令所处理的数据是变量，因此立即寻址方式适用范围不广。

指令给出的操作数存放一般有两种方式：一种是操作数直接包含在指令中，如图3-16(a)所示，在取出指令的同时相当于已获得了操作数；另一种方式是将操作数存放在指令后，即在读取指令后，从紧随其后的存储单元中读取获得操作数，如图3-16(b)所示。其实这两种方式并无本质区别，只是获取方式有所不同，如果把指令字长增加一倍，那么图3-16(b)中存储的操作数就可以被视为指令的一部分，此时图3-16(b)与图3-16(a)表示的这两种操作数存储模式没有本质区别。

2. 主存直接寻址

在指令中直接给出操作数的有效主存地址，根据该地址可从主存储器中读取或写入操作数，这种方式被称为主存直接寻址方式。由于这个地址就是最终读取操作数的有效地址，不再进行任何地址转换操作，故又将直接寻址称为绝对寻址。广义的地址既可能是主存地址也可能是寄存器号，但习惯上“直接寻址”方式中直接给出的操作数地址指的是主存地址。

在指令语句中，直接寻址方式的助记符常用(A)表示。例如，指令“INC (A)”表示将地址为A的主存单元内容加1。我们以图例的形式解释直接寻址方式的含义，如图3-17所示。

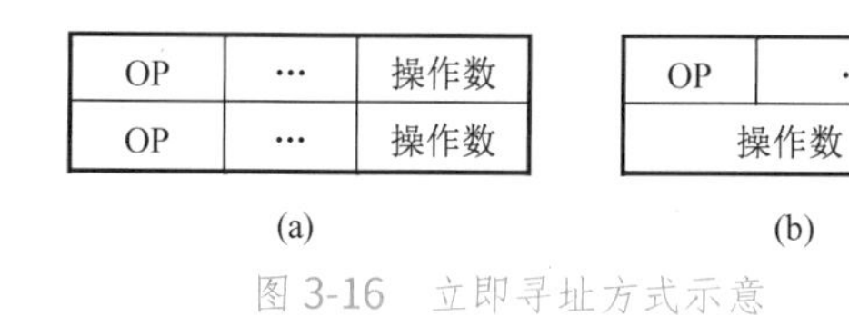

图3-16 立即寻址方式示意

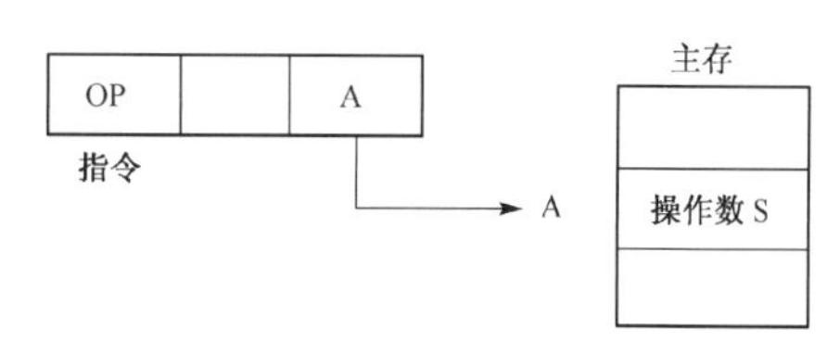

图3-17 主存直接寻址方式示意

为了简化细节以突出基本原理，假定主存储器是按双字节编址的，操作数 S 占 2 个主存单元，主存单元的地址为 A。指令的字长为 16 位，包含了操作码 OP 和地址 A。

【例 3-2】若主存储器数据区的地址与数据之间对应关系如下，指令给出地址码 A= 2000H，按直接寻址方式读取操作数。

地址	数据
1000H	1A00H
2000H	1B00H
3000H	1C00H

按照直接寻址方式的定义，所读得的操作数是 1B00H。我们还可用如下形式描述直接寻址的过程，其中 M 是主存储器 Memory 的缩写，表示访问主存储器。

$$\text{操作数地址} \xrightarrow{M} \text{操作数}$$

直接寻址方式的优点是简单直观，且便于用硬件实现，适用于寻找地址固定的操作数，但这种寻址方式也存在两点不足：

① 有效地址是指令的一部分，不能随程序的需要而动态地改变，因而该指令只能访问某个固定的主存单元。比如，例 3-2 中的那条指令就只能访问 2000H 单元，如果要在多处重复使用这条指令，就会受到一定限制。

② 指令中需要给出全字长的地址码，由于地址码在指令中所占的位数较多，这会导致指令字的长度很长。

3．寄存器直接寻址

寄存器直接寻址（简称寄存器寻址）方式：在指令中直接给出寄存器号，操作数实际存储在指定编号的寄存器中。CPU 中有若干寄存器，其中一些可编程访问，也称为通用寄存器。在设计时，要为寄存器分配不同的编号代码，如 R_0—000、R_1—001 等。如图 3-18 所示，指令中给出的寄存器编号是 R_0（代码为 000），故在 R_0 中可直接读取操作数 S。在指令中，寄存器寻址方式的助记符常用 R 表示，如指令“INC　R_0”表示将 R_0 中的内容加 1。

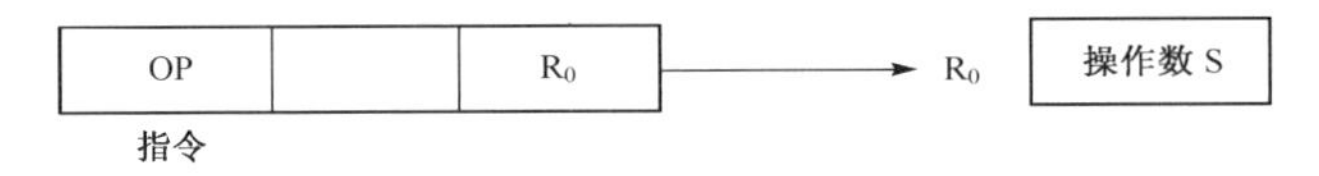

图 3-18　寄存器直接寻址方式示意

【例 3-3】 若 CPU 中寄存器内容如下，现指令中给出寄存器号为 010（即 R2），按寄存器直接寻址方式读取操作数。

R_0	1000H	R_2	3A00H
R_1	2000H	R_3	3C00H

按寄存器直接寻址方式定义，读得的操作数 S = 3A00H。

$$\text{寄存器号} \xrightarrow{R} \text{操作数}$$

寄存器寻址也是一种“直接”寻址，不过它是按寄存器号去访问寄存器的，与绝对寻址方式不同。寄存器直接寻址方式有以下两个主要优点，因而应用广泛。

① 从 CPU 的寄存器中读取操作数要比访问主存快得多，所需时间大约是从主存中读取时间的几分之一到几十分之一。因此，在 CPU 中设置足够多的寄存器，以尽可能多地在寄存器之间进行运算操作，已成为提高 CPU 工作效率的重要措施之一。

② 由于寄存器数远少于主存储器的单元数，因此指令中存放寄存器号的字段位数就大大少于存放主存地址所需的位数。采用寄存器直接寻址方式或其他以寄存器为基础的寻址方式（如寄存器间址方式），可以大大减少指令中地址位的宽度，有效地缩短指令长度。这也使读取指令的时间减少，提高了 CPU 的工作速率。

注意：减少指令中的地址数目与减少地址的位数是不同概念。隐地址可减少指令中地址的数目，寄存器寻址方式、寄存器间接寻址方式可使指令为给出一个地址所需的存储位数减少。

4．主存间接寻址

若操作数存放在某主存单元中，则该主存单元的地址被称为操作数地址。若操作数地址又存放在另一主存单元中（不是由指令直接给出），则该主存单元被称为间址单元。间址单元本身的地址被称为操作数地址的地址，即操作数的间接地址。

主存间接寻址方式的定义是：指令中给出主存间址单元地址（间接地址，操作数地址的地址），按照该地址访问主存中的间址单元，从中读取操作数地址，按操作数地址再次访问主存，然后从相应单元中读取或写入操作数。主存间接寻址方式的助记符常用@表示。例如，指令 INC @A 表示：间址单元的地址码为 A，根据 A 访问主存并读取操作数的有效地址，然后按这个有效地址再次访问主存并读取操作数，最后操作数加 1。

如图 3-19 所示，指令中给出的间接地址是 A1，根据 A1 访问主存中的间址单元，从中读取到操作数的有效地址 A2，然后按 A2 再次访问主存，才能读取到操作数 S。

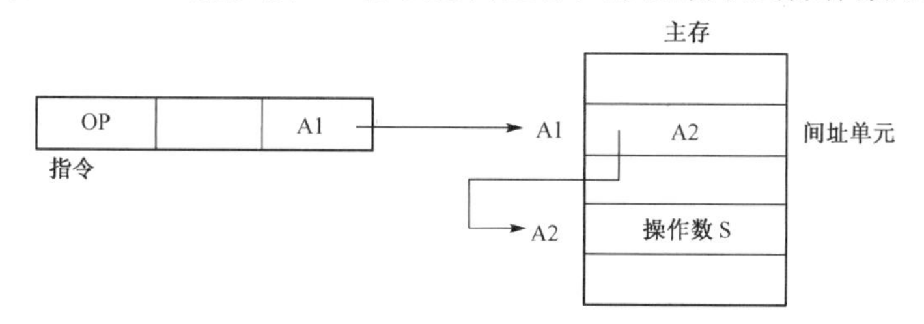

图 3-19　主存间接寻址方式示意

将主存间接寻址方式的过程归纳起来，可以简洁地描述为：

$$\text{间址单元地址} \xrightarrow{M} \text{操作数地址} \xrightarrow{M} \text{操作数}$$

【例 3-4】 若主存储器数据区的地址与单元内容之间对应关系如下，指令给出的主存间接地址 A = 2000H，按主存间接寻址方式读取操作数。

按照主存间接寻址方式的定义，指令给出的间接地址是 2000H，据此访问主存，从中读取到操作数的有效地址 3000H，然后按地址 3000H 再次访问主存，读取到操作数 S，即 AC00H。

采用主存间接寻址方式可将间址单元当成一个读取或写入操作数的地址指针，它指示操作数在主存中的位置。通过修改指针（间址单元的内容），同一条指令就可以用来在不同时间访问不同的存储单元。虽然在同一条指令中所指定的间址单元的地址是不变的，但同一个间址单元的内容即操作数的地址是可以变化和修改的，所以使用同一条指令并通过不断修改间址单元的内容就能实现对不同操作数的访问。

地址	存储内容
1000H	4000H
2000H	3000H
3000H	AC00H

这种寻址方式有力地支持了程序的循环操作，也能实现程序的共享。例如，在一个求平方根的程序中，基本操作指令重复使用，而各次运算的操作数随指针修改而变。又如，在分时多道程序工作方式中，几个用户可通过间址方式共享某段子程序，它们的编程工作是独立进行的，因而各自使用的间址单元不同。但如果这些间址单元的内容都是同一个公共子程序的入口地址，它们就可以通过间址方式获得转移地址，从而转向该子程序，实现对公共子程序的共享。再如，在转向子程序时，可将返回地址存放在某个约定的间址单元。在返回主程序时，先执行一条返回指令，以间址方式从间址单元取出返回地址，据此返回主程序。对于一些公共子程序，它们使用同一条返回指令，且指向的间址单元也相同，但不同调用者（即主程序）在调用时填入的返回地址不同，因而返回时并不会引起程序混乱。

可见，这种通过主存间接寻址产生有效地址的方法为编程提供了灵活性，但它需要连续进行两次访存才能获取到操作数。访存操作通常比较耗时，因此这种方式增加了访存次数，获取操作数的速度很慢，会严重拖慢 CPU 执行指令的速度。此外，由于在指令中给出了间址单元地址，这也会使指令的长度增加。一些早期的 CPU 中还设计了多重间址，现在已少用。

5．寄存器间接寻址

寄存器间接寻址（简称寄存器间址）方式的定义是：指令中给出寄存器号，指定的寄存器中存放的是操作数的有效地址，按照该有效地址访问主存，读取或写入操作数。寄存器间接寻址方式的助记符用(R)表示。例如，指令“INC　(R_0)”表示：将寄存器 R_0 的内容作为有效地址，从主存中读取操作数，再将操作数加 1。

如图 3-20 所示，指令中在地址段给出寄存器号 R，从该寄存器中读到操作数的有效地址 A，再按 A 访问主存，从相应的主存单元中读取到操作数 S。

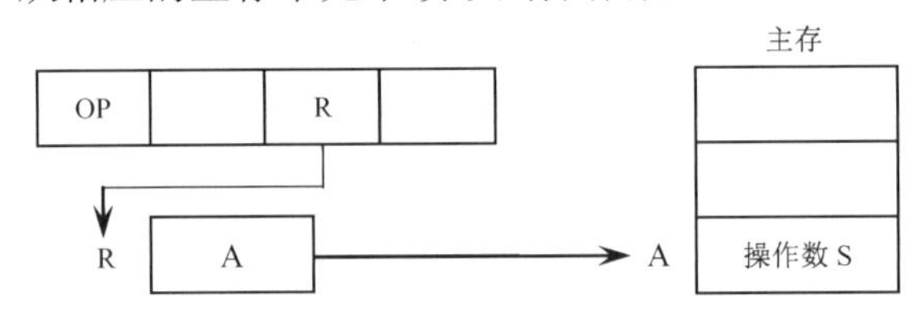

图 3-20　寄存器间接寻址方式示意

寄存器间接寻址方式的过程可以简洁地描述为：

$$\text{寄存器号} \xrightarrow{R} \text{操作数地址} \xrightarrow{M} \text{操作数}$$

【例 3-5】 下面分别列出寄存器中存放内容，以及主存储器数据区的地址与单元内容之间的对应关系。若指令中给出寄存器号为 001，按寄存器间址方式读取操作数。

寄存器：		主存单元：	
R_0	1000H	1000H	3A00H
R_1	2000H	2000H	2C00H
R_2	3000H	3000H	3B00H

按寄存器间接寻址方式的定义，指令中给出的寄存器号为 R_1，从中读得操作数的有效地址 2000H，按照此地址访问主存，最后可以读取出操作数 S，即 2C00H。

采用寄存器间接寻址方式，可以选取某通用寄存器作为地址指针，它指向操作数在主存中的存储位置。修改寄存器的内容，可使同一指令在不同时间访问不同的主存单元，提供编程的灵活性，因此它也具有主存间接寻址方式的优点，如方便程序循环执行。与主存间接寻址方式相比，寄存器间接寻址方式表现出两个显著优点。

① 寄存器间接寻址方式比主存间接寻址方式少访问一次主存，且由寄存器提供有效地址及修改寄存器内容，比从主存中读取有效地址及修改主存单元内容要快很多，因此寄存器间接寻址方式的执行速度较快。在编程中让寄存器充当地址指针已成为一项基本策略。

② 指令中给出的寄存器号位数比主存单元的全地址码位数少很多，且寄存器的宽度可以设计得很大，足够容纳全字长的地址码。如例 3-5 中，寄存器号只需 3 位，而对应寄存器可以容纳 16 位长度的地址码，因此寄存器间接寻址方式也能减少指令中地址字段的位数。

为了不因寻址方式过于复杂，以致耗时较长而拖慢 CPU 的工作速率，现在很多计算机已经不再采用主存间接寻址方式了，但寄存器直接寻址方式和寄存器间接寻址方式仍然是大多数计算机 CPU 都具备的两种基本寻址方式。

在程序中，有时需要对主存中的一片存储区域（如数组）进行连续操作。在这种情况下，如果采用寄存器间址寻址方式，则每次读出一个操作数后就需要执行一次修改间址寄存器的操作，如加 1 或者减 1，才能实现对连续存储单元的读写操作。为了适应这种数据型的应用需求，寄存器间接寻址方式还派生出了如下两种变形的寻址模式。

1）自增型寄存器间址

指令中给出寄存器号，指定的寄存器中存放着操作数的有效地址，从寄存器读出操作数地址后，寄存器内容自动加 1，并按照有效地址从主存中读取操作数。自增型寄存器间接寻址方式常用助记符(R)+表示，如指令“INC　(R_0)+”。与标准的寄存器间接寻址方式相比，助记符中多了一个“+”，且位于(R)之后，这就形象地表示：先操作（从寄存器中读取操作数的有效地址，按此地址访问主存，读取或写入操作数），后修改（寄存器的内容加 1）。

自增型寄存器间址方式的寻址过程可以描述为：

$$\text{寄存器号}\xrightarrow{R}\text{操作数地址}\xrightarrow{M}\text{操作数}$$
$$\text{操作数地址}\xrightarrow{R}\text{内容加1}$$

【例 3-6】 下面列出了寄存器内容，以及主存数据区的地址与单元内容。若指令中给出的寄存器号为 010，按自增型寄存器间址方式读取操作数，并修改寄存器内容。

寄存器：		主存单元：	
R_0	1000H	3000H	A300H
R_1	2000H	3001H	BC00H
R_2	3000H		

按自增型寄存器间址方式的定义，指定的寄存器为 R2，从寄存器中读得操作数有效地址 3000H 后，寄存器的内容自动加 1，即 R2 的内容被修改为 3001H，再按地址 3000H（注意，不是 3001H）访问主存，读得操作数 A300H。如此反复，通过重复执行这条指令就可以沿着地址码增加的方向，访问从 3000H 单元开始的一段连续数据存储区。

2）自减型寄存器间址

指令中给出寄存器号，指定的寄存器内容先减 1 后再被读取出来作为操作数的有效地址，然后按此地址访问主存，从相应主存单元中读取操作数，即自减型寄存器间址方式。自减型寄存器间址方式常用助记符-(R)表示，如指令“INC　-(R0)”。与标准的寄存器间接寻址方式相比，助记符中仅多了一个“-”，但是位于(R)之前，这形象地表示：先修改（寄存器内容减 1），后操作（把修改后的寄存器内容读出作为操作数的有效地址去访问主存）。

自减型寄存器间址方式的寻址过程可以描述为：

$$\text{寄存器号}\xrightarrow{R}\text{寄存器内容减1后为操作数地址}\xrightarrow{M}\text{操作数}$$

【例 3-7】 下面分别列出寄存器内容，以及主存数据区的地址和单元内容。若指令中给出寄存器号为 010，按自减型寄存器间址方式读取操作数。

寄存器：			主存单元：	
	R_0	1000H	2FFEH	A300H
	R_1	2000H	2FFFH	27FAH
	R_2	3000H	3000H	BC00H

按照自减型寄存器间址方式的定义，指定的寄存器为 R_2，先将 R_2 的内容（3000H）减 1，R_2 的内容变为 2FFFH，然后读出 R_2 的内容作为操作数的有效地址 2FFFH，据此访问主存，最后读取的操作数为 27FAH。如此反复，通过重复执行这条指令，就可以访问从地址 2FFFH 开始，沿地址码减小方向的一个连续数据存储区。

大家可能要问，为什么自增型寄存器间址方式(R)+一般设计成“先操作、后修改”，而自减型寄存器间址方式-(R)却设计成“先修改、后操作”呢？当学习了堆栈的压栈和出栈操作过程以后，大家就会明白这样设计的目的了。

6．变址寻址

变址寻址方式是另一种广泛应用的重要寻址方式，几乎所有类型的计算机中都设置了这种寻址方式。如前所述，主存间址方式和寄存器间址方式是通过多层读取来提供地址的可变性的，而变址方式则是通过地址计算来使有效地址的形成更加灵活。

变址寻址方式的定义是：指令中分别给出一个寄存器号和一个形式地址，寄存器中的内容作为偏移量，形式地址作为基准地址，将基准地址和偏移量相加得到操作数的有效地址，再按此地址访问主存，从相应的主存单元中读取操作数，或把操作数写入此主存单元。变址方式常用助记符 X(R)表示。例如，指令“INC X(R_0)”表示以寄存器 R_0 的内容为偏移量，以指令后邻单元存储的形式地址 D 为基准地址，两者相加形成操作数的有效地址。

注意：“X”仅是变址寻址方式的助记符，不代表数值或地址码。

如图 3-21 所示，为了获得操作数的有效地址，指令给出了两个信息：一个是形式地址 D（D 不是有效地址，只是一个形式上的地址）；另一个是变址寄存器号 R_X（可指定为某个通用寄存器），R_X 中存储的内容 N 为偏移量。按变址寻址方式的规则将两者相加，可得 D+N=A，这里的 A 才是有效地址，最后根据 A 访问主存读取操作数 S。

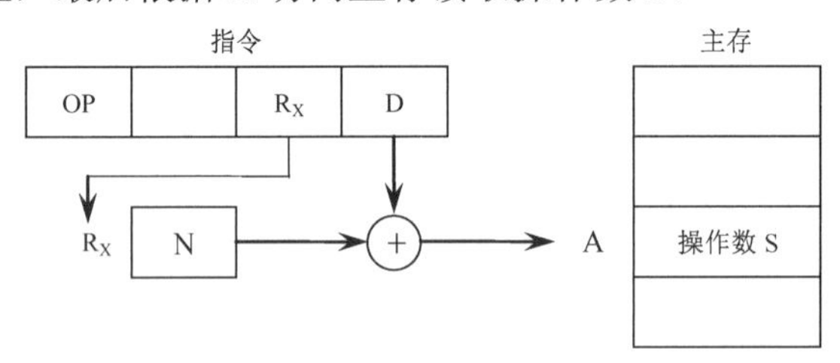

图 3-21 变址寻址方式示意

变址寻址方式的寻址过程可以描述为：

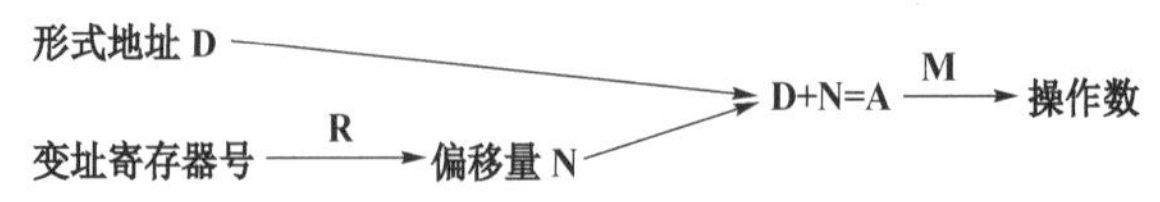

【例 3-8】 下面分别列出了寄存器内容，以及主存储器数据区的地址和单元内容。若指令中给出的寄存器号为 000，形式地址为 1000H，按变址寻址方式读取操作数。

寄存器：	R_0	0030H	主存单元：	1000H	7A00H
	R_1	1000H		102FH	1000H
	R_2	2000H		1030H	2C00H

按照变址寻址方式的定义，指令指定的变址寄存器是 R_0，其中存放的位移量为 0030H，形式地址是 1000H。计算有效地址：D+N = 1000H + 0030H = 1030H，据此有效地址去访问主存储器，读得操作数 S = 2C00H。

变址寻址方式的应用很广，典型的用法是：将形式地址作为基准地址，如某个数组的首址，或者作为一个常量，而变址寄存器的内容作为偏移量（位移量、变址量），即目标单元与首址单元之间的距离。此时，形式地址段的位数应能提供全字长地址码，才可以覆盖完整的存储器编址空间；而变址寄存器提供的偏移量，其位数则可以少一些，只需覆盖目标数据区的存储空间即可。例如，某计算机主存容量为 2 GB，目标数据块大小为 512 B，可存放于主存的任一区域，则形式地址段应有 31 位，而偏移量只需 9 位。

但是，在定长的指令中，由于地址段位数有限，形式地址往往不能提供全字长的地址码。而实际计算机中变址寄存器的位数都能提供全字长地址码，因此，上述使用方式并非一成不变，可以根据实际需要灵活变化，关键的概念是：有效地址 = 形式地址 + 变址量。

【例 3-9】 对一个连续数组的操作，可以通过两条指令的简单循环得以实现。在第一条指令中，操作码指明操作类型，形式地址给出该数组的首址，指令还指定了谁充当变址寄存器并让偏移量的初值为 0。第二条指令用来修改变址寄存器的内容，使其递增或递减。如果沿地址增加的方向对数组进行访问，则第一次是对数组的第一个元素进行处理（其偏移量为 0），然后偏移量修改成 1，第二次就是对数组第二个元素进行处理；以此类推，可将整个数组处理完毕。有的计算机设置了自动变址方式，可将上述两条指令的功能组合起来，由一条指令即可完成，从而使编程实现更简洁。

【例 3-10】 查表操作。在企业管理系统中需要许多表格形式的信息组织，如一张按月汇总的销售金额表，打印出来可能是一张二维表格或者多维表格，但存放在主存储器中的是一组依次存放的元素。查表时可以采用变址寻址方式，形式地址为表格在存储器中的首址，偏移量为目标元素所在单元与首址之间的距离，这个偏移量随月份的增加而增加，就可以从表格中直接查找某月的销售金额，不需要遍历整个表存储区域。只需要修改变址寄存器内容，而指令本身不需做任何修改，就可以访问表格中任何一行所在的存储单元。

【例 3-11】 数据块搬迁。若将一个数据块从一个存储区迁移到另一个存储区，可以通过两条指令（一读、一写）来实现，它们的形式地址段分别给出两个存储区的首址，两条指令使用同一个变址寄存器，通过修改偏移量，就能方便地实现数据搬迁。

7．基址寻址

基址寻址方式的定义是：指令中分别给出一个寄存器号和一个形式地址，寄存器中的内容作为基准地址，形式地址作为偏移量，将基准地址与偏移量相加作为操作数的有效地址，再按此地址访问主存，在相应的主存单元中读取或写入数据。

基址方式的指令格式如下：

OP	R_B	D
操作码	基址寄存器号	形式地址

相应地，在基址方式下，应在 CPU 中设置专用的基址寄存器，或者由程序指定某个通用

寄存器担任基址寄存器。

【例 3-12】 下面分别列出了寄存器内容，以及主存储器数据区的地址和单元内容。若指令中给出寄存器号为 001，偏移量为 007FH，按基址寻址方式读取操作数。

寄存器：		主存单元：	
R_0	1000H	2000H	AC00H
R_1	2000H	⋮	⋮
R_2	3000H	207FH	7A3CH
		⋮	⋮
		3000H	B1C0H

按基址寻址方式的定义，指令指定的基址寄存器是 R_1，它提供的基准地址为 2000H，指令中给出的偏移量为 007FH，两者相加，得到有效地址 207FH，再根据这个有效地址访问主存单元，可得到操作数 7A3CH。

表面上，基址寻址方式与变址寻址方式的有效地址计算法几乎是一样的，都是指定寄存器内容与形式地址相加，只不过对寄存器内容与形式地址的叫法不同而已，那么，基址寻址方式究竟与变址寻址方式有什么区别呢？为了回答这个问题，下面分析采用基址寻址方式的原因。

基址寻址方式的典型应用是程序的重定位。前面曾经谈到，用户一般采用高级语言编制程序，经过编译成为用指令序列表示的目标程序，目标程序由操作系统调入主存运行。用户在编程时，并不知道目标程序将被安排在主存的哪段区域。因此，用户编程时使用的是一种与实际主存地址无关的逻辑地址，将来运行时再自动转换为操作系统分配给它的主存地址（物理地址），即程序重定位。此外，在多道程序运行方式中也存在程序重定位问题，因为这些程序可能是由不同的用户独立编制的，编程时只能使用逻辑地址，将来由操作系统决定调哪段程序运行，并进行程序重定位。显然，采用基址寻址方式能够较好地解决这个问题，即在实现程序重定位时由操作系统给用户程序分配一个基准地址，并将它装入基址寄存器，在执行程序时就可以自动映射成实际的主存地址。

基址寻址方式的另一种典型应用是扩展有限字长指令的寻址空间。当采用有限字长指令时，分配给地址段的位数有限，难以给出全字长地址码，故不能覆盖大容量主存的任一区域。采用基址寻址，可由基址寄存器提供全字长地址码，再由指令给出一个位数较短的偏移量，两者配合足以覆盖主存的任何区域。具体方法是在运行时让基址寄存器装入某个主存区域的首地址，并在指令中给出相对于首地址的偏移量。例如，主存容量 16 MB，基址寄存器 24 位，它提供的 24 位地址码足以定位任意地址的主存单元；指令中地址段 16 位，其中的 2 位用来指定 4 个基址寄存器之一；14 位形式地址给出位移量，可以访问一个 16 KB 的连续存储区，通过变换基址寄存器或修改基址寄存器的内容，就可以重新定位另一段 16 KB 的存储区域，各存储区域甚至可以部分重叠。由于在某段时间内被运行的程序往往集中在一个有限区域（局部性现象），基于程序运行的该特性，基址寻址方式能够显著提高寻址效率。

虽然变址寻址与基址寻址在形成有效地址的方法上很相似，但实际并不相同，差别在于：在变址寻址中，形式地址给出的是基准地址，寄存器给出的是偏移量；在基址寻址中，形式地址给出的是偏移量，而寄存器给出的是基准地址。

两种寻址方式的具体应用也不同：变址寻址方式立足于面向用户，可用于访问字符串、数组、表格等成批数据（或其中的某些元素）；基址寻址方式立足于面向系统，可用来解决程序在实际主存中的重定位问题，以及在有限字长指令中扩大寻址空间等。

8．基址加变址寻址

在一些计算机中还设置了一些复合型的寻址方式，如基址加变址寻址等。

基址加变址寻址方式的定义是：指令中给出一个基址寄存器号 R_B、一个变址寄存器号 R_X 和一个形式地址 D，基址寄存器的内容作为基准地址，变址寄存器的内容作为变址偏移量，形式地址则作为常规偏移量。指令基本格式如下：

OP	R_B	R_X	D
操作码	基址寄存器号	变址寄存器号	形式地址

则操作数的有效地址 = 基准地址+变址偏移量+常规偏移量，再根据得到的有效地址去访问主存，从对应主存单元中读取或写入操作数。这样的寻址方式可以方便地处理二维数组或表格。

【例 3-13】 若某商场的销售金额汇总情况如表 3-1 所示，若这些数据连续存储在主存，每天的数据占 1 个存储单元，则可采用基址加变址的寻址方式查询某天的销售额。

表 3-1　某商场销售金额统计示意表（单位：万元）

月	日						
	1	2	…	17	…	30	31
1	100	100	…	80	…	60	80
2	50	60	…	100	…	—	—
…	…	…	…	…	…	…	…
6	60	80	…	90	…	80	—
…	…	…	…	…	…	…	…
12	100	100	…	100	…	90	100

为了说明基址加变址寻址的基本原理，在表示时忽略了表的格式信息，只按二维数组格式在主存中存储本年度每天的销售金额数字。假定表格在存储区的起始地址为 1000H（该单元存储的是 1 月 1 日的销售金额），每个主存单元存放一天的销售金额，考虑到大月小月等因素，固定为每月的数据分配 31 个连续的存储单元，且从 1 月到 12 月依次连续存储。因此可以按照这种事先约定的存放格式去识别日期，而不必存放对应的日期信息。

现在可以采用基址加变址的寻址方式来定位任意日期的销售数据，具体过程是：先指定 R_0 为基址寄存器，用来存放全年数据在主存中的首地址 1000H；R_1 为变址寄存器，用来存放第几月（取值 0～11）；形式地址用来表示第几天（取值 0～30）。如果编程访问 6 月 17 日的销售数据，那么设置 R_1 的内容为$(5\times31)_{10} = (155)_{10} = (10011011)_2$ = 009BH，形式地址设置为$(16)_{10}$ = 0010H，则目标数据的有效地址为 1000H+009BH+0010H=10ABH。

9．PC 相对寻址

相对寻址的定义是：将程序计数器 PC 当前的内容作为基准地址，指令中给出的形式地址为偏移量（可正、可负），两者相加后形成操作数的有效地址。这种寻址方式是以 PC 当前的内容为基准进行偏移定位（往前或往后）的，所以称为相对寻址。此时，由于操作数的有效地址也是把一个寄存器（PC）的内容与一个形式地址相加得到的，因此与基址寻址方式的原理相同，故有的计算机干脆把相对寻址当成基址寻址的一种特例，只是指定的基址寄存器是程序计数器 PC，其助记符一般为 X(PC)。

在分析相对寻址方式时，一定要注意基准地址指的是 PC 寄存器当前的内容，它与当前指令在主存中的地址并不一致。这是因为 CPU 在从主存中取指令时，每读取一次主存，PC 的内

容会自动加 n，以便在指令执行结束后，PC 刚好能指向下一条指令。这里 n 的取值是多少，完全取决于指令的长度和存储器的编址单位。如果指令字长 32 位，存储器按字节编址，那么 1 条指令将占用 4 个存储单元，此时 n=4。

如图 3-22 所示，若取指时 PC 的内容为 A，按地址 A 从主存中读取指令放入 IR，然后 PC 的内容自动加 n。指令中的形式地址字段给了偏移量 d，它表示从当前 PC 值（A+n）到操作数所在单元之间的距离。按相对寻址规则，操作数的有效地址=A+n+d，据此有效地址访问主存，即可从地址为 A+n+d 的存储单元中读取到操作数 S。

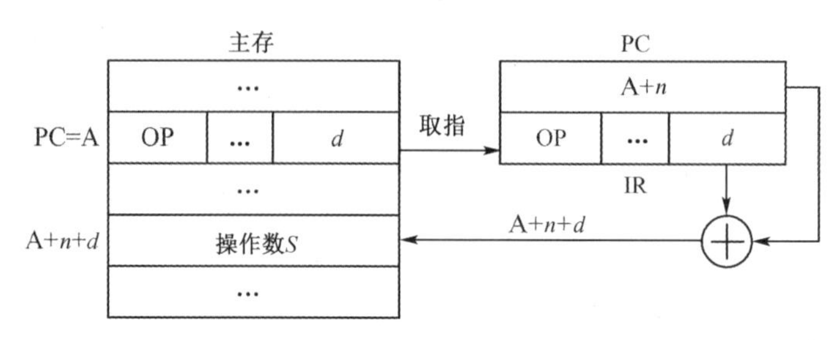

图 3-22　相对寻址方式示意

【例 3-14】 下面分别列出了寄存器内容以及主存储器数据区的地址和单元内容。若指令字长 16 位，存储器按字节编址，从 1000H 单元中取出一条指令，该指令采用相对寻址方式读取操作数，形式地址 d（偏移量）为 0003H。

寄存器：		主存单元：	
PC	1000H	0FFFH	BC00H
R_0	2000H	1003H	D00FH
R_1	3000H	1005H	AF00H

按相对寻址方式，现行指令存放在 1000H 单元中，取指后 PC 的内容自动加上 2 后等于 1002H，因此基准地址是 1002H，指令中给出的偏移量为 0003H。

所以，操作数的有效地址=1002H + 0003H = 1005H，据此访问主存，取得操作数 AF00H。

【例 3-15】 同上例的寄存器、主存单元内容，从 1000H 中读取指令，该指令采用相对寻址方式读取操作数，若形式地址（偏移量）为−0003H。

操作数的有效地址 = 1002H−0003H = 0FFFH，据此访问主存，得到操作数 BC00H。

注意：如果指令是一条多字节指令，占用多个主存单元，那么取指时每读取一次主存，PC 的内容都加 1，因此完成 4 字节指令的取指后，PC 的内容实际上已在指令地址的基础上增加了 4。如果是 MIPS32 架构，考虑到地址对齐，指令中给出的偏移量还需要经过位数扩展并且左移 2 位，再与基准地址（修改后的 PC 当前值）相加，才能形成正确的目标地址。

虽然我们是以寻找操作数为例来说明相对寻址方式的，实际上这种寻址方式在实现程序转移时使用最多。编写到第 n 条程序指令时，如果需要返回到第 $n-d$ 条指令，或者跳到第 $n+d$ 条指令，就可以采用相对寻址方式来实现。

下面举例介绍两种常见的程序分支方法。

【例 3-16】 在程序的基本形态中有一种“循环”模式，即让一个程序段重复执行若干遍，直到终止条件满足时才退出循环。为此，常在该程序段的末端设置循环终止条件，如果条件尚未得到满足，就用相对寻址方式使程序返回到程序段的起始点重复执行，此时应设置偏移量为负值。如果循环的终止条件已满足，设置指令中的偏移量为正值，就能确保程序退出循环，继续执行循环体外的后续指令。

【例 3-17】 程序的分支常采取二路分支方式，一种方法是：当满足分支条件时 PC 内容加 1，这条后继指令是一条无条件转移指令，使程序转移到另一程序段；当分支条件不满足时，可用相对寻址方式使程序跳到第 PC+2 条指令处，再顺序往下执行。这样就实现了简单的两路程序分支。

10．页面寻址

页面寻址在 MIPS 指令集中也称为伪直接寻址方式，其定义是：寄存器 PC 的高位段作为有效地址的高位段，指令中给出的形式地址 d 作为有效地址的低位段，操作数的有效地址由这两部分地址段拼接而成，其规则可描述为：

$$操作数有效地址=(PC)_H \cup d$$

【例 3-18】 下面分别列出了寄存器内容以及主存储器数据区的地址和单元内容。若从主存单元中取出一条指令后，PC 的内容为 1030H，采用页面寻址方式读取操作数，指令中给出的形式地址为 FFH。

寄存器：		主存单元：	
PC	1030H	10FFH	AC00H
R_0	2000H	1100H	7FC0H
R_1	3000H		

按照页面寻址方式的定义，取 PC 内容的高位（假设是高 8 位）与形式地址相拼接，得到操作数有效地址 10FFH，再根据有效地址读取主存，得到操作数 AC00H。

计算机中通常采用页式存储器管理技术，即将主存储器分为若干相同容量的页面，主存单元的地址就可映射成“页号+页内地址”。让 PC 内容的高位段对应主存的页号，访存时指令再给出目标单元的页内偏移量（页内地址，即该页起点到操作数所在单元之间的距离），采取页面寻址方式，有利于快速生成有效地址以访问目标主存单元。

【例 3-19】 某机主存容量 1 MB，分为 1024 页，每页容量 1 KB。若采取页面寻址方式，则可用 PC 内容的高 10 位（$2^{10}=1024$）作为页号，它指明了当前程序运行所在的页面。指令中提供的 10 位形式地址作为页内地址，两者相拼接就形成了长度为 20 位的有效地址。

11．堆栈寻址

堆栈是一种按“后进先出”顺序进行存取的存储结构。一般的做法是：在主存储器中划出一段区间作为堆栈区，堆栈区有两端，作为起点的一端固定，称为栈底，在开辟堆栈区时由程序设定栈底地址；另一端称为栈顶，随着将数据压入堆栈，栈顶位置自动变化。

为了存储栈顶单元地址，CPU 中通常设置有一个具有加、减计数功能的专用寄存器作为堆栈指针，命名为 SP（Stack Pointer），其中的内容就是栈顶单元地址。随数据的压入或弹出，SP 中的地址码也将自动修改，始终指向栈顶单元。

堆栈寻址方式是一种专门通过访问堆栈才能确定操作数的寻址方式。操作数在堆栈中，指令隐含约定由堆栈指针 SP 提供栈顶单元地址，堆栈寻址本质上是一种特殊的寄存器间接寻址方式。

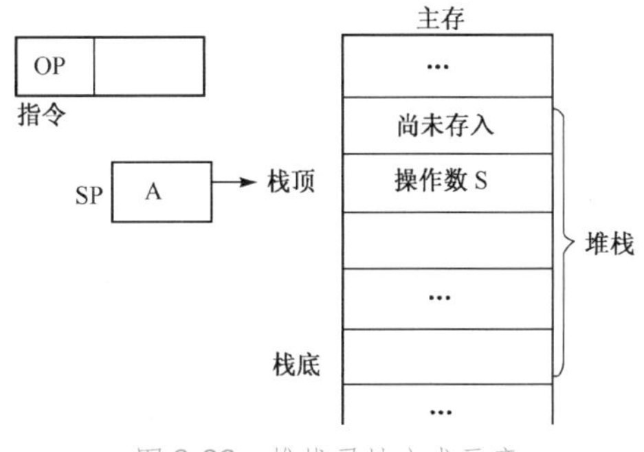

图 3-23 堆栈寻址方式示意

如图 3-23 所示，如果现行指令要求从堆栈中读出一个操作数，指令不需给出堆栈地址，而是默认访问 SP 并读取目的地址 A，根据地址 A 访问栈顶单元，再从栈顶单元中读取操作数 S，然后 SP

内容自动加 1，以便能指向新的栈顶单元。

堆栈是一个重要的逻辑实体，这种存储结构广泛用于子程序的调用与返回、中断处理和逆波兰式计算等，几乎所有的计算机系统在软件、硬件上都支持基本的堆栈寻址操作。

对于一条具体的指令，CPU 取出指令并进行译码的时候，它是如何知道当前指令采用的是何种寻址方式呢？这就涉及指令寻址方式的约定问题，主要通过两种典型途径来约定与指令相关寻址方式：一种是通过指令的操作码字段来隐含说明指令采用的寻址方式，另一种是在指令中分别设置专用的寻址方式附加说明字段。

1）通过操作码隐含说明

例如，假设某型 CPU 的指令集共使用了 4 种不同的寻址方式，就可以在指令的操作码字段设置 2 位代码来指明指令的类型，进而隐含说明其采用的寻址方式：

① 00：RR 型指令，隐含说明寻址方式是“寄存器寻址—寄存器寻址”，即源寻址方式和目的寻址方式都是寄存器型寻址；

② 01：RX 型指令，隐含说明寻址方式是“寄存器寻址—相对寻址”，即源寻址方式为寄存器寻址，目的寻址方式是相对寻址方式；

③ 10：SI 型指令，隐含说明寻址方式是“基址寻址—立即数寻址”，即源寻址方式为基址寻址，目的寻址方式为立即数寻址；

④ 11：SS 型指令，隐含说明寻址方式是“基址寻址—基址寻址”，即源寻址方式和目的寻址方式都采用基址寻址方式。

这种通过在操作码字段 OP 中通过设置指令类型字段来隐含说明指令寻址方式的方法，不需要在指令的地址字段再专门设置寻址方式说明字段，指令的格式简洁、规整，编码占用位数较少，因此在 RISC 型的 MIPS 指令系统中被广泛采用。

2）设置寻址方式附加说明

采用设置专用寻址方式附加说明方法时，指令的基本格式如图 3-24 所示。

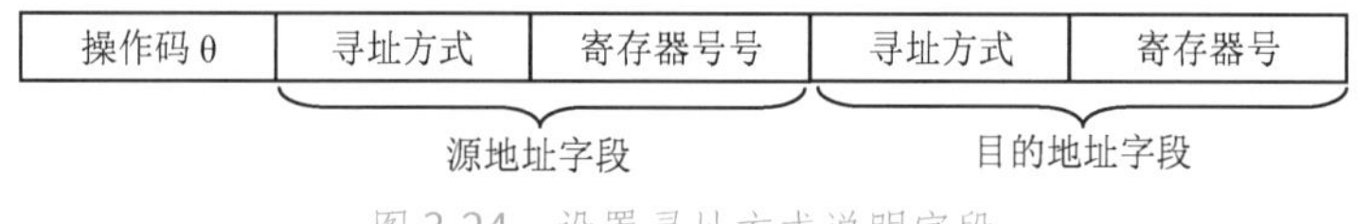

图 3-24　设置寻址方式说明字段

在指令中，分别针对源寻址和目的寻址，在指令中都设置相应的寻址方式显式说明字段。这种寻址方式说明方法，代码占用位数较多，冗余度大，不够简洁，但是比通过指定指令类型来隐含说明寻址方式的灵活性更高。这种方式适合在指令类型较多、寻址方式很复杂的 CISC 型指令集中使用。后续的模型机 CPU 指令集采用的就是这种寻址方式说明方法。

3.2.4　指令功能和类型

计算机的指令系统中应该设置哪些指令体现了该计算机硬件所能实现的基本功能，也是编写程序的基本单位（包括由源程序转换得到的目标代码），因此指令系统体现了一台计算机的硬件、软件界面，也是不同 CPU 之间的主要差别。

从加强指令功能的角度，希望一个指令系统中包含尽可能多的指令，一条指令中含有尽可能多的操作命令信息。沿着这个思路发展，指令系统变得越来越复杂。具有这种复杂指令集合的计算机被称为 CISC。这种复杂性主要体现在以下两方面：

① 早期的指令系统只考虑对单个数据的运算操作，需要编制一个程序段或子程序才能处理某种数据结构。现在的一种发展趋势是：由指令直接提供对各种常用数据结构的硬件支持，如对数组、表、队列、堆栈等的操作指令，从而向高级语言功能靠拢。有些计算机设置了专门的向量运算部件，指令中有相应的向量运算指令，可将某些向量化计算予以并行处理。

② 早期的指令系统主要面向用户的编程需要。现在的又一种发展趋势是：在指令设置方面增强对系统管理功能的硬件支持，如中断管理、操作系统的进程管理等。

从提高指令执行效率角度，希望指令比较简单，最好一个时钟周期执行一条指令。大量程序实际运行情况的统计分析表明，有 80%以上运行的是简单指令，而复杂指令只占很小比例。从 20 世纪 70 年代开始出现了一种新趋势，即只选取简单而有效的指令构成指令系统，这就形成了精简指令集计算机即 RISC，广泛用于各种高档工作站、大规模并行处理阵列计算机中。

传统的计算机（如 Intel 80386、80486 等）还是沿着 CISC 技术的道路发展的。随着 RISC 技术的发展，Intel 公司的主流微处理器采取了两者相结合的方法。

不同机种对指令的分类方法可能不同，归纳起来大致有以下 3 类。

① 按指令格式分类。例如，传统的小型机 PDP-11 将指令格式分为双操作数指令、单操作数指令、程序转移指令等。

② 按操作数寻址方式分类。例如，传统的大型机 IBM370 将指令分为 RR 型（寄存器—寄存器型）、RX 型（寄存器—变址存储器型）、RS 型（寄存器—存储器型）、SI 型（存储器—立即数型）和 SS 型（存储器—存储器型），每类指令再按操作功能进一步细分。

③ 按指令功能分类。现在的大部分微处理器将指令分为：传输类指令、访存指令、I/O 指令、算术运算指令、逻辑运算指令、程序控制类指令、处理机控制类指令等。

前两种分类方法有利于 CPU 解释和执行指令。但用户使用指令编程更关心指令的功能，因而第三种分类方法现在用得更多。下面采取按功能分类的方法介绍一些常见的指令类型，请特别注意其中一些指令的设置方法，如传输类指令、I/O 指令等。在举例时，我们有时采用助记符描述指令。

1. 传输类指令

传输类指令是计算机中最基本的指令，用于实现数据传输操作。从编程的角度，传输类指令是使用得最多的指令。从掌握计算机工作机制的角度，计算机硬件操作基本上都可以归结为信息的传输。例如，一条四则运算指令，它的操作无非是将指定的操作数按规定的途径流经运算器，从而形成相应的运算结果，再送入目的地。因此，掌握了数据信息的传输方法，如寻址方式的实现、传输路径及其控制，对掌握 CPU 的整机概念及其工作机制就易如反掌了。

计算机的指令系统中通常将传输类指令分为如下 3 种：

① 传输指令，实现 CPU 中各寄存器之间的数据传输，如 $R_0 \rightarrow R_1$。

② 访存指令，实现对存储器的读出或写入，如将数据从主存储器调至 CPU 的寄存器中，以后就可以在 CPU 中进行运算处理。

③ I/O 操作指令，将有关 I/O 接口中寄存器的内容输入主机（CPU 的寄存器中或主存储器中）或将数据从主机输出到 I/O 接口。

有的计算机将这 3 种合并为一个大类，统称为通用型数据传输指令。根据寻址方式区分它是在 CPU 内传输还是访存，如一条传输指令的源与目的地都采用寄存器寻址方式，则说明它是一条寄存器之间的传输指令；如果一个地址采用寄存器寻址，另一个地址采用寄存器间址，就是一条访存指令。根据地址范围，可判别它是访存指令还是I/O指令。例如，16位地址可寻址的空间是64 K，如果将其中高端的1 K空间划为I/O接口寄存器的地址码空间，那么当地址码高6位为全1时，表明它要访问I/O接口，否则访问主存。

初学者需要注意，当传输指令将数据从源地址传输到目的地后，源地址中的内容一般仍保持不变，因此我们说：传输指令实际上是“复制”指令。所以存放在主存中的程序可以被重复执行，数据可以被多次使用。但是，从堆栈中读取数据后，由于堆栈指针往下移动，虽然源数据并未改变，但是该数据被视为不再存在。

【例3-20】 执行一条传输指令“MOV　R_1, R_0”，其功能是将R_0的内容传输至R_1。执行前后的寄存器内容如下：

执行前：	R_0	AC00H	执行后：	R_0	AC00H
	R_1	XXXX		R_1	AC00H

在具体设置传输指令时，一般应当对三方面做出约定或说明。

① 传输范围，即指令允许数据在什么范围内传输。如前所述，操作数的来源与目的地可能是CPU寄存器、主存储器或I/O接口寄存器。

② 传输单位。数据可以按字节、字、双字或数组为单位进行传输，因此传输指令中应明确数据传输单位。例如，在通用型传输指令中，用MOVB表示按字节传输，用MOVW表示按字传输（多字节组成一个字）。又如，将寄存器分为每个寄存器8位（1字节），几个寄存器组成一个字，用“MOV　AL, BL”实现字节传输（L表示低8位），用“MOV　AX, BX”表示按字传输（X表示组成一个字的一组寄存器），用“MOV　EAX, EBX”表示双字传输。

③ 设置寻址方式。有的计算机为各种寻址方式分类编号，如0型、1型……*n*型等，在指令中设置专门的寻址方式编码字段，说明是何种寻址方式，如代码000表示0型寻址；有的根据操作码隐含约定是何种寻址方式。

2．访存指令

虽然前面在通用型数据传输指令中已经包含了访问存储器指令，现在我们再将它作为专门的一类，做些补充。许多机器都设置了专门的访存指令，用于主存储器与CPU寄存器之间的数据传输，访存指令分为读、写两类。

① 加载指令（读存储器）。从主存储器某个单元将数据读出，送入CPU的某寄存器，常被称为加载（LOAD）。加载指令又可分为按字节、按字等几条指令。

② 存储指令（写入存储器）。将数据写入某主存储器单元，称为存储（STORE），也可分为按字节、按字等。

③ 弹出（POP）。从堆栈栈顶弹出数据，可视为读存储器的一个特例。

④ 压栈（PUSH）。将数据压入堆栈栈顶，可视为存储指令的一个特例。

3．输入/输出（I/O）指令

为了将CPU、主存、外围设备连接成一个系统，建立系统级整机，特别关注I/O指令的设置和应用方式。I/O指令实现主机和各外围设备之间的信息传输，输入和输出都以主机为参考点。将信息送入主机，称为输入；将信息送至外围设备，称为输出。主机的数据发送者、接收者既可以是CPU中的寄存器，也可以是主存单元。外围设备通过I/O接口与系统总线相连，实现与主机的信息交互，数据的发送者、接收者是I/O接口中的寄存器，主机对外围设备的访问就是对有关接口寄存器的访问。

I/O 指令所传输的信息大致可分为三类：数据、命令和状态信息。从计算机系统角度，外围设备一般受 CPU 控制，如启动打印机或终止打印机工作，因此 CPU 需要通过输出指令向 I/O 接口发出命令信息，再由接口产生相应的命令发送给外围设备。一台计算机究竟能连接哪些外围设备，其类型和数量要根据实际需要而定，相应地，需要哪些命令也因设备的不同而不同。所以，CPU 往往采取一种通用的方法，即通过输出指令经数据总线向 I/O 接口的有关寄存器发送代码，并约定代码各位的含义，如最低位是启动位，为 1 时启动设备。这样的代码字称为命令字，接口中的相应寄存器称为命令字寄存器或控制寄存器。

对外围设备的简单控制，只需由 CPU 发出控制命令即可，但是对一些比较复杂任务的控制，CPU 则需要根据设备的工作状态进行后续的处理决策。因此，常在 I/O 接口中设置一个状态字寄存器，并以 0、1 代码的形式实时地记录外围设备与接口的有关工作状态，如“打印机正在打印（暂时不能接收打印信息）”“打印机已经打印完现有内容（可以接收新的打印信息）”“打印机出错”等。CPU 可以采用输入指令，将接口中的状态字代码经过数据总线取回，送入内部的某个寄存器，以作为 CPU 执行后续控制操作的判别依据，如判断是否跳转等。

在简要介绍了主机与外围设备之间的连接方式、输入/输出信息类型后，我们还要讨论 I/O 设备和 I/O 指令的编址方法。

1）I/O 设备的编址方法

通过 I/O 指令去访问 I/O 设备，首先要考虑对 I/O 设备的编址方法。I/O 设备的编址方式总体上可以分为如下两大类型。

（1）单独编址

为 I/O 设备接口中的有关寄存器单独分配 I/O 端口地址。这里的“单独分配”指的是独立于主存编址系统，即 I/O 设备分配的 I/O 端口地址码可以与主存单元地址码相同，设备和主存的地址码是相互独立的。

（2）与主存储器统一编址

将总线的地址空间划分为两部分，大部分空间留给主存，小部分留给 I/O 接口寄存器（I/O 端口）使用。例如，某计算机的地址总线为 20 位，则其相应的编址空间为 1M；可将其中地址码最大的（高地址端）4K 个（FF000H～FFFFFH）地址分配给 I/O 端口使用，其余 1020K 个（00000H～FEFFFH）地址分配给主存使用。这种编址方式就是把 I/O 端口当成一部分特殊的主存单元，因此两者可分享地址空间，低端地址分给内存使用、高端地址给 I/O 设备使用。

2）I/O 指令的设置方法

考虑到 I/O 设备有两种不同的编址方式，因此也有两类 I/O 指令设置与之分别对应。

（1）设置专用的 I/O 指令

大多数计算机的指令系统中设置了专门的 I/O 指令，以支持对 I/O 设备（I/O 接口寄存器）单独编址。这类指令是 I/O 操作专用的且明确存在（非借用内存操作指令完成 I/O 操作）的，故又称为显式 I/O 指令。相应地，I/O 指令的操作码明确规定某种 I/O 操作，在地址部分分别给出 CPU 寄存器号及 I/O 端口地址。例如，输入指令“IN　R_0, n”的操作含义是：将端口地址为 n 的 I/O 接口寄存器内容送入 CPU 内部的 R_0 寄存器。

采用专用的 I/O 指令来启动外围设备的常用方法有两种：一种是由操作码直接给出启动命令，另一种是使用输出指令从 CPU 寄存器向 I/O 接口中的控制寄存器发送命令字，其中包含了外围设备启动命令和其他相关的命令。

（2）采用通用的数据传输指令实现 I/O 操作

有些计算机采用通用的数据传输指令实现 I/O 操作，相应地将 I/O 设备（I/O 接口寄存器）与主存单元统一编址。如果传输指令的源地址是 CPU 寄存器，而目的地是接口寄存器，那么这条传输指令就是一条输出指令。例如，传输指令“MOV　n, R_0”，源地址为 CPU 中的 R_0 寄存器，目的地址 n 指向某接口寄存器。反之，如果传输指令的源地址是接口寄存器，目的地是 CPU 中的寄存器，就是一条输入指令，如“MOV　R_0, n”。

这类指令的 I/O 等价功能是借用内存传输指令实现的，所以被称为隐式 I/O 指令。

通用传输指令中并不直接包含启动外围设备的启动命令，它们启动 I/O 设备的办法是通过数据总线向接口送出命令字，其中包含启动位。

【例 3-21】 假设中断控制器 8259A 中，操作命令字 OCW3、中断服务寄存器 ISR 和中断请求寄存器 IRR 这三者共享端口地址 20H，可以通过如下 I/O 指令来操作相关端口：

```
MOV   AL, 00001011b          # 设置命令代码
OUT   20H, AL                # 把读 ISR 的操作命令写入寄存器 OCW3
IN    AL, 20H                # 读取 ISR 的内容，并写入通用寄存器 AL
MOV   AL, 00001010b          # 设置命令代码
OUT   20H, AL                # 把读 IRR 的操作命令写入寄存器 OCW3
IN    AL, 20H                # 读取 IRR 的内容，并写入通用寄存器 AL
```

主机在与外设交互信息时，为了减轻 CPU 在 I/O 方面的工作负担，现代计算机中常设置一种专门用于管理 I/O 操作的协处理器，即 IOP（I/O Processor，输入/输出处理机），甚至设置专门的外围处理机。相应地，设置的专用 I/O 指令可以分为两级：一级是 CPU 管理 IOP 的 I/O 指令，负责启动、停止 IOP 等操作，这级指令的操作类型较少，功能比较简单；另一级是 IOP 执行的指令（如通道程序等），负责控制具体的 I/O 操作，这级指令的功能相对丰富一些。

注意：CPU 的 I/O 指令（无论显式或隐式）都是通用的，它们一般不专门针对某一台具体的设备或某一种具体的操作。因为计算机系统究竟连接哪些外围设备，需要多少台，有哪些具体操作，情况变化很多且事先无法确定。解决的办法是用 I/O 指令向接口发送命令字，再转化为与具体设备相匹配的控制命令。对不同的设备，命令字的约定可以不同。

4．算术逻辑运算指令

计算机的基本任务是对数据进行运算处理，计算机的运算分为算术运算、逻辑运算两大类，其中包含了算术移位和逻辑移位。

1）算术运算指令

几乎所有计算机都设置有这些基本的算术运算指令：定点加（ADD）、减（SUB）、加 1（INC）、减 1（DEC），求补（NEG）、比较大小等。现在的主流微型计算机还设置了如下运算指令：定点乘、除，十进制运算，浮点加、减、乘、除等。巨型机（超算）则可能有向量运算指令，可以对整个向量或矩阵进行求和、求积等运算。

每次运算的单位可以是字节、字、双字等，如果执行超过硬件支持的超高精度、多位字长的算术逻辑运算，通常只能通过软件子程序来实现。

理论上，任何复杂的数学运算问题通过相应的算法都可以分解、转换为一系列基本的简单算术运算操作，从而可用上述基本指令予以实现。常用的一些算法往往会由软件生产厂家事先编制成一些子程序（常称为例行子程序），作为软件开发平台的一部分纳入子程序库，用户编程时只需调用它们实现自己的运算目标即可，一般不必自己重新编制。

早期的计算机为了降低成本，曾经采用过两种手段：一种是“硬件软化”，即简化硬件，让 CPU 只设置一些基本的运算指令，复杂的运算功能（如浮点运算）通过子程序实现；另一种办法是把计算机按用户的应用需求分成若干档级，不同档级硬件配置不同，最基本的 CPU 只执行最基本的运算指令，以满足低端运算，高档的 CPU 则配备一些“扩展运算器”，并可通过专用指令调用扩展运算器，或将扩展运算器抽象成外围设备，并能通过 I/O 指令去调用。

现代计算机 CPU 采用了超大规模集成电路（VLSI）技术，硬件成本大大下降，此时如何获得高速运算能力反而成为首要问题。与此相应，“软件硬化”策略使指令系统包含更丰富的运算指令，但对一些更复杂的运算仍沿用扩展运算器的方法，即“协处理器”（Coprocessor）。目前的技术发展呈现这样的趋势：随着 CPU 硬件功能的不断升级，原来的一些协处理器功能（如浮点运算）被纳入 CPU 硬件范畴（标配）。

2）逻辑运算指令

逻辑运算都可以通过与、或、非这三种基本的逻辑函数予以实现。异或逻辑则是一种应用很广的逻辑函数，可用来判别两字符代码是否符合、位修改等。计算机通常设置 4 种基本的逻辑运算指令：与 AND、或 OR、非 COM、异或 EOR。

上述指令都是按位进行逻辑运算，没有进位、借位关系，因此也称为位操作指令，有的还专门设置了位测试、位分离、位清除、位设置、位修改等特殊指令。

（1）利用“与”运算测试某指定位是否为 1

例如，在分析状态字时，需要检测特定位是 1 还是 0，可以通过“与”操作实现。AND 指令有两个操作数，将被检测代码作为目的操作数，根据需检测的是哪一位设置相应的屏蔽字，并将它作为源操作数。屏蔽字中对应于待检测位的屏蔽位为 1、其他位为 0，然后两个操作数相与。运算结果使需要检测的位保留原来的状态，不需检测的位被屏蔽所以为 0。如果运算后各位为全 0，就说明被检测位为 0；否则，被检测位为 1。

【例 3-22】 位测试。

目的操作数 A	11001010
屏蔽字 B	00001000
A AND B	00001000

（2）利用“与”运算实现按位分离

有时需要从一个字中取出我们感兴趣的一段代码，称为位分离，这也可利用“与”运算来实现。让屏蔽字中对应分离段的各位为 1，其余位为 0。

【例 3-23】 分离出低 4 位。

目的操作数 A	11001010
屏蔽字 B	00001111
A AND B	00001010

（3）利用“与”运算实现位清除

位清除是指：将指定位清除为 0。但屏蔽字的设置与位测试相反，被处理的数中哪些位需要清除，则屏蔽字中的相应位为 0，其他位为 1。

【例 3-24】 位清除示例。

目的操作数 A	11001010
屏蔽字 B	11110111
A AND B	11000010

（4）利用“或”运算实现位设置

位设置是指：将指定位设置为 1。可以让屏蔽字的相应位为 1，其余位为 0，然后与被修改代码相“或”。

【例 3-25】 位设置示例。

目的操作数 A　　11001010
屏蔽字 B　　00000100
A OR B　　11001110

（5）利用“异或”运算实现位修改

例如，在从存储器读取数据时或在数据通信过程中，常需对数据进行校验，如果发现某一位出错，就可通过将其变反而得到修正。$1 \oplus A = \overline{A}$，利用这个逻辑关系可实现变反。具体方法是：被处理的数中哪些位需要变反，则屏蔽字中的相应位为 1，不修改的位为 0，然后把两数按位做“异或”运算，就能实现按位变反。

【例 3-26】 位修改示例。

目的操作数 A　　11001010
屏蔽字 B　　00001000
A EOR B　　11000010

（6）利用“异或”运算进行符合判定

在程序中常需要识别字符、字符串，或是查询，这就需要将待判定的字符代码与设定的字符代码进行比较，判定它们是否相同，称为符合判定。异或运算正好能实现这一判定，如果异或的结果各位均为 0，就表明两组代码相同，否则为不同。

【例 3-27】 符合判定示例。

A　　11001010
B　　11001010
A EOR B　　00000000

3）移位指令

移位也是一种基本操作，如在乘法中需要右移，在除法中需要左移，在代码处理中也可能需要移位操作。也可将移位指令归入算术逻辑运算指令，包括算术移位和逻辑移位。

（1）算术移位指令

算术移位的对象是具有数值大小的数，因此在移位后会发生数值大小的变化。对于二进制数，每左移 1 位，数值由 x 增至 $2x$；每右移 1 位，数值由 x 减至 $x/2$。如果是带符号数，在移位过程中数符不变。

（2）逻辑移位指令

逻辑移位使代码序列执行循环移位或非循环移位，它只是使数码位置发生变化，无正负性质，也无数值性质，参与移位的代码序列被视为纯逻辑意义上的代码组合。例如，将 32 位数据通过移位以串行方式逐位输出，或者通过移位将串行输入的数据组装成可并行处理的 32 位数据，这些都属于逻辑移位操作。

移位分为左移、右移，既可以每次只移动一位，也可以每次移动多位。

4）串操作指令

为了实现对数组元素的操作，许多计算机设置了串操作指令，加上重复前缀 REP，能对数组进行传输、比较、扫描、装入、存储、输入、输出等串操作。组成数据串的元素被称为串元素，它可以是字节、字、双字等。

【例 3-28】 在 8086/8088 中隐含约定：寄存器 SI 作为源数据串的地址指针，寄存器 DI 作为目的地指针，串的长度存放在寄存器 CX 中。每执行一次串操作指令，SI 和 DI 的值便自动修改，指向下一个串元素单元。当在串操作指令之前加上重复前缀时，用 CX 保存串长度，每执行一次串操作指令，CX 中的串长度值自动减 1，并且重复执行该串操作指令，直至 CX 的内容为 0。这样，串传输指令“REP　MOVS”可将整个数组从源存储区传输到目的存储区。

5）专用的数据处理指令

在一些主要用于数据处理的计算机中还专门设置了下述指令。

① 转换指令：实现数制转换（如二进制与十进制之间的转换）或数据类型转换（如整型数与浮点数之间的转换，字节、字及双字间的转换等）。

② 检索指令：以给定的参考量作为依据，对一组信息进行检索操作。

③ 编辑指令：将一种格式的字符或者数据编排为另一种格式的字符或者数据，或者执行插入、删除、添加等操作。

5．程序控制类指令

前面讲的几类指令是用于对数据进行操作的，程序控制类指令用来控制指令的执行顺序，即选择程序的执行方向，并使程序具有测试、分析和判断的能力。比如，在什么情况下程序要进行转移，往何处转移等。

1）转移指令

在程序执行过程中通常采用转移指令来改变程序的执行顺序，即无条件转移和条件转移。

① 无条件转移指令：指令中给出转移命令（操作码）和转移地址，转移地址可以用多种寻址方式给出。程序执行到这条指令时就无条件地（强迫地）转移到指定的地址，即将该转移地址送入程序计数器 PC，再往下执行。

② 条件转移指令：主要用于程序分支。当程序执行到某处时，可能要在两条通路中选择一条，这就需要根据某些条件进行测试判断。典型的方法是：在条件转移指令中给出转移条件和转移地址，如果满足转移条件，就转向指令给出的转移地址，否则按原来顺序执行。

转移条件主要来自 CPU 内部的一组特征触发器，又称为标志位，它们是 CPU 程序状态字 PSW 的基本组成部分，常见的有进位标志、溢出标志、零标志和符号标志。在执行运算指令时，根据运算结果有关特征自动设置标志位，它们可构成相关的转移判别条件。常见的条件转移指令有：有进位转移 JC、无进位转移 JNC、有溢出转移 JO、无溢出转移 JNO、为零转移 JZ、不为零转移 JNZ、为非负转移 JNS、为负转移 JS 等。

③ 循环指令：可以看成特殊的条件转移指令，指令中给出循环执行的次数，或者指定某个计数器作为循环次数控制的依据。例如，计数器的初值为循环次数，每执行一次，计数器内容减 1，当计数器内容为 0 时停止循环。执行一条循环指令的操作包括：修改计数值、测试计数值，根据测试的结果，控制继续循环或者退出循环。

2）转子指令与返回指令

CPU 在执行一段指令时，为了调用某子程序，需要执行一条转向该子程序的指令（简称转子指令）。而为了返回主程序，在子程序的最后需安排一条返回指令。

① 转子程序指令。格式上，转子程序指令与无条件转移指令非常相似，指令中给出操作码和转移地址，后者是子程序的入口地址。但从执行方式，子程序执行完毕要返回主程序，这与无条件转移（不返回）是不同的。在转入子程序时，应先把返回地址保存起来，以便子程序执行完毕时，能用一条返回指令取出返回地址，使主程序从该地址继续执行。保存返回地址的

方法有几种，目前广泛使用的办法是将返回地址压入堆栈保存，因为堆栈“后进先出”的存取顺序非常适合子程序多重调用的需要。

② 返回指令。子程序的最后一条指令一般安排的是返回指令，它只有操作码，因为返回地址是隐含获得的。如果转子指令将返回地址压入堆栈保存，与之配套的返回指令就是从堆栈弹出返回地址，即将堆栈指针 SP 的内容作为地址，从栈顶读取返回地址。

3）软中断（程序自中断）指令

引起中断的原因有多种，其中一种是由于程序执行一条软中断指令，所以又被称为程序自中断。例如，软中断指令“INT　*n*”，除了操作码 INT，指令还给出中断号 *n*，根据它可以找到中断处理程序入口地址。执行软中断指令时，先将被中断的程序的断点压入堆栈，然后根据中断号 *n* 找到中断处理程序入口地址，送入 PC，转去执行中断处理程序。中断处理程序的最后一条是返回指令，它从堆栈中取出返回地址，即原程序的断点，然后继续执行原来的程序。

软中断操作与转子程序很相似，但系统对两者的处理方式不同。前者是按中断方式形成入口地址，涉及中断号、查询中断向量表等操作，后者则是按子程序调用方式处理，在指令中显式指明入口地址，不会涉及查询中断向量表，以获取入口地址的操作。

程序员编制了一段程序后，往往需要分段调试，可以在需要设置断点处临时插入一条软中断指令“INT　*n*”。当程序执行到该指令时，即按照响应中断的操作，暂停执行原来的程序，将其断点与有关寄存器内容（被称为“现场”）保存起来，如压入堆栈；然后转入相应的中断处理程序，执行一种调试跟踪程序，显示前一段程序的执行结果，分析并解决可能存在的错误。

现在，软中断指令还广泛用于系统功能调用。操作系统通常会为用户提供许多常用的系统服务功能，如磁盘调用、打开文件、复制文件等，可由用户在程序中以软中断指令“INT　*n*”调用，称为系统功能调用，编号 *n* 表明了不同的系统功能调用。

4）控制处理机某些功能的指令

例如，对 CPU 状态字某些标志位的清除、设置、修改；空操作指令 NOP（除了消耗执行时间，没有其他实质性操作）；实现 CPU 与外部事件的同步功能，如暂停 HLT、等待 WAIT、总线锁定 LOCK 等指令。

5）面向操作系统的一些指令

计算机中的程序可分为系统程序和用户程序，前者如操作系统，是由系统程序员编写的，不能被用户程序所破坏。相应地，有些特权指令只能在操作系统中使用。

① 访问系统寄存器的指令，如访问系统控制寄存器、全局描述符表寄存器、任务寄存器等。

② 检查保护属性的指令，如检查某个数据段可否被读出、可否写入，调整段的特权级等。

③ 用于存储管理的指令。

3.2.5　高级语言程序和机器级代码

如第 1 章所述，无论采用何种语言编写的源程序，最终都要转化成机器代码才能被计算机的底层硬件电路理解执行。本节将结合图 3-25 着重讲述高级语言源程序与可被解释执行的机器代码之间的转化过程，以及几种典型的程序结构与机器级语言之间的转换实例。

1．基本概念

① 编译器（Compiler）。编译器也称为编译程序，能把用高级语言源程序翻译成等价的汇

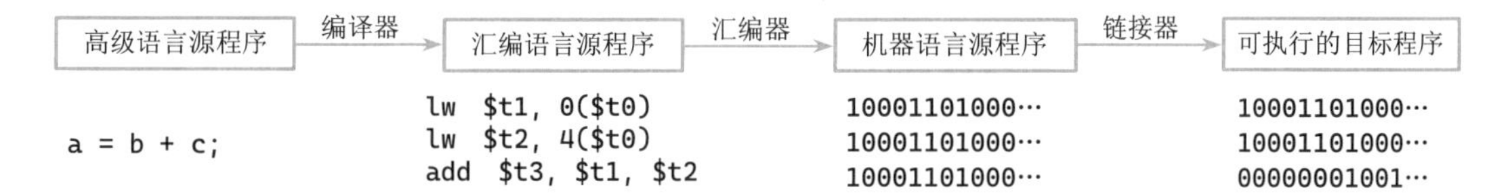

图 3-25　高级语言程序到机器指令的转化过程

编语言或者机器语言目标程序。编译器的基本功能通常包括：词法分析、语法分析、中间代码生成、代码优化、目标代码生成等。编译器生成的汇编语言是一种以处理器指令系统为基础的低级语言，采用助记符表达指令操作码，采用标识符表示指令操作数。

② 汇编器（Assembler）。汇编器是一种将汇编语言翻译成对应机器语言的专用程序。通常而言，汇编器生成的机器语言目标代码模块文件需要通过链接器生成完整的、可执行的机器语言程序。

③ 链接器（Linker）。链接器是一种能把汇编器生成的一个或多个目标文件和所需库程序（函数）链接成可执行的机器语言程序文件的专用程序。基本任务是解析未定义的符号引用，将目标文件中的占位符替换为符号地址，并完成各目标文件地址空间的组织和地址转换映射。

经由 C++等高级语言编写得到的高级语言源程序，经过编译器的编译形成汇编语言源程序；再经过汇编器的处理，形成机器语言的目标程序（二进制机器指令码）；最后，通过链接器把目标程序模块和相应的库函数合并，完成地址空间转换，生成最终的可执行目标程序文件（二进制机器指令代码）。可执行程序的指令在处理器上译码执行。

从高级语言程序到机器代码的转换过程中，编译器扮演了一个至关重要的角色，它负责把过程式的源程序编译成汇编语言程序。高级语言的编程一般会用到四种基本的程序控制结构逻辑：顺序、选择和循环和过程调用，后续将重点讲述后三种控制结构的机器级代码转换。

2．三种编程逻辑的机器级代码

1）选择结构语句

高级语言的选择型结构编程语句，如 if-then、if-else 和 switch-case 等，在机器语言中提供了对应的条件码（标志位）设置功能和各种有条件、无条件的转移指令，来实现这些选择型编程语句向机器级指令代码的转换控制。

【例 3-29】 用 C 语言编写的某程序片段如下左，假设变量 i、j、a、b 和 c 由编译器分配的 MIPS 寄存器依次是 s1～s5，试模仿编译器生成对应的 MIPS32 指令汇编语言代码。

```
if (i == j)
    a = b+c;
else
    a = b-c;
```

```
        bne   $s1, $s2, else        # 若 i 和 j 不相等，则转移到 else 处
        add   $s3, $s4, $s5         # 执行 a=b+c
        j     exit:                 # 分支到 exit 处
else:   sub   $s3, $s4, $s5         # 执行 a=b-c
exit:
```

解　这是典型的条件分支，MIPS 指令架构提供了 bne 指令与之对应，用于判断 i 和 j 是否相等，则是通过将两者在 ALU 中做减法后依据 ZF 标志位进行判断。汇编代码如上右。

2）循环结构语句

循环结构是指可以重复执行多次的一组语句。比如，C 语言中的 while 和 for 等引导的语句就是一种最常见的循环结构语句。

【例 3-30】 用 C 语言编写的某程序片段如下左，假设存储器按字节编址，空闲可用的寄存器为 s1～s6，变量 a、i、j 由编译器分配的 MIPS32 寄存器其地址码依次是 s1～s3，数组 B

```
while (i != j)
{
    a = a+B[i];
    i = i+1;
}
```

```
loop: beq    $s2, $s3, exit     # 不满足循环条件，退出
      add    $s5, $s2, $s2      # 通过加法实现 i×2
      add    $s5, $s5, $s5      # 通过加法实现 i×4
      add    $s5, $s5, $s4      # 计算元素 B[i]的逻辑地址
      lw     $s6, 0($s5)        # 把元素 B[i]读入寄存器 s6
      add    $s1, $s1, $s6      # 执行 a=a+B[i]
      addi   $s2, $s2, 1        # 执行 i=i+1
      j      loop               # 跳转到 loop 行代码继续循环
exit:
```

的首地址存放在寄存器 s4 中，数组元素为单字长数据。试模仿编译器生成符合 MIPS32 指令格式规范的汇编语言程序代码。

解　这是典型的循环结构语句，其含义是先判断 i 和 j 是否相等。若 i 不等于 j，满足循环条件，则对变量 a 进行累加 B[i]，再把 i 自动增 1。循环执行前述操作，直到 i 和 j 相等时，循环条件不满足，则循环结束。MIPS32 的分支指令 beq 可用来判断 i 和 j 是否相等（循环条件是否满足）。此外，程序涉及访问数组，又因数组的首地址在寄存器 s4 中，而且元素 B[i]为单字长（32 位）的数据，故数组元素的逻辑地址应为：首地址+i×4。汇编语言代码如上右。

3）过程调用语句

在高级语言编程中，子程序的使用（一般通过函数或者过程调用来实现）有助于使程序的结构更加简洁清晰，提高程序的可读性和可重用性，是软件模块化设计的一种重要途径。

借助过程调用，把参数传入封装的过程体，在过程体内执行具体运算并返回结果，实现过程内、外代码的隔离。在编译过程中，编译器逐一对所有过程进行编译，且编译后生成的机器级过程代码必须遵守统一的调用接口规范，包括寄存器的使用、栈帧的建立和参数传递等。

过程调用通常是通过某种跳转指令来实现的，跳转到过程入口地址取指令并执行。比如，MIPS32 专门设置了多种指令可以实现过程调用引发的指令地址转移，如 j　rs（寄存器引导的跳转）、j　address（页内跳转）和 jal　address（页内跳转并返回）等。

过程调用时，寄存器的使用要遵守统一规范。比如，MIPS 对各寄存器（MIPS32 中可用的寄存器为 32 个）的使用做出了明确规定，见表 3-21。此外，过程调用时的相关数据除了可以暂存于寄存器，还可以存储到栈中。例如，MIPS 专门设置了一个栈指针寄存器 sp 来存储栈顶单元的地址码（$sp），执行出入栈操作后还必须同步更新$sp。每个过程都约定了自己的栈帧区域，首地址存储于寄存器 fp，因此可使用的栈单元地址区间是$fp～$sp。

除此之外，过程调用的机器级代码转换必须遵守调用协议。比如，过程调用的新栈帧创建、结束调用后的栈帧释放规范等。以 MIPS32 体系为例，过程调用通常要按如下步骤来安排高级语言向机器级代码的转换过程，其中字母 P 代表主动发起过程调用的过程（主调过程），Q 则代表被主调过程 P 调用的过程（从调过程）。

（1）主调过程 P 在发起调用前

<1> 若 P 在返回后继续使用 a0～a3 和 t0～t9 的任何一个寄存器，则需将其压入当前栈帧。

<2> 把即将向 Q 传递的 4 个参数暂存到 a0～a3，其余全部入栈。

<3> 执行 jal 指令，由 jal 将返回地址保存到寄存器 ra，把 Q 的首地址打入 PC。

（2）从调过程 Q 在运行过程中

Q 的运行过程分成三段：开始段（栈帧创建、保存寄存器、申请局部变量存储空间）、本体段（执行具体功能操作）和结尾段（寄存器恢复、栈帧释放、返回 P）。

<1> 调整栈顶指针$sp，以便申请创建初始栈帧。

<2> 若 Q 将使用 s0～s7 中的寄存器，则将其存储的内容入栈。

<3> 若 Q 还将调用其他过程，则把返回地址$ra 和栈帧指针$fp 入栈。

<4> 若 Q 中的局部变量发生寄存器溢出，或者是数组、结构类局部变量，则将局部变量入栈。

<5> 按过程 Q 中实际使用存储空间的情况来更新栈帧指针$fp。

（3）从调过程 Q 运行结束后

<1> 若 Q 的栈帧中保存了 s0～s7 中的寄存器，则从栈帧中对应恢复它们。

<2> 若 Q 的栈帧中保存了返回地址$ra 和栈帧指针$fp，则将其分别恢复到对应寄存器。

<3> 调整栈顶单元指针$sp 以便释放为 Q 分配的栈帧存储区域。

<4> 调用返回指令 j rs，以便将返回地址$ra 打入 PC，返回主过程 P 的断点。

【例 3-31】 用 C 语言编写的某段程序，其中定义的两个过程代码如下：

```
int decide(int a, int b)
{
    if (sum(a, b) < 0)
        return 1;
    else
        return 0;
}
```

```
int sum(int a, int b)
{
    return a+b;
}
```

假设存储器按字节编址，所有数据均为 32 位，栈向低地址端增长。遵照 MIPS32 体系对寄存器、参数、栈和栈帧的使用规定，把上述两段代码转换成对应的机器级汇编指令。

解 由代码可知，主调过程（函数）decide 将直接调用从调过程 sum，从调过程 sum 不再调用其他过程。主调过程有 2 个输入参数和 1 个返回参数，无局部变量。根据编译规范，这两个参数 a 和 b 已被 decide 的上一级过程写入了 a0 和 a1，后续只需从 a0 和 a1 中读取即可。此外，返回参数默认写入 v0。从调过程也有 2 个与主调过程相同的输入参数 a 和 b（直接从 a0 和 a1 读取），也有 1 个返回值（默认将存入 v0），无局部变量。

因为从调过程会使用返回地址寄存器 ra，所以主调过程 decide 中需要把本过程结束后返回上一级过程的返回地址$ra 写入栈帧保存，也要保存上一级过程的$fp，这种 decide 过程将创建一个能存储 2 个数据的栈帧，即栈顶指针$sp-8（按字节编址，每个数据占 4 个地址空间）。

模仿编译器，转换成的 MIPS32 汇编代码如下：

```
decide:  addi  $sp, $sp, -8            # 创建能保存 2 个数据的 decide 栈帧
         sw    $ra, 4($sp)             # 返回上一级过程的地址入栈
         sw    $fp, 0($sp)             # 上一级过程的栈帧指针入栈
         addi  $fp, $sp, 4             # 计算当前过程的栈帧指针
         jal   sum                     # 调用 sum 过程
         slt   $t1, $v0, $zero         # sum 返回值$v0<0，则 t1 置 1，否则 0
         beq   $t1, $zero, else        # 如 t1=0，则转向 else 处继续执行
         addi  $v0, $zero, 1           # 把返回值$v0 置 1
         j     exit1                   # 跳转到 exit1 继续执行
else:    move  $v0, $zero              # 返回值$v0 置 0
exit1:   lw    $fp, 0($sp)             # 恢复 decide 上级过程的栈帧
         lw    $ra, 4($sp)             # 恢复返回地址
         addi  $sp, $sp, 8             # 释放 decide 的栈帧
```

```
          jr     $ra                        # 返回到 decide 的上一级过程
sum:      add    $v0, $a0, $a1              # 把 a+b 写入返回值寄存器 v0
          jr     $ra                        # 返回
```

3.3 加法器和运算部件

在计算机中，运算部件主要由输入逻辑、算术逻辑运算部件（ALU）、输出逻辑三部分组成。其中，ALU 是运算部件的核心，既可以完成算术运算，也可以完成逻辑运算。用硬件实现算术、逻辑运算功能涉及下面三个问题：如何构成一位二进制加法单元（全加器）？如何用 *n* 位全加器（连同进位信号传送逻辑）构成一个 *n* 位并行加法器？如何以加法器为核心，通过输入选择逻辑扩展为具有多种算术、逻辑功能的 ALU？

3.3.1 加法器及其进位逻辑

1. 基本的加法单元

图 3-26 是一位二进制加法单元的示意，有 3 个输入量：操作数 A_i、B_i，以及低位传来的进位信号 C_{i-1}。它产生两个输出量：本位和 Σ_i，向高位的进位信号 C_i。这种加法单元考虑了全部 3 个输入量，称为全加器；如果只考虑 2 个输入而不考虑进位，就称为半加器。

全加器的功能是求和，并不需要暂存数据，因而可用门电路构成，如与或门、与或非门或者异或门等。现在广泛采用的求和逻辑形态是：用异或逻辑实现半加，用两次半加实现一位全加，如图 3-27 所示。这种全加器形态的逻辑结构比较简单，有利于实现快速进位传递。

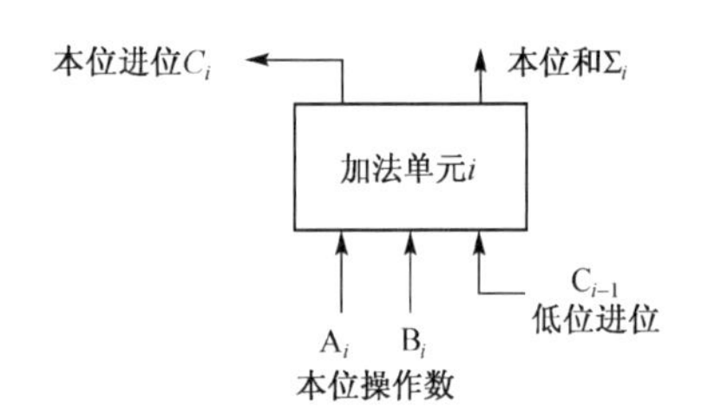

图 3-26 一位加法单元示意

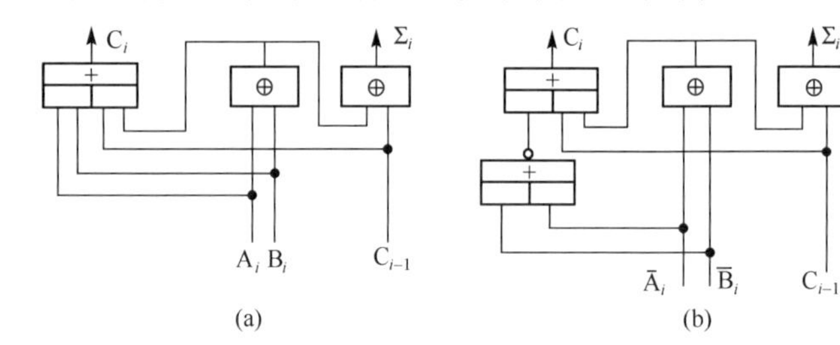

图 3-27 用异或逻辑门构成的全加器

在图 3-27(a) 中，全加器的加法单元输入采用原变量，如 A_i、B_i、C_{i-1}，输入与输出之间的关系可以用下面的一组逻辑式来表示：

$$\Sigma_i = (A_i \oplus B_i) \oplus C_{i-1} \tag{3-1}$$

$$C_i = A_iB_i + (A_i \oplus B_i)C_{i-1} \tag{3-2}$$

式 (3-1) 体现了本位和 Σ_i 与输入之间的关系：第一次半加 $A_i \oplus B_i$ 只考虑本位的两个输入，第二次半加再考虑低位进位；若 3 个输入中“1”的个数为奇数，则本位和等于 1，否则为 0。

式 (3-2) 体现了本位进位 C_i 与输入之间的关系，表明产生进位的条件有两项：当本位的两个输入 A_i、B_i 均为 1 时，不管低位有无进位 C_{i-1} 传来，必然产生进位 C_i；若 C_{i-1} 为 1，只要 A_i、B_i 中有一个为 1，必然产生进位。其中，A_iB_i 和 $A_i \oplus B_i$ 这两个信号将用来构成进位传递逻辑。

在图 3-27(b) 中，全加器的加法单元输入采用反变量，如 $\bar{A}_i$、$\bar{B}_i$，输入与输出之间的关系可以用另一组逻辑式来表示。

$$\Sigma_i = (\bar{A}_i \oplus \bar{B}_i) \oplus C_{i-1} \tag{3-3}$$

$$C_i = \overline{\bar{A}_i + \bar{B}_i} + (\bar{A}_i \oplus \bar{B}_i)C_{i-1} \tag{3-4}$$

对于一位全加器，采用原变量输入还是反变量输入并无实质上的差异。但在用多个全加器构成一个多位加法器时，为了减小信号传递的延时，就需要考虑低位来的进位如何与高一位全加器的极性配合。在构成完整运算器时，还要考虑输入操作数与全加器输入之间的极性配合。

全加器加法单元只能对 1 位数据求和，如果将 2 个多位操作数相加，就需要用加法单元构成加法器来实现。加法器分为串行加法器和并行加法器两种，串行加法器因速度太慢，已被淘汰。现代计算机中，运算器几乎都采用并行加法器。虽然操作数的各位是同时提供给并行加法器的，但存在进位信号的传递问题，低位运算所产生的进位将影响高位运算的结果。

串行进位是从低位开始，逐级向高位传递的。进位传递的逻辑结构形态好像链条，因此也将这种逻辑称为进位链。并行加法器的逻辑结构包含了全加器单元和进位链两部分。本节先讨论基本的进位链结构，下节再结合典型的 ALU 芯片介绍进位链的具体逻辑电路。

2．进位信号的基本逻辑

如前所述，假定第 i–1 位为低位，则第 i 位产生的进位信号逻辑为

$$C_i = A_iB_i + (A_i \oplus B_i)C_{i-1}$$

或

$$C_i = A_iB_i + (\bar{A}_i \oplus \bar{B}_i)C_{i-1}$$

或

$$C_i = A_iB_i + (A_i + B_i)C_{i-1}$$

我们将上述逻辑用通式表示为

$$C_i = G_i + P_iC_{i-1} \tag{3-5}$$

$G_i = A_iB_i$，称为第 i 位的进位产生函数，也叫本地进位或绝对进位。它的逻辑含义是：若两个输入 A_i 和 B_i 均为 1，则必然产生进位，不受低位进位传递影响。P_i 称为进位传递函数，也称为进位传递条件，P_iC_{i-1} 称为传递进位或者条件进位，且 P_i 可选取三种逻辑形态：$A_i \oplus B_i$，或 $\bar{A}_i \oplus \bar{B}_i$，或 $A_i + B_i$，一般取第一个形态。

由式(3-5)表示的进位逻辑，可以归纳出两个结论：

① 当本位的两个输入 A_i 和 B_i 中有且仅有一个为 1 时，若低位有进位传来（$C_{i-1}=1$），则此时 $C_i = 0+1=1$，故本位必将产生进位。

② 当本位的两个输入 A_i 和 B_i 均为 1，无论低位是否有进位传来（$C_{i-1}=0$ 或 $C_{i-1}=1$），则此时都会有 $C_i = 1+0=1$，故本位也必将产生进位。

由式(3-5)可知，当 $P_i = 0$ 时，低位的进位信号 C_{i-1} 会被屏蔽（因式中的第二项将恒为 0）；当 $P_i = 1$ 时，C_{i-1} 不会被屏蔽。从进位信号产生条件的角度，式中的第一项只取决于本位输入 A_i 和 B_i，第二项则取决于 A_i、B_i 和 C_{i-1}，这也是把第一项称为“本地进位”而把第二项称为“传递进位”的重要原因。此外，式(3-5)是构成各种进位链结构的基本逻辑式，可以推导出串行进位和并行进位这两种常见的基本形态。

3．串行进位链

串行进位方式是指：逐级地形成各位进位，每一级进位直接依赖于前一级进位，因此也称为行波进位。设 n 位并行加法器中第 1 位为最低位，第 n 位为最高位，初始进位为 C_0，则各进位信号的逻辑式如下：

$$\begin{cases} C_1=G_1+P_1C_0 \\ C_2=G_2+P_2C_1 \\ C_3=G_3+P_3C_2 \\ \quad\vdots \\ C_n=G_n+P_nC_{n-1} \end{cases} \tag{3-6}$$

采用串行进位的并行加法器的逻辑结构如图 3-28 所示。在 n 位全加器之间，进位信号采取串联结构，所用元器件较少，但运算时间较长。当每位全加器的两个输入 A_i 、B_i 中都只有一个为 1，而初始进位 C_0 也为 1 时，加法器的运算时间最长，如 1010+0101，且 $C_0=1$，进位信号需从第 1 位开始逐级传递。

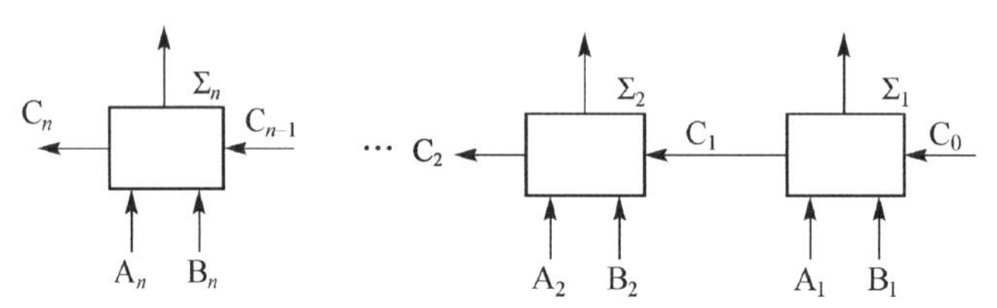

图 3-28　采用串行进位的并行加法器的逻辑结构

4．并行进位链

为了提高运算速度，现在广泛采用并行进位结构，即并行地形成各级进位，各进位之间不存在依赖关系，因而这种方式也被称为先行进位、同时进位或跳跃进位。在式(3-6)的基础上，采用代入方法，可将每个进位逻辑式中所包含的前一级进位消去，得到并行进位逻辑如下：

$$\begin{cases} C_1=G_1+P_1C_0 \\ C_2=G_2+P_2G_1+P_2P_1C_0 \\ C_3=G_3+P_3G_2+P_3P_2G_1+P_3P_2P_1C_0 \\ \quad\vdots \\ C_n=G_n+P_nG_{n-1}+\cdots+P_n\cdots P_1C_0 \end{cases} \tag{3-7}$$

对比式(3-6)和式(3-7)可以发现串行与并行进位结构的异同。在并行进位中，各进位信号是独自形成的，不直接依赖于前级。当加法运算的输入 A_i 、B_i 和 C_0 稳定后，各位同时形成自己的 G_i 和 P_i ，也就能同时形成各进位信号 C_i ，从而大大提高了整体的运算速度。

纯并行进位结构在实现时有一个困难，即随输入数据位数的增加，高位的进位形成逻辑中输入的变量将随之增多，电路结构也会越来越复杂，这将受到实用器件扇入系数的限制。因此在数据位数较多的加法器中常采用分级、分组的进位链结构模式。

5．分组进位模式

典型的分组方法是 4 位一组，组内采用并行进位结构，连同 4 位全加器集成在一块芯片上；各组间都可以采用串行进位或者并行进位，如果采用组间并行，就可将组间并行进位链集成在专用芯片之中；如果加法器位数较长，就可分级构成并行进位逻辑。

下面以组内并行、组间并行的进位链为例，说明这种分级同时进位，或称为多重分组跳跃进位的方法。设加法器字长 16 位，每 4 位为一组，分为 4 组，如图 3-29 所示。

在这种结构中，初始进位 C_0 送入第 1 组，产生 $C_1\sim C_4$；C_4 是第 1 组的最高进位，又作为第 2 组初始进位送入第 2 组，产生 $C_5\sim C_8$。同理，C_8 送入第 3 组，C_{12} 送入第 4 组。所以，

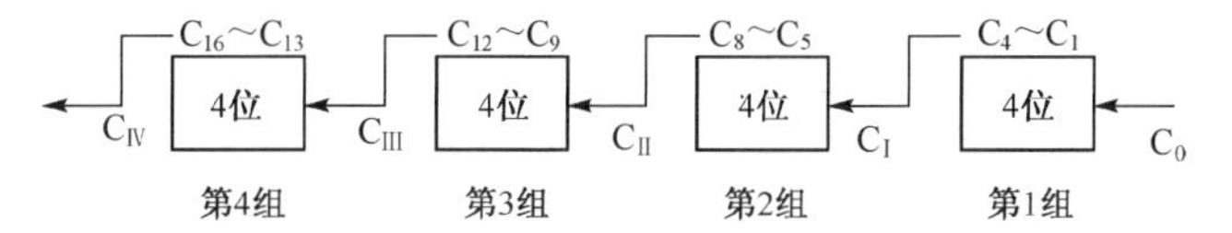

图 3-29　分组进位的逻辑示意

C_4、C_8、C_{12}、C_{16} 是各小组的组间进位，分别用 C_I、C_{II}、C_{III}、C_{IV} 表示；$C_1 \sim C_3$、$C_5 \sim C_7$、$C_9 \sim C_{11}$、$C_{13} \sim C_{15}$ 则是各小组的组内进位。这样，进位链被分为两级，组内为第一级，组间为第二级，这两级都可以采用并行进位方式。

1）组内并行进位链

第 1 组的并行进位逻辑如下：

$$\begin{cases} C_1 = G_1 + P_1C_0 \\ C_2 = G_2 + P_2G_1 + P_2P_1C_0 \\ C_3 = G_3 + P_3G_2 + P_3P_2G_1 + P_3P_2P_1C_0 \\ C_4 = G_4 + P_4G_3 + P_4P_3G_2 + P_4P_3P_2G_1 + P_4P_3P_2P_1C_0 \end{cases}$$

其中，C_0 是第 1 组的初始进位，其余各组可照此类推，仅下标序号相应变化。

第 2 组的并行进位逻辑如下：

$$\begin{cases} C_5 = G_5 + P_5C_I \\ C_6 = G_6 + P_6G_5 + P_6P_5C_I \\ C_7 = G_7 + P_7G_6 + P_7P_6G_5 + P_7P_6P_5C_I \\ C_8 = G_8 + P_8G_7 + P_8P_7G_6 + P_8P_7P_6G_5 + P_8P_7P_6P_5C_I \end{cases}$$

其中，C_I 是由第 1 组产生的组间进位信号，它作为第 2 组的初始进位信号。

2）组间并行进位链

各组的组间进位信号是由各组产生的最高进位信号，如

$$C_I = C_4 = G_4 + P_4G_3 + P_4P_3G_2 + P_4P_3P_2G_1 + P_4P_3P_2P_1C_0$$

令 G_I、P_I 为第 1 小组的进位产生函数和进位传递函数，且 $G_I = G_4 + P_4G_3 + P_4P_3G_2 + P_4P_3P_2G_1$、$P_I = P_4P_3P_2P_1$，则 $C_I = G_I + P_IC_0$。

其余各组间进位以此类推，则可得到组间的并行进位逻辑：

$$\begin{cases} C_I = G_I + P_IC_0 \\ C_{II} = G_{II} + P_{II}G_I + P_{II}P_IC_0 \\ C_{III} = G_{III} + P_{III}G_{II} + P_{III}P_{II}P_IG_I + P_{III}P_{II}P_IC_0 \\ C_{IV} = G_{IV} + P_{IV}G_{III} + P_{IV}P_{III}G_{II} + P_{IV}P_{III}P_{II}P_IG_I + P_{IV}P_{III}P_{II}P_IC_0 \end{cases}$$

如果用 f 表示 G、P 和 A_i、B_i 之间的函数依赖关系，可知 $G_I / P_I = f(A_1 \sim A_4, B_1 \sim B_4)$、$G_{II} / P_{II} = f(A_5 \sim A_8, B_5 \sim B_8)$、$G_{III} / P_{III} = f(A_9 \sim A_{12}, B_9 \sim B_{12})$ 和 $G_{IV} / P_{IV} = f(A_{13} \sim A_{16}, B_{13} \sim B_{16})$。因此，根据输入的 C_0、$A_1 \sim A_{16}$ 和 $B_1 \sim B_{16}$，第 1 步可并行计算产生 $G_I \sim G_{IV}$ 和 $P_I \sim P_{IV}$，第 2 步可并行计算得到组间进位信号 $C_I \sim C_{IV}$，第 3 步各组可并行计算，得到组内的各进位信号 $C_5 \sim C_7$、$C_9 \sim C_{11}$ 和 $C_{13} \sim C_{15}$。在这些进位信号基础上，运算器便可以计算最终的运算结果。

采用组内并行进位、组间并行进位方式，硬件结构比全并行更简单，运算速度也比全串行快很多，本质上就是在全并行进位和全串行进位模式之间进行折中平衡。

由于分组后组内、组间两级并行进位链的逻辑形态完全相同。早期常将组内并行进位链与

4 位全加器集成在一块芯片中，如 SN74181，另将组间并行进位链单独集成，如 SN74182。现在的 ALU 设计已基本淘汰了这种使用多个芯片组装的设计模式。

3.3.2 算术逻辑运算单元

EDA（Electronics Design Automation，电子设计自动化）技术的快速发展，使运算单元摆脱了早期一直用芯片搭建的陈旧设计模式，可以用于快速、高效地设计复杂功能的算术逻辑运算单元（ALU），提高了硬件设计的效率，并能显著降低设计难度。

1. ALU 的外部特性与功能

ALU 的外部特性通常包括输入、输出和控制引脚，如图 3-30(a)所示。

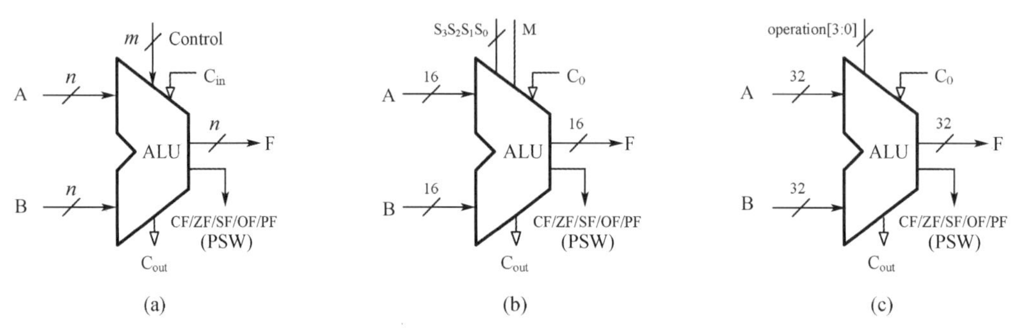

图 3-30 ALU 的典型外部特性

输入部分：A 和 B 是输入 ALU 的两个 n 位数（数值量或者逻辑量）；F 表示经过 ALU 运算以后的输出结果；C_{in} 代表 ALU 的初始进位信号。

输出部分：F 是 A 和 B 经过 ALU 运算以后的结果；C_{out} 是 ALU 运算过程中最高位产生的进位信号；CF、ZF、SF、OF、PF 是 ALU 输出的运算标志信息，分别对应进位/借位标志、零标志、符号标志、溢出标志和奇偶标志，这些标志位在运算过程中由硬件设置，并且要自动写入程序状态字（PSW）寄存器，以记录运算过程和运算结果的状态。

控制部分：Control 是一个 m 位的控制信号，通过不同的控制信号来控制 ALU 执行不同的运算功能。设 ALU 执行的运算功能数为 k，则 m 和 k 应满足 $2^m \geq k$。例如，若功能数 k=32，则控制信号位数必须设计为 m≥5。

2. ALU 的标志位

根据指令功能，通常可能需要给 ALU 设计较多的标志位，但常用的标志位只有 ZF、CF、OP、SF 和 PF 这几种，它们通常自动记录到程序状态字（PSW）中的对应标志位字段，以便系统能实时掌握 ALU 的运行状态。

1）零标志 ZF

ZF 主要用于标识当前 ALU 的运算结果 F 是否为 0，若 F=0，则置 ZF=1，否则置 ZF=0。

例如，某些条件转移指令如 JMP 或者 beq 等，它们的转移条件常设置成判断两个操作数 A 和 B 是否相等，因此可以把这两个数在 ALU 直接执行减法运算，即 $A-B$，再根据 ZF 为 0 或 1 来判断是否满足转移条件。

2）进位/借位标志 CF

CF 主要用于指示 ALU 当前执行加或减运算时，最高位是否存在进位和借位。例如，无符

号二进制数 $A=1001$，$B=1010$，则 $A+B=1001+1010=10011$，这里最左边的 1，即 A + B 运算过程中最高位产生的进位 C_{out}，故此时应置 CF=1，否则置 CF=0。

CF 通常仅对无符号数的运算有实际意义，对有符号数则无应用意义。

3）溢出标志 OF

运算过程如果发生溢出，通常会导致 ALU 的输出结果 F 不正确，因此必须为 ALU 设置一个溢出标志位。例如，4 位二进制补码数 $A=0111$，$B=0100$，则 $A+B=0111+0100=1011$（−5），两个正数相加的运算结果是负数。显然，此结果是不正确的。原因是 $A+B=7+4=11$，已经超出了 4 位二进制补码数的表示范围，因此发生了溢出，故应置 OF=1。

溢出标志仅对符号数有实际意义。如 2.4.1 节的内容所述，符号数（补码）运算时，溢出标志可以设置为 $OF=(\overline{SA}\&\overline{SB}\&SF)|(SA\&SB\&\overline{SF})$，这里的 SA、SB 和 SF 分别表示输入 ALU 的两个数 A、B 和 ALU 输出结果 F 的符号位，也就是二进制代码的最高位。

4）符号标志 SF

SF 主要用来标识 ALU 输出的运算结果即 F 的符号位。例如，若 $F=1011$，则置 SF=1；若 $F=0110$，则置 SF=0。SF 仅对带符号的数才有实际意义。

5）奇偶标志 PF

PF 主要用来标识 ALU 输出的运算结果即 F 的二进制代码中，代码 1 的个数是奇数还是偶数。若有偶数个 1，则置 PF=1，否则置 PF=0。

如果数据采用的是偶校验编码方式，就可以通过 ALU 输出的 PF 对输入数据进行偶校验，以判断被校验的数据代码是否正确。例如，约定采用偶校验编码的被校验数据 A=10010011，则可以先让 ALU 执行“A + 0”运算，再检测 PF，若 PF=1，则表明数据 A 无错或者有偶数个数据代码位发生错误，否则表明数据中有奇数个数据位代码发生错误。

判断两个定点数 A、B 是否相等，可以先在 ALU 中执行“A−B”，再根据输出的标志位 ZF 来判断。除此之外，如何通过 ALU 输出的标志位来判断任意两个数的大小关系呢？这个问题应从无符号数和符号数两个角度分别进行分析。

对于无符号数 A、B，ALU 先执行“A−B”运算，再按下列规则判断：

- 标志位 ZF=1，则 $A=B$。
- 标志位 CF=0 且 ZF=0，则 $A>B$。
- 标志位 CF=1，则 $A<B$。

对于带符号数 A、B，ALU 先执行“A−B”运算，再按下列规则判断：

- 标志位 OF=0 且 SF=0、ZF=0，或者 OF=1 且 SF=1，则 $A>B$。
- 标志位 ZF=1，则 $A=B$。
- 标志位 OF=0 且 SF=1，或者 OF=1 且 SF=0，则 $A<B$。

在某些条件转移类指令或者专用的比较类指令中常常涉及对两个参数的值进行大小比较，从而判定是否符合转移条件。因此在设计 ALU 的逻辑电路时，通常需要设计这些标志位，以便快速地通过这些标志位来构建参数比较的逻辑条件。

3．ALU 的 EDA 设计模式

在某些 CPU 设计场合中，有时会把 *m* 位控制信号进一步细化分解。如在本章的 X86 架构简易 CPU 设计中将 ALU 的 Control 信号具体细分为 5 位：$S_3S_2S_1S_0M$，见图 3-30(b)，其中工作方式选择位有 4 位，即 $S_3S_2S_1S_0$；对于运算模式控制位 M，M=1（高电平）时，ALU 执行逻

辑运算；M=0（低电平）时，ALU 执行算术运算。在 m=5 位信号的联合控制下，此时的 ALU 最多可以执行 32 种运算功能，对应的算术逻辑运算功能情况如表 3-2 所示，列出了 ALU 可实现的 32 种运算及对应的 5 位控制信号 $S_3S_2S_1S_0M$，其中的运算符号"$\odot$"用来表示"逻辑加"（即逻辑或运算），运算符号"+"和"－"分别表示"算术加"和"算术减"。

表 3-2　X86 模型机中 ALU 的运算功能对照

工作方式选择位（$S_3S_2S_1S_0$）	运算模式控制位 M		工作方式选择位（$S_3S_2S_1S_0$）	运算模式控制位 M	
	M = 1（逻辑运算）	M = 0（算术运算）		M = 1（逻辑运算）	M = 0（算术运算）
0000	$\overline{A}$	$A-1$	1000	$\overline{A}B$	$A+(A\odot B)$
0001	$\overline{AB}$	$AB-1$	1001	$A\oplus B$	$A+B$
0010	$\overline{A}\odot B$	$A\overline{B}-1$	1010	B	$A\overline{B}+(A\odot B)$
0011	逻辑 1	全 1	1011	$A\odot B$	$A\odot B$
0100	$\overline{A\odot B}$	$A+(A\odot\overline{B})$	1100	逻辑 0	0
0101	$\overline{B}$	$AB+(A\odot\overline{B})$	1101	$A\overline{B}$	$AB+B$
0110	$\overline{A\oplus B}$	$A+\overline{B}$	1110	AB	$A\overline{B}+A$
0111	$A\odot\overline{B}$	$A\odot\overline{B}$	1111	A	A

从控制信号的角度分析，通过 5 位控制信号可使 ALU 分别执行 16 种算术运算和 16 种逻辑运算，其中包含一些必要的基本运算功能，如 $A+B$、$A-B$（利用变补实现化减为加：$A+\overline{B}$ 同时末尾加 1，即 $C_0=1$）、$A+1$（利用 $A+B+1$：M=0，$S_3S_2S_1S_0=1001$，$C_0=1$）、$A-1$、逻辑与 AB、逻辑或 $A\odot B$、求反 $\overline{A}$ 或 $\overline{B}$、异或 $A\oplus B$、传输 A（输出 F=A：$S_3S_2S_1S_0=1111$）、传输 B（F=B：$M=1$、$S_3S_2S_1S_0=1010$）、输出 F=0、输出 F 的各位全为 1 等。

下面以 MIPS32 处理器中使用的 32 位 ALU 为例，展示如何利用 EDA 工具进行多功能 ALU 逻辑的快速仿真设计。设计的 ALU 见图 3-30(c)，它是一种 32 位的多功能运算器，不同的功能由控制器产生的 4 位控制码 operation[3:0]来分别进行控制，因此最多可支持 16 种算术逻辑运算，并输出 32 位的运算结果 F 和 5 个标志位。

ALU 功能与 4 位控制信号的对应关系如表 3-3 所示。4 位控制码 operation[3:0]最多可以控制执行 16 种运算，本例中仅实现了 8 种基本运算功能，剩余编码留待读者自行扩展。表中的 operation[3:0]=0111 时，ALU 判断 A 和 B 的数值大小，若 A 大于 B，则输出 F=1，否则输出 F=0。如果 A、B 和 F 均是补码数格式，那么 ALU 输出 F=1 等价于将 F 的高 31 位全部设置为 0、最低位设置为 1；与此相对，输出 F=0 等价于将 F 的 32 位代码都清零。

表 3-3　MIPS32 简易 CPU 中的 ALU 运算功能

<table>
<tr><th>功能控制位 operation[3:0]</th><th>算术/逻辑运算</th><th>硬件描述语言（输出 F）</th><th>运算说明</th></tr>
<tr><td>0000</td><td>A AND B</td><td>A&B</td><td>A、B 按位逻辑与</td></tr>
<tr><td>0001</td><td>A OR B</td><td>A|B</td><td>A、B 按位逻辑或</td></tr>
<tr><td>0011</td><td>A XOR B</td><td>A^B</td><td>A、B 按位逻辑异或</td></tr>
<tr><td>1100</td><td>A NOR B</td><td>~(A|B)</td><td>A、B 按位逻辑或非</td></tr>
<tr><td>0010</td><td>A + B</td><td>A+B</td><td>A、B 数值加法</td></tr>
<tr><td>0110</td><td>A − B</td><td>A−B</td><td>A、B 数值减法</td></tr>
<tr><td>0111</td><td>A<B，则置 1</td><td>A<B ? 1 : 0</td><td>A<B，则置 F=1，否则 F=0</td></tr>
<tr><td>1111</td><td>将 A 左移 B 位</td><td>A<<B</td><td>移位操作</td></tr>
<tr><td>…</td><td>…</td><td>…</td><td>…</td></tr>
</table>

```
// ALU模块的设计代码：支持8种运算，用Verilog语言实现
module ALU(operation, A, B, C0, F, ZF, CF, OF, SF, PF);
    parameter SIZE = 32;                 // 设置ALU输入、输出数据的位数，设置成32位运算
    input [3:0] operation;               // 4位运算操作控制信号
    input [SIZE:1] A;                    // 输入的第1个操作数
    input [SIZE:1] B;                    // 输入的第2个操作数
    input C0;           // 对应图3-30中的低位进位信号C0，求补时常通过设置C0=1实现“末位加1”
    output [SIZE:1] F;                   // ALU输出的运算结果
    output ZF,                           // 零标志位，运算结果为0（全为零），则置1，否则置0
           CF,          // 进位和借位标志，仅对无符号数有意义，CF=1表示有进位/借位，否则无进/借
                        // 位。常常通过ALU输出的最高位进位Cout来设置CF：执行A+B时，只有
                        // Cout=1才表示有进位，执行A-B时，只有Cout=0才表示有借位（不够减）
                        // 这两种情况都应设置CF=1
           OF,          // 溢出标志位，仅对符号数有意义，OF=1表示有溢出，否则为无溢出
           SF,          // 符号标志位，仅对符号数有意义，与F的最高位相同
           PF;          // 奇偶标志位，若F代码中有偶数个1，则PF为1，否则为0
    reg [SIZE:1] F;
    reg Cout, ZF, CF, OF, SF, PF;        // Cout为最高位产生的进位，仅对无符号数有实际意义
    always@(*)
    begin
      C=0;
      case(operation)
        4'b0000:begin  F = A&B;   end                        // 按位与
        4'b0001:begin  F = A|B;   end                        // 按位或
        4'b0011:begin  F = A^B;   end                        // 按位异或
        4'b1100:begin  F = ~(A|B);    end                    // 按位或非
        4'b0010:begin  {Cout,F} = A+B;   end                 // 将最高位进位暂存到C
        4'b0110:begin  {Cout,F} = A-B;   end  // 常通过求补（B̄、C0=1）化为加，并将进位存入Cout
        4'b0111:begin  F = A<B?1:0;   end                    // A<B，则输出F=1，否则F=0
        4'b1111:begin  F = B<<A;   end                       // 将B左移A位
      endcase
      ZF = F==0;                         // F全为0，则ZF=1，否则ZF=0
      CF = C0^Cout;                      // 加法时，ALU输入C0=0；减法时，C0=1（见求补算法）
      OF = (~A[SIZE]&~B[SIZE]&F[SIZE]) | (A[SIZE]&B[SIZE]&~F[SIZE]);  // 溢出标志位赋值
                                         // 或者  OF = A[SIZE]^B[SIZE]^F[SIZE]^Cout;
      SF = F[SIZE];                      // 符号标志，取F的最高位
      PF = ~^F;                          // 奇偶标志，等于F中各位代码的“逻辑同或”运算结果
    end
endmodule
```

用上述代码即可实现ALU的快速设计，不再需要设计者通过构造真值表、卡罗图等原始方法来设计。底层的基本运算操作如“&”“+”“<<”等的实现逻辑，在EDA工具中通常已经进行了模块化实现和封装，设计者只需调用即可。这种设计模式能使设计者忽略底层通用模块的设计细节，专注于部件的顶层功能设计，显著降低设计难度、提高设计效率。

3.3.3 运算器的组织

运算器的组织包含如下基本逻辑：实现基本算术逻辑运算功能的ALU，提供操作数和暂存运算结果的寄存器组，有关判别逻辑（如结果是否为0？为正、负？有无进位？有无溢出？

等等)，或加上局部控制电路。将这些功能模块连接成一个整体时，需要解决两个问题。其一，如何向 ALU 提供操作数？其二，寄存器组采用什么样的结构？

1. 具有多路选择器的运算器

CPU 内部总线是一组单向传输的数据线，将运算结果送往各寄存器，如图 3-31 所示。寄存器组是一组彼此在逻辑上独立的寄存器，它们有各自的输入端和输出端。如果向某寄存器发送同步打入脉冲，就可将内部总线上的数据送入该寄存器；如果同时发几个输入脉冲，就可将总线上的同一数据同时送入几个相关的寄存器。各寄存器可以独立、多路地将数据送至 ALU 输入端的多路选择器，因而 ALU 可同时获得两路数据输入。多路选择器既可实现操作数选择，也可通过输入选择实现功能扩展。

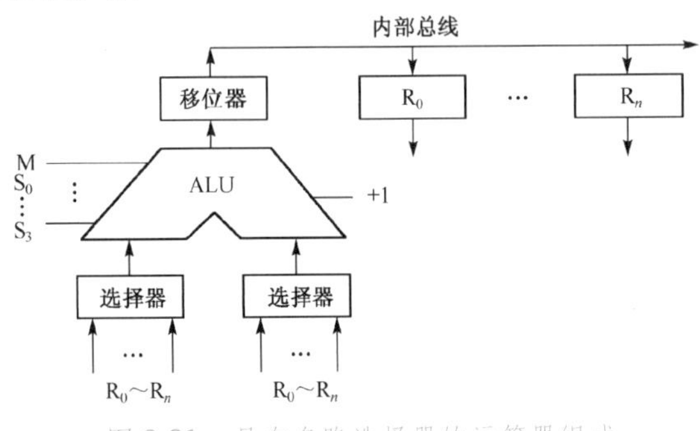

图 3-31 具有多路选择器的运算器组成

ALU 可采取图 3-31 所示的逻辑结构，通过其控制端 M、$S_3 \sim S_0$、末端初始进位“+1”等，实现 ALU 本身的功能选择。ALU 输出经移位器实现移位选择：直传不移位、左移、右移等，移位器常用多路选择器实现移位。这种组成模型较为简单，因此本书中设计的模型机的运算部件也采用上述结构。

2. 具有输入锁存器的运算器

CPU 内部总线是一组双向传输数据线，而寄存器组由小规模高速存储器构成，每次由控制器发出命令只能选中某寄存器，向 ALU 提供一个操作数，如图 3-32 所示。

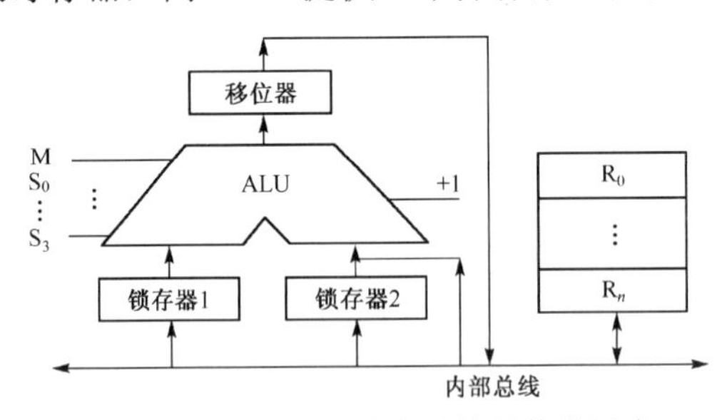

图 3-32 具有输入锁存器的运算器组成

为了对双操作数进行运算操作，需要在 ALU 输入端前设置一级锁存器，用来暂存操作数。例如，实现 $R_0+R_1 \rightarrow R_0$ 操作，可通过内部总线先将 R_0 的数据送入锁存器 1，再通过内部总线将 R_1 的数据送入锁存器 2，或直接送加法器，然后相加，并将结果经内部总线送入 R_0。

寄存器组中也可包含若干暂存器，用来与系统总线相连接。例如，通过系统总线访问主存获得的数据可先暂存于暂存器中，再通过内部总线送入 ALU；运算结果也可先暂存于暂存器中，再通过系统总线送入主存储器。具体的结构有多种变化，可结合具体机型分析。

3. 位片式运算器

采用大规模集成电路技术可将 n 位寄存器组、n 位选择器、n 位 ALU、n 位移位器等集成在一块芯片上，构成一片 n 位运算器。将若干块这样的位片连接起来，就能构成较长位数的运算器，这已成为一种实用的设计方法。这种方法使系统组成灵活方便，并可大批量生产位片。代表性的位片有 AMD 2900/29000/29300 系列，图 3-33 是 AMD 2900 系列位片逻辑结构。

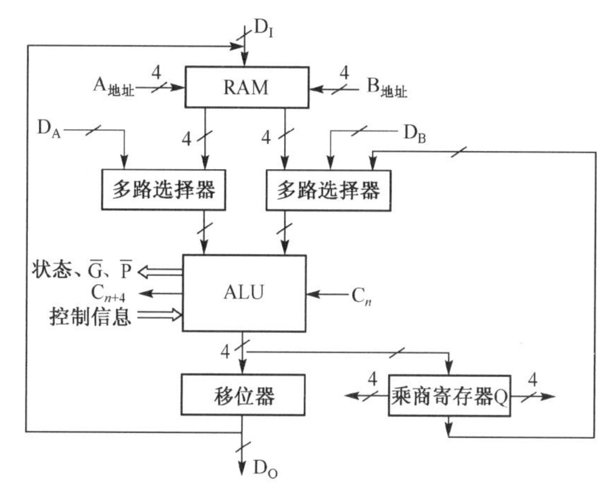

图 3-33　AMD 2900 系列位片逻辑结构

双端口随机存储器构成一个 16×4 位的通用寄存器组，有 16 个单元，相当于 16 个寄存器，每个寄存器 4 位。所谓双端口，是指可同时向它送入两个地址：A 地址和 B 地址，因而可同时选中两个寄存器，它们同时将各自的 4 位数据送往多路选择器，供 ALU 运算处理。

ALU 类似 SN74181 的逻辑结构，进一步扩展了功能，可实现乘、除运算。它的功能控制信号有 $S_3 \sim S_0$ 和 M 等、进位输入 C_n、进位输出 C_{n+4}、进位辅助函数 $\overline{G}$ 和 $\overline{P}$ 等，还能输出某些状态信息。

乘商寄存器 Q 用于乘、除运算，在乘法运算时用来存放乘数，运算结束时存放乘积的低位部分，在除法运算时存放商，也可作为辅助寄存器使用。

多路选择器实现 ALU 的输入选择，它的信息来源有通用寄存器组、外部直接输入 DA 和 DB、乘商寄存器 Q。

DI、DO 分别是位片的数据输入、输出端。虽然每片只有 4 位，但将若干位片拼接起来，再加上微程序控制器芯片，就可以方便地构成 CPU。

3.4　X86 架构模型机 CPU 设计

前面两节横向讨论了 CPU 的基本结构模型和相关的指令系统：既涉及其基本的逻辑组成，也涉及指令执行的工作流程；既讨论了内部组成，包括通用寄存器和数据通路结构等，也介绍了 CPU 与外部的连接及控制方式。本章的后面几节将通过两种类型 CPU 的设计，进一步建立整机概念，并具体深入讨论 CPU 的工作机制，即如何执行指令、如何为此产生微命令序列。

3.4.1　模型机指令系统

1. 指令格式

从简单、规整出发，模型机采用定长指令格式，每条指令固定为 16 位字长，存储器按双字节编址，每条指令占据 1 个存储单元。由于指令字长有限，采用寄存器型寻址，即指令格式中给出寄存器号，根据不同的寻址方式，形成相应的有效地址。

模型机指令格式分为以下三大类：双地址（双操作数）指令、单地址指令和转移型指令，各类指令的基本格式如图 3-34 所示。

指令 Inst（字长 16 位）

	Inst[15:12]	Inst[11:9]	Inst[8:6]	Inst[5:3]	Inst[2:0]
双地址指令	操作码 OP	目的寄存器 R_j	目的寻址方式 DA	源寄存器 R_i	源寻址方式 SA
单地址指令	操作码 OP	目的寄存器 R_j	目的寻址方式 DA	未使用	
转移指令	操作码 OP	转移寄存器 R_j	转移寻址方式 JA	转移条件字段	

图 3-34　模型机三大类指令的基本格式

① 双地址类指令格式：第 15～12 位是操作码 OP，4 位操作码可以用来表示 16 种不同的操作。第 11～6 位是目的地址字段，又可以分为两部分：3 位用来给出寄存器编号 R_j，其余 3 位用来表明目的寻址方式 DA。第 5～0 位为源地址字段，与目的字段一样，也是由寄存器编号 R_i 和源寻址方式 SA 两部分构成。在图示的双操作数（双地址）指令格式中，源字段和目的字段的位置安排与当前主流微机的做法十分类似。

② 单地址类指令格式：第 11～6 位为目的地址字段，提供均为 3 位的目的寄存器编号 R_j 和目的寻址方式 DA，最低的 6 位即第 5～0 位暂未用（也可供扩展操作码用）。

③ 转移类指令格式：第 15～12 位为操作码 OP；第 11～6 位是转移地址字段（包含均为 3 位的寄存器号 R_j 与寻址方式 JA 两部分）；第 5～0 位为转移条件字段，其中第 3～0 位对应 4 种不同的状态标志位：进位 C、溢出 V、结果为零 Z、结果为负 N，第 5 位指明转移方式，若为 0，表示相关标志位为 0 转移；若为 1，则表示相关标志位为 1 转移。若第 5～0 位为全 0，表示无条件转移。后面讨论转移指令时再具体说明转移条件的设置。

2. 寻址方式

模型机 CPU 的寻址方式其主要特点是在指令中直接给出寄存器编号，供 CPU 编程访问。可编程寄存器包括通用寄存器 R_0～R_3、堆栈指针 SP、程序计数器 PC、程序状态字 PSW。针对同一种寻址方式编码，指定不同的寄存器，可以派生出多种寻址方式，如表 3-4 所示。

1）0 型（000）：寄存器寻址

操作数存放在指定的寄存器中。这种寻址方式可用来设置初始值，如设置某寄存器的内容，或设置堆栈指针，或设置程序起始地址，或设置程序状态字等。

2）1 型（001）：寄存器间址

操作数地址存放在指定的寄存器中，操作数则放在由该地址所指示的存储单元中。因此，这种寻址方式需要按寄存器内容访存，从内存单元读取操作数，或将数据写入内存单元。

3）2 型（010）：自减型寄存器间址

将指定寄存器的内容减 1 后作为操作数地址，再按此地址访存，从主存中读取操作数，或将数据写入主存。在汇编符号中，减号在括号前，形象地表示先减后访存。

若指定的寄存器是 SP，则适用于压栈操作，将 SP 内容减 1 作为新栈顶地址，即可向新栈顶压入数据。如果指定的寄存器是 R_0～R_3，则可将指定寄存器当成反向指针使用；或将它当成堆栈指针，临时软件建栈使用。

表 3-4　模型机常用寻址方式

类型编号	寻址方式	助记符	可指定的寄存器	定　义
0 型（000）	寄存器寻址	R	R_0～R_3，SP，PC，PSW	寄存器的内容为操作数
1 型（001）	寄存器间址	(R)	R_0～R_3	寄存器的内容为有效地址
2 型（010）	自减型寄存器间址	−(R)	R_0～R_3	寄存器的内容减 1 后作为有效地址
		−(SP)	SP	SP 的内容减 1 后作为堆栈的栈顶地址
3 型（011）	立即/自增型寄存器间址	(R)+	R_0～R_3	寄存器的内容为有效地址，访问该地址单元后寄存器的内容加 1
		(SP)+	SP	SP 的内容为栈顶地址，出栈后 SP 内容加 1
		(PC)+	PC	PC 的内容为立即数地址，取数后 PC 内容加 1
4 型（100）	直接/自增型双重间址	@(R)+	R_0～R_3	寄存器的内容为间接地址，访问该地址后寄存器内容加 1
		@(PC)+	PC	PC 的内容为间接地址，访问后 PC 内容加 1
5 型（101）	变址/相对寻址	X(R)	R_0～R_3	变址寄存器的内容与形式地址之和为操作数地址
		X(PC)	PC	当前 PC 的内容与偏移量之和为有效地址
6 型（110）	跳步	SKP	无	执行再下一条指令

4）3 型（011）：立即/自增型寄存器间址

操作数地址在指定寄存器中，访存后将寄存器内容加上 1，作为新的地址指针。在汇编符号中，加号在括号后，形象地表示先访存后加。这里采用了合并优化技巧，即利用指定寄存器的不同，派生出了立即寻址和自增型寄存器间址寻址两种方式。

若指定的寄存器是 PC，则为立即寻址，操作数紧跟指令。编程时，将操作数存放在紧跟指令的单元中，取指后 PC 内容加 1，则修改后的 PC 内容即为操作数的有效地址。根据该地址访存，读取操作数后，PC 内容再加 1 个单位，指向后继指令的存储单元。

若指定的寄存器是 SP，则自增型寄存器间址方式可以默认作为堆栈弹出操作的专用寻址方式。从 SP 所指示的栈顶取出数据后，栈顶下浮，SP 保存的内容（地址码）加上 1 个单位，从而让其指向新的栈顶单元。

若指令中指定的寄存器是 R_0～R_3，则可把它们当作正向指针使用，也可以把它们当成堆栈指针，用于软件的临时建栈。

5）4 型（100）：直接/自增型双重间址

其中，汇编符号@是存储器间址的一种习惯标注符号。自增型双间址是将指定寄存器的内容作为操作数的间接地址（间址单元地址），根据该地址访存后寄存器内容加 1，指向下一个间址单元。双重间址需两次访存，第一次访存从间址单元中读取操作数地址；第二次访存再从操作数地址单元中取得操作数，或向该单元写入数据。

这里也采用了合并优化技巧，若指定的寄存器是 PC，就是直接寻址，操作数地址紧跟指令。编程时将操作数地址存放在紧跟指令的单元中，取指后 PC+1。将修改后的 PC 内容作为地址，访问紧跟现行指令的存储单元（间址单元），从中取得操作数地址（称为绝对地址），据此再次访存，读取或写入操作数。然后 PC+1，指向后继指令。

若指定的寄存器是 R_0～R_3，就是自增型双重间址方式，可将 R_i 作为查表的地址指针。

6）5 型（101）：变址/相对寻址方式

其中，汇编符号 X 是变址的一种习惯标注符号。在变址方式中，形式地址存放在紧跟指令的存储单元中，所指定的变址寄存器内容作为变址量，将形式地址与变址量相加，其结果为操作数的有效地址。再根据该地址访存，读取或写入操作数。

这里也采用了合并优化。若指定的寄存器是程序计数器 PC，就是相对寻址。取指后 PC+1，以修改后的 PC 内容为基准地址，从紧跟现行指令的存储单元中读取偏移量，二者相加，获得有效地址（后继指令地址或操作数地址）。

由于有效地址是以 PC 值为基准地址再加上偏移量形成的，若将程序段存放在另一个存储区中，地址的相对关系不变。

若指定的寄存器是 R_0～R_3，就是常规的变址寻址方式。

7）6 型（110）：跳步方式

现行指令执行后，不是顺序执行下一条指令，而是执行再下一条指令。因此在取指后，进行一次 PC+1，使 PC 内容指向现行指令后的第 2 个单元。

3．指令类型

根据模型机指令格式，操作码有 4 位，现用 14 种操作码表示 15 条指令（其中 2 种指令公用 1 个操作码），余下 2 种操作码组合可供扩展。按地址数量，模型机的指令可分为双地址指令和单地址指令两大类；按指令本身的功能，又可分为传输、运算、转移三类。指令集中各条指令的编码、助记符和指令操作含义如表 3-5 所示。

表 3-5　模型机指令类型与指令集

指令类型	助记符	操作说明	IR[15:12]	IR[11:9]	IR[8:6]	IR[5:3]	IR[2:0]
双地址指令	MOV	传送	0001	R_j	DA	R_i	SA
	ADD	+	0010	R_j	DA	R_i	SA
	SUB	−	0011	R_j	DA	R_i	SA
	AND	与	0100	R_j	DA	R_i	SA
	OR	或	0101	R_j	DA	R_i	SA
	EOR	异或	0110	R_j	DA	R_i	SA
单地址指令	INC	+1	1000	R_j	DA	000	000
	DEC	−1	1001	R_j	DA	000	000
	SL	左移	1010	R_j	DA	000	000
	SR	右移	1011	R_j	DA	000	000
	COM	变反	1100	R_j	DA	000	000
	NEG	变补	1101	R_j	DA	000	000
转移指令	JMP/RST	跳转	1110	R_j	JA	转移条件字段	
	JSR	调用	1111	R_j	JA	转移条件字段	

1）双地址指令

（1）传输指令：MOV

传输指令涉及源操作数和目的地址，也需要使用到双地址，因此可以将它看成一种特殊的双地址指令。由于可选用多种寻址方式，MOV 指令可用来预置寄存器或存储单元内容，实现寄存器之间（R-R）、寄存器与主存之间（R-M）、各主存单元之间（M-M）的信息传输，还可实现堆栈操作如 PUSH 和 POP，不设专用的访存指令。在系统结构上将外围接口寄存器与主存单元统一编址，因而 MOV 指令可用来进行 I/O 操作，不再专门设置显式 I/O 指令。

（2）双操作数算术/逻辑运算指令

从 ADD 到 EOR，共 5 条指令。ADD（算术加）和 SUB（算术减）都是带进位的补码运算。逻辑运算指令可用来实现位检测、位清除、位设置、位修正等位操作功能，所用屏蔽字可由立即寻址方式提供。异或指令可实现两个逻辑量的符合判断操作。

2）单地址指令

从 COM 到 SR，共 6 条指令。单地址型的算术/逻辑运算指令只使用 1 个操作数，因此指令中没有源寻址方式字段，只有目的寻址方式字段 DA，包括 6 种寻址方式，没有表 3-4 中的第 6 型寻址方式 SKP。

3）转移型指令

转移型指令包括跳转指令 JMP、返回指令 RST 和转子（子程序调用）JSR 指令，主要用来实现程序的转移控制。

（1）跳转指令 JMP

实现无条件跳转和条件跳转。只设置目的寻址方式字段，包括 5 种目的寻址方式 DA，没有表 3-4 中的第 2、4 型寻址。

在 JMP 的 Inst[3:0]中的某标志位为 1，表明以 PSW 中的对应特征位作为转移条件，因此 JMP 指令第 3～0 位与 PSW 的第 3～0 位分别对应。例如，PSW[0]是进位标志 C，当 JMP 指令中的 Inst[0]=1 时，表明以进位状态为转移条件。

JMP 指令第 5 位（Inst[5]）决定转移条件为 0 有效（Inst[5]=0）还是为 1 有效（Inst[5]=1）。例如，当 Inst[5]=0 时，表明转移条件为 C=0（无进位）时转移；当 Inst[5]=1 时，则表明转移条件为 C=1（有进位）时转移。若 JMP 指令的 Inst[5, 3:0]为全 0，则表示无条件转移。

转移条件字段的设置如表 3-6 所示，其中“×”表示条件无关项。

表 3-6　转移条件字段的设置

Inst[5]	Inst [4]	Inst [3]	Inst [2]	Inst [1]	Inst [0]	转移条件的含义
0	×	0	0	0	0	无条件转移
0	×	0	0	0	1	无进位（C＝0）则转移
1	×	0	0	0	1	有进位（C＝1）则转移
0	×	0	0	1	0	无溢出（V＝0）则转移
1	×	0	0	1	0	有溢出（V＝1）则转移
0	×	0	1	0	0	结果不为 0（Z＝0）则转移
1	×	0	1	0	0	结果为 0（Z＝1）则转移
0	×	1	0	0	0	结果为正（N＝0）则转移
1	×	1	0	0	0	结果为负（N=1）则转移

（2）返回指令 RST

RST 指令实现程序的返回。RST 指令与 JMP 指令的操作码相同，实际就是 JMP 的特例，使用从堆栈读取的返回地址。

RST 指令中的目的寻址方式 DA 只定义了用自增型寄存器间址寻址方式来产生返回的目标地址，且约定的转移寄存器 R_j 必须是 SP，即寻址方式为(SP)+，从堆栈中取出返回地址后 SP+1。除此之外，返回指令 RST 还需要通过指令中的代码 Inst[4]来区分当前的返回类型是中断服务程序结束后的返回（操作不同，此时需打开中断），还是普通返回。

（3）子程序调用指令 JSR

执行 JSR 指令时，先将返回地址压栈保存，再按寻址方式找到转移地址（子程序的入口地址），将它送入 PC。实际上，常常为转子指令设置转子条件：条件调用和无条件调用，具体的设置方式与 JMP 指令一致。

在模型机的指令集中，考虑到 JSR 指令的应用场合，只为 JSR 指令定义了 3 种实用的目的寻址方式 DA:R、(R)和(R)+，具体的寻址操作含义见表 3-4。

除了前述目标指令集，模型机 CPU 还将响应两种基本的 I/O 请求：中断和 DMA。

3.4.2 基本部件和数据通路

CPU 总体结构设计包含确定各种部件的设置以及它们之间的数据通路及其互连结构，即硬件架构或者微架构。在数据通路设计的基础上可以拟定各种信息的传输路径，以便整理出指令执行过程所需要的各种控制信号（微命令）。

根据模型机 CPU 的指令功能，图 3-35 从寄存器级展示了一种数据通路结构，并标注了主要的微命令。它采用“单总线分立寄存器”结构（图 3-5 所示），主要包括寄存器组、运算部件和内部总线等。下面讲述其工作原理与设计方法，让读者建立起 CPU 级整机概念。

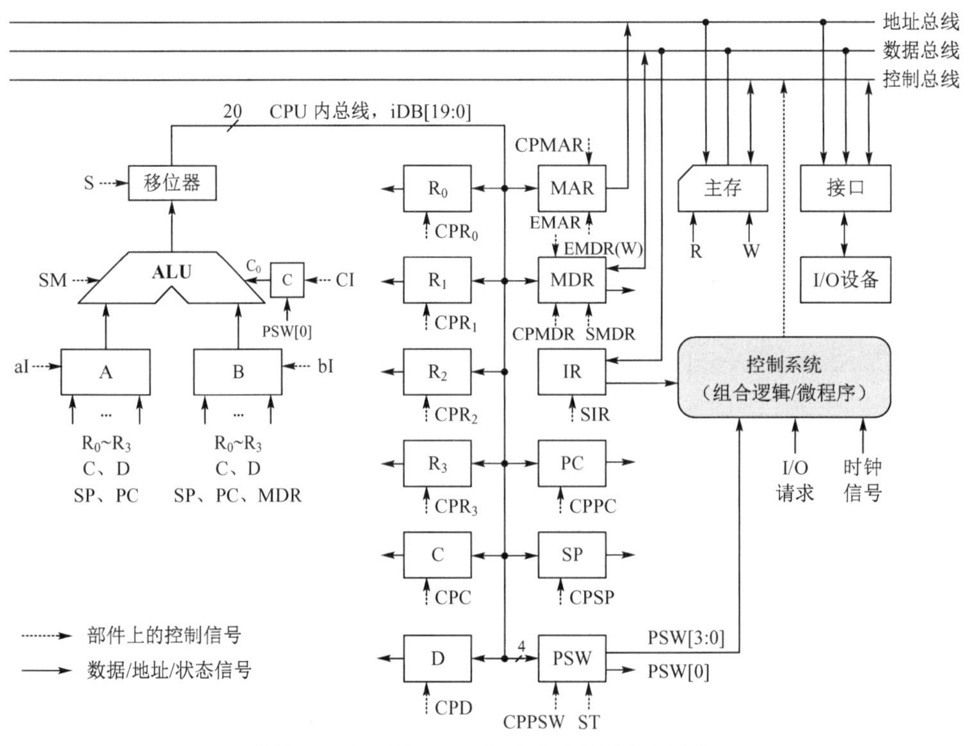

图 3-35 模型机 CPU 的单总线数据通路结构

1. 部件设置

1）寄存器

为简单起见，所有寄存器都是 16 位，内部结构主要是 16 个 D 触发器，代码输入 D 端，由时钟信号 CP 端的上升沿触发同步打入。PSW 的特征位还可由触发器的 R、S 端打入（对应控制信号 ST)，从系统总线向 MDR、IR 输入数据，也可以分别由触发器的 R 和 S 端打入。

（1）可编程寄存器

可编程寄存器有 3 位编号，可以被 CPU 编程访问，包括：通用寄存器 R_0（000)、R_1（001)、R_2（010)、R_3（011)，堆栈指针 SP（100)，程序状态字寄存器 PSW（101)，以及程序计数器

PC（111）。通用寄存器可提供操作数、存放结果、作地址指针、作变址寄存器等。

状态字寄存器 PSW 目前只用了 5 位，包括：进位位 C（第 0 位，PSW[0]）、溢出标志位 V（第 1 位，PSW[1]）、结果为零位 Z（第 2 位，PSW[2]）、结果为负位 N（第 3 位，PSW[3]）、允许中断位 I（第 4 位，PSW[4]）。PSW[4]=1，则允许中断，否则禁止中断，高 11 位暂未被使用。

iDB[19:16]表示 ALU 运算操作产生的 4 个标志位（条件转移类指令会使用到）数据通路，连接到 PSW 的输入端，时钟信号 CPPSW 的上升沿到来时能将其打入 PSW 的对应位。中断标志位 PSW[4]通过第 2 位的打入信号 ST 来实现，相关操作控制说明如表 3-7 所示。

表 3-7 PSW 的控制命令与操作

ST	iDB[19:16]	CPPSW	对 PSW 的操作
××	××××	上升沿	iDB[3:0]→PSW[3:0]
00	××××	×	无操作
01	××××	×	1→PSW[4]
10	××××	×	0→PSW[4]
11	××××	×	未定义

（2）暂存器 C、D

暂存器 C、D 是模型机的特别安排，并考虑两个多路选择器负载均衡，约定从主存中读取源操作数地址或源操作数时，就使用 C；从主存中读取目的操作数地址或者目的操作数时，以及需要暂存目的地址或运算结果时，就使用 D。

（3）指令寄存器 IR

为了提高读取指令的速度，指令寄存器 IR 将指令从主存中读出以后，经过数据总线 DB 直接将其置入指令寄存器 IR。

（4）与主存的接口寄存器 MAR、MDR

CPU 访问主存时地址由地址寄存器 MAR 提供，MAR 连接地址总线的输出门是三态门。当微命令 EMAR 为高电平时，MAR 的输出送往地址总线；当 EMAR 为低电平时，MAR 输出呈高阻态，与地址总线断开。

数据寄存器 MDR 既可以与 CPU 内的部件交换数据，也可以与系统总线交换数据，一方面接收来自 CPU 内部总线的数据（同步打入），或将数据送入 ALU 的选择器 B；另一方面与数据总线双向传输数据，既可在某些时钟周期内将 CPU 输出的数据送往数据总线，也可在另一时钟周期内接收来自数据总线的数据（打入）。其输出端也采用三态门，可与数据总线断开。控制命令与操作如表 3-8 所示，EMDR 是 MDR 的数据输出使能控制命令，SMDR 是把数据总线上的数据打入 MDR 的控制命令，CPMDR 是把内部总线数据打入 MDR 的时钟同步信号。

表 3-8 MDR 的控制命令与操作

EMDR	SMDR	CPMDR	对 MDR 的操作
×	×	上升沿	把内部总线上的数据置入 MDR
0	×	×	MDR 输出为高阻（与数据总线断开）
1	×	×	向数据总线 DB 输出数据
×	1	×	把数据总线 DB 数据置入 MDR

不管 EMDR 和 SMDR 是否有效，时钟信号 CPMDR 上升沿到来时，可将内部总线上的数据打入 MDR。若 EMDR 为 0，则 MDR 的输出端与数据总线断开；若 EMDR 为 1（有效），则 MDR 的输出与数据总线连接，MDR 可向数据总线正常输出数据。若 SMDR 为 0，则 MDR 不从数据总线接收数据；若 SMDR 为 1，即将总线数据打入 MDR，且它与主存的 R（读信号）一致（取指令除外），则两者可设置成联动方式。

选取由触发器的 R、S 端打入 MDR 的方式，与打入 IR 一样，是为了提高速度，一旦从主存中读出数据有效，就可立即打入 MDR。另一个目的是出自教学考虑，让输入方式多样化，即除了常用的同步打入方式，还有寄存器的 R、S 端异步打入方式。

2）运算部件

运算部件以算术逻辑运算部件（ALU）为核心，还包括输入逻辑和输出逻辑。

（1）ALU 部件

模型机 ALU 采用 SN74181 型结构，由微命令 M、S_0、S_1、S_2、S_3（SM）选择 ALU 操作功能，采用负逻辑（反变量）输入，可根据 SN74181 功能表找到要实现的功能与微命令之间的对应关系。C_0 是送入最末位的进位信号，可用来实现加 1 操作。

（2）输入逻辑

ALU 输入端设置 A、B 两个多路选择器，它们都具有 8 选 1 功能，选择数据来源。有关寄存器的输出分别送往多路选择器的输入端，以便送入 ALU 进行运算处理，或通过 ALU 进行传输。通用寄存器 R_0～R_3 和暂存器 C、D 的内容需要同时送往 A 选择器、B 选择器，处理起来比较方便。其他寄存器则只送往一个选择器。控制器将根据指令需要发出选择控制电位，决定哪一个或哪两个操作数进入 ALU 之中进行运算。

（3）输出逻辑

ALU 输出端设置一个移位器，其逻辑结构也是一个多路选择器，利用对应位的连接关系来实现直传、左移（左斜一位传送）、右移（右斜一位传送）等。

3）主存储器

主存储器（主存）本不属于 CPU 部件，但 CPU 执行所需要的指令和数据，都需要从主存中读取，运算结果有时需要写回主存。为了清楚讲述 CPU 的工作原理，所以在 CPU 的数据通路结构中补充了 CPU 与主存之间的连接结构。

4）控制器

CPU 内部各功能部件之所以能够协调一致地执行指令、完成指令功能，最关键的是需要由控制系统根据输入信号（如指令代码、时序信号等），在恰当的时间产生正确的控制信息，并用这些控制信号去控制 CPU 内部的功能部件，才能使 CPU 正确执行指令。

在 CPU 数据通路结构图（见图 3-35）中，所有部件所需要的控制信号（虚线箭头）都要由控制器来产生。控制器产生各种控制信号的依据主要是当前的指令代码和时序信号等输入，有时需要使用 PSW 代码、其他部件（如主存）的状态信号和外部控制信号等。

2. 总线与数据通路结构

模型机的数据通路采用单总线结构。CPU 内部通过内部总线连接寄存器和运算部件，通过系统总线连接主存和外部设备。

1）内部总线

模型机 CPU 数据通路的特点是：由 ALU 汇集数据，经单向内部总线向各分立寄存器分配结果。寄存器的输出端分别连接到 ALU 的输入选择器 A 和 B，运算后经移位器输出到内部总线。内部总线是 20 位的单向数据线，低 16 位（iDB[15:0]）连接到除 PSW 以外各寄存器的 D 输入端，高 4 位（iDB[19:16]）分别对应 ALU 的状态标志位，并与 PSW 的低 4 位（PSW[3:0]）对应相连。内部总线数据输入哪个或哪些寄存器，取决于寄存器是否收到对应的 CP 脉冲信号。这种数据通路结构简单规整、便于集中控制，但只有一组公共的基本数据通路，并行程度较低。

2）系统总线

CPU 通过 16 位的系统总线与外部连接，如连接主存、各种外围设备。为简化模型机系统，让 CPU 直接与系统总线相连，不考虑信号的转换和扩展（在实际系统中常需要）。

系统总线包括地址总线、数据总线和控制总线，模型机中采用同步控制方式。

CPU 通过 MAR 向地址总线提供地址，以选择主存单元或外围设备（接口寄存器）。外围设备（如 DMA 控制器）也可以向地址总线输出地址码。因此，需要在 MAR 上设置控制命令 EMAR，以便控制寄存器 MAR 的输出端与地址总线的“连接/断开”。

CPU 通过 MDR 向数据总线发送或接收数据，由主存上的控制命令 R、W 决定传输方向及 MDR 与数据总线的断开和连接状态。主存和外围 I/O 设备也与数据总线相连，可以向数据总线发送数据或从数据总线接收数据。

CPU 及外围设备向控制总线发出有关控制信号，或接收控制/状态信号。主存一般只从控制总线接收控制命令，但也可提供应答信号（状态信号）。

3．各类信息的传输路径

在确定了数据通路结构后，可归纳出各类信息的传输路径。指令的执行基本上可以归结为信息的传输，即控制流和数据流两大信息流。控制流表现为指令信息的传输，以及由此产生的微命令序列。指令信息与数据信息的读取又依赖于地址信息。理解各类信息的传输路径对初学者很重要，有助于从逻辑结构的角度了解指令如何执行，以及需要为此发出哪些微命令。根据图 3-35，模型机的指令信息、地址信息和数据信息的传输路径如下。

1）指令信息的传输

指令由主存读出，送入指令寄存器 IR：M→数据总线→IR。

2）地址信息的传送

地址信息包含指令地址、顺序执行的后继指令地址、转移地址和操作数地址等 4 类。

（1）指令地址

指令地址从 PC 取出，打入 MAR 寄存器。

地址传输的完整路径是：PC→选择器 A→ALU→移位器→内部总线→MAR。

（2）顺序执行的后继指令地址

现行指令地址 PC+1 后形成后继指令地址，基本的信息路径是：PC→A→ALU（执行 PC+1）→移位器→内部总线→PC。

（3）转移地址

按寻址方式 JA 形成转移地址并打入 PC，JA 决定了传输路径。

- 寄存器寻址：R_j→A/B→ALU→移位器→内部总线→PC。
- 寄存器间址：R_j→A/B→ALU→移位器→内部总线→MAR→地址总线→M，M→数据总线→MDR→B→ALU→移位器→内部总线→PC。

（4）操作数地址

按寻址方式 SA/DA 形成操作数地址，并送入 MAR。同样，信息的传输路径也会因寻址方式而异，比如：

- SA 为寄存器间址：R_i→A/B→ALU→移位器→内部总线→MAR。
- 变址：由于形式地址放在紧跟现行指令的下一存储单元中，并由 PC 指示，所以先访存取出形式地址，暂存于 C，再进行变址计算。

❖ 取形式地址：PC→A→ALU→移位器→内部总线→MAR→地址总线→M，M→数据总线→MDR→B→ALU→移位器→内部总线→C。

❖ 作变址计算：变址寄存器→A→ALU→移位器→内部总线→MAR。

C→B↗

3）数据的传输

数据在两个寄存器之间、寄存器和主存单元之间、寄存器和外部设备之间、两个主存单元之间、主存与外部设备之间进行传输。

① 寄存器→寄存器：R_i→A/B→ALU→移位器→内部总线→R_j。

② 寄存器→主存：R_i→A/B→ALU→移位器→内部总线→MDR→数据总线→M。

③ 主存→寄存器：M→数据总线→MDR→B→ALU→移位器→内部总线→R_j。

④ 寄存器→外设：R_i→A/B→ALU→移位器→内部总线→MDR→数据总线→I/O 端口。

⑤ 外设→寄存器：I/O 接口→数据总线→MDR→B→ALU→移位器→内部总线→R_j。

⑥ 主存→主存：主存单元间的数据搬迁似乎只需通过 MDR 作为中间缓冲即可，但在形成目的单元地址时有可能采取间址寻址或更复杂的寻址方式，需要从主存中读取目的地址，并将读取的目的地址经 MDR 输出到 MAR。所以，一般需分成两个阶段实现主存各单元间的传输，先将读出数据暂存于 C 中，形成目的地址后，再将 C 的内容经 MDR 写入目的单元，即：M（源单元）→数据总线→MDR→B→ALU→移位器→内部总线→C，C→A/B→ALU→移位器→内部总线→MDR→数据总线→M（目的单元）。

⑦ 主存↔外设：有两种方式实现主存与外围设备间的数据传输。一种方式是由 CPU 执行通用传输指令，以某种寻址方式指明主存单元与外围接口寄存器的地址，从而实现主存与外围设备间的传输。这样的传输一般以 MDR 为中间缓冲，以便与其他传输指令的执行流程相吻合，即：M↔数据总线↔MDR，MDR↔数据总线↔I/O 端口。

另一种是 DMA 方式，即 CPU 放弃总线，由 DMA 控制器接管，通过数据总线实现主存与 I/O 设备之间的数据传输，不使用 CPU 中的寄存器和暂存器，即 M↔数据总线↔I/O 端口。

3.4.3 指令流程和微命令

控制器设计的核心是拟定指令流程与形成微命令序列。因此，本节是模型机 CPU 设计的关键一步，也是全章的一个重点，读者应能较深入地了解 CPU 执行指令的工作机制。

在全面分析了各类信息的传输路径后，读者对指令将如何执行就有了进一步的了解，并为掌握时序的安排与相应微命令的设置打下了基础。以上传输过程包含两大类操作：内部数据通路操作和外部访存操作。我们分别设置这两类操作所需的微命令（控制信号）。

1）数据通路操作

图 3-35 所示的数据通路结构可分为 4 段，分段设置的数据通路操作微命令如下。

① ALU 输入选择：如微命令 R_0→A（选择 R0 经 A 门送入 ALU）、C→B（选择 C 经 B 门送入 ALU）……

② ALU 功能选择：如微命令 S_3～S_0、M 和 C_0。

数据通路中的 ALU 支持多种运算功能。ALU 的每组控制信号 $S_3S_2S_1S_0M$ 可根据它们的组合（见表 3-2），来完成对应的算术/逻辑运算功能。

ALU 低位进位信号 C_0 的主要作用是控制加法运算的初始进位，由 CI 控制 3 种进位模式：

无进位（00：0→C_0）、有进位（01：1→C_0，取指后的 PC+1 操作通过此控制信号来实现）和低位进位（10：低位进位标志 PSW0，即 PSW[0]→C_0，ALU 从 16 位扩展成 32 位时需要）。

③ 移位器功能选择：控制信号 S，如编码 00：微命令 DM（直传）、01：SL（左移）、10：SR（右移）和 11：EX（高低字节交换）。

④ CPU 内部总线结果分配控制信号：如输入脉冲命令 CPR_0、CPMAR 等。

结合数据通路，可以看到内部总线上的运算结果，有 10 个可能的输出目标寄存器（内部总线不会输出到 IR，且 PSW 自动更新），不同的脉冲信号使数据打入不同寄存器。比如，控制器发出脉冲信号 CPR_0，其上升沿就能驱动内部总线数据 iDB[15:0]置入 R_0 寄存器。

2）访存操作相关的控制信号

所需微命令如下：EMAR（地址使能，由它控制将 MAR 中的地址输出到地址总线）、R/W（控制主存的读写模式）、EMDR（数据使能，由它控制将 MDR 中的数据输出到数据总线）、SMDR（把数据总线上的数据置入寄存器 MDR）、SIR（把从主存读取到的指令从数据总线置入 IR）。对目标指令而言，W 和 EMDR 这两个微命令是联动的，因此可将两者绑定。

3）I/O 操作与转移条件相关的辅助微命令

主要是指用于控制寄存器 PSW 的两个微命令 CPPSW 和 ST。其中，CPPSW 的作用是将 ALU 产生的 4 个运算标志置入/更新 PSW，ST 的作用则是修改中断标志位 PSW[4]。ST=10 表示禁止中断（置 PSW[4]=0），ST=01 表示允许中断（置 PSW[4]=1），如表 3-7 所示。

在后面拟定指令执行流程后，就可根据指令功能需要选择上述微命令中的有关部分，形成微操作命令序列，才能完成 CPU 控制系统的设计，通过控制系统输出的这些控制信号控制 CPU 的相关功能部件，才能完成指令的功能。本节内容将分成两个层次进行讨论：

- 在寄存器传输级（控制信号的控制部件），拟定各类指令的时钟周期级的执行流程，也就是确定指令执行的具体步骤，即各类信息如何分步地按要求流动。
- 分析、整理出完成每步操作需要由控制系统输出的控制信号，即实现指令流程所需的全部微操作命令序列。其中包含电位型微命令和脉冲型微命令。

通过这两个层次的工程化分析，明确 CPU 在执行某指令的时候，在什么时间、根据什么条件、发出什么命令、控制何种操作，才能为后续的控制系统设计打下基础。

有两种可供选择的设计线索：① 以工作周期为线索，按工作周期分别拟定各类指令在本工作周期内的操作流程，再以操作时间表的形式分时列出应发出的微命令及逻辑条件。这种方法的优点是便于化简微命令的逻辑式，容易取得比较优化的结果。② 以指令为线索，按指令类型分别拟定操作流程。这种方法的优点是对指令的执行过程拟出了清晰的线索，便于理解 CPU 的工作过程。本节采用后一种方法，再插入中断周期和 DMA 周期的流程。

模型机 CPU 的指令集包括了双操作数、单操作数和转移类指令，每种指令中源寻址方式和目的寻址方式分别都可以有最多 7 种寻址方式。一条指令具体要经历哪些执行步骤主要取决于指令的类型、功能和使用的寻址方式。对于转移类指令，除了这三种因素以外，其执行流程还与转移条件密切相关。

结合图 3-34 设计的 CPU 数据通路，可以将指令的执行过程统一归纳为 4 个基本的执行阶段：取指令（FT）、源操作（ST）、目的操作（DT）和执行（ET）。对任何一条具体的指令而言，实现的功能各不相同，因此指令经历的执行阶段也可能有差异。

此外，任何一条指令的执行都需要先把指令从主存中取出来放入指令寄存器。因此取指令的操作是各类指令流程都需首先经历的，它与指令类型无关，所以我们先拟定取指操作的执行流程，再分别拟定各类具体指令的执行流程。

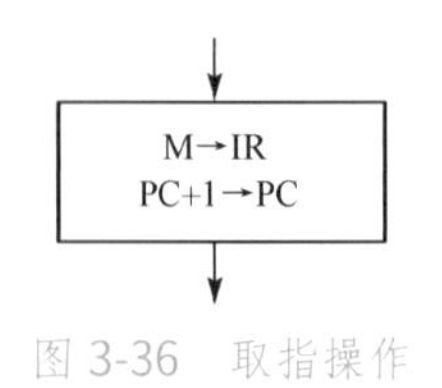

图 3-36　取指操作

1. 取指令操作

根据 CPU 的数据通路，取值操作要完成的功能主要是根据 PC 保存的地址，把指令从存储器取出，经数据总线置入 IR；此外，为了确保 PC 保存的地址码能指向下一条指令，还需要对 PC 的值进行自动修改。

图 3-36 以寄存器级传送语句（如 M→IR）的形式描述取指令的操作步骤，共占用一个时钟周期（节拍）。在这个节拍内，CPU 同时执行两项操作：第一项是从主存中读取指令，代码有效时即可置入指令寄存器 IR（假定前面已准备好了指令地址）；第二项是修改程序计数器 PC 的内容，让 PC+1，则修改后的 PC 指向紧跟现行指令的下一单元。为什么这两项操作可以同时进行呢？因为它们各自使用的数据通路没有冲突，读取指令经由数据总线，而 PC+1 经由 ALU 和内部总线。因此，在拟定指令流程时，从优化操作步骤的角度考虑，凡是数据通路没有冲突、时间上也不矛盾的操作，都可以安排在一个时钟周期内并行执行。

根据数据通路，要实现 M→IR，在读取主存时，先要激活 MAR 中的地址码，此时需要控制信号 EMAR，还需要控制信号 R。把目标主存单元中的指令输出到数据总线，然后通过控制信号 SIR 将其置入 IR。与此同时，要完成 PC+1→PC，那么选择器上的控制信号应为 PC→A（111），A 选择器才能选通 PC 寄存器的输入通路。然后，在 ALU 中实现“+1”操作，对照 ALU 的功能表，此时 ALU 的 6 位控制信号 SMC_0 应为$S_3S_2S_1S_0MC_0=100101$（$S_3\overline{S_2}\overline{S_1}S_0\overline{M}C_0$），运算结果不需要移位，所以移位器上的控制信号应为 DM（直传），数据输出到内部总线后，需要置入 PC 寄存器，所以需要发出控制信号 CPPC。

因此在取指操作执行步骤中，如果不考虑各步骤之间的切换，需要的控制信号为 EMAR、R、SIR、PC→A、0→B、$S_3\overline{S_2}\overline{S_1}S_0\overline{M}$、$1\to C_0$、DM、CPPC，如表 3-9 所示。

表 3-9　取指周期的操作时间表

		电位型微命令	脉冲型微命令
FT	同时发出	EMAR R SIR PC→A，0→B $S_3\overline{S_2}\overline{S_1}S_0\overline{M}$，$1\to C_0$ DM	CPPC

2. MOV 指令

MOV 指令的流程图中包含了 6 种寻址方式，流程分支的逻辑依据就是寻址方式字段 SA 和字段 DA，图 3-37 中标注为相应的助记符。每个工作周期结束时要判断后继工作周期是哪一个周期。通过对 MOV 指令流程的剖析，能够了解各种寻址方式的具体实现过程，因此是剖析整个指令系统执行流程的突破口。为了方便学习和理解，我们将指令流程安排得非常规整，寻址方式由简到繁，在同一节拍中尽量使逻辑依据相近、操作内容相近。但在时间安排上就不一定优化，如有的操作可以在一步中完成，而按照上述考虑，在流程中分为两步来执行。

1）取指操作 FT

它是所有指令的公共操作。注意：在 FT 结束时，将根据源寻址方式做出判别与分支，决定是否进入 ST。如果源寻址方式为非寄存器寻址，就进入 ST。

2）源操作 ST

在 ST 中，首先根据源寻址方式 SA 决定在 ST 中的分支。

① R 型：源操作数在指定寄存器中，将来在 ET 中可直接送往 ALU。因此，可暂时不取

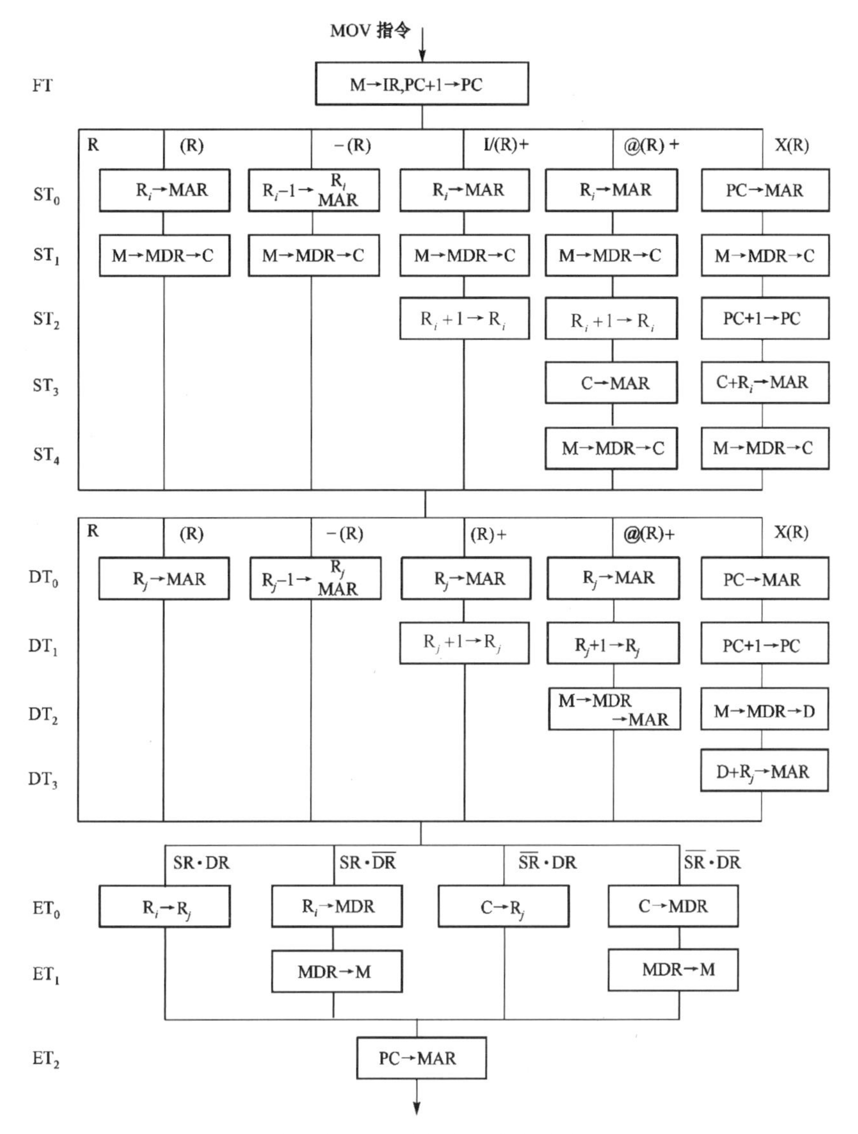

图 3-37　MOV 指令的执行流程

源操作数，因此也就不会经历 ST。注意：寄存器寻址不进入 ST，但考虑到与其他寻址方式统一处理，在流程图中用一条垂线表示。

② (R)型：第一拍从指定寄存器 R_i 中取得地址，第二拍访存读取操作数，经 MDR 送入 C 暂存。在 ST 中需要暂存的信息一般暂存 C 中。

③ -(R)型：第一拍先修改地址指针内容，即指定寄存器 R_i 的内容减 1，所得结果同时置入 R_i 和 MAR，形成源地址。第二拍访存读取操作数，送入 C 暂存。

④ I/(R)+型：第一拍取得地址，第二拍读取操作数，第三拍修改地址指针即 R_i 内容加 1。ST_1 与 ST_2 操作可交换，但统一各种寻址方式在 ST_1 中的操作有利于简化微命令的逻辑条件。

⑤ @(R)+型：由于采用双重间址，需两次访存。ST_0 取得间址单元地址，ST_1 从间址单元中读取操作数地址，ST_2 修改指针，ST_3 将操作数地址送 MAR，ST_4 读取操作数。从时间优化角度，可将 ST_1 与 ST_3 操作合在 ST_1 中完成。从保持 ST_1 操作统一的角度，图中分成了两拍。

⑥ X(R)型：这种寻址方式需两次访存，第一次根据 PC 读取形式地址，第二次读取操作

数。因为取指后 PC 加 1，所以当前 PC 指向紧跟现行指令的存储单元（存放了形式地址），故 ST_0 中将 PC 送入 MAR；ST_1 读取形式地址，暂存于 C；ST_2 再次执行 PC+1；ST_3 中完成变址计算，即 R_i 中的变址量与 C 中的形式地址相加形成操作数地址；最后在 ST_4 中读取源操作数。

3）目的操作 DT

与 ST 相似，但对于 MOV 指令，DT 直到取得目的地址为止，不取目的操作数。

4）执行操作 ET

执行周期的基本任务是实现操作码要求的传送操作。因而在进入 ET 时，需要先考虑源操作数是在寄存器中还是在暂存器 C 中，这可以根据指令中给出的源寻址方式是 SR（寄存器直接寻址）和 $\overline{SR}$（非寄存器直接寻址）来区分。结果是送往寄存器还是送往主存，也可以根据指令中给出的目的寻址方式是 DR（寄存器直接寻址）还是 $\overline{DR}$（非寄存器直接寻址）来加以区分。由此，按源/目的寻址方式 SA/DA，在 ET 阶段存在 4 种分支流程。

在现行指令的功能操作结束后，从何处取下一条指令？如果在 ET2 中固定执行 PC→MAR，即把后继指令地址置入 MAR，这样在下一个指令周期的 FT 操作中就可直接读取指令了，否则要在 FT 中先往 MAR 中置入指令地址，再读主存取得指令。当然，如果统一采用在 FT 中先置入指令地址（PC→MAR），再从主存中读取指令，这种方式也是可以的。

接下来执行步骤最烦琐的指令：MOV　$X(R_j)$, $X(R_i)$，举例说明如何整理指令流程中执行每一步操作所需要的控制信号。

取指令操作 FT 是各指令的公共操作，所需要的控制信号与表 3-9 一致。

源操作包括 5 步，目的操作包括 4 步，执行操作包括 3 步。结合 CPU 的数据通路结构，完成各步操作时，需要由控制系统输出的控制信号如表 3-10 所示。

表 3-10　执行 MOV　$X(R_j)$, $X(R_i)$指令所需微命令/控制信号

步　骤	微操作	电位型微命令	脉冲型微命令
ST_0	PC→MAR	PC→A，$S_3S_2S_1S_0M$，DM	CPMAR
ST_1	M→MDR→C	EMAR，R，SMDR，MDR→B，$S_3\overline{S}_2S_1\overline{S}_0M$，DM	CPC
ST_2	PC+1→PC	PC→A，0→B，$S_3\overline{S}_2\overline{S}_1S_0\overline{M}C_0$，DM	CPPC
ST_3	C+R_i→MAR	R_i→A，C→B，$S_3\overline{S}_2\overline{S}_1S_0\overline{M}$，PSW[0]→$C_0$，DM	CPMAR
ST_4	M→MDR→C	EMAR，R，SMDR，MDR→B，$S_3\overline{S}_2S_1\overline{S}_0M$，DM	CPC
DT_0	PC→MAR	PC→A，$S_3S_2S_1S_0M$，DM	CPMAR
DT_1	PC+1→PC	PC→A，0→B，$S_3\overline{S}_2\overline{S}_1S_0\overline{M}C_0$，DM	CPPC
DT_2	M→MDR→D	EMAR，R，SMDR，MDR→B，$S_3\overline{S}_2S_1\overline{S}_0M$，DM	CPPD
DT_3	D+R_j→MAR	D→A，R_j→B，$S_3\overline{S}_2\overline{S}_1S_0\overline{M}$，PSW[0]→$C_0$，DM	CPMAR
ET_0	C→MDR	C→A，$S_3S_2S_1S_0M$，DM	CPMDR
ET_1	MDR→M	EMAR，W(EMDR)	无
ET_2	PC→MAR	PC→A，$S_3S_2S_1S_0M$，DM	CPMAR

在 ST_0 和 ST_2 中，完成的操作是读取跟随指令后的形式地址，并且将其暂存到 C。

在 ST_3 中，通过 ALU 执行加法运算形成“源操作数”的目标地址，通过两个控制信号 R_i→A 和 C→B，使多路选择器 A 和 B 分别选中 R_i 和 C，此时如果控制信号修改成 C→A 和 R_i→B，使选择器 A 和 B 分别选中 C 和 R_i，也不会改变 ALU 的输出结果。

在 DT_3 中，通过 ALU 执行加法运算形成传送指令的目标地址，并置入 MAR。

在 ET_0 和 ET_1 中，暂存在 C 中的操作数按 MAR 指示的地址写入主存 M 的存储单元。

以上是对 MOV 指令的全面分析，存在若干分支选择。其他指令也与之类似，只要是一条确定的指令，CPU 都将做出唯一的解释和执行。

【例 3-32】 拟出指令“MOV (R_0), (R_1)”的读取和执行流程，整理各步的控制信号。

FT_0	M→IR	# EMAR, R, SIR
	PC+1→PC	# PC→A, 0→B, $S_3\overline{S_2}\overline{S_1}S_0\overline{M}C_0$, DM, CPPC
ST_0	R_1→MAR	# R_1→A, $S_3S_2S_1S_0M$, DM, CPMAR
ST_1	M→MDR→C	# EMAR, R, SMDR, MDR→B, $S_3\overline{S_2}S_1\overline{S_0}M$, DM, CPC
DT_0	R_0→MAR	# R_0→B, $S_3S_2S_1S_0M$, DM, CPMAR
ET_0	C→MDR	# C→A, $S_3S_2S_1S_0M$, DM, CPMDR
ET_1	MDR→M	# EMAR, W(EMDR)
ET_2	PC→MAR	# PC→A, $S_3S_2S_1S_0M$, DM, CPMAR

如果孤立地看本指令，ET_0 的操作是多余的。但考虑到其他指令的需要，在 DT 中很可能使用 MDR，故在 ST_1 中先将 MDR 的内容送 C 暂存，这样 ET_0 的操作就有必要了。

3. 双操作数指令

双操作数指令有 5 种操作码：加（ADD）、减（SUB）、与（AND）、或（OR）、异或（EOR）。它们的指令执行流程分别如图 3-38 所示。

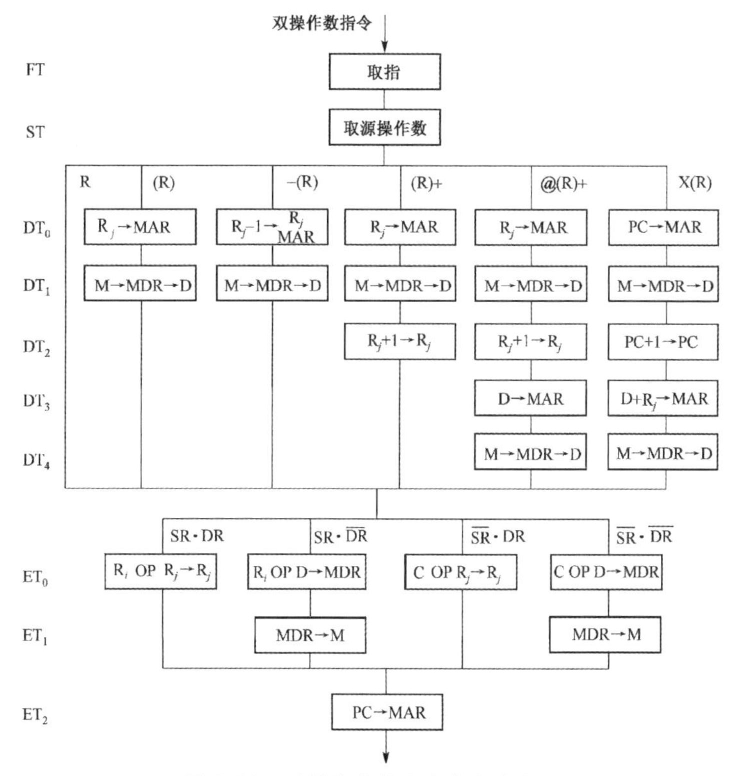

图 3-38 双操作数的指令执行流程

目的操作 DT 与 MOV 指令的 DT 相似，但多一步操作，即访存读取目的操作数并将其置入暂存器 D，其余步骤则完全相同，不再赘述。ET 中的 OP 代表指令的操作码，若为 ADD 指令，则表示“算术加”操作，对应的控制码 OP=0001；若为 AND 指令，则表示“逻辑与”操作，因此对应的控制码 OP=0100。

双操作数指令的执行阶段完成的主要功能是根据操作码 OP，把准备好的两个操作数执行相应的运算操作，并保存运算结果，同时把下一条指令的地址写入 MAR。如果指令中给出的源操作数寻址方式是寄存器直接寻址，那么就表明源操作数是在通用寄存器中，否则就是在暂存器 C 中。与此类似，如果目的寻址方式是寄存器直接寻址，那么也表明目的操作数也是在通用寄存器中，否则就是在暂存器 D 中（已在 DT 中从主存单元读出后存入了 D）。双操作数的运算结果最终要写回目的操作数所在的存储位置（可能是通用寄存器或者主存单元），也就是用运算结果去直接更新目的操作数。

表 3-11 中列出了双操作数指令在 ET_0 中完成相应的微操作，数据通路中所需要的各种微命令/控制信号，其余步骤所需要的控制信号与传输指令中类似。表中的 OP 表示指令的操作类型，共 5 种。例如，当 OP 为 SUB（减）时，ALU 不能直接执行“A−B”运算，需要根据补码运算规则，将减法操作转换成加法操作（变补），即“A−B”等于“A+$\overline{B}$（此时把 B 连同符号位一起变反）、末尾再加上 1”。因此这一步所需的电位型微命令（控制信号）应具体表示为 $\overline{S_3}S_2S_1\overline{S_0}\,\overline{M}C_0$，即 SM=01100 且 1→$C_0$。

表 3-11　双操作数指令 ET_0 所需控制信号

步　骤	源/目的寻址方式	微操作	电位型微命令	脉冲型微命令
ET_0	$SR \cdot DR$	R_i OP R_j→R_j	R_i→A，R_j→B，A OP B，DM	CPR_j
	$SR \cdot \overline{DR}$	R_i OP D→MDR	R_i→A，D→B，A OP B，DM	CPMDR
	$\overline{SR} \cdot DR$	C OP R_j→R_j	C→A，R_j→B，A OP B，DM	CPR_j
	$\overline{SR} \cdot \overline{DR}$	C OP D→MDR	C→A，D→B，A OP B，DM	CPMDR

若指令中的操作码 OP 为 AND（逻辑与），则 ALU 的控制信号“A OP B”应当具体地表示为 $S_3S_2S_1\overline{S_0}M$，即 SM=11101，ALU 不需进位信号，所以默认微命令 0→C_0。

4．单操作数指令

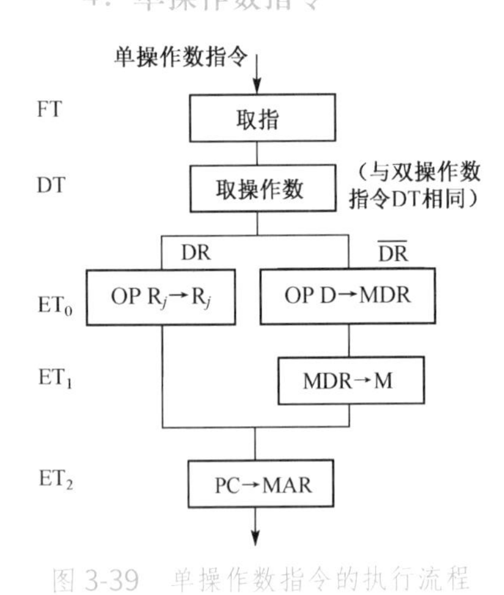

图 3-39　单操作数指令的执行流程

设计的单操作数指令包括 6 种运算操作：求反（COM）、求补（NEG）、加 1（INC）、减 1（DEC）、左移（SL）、右移（SR），指令流程如图 3-39 所示。

单操作数指令只有一个操作数，被定义成目的操作数，且将运算结果保存到原存储位置，因此不需源操作阶段 ST，取指后直接进入目的操作阶段 DT。根据指令中的目的数寻址方式 DA，执行阶段 ET 中的流程分支只有两类（DR 和 $\overline{DR}$），最后一步与双操作数指令相同，都要将下一条指令的地址从 PC 置入 MAR。单操作数指令的 ET_0 中的具体操作含义取决于操作码 OP 的类型。如 OP R_1→R_1，若该指令是一条求反（COM）指令，则所描述的含义是$\overline{R_1}$→R_1。

当操作数的寻址方式是寄存器直接寻址（表示为 DR）时，表明操作数在通用寄存器 R_j 中，此时 ET0 所需的控制信号就是 R_j→B、$\overline{S_3}\,\overline{S_2}\,\overline{S_1}\,\overline{S_0}M$、DM、$CPR_j$。

当操作数的寻址方式 DA 不是寄存器直接寻址（$\overline{DR}$）时，表明操作数暂存到 D 中，且变反以后的结果也要写回原主存单元，此时 ET_0 和 ET_1 需要的控制信号分别是 D→B、$\overline{S_3}S_2\overline{S_1}S_0M$、DM、CPMDR、EMAR 和 W。

5．转移指令 JMP 和返回指令 RST

根据模型机 CPU 的指令格式，JMP/RST 指令的高 4 位表示操作码，且两者共享相同的操作码（1110），也可把 RST 指令视为 JMP 的一种特例，具体流程如图 3-40 所示。

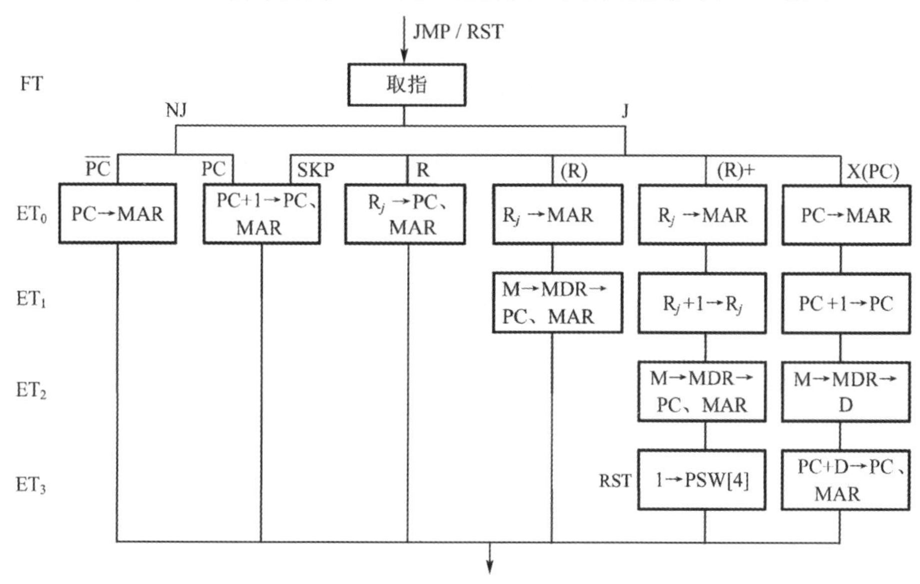

图 3-40　转移指令 JMP/RST 的执行流程

JMP/RST 指令的最低 6 位（IR[5:0]）是转移条件字段，其中 IR[5]是条件模式位，IR[4]未使用（无关项），IR[3:0]分别指示负值（N）、零值（Z）、溢出（V）和进位（C）条件标志位，与程序状态字 PSW[3:0]分别对应。当 IR[5:0]均为全 0 时，表示指令执行无条件转移，不为全 0 时，则表示执行条件转移，此时要根据 PSW[3:0]与指令的 IR[5:0]来综合判断指令中预设的转移条件是否满足，若转移条件满足（J），则进行转移；若转移条件不满足（NJ），则不执行转移，就要按序读取存放在 JMP/RST 指令后的那条指令来执行。

若满足转移条件，则 JMP/RST 指令执行过程中还需要按指令中给定的转移寻址方式，即 JA，产生转移或者返回的目标地址，并将其置入 PC 和 MAR，以便读取下一条指令。不满足转移条件时，这步操作通常统一安排在执行阶段（ET）中来完成，因此 FT 结束后立即进入 ET，形成后继指令地址并将其同步置入 PC 和 MAR。

在 ET 阶段，根据指令中约定的转移条件与 PSW 相应标志位的实际状态，来决定当前是否进行转移。只有当转移条件满足时（J），才进行转移（执行 JMP/RST 的流程分支 J），否则不进行转移（执行流程分支 NJ）。

1）进行转移时 J

转移条件满足，按指令中给出的寻址方式产生转移的目标地址。对于转移型指令，指令集中只定义了以下 6 种具有实用价值的寻址方式。

- SKP：跳步执行，所以在 ET 中 PC 再次加 1 即可。
- 寄存器直接寻址 R：从指定寄存器 R_j 中读取转移目标地址。
- 寄存器间址(R)：从指定寄存器中读取“间址单元”地址，再访存读取转移目标地址。
- 自增型寄存器间址(R)+，比上一种寻址方式增加一步修改指针 R 的操作。若非 RST 指令，则不执行开中断操作，即 1→PSW[4]。

- 堆栈寻址(SP)+：返回指令 RST 只有这一种寻址方式，即从堆栈 SP 中读取返回地址，然后修改指针 SP，再根据 IR[4]判断是否设置 PSW 中的允许中断标志位（虚框）。这里固定使用寄存器 SP，它也可看成一种特殊的 R_j。
- PC 相对寻址 X(PC)：以 PC 当前值为基准，再加上偏移量形成转移的目标地址。

2）不进行转移时 NJ

转移条件不满足，此时顺序执行指令。在决定后继指令地址时有以下两种情况：

- 转移地址段中给出的寄存器不是 PC（$\overline{IR_{11}}\,\overline{IR_{10}}\,\overline{IR_9}=1$），称为 $\overline{PC}$ 型，此时后继指令位于当前转移型指令后（故在 FT 中修改后的 PC 内容就是后继指令地址），所以 PC 当前值就是后继指令地址，在 ET 中执行 PC→MAR 即可。
- 转移地址段中给出的寄存器是 PC（$IR_{11}IR_{10}IR_9=1$），称为 PC 型，则紧跟转移型指令之后的主存单元已被用来存放一个立即数（可能是相对于 PC 的偏移量或者转移目标地址），下一个存储单元的内容才是转移指令的后继指令，所以在 ET 中 PC 保存的地址码需要再次加 1，才能正确定位到这条指令的后继指令。

6．转子指令 JSR

转子指令包括无条件转子和条件转子两种，条件设置与 JMP/RST 一致。转子指令只设计了三种实用的寻址方式 JA，即 R、(R)和(R)+，分别与子程序入口地址在寄存器、主存单元和堆栈这三种情况相对应。转移寄存器 R_j 可以是通用寄存器和堆栈指针 SP（统称为 $\overline{PC}$ 类），或者程序计数器 PC（称为 PC 类）。返回地址压入堆栈保存，其执行流程如图 3-41 所示。

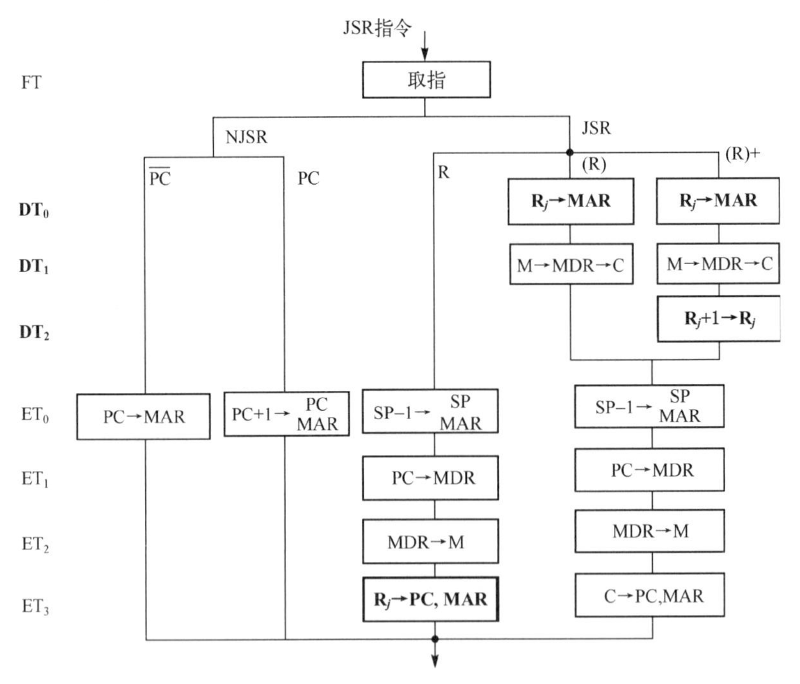

图 3-41　条件/无条件转子指令 JSR 的执行流程

1）不进行转子 NJSR

若转子条件不满足，则与 JMP 指令中转移条件不满足时候的 NJP 分支类似，准备进入 NJSR 流程分支，并且在 ET 中产生后继指令地址。对于 $\overline{PC}$ 类寻址方式，此时顺序执行下条指令；对于 PC 类寻址方式，因为紧跟现行转子指令的存储单元存放的是转子指令的目标地址（子程序的入口地址），越过它之后才是转子指令的后继指令，所以 ET_0 中要进行 PC+1 操作。

2）进行转子 JSR

如果转子指令采用(R)或(R)+型寻址方式，那么在源操作阶段 ST 中，依据寻址方式从主存中读取转子的目标地址（子程序入口地址），并且将其暂存到 C。

在 ET_0～ET_2 三步中，先要把返回地址保存到堆栈栈顶单元，所以要先修改堆栈指针，再将 PC 的内容（返回地址）经 MDR 压入堆栈保存。在 ET_3 中，再将子程序入口地址送入 PC 和 MAR，即可转向子程序并取出其第一条指令执行。

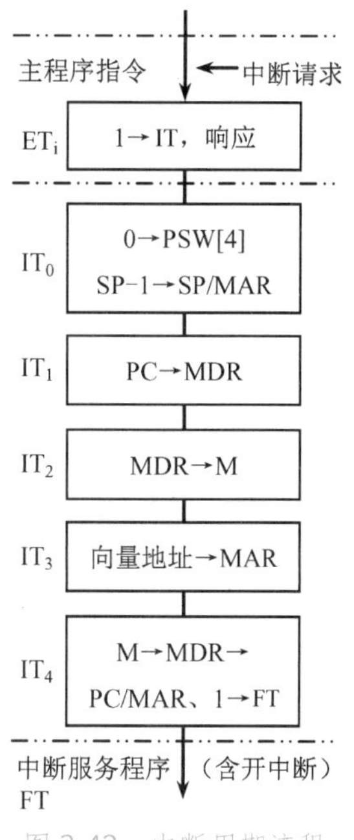

图 3-42　中断周期流程

7．中断操作周期

以上分析了各类指令的执行流程，现在讨论 CPU 响应外部请求时的处理过程。图 3-42 给出了 CPU 响应中断后进入中断操作阶段的指令执行流程，表明中断操作阶段 IT 是主程序切换到中断服务程序过程中的一个过渡阶段。

1）中断响应

若 CPU 在主程序（被中断的程序）第 k 条指令周期中接到中断请求信号 INT，且满足响应中断的条件（如没有 DMA 请求、该中断请求优先级高于现行程序、正在执行的第 k 条指令不是停机指令等），则在该指令周期的最后一拍 ET_i 向请求源发出中断响应信号 INTA，并进入 IT 阶段。通常，CPU 在执行完第 k 条指令后才能转入中断处理阶段 IT。

2）IT 隐指令流程

在中断周期中 CPU 暂停执行程序指令，保存断点、形成中断服务程序入口地址，常被称为中断隐指令操作。为了使硬件尽可能简单，因此只让 CPU 在 IT 中完成基本操作，即为实现程序切换所需的关中断、保存断点、转向服务程序入口，保护现场信息这类任务则放在中断服务程序中完成。

① IT_0 中做两项操作：一是关中断，即让“允许中断”触发器为 0，即设置 PSW[4]=0，以便暂时禁止 CPU 响应新的中断请求；二是修改堆栈指针 SP，为保存断点做准备。这两项操作可以同时执行，分别记为：0→I（PWS[4]）；SP−1→SP、MAR。

② IT_1、IT_2 中保存断点，即将 PC 的内容（后继指令地址）经 MDR 写入主存，也就是将断点压栈保存。

③ IT_3 中将向量地址送 MAR，以便访问中断向量表（有关细节将在第 5 章中讨论）。一种可能的方案是：被批准的中断源通过系统总线向 CPU 提供其中断类型码（如 0 型、1 型……），乘以 4 后，转换为中断向量表的地址码，即向量地址。

④ 在 IT_4 中访问主存中保存的中断向量表，从中断向量表中读取对应的中断服务程序入口地址，同步打入 PC 和 MAR，以便读取中断服务程序的第一条指令即入口地址对应的指令来执行。

8．DMA 周期

图 3-43 描绘了响应 DMA 请求，进入 DMA 周期，实现 DMA 传输的一般过程。

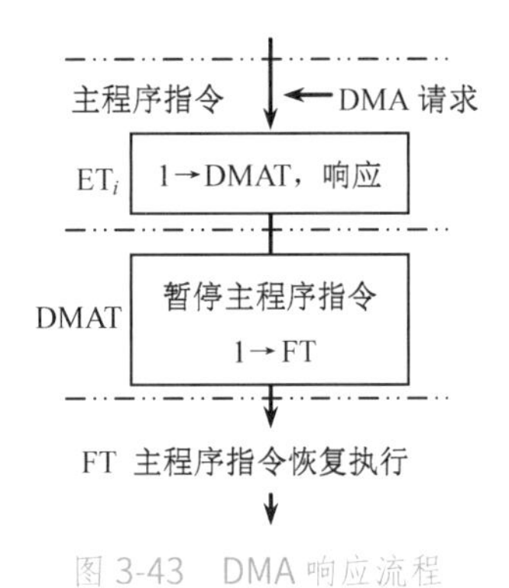

图 3-43 DMA 响应流程

① DMA 响应。在现代的大多数计算机中，允许在一个总线周期结束时响应 DMA 请求，并插入 DMA 周期。相应地，每个总线周期结束后，都要进行一次有无总线请求、是否响应、总线控制权的切换转移等总线操作。为了降低学习难度，模型机采用早期计算机在一个指令周期结束时才响应 DMA 请求的做法，这样就能大大简化有关控制逻辑（实际的处理方式更灵活）。

若 CPU 在执行第 k 条指令时收到 DMA 请求，而第 k 条指令不是停机指令，则在 ET 的最后一拍向外发出批准信号 DACK，并进入 DMA 处理阶段 DMAT。

② DMAT。在 DMAT 中，CPU 暂停执行当前程序，放弃对总线的控制权，即有关输出端呈高阻抗，与系统总线断开。与此同时，DMA 控制器接管系统总线，向总线发出有关地址码和控制信息，实现 DMA 传输。在 DMAT 中，CPU 不做实质性操作，只是空出一个系统总线周期，让主存与外围设备之间实现一次数据直传。但在 DMAT 结束时，恢复原主程序的继续执行，转入下一条指令的取指令阶段。

③ 恢复原程序执行。由于 DMAT 并不影响程序计数器 PC 的内容与有关寄存器现场，只是暂停执行程序，因此只要由 DMAT 转入下一条指令的 FT，程序指令就能恢复继续执行。

9．启动和复位操作

计算机一般可以通过键盘进行启动和复位。有两种操作情况将促使控制系统产生一个“系统总清”信号：开机上电，即刚加上电源达到正常工作电压时；按复位键，要求程序从头开始。

“系统总清”信号将促使 CPU 从头开始执行 BIOS 中的监控程序。为此，可以在 0 号存储单元存放一条转移指令 JMP，紧邻的 1 号单元存放转移地址，即监控程序入口地址。

“系统总清”信号可以使 PC = 0、MAR = 0、FT = 1，CPU 将从取指周期开始工作。首先从 0 号单元读取 JMP 指令，并从 1 号单元读得 BIOS 中的监控程序入口地址，然后无条件转向监控程序入口。监控程序使全机初始化，同时可以接收键盘命令。

10．微命令及其编码

归纳起来，模型机 CPU 能支持的目标指令集总体上包括 3 类指令：双操作数指令 6 种、单操作数指令 6 种和转移类指令 3 条（JMP、RST 和 JSR）。根据指令承载的目标功能，其使用的寻址方式可以有多种，这使得每条指令的执行流程可能就互不相同。

CPU 执行一条指令的时候，要严格按照该指令的操作流程执行，最后才能实现指令的功能。那么，怎样才能使指令按预定的流程执行呢？这就需要有一套控制系统，在恰当的时候产生相应的控制信号（微命令），分别控制 CPU 数据通路中的各功能部件。这些功能部件在相应控制信号的严格控制下，协同配合，才能实现指令的目标功能。

1）微命令的归并和整理

通过对模型机 CPU 指令集中各种类型指令的统一执行流程，以及 I/O 响应的每一步操作所需的控制信号进行整理和归并，可以将指令执行时功能部件需要的全部微命令归纳整理为三大类，共 10 组，其中的 AI、BI 和 CP 属于间接型微命令，如表 3-12 所示。

第一大类微命令用于控制数据通路和运算操作，包括 6 组，其中：AI 和 BI 这两组分别用来控制多路选择器 A 和 B，它们的编码位数都是 3 位；SM 用于控制 ALU 的算术/逻辑运算操作，指令集只涉及 9 种运算，但 ALU 共支持 32 种运算，所以编码为 5 位；CI 主要用于指令

表 3-12　从各种指令的执行流程归纳出的微命令

微命令作用	控制通路和运算控制						访存控制			辅助控制
部件或操作	选择器 A	选择器 B	ALU		移位器	结果分配	主存、MDR			PSW、IR
微命令形态	间接型	间接型	直接型	直接型	直接型	间接型	直接型			直接型
微命令组名	AI	BI	SM	CI	S	CP	EMAR	R	W	ST
有效微命令	0→A R_i→A C→A D→A PC→A SP→A	0→B R_j→B C→B D→B MDR →B	A−1 输出 A 输出 B 输出 $\overline{B}$ A+B A+$\overline{B}$ AB A⊙B A⊕B	0→C_0 1→C_0 PSW[0]→C_0	DM SL SR EX	不发脉冲 CPR_i CPC CPD CPMAR CPMDR CPPC CPSP CPR_j	0 1	0 1	0 1	无操作 1→PSW[4] 0→PSW[4] SIR
微命令数量	6	5	9(32)	3	4	9	2	2	2	4
编码的位数	3	3	5	2	2	4	1	1	1	2

执行时对 ALU 初始进位 C0 的控制，执行算术型“+”操作时，共涉及 3 种微命令，对应的编码为 2 位；S 用于控制指令中可能涉及的移位操作，有 4 种移位模式所以编码也为 2 位；最后一组，CP 用于控制 CPU 内部总线上的结果输出分配，指令和 I/O 响应会使用 9 种不同微命令（包括不发脉冲），所以 CP 的微命令编码需要分配 4 位才能满足要求。

第二大类微命令共包括 3 组，主要用于控制指令执行过程中的访存操作。EMAR、R 和 W 这 3 组微命令（因 EMDR=W 故可省略）中，每组只包括 2 种控制模式，所以控制信号编码都只需要 1 位，代码为 0：信号有效，代码为 1：信号无效。

第三大类微命令 ST 只包括 1 组，主要完成相应 I/O 操作请求（具体是指中断）时对 PSW 中断标志位 PSW[4]的辅助置入控制。考虑指令写入 IR 时也是采用置入方式，因此可以将微命令 SIR 统一归并到微命令组 ST 中，所以 ST 需辅助控制 3 种有效操作，控制信号编码也应当分配 2 位，SR=01：1→PSW[4]（开中断）、10：0→PSW[4]（关中断）、11：SIR（使 SIR 信号为高电平，信号有效）。

2）微命令的编码

表 3-12 列出的微命令只是一种抽象表示，CPU 在执行指令时，相关微命令只能通过特定的物理形态（高、低电平信号或者时钟脉冲信号）才能实现对部件的协同控制。所以，在设计 CPU 部件的控制系统的时候，通常需要先将这些微命令进行二值代码化，物理形态上才能将它们直接转换成可传导的高低电平或者时钟脉冲信号。

（1）数据通路和运算控制

① AI：ALU 输入端多路选择器 A 的控制信号，3 位，编码规则如下：

0→A：000
R_i→A：001　　C→A：010　　D→A：011　　SP→A：100　　PC→A：111

其中，R_i 代表指令之中的源寄存器，可以是 R_0～R_3、SP 和 PC 中的任意一个，具体由当前指令的代码段 IR[5:3]指定；“PC→A”中的寄存器 PC 是程序计数器含义，不由 IR[5:3]指定；“SP→A”专门针对 JSR 指令中的压栈保存返回地址操作时的 SP 寄存器。

② BI：ALU 输入端多路选择器 B 的控制信号，3 位，编码规则为

0→B：000
R_j→B：001　　C→B：010　　D→B：011　　MDR→B：100

其中，R_j 代表指令中的目的/转移寄存器，也可以是显式寄存器 R_0～R_3、SP、PC 中的任意一

个，具体由当前指令中的指令代码段 IR[11:9]来确定。

③ SM：ALU 的功能选择信号 $S_3S_2S_1S_0M$，5 位，也是直接型微命令，相关编码规则遵照表 3-2 中的运算操作定义执行。

④ CI：ALU 初始进位控制信号，2 位，也是直接型微命令，编码规则为

$0 \to C_0$：00　　　　$1 \to C_0$：01

$PSW[0] \to C_0$：10　　　　未使用：11

⑤ S：移位器的控制信号，2 位，编码规则为

DM（直传）：00　　　　SL（左移）：01

SR（右移）：10　　　　EX（字节交换）：11

（2）CP

内部总线上的运算结果分配，控制发出 9 种情况的寄存器同步置入脉冲信号，4 位，编码规则为

不发脉冲：0000

CPR_i：0001　　　　CPC：0010　　　　CPD：0011　　　　CPR_j：1000

CPMAR：0101　　　　CPMDR：0110　　　　CPSP：0100　　　　CPPC：0111

其中，CPR_i 是针对“源”寄存器（可以是 R_0～R_3、SP、PC，由 IR[5:3]指定）发出相应脉冲置入信号的统一表达形式，而 CPR_j 针对“目的/转移”寄存器（可以是 R_0～R_3、SP、PC，具体由 IR[11:9]指定）发出相应脉冲置入信号的统一表达形式。CPPC 只针对作为程序计数器的 PC（既不是作为“源”寄存器，也不是作为“目的/转移”寄存器）发出的同步脉冲置入信号，与指令中寄存器的编码字段无关。CPSP 则是指对非由指令中指定的 SP 发出的脉冲置入信号，主要发生在 JSR 指令中进行压栈并保存返回地址的操作。

（3）访存操作控制字段

① EMAR：1 位，也是一种直接型微命令。激活 MAR 向地址总线输出有效的主存目标地址，则编码 EMAR=1；使 MAR 与总线地址断开、交出地址总线控制权，则 EMAR=0。

② R：1 位，与 SMDR 绑定使用，与 W 不能同时为 1。若将主存设置成读模式，则将编码成 R=1，否则将其编码成 R=0。

③ W（且 EMDR=W）：1 位，也是直接型微命令，和 R 不能同时为 1。如需把主存设置成写模式，则将 W 编码成 1，否则编码成 0，且 EMDR 与之联动。

由于不能让存储器既处于读模式又处于写模式，因此 R 和 W 不能同时为 1，但两者可以同时为 0。比如在执行某条指令时，如果使寄存器 MDR 与数据总线断开时、交出数据总线的控制权，此时必须把 R 和 W 同时置成 0（主要发生在响应 DMA 请求时）。

（4）辅助控制字段

ST：分配 2 位代码，也作为直接型微命令，编码规则为

无操作：00　　　　（开中断）$1 \to PSW[4]$：01　　　　（关中断）$0 \to PSW[4]$：10

SIR：11

3）间接型微命令的映射

在微命令表 3-12 中，R_i 和 R_j 分别是针对指令中的源寄存器和目的/转移寄存器的统一标示形式。比如，在指令 MOV　(R1), X(PC)中，R_i 和 R_j 分别对应 PC 和 R_1，其余以此类推。

根据前述指令集格式定义（见图 3-34）和 CPU 的数据通路（见图 3-35）：选择器 A 的间接微命令为 $R_i \to A$ 时，根据指令中的“源”寄存器编号字段可进一步确定的候选寄存器有 6 个；选择器 B 的间接微命令为 $R_j \to B$ 时，根据指令中的“目的/转移”寄存器，可进一步确定

的候选寄存器只有 4 个。因此，根据指令中对应的“源”寄存器字段即 IR[5:3]和“目的/转移”寄存器字段即 IR[11:9]，则间接型微命令 CPR_i 和 CPR_j 还可以被分别映射成 6 种直接型微命令，如表 3-13 所示。

表 3-13　部分微命令的二次映射

源寄存器的直接微命令			目的/转移寄存器的直接微命令		
IR[5:3]	R_i→A	CPR_i	IR[11:9]	R_j→B	CPR_j
000	R_0→A	CPR_0	000	R_0→B	CPR_0
001	R_1→A	CPR_1	001	R_1→B	CPR_1
010	R_2→A	CPR_2	010	R_2→B	CPR_2
011	R_3→A	CPR_3	011	R_3→B	CPR_3
100	SP→A	CPSP	100	SP→B	CPSP
111	PC→A	CPPC	111	PC→B	CPPC

根据定义的指令格式，R_i 对应的是源寄存器字段 IR[5:3]，R_j 对应的是目的或者转移寄存器字段 IR[11:9]，指令中这两个字段的不同编码指明对不同寄存器的操作。比如，IR[5:3]=000 时，表明当前的源寄存器是 R_0，因此对应的间接型微命令 R_i 和 CPR_i 应该被分别映射成：R_0→A 和 CPR_0。其余情况类似，都是根据指令中的寄存器编号来映射得到直接型微命令，才能与数据通路中的各受控功能部件相对应。

把表 3-12 中的 3 种间接型微命令分别映射成数据通路中部件所需的直接型微命令后，还可以重新整理，得到与指令集和数据通路相关的所有直接型微命令，具体如表 3-14 所示。在 SM 列中，“+”和“−”分别表示算术加、算术减运算。

表 3-14　数据通路中面向部件的直接微命令归纳

微命令组名	aI	bI	SM	CI	S	CP_0～CP_9	EMAR	R	W	ST
直接微命令	0→A	0→B	A−1	0→C_0	DM	不发脉冲	0	0	0	无操作
	R_0→A	R_0→B	输出 A	1→C_0	SL	CPR_0	1	1	1	1→PSW[4]
	R_1→A	R_1→B	输出 B	PSW[0]→C_0	SR	CPR_1				0→PSW[4]
	R_2→A	R_2→B	输出 $\overline{B}$		EX	CPR_2				SIR
	R_3→A	R_3→B	A+B			CPR_3				
	C→A	C→B	A+$\overline{B}$			CPC				
	D→A	D→B	AB			CPD				
	SP→A	SP→B	A⊙B			CPMAR				
	PC→A	PC→B	A⊕B			CPMDR				
		MDR→B				CPPC				
						CPSP				
数量	9	10	9（32 种）	3	4	10（分立）	2	2	2	4
编码位数	4	4	5	2	2	10	1	1	1	2

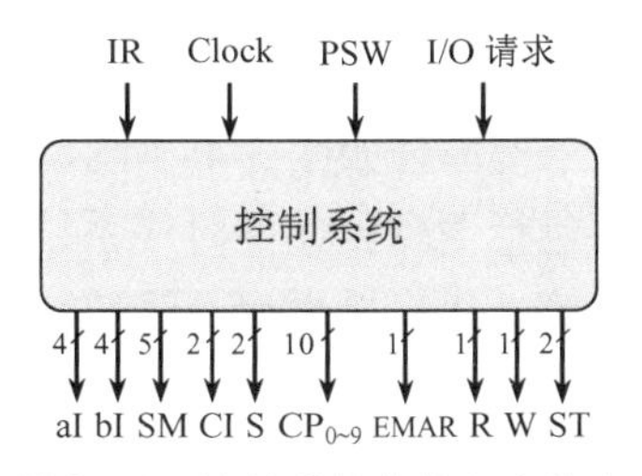

图 3-44　控制系统的输入和输出

模型机 CPU 执行一条指令时，每步操作（通常为 1 个时钟周期）都需要由控制系统根据按当前的各种输入信号，如指令代码等，自动产生 10 组直接控制信号，再将其分别映射成对应的 10 组微命令。这些具体的微命令通过连接通路，以控制信号编码的方式传递给对应的受控部件，这样才能使部件按收到的微命令完成相应的操作，如图 3-44 所示。

指令的执行过程，实质上就是 CPU 内部各功能部件，在控制系统每一步（时钟周期）产生的微命令控制信号控制下，依次传输或者处理数据的过程。CPU 执行的指令不同，需由控制系统产生的控制信号及其序列通常也不相同。每一步操作中具体产生哪些控制信号，主要取决于当前输入到控制系统的输入条件：指令代码、时序条件、程序状态字 PSW 和外部的 I/O 请求信号等等。

控制系统的核心功能是针对不同的输入条件，在特定的操作步骤中产生恰当的控制信号，去控制 CPU 内部的各种功能部件协同工作。根据控制系统产生这些控制信号的不同模式，控制方式又可以分为组合逻辑控制方式和微程序控制方式。这两种方式产生控制信号的原理存在本质差异，但是如果仅从控制系统的输入条件和输出控制信号的角度来对比，这两种方式的功效又是完全等价的。也就是说，数据通路中各受控部件收到的控制信号既可以通过组合逻辑电路的方式来产生，也可以通过微程序的方式来产生。

CPU 控制系统的设计是 CPU 设计过程中除了数据通路的另一个十分关键的环节，这是因为指令的执行过程需要由控制系统指挥。CPU 是否能正确执行指令、实现指令的基本功能，以及指令的执行是否高效，这些问题不仅与 CPU 的基本数据通路结构有关，也与控制系统密切相关。本章的后续内容将从组合逻辑和微程序两种控制信号产生方式入手，讲述模型机 CPU 控制系统设计的基本原理和基本方法。

3.4.4 组合逻辑控制

在完成模型机的指令系统设计、数据通路设计和指令流程及控制信号分析整理后，我们将进一步设计模型机的控制器逻辑。本节采用组合逻辑控制方式进行设计，主要包括时序系统和控制逻辑等，3.4.5 节再讨论如何采用微程序控制方式进行设计。指令流程和控制系统输出的微命令序列（控制信号）主要取决于数据通路结构，所以两种控制方式在这部分的设计有不少内容是相似的，主要区别是时序划分和形成微命令的方式。

采用组合逻辑控制方式来产生微命令的控制器称为组合逻辑控制器（Combinational Logic Controller）。我们知道，每个微命令的产生都需要逻辑和时间条件，将这些条件作为输入信号，微命令作为输出，输入条件和输出控制信号之间的关系可用逻辑式表示，因此可以用组合逻辑电路来实现。每种微命令都需要一组逻辑电路，所有微命令所需的逻辑电路经过组合优化后就构成了微命令发生器。执行指令时，由组合逻辑电路（微命令发生器）在相应条件下发出所需的微命令，控制有关操作。这种产生微命令的方式就是组合逻辑控制方式。

在形成逻辑电路前，还需对产生微命令的条件进行综合、优化，公用某些逻辑变量或中间逻辑函数，以便使逻辑式尽可能简单，减少微命令发生器所用的元器件数和逻辑门数，提高产生微命令的速率。控制器制造完毕，这些逻辑电路之间的连接关系就固定了，不易改动，因而组合逻辑控制器在有些技术资料中又被称为硬连线（Hard Wired）控制器。在这种控制器中，微命令形成逻辑的元器件数量在控制器中占较大比重。

模型机 CPU 的一种组合逻辑控制系统产生微命令控制信号的结构原理如图 3-45 所示。为了简化控制系统的结构，采用了模块化的分级控制模式，其中主要包括逻辑独立的时序系统和用来产生直接微命令的两级控制模块（第一级间接微命令发生器和第二级直接微命令译码器），还包括从指令寄存器 IR、程序计数器 PC、状态字寄存器 PSW 等存储部件接收输入信息的电路连接，以及接收时钟信号和复位信号连接通路。

第一级微命令发生器是由若干门电路组成的组合逻辑电路。从主存读取到的现行指令存放在指令寄存器 IR 中，其中的指令操作码、寄存器编号、寻址方式代码分别经过译码电路形成一些中间逻辑信号，再把它们送入到微命令发生器，作为第一级产生间接型微命令的基本逻辑依据。微命令的形成还需考虑各种状态信息，如 PSW 反映的 CPU 内部运行状态、由控制台（如键盘）产生的操作员控制命令、I/O 设备与接口的有关状态、外部中断请求信号等。第一级微命令发生器输出的间接型微命令信号中，AI、BI 和 CP 还不是 CPU 内部各种受控部件所需的直接微命令，所以它们还需要结合指令中的源寄存器、目的/转移寄存器进行二次译码，在时钟信号驱动之下，才能产生并且输出部件所需的各种直接微命令控制信号。

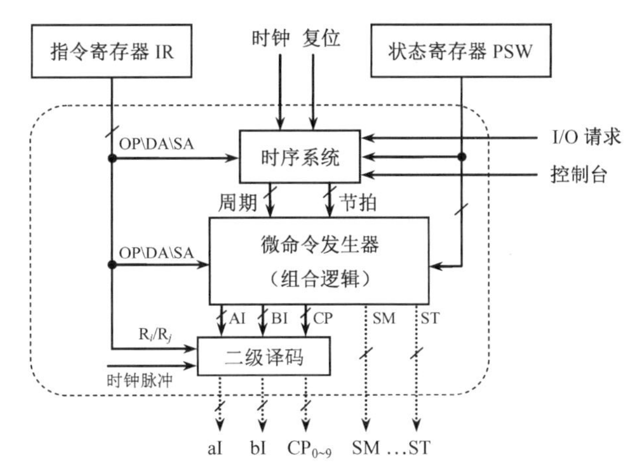

图 3-45 组合逻辑控制系统产生微命令控制信号的结构原理

指令执行过程中每步所需的微命令是控制系统按步骤分时产生的，根据各指令的执行流程可以看到，这些微命令不仅与指令代码有关，还与指令当前所处的工作周期（机器周期）和工作周期中的第几步有关，所以还需设计一个合适的时序系统，以便为微命令发生器提供周期、节拍和脉冲等时序信号。

从控制系统输入－输出逻辑关系的角度分析，如果忽略控制台和复位信号输入，把控制系统抽象成一个能产生输出 10 组共 19 个直接型微命令控制信号的非线性函数 $f(...)$ 系统，那么输入条件和输出的微命令信号之间的函数关系可以统一表示成如下：

$$\text{output} = \{\text{AI}, \text{BI}, \cdots, \text{ST}\} = f(\text{IR}, \text{PSW}, \text{reset}, \text{I/O}, \text{clock}) \quad (3\text{-}8)$$

其中，output 表示微命令发生器输出的 10 组直接微命令控制信号，参数 IR 表示来自指令寄存器的指令代码，PSW 表示 CPU 中状态字寄存器记录的状态码，reset 是复位信号，I/O 表示中断请求或者 DMA 请求，clock 表示时钟信号。在设计控制系统时，需要对其中的各功能子系统分别进行设计，这些功能子系统包括时序系统、微命令发生器和指令译码电路等。

1. 时序系统

组合逻辑控制器依据不同的时间标志使 CPU 分步工作，常有工作周期、时钟周期、工作脉冲三级时序。一条指令从读取到执行完成（指令周期），可分为若干工作周期（机器周期），而工作周期又可分为若干时钟周期（节拍），并设置相应的工作脉冲（时钟边沿信号）。

根据 3.4.3 节中对指令集各型指令执行流程分析，指令周期按执行阶段可以大致分为 4 个基本工作周期（取指令周期 FT、源周期 ST、目的周期 DT 和执行周期 ET），以及 2 个额外的 I/O 操作周期（中断周期 IT 和 DMA 周期 DMAT）。工作周期具体包括多少时钟周期，这又取决于指令的操作码（OP）和采用的寻址模式（Addressing Mode，AM）。

1）工作周期

根据各类指令的需要和一些特殊工作状态的需要，模型机设置了 6 种工作周期状态，可分别用 6 个周期状态触发器作为它们的标志。其中，4 个基本工作周期（取指、源、目的和执行）用于指令的正常执行，2 个额外工作周期（中断和 DMA）用于 I/O 传输控制。某时间段内只有其中一个工作周期状态触发器的输出信号为 1，指明 CPU 现在所处的工作周期状态，为该阶段的工作提供时间标志和依据。

① 取指周期 FT。取指所需的操作安排在 FT 中完成，包括将指令从主存取出并送入 IR、修改 PC 等操作，这是每条指令必须经历的公共操作。在 FT 中完成的操作是与指令操作码无

关的公共操作，但取指周期结束后将转向哪个工作周期，则与 FT 中取出的指令类型及指令代码中指明的寻址方式有关。

② 源周期 ST。如果需要从主存中读取源操作数（非寄存器寻址），就进入 ST。在 ST 中，将依据指令寄存器 IR 的源地址段信息进行操作，形成源地址，读取源操作数，将其暂存于 C。

③ 目的周期 DT。如果需要从主存中读取目的地址或目的操作数（非寄存器寻址），就进入 DT。在 DT 中，将依据指令寄存器 IR 的目的地址段信息进行操作，形成目的地址并放入 MAR，或读取目的操作数暂存于 D。

④ 执行周期 ET。取得操作数后，CPU 进入 ET，这也是各类指令都需经历的最后一个工作阶段。在 ET 中，将依据 IR 中的操作码执行相应的操作，如数据传输、算术运算、逻辑运算、保存返回地址、获得转移地址等，还要将后继指令的地址（顺序执行或转移）送入 MAR，为下一指令周期读取新指令做好准备。

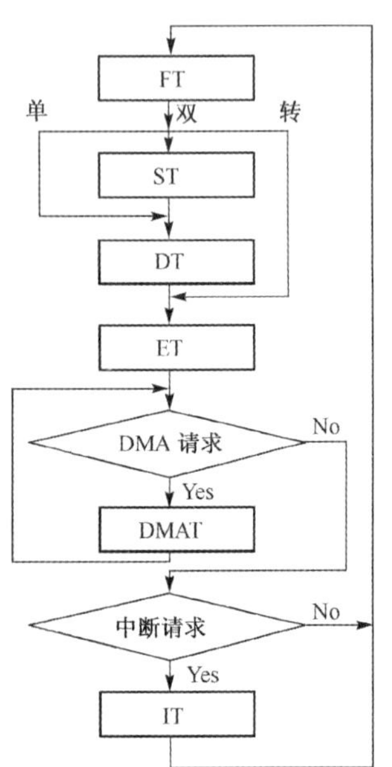

图 3-46　指令工作周期的控制流程

⑤ 中断周期 IT。除了考虑指令的正常执行，还需考虑外部请求带来的变化。在响应中断请求后，到执行中断服务程序前需要一个过渡期，称为中断周期 IT。在 IT 中，将直接依靠硬件进行关中断、保存断点、转服务程序入口等操作。

⑥ DMA 周期 DMAT。响应 DMA 请求后，CPU 进入 DMAT。在 DMAT 中，CPU 交出系统总线的控制权，即 MAR、MDR 与系统总线断开（呈高阻态），改由 DMA 控制器控制系统总线，实现主存与外部设备间的数据直传。因此对 CPU 来说，DMAT 是一个空操作周期（只进行周期切换和 DMA 初始化等）。

在 CPU 执行指令的过程中，综合考虑各类指令的执行情况，指令工作周期的控制流程如图 3-46 所示，每种流程路径都需要由控制系统进行集中控制。

指令在执行前都是放在存储器中的，任何指令的执行都必须先进入 FT，以取出指令。既然是通过工作周期状态触发器的输出端来标识周期状态的，那么应该向 FT 状态触发器输入怎样的信号，才能够控制 CPU 使其自动进入取指令周期呢？

在初始化和运算过程中，有 5 种情况需要使 CPU 进入 FT，可分别采用置入或同步打入方式，使 FT 状态触发器的 FT 端口输出 1（高电平），如图 3-47 所示。

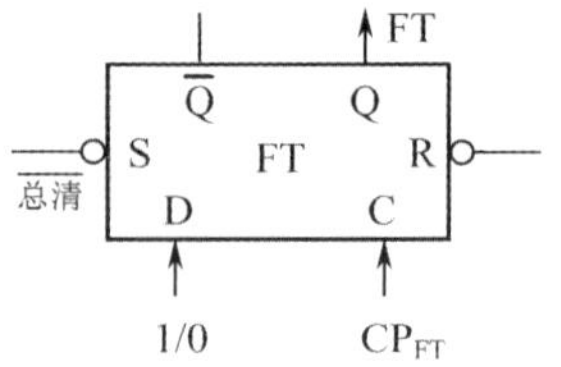

图 3-47　取指周期状态触发器

（1）初始化置入，使端口输出 FT=1

① 上电初始化：机器加电后，系统首先产生一个$\overline{\text{总清}}$信号（低电平），使 S=0 且 R=1，相关部件进入正确的初始化状态，包括使 FT=1，让 CPU 从取指周期开始正常执行指令。因为此时的时序系统尚未正常（也需要一个初始化阶段），所以采取由 S 端置入的方式使 FT=1。

② 复位初始化：按下复位键后，也会产生一个强制初始化过程，情况与上电初始化相似，也能让复位键产生$\overline{\text{总清}}$信号，使 S=0 且 R=1。由于这是在封锁时钟的状态下预置全机初始状态，因此也采用 S 端置入方式。抬起复位键后，开放时钟，CPU 将开始执行取指令操作，进入监控程序运行状态，再通过监控程序实现进一步的初始化。

（2）行过程中同步打入 FT

在指令执行过程中，可用同步方式实现周期状态切换。若要进入 FT，则事先在状态触发器 D 端输入信号 1（标记为电位型微命令：1→FT，高电平有效），然后用时钟信号即 CPFT 的上升沿将 1 打入触发器，使 Q 端输出 FT=1。若要结束 FT 状态，则不发 1→FT 命令，让 D 端电平为 0，时钟信号 CPFT 的上升沿将 0 打入触发器，使 Q 端输出 FT=0，表示取指周期结束。

分析图 3-44，CPU 控制流程有三种情况将进入新的取指周期，需先准备好 1→FT 条件。在执行周期 ET 结束时（现行指令将执行完毕时），如果不响应 DMA 请求与中断请求，那么程序正常执行，应进入下一条指令的 FT；在中断周期这一过渡阶段结束后，应转入中断服务程序，即进入中断服务程序第一条指令的 FT；在 DMA 周期完成一次 DMA 传输后，如果没有新的 DMA 请求或中断请求需要响应，应恢复执行被暂停的程序，因此应进入程序恢复后第一条指令的 FT。

由此，可初步整理得到发出 1→FT 命令的逻辑条件：

$$1 \to \mathrm{FT} = \mathrm{ET}_{\mathrm{end}} \cdot \text{无 IT 请求} \cdot \text{无DMA请求} + \mathrm{IT}_4 + \mathrm{DMAT} \cdot \text{无 IT 请求} \cdot \text{无DMA请求}$$

其中，$\mathrm{ET}_{\mathrm{end}}$ 表示指令流程中的最后一个时钟周期。上述逻辑表达式等于 1 时，控制系统就应该发出命令 1→FT，从而使 FT 触发器的输入端口 D=1，时钟信号 CPFT 到来时，才能使 FT=1，因此 CPU 就会进入取指周期。

除了 FT，其他 5 个周期状态的切换控制都可以采用类似的触发器来实现。因此，时序系统中还应分别设置 ST、DT、ET、IT 和 DMAT 周期状态触发器。需要使 CPU 进入这 5 个工作周期时，发出相应的控制命令 1→ST、1→DT、1→ET、1→IT 和 1→DMAT，对应的状态触发器输入端 D=1，时钟周期信号输入 C 端时，就能使触发器对应的 Q 端输出信号等于 1，从而使 CPU 进入相应的工作周期状态。

这 5 种控制命令的逻辑条件也可以参照命令 1→FT 的逻辑条件整理得到。

因为 CPU 在某时刻只能处于唯一的工作周期状态，所以向这 6 个状态触发器 D 端口发出的控制信号：1→FT～1→DMAT，必须是互斥的，因此每次最多只允许发出这 6 个控制命令中的 1 个，才能使周期状态保持唯一性。

FT 结束后，对于双操作数指令，若两个操作数均在主存中（$\overline{\mathrm{SR}} \cdot \overline{\mathrm{DR}}$，即两者都采用非寄存器直接寻址方式），则需进入 ST，之后依次进入 DT 和 ET；相反，若两个操作数均在寄存器中（$\mathrm{SR} \cdot \mathrm{DR}$，即两者都是采用的寄存器直接寻址方式），则跳过 ST 和 ET，直接进入 ET。对于单操作数指令，若操作数在主存中（$\overline{\mathrm{DR}}$），则进入 DT、ET；若操作数在寄存器中（DR），则同样直接进入 ET。对于转移指令，FT 结束后直接进入 ET。因此，在每个工作周期结束前要判断下一个工作周期的状态将是什么，并为此准备好进入下一周期的条件，发出相关控制命令。到本工作周期结束时，再实现周期状态的定时切换。

由于 DMA 周期要实现的是高速数据直传，因此让 DMA 请求的优先级高于中断请求。因而在一条指令将要结束时，先判断有无 DMA 请求，若有请求，则插入 DMAT。注意：*实际的计算机大多允许在一个系统总线周期结束时就插入 DMAT*。本模型机为了简化其控制逻辑，限制在一条指令结束时才判别与响应 DMA 请求。控制流程还表明：若在一个 DMAT 结束前又提出了新的 DMA 请求，则允许连续安排若干 DMA 周期。

若没有 DMA 请求，则判断有无中断请求，否则进入 IT。在时间上，这两种判断可同时进行，只不过在逻辑上优先 DMA 请求。在 IT 中完成必要的过渡期工作后，将转向新的 FT，开始中断服务程序第一条指令的执行。如果也没有中断请求，就返回 FT，从主存读取后继指令。

2）时钟周期（节拍）

指令的读取与执行既有 CPU 内部数据通路操作，也包含访问主存的操作。为简化时序控制，模型机将两类操作所需安排的时间统一起来，以访存操作所需的时间作为时钟周期的宽度，这里将其粗略设置为 1μs。当然，这对于 CPU 内部操作来说，在时间上是比较浪费的。

由指令的流程分析结果可知，一个工作阶段通常包括若干操作步骤。在设计时序系统时，通常可以让工作阶段与工作周期对应，操作步骤与时钟周期对应。这样，根据不同指令的需要，一个工作周期就可能分配若干时钟周期。对于不同指令，它们的操作码和寻址方式可能会不同，因此这些指令对应的相同工作周期，其时钟周期数也可能是不同的。

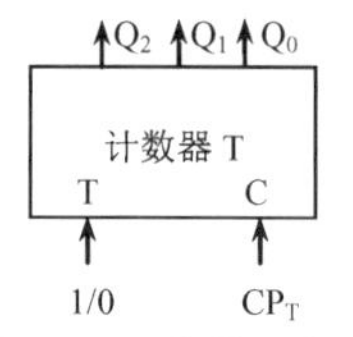

图 3-48　节拍计数器

还可以看到，某个时钟周期中需要由控制系统发出的控制信号，不仅与指令有关，也与指令所处的工作周期有关，还与工作周期内的节拍序号有关。因此，在时序系统中还需要设置时钟周期（节拍）计数器 T，如图 3-48 所示。

各类指令的最长工作周期都没有超出 5 个时钟周期，因此计数器输出端只需要 3 位即可（$Q_2Q_1Q_0$），T 端 1 位，C 端可输入时钟信号 CPT。此计数器具备这样一组特性：输入 T 为 0 时，CPT 的边沿能使计数器 T 的输出端全部复位为全 0（$Q_2Q_1Q_0$=000）；输入 T 为 1 时，CPT 的边沿能使计数器 T 的输出计数值增加 1。

计数器需要两个控制信号才能实现计数器正常计数和计数复位。假设计数器输入端 T 对应的控制命令表示为“T+1”，此信号高电平有效。因此，要使节拍计数器加 1，应同时发出控制命令 T+1 和时钟信号 CPT，若把计数器的输出复位为 0，则不发控制命令 T+1，只发时钟脉冲信号 CPT 即可实现。计数器 $Q_2Q_1Q_0$ 复位成 000，表示 CPU 进入了一个新的工作周期，如 ST→DT，所以要启动一个新的计数循环，从 0 开始重新计数。计数器正常计数，则表示工作周期不变，工作节拍发生了变化，如 ST_1→ST_2，计数值经过译码后产生时钟周期状态，如 T_0、T_1、T_2 等，作为各步操作的节拍标志，如图 3-49 所示。除此之外，若当前工作周期还需增加时钟周期，则发出 T+1 和 CPT，计数器 T 继续计数，进入新的时钟节拍。

3）工作脉冲

时钟周期表示一个固定的时间段，其间可以进行某种数据通路操作，如两数相加。但有些操作需要同步定时脉冲进行控制，如将稳定的运算结果打入寄存器，或者进行周期状态切换。模型机在每个时钟周期的末尾发一个工作脉冲 P，作为各种同步脉冲的来源，如图 3-50 所示。在实际的 CPU 设计中，为了简化控制系统，通常直接用时钟信号的边沿（上升/下降）来代替工作脉冲，不设置专门的工作脉冲命令。

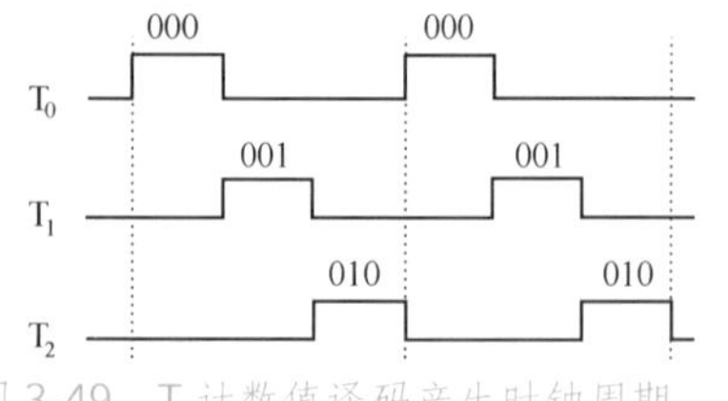

图 3-49　T 计数值译码产生时钟周期

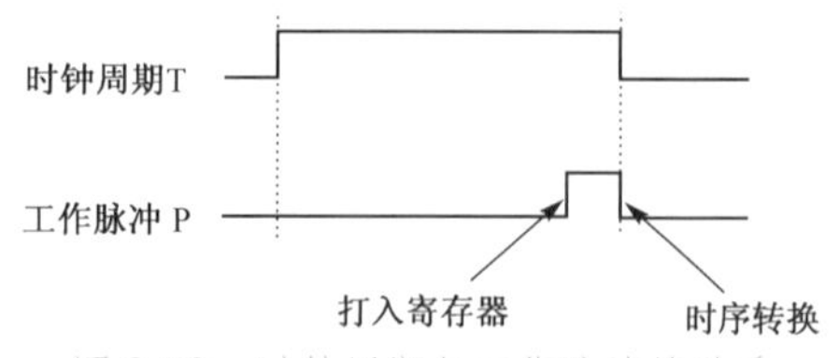

图 3-50　时钟周期与工作脉冲的关系

工作脉冲 P 的前沿作为打入寄存器的定时，标志着一次数据通路操作的完成。P 的后沿作为时序转换的定时，此刻如本工作周期未结束，则计数器 T 继续计数，进入新节拍；若本工作周期结束，则计数器 T 清零，清除本工作周期状态标志，重新设置新的工作周期状态标志。

经过前述对时序系统的分析，可以初步确定该时序系统应包括 6 个周期状态触发器和 1 个节拍计数器。因此在组合逻辑控制器结构原理图中，输入时序系统的指令操作码是 4 位，寻址方式为 3 位，从时序系统输出的工作周期信号和节拍信号分别是 6 位和 3 位。

根据前述对指令流程的分析，时序系统输出的工作周期状态信号和节拍计数信号，与指令操作码、寻址方式、I/O 状态有关，如果是转移类指令，甚至与 PSW 有关。此外，时序系统输出的时序信号还与当前的工作周期状态和节拍计数信号有关，因此在时序系统部件中，一定存在状态信号和计数信号的反馈连接通路。

基于上述对时序系统输入、输出的分析，可以设计出如图 3-51 所示的时序系统逻辑结构基本方案，包括 6 个工作周期状态触发器和 1 个节拍计数器，以及 1 个产生时序控制信号的组合逻辑电路模块。该电路模块接收指令的操作码 IR[15:12]、寻址方式代码 IR[8:6]或 IR[2:0]、工作周期和节拍计数反馈，若是转移类指令，则还需要接收转移条件 IR[5:0]和 PSW 状态码。考虑到控制系统需处理外部的 I/O 请求，因此它也会接收中断/DMA 请求信号。

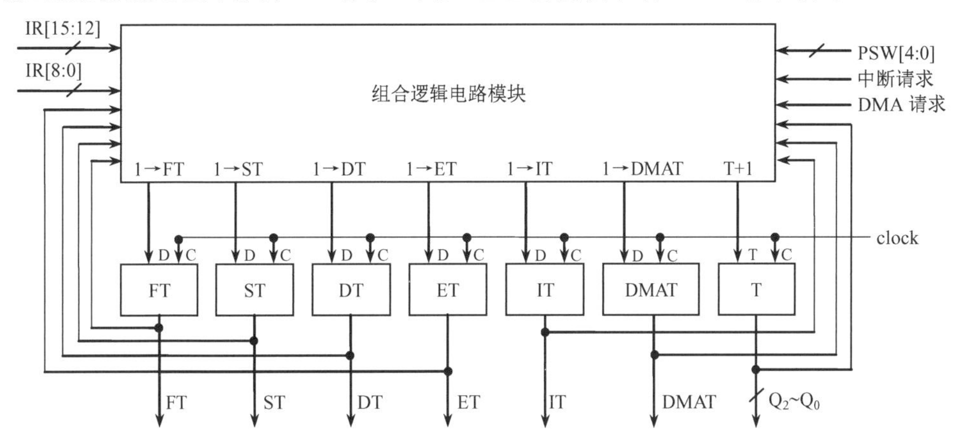

图 3-51　时序系统逻辑结构的基本方案

在执行流程中，下面先综合分析各类指令和 I/O 处理对应的各时钟周期应该由组合逻辑电路模块发出怎样的时序信号，以及产生这些时序信号的逻辑条件，然后才能根据这些逻辑条件来设计时序系统的组合逻辑电路模块。

（1）取指周期 FT

FT 只包括 1 个时钟周期，除了需要控制系统发出 10 组基本控制信号，还需要由控制系统内部模块发出工作周期切换信号（1→ST～1→ET）和节拍计数复位信号 Q。

FT 结束后，CPU 应进入哪个工作周期呢？由指令流程分析结果可知，这与指令类型（操作码 OP）和指令中定义的源/目的寻址方式有关，组合逻辑电路模块此时只能发出 1→ST、1→DT 和 1→ET 三个命令中的一个，且应同时发出 CPFT、CPST、CPDT、CPET 和 CPT。因为将进行周期切换，所以此时不能发 T+1 信号（保持低电平），才能使计数器复位为全 0。

（2）其他工作周期

这里包括 ST、DT、ET 和 IT、DMAT 这 5 个 CPU 工作状态周期。这 5 个工作周期分别包括多少个时钟周期，主要取决于当前指令的操作码 IR[15:12]、源/目的寻址方式，如果当前是转移类指令，还取决于转移条件字段 IR[5:0]和 PSW[4:0]。

例如 MOV 指令，若源寻址方式是寄存器间址（寻址方式代码：001，$\overline{\text{SR}}$），则在 ST_0 结束时，不切换工作周期，节拍计数器加 1 进入流程 ST_1，所以此时组合逻辑模块发出的控制命令只有 T+1；ST_1 结束时，CPU 要进入 DT 且计数器要复位为全 0，所以此时组合逻辑模块应发出命令 1→DT。脉冲信号 CPFT～CPDMAT 和 CPT 是捆绑在一起的，按固定频率自动输入。

综合各类指令和 I/O 请求响应的执行流程，可以得到如下逻辑表达式，组合逻辑电路模块根据表达式真值确定是否发出相应的控制命令。

① 1→FT

$$\text{无I/O请求}\cdot\{(\text{双}+\text{单})\cdot ET_2+JMP/RST\cdot(NJ+J\cdot(IR[8]IR[7]\overline{IR}[6]+\overline{IR}[8]\overline{IR}[7]\overline{IR}[6])\cdot ET_0+ J\cdot JMP/RST\cdot(\overline{IR}[8]\overline{IR}[7]IR[6]\cdot ET_1+\overline{IR}[8]IR[7]IR[6]\cdot(\overline{IR[4]}\cdot ET_2+IR[4]\cdot ET_3)+ IR[8]\overline{IR}[7]IR[6]\cdot ET_3)+JSR\cdot(NJ\cdot ET_0+J\cdot ET_3)+IT_4+DMAT\}$$

② 1→ST

$$\text{双}\cdot\{(IR[2]+IR[1]+IR[0])\cdot FT\}$$

③ 1→DT

$$\text{双}\cdot\{(IR[8]+IR[7]+IR[6])\cdot\overline{IR}[2]\overline{IR}[1]\overline{IR}[0]\cdot FT+\overline{IR}[2]\overline{IR}[1]IR[0]\cdot ST_1+\cdots+IR[2]\overline{IR}[1]IR[0]\cdot ST_4)\}+ \text{单}\cdot\{(IR[8]+IR[7]+IR[6])\cdot FT+JSR\cdot J\cdot(\overline{IR}[8]\overline{IR}[7]IR[6]+\overline{IR}[8]IR[7]IR[6])\cdot FT\}$$

④ 1→ET

$$MOV\cdot\{\overline{IR}[8]\overline{IR}[7]\overline{IR}[6]\cdot(\overline{IR}[2]\overline{IR}[1]\overline{IR}[0]\cdot FT+\overline{IR}[2]\overline{IR}[1]IR[0]\cdot ST_1+\cdots+IR[2]\overline{IR}[1]IR[0]\cdot ST_4)+ \overline{IR}[8]\overline{IR}[7]IR[6]\cdot DT_0+\cdots+IR[8]\overline{IR}[7]IR[6]\cdot DT_3\}$$

$$\text{双}\cdot\{\overline{IR}[8]\overline{IR}[7]\overline{IR}[6]\cdot(\overline{IR}[2]\overline{IR}[1]\overline{IR}[0]\cdot FT+\overline{IR}[2]\overline{IR}[1]IR[0]\cdot ST_1+\cdots+IR[2]\overline{IR}[1]IR[0]\cdot ST_4)+ \overline{IR}[8]\overline{IR}[7]IR[6]\cdot DT_1+\cdots+IR[8]\overline{IR}[7]IR[6]\cdot DT_4\}+\text{单}\cdot\{\overline{IR}[8]\overline{IR}[7]\overline{IR}[6]\cdot FT+\cdots+IR[8]\overline{IR}[7]IR[6]\cdot DT_4\}+ JMP/RST\cdot FT+JSR\cdot\{(NJ+J\cdot\overline{IR}[8]\overline{IR}[7]\overline{IR}[6])\cdot FT+J\cdot\overline{IR}[8]\overline{IR}[7]IR[6]\cdot DT_1+J\cdot\overline{IR}[8]IR[7]IR[6]\cdot DT_2\}$$

⑤ 1→DMAT

$$\text{DMA请求}\cdot\{(MOV+\text{双}/\text{单})\cdot ET_2+\cdots+JSR\cdot(NJ\cdot ET_0+J\cdot ET_3)+IT_4+DMAT\}$$

⑥ 1→IT

$$\text{无DMA请求}\cdot(\text{中断请求}\cdot PSW[4])\cdot\{(MOV+\text{双}/\text{单})\cdot ET_2+\cdots+JSR\cdot(NJ\cdot ET_0+J\cdot ET_3)\}$$

⑦ T+1

$$MOV\cdot\{ST_0+(\overline{IR}[2]IR[1]IR[0]+IR[2]\overline{IR}[1]\overline{IR}[0]+IR[2]\overline{IR}[1]IR[0])\cdot ST_1+ (IR[2]\overline{IR}[1]\overline{IR}[0]+IR[2]\overline{IR}[1]IR[0])\cdot(ST_2+ST_3)+\overline{IR}[8]IR[7]IR[6]\cdot DT_0+IR[8]\overline{IR}[7]\overline{IR}[6]\cdot(DT_0+DT_1) +IR[8]\overline{IR}[7]IR[6]\cdot(DT_0+DT_1+DT_2)+ET_0+(IR[8]+IR[7]+IR[6])\cdot ET_1\}+\cdots+IT_0+IT_1+IT_2+IT_3$$

在上述各时序信号有效时的逻辑表达式中，MOV、双、单等表示输入的指令操作码类型（单地址、双地址等），NJ 和 J 分别表示转移类指令的转移条件不成立和成立，IR[2:0]代表指令中的源寻址方式字段，IR[8:6]代表目的寻址方式字段，IR[4]代表 RST 指令中的返回类型标志位，PSW[4]代表状态字中的允许中断标志位，无 I/O 请求则表示当前既无中断请求也无 DMA 请求。

参照转移型指令中转移条件字段 IR[5:0]定义，结合 CPU 的状态字 PSW[3:0]，也可以将转移判断结果 NJ=1 时对应的产生逻辑表达式写出来：

$$IR[0]\cdot(\overline{IR}[5]PSW[0]+IR[5]\overline{PSW[0]})+IR[1]\cdot(\overline{IR}[5]PSW[1]+IR[5]\overline{PSW[1]})+ IR[2]\cdot(\overline{IR}[5]PSW[2]+IR[5]\overline{PSW[2]})+IR[3]\cdot(\overline{IR}[5]PSW[3]+IR[5]\overline{PSW[3]})$$

为了简洁地展示各逻辑表达式，①～⑦中并没有将与指令类型以及时序条件等内容表示成具体的信号位。为了得到最终的逻辑表达式，还需要将其中的操作码细化成具体的二值逻辑，如把“MOV”细化成$\overline{IR}[15]\overline{IR}[14]\overline{IR}[13]\overline{IR}[12]$，把“ET2”细化成$ET \cdot \overline{Q}_2 Q_1 \overline{Q}_0$、把“双地址指令”细化成等价逻辑：$\overline{IR}[15]\overline{IR}[14] + \overline{IR}[15]IR[14]$。表达式细化以后，就可以形成产生各种时序信号的完整的二值逻辑，再用基本逻辑门（与、或、非等）对表达式进行直接转换，可以得到时序系统产生这些时序控制信号的逻辑电路，这样就完成了整个时序系统部件的设计。

在这种方式产生的组合逻辑电路中，7 种控制信号的产生逻辑相互独立，逻辑电路可能存在较大冗余。通常需要先将这些逻辑关系进行综合、优化、化简，再转换成逻辑电路，这样才可能消除逻辑电路中的冗余，但会增加设计难度。在实际的设计工作中，需要设计者综合考虑，在电路冗余和设计难度之间确定一个平衡点。

完成时序系统的组合逻辑电路模块、工作周期触发器、节拍计数器的逻辑设计以后，将它们按图 3-51 所示的逻辑结构方案进行组装和连接，就可以得到完整的时序系统。CPU 执行指令时，在每个时钟周期的末尾，该时序系统能根据输入信号自动产生工作周期状态信号 FT～DMAT 之一，以及 3 位的节拍计数信号 $Q_2Q_1Q_0$。时序系统的这些输出信号将作为微命令发生器的输入信号，为微命令发生器产生 10 种基本控制信号提供时序信号基准。

2．微命令发生器

根据图 3-43 设计的组合逻辑控制器结构，以及微命令发生器与时序系统的连接关系，可看到微命令发生器从外部接收 4 类输入信号：指令代码、工作周期状态、节拍计数信号和 PSW，每个时钟周期只产生 10 组控制信号（微命令）：AI、BI、SM～ST，如表 3-12 所示。

用组合逻辑（硬连线逻辑）方式设计微命令发生器，通常也需要从输入、输出信号的角度，整理各种输出信号的产生逻辑，写出对应的逻辑条件表达式，并经过综合、优化、消除冗余，最后转换成组合逻辑电路，这样才能完成微命令发生器的组合逻辑设计。

根据 3.4.3 节中整理出的三大类全部指令的执行流程，可以看到，每个时钟周期中 CPU 都要完成一次寄存器级的微操作，如 PC+1→PC 等。这组微操作的正确执行实质上需要先由微命令发生器产生相应的控制信号（微命令），再用这些控制信号去控制数据通路中的各功能部件，如 PC 寄存器和 ALU 等，才能够实现这步微操作。

在某个时钟周期中，微命令发生器输出的控制信号，具体与哪些输入有关，以及输出和输入之间存在的逻辑关系是怎样的？综合分析各种指令的执行流程，可以看到，只要明确了指令流程中的一步微操作，就能确定微命令发生器的输出信号。然而要明确任何一步微操作，都需要先明确当前的时序状态（工作周期和节拍计数），还需要明确指令的操作码、源/目的寄存器及其相应的寻址方式。如果执行的是转移类指令（JMP/RST/JSR），将涉及转移条件的判断，因此需要明确指令中的转移条件，并配合 CPU 的状态字 PSW，才能确定具体的微操作。

图 3-52 完整显示了微命令发生器的输入和输出的信号，并且对控制信号的位数进行了标记。其中的输入信号包括 4 类：指令代码、PSW、周期状态和节拍计数，总共可以输出 10 组电位型微命令控制信号，其中控制信号 EMAR、R、W 的信号线只有 1 位，其余是多位。在输出的这些微命令组中，AI、BI、CP 为间接微命令需要再次译码才能得到部件所需的直接控制信号，而 SM、CI、EMAR、R、W、ST 属于部件的直接型微命令。

与时序系统组合逻辑电路模块一样，对于微命令编码只有 1 位的直接型控制信号，可以直接遍历三大类全部指令的执行流程，综合归纳每步微操作对应的微命令，从而可以写出该位控制信号与输入信号之间的逻辑关系。下面给出了控制信号 EMAR、R 和 W 有效（为 1，即高电平）时的产生逻辑，其余控制信号的产生逻辑也可以用同样的方法整理得到。

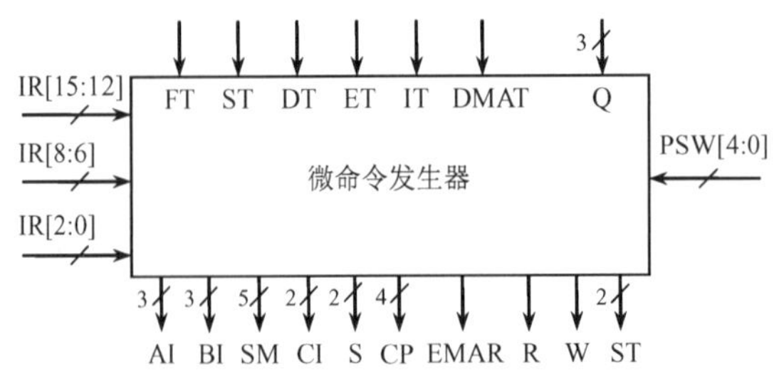

图 3-52 微命令发生器的输入和输出信号

① $R=SMDR=FT+MOV\cdot(ST_1+ST_4+DT_2)+双\cdot(ST_1+ST_4+DT_1+DT_4)+单\cdot(DT_1+DT_4)+JMP/RST\cdot ET_1+JSR\cdot ST_1$

② $W=MOV\cdot ET_1+双\cdot ET_1+单\cdot ET_1+JSR\cdot ET_2+IT_2$

③ $EMAR=FT+MOV\cdot(ST_1+ST_4+DT_2+ET_1)+双\cdot(ST_1+ST_4+DT_1+DT_4+ET_1)+单\cdot(DT_1+DT_4+ET1)+JMP/RST\cdot ET_1+JSR\cdot(ST_1+ET_2)+IT_2$

对于控制信号是多位的微命令，如 AI（3 位）、BI（3 位）和 SM（5 位）等，一般要先整理输入、输出信号真值表的方式，才能逐位完成相应的组合逻辑电路设计。例如，遍历全部指令流程图中的微操作，可整理出微命令组 CI（2 位）的输入 - 输出真值表，如表 3-15 所示。表中的“×”表示当前的输入位是输出信号位的逻辑无关项，设计电路时可忽略不计。

表 3-15 辅助控制信号 ST 的输入 - 输出真值表

微命令发生器的输入条件													译码输出	
OP，即 IR[15:12]				工作周期状态						节拍，即 Q[2:0]			ST[1:0]	
[15]	[14]	[13]	[12]	FT	ST	DT	ET	IT	DMAT	[2]	[1]	[0]	[1]	[0]
1	1	1	0	×	×	×	1	×	×	0	1	1	0	1
×	×	×	×	×	×	×	×	1	×	0	0	0	1	0
×	×	×	×	1	×	×	×	×	×	×	×	×	1	1

整理得到微命令组的真值表后，就可以分别写出每个输出位为有效（输出位是 1）时，各输入位应该满足的逻辑条件，这样可以分别设计各信号位的产生逻辑，将所有的输出位组合起来，就可以直接得到微命令发生器输出的一组微命令控制信号代码。例如，表 3-15 中的两个输出位 ST[1]和 ST[0]的产生逻辑表达式可以分别表示为

① $ST[1]=IT\cdot\overline{Q}[2]\overline{Q}[1]\overline{Q}[0]+FT$

② $ST[0]=IR[15]IR[14]IR[13]\overline{IR}[12]\cdot ET\cdot\overline{Q}[2]Q[1]Q[0]+FT$

根据真值表直接表示出各输出信号位的产生逻辑表达式后，还需对表达式进行综合化简，如①式。根据得到的两个逻辑表达式，可以像 1 位型微命令那样，分别完成 ST[1]和 ST[0]的逻辑电路设计，其中“+”代表逻辑或门、“·”代表逻辑与门。最后，将 ST[1]和 ST[0]直接并列组合起来，就得到了微命令译码器产生微命令 ST 的组合逻辑电路。

其余多位型微命令的电路逻辑也与 ST 类似，先遍历全部的指令流程，整理得到对应的输入 - 输出真值表，再针对每个控制信号位为 1（即高电平）的情况，分别写出各位输出的逻辑表达式，根据逻辑表达式构造出等价的逻辑电路，最后将所有单个控制信号位的逻辑电路并列组合，就可以得到能正确产生该组微命令的组合逻辑电路。

第一级译码的微命令发生器，除了输出用于控制部件操作的直接型微命令 SM、CI、S、EMAR、R、W 和 ST，还要输出 3 种间接型微命令：AI、BI 和 CP。这 3 种微命令中涉及 R_i、

R_j，不能作为数据通路中用于直接控制部件操作的微命令，所以还要继续对它们进行再次译码，最后才能分别输出 3 种对应的直接型微命令 AI、BI 和 CP，如图 3-53 所示。

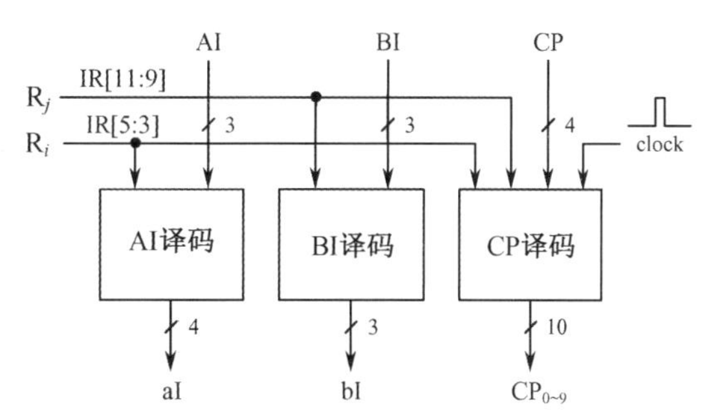

图 3-53　间接型微命令的二级译码

二级译码的主要作用是将 AI 中的 R_i→A、BI 中的 R_j→B、CP 中的 CPR_i、CPR_j 分别映射成面向具体寄存器发出的直接微命令。而且，二级译码输出的微命令 AI、BI 和 CP 其编码都是多位的，因此需要像设计 ST 的逻辑电路那样，先整理出它们各自对应的真值表，再对输出逻辑进行逐位设计、并列组合，才能完成二级译码电路逻辑的设计和构造。

根据图 3-53 所示的译码电路方案，再结合前述内容中定义的微指令编码规则和 CPU 数据通路中的寄存器编号规则，AI、BI 二级译码真值表如表 3-16 所示，CP 经过二级译码后输出 10 个独立时钟脉冲信号 CP_0～CP_9 的真值关系表如表 3-17 所示。

比如，aI[0]和 bI[0]的逻辑表达式分别为

① $aI[0]=\overline{AI[2]}\,\overline{AI[1]}AI[0]\cdot(\overline{IR[5]}\,\overline{IR[4]}IR[3]+\overline{IR[5]}IR[4]IR[3]+IR[5]IR[4]IR[3])+\overline{AI[2]}AI[1]AI[0]+AI[2]AI[1]AI[0]$

② $bI[0]=\overline{BI[2]}\,\overline{BI[1]}BI[0]\cdot(\overline{IR[11]}\,\overline{IR[10]}IR[9]+\overline{IR[11]}IR[10]IR[9]+IR[11]IR[10]IR[9])+\overline{BI[2]}BI[1]BI[0]+BI[2]\overline{BI[1]}\,\overline{BI[0]}$

用同样的方法可以写出 CP_0～CP_9 这 10 个分立式控制信号有效时的逻辑表达式，再把表达式转换成相应的逻辑电路，这样就完成了微命令译码器的设计。比如：

$$CPR_0=clock\cdot(\overline{CP[3]}\,\overline{CP[2]}\,\overline{CP[1]}CP[0]\cdot\overline{IR[5]}\,\overline{IR[4]}\,\overline{IR[3]}+CP[3]\overline{CP[2]}\,\overline{CP[1]}\,\overline{CP[0]}\cdot\overline{IR[11]}\,\overline{IR[10]}\,\overline{IR[9]})$$

表 3-16　AI 和 BI 的二级译码真值表

输入条件		译码输出	
AI[2:0]	IR[5:3]	aI[3:0]	对应微命令
000	×××	0000	0→A
001	000	1000	R0→A
	001	1001	R1→A
	010	1010	R2→A
	011	1011	R3→A
	100	1100	SP→A
	111	1111	PC→A
010	×××	0010	C→A
011	×××	0011	D→A
100	×××	1100	SP→A
111	×××	1111	PC→A

输入条件		译码输出	
BI[2:0]	IR[11:9]	bI[3:0]	对应微命令
000	×××	0000	0→B
001	000	1000	R0→B
	001	1001	R1→B
	010	1010	R2→B
	011	1011	R3→B
	100	1100	SP→B
	111	1111	PC→B
010	×××	0010	C→B
011	×××	0011	D→B
100	×××	0001	MDR→B
-	-	-	-

表 3-17　CP 二级译码输出 $CP_0 \sim CP_9$ 的真值表

输入条件				译码输出	
CP[3:0]	IR[11:9]	IR[5:3]	clock 脉冲	$CP_0 \sim CP_9$	对应信号线
0000	×××	×××	有效	无	不发脉冲
0001 即 CPR_i	×××	000	有效	CPR_0	CP_0
	×××	001	有效	CPR_1	CP_1
	×××	010	有效	CPR_2	CP_2
	×××	011	有效	CPR_3	CP_3
	×××	100	有效	CPSP	CP_4
	×××	111	有效	CPPC	CP_5
0010	×××	×××	有效	CPC	CP_6
0011	×××	×××	有效	CPD	CP_7
0100	×××	×××	有效	CPSP	CP_4
0101	×××	×××	有效	CPMAR	CP_8
0110	×××	×××	有效	CPMDR	CP_9
0111	×××	×××	有效	CPPC	CP_5
1000 即 CPR_j	000	×××	有效	CPR_0	CP_0
	001	×××	有效	CPR_1	CP_1
	010	×××	有效	CPR_2	CP_2
	011	×××	有效	CPR_3	CP_3
	100	×××	有效	CPSP	CP_4
	111	×××	有效	CPPC	CP_5

$$\mathrm{CPC} = \mathrm{clock} \cdot \overline{\mathrm{CP}}[3]\overline{\mathrm{CP}}[2]\mathrm{CP}[1]\overline{\mathrm{CP}}[0]$$

$$\mathrm{CPPC} = \mathrm{clock} \cdot (\overline{\mathrm{CP}}[3]\overline{\mathrm{CP}}[2]\overline{\mathrm{CP}}[1]\mathrm{CP}[0] \cdot \mathrm{IR}[5]\mathrm{IR}[4]\mathrm{IR}[3] + \overline{\mathrm{CP}}[3]\mathrm{CP}[2]\mathrm{CP}[1]\mathrm{CP}[0] + \mathrm{CP}[3]\overline{\mathrm{CP}}[2]\overline{\mathrm{CP}}[1]\overline{\mathrm{CP}}[0] \cdot \mathrm{IR}[11]\mathrm{IR}[10]\mathrm{IR}[9])$$

整理出逻辑表达式或真值表后，通常还需要视情况对表达式进行优化。优化思路一般有两种：一种是提取公共逻辑变量，以便减少引线，减少元器件数，使电路冗余成本最低；另一种是使逻辑门级数尽量少，形成命令的时间延迟少，即控制信号的产生速度更高，但通常会增加设计难度。在实际设计中，这两个方向可能矛盾，应根据需要恰当选择设计目标。

控制系统设计定型以后，也可以利用硬件描述语言并借助辅助设计工具，如 Altera 系列开发套件可以对设计的控制系统进行仿真实现、调试和优化。传统的电路实现方法是直接利用基本门电路实现上述信号产生逻辑，这组电路被泛称为微命令发生器，它们是控制器的主要实体。现在广泛采用 PLA 门阵列实现，或者尽量用 PLA 产生大部分微命令，使电路结构得到简化。有的参考书将它称为 PLA 控制器，实际上 PLA 只指所采用的电路形态。PLA 的基本结构是译码 - 编码组合。产生微命令的各种逻辑条件作为 PLA 的输入，芯片内部产生相关译码输出，再经编码形成若干微命令输出。这种多输入 - 多输出组合逻辑适合构成微命令发生器。

在比较完整地介绍了模型机 CPU 的组合逻辑控制器设计方法后，我们将发现组合逻辑控制方式具备如下特点：

① 设计不规整。如前所述，组合逻辑控制方式是用许多门电路产生微命令的，而这些门电路所需的逻辑形态很不规整，因此组合逻辑控制器的核心部分比较烦琐、凌乱，设计效率较低，检查调试也比较困难。就其设计方法而言，虽有一定的规律，但对于不同的指令和不同的安排，所构成的微命令形成电路也不同。

② 不易修改或扩展。组合逻辑控制方式的另一缺点是不易修改或扩展指令功能。设计结果用印制电路板（硬连线逻辑）固定后，如果修改和扩展指令，大多数控制信号的产生逻辑都会发生变化，因此需要重新设计、优化和烧写控制系统的组合逻辑电路。

③ 控制信号的产生速度相对较快。控制系统输出的所有控制信号都是直接通过逻辑电路来实现的，不存在读取存储单元的操作（延时较大），因此产生输出信号的速度较快。

3.4.5 微程序控制

在 CPU 的控制系统中，除了可以采用逻辑控制方式产生各种控制信号，也可以采用另一种途径，即微程序控制方式来产生指令执行时功能部件所需的控制信号。本节先介绍有关微程序控制的基本原理和方法，再讨论模型机 CPU 的微程序设计问题。

采用微程序控制方式产生所需微命令的控制器被称为微程序控制器。微程序控制方式的特征就是微命令不是由组合逻辑电路产生的，而是由微指令（μI）经过译码后产生的。一条机器指令往往分成多步执行，将每步操作所需的各种微命令按固定格式进行编码，并存储成一条微指令，多条微指令代码就构成了一段微程序，这段微程序刚好对应一条机器指令。

在机器指令的执行过程中，每步操作（通常是一个时钟周期）都需要由控制系统产生恰当的控制信号来进行控制。这些控制信号来源于对当前操作步骤对应的微指令代码进行直接译码后的输出结果，不再像组合逻辑方式中那样由逻辑电路来产生。CPU 指令系统对应的全部微程序均需要在设计阶段进行编制，还要将它们整合后存储在一个专用的只读存储器中，以便从中读取微指令，作为控制信号的产生依据。这个只读存储器的核心作用是存储可以译码产生控制信号的微程序，所以习惯被称为控制存储器（Control Memory，CM），简称控存。

微程序控制器的内部结构如图 3-54 所示。与组合逻辑控制器一样，微程序控制器也要接收指令代码、程序状态字 PSW、I/O 请求信号和时钟信号等输入，然后根据这些输入信号产生 CPU 需要的 10 组共 19 个控制信号。因此，如果从输入、输出信号的角度对两种控制方式进行比较，可以看到微程序控制系统和组合逻辑控制系统两者并无差异，两者只是在控制系统内部产生并且输出这 10 组控制信号的方式不同而已。

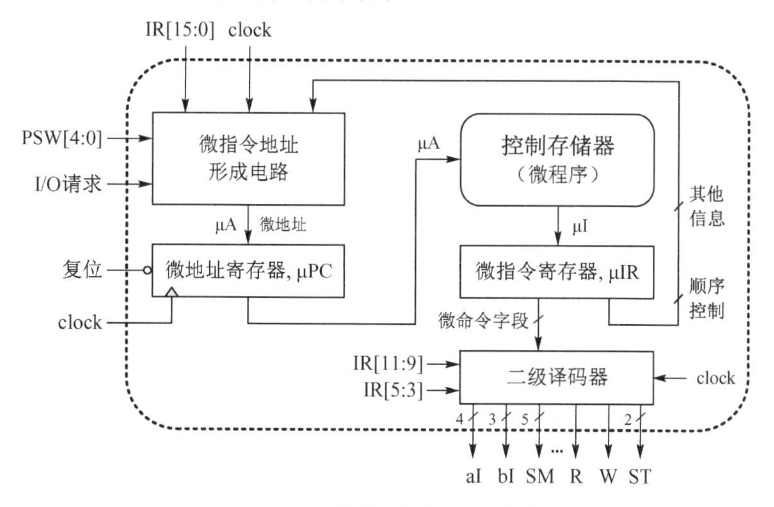

图 3-54　微程序控制器的结构

与 3.4.4 节中的组合逻辑控制器的最大不同是，微命令产生部件的实体发生了变化，不再是单纯的组合逻辑电路集合，而是一个存储了微程序的控制存储器（CM）和相应的微指令寄存器μIR，以及微地址形成电路、微指令的地址寄存器μPC和微命令译码电路等部件。执行机器指令时，根据指令代码、PSW和外部I/O请求状态等条件形成微地址码，再根据微地址码从控制存储器中读取相应的微指令并送入μIR，通过微命令字段直接输出所需的10组间接微命令AI、BI、…、ST，再把这10组间接微命令分别进行二级译码，最后映射成数据通路最终所需要的10组，共19个直接微命令aI、bI、…、ST，以作为部件协同工作的控制信号。

微程序控制器的核心部件控制存储器通常是一种只读存储器，控制器的外围模块（如微指令地址形成电路等）也是一些组合逻辑电路实体。在微程序控制方式下，复杂的控制信号产生逻辑已经被基于微指令的储逻辑代替，外围模块虽然仍需采用组合逻辑方式，但只需完成微地址形成、微命令译码等简单功能，控制系统的整体结构已得到显著简化，逻辑结构十分规整。

1．原理、部件和工作过程

微程序控制的思想最早是由英国剑桥大学的威尔克斯在1951年提出的，经历种种演变，在半导体只读存储器技术发展成熟后得到了广泛的应用。控制信号（微命令）是由微指令经过译码后产生的。机器指令的执行需由一系列微操作控制信号来实现，控制这些微操作的微命令由控制系统按序发出。这样就可将任意一步操作所需的全部微命令事先以代码形式编制成一条微指令，并将指令系统对应的所有微指令存放在一个专用存储器（控制存储器）中。

1）时序系统

在组合逻辑控制系统中，机器指令在时钟周期中执行的每步操作，都需要由时序系统输出的工作周期状态信号和时钟节拍信号去引导微命令发生器，使其根据当前各种输入条件产生恰当的控制信号，去控制CPU功能部件协同工作。微程序控制方式则与之不同，不需时序系统输出复杂的时序信号，只需一种最简单的时序信号即微指令周期信号。

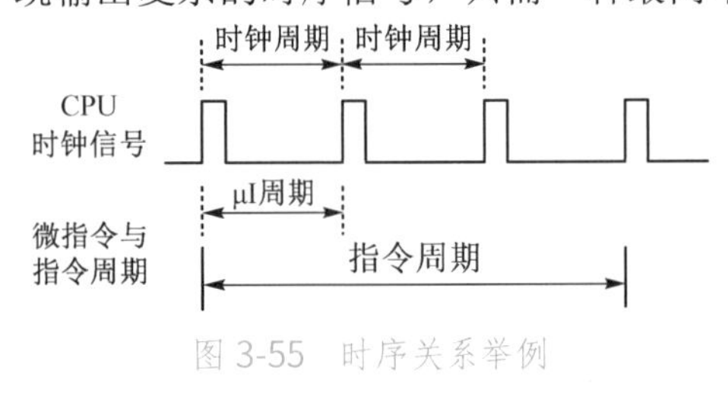

图3-55　时序关系举例

在如图3-55所示的时序关系中，微程序控制方式下的指令周期由若干μI（微指令）周期组成，而一个μI周期恰好等于一个CPU时钟周期，因此输入CPU的时钟信号可以直接或者经过反相（负变换）后，作为执行微程序所需的μI周期信号，每个μI周期中都要读取、执行一条微指令。如果某条机器指令对应的微程序包括m条微指令，那么其对应的指令周期包括m个μI周期，也等于m个时钟周期，在每个时钟周期中都完成一条微指令的执行，控制CPU完成一步操作。

一条机器指令需执行若干操作步骤，每步操作都可以用一条微指令来控制完成，因此需要为机器指令编制若干能够译码产生控制信号的微指令。这些微指令组成一段微程序，就能完成对一条机器指令执行的全过程进行控制。因此，执行一条机器指令的过程实际上也被转换成了由控制系统执行与这条机器指令相关的微程序，并对其中的微指令逐条译码，再用产生的控制信号依次去控制数据通路中的功能部件协同工作的过程。

控制系统按序执行一段微程序的过程，实际上是从控制存储器中按一定的先后顺序逐条取出微指令、对微指令进行译码产生一系列控制信号去控制机器指令的各步操作执行的过程。这就是微程序控制的基本思想，可以概括为以下3点。

① 时钟周期与微指令周期相同，每个微指令周期执行一条微指令。

② 基于微指令译码的微命令产生方式。微指令是将各步操作所需的全部控制信号按一定

规则编码后形成，所以能将微指令反向译码输出对应的所有控制信号。控制系统输出控制信号的这种方式明显与组合逻辑方式不同，它是一种基于存储逻辑的微命令产生方式。

③ 机器指令与微程序段一一对应。机器指令执行过程按一定先后顺序可分解成若干基本的执行步骤，每步操作可安排在一个时钟周期内完成，且每步操作都与一系列控制信号对应。每步操作对应的控制信号都被编制成了一条微指令，因此指令执行过程中的若干基本操作步骤对应到若干微指令，这若干微指令又可以被看成一段逻辑完整的微程序，所以一条机器指令与一段微程序段之间存在逻辑上严格的一一对应关系。

2）控制系统的基本组成

利用微程序方式产生并输出控制信号的控制器就称为微程序控制器。在图 3-52 所示的微程序控制系统结构原理图中，产生微命令的核心部件就不再是组合逻辑电路，而是控制存储器及其外围功能电路逻辑。控制系统中的主要功能部件如下。

① 控制存储器（CM），用来存放整个指令集对应的微程序，是产生控制机器指令执行时所需微命令的核心部件。每个存储单元存放一条微指令，可控制一步微操作。控制存储器是一种存储逻辑规整的只读存储器（ROM），微程序固化其中。CPU 执行指令时，控制系统对控制存储器只读不能写，以确保存储的微程序不被破坏。

② 微指令寄存器（μIR），暂存从控制存储器中读取的微指令代码。微指令代码一般分为两部分：一部分是译码后能产生控制信号的微命令字段，占据微指令的大部分码位；另一部分称为顺序控制字段，用来指明后继微指令地址的形成方式，以确保微指令读取、执行顺序的正确性。将μIR 中的微命令字段送入译码电路译码，就能产生对应的微命令，还要将顺序控制字段代码输入微地址形成电路，作为形成后继微指令地址的一个输入条件。

③ 微地址形成电路。所有微指令是按一定的顺序逻辑固化在控制存储器中的，要从中读取微指令，就必须先形成微指令在控制存储器中的地址码，根据地址码才能定位存储单元并读取到微指令。所以在微程序控制器中必须有一个能形成微指令地址码（μA）的组合逻辑电路，即微地址形成电路。

一般可以依据这样几种信息来形成微指令的微地址：指令中的操作码、寻址方式、I/O 请求、当前的微地址和当前微指令中的顺序控制字段（有时也会使用绝对地址码），如果是转移型指令，就还需要使用到指令中的转移条件字段和程序状态字 PSW。

④ 微地址寄存器（μAR）。CPU 中常用地址寄存器 MAR 来暂存与机器指令对应的主存单元地址码，因此为了确保两者的对应关系、体现区别，也可以用微地址寄存器 μAR 表示控制存储器存储单元地址的寄存器。μAR 用来暂存微指令的地址码μA，读取微指令时根据 μAR 中保存的地址码去寻址、定位控制存储器的存储单元。从控制存储器中读取一条微指令后，微地址形成电路根据当前的各种输入条件信号，自动形成后继微指令地址（微地址），并将其暂存到内部的微程序计数器μPC 中。

⑤ 微命令译码电路。从控制存储器中读取到的微指令是一种二进制代码形态，需要将代码进行译码，才能输出指令集需要的 10 组控制信号：aI、bI、…、ST，而完成这种“代码 - 控制信号”译码和转换功能的部件通常也可利用组合逻辑电路来实现，简称为译码电路。

3）微程序的执行过程

在微程序控制器中，通过读取微程序和执行它所包含的微命令，去解释执行机器指令。即在执行指令时，从控制存储器中定位相应的微程序段，逐次取出微指令，送入μIR，译码后产生所需的微命令，以控制完成各步操作。微程序控制器的具体过程如下：

<1> 在微程序中有一条或两条取机器指令的专用微指令，译码产生的微命令用来实现机器指令的取指操作，属于各指令对应的各段微程序的公用部分。在机器指令周期开始时，根据初始微地址先从控制存储器中读取“取指微指令”，通过译码产生的微命令则直接用来控制CPU 读取机器指令的操作（M→IR），以及自动修改 PC 的操作（PC+1→PC）。

<2> 微地址形成电路根据机器指令中的操作码、取指微指令的顺序控制字段等，形成机器指令的取指操作结束以后的第一条微指令的地址μA。

<3> 根据形成的μA 读取微指令，译码输出对应的微命令序列，控制有关的微操作。不同的机器指令执行不同的操作步骤，因此不同机器指令对应的微程序可能不同。甚至一条机器指令对应的多条微指令在控制存储器中的存放位置可能并非连续的，所以一段微程序的执行流程有可能包含微指令分支、循环、嵌入微子程序等形态，所以控制系统中要由专门的微地址形成电路形成后继微指令的地址，微指令才能按准确的顺序读取、执行。

<4> 执行完一条机器指令对应的一段微程序后，又形成“取指微指令”的微地址，从控制存储器中读取与“取指操作”相关的微指令，控制 CPU 执行下一条指令的取指令操作。

2. 微程序存储与微地址形成原理

如前所述，每条微指令主要由微命令字段和顺序控制字段等信息组成。那么，如何编码得到一条与机器指令对应的全部微指令呢？这就要从微指令的作用入手进行分析。

既然微命令字段经过译码电路译码后能输出每步操作所需的微命令，那么只要确定了每步操作中需要的微命令序列，就能将这些微命令序列反向编码成微指令中的微命令字段。而各条指令的执行步骤及其所需的微命令可以基于 CPU 数据通路和指令流程整理得到，因此微命令字段的编码问题得以解决。

既然顺序控制字段的作用是指示下一条微指令的形成方式，那么只要明确了微指令在控制存储器中的存储模式，就能确定下一条微指令应该如何形成。一段微程序在控制存储器中可能不是连续存储的，与普通程序一样，虽然多数时候为顺序模式，但会涉及无条件转移、条件分支、子程序调用和返回等形态。如此一来，要确定微指令的顺序控制字段编码，首先必须明确全部微程序在控制存储器中的组织和存储模式。

1）微程序的存储模式

微程序的存储模式具体是 CPU 指令集对应的全部微指令在控制存储器中的存储方式。设计微程序的存储模式时要综合考虑以下两点。

① 存储规整。存储规整是指尽量按微指令的功能等特性将微指令聚类成区，并消除重复、冗余微指令，再进行分区存储。微指令的规整存储模式有利于精简微程序，提高微程序的管理和维护效率，也有利于控制存储器存储空间的节约。

② 寻址方便。微指令的存储还要考虑寻址方便。微指令的存储地址（μA）是由微地址形成电路自动产生的，不恰当的微指令存储模式会使微地址的形成方式五花八门、杂乱而毫无规律可循，这会导致微地址形成电路结构复杂、电路冗余度高，加大电路逻辑的设计难度。

考虑到模型机 CPU 指令集中的指令类型主要包括了 3 种大类、7 种可能使用的寻址方式等特点，而且需要存储的微指令较多，因此必要的存储空间可确定为 64K（使用 16 位地址码）。先存储取指令的公共微指令，再按指令类型分区存储。相应地，全部微程序在控制存储器中的分区存储方式，可以采用如图 3-56 所示的模式进行设计。

“取指”操作是所有指令执行过程中的必备操作，与指令的具体功能无关，因此对应的“取指”微指令可从控制存储器的 0 地址区开始存储，依次存储 MOV、双操作数、单操作数、转移型指令对应的微指令区。考虑到不同的指令类型可能使用多个寄存器和多种寻址方式，因此需要把源操作和目的操作对应的微指令归并、整合成独立于指令类型的共享微指令区，并分别存储。这样才能确保微程序存储规整、微地址寻址方便。

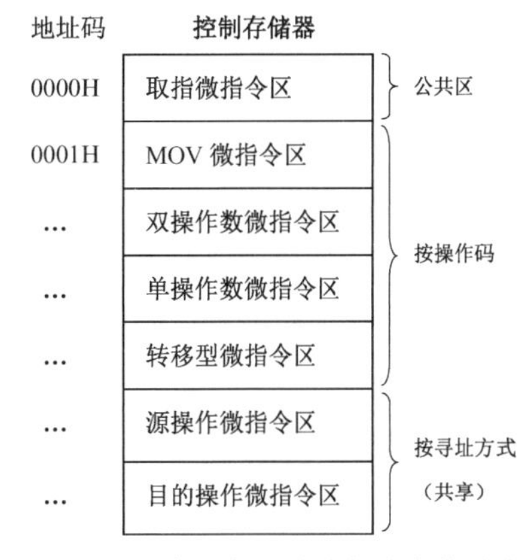

图 3-56　基于分区的微程序存储模式

除了这种存储模式，如果指令使用的寄存器数量和寻址方式都不多，还可以不设置单独的源操作和目的操作微指令区，直接按操作码划分微指令存储区。RISC 型处理器的微程序控制器经常采用这种微程序存储模式，虽然会导致微指令的冗余度增加，但是可以显著减小微地址形成电路的设计难度，降低组合逻辑电路的复杂度。

2）微指令的地址形成

确定了图 3-56 所示的微程序存储模式后，如果从微地址形成的角度分析，就可以初步确定微地址形成的基本思路：微指令分区首地址+相对偏移量。进一步，可以按操作码、寻址方式等信息形成各段微指令分区的入口地址，再考虑顺序执行和分支转移等模式形成微指令的地址。根据指令集的执行流程分析，每条机器指令的执行会涉及多个微指令分区，各分区入口对应的微地址一般就可以通过下面 4 种方式来形成。

① 取指微指令区，其入口微地址固定为 0#单元（图 3-56 中为 0000H）。

② 基于指类型的第一级微地址转移。将指令类型粗分成 MOV、双操作数类、单操作数和转移类，根据指令类型译码结果形成第一级微指令分区的入口微地址。例如，如果是 MOV 指令，那么形成的第一级入口地址为 0001H。

③ 基于指令源/目的操作的第二级微地址转移。微地址继续转移到“源操作”周期或者目的操作周期对应的微指令分区入口。

④ 基于操作码和源/目的寻址方式的第三级微地址转移。在这种情况下，刚好对应到机器指令的执行周期（ET）微指令分区，所以要具体考虑执行的是何种操作、机器指令中的源/目的寻址方式（如 $\overline{\mathrm{SR}}\cdot\mathrm{DR}$），才能确定分区的入口地址。转移型指令 JMP/JSR 可能还要综合考虑当前的转移条件是否满足。

控制系统定位微分区的入口后，便开始执行微指令。每条微指令执行完毕，还要利用其中的顺序控制字段形指示后继微地址的形成方式。后继微地址的形成方法对微程序编制和存储的灵活性影响极大。具体方法也有很多，可分为以下两类。

① 增量方式（顺序执行+转移方式）。与普通程序的顺序控制方式相似，增量方式以顺序执行为主，配合各种常规转移方式。常见的增量方式如下：

- 微指令分区内的顺序执行，此时微地址增量为 1。
- 微指令分区内的跳步执行，此时微地址增量为 2。
- 微指令之间的无条件转移，采用绝对地址转移方式，即由现行微指令给出转移微地址，或给出全部，或给出低位部分，而高位部分与现行微地址相同。
- 微指令之间的条件转移，即现行微指令的顺序控制字段以编码方式表明转移条件，以及现行微指令的哪些位是转移微地址（也是绝对地址方式）。

- 微程序段的调用与返回。常将所有机器指令微程序段中的相同部分归并成可被公用调用的微子程序，如读取源操作数、读取目的地址等。因此，对某条微指令而言，它的后继指令微地址可以通过转子与返回形态形成，此时仍可采用绝对地址方式。

增量方式的优点是控制直观，电路的实现简单；缺点是单条微指令无法实现多路型条件转移。为了解释执行各种机器指令，控制存储器中的微指令分区可能非常多。例如，某指令系统有 16 种操作码，第一级分区转移需要实现 16 路条件分支，靠增量方式难以实现。

② 断定方式。断定方式是一种直接给定微地址与测试判定微地址相结合的方式。为了实现多路分支，将微地址的若干低位作为可断定的部分，相应地在微指令的顺序控制段中设置或注明断定条件，即微地址低位段的形成条件。分支路数有限，不需将微地址的所有位都作为可断定的，因此只需断定形成有限的低位段，而直接给定高位部分。微指令与微地址的组成如下：

微指令	给定部分	断定条件
微地址	高位部分	低位部分

在微指令中给出两部分信息：直接给定的微地址高位部分和形成低位微地址的方法（断定条件）。所形成的微地址也由两部分组成：直接给定的高位部分，以及根据断定条件形成的低位部分。所依据的指令代码不同，或依据的运行状态不同，则断定形成的低位微地址不同，分支也就不同。注意：断定条件不是低位微地址本身，它只是指明低位微地址的形成条件。

【例 3-33】 假设微地址有 10 位；微指令的断定条件 A 字段有两位，给定部分 D 字段的位数由断定条件确定。

微指令	给定部分 D	断定条件 A
微地址	高位部分	低位部分

对微指令中断定条件 A 的约定如下：

- A=01——微地址低位段为操作码（若操作码有 4 位，则需给定微地址的高 6 位，而由 4 位操作码指明的微地址低 4 位可实现 16 路分支）。
- A=10——微地址低位段为源寻址方式码（若源寻址方式代码为 3 位，则需给定微地址的高 7 位，通过微地址的低 3 位就可实现 8 路分支）。
- A=11——微地址低位段为目的寻址方式码（若目的寻址方式码也有 3 位，则需给定微地址的高 7 位，通过微地址的低 3 位就可实现 8 路分支）。

这种断定方式的优点是可以快速实现多路分支转移，适合多种功能转移的需要；缺点是在编制和存储微程序时，地址安排比较复杂，微程序的执行顺序也不够直观。在实际的 CPU 中，常混合使用增量方式和断定方式，以使微程序存储模式和顺序控制更加灵活、方便。

③ 面向绝对地址的转移。这种情况经常发生在一个微指令分区执行结束后，要转移到另一个微指令分区的情况。适度使用绝对地址转移的方式来形成下一个分区入口的微地址，可以显著降低微地址形成电路的复杂度。例如，机器指令的 ET 周期微指令区执行结束时，通过在微指令中设置转移目标的绝对微地址 0000H，就能方便地形成取指微指令分区的入口地址。若不采用绝对地址转移方式，则需要微地址形成电路通过十分复杂的电路逻辑来判断转移后的目标微指令分区是否应当是取指微指令分区，这种判断逻辑十分复杂，会增加电路的复杂度。

3．微指令的格式和编码规则

微指令代码的作用是经过译码，一方面输出指令执行所需的微命令，另一方面为微地址形成电路提供后续微地址的形成规则。

结合模型机 CPU 的数据通路，3.4.3 节已完成了各种指令执行流程的分析，对每步操作对应的控制信号（微命令）进行了整理。以数据通路为基础，归并后的控制信号主要包括三类：用于确定基本数据通路和运算操作的控制信号、访存控制信号和辅助控制信号。

微指令编码是将各步操作所需的三类控制信号和微指令的顺序控制字段，按某种固定格式，全部编码成二值代码并存储成微程序。微指令执行时，通过反向译码方式，把这些二值代码转换成对应的控制信号，用来控制机器指令中各操作的执行。

1）微指令的编码规则

通常，可以采用下列几种规则来对微命令进行编码。

① 直接编码法。将每位控制信号直接编码成一位微指令代码，微指令中微命令字段每位就对应一个微命令，能直接控制一种微操作。例如，访存控制信号 R（1 位，高电平有效）可直接用 1 位代码来表示，代码 0 表示 R 无效、代码 1 表示 R 有效（将主存设置成读模式）。这种编码方法的优点是简单直观，缺点是只适合一位控制信号的编码，编码效率太低，可能使微指令很冗长。在一条微指令中，通常对部分只有一位控制信号采用这种直接编码法。

② 分段直接编码法（显式编码、单重定义）。以功能聚合度（通常是控制同一个功能部件）为依据，将同类操作中互斥的微命令归为一组，因此可以将每步操作对应的全部控制信号分成若干组段，各段独立定义编码的含义，再将组段中的各种控制信号编码成一组互斥的微指令代码。例如，移位器上的控制信号 S 可能涉及直传（DM）、左移（SL）、右移（SR）和字节交换（EX）这 4 种微命令，因此可以把它们聚合成一组进行互斥编码：DM→00、SL→01、SR→10、EX→11）。在这种编码方式中，每个组段对应的编码对应同一类型的操作，微指令结构清晰、简洁、编码方便，也易于修改和扩充。

③ 分段间接编译法（隐式编码、多重定义）。若一个字段的代码含义不仅取决于本字段的编码，还需由其他字段（或位）参与解释，则可采用分段间接编码法，即一种字段编码具有多重定义。这种方法使微指令编码含义更加灵活，可显著提高微指令的编码效率，但反向译码时会更烦琐。

【例 3-34】 在微指令中设置解释位或解释字段。

0	AI	BI
1	K	

在大部分微指令中需设置有关数据通路操作的控制字段，如输入选择 AI、BI。但某些微指令中需提供常数 K 或微程序转移地址。可以采取这样的方法：用微指令中的一位来区别，该位称为解释位。若解释位为 0，则相应字段为 AI 及 BI；若解释位为 1，则对应字段为常数字段 K。AI 和 BI 包含的具体微命令再由这些字段的编码去定义。这种编码方式又称为可重定义解释的字段编码，比分别设置 AI、BI 及 K 代码字段能更有效地缩短微指令长度。

有些 CPU 将微指令分成几大类，如 CPU 操作类、I/O 控制类，由某字段或状态触发器来区分。例如，某触发器为 0，表示当前微指令是控制 CPU 内部操作的，按其需要分段译码产生微命令；若该触发器为 1，表示当前微指令是控制 I/O 操作的，另有一套分段定义。这就使一些不同条件下使用的功能可以占据同一段微指令码位，从而缩短微指令长度。有的文献中也称之为分类编码，常用于大中型计算机 CPU 指令微程序控制方式中。

④ 其他编码方法。前面 3 种基本的微指令编码方法在实际机器中常综合使用，有些字段采用直接编码法，有些字段采用单重定义直接编码法，有些字段则采用间接编码法等。除此之

外，还有一些常用编码方法及相应设计技巧，比如：

- 微指令译码与机器指令译码复合控制。机器指令中常指明与形成操作数有关的寄存器号，这部分可以通过简单的译码形成选择寄存器的控制电位，不必再纳入微指令。微指令通过译码给出微命令 R_i→A，由机器指令中的寄存器号进一步确定具体的 R_i。这是一种缩短微指令长度的辅助手段。
- 微地址参与解释微指令代码。某种机器的微指令编码采用直接编码法，每位对应一种微命令，但采取了一种辅助手段使微指令的长度缩短。该机将 26 个只有一条或少数几条微指令才使用的微命令称为局部性微命令，它们共占微指令的 1 位，其具体含义由该微指令所在的微地址参与解释。比如，从控制存储器 0004H 单元取出的微指令中，某位是“取指”标志，将从主存中读取的代码送往指令寄存器 IR；而从 0011H 单元取出的微指令中，该位是“变址”标志，控制实现变址运算。

2）微指令的编码格式设计

编制微指令的关键是如何确定微指令的编码格式，它与 CPU 数据通路结构、目标控制信号的种类和信号位数等信息都有密切关系。具体地说，就是先对各种可能的微命令控制信号进行聚类分组，确定微指令的段组，定义各段组不同代码的含义，以此作为把各步操作对应的控制信号或者微命令编码成二值型微指令代码的格式依据。

针对图 3-43 模型机 CPU 的内部数据通路结构和表 3-12 显示的各种控制信号归并、整理结果，可以将需要由微指令直接产生的各种微命令分组归纳为如下 4 部分：

- 数据通路和运算操作控制微命令组，这部分包含 ALU 的输入选择 AI 和 BI（均为 3 位编码）、ALU 的功能选择 SM（5 位）和 CI（2 位）、移位选择 S（2 位）。
- 从内部总线上分配运算结果的脉冲型微命令 CP（4 位编码）。
- 访问主存的控制字段，其中包含地址使能 EMAR、读写模式控制 R 和 W，各 1 位。
- 辅助操作的控制字段，即将前面两部分未能包括的剩余微命令 SIR 和 ST（开中断、关中断）等单独归为一类辅助控制字段，2 位编码。

微指令格式中需要在低位安排一个顺序控制字段，以辅助形成后继微指令的地址。总共需要哪几种后继微地址形成方式呢？要综合考虑微程序的存储模式、微地址形成电路设计逻辑的简易性要求。可以采用增量方式实现顺序执行、无条件转移、微子程序的调用与返回，采用断定方式实现按机器指令操作码、寻址方式与状态字标志位的功能转移。在具体实现方法上还需考虑一个问题，即在断定时如何产生微地址，为了简化微地址形成电路的逻辑复杂性，通常可以采用微指令中直接给出绝对微地址的方式来形成。

需要由微指令产生的间接微命令有 10 组，其对应编码共 24 位，还需要在微指令中设置后继微指令的地址形成方式信息，也考虑为微指令编码预留扩展空间，所以将微指令的代码长度设计为定长 32 位格式，如图 3-57 所示。出于教学和简化控制系统的目的，在定义微指令的格式时综合考虑了直接编码、分段直接编码和分段间接编码等方式。

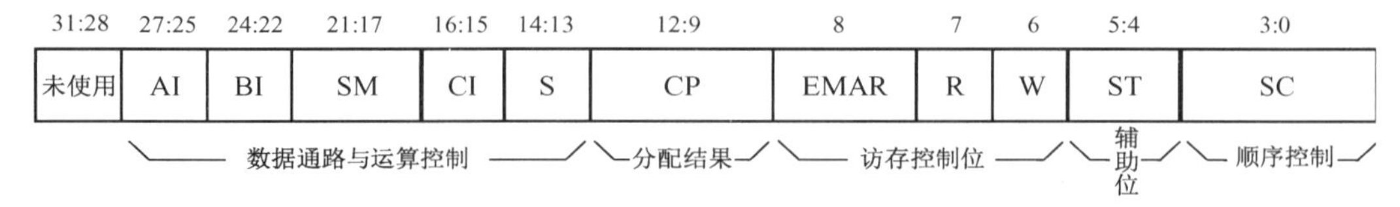

图 3-57　模型机 CPU 的 32 位定长微指令格式

为了简化 CPU 的微程序控制系统设计，所以在这里采用了像组合逻辑控制方式那样的两级译码方式来输出直接微命令的思路：第一级译码依靠微程序直接输出 10 组间接型微命令，第二级译码依靠外围组合逻辑电路译码将间接型微命令映射成部件所需的直接型微命令。在图示的微指令格式中，微指令的最高 4 位未使用，代码段 AI、BI、SM、CI、S、CP、EMAR、R、W、ST 的编码规则与指令集的间接微命令归并结果一致，见表 3-12。

微指令中的最低 4 位是顺序控制字段 SC，该段的编码含义如下：

- 0000——微程序按顺序执行，即μAR+1→μAR。
- 0001——无条件转移，此时由微指令中的第 11～4 位提供 8 位转移目标微地址。
- 0010——按机器指令操作码 OP 进行断定，实现第一级分支转移。
- 0011——按 OP 与目的寻址方式 DA（是 DR 还是 $\overline{DR}$ ）断定，分支转移。
- 0100——按转移条件是否满足（J 或 NJ）、OP、JA（IR[11:9]）是否是 PC、返回类型 IR[4]来综合断定，分支转移。
- 0101——按“源寻址方式”断定，分支转移。
- 0110——按“目的寻址方式”断定，分支转移。
- 0111——调用微子程序，此时将返回微地址存入一个专用的返回微地址寄存器中，并由微指令中的第 11～4 位指定 8 位的微子程序入口地址（只允许单级微子程序调用）。
- 1000——微子程序执行结束后返回，由专用的返回微地址寄存器提供返回的目标地址。
- 1111——按“转移寻址方式”断定，分支转移。

注意：顺序控制字段 SC 本身不是微地址，只是指出后继微地址形成方式。究竟设置哪些方式，要根据微程序编制的需要。模型机最后确定了 10 种方式，因此 SC 段需要 4 位，还留有若干编码可供扩充。根据模型机微程序长度，8 位微地址已能满足要求，且留有较大的微程序扩展空间，如编制乘除指令的微程序。根据断定条件与所形成的微地址之间的对应关系，可预先编制并存储一个微地址形成表，通过查表的方式可显著降低微地址形成电路的复杂性。

4．微程序与地址查找表

按前面定义的微指令格式与编码规则，只要确定了机器指令在执行的时候操作步骤中所需的相关微命令，就可以把这些微命令编码成微指令。指令集对应的所有微指令按一定规则存储到控制存储器中，就形成了控制系统所需的微程序。

1）微指令编码实例

下面以“取指令”相关操作为例，演示如何将各步操作中的微命令编码成对应的微指令。

根据对模型机指令流程的分析，这步操作必须同时完成的公共操作是：M→IR 和 PC+1→PC。所需的全部微命令是：EMAR、R、SIR、PC→A、0→B、1→C_0、A 加 B（SM=10010）、DM 和 CPPC。对应的微命令编码应分别是：EMAR=1、R=1、ST=11、AI=111、BI=000、CI=01、SM=$S_3\overline{S_2}\overline{S_1}S_0\overline{M}$（等价于 10010）、S=00 和 CP=0111。

此外，考虑到微指令之间的衔接，需额外增加一条用于下一步按指令操作码 OP 进行断定的分支入口微指令，而且两者是连续存储的关系。因此，对取指微指令段而言，下一条微指令应以顺序执行方式取得，所以取指微指令的顺序控制字段 SC=0000H。分支入口微指令不会涉及任何有效的微操作，只需对顺序控制方式进行说明，所以微命令字段默认为 0，SC＝0010H。

确定了微命令各字段的编码和顺序控制字段的编码以后，还需要将这些编码按预先设计好的微指令各段编排顺序格式直接组合在一起，这样才能够得到编码成的完整微指令代表。最终编码形成的“取指令”操作对应的 2 组微命令二进制代码分别如下：

微地址（十六进制）	AI	BI	SM	CI	S	CP	EMAR	R	W	ST	SC	功能和作用
00H	111	000	10010	01	00	0111	1	1	0	11	0000	M→IR　PC+1→PC
01H	000	000	00000	00	00	0000	0	0	0	00	0010	按 OP 断定分支

取指令操作的微程序段只包含这两条微指令，分别用于译码产生 10 组可能的间接型微命令和后续的分支转移衔接控制，存放到微地址分别为 00H 和 01H 的存储单元中。

2）微程序的编制和存储

我们采取的编制顺序是先编写取指令段，再按机器指令系统中的指令类型，分别编写 MOV、双操作数、单操作数、转移型指令对应的微程序，且各类指令的入口按指令操作码（OP）断定分支转移。此外，有一部分可共享的微子程序，如压栈/出栈、读取源操作数、形成目的地址等，需统一编写成微子程序供调用（减少微指令冗余），并存放到存储器高地址区。

按这种编制思路可完成模型机 CPU 指令集的全部微指令，再按存储模式对它们进行分区整合，增设各分区的断定分支说明、入口微指令等，解决编写顺序、实现微程序分支转移等衔接问题，最后把全部微指令按一定逻辑顺序存储到控制存储器中。这样就得到了与指令集相适应的完整微程序，如表 3-18 所示，其中“∧”和“∨”分别表示逻辑与和或。

表 3-18　模型机的微程序编制说明

含义标注	微地址	微操作说明	微指令 μI 的微命令代码解析
取指令	00 H	M→IR PC+1→PC	EMAR，R，SIR，PC→A，0→B，$S_3\overline{S}_2\overline{S}_1S_3\overline{M}$，1→$C_0$，DM，CPPC，SC = 0000
	01 H		按机器指令的 OP 即 IR[15:12]断定，分支转移，故 SC = 0010
MOV (OP)	02 H	调用微子程序	“源操作数”入口：59H，故 μI[11:4] = 59H，SC = 0111
	03 H	调用微子程序	“目的地址”入口：6BH，故 μI[11:4] = 6BH，SC = 0111
	04 H		按 OP · DR 断定，分支转移，故 SC = 0011
$MOV \cdot \overline{DR}$	05 H	C→MDR	C→A，$S_3S_2S_1S_0M$，DM，CPMDR，SC = 0000
	06 H	MDR→M	EMAR，W，SC = 0000
	07 H	PC→MAR	PC→A，$S_3S_2S_1S_0M$，DM，CPMAR，SC = 0000
	08 H		无条件转向“取指令”入口：00H，故 μI[11:4] = 00H，SC = 0001
MOV · DR	09 H	C→R_j	C→A，$S_3S_2S_1S_0M$，DM，CPR_j，SC = 0000
	0AH		无条件转向：07H，故 μI[11:4] =07H，SC = 0001
双操作数 （OP）	0B H	调用微子程序	“源操作数”入口：59H，故 μI[11:4] =59H，SC = 0111
	0C H	调用微子程序	“目的地址”入口：6BH，故 μI[11:4] =6BH，SC = 0111
	0D H	M→MDR→D	EMAR，R，MDR→B，$S_3\overline{S}_2S_1\overline{S}_0M$，DM，CPD，SC = 0000
	0E H		按 OP · DR 断定，分支转移，故 SC = 0011
$ADD \cdot \overline{DR}$	0F H	C + D→MDR	C→A，D→B，$S_3\overline{S}_2\overline{S}_1S_0\overline{M}$，PSW[0]→$C_0$，DM，CPMDR，SC = 0000
	10 H		无条件转向：06H，故 μI[11:4] =06H，SC = 0001
ADD · DR	11 H	C+R_j→R_j	C→A，R_j→B，$S_3\overline{S}_2\overline{S}_1S_0\overline{M}$，PSW[0]→$C_0$，DM，CP$R_j$，SC = 0000
	12 H		无条件转向：07H，故 μI[11:4] =07H，SC = 0001
$SUB \cdot \overline{DR}$	13 H	C–D→MDR	C→A，D→B，$\overline{S}_3S_2S_1\overline{S}_0\overline{M}$，1→$C_0$，DM，CPMDR，SC = 0000
	14 H		无条件转向：06H，故 μI[11:4] =06H，SC = 0001
SUB · DR	15 H	C–R_j→R_j	C→A，R_j→B，$\overline{S}_3S_2S_1\overline{S}_0\overline{M}$，1→$C_0$，DM，CP$R_j$，SC = 0000
	16 H		无条件转向：07H，故 μI[11:4] =07H，SC = 0001
$AND \cdot \overline{DR}$	17 H		C→A，D→B，$S_3S_2S_1\overline{S}_0M$，DM，CPMDR，SC = 0000
	18 H	C∧D→MDR	无条件转向：06H，故 μI[11:4] =06H，SC = 0001

（续）

含义标注	微地址	微操作说明	微指令 μI 的微命令代码解析
AND·DR	19 H		C→A，R_j→B，$S_3S_2S_1\overline{S}_0M$，DM，CPR_j，SC = 0000
	1A H	$C\wedge R_j \rightarrow R_j$	无条件转向：07H，故 μI[11:4] =07H，SC = 0001
OR·$\overline{DR}$	1B H	$C\vee D\rightarrow$ MDR	C→A，D→B，$S_3\overline{S}_2S_1S_0M$，DM，CPMDR，SC = 0000
	1C H		无条件转向：06H，故 μI[11:4] =06H，SC = 0001
OR·DR	1D H	$C\vee R_j\rightarrow R_j$	C→A，R_j→B，$S_3\overline{S}_2S_1S_0M$，DM，CPR_j，SC = 0000
	1E H		无条件转向：07H，故 μI[11:4] =07H，SC = 0001
EOR·$\overline{DR}$	1F H	$C\oplus D\rightarrow$ MDR	C→A，D→B，$S_3\overline{S}_2\overline{S}_1S_0M$，DM，CPMDR，SC = 0000
	20 H		无条件转向：06H，故 μI[11:4] =06H，SC = 0001
EOR·DR	21 H	$C\oplus R_j\rightarrow R_j$	C→A，R_j→B，$S_3\overline{S}_2\overline{S}_1S_0M$，DM，$CPR_j$，SC = 0000
	22 H		无条件转向：07H，故 μI[11:4] =07H，SC = 0001
单操作数（OP）	23 H	调用微子程序	“目的地址”入口：6BH，故 μI[11:4]=6BH，SC = 0111
	24 H	M→MDR→D	EMAR，R，MDR→B，$S_3\overline{S}_2S_1\overline{S}_0M$，DM，CPD，SC = 0000
	25 H		按 OP·DR 断定，分支转移，故 SC = 0011
COM·$\overline{DR}$	26 H	$\overline{D}\rightarrow$ MDR	D→B，$\overline{S}_3S_2\overline{S}_1S_0M$，DM，CPMDR，SC = 0000
	27 H		无条件转向：06H，故 μI[11:4] =06H，SC = 0001
COM·DR	28 H	$\overline{R}_j\rightarrow R_j$	R_j→B，$\overline{S}_3S_2\overline{S}_1S_0M$，DM，$CPR_j$，SC = 0000
	29 H		无条件转向：07H，故 μI[11:4] =07H，SC = 0001
NEG·$\overline{DR}$	2A H	$\overline{D}+1\rightarrow$ MDR	0→A，D→B，$\overline{S}_3S_2S_1\overline{S}_0\overline{M}$，1→$C_0$，DM，CPMDR，SC = 0000
	2B H		无条件转向：06H，故 μI[11:4] =06H，SC = 0001
NEG·DR	2C H	$\overline{R}_j+1\rightarrow R_j$	0→A，R_j→B，$\overline{S}_3S_2S_1\overline{S}_0\overline{M}$，1→$C_0$，DM，$CPR_j$，SC = 0000
	2D H		无条件转向：07H，故 μI[11:4] =07H，SC = 0001
INC·$\overline{DR}$	2E H	D+1→MDR	0→A，D→B，$S_3\overline{S}_2\overline{S}_1S_0\overline{M}$，1→$C_0$，DM，CPMDR，SC = 0000
	2F H		无条件转向：06H，故 μI[11:4] =06H，SC = 0001
INC·DR	30 H	$R_j+1\rightarrow R_j$	0→A，R_j→B，$S_3\overline{S}_2\overline{S}_1S_0\overline{M}$，1→$C_0$，DM，$CPR_j$，SC = 0000
	31 H		无条件转向：07H，故 μI[11:4] =07H，SC = 0001
DEC·$\overline{DR}$	32 H	D–1→MDR	D→A，$\overline{S}_3\overline{S}_2\overline{S}_1\overline{S}_0\overline{M}$，DM，CPMDR，SC = 0000
	33 H		无条件转向：06H，故 μI[11:4] =06H，SC = 0001
DEC·DR	34 H	R_j→D	R_j→B，$S_3\overline{S}_2S_1\overline{S}_0M$，DM，CPD，SC = 0000
	35 H	D–1→R_j	D→A，$\overline{S}_3\overline{S}_2\overline{S}_1\overline{S}_0\overline{M}$，DM，$CPR_j$，SC = 0000
	36 H		无条件转向：07H，故 μI[11:4] =07H，SC = 0001
SL·$\overline{DR}$	37 H	$\overleftarrow{D}\rightarrow$ MDR	D→B，$S_3\overline{S}_2S_1\overline{S}_0M$，SL，CPMDR，SC = 0000
	38 H		无条件转向：06H，故 μI[11:4] =06H，SC = 0001
SL·DR	39 H	$\overleftarrow{R_j}\rightarrow R_j$	R_j→B，$S_3\overline{S}_2S_1\overline{S}_0M$，SL，$CPR_j$，SC = 0000
	3A H		无条件转向：07H，故 μI[11:4] =07H，SC = 0001
SR·DR	3B H	$\overrightarrow{D}\rightarrow$ MDR	D→B，$S_3\overline{S}_2S_1\overline{S}_0M$，SR，CPMDR，SC = 0000
	3C H		无条件转向：06H，故 μI[11:4] =06H，SC = 0001
	3D H	$\overrightarrow{R}_j\rightarrow R_j$	R_j→B，$S_3\overline{S}_2S_1\overline{S}_0M$，SR，$CPR_j$，SC = 0000
	3E H		无条件转向：07H，故 μI[11:4] =07H，SC = 0001
转移型(OP)	3F H		按转移决策结果 NJ/J、PC、OP、返回类型来断定分支，SC = 0100
NJ·$\overline{PC}$	40 H		无条件转向：07H，故 μI[11:4] =07H，SC = 0001
NJ·PC	41 H	PC + 1→PC	PC→A，0→B，$S_3\overline{S}_2\overline{S}_1S_0\overline{M}$，1→$C_0$，DM，CPPC，SC = 0000
	42 H		无条件转向：07H，故 μI[11:4] =07H，SC = 0001

（续）

含义标注	微地址	微操作说明	微指令 μI 的微命令代码解析
J · JMP/RST· $\overline{IR[4]}$	43 H	调用子程序	“转移地址”入口：7BH，故 μI[11:4]=7BH，SC = 0111
	44 H	PC→MAR	PC→A，$S_3S_2S_1S_0M$，DM，CPMAR，SC = 0000
	45 H		无条件转向“取指令”入口：00H，故 μI[11:4] = 00H，SC = 0001
J · JMP/RST IR[4]	46 H	调用子程序	“转移地址”入口：7BH，故 μI[11:4]=7BH，SC = 0111
	47 H	PC→MAR，1→PSW[4]	PC→A，$S_3S_2S_1S_0M$，DM，CPMAR，开中断：ST=01，SC = 0000
J · JMP/RST IR[4]	48 H		无条件转向“取指令”入口：00H，故 μI[11:4] = 00H，SC = 0001
J · JSR	49 H	调用子程序	“压栈”入口微地址：55H，故 μI[11:4]= 55H，SC = 0111
	4A H	调用子程序	“转移地址”入口微地址：7BH，故 μI[11:4]= 7BH，SC = 0111
	4B H	PC→MAR	PC→A，$S_3S_2S_1S_0M$，DM，CPMAR，SC = 0000
	4C H		无条件转向“取指令”入口：00H，故 μI[11:4] = 00H，SC = 0001
中断隐指令 (OP)	4D H	调用子程序	“压栈”入口微地址：55H，故 μI[11:4]= 55H，SC = 0111
	4E H	0→PSW[4]	关中断：ST=10，SC=0000（顺序执行）
	4F H	IVA→MAR	将向量地址送 MAR，准备读取中断向量表（微指令忽略）
	50 H	M→MDR→PC	EMAR，R，MDR→B，$S_3\overline{S_2}S_1\overline{S_0}M$，DM，CPPC，返回：SC = 1000
	51 H	PC→MAR	PC→A，$S_3S_2S_1S_0M$，DM，CPMAR，SC=0000（顺序执行）
	52 H		无条件转向“取指令”入口：00H，故 μI[11:4] = 00H，SC = 0001
DMA 响应 (OP)	53 H	断开总线	EMAR=0，R=0，W=0，SC=0000（顺序执行）
	54 H		无条件转向“取指令”入口：00H，故 μI[11:4] = 00H，SC = 0001
压栈（微子程序）	55 H	SP+1→SP	SP→A，$\overline{S_3}\overline{S_2}\overline{S_1}\overline{S_0}\overline{M}$，DM，CPSP，SC = 0000
	56 H	SP→MAR	SP→A，$S_3S_2S_1S_0M$，DM，CPMAR，SC = 0000
	57 H	PC→MDR	PC→A，$S_3S_2S_1S_0M$，DM，CPMDR，SC = 0000
	58 H	MDR→M	EMAR，W，返回：SC = 1000
源操作数（微子程序）	59 H	操作数→C	按机器指令中的“源寻址方式”SA 字段，IR[2:0]来断定，分支转移，SC = 0101
000：R	5A H	R_j→C	R_j→A，$S_3S_2S_1S_0M$，DM，CPC，返回：SC = 1000
001：(R)	5B H	R_j→MAR	R_j→A，$S_3S_2S_1S_0M$，DM，CPMAR，SC = 0000
	5C H	M→MDR→C	EMAR，R，MDR→B，$S_3\overline{S_2}S_1\overline{S_0}M$，DM，CPC，返回：SC = 1000
010：-(R)	5D H	R_j-1→R_i	R_j→A，$\overline{S_3}\overline{S_2}\overline{S_1}\overline{S_0}\overline{M}$，DM，$CPR_i$，SC = 0000
	5E H		无条件转向：5BH，故 μI[11:4] = 5BH，SC = 0001
011：(R)+	5F H	R_j→MAR	R_j→A，$S_3S_2S_1S_0M$，DM，CPMAR，SC = 0000
	60 H	R_j +1→R_i	R_j→A，0→B，$S_3\overline{S_2}\overline{S_1}S_0\overline{M}$，1→$C_0$，DM，$CPR_i$，SC = 0000
	61 H	M→MDR→C	EMAR，R，MDR→B，$S_3\overline{S_2}S_1\overline{S_0}M$，DM，CPC，返回：SC = 1000
100：@(R)+	62 H	R_j→MAR	R_j→A，$S_3S_2S_1S_0M$，DM，CPMAR，SC = 0000
	63 H	R_j+1→R_i	R_j→A，0→B，$S_3\overline{S_2}\overline{S_1}S_0\overline{M}$，1→$C_0$，DM，$CPR_i$，SC = 0000
	64 H	M→MDR→MAR	EMAR，R，MDR→B，$S_3\overline{S_2}S_1\overline{S_0}M$，DM，CPMAR，SC = 0000
	65 H	M→MDR→C	EMAR，R，MDR→B，$S_3\overline{S_2}S_1\overline{S_0}M$，DM，CPC，返回：SC = 1000
101：X(R)	66 H	PC→MAR	PC→A，$S_3S_2S_1S_0M$，DM，CPMAR，SC = 0000
	67 H	PC + 1→PC	PC→A，0→B，$S_3\overline{S_2}\overline{S_1}S_3\overline{M}$，1→$C_0$，DM，CPPC，SC = 0000
	68 H	M→MDR→C	EMAR，R，MDR→B，$S_3\overline{S_2}S_1\overline{S_0}M$，DM，CPC，SC = 0000
	69 H	R_j +C→MAR	R_j→A，C→B，$S_3\overline{S_2}\overline{S_1}S_3\overline{M}$，PSW[0]→$C_0$，DM，CPMAR，SC = 0000
	6A H	M→MDR→C	EMAR，R，MDR→B，$S_3\overline{S_2}S_1\overline{S_0}M$，DM，CPC，返回：SC = 1000

（续）

含义标注	微地址	微操作说明	微指令 μI 的微命令代码解析
目的地址（微子程序）	6B H	地址→MAR	按机器指令中的“目的寻址方式”DA 字段，IR[8:6]字段来断定分支，故 SC = 0110
000：R	6C H		返回：SC=1000
001：(R)	6D H	R_j→MAR	R_j→B，$S_3\overline{S}_2S_1\overline{S}_0M$，DM，CPMAR，返回：SC=1000
010：−(R)	6E H	Rj→D	R_j→B，$S_3\overline{S}_2S_1\overline{S}_0M$，DM，CPD，SC = 0000
	6F H	D-1→Rj	D→A，$\overline{S}_3\overline{S}_2\overline{S}_1\overline{S}_0\overline{M}$，DM，CPRj，SC = 0000
	70 H	R_j→MAR	R_j→B，$S_3\overline{S}_2S_1\overline{S}_0M$，DM，CPMAR，返回：SC = 1000
011：(R)+	71 H	R_j→MAR	R_j→B，$S_3\overline{S}_2S_1\overline{S}_0M$，DM，CPMAR，SC=0000
	72 H	R_j+1→R_j	0→A, R_j→B，$S_3\overline{S}_2\overline{S}_1S_3\overline{M}$，1→$C_0$，DM，CP$R_j$，返回：SC=1000
100：@(R)+	73 H	R_j→MAR	R_j→B，$S_3\overline{S}_2S_1\overline{S}_0M$，DM，CPMAR，SC=0000
	74 H	R_j+1→R_j	0→A，R_j→B，$S_3\overline{S}_2\overline{S}_1S_3\overline{M}$，1→$C_0$，DM，CP$R_j$，SC=0000
	75 H	M→MDR→MAR	EMAR，R，MDR→B，$S_3\overline{S}_2S_1\overline{S}_0M$，DM，CPMAR，返回：SC=1000
101：X(R)	76 H	PC→MAR	PC→A，$S_3S_2S_1S_0M$，DM，CPMAR，SC = 0000
	77 H	PC+1→PC	PC→A，0→B，$S_3\overline{S}_2\overline{S}_1S_3\overline{M}$，1→$C_0$，DM，CPPC，SC = 0000
	78 H	M→MDR→D	EMAR，R，MDR→B，$S_3\overline{S}_2S_1\overline{S}_0M$，DM，CPD，SC = 0000
	79 H	D+R_j→D	D→A，R_j→B，$S_3\overline{S}_2\overline{S}_1S_0\overline{M}$，PSW[0]→$C_0$，DM，CPD，SC = 0000
	7A H	D→MAR	D→B，$S_3\overline{S}_2S_1\overline{S}_0M$，DM，CPMAR，返回：SC=1000
转移地址（微子程序）	7B H	转移地址→PC	按转移寻址方式 JA 字段，即 IR[8:6]来断定分支，故 SC=1111
000：R	7C H	R_j→PC	R_j→B，$S_3\overline{S}_2S_1\overline{S}_0M$，DM，CPPC，返回：SC=1000
001：(R)	7D H	R_j→MAR	R_j→B，$S_3\overline{S}_2S_1\overline{S}_0M$，DM，CPMAR，SC=0000
	7E H	M→MDR→PC	EMAR，R，MDR→B，$S_3\overline{S}_2S_1\overline{S}_0M$，DM，CPPC，返回：SC=1000
011：(R)+	7F H	R_j→MAR	R_j→B，$S_3\overline{S}_2S_1\overline{S}_0M$，DM，CPMAR，SC=0000
	80 H	R_j+1→R_j	0→A，R_j→B，$S_3\overline{S}_2\overline{S}_1S_0\overline{M}$，1→$C_0$，DM，CP R_j，SC=0000
	81 H	M→MDR→PC	EMAR，R，MDR→B，$S_3\overline{S}_2S_1\overline{S}_0M$，DM，CPPC，返回：SC=1000
101：X(PC)	82 H	PC→MAR	PC→A，$S_3S_2S_1S_0M$，DM，CPMAR，SC = 0000
	83 H	M→MDR→D	EMAR，R，MDR→B，$S_3\overline{S}_2S_1\overline{S}_0M$，DM，CPD，SC = 0000
	84 H	PC+1→PC	PC→A，0→B，$S_3\overline{S}_2\overline{S}_1S_3\overline{M}$，1→$C_0$，DM，CPPC，SC = 0000
	85 H	PC+D→PC	PC→A，D→B，$S_3\overline{S}_2\overline{S}_1S_0\overline{M}$，PSW[0]→$C_0$，DM，CPPC，SC = 1000
110：SKP	86 H	PC+1→PC	PC→A，0→B，$S_3\overline{S}_2\overline{S}_1S_0\overline{M}$，1→$C_0$，DM，CPPC，返回：SC = 1000

表 3-18 给出了能正确支持模型机 CPU 指令集中各类指令执行的完整微程序，一共有 135 条微指令，其中包括 I/O 请求（中断和 DMA）处理相关的微指令，可存储到最小容量为 135×32 位的控制存储器中。这些微程序基本上是按 3.4.3 节的指令流程图整理、编制的，并且综合考虑了指令执行效率、微程序的复杂度、存储容量和外围电路（地址形成电路、译码电路）的设计难度等因素，在某些细节上根据微程序的特点做了局部调整和优化。

在执行一条机器指令的时候，微程序的执行过程和顺序是这样的：

① 从地址码为 00H 的存储单元开始执行“取指令”微程序段，结束后再按指令操作码 OP 来断定第一层分支转移情况（共 6 路）。

② 若是当前执行的是 MOV 指令，则转向微地址为 02H 的存储单元；如果是双操作数指令（ADD、SUB、AND、OR 和 EOR），则统一转向微地址为 0BH 的存储单元；如果是单操作

数指令（COM、NEG、INC、DEC、SL 和 SR），则统一转向 23H 存储单元；对于转移类的指令（JMP、RST 和 JSR），则统一转向 3FH 存储单元；如果是中断隐指令，此时要转向 4DH 存储单元；如果是 DMA 响应，则应自动转向 53H 存储单元读取微指令。

③ 按 OP 分支进入第一层微程序段后，若是 MOV 和双操作数指令，则先分别调用微子程序“源操作数”（第二层分支，7 路）和“目的地址”（第二层分支，6 路），取得源操作数和目的地址，再按 OP·DR 断定第二层分支转移（MOV 有 2 路，双操作数有 10 路）；若是单操作数，则调用微子程序“目的地址”得到目的地址，并读取操作数，再按 OP·DR 断定第二层分支转移（共有 12 路）；若是转移型指令，则按转移决策结果 NJ·PC 、J·OP·IR[4] 分别断定第二层分支转移路径（共有 5 路）；若是中断隐指令，则调用微子程序“压栈”保存断点，然后修改 PSW、形成中断服务入口地址，最后转向“取指令”微程序段，进入新一轮 OP 断定循环。若是 DMA 响应，则交出总线控制权，以供外部设备的 DMA 操作使用，然后转向“取指令”微程序段，进入新一轮 OP 断定循环。

④ 按 OP·DR 断定进入第二层分支后，若是 MOV、双操作数、单操作数指令，则执行运算操作、保存结果、打入下一条指令地址等对应的微指令，最后转向“取指令”微程序段，进入新一轮 OP 断定循环；若是转移型指令，则执行微程序段，以产生并保存转移的目标地址，最后转向“取指令”微程序段，进入新一轮 OP 断定循环。

例如，假设 01H 单元微指令中执行按 OP 断定后进入 MOV 指令入口（02H 单元），调用微子程序“源操作数”读取源操作数，并将其暂存于 C 中；返回 03H 单元，调用微子程序“目的地址”生成目的地址并保存到 MAR；返回 04H 单元，按 OP·DR 启动断定操作。若目的寻址方式 DA 是 DR，则执行 C→R_j 把数据保存到寄存器，转向 07H 单元，执行 PC→MAR，打入下一条指令的地址；最后转向 00H 单元，开始执行“取指令”微程序段，进入下一个机器指令周期。如果目的寻址方式 DA 为 $\overline{DR}$，则先执行 C→MDR、MDR→M，将数据保存到主存之中，再执行 PC→MAR 操作，打入下一条指令的地址到 MAR，最后才转向 00H 单元，开始执行公共的“取指令”微程序段，进入下一个机器指令周期。

3）断定的分支微地址查找表

将全部微程序固化存储到控制存储器后，各段微程序的入口微地址便固定了。比如，“取指令”微程序段的入口地址是 00H，按 OP 断定出“转移型”指令的微程序段入口地址是 3FH，“目的地址”微子程序的入口地址是 6BH，等等。

一条机器指令在执行的时候，控制系统先读取 00H 地址的微指令，译码后产生相应的控制信号，用来驱动“取指”电路从主存 M 中取出指令并打入到 IR，再按 OP 断定分支到哪个微地址单元继续执行微指令，后续微指令的执行还会涉及多次断定操作，以确定分支目标微地址。在大多数时候，微指令是按顺序执行的，但微指令调用微子程序是通过当前微指令中的 μI[11:4]段（SC）和 μI[11:4]段（目标微地址）来指明微子程序的入口的，如 02H、03H 单元。同样，无条件转移可以通过这种方式来指明转向的目标单元，如 0AH 单元微指令。

在进行微程序中的各种断定操作的时候，微地址形成电路可以通过译码的方式来确定第一级、第二级分支目标，但确定分支目标后如何指明微地址目标单元的微地址呢？比如，地址形成电路可以通过对指令高 4 位代码 IR[15:12]的译码，若 IR[15:12]=0000，则可断定当前指令为 MOV 操作，因此下一步应分支到 02H 单元执行微指令。但是，该微地址码“02H”并没有以绝对地址码的方式被编码成当前微指令中的 μI[11:4]段，所以根据指令 OP 断定后，分支还必须以其他途径来产生这个地址码，并将其打入微地址寄存器 μPC，微指令才能继续执行。除此之外，其余第二层断定（如按 OP·DR 或 NJ·PC ）也一样，需要通过其他途径来产生断定分支目标单元的微地址。

单纯依靠组合逻辑电路能快速译码产生这个断定的分支目标微地址。为了简化微地址形成电路的复杂性，也可以利用基于存储的设计思路：将断定的分支目标微地址预先存储起来，依据各层断定结果定位存储单元，并读取出断定分支目标单元的微地址。这可以避免微地址形成电路过于复杂，对其进行修改和维护也比较方便，但涉及读取存储单元的过程，会降低断定分支目标微地址的产生速度。如果采用这样的思路，就要预先将可能使用到的目标地址存储到一个小容量存储器（或者寄存器堆）中，作为一个微地址查找表（Lookup Table），微地址形成电路查找此表就能得到分支目标单元的微地址。在编制完成的微程序中共涉及 9 种方式来辅助形成后继微地址，都是通过微指令中的 SC 字段的 4 位编码来表示的，包括微地址形成电路的分支断定操作，因此需要预先把相应的目标微地址保存到查找表中的只有如下 6 种情况。

① SC＝0010 时，按操作码 OP 即 IR[15:12]断定分支，有 6 路分支。它们对应的微地址查找表单独保存到容量为 6×8 位的高速微地址存储器 M0 中：

按 OP 断定		存储单元地址	目标 μA0
MOV	→	000	02H
双操作数	→	001	0BH
单操作数	→	010	23H
转移型	→	011	3FH
中断隐指令	→	100	4DH
DMA 响应	→	101	53H

② SC＝0011 时，按 OP 即 IR[15:12]与 DR 即 IR[8:6]断定分支，有 24 路分支。微地址查找表保存到容量为 24×8 位的微地址高速存储器 M1 中：

按 OP • DR 断定		存储单元地址	目标 μA1
MOV·$\overline{\text{DR}}$	→	00000	05H
MOV·DR	→	00001	09H
ADD·$\overline{\text{DR}}$	→	00010	0FH
ADD·DR	→	00011	11H
…	…	…	…
COM·$\overline{\text{DR}}$	→	00110	26H
COM·DR	→	00111	28H
…	…	…	…
SR·$\overline{\text{DR}}$	→	10110	3BH
SR·DR	→	10111	3DH

③ SC=0100 时，针对转移类指令，按转移决策结果是 NJ 或 J（由 IR[5:0]和 PSW[3:0]共同确定)、PC、OP 即 IR[15:12]和指令中的返回类型标志 IR[4]（是否开中断）来综合断定分支，有 5 路分支。对应的查找表保存到容量为 5×8 位的微地址高速存储器 M2 中：

NJ/J·OP/PC/IR[4]		存储单元地址	目标 μA2
NJ·$\overline{\text{PC}}$	→	000	40H
NJ·PC	→	001	41H
	→	010	43H
J·JMP/RST·$\overline{\text{IR}}$[4]	→	011	46H
J·JSP	→	100	49H

④ SC=0101 时，按源寻址方式 SA，即机器指令中的 IR[2:0]来断定分支，有 6 路。查找表保存到容量为 6×8 位的微地址高速存储器 M3 中：

源寻址方式 SA		存储单元地址	目标 μA3
R	→	000	5AH
(R)	→	001	5BH
−(R)	→	010	5DH
(R)+	→	011	5FH
@(R)+	→	100	62H
X(R)	→	101	66H

⑤ SC=0110 时，按目的寻址方式 DA，即机器指令中的 IR[8:6]来断定分支，有 6 路。它们对应的微地址查找表单独保存到容量为 6×8 位的微地址高速存储器 M4 中：

目的寻址方式 DA		存储单元地址	目标 μA4
R	→	000	6CH
(R)	→	001	6DH
−(R)	→	010	6EH
(R)+	→	011	71H
@(R)+	→	100	73H
X(R)	→	101	76H

⑥ SC=1111 时，按转移寻址方式 JA，即机器指令中的 IR[8:6]来断定分支，有 5 路。它们对应的微地址查找表单独保存到容量为 5×8 位的微地址高速存储器 M5 中：

转移寻址方式 JA		存储单元地	目标 μA5
R	→	000	7CH
(R)	→	001	7DH
(R)+	→	010	7FH
X(PC)	→	011	82H
SKP	→	100	86H

所有与这 6 种断定方式相关的微地址查找表，分别独立保存到 6 个小容量的微地址查找存储器 M0～M5 中，以辅助控制系统中的微地址形成电路产生后继微指令的微地址，从而确保机器指令执行时，其对应的微指令能按正确的先后顺序从控制存储器中读取，并译码成各种控制信号，去控制各功能部件协同完成指令的每步操作。

5．微地址形成电路

编制完成微程序后，把各种断定分支地址存储到小容量存储器，作为断定时使用的微地址查找表，就能通过译码结果，快速定位查找表的存储单元，读出断定后的分支目标单元的微地址。采用查找表的方式提供微地址能显著减小微地址形成电路的逻辑结构。

微程序在执行的时候，控制系统中的微地址形成电路利用当前微指令中的顺序控制字段 SC（4 位）作为下一条微指令地址码（后继微地址）的形成依据，而下一条微指令地址码的形成方式有 10 种，如表 3-19 所示。

在这 10 种后继微地址形成方式中，第 2 种与第 8 种相同，都由当前微指令的 μIR[11:4]字段以绝对地址的方式提供，但后者还需将返回地址（后继微指令地址）保存到返回地址寄存器 μR，两者的操作处理不一样，因此表中分成两种。这 10 种形成方式与图 3-55 定义的 SC（顺序控制）字段各组代码对应，每组 SC 代码都可以确定唯一的后继微地址形成方式。

表 3-19 微指令的后继微地址的形成方式

序号	形成方式	后继微地址
1	按顺序产生	当前微地址+1
2	无条件转移时由微指令提供绝对地址	当前微指令中的 μIR[11:4]
3	按 OP 译码查询 M0	M0 输出的微地址
4	按 OP・DA 译码查询 M1	M1 输出的微地址
5	按 NJ/J、PC、OP 及 IR[4]译码查询 M2	M2 输出的微地址
6	按源寻址方式 SA 译码查询 M3	M3 输出的微地址
7	按目的寻址方式 DA 译码查询 M4	M4 输出的微地址
8	调用微子程序时由微指令提供绝对地址	当前微指令中的 μIR[11:4]
9	微子程序结束后由返回寄存器 μR 提供	μR 保存的微地址
10	按转移寻址方式 JA 译码查询 M5	M5 输出的微地址

由此可见，在微地址形成电路中 SC 字段可以用来控制选择表格中的一种地址产生途径，而且这 10 种微地址形成方式中每次只能选中唯一的目标微地址作为输入，所以 SC 预期的这种控制目标可以通过一个“10 选 1”的多路选择器来实现。与此同时，SC 的 4 位代码作为这个多路选择器的输入通路选择控制信号。由此分析，在微地址形成电路中一定包括 6 个断定译码电路模块，还应包括一个能支持 10 路微地址输入的多路选择器，如图 3-58 所示。

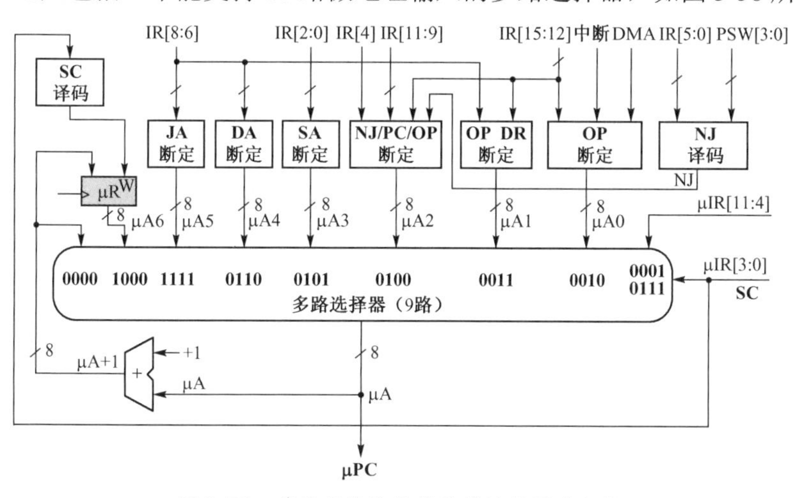

图 3-58 基于多路选择器的微地址形成电路

在图 3-58 中，机器指令的 OP 字段即 IR[15:12]、中断请求信号和 DMA 请求信号三者同时输入“OP 译码器”进行译码，输出 8 位的微地址 μA0。在进行译码的时候，还要考虑三者之间的优先级：DMA>中断>机器指令，电路结构上可以通过“非门封锁”这种机制来实现。比如，当发出中断请求（中断标志位=1）而 IR[15:12]=0000 时，OP 译码断定后输出的地址码应当是“中断隐指令”的入口微地址而非“MOV”的入口微地址，所以此时译码输出的是 μA0=4DH，以此为多路选择器的一路备选微地址。

“OP 断定”模块同时可以接收 3 种不同的输入信号：OP（4 位）即 IR[15:12]字段、DMA 请求标志（1 位）和中断请求标志（1 位）。由于需按 OP 不同能断定 6 路不同分支，因此它需要输出 6 组不同的微地址 μA0（每组均对应 8 位微地址码）。在设计过程中，对应的“输入－输出”真值表整理结果如表 3-20 所示，其中深色背景表示当前的输入是无关项。

表 3-20　按 OP 断定译码的输入 - 输出真值表

输入的指令 OP，即 IR[15:12]				输入的 I/O 请求标志		输出的 μA0	
IR[15]	IR[14]	IR[13]	IR[12]	DMA 请求	中断请求	十六进制 μA0	二进制 μA0[7:0]
0	0	0	0	0	0	02H	00000010
0	0	1	0 或 1	0	0	0BH	00001011
0	1	0 或 1	0 或 1	0	0	0BH	00001011
1	0	0 或 1	0 或 1	0	0	23H	00100011
1	1	0	0 或 1	0	0	23H	00100011
1	1	1	0 或 1	0	0	3FH	00111111
0 或 1	0 或 1	0 或 1	0 或 1	0	1	4DH	01001101
0 或 1	0 或 1	0 或 1	0 或 1	1	0	53H	01010011
0 或 1	0 或 1	0 或 1	0 或 1	1	1	53H	01010011

根据“OP 译码”输出 8 位微地址 μA0 的真值表，可以直接写出微地址码 μA0 对应的 8 个位逻辑 μA0[7]～μA0[0]。这 8 位微地址码的逻辑表达式分别如下（已部分简化）：

$$\mu A0[7]=0$$

$$\mu A0[6]=\overline{DMA}\cdot 中断+DMA\cdot\overline{中断}+DMA\cdot 中断$$

$$\mu A0[5]=\overline{DMA}\cdot\overline{中断}\cdot(IR[15]\overline{IR}[14]+IR[15]IR[14]\overline{IR}[13]+IR[15]IR[14]IR[13])$$

$$\mu A0[4]=\overline{DMA}\cdot\overline{中断}\cdot IR[15]IR[14]IR[13]+DMA$$

$$\mu A0[3]=\overline{DMA}\cdot\overline{中断}\cdot(\overline{IR}[15]\overline{IR}[14]IR[13]+\overline{IR}[15]IR[14]+IR[15]IR[14]IR[13])+\overline{DMA}\cdot 中断$$

$$\mu A0[2]=\overline{DMA}\cdot\overline{中断}\cdot IR[15]IR[14]IR[13]+\overline{DMA}\cdot 中断$$

$$\mu A0[1]=\overline{DMA}\cdot\overline{中断}+DMA$$

$$\mu A0[0]=\overline{DMA}\cdot\overline{中断}\cdot(\overline{IR}[15]\overline{IR}[14]IR[13]+IR[15]\overline{IR}[14]IR[13]+IR[15]IR[14]IR[13])+\overline{DMA}\cdot 中断$$

根据 OP 断定译码输出的 8 位 μA0 各位的产生逻辑表示式，用与门、或门、非门等基本门电路，即可直接转换得到 OP 断定模块的组合逻辑电路。

除了用纯组合逻辑方法设计这 6 个断定分支译码模块，也可以采用基于“组合逻辑+存储”的方法来设计这些分支断定模块。此时就需要使用 6 个专用的微地址存储器 M0～M5，用以分别存储分支目标微地址，然后通过译码产生存储器地址，从中读出目标微地址。

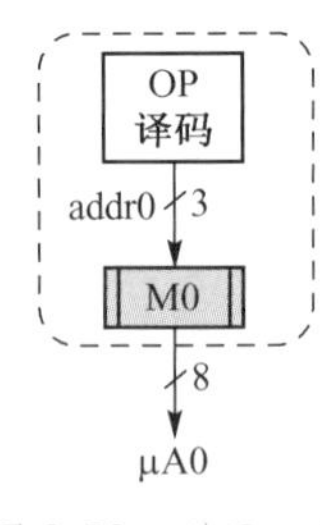

图 3-59　读取 μA0

例如，可以用如图 3-59 所示的方法来产生“按 OP 断定”的目标微地址。其中，OP 译码的输入条件与纯组合逻辑方式一样，但此时译码输出的是与微地址存储器 M0 对应的 3 位存储单元地址 addr0，再根据 addr0 读取 M0 的存储单元。由于 M0 中已经预先存储了 6 路断定分支微地址，因此此时 M0 的输出就是 8 位的断定分支微地址 μA0。

这种基于微地址存储的方式需要先译码输出存储器地址，再读存储器，因此输出断定目标微地址的速度比直接译码方式更慢，但修改微地址十分方便，一旦控制存储器中的断定目标微地址发生了变化，只需简单地更新对应的存储单元即可，外围电路不变。

除了输出 μA0 的微地址断定模块，其余 5 个分别输出 μA1～μA5 的断定译码模块的组合逻辑电路也可以用同样的方法设计：先整理对应的输入 - 输出真值表，再逐位写出 8 位微地址码的逻辑表达式，最后把这些逻辑表达式转换成等价组合逻辑电路，或者它们全部采用基于组合逻辑与微地址存储的混合断定方式。鉴于它们的设计方法完全相同，因此其他 5 个分支微地址断定模块的详细设计过程，本书不再赘述。

在图 3-58 所示的微地址形成电路中，NJ 译码的组合逻辑设计在 3.3.4 节中已有表述，还有一个特殊的 SC 译码器，它对微指令中的 SC 字段即 μIR[3:0]进行译码，若 SC=0111（表明即将开始调用微子程序），则其输出为 W=1（高电平），即 $W=\overline{\mu IR[3]}\ \mu IR[2]\mu IR[1]\mu IR[0]$，从而将返回地址寄存器 μR 的工作模式设置成“写模式”。此时，输入 μR 的脉冲信号边沿到来时就可以触发写入操作：μA+1→μR，把“微子程序”执行结束后的返回目标微地址保存到 μR 中。一旦微子程序执行最后一条微指令，微指令中的编码段 SC=1000，这意味着选择器将选通路径 μA6，而从 μR 中输出的后继微地址 μA6 恰好就是调用微子程序时保存的返回微地址。

目标指令对应的微程序共涉及 10 种后继微地址形成方式，其中方式 2、8（分别对应 SC=0001 和 0111）都是从微指令中截取 μIR[11:4]字段代码作为后继微地址，但是方式 8（对应 SC=0111）还需要激活 μR，以便保存返回微地址（μA+1）。所以，这两种后继微地址形成方式可以合并成多路选择器的同一路输入选择路径：μIR[11:4]。

在 SC 信号的控制下（空心箭头），多路选择器选中一路输入的微地址作为微地址输出 μA，而加法器输出的 μA+1 也将反馈回多路选择器，以便作为另一路微地址选择路径。当按顺序方式执行后继微指令时，当前微指令中的顺序控制字段代码 SC=0000，这意味着多路选择器将选中 μA+1 这条后继微地址输入路径。

在时钟脉冲 clock 边沿触发下，多路选择器输出的微地址 μA 将被打入微程序计数器 μPC，并将其作为存储单元地址去访问控制存储器、读取微指令。另外，当 μPC 上的复位信号（Reset）有效（低电平）时，能自动把 μPC 中的微地址强制置为全 0，实现微程序复位。

6．微命令译码器

微指令当中的微命令字段 μIR[26:4]是对微命令按固定格式编码后得到的，所以需经微命令译码电路反向译码，才能输出数据通路各部件所需要的控制信号。

在全部的 10 组微命令字段当中，有一部分微命令字段组经过直接译码就可以输出确定的控制信号，如 SM、CI、S、EMAR、R、W 和 ST，有一部分字段组是面向 R_i 和 R_j 给出的微命令统一编码，如 AI=000、BI=001 和 CP=001 的情况，可以直接对这 3 个微指令代码段反向译码，也只能产生诸如 R_i→A、R_j→B 和 CPR_i 或 CPR_j 的微命令，而 R_i 和 R_j 具体代表的寄存器还必须根据指令中的寄存器编号字段（IR[5:3]或者 IR[11]）才能最终确定。

例如，指令“MOV　R_1, R_0”对应的微程序中，微地址为 09H 的微指令中的字段 CP 为 001，直接反向译码得到微命令 CPR_j，而该机器指令中的目的寄存器是 R_1（001），故此时应该进一步译码，才能输出最终所需的脉冲型微命令 CPR_1。

图 3-60 展示了一种微程序译码器译码输出全部 19 个直接微命令信号的方案。

指令执行过程中 CPU 各功能部件所需的控制信号中，SM、CI、S、EMAR、R、W 和 ST 与微指令中的微命令字段存在直接对应关系，因此它们都由对应的微指令字段直接输出为控制代码即可。然而，多路选择器 A 上所需的控制信号 aI 需要把与之对应的微指令字段 AI 和机器指令中的“源”寄存器编号字段（IR[5:3]）联合译码才能得到。同理，多路选择器 B 上的控制信号 bI 也需要对微命令字段 BI 和“目的”寄存器编号字段（IR[11:9]）进行联合译码才能得到，其余 10 个脉冲型微命令还需要同时联合 CP、IR[11:9]和 IR[5:3]才能译码得到。

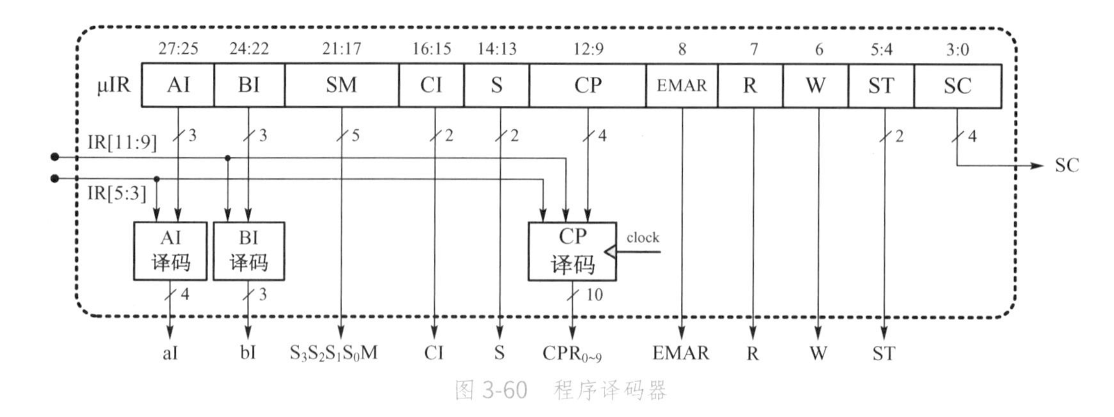

图 3-60 程序译码器

图 3-60 中的 AI、BI 和 CP 译码模块的组合逻辑设计过程也与 3.3.4 节中的“间接型微命令二级译码”完全一致，仍然要通过对应的输入 - 输出真值表和位逻辑表达式才能完成这 3 个模块的组合逻辑设计，具体设计细节不再赘述。

完成了微程序编制、地址形成电路、微命令译码器等功能模块的设计，也就完成了微程序控制系统的设计。通过前述设计方案，可归纳出微程序控制方式具备如下特点：

① 大量使用了规整的存储逻辑代替不规整的硬连线电路逻辑，使控制系统结构简化，有利于自动化设计。比如，微地址查找表、微程序和微子程序的返回地址等都可利用存储器或者寄存器来实现，明显比组合逻辑电路来实现更简便、也更规整。

② 控制系统易于修改、扩展灵活、通用性强。在处理器的结构保持不变的前提下，外围电路只与机器指令和微指令格式有关。通过修改微程序中的微指令，就能适应机器指令的变化。通过增加新的微程序段，就能支持对指令的扩展，甚至还可以整体替换微程序。

③ 适用系列机的控制系统。对组合逻辑控制器而言，随着指令集的增加，组合逻辑电路会随之变得更复杂，重新设计会使成本和价格迅速增加。对同一系列但不同版本的 CPU 而言，如果采用微程序控制模式，那么它们之间的主要差异仅体现在微程序和微地址查找表存储器，外围电路几乎相同，这种模式在设计和制造同系列处理器时性价比较高。

④ 可靠性较高，易于诊断和维护。因为微程序控制系统的结构相对比较规整，采用了类似普通程序的执行模型，易于仿真、跟踪调试、诊断和优化。

⑤ 机器指令的执行速度较慢，平均 CPI 较大。相比组合逻辑控制，微程序控制方式产生控制信号的主要缺点是速度较慢，因为它涉及到至少 1 次从控制存储器中读取微指令的操作。受半导体技术和工艺限制，读取存储器的时间延迟通常很大，会影响指令执行速度。

⑥ 控制系统硬件成本大。由于微程序控制系统必须具备诸如控制存储器、微地址查找表存储器、微地址返回寄存器、微指令计数器等专用存储逻辑，被看成是一种基于“存储+电路”的混合模式，所需的硬件成本比纯组合逻辑方式更高，综合性价比更低。

组合逻辑控制方式和微程序控制方式是 CPU 应用最广泛的两种控制模式。指令集简单（如 RISC）但指令执行速度要求高的处理器可以采用组合逻辑控制方式，指令集复杂（如 CISC）、指令执行速度要求不太高的处理器则可以采用微程序控制方式会比较理想一些。从目前趋势来看，这两种模式并非相互排斥，在实际的工业应用中也常相互融合：使用频率较高而电路逻辑又不太复杂的控制信号通过组合逻辑方式产生，使用频率不高但产生逻辑又复杂的控制信号则通过微程序控制方式来产生。这样就可以在指令执行速度、结构复杂性、生产成本等方面寻求到平衡点，比如 Intel Pentium 系列的处理器就广泛采用了这种混合控制模式。

3.5　MIPS32 架构 CPU 设计实例

MIPS（Micro-processor without Interlocked Piped Stages，无内部互锁流水级微处理器）是世界上流行的一种 RISC 型经典处理器架构，主要特点是处理器中充分利用软件方法来避免流水线中常见的数据相关问题。无互锁流水技术最早在 20 世纪 80 年代初期由斯坦福大学的 Hennessy 教授领导的研究小组提出，美国的 MIPS 公司又在此技术方案上开发出了 MIPS 指令架构，并基于这种指令架构推出了 RISC 型 R 系列的工业级微处理器，随后这些处理器逐步被广泛应用于各种工作站和计算机系统。

MIPS 处理器是 20 世纪 80 年代中期 RISC 型 CPU 设计的一大热点，市场应用广泛，如 SONY Nintendo 游戏机、Cisco 路由器和 SGI 超算等设备中。与 Intel 公司的 X86 架构相比，MIPS 的授权费比较低，因此受到了除 Intel 以外的很多厂商欢迎，纷纷基于授权开发出了自己的 MIPS 新架构，不仅集成了原有 MIPS 指令集，还增加了许多更强大的新指令。

MIPS 的系统架构及其设计理念比较先进，在设计理念上强调通过软件、硬件协同来提高 CPU 性能、简化硬件系统设计。MIPS 指令集已经从最初的通用处理器指令体系 MIPS-Ⅰ、MIPS-Ⅱ、MIPS-Ⅲ、MIPS-Ⅳ到 MIPS-V，发展到嵌入式指令体系 MIPS-16、MIPS-32 到 MIPS-64，目前已形成了一套成熟、完善的 CPU 指令集体系架构簇。

3.5.1　MIPS32 指令架构

在本实例中，指令集可以使用的寄存器数量最多为 32 个，存储器按字节方式编址，即 1 个编址单位存储 1 字节（8 位）数据。可用的 32 个寄存器集成在一个小容量的高速存储器中，它们的命名标识、地址编码和基本用途说明如表 3-21 所示。

表 3-21　MIPS32 中的可用寄存器

寄存器命名	序号	5 位地址码	数据位宽度	寄存器用途的简要说明
zero	0	00000	32	保存固定的常数 0
at	1	00001	32	汇编器专用
v0～v1	2～3	00010～00011	32	表达式计算或函数调用的返回结果
a0～a3	4～7	00100～00111	32	存储函数调用时传递的 4 个参数
t0～t7	8～15	01000～01111	32	临时变量，函数调用时不需要保存和恢复
s0～s7	16～23	10000～10111	32	函数调用时需要保存和恢复的寄存器变量
t8～t9	24～25	11000～11001	32	临时变量，函数调用时不需要保存和恢复
k0～k1	26～27	11010～11011	32	操作系统专用
gp	28	11100	32	全局指针变量（Global Pointer）
sp	29	11101	32	栈指针变量（Stack Pointer）
fp	30	11110	32	栈帧指针变量（Stack Frame Pointer）
ra	31	11111	32	返回地址（Return Address）

1．指令格式与指令集

MIPS32 的指令字长是 32 位的定长格式，采用的是寄存器与立即数方式相结合的寻址方式，在指令中给出寄存器编号或者立即数。

整个指令集由 3 类指令构成：R（寄存器）型指令、I（立即数）型指令和 J（转移）型指令。其中，R 型指令由 OP（操作码）、3 个寄存器地址码字段、常数字段 shamt 和功能说明字段 func 构成；I 型指令包括 OP 字段、2 个寄存器地址字段和 1 个立即数字段 imm；J 型指令结构最简洁，只包括 OP 字段和常数地址码字段。MIPS32 架构指令格式定义如下：

指令类型	32 位定字长的指令编码					
	31～26	25～21	20～16	15～11	10～6	5～0
R 型	OP	rs	rt	rd	shamt	func
I 型	OP	rs	rt	imm		
J 型	OP	address				

指令中给出的数值型数据（如 shamt、imm 和 address）都采用补码格式。在逻辑运算指令中，字段 imm 也可以是一个逻辑型数据，具体数据类型取决于操作码的约定。

1）R 型指令

R 型指令也称为寄存器型指令，其取操作数和保存结果都在寄存器中进行。表 3-22 中列举了 10 条最基本的 R 型指令，指令各代码段的含义说明如下。

表 3-22　常用的 R 型指令示例

操作类别	指令标识	[31:26]	[25:21]	[20:16]	[15:11]	[10:6]	[5:0]	指令功能说明
运算	add	000000	rs	rt	rd	00000	100000	寄存器“加”
	sub	000000	rs	rt	rd	00000	100010	寄存器“减”
	and	000000	rs	rt	rd	00000	100100	寄存器“与”
	or	000000	rs	rt	rd	00000	100101	寄存器“或”
	xor	000000	rs	rt	rd	00000	100110	寄存器“异或”
设置	slt	000000	rs	rt	rd	00000	101010	小于，则 rd 置 1，否则 0
移位	sll	000000	00000	rt	rd	sa	000000	逻辑左移
	srl	000000	00000	rt	rd	sa	000010	逻辑右移
	sra	000000	00000	rt	rd	sa	000011	算术右移
跳转	jr	000000	rs	00000	00000	00000	001000	基于寄存器的跳转

- OP：指令的操作码，6 位，标识指令的基本类型，所有 R 型指令的操作码都为全 0。
- rs：源寄存器编号，5 位，用来保存第一个源操作数。
- rt：源寄存器编号，5 位，用来保存第二个源操作数。
- rd：目的寄存器编号，5 位，用来保存运算结果。
- sa：常数，5 位，用来保存常数，在移位指令中会使用到。
- func：功能辅助说明字段，6 位。因为所有 R 型指令的操作码都一样（6 个 0），所以在指令中需要再通过 func 字段（[5:0]）进一步指明 R 型指令执行何种功能操作。

2）I 型指令

因为指令中使用了一个 16 位的立即数字段 imm，所以 I 型指令也被称为立即数型指令。各指令代码段的含义说明如下：

- OP：指令的操作码，6 位，用来标识指令的操作类型，不同操作对应的代码不同。
- rs：源寄存器编号，5 位，其中保存了一个操作数。
- rt：目的寄存器编号，5 位，用来保存指令的操作结果。
- imm：立即数字段，16 位，为指令提供第二个操作数。

与 R 型指令不同，I 型指令中的 6 位操作码直接代表了指令的操作类型，表 3-23 展示了 4 个小类共 9 条具有代表性的 I 型常见指令。

表 3-23 常用的 I 型指令示例

操作类型	指令标识	[31:26]	[25:21]	[20:16]	[15:11]	[10:6]	[5:0]	指令功能说明
运算	addi	001000	rs	rt	imm			立即数“加”
	andi	001100	rs	rt	imm			立即数“与”
	ori	001101	rs	rt	imm			立即数“或”
	xori	001110	rs	rt	imm			立即数“异或”
访存	lw	100011	rs	rt	imm			读存储器
	sw	101011	rs	rt	imm			写存储器
分支	beq	000100	rs	rt	imm			相等则转移
	bne	000101	rs	rt	imm			不等则转移
设置	lui	001111	00000	rt	imm			设置高 16 位

表 3-24 常用的 J 型指令示例

操作类型	指令标识	[31:26]	[25:21]	[20:16]	[15:11]	[10:6]	[5:0]	指令功能说明
转移	j	000010	address					无条件跳转
调用	jal	001100	address					保存断点后跳转

3）J 型指令

J 型指令的结构最简洁，只包括两个指令代码段，它的主要作用是实现无条件转移。各指令代码段的含义说明如下：

- OP：指令的操作码，6 位，用来标识指令的无条件转移类型。
- address：地址码字段，26 位，用来提供指令转移的相对偏移量。

模型机 CPU 中有普通转移指令 JMP 和调用子程序的转子指令 JSR。MIPS32 中也存在两种 J 型指令，分别与之对应，如表 3-24 所示。j address 与 jal address 的差别在于，前者不需要保存断点的地址码（类似 JMP），后者则需要先保存断点的地址码到专用的 ra 寄存器（31 号）后再进行转移（类似 JSR 指令）。

2．指令的寻址方式

与模型机指令格式显著不同，MIPS 指令中不会为寄存器设置专门的寻址方式字段，主要依靠指令操作码 OP 来指示采用何种寻址方式，而且所用的寻址方式数量也较少。

1）立即数寻址（Immediate Addressing）

立即数寻址方式的特点是直接从指令中截取得到 1 个立即数，以作为指令的直接操作数。

例如，有如下 1 条 I 型的立即数加法指令：

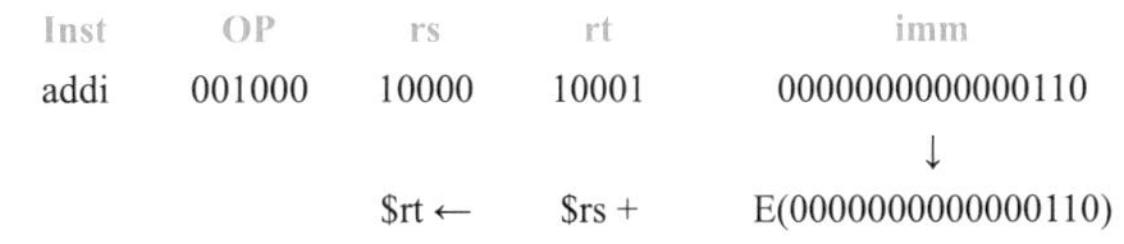

其功能是把地址码为 rs 的寄存器中的数据与 imm 经符号扩展（E）成 32 位后的数据相加，运算结果再写回到地址码为 rt 的寄存器。在指令执行过程中得到操作数 imm 的方式就是立即数寻址方式，直接从指令 Inst 中截取 Inst[15:0]作为 imm 值，即 imm=inst[15:0]。

2）寄存器直接寻址（Register Addressing）

在寄存器直接寻址方式下，操作数位于给定编号的寄存器中，因而直接读取指令中给定地址编码的寄存器，就能获得操作数。

例如，有如下 1 条 R 型减法指令：

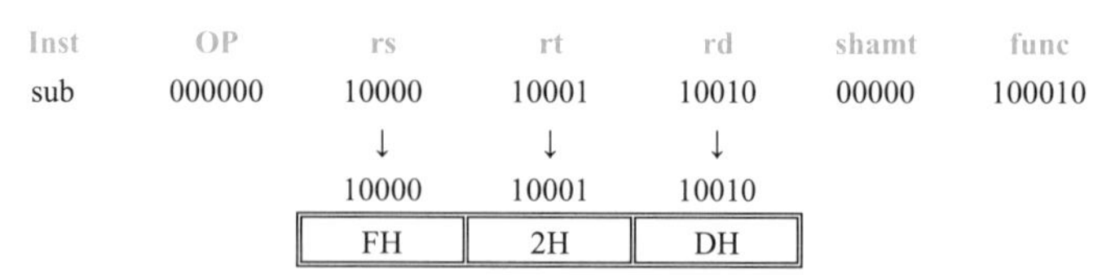

其功能是把地址码分别为 rs 和 rt 的两个寄存器中的数据 FH 和 2H 相减，然后将结果 DH 保存到地址码为 rd 的寄存器中。在指令执行过程中得到被减数、减数和保存结果的方式是一种寄存器直接寻址方式，即直接读取已知地址码的寄存器得到操作数。

3）基址寻址（Basic Addressing）

基址寻址方式的特点是，由寄存器提供基准量、指令中的立即数字段提供相对量，将基准量与相对量相加得到有效的主存目标单元地址。

例如，有如下 1 条 I 型取数指令：

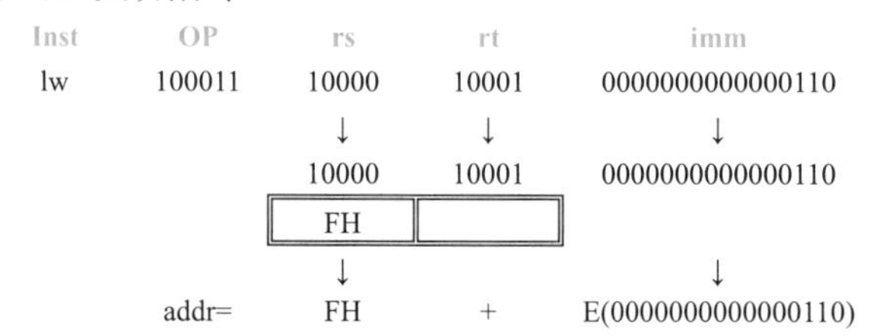

指令中已用立即数寻址方式得到相对量 imm，利用寄存器直接寻址方式得到基准量 FH，imm 经过符号扩展成 32 位数，再与基准量 FH 相加得到主存单元的地址码 addr，根据此有效地址码去读取主存，将读取到的数写入 rt 寄存器。lw 指令执行过程产生目标主存单元地址码的方式就是基址寻址方式，实际上不可避免地会涉及寄存器寻址和立即数寻址。

4）PC 相对寻址（PC-relative Addressing）

PC 相对寻址方式是一种特殊的基址寻址方式，其中的基址寄存器隐含约定使用专用寄存器 PC（且未出现在指令中）。由于指令中相对于 PC 的偏移量是以数据字为单位，一个字占 4 个编址单元，因此不仅要把偏移量符号扩展到 32 位，还要左移 2 位才能确保形成的地址码与字存储空间的首地址恰好对齐（4 的整数倍）。

例如，有如下 1 条 I 型分支指令：

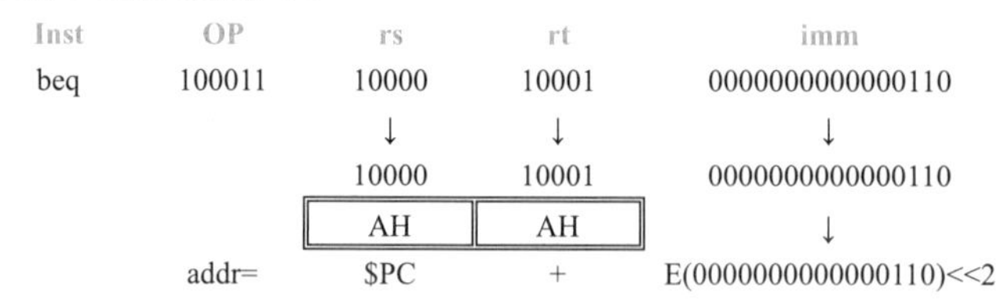

其功能是判断$rs 和$rt 两者是否相等，若相等，则进行分支转移。分支转移的目标地址 addr 等于 PC 的当前值与 imm，即 Inst[15:0]符号扩展成 32 位后再左移 2 位相加的结果。PC 提供基准地址，指令中的立即数提供间接偏移量。

5）伪直接寻址（Pseudo-direct Addressing）

伪直接寻址方式的特点是：PC 的高 4 位与指令中的 26 位地址码左移 2 位后拼接成 32 位目标地址。如果存储系统采用页式存储管理，那么 PC 的高位还可被看成存储页的页号（页号位数取决于存储空间的大小和页面容量），指令中的地址码则可以被看成页内偏移量：页号与页内偏移量拼接形成目标地址。所以伪直接寻址也被称为页式寻址。

例如，有如下 1 条 J 型的无条件转移指令：

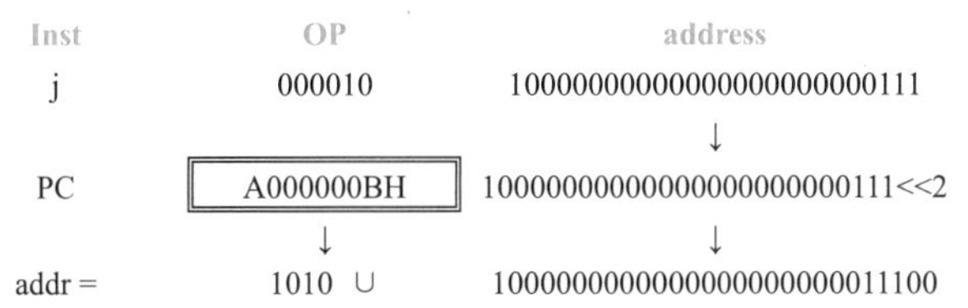

其功能是实现无条件转移，转移的目标地址通过这种方式产生：把 PC 当前值的高 4 位（PC[31:28]）与指令中的 26 位地址码左移 2 位且补 0 后的代码直接拼接。这里为转移目标地址提供高 4 位代码的寄存器 PC 是由操作码隐含约定的，而指令中的 26 位地址码是通过立即数寻址方式得到的，其左移 2 位、空位补 0 实际上等价于将其“乘以 4”。本例中的转移目标地址 addr=PC[31:28]∪(address×4)。这也是 J 型指令专用的、唯一的一种寻址方式。

3．指令集功能分析

1）R 型指令

表 3-22 中列出的 R 型指令包括了 3 类：运算、移位和跳转。

① R 型运算指令，使用到 3 个寄存器，包括 5 种运算：add（加）、sub（减）、and（与）、or（或）、xor（异或），它们的汇编形式统一表示为

```
add/sub/and/or/xor  rd, rs, rt
```

各指令的操作也可以形式化地统一为$rs op $rt → $rd，其操作含义是将前两个寄存器中的数据做 op 运算，结果写回到第三个寄存器，这里的 op 是指由操作码 OP 和功能辅助说明字段 func 联合确定的运算操作。

② R 型设置指令，也使用 3 个寄存器，主要是指令 slt（小于则置 1）。此指令的汇编形式可表示为

```
slt rd, rs, rt
```

其指令操作功能也可以形式化地表示为

```
If $rs<$rt $rd=1, else $rd=0
```

③ R 型移位指令，使用到 2 个寄存器，包括 3 种移位：sll（逻辑左移）、srl（逻辑右移）、sra（算术右移）。它们的汇编形式也可以统一表示为

```
sll/srl/sra  rd, rs, shamt
```

各指令的操作也可以形式化地统一表示为

```
$rs shift shamt → $rd
```

其含义是将第一个寄存器中的数据进行移位 shift，移位类型由操作码 OP 与 func 字段联合确定，移动的位数则由指令中的 shamt 字段给定。

④ R 型跳转指令，只使用到 1 个寄存器，也只有一种跳转 jr，它的汇编形式为

```
jr  rs
```

这种寄存器型的跳转指令执行的操作为

```
$rs → PC
```

指把寄存器中存储的地址码直接写入程序指针计数器 PC，再根据 PC 值去读取指令从而实现跳转。这条指令与模型机 CPU 指令 JMP R 完成的操作完全一样，都是基于寄存器直接寻址方式的无条件跳转。

2）I 型指令

表 3-23 中列出的 I 型指令共 4 个子类：运算、访存、分支和数位设置。

① I 型运算类指令，使用到 2 个寄存器和 1 个立即数，包括 4 种运算操作：addi（立即数加）、andi（立即数与）、ori（立即数或）和 xori（立即数异或），对应的汇编形式统一表示为

```
addi/andi/ori/xori  rt, rs, imm
```

各指令执行的操作统一表示为

```
$rs op E(imm) → $rt
```

就是把寄存器中保存的数据与指令中截取的立即数进行运算，结果写回第二个寄存器。

注意：addi 执行的是算术加法，所以 16 位的立即数 imm 扩展成 32 位，即执行 E(imm)时，采用符号扩展（sign extension）；其余 3 种逻辑运算中执行 E(imm)时，采用零扩展。

② I 型访存指令，使用到 2 个寄存器和 1 个立即数，包括 lw（取字）、sw（存字），二者的汇编格式分别表示为

```
lw  rt, imm(rs)
sw  rt, imm(rs)
```

取字指令 lw 执行的操作为

```
Mem[$rs+E(imm)] → $rt
```

存字指令 sw 执行的操作与 lw 的操作刚好是逆向的：

```
$rt → Mem[$rs+E(imm)]
```

这两条指令都是按基址寻址方式形成目标主存单元地址，前者从主存单元读数据字并写回到寄存器，后者把寄存器中的数据字写入目标主存单元。

③ I 型数位设置指令，只使用到 1 个寄存器和 1 个常数，代表性的指令是 lui。它的汇编格式表示为

```
lui  rt, imm
```

其功能是把 imm 设置到寄存器 rt 的高 16 位：(imm<<16) → $rt，执行时可以先将立即数 imm 左移 16 位且空位补 0，转换成 32 位后赋值给 rt 寄存器。

I 型分支指令使用到 2 个寄存器和 1 个立即数，是条件转移型指令，主要包括 beq（相等则分支）和 bne（不等则分支），相应的汇编格式可表示为

```
beq  rs, rt, imm
bne  rs, rt, imm
```

二者的分支转移条件刚好是相反的，前者表示若两个寄存器中的数据相等，则进行分支转移，后者则表示若两个寄存器中的数据不相等，才进行转移。beq 指令的执行的操作可以描述为：若$rs = $rt，则执行 PC+E(imm)<<2→PC，否则不修改 PC 值，以确保顺序执行后继指令；而 bne 指令的执行操作可以描述为：若$rs ≠ $rt，则执行 PC+E(imm)<<2→PC，否则不修改 PC 值，从而确保顺序执行后继指令。这两条指令的转移目标地址都是按 PC 相对寻址方式来产生的，其中涉及的 imm 是数值型补码格式的数据，所以需要执行符号扩展且左移 2 位。

3）J 型指令

表 3-24 中列出的 J 型指令只有 2 个，与 I 型指令中的分支指令不同，它们都不会判断转移条件是否满足，是一类无条件转移型指令。这类指令包括：j（普通无条件跳转）和 jal（保存断点后的无条件跳转），它们的汇编格式为

```
j    address
jal  address
```

前者不需要保存断点（返回地址），所以直接执行 PC[31:28]∪address<<2 → PC；后者需要先将断点地址保存到专用的堆栈寄存器 ra（见表 3-21，第 31 号寄存器）以便调用的子程序

执行完后能正确返回，再执行与 j 指令一样的操作：PC[31:28]∪address<<2 → PC。这两条转移型指令产生转移目标地址的寻址方式是伪直接寻址方式，即由操作码隐含约定将 PC 当前值的高 4 位与指令中的 26 位地址码左移 2 位后直接拼接，形成转移地址。

R 型指令中也有一条类似的无条件转移指令 jr，J 型指令中的无条件转移指令 j 与之的主要差别在于形成转移目标地址的方式不同。前者依靠寄存器直接寻址方式从寄存器中读取到转移地址，后者则通过伪直接寻址方式形成转移地址。

实际上，MIPS32 指令集虽然属于 RISC，指令集包括的指令总数不会太多，但是绝非只有表 3-22 至表 3-24 中展示的，还有很多指令，如传输类、乘除运算、浮点数操作等，限于篇幅，本书没有逐一列举，仅展示了三大类指令中的一部分代表性指令。需要深入了解 MIPS32 完整指令集的读者可以参阅其他与 MIPS 指令集有关的专业书籍。

3.5.2 基本的组成部件

与其他类型的 CPU 一样，在指令集对应的功能和硬件架构（微架构）方面，MIPS32 架构的 CPU 也需要包括常见的 ALU（算术逻辑单元）、若干通用寄存器、数据暂存器、多路选择器等等，此外还应该包括与指令架构特点密切相关的特殊功能部件，如用于把 16 位数据扩展成 32 位数据的位宽扩展器、用于左移 2 位的移位器、用于伪直接寻址方式的地址拼接器等等。这些常见的功能部件可以归纳为如下的 4 大类：数据存储部件、算术逻辑运算部件、数据预处理部件、数据通路选择部件。

1．数据存储部件

1）寄存器堆

在 MIPS 架构的处理器中，内部设置的若干寄存器一般不是分立式存在的，通常是采用小容量的多端口高速存储器来构造成一个集成的专用寄存器堆，集中式地实现对各寄存器的读、写操作。图 3-61 所示的器件是一个在 MIPS32 架构中经常使用到的 32×32 位的多端口寄存器堆，有 2 组读端口和 1 组写端口，每组端口都对应一个地址端口和一个数据端口。其中，Ra、Rb 分别是两个读数据的地址端口，与之对应的数据输出端口分别是 RD1 和 RD2；Rw 是寄存器堆的数据写入地址端口，WD 表示与之相对应的写数据端口。Regwrtie 是寄存器堆的读写模式控制端口：Regwrtie=1（高电平）时，寄存器堆工作于写模式；Regwrtie=0（低电平）时，寄存器堆工作于读模式。

输入信号 clock 代表寄存器堆接收到的时钟信号，在 clock 边沿（上升沿或下降沿）到来时，如果 Regwrite = 1，则立刻触发将 WD 端输入的数据写入由地址端口 Rw 指定的寄存器堆存储单元，即 WD→$Rw，否则（非写模式）无法将数据写入寄存器堆。从寄存器堆中读取数据则不必受时钟信号和 Regwirte 信号的制约，与这两种信号无关。根据端口 Ra 和 Rb 提供的存储单元地址，经过一定时间的电路延迟后，就可以从 RD1 和 RD2 稳定输出与给定地址码相对应的目标数据，即$Ra→RD1，$Rb→RD2。

2）双模式存储器

主存储器通常位于 CPU 外，CPU 内部一般设置有一定容量的指令和数据缓冲存储器，这类存储器的外部特性如图 3-62 所示。

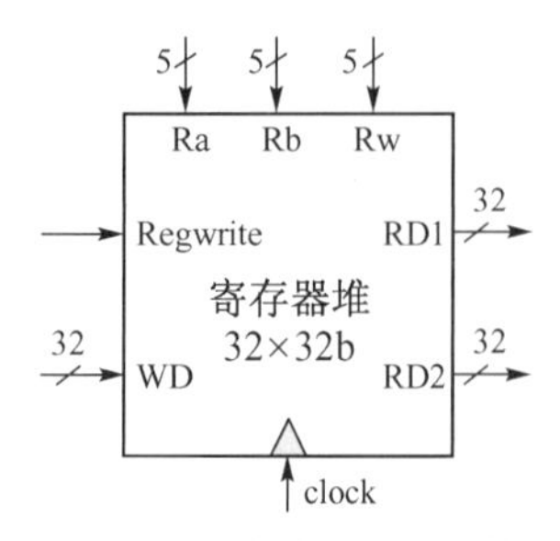

图 3-61　多端口寄存器堆

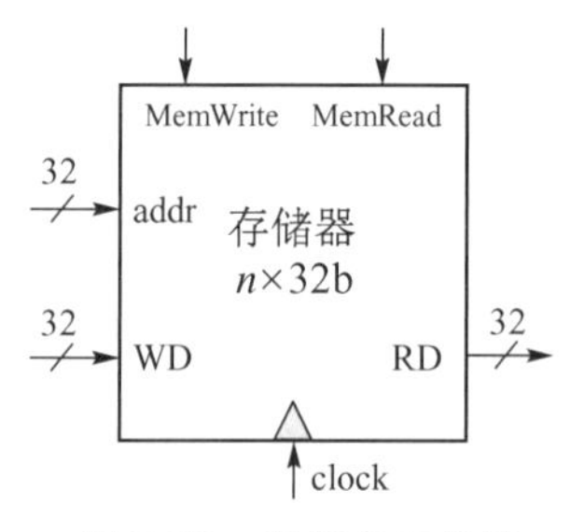

图 3-62　双模式存储器

存储器与寄存器堆不同，通常只有一个公共的地址端口 addr，设置了一个写数据端口 WD 和一个读数据端口 RD。与此对应，还设置了两个存储器读写模式的控制端口：MemWrite 和 MemRead。无论是从存储器中读取数据还是把数据写入存储器，都根据 addr 端口提供的地址码来对存储单元进行寻址定位。

只有当 Memwrite=1 且 Memread=0 时，存储器才处于写模式，此时收到 clock 边沿信号后，才能触发 WD 端输入的数据写入地址为 addr 的存储单元，即 WD→$addr。与此相反，只有当 Memwrite=0 且 Memread=1 时，存储器才处于读模式，此时经过一定电路延迟，RD 端才能输出与 addr 地址相对应的稳定数据，即$addr→RD。因为读、写操作使用同一个地址端口，所以不能同时进行读、写操作，且当 Memwrite 和 Memread 同时为 0 时，存储器处于禁用状态以保护数据。对某些存储器而言，如果不存在针对它的写操作（只是读存储器），那么对应的数据端口 WD 和两个工作模式控制端口 Memwrite 和 Memread 都可以被去除，以简化存储器结构。

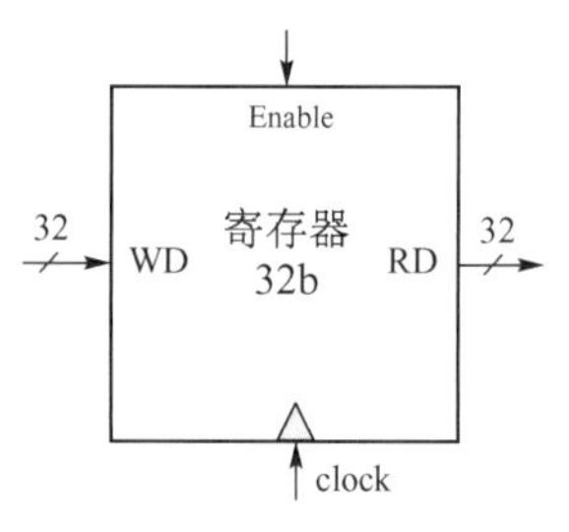

图 3-63　特殊功能寄存器

3）特殊功能寄存器

MIPS 架构的 CPU 中也包括了一些专用的特殊寄存器：PC（程序指针计数器）、IR（指令寄存器）、PSW（程序状态字寄存器）等，如图 3-63 所示。

这些特殊的功能寄存器彼此都是分立的，具备的公共特性是都只有一个数据输入端口 WD 和一个数据输出端口 RD，以及一个专门用来接收时钟边沿触发信号的 clock 端口。在 MIPS 处理器中，有些特殊的寄存器只是在特定时序条件下才会被写入数据，其余情况仅用于读取数据，此时应为其设置一个写模式控制信号 Enable。当且仅当 Enable=1（有效、高电平）、clock 信号的边沿到来时，才能将输入端数据 WD 写入寄存器，即 WD→$R（WD→RD）。其余状态下，寄存器处于读模式，此时它的数据和输出保持不变。

当然，对一些功能单一的寄存器，如暂存器等，每个时钟周期均会被写入数据，此时再设置 Enable 控制写入模式已无意义，因此这类寄存器通常不需要有 Enable，仅靠 clock 信号边沿触发就将 WD 写入寄存器，或者从寄存器中输出数据到 RD 端口。

2．算术逻辑运算部件

MIPS 架构的 CPU 中常用到的算术逻辑运算部件包括：单功能加法器 Adder 和多功能运算器（通常意义的 ALU）。

1）单功能 32 位加法器 Adder

图 3-64(a)就是一个常用于固定执行 PC+4 操作（A 端固定输入常数 4）的一种单功能加法器，它有两个数据输入端口 A 和 B，输出 A+B，这种加法器只能固定执行算术加法运算。

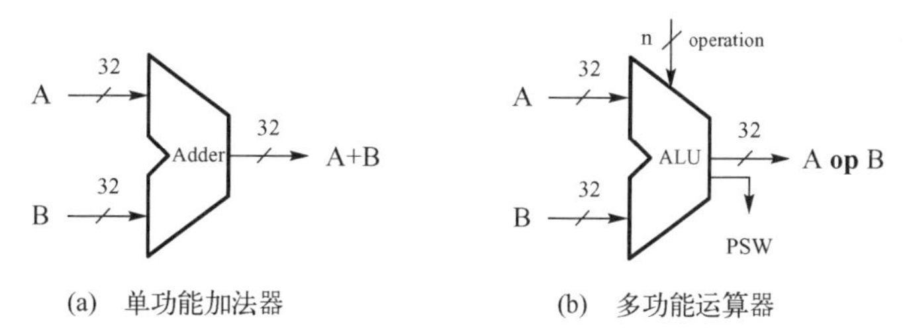

(a) 单功能加法器　　(b) 多功能运算器

图 3-64　MIPS 处理器中两种常用运算部件

2）多功能 32 位运算器

多功能运算器的功能更加复杂多样，也有两个数据输入端口 A、B 和一个能输出 m 种不同运算结果即“A op B”的数据输出端口，以及一个 n 位的运算模式专用控制端口 operation 和一个输出运算结果状态标志位的输出端口 PSW，如图 3-64(b)所示。

输出的 PSW 通常包括 4 个标志位：PSW[3]是指示运算结果为负的标志位、PSW[2]是指示运算结果为 0 的标志位、PSW[1]是指示运算溢出的标志位、PSW[0]是指示运算有进位的标志位。例如，若 A−B＝0，则 ALU 自动输出 PSW[2]=1。控制位 n 与运算模式数 m 之间的关系是 $n \geq \log_2 m$，若 ALU 最多能支持 8 种运算，则控制信号 operation 的编码位数应满足 $n \geq 3$。

表 3-25 是 ALU 的运算功能举例。例如，如果让 ALU 执行减法操作，则对应的控制信号编码 operation＝0110，其余功能类似。当然，除了这种编码体制，采用其他编码体制也可以，只要每种 operation 编码只对应唯一的 ALU 运算功能即可。

表 3-25　ALU 的功能举例

operation	ALU 功能	ALU 输出
0000	AND	A AND B
0001	OR	A OR B
0010	ADD	A+B
0110	SUB	A−B
0111	小于则置 1	1（A<B）；0（A≥B）
1100	NOR	not (A OR B)
…	…	…

3．数据预处理部件

MIPS 架构的 CPU 的数据预处理操作有三类：位数扩展、左移两位和数位拼接，会涉及三种数据处理部件：数位扩展器、左移两位器和数位拼接器，如图 3-65 所示。

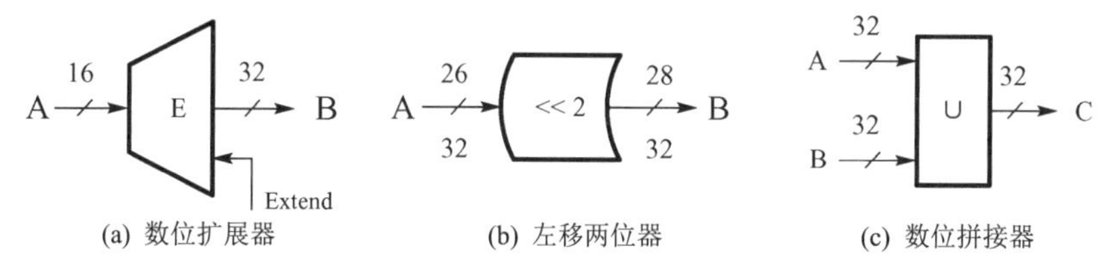

(a) 数位扩展器　　(b) 左移两位器　　(c) 数位拼接器

图 3-65　MIPS 架构的 CPU 的数据处理部件

图 3-65(a)是一种数位扩展器，有一个输入端口 A 和一个输出端口 B，以及一个扩展模式控制端口 Extend（1 位）。当 Extend=1 时，对 A 端输入的补码数进行“符号扩展”；当 Extend=0 时，对 A 端输入的无符号数（逻辑量）进行“零扩展”。

图 3-65(b)是一种左移两位器，只有一个输入端口 A 和一个输出端口 B。其功能是把 A 端数据左移 2 位，然后在低位补两个“0”。例如，A 端的输入是 A[31:0]，则执行 A[29:0]00→B；A 端输入是 A[25:0]，则执行 A[25:0]00→B，其余情况类似。

图 3-65(c)是一个数位拼接器，有两个输入端口 A、B 和一个输出端口 C。其功能是对 A 和 B 的数位进行拼接操作，再从 C 端口输出。

MIPS32 指令集在处理伪直接寻址的时候会使用到这种拼接器。假设 A 端输入 PC 值，B 端输入 28 位地址码 B[27:0]，则执行 A[31:28]B[27:0]→C，即 A 端输入数据的高 4 位作为 C 端口输出数据的高 4 位，B 端口输入的 28 位数据则直接作为 C 端口输出数据的低 28 位。

4．数据通路选择部件

多路选择器的主要功能是在选择控制信号作用下，在多种输入通路中选择一种与控制信号相对应的输入通路作为选择器的输出。图 3-66(a)是一种典型的多路选择器的输入、输出及其控制模型，它有 m 路输入端口（$A_0 \sim A_{m-1}$）、1 路输出端口 B 和 1 个通路选择控制信号端口 select（n 位）。n 位控制信号 select 的每组 n 位编码恰好能对应 m 路候选输入通路中的唯一 1 路输入，因此 m 与 n 之间的逻辑关系是 $n \geqslant \log_2 m$ 。

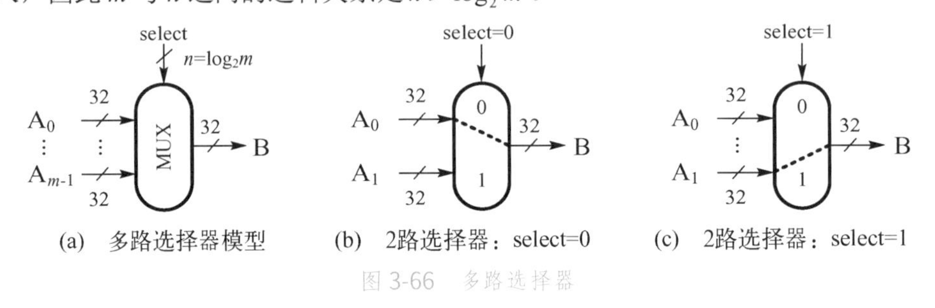

(a) 多路选择器模型　(b) 2路选择器：select=0　(c) 2路选择器：select=1

图 3-66　多路选择器

例如，图 3-66(b)和(c)的 2 路选择器有 2 路输入 A_0 和 A_1 且 n=1，当选择信号 select=0 时，选中数据通路 A_0 作为 B 端口的输出，即 A_0→B 或者 B=A_0；当 select=1 时，选中通路 A_1 作为 B 端口的输出，即 A_1→B 或者 B=A_1。不同的 select 能选中不同的通路。

本节介绍的 4 类基本部件是在 MIPS32 架构的 CPU 中有广泛应用的基本部件，属于可以直接使用的通用型部件。此外，CPU 中需要有可以根据指令能正确产生全机控制信号的系统部件，它是 CPU 的核心部件，与 CPU 指令集和 CPU 的数据通路结构密切相关，可以采用组合逻辑控制或者微程序控制模式对它进行设计。

3.5.3　单周期模式

单周期 CPU 是指任何一条指令无论其执行何种操作，只能固定分配一个时钟周期，指令完成的全部操作必须在该时钟周期内完成。也就是说，一个时钟周期完成一条指令，CPI ≡ 1。

单周期 CPU 意味着在指令执行的时钟周期中，因为无法临时性暂存中间数据，所有功能部件只能执行一次操作，不能被再次重复使用，所以在单周期 CPU 中存在很多部件冗余，通过设置相同功能的多个冗余部件来分散执行部件的相同操作，这样才能确保每个部件最多只执行一次，就能协同完成指令基本功能的实现。

设计 CPU 首先要明确即将设计的 CPU 具体支持指令集中的哪些指令，类似软件开发的需求分析，先要对目标指令及其基本的功能操作进行分析、整理，才能针对这些指令功能操作进一步设计适合的数据通路和控制系统。CPU 采用的硬件架构及其相应的控制逻辑的核心作用是为目标指令功能的实现提供硬件支撑和服务。

1．待实现的目标指令子集

MIPS32 的指令集的指令功能十分丰富，指令数量也很多，为了更简洁、清晰地讲述 MIPS 单周期 CPU 的设计过程，本节从 3.5.1 节中介绍的指令中选取了一部分具有代表性作用的指

表 3-26　单周期 CPU 拟实现的 MIPS32 目标指令子集

类　型	指　令	指令的基本功能	寻址方式说明
R 型运算	add　rd, rs, rt	$rs + $rt→$rd	寄存器直接寻址
	sub　rd, rs, rt	$rs - $rt→$rd	寄存器直接寻址
	and　rd, rs, rt	$rs and $rt→$rd	寄存器直接寻址
	or　rd, rs, rt	$rs or $rt→$rd	寄存器直接寻址
I 型运算	addi　rt, rs, imm	$rs + E(imm)→$rt	寄存器直接寻址、立即寻址，符号扩展
	andi　rt, rs, imm	$rs and E(imm)→$rt	寄存器直接寻址、立即寻址，零扩展
	ori　rt, rs, imm	$rs ori E(imm)→$rt	寄存器直接寻址、立即寻址，零扩展
I 型访存	lw　rt, imm(rs)	Mem[$rs+E(imm)]→$rt	基址寻址、寄存器直接寻址，符号扩展
	sw　rt, imm(rs)	$rt→Mem[$rs+E(imm)]	寄存器直接寻址、基址寻址，符号扩展
I 型分支	beq　rs, rt, imm	$rs-$rt=0: PC+4+E(imm)<<2→PC $rs-$rt≠0: PC+4→PC	采用 PC 相对寻址方式，根据 ALU 标志位 PSW[2]判断分支条件是否满足
J 型跳转	j address	(PC+4)[31:28]∪(address<<2)→PC	伪直接寻址

令作为实现目标，如表 3-26 所示，其中只列出了指令的基本功能操作。实际上，一条指令的执行还需要包括读取指令的操作，该操作可以统一表述为 Mem[PC]→Inst、PC+4→PC，即根据 PC 值从存储器中读取指令，同时 PC 自动加 4，以指向后继指令。而且，取指操作与指令的类型无关，它是所有指令执行之前必须进行的先导性、公共性操作。

2．单周期数据通路设计

3.5.1 节和 3.5.2 节中分析了 MIPS32 的代表性指令集和一些基本的功能部件，那么，怎样设计单周期 CPU 的硬件结构呢？具体而言，就是如何确定 CPU 的硬件结构中应该包括哪些功能部件，以及确定这些功能部件之间的输入、输出和控制信号的连接关系。

单周期 CPU 的硬件架构最终目的是支撑指令集中的各种指令能够安排在 1 个时钟周期内执行完成，因此可以采用渐进式的设计模式，从公共的“取指”操作开始，再从 R 型指令入手设计对应的硬件结构，然后逐类扩展出能支持 I 型指令、J 型指令的硬件结构，最后对初步的硬件结构设计结果进行综合化简，得到最终的单周期 CPU 数据通路完整设计结果。

1）公共的取指操作

该操作完成的功能为

```
Mem[PC] → Inst
PC+4 → PC
```

它需要执行一次读取指令存储器的操作和一次加法运算操作，因此设计的数据通路如图 3-67 所示。因为是单周期数据通路，所以部件 ALU 一般只被安排执行与指令核心功能操作相关的各种运算，所以在数据通路中只能采用一个独立的专用加法器来执行 PC+4 运算。这个加法器的输入端口 A 只能输入一个固定的常数 4，而输入端 B 口则固定输入 PC 的当前值。

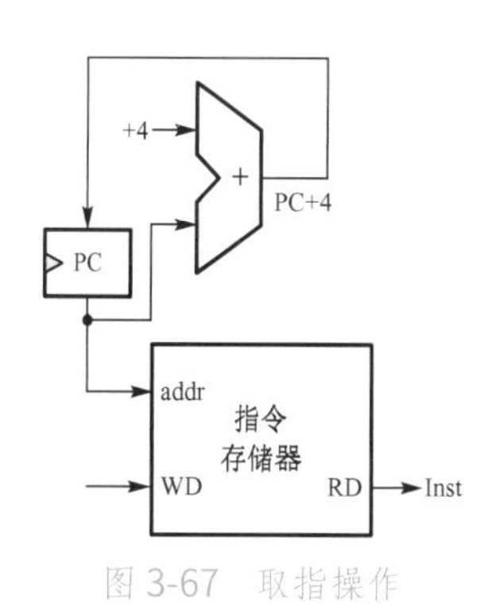

图 3-67　取指操作

目标指令包括 lw 和 sw 指令，它们的执行过程会涉及到读写存储器的操作，因此在数据通路中必须使用一个单独的指令存储器，才能避免读指令的操作与 lw、sw 指令相关的访存操作发生冲突。此外，执行周期中通常也不会存在针对指令存储器进行的写操作，所以指令存储器不会使用读写模式控制端口 Memwrite 和 Memread，以及写数据的输入端口 WD，数据通路图中的这 3 个端口省略未画。

2）增加 R 型运算指令

R 型指令先读取指令，再执行指令的功能操作（见表 3-26）。它的执行涉及 3 个寄存器，其中 2 个寄存器提供运算的操作数，第 3 个寄存器用来保存运算结果，即

```
$rs op $rt→$rd
```

根据指令功能，对应的数据通路中必须有取指操作通路、寄存器堆、算术逻辑运算器 ALU 和相关操作控制部件，如图 3-68 所示。

此数据通路可支持 R 型寄存器中的三寄存器运算指令。PC 寄存器保存的指令地址输入指令存储器的 addr 端，同时 PC 自动在加法器中执行 PC+4 运算。经过一定的存储器电路延迟，指令 Inst 从 RD 端输出，指令代码自动分解成 5 段，其中 op 和 func 输入控制系统，作为当前产生控制信号的依据，指令中的 rs、rt、rd 字段分别作为读地址和写地址输入寄存器堆的 3 个地址端口。寄存器堆的数据输出端口 RD1 和 RD2 输出的数据分别输入 ALU 的 2 个输入端口，

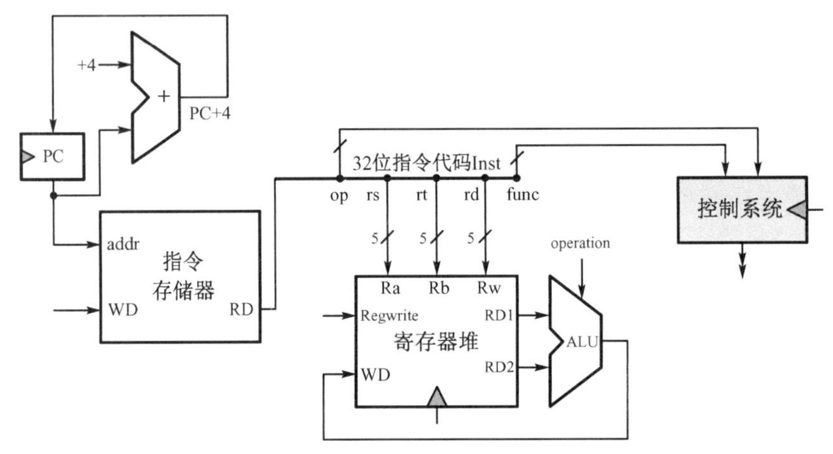

图 3-68 R 型运算指令的数据通路

在 ALU_OP 的控制下完成相应运算。由于 ALU 输出的运算结果要写回到寄存器堆中，因此 ALU 的输出端与寄存器堆的写入数据端口 WD 连接，当控制系统输出的控制信号 Regwrite=1 时，时钟边沿信号便可触发 WD，其中的数据写入以 Rw 为地址的寄存器单元。

3）增加 I 型运算指令

I 型运算指令，如“addi rt, rs, imm”，执行的操作统一描述为

```
$rs op E(imm) → $rt
```

可以看出，指令在执行过程中一定会涉及的操作有读取寄存器堆中的 rs 寄存器、扩展 imm、ALU 的运算操作和写回寄存器堆中的 rt 寄存器。

与 R 型运算指令执行的基本操作相比，I 型运算指令新增的操作只有扩展 imm。所以在 R 型指令数据通路基础上，只需针对 I 型运算指令的代码格式和新增的 imm 扩展操作进行扩展，即可得到能支持 R 型和 I 型运算指令的新结构。

I 型运算指令包括算术运算和逻辑运算，因此 imm 的扩展操作也有符号扩展和零扩展，其扩展模式通过扩展器 E 上的控制信号 extend 来进行控制。

在 R 型运算指令的数据通路基础上，只需增加用于截取指令的 imm 常数即 Inst[15:0]扩展后再输入 ALU 的 B 端口的数据通路，以及指令中的 rt 字段即 Inst[20:16]输入写地址 Rw 的通路，即可使新的数据通路能够充分支持 I 型运算指令的执行，如图 3-69 所示，其中的虚线部分是新增的数据通路，实线部分是 R 型运算指令原有的数据通路。

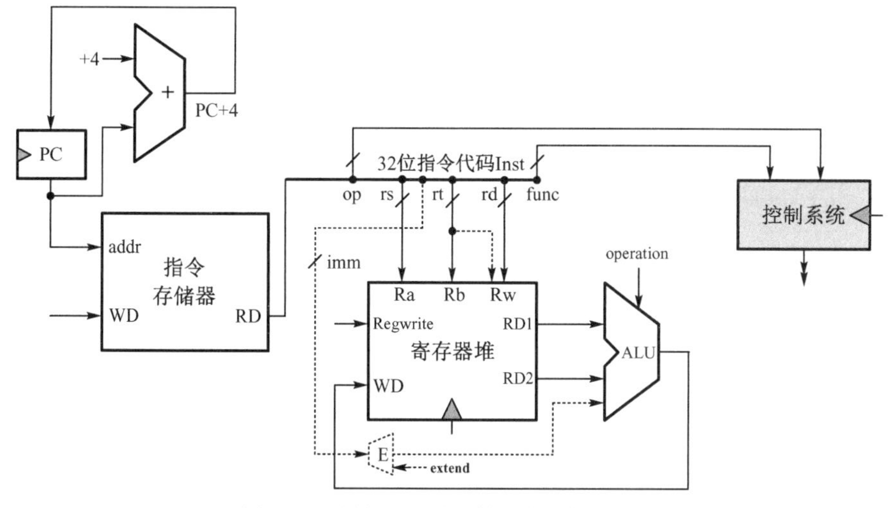

图 3-69　增加了 I 型运算指令的数据通路

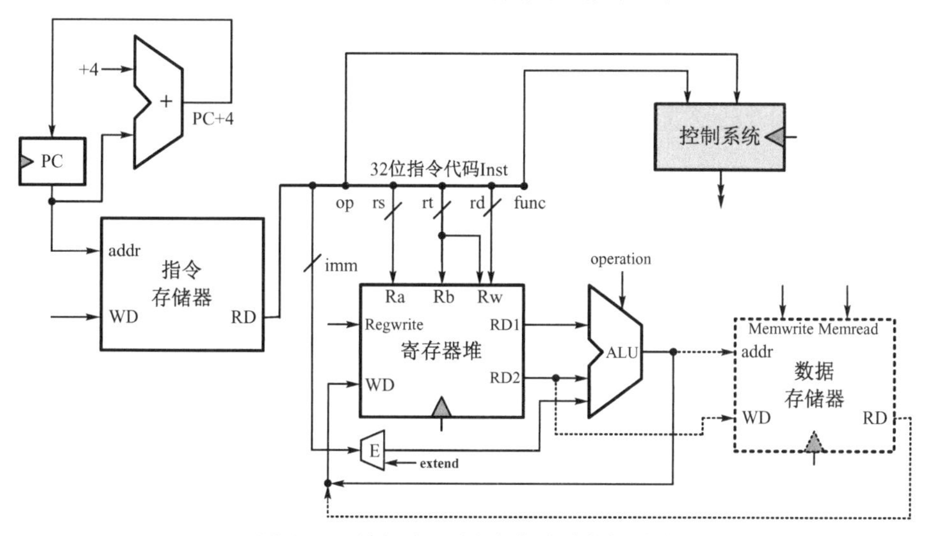

图 3-70　增加了 I 型访存指令的数据通路

4）增加 I 型访存指令

需扩展出的 I 型访存指令只包括 2 条：

```
lw  rt, imm(rs):  Mem[$rs+E(imm)] → $rt
sw  rt, imm(rs):  $rt → Mem[$rs+E(imm)]
```

这两条指令对存储单元的寻址采用的都是基址寻址方式，对操作数的寻址是寄存器直接寻址方式。从这两条指令完成的基本功能操作看，两者都涉及读 rs 寄存器单元、扩展 imm、ALU 的加法运算、访问存储器 Mem[]。此外，lw 指令涉及对寄存器单元 rt 的写数据操作，sw 指令涉及对寄存器单元 rt 的读数据操作。

与 R 型和 I 型运算指令相比，I 型访存指令新增的操作只有访问存储器（读或写）的操作，其余基本操作都已被 R 型和 I 型运算指令的基本操作所涵盖。因此，增加了 I 型访存指令后的数据通路只需在 I 型运算指令的数据通路上增加与访存相关的数据通路，如图 3-70 所示。

因为 lw 和 sw 要分别读、写存储器，所以在指令存储器外，增加了 1 个专用的数据存储器，以便从它的 RD 端口读出数据并从 WD 端口写回寄存器堆中的 rt 寄存器单元，或者把从 rt 寄存器单元读出的数据从 WD 端口写入数据存储器。数据存储器的目标单元地址由 ALU 通

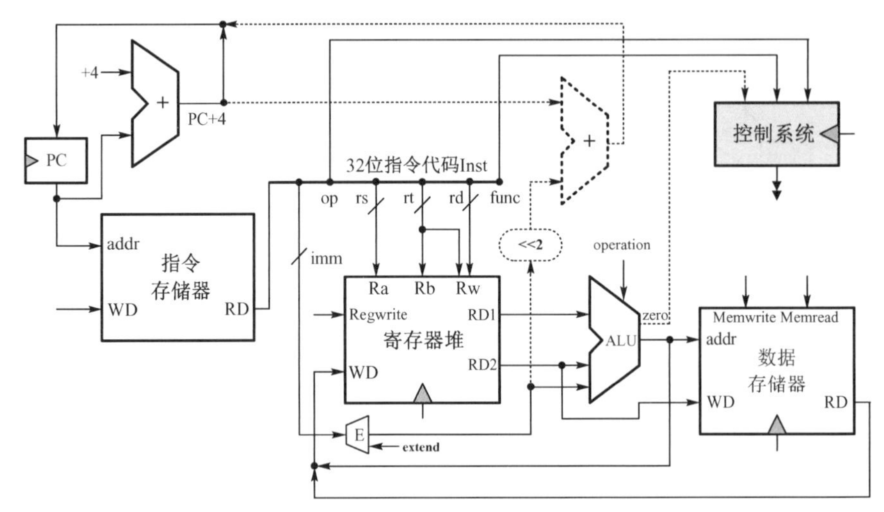

图 3-71　增加了 I 型分支指令后的数据通路

过基址寻址方式产生，因此 ALU 输出的运算结果应有通路连接到数据存储器的地址端口 addr。新增的数据存储器有两种工作模式，所以需要由控制系统输出两个控制信号 MemWrite 和 MemRead，分别控制存储器的读、写模式。图 3-70 中的虚线部分是在 I 型运算指令的基础上新增了两条 I 型访存指令后，必须增加的功能部件和对应的数据连接通路。

5）增加 I 型分支指令

目标指令子集中的 I 型分支指令只考虑了 beq　rs, rt, imm，执行过程涉及的基本操作为

```
$rs-$rt                  # 以便产生 0 标志位 PSW[2]，即是否分支的决策依据）
PC+4+E(imm)<<2 → PC      # PSW[2]=1 时
PC+4 → PC                # PSW[2]=0 时
```

其中，$rs-$rt 操作在前述数据通路中已由 ALU 完成，PC+4 和 E(imm)也已经有对应的数据通路支撑。与 I 型访存指令相比，该指令增加了 I 型分支指令 beq，新增的操作只有“<<2”和“→PC”，因此只需增加与这两个基本操作相适应的数据通路即可，见图 3-71。

PC 相对寻址方式要做一次加法操作才能产生分支目标地址，因此需要单独增加一个专用的加法器（分支加法器），而且此加法器的两个输入分别是 PC+4 和 E(imm)<<2。所以，需要将取指通路中加法器输出的 PC+4 连接到分支加法器的 A 端口，增加一个左移两位器来完成 E(imm)<<2 操作，并将左移后的输出连接到分支加法器的 B 端口。除此之外，若执行分支转移，则需要将分支目标地址打入 PC，因此数据通路中还需要将分支加法器的输出端口连接到 PC 寄存器的输入端口，以作为 PC 寄存器的一路后选输入路径。

除了需要新增一部分数据通路，由于 beq 指令是根据执行$rs-$rt 运算后由 ALU 产生并且输出的 0 标志位（即图示的 zero，等价于 PSW[2]）来决定是否将分支加法器的输出打入到 PC，因此需要将 ALU 输出的 zero 标志连接到控制系统，作为产生 PC 输入通路选择控制的依据。图 3-71 中所示的虚线部分便是新增了 I 型分支指令后应增加的部件和数据通路。

6）增加 J 型跳转指令

J 型跳转指令 j address 完成的基本操作为

```
(PC+4)[31:28]∪(address<<2) → PC
```

这里的跳转地址采用伪直接寻址方式来产生，就是将 PC+4 后的高 4 位与指令中的 address 左移 2 位后得到的 28 位地址码直接拼接后形成。

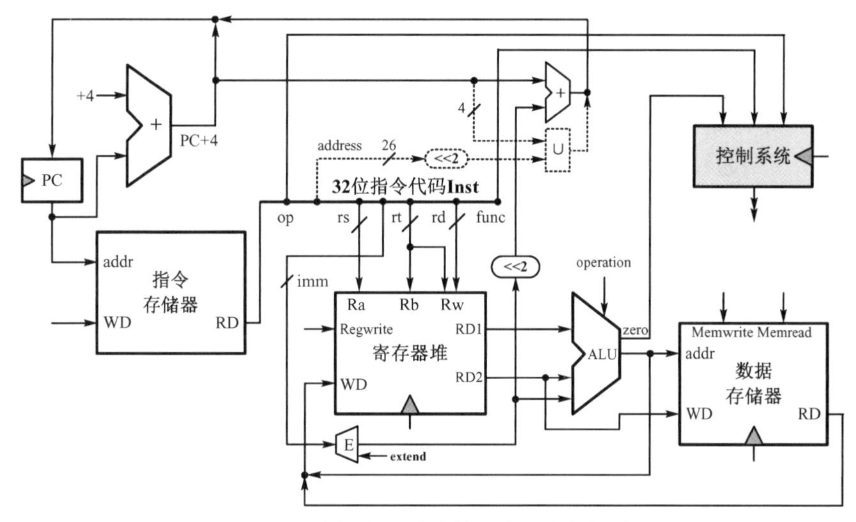

图 3-72　增加了 J 型跳转指令 j 的数据通路

j 指令涉及 PC+4、address<<2、∪（拼接）、→PC 操作。其中，“PC+4”操作的取指的数据通路已能支持，“→PC”操作的数据通路也已经具备。与前面指令的基本操作相比，新增基本操作只有“address<<2”和“∪”，因此只需针对这两个操作扩展出相应的数据通路。

扩展后的数据通路中专门增加了一个左移两位器和一个拼接器，如图 3-72 所示。指令代码 Inst 的低 26 位直接作为左移两位器的输入，且左移两位器输出的 28 位地址码又作为拼接器的一路输入，拼接器的另一路输入来自 PC+4 的高 4 位，拼接器的输出端口连接到 PC 寄存器的输入端口，以作为 PC 寄存器的第 3 路后选输入。在图 3-72 中，虚线部分就是新增的功能部件和相应的数据通路。

通过前述的六个增量式设计步骤，从取指令的基本数据通路开始，根据指令的基本操作逐步对数据通路进行扩展设计，最终可以得到图 3-73 所示的未经整合的数据通路，这种硬件结构的数据通路能够支持 R 型运算、I 型运算、访存、分支和 J 型的 j 指令的执行。

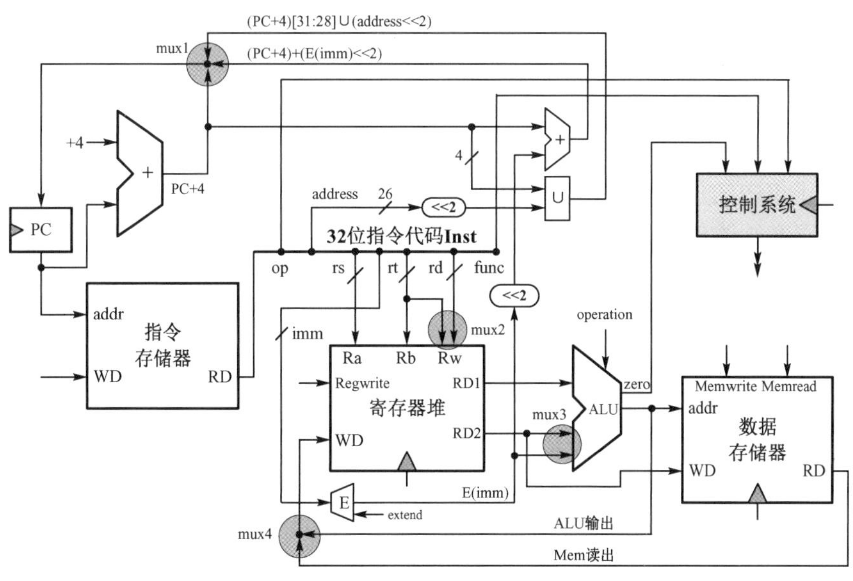

图 3-73　未经整合的单周期 CPU 数据通路

在如图 3-73 所示的未经整合的处理器数据通路中，灰底色圆 mux1～mux4 分别标记了 4 处存在多种输入通路选择的情况。其中，mux1 区表示针对不同的指令，PC 有 3 种互斥的输入选择：执行 j 指令时选择的(PC+4)[31:28]∪(address<<2)通路，执行分支指令 beq 时选择的(PC+4)+(E(imm)<<2)通路，其余情况下顺序执行指令时选择的 PC+4 通路。

除此之外，mux2 区表示寄存器堆的写地址端 Rw 存在两种互斥的连接选择：执行 R 型指令时，rd→Rw，执行 I 型运算指令和 lw 指令时，rt→Rw。

mux3 区表示针对不同的指令，ALU 的输入端口 B 也有两种互斥的连接选择：执行 R 型的运算指令、I 型的 beq 指令时，选择执行 RD2→ALU_B；执行 I 型的运算指令、访存指令时，则选择 E(imm)→ALU_B。

mux4 区则表示针对不同的指令，寄存器堆的写数据端口 WD 也有两种互斥的连接选择：执行 R 型的运算指令、I 型的运算指令时，选择 ALU 输出的运算结果→WD；执行 I 型的 lw 指令时，选择数据存储器输出 RD→WD。

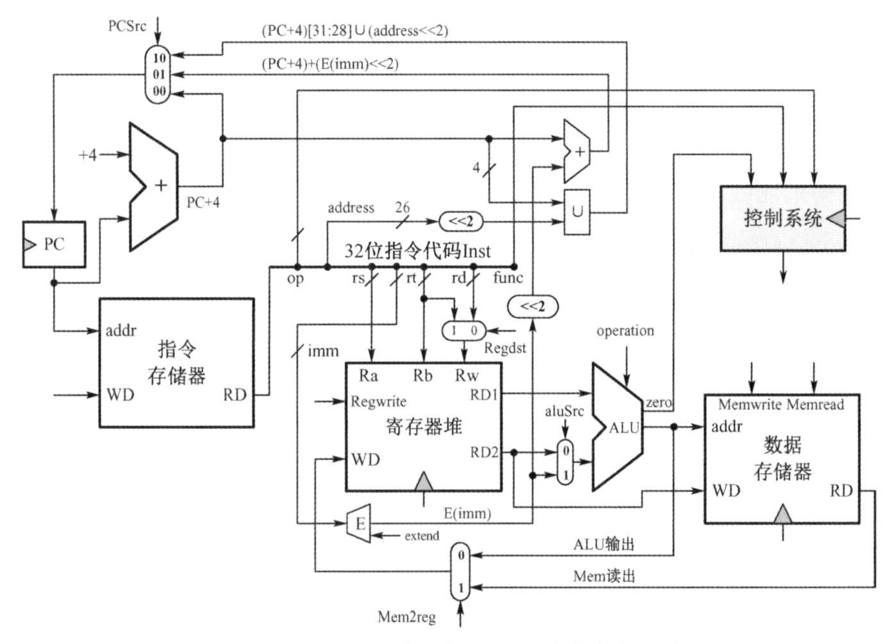

图 3-74 MIPS32 单周期 CPU 的完整数据通路

执行指令子集中的任何一条指令时，其对应的数据通路必须是明确的、唯一的，否则指令的执行过程会存在很大的不确定性。PC、Rw、ALU_B 和寄存器堆 WD 的输入端都存在多路候选连接的情况，为了避免这些多路候选连接冲突，必须分别对它们进行集成化改造。考虑到每种输入对应的多个候选通路只与当前执行的指令相关，所以一条指令只对应一条候选通路。换一个角度，它由当前正在执行的指令来决定选择哪一条与指令对应的候选通路进行连接。这样容易想到，可由控制系统根据当前执行的指令，分别为 PC、Rw、ALU_B 和 WD 确定一条唯一的连接通路，以避免候选通路之间的信号冲突。因此，可以用 4 个多路选择器来分别对 mux1～mux4 多路选择进行集成化整合，如图 3-74 所示。

寄存器 PC 的输入端有 3 种互斥的候选连接通路，因此使用了一个“3 选 1”多路选择器，对应的通路选择控制端命名为 PCSrc。寄存器堆的写地址端 Rw 只有 2 种互斥候选通路，因此使用的是一个“2 选 1”的多路选择器，其对应的选择控制端命名为 Regdst。ALU 的输入端 B

也只有 2 路互斥的候选通路，因此也使用了一个“2 选 1”多路选择器，其选择控制信号命名为 aluSrc。寄存器堆的写数据端 WD 也只有 2 个互斥的候选通路，所以也使用一个“2 选 1”的多路选择器，其选择控制信号被命名为 Mem2reg。

此外，因为候选连接通路由控制系统决定，所以这 4 个多路选择器的控制端口均要从控制系统接收相应的控制命令。

通过使用 1 个“3 选 1”和 3 个“2 选 1”的多路选择器来对数据通路进行集成整合，就完成了面向给定的 MIPS32 目标指令子集（见表 3-26）的单周期 CPU 数据通路设计。在控制系统的集中控制下，此数据通路支持 R 型运算、I 型运算、访存、分支和 j 指令的执行。

3. 单周期控制系统设计

数据通路是一种静态的硬件结构，各种信息不能在数据通路中进行传递，因此单靠 CPU 还不能完成指令的执行，必须由控制系统输出恰当的控制信号，去控制数据通路中的相关功能部件，才能使这些部件协同工作、配合一致，从而完成指令的执行。控制系统相当于人类的大脑，统一指挥和控制指令的执行过程，也是 CPU 设计过程最重要的环节。因为待设计的 CPU 是单周期处理器模式的，所以指令执行的全过程只需要一个时钟周期，这里考虑采用组合逻辑方式来进行控制系统的设计。

控制系统的作用是面向指令的执行输出正确的控制信号，而它产生控制信号的主要依据是指令中的高 6 位 OP 编码和时钟边沿信号。若是 R 型的指令，则还需要有指令中的 6 位 func 编码；若是 beq 指令，则还需要包括 ALU 输出的 1 位 zero 标志位。根据输入的这 3 类信息，控制系统产生数据通路中各部件所需的 9 种输出信号，如表 3-27 所示。

表 3-27　单周期 CPU 控制系统的输入和输出信号

<table>
<tr><th>信　号</th><th>序号</th><th>信号名称</th><th>编码位数</th><th colspan="2">编码含义</th></tr>
<tr><td rowspan="3">控制系统的输入信号</td><td>1</td><td>OP</td><td>6</td><td colspan="2">见表 3-22～表 3-24，针对所有指令</td></tr>
<tr><td>2</td><td>func</td><td>6</td><td colspan="2">见表 3-22，只针对 R 型指令</td></tr>
<tr><td>3</td><td>zero</td><td>1</td><td colspan="2">0—ALU_A-ALU_B≠0，1—ALU_A-ALU_B=0；只针对 beq 指令</td></tr>
<tr><td rowspan="9">控制系统的输出信号</td><td>1</td><td>operation</td><td>4</td><td colspan="2">见表 3-25，只针对 ALU 执行的运算操作</td></tr>
<tr><td>2</td><td>PCSrc</td><td>2</td><td colspan="2">00—选择 PC+4→PC，01—选择(PC+4)+(E(imm)<<2)→PC
10—选择(PC+4)[31:28]∪(address<<2)→PC</td></tr>
<tr><td>3</td><td>Regdst</td><td>1</td><td colspan="2">0—rd→Rw，1—rt→Rw</td></tr>
<tr><td>4</td><td>aluSrc</td><td>1</td><td colspan="2">0—RD2→ALU_B，1—E(imm)→ALU_B</td></tr>
<tr><td>5</td><td>Mem2reg</td><td>1</td><td colspan="2">0—ALU→Reg_WD，1—Mem_RD→Reg_WD</td></tr>
<tr><td>6</td><td>Regwrite</td><td>1</td><td colspan="2">0—寄存器堆设置为读模式，1—寄存器堆设置为写模式</td></tr>
<tr><td>7</td><td>Memwrite</td><td>1</td><td>0—无效，1—把存储器 Mem 设置为写模式</td><td rowspan="2">Memwrite/Memread = 0/0，禁用 Mem</td></tr>
<tr><td>8</td><td>Memread</td><td>1</td><td>0—无效，1—把存储器 Mem 设置为读模式</td></tr>
<tr><td>9</td><td>extend</td><td>1</td><td colspan="2">0—零扩展，1—符号扩展</td></tr>
</table>

1）控制系统的总体结构

在需要由控制系统输出的 9 个控制信号中，信号 operation 和 PCSrc 非常奇异，它们的微命令编码分别为 4 位和 2 位。可以先直接整理这两个控制信号的真值表，然后依据真值表反映出的输入 - 输出真值表分别设计它们的产生逻辑。但是这种设计方法很烦琐，如对于信号 operation 的产生逻辑，根据真值表，需要先单独设计 operation[3]、operation[2]、operation[1]和

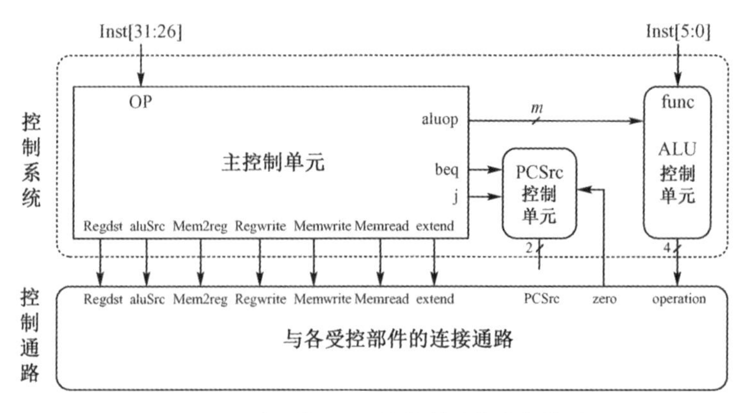

图 3-75　单周期 CPU 的控制系统结构模型

operation[0]这 4 位中每一位的产生逻辑，最后把它们组合起来，形成 operation 的产生逻辑。这种设计方法比较复杂，设计的组合逻辑电路冗余度也可能比较大。

控制系统输出的 PCSrc 和 operation 编码位数较多，PCSrc 只取决于 OP 的 3 种情况：beq，j，既非 beq 也非 j。而 operation 只与 ALU 执行的 5 种基本运算相关：+、 - 、and、or、xor，且这 5 种运算操作最终都取决于 R 型指令的 OP、func 和 I 型指令的 OP。

基于这种分析，我们可以采用如图 3-75 所示的一种分级控制方案来简化控制系统。该控制系统被分解成主控单元和两个二级控制单元：ALU 控制单元和 PCSrc 控制单元。

由主控单元根据指令的 OP 产生 3 种二级控制信号 aluop、beq_flag 和 j_flag，分别用来控制 2 个二级控制单元，其中的 operation 和 PCSrc 分别由各自的二级控制单元产生，剩余的 7 种控制信号全都都由主控单元直接产生。

采用这种分级控制模式后，控制系统的组合逻辑设计就被分解成了用倒推法先分别设计 PCSrc 控制单元和 ALU 控制单元的组合逻辑，再设计主控单元的组合逻辑，最后把它们的组合逻辑集成在一起，就得到了完整的组合逻辑控制系统。

2）ALU 控制单元

根据控制系统结构，ALU 控制单元接收两种输入：主控单元输出的 *m* 位 aluop 和指令代码中的 6 位 func 字段，输出 4 位的 operation 微命令。

R 型指令的操作码 OP 均是全 0，它们可依靠 func 来说明执行何种运算操作，因此 ALU 控制单元根据 aluop 和 func 来确定输出的 operation，即<aluop, func>→operation；对于 I 型指令，直接根据操作码就可以明确当前执行何种运算，因此 ALU 控制单元只能根据 aluop 确定输出的 operation，即 aluop→operation；J 型指令不会使用 ALU，所有 ALU 控制单元输出的 operation 与 J 型指令无关，所有的无关项都标记为×。

在设计由主控单元输出的微命令 aluop 时，全部 R 型指令可以分配一组相同的编码，I 型指令对应的任何一种 ALU 运算操作都必须分配一组独立的 aluop 编码，而 J 型指令不需分配与之对应的 aluop 编码。如表 3-28 所示，R 型指令分配一组相同的 aluop 编码，另外 6 条 I 型指令对应 4 种 ALU 基本运算，所以也要分配 4 组 aluop 编码。表 3-28 中的 11 条目标指令共需要由主控单元输出 5 组不同的 aluop 编码，因此其编码位数 *m* 应设计为 3 位，其中 4 条 R 型指令对应的编码为 aluop=100，addi、lw、sw 对应的编码为 aluop=010，beq 对应的编码为 aluop=110，andi 和 ori 对应的编码分别为 aluop=000 和 aluop=001。

表 3-28　ALU 控制单元的输入－输出真值表

指令列表	OP 编码	func 编码	ALU 运算	输入 aluop	输出 operation	控制单元逻辑
add	000000	100000	加：A+B	100	0010	主控单元：OP→aluop ALU 控制单元：<aluop, func>→operation
sub	000000	100010	减：A−B	100	0110	
and	000000	100100	与：A and B	100	0000	
or	000000	100101	或：A or B	100	0001	
addi	001000	×	加：A+B	010	0010	OP→aluop→operation
andi	001100	×	与：A and B	000	0000	OP→aluop→operation
ori	001101	×	或：A or B	001	0001	OP→aluop→operation
lw	100011	×	加：A+B	010	0010	OP→aluop→operation
sw	101011	×	加：A+B	010	0010	OP→aluop→operation
beq	000100	×	减：A−B	110	0110	OP→aluop→operation
j	000010	×	×	×	×	×

在为指令分配由主控单元输出的 aluop 编码时，应使 aluop 编码与预期的输出 operation 尽可能一致，这样可以优化 ALU 的组合逻辑。例如，beq 指令涉及的 ALU 运算为“减”，预期输出的 4 位微命令 operation 编码是 0110，故为其分配 3 位的 aluop 编码是 110，ALU 在译码时只需在输入的 aluop 编码高位补充一位 0，即可形成 aluop 编码的输出逻辑。

根据 ALU 的输入和输出，结合表 3-28，可以整理出对应的初始真值表。为了降低 ALU 组合逻辑电路的冗余，还需要综合分析这 11 条指令对应的 aluop 编码和 func 字段编码，再根据“最少且唯一”原则，标记出其中的全部无关项，如表 3-29 所示。

表 3-29　单周期 ALU 控制单元的输入－输出真值表

指令列表	输入：aluop[2:0]			输入：func[5:0]						输出：operation[3:0]				ALU 运算操作
	[2]	[1]	[0]	[5]	[4]	[3]	[2]	[1]	[0]	[3]	[2]	[1]	[0]	
add	1	0	0	1	0	0	0	0	0	0	0	1	0	+
sub	1	0	0	1	0	0	0	1	0	0	1	1	0	−
and	1	0	0	1	0	0	1	0	0	0	0	0	0	&
or	1	0	0	1	0	0	1	0	1	0	0	0	1	|
addi	0	1	0	×	×	×	×	×	×	0	0	1	0	+
andi	0	0	0	×	×	×	×	×	×	0	0	0	0	&
ori	0	0	1	×	×	×	×	×	×	0	0	0	1	|
lw	0	1	0	×	×	×	×	×	×	0	0	1	0	+
sw	0	1	0	×	×	×	×	×	×	0	0	1	0	+
beq	1	1	0	×	×	×	×	×	×	0	1	1	0	−
j	×	×	×	×	×	×	×	×	×	×	×	×	×	×

所谓“最少且唯一”，就是指在标记真值表中输入信号的无关项时，应使用最少的编码位来确定唯一的一组 operation 输出。比如，纵观全部 aluop 编码，发现 aluop[2:1]=10 就可以断定当前执行的一定是 R 型指令，如果结合输入的 func[2:0]，就能够确定唯一的一组 operation 输出，即<aluop[2:1], func[2:0]>→operation，故此时的 aluop[0]和 func[5:3]与输出的 operation 无关，组合逻辑中不必考虑这些无关项。其余 6 条 I 型指令和 1 条 J 型指令也用同样的方法标记无关项，由于 j 指令不会使用 ALU，因此 aluop[2:0]和 func[5:0]都是无关项。

根据 ALU 的真值表，逐位设计 operation[3:0]为有效（为 1）时的产生逻辑：

$$operation[0]=1 \leftarrow aluop[2]\,\overline{aluop[1]}\cdot func[2]\,\overline{func[1]}\,func[0]+aluop[0]$$

$$operation[1]=1 \leftarrow aluop[2]\,\overline{aluop[1]}\cdot(\overline{func[2]}\,\overline{func[1]}\,\overline{func[0]}+\overline{func[2]}\,func[1]\,\overline{func[0]})+\overline{aluop[2]}\,aluop[1]+aluop[2]aluop[1]$$

$$operation[2]=1 \leftarrow aluop[2]\,\overline{aluop[1]} \cdot \overline{func[2]}\,func[1]\,\overline{func[0]} + aluop[2]aluop[1]$$

$$operation[3]=1 \leftarrow \text{不存在}$$

根据 operation[3:0]各位有效时的产生逻辑，简单组合就可以画出 ALU 控制单元输出 4 位 operation 的组合逻辑电路，如图 3-76 所示。因为对于任何指令 func[5:3]均是无关项，所以这 3 位输入在 ALU 控制单元的组合逻辑电路中未被使用（悬空、不接入）。

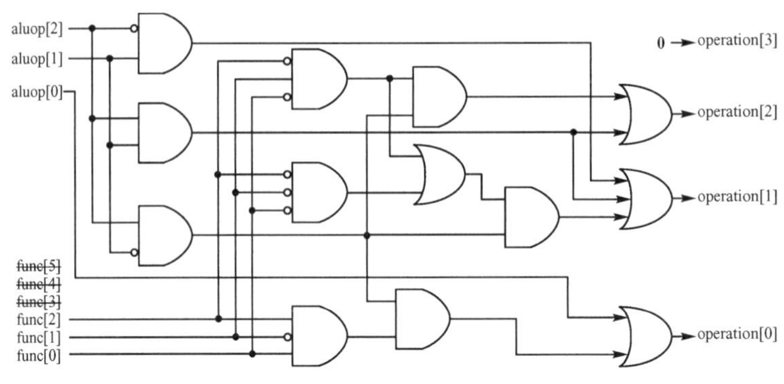

图 3-76　ALU 控制单元的组合逻辑电路

此外，由逻辑表达式可知，输出的 operation[3]永远不会等于 0，它与控制单元输出的 3 位 aluop 字段和 5 位 func 字段无关，所以它始终保持默认值 0（低电平）。

3）PCSrc 控制单元

由控制系统的结构模型可知，PCSrc 控制单元只接收三个输入，即主控单元产生的 beq 指令译码标志 beq_flag、j 指令的译码标志 j_flag、ALU 反馈输入的 zero（0 标志位），可以输出三种微命令，编码分别是 00、01、10，如表 3-30 所示，×代表无关项。

表 3-30　单周期 PCSrc 控制单元的输入－输出真值表

目标指令	输　入			输　出	
	beq_flag	j_flag	zero	PCSrc[1]	PCSrc[0]
beq	1	x	0	0	0
	1	x	1	0	1
j	×	1	×	1	0
其他指令	0	0	×	0	0

假设当前指令是 beq，主控单元输出的标志位 beq_flag=1，其余指令输出的 beq_flag=1；当前指令是 j 指令时，主控单元输出的标志位 j_flag=1，其余指令输出的 j_flag=0。据此可以整理出 PCSrc 控制单元的输入－输出真值表，见表 3-30。其中，只有 beq 指令会使用到 ALU 输出的 zero 标志，因此 zero 是其余 10 条指令的无关项；因为 beq_flag 和 j_flag 是互斥的，所以 j_flag 是 beq 的输入无关项；同理，beq_flag 也是指令 j 的输入无关项。

根据整理得到的真值表，PSCrc[1:0]各位有效（为 1）时的产生逻辑表示为

$$PCSrc[0]=1 \leftarrow beq\_flag \cdot zero\,,\quad PCSrc[1]=1 \leftarrow j\_flag$$

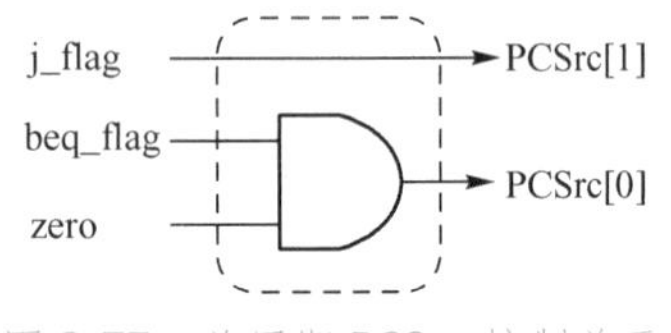

图 3-77　单周期 PCSrc 控制单元

根据 PCSrc[1:0]的产生逻辑表达式，用与门直接转换，如图 3-77 所示。在根据逻辑表达式转换得到的 PCSrc 控制单元组合逻辑电路中，因为输出位 PCSrc[1]与 j_flag 一致，所以两者在逻辑上是同一关系，即 j_flag→PCSrc[1]。只有当从主控单元

表 3-31 单周期主控单元的输入－输出真值表

指令列表	输入 OP[5:0]						输出 10 个控制信号，共 12 位											
	[5]	[4]	[3]	[2]	[1]	[0]	Regdst	aluSrc	Mem2reg	Regwrite	Memwrite	Memread	extend	aluop[2:0]			beq_flag	j_flag
														[2]	[1]	[0]		
add	0	0	0	0	0	0	0	0	0	1	0	0	×	1	0	0	0	0
sub	0	0	0	0	0	0	0	0	0	1	0	0	×	1	0	0	0	0
and	0	0	0	0	0	0	0	0	0	1	0	0	×	1	0	0	0	0
or	0	0	0	0	0	0	0	0	0	1	0	0	×	1	0	0	0	0
addi	0	0	1	0	0	0	1	1	0	1	0	0	1	0	1	0	0	0
andi	0	0	1	1	0	0	1	1	0	1	0	0	0	0	0	0	0	0
ori	0	0	1	1	0	1	1	1	0	1	0	0	0	0	0	1	0	0
lw	1	0	0	0	1	1	1	1	1	1	0	1	1	0	1	0	0	0
sw	1	0	1	0	1	1	×	1	×	0	1	0	1	0	1	0	0	0
beq	0	0	0	1	0	0	×	0	×	0	0	0	1	1	1	0	1	0
j	0	0	0	0	1	0	×	×	×	0	0	0	×	×	×	×	0	1

输入 PCSrc 控制单元的 beg_flag=1 且 ALU 反馈输入的标志位 zero=1 时，PCSrc 控制单元的输出位 PCSrc[0]=1，其余情况下输出的 PCSrc[0]=0。

4）主控单元设计

在图 3-75 所示的分级控制系统结构中，主控单元接收的唯一输入就是指令中的操作码 OP，即 Inst[31:26]，对 OP 译码后，输出 7 种直接控制信号和 3 种间接控制信号。

表 3-31 详细展示了这 11 条指令在执行时，输入主控单元的 6 位操作码即 OP[5:0]，以及从主控单元输出的 7 种直接控制信号编码和 3 种间接控制信号编码。前 7 种直接控制信号分别控制 CPU 数据通路的 7 个功能部件，3 种间接控制信号分别作用于 ALU 控制单元和 PCSrc 控制单元。表 3-31 中的"×"和标记为深色、带下横线的数字表示是输出逻辑的无关项。

根据整理出的主控单元真值表，分别写出这 10 种输出信号的产生逻辑：

$$\text{Regdst}=1 \leftarrow OP[3]\overline{OP}[2]\overline{OP}[1]+OP[3]OP[2]\overline{OP}[0]+OP[3]OP[2]OP[0]+OP[5]\overline{OP}[3]$$

$$\text{aluSrc}=1 \leftarrow OP[3]\overline{OP}[2]\overline{OP}[1]+OP[3]OP[2]\overline{OP}[0]+OP[3]OP[2]OP[0]+OP[5]\overline{OP}[3]+OP[5]OP[3]$$

$$\text{Mem2reg}=1 \leftarrow OP[5]\overline{OP}[3]$$

$$\text{Regwrite}=1 \leftarrow \overline{OP}[5]\overline{OP}[4]\overline{OP}[3]\overline{OP}[2]\overline{OP}[1]+OP[3]\overline{OP}[2]\overline{OP}[1]+OP[3]OP[2]\overline{OP}[0]+OP[3]OP[2]OP[0]+OP[5]\overline{OP}[3]$$

$$\text{Memwrite}=1 \leftarrow OP[5]OP[3]$$

$$\text{Memread}=1 \leftarrow OP[5]\overline{OP}[3]$$

$$\text{extend}=1 \leftarrow OP[3]\overline{OP}[2]\overline{OP}[1]+OP[5]\overline{OP}[3]+OP[5]OP[3]+\overline{OP}[3]OP[2]$$

$$\text{aluop}[2]=1 \leftarrow \overline{OP}[5]\overline{OP}[4]\overline{OP}[3]\overline{OP}[2]\overline{OP}[1]+\overline{OP}[3]OP[2]$$

$$\text{aluop}[1]=1 \leftarrow OP[3]\overline{OP}[2]\overline{OP}[1]+OP[5]OP[3]+OP[5]\overline{OP}[3]+\overline{OP}[3]OP[2] =OP[3]\overline{OP}[2]\overline{OP}[1]+OP[5]+\overline{OP}[3]OP[2]$$

$$\text{aluop}[0]=1 \leftarrow OP[3]OP[2]OP[0]$$

$$\text{beq\_flag}=1 \leftarrow \overline{OP}[3]OP[2]$$

$$\text{j\_flag}=1 \leftarrow OP[1]\overline{OP}[0]$$

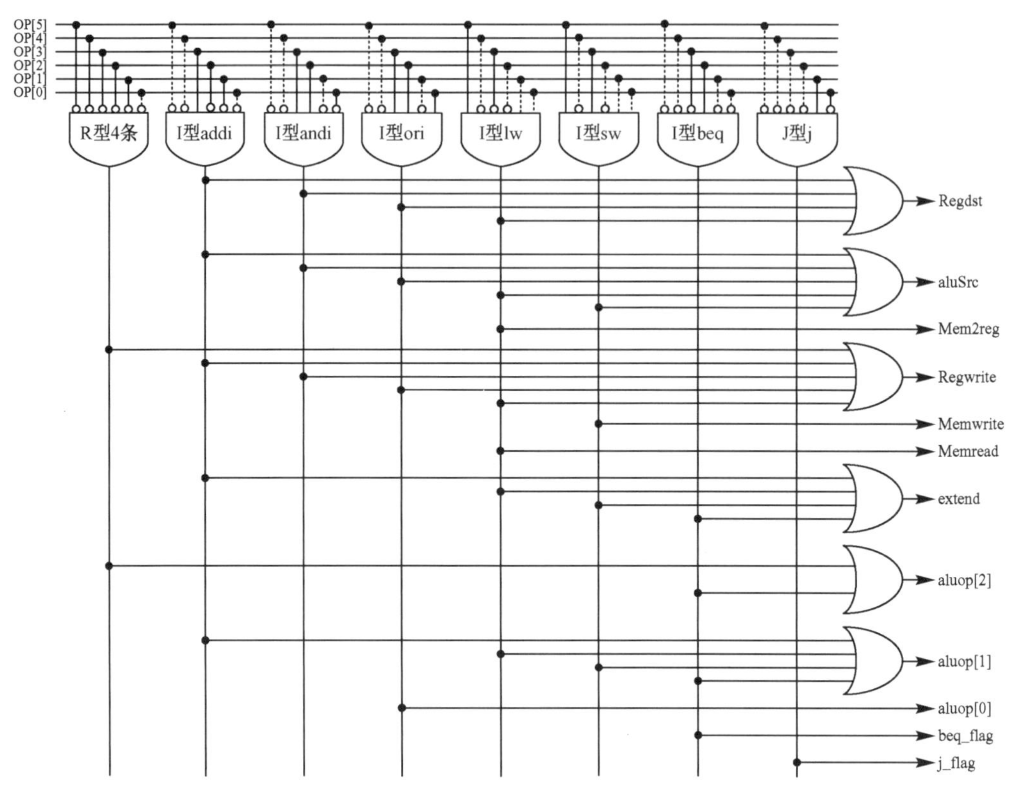

图 3-78　设计的主控单元组合逻辑电路

整理出这 10 种需要由主控单元输出的控制信号和它们的产生逻辑表达式后，就可以直接把它们转换成产生每一位输出信号的组合逻辑电路。把这些组合逻辑电路综合后，就形成主控单元的组合逻辑，如图 3-78 所示。其中的虚线表示与真值表中无关项相对应的 OP 编码位输入，设计时可将其省略，不必将它们连接到对应的与门单元。

主控单元输出的直接控制信号分别连接到数据通路中的控制端口，二级控制信号分别连接到二级控制单元，再把二级控制单元的输出分别连接到数据通路中的控制端口，这样就完成了整个控制系统的设计。数据通路和控制系统集成在一起，再把控制系统输出的控制信号分别与数据通路中受控部件的控制端口连接，就完成了 MIPS32 单周期 CPU 微架构设计。

3.5.4　多周期模式

MIPS 的多周期 CPU 就是指任何一条指令都分配两个或更多的时钟周期，指令在这些时钟周期中依次、分步执行完成全部功能操作，具备这种特点的 CPU 就可以被称为多周期 CPU。换句话说，这种 CPU 需要使用多个时钟周期才能执行完成一条指令，故 CPI≥2。

与单周期 CPU 不同，多周期 CPU 将指令的执行过程均匀分散在多个时钟周期中完成，每个时钟周期只完成一步微操作，后续操作甚至可以共享前操作暂存的数据。通过在数据通路中设置相应的数据暂存器，数据处理部件可以暂存输出的数据，这就使多周期 CPU 中一些核心功能部件在指令周期中的重复使用成为可能。

为了清晰对比两种处理器的特点，下面仍然使用表 3-26 所示的 11 条指令作为多周期 CPU 的目标指令子集，多周期数据通路和控制系统均基于此目标指令子集进行设计。关于这 11 条指令的基本功能分析，这里不再赘述。

1. 多周期的数据通路

与单周期数据通路相比，多周期数据通路的主要差别体现在：对运算部件进行了“操作步骤级”重用，不再单独设置专用加法器；增设了指令寄存器和数据缓冲寄存器；指令存储器与数据存储器合并；在数据存储部件和运算部件的输出端增设了若干暂存器，确保后续操作能共享暂存的数据；增设数据存储部件的“写模式”控制端口，精细化控制数据的写入操作。

在多周期通路中，受时序特性制约，每个时钟周期中对同一个存储部件只能完成一次数据写入操作。这意味着在一个时钟周期中只能完成一次相邻部件间的存储单元级信息传输，也是指令分配时钟周期数量以及为每个时钟周期安排“微操作”的基本依据和原则。下面仍然采用逐步扩展的方式来设计多周期 CPU 的数据通路。

1）R 型运算指令的数据通路

目标指令集中的 R 型运算指令包括 4 条：add、sub、and 和 or，完成的功能操作是$rs op $rt→$rd，因此指令的执行过程一定会涉及从存储器 Mem 中读取指令、读写寄存器堆 Reg 和 ALU 运算操作，能够支撑这些基本操作的数据通路如图 3-79 所示。

对于多周期模式，取指后的 PC+4 操作与后续运算操作分散在不同时钟周期完成，因此这两类运算可统一由 ALU 执行，不再设置专用加法器。只有取指操作才把 PC+4 打入 PC，其余时钟周期 PC 处于读模式，所以需要为 PC 设置写模式控制端口 PCWrite。读出的指令代码在

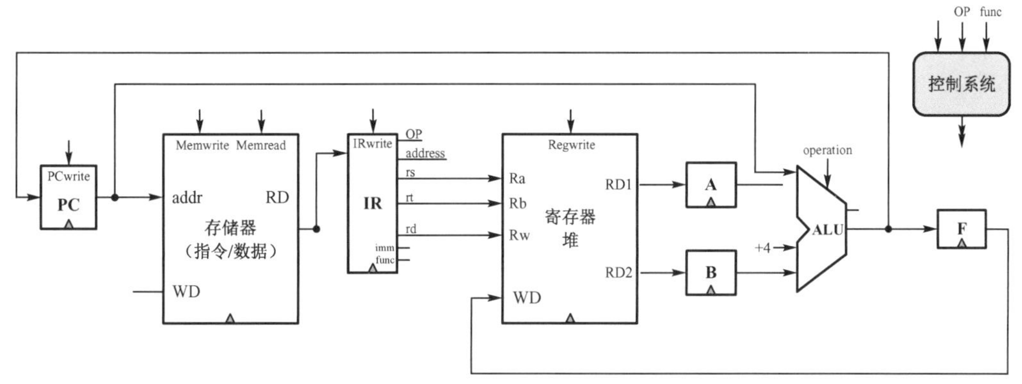

图 3-79　4 条 R 型运算类指令的数据通路

后续时钟周期还会使用，需设置 IR 来暂存指令，而且只有在取指周期才会把输出的指令打入 IR，因此为它设置一个写模式控制端 IRWrite。寄存器堆输出的数据也会在后续时钟周期使用，所以要在输出端设置两个暂存器 A 和 B，使其分别与 ALU 的端口 A 和 B 对应。与此类似，ALU 的运算结果在下一时钟周期中被写回到寄存器堆，所以在 ALU 的输出端也设置了一个暂存器 F。

在部件的连接通路上，PC 的输出端与 ALU 的 A 端口有一个连接，且 ALU 的 B 端口还有一路输入常数+4 的通路，才能在 ALU 上完成 PC+4 操作，运算结果也要在当前时钟周期中写回 PC，故 ALU 的输出端直接连接到 PC 的输入端。与此不同，指令功能相关的运算结果是安排在下一个时钟周期写回寄存器堆，所以连接到写入端口 WD 的通路是 F 暂存器的输出，而非 ALU 运算后的直接输出。

指令寄存器分解后的 6 位 OP 码和 6 位 func 字段分别输入控制系统的 OP 和 func 端口，以作为控制系统产生控制信号的依据。为了简洁，图 3-79 中省略了这些连接线。

根据图 3-79 所示的数据通路结构特点和存储单元级信息传输的原则，可以把 R 型运算类

指令的执行过程分解成 4 个基本的操作步骤：

```
Mem[PC]→IR    同时  PC+4→PC
Reg[rs]→A     同时  Reg[rt]→B
A op B→F
F→Reg[rd]
```

2）增加 I 型指令

目标指令子集中的 I 型指令包括 3 类：

- 运算类指令— \$rs op E(imm)→\$rt。
- 访存类指令— Mem[\$rs+E(imm)]→\$rt（取数），\$rt→Mem[\$rs+E(imm)]（存数）。
- 分支指令— \$rs−\$rt（若 zero=1，则执行 PC+4+E(imm)<<2→PC，否则 PC+4→PC）。

因此，在支撑了 R 型指令的数据通路上，根据 I 型指令的功能特性，可以进一步扩展，得到如图 3-80 所示的新数据通路，虚线部分表示为了支撑 I 型指令的执行在 R 型指令数据通路上新增的功能部件和连接通路。

I 型运算指令新增了一个双模扩展器 E，其输入端连接到 IR 的 imm 字段，输出端连接到 ALU 的 B 端口；运算结果要写回寄存器堆的 rt 寄存器，所以 IR 输出的 rt 字段与寄存器堆的写入地址端口 Rw 之间增加了一条连接通路。相应的指令执行过程可以分解为

```
Mem[PC] → IR  同时  PC+4 → PC
```

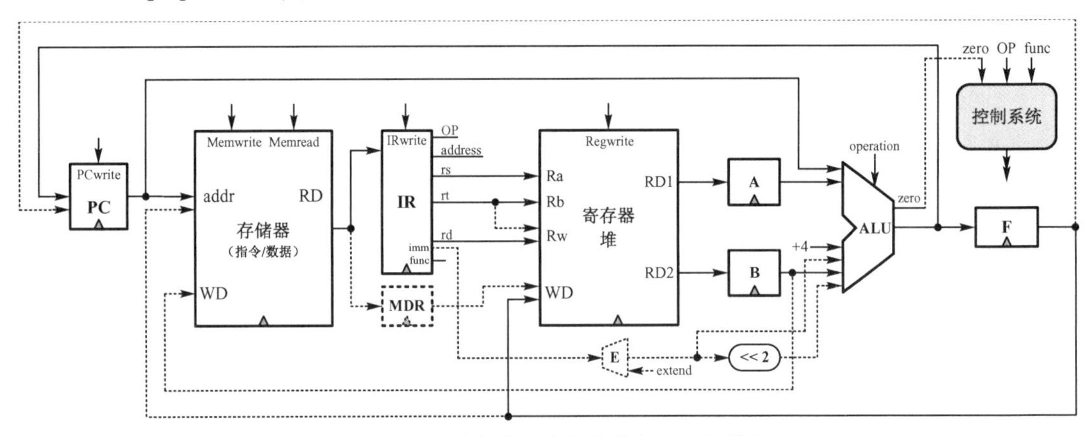

图 3-80 扩展出了 I 型 3 类指令的数据通路

```
Reg[rs] → A
A op E(imm) → F
F → Reg[rt]
```

访存指令采用基址寻址方式形成存储器目标地址，ALU 执行加法运算输出存储器目标地址并暂存于 F，所以 F 的输出与存储器的 addr 端口之间增加了一个连接。此外，访存指令 lw 要将存储器输出的数据写回寄存器堆，所以在存储器的输出端增设了数据缓冲寄存器 MDR，并将它的输出端连接到寄存器堆的写入端 WD；sw 要将寄存器堆中读取出的数据写入存储器，所以暂存器 B 的输出端与存储器的写数据端口 WD 之间增加了一条连接通路。与此相应的 lw 指令执行过程可以分解为

```
Mem[PC] → IR  同时  PC+4 → PC
Reg[rs] → A
A+E(imm) → F
Mem[F] → MDR
```

```
MDR → Reg[rt]
```

而指令 sw 的执行过程可以分解为

```
Mem[PC] → IR  同时  PC+4 → PC
Reg[rs] → A   同时  Reg[rt] → B
A+E(imm) → F
B → Mem[F]
```

对于分支指令，分支目标地址是利用 PC 相对寻址方式形成的，即 PC+4+E(imm)<<2，所以在扩展器 E 的输出端增加了一个左移两位器，其输出端连接到 ALU 的 B 端口，此时 ALU 执行加法运算后输出并保存到 F 中的地址即是分支的目标地址，所以 F 的输出端与 PC 的输入端增加了一条连接通路。此外，执行$rs−$rt，以产生 zero 标志位的数据通路已经涵盖在 R 型指令数据通路中，所以图 3-80 中只需把 ALU 输出的 zero 端连接到控制系统的输入端即可。分支指令的执行过程分解为

```
Mem[PC] → IR  同时  PC+4 → PC
Reg[rs] → A   同时  Reg[rt] → B  同时  PC+E(imm)<<2 → F
A-B                （若 zero=1，则 F→PC（再次修改 PC），否则 NOP（空操作、不修改 PC））
```

3）增加 J 型的 j 指令

目标 J 型指令只考虑了 j address：PC+4[31:28]∪address<<2，此指令采用伪直接寻址方式形成无条件跳转地址，它的执行过程与寄存器堆和 ALU 均无关，只涉及从存储器中读取指令、常数 address 的左移 2 位和拼接操作，对应的数据通路扩展结果如图 3-81 所示。

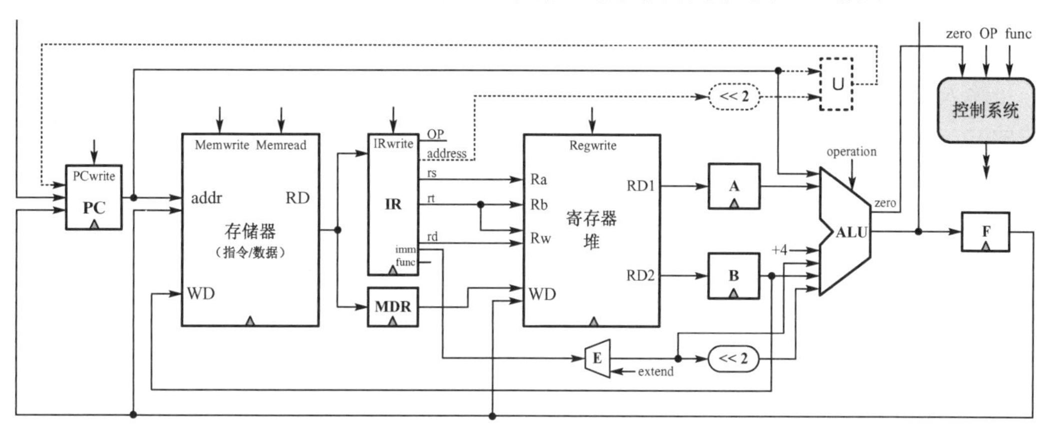

图 3-81 扩展了 j address 指令的数据通路

图 3-81 的数据通路中，虚线部分表示的左移两位器和地址拼接器 U 及其连接是专门针对 J 型指令 j address 扩展出的数据通路。其中，左移两位器的输入端是指令中的低 26 位即 IR[25:0]、输出端连接到拼接器 U 的一个输入端。拼接器 U 的另一个输入端与寄存器 PC 的输出端口连接，以便能从 PC 输出端接收保存在其中的 PC+4。拼接器 U 输出的地址码将作为无条件转移的目标地址，因此 U 的输出端与 PC 的输入端增加了一条数据连接通路。

指令 j 的执行过程简单，依托图示的数据通路只需要两步操作就能完成指令：

```
Mem[PC] → IR  同时  PC+4 → PC
PC[31:28]∪(address<<2) → PC          （再次修改 PC）
```

虽然图 3-81 所示的数据通路已经可以支撑 R 型运算指令的执行，也能支撑 I 型运算、访存、分支和 J 型 j 指令的执行，但它并不是一种优化的数据通路，因为其中存在多个部件的输入端口同时连接了多个输入通路的情况，如图 3-82 中标记的几处灰色圆形区域。

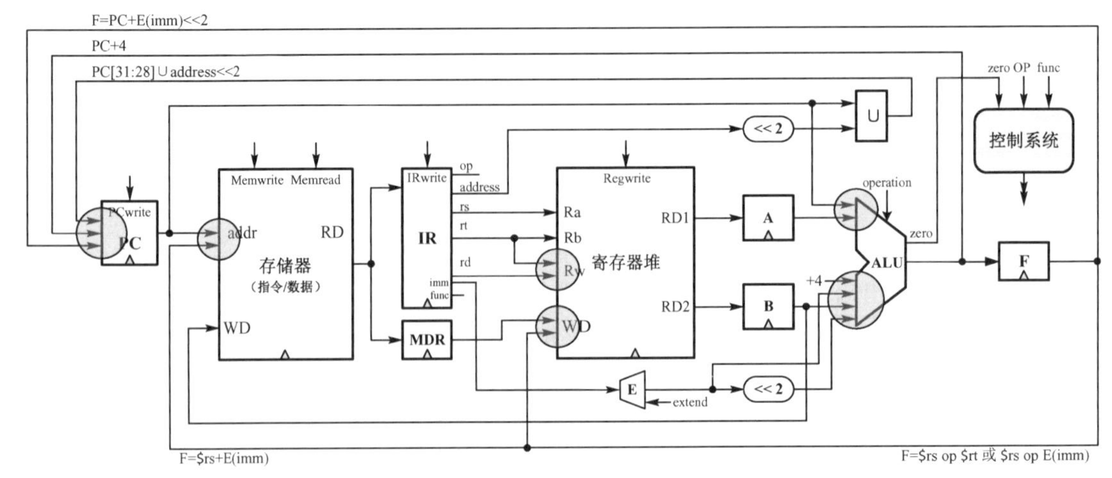

图 3-82　未经过整合的 R 型、I 型和 J 型指令的数据通路

PC 的输入端共有三种连接：面向取指操作时的 PC+4（由 ALU 输出），指令 beq 的分支目标地址 PC+E(imm)<<2（已暂存在 F），指令 j 的转移地址 PC[31:28]∪address<<26（由拼接器输出）。存储器地址端口 addr 也有两路：面向取指操作的 PC、面向指令 lw 和 sw 的存储器地址 F=$rs+E(imm)。寄存器堆的写地址端 Rw 也有两路：面向 R 型运算指令的 rd，面向 I 型运算和 lw 指令的 rt。寄存器堆的写数据端口 WD 也有两路连接：面向 R 型运算和 I 型运算指令的暂存器 F，面向 lw 指令的暂存器 MDR。ALU 的 A 端口也有两路连接：一路是面向 PC+4 操作的 PC 通路，另一路是面向 R 型运算、I 型运算和访存指令的暂存器 A。ALU 的 B 端口有 4 路连接输入：面向 PC+4 操作的常数 4，面向 R 型运算指令的暂存器 B，面向 I 型运算和访存指令的 E(imm)，以及面向 beq 指令的 E(imm)<<2 连接。

执行任何一条指令的时候，其对应的数据通路必须是明确的、唯一的，指令的执行过程才具有可控性。因此，也要像单周期 CPU 数据通路那样，采用若干多路选择器来对初始数据通路中同时出现的多路连接情况进行集成整合，并由控制系统来为正在执行的指令确定一组唯一的数据通路。整合、优化后的最终结果如图 3-83 所示，其中的实心箭头表示数据通路连接，空心箭头则表示控制系统输出的微命令或者输入功能部件的控制信号。

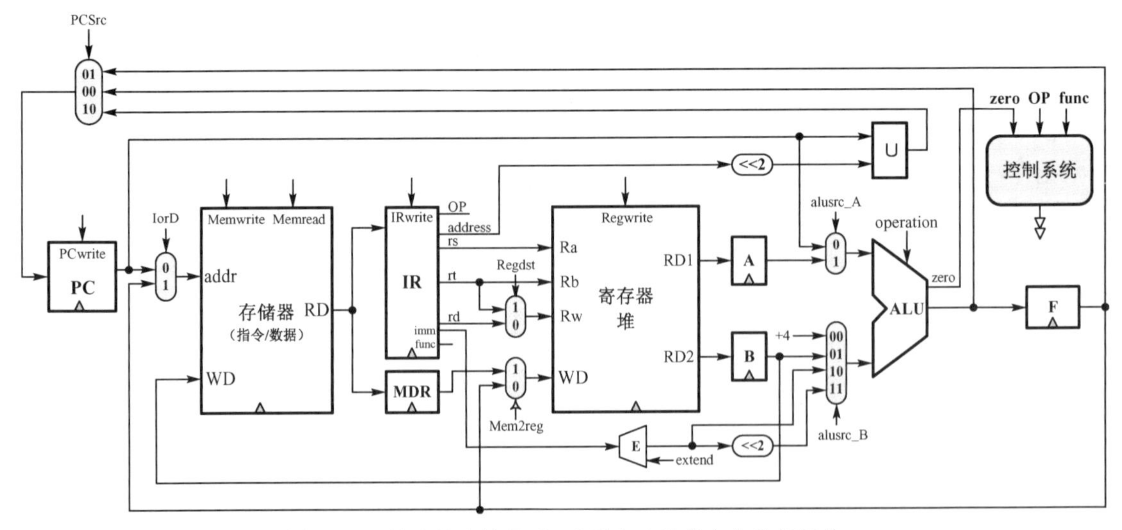

图 3-83　经过整合的 R 型、I 型和 J 型指令的数据通路

表 3-32　多周期模式下数据通路中的控制信号

信号类型	信号名称	信号用途	微命令编码	控制操作说明
多路选择控制	PCSrc	选择 PC 输入端的连接通路	**00**	选中 ALU 的输出端
			01	选中 F 的输出端
			10	选中 U 的输出端
	IorD	选择存储器 Mem 的 addr 端连接通路	**0**	选中 PC 的输出端
			1	选中 F 的输出端
	Regdst	选择寄存器堆 Reg 的 Rw 端连接通路	**0**	选中 rd
			1	选中 rt
	Mem2reg	选择寄存器堆 Reg 的 WD 端连接通路	**0**	选中 F 的输出端
			1	选中 MDR 的输出端
	alusrc_A	选择 ALU 的 A 端连接通路	**0**	选中 PC 的输出端
			1	选中 A 的输出端
	alusrc_B	选择 ALU 的 B 端连接通路	**00**	选中常数+4
			01	选中 B 的输出端
			10	选中 E 的输出端
			11	选中<<2 的输出端
读写模式控制	PCwrite	设置 PC 的工作模式	**0**	把 PC 设置为读模式
			1	把 PC 设置为写模式
	Memwrite / Memread	设置存储器 Mem 的工作模式	**0 / 1**	使 Mem 处于读模式
			1 / 0	使 Mem 处于写模式
			0 / 0	禁用 Mem
	IRwrite	设置 IR 的工作模式	**0**	使 IR 工作在读模式
			1	使 IR 工作在写模式
	Regwrite	设置寄存器堆 Reg 的工作模式	**0**	使 Reg 工作在读模式
			1	使 Reg 工作在写模式
数据处理控制	operation	控制 ALU 的运算操作	**0010**	ALU 执行算术加：+
			0110	ALU 执行算术减：-
			0000	ALU 执行逻辑与：&
			0001	ALU 执行逻辑或：|
	extend	控制 E 的扩展模式	**0**	E 执行零扩展
			1	E 执行符号扩展

在图 3-83 所示的数据通路中，PC 输入端使用了“3 选 1”的多路选择器，控制信号命名为 PCSrc；存储器的写地址端 addr 使用“2 选 1”的多路选择器，选择控制端命名为 IorD；寄存器堆的写地址端 Rw 和写数据端 WD 也使用了“2 选 1”的多路选择器，选择控制端分别命名为 Regdst 和 Mem2reg；ALU 的输入端 A 和 B 分别使用“2 选 1”和“4 选 1”多路选择器，对应的选择控制端分别命名为 alusrc_A 和 alusrc_B。

目标指令在多周期模式下执行的时候，每个时钟周期都由控制系统产生的微命令来对数据通路中的多路选择器及其他相关的功能部件进行协同控制，才能确定一组唯一的数据通路，并且使相关的功能部件完成确定的受控操作，从而使 CPU 正确完成指令的基本功能。

2. 指令流程与微命令

通过分析前述用以支撑目标指令子集执行的数据通路（见图 3-83），可以直接归纳出与目标指令的执行相关的 3 类控制信号：多路选择器控制信号、存储部件的读写模式控制信号和数据处理部件的控制信号。其中多路选择器有 6 个，每个需要 1 组控制信号，因此需要 6 组多路选择控制信号。存储部件中有 PC、IR、存储器、寄存器堆，所需的读写模式控制信号共 5 组。

除此以外，数据处理部件（扩展器和 ALU）需要 2 组控制信号，如表 3-32 所示。

根据 3.5.2 节中对存储器的定义，在同一时刻，Mem 的两个控制信号 Memwrite、Memread 只能有一个处于高电平（为 1），或者两个都处于低电平（为 0）。两者中只有一个为 1 时，Mem 处于正常的读/写模式，两者都为 0 时，则 Mem 处于禁用状态，其输入和输出都呈高阻状态。

1）指令的统一执行流程

基于目标指令功能和多周期数据通路结构（见图 3-83），可以整理各指令在数据通路的存储单元级执行流程，如图 3-84 所示。

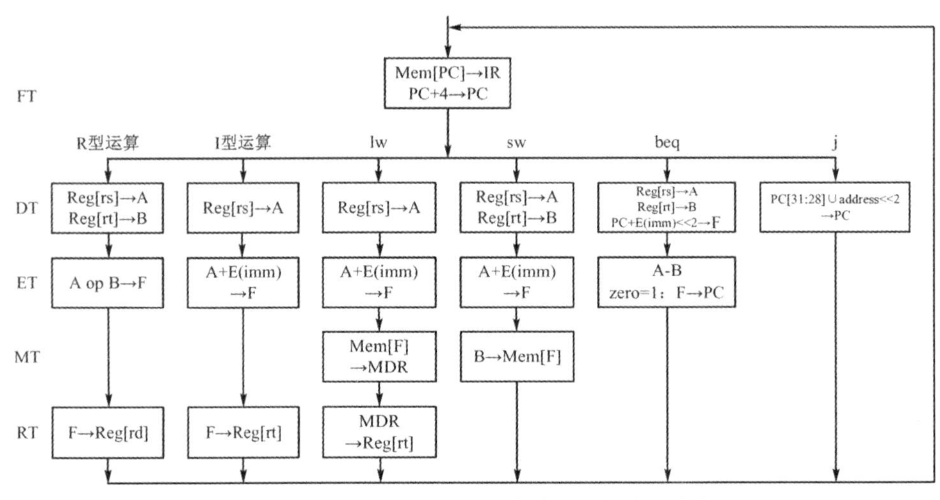

图 3-84 MIPS 目标指令的存储单元级执行流程

这 11 条指令最多需 5 个时钟周期，根据指令执行过程，把这 5 个时钟周期分别记为对应的工作周期：FT（读取指令）、DT（译码）、ET（执行）、MT（访存）和 RT（写回寄存器堆）。不同指令所需的时钟周期数不同：R 型、I 型运算和 sw 指令需要 4 个时钟周期，lw 指令需要 5 个时钟周期，beq 指令需要 3 个时钟周期，j 指令只需 2 个时钟周期（FT 和 DT）。

每个时钟周期中只执行 1 个微操作，且每步微操作只完成 1 次存储级信息传输。多周期 CPU 的指令周期一般由若干工作周期组成，每个工作周期通常包括多个时钟周期，但 MIPS32 指令的功能普遍比较精练，每个工作周期仅需安排一个时钟周期即可实现指令的执行目标，因此在流程图中把每个时钟周期直接标记为对应的工作周期，不再像模型机 CPU 那样需要设置每个工作周期内的时钟周期节拍计数，也可以简化控制系统。

2）控制系统输出的微命令

在不同指令的执行过程中，每个时钟周期完成的存储单元级操作通常是不一样的。数据通路上完成的任何一步操作都是由控制系统输出对应的控制信号、并对部件协同控制的结果。根据指令的执行流程及 CPU 的数据通路，可以归纳出各种指令在每个时钟周期中需要由控制系统输出的控制信号及微命令编码。R 型的运算指令，I 型的运算、访存和分支指令，以及 J 型的跳转指令在各时钟周期中完成的基本操作和需要由控制系统输出的控制信号分别如表 3-33～表 3-38 所示。在这些表中，“×”表示对应的时钟周期与当前指令执行无关，而且因为 R 型和 I 型运算指令在 ET 中由控制系统输出的 ALU 控制信号编码根据指令的操作码 OP 和 func（R 型）才能确定，故这里先表示为 operation。

表 3-33　R 型运算指令的工作周期及其控制信号

时钟周期	基本操作	需由控制系统输出的控制信号（微命令编码）
FT	Mem[PC]→IR PC+4→PC	IorD=0，Memwrite/Memread=0/1，IRwrite=1，alusrc_A=0，alusrc_B=00，operation=0010，PCsrc=00，PCwrite=1
DT	Reg[rs]→A，Reg[rt]→B	由时钟（clock）信号的边沿自动触发
ET	A op B→F	alusrc_A=1，alusrc_B=01，operation（由 op、func 确定）
MT	×	×
RT	F→Reg[rd]	Mem2reg=0，Regdst=0，Regwrite=1

表 3-34　I 型运算指令的工作周期及其控制信号

时钟周期	基本操作	需由控制系统输出的控制信号（微命令编码）
FT	Mem[PC]→IR PC+4→PC	IorD=0，Memwrite/Memread=0/1，IRwrite，alusrc_A=0，alusrc_B=00，operation=0010，PCsrc=00，PCwrite=1
DT	Reg[rs]→A	由时钟（clock）信号的边沿自动触发
ET	A op E(imm)→F	alusrc_A=1，extend（op 确定），alusrc_B=10，operation（op 确定）
MT	×	×
RT	F→Reg[rt]	Mem2reg=0，Regdst=1，Regwrite=1

表 3-35　I 型取数指令 lw 的工作周期及控制信号

时钟周期	基本操作	需由控制系统输出的控制信号（微命令编码）
FT	Mem[PC]→IR PC+4→PC	IorD=0，Memwrite/Memread=0/1，IRwrite=1，alusrc_A=0，alusrc_B=00，operation=0010，PCsrc=00，PCwrite=1
DT	Reg[rs]→A	时钟边沿触发，无其他控制信号
ET	A+E(offset)→F	alusrc_A=1，alusrc_B=10，extend=1，operation=0010
MT	Mem[F]→MDR	IorD=1，Memwrite/Memread=0/1
RT	MDR→Reg[rt]	Mem2reg=1，Regdst=1，Regwrite=1

表 3-36　I 型存数指令 sw 的工作周期及控制信号

时钟周期	基本操作	需由控制系统输出的控制信号（微命令编码）
FT	Mem[PC]→IR PC+4→PC	IorD=0，Memwrite/Memread==0/1，IRwrite=1，alusrc_A=0，alusrc_B=00，operation=0010，PCsrc=00，PCwrite=1
DT	Reg[rs]→A，Reg[rt]→B	时钟信号边沿触发，无其他控制信号
ET	A+E(offset)→F	alusrc_A=1，alusrc_B=10，extend=1，operation=0010
MT	B→Mem[F]	IorD=1，Memwrite/Memread=1/0
RT	×	×

表 3-37　I 型分支指令 beq 的工作周期及控制信号

时钟周期	基本操作	需由控制系统输出的控制信号（微命令编码）
FT	Mem[PC]→IR PC+4→PC	IorD=0，Memwrite/Memread=0/1，IRwrite=1，alusrc_A=0，alusrc_B=00，operation=0010，PCsrc=00，PCwrite=1
DT	Reg[rs]→A，Reg[rt]→B PC+E(offset)<<2→PC	时钟信号边沿触发，alusrc_A=0，alusrc_B=11，operation=0010，extend=1
ET	A-B: if zero=1, F→PC if zero=0, NOP	alusrc_A=1，alusrc_B=01，operation=0110 zero=1：PCsrc=01，PCwrite=1；zero=0：PCwrite=0
MT	×	×
RT	×	×

某些时钟周期中没有列出的控制信号及其微命令编码，则表示控制系统当前不需要专门输出这些微命令，因为它们都默认为 0（低电平）。比如，R 型运算指令的 DT 中没有列出 IRwrite，因此它默认为 0，其他没有列出的微命令也都默认为 0。

表 3-38　J 型跳转指令 j 的工作周期及控制信号

时钟周期	基本操作	需由控制系统输出的控制信号（微命令编码）
FT	Mem[PC]→IR PC+4→PC	IorD=0，Memwrite/Memread=0/1，IRwrite=1，alusrc_A=0，alusrc_B=00，operation=0010，PCsrc=00，PCwrite=1
DT	PC[31:28]U(address<<2)→PC	PCsrc=10，PCwrite=1
ET	×	×
MT	×	×
RT	×	×

由目标指令时钟周期及其控制信号分析可知，不同的指令依次经历的时钟（工作）周期状态是不一样的。R 型、I 型运算类指令不会进入访存周期 MT，sw 指令不会进入 RT，beq 指令不会进入 MT 和 RT，j 指令则不会进入 ET、MT 和 RT。即使是在相同的时钟周期中，不同的指令完成的操作也可能不一样，因此所需的控制信号可能不同。比如，R 型运算指令的 ET 和 I 型运算指令的 ET，虽然都是 ET，但两者由控制系统输出的微命令不同。

3．多周期模式的控制系统

CPU 的数据通路是一种静态的硬件实体，这 3 类共 11 条目标指令的正确执行离不开控制系统在每个时钟周期中对数据通路中相关功能部件的协同控制。总体而言，控制系统就是一种能根据输入条件，产生恰当控制信号的核心功能部件，如图 3-85 所示。

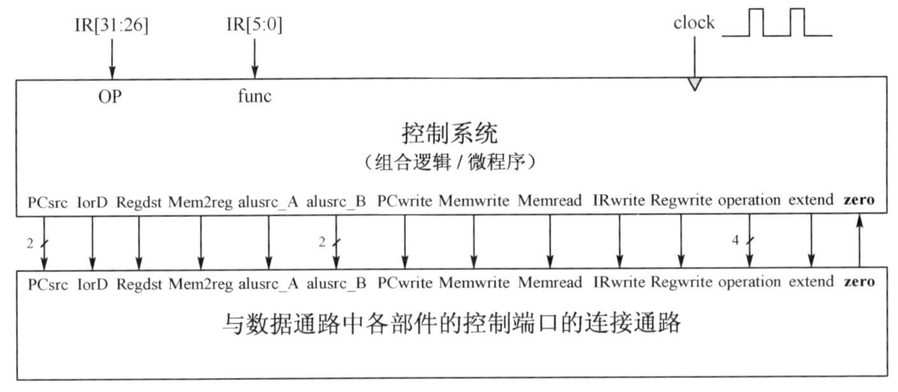

图 3-85　多周期控制系统

从输入和输出的角度，控制系统根据当前输入的 4 种信号，然后输出 13 种控制信号，并用这些控制信号去控制数据通路中的功能部件。控制系统输出的任何一种控制信号，其微命令编码都可以被抽象成一个非线性函数 f 的输出：Output=f(IR[31:26, 5:0], zero, clock)，因此控制系统的设计实质是实现这样一个非线性函数系统。与模型机 CPU 一样，这样的控制系统也可以分别通过组合逻辑方式和微程序方式来实现。

1）组合逻辑控制模式

组合逻辑控制模式是一种依靠组合逻辑电路来产生控制信号的方式，从目标指令的时钟周期级控制信号分析（见表 3-33～表 3-38）可知，在任何一个时钟周期中，需要由控制系统输出的具体控制信号不但与指令相关，而且与指令当前所处的周期状态有关。因此，在控制系统中需要设置时序系统部件，专门用来产生各种时钟周期状态信号，如图 3-86 所示。

多周期控制系统像单周期控制系统那样，为了简化控制仍然采用多级控制模式：第一级是能够产生时钟周期状态标志的时序系统，第二级是能够输出 10 个直接控制信号和 4 种间接控

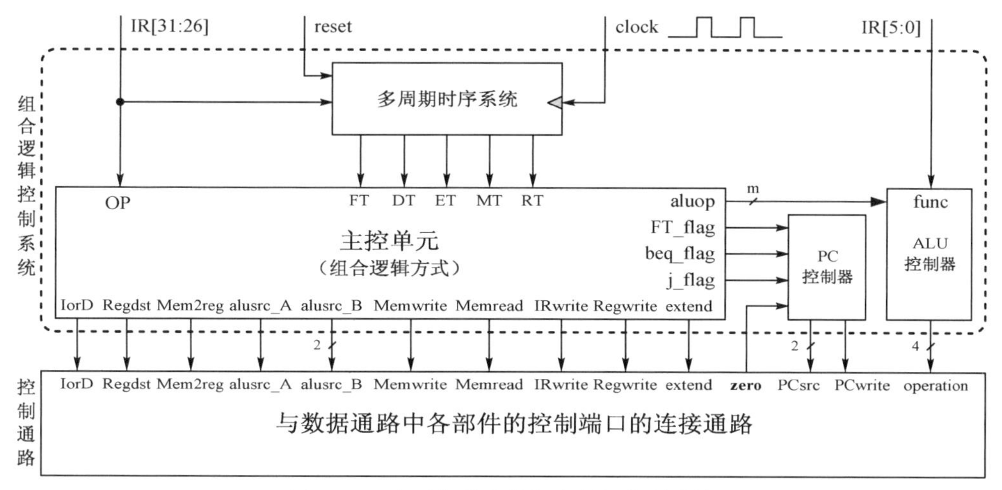

图 3-86　多周期模式的组合逻辑控制系统

制信号的主控单元，第三级包括两个控制单元即 PC 控制器和 ALU 控制器。

目标指令集最多只需要 5 个时钟周期，因此时序系统根据输入的指令 OP 和 clock 信号，输出 5 个周期状态标志：FT～RT，且每次最多只有 1 个状态标志有效（为 1，高电平），并通过有效状态来指示当前所处的时钟周期。

根据指令流程图 3-84 和表 3-33～表 3-38，主控单元输出的控制信号与 5 个时钟周期状态都相关，而 2 个第三级部件输出的有效 PCsrc 和 operation 只与前 3 个时钟周期状态相关，因此时序系统输出的前 3 个状态 FT、DT 和 ET 就应作为输入条件分别连接到第三级的 PC 控制器和 ALU 控制器。主控单元输出的中间信号——*m* 位的 aluop、1 位的 j_flag 和 beq_flag——与它们在单周期控制中的作用一致。

与单周期模式不同，多周期模式的 *m* 位 aluop 各组编码将隐含指定与时钟周期状态相关的 ALU 运算操作。PC 控制单元输出的 PCsrc 和 PCwrite 具有强相关性，且它们只与 FT 周期和 beq 的 ET 周期、j 的 DT 周期相关，因此增设 FT_flag 来指示当前的周期状态是否为取指周期，用 beq_flag 指示当前是否是 beq 的 ET 周期、用 j_flag 指示当前是否是 j 的 DT 周期，而 PC 控制单元根据这些输入来确定 PCsrc 和 PCwrite 的输出。

（1）时序系统部件

执行不同指令所需的时钟周期数通常不一样，依次进入的工作周期状态一般各有不同。下一个时钟周期应进入哪一个工作周期不仅与指令有关，还与指令当前正处在的工作周期有关。图 3-87 用状态机的方式描述了各指令在执行过程中的周期状态迁移情况。比如，beq 指令会依次经过 FT、DT 和 ET 时钟周期状态，下一个时钟周期它会进入下一条指令的 FT 状态。其他 10 个指令完全一样，都是由指令的操作码 OP 和当前所在的时钟状态来共同决定下一个时钟周期状态。因此，根据各指令的状态迁移特点，可以将多周期控制系统的时序结构设计成如图 3-88 所示的反馈型时序模式。此时序系统由 1 个时序处理单元和 5 个时序触发器构成。

时序处理单元根据输入的指令操作码 OP 即 IR[31:26]（也表示为 OP[5:0]）和当前反馈输入的时钟周期状态，通过内部组合逻辑电路来决定向哪个触发器的电位端（D 端）输出高电位，（1→FT～1→RT）。触发器电位端 D=1 时，来到的 clock（边沿）使状态触发器的输出端输出高电平，引导 CPU 进入对应周期状态。比如，当时序处理单元输出的 1→FT 有效时（高电平），其余 4 个触发器的电位端 D=0，此时 clock 边沿信号只同步触发使 FT 触发器输出的 FT=1，

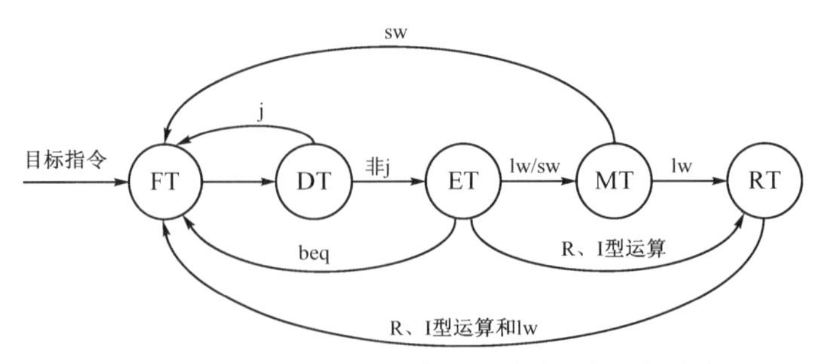

图 3-87　目标指令执行过程中的时钟周期状态迁移

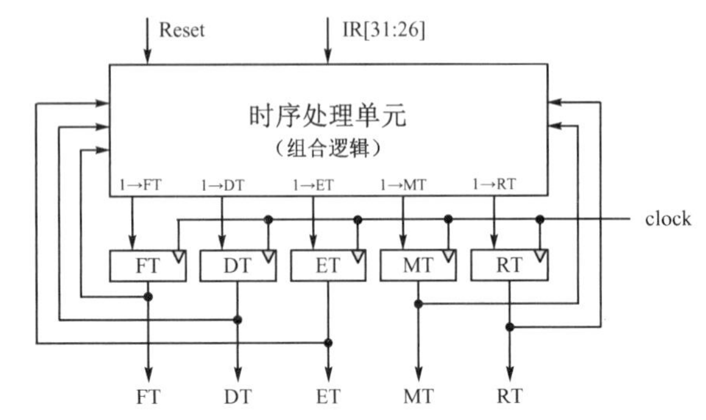

图 3-88　多周期模式的反馈型时序系统逻辑

因为其余触发器的 D=0，故 clock 边沿同步触发也不会使它们输出 1（保持 0），确保了工作周期的唯一性、互斥性。FT=1（DT、ET、MT 和 RT=0），则表明 CPU 当前进入了 FT 周期。

时序处理单元可以向 5 个状态触发器的 D 端输入电位信号，根据图 3-85 所示的状态迁移图和目标指令的 OP 编码，这 5 个电位信号（有效时）对应的产生逻辑分别如下：

$$1 \to \mathrm{DT}:\ \mathrm{FT}$$

$$1 \to \mathrm{FT}: \overline{OP[5]}\,\overline{OP[4]}\,\overline{OP[3]}\,\overline{OP[2]}\,OP[1] \cdot DT + \overline{OP[5]}\,\overline{OP[4]}\,\overline{OP[3]}\,OP[2] \cdot ET + OP[5]\,\overline{OP[4]}\,OP[3] \cdot MT +$$
$$(\overline{OP[5]}\,\overline{OP[4]}\,\overline{OP[3]}\,\overline{OP[2]}\,\overline{OP[1]} + \overline{OP[5]}\,\overline{OP[4]}\,OP[3] + OP[5]\,\overline{OP[4]}\,\overline{OP[3]}) \cdot RT + Reset$$

$$1 \to \mathrm{ET}: \overline{\overline{OP[5]}\,\overline{OP[4]}\,\overline{OP[3]}\,\overline{OP[2]}\,OP[1]\,\overline{OP[0]}} \cdot DT$$

$$1 \to \mathrm{MT}: OP[5]\,\overline{OP[4]} \cdot ET$$

$$1 \to \mathrm{RT}: OP[5]\,\overline{OP[4]}\,\overline{OP[3]} \cdot MT + (\overline{OP[5]}\,\overline{OP[4]}\,\overline{OP[3]}\,\overline{OP[2]}\,\overline{OP[1]} + \overline{OP[5]}\,\overline{OP[4]}\,OP[3]) \cdot ET$$

上述 5 个逻辑表达式中去除了与时序处理单元的输出电位：1→FT、1→DT、1→ET、1→MT、1→RT 无关的 OP 码位（无关项）。写出这些逻辑表达式后，再利用基本的逻辑门（与门、与非门、或门等），就可以直接将它们转化成时序处理单元的组合逻辑电路，最后按图连接这 5 个时钟周期状态触发器，就完成了多周期时序系统的设计。

（2）主控单元

设计主控单元的组合逻辑，关键是厘清主控单元的输入和输出。由图 3-86 所示的多周期组合逻辑控制系统结构可知，主控单元接收的输入包括：6 位的指令 OP、1 位的 FT、DT、ET、MT 和 RT；产生的 4 种二级（间接）控制信号输出包括：*m* 位的 aluop、1 位的 FT_flag、beq_flag 和 j_flag，10 种功能部件所需的直接控制信号（如 IorD）等。

其中 *m* 位的 aluop 编码如何确定呢？这要从 aluop 的作用进行分析。在单周期模式下，aluop 的作用是控制 ALU 控制单元输出 operation。在多周期模式下，aluop 同样承担了此功能，但此时的 ALU 运算操作不仅与指令相关，还与 CPU 所在的工作周期状态相关（见图 3-84）。

表 3-39　多周期主控单元输出 4 种间接控制信号的真值表

目标指令	输入 OP[5:0]						输入周期状态			输出 aluop[2:0]			输出 3 种标志位		
	[5]	[4]	[3]	[2]	[1]	[0]	FT	DT	ET	[2]	[1]	[0]	FT_flag	beq_flag	j_flag
全体	×	×	×	×	×	×	1	×	×	1	1	1	1	0	0
add	0	0	0	0	0	0	×	×	1	1	0	0	0	0	0
sub	0	0	0	0	0	0	×	×	1	1	0	0	0	0	0
and	0	0	0	0	0	0	×	×	1	1	0	0	0	0	0
or	0	0	0	0	0	0	×	×	1	1	0	0	0	0	0
addi	0	0	1	0	0	0	×	×	1	0	1	0	0	0	0
andi	0	0	1	1	0	0	×	×	1	0	0	0	0	0	0
ori	0	0	1	1	0	1	×	×	1	0	0	1	0	0	0
lw	1	0	0	0	1	1	×	×	1	0	1	0	0	0	0
sw	1	0	1	0	1	1	×	×	1	0	1	0	0	0	0
beq	0	0	0	1	0	0	×	×	1	1	1	0	0	1	0
	0	0	0	1	0	0	×	1	×	0	1	0	0	0	0
j	0	0	0	0	1	0	×	1	×	×	×	×	0	0	1

比如，在 FT 中 ALU 总是执行加 4 操作、在 beq 的 DT 中 ALU 也执行加法运算，在 ET 中 ALU 执行的运算操作恰好与单周期模式一致，m=3。

由主控单元输出的 FT_flag、beq_flag 和 j_flag 这 3 种间接控制信号也可以与工作周期状态关联起来，如只有周期状态为 FT 时，主控单元输出的 FT_flag=1，只有 beq 指令处于 ET 时才输出 beq_flag=1，只有 j 指令处于 DT 时才输出 j_flag=1。

基于上述分析，参考主控单元在单周期模式下输出的 aluop 编码、j_flag 编码和 beq_flag 编码方案（见表 3-28），扩展得到多周期模式下主控单元输出的 4 种间接控制信号及其编码方案，其真值表如表 3-39 所示。其中，×表示主控单元输出信号的无关项，标记为蓝色背景并带下横线标记的数字表示主控单元根据输入的 OP[5:0]确定 ET 周期中输出的 operation 时不需考虑 OP 编码位（无关项），为了直观展示，它们全部保留原值，没有用×代替。

根据真值表，主控单元输出的 4 种间接控制信号的逻辑表达式如下，用基本的门电路即可构成主控单元输出间接控制信号的组合逻辑：

aluop[2]：$\mathrm{FT}+\overline{\mathrm{OP}[5]}\,\overline{\mathrm{OP}[4]}\,\overline{\mathrm{OP}[3]}\,\overline{\mathrm{OP}[2]}\,\overline{\mathrm{OP}[1]}\cdot\mathrm{ET}+\overline{\mathrm{OP}[3]}\,\mathrm{OP}[2]\cdot\mathrm{ET}$

aluop[1]：$\mathrm{FT}+\mathrm{OP}[3]\,\overline{\mathrm{OP}[2]}\,\overline{\mathrm{OP}[1]}\cdot\mathrm{ET}+(\mathrm{OP}[5]\,\overline{\mathrm{OP}[3]}+\mathrm{OP}[5]\,\mathrm{OP}[3])\cdot\mathrm{ET}+\overline{\mathrm{OP}[3]}\,\mathrm{OP}[2]\cdot(\mathrm{DT}+\mathrm{ET})$

aluop[0]：$\mathrm{FT}+\mathrm{OP}[3]\,\mathrm{OP}[2]\,\mathrm{OP}[0]\cdot\mathrm{ET}$　FT_flag：FT

beq_flag：$\overline{\mathrm{OP}[3]}\,\mathrm{OP}[2]\cdot\mathrm{ET}$

j_flag：$\mathrm{OP}[1]\,\overline{\mathrm{OP}[0]}\cdot\mathrm{DT}$

前述是主控单元输出 4 种间接控制信号的组合逻辑。对于主控单元输出的另外 10 种部件直接控制信号，由于篇幅限制，这里省略了它们的真值表，通过表 3-33～表 3-38 直接整理出主控单元输出这些控制信号的组合逻辑表达式：

IorD：$\mathrm{OP}[5]\,\overline{\mathrm{OP}[3]}\cdot\mathrm{MT}+\mathrm{OP}[5]\,\mathrm{OP}[3]\cdot\mathrm{MT}=\mathrm{OP}[5]\cdot\mathrm{MT}$

Regdst：$\overline{\mathrm{OP}[5]}\,\mathrm{OP}[3]\cdot\mathrm{RT}+\mathrm{OP}[5]\,\overline{\mathrm{OP}[3]}\cdot\mathrm{RT}$

Mem2reg：$\mathrm{OP}[5]\,\overline{\mathrm{OP}[3]}\cdot\mathrm{RT}$

alusrc_A：$\overline{\mathrm{OP}[5]}\,\overline{\mathrm{OP}[4]}\,\overline{\mathrm{OP}[3]}\,\overline{\mathrm{OP}[2]}\,\overline{\mathrm{OP}[1]}\cdot\mathrm{ET}+(\overline{\mathrm{OP}[1]}+\mathrm{OP}[0])\cdot\mathrm{ET}$

表 3-40　多周期模式下 ALU 控制单元真值表

目标指令	输入 aluop[2:0]			输入 func[5:0]						输出 operation[3:0]				ALU 运算操作
	[2]	[1]	[0]	[5]	[4]	[3]	[2]	[1]	[0]	[3]	[2]	[1]	[0]	
全体	1	1	1	×	×	×	×	×	×	0	0	1	0	FT：+
add	1	0	0	1	0	0	0	0	0	0	0	1	0	ET：+
sub	1	0	0	1	0	0	0	1	0	0	1	1	0	ET：−
and	1	0	0	1	0	0	1	0	0	0	0	0	0	ET：&
or	1	0	0	1	0	0	1	0	1	0	0	0	1	ET：|
addi	0	1	0	×	×	×	×	×	×	0	0	1	0	ET：+
andi	0	0	0	×	×	×	×	×	×	0	0	0	0	ET：&
ori	0	0	1	×	×	×	×	×	×	0	0	0	1	ET：|
lw	0	1	0	×	×	×	×	×	×	0	0	1	0	ET：+
sw	0	1	0	×	×	×	×	×	×	0	0	1	0	ET：+
beq	1	1	0	×	×	×	×	×	×	0	1	1	0	ET：−
	0	1	0	×	×	×	×	×	×	0	0	1	0	DT：+
j	×	×	×	×	×	×	×	×	×	×	×	×	×	×

alusrc_B[1]：$(OP[5]+OP[3])\cdot ET+\overline{OP}[3]OP[2]\cdot DT$

alusrc_B[0]：$\overline{OP}[5]\overline{OP}[4]\overline{OP}[3]\overline{OP}[2]\overline{OP}[1]\cdot ET+\overline{OP}[3]OP[2]\cdot DT$

Memwrite：$OP[5]OP[3]\cdot MT$

Memread：$FT+OP[5]\overline{OP}[3]\cdot MT$

IRwrite：FT

Regwrite：$\overline{OP}[5]\overline{OP}[4]\overline{OP}[3]\overline{OP}[2]\overline{OP}[1]\cdot RT+\overline{OP}[5]OP[3]\cdot RT+OP[5]\overline{OP}[3]\cdot RT$

extend：$(OP[3]\overline{OP}[2]+OP[5])\cdot ET+\overline{OP}[3]OP[2]\cdot DT$

基于这 11 个逻辑表达式，利用基本门电路可以构造出主控单元中对应的组合逻辑，再与前述 4 个间接控制信号的产生逻辑进行综合，即可得到主控单元的完整组合逻辑。

（3）ALU 控制单元

根据图 3-86 展示的多周期组合逻辑控制系统基本结构，ALU 控制单元只接收两种输入：一种是主控单元输出的 m 位（m=3）aluop 编码，另一种是来自指令寄存器的 R 型指令 func 字段编码 IR[5:0]，对应的输出只有一种，即 4 位的 operation 编码。

表 3-40 为多周期模式下 ALU 控制单元的完整真值表。对 I 型的 6 条指令而言，当且仅当输入 aluop[2:1]=01 时，ALU 控制单元的输出都应为 operation=0010（指示 ALU 此时应当执行加法运算），所以 aluop[0]也应被标记为无关项。根据真值表，operation[3] 可不使用，直接写出 operation 其余输出位有效（为 1）时的逻辑表达式，然后把这些逻辑表达式转换成对应的组合逻辑电路，就能完成 ALU 控制单元的设计，具体逻辑式分别如下：

$$operation[2]:aluop[1]\overline{aluop[0]}\cdot\overline{func[2]}\,func[1]\,\overline{func[0]}+aluop[2]aluop[1]\,\overline{aluop[0]};$$

$$operation[1]:aluop[2]aluop[1]aluop[0]+aluop[2]\,\overline{aluop[1]}\cdot(\overline{func[2]}\,\overline{func[1]}\,\overline{func[0]}+\overline{func[2]}\,func[1]\,\overline{func[0]})+\overline{aluop[2]}\,aluop[1]+aluop[2]aluop[1]\,\overline{aluop[0]};$$

$$operation[1]:aluop[2]aluop[1]aluop[0]+aluop[2]\,\overline{aluop[1]}\cdot(\overline{func[2]}\,\overline{func[1]}\,\overline{func[0]}+\overline{func[2]}\,func[1]\,\overline{func[0]})+\overline{aluop[2]}\,aluop[1]+aluop[2]aluop[1]\,\overline{aluop[0]};$$

$$operation[0]:aluop[2]\,\overline{aluop[0]}\cdot func[2]\,\overline{func[1]}\,func[0]+\overline{aluop[2]}\,\overline{aluop[1]}\,aluop[0]\text{。}$$

表 3-41　多周期模式的 PC 控制单元真值表

目标指令	输入信号				输出信号			对应时钟周期状态
	FT_flag	beq_flag	j_flag	zero	PCsrc[1]	PCsrc[0]	PCwrite	
全体	1	0	0	×	0	0	1	FT
add	0	0	0	×	0	0	0	DT/ET/RT
sub	0	0	0	×	0	0	0	DT/ET/RT
and	0	0	0	×	0	0	0	DT/ET/RT
or	0	0	0	×	0	0	0	DT/ET/RT
addi	0	0	0	×	0	0	0	DT/ET/RT
andi	0	0	0	×	0	0	0	DT/ET/RT
ori	0	0	0	×	0	0	0	DT/ET/RT
lw	0	0	0	×	0	0	0	DT/ET/MT/RT
sw	0	0	0	×	0	0	0	DT/ET/MT
beq	0	1	0	1	0	1	1	ET
j	0	0	1	×	1	0	1	DT

（4）PC 控制单元

根据图 3-86 展示的多周期组合逻辑控制系统，PC 控制单元只接收 4 种输入：FT_flag、beq_flag、j_flag 和 ALU 运算反馈输入的 0 标志位（zero）；产生 2 种输出：PCsrc 和 PCwrite，其中的 PCsrc 编码为 2 位，其余信号均只有 1 位，如表 3-41 所示。

根据表 3-41，也可以写出 PC 控制器输出 PCsrc 和 PCwrite 这两个控制信号的逻辑条件表达式，然后用基本的门电路把这些逻辑条件表达式转换成组合逻辑电路，再经过系统综合化简，即可完成 PC 控制器组合逻辑电路的设计：

$$PCsrc[1]: \overline{FT\_flag} \cdot j\_flag$$

$$PCsrc[0]: \overline{FT\_flag} \cdot beq\_flag \cdot zero$$

$$PCwrite: FT\_flag + \overline{FT\_flag} \cdot beq\_flag \cdot zero + \overline{FT\_flag} \cdot j\_flag$$

按前述方法，分别设计时序系统、主控单元、ALU 控制单元和 PC 控制单元的组合逻辑，然后把这些部件的输入/输出分别按图 3-86 所示的控制系统逻辑方案进行连接，就完成了组合逻辑（硬连线）模式的控制系统设计。CPU 执行指令时，在每个时钟周期中，依靠控制系统通过组合逻辑电路产生的控制信号去控制各种功能部件，使它们协同工作完成指令功能。

2）微程序控制模式

与模型机 CPU 一样，除了依靠组合逻辑电路产生指令执行时各时钟周期部件所需的控制信号，图 3-86 所示的多周期 MIPS 架构的 CPU 控制系统也可以通过基于存储的微程序方式来产生指令执行所需的各种控制信号。微程序控制系统输出控制信号的方式与组合逻辑截然不同，是依靠预先编制并存储在控制存储器（Control Memory）中的微指令来产生指令执行所需的 13 种控制信号，如图 3-89 所示，其中的控制存储器按字节编址。

在微程序控制方式下，指令执行时由微地址形成电路根据输入条件形成微指令地址，并暂存在微地址寄存器（μAR）中，然后根据此地址定位控制存储器中的存储单元，读出一条微指令并暂存到微指令寄存器（μIR）中，再对微指令中的微命令代码段进行译码后，输出各种控制信号。与此同时，微指令中保存的后继指令形成方式信息，还需要反馈到微地址形成电路，以作为产生后继微指令地址（微地址）的输入条件。

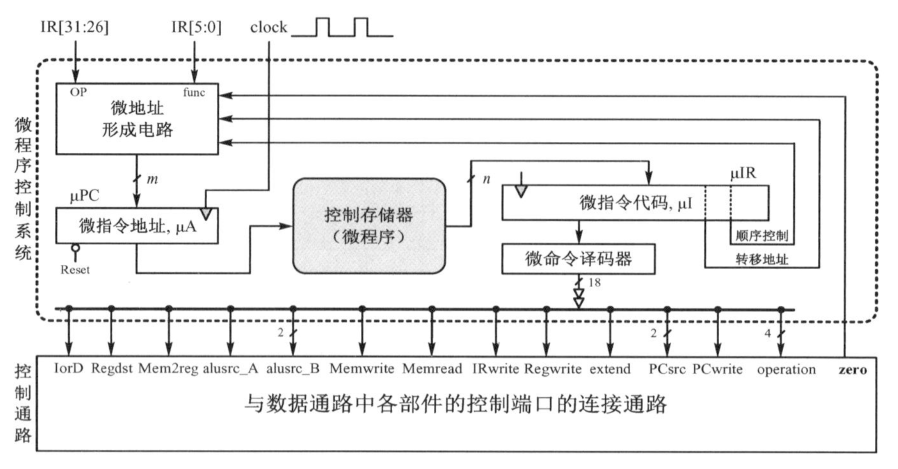

图 3-89 多周期模式的微程序控制系统

确定了多周期模式下微程序控制系统的总体结构方案后，后续的重点就是微程序的编制以及微地址形成电路和微命令译码器的设计。

（1）微程序的编制

因为目标指令集只包括 R 型、I 型和 J 型中的 11 条基本指令，表 3-33～表 3-38 已分别列出了这些指令在执行的时候，每个时钟周期所需由控制系统输出的控制信号及其编码。因此，可以将每个时钟周期涉及的控制信号编码成一条微指令，则每条机器指令所需的控制信号就能被编码成与其时钟周期数相等的若干功能型微指令。这些功能型微指令加上一些辅助微指令连续执行的过渡型微指令，就构成了与机器指令对应的一段微程序。所有指令对应的微程序按序组合在一起，也就形成了整个指令集的微程序，然后将其固化到控制存储器。

① 微指令格式定义

本例中微指令编码格式被定义为如图 3-90 所示的结构，微指令的总字长为 32 位，其中的最高 18 位即 μI[31:14]为微命令段，依次分别是 13 种控制信号。后续的 4 位编码即 μI[13:10]暂未被使用，而后续代码段 address 即 μI[9:2]则代表 8 位微地址码，最低的 2 位 SC 即 μI[1:0]为顺序控制字段。微指令通过 SC 指示微地址形成电路采用何种方式形成后继微指令地址 μA。因为在 MIPS32 体系中，控制存储器通常是以字节为单位来进行编址的，所以一条微指令存储到控制存储器中时，它将占用 4 个连续的编址单元。

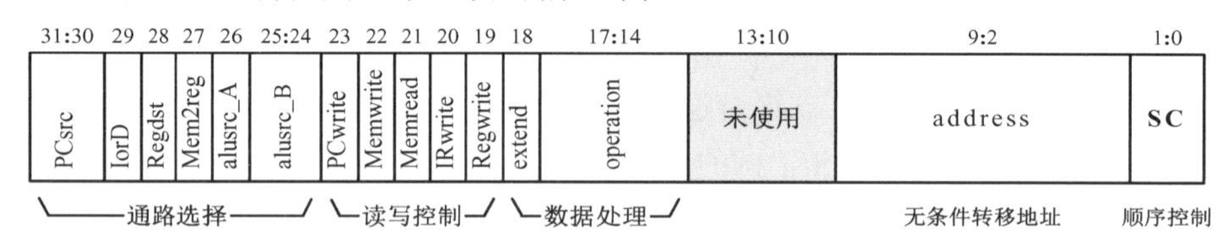

图 3-90 多周期控制系统的微指令统一格式定义

因为目标指令集简单，且各指令对应的微程序按序存储在控制存储器中，所以微程序的结构相对简单，甚至可以不使用微子程序。由微指令中的顺序控制字段 SC 来指示的后继微指令地址形成方式的数量也比模型机微程序中更少，SC 的 4 组编码定义如表 3-42 所示。

在特定的时钟周期中，可能存在不需要由控制系统输出某一些控制信号。比如，在 FT 中不需使控制系统输出 Regwrite，在当前时钟周期中这些控制信号与指令的执行控制完全无关（无关项），因此编码微指令时应忽略全部的无关项（默认为全 0）。

表 3-42　顺序控制字段 SC 的编码定义

SC 编码	指示的后继微地址形成方式	补充说明
00	按顺序方式形成下一条微指令的微地址 μA_{n+1}	$\mu A_{n+1}=\mu A_n+4$
01	按机器指令的 OP/func 字段来形成下一条微指令的微地址 μA_{n+1}	由 IR[31:26]和 IR[5:0]综合断定
10	按无条件转移方式形成下一条微指令的微地址 μA_{n+1}	$\mu A_{n+1}=\mu I[9:2]$
11	按 ALU 反馈的 0 标志位 zero 来形成下一条微指令的微地址 μA_{n+1}	zero=1：$\mu A_{n+1}=\mu A_n+4$ Zero=0：$\mu A_{n+1}=\mu I[9:2]$

② 微指令编码

确定微指令的编码格式后，就可依照各段的编排顺序将表 3-33～表 3-38 中的每条 MIPS32 指令在每个时钟周期中对应的控制信号编码成一条功能型微指令。

例如，所有指令在 FT 时钟周期中都要完成下列取指操作：

FT		
	Mem[PC]→IR	IorD=0，Memwrite/Memread=0/1，IRwrite=1
	PC+4→PC	alusrc_A=0，alusrc_B=00，operation=0010，PCsrc=00，PCwrite=1

在 FT 中，由控制系统输出的控制信号共有 9 种，依照图 3-91 定义的微指令格式，直接将这 9 种控制信号的编码分别填充到微指令中的各微命令字段。在这条微指令编码中，加粗代码表示它们直接由 FT 中的控制信号编码得到，斜体代码均表示对应的微指令字段是 FT 周期的无关项，默认为全 0。此外，由于 FT 周期结束后下一条微指令需根据 OP/func 断定，因此微指令中的 SC=01。这条微指令的编码也可以表示成对应的十六进制数 00B08001H。

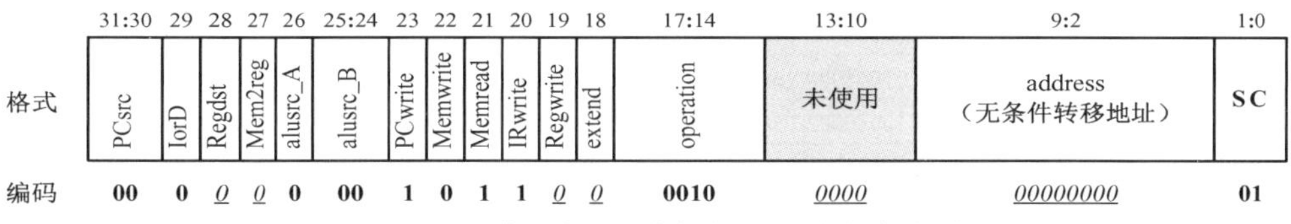

图 3-91　取指周期 FT 对应的 32 位微指令代码

采用与 FT 微指令编码相同的“直接编码”方法，结合表 3-33～表 3-38，可以分别编码得到 11 条目标指令对应的微程序。为了更直观地显示这些微程序与时钟周期中所需控制信号的对应关系，表 3-43 专门对控制系统的微程序编制进行解释说明，表中只列出了与微指令对应的存储单元十六进地址、基本操作和其包含的有效微命令，并没有转化成最终的微指令编码格式。在此表中，所有指令在 FT 周期中完成的取指操作都相同，因此可以把这 2 步操作都编制成所有 11 条指令共享使用的公共微指令，存储在地址码为 00H 的存储单元。在此存储单元之后，再依次存储这 11 条指令对应的其他后续微指令。

在编制的微程序中，beq 指令比较特殊，因为它涉及一次分支条件的判断，需要根据 zero 断定后继微地址，所以它的微指令与组合逻辑方式下的指令流程不一致。微指令的具体情况请参见 74H～80H 存储单元。

③ 后继微地址形成方式

在微程序控制方式下，任何一条机器指令的执行过程涉及若干微指令，然而这些微指令在控制存储器中通常不都是按照执行的先后顺序来依次存储的。比如，beq 指令对应的微指令执行顺序是 00H→74H（靠 OP 译码断定）→78H→80H（靠 zero 断定，设 zero=1）→84H。总体来看，任何连续执行的两条微指令 μI_n 和 μI_{n+1}，对应的微地址 μA_n 和 μA_{n+1} 之间存在如表 3-42 所示的 4 种逻辑关系：顺序执行时，$\mu A_{n+1}=\mu A_n+4$，μI_n 执行结束后根据 OP/func 断定 μA_{n+1}；无条件转移时，$\mu A_{n+1}=\mu In[9:2]$，μI_n 执行结束后根据 OP/func 断定 μA_{n+1}。

表 3-43　多周期控制系统的微程序编制说明

含义标注	微地址	数据通路微操作	微指令 μI	微指令中的微命令代码解析
取指令	00H	Mem[PC]→IR PC+4→PC	00B08001	IorD=0，Memwrite/Memread=0/1，IRwrite=1，alusrc_A=0，alusrc_B=00，operation=0010，PCsrc=00，PCwrite=1，后继微指令由 OP/func 译码断定分支，故 SC=01
add	04H	Reg[rs]→A Reg[rt]→B	00000000	仅由时钟边沿触发，顺序执行，故 SC=00
	08H	A + B→F	05008000	alusrc_A=1，alusrc_B=01，operation=0010，SC=00
	0CH	F→Reg[rd]	00080002	Mem2reg=0，Regdst=0，Regwrite=1，转移到 00H，故 μI[9:2]=00H，SC=10
sub	10H	Reg[rs]→A Reg[rt]→B	00000000	仅由时钟边沿触发，顺序执行，故 SC=00
	14H	A－B→F	05018000	alusrc_A=1，alusrc_B=01，operation=0110，SC=00
	18H	F→Reg[rd]	00080002	Mem2reg=0，Regdst=0，Regwrite=1，转移到 00H，故 μI[9:2]=00H，SC=10
and	1CH	Reg[rs]→A Reg[rt]→B	00000000	仅由时钟边沿触发，顺序执行，故 SC=00
	20H	A and B→F	05000000	alusrc_A=1，alusrc_B=01，operation=0000，SC=00
	24H	F→Reg[rd]	00080002	Mem2reg=0，Regdst=0，Regwrite=1，转移到 00H，故 μI[9:2]=00H，SC=10
or	28H	Reg[rs]→A Reg[rt]→B	00000000	仅由时钟边沿触发，顺序执行，故 SC=00
	2CH	A or B→F	05004000	alusrc_A=1，alusrc_B=01，operation=0001，SC=00
	30H	F→Reg[rd]	00080002	Mem2reg=0，Regdst=0，Regwrite=1，转移到 00H，故 μI[9:2]=00H，SC=10
addi	34H	Reg[rs]→A	00000000	仅由时钟边沿触发，顺序执行，故 SC=00
	38H	A+E(imm)→F	06048000	alusrc_A=1，extend=1，alusrc_B=10，operation=0010，SC=00
	3CH	F→Reg[rt]	10080002	Mem2reg=0，Regdst=1，Regwrite=1，转移到 00H，故 μI[9:2]=00H，SC=10
andi	40H	Reg[rs]→A	00000000	仅由时钟边沿触发，顺序执行，故 SC=00
	44H	A and E(imm)→F	06040002	alusrc_A=1，extend=1，alusrc_B=10，operation=0000，SC=00
	48H	F→Reg[rt]	10080002	Mem2reg=0，Regdst=1，Regwrite=1，转移到 00H，故 μI[9:2]=00H、SC=10
ori	4CH	Reg[rs]→A	00000000	仅由时钟边沿触发，顺序执行，故 SC=00
	50H	A or E(imm)→F	06044000	alusrc_A=1，extend=1，alusrc_B=10，operation=0001，SC=00
	54H	F→Reg[rt]	10080002	Mem2reg=0，Regdst=1，Regwrite=1，转移到 00H，故 μI[9:2]=00H，SC=10
lw	58H	Reg[rs]→A	00000000	仅由时钟边沿触发，顺序执行，故 SC=00
	5CH	A+E(imm)→F	06048000	alusrc_A=1，alusrc_B=10，extend=1，operation=0010
	60H	Mem[F]→MDR	20200000	IorD=1，Memwrite=0，Memread=1，SC=00
	64H	MDR→Reg[rt]	18080002	Mem2reg=1，Regdst=1，Regwrite=1，转移到 00H，故 μI[9:2]=00H，SC=10
sw	68H	Reg[rs]→A Reg[rt]→B	00000000	仅由时钟边沿触发，顺序执行，故 SC=00
	6CH	A+E(imm)→F	06048000	alusrc_A=1，alusrc_B=10，extend=1，operation=0010，SC=00
	70H	B→Mem[F]	20400002	IorD=1，Memwrite=1，Memread=0，转移到 00H，故 μI[9:2]=00H，SC=10
beq	74H	Reg[rs]→A Reg[rt]→B	00000000	仅由时钟边沿触发，顺序执行，故 SC=00
	78H	A-B => zero	05018003	alusrc_A=1，alusrc_B=01，operation=0110，后继微指令按 zero 标志位断定分支，故 SC=11
zero=0	7CH	NOP	00000002	PCwrite=0，转移到 00H，故 μI[9:2]=00H，SC=10
zero=1	80H	PC+E(imm)<<2→F	03048000	alusrc_A=0，alusrc_B=11，operation=0010，extend=1，SC=00
	84H	F→PC	40800002	PCsrc=01，PCwrite=1，转移到 00H，故 μI[9:2]=00H，SC=10
j	88H	PC[31:28] ∪ address<<2→PC	80800002	PCsrc=10，PCwrite=1，转移到 00H，故 μI[9:2]=00H，SC=10

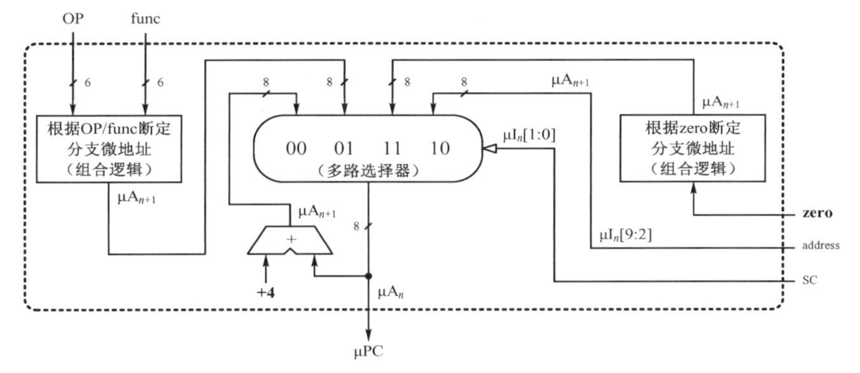

图 3-92 微地址形成电路（基于组合逻辑）

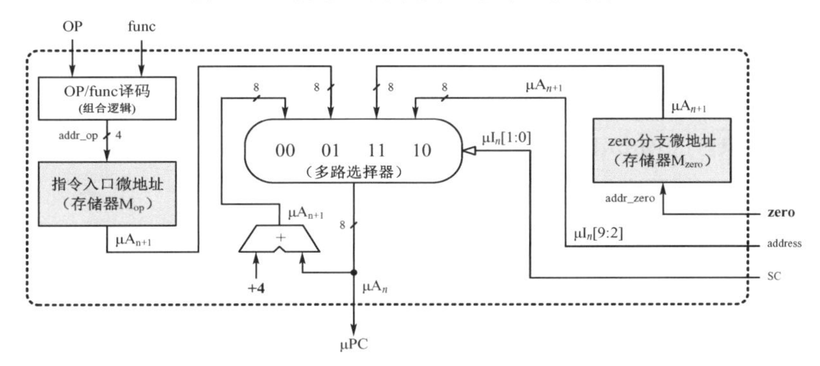

图 3-93 微地址形成电路（基于存储逻辑）

表 3-44 根据 OP/func 断定分支的组合逻辑真值表

指令列表	输入 OP，即 IR[31:26]						输入 func，即 IR[5:0]						输出的 μA_{n+1}	
	[31]	[30]	[29]	[28]	[27]	[26]	[5]	[4]	[3]	[2]	[1]	[0]	二进制	十六进制
add	0	0	0	0	0	0	1	0	0	0	0	0	00000100	04H
sub	0	0	0	0	0	0	1	0	0	0	1	0	00010000	10H
and	0	0	0	0	0	0	1	0	0	1	0	0	00011100	1CH
or	0	0	0	0	0	0	1	0	0	1	0	1	00101000	28H
addi	0	0	1	0	0	0	×	×	×	×	×	×	00110100	34H
andi	0	0	1	1	0	0	×	×	×	×	×	×	01000000	40H
ori	0	0	1	1	0	1	×	×	×	×	×	×	01001100	4CH
lw	1	0	0	0	1	1	×	×	×	×	×	×	01011000	58H
sw	1	0	1	0	1	1	×	×	×	×	×	×	01101000	68H
beq	0	0	0	1	0	0	×	×	×	×	×	×	01110100	74H
j	0	0	0	0	1	0	×	×	×	×	×	×	10001000	88H

例如，sub 指令对应的微程序中，依次执行的 10H→14H→18H 单元的微指令是顺序关系，依次执行的 00H→10H 单元的微指令就是前者结束后根据 OP/func 断定得到的微地址 10H，而 18H 单元执行结束后转移到 FT 执行 00H 单元微指令则是一种无条件转移，由 18H 单元微指令中的 μI[9:2]代码段提供目标微地址。此外，beq 指令执行的 78H→80H 单元微指令是另一种根据 zero 值来断定后继微地址 80H 的方式。根据微地址 μA_n 和 μA_{n+1} 之间存在的这 4 种关系，可以设计成如图 3-92 和图 3-93 所示的两种微地址形成电路方案。其中，前者基于组合逻辑译码来产生后继微指令地址 μA_{n+1}，后者是一种通过读取微地址查找表存储器来获得后继微指令

地址 μA_{n+1} 的一种方式。这两种方案各有优点和缺点，前者通过组合逻辑电路产生 μA_{n+1}，速度更快，但是电路结构更复杂、修改不便，若控制存储器中微地址发生变化，则电路也需同步修改；后者通过读取存储器来获得 μA_{n+1}，速度更慢，但是电路更简洁和规整、修改方便，微地址变化时只需重写对应的存储单元。

在基于组合逻辑的微地址形成电路中，使用“4 选 1”多路选择器来选择后继微指令地址 μA_{n+1} 的形成路径，μI_n 中的 SC 字段即 $\mu I_n[1:0]$则作为这个多路选择器的控制信号（图 3-92 和图 3-93 中已标记为空心箭头）。在根据 OP/func 译码断定输出 μA_{n+1} 的分支中，组合逻辑电路根据 11 条目标机器指令对应的 IR[31:26]和 IR[5:0]，译码输出相应的 11 路分支目标微地址 μA_{n+1}，如表 3-44 所示。

再根据真值表写出输出微地址 μA_{n+1} 的位逻辑，并将其转换成 OP/func 断定的组合逻辑。

$$\mu A_{n+1}[7]=IR[27]\overline{IR}[26]$$

$$\mu A_{n+1}[6]=IR[29]IR[28]+IR[31]+\overline{IR}[29]IR[28]+IR[27]\overline{IR}[26]$$

$$\mu A_{n+1}[5]=\overline{IR}[31]\overline{IR}[30]\overline{IR}[29]\overline{IR}[28]\overline{IR}[27]\cdot IR[2]\overline{IR}[1]IR[0]+IR[29]\overline{IR}[28]\overline{IR}[27]+ IR[31]IR[29]+\overline{IR}[29]IR[28]$$

…

$$\mu A_{n+1}[0]=0$$

根据 ALU 执行减法运算后反馈回控制系统的 zero 标志位来断定分支目标微地址 μA_{n+1} 的组合逻辑更简单，这两种输入输出逻辑关系分别是：zero=0，则输出 μA_{n+1} = 7CH，即 0111 1100；zero=1，则输出 μA_{n+1} = 80H，即 1000 0000。因此，相应的 μA_{n+1} 的位逻辑表达式为

$$\mu A_{n+1}[7] = zero$$

$$\mu A_{n+1}[6:2] = \overline{zero}$$

$$\mu A_{n+1}[1:0] = 0$$

再把这 8 个微地址码的位逻辑表达式直接转换，就可得到 zero 断定的组合逻辑。

在基于存储逻辑的微地址形成电路中，同样采用“4 选 1”多路选择器来选择后继微地址的形成路径，$\mu I_n[1:0]$仍然是选择控制信号。此外，要预先将 OP/func 断定和 zero 断定的分支目标微地址 μA_{n+1} 分别保存到两个小容量的高速存储器 M_{op} 和 M_{zero} 中，以作为对应的目标微地址查找表。OP/func 译码后输出一组 4 位的存储器地址，据此定位 M_{op} 存储单元并读出预存的 μA_{n+1}，而 zero 标志位直接作为地址定位 M_{zero} 存储单元，然后读出预存的 μA_{n+1}。

按 OP/func 断定 μA_{n+1} 时，每条指令对应一个微地址，因此查找表共需保存 11 个目标微地址，M_{op} 的地址码 addr_op 为 4 位、存储容量为 11×8 位，而 M_{zero} 只需保存 2 个微地址：

OP/func 译码	addr_op	保存的 μA_{n+1}
add →	0000	04H
sub →	0001	10H
and →	0010	1CH
or →	0011	28H
addi →	0100	34H
andi →	0101	40H
ori →	0110	4CH
lw →	0111	58H
sw →	1000	68H
beq →	1001	74H
j →	1010	88H

输入 zero	addr_zero	保存的 μA_{n+1}
0 →	0	7CH
1 →	1	80H
	/	/
	/	/
	/	/
	/	/
	/	/
	/	/
	/	/
	/	/
	/	/

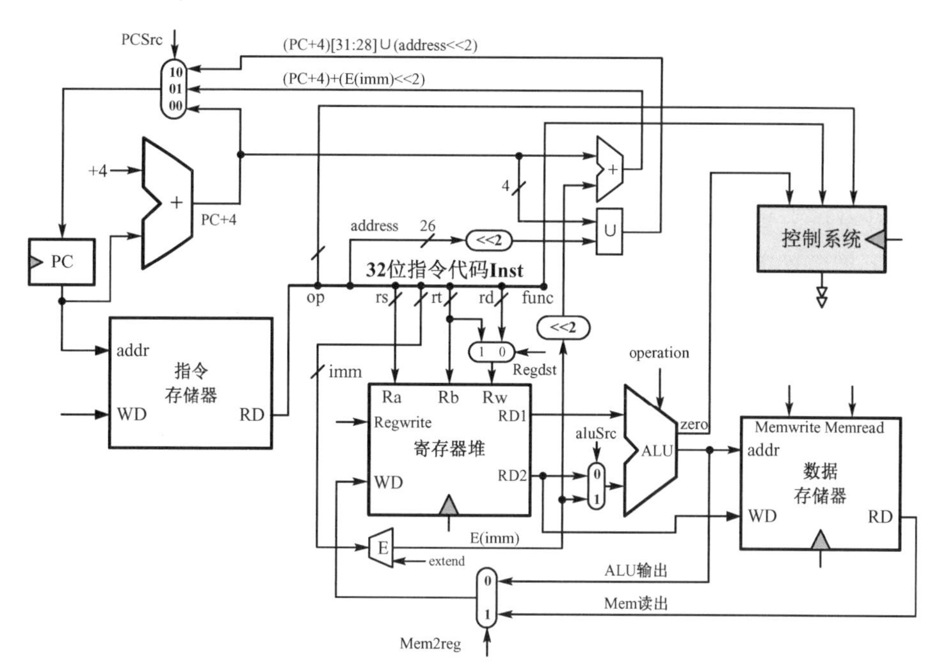

图 3-94　单周期模式的 CPU 硬件结构

（2）微命令译码

表 3-43 中微指令编码规则是直接编码法，即把时钟周期中的各种控制信号按格式直接编码形成微指令，控制系统从控制存储器中读取出条微指令 μI 后，利用微命令译码反向解析 μI 中的微命令字段 μI[31:14]，即可输出数据通路中功能部件所需的 13 种直接控制信号。

- 6 个多路选择器选择控制信号：alusrc_A=μI[26]，Mem2reg=μI[27]，alusrc_B=μI[25:24]，Regdst=μI[28]，PCsrc=[31:30]，IorD=μI[29]。
- 5 个存储部件的读写模式控制信号：PCwrite=μI[23]、Memwrite=μI[22]、Memread = μI[21]，IRwrite=μI[20]，Regwrite=μI[19]。
- 2 个数据处理控制信号：extend=μI[19]，operation=μI[18:14]。

编制完成指令集对应的微程序并按表 3-43 所示的结构模式存储到控制存储器，设计微地址形成电路、微命令译码器的组合逻辑完成后，控制系统设计完毕。

3.5.5　指令的时间特性

3.5.3 节和 3.5.4 节中分别对单周期和多周期模式的 MIPS32 指令架构 CPU 的设计过程（主要是数据通路和控制系统）进行了举例。在这两种不同的周期模式下，CPU 执行指令时表现出来的时间特性存在显著差异，本节将对这两者的差异进行对比分析。

受半导体材料、技术和工艺等限制，部件的操作都存在一定的电路延时，假设 CPU 中部件的平均电路延时情况如表 3-45 所示，其中时间单位为 ps 即皮秒，且 1 ps=10^{-12} 秒。

表 3-45　CPU 中主要功能部件的电路延时（单位：ps）

部件种类	存储器	寄存器堆	ALU/加法器	拼接器	寄存器	移位器	选择器	控制器
电路延时	200	100	150	50	0	0	0	0

1．单周期模式

单周期模式的 MIPS32 指令集 CPU 的硬件结构如图 3-94 所示。单周期 CPU 在执行目标指令时，不同的指令经历的路径通常是不一样的，因此各指令的执行时间也会各有差异。在指令执行过程中，一般可以从相关信息在数据通路中依次串行传递或者通过的部件入手进行分析。为了简化分析，暂不考虑寄存器延时（图中用斜纹表示）和部件级的同步并行。

比如，R 型运算指令完成的指令功能是$rs+$rt→$rd。这类指令在执行过程中会涉及 5 个主要功能部件及其相关操作，其中的 PC+4 操作和从指令存储器中读取指令可并行执行，因此这类指令最长的数据通路如图 3-95 所示。

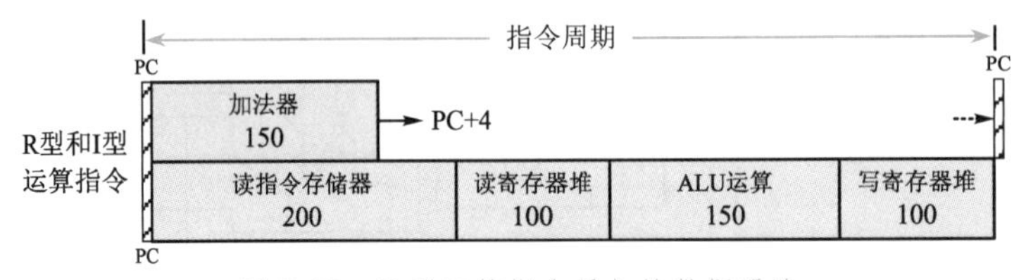

图 3-95　R 型运算指令最长的数据通路

时间最长的路径（关键路径）为：读指令存储器 200 ps → 读寄存器堆 100 ps → ALU 运算 150 ps → 写回寄存器堆 100 ps，因此指令周期为 550 ps。I 型运算指令的执行过程与 R 型运算指令基本一致，关键路径相同，因此它的指令周期也等于 550 ps。

对于 I 型取数指令 lw 和存数指令 sw，前者的执行过程比后者多一次写回寄存器堆的操作，因此前者的指令周期为 200 ps+100 ps+150 ps+200 ps+100 ps = 750 ps，后者的指令周期为 200 ps+100 ps + 150 ps+200 ps=650 ps，这两条指令在执行过程如图 3-96 所示。

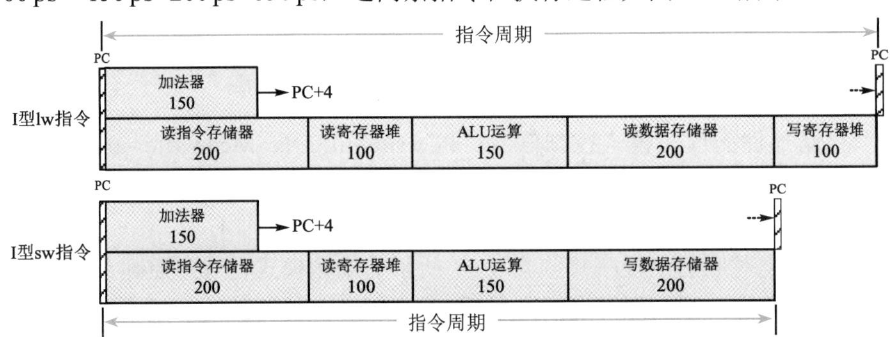

图 3-96　I 型指令 lw 和 sw 的执行过程

图 3-97 展示了 I 型分支指令 beq 执行过程中经历的部件操作，它从寄存器堆中读取两个操作数的同时，因为数据通路不冲突，所以分支加法器也同步并行执行 PC+E(imm)<<2 这个加法运算，且只有 ALU 执行了 A−B 运算后，输出了稳定的 zero 标志位，再视情况修改 PC 寄存器。因此，beq 的指令周期为 200 ps +100 ps +150 ps =450 ps。

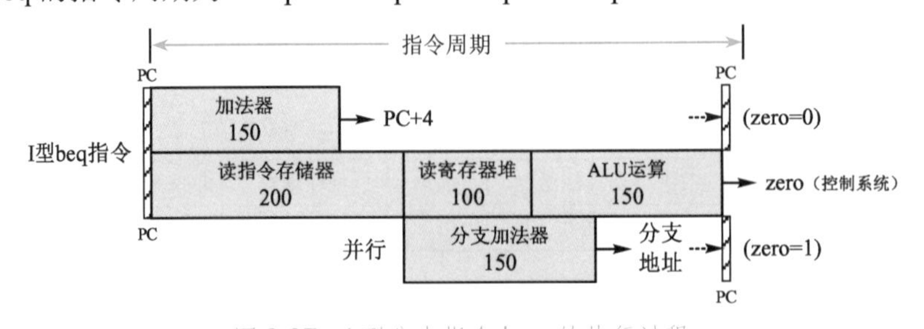

图 3-97　I 型分支指令 beq 的执行过程

表 3-46　单周期 CPU 的指令执行时间对比

指令类型	指令的执行过程					总时间 T	指令级时效比（%）
	读指令存储器	读寄存器堆/U	ALU 运算	读写存储器	写寄存器堆		
R 型运算	200 ps	100 ps	150 ps	×	100 ps	550 ps	73
I 型运算	200 ps	100 ps	150 ps	×	100 ps	550 ps	73
I 型 lw	200 ps	100 ps	150 ps	200 ps	100 ps	750 ps	100
I 型 sw	200 ps	100 ps	150 ps	200 ps	×	650 ps	87
I 型 beq	200 ps	100 ps	150 ps	×	×	450 ps	60
J 型 j	200 ps	50 ps	×	×	×	250 ps	33

J 型的无条件跳转指令 j 的执行过程最简单，如图 3-98 所示，它经历的部件只有指令存储器、拼接器 U 和寄存器 PC（延时为 0），因此它的指令周期为 200 ps +50 ps =250 ps。

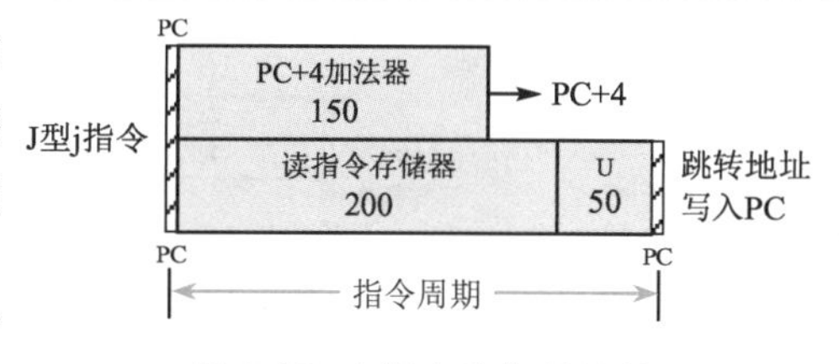

图 3-98　j 指令的执行过程

对比表 3-46 中 11 条指令执行过程的总时间可以看到，I 型取数指令 lw 的执行时间最长达 750 ps，j 指令的执行时间最短，只有 250 ps。在单周期 CPU 中，CPI≡1，所有指令只能分配一个时钟周期，为了确保在这个时钟周期内所有的指令都能正常执行完成，时钟周期的宽度要以最长的指令时间为准，即 $T_{\text{clock}} = T_{\text{lw}} = 750\ \text{ps}$ 。

还可计算出 CPU 的理论近似主频：$f_{\text{CPU}} = 1/T_{\text{clock}} = 1/750\text{ps} \approx 1.33\ \text{GHz}$ ，可以计算出各种指令的指令级时间利用率 P（指令级时效比），$P = T/T_{\text{clock}}$ 。比如，R 型运算指令 P=550/750≈73%，而指令 j 的时效比 P=250/750≈33%。因为 $T_{\text{clock}} = T_{\text{lw}}$ ，所以从这个角度看，I 型取数指令 lw 的指令级理论时效比 P=100%。

前述对单周期模式下各指令的执行时间分析，只是一种理想状况，实际上 CPU 中几乎所有的部件都存在或多或少的电路延迟时间。此外，在分析指令时也没有考虑执行路径中部件之间的可并行性，如 I 型取数指令 lw，如果考虑读指令存储器和写寄存器堆的并行，那么实际为它安排的指令周期可以被优化得更短，只需 650 ps（200 ps+100 ps+150 ps+200 ps）即可。这意味着每 650 ps 就发出一个时钟脉冲信号，lw 指令也能正常执行完成，因为可以安排“写回寄存器堆”操作和“读取下一条指令”操作均统一由时钟信号边沿触发、同步并行。

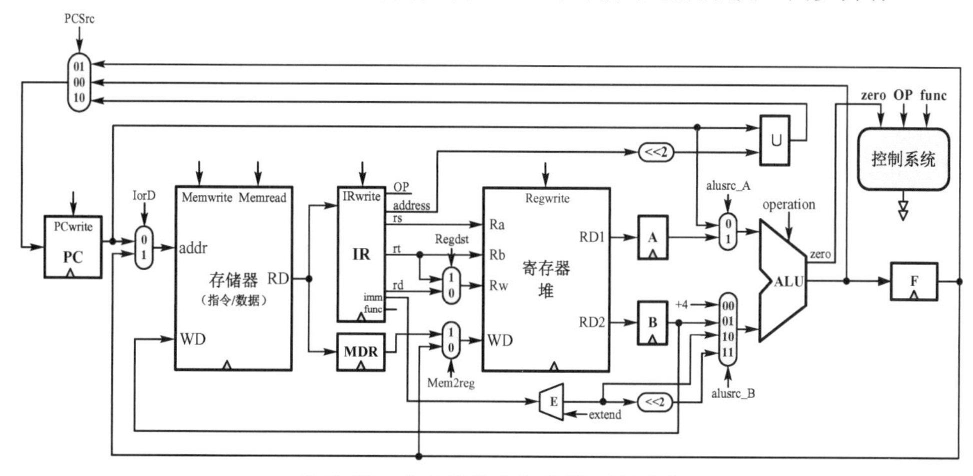

图 3-99　多周期模式的 CPU 硬件结构

2．多周期模式

多周期 MIPS32 指令集 CPU 的硬件结构如图 3-99 所示。考虑到要将指令的执行分散在若干时钟周期，因此在多周期 CPU 的数据通路中，存储器、寄存器堆和 ALU 的输出端口均增设了相应的寄存器来暂存当前的临时数据，以便提供给下一时钟周期继续使用。

在多周期模式下，CPU 执行指令时每个工作周期（也等于时钟周期）只完成一次存储单元级的信息传输，据此要从指令的工作周期入手，才能准确分析指令的执行时间。图 3-100～图 3-103 分别展示了 6 种（共 11 条）目标指令的工作周期和信息的传递路径。为了简化指令的执行时间分析，也未考虑寄存器的电路延时（各图中仅加斜纹表示）。

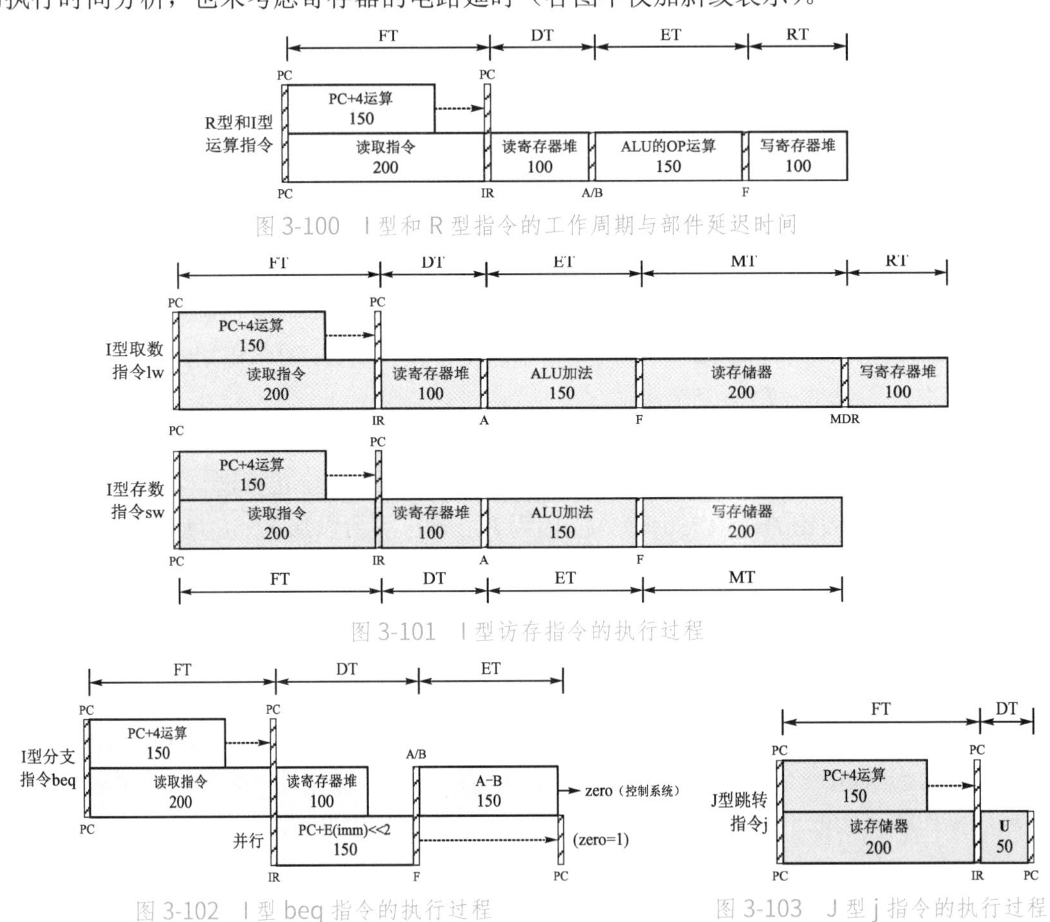

图 3-100　I 型和 R 型指令的工作周期与部件延迟时间

图 3-101　I 型访存指令的执行过程

图 3-102　I 型 beq 指令的执行过程

图 3-103　J 型 j 指令的执行过程

多周期 CPU 在执行 R 型和 I 型运算指令时都要经历 4 个工作周期，见图 3-100。在 FT 中，PC+4 和取指令同步执行，因此 FT 的时间延迟应以从存储器中读取指令的时间为准，即 FT= 200 ps。这两类指令的执行时间都是 FT+DT+ET+RT = 200 ps+100 ps+150 ps+100 ps = 550 ps。

I 型的两条访存指令 lw 和 sw，前者执行时经历 5 个工作周期，后者只经历 4 个时钟周期，比前者少 1 个“写寄存器堆”操作。因此，sw 的指令执行时间是 650 ps（200 ps+100 ps+ 150 ps+ 200 ps），lw 的指令时间是 750 ps（200 ps+100 ps+150 ps+200 ps+100 ps），见图 3-101。

I 型分支指令 beq 的执行过程经历 3 个工作周期，见图 3-102。在 DT 中，读取寄存器堆获得 A 和 B 的操作与 ALU 执行加法运算输出分支目标地址的操作可以安排并行执行，因此 DT 以 ALU 加法时间为准，即 150 ps。指令 beq 的执行时间为 500 ps（200 ps+150 ps+150 ps）。

表 3-47　多周期 CPU 的指令工作周期与执行时间

指令类型	指令的工作周期					总时间 T	指令 CPI	指令级时效比（%）
	取指 FT	目的 DT	执行 ET	访存 MT	写回 RT			
R 型运算	200	100	150	×	100	550	4	69
I 型运算	200	100	150	×	100	550	4	69
I 型 lw	200	100	150	200	100	750	5	75
I 型 sw	200	100	150	200	×	650	4	81
I 型 beq	200	150	150	×	×	500	3	83
J 型 j	200	50	×	×	×	250	2	63

J 型无条件跳转指令 j 的执行过程最简洁，只需要经历 2 个工作周期：FT→DT，因此它的总执行时间为 $T = \mathrm{FT}+\mathrm{DT} = 200\,\mathrm{ps} + 50\,\mathrm{ps} = 250\,\mathrm{ps}$，见图 3-103。

为了更直观地对比这些指令的时间特性，表 3-47 归纳了这些指令在多周期模式下经历的工作周期、工作周期时间、所需的总时间。可以看出，I 型取数指令 lw 的执行时间最长，达 750 ps，j 指令的执行时间则最短，只有 250 ps。如果进一步分析工作周期时间，可以看到 FT 和 MT 的时间最长，时间延迟为 FT=MT=200 ps。

多周期 CPU 执行指令时 CPI≥2，所有指令分配的时钟周期数可以不同，但为了控制方便时钟周期的宽度必须相同。为了确保在一个时钟周期内所有的工作周期都有足够的时间来正常执行对应的各种操作，时钟周期宽度要以耗时最长的工作周期为准，即 $T_{\mathrm{clock}} = \mathrm{MT} = 200\,\mathrm{ps}$。

据此可以计算出 CPU 的近似理论主频：$f_{\mathrm{CPU}} = 1/T_{\mathrm{clock}} = 1/200\mathrm{ps} = 5\,\mathrm{GHz}$，也可以计算出指令级时间利用率 PI（指令级时效比）：$\mathrm{PI} = T/(n \times T_{\mathrm{clock}})$。比如，R 型运算指令的指令级时间利用率 PI=550/(4×200)≈69%，指令 j 的时间利用率 PI=250/(2×200)≈63%，指令 beq 的时间利用率最高，约为 83%，指令 j 的时间利用率最低，大约为 63%。

多周期 CPU 在串行执行指令时时钟周期中部件的使用率不相同，如表 3-48 所示。设指令周期中部件的使用率（部件级时效比）定义为 PE=m/CPI，即部件被有效使用的时钟周期数与指令的时钟周期总数的比值。CPU 执行 R 型指令时 PC 只在 1 个时钟周期中（FT）被使用，因此 PE=1/4=25%，而存储器的 PE=1/4=25%，寄存器堆和 ALU 的 PE 更高，为 2/4 = 50%。

表 3-48　多周期 CPU 在指令周期中主要部件有效的时钟数

指令类型	指令周期中主要部件的有效时钟周期数，即 m							总时钟周期 T_{clok} 数，即 CPI
	PC	存储器	IR/MDR	寄存器堆	暂存器 A/B	ALU	暂存器 F	
R 型运算	1	1	1/0	2	1/1	2	1	4
I 型运算	1	1	1/0	2	1/0	2	1	4
I 型 lw	1	2	1/1	2	1/0	2	1	5
I 型 sw	1	2	1/0	1	1/0	2	1	4
I 型 beq	1	1	1/0	1	1/1	3	1	3
J 型 j	1	1	1/0	0	0/0	1	0	2

在串行执行指令的模式下，部件在多数时钟周期中都处于空闲状态，部件的使用率普遍较低。为了提高硬件资源的利用率，可以让某时钟周期中处于空闲状态的硬件部件并行地执行其他指令的相关操作，这就是指令流水线技术的雏形。多周期 CPU 把若干指令的不同工作周期任务分别安排在不同的硬件资源上流水并行，能显著提高硬件利用率和 IPS 指标。

3.6 CPU 的异常和中断处理

现代的计算机系统都具备完善的异常和中断处理机制。CPU 的数据通路中一般包含相应的异常检测和响应逻辑，外部设备接口中也有相应的中断请求和响应控制逻辑，操作系统中也配置了相应的异常和中断处理服务程序。这些异常和中断处理的支撑硬件与服务程序有机结合，协同完成计算机系统的异常和中断处理任务。

1. 基本概念

通常，由 CPU 内部产生的意外被称为异常（Exception，也称为内中断），来自 CPU 外部的设备向 CPU 发出的中断请求被称为中断（Interrupt，通常也称为外中断）。

异常是 CPU 执行一条指令时，由 CPU 在其内部检测到的与当前指令直接相关的一种同步操作，而中断是一种由外部设备触发的、与正在执行的指令通常无关的一种异步事件。

中断处理既是 CPU 内部的一种广义的异常处理机制，更是计算机系统中用来对主机和外围设备之间的 I/O 操作进行高效管理的一种典型控制模式，具体见本书 5.4 节。

2. 异常和中断的类型

1）处理器内部异常

处理器内部异常主要是指由处理器执行指令时引发的意外事件，如指令中出现除数 0、溢出、断点调试、存储访问超时、非法操作码、缺页、目标地址越界等，有的文献称其为软件异常。这类异常可以细分为如下三种。

故障（fault）：也称为失效，是指现行指令结束前（执行过程中）产生的一类异常。比如，指令译码时检测到“非法操作码”，从缓存读取目标数据时发现“缺页”，处理器执行了“保留指令”，读取指令或数据时发生的“地址错误”，以及执行整数运算引起的“溢出”等。

自陷（trap）：也称为陷阱，与故障等异常事件不同，它是一种预先主动安排的一种“异常”事件。首先通过某种方式将处理器设置成某个特定状态，一旦某条指令的执行发生了相应状态所满足的条件，则处理器调出特定程序进行异常处理。比如，高级语言编程环境下的断点设置、单步跟踪等调试操作就是通过设置自陷指令来实现的。

终止（abort）：如果正在执行指令的过程中发生了使计算机系统无法再继续执行的硬件故障，如电源掉电、线路故障、接口故障等，导致当前正在执行的程序无法再继续正确执行，因此只能终止系统运行，此时应调入相应的中断服务程序来重启系统。与前述的故障和自陷不同，这类异常与当前正在执行的指令通常无关，是随机偶发的。

2）外部中断

外部中断通常是由外部 I/O 设备主动触发的一种异常。在程序执行过程中，当外部设备出现某些随机偶发性的意外情况且需要请求主机干预时，就会向主处理器发出一种称为中断的异常处理请求。主机系统响应请求后，能自动停止正在运行的指令，然后转入执行与中断请求相对应的异常处理程序，处理完毕又返回到原被暂停执行的程序指令，并继续运行。

与处理器内部的其他异常明显不同，这类异常通常与处理器正在执行的现行指令无关，是一种偶发的随机异常事件。比如，外部设备键盘被按下时会触发外部异常事件，此时系统会通过接口向主机发出一个中断请求。主机响应此请求后，按照预设的异常处理机制进行处理。

CPU 可处理的外部中断，可以简要地概括为如下几种常见类型。

① 可屏蔽中断（maskable）：指通过可屏蔽中断请求线 INTR 向 CPU 发出中断请求，且 CPU 可以通过在中断控制器（如 Intel 8259A）中设置相应的中断端口屏蔽字（mask）来进行屏蔽或不进行屏蔽。被屏蔽的中断请求将不被 CPU 响应。一般的外部设备中断都是可屏蔽的中断，CPU 通过屏蔽技术施加控制。一些必须响应的中断请求（如掉电、故障等引起的中断），作为非屏蔽中断，不受 CPU 屏蔽。

② 不可屏蔽中断（non-maskable）：指一种可通过专门的不可屏蔽请求信号通路向 CPU 发出的中断请求，通常是针对一些非常紧急的、系统不得不响应的硬件级故障。

③ 向量中断和非向量中断：如何形成中断服务程序的入口地址，这是向量中断和非向量中断的本质差别。如果直接依靠硬件，通过查询中断向量表来确定入口地址，就是向量中断；如果通过执行软件（如中断服务总程序）来确定中断服务程序的入口地址，就是非向量中断。计算机一般具有向量中断功能，但可运用非向量中断思想对向量中断进行扩展。如果中断系统将各中断服务程序的入口地址组织并存储在中断向量表中，就是向量中断。

3. 异常和中断的处理过程

在执行程序指令的过程中，如果发生了某异常事件，那么 CPU 必须启动相应的处理机制对发生的异常进行有效处理。通常，异常（中断）的处理可以简要归纳为 4 个主要步骤：关闭中断、保护断点和程序运行状态、异常（中断）识别、执行异常处理，如图 3-104 所示。

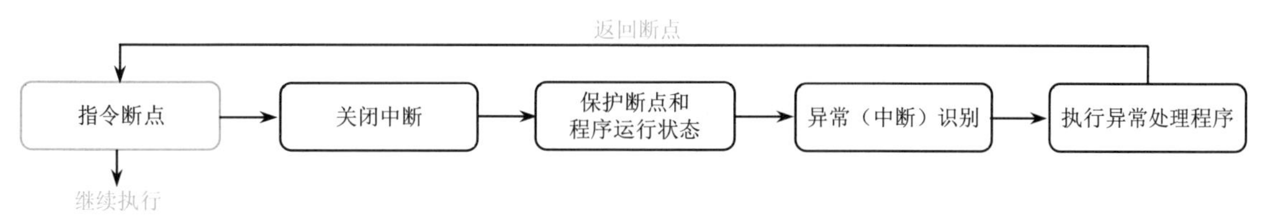

图 3-104 异常（中断）的处理

1）关闭中断

发生异常（或者中断）时，系统将执行一系列敏感性硬件操作，比如完成断点保护、保护程序运行状态、确定异常（中断）处理程序的入口地址、保护处理器现场、设置相关寄存器的标志位等操作。这些操作的执行必须确保是原子性的，执行过程中还要求不能被干扰，因此在这个过程中必须把 CPU 设置成中断禁用（即关中断）模式。

2）保护断点和程序运行状态

所谓断点，是指 CPU 完成异常（或中断）处理后将要继续执行的目标指令位置（返回地址）。不同的异常（中断）事件对应的返回地址一般各不相同。

故障类异常通常是返回到产生故障的指令本身，而自陷类异常通常是返回到自陷指令的下一条指令。对于外部中断，由于 CPU 通常要完整执行当前指令后才去相应中断，因此其断点实质上也是响应中断请求时正在执行的指令的下一条指令所在位置。

保存的指令断点位置，通常是基于 PC 寄存器来进行计算，也跟指令长度和存储器的编址单位有关。例如，对于 32 位 MIPS 程序，设存储器按字节编址，则故障类异常的返回地址为 PC 当前值，而外部中断对应的返回地址为 PC+4。在计算机系统中，通常是把这些返回地址保存到专用栈或者特定的寄存器中，以备返回时读取使用。例如，MIPS 系统在协处理器 CP0 中内置了一个编号为 14 的 EPC（Exception Program Counter，异常程序计数器）寄存器，用来专门保存异常处理后的返回地址。

异常处理完成后返回断点处继续执行指令，这就要求返回的程序运行状态必须与之前保持一致。因此，必须把之前的程序状态进行保存，包括各种特征位（如进位/借位标志）、编程设定位（如跟踪位、允许中断等）、工作方式字段等，而这些信息通常保存在 PSW 中。例如，X86 处理器设置的标志寄存器 EFLAGS 和 MIPS 处理器设置的状态寄存器 SR（置于协处理器 CP0 中，编号 12）用来专门保存程序状态信息。

3）异常（中断）识别

内部异常经常设计成通过软件识别。作为主机与外部设备交互数据的一种重要 I/O 控制模式，外部中断既可以通过软件也可以通过硬件方式进行识别。

① 软件识别方式：CPU 设置一个专门的异常状态寄存器来记录异常发生的原因。操作系统启动一个公共的异常入口查询程序，查询异常状态寄存器相关字段，从而确定异常的具体类型。例如，MIPS 采用的软件识别方式就是通过异常查询程序去查询 CAUSE 寄存器（置于协处理器 CP0 中，编号 13），从而确定异常类型，并转向相应的异常处理。

此外，故障和自陷这两类处理器内部异常是由正在执行的指令触发的，因此还可以通过指令执行过程中的特定条件、标志来联合判断是否发生了某种异常，可以不通过执行异常查询程序来确定异常类型。X86 处理器经常采用类似的机制来处理这两类特殊异常。

② 硬件识别方式：通常针对外部中断请求，不需执行查询程序，依靠设置的一组硬件逻辑（如中断控制器）进行一系列与异常识别密切相关的操作，如暂存请求、屏蔽请求、优先级判断、发出公共请求、计算向量地址、读取中断向量等。

例如，X86 类型的处理器经常使用一个 8259A 型中断控制器来专门对处理器外部中断请求进行集中处理，识别外部设备当前触发的异常（中断）请求。

4）异常处理

通常，计算机系统存储了各种异常处理程序的入口地址，这些入口地址一般也是组织成表格的形式进行存储。处理器查询此表，读取入口地址，并转向执行异常处理程序。

比如，MIPS 的所有异常处理入口地址都存储在异常向量表中，位于不使用 TLB 进行地址转换的 kseg0（缓存的）或 kseg1（非缓存的）。出于性能考虑，访问中断入口地址时都要经过缓存，但是在系统启动期间、上电或重启时，缓存未经过初始化不能用，所以把异常入口放在一个非缓存区域。MIPS32 处理器为每个异常处理程序预留了 128 字节，可以存放 32 条处理指令。对于外部中断请求，X86 处理器则设置了一个中断向量表，专门用来存储中断服务程序的入口地址和程序状态字（即 PSW）。

执行完异常处理程序后，还需要恢复处理器原来状态，并且返回到指令断点处继续执行。更复杂的异常处理系统，甚至能有效支持异常处理的多级嵌套模式。

3.7 流水线处理器

3.7.1 流水线基本概念

为提高处理器执行指令的效率，把一条指令的操作过程分成若干子过程，且每个子过程都在专门功能电路上完成，这样指令的各子过程就能同时被执行，指令的平均执行时间也能大大缩短，这种技术称为指令流水线（Instruction Pipeline，IP）技术。

例如，一条指令的执行要经过三个阶段：取指、译码、执行，若每个阶段都要花费一个时

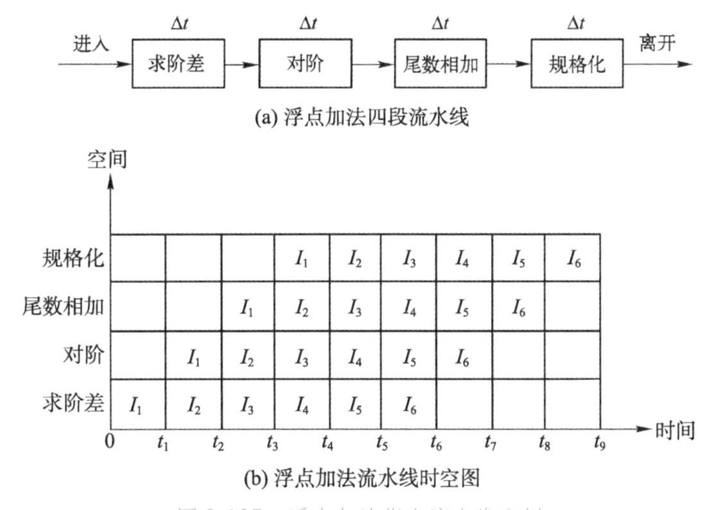

图 3-105　浮点加法指令流水线实例

钟周期，如果不采用流水线技术，那么执行这条指令就需要 3 个时钟周期；如果采用指令流水线技术，那么当这条指令完成“取指”阶段后进入“译码”阶段时，就可以对下一条指令进行“取指”，这种方式能够提高指令的平均执行速度。

Intel 公司从 80486 处理器开始采用流水线技术。下面从时间和空间层面描述指令流水线的工作原理，以浮点加法指令的运算过程为例，并忽略了取指等过程，如图 3-105 所示。其中，一个浮点加法指令的运算过程分成 4 个子过程，分别是求阶差、对阶、尾数相加和规格化。

$T=0$ 时，指令 I_1 准备进入求阶差。$T=t_1$ 时，I_1 完成求阶差并准备进入对阶，I_2 准备进入求阶差。$T=t_2$ 时，I_1 完成对阶并准备进入尾数相加，I_2 完成求阶差并准备进入对阶，I_3 准备进入求阶差。$T=t_3$ 时，I_1 完成尾数相加并准备进入规格化，I_2 完成对阶并准备进入尾数相加，I_3 完成求阶差并准备进入对阶，I_4 准备进入求阶差。$T=t_4$ 时，I_1 完成规格化并准备离开流水线，I_2 完成尾数相加并准备进入规格化，I_3 完成对阶并准备进入尾数相加，I_4 完成求阶差并准备进入对阶，I_5 准备进入求阶差。$T=t_5$ 时，I_2 完成规格化并准备离开流水线，I_3 完成尾数相加并准备进入规格化，I_4 完成对阶并准备进入规格化，I_5 完成求阶差并准备进入对阶，I_6 准备进入求阶差。以此类推，$T=t_9$ 时，最后一条指令 I_6 完成规格化后离开流水线。

由此可见，采用指令流水线技术后，CPU 在 $9\Delta t$ 时间里能完成 6 条浮点加法指令，平均每条指令的执行时间是 $1.5\Delta t$，若不采用流水线技术，则需 $4\Delta t$，指令的执行速度提高了约 2.7 倍。

注意：指令流水线技术虽然能减少多个指令执行的总时间，但单个指令的执行时间还是保持不变，仍然是 $4\Delta t$，多个指令的并行处理只是把总的执行时间减少了而已。

流水线的子过程称为流水线的“段”或“级”，因此流水线“段”的数量也被称为流水线的“流水深度”。流水线的每个子过程均由专用的硬件功能段实现，各功能段的占用时间也基本相等，如图 3-105(a) 中均为 Δt，通常将 Δt 设置为 1 个时钟周期（1 拍）。

流水线需要经过一定的通过时间才能稳定，一般是“流水段时间×流水深度”，图 3-105(b) 所示的流水线的稳定时间为 $4\Delta t$。在某些程序中，同一类指令可能频繁地出现，此时采用流水线技术就非常适合，能显著提升 CPU 的运行效率。

1. 流水线的常见种类

作为提升 CPU 性能的一项重要技术，流水线的功能十分繁杂，其种类也很多。

1）按流水线的处理层级

① 功能部件级：将指令中某具体的运算（如浮点加法）细分成若干子步骤，各子步骤在功能部件内特定的子功能电路上执行，可同时处理不同指令同一类运算的不同步骤，一般在实现复杂运算时采用，图 3-105 就是一种浮点加法器的部件级流水线。

② 指令级：将一条指令的完整执行过程分为若干子阶段，如取指、译码、执行和回写等，各子阶段在特定的段功能部件上执行，多条指令并行处理。

③ 处理器级：将每个处理任务粗分成若干子任务，各子任务在特定的处理器上执行，同时并行处理多个任务。在多处理机系统中经常会使用处理器级的流水线。

2）按完成的功能数量

① 单功能流水线：只能完成一种固定运算功能的流水线，比如乘法运算或者浮点运算等。例如，Cray-1 计算机有 12 条单功能流水线，我国研制的 YH-1 计算机有 18 条单功能流水线，Pentium 机有 1 条 5 段式整数运算流水线和 1 条 8 段式浮点运算流水线。采用超流水线结构的 Alpha 21064 处理器有 3 条流水线。

② 多功能流水线：各功能部件可以按不同的方式进行连接，以实现多种功能。其典型代表是 Texas 仪器公司的 ASC 计算机中采用的 8 段流水线。一台 ASC 处理机内有 4 条相同的流水线，每条流水线通过不同的连接方式，可以完成整数加减法运算、整数乘法运算、浮点加法运算、浮点乘法运算，还可以实现逻辑运算、移位操作和数据转换功能等。除了支持标量运算，它还支持向量运算，如两个向量的浮点点积运算等。

在处理器中采用多功能流水线的主要优点是，能够提高流水线中各功能部件的利用率。由于在实际的标量运算程序中，各种类型的运算操作一般是混合在一起进行的，这与向量运算操作有很大的不同，因此，在标量计算机的指令执行部件中采用多功能流水线是一种比较合理的选择。与采用多功能流水线不同的另一种方案是设置多条专用的单功能流水线，在许多向量型流水线处理器中通常是这样设计的。

此外，按照在同一时间内是否能够连接成多种方式以便能同时执行多种功能，又可以进一步把多功能流水线分为静态多功能流水线和动态多功能流水线，如图 3-106 所示。

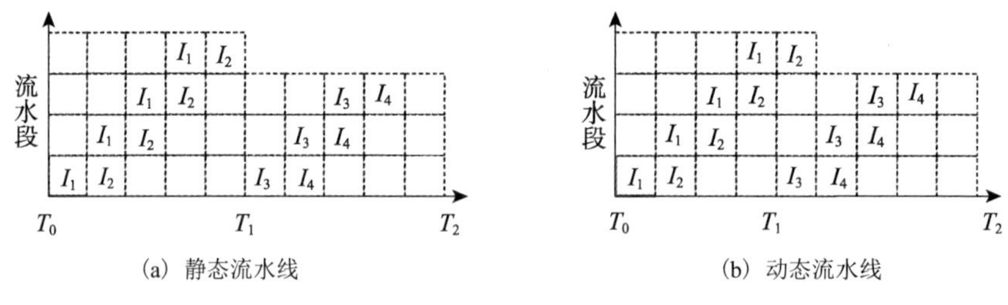

图 3-106 静态流水线与动态流水线

① 静态流水线（Static Pipeline）：指在同一段时间内，多功能流水线的各流水部件只能按一种固定的方式连接，实现一种固定的功能。只有当按照这种连接方式工作的所有任务都流出流水线后，多功能流水线才能重新连接执行新功能。

② 动态流水线（Dynamic Pipeline）：指在同一段时间内，各部件不冲突的前提下，多功能流水线中的各流水部件可以按照多种方式连接执行多种操作。

只有连续出现同一种运算时，静态流水线的效率才能得到发挥。如果是一连串不同运算操作，则静态流水线的效率与顺序执行的一样。动态流水线允许两种以上的运算同时执行，因此效率和部件利用率比静态流水线高，但它的控制方式更复杂。目前，大多数处理器中采用静态流水线，动态流水线很少被使用。

3）按处理的数据形态

① 标量流水线：处理一般形态（标量）数据的流水线。

② 向量流水线：能处理向量数据的流水线，在大规模的科学计算中经常使用。

4）按流水线部件的连接模式

① 线性流水线（Linear Pipeline）：各流水线部件逐个串联，指令从流水线的一端进入，从另一端输出，且每个流水线部件上只流过一次，如图 3-107(a)所示。一条线性流水线通常只完成一种固定的功能。在现代计算机系统中，线性流水线已经被非常广泛地应用于指令执行过程、各种算术运算操作和存储器访问操作等，比如图 3-105 所示的浮点加法器流水线。

② 非线性流水线（Nonlinear Pipeline）：各流水线部件之间除了串行前馈式连接，某些部件还可能存在前馈和反馈连接，如图 3-107(b)所示。

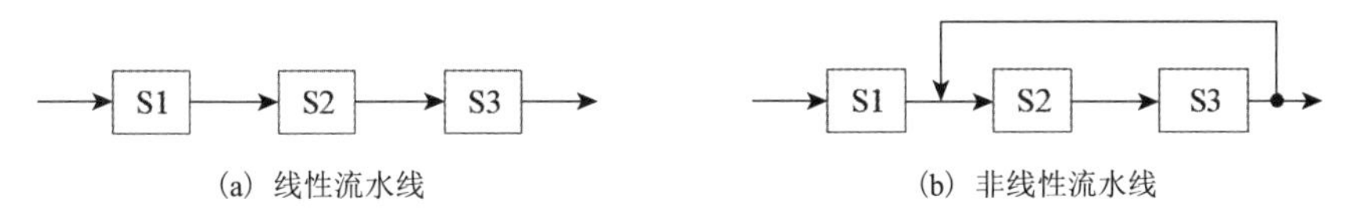

(a) 线性流水线　　(b) 非线性流水线

图 3-107　线性流水线和非线性流水线

5）按输入、输出顺序的一致性

按照流水线输出端流出的任务与流水线输入端流入的任务的先后顺序是否相同，流水线的类型又可以分为如下 2 种。

① 顺序流水线：先进入流水线的指令先从流水线输出，后进的后出。

② 乱序流水线：先进入流水线的指令不一定先从流水线输出，没有固定的先后顺序，也被称为无序流水线、错序流水线或者异步流水线等。

2．流水线的性能评价指标

在流水线处理器中，用来衡量流水线综合处理能力的参考指标主要包括：吞吐率、加速比、效率。

① 吞吐率（Throughput，TP）。流水线的吞吐率是指计算机的流水线在特定时间内可以处理的任务（指令）数量或者输出数据结果的多少。吞吐率可以进一步具体化为最大吞吐率和实际吞吐率，主要取决于流水段的处理时间、缓冲寄存器的延迟时间等因素。一般而言，流水段的处理时间越长，缓冲寄存器的延迟时间越长，流水线的吞吐率就越小。

吞吐率的基本计算公式为 $\mathrm{TP}=n/t$，其中 n 表示已执行完成的指令数量，t 代表执行指令的总时间。以如图 3-108 所示的流水线时空图为例，Δt 表示流水段的执行时间，k 表示流水段的数量，在总时间 $t=t_{\mathrm{I}}+t_{\mathrm{II}}$ 内共执行了 n 条指令，其中 t_{I} 表示从第一条指令进入流水线到指令在最后一个流水段 S_k 执行完毕的时间（流水线稳定时间）。因此，该流水线的吞吐率为

$$\mathrm{TP}=\frac{n}{k\times\Delta t+(n-1)\times\Delta t} \tag{3-9}$$

据此甚至可以推导出该流水线的最大吞吐率为：

$$\mathrm{TP}_{\max}=\lim_{n\to\infty}\frac{n}{k\times\Delta t+(n-1)\times\Delta t}\to\frac{1}{\Delta t} \tag{3-10}$$

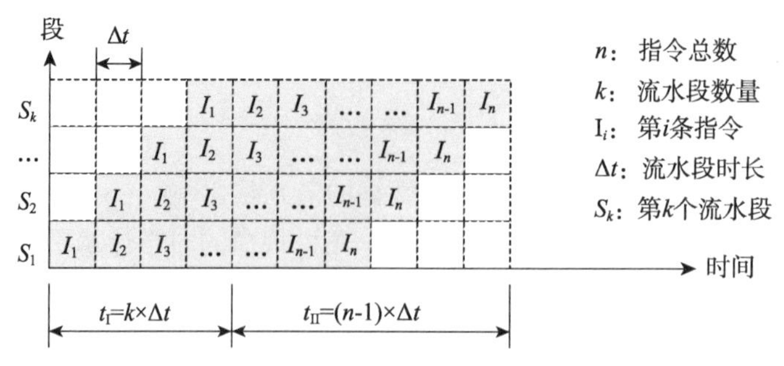

图 3-108　*k* 段流水线时空图示例

最大吞吐率的计算结果表明，当处理器执行的指令数量趋近于无穷多时，流水线的指令执行能力几乎能达到平均每个时钟周期执行完成 1 条指令（平均 CPI=1）。

② 加速比（Speedup，SP）：指程序不采用流水线的实际执行时间和采用了流水线后的实际执行时间两者的比值，即 $SP = t / t'$，其中 t 和 t' 分别代表程序未采用流水线的执行时间、采用了流水线的执行时间。通常，加速比的数值越大，代表流水线对处理器运行程序的整体性能提升也越大。

如果仍然以图 3-108 所示的流水线为例，那么其加速比为

$$SP = \frac{n \times k \times \Delta t}{(k+n-1) \times \Delta t} = \frac{n \times k}{k+n-1} \tag{3-11}$$

③ 效率（Pipeline Efficiency，PE）：指流水线中各流水段部件的平均利用率。流水线在开始工作时存在建立时间（稳定时间），在结束时存在排空时间，各流水段部件的硬件资源不可能一直都处于工作状态，总会有一些流水部件在某些时间里处于闲置状态。理想的目标是流水线硬件资源处于空闲的时间越少越好。

因此，可以用一段时间内处于工作状态的流水段数量、各流水段的运行次数、流水段总数和每个流水段的运行时长（ Δt ）这几项数据来综合表征流水线效率：

$$PE = \frac{n \times k \times \Delta t}{k \times (k+n-1) \times \Delta t} = \frac{n}{k+n-1} \tag{3-12}$$

结合图 3-108，流水线的效率等于所有灰色格子区域（有效段时）的面积与灰色和白色格子区域总面积的比值。与 TP_{max} 类似，效率的最大值（$n \to \infty$时）$PE_{max} \to 1$。

3.7.2　流水线设计原理

本节以 MIPS32 处理器为例，基于前述指令系统、数据通路、控制器设计等相关内容简要讲述五段式简易流水线处理器的基本原理和设计实现。

1. 数据通路设计

MIPS32 多周期处理器的指令执行过程分为五个时钟周期：取指周期（FT，读取指令）、译码周期（DT，得到操作数）、执行周期（ET，运算执行）、访存周期（MT，读写存储器）和写回周期（RT，回写寄存器）。每个时钟周期完成特定的功能操作。设置指令流水线的目的是让处理器的硬件资源在不同的时钟周期中可以并行执行不同的指令，实现指令集并行，从而提高一段程序的整体执行速度。

鉴于此，MIPS32 处理器可以设计成五个对应的流水段：取指段（IF）、译码段（ID）、执

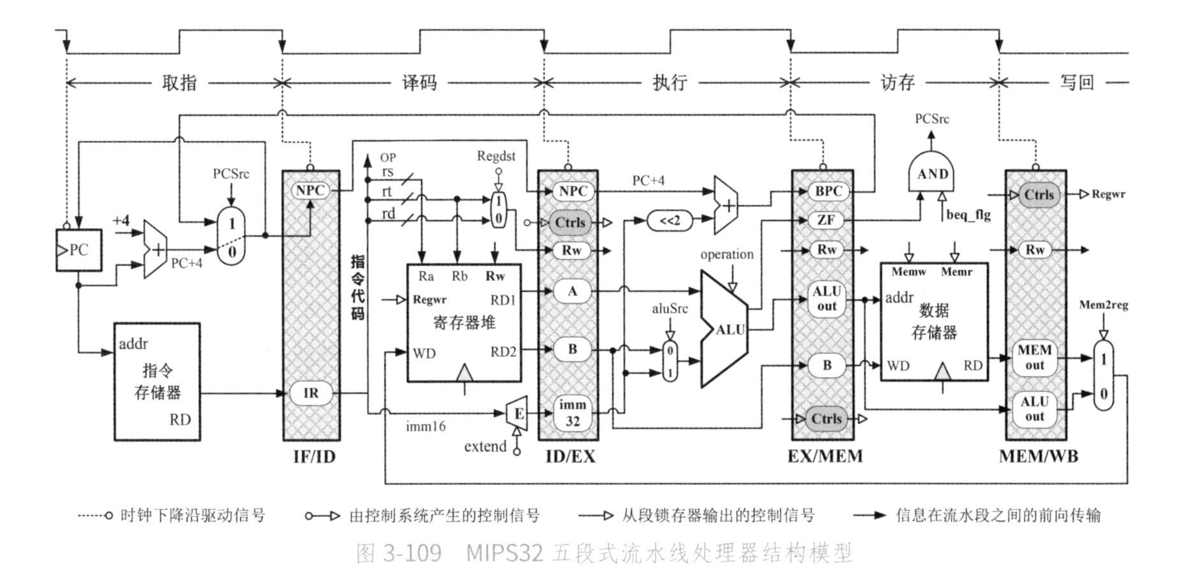

图 3-109　MIPS32 五段式流水线处理器结构模型

行段（EX）、访存段（MEM）和写回段（WB）。基于此，设计的五段式流水线处理器结构模型如图 3-109 所示。为了简化结构，便于读者理解流水线处理器的数据通路设计要点，本处理器模型仅支持表 3-26 中列出的前 10 条目标指令（不支持指令 j address）。

总体结构上，每个流水功能段与单周期处理器对应部分基本一致，执行模式则为多周期指令模式。在每个时钟周期中，每条指令只执行完成一部分功能，并且将执行结果在对应的流水段寄存器（锁存器）组中进行锁存，以便后续流水段中使用。

此五段流水线处理器的数据通路结构特点归纳如下。

① 指令执行过程划分到 5 个时钟周期中：IF、ID、EX、MEM 和 WB。

② 设置了 4 个流水段锁存器组：IF/ID 组、ID/EX 组、EX/MEM 组和 MEM/WB 组，依靠时钟信号的下降沿触发各流水段向后续锁存器组的信息写入、锁存操作。

③ 与单周期处理器一致，PC 寄存器无写使能控制信号，这一点与多周期处理器不同。

④ 指令在流水线中执行时，各流水段所需的全部控制信号（PCSrc 除外），均在译码段中由控制系统集中产生，图 3-109 中标记为控制信号 Ctrls 组。PCSrc 比较特殊，在访存段由 ALU 的 ZF（0 标志位）和 beq_flg（beq 指令标志）通过逻辑与门来产生。

在图 3-109 中，取指段（IF）仅需要 1 个控制信号：PCSrc。译码段（ID）需要 2 个控制信号：Regdst 和 extend。执行段（EX）也需要 2 个控制信号：aluSrc 和 operation。访存段（MEM）却需要 3 个控制信号：Memr、Memw 和 beq_flg，还会产生 1 个控制信号 PCSrc。写回段（WB）也需要 2 个控制信号：Regwr 和 Mem2reg。数据通路总共需要由外部的控制系统直接产生 9 个控制信号。

在流水线处理器的结构模型中，流水段的组成和工作原理概括如下。

1）取指段（IF）

取指段的硬件部分由 PC 寄存器、加法器、指令存储器、PC 输入选择器（控制信号 PCSrc）、相关的信息传输电路构成。

在时钟信号边沿（下降沿）驱动下进入取指段时，自动更新寄存器 PC。经过电路延迟，根据 PC 输出的指令地址码（addr）定位指令存储器，读取指令。与此同时，PC 输出的地址码还会并行进入加法器，自动执行+4，形成下一条指令的默认地址码（PC+4）备用。PC 选择器的控制信号 PCSrc 默认为 0，即在取指段中默认选通 PC+4→PC 通路。

下一个时钟下降沿信号到来时，触发向 IF/ID 中 NPC 和 IR 的写入、锁存。

2）译码段（ID）

译码段的硬件部分由寄存器堆、宽度扩展器 E（控制信号 extend）、寄存器堆写入地址选择器（控制信号 Regdst）、相关的译码电路和传输通路构成。

在时钟信号下降沿驱动下，从 IF/ID 输出 NPC 和指令 IR。指令解译成 OP、rs、rt、rd 和 imm16 等代码段，然后从寄存器堆中读出地址对应的数据 A 和 B。与此同时，经寄存器堆写入地址选择器输出写入地址（将锁存至 Rw），且立即数 imm16 经扩展器 E 扩展成 32 位宽度的数据（将锁存至 imm32）。

此外，控制系统根据指令 OP 和 func，集中产生指令执行所需的 9 个控制信号（将锁存至 Ctrls）。下一时钟下降沿信号到来时，触发向 ID/EX 中 NPC、Ctrls 和 Rw 等的写入、锁存。

3）执行段（EX）

执行段的硬件部分由加法器、左移两位器、ALU（运算控制信号 operation）及其输入选择器（通路控制信号 aluSrc），以及相关的信息传输电路构成。

在时钟信号下降沿的驱动下，从 ID/EX 输出锁存的 NPC 和 Ctrls 等信息。imm32 左移两位后与 PC+4 相加形成分支地址。在控制信号 operation 和 aluSrc 的控制下，ALU 完成具体运算，并根据运算结果更新 0 标志位 ZF。下一个时钟下降沿信号到来时，触发向 EX/MEM 中 BPC、ZF、Rw、ALUout 和 B 的写入、锁存。

4）访存段（MEM）

访存段的硬件部分由一个逻辑与门（AND）和数据存储器以及相关的信息传输电路构成。

在时钟信号下降沿的驱动下，从 EX/MEM 输出各类信息。ZF 和 beq_flg（由控制系统产生）分别输入与门产生 PC 输入选择器控制信号 PCSrc，同时从 BPC 输出分支地址。然后，BPC 和 PCSrc 同时通过通路输入取指段的 PC 输入选择器。

此外，从 EX/MEM 的 ALUout 输出的存储地址一方面作用于地址端口 addr，另一方面准备继续写入 MEM/WB 的 ALUout。数据存储器在控制信号 Memw 和 Memr 的控制下，从端口 RD 读出数据，或者把从 EX/MEM 中 B 输出的数据写入 WD 端口。下一个时钟下降沿信号到来时，将触发向 MEM/WB 中 Rw、MEMout 和 ALUout 等寄存器的写入、锁存操作。

5）写回段（WB）

写回段的硬件部分只包括一个寄存器堆的写入数据选择器（控制信号 Mem2reg）。

在时钟信号下降沿驱动下，从 MEM/WB 锁存的 Ctrls 组中输出传递来的寄存器堆写使能信号 Regwr 和写入数据选择信号 Mem2reg。在 Mem2reg 控制下，从 MEM/WB 锁存的 MEMout 和 ALUout 中选择一路数据源，然后写入寄存器堆的数据写入端口 WD。

写回段执行结束，意味着指令已经全部执行完毕，因此不需继续锁存任何信息。

2．控制逻辑设计

流水线处理器能够在同一个时钟周期中并行执行多条指令，但这些指令应分别在不同的流水段中执行，不能发生冲突，如图 3-110 所示。此流水线为 5 段式流水线，其流水深度为 5，最多可以同时支持 5 条指令并行。在时钟周期 T_4 中，指令 1～指令 4 分别在流水段 IF、ID、EX、MEM 和 WB 中执行，并不会引起冲突。

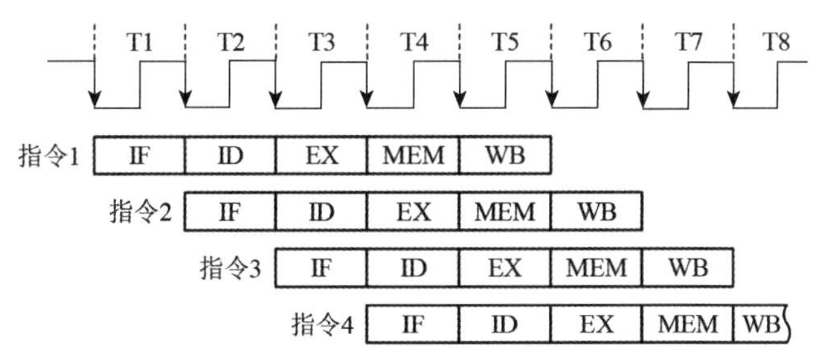

图 3-110　多条指令在流水线处理器上的并行执行

由于多条指令在并行执行，因此在每个时钟周期内所需由控制系统产生的控制信号，既与指令相关，还与指令所处的流水段相关。从前述流水处理器数据通路可知，控制系统需要综合利用指令信息（从 IF/ID 输出）和流水段标识等信息，直接在 ID 段中集中产生 9 个控制信号。据此，可以对流水线处理器的控制系统方案进行如图 3-111 所示的总体设计。

五段式流水线控制系统的总体方案采用了“集中产生、逐段传递”的设计思路，即所有的控制信号（9 个）均由流水线控制系统在译码段（ID）中根据指令代码集中产生，然后依次向后段传递使用。在本译码段中，需要立即使用两个控制信号：extend 和 Regdst，而剩余的 7 个控制信号在时钟下降沿信号的驱动下，写入 ID/EX 的 Ctrls 组锁存，以便向后逐段传递。

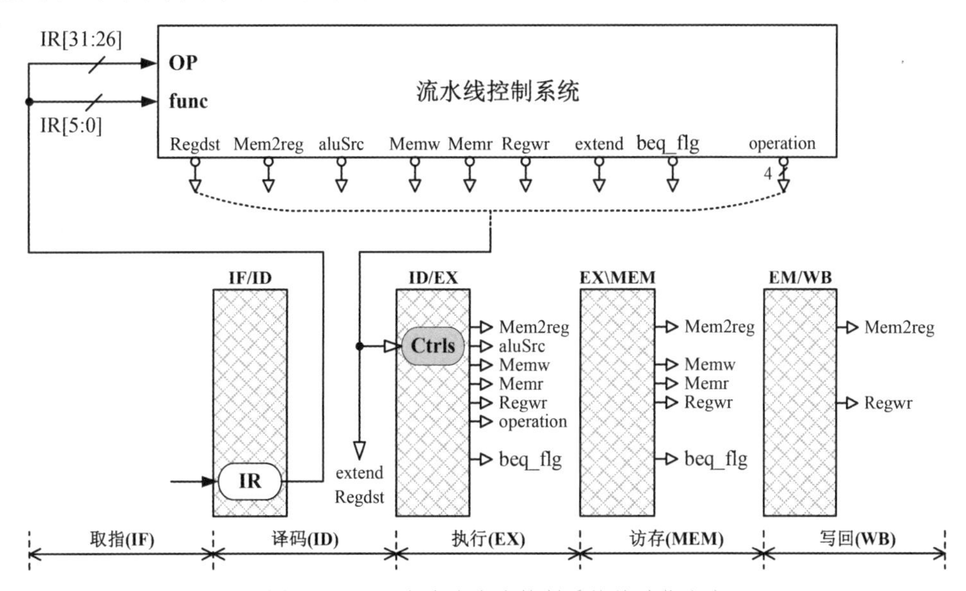

图 3-111　五段式流水线控制系统的总体方案

流水线控制系统的输入信息包括两段代码：IR[31:26]（6 位指令操作码）和 IR[5:0]（6 位 R 型指令功能说明字段），这与单周期处理器的控制系统一致。控制系统根据输入的指令信息，产生 9 个控制信号输出。其中，控制信号 extend 和 Regdst 在本段分别用于扩展器 E 和寄存器堆写入地址选择器，已消耗的控制信号不会再写入 Ctrls 锁存传递。

Mem2reg 等 7 个控制信号传递到执行段（EX）后，会在段内使用 aluSrc 和 operation，因此仅剩余 5 个控制信号继续向后锁存并传递。在访存段（MEM）中，如果当前执行的是访存指令或者分支指令，就会使用到 Memw、Memr 或者 beq_flg，因此最多只有 Mem2reg 和 Regwr 会传递到写回段（WB）。在写回段中，Mem2reg 和 Regwr 分别用于控制寄存器堆写入数据选择器和寄存器堆的写使能端口，协同完成寄存器堆的写入操作。

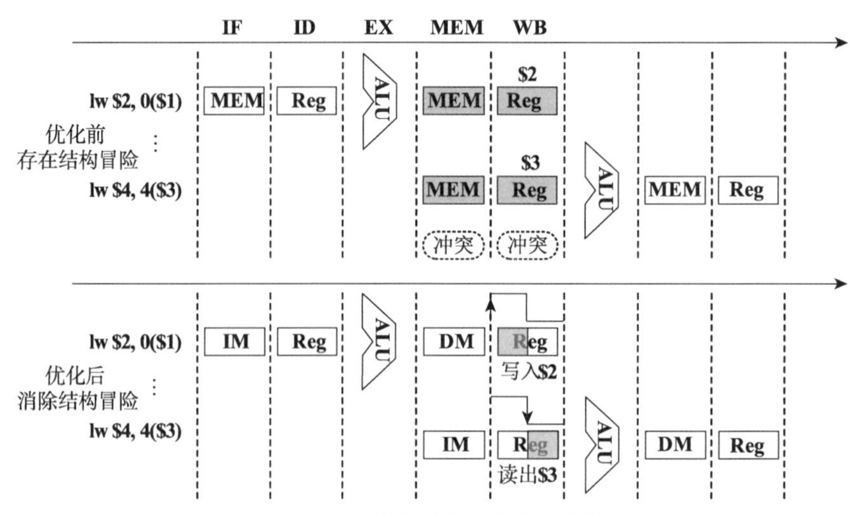

图 3-112　结构冒险及其优化实例

归纳起来，图 3-111 中所示的流水线控制系统与单周期处理器的控制系统类似，仅 PCSrc 信号存在差异。前者是在访存段（MEM）中由流水段电路根据 beq_flg 和 ZF 自行产生，而后者统一由控制系统集中产生。上述流水线控制器仍然可以采用单周期控制器的那种两级控制模式以简化设计，同样可以按微程序或者组合逻辑（硬连线）控制方式进行设计。

3.7.3　流水线的冒险

与串行执行指令的单周期、多周期处理器相比，流水线处理器虽然能极大地提高程序的执行效率，但指令在流水线上的并行执行也存在各种可能的冒险（Hazards，即风险）。有时，指令可能阻止下一条指令在流水线中预期的时钟周期内继续执行，有时甚至可能引起流水线的运行阻塞，这些情况会严重影响处理器的指令执行效率。

根据引起冒险的原因，冒险可以分为三类：结构冒险、数据冒险和控制冒险。

1．结构冒险

结构冒险（Structural Hazard）通常是由流水线硬件电路结构设计缺陷引起的，因此也可称为硬件资源冲突。引起这类冒险的主要原因是同一个硬件部件在同一个时钟周期内需要被不同的指令同时使用，就会出现多个指令同时竞争使用处理器硬件资源的现象，如图 3-112 所示。

假设指令存储器和数据存储器没有分立，由于指令 lw　$2, 0($1)在流水段 MEM 中执行时，指令 lw　$3, 4($3)将从 MEM 中读取指令；此外，当第一条指令进入流水段 WB 向 Reg 中的$2 写入数据时，后一条指令也正在从寄存器堆 Reg 中读取数据$3。这两条指令的流水执行会出现同时使用 MEM 和 Reg 的情况，从而引起硬件资源使用的冲突，这就是结构冒险。

一般而言，可以通过两种方案解决结构冒险问题。

其一：设置多个独立部件来确保每个部件只能被同一条指令使用 1 次，可以避免一部分结构冒险。比如，在图 3-112 中，将指令和数据分别存储在 IM 和 DM 中，这样就能确保一个部件只会被同一条指令使用 1 次。

其二：将存储部件的读写操作设计为可分别由同一个时钟周期中的不同边沿信号触发。比如，将图 3-112 中的 Reg 设计成上升沿信号触发 Reg 写操作、下降沿触发 Reg 的读操作，这样就可有效地避免两个指令在同一个时钟周期中，对同一个 Reg 部件的读、写使用冲突。

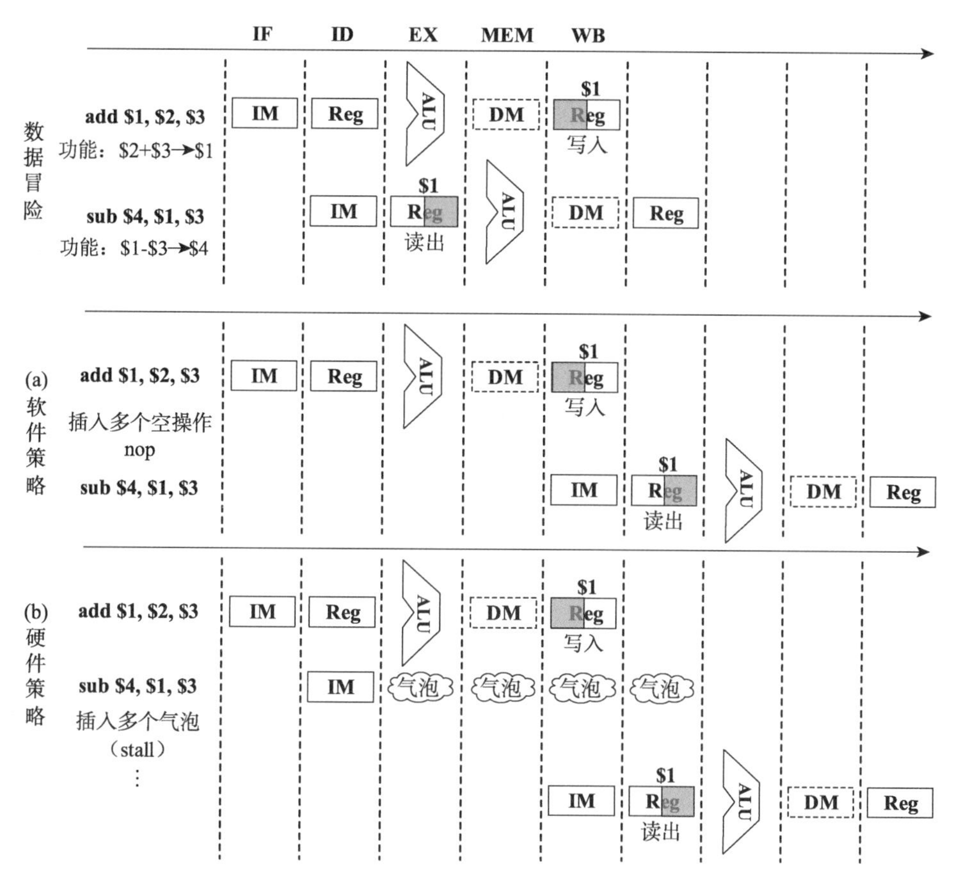

图 3-113　通过插入空指令 nop 或者 bubble 的方式解决数据冒险

2．数据冒险

数据冒险（Data Hazard），也称为数据依赖风险，因为指令的执行依赖于使用它前面指令执行产生的结果数据，但在需要使用时，这些数据还没有被相关指令正确产生。

如图 3-113 所示，sub 指令在译码段 ID 中需要从 Reg 中读取$1，但此时 add 指令正处于 EX 段，并没有产生正确的加法结果并写入 Reg 的$1，即指令 sub 对 Reg 中$1 的使用落后于指令 add 对$1 的产生速度。

数据冒险的应对处理策略有 4 种。

1）插入空操作指令

在图 3-113(a)中，编译器可以在 add 指令后插入多个空操作指令 nop，使 sub 指令延迟 3 个时钟周期执行。这样，当 sub 指令进入译码段 ID 时，需要从 Reg 中读取的数据$1，刚好在上一时钟周期中被 add 指令成功写入，从而有效避免了数据冒险的发生。

这种通过插入软件指令 nop 的方式使流水线的硬件控制简单，但会额外占用指令的存储空间，也会浪费指令的执行时间。

2）插入气泡

插入气泡是一种通过硬件阻塞（stall）方式阻止后续指令继续执行的策略，通过在流水段中插入气泡（bubble），强制延迟指令在流水段中继续执行，如图 3-113(b)所示。

当 add 指令进入译码段 ID 时，允许 sub 指令进入 IF 段，此时并不会有数据冒险发生。随后，可以在 sub 指令的后续流水段中插入气泡，以延缓其进入 ID 流水段。以此类推，直到 add

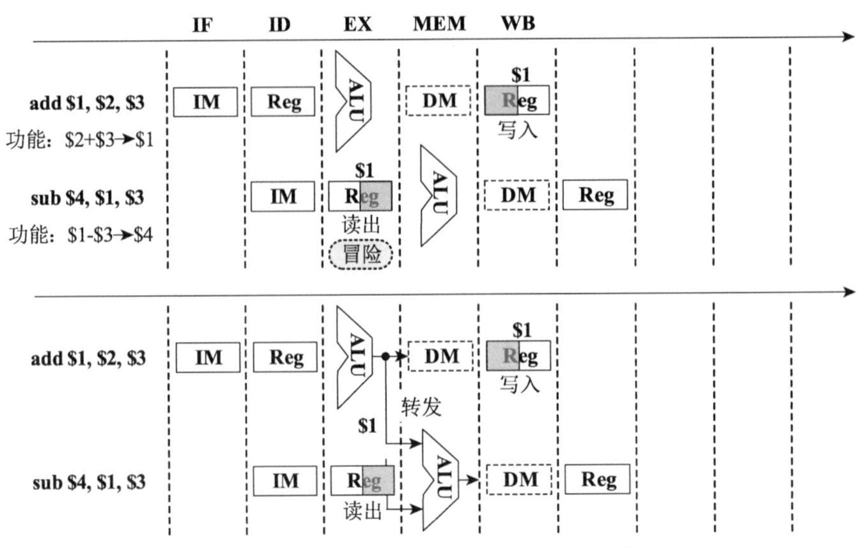

图 3-114　采用提前转发技术解决数据冒险

指令从 WB 中结束后，才解除插入到 sub 指令执行过程中的气泡，从而使其正常进入 ID 流水段，确保它能从 Reg 中顺利读取正确的数据$1。

插入气泡方式的控制比较复杂，有时需要修改数据通路。在运行过程中，通常需要检测哪些指令可能会发生数据依赖，从而制定阻塞策略。通常，可以通过封锁被阻塞指令的相关控制信号来实现流水段阻塞，也可以通过将被阻塞指令清零，或者控制 PC 寄存器的方式来实现指令流水段的等效阻塞。插入气泡方式不会增加指令数量，但会有额外的时间开销。

3）提前转发技术

提前转发技术是指，当提前执行段 EX 中的数据从 ALU 输出或者访存段 MEM 中的数据从 DM 中读出时，将前面指令的执行结果送到后续指令的相关流水段中使用，也常被称为转发（Forwarding）或者旁路（Bypassing）技术。

在图 3-114 中，add 指令在执行段 EX 时，将 ALU 输出的数据（等效于$1）锁存到 EX/MEM。这样，当 sub 指令进入 EX 段时，锁存器就能把等效数据直接输出到 ALU 端口，不再需要从 Reg 中读取$1（只从 Reg 中读取$3），能够有效避免数据冒险的发生。

采用提前转发技术来解决流水线中的数据冒险问题时，流水线处理器的数据通路需要做针对性的调整改动，需要增加支持数据转发操作的数据传输通路，通常也会涉及数据通路的多路选择器及其控制信号，以及控制系统中控制信号产生逻辑的相应变化。

转发技术能够有效消除指令之间的数据依赖现象，解决很多前述被称为写后读（Read after Write，RAW）的流水线数据冒险问题。

4）优化指令的执行顺序

还有一类比较特殊的数据冒险问题，它的数据依赖通常是由取数指令 lw 和后续指令引起的，常被称为 Load-Use 型数据冒险。如图 3-115 所示，lw 指令只能在流水段 MEM 中才能正确读取到目标数据（等效于$1），然后写入 Reg。但 sub 指令在译码段 ID 中需要从 Reg 中读取数据$1。从流水线时钟周期先后顺序的角度，lw 指令的 MEM 段发生在 sub 指令的 ID 段之后，因此 lw 指令从 DM 中读出的等效数据无法提前转发给 sub 指令的 ID 段，从而无法有效通过转发技术解决此类冒险。

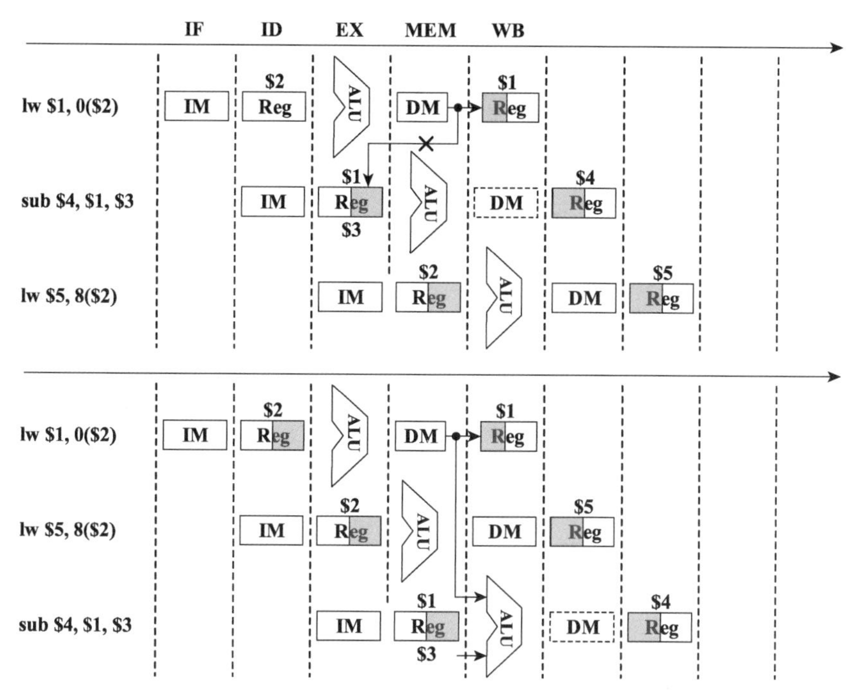

图 3-115　通过优化指令的执行顺序来消除数据冒险

对于 Load-Use 型数据冒险，一种简单办法是在 lw 指令后插入若干空操作指令 nop 来解决，不需通过复杂的硬件控制。另一种更为理想的处理策略是通过编译器来优化程序的指令执行顺序，从而尽可能地消除可能存在的这类数据冒险。例如，通过编译器，把程序的指令序列 lw→sub→lw，优化成 lw→lw→sub，这样第一条 lw 指令与 sub 指令之间无法通过转发解决的 Load-Use 型数据冒险问题，就可以通过转发来加以解决。第一条 lw 指令在 MEM 段读取到数据后，就可以提前转发给相同时钟周期中正处于 sub 指令 ID 段的 ID/EX 锁存，然后在下一时钟周期中被 EX 段的 ALU 使用，从而有效解决了 Load-Use 型数据冒险，还不会像插入 nop 指令或气泡那样浪费指令的执行时间。

3．控制冒险

正常情况下，流水线处理器中的指令总是按地址大小顺序执行的。但是，某些指令，如 beq、j 或者中断、异常处理指令，不可避免地会改变指令的执行顺序、破坏按序执行特性。这种因指令执行顺序改变而引起一部分后续指令的执行被阻塞（更准确的说法是无效执行）的现象称为控制冒险（Control Hazard），如图 3-116 所示。

地址码为 0x04 的 beq 指令进入 IF 流水段后，下一个时钟周期中地址码为 0x08 的 lw 指令将进入 IF 流水段执行。以此类推，当 beq 指令进入 MEM 流水段时，后续共有包含 lw 指令在内的 3 条指令将依次进入到流水线。然后，在 MEM 流水段中，如果 beq 指令的转移条件成立（即当 ZF=0 时），则处理器将在下一个时钟周期到来时，转向执行地址码为 0x14 的 sub 指令。在这种情况下，已进入流水线的、包含 lw 指令在内的 3 条指令将被视为无效指令而撤销执行，这就意味着处理器白白消耗了 3 个时钟周期。

为了有效解决流水线的这类控制冒险问题，提高硬件资源的有效利用率，一般很少采用在 beq 指令后面插入 nop 指令或者气泡的这种低效应对方式。通常，高效的处理方式主要有三种，它们包括：静态预测方法、动态预测方法和延迟分支方法。

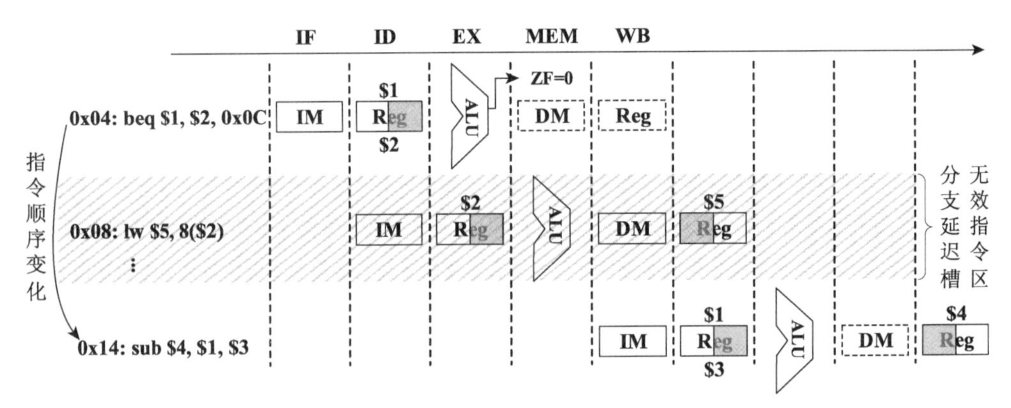

图 3-116　流水线出现的控制冒险示例

① 静态预测方法。这是一种不依靠历史运行数据，仅依靠简单条件下的统计概率值，对指令的执行是否会引起后续指令顺序发生改变进行预测的一种方式。比如，按转移概率 60% 预测 beq 分支条件成立，或者把循环体首部的指令总是预测为不改变指令顺序。

② 动态预测方法。这是一种比较有效、可靠的预测方式。现在的流水线处理器普遍采用动态预测技术，主要利用分支指令发生转移的历史记录来进行预测，还可以根据实际执行情况动态优化预测模型。目前主流的预测技术包括模型驱动的动态预测技术或者数据驱动的动态预测技术（如机器学习技术、人工神经网络技术等）。

③ 延迟分支方法。这种方式的核心思路是：通过编译优化指令顺序，把分支指令之前与分支指令无关（不存在数据依赖关系）的若干指令调度到分支指令后执行，替换可能处于无效执行区（分支延迟槽）的指令（可填充 nop 指令补足），从而消除流水线的控制风险。

上述介绍的三种处理方式主要针对分支指令可能引起的控制冒险。除此之外，异常处理和中断处理也会改变指令的执行顺序。应对这两类控制冒险的处理方式更为复杂。通常的做法是在不同流水段中加入相关检测逻辑，提前预判是否会发生异常或者响应中断请求。

3.7.4　其他高级流水线技术

除了前述基本流水线技术，为了增强处理器的数据处理能力，还有许多更为先进的新型流水线技术被研究开发，并在高性能处理器中被大规模应用，如超标量流水线、超级流水线、超标量超级流水线等，如图 3-117 所示。

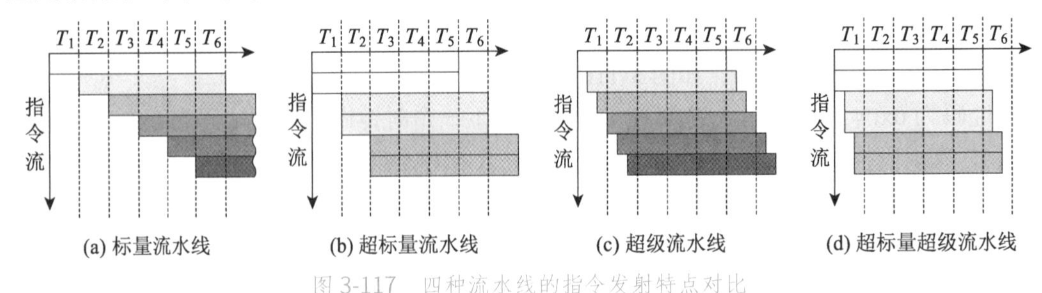

图 3-117　四种流水线的指令发射特点对比

1．超标量流水线

在标准状态下，一个处理器一般只包含一条能分段并行执行多条指令的流水线，这就是标量流水线。因此在标量流水线中，处理器每个时钟周期（取指周期）只能向流水线发射一条机器指令，并且每个时钟周期也只从流水线中输出一条指令的流水处理结果。

超标量流水线（Super Scalar Pipeline）是指在处理器中平行设置多条流水线（也叫增设冗余流水线）。因此，在超标量流水线中，每个时钟周期可同时向流水线发射 n（$n \geq 2$，称为流水线的度）条机器指令，也能从流水线中输出 n 条指令的流水处理结果。超标量流水线技术实质就是增加了同一种类流水线的物理数量，以实现更多指令同时在多条流水线中并行执行，从而提高执行速度。超标量流水线技术是以空间（流水线数量）换取时间（执行速度）。

2．超级流水线

超级流水线（Super Pipeline），也叫深度流水线，是以增加流水线级数（深度）的方法来缩短指令的机器周期，使相同时间内超级流水线能执行更多的机器指令。

以 MIPS 体系为例，CPU 执行一条指令需要经过“取指 → 译码 → 执行 → 访存 → 写回”阶段。在普通标量流水线中，每个阶段需要一个时钟周期，同时每个阶段的计算结果在周期结束时都要传递到锁存器中供下一阶段使用。所以，每个时钟周期的时间宽度应设置为耗时最长的流水段时间。若最长时间为 s 秒，需要的时钟周期宽度应是 s 秒，时钟频率就是 $1/s$ Hz。因此，提高 CPU 的时钟频率常用的方法是减小每个原子流水段的时间消耗，可以通过将每个流水段细分成更多的子流水段来实现。经过细分后的每个流水段，单个子段的运算量将变小，各子段的单位耗时也会相应减小，与其匹配的时钟周期宽度自然减小，因而可以通过提高处理器支持的最大时钟频率与之适应。这就是超级流水线技术。

在标量流水线中，一个标准时钟周期（s 秒）内只有一条指令进入流水线。然而在超级流水线处理器中，在相同的时间（s 秒）内，可以增加到 $m \geq 2$ 条（流水段中的子段数）指令依次进入流水线，且进入的指令数 m 等于细分后的子段数。这里的 m 也被称为超级流水线的度。

超级流水线技术实质是以时间换取空间。原理上，普通流水线与超级流水线之间并没有本质区别，只是两者的流水深度和向流水线发射指令的频率不同而已。超级流水线技术虽然能提高发射指令的频率，但细分后的每个子流水段都要使用锁存器锁存中间数据，因此细分为 N 个流水子段通常并不能让子段的平均执行时间减少到 s/N，而是 $s/N+d$，其中 d 为锁存等操作消耗的额外时间。这种现象说明，流水段进一步细分后反而会增加不必要的时间损耗。

其次，随着流水线深度的增加，指令执行过程中一旦后继指令地址预测出现错误，还会导致 CPU 中大量已执行的指令作废，需消耗额外资源去撤销这些指令。这些额外操作都会影响到流水线 CPU 的指令执行效率和执行速度。

3．超标量超级流水线技术

超标量超级流水线技术就是综合使用超标量技术和超级流水线技术的一种混合增强型流水线新技术。具体而言，就是先为处理器设置 n 条结构相同的冗余流水线（超标量技术），再将每条流水线细分成 m 个流水子段（超级流水技术）。如此，超级流水的度为 m，超标量的度为 n，则超标量超级流水的度就等于 m 和 n 的乘积（$m \times n$）。

例如，图 3-117(d) 是一种超标量度为 2、超级流水深度为 3 的一种超标量超级流水线，流水线的度为 6（即 3×2）。它代表的含义是，一个标准时钟周期内可以向流水线发射 3 批次指令，每批次同时发射的指令数量是 2。因此，在一个标准时钟周期中，此流水线可以接收 6 条指令来执行。相比其他三种流水线，超标量超级流水线可以显著提升程序运行速度。

3.8 CPU 的其他增强技术

为了提高 CPU 的综合性能，不断有新技术、新工艺被引入 CPU 的设计和生产过程，促进了 CPU 结构从简单到复杂、性能从低到高地不断发展。这些被用来提高 CPU 性能的技术主要集中在三方面：CPU 的设计技术、CPU 的制造工艺新技术、CPU 的散热技术，这些对 CPU 性能有着深刻影响的设计技术，如流水线、多核、SMT、超线程、CPU 虚拟化等。制造工艺新技术则一般与大规模集成电路技术相关，如纳米工艺和 3D 晶体管及光刻技术等。此外，CPU 的散热技术涉及半导体制冷片、热管散热、微通道散热和制冷芯片散热技术等。

3.8.1 同步多线程和超线程

同步多线程（Simultaneous Multi-threading，SMT）是在一个时钟周期内，CPU 能够同时执行分别来自多个线程的指令的一种硬件多线程技术（操作系统中是软件多线程）。本质上，同步多线程是一种将多 CPU 线程级并行处理转化为单 CPU 指令级并行处理的技术。

同步多线程通过复制处理器上的结构状态，让同一个处理器上的多个线程同步执行并共享处理器的执行资源，最大限度实现宽发射、乱序超标量处理，从而提高 CPU 运算部件的利用率，缓和由于数据相关或者 Cache 未命中引起的内存访问延迟。

当没有多个软件线程可用时，SMT 处理器几乎与传统的宽发射超标量处理器一样。SMT 最具吸引力的就是只需对处理器内核设计做小规模改动，几乎不用增加额外成本就能显著提升 CPU 性能。SMT 技术可以为高速的运算核心准备更多待处理数据，以减少运算核心的闲置时间，对于桌面低端系统十分具有吸引力。Intel 公司从 Pentium 4 处理器开始引入 SMT 技术。

SMT 只是一个专有名词术语，或者是一类技术思想，也可以看成一类 CPU 线程技术的总称。SMT 技术不仅在 Pentium 4 中采用，在 Nehalem 架构处理器中也有采用，很多商用处理器也在采用。因此，可以理解成 Nehalem 的超线程（Hyper-Threading，HT）技术和 Pentium 4 的超线程技术都是 SMT 的具体实现。

Intel 公司对于 SMT 技术应用的思路是：利用特殊的硬件指令，把两个逻辑内核模拟成两个物理芯片，让单个处理器都能执行线程级的并行计算，进而兼容多线程的操作系统和应用软件，减少了 CPU 的闲置时间，提高了 CPU 的运行速度。基于这种思路，Intel 公司在 2002 年成功研发了基于 SMT 的超线程技术并申请专利，首次在 Xeon 处理器上成功应用，随后又应用到 Pentium 4、Atom、Itanium 和酷睿 i3/i5/i7 等系列处理器。

超线程技术可以在同一时间中让应用程序使用芯片的不同部分。虽然单线程芯片每秒钟能够处理成千上万条指令，但是在任一时刻只能够对一条指令进行操作。超线程技术可以使芯片同时进行多线程处理，使芯片性能得到提升。超线程技术能使一颗 CPU 并行执行多个程序、共享 CPU 芯片内的计算资源，理论上像两颗 CPU 在同一时间执行两个不同线程。为达此目的，Pentium 4 处理器中还需要增加一个 Logical CPU Pointer（逻辑处理单元）。因此，新一代的超线程晶圆面积会比标准 Pentium 4 的增大 5%，但 CPU 的性能可以提升 15%～30%，其余部件如 ALU、FPU、L2 Cache 则保持不变，这些部件可以被两个线程共享。

虽然采用超线程技术能同时执行两个线程，但不像两个真正的 CPU 那样，每个 CPU 都具有独立的资源。当两个线程同时需要某资源时，其中一个要暂时停止，并让出资源，直到这些资源闲置后才能继续。因此，超线程的性能并不等于两颗 CPU 的性能。

实际上，某些未进行多线程编译优化的应用程序反而会降低超线程 CPU 的性能。超线程的 CPU 需要操作系统、主板及应用程序的支持，才能充分发挥超线程技术的优点，仅支持普通多处理器技术的系统未必能充分发挥该优势。通过超线程技术，Intel 公司成为第一个能在一个实体处理器中实现两个逻辑线程的公司，在技术上领先了 AMD 公司，后者不得不放弃同步多线程技术的研究，转而将目光集中在双核处理器上。目前的超线程技术一般只能实现两个线程，未来发展方向是进一步提升处理器的逻辑线程数量，从而提升处理器性能。

3.8.2 多核技术

多核（Multi-Core）处理器也称为片上多处理器（Chip Multi-Processor，CMP）或者单芯片多处理器，其主要特征是在一个处理器芯片里集成两个甚至多个完整内核（计算引擎）。多核思想早在 1996 年就被斯坦福大学的研究人员提出，但受制于半导体工艺的发展水平，在许多年里多核处理器并没有得到实质性的发展。

1．多核技术的起源

2005 年之前的主流处理器一般是单核的。提高单核处理器的综合性能通常有两个途径：一是提高 CPU 的主频，二是提高每个时钟周期内执行的指令数（Instruction Per Clock，IPC）。虽然处理器微架构的优化可以提高 IPC，采用并行度更高的微架构确实可以提高 IPC，从而提高处理器的综合性能，但对于同一代微架构的 CPU，通过改良其微架构来提高 IPC 的潜力非常有限，因此在单核处理器时代普遍会采用提高主频的手段来提升 CPU 的综合性能。

然而，通过提高主频来提升处理器性能会使处理器的功耗以指数级（主频的 3 次方）的速度急剧上升，带来的散热问题也很难解决。通过无限制地提高主频来提升单核 CPU 性能并不可行。就 CPU 主频而言，目前最快为 3～4 GHz，很快就会触及“频率墙”（Frequency Wall），因此提高主频的路差不多也将走到尽头。在这种情况下，多数 CPU 厂商不得不积极寻找其他途径来提高处理器性能，即多核。由单核处理器增加到双核处理器，即使主频不变，IPC 理论上也可以提高 1 倍，因为此时功耗的增加是线性的，最多只上升 1 倍。而实际情况是，双核处理器性能达到单核处理器同等性能的时候，双核使用的主频可以更低，功耗也会按主频的 3 次方下降，所以双核处理器的起跳主频可以比单核处理器更低，综合性能却更好。

处理器的 IPC 是指处理器在每个时钟周期能执行的指令数量，因此每增加 1 个内核，理论上的 IPC 将增加 1 倍。原因很简单，因为是并行执行指令，所以包含几个内核，IPC 的上限就是单核的几倍。在芯片内部多嵌入多个内核的难度，远比加大内核集成度低很多。多核技术能够在不提高设计和制造难度的前提下，用多个低频率内核能超过单个高频内核的性能，特别是需要面对大量并行数据的服务器，在多核处理器上分配任务更能提高整体执行效率。

2．多核的种类

根据实现技术原理，多核有原生多核和封装多核之分。真正意义上的“多核”指的是原生多核，最早由 AMD 公司提出。

原生多核的特征是各内核之间完全独立，彼此有自己的前端总线，不会造成冲突，即使在高负载下，各内核都能保证自己的性能波动不大。因此，原生多核的抗负载能力很强，但其设计和制造比较复杂。首款原生多核处理器是 AMD 公司在 2005 年领先于 Intel 公司发布的 Athlon 64 X2（K8 架构）系列处理器。

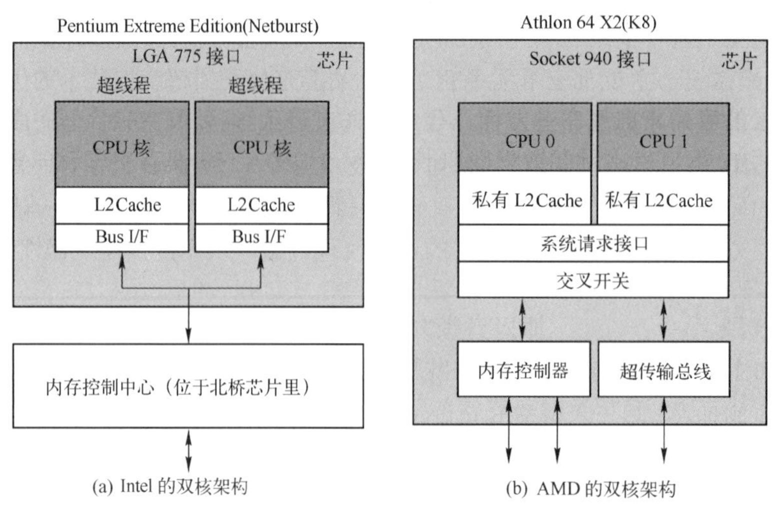

图 3-118　Intel 和 AMD 的双核架构对比

封装多核的主要特征是把多颗内核直接封装在一起，多颗内核之间并不完全独立，且共享第三级缓存和前端总线，因此彼此冲突很大。比如，Intel 公司早期的 Pentium D8 系列处理器就是把两颗单核直接封装在一起而成，与原生多核相比，其综合性能相差还比较大，但其设计和制造成本比较低，因此在初期的时候封装多核比原生多核发展得更快。

3．Intel 与 AMD 的双核技术对比

Intel 和 AMD 的双核处理器都是从多处理器架构发展而来的，是将两颗单独的内核封装在一个 CPU 中，且每颗内核拥有独立的资源，包括处理单元和缓存结构。但是从技术架构上分析，两者的双核架构有很大区别，如图 3-118 所示。

1）Intel 的双核（Pentium EE 系列）

Intel 公司在 2005 年推出的 Pentium EE 双核处理器更像一个双 CPU 平台，它采用 Smithfield 核心，实际上是将两颗 Prescott 简单耦合在一起，每颗内核采用独立式缓存（L2 Cache）设计，处理器内部两颗内核相互隔绝，通过处理器外部位于主板上北桥芯片集成的 MCH（Memory Controller Hub，内存控制中心）仲裁器来负责两颗内核之间的任务分配和缓存数据的同步等协调工作。两颗内核共享 FSB（Front Side Bus，前端总线），依靠 FSB 传输缓存同步数据。

从体系架构上分析，这是基于独立缓存的松散型双核处理器耦合方案，其优点是技术简单，只需将两个相同的处理器内核封装在同一块基板上即可；缺点是数据的延迟现象很严重，整体性能并不尽如人意。此外，Pentium EE 支持超线程（HT），在开启超线程后会被操作系统识别为 4 个逻辑处理器。

2）AMD 的双核（Althlon 64 X2）

从设计 K8 时，AMD 公司就考虑到了未来对多核的支持，于 2005 年发布的 Althlon 64 X2 双核处理器是把两颗内核集成在一块硅晶片上。为了解决两颗内核之间的通信问题，以及对内存和 I/O 带宽的资源争抢。AMD 公司设计了整合在 CPU 芯片内部的 SRQ（System Request Queue，系统请求队列，相当于传统的北桥 MCH），再连接到一个 CS（Crossbar Swith，交叉开关）。如此，两颗内核之间的协调工作就可以在 CPU 内部完成，不需借助外部芯片组配合，因而提高了 CPU 的执行效率。同时，SRQ 和 CS 的存在大大加强了 CPU 的多核扩展性，如要再增加其他内核，只用把新增的内核连接到 CS 接口上即可，系统架构不需太多改变。

AMD 把内存控制器直接集成在 CPU 内部，这样可以显著降低 CPU 与主存之间数据交换的时间延迟（不像 Intel 架构那样竞争 FSB），且 AMD 的双核架构采用了独有的 Hyper-Transport（超传输总线标准）。因此，两颗内核之间有系统请求队列和交叉开关作为调度器，再加上内置的内存控制器的强力配合，辅以高带宽的 Hyper-Transport 总线连接，这样可以提供高效的直接全速通信，不需从外部总线传输。

由此可见，AMD 将两颗内核做在一个 Die（晶元）上，通过直连架构连接起来，集成度更高；Intel 则是将放在不同 Die（晶元）上的内核封装在一起，因此业界有人将 Intel 的双核称为“双芯”（封装双核），AMD 的双核才是真正意义上的“双核”（原生双核）。

在双核技术上，Intel 明显落后于 AMD，因此决定放弃 Pentium 4 的 Netburst 处理器架构，全力研究新的 Core（酷睿）架构来对抗 AMD K8 架构，并于 2006 年获得成功。在 Intel 的 Core 双核架构中，两颗内核通过共享 L2 Cache 来改善它们的通信问题，但在外部仍需共享 FSB。

4．多核技术的发展

2007 年，AMD 公司在对 K8 架构进行深度改良后，推出了 K10 架构的 Phenom（羿龙）系列处理器。K10 的技术特性主要包括：原生四核设计、引入共享的 L3 Cache、CPU 独立的供电设计和更灵活的节能机制、HyperTransport 3.0 总线技术，支持 DDR2 内存、SSE 执行单元宽度增加到 128 位、AMD-V 虚拟化技术。这些措施的确显著提升了处理器的性能，但 K10 仍然无法与当时 Intel 公司的 Core 系列产品相对抗。

2008 年，Intel 公司发布了基于 Nehalem 微架构的第一代 Core i7 系列处理器（45 nm），第一款桌面型为四核八线程；2009 年，发布了四核八线程的 i5 系列处理器；2010 年，发布了整合 GPU（Graphic Processing Unit，图形处理器）的双核四线程的 i3 系列处理器（32 nm，Westmere）。Nehalem 架构只是在 Core 微架构基础上增加了 SMT、L3、TLB、分支预测、IMC、QPI 和支持 DDR3 等。Nehalem 与 AMD K10 架构很相似，但性能更佳、能耗更低。因此，AMD 公司推出 K10 的改进版本 K10.5 与之抗衡，弹性极好，能衍生成双核、三核、四核和六核处理器，为用户提供了丰富的选择空间。

2011 年 3 月，AMD 公司发布了 Bobcat（山猫）的第一款融合了 GPU 的 Fusion APU 处理器平台，分为四核和两核规格，其 CPU 部分为精简的 X86 核心，GPU 基于 AMD 的 DirectX 11 Radeon 平台，主要针对轻薄笔记本，竞争对手是 Intel Atom。同年 6 月，代号为 Llano 的主流级 K10.5 架构多核 APU 正式发布，奠定了图形和异构计算性能方面的优势。

2011 年 4 月，Intel 公司发布了基于 Sandy Bridge（32 nm）微架构的四核八线程的第二代 Core i7 系列处理器，该型处理器实现了 GPU 和 CPU 的完美融合，同年推出了四核四线程的第二代 Core i5 及双核四线程的第二代 i3 系列处理器。此外，Intel 公司在 2012 年推出了经过改良的 i7、i5 和 i3 系列处理器（Ivy Bridge，22 nm，3D－三栅极晶体管）。

2013 年，Intel 公司正式推出基于 Haswell 微架构（22 nm）四核八线程的第三代 Core i7，随后陆续推出了 i5/i3/Xeon 等系列多核处理器，并于 2014 年下半年发布了 Haswell 的改进版即 Broadwell（14 nm）系列处理器。此外，Intel 公司在 2015 年推出了基于 Skylake 微架构（14 nm）的多核处理器，后续还计划推出改进版的 Skymont（10 nm）。

国产的首款商用多核处理器是 2009 年由中国科学院计算所研制成功的“龙 3A”（原生四核，采用 MIPS 64 架构的 RISC 指令集，65 nm 工艺制程，主频 1 GHz，峰值计算能力 16 GFLOPS），其性能功耗比较高，已在“曙光”KD-60 服务器上使用。中国科学院计算所随后在 2012 年推出了“龙芯”3B-1500 八核处理器，32 nm 工艺制程，峰值运算能力可达 192 GFLOPS，功耗约为 40～80 W，还计划推出 16 核的“龙芯-3C”处理器。此外，“天河-1”（2009 年 10 月）中的“FT-1000”（八核，六十四线程）、“天河-2”（2013 年 5 月）中的“FT-1500”（十六核，40 nm，1.8 GHz）、“神威 • 太湖之光”（2017 年 5 月验收）使用的“申威 26010”处理器（含 4 个核心组，每组包括 1 个管理核+64 个计算核心）等，这些都是国产多核处理器的代表。

早在 2009 年，处理器已经由双核普遍升级到四核时代。在美国斯坦福大学召开的 Hot Chips 大会上，AMD 和 Intel、IBM、富士通等众多芯片制造商展示了其六核、八核等多核服务器专用处理器，从此各产商之间的多核之战进行得如火如荼。虽然处理器从单核发展出了双核、三核、四核、八核甚至更多核，因为双核和四核的工艺相对简单、成本低、性价比高，所以这类多核处理器应用最广。原生超过四核的处理器，如十六核乃至更多内核，它们一般只在服务器甚至超级计算机中才会被使用。

3.8.3 多处理器系统

前述 CPU 结构模型，包括数据通路、控制系统、异常与中断以及指令流水线等，都是基于单处理器系统模式，整体性能十分有限。为了提升系统性能，在过去几十年中工业界不断在探索各种基于多处理器的高性能系统方案。

多处理器系统的研究和应用已有几十年。从 20 世纪 80 年代开始，由于计算任务持续暴增，单处理器系统越来越难以满足高性能计算需求，多处理器系统应运而生。20 世纪 80～90 年代，许多高性能工作站、服务器（如惠普 ProLiant DL300）一般都部署了 2～4 个处理器，而专门用于大型科学数据计算的高性能系统（如超算）配置的处理器个数则更多。比如，国产 TH-2（天河二号）全系统配置了 16000 个计算节点，每个节点包含了 2 个高性能 Xeon E5-2692 主处理器以及可与其他节点共享使用的多个 Xeon Phi 31S1P 协处理器。多处理器系统并非简单地把多个处理器拼装在一起，采用多处理器结构模式，会面临许多新问题。比如，多个处理器如何实现协同、如何提高多个处理器工作效率，等等。

1996 年，斯坦福大学的 Michael J. Flynn 教授提出了按照指令和数据处理方式进行划分的 Flynn 分类标准，因此可以把计算机系统的结构分成 4 种，如图 3-119 所示。

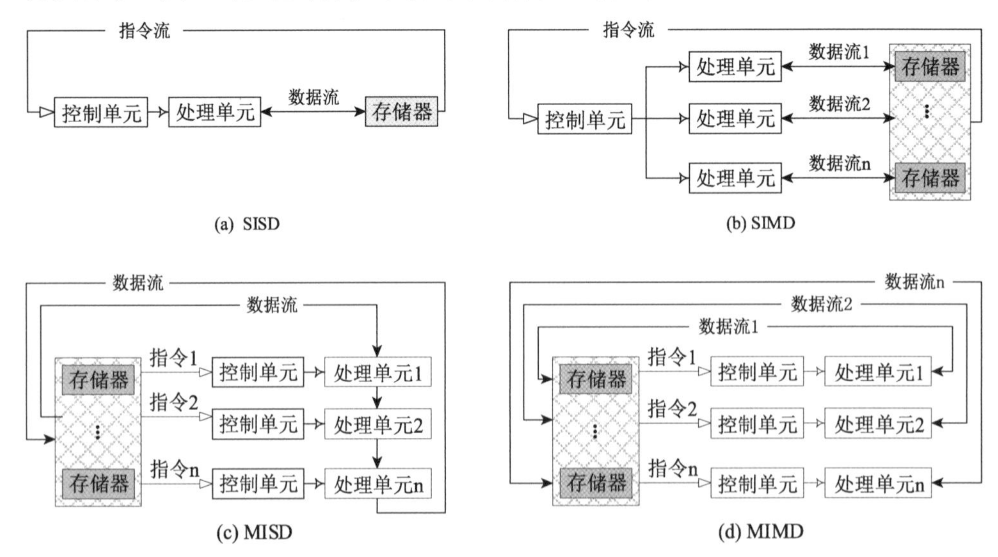

图 3-119　四种典型的计算机系统架构模式

1．单指令流单数据流

单指令流单数据流（Single Instruction Single Data，SISD）架构如图 3-119(a)所示，通常只包含一个处理器和一个存储器。处理器在一段时间内只执行一条指令，按序串行执行指令流中的多条指令，且每条指令最多只对两个操作数（双操作数指令）或者一个操作数（单操作数指令）进行运算。为了增强系统的处理能力，这些 SISD 系统通常会采用指令流水线技术，或者通过设置多个功能部件形成超标量处理机，或者为其配置多体交叉并行存储系统等，来提高计算机系统的整体性能。

2．单指令流多数据流

单指令流多数据流（Single Instruction Multiple Data，SIMD）架构如图 3-119(b)所示，一个指令流同时可以对多个数据流进行处理，也称为数据级并行技术。多条指令只能被处理器并发执行，不支持并行执行。

系统通过控制部件从存储器读取单一指令流，且一条指令可同时作用到多个处理部件，控制各处理部件对来自不同数据流的数据组进行处理。一条指令控制多个处理部件，让这些部件能够步伐一致地同时执行。而且，每个处理部件都有一个独立的数据处理空间。因此，每条指令都可分散到由不同的处理部件分别在不同的数据集合上执行。

例如，向量处理器（Vector Processor）就是一种特殊的 SIMD 处理器，是一种实现了直接操作一维数组（向量）指令集的处理器。它的一条指令（向量指令）可以完成一整个向量（数组）的输入，并同时处理这些连续且相似的数据项。向量处理器有一个控制单元，但有多个执行单元，甚至可以对向量的不同数据元素执行相同的操作。向量处理器在超级计算机中已经被广泛使用，它在处理现代科学研究中的大规模、超大规模向量型数据时性能十分优异。

SIMD 的优势在何处呢？以两个操作数均在内存中的加法指令为例，单指令单数据（SISD）的 CPU 对加法指令译码后，执行部件先访问内存取得第一个操作数，再次访问内存取得第二个操作数，然后才能进行求和运算。而在 SIMD 处理器中，指令译码后多个执行部件可同时访问内存，同时读取到全部操作数并进行运算，从而在数字信号、图形图像、多媒体信息和音/视频处理等数据密集型任务计算的处理中非常高效。

3．多指令流单数据流

多指令流单数据流（Mutiple Instruction Single Data，MISD）架构如图 3-119(c)所示，在同一个时钟周期中处理器的多条指令同时执行，并且处理的是同一组相同的数据。

MISD 架构一般应配置多个处理单元，每个处理单元各有相应的控制单元。各处理单元接收不同指令，多条指令同时在一份共同的数据上进行操作。数据被分散传输到不同处理器上，每个处理器执行不同的指令序列。MISD 架构是一种比较理想化的模式，已被证明几乎是不可能实现的、不切实际的理论模型，目前为止尚无这种类型的系统出现。

4．多指令流多数据流

多指令流多数据流（Multiple Instruction Multiple Data，MIMD）架构如图 3-119(d)所示，典型特征是同时有多个指令分别在处理多个不同的数据，各指令序列并行执行，一般采用线程级并行甚至线程级以上并行的处理技术。

因此，MIMD 一定是由多个计算机子系统或者多个处理器联合构成的，包含多个独立的处理单元，并且每个处理单元都配置有相应的控制单元。不同处理单元可以接收不同的指令，并对不同的数据流进行操作，即一组处理器可以同时在不同的数据集上执行不同的指令序列。MIMD 也是目前大多数多处理机系统和多计算机系统最常采用的架构。

MIMD 可以根据处理器的通信模式进一步细化。若每个处理器都有一个专用的存储器，则每个处理部件都是一个独立的计算机。计算机间的通信或借助固定路径，或借助特定网络设施，被称为多计算机系统（集群系统）。如果处理器共享一个公用的存储器，每个处理器都访问保存在共享存储器中的程序和数据，处理器之间通过这个共享存储器进行交互通信，那么这类系统就被称为共享存储多处理器（Shared-Memory Multi-Processor，SM-MP）系统。根据“如何把程序分配给处理器”，共享存储多处理器系统还可以进一步分为如后的两类。

1）主从结构（Master-Slave Multi-Processor，MS-MP）

主从结构的共享存储多处理器系统是一种典型的“中心化”系统。操作系统内核总是运行于某特定处理器（主处理器），而其余处理器（从处理器）用来执行操作系统非内核程序和用户程序。主处理器负责全局的进程或者线程调度。运行状态的进程或者线程需要使用操作系统内核服务（如 I/O 调用）时，它必须向主处理器发送服务请求，等待处理器的调度。

主从结构的任务分配相对简单，因为主处理器控制所有的存储和 I/O 资源，所以可以简化资源访问冲突解决方案。这种结构也有明显不足，一旦主处理器失效，则整个多处理器系统将崩溃。此外，由于主处理器独立负责所有进程的调度和管理，导致主处理器的负载过重，与其他处理器的任务负载难以均衡分配，这种情况下主处理器容易成为系统的性能瓶颈。

2）对称结构（Symmetric Multi-Processor，S-MP）

对称结构的共享存储多处理器系统是一种典型的“去中心化”系统，其内核可以在任何处理器上运行，并且每个处理器都可以自主从进程池或者线程池中进行任务调度。操作系统内核也可以由多进程或者多线程构成，有的甚至允许部分内核在不同处理器上并行执行。

对称结构的多处理器系统会增加操作系统的复杂程度，如必须确保两个处理器不会同时选择同一个进程，还要确保进程在队列中不丢失，需要解决处理器和进程的同步问题。

如果按各处理器访问时间是否一致，还可以把共享存储多处理器（SM-MP）系统分成两类：一致性存储访问模式和非一致性存储访问模式。

① 一致性存储访问模式（Uniform Memory Access，UMA）：指的是处理器对所有存储单元的访问时间大致相同。这也是一种普遍使用的多处理器系统结构模式。

② 非一致性存储访问模式（Non-Uniform Memory Access，NUMA）：指的是处理器对不同存储单元的访问时间可能不一致，访问时间与存储单元的位置有关。访问本地存储器单元的时间相对更短，而访问其他处理器的局部存储单元耗时就相对更长。

在 NUMA SM-MP 中，如果处理器不配置高速缓存，就被称为 No-Cache NUMA（无缓存的非一致性存储访问，NC-NUMA）；如果处理器配置高速缓存，以减少处理器对远程存储的访问，则称之为 Cache-Coherent NUMA（缓存一致的非一致性存储访问，CC-NUMA）。

习题 3

3-1　简要解释下列名词术语

指令寄存器 IR	程序计数器 PC	程序状态字 PSW	组合逻辑控制
微程序控制	立即寻址	直接寻址	寄存器寻址
间接寻址	基址寻址	相对寻址	页面寻址

堆栈寻址	CISC	RISC	指令周期
工作周期	时钟周期	微指令周期	总线周期
微指令	微程序	控制存储器	SMT
超线程	多核		

3-2　简化地址结构的基本途径是什么？减少指令中一个地址信息的位数的方法是什么？

3-3　某主存储器部分单元的地址码与存储器内容对应关系如下：

地址码	存储内容	地址码	存储内容
1000H	A307H	1003H	F03CH
1001H	0B3FH	1004H	D024H
1002H	1200H		

（1）若采用寄存器间址方式读取操作数，指定寄存器 R_0 的内容为 1002H，则操作数是多少？

（2）若采用自增型寄存器间址方式(R_0)+读取操作数，R_0 的内容为 1000H，则操作数是多少？指令执行后，R_0 的内容是多少？

（3）若采用自减型寄存器间址方式−(R_1)读取操作数，R_1 的内容为 1003H，则操作数是多少？指令执行后，R_1 的内容是多少？

（4）若采用变址寻址方式 X(R_2)读取操作数，指令中给出形式地址为 3H，变址寄存器 R_2 的内容为 1000H，则操作数是多少？

3-4　I/O 指令的设置方法有哪几种？请简要解释。

3-5　试比较组合逻辑控制和微程序控制的优缺点及应用场合。

3-6　根据模型机数据通路结构，拟定 MOV 指令流程在 ST2、ST3、ST4 中的操作时间表。

3-7　拟出下述指令流程及操作时间表。

（1）MOV　(R_0), (SP)+　　（2）MOV　(R_1)+, X(R_0)　　（3）MOV　R_2, (PC)+

（4）MOV　−(SP), (R_3)　　（5）ADD　R_1, X(R_0)　　（6）SUB　(R_1)+, (R_2)

（7）AND　−(R_0), R_1　　（8）OR　R_2, (R_0)+　　（9）EOR　(R_0), (R_1)

（10）INC　X(PC)　　（11）DEC　(R_0)　　（12）COM　(R_1)+

（13）NEG　−(R_2)　　（14）SL　R_0　　（15）SR　R_3

（16）JMP　SKP　　（17）JMP　R_0　　（18）JMP　X(PC)

（19）RST　(SP)+　　（20）JSR　(R_1)

3-8　拟出中断周期 IT 中各拍的操作时间表。

3-9　编写取目的地址微子程序（从 60H 单元开始）。

3-10　根据表 3-18 的微程序，以微地址序列形式（如 00-01-02-0C…），拟出下述指令的读出和执行过程。

（1）MOV　(R_0), (SP)+　　（2）MOV　(R_1)+, X(R_0)　　（3）ADD　X(R_0), R1

（4）SUB　(R_1)+, (R_2)　　（5）NEG　−(R_2)　　（6）JMP　(R_0)

（7）JSR　R_1

3-11　如果以 R_3 为堆栈指针，软件建立堆栈，试分别编写压栈及弹出操作的子程序。

3-12　如果将 CPU 时钟周期与访存周期分开设置，一个访存周期占用 4 个时钟周期，请尝试重新设计模型机 CPU 各指令的指令流程。

3-13　如果将模型机内部数据通路结构更改为图 3-31 所示的结构，请尝试重新设计模型机的处理器（给出总线与数据通路结构，拟定各类信息的传送途径，设置微命令）。

3-14　结合 3.5.3 节的 MIPS 单周期 CPU，写出下列指令的部件操作及对应的微命令编码。

（1）xor　rd, rs, rt　　（2）xori　rt, rs, imm　　（3）bne　rs, rt, imm

3-15　结合 3.5.4 节的 MIPS 多周期 CPU，写出下列指令的时钟级流程及对应的微命令。

（1）xor　rd, rs, rt　　（2）xori　rt, rs, imm　　（3）bne　rs, rt, imm

3-16　某 MIPS 架构的多周期 CPU 执行一段程序，指令分布情况如下：

指令类型	时钟周期数	平均比例	指令类型	时钟周期数	平均比例
R 型指令	$4T$	45%	lw	$5T$	25%
分支指令	$3T$	10%	sw	$4T$	15%
J 型指令	$2T$	5%		—	

假设该程序由 100 个指令组成，CPU 执行完该程序可实现 2 KB 数据的输出，若 CPU 的时钟周期 T=100 ps，请计算与处理器相关的下列各项技术指标：

（1）平均 CPI　　（2）平均 IPS　　（3）数据输出通路的理论带宽

3-17　某 32 位的 MIPS 型计算机，其存储器按字节编址，某时刻的存储片段如下，若指令的各段代码对应的十进制数分别为：$rs=8，$rt=9，$rd=10，offset=6，label=4。请分析下列 3 种执行条件下相关寄存器的值。

（1）add 指令执行后，PC 寄存器和 rd 寄存器中的内容分别是什么？

（2）lw 指令执行后，PC 寄存器和 rt 寄存器中的内容是什么？

（3）beq 指令执行后，PC 寄存器的内容是什么？

存储单元地址（十六进制）	存储单元内容（形式化表示）	寄存器地址（二进制）	寄存器内容（十进制）
00000000	add　rd, rs, rt	01000	10
00000004	lw　rt, offset(rs)	01001	20
00000008	beq　rs, rt, label	01010	17
0000000C	00000008H	01011	11
00000010	0000000AH	01100	13
00000014	0000000BH	01101	15

3-18　[2014 考研全国统考真题] 某程序中有如下一段循环代码段 P：

```
for (i = 0; i < N; i++)
    sum += A[i];
```

假设编译时变量 sum 和 i 分别分配在寄存器 R_1 和 R_2 中，常量 N 保存在寄存器 R_6 中，数组 A 的首地址在寄存器 R_3 中，程序段 P 的起始地址为 08048100H，对应的汇编码和机器代码如下：

指令序号	指令地址	机器代码	汇编码	操作注释
1	08048100H	00022080H	loop:　sll　R_4, R_2, 2	$(R_2)<<2 \rightarrow R_4$
2	08048104H	00083020H	add　R_4, R_4, R_3	$(R_4)+(R_3) \rightarrow R_4$
3	08048108H	8C850000H	load　R_5, 0(R_4)	$((R_4)+0) \rightarrow R_5$
4	0804810CH	00250820H	add　R_1, R_1, R_5	$(R_1)+(R_5) \rightarrow R_1$
5	08048110H	20420001H	addi　R_2, R_2, 1	$(R_2)+1 \rightarrow R_2$
6	08048114H	1446FFFAH	bne　R_2, R_6, loop	if $(R_2) \neq (R_6)$　goto loop

执行上述代码的计算机中，存储器 M 采用 32 位定长指令字，其中分支指令 bne 采用如下格式：

31:26	25:21	20:16	15:0
OP	Rs	Rd	offset

指令格式中的 OP 代表操作码字段，Rs 和 Rd 都代表寄存器编号，offset 为偏移量常数（用补

码表示），请回答下列问题，并说明理由。

（1）存储器 M 的编址单位是什么？

（2）已知 sll 指令实现左移功能，数组 A 中每个元素占多少位？

（3）上表中，bne 指令的 offset 字段的值是多少？已知 bne 指令采用相对寻址方式，PC 的当前内容为指令 bne 的地址，通过分析表中指令地址和 bne 指令内容，推断 bne 指令的转移目标地址计算公式。

3-19　简述指令流水线的工作原理。

3-20　试比较超标量和超流水的异同。

3-21　某处理器的五段式流水线的时空图如下，设每个流水段的执行时间均为 Δt 为 2.5×10^{-9} 秒，处理器总共执行了 25 条指令。请计算：

段	Δt									
S_5					I_1	I_2	…	…	…	I_{24}	I_{25}
S_4				I_1	I_2	I_3	…	…	I_{24}	I_{25}	
S_3			I_1	I_2	I_3	…	…	I_{24}	I_{25}		
S_2		I_1	I_2	I_3	…	…	I_{24}	I_{25}			
S_1	I_1	I_2	I_3	…	…	I_{24}	I_{25}				

时间

（1）流水线吞吐率。　　（2）流水线加速比。　　（3）流水线效率。

3-22　简述 SISD、SIMD、MIMD 和向量处理器的基本特点。

3-23　简述共享内存多处理器（SM-MP）的两种典型结构模式及其主要特点。

第 4 章
存储子系统

存储器是记忆信息的实体，是数字计算机具备存储数据和信息能力、能够自动连续执行程序、进行广泛的信息处理的重要基础。在传统的 CPU 中，为数不多的寄存器只能暂存少量信息，绝大部分的程序和数据需要存放在专门的存储器中。信息存储的机制有多种，采用的技术也非常广泛，不同的技术在存储器的组织方式、性能上有很大不同，为计算机系统的不同需求提供服务。因此，计算机存储系统的组织是多层次、多结构的，这就构成了有机联系的存储子系统。

本章将介绍当前广泛应用的各类存储器的存储原理和存储系统的组织方式，重点讨论用半导体存储器构成的主存储器，包括 ROM、DRAM 和 SRAM 等，然后介绍现代存储器技术中提高存储器访问速率的高速缓存、虚拟存储器、并行存储器等技术。

4.1 存储子系统概述

从不同的角度分析，计算机的存储系统表现出的特性也有所不同。例如，从物理构成角度，着重于整个存储系统是如何分级组成的；从用户调用角度，关心有哪几种存取方式；从存储原理（物理机制）角度，讨论各类存储器的记忆信息原理。相应地，存储系统的各层关心的是应当选用哪种存储器。如果说磁盘、磁带、光盘等外存储器需由专门的厂家生产，而在实际工作中常常需要自行设计半导体存储器（用存储芯片组成），那么，从设计者的角度应当如何设计？用哪些技术指标评价存储器的性能？

4.1.1 存储系统的层次结构

存储系统特别是主存储器与 CPU 之间有大量的数据交换操作，因此存储器最基本的要求是存储容量大、存取速率快、成本价格低。存储器容量越大，可存储的信息就越多。计算机系统的大量处理功能都是通过执行指令完成的，CPU 经常从主存储器读取指令和数据，并回存处理结果。如果存储器不具备存取速率快的特性，计算机的整体性能就会受到很大的影响。随着计算机功能的迅速增强，需要执行的程序量日益增加，需要处理的数据量越来越大，特别是应用于信息管理和知识处理的计算机，需要存储的信息量非常庞大。要想提高计算机的工作速率，存储器的存取速率是关键（常因存储器的存取速率不满足要求而形成“瓶颈”）。针对具体应用的计算机系统，需要综合考虑系统构成的成本价格，以期获得最优的性价比。

在同样技术条件下，上述要求往往是矛盾的，彼此形成制约，在同一个存储器中通常难以同时满足这些要求。在价格、容量、存取时间上往往存在以下“两难”关系：存取速率越快，每位的价格越高；存储容量越大，每位的价格却越低；存储容量越大，存取速率越慢。

要扩大半导体存储器的容量，一般需要增加元器件的数量才能实现，但元器件的增多又会导致电路连线上的分布电容增大，从而使存储器的存取速率降低。磁盘的数据容量通常比半导体存储器的容量大很多，但它依靠盘片的旋转来依次存取信息，其存取速率很难与半导体存储器相比。一般来说，生产高速存储器的成本要高于低速存储器。

因此，技术的发展一方面需要寻求新的存储机理，努力改进制造工艺，以提高存储器的性能；另一方面，可以采用存储器分层结构，满足计算机系统对存储器不同方面的要求，而不仅依靠单一的存储部件或技术。CPU 直接访问的一级的存取速率应尽可能快，而容量可以相对有限；后援的一级则容量应较大，存取速率可以相对慢些。经过合理的搭配组织，用户就能够使整个存储系统提供足够大的存储容量和较快的存取速率。

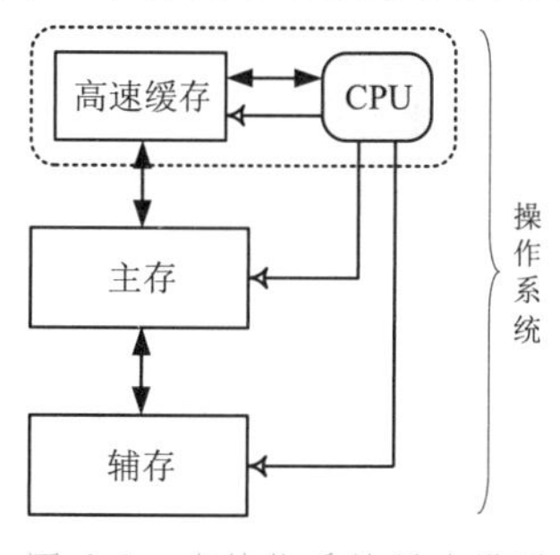

图 4-1 存储体系的层次模型

经典的三级存储体系结构模式为“高速缓存－主存－辅存”，如图 4-1 所示。现代计算机系统的存储体系基本采用这种形态，但高速缓冲存储器（Cache，简称高速缓存）已得到扩展，构成新型多级缓存体系：CPU 内部寄存器组 ↔ CPU 内部第一级 Cache（L1） ↔ 第二级 Cache（L2） ↔ 第三级 Cache（L3） ↔ 主存（内存） ↔ 辅存（外存，如硬盘和光盘等）。

在早期的低档微型计算机系统中，如 80286、80386 微机，可能只有主存和辅存两个层次。在单板微机（一般不称为系统）

中，或在多机系统的局部节点中，可能只有一级缓冲存储器与微处理器相配。目前在主流的计算机中，CPU 内部一般集成了至少两级 Cache（L1 和 L2）。一些高端多核 CPU 还集成了第三级 Cache（L3），如 Intel 的 Itanium、酷睿 Core i3/i5/i7 系列和 AMD 的 Phenom II系列 CPU。

在图 4-1 中，按存储体系的结构层次，自上而下的存储器具有以下特征：① 存储器的每位（bit，比特）价格逐渐降低；② 存储器的容量逐渐增加；③ 存储器的存取速率逐渐变慢。

1．主存储器

主存储器是能由 CPU 直接编程访问的存储器，用来存放 CPU 当前执行所需要的程序和数据，通常与 CPU 位于同一主机范畴之内，常被称为"内存"。

大的任务需要运行的程序和数据可能很多。在程序的编译、调试和运行过程中，也可能需要使用大量的软件资源。但是，在某段时间内，CPU 执行所需的程序和数据只是其中小部分，其余大部分暂时不会使用到。因此，可将当前即将运行的程序和数据调入内存，其他暂时不运行的程序和数据则暂存在磁盘等外部存储器中，并根据需要进行实时替换。从用户的角度看，这种调度替换是以文件为单位进行组织的。

为了满足 CPU 对其编程直接访问的需要，一般对主存储器有如下基本要求。

① 采用随机访问方式，随机访问的含义将在 4.1.2 节中说明。

② 存取速率要足够快。早期的动态存储器（DRAM）平均访问时间约为 100 ns，随后出现的同步动态存储器（SDRAM）的平均访问时间约为 1～10 ns，提高了 10 倍以上。目前主流的 DDR 系列存储器，如 DDR4，平均速率比 SDRAM 的还要高出若干数量级。在内存的存取速率不断提高的同时，CPU 的存取速率也在不断提高，且提高得更快。单从 CPU 的主时钟频率来看，从 8086 的 4.77 MHz 到 Intel Pentium 4 的 3.8 GHz，性能提高了 800 多倍。由此可见，内存的存取速率远低于 CPU 的发展需要。为此，更高端计算机系统中普遍采用多存储体交叉访问的工作方式，使存储系统的存取速率在宏观上能与 CPU 的处理速率基本匹配。

③ 具有一定的存储容量。计算机系统内存的容量和存取速率对程序的运行具有重要的影响。如果主存容量过小，CPU 将很难有效地运行大规模程序，因为频繁地在内存与外存之间交换数据会增加系统开销，使效率严重下降。从物理寻址角度，内存的容量受地址位数的制约。如 8 位机能提供 16 位地址，可直接编程访问的内存空间只有 64K。16 位机经过扩展，一般能提供 20 位地址，直接寻址空间可达到 1M。某些 32 位机（80386/80486）可提供 32 位地址，理论上其直接寻址空间可高达 4G。一个计算机系统究竟需要配置多大容量的内存取决于系统的设计规模，即根据需求和成本来进行综合考虑。此外，容量和存取速率指标往往也会有一定的矛盾，两者很难兼得。

主存储器一般由动态随机存储器（DRAM）组成，其特点是单片存储容量大，但存取速率较慢，且需要动态刷新。常用的动态随机存储器主要有：早期的快速页面模式 DRAM（FPMD RAM），具有检错纠错功能的 DRAM（ECCD RAM），扩展输出的 DRAM（EDOD RAM），同步 DRAM（SDRAM），以及后续发展起来的双倍数据率 SDARAM（DDR SDRAM）等。现代微机系统的内存已普遍采用 DDR4 甚至 DDR5 SDRAM 技术，将在 4.2.3 节中介绍。

除了大量采用动态随机存储器的内存，计算机系统中还有少量用于保存固化程序和数据的只读存储器（ROM），这些只读存储器通常用 EPROM、E^2PROM 或 FLASH 来充当。计算机系统中一般使用 ROM 来存储固化的程序和数据，如 BIOS 中的存储芯片。这些只读存储器中保存的程序和数据一般只在系统启动时才会调用运行。

2．外存储器（辅助存储器）

由于主存容量有限（受地址位数、成本、存取速率等因素制约），大多数计算机系统中还设置了另一级大容量存储器，如磁盘、磁带、光盘等，作为对主存的后援和补充。它们位于传统主机的逻辑范畴之外，常被称为外存储器，简称外存。

程序和数据只有进入主存才能被 CPU 运行，位于外存储器中的程序和数据则不能被直接运行。外存储器主要用来存放需要联机保存但暂不使用的程序和数据。计算机系统虽然提供了丰富的软件，如操作系统、编译程序、文字编辑程序和调试工具软件等，但是某用户可能只需使用其中的一部分，或者在工作的某阶段暂时只使用其中的一部分，如在编程时只使用到代码编辑软件、编译时只使用到编译程序、调试时只使用到调试软件等，所以可将各种软件资源存放在磁盘中，需要用到某个文件时才将它调入主存，使用完毕，再将其写回磁盘保存，以便将主存空间留给当前急需的程序和数据。有些程序和数据可能比较庞大甚至超出了主存的存储容量极限，我们也常将它存放在磁盘上，只将当前需要运行的程序和数据等调入主存。

根据担负的主要任务，外存应具有很大的存储容量。相对于内存，外存的存取速率要求低一些，通常存储一位的平均成本（价格/位）比内存要低很多。许多外存的存储介质（如移动硬盘、U 盘和光盘等）在记录信息后可以脱机保存，需要联机使用时才将外存内容读入。

外存本身可以是多台独立的存储器，也可以分级构成。例如，将调用频繁的信息保存于磁盘中，作为主存的直接后援；将调用不太频繁的信息保存于 U 盘或者移动硬盘中，作为磁盘的后援，构成“主－辅”外部存储体系。为了提高访问磁盘、光盘的响应速率，常用高速半导体存储器构成缓冲存储器，介于外存与主存之间。有些系统采用了磁盘缓冲存储结构后，磁盘调用的平均响应时间能减少约 40%。

如前所述，CPU 不能直接使用存放在外存中的程序和数据，需要先将外存中的程序和数据调入内存后，CPU 才能运行它们。对于内存，CPU 可按字或字节访问、处理。对于外存，用户编程往往是按文件名调用，以文件为一次调用的单位。但在物理存储结构中，常将一个文件分为若干数据块，CPU 在调用时是以数据块为单位整体调入到内存中使用的。

3．高速缓冲存储器

随着超大规模集成电路技术的发展，半导体存储器的存取速率已有很大提高。相比之下，CPU 的工作速率提高更快，两者之间一直存在约一个数量级的差距。实际上，每当有可能在单片芯片上集成更多的电路时，CPU 设计者总是用这些新技术来实现流水线和超标量运算，以便大幅提高 CPU 的工作速率。存储器的设计者利用这些技术来提高存储芯片的容量，而不是速率，这就使两者的速率差别越来越大。一个实际系统的内存必须满足一定存储容量的要求，而且受到制造成本的制约，这使得内存的存取速率不能很好地与 CPU 匹配。存取速率的差异使得在 CPU 发出访问存储器请求后，要经过多个 CPU 周期才能读取到存储器内容。

为了解决 CPU 与内存之间的存取速率匹配，许多计算机设置了高速缓存（Cache），见图 4-1，其存取速率几乎可以与 CPU 的一样快。高速缓存中存放的是 CPU 最近要使用的程序和数据，作为内存中当前活跃信息的副本。

当 CPU 要访问一个数据时，一般先在 Cache 中查找，通过对给出的内存地址码的分析，可以判断出所访问的内存的内容是否已复制到 Cache 中。若所需访问的内存区间已经被复制到 Cache 中，则直接从 Cache 中读取，称为 Cache 访问命中。若当前访问区间内容不在 Cache 中，则称为 Cache 访问未命中，此时需从内存中读取信息，并将当前数据所在的数据块整体调入并更新 Cache。为此，需要实现内存地址与 Cache 物理地址之间的映射变换，并采取某种调度算法（策略）进行 Cache 内容的更新和替换。

作为现代计算机存储器子系统的一部分，Cache 主要是为了缓解 CPU 与内存在存取速率上的不匹配，通常由存取速率较高的静态随机访问存储器（SRAM）构成，受体积的限制使其容量不能做得很大，其存取周期一般可达 10 ns。最早的缓存容量很低，Intel 公司从 Pentium 时代开始把缓存进行了分类。当时集成在 CPU 内核中的缓存已难以满足 CPU 的需要，受工艺限制又不能大幅提高缓存容量，因此早期还出现过集成在主板的缓存，但这种方式早已被淘汰。那时，集成在 CPU 内的缓存称为一级缓存（L1 Cache），外部的则称为二级缓存（L2 Cache）。一级缓存还分为数据缓存（Data Cache，D-Cache）和指令缓存（Instruction Cache，I-Cache），两者分别用来存放数据和执行这些数据的指令，而且两者可以同时被 CPU 访问，减少了争用 Cache 所造成的冲突，提高了处理器性能。Intel 公司在推出 Pentium 4 系列处理器时，还采用了一种新增的一级追踪缓存替代指令缓存，容量为 12 KμOps，其表示能存储 12K 条微指令。

随着半导体工艺的发展，二级缓存已逐渐被集成在 CPU 中，其容量也被大幅提升。再用集成在 CPU 内部与否来定义一级、二级缓存已不恰当。而且随着二级甚至三级缓存被集成到 CPU 之中，以往二级缓存与 CPU 在存取速率差距很大的情况也已改变，此时二级缓存几乎能以接近 CPU 主频的存取速率工作，可以为 CPU 提供更高效的数据传输。二级缓存是 CPU 性能表现的关键之一，在 CPU 核心不变化的情况下，增加二级缓存容量能使性能大幅提升。同一内核数量的 CPU 的区别往往体现在二级缓存上，由此可见二级缓存对于 CPU 的重要性。目前，高速缓存的访问命中率可高达 95%以上，这就使 CPU 从整体上能以接近高速缓存的速率访问存储器，而总存储容量相当于联机外存的总容量。

对于高性能 CPU 来说，Cache 设计的重要性与日俱增，除了要提高其命中率，还需从如下几方面加以考虑。第一，容量如何确定，Cache 的容量越大，越能满足 CPU 性能提升需求，但随之成本会越高。第二，Cache 数据块的如何划分，如 64 KB 的 Cache 既可分为 1K 个数据块（64B/块），也可分为 2K 个数据块（32B/块），还有其他分法。第三，Cache 如何组织，即如何与主存储器的字相对应。第四，指令和数据是否共享相同 Cache，还是分别采用各自独立的不同 Cache 存放。随着 CPU 流水线技术的广泛使用，当前的技术趋势是采用分体缓存模式。第五，Cache 的层级数量如何确定。目前，主流的 CPU 都集成了 L1 Cache 和 L2 Cache，一些高端处理器甚至集成了 L3 Cache，这部分内容将在 4.7 节中详细阐述。

4.1.2 存储器的分类

不同类型的存储器具有不同的特性。下面从存储机制、存取方式、读写特性、在系统中所起作用等方面讨论各类存储器的特点。

1．物理存储器和虚拟存储器

从计算机系统的存储管理角度，还可形成另一种存储子系统的层次结构观点，即物理存储器和虚拟存储器。

虚拟存储器是依靠操作系统和硬件支持，并通过操作系统的存储管理技术来实现的，能够从逻辑上为用户提供一个比物理存储容量大很多、可寻址的存储空间。虚拟存储的容量与物理内存大小无关，只受限于计算机的地址结构和可用的辅存容量。虚拟存储器只是一个容量非常大的存储器逻辑模型，不是实际的物理存储器，它借助磁盘等辅存来扩大主存容量，可以被更大或更多的程序所使用。虚拟存储器是基于“内存↔外存”而提供的逻辑存储模型，以透明方式给用户提供了一个比实际主存空间大得多的程序地址空间。

虚拟存储器的主要思想是把可访问的逻辑地址空间和实际的物理空间分开，通过存储管理技术把外存数据与内存区域关联起来，让用户能通过内存间接访问到较大容量的外存数据。例如，若计算机的地址码为32位，则可直接寻址的内存空间为4 GB，若配备了数百GB的外部存储器，在操作系统虚拟存储器管理技术和相关硬件的支持下，把物理外存的一部分热点数据映射到物理内存中，用户通过访问内存就能访问到与之对应的外存数据，而且不必关注数据在外存中的存储细节，所能访问的外存数据量也远大于4 GB的内存容量。

我们把计算机系统提供给用户透明访问的这个存储器，即在软件编程上可使用的存储器，称为虚拟存储器，其存储容量称为虚拟存储空间（虚存），简称虚存空间。面向虚拟存储器的编程地址称为虚地址，也称为逻辑地址。真正在物理上存在的主存储器被称为物理存储器，简称实存（与虚存相对应），其地址称为物理地址或实地址。

除了可以通过内存寻址访问的外存空间远大于主存的物理容量，在物理实现上还为外部存储器（如磁盘）提供了硬件支持，能把外存的虚地址自动转换成物理内存的实地址。在软件方面，依靠操作系统实现内存与外存间的数据映射，只把当前需要使用的热点数据从外存调入内存，把冷数据从内存写回到外存，且这种“内存↔外存”数据映射过程对用户透明。为了实现虚拟存储器，需将外存的虚拟存储空间和内存的物理空间分别按既定规则进行组织和管理，如采用页式管理、段式管理、段页式管理等，并提供虚地址和实地址之间的自动转换，这样才能把用户编程访问外存的目标虚地址（逻辑地址）自动转换成内存的实地址（物理地址），也才能够把访问外存的操作透明化地转换成访问内存的操作。

用户能访问到的数据是真实存在的，如同直接访问到了一个真实的存储器，但这个存储器是系统通过技术手段把外存抽象化、透明化处理以后形成的，并不是真实的物理存在，更不是外存和内存的简单拼合，所以这个存储器才被称为虚拟存储器。

2．物理存储机制（存储介质）

从物理机制上，有许多种可供利用的存储原理。凡是明显具有并能保持两种稳定状态的物质和器件，如果能够方便地与电信号进行转换，就可以作为存储介质。这两种稳定状态或者它们之间的变化可作为记录二进制代码0和1的基础。由电信号产生与二进制代码相应的记录状态被称为写入，即将信息写入存储介质；根据存储介质的状态产生相应的电信号被称为读出。

1）半导体存储器

现在的主存储器普遍采用半导体存储器。利用大规模、超大规模集成电路工艺制成各种存储芯片，每个存储芯片包含多个晶体管，具有一定容量；再用若干存储芯片组织成主存储器。半导体存储器又分为静态存储器和动态存储器两种。

（1）静态存储器

静态存储器依靠双稳态触发器的两个稳定状态保存信息。每个双稳态电路可存储一位二进制代码0或1，一块存储芯片上包含若干这样的双稳态电路。双稳态电路是有源器件，需要电源持续供电才能保持电路状态稳定。只要电源正常，它就能长期、稳定地保存信息，所以被称为静态存储器。若电源断开，则电路的双稳态被破坏，其存储的信息会丢失，属于挥发性存储器，或称为易失性存储器。正是这个原因，尽管半导体存储器开始就表现出优于早期的磁芯存储器的种种性能，如集成度高、容量大、速率快、体积小、功耗低等，但其易失性缺陷推迟了其广泛应用，直到20世纪70年代才取代磁芯存储器。目前的措施是：如果需要在断电后保存信息，就可采用低功耗半导体存储器，用可充电电池作为后备电源，当交流电源不正常时，立即自动切换到后备电源。

（2）动态存储器

动态存储器是依靠电路电容上存储的电荷来暂存信息的。存储单元的基本工作方式是：通过MOS管（也称为控制管）向电容充电或放电，充电后的状态对应信息1，放电后的状态对应信息0。虽然电容上电荷的泄漏率很低，但无法完全避免电荷泄漏。随时间变化，存储的电荷几乎会全部泄漏，因此需要定时刷新暂存的内容，即对电容进行充/放电荷。由于需要动态刷新，因此这类存储器被称为动态存储器。为了使电荷泄漏尽可能小，动态存储器多采用MOS工艺，因为MOS管和MOS电容的绝缘电阻极大，电容上电荷的保存时间较长。

动态存储器的内部结构简单，功耗也比较低，在各类半导体存储器中，集成度最高，适合大容量的主存储器。

2）磁表面存储器

磁表面存储器是利用磁层上不同方向的磁化区域存储信息。磁表面存储器采用矩磁材料的磁膜，构成连续的磁记录载体，在磁头作用下，使记录介质的各局部区域产生相应的磁化状态，或形成相应的磁化状态变化规律，用来记录信息0或1。由于磁记录介质是连续的磁层，在磁头作用下才划分为若干磁化区，因此被称为磁表面存储器。

其存储体的结构是，在金属或塑料基体上涂敷（或电镀、溅射）一层很薄的磁性材料，这层磁膜就是记录介质，或称为记录载体。根据其形状，磁表面存储器可分为磁卡、磁鼓、磁带、磁盘。目前，磁带和磁盘是主要的外存。

磁表面存储器的存储容量大，且每位价格很低，非破坏性读出，信息保存期长。但其结构和工作原理决定了读写方式很特殊，即需要让记录介质做高速旋转或平移，磁头才能对其读写。这是机械运动方式，所以存取速率远低于半导体存储器，一般作为外存使用。

3）光盘存储器

光盘是利用光来存储的装置，是信息存储技术的重大突破。其基本原理是用激光束对记录膜进行扫描，让介质材料发生相应的光效应或热效应，如使被照射部分的光反射率发生变化，或出现烧孔（融坑），或使结晶状态变化或磁化方向反转等，用来表示0或1。

① 只读型光盘（Compact Disk, Read Only Memory，CD-ROM）：以烧孔（融坑）形式记录信息，由母盘复制而成，不能改写，提供固化的信息，如程序数据、图像信息、声音信息等，广泛用于多媒体技术中。

② 写入式光盘（写一次型，Write Once Read Many，WORM）：可由用户写入信息，写入后可以多次读出，但只能写一次，信息写入后不能修改。这种光盘主要用于计算机系统的文件存档或写入的信息不需修改的场合。

③ 可擦除/重写型（可逆式）光盘。激光束使介质产生的物理变化是可逆的，因而可以擦除重写，主要有两种记录原理：光磁记录（利用热磁反应）和相变记录（利用晶态-非晶态转变）。与其他类型的光盘相比，这种光盘的性价比不高，因此并未广泛流行。

3．存取方式

从用户编程角度，我们关心信息的存取方式，它影响到存储信息的组织。

1）随机访问存储器（Random Access Memory，RAM）

内存和高速缓存是 CPU 可以直接编址访问的存储器，这就要求它们采取随机存取方式。随机存取的含义有两点：

- 可按地址随机地访问任一存储单元，如可直接访问 0000H 单元，也可直接访问 FFFFH 单元；CPU 可按字节或字存取数据，进行处理。
- 访问各存储单元所需的读写时间完全相同，与被访问单元的地址无关，一般可用读写周期（存取周期）来表明 RAM 的工作速率。

如前所述，按照所用存储器芯片类型，RAM 分为静态随机存储器和动态随机存储器两种。

2）顺序访问存储器（Sequential Access Memory，SAM）

顺序访问存储器的信息是按记录块组织且按顺序在介质上存放的，访问所需的时间与信息存放位置密切相关。磁带是一种采取顺序存取方式的典型存储器，当要访问其中某文件的某一个数据块时，必须让磁带正向或反向走带，按顺序找到所需的文件数据块，按照顺序读出它。写入的过程与此相似，需要顺序写入。所以，访问某文件的时间视磁头与文件起始处的距离而定。这种顺序存取方式不太适合内存，一般只能用于外存。虽然顺序存取速率较慢，但磁带的存储容量大，每位价格低。

3）直接访问存储器（Direct Access Memory，DAM）

直接访问存储器在访问信息时，先将读写部件直接指向某小区域，再在其中顺序查找，访问时间与数据所在的位置也密切相关。磁盘是一种典型的、采用直接访问方式的存储器。在磁盘中，每个记录面划分为若干同心圆磁环（磁道），每个闭合磁道中又分为若干扇区，信息按位串行地记录于磁道中。按照这种信息分布结构，磁盘的寻址过程分为两个阶段：首先，磁头（读写部件）沿盘面径向移动，直接定位到某磁道上；然后，磁头沿磁道顺序地读写。因此，磁盘的存取方式介于纯随机存取方式与纯顺序存取方式之间，由于它首先直接指向存储器中某个较小的局部区域，不必都从头开始顺序寻址，因而被称为直接存取存储器，以区别磁带那样的完全顺序存取方式。直接存取方式的存取时间也与信息所在位置有关，但快于顺序存取方式，所以适合调用较频繁的外存，作为内存的直接后援，如硬盘。

4．读写特性

从读写特性的角度划分，存储器可以分为读写型存储器（Read-Write Memory，RWM）和只读型存储器（Read-Only Memory，ROM）。

常见的读写型存储器有 RAM、磁盘等。只读型存储器在正常工作中只能读出，不能写入。内存常采用一部分 ROM 来固化系统软件中的核心部分、已调试完毕不再更改的应用软件，以及汉字字库一类的信息等。CPU 中也常采用 ROM，用来存放解释执行机器指令的微程序。这样的 ROM 虽然采用随机访问存取方式，由于其只读不写的特性，常被划为专门的一类。

早期曾用磁环、二极管矩阵等构成 ROM，现在普遍采用大规模半导体集成电路。半导体集成电路型 ROM 又分为固定掩模型（用户不能写入）ROM、一次编程写入型 PROM、紫外线擦除可编程型 EPROM、电擦除可编程型 E^2PROM 和 FLASH（闪存）等。

5．存储器在系统中的位置

按存储器在计算机系统中所处的位置（或所起的作用），存储器又可分为内存、外存和高速缓存，它们的特点和作用已在 4.1.1 节中说明。

4.1.3 存储器的技术指标

对于存储器，我们关心的首要特性是存储容量，内存储器通常用字节或字表示，字长有16、32或64位等。外存储器的容量通常用字节表示。与容量相关的一个概念是传输单位，对于内存储器，传输单位是指每次读出或写入存储器的位数，通常等于字长；对于外存储器，传输单位一般为数据块。存储器的其他重要特性是与存取速率相关的如下3个参数。

1．存取时间

信息存入存储器的操作称为写操作。从存储器取出信息的操作称为读操作。读操作和写操作统称为访问。从存储器接收到读（或写）申请命令到从存储器读出（或写入）信息所需的时间称为存储器访问时间（Memory Access Time）或存取时间，用T_A表示。存取时间是反映存储器速率的指标，取决于存储介质的物理特性和访问机制的类型，决定了CPU进行一次读或写操作必须等待的时间。

对于随机存储器，存取时间T_A一般是指从地址传输给存储器时起，到数据已经被存储或能够使用时止，其间所需的时间。目前，大多数计算机系统中的随机存储器，其实际的存取时间一般为纳秒（ns）级。

2．存取周期

存储器的另一个重要的技术指标是存取周期（Memory Cycle Time），表示为T_M，常用来指示存储器连续两次完整的存取操作所需的最小时间间隔。存取周期主要是针对随机存储器的，具体是指本次存取开始到下一次存取开始之间的距离，$T_M = T_A +$传输、复原等时间。有些存储器的读操作是破坏性的，读取信息后原有信息被破坏，在读出信息的同时要立刻将其重新写回到原来的存储单元中，然后才能进行下次读写操作。即使是非破坏性读出的存储器，读出后也不能立即进行下一次读写操作，因为读出的数据存在传输延迟和电路恢复时间。综上分析，存取周期应该被理解为存储器进行连续两次读写访问所能允许的最小时间间隔。

T_M是反映存储器性能的一个重要参数，常被标记在内存芯片上，如“–7”“–15”“–45”分别表示7 ns、15 ns、45 ns，其数值越小表明内存芯片的存取速率越高，一般价格越贵。T_A和T_M的具体参数值可按内存型号查阅相关的技术说明书。存储器的存取周期一般比存取时间更长，两者的大小关系通常是$T_M > T_A$。

内存访问时间一般是固定的，不受被访单元在内存中所处位置的影响。但像磁盘、光盘这类存储器，其存取速率既取决于读写操作的时间，也取决于磁盘、光盘旋转和读写头移动以寻找信息存储位置的机械运动时间。因为每次寻址的时间不相同，所以取它们的平均值表明访问速率的快慢，称为平均存取时间。磁盘的平均存取时间一般为毫秒（ms）级。

3．数据传输速率

数据传输速率（Data Transfer Rate，DTR）是指单位时间内可向存储器中写入或从存储器中读出数据的数量，一般也可称为存储器的带宽。存储器的平均数据传输率（或带宽）通常定义为下列计算公式：

$$R = \frac{W}{T_M} \tag{4-1}$$

其中，R表示存储器的数据传输速率，单位通常为KB/s或MB/s；存取周期的倒数$1/T_M$表示单位时间（每秒，s）内能够读写存储器的次数（频率）；W 表示存储器一次读写数据的位数（bit），也就是存储器传输数据的宽度（比特数）。

【例 4-1】 一台计算机的显示存储器用 DRAM 芯片实现，若显示器的分辨率为 1024×768 像素，像素的颜色深度为 24 位，屏幕的刷新频率为 80 Hz，计算需要的显存带宽。

显示 1 帧需要从显存中传输的数据量：$W = 1024\times768\times24$（bit）。

显示 1 帧所需的数据传输时间：$T = 1/80$（s）。

已计算得到显存每次传输数据大小和传输时间，根据式(4-1)，则

$$R=\frac{W}{T}=\frac{1024\times768\times24}{\frac{1}{80}}=1024\times768\times24\times80\text{bit/s}\approx180\text{MByte/s}$$

4.2 半导体存储器原理及芯片

半导体存储器具有很高的存取速率、较大的存储容量等显著特点，因此它是计算机执行程序时存储程序代码和操作数的主要场所，目前几乎所有主存储器都采用半导体芯片组成。根据集成电路类型，半导体存储器可分为双极型和 MOS（Metal-Oxide Semiconductor，金属氧化物半导体）型两大类。双极型存储器的存取速率快、功耗大、集成度低，适合作为小容量的快速存储器，又分为 TTL（Transistor-Transister Logic，晶体管－晶体管逻辑）和 ECL（Emitter Couple Logic，射极耦合逻辑），如 Cache，或作为专门的集成化寄存器组。MOS 型存储器可以分为 NMOS、PMOS 和 CMOS 三种电路结构类型，以及静态和动态两种工作模式。NMOS 存储器的工艺较简单，集成度高，功耗小，单片容量大，适合作为主存储器；CMOS（互补 MOS）存储器的功耗最小，在纽扣电池一类的后备电源供电下，可将存储信息保持数月之久，适合作为“非挥发性”存储器。

双极型芯片工作速度快，但功耗大、集成度低，适合较小容量的快速存储器，如 Cache 和寄存器组（堆）。MOS 型存储芯片通常比双极型的集成度更高、功耗更小，而且位价格更低，因而它成为半导体存储领域的一种主流选择类型。下面以 MOS 型存储芯片为例，分析几种典型的存储电路结构、工作原理和相应的存储芯片。

4.2.1 静态 MOS 型存储芯片

MOS 型存储芯片的集成度高、功耗小、每位价格低，分为静态存储器（Static RAM，SRAM）和动态存储器（Dynamic RAM，DRAM），都有非常广泛的应用，而且形成竞争。相比之下，SRAM 的制造工艺比 DRAM 稍复杂，相同体积情况下，每片 SRAM 的容量约为 DRAM 的 1/16。但 SRAM 速度较快，在每片容量相同时，SRAM 的访问时间约为 DRAM 的 1/3～1/2。

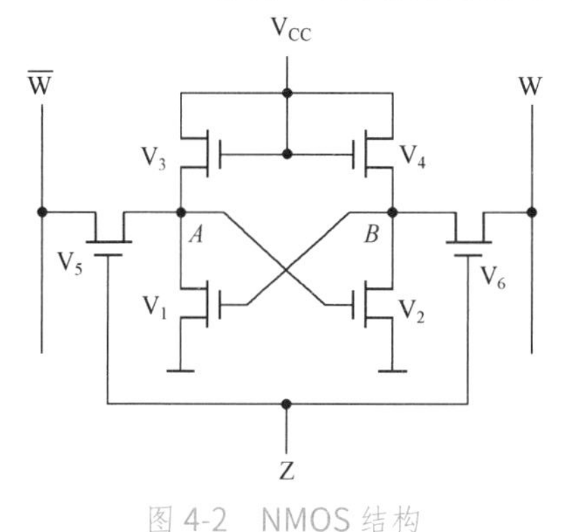

图 4-2 NMOS 结构

1. 静态存储单元电路

NMOS 是六管静态存储单元电路，其结构如图 4-2 所示。其中，V_1 和 V_3、V_2 和 V_4，分别是两组 MOS 反相器，V_3 和 V_4 分别是反相器中的负载管。这两个反相器通过彼

此的交叉反馈，构成一个双稳态触发器。此外，V_5和V_6是两个控制门管，由字线控制它们的通断。当字线Z加高电平时，V_5与V_6导通，通过一组位线W、$\overline{W}$，可对双稳态电路进行读写操作。当字线Z为低电平时，V_5和V_6断开，位线与内部电路脱离，双稳态电路因此进入信息保持状态。

定义　若V_1通导而V_2截止，则存入信息为0；若V_1截止而V_2导通，则存入信息为1。

1）写入

字线Z加高电平，使控制门管V_5与V_6导通。

若需写入0，则$\overline{W}$加低电平，W加高电平。$\overline{W}$通过V_5使A点的结电容放电，A点变为低电平，使V_2截止。而W通过V_6对B点结电容充电至高电平，从而使V_1导通。交叉反馈将加快该状态的变化。

若需写入1，则$\overline{W}$加高电平，W加低电平。W通过V_6使B点结电容放电至低电平，使V_1截止。而$\overline{W}$通过V_5对A点结电容充电至高电平，从而使V_2导通。

2）保持

字线Z加低电平，使V_5与V_6断开，两根位线W和$\overline{W}$与双稳态电路隔离，双稳态电路能依靠自身的交叉反馈保持原有状态不变。

3）读出

$\overline{W}$和W充电至高电平，充电形成的电平是可浮动的，可随充放电而变。然后对字线Z加正脉冲，使两个控制门管V_5和V_6导通。

若原存储的信息为0，即V_1导通而V_2截止，则字线Z加高电平后，$\overline{W}$将通过V_5和V_1对地形成放电回路，因此有电流经$\overline{W}$流入V_1，经放大为“0”信号，表明原存储的信息为0。此时V_2截止，所以W上无电流通过。

若原存存储的信息为1，即V_1截止而V_2导通，则字线Z加高电平后，W将通过V_6和V_2对地形成放电回路，因此W上将有电流，经放大为“1”信号，表明原存储的信息为1。此时因V_1是处于截止状态的，所以$\overline{W}$上基本无电流。

总之，位线$\overline{W}$上有电流时，原存储的信息为0；而位线W上有电流时，则原存储的信息为1。上述读出过程并不改变双稳态电路原有状态，因此属于“非破坏性”读出。

若将图4-2中的负载管V_3和V_4改用多晶硅电阻代替，则简化为四管静态存储单元电路。四管单元的面积与功耗均只有六管单元的一半，所以集成度能得到很大提高。现在生产的主流SRAM多采用四管单元。

2．SRAM芯片举例

Intel 2114是一种曾广泛使用的小容量SRAM芯片，容量为1 K×4位。现以它为例说明芯片内部结构、引脚功能及其读写时序。

1）内部结构

Intel 2114结构如图4-3所示。1 K×4=4096，将4096个存储单元排成矩阵：64行×16列×4位。6位地址A_3～A_8经过行译码，选中64根行线之一。4位地址A_0、A_1、A_2、A_9经过列译码产生16根列选择线，每根列选择线同时连接4位列线，对应于并行的4位，每位列线包含一组位线$\overline{W}$和W。因此，这种矩阵结构也可理解为4个位平面，每个位平面由64行×16列构成，将16列×4位视为64根列线。

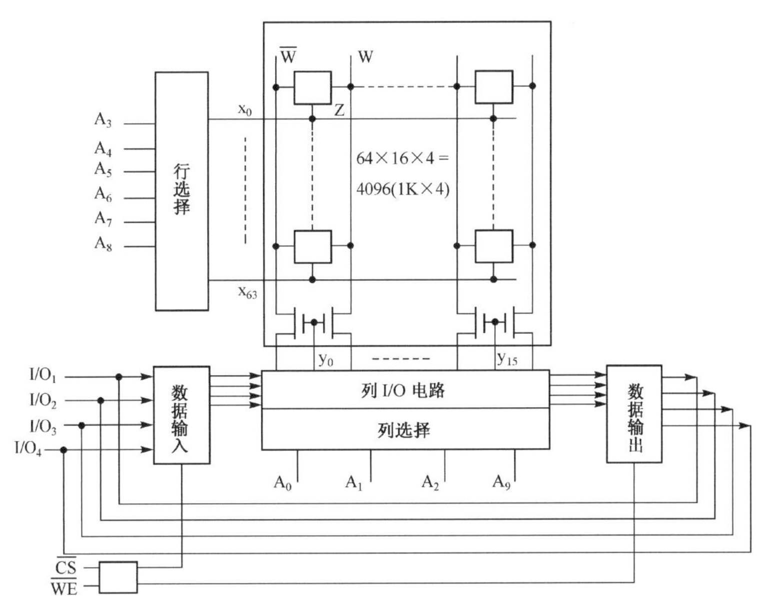

图 4-3　Intel 2114 结构

当片选$\overline{CS}$=0 且$\overline{WE}$=0 时，数据输入三态门打开，列 I/O 电路对被选中的 1 列×4 位（即 64 列中的 4 列）进行写入。当$\overline{CS}$=0 且$\overline{WE}$=1 时，数据输入三态门关闭，数据输出三态门打开，列 I/O 电路将被选中的 1 列×4 位读出信号送数据线。

2）引脚功能

Intel 2114 是 18 脚封装，如图 4-4 所示。片选$\overline{CS}$：为低电平时选中。写使能$\overline{WE}$：低电平时写入，高电平时读出。地址 10 位：A_9～A_0，对应 1K 容量。双向数据线 4 位：I/O_4～I/O_1，对应每个编址单元的 4 位，可直接与数据总线连接，输出数据可维持一定时间，以同步送入有关寄存器。当$\overline{CS}$=1 时，数据输出呈高阻抗，与数据总线隔离。

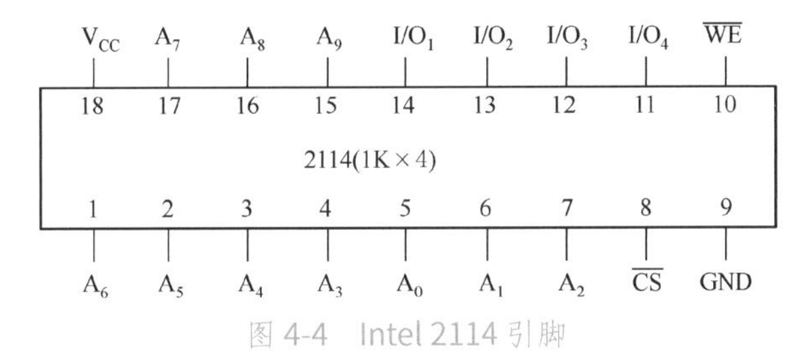

图 4-4　Intel 2114 引脚

3）读写时序

为了让存储芯片能正常工作，必须按所要求的时序关系提供目标地址、数据信息和有关的控制信号，如图 4-5 和图 4-6 所示，加到芯片上的地址共 10 位，根据输入的地址编码，有些位为高电平，有些位为低电平，所以采取整体示意画法。在片选无效期，数据输出呈高阻抗，让 DO 位于非高非低的中间位置，以表示为浮空状态。数据输入或数据输出有效时，则采取整体示意画法。

（1）读周期（见图 4-5）

在准备好有效地址后，向存储芯片发出片选信号（$\overline{CS}$=0）和读命令（$\overline{WE}$=1），经过一段时间数据输出有效。当读出数据送达目的地后（如读入 CPU），可撤销片选信号与读命令，然后允许更换地址以准备下一个读周期或写周期。

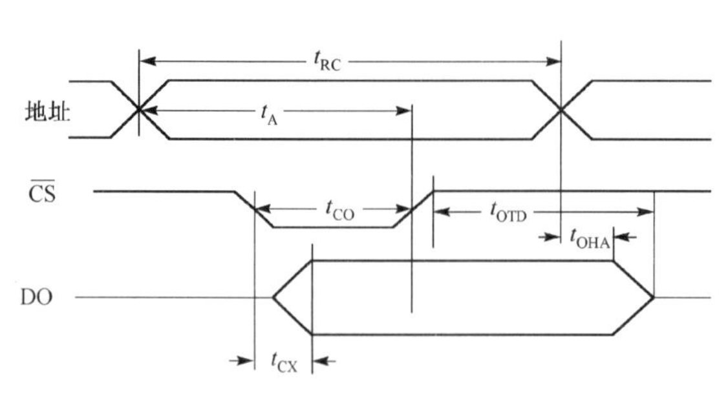

图 4-5　Intel 2114 的读周期

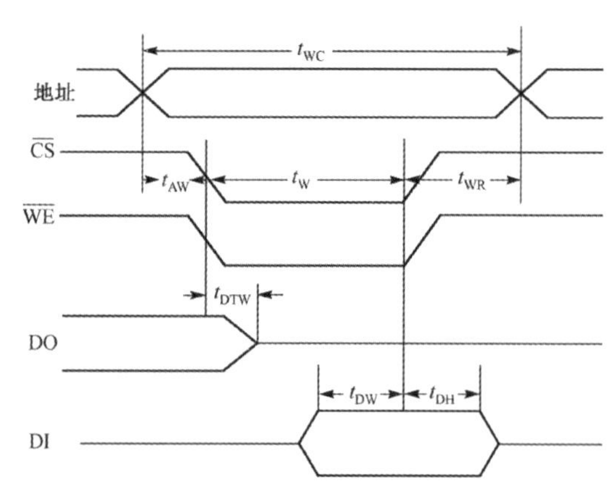

图 4-6　Intel 2114 的写周期

有关时间参数如下：

- t_{RC} —读周期。有效地址应当在整个读周期中维持不变，t_{RC} 也是两次读出的最小间隔。
- t_A —读出时间，从地址有效到输出稳定所需的时间，可以使用读取的数据，但读周期尚未结束，读出时间小于读周期。在数据输出稳定后，允许撤销片选信号和读命令。
- t_{CO} —从片选 $\overline{CS}$ 有效到输出稳定所需的时间。输出稳定后，允许撤销片选信号和读命令。
- t_{CX} —从片选 $\overline{CS}$ 有效到数据有效所需的时间，其间数据信号未到稳定状态。
- t_{OTD} —从片选信号无效后到数据输出变为高阻抗状态。换句话说，t_{OTD} 是片选信号无效后输出数据还能维持的时间，在这之后输出信号将无效。
- t_{OHA} —地址改变后数据输出的维持时间。

（2）写周期（见图 4-6）

在准备好有效地址与输入数据后，向存储芯片发出片选信号（$\overline{CS}$=0）和写命令（$\overline{WE}$=0），经过一段时间，可将有效输出数据写入存储芯片。然后撤销片选信号和写命令，再经过一段时间，可更换输入数据与地址，准备新的读写周期。

有关时间参数如下：

- t_{WC} —写周期。在写周期中地址应保持不变，t_{WC} 是两次写入操作之间的最小间隔。
- t_{AW} —在地址有效后，经过一段时间 t_{AW}，才能向芯片发出写命令。如果芯片内地址尚未稳定就发出写命令，有可能产生误写入。
- t_W —写时间，即片选和写命令同时有效的时间。t_W 是写周期的主要时间成分，但小于整个写周期时间。
- t_{WR} —写恢复时间。在片选与写命令都撤销后，必须等待 t_{WR}，才允许改变地址码，进入下一个读写周期。显然，为了保证数据的可靠写入，写周期时间（地址有效时间）至少满足：$t_{WC}=t_{AW}+t_W+t_{WR}$。
- t_{DTW} —从写信号有效到数据输出为三态的时间。当 $\overline{WE}$ 为低后，数据输出门将被封锁，输出呈高阻态，才能从双向数据线上输入写数据，所需时间即 t_{DTW}。
- t_{DW} —数据有效时间。从输入数据稳定到允许撤销写命令和片选，数据至少应维持 t_{DW} 时间，方能保证可靠写入。
- t_{DH} —写信号撤销后的数据保持时间。

对于某存储芯片，上述读写周期时间参数应满足一定的指标要求，可从芯片使用手册查到。相应地，CPU 或其他部件访存时，所发出的有关信号波形应满足这些要求。

3．静态随机存储器技术

静态随机存储器（SRAM）最大的优点是访问速率快，常用在传输速率要求至关重要的应用中，发展过程主要是提高访问速率和功能多样化。早期 SRAM 的访问速率一般为 300 ns 左右，现在的 SRAM 可以在约 15 ns 的时间内得到要访问的数据。特别是支持突发操作的同步 SRAM 推出后，作为现代微型计算机的 L2 Cache，不需插入等待时钟（“零等待”），即可与现在最快的微处理器匹配使用。SRAM 的另一个发展特点就是功能的多元化，为了适应实际应用的需要，众多产品被开发，如支持缓冲操作的先进先出（First In First Out，FIFO）存储器、支持数据共享的多端口 SRAM、掉电时信息不丢失的“非挥发性”随机存储器 NV SRAM 和具有高集成度的伪静态随机存储器（Pseudo Static RAM，PSRAM）。

FIFO 存储器是一种顺序存储的静态存储器，在内部结构上与随机存储器存在较大的区别，主要用在需要进行数据缓冲的地方，如不同传输速率总线之间的接口电路。

多端口 SRAM 是一种具有多个数据访问端口的静态随机存储器，多个目标设备可以同时访问这种类型的存储器，以实现数据的共享，主要用在需要进行数据高速共享的场合，如对某数据源要实时监视（送到显示缓冲区进行显示）和处理（如进行压缩存盘或送到通信信道）。

典型的 NV SRAM 由低功耗的 SRAM、能够测量电压的存储器控制器和一个锂电池共同组成，当供给存储芯片的电源电压低于维持 SRAM 操作的电压时，芯片中的存储器控制器将供电切换至内部的锂电池。这样，NV SRAM 可以保证存储在 SRAM 中的内容不丢失，成为一种“非挥发性”静态存储器。NV SRAM 主要用于需要进行高速操作的永久信息保存场合，如高速调制解调器中，而前面提到的各种只读存储器由于其访问速度慢而无法替代 NV SRAM。PSRAM 虽然对外表现出静态随机存储器（SRAM）的特性，但实际上是一种典型的动态随机存储器（DRAM），存储芯片内部集成了动态刷新逻辑。PSRAM 兼具动态随机存储器集成度高和静态随机存储器接口简单的优点，由于它的接口电路存在局限（比如过于复杂），只能在一些特殊场合中使用。

4.2.2 动态 MOS 型存储芯片

动态存储器的基本存储原理是：将存储信息以电荷形式存于电容中，这种电容可以是 MOS 管栅极电容或者专用的 MOS 电容，通常将其定义为电容充电至高电平，对应的信息为 1；放电至低电平，则对应的信息为 0。

用电容存储电荷的方式来存储信息，不需要双稳态电路，可以简化结构。充电后，MOS 管断开，既可使电容电荷的泄漏极少，还能大大降低芯片的功耗。这两点都使芯片集成度得到提高，在相同体积的半导体工艺条件下，DRAM 的最大容量约为 SRAM 的 16 倍。

但是在 MOS 管断开后，难以使泄漏电阻达到无穷大，电容总会存在泄漏通路。时间过长，电容上的电荷会通过泄漏电阻放电，导致所存储的信息丢失。为此，经过一定时间后就需要对存储内容重写一遍，也就是对原本带电荷的电容进行重新充电，称为刷新。这种存储器需要定期刷新才能保持信息不变，所以被称为动态存储器。

早期的动态 MOS 存储单元是从静态六管单元简化而来的，称为四管单元，后来又简化为三管单元，进一步简化为单管单元。本节仅简单介绍四管单元和单管单元两种。

1．四管动态存储单元

四管动态存储单元的结构如图 4-7 所示，其中 V_1 和 V_2 分别会对地（0 电位）形成栅极电

容 C_1 和 C_2，它依靠这些电容存储信息。若 C_1 充电至高电平使 V_1 导通，而 C_2 放电至低电平使 V_2 截止，则存入信息为 0；若 C_1 放电至低电平使 V_1 截止，而 C_2 充电至高电平使 V_2 导通，则存入信息为 1。

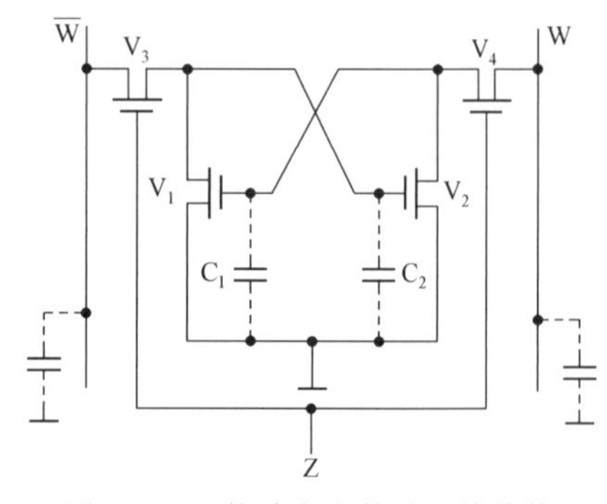

图 4-7　四管动态存储单元的结构

控制门管 V_3 和 V_4 由字线 Z 控制其通断。读或写时，字线 Z 加高电平，V_3 与 V_4 导通，使存储单元与位线 $\overline{W}$、W 连接。保持信息时，字线 Z 加低电平，V_3 与 V_4 断开，使位线与存储单元隔离，依靠 C_1 或 C_2 存储电荷暂存信息。刷新时，V_3 与 V_4 需导通。

注意：与六管静态存储单元相比，四管动态存储单元中没有负载管 V_5 和 V_6，而 V_3 与 V_4 断开后，V_1 与 V_2 之间并无交叉反馈，因此四管单元并非双稳态电路。

1）写入

字线 Z 先加高电平，使 V_3 与 V_4 导通。若要写入 0，则 $\overline{W}$ 加低电平，W 加高电平，W 通过 V_4 对 C_1 充电至高电平，使 V_1 导通。C_2 通过两个放电回路放电，一是通过 V_1 放电，二是通过 V_3 对 $\overline{W}$ 放电，C_2 放电至低电平，使 V_2 截止。

若要写入 1，则 $\overline{W}$ 加高电平，W 加低电平。$\overline{W}$ 通过 V_3 对 C_2 充电至高电平，使 V_2 导通。而 C_1 通过两个放电回路放电，一是 C_1 通过 V_2 放电，二是 C_1 通过 V_4 对 W 放电，最终使 C_1 放电至低电平，导致 V_1 截止。

2）暂存信息

字线 Z 加低电平，V_3 与 V_4 断开，基本上无放电回路，内部仅存在电容上发生的泄漏电流，信息可暂存数毫秒。

3）读出

先对位线（读出线）$\overline{W}$ 和 W 预充电，也就是对位线的分布电容充电至高电平，然后断开充电回路，使 $\overline{W}$ 和 W 处于可浮动状态。再对字线 Z 加高电平，使 V_3 与 V_4 导通，此时 $\overline{W}$ 与 W 成为读出线。

若原存信息为 0，即 C_1 上有电荷为高电平，V_1 导通而 V_2 截止。$\overline{W}$ 则通过 V_3 与 V_1 对地放电，$\overline{W}$ 电平下降，$\overline{W}$ 上将有放电电流流过，放大后作为 0 信号，简称读出 0。与此同时，W 通过 V_4 对 C_1 充电，可补充泄漏掉的电荷。由此可见，四管单元为非破坏性读出，且读出的过程可起刷新（也可视为回写）作用。

若原存信息为 1，即 C_2 上有电荷为高电平，则 V_1 截止而 V_2 导通，W 通过 V_4 与 V_2 对地放电，W 上有放电电流流过，放大后，作为 1 信号，简称读出 1。同时，$\overline{W}$ 通过 V_3 对 C_2 充电，补充电荷。

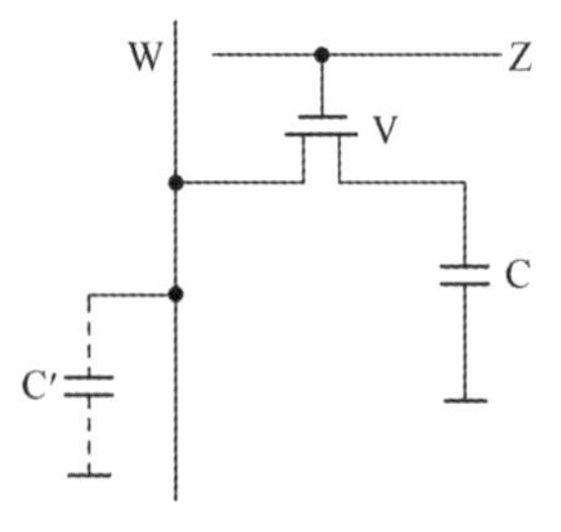

图 4-8　单管动态存储单元的结构

四管动态存储单元仍保持互补对称结构，读或写操作比较可靠，外围电路较简单，读出过程可起到对存储电路进行刷新的作用。但每个存储单元所用元器件仍过多，会使芯片的容量受限。当每片容量在 4 KB 以下时，可采用四管单元。

2．单管动态存储单元

为了简化结构，单管动态存储单元中只有一个电容和一个 MOS 管，如图 4-8 所示。电容 C 用来存储电荷，控制管 V 用来控制读写。读写时，字线 Z 加高电平，V 导通。暂存信息时，字线加低电平使 V 断开，C 基本上无放电回路（当然有一定的泄漏）。当电容 C 充电到高电平时，存入的信息为 1；当电容 C 放电到低电平时，表示存入的信息为 0。

1）写入

字线 Z 加高电平，使 V 导通。若要写入 0，则 W 加低电平，电容 C 通过控制管 V 对 W 放电，呈低电平 V_0；若要写入 1，则 W 加高电平，W 通过 V 对 C 充电，C 上有电荷呈高电平 V_1。

2）暂存信息

字线 Z 加低电平，使 V 断开，电容 C 基本上没有放电回路，其上的电荷（信息）可暂存数毫秒，或者维持无电荷的 0 状态。

3）读出

先对位线（读出线）W 预充电，使其分布电容 C'充电至 V_m，则 $V_m=(V_1+V_2)/2$；再对字线 Z 加高电平，V 导通。若原存储信息为 0，则 W 将通过 V 向 C 充电，位线 W 本身的电平将下降；若原存储信息为 1，则 C 将通过 V 向位线 W 放电，使位线 W 的电平上升。

根据位线 W 电平变化的方向及幅度，可鉴别原存信息是 0 还是 1。显然，读操作后，C 上的电荷将发生变化，属于破坏性读出，需要读后重写（再生）。这个过程由芯片内的外围电路自动实现，使用者不必关心。

与四管动态存储单元相比，单管存储单元将结构简化到了最低程度，因而集成度高，但要求的读写外围电路（片内）较复杂一些。当每片容量在 4 KB 以上时，多采用单管存储单元。

3．DRAM 芯片举例

Intel 2164 是一种 DRAM 芯片，每片容量 64K×1 位，用于早期的微机的主存储器。下面以它为例，说明 DRAM 芯片的内部结构、引脚功能及其读、写时序。

1）内部结构

Intel 2164 芯片容量是 64K×1 位，本应构成一个 256×256 的阵列，为提高工作速率（需减少行列线上的分布电容），在芯片内部分为 4 个 128×128 阵列，每个译码矩阵配有 128 个读出放大器，各有一套 I/O 控制（读写控制）电路，如图 4-9 所示。

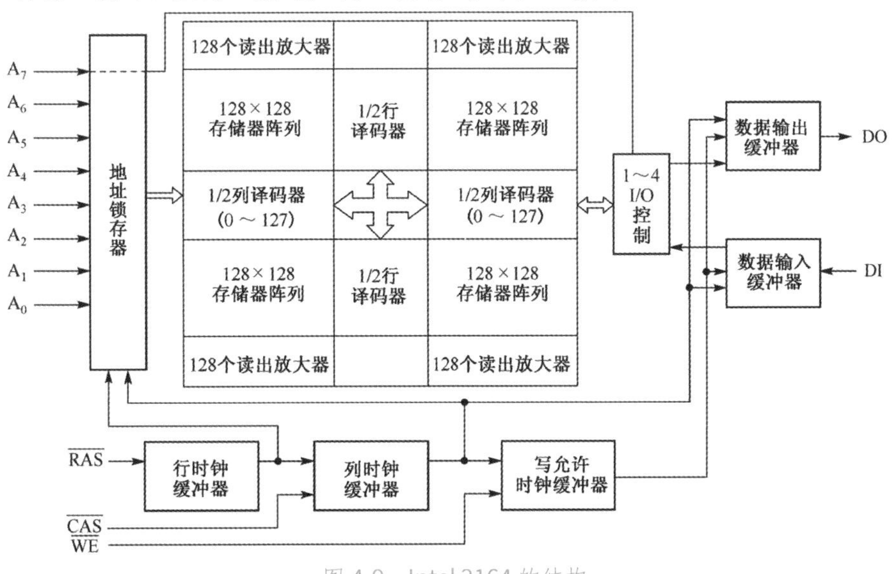

图 4-9　Intel 2164 的结构

64K 个编址需要 16 位地址寻址，但芯片引脚只有 8 根地址线 A_7～A_0，需分时复用。先送入 8 位行地址，在行选信号 $\overline{RAS}$ 控制下送入行地址锁存器，提供 8 位行地址 RA_7～RA_0，译码后产生 2 组行选择线，每组 128 根。然后送入 8 位列地址，在列选信号 $\overline{CAS}$ 控制下送入列地址锁存器，提供 8 位列地址 CA_7～CA_0，译码后产生 2 组列选择线，每组也是 128 根。行地址 RA_7 与列地址 CA_7 选择 4 套 I/O 控制电路之一与四个译码矩阵之一。因此，16 位地址是分成两次送入芯片的，对于某地址码，只有一个 128×128 矩阵及其 I/O 控制电路被选中。

2）引脚功能

Intel 2164 是 16 脚封装，如图 4-10 所示。

- 地址 8 位：A_7～A_0，兼作行地址与列地址，分时复用。
- 行选 $\overline{RAS}$：低电平时将 A_7～A_0 作为行地址，送入芯片内的行地址锁存器。
- 列选 $\overline{CAS}$：低电平时将 A_7～A_0 作为列地址，送入芯片内的列地址锁存器。可见，片选信号已分解为行选与列选两部分。
- 数据输入 DI。
- 数据输出 DO。
- $\overline{WE}$：低电平（$\overline{WE}$=0）时写入，高电平（$\overline{WE}$=1）时读出。

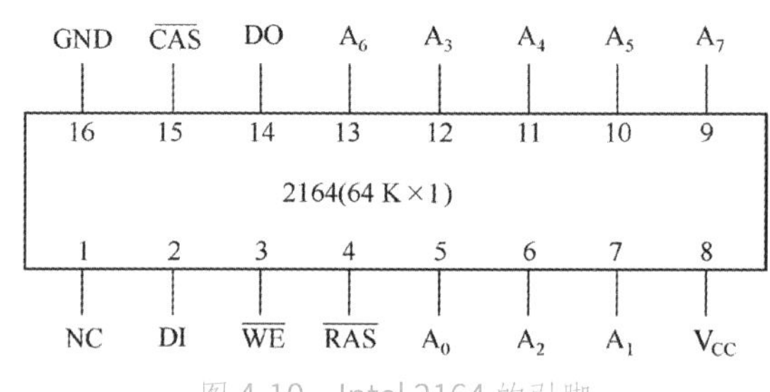

图 4-10　Intel 2164 的引脚

引脚 1 空闲未用，在该 DRAM 系列的新产品中，将引脚 1 作为自动刷新端。将行选信号送到引脚 1，可在芯片内自动实现动态刷新。

3）读、写时序

（1）读周期（如图 4-11 所示）

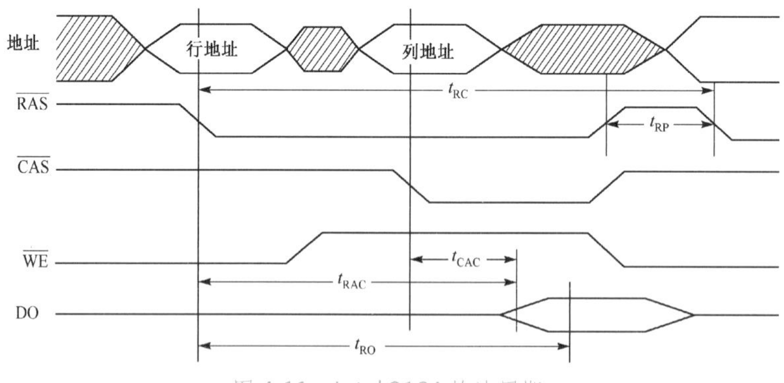

图 4-11　Intel 2164 的读周期

在准备好行地址后，发行选信号（$\overline{RAS}$=0），将行地址打入片内的行地址锁存器。为使行地址可靠输入，发出行选信号后，行地址需维持一段时间才能切换。

如果在发出列选信号之前先发出读命令，即 $\overline{WE}$=1，将有助于提高读出速率。在准备好列地址后，发列选信号（$\overline{CAS}=0$），此时行选不撤销。在发出列选信号后，列地址应维持一段时间，以打入列地址锁存器。此后允许更换地址，为下一个读写周期做准备。

读周期的主要参数如下：

- t_{RC}—读周期时间，即两次发出行选信号之间的时间间隔。
- t_{RP}—行选信号恢复时间。
- t_{RAC}—从发出行选信号到数据输出有效的时间。
- t_{CAC}—从发出列选信号到数据输出有效的时间。
- t_{RO}—从发出行选信号到数据输出稳定的时间。

（2）写周期（如图 4-12 所示）

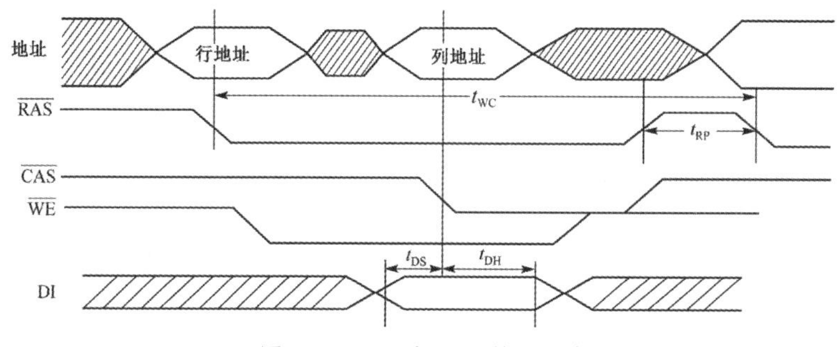

图 4-12　Intel 2164 的写周期

在准备好行地址后，发行选信号（$\overline{RAS}=0$），此后行地址需要维持一段时间，才能切换为列地址。虽然发出了写命令（$\overline{WE}=0$），但在发列选信号前没有列线被选中，因而还未真正写入，只是开始写的准备工作。在准备好列地址并输入数据后，才能发列选信号（$\overline{CAS}=0$）。此后，列地址和输入数据均需维持一段时间，待列地址打入列地址锁存器后，方可切换列地址。待可靠写入后，才能撤销输入数据。

写周期的主要参数如下：

- t_{WC}—写周期时间。在实际系统中，读、写周期的时间安排得相同，所以又被称为存取周期或读写周期。
- t_{RP}—行选信号恢复时间，因此行选信号宽度为$t_{WC}-t_{RP}$。
- t_{DS}—从数据输入有效到列选信号和写命令均有效，即写入数据建立时间。
- t_{DH}—当写命令与列选信号均有效后，数据保持的时间。

4．其他 DRAM 芯片

1）Intel 41128 芯片

如图 4-13 所示，Intel 41128 是 128K×1 位的 DRAM 芯片，将 128K×1 分为两个 64K×1 模块；地址引脚仍只有 8 位，分时复用作为行地址与列地址，但行选信号分为两个：$\overline{RAS_0}$ 和 $\overline{RAS_1}$。对于某地址编码，只有一个行选信号有效，选中芯片中的一个模块，再由 8 位行地址和 8 位列地址选中该模块中的某个单元。这提供了又一种扩大芯片容量的方法，即增加行（列）选信号，而保持地址线的位数不变。

2）iRAM 芯片

iRAM（Integrated RAM）即集成化 RAM，如图 4-14 所示，将一个 DRAM 系统集成在一块芯片内，包括存储矩阵、行列译码与读写控制、地址分时输入、数据 I/O 缓冲器、控制逻辑

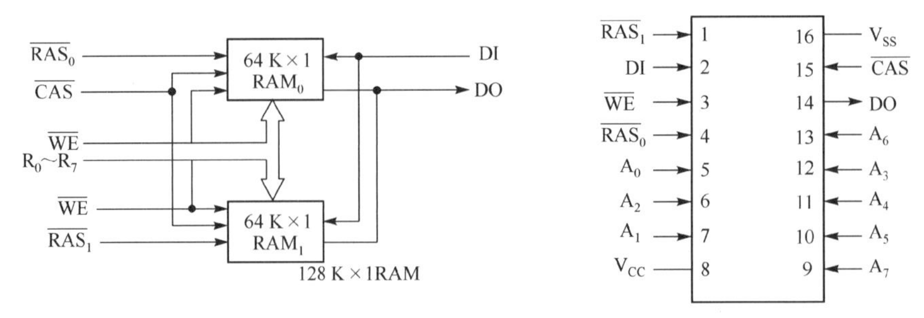

图 4-13 Intel 41128 芯片

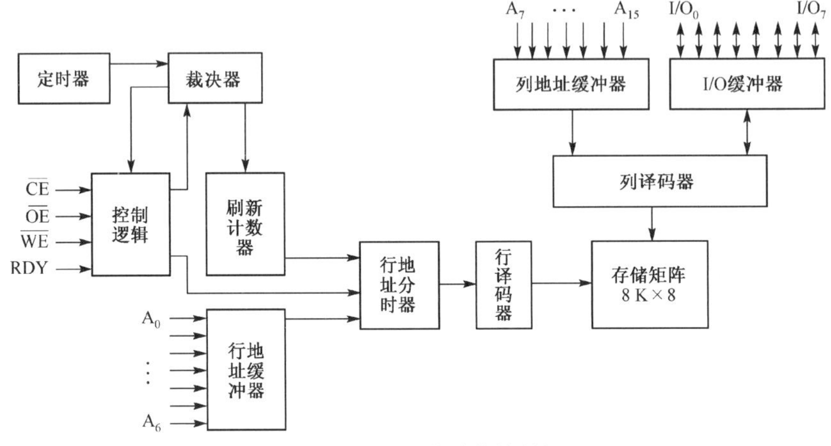

图 4-14 iRAM 芯片结构逻辑

及时序发生器、刷新逻辑、访存/刷新裁决逻辑等。iRAM 采用单管动态存储单元，因此其芯片内部一般应有专门进行存储单元动态刷新的相关电路逻辑。在进行刷新时，可以先由刷新计数器产生刷新单元的行地址，并由芯片的裁决器决定当前是接收地址进行读或写，还是进行内部刷新操作。从使用者角度，这种芯片的使用特性与 SRAM 的相同，不再需要外部刷新电路，因此被称为准 SRAM，兼有 SRAM 使用方便和 DRAM 存储密度高、功耗低的优点。

5. DRAM 的刷新

DRAM 依靠电容的存储电荷来暂存信息，电荷会随时间逐渐泄漏而导致存储的信息丢失，所以需要在电荷泄漏到给定阈值之前向电路主动补充电荷以维持电路的原有的存储状态，才能确保信息保持。这个操作就称为存储芯片的刷新。

虽然都是往存储电路充电（写信息），但是“刷新”与“重写”是有区别的。重写是因为对存储电路进行破坏性地读取信息，如通过放电来读出信息，所以读出信息后，电路中的原信息已被破坏，需要对存储电路执行恢复性重写，它是由读操作引起的。刷新操作与是否进行了读操作无关，只要是动态存储器，都需要定时刷新，目的是保持电路中原来存储的信息。

电荷泄漏速率主要取决于半导体材料和半导体制造工艺，常温下目前多数 DRAM 芯片（如 DDR4）需要在 64 ms 内对全部存储单元刷新一遍，才能保持芯片中存储的信息不因电荷泄漏而丢失。芯片刷新的最大时间间隔 $T_{max}=64\,ms$，超过 T_{max} 后信息就有丢失可能。

对整个 DRAM 来说，各存储芯片可以同时刷新，以行为基本单位逐行进行刷新，每次刷新 1 行，所需时间为 1 个刷新周期 T_{ref}。若某存储器有若干 DRAM 芯片，其中容量最大的一种芯片的行数 $R=128$，则要求在 64 ms 中至少应安排 128 个刷新周期。对芯片中的同一行存储电路，连续两次被刷新的间隔时间刚好是最大刷新间隔时间 T_{max}。

刷新操作本质上也是在访问存储器，但又不同。常规访问存储器时，需要给出确定的存储单元地址码（行地址+列地址），采用随机访问方式主动读、写存储器。刷新时，由于是以存储芯片刷新矩阵中的1行存储电路为固定操作对象、逐行刷新，因此行地址计数器只需要提供明确的刷新行地址即可实现对存储芯片的信息写入。刷新操作是定时进行的、固定频率的，是系统自动安排的，与执行指令、被动访存、运行状态等因素没有关系。

刷新操作要求在 T_{max} 时间内对芯片的所有存储单元电路都要刷新一遍，而且是逐行进行的，那么应该如何安排刷新周期才能满足刷新要求呢？刷新模式主要有如下3种。

1）集中刷新

集中刷新指的是在最大刷新间隔时间 T_{max} 内，集中地安排若干刷新周期，其余时间不安排刷新操作，以免影响正常访存的读、写操作，如图4-15所示。因为这种方式把全部的刷新操作都集中安排在一段连续时间内，其间存储器被刷新操作占用，无法进行正常的访存操作，所以会形成一段较长的访存死区时间。

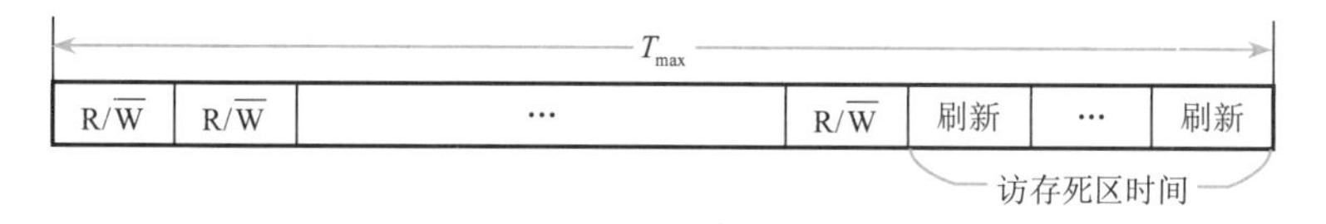

图4-15　动态存储器的集中刷新模式

由于刷新周期数始终等于芯片的刷新行数 R，实际的刷新时间 t 远小于 T_{max}，因此刷新周期 $T_{ref}=t/R$，这说明采用集中刷新方式时，逐行刷新操作的行频率会很高。在实现逻辑上，可由一个定时器每 T_{max} 时间内启动一次集中式刷新，然后由刷新计数器控制一个最大值为 R 的行计数循环，在时间 t 内安排对 R 行存储单元逐行刷新一遍。

集中刷新方式的优点是连续访存效率高，刷新控制简单，缺点是在安排集中刷新操作这段时间 t 内会形成访存的死区时间，可能会影响到存储器的正常读写。

2）分散刷新

分散刷新是将每个存取周期分为两段，前段时间提供对存储器的正常读写，后段时间专门用于刷新，即将刷新周期分散安排在读写周期后，如图4-16所示。这意味着，每次正常的读写访存后面，都安排1次刷新操作来刷新1行存储单元，故刷新频率等于访存频率。

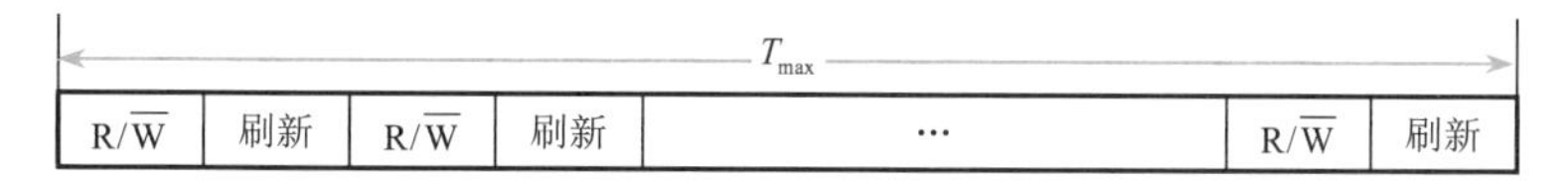

图4-16　动态存储器的分散刷新模式

分散刷新是由正常的访存操作启动的，进行1次访存后立即刷新1行。在 T_{max} 时间内，出现的正常访存次数通常会远大于芯片的行数，一般不会出现比芯片行数还少的情况，这就存在存储单元可能被过度刷新的情况，既挤占了正常访存的机会，还浪费了刷新资源。

分散刷新的优点是时序控制简单、无较长的访存死区时间，缺点是降低了访存效率和速度，制约了对存储器的连续多次访问，因而读、写速度会显著降低。分散刷新一般只适用于对访存频率和速度要求较低的计算机系统。

3）异步刷新

异步刷新是指，按 T_{max} 时间和芯片行数来统筹安排所需的合理刷新周期数，每次刷新操作都是分散安排的，优先保障连续多次访存，既可以安排在访存前，也可以安排在访存后，如图4-17所示。

这种方式与分散刷新最大的不同在于，它并不是每次访存后都固定安排 1 次刷新。在 T_{max} 时间内，如果需要刷新 m 行存储单元，只要确保在刷新周期 $T_{ref} = T_{max} / m$ 内安排刷新 1 行，那么存储单元的最大刷新间隔时间就不会超过 T_{max}。

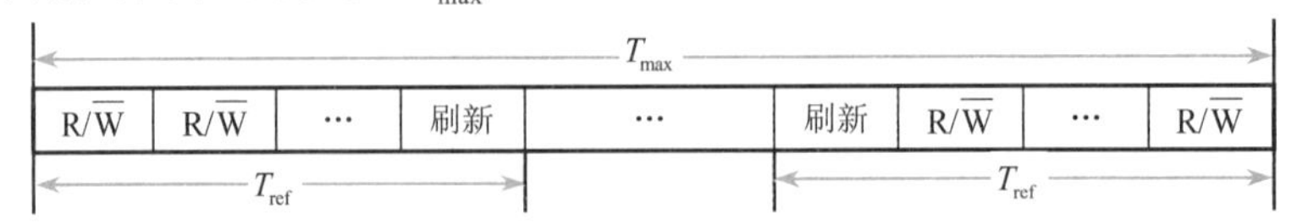

图 4-17　动态存储器的异步刷新模式

【例 4-2】某 DDR4 存储芯片容量为 8 GB，刷新要求标注为“4096 Refresh Cycles / 64 ms”，计算确定该芯片的刷新周期 T_{ref}。

解　刷新要求是在 $T_{max} = 64$ ms 内至少安排 4096 个刷新周期，因此 $T_{ref} = 64\text{ms} / 4096 = 15.625$ μs。根据计算结果，刷新周期应安排为 15.625 μs，即每 15.625 μs 至少安排 1 次刷新操作，才能确保在 64 ms 内所有存储单元都被逐行刷新 1 次。

DRAM 的异步刷新兼有前面两种方式的优点：对正常访存的影响最小，甚至可利用访存空闲时间来安排刷新，不会累积较长的访存死区时间，也可以避免存储单元的过度刷新。异步刷新也需要由定时器根据刷新频率来启动刷新操作，在控制上相对复杂，但可以充分利用计算机系统的 DMA 功能来实现自动刷新。大多数计算机系统采用异步刷新方式。

我们既可以自行设计动态刷新的控制逻辑，也可以充分利用存储芯片集成的刷新控制器，如 Intel 8203 DRAM 集成了地址的多路转换、地址选通、刷新逻辑、刷新/访存仲裁逻辑等，可为 2164、2118、2117 等 DRAM 芯片提供动态刷新的控制信号，有关细节请查阅相关手册。在具备 DMA 功能的计算机系统中常常利用一个 DMA 通道来管理 DRAM 的刷新，有关 DMA 的工作原理将在第 5 章中详细介绍。

4.2.3　RAM 型存储器

在实际的计算机系统特别是在微机系统中，主存储器通常由多个内存条组合而成。除了记忆信息的存储芯片，内存条还存在一些外围电路。在存储器的单个芯片技术中，除了不断采用有关先进技术使存储容量不断扩大、存取速率不断提高，人们发现在芯片的存储单元外还有一些附加的逻辑电路，通过改善和增加少量的额外逻辑电路，可以提高在单位时间内的数据流量，即增加带宽，从而提高芯片的读写速率。由于所采用的存储原理及半导体工艺、技术的不同，通常能构成多种型号规格的内存条，如 SB SRAM、EDO DRAM、SDRAM、DDR SDRAM 等。

1. SB SRAM（同步突发静态随机存储器）

一般的 SRAM 是非同步的，为了适应 CPU 越来越快的存取速率，需要使它的工作时钟脉冲变得与系统同步，这就是 SB（Synchronous Burst，同步突发）SRAM 产生的原因。SB SRAM 如果作为高性能处理器（如 Pentium 系列）的 L2 Cache，对这种存储器的操作均在统一时钟的控制下同步进行，可配合高性能处理器进行高速的访问操作。

SB SRAM 的主要特点如下：

- 支持统一时钟下的同步操作，采用可多次突发访问的多级流水线结构。
- 具有片内地址计数器、片内地址缓冲器控制寄存器。
- 自定时的写周期。

- 既支持按字节写入，也支持全总线宽度写入。
- 支持交替突发和线性突发。
- 异步输出使能控制。

SB SRAM 主要用于支持按突发地址访问的微处理器系统，所有输入均在时钟信号的上升沿采样。片选信号和输出信号共同控制突发访问的启动和持续。

2．MP SRAM（多端口静态随机存储器）

MP（Multi-Port）SRAM 主要为需要进行数据共享的场合所设计。进行数据共享的多个不同设备需要异步访问保存在同一存储体的信息，因此必须采用这种多端口的存储器。MP SRAM 一般具有两个独立的端口（甚至更多端口）。不同端口分别连接不同的设备，通常都具有输出使能（OE#）、写使能（WE#）和端口允许（CE#）这三个必要的控制信号。

MP SRAM 的存储单元进行了特殊的设计，所以允许从两个端口同时访问某存储单元。当对两个端口同时进行读操作时，这种设计结构并不要求进行仲裁。但是当对两个端口同时进行读、写操作或同时进行写操作时，就需要进行仲裁。如果正在进行读周期的过程中另一个端口发生写周期，读周期就可能读到旧数据或新数据，从而导致读周期所读取数据的不可预见。通过两个端口同时对某存储单元进行写操作时，也可能导致存储单元中的数据不可预见。避免产生读写冲突最简单的方法就是执行一次额外的读周期，对于读、写操作所需要进行的仲裁就是使写操作的多组指定地址只通过一个端口输入，以避免冲突的发生。指定的多组数据则通过检查校验和字节来确保正确的数据传输，通过使用一种“邮件箱”的软件仲裁系统来传递状态信息。当一个端口进行读操作时，能够为另一个端口的写状态信息指定一个确定的字节，该状态信息能够通知进行读操作的端口和任何其他端口关于需要激活的信息。

3．FIFO SRAM（先进先出存储器）

FIFO（First In First Out）SRAM 是一种允许以不同速率进行读、写操作的存储器，其存储体由静态存储器组成，主要作为两种或多种速率不匹配接口电路的中间缓冲。例如，接口电路 A 的传输速率为 n，接口电路 B 的传输速率为 $n/2$，要连接这两种类型的接口电路协调工作，中间必须加入 FIFO SRAM。在 Δt 时间内，若接口电路 A 送到接口电路 B 的数据量为 M，而接口电路 B 在 Δt 时间内送出的数据量只能是 $M/2$，剩余的 $M/2$ 数据量是来不及送出的。为了保证剩余的 $M/2$ 数据不丢失，就必须有保存这些数据的中介存储体，否则这些数据就会丢失。这种中介存储体就由 FIFO SRAM 充当。当然，上述接口电路 A 和 B 在一定的时间内的数据传输总量是一致的，即在 B 完成后续的 $M/2$ 数据送出之前，接口电路 A 不能再向接口电路 B 传输数据，直到接口电路 B 将剩余的 $M/2$ 数据送出。而且，接口电路 A 和接口电路 B 之间的中介存储体 FIFO 的存储容量至少也应当为 $M/2$ 才够用。

FIFO 存储器广泛用于需要速率匹配的场合，如不同总线标准之间的接口电路必须由 FIFO 存储器作为缓冲器。在现代微型计算机中，完成 CPU 主总线到 PCI 总线之间的转换，完成 PCI 到 ISA 总线之间的转换，都采用了 FIFO 存储器。

4．EDO DRAM（扩展数据输出动态随机存储器）

EDO（Extended Data Out）DRAM 与传统的 FPM（Fast Page Mode，快速页式）DRAM（动态随机访问存储器）并没有本质的区别，其内部结构和各种功能操作也基本相同。其主要区别是：当选择随机的列地址时，如果保持相同的行地址，那么用于行地址的建立和保持时间以及行列地址的复合时间就可不再需要，能够被访问的最大列数取决于 t_{RAS} 的最长时间。其操作为：先触发内存中的一行，再触发所需的那一列，但是当找到所需的那条信息时，EDO DRAM 不是将该列变为非触发状态并关闭输出缓冲区，而是将输出数据缓冲区保持开放直到下一列存取或下一个读周期开始。因此，EDO DRAM 的存取速率一般比 FPM DRAM 快。

5．SDRAM（同步动态随机存储器）

SDRAM 是动态存储器系列中新一代的高速、高容量存储器，其内部存储体的单元存储电路仍然是标准的 DRAM 存储体结构，只是在工艺上进行了改进，如功耗更低、集成度更高等。与传统的 DRAM 相比，SDRAM 在存储体的组织方式和对外操作上表现出较大差别，特别是对外操作能够与系统时钟同步操作。

处理器访问 SDRAM 时，SDRAM 的所有输入、输出信号均在系统时钟 CLK 的上升沿被存储器内部电路锁定或输出，即 SDRAM 的地址信号、数据信号和控制信号都是 CLK 的上升沿采样或驱动的。其目的是使 SDRAM 的操作在系统时钟 CLK 的控制下，与系统的高速操作严格同步进行，从而避免因读、写存储器产生“盲目”等待状态，以提高存储器的访问速率。

对于传统的 DRAM，处理器向 DRAM 输出地址和控制信号，说明某指定位置的数据应该读出或应该将数据写入某指定位置，经过一段访问延时后，才可以进行数据的读写。在这段访问延时期间，DRAM 进行内部各种动作，如行列选择、地址译码、数据读出或写入、数据放大等。外部引发访问操作的主控器必须简单地等待这段延时，因此会降低系统性能。

在访问 SDRAM 时，存储器的各项动作均在系统时钟的控制下完成，处理器或其他主控器执行指令通过地址总线向 SDRAM 输出地址编码信息，SDRAM 中的地址锁存器锁存地址，经过几个时钟周期后，SDRAM 便进行响应。在 SDRAM 响应期间，因为对存储器操作的时序确定，处理器或其他主控器能够安全地处理其他任务，而不需简单地等待，所以提高了计算机系统的性能，而且简化了用 SDRAM 进行存储器的应用设计。

SDRAM 内部控制逻辑采用了一种突发模式，以减小地址的建立时间和第一次访问之后行列预充电时间。在突发模式下，在第一个数据项被访问后，一系列的数据项能够迅速按时钟同步读出。当进行访问操作时，如果所有要访问的数据项是按顺序访问，并且它们都处于第一次访问之后的相同行中，那么这种突发模式非常有效。

另外，SDRAM 内部存储体采用能够并行操作的分组结构，各分组可以交替地与存储器外部数据总线交换信息，从而提高了整个存储器的访问速率。SDRAM 还包含特有的模式寄存器和控制逻辑，以适应特殊系统的要求。20 世纪 90 年代，台式计算机的内存普遍就是用 SDRAM 存储器芯片构成的，简称 SDR 内存。

6．DDR SDRAM（双倍数据率同步动态随机存储器）

DDR（Double Data Rate）SDRAM 是在 SDRAM 内存基础上发展而来的，仍然沿用 SDRAM 生产体系，因此对于内存厂商而言，只需对制造普通 SDRAM 的设备稍加改进，即可实现 DDR 内存的生产，可有效降低成本。SDRAM 在一个时钟周期内只传输一次数据，是在时钟的上升期进行数据传输；DDR SDRAM 则在一个时钟周期内传输两次数据，能够在时钟的上升期和下降期各传输一次数据，因此被称为双倍数据率同步动态随机存储器。DDR SDRAM 可以在与 SDRAM 相同的总线频率下达到更高的数据传输率。

与SDRAM相比，DDR SDRAM运用了更先进的同步电路，使指定地址、数据的输入和输出等主要步骤既独立执行，又保持与CPU完全同步；通过DLL（Delay Locked Loop，延时锁定回路，提供一个数据滤波信号）技术，当数据有效时，存储控制器可使用这个数据滤波信号来精确定位数据，每16次输出一次，并重新同步来自不同存储器模块的数据。本质上，DDR SDRAM不需要提高时钟频率就能加倍提高SDRAM的速率，允许在时钟脉冲的上升沿和下降沿读出数据，因而其速率是标准SDRAM的2倍。

外形上，DDR SDRAM与SDRAM相比差别并不大，它们具有同样的尺寸和同样的针脚距离。但DDR为184针脚，比SDRAM多出了16个针脚，主要包含新的控制、时钟、电源和接地等信号。DDR SDRAM采用的是支持2.5V电压的SSTL2标准，而不是SDRAM使用的3.3V电压的LVTTL标准。DDR SDRAM的频率可以用工作频率和等效频率两种方式表示，工作频率是内存颗粒实际的工作频率，但是由于DDR SDRAM可以在脉冲的上升和下降沿都传输数据，因此传输数据的等效频率是工作频率的2倍。

继SDR内存后，DDR内存迅速发展，2006年后，第一代DDR内存逐渐被DDR2内存替代。DDR2是DDR SDRAM的第二代产品，在DDR内存技术的基础上加以改进。与第一代DDR内存技术标准最大的不同就是，虽然都采用了在时钟的上升/下降沿同时进行数据传输的基本方式，但DDR2内存拥有2倍于第一代DDR内存预读取能力（4bits数据预读取），换句话说，DDR2内存每个时钟能够以4倍外部总线的速率读、写数据，并且以内部控制总线4倍的速率运行，从而其传输速率更快（可达800MHz），耗电量更低，散热性能也更优良。

在DDR2内存后，逐渐发展出DDR3内存。相比DDR2，DDR3采用了8bits数据预取设计，这样DRAM内核的频率只有等效接口频率的1/8，如DDR3-800的核心工作频率（内核频率）仅为100MHz。DDR3内存在达到高带宽的同时，其功耗反而可以降低，核心工作电压从DDR2的1.8V降至1.5V，比DDR2节省30%的功耗。对于带宽与功耗之间的平衡，对比现有的DDR2-800产品，DDR3-800、DDR3-1066及DDR3-1333的功耗比分别为0.72X、0.83X及0.95X，带宽大幅提升，功耗也更低。在DDR3不断发展的同时，更先进的DDR4甚至DDR5内存技术标准规范也在逐步完善，未来的DDR5将主要应用于更先进的GDDR5规格专用显存，速率更快、功耗更低、带宽更高等。

4.2.4 ROM型存储器

随着微电子技术的快速发展，半导体只读存储器技术也得到了长足进步。从ROM来看，最早推出的是掩膜型只读存储器MROM（Mask-ROM），只能由生产厂家写入存储信息，因此对要进行硬件开发的用户极不方便。接着出现的是用户可一次性写入的只读存储器PROM（Programmable-ROM）。随后推出了用户可多次修改的EPROM（Erasably-Programmable ROM）只读存储器，这种存储器在用户写入信息后若要修改，需使用特殊的设备用紫外线进行长时间直接照射，才能擦除掉所保存的信息，然后在专用的编程器上加入高电压的编程脉冲，进行信息的再次写入。EPROM曾被广泛地应用过一段时间，但对硬件开发者来说，仍然不是很方便。随后出现了电可擦除的E^2PROM（Electrically EPROM），这种存储器不需用紫外线长时间照射进行信息的擦除，而是用加反向电压的方式进行原信息的擦除，并且可以按存储位进行擦除。这种方式比整个芯片的擦除和信息修改速度快。新一代只读存储器是FLASH，称为闪存，可以做到在线改写，即不需使FLASH离开系统即可修改其中的内容，过去的只读存储器是做不到的，因此使用 FLASH 比使用 E²PROM 更灵活和更方便。并且，FLASH 存储器具有更高的集成度和更低的功耗，因此现在被广泛使用。只读存储器的发展主要是方便用户的使用过程。以下介绍几种主要的只读存储器和芯片。

1. MROM（掩膜型只读存储器）

在制造 MROM（Mask-ROM）芯片前，先由用户提供所需存储的信息，以 0、1 代码表示。芯片制造厂据此设计相应的光刻掩模，以有无元件表示 1、0。因此 MROM 中的信息是固定不变的，使用时只能读出而不能写入新内容，即不能改写，适用于需要量大且不需改写的场合。例如，显示器和打印机中的字符发生器，根据字符编码输出字符形状的点阵代码；又如，固定不变的微程序代码；再如，代码转换一类的输入、输出转换逻辑等。

2. PROM（可编程只读存储器）

芯片出厂时，各单元内容全为 0，用户可用专门的 PROM（Programmable-ROM）写入器将信息写入，所以称为可编程型。这种写入是不可逆的，某单元一旦写入 1，就不能再次将其改写为 0，即只能执行一次写入操作，因此也被称为一次编程型。

一种写入原理属于是结破坏型的，即在行列线交点处制作一对彼此反向的二极管，它们由于反向而不能导通，称为 0。若该位需要写入 1，则在相应行列线之间加较高电压，将反偏的一只二极管永久性击穿，留下正向可导通的一只二极管，称为写入 1。显然，这也是不可逆的。

更常用的一种写入原理属于熔丝型，制造时在行列交点处连接一段熔丝（易熔材料），称为存入 0。若该位需写入 1，则让它通过较大电流，使熔丝熔断，显然这是不可逆的。

PROM 逻辑结构如图 4-18 所示，外部的地址输入经行译码选择某一行线（字线），即某存储单元（字）。通过列线输出读出信息，即各位输出。图 4-18 中的 PROM 是 4×4 容量，0#单元到 3#单元所存信息分别是 0110、1011、1010、0101。

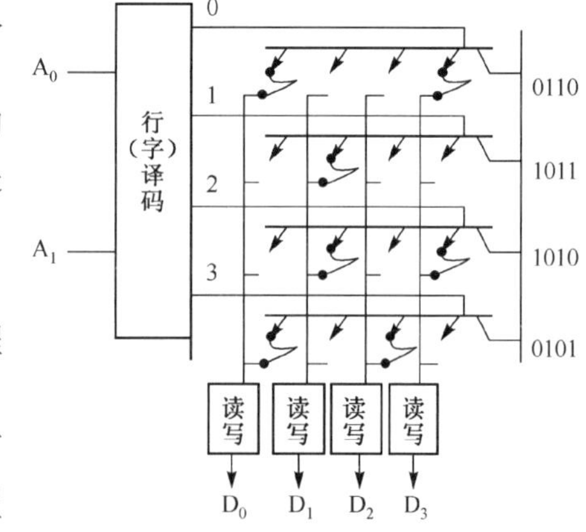

图 4-18　PROM 逻辑结构

用户可购得通用 PROM 芯片，写入前内容为全 0。再根据自己需要，写入不再变化的内容，如可固化的程序、微程序、标准字库、代码转换表等。

PROM 片内的行译码器实际上是一个固定的、不可编程设置的与门阵列，存储体则是一个可一次编程设置的或门阵列。众所周知，用卡诺图等工具化简后的组合逻辑函数，其基本形态就是与－或项。因此也可用 PROM 产生多输入变量与多输出的组合逻辑函数，减少逻辑电路元件数，从而简化电路板结构。也有人将广泛应用的与或门阵列器件，（如可编程序逻辑阵列 PLA、可编程序阵列逻辑 PAL 等）视为一种特殊的只读存储器。

3. EPROM（可擦除重编程只读存储器）

EPROM（Erasably-Programmable ROM）可用专门的写入器在+25 V 高压下写入信息，在+5 V 的正常电压下只能读出不能写入，用紫外线照射一定时间后可擦除原存信息，然后重新写入，因此被称为可重编程（可改写）的只读存储器。可擦除、可重写是在特殊环境下，在工作环境中，EPROM 则是只读不写的存储器。这对用户的应用显然更方便，因而应用非常广泛。但 EPROM 的可重写次数是有限的，目前的产品只允许重写几十次，甚至更低。

PMOS 结构如图 4-19 所示，存储了 1 位信息，在 N 型硅衬底上制造了两个 P^+区，分别引出源极 S（Source）和漏极 D（Drain）。S 与 D 之间有一个用多晶硅做成的栅极，它被埋在氧化硅绝缘层中，不与外部通导，因而被称为浮栅。在芯片制成后，写入信息前，浮栅上没有电荷，两个 P^+区之间没有导通沟道，因此在+5 V 电源下 S 与 D 之间不通导，一般定义为 1。所以，写入数据之前芯片存储的内容为全 1。

如果在 S 与 D 之间加+25 V 高压（S 正、D 负），由于浮栅与硅基片之间的绝缘层很薄，只有 0.05～0.1 μm，于是在 D 极附近的强电场作用下，D 与浮栅之间被瞬时击穿，大量电子注入浮栅。当+25 V 高压撤除后，绝缘层恢复绝缘状态，浮栅上电子的能量不足以使电子穿越绝缘层。如果不外加能量，浮栅上的电子可以长期保留。由于浮栅上带负电荷，在硅基片的对应一边将形成带正电荷的 P 沟道，见图 4-19。如果在 S 与 D 间加工作电压，PMOS 将呈导通状态，定义为 0。所以，对 EPROM 写入的过程是将有关的位单元由 1 改写为 0，写入内容可长期保持不变，因而在+5 V 电源下只读不写。

芯片封装上方装有一个石英玻璃窗口，这是 EPROM 芯片的外形特征。当用紫外线照射时（典型方式是用 12 mW/cm^2 功率的紫外线灯，照射 10～20 分钟），浮栅上的电子获得能量，将能越过绝缘层泄放掉。浮栅失去电荷，P 沟道消失，芯片被擦除为全 1。显然，写入过程可选择字、位逐个地写入，而紫外线擦除是将全芯片擦除为 1。当重新击穿写 0、照射擦除的过程反复进行了一定次数后，绝缘层将被永久性地击穿，芯片损坏。因此应当尽量减少重写次数。此外，在阳光或荧光灯照射下过长（一周以上），信息也会被丢失。所以，要注意 EPROM 芯片的使用环境，例如用保护膜遮盖窗口，当需要擦除时再打开。

Intel 2716 是常用的 EPROM 芯片（如图 4-20 所示），容量为 2K×8 位。下面以它为例说明 EPROM 的工作方式，如表 4-1 所示。

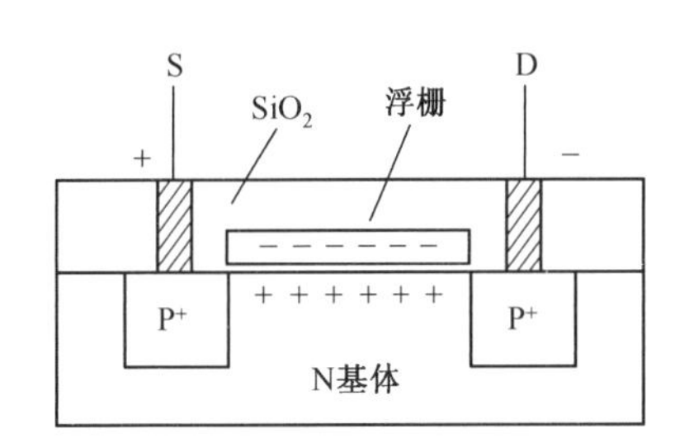

图 4-19　PMOS 结构

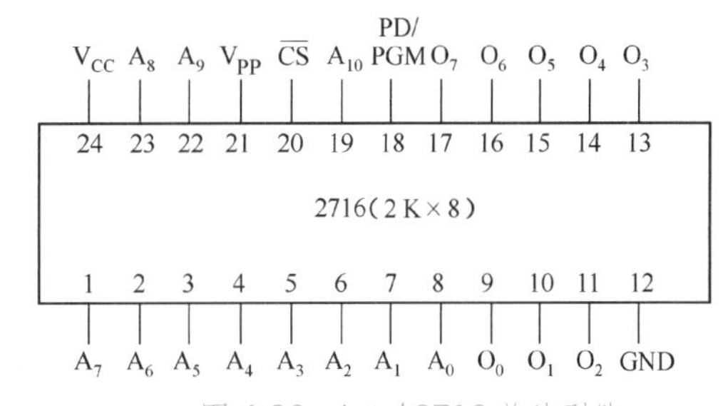

图 4-20　Intel 2716 芯片引脚

表 4-1　Intel 2716 芯片的工作方式选择

工作方式	V_{CC}	V_{PP}	$\overline{CS}$	O_0～O_7	PD/PGM
编程写入	+5 V	+25 V	高	输入	50 ms 正脉冲
读	+5 V	+5 V	低	输出	低
未选中	+5 V	+5 V	高	高阻	无关
功耗下降	+5 V	+5 V	无关	高阻	高
程序验证	+5 V	+25 V	低	输出	低
禁止编程	+5 V	+25 V	高	高阻	低

① 编程写入。将 EPROM 芯片置于专门的写入器，由 V_{PP} 端引入+25 V 高压，$\overline{CS}$ 为高，A_{10}～A_0 选择写入单元，O_0～O_7 输入待写信息，编程端 PGM 引入一个正脉冲，其时间宽度约为 45～55 ms，幅度为 TTL 高电平，则按字节写入 8 位信息。PGM 正脉冲过窄，则不能可靠

写入；若过宽，则可能损伤芯片。有多种形式的 EPROM 写入器，常见的写入方式是将写入器与微机系统相连，以微机为宿主机通过编程方式对芯片存储单元依次写入数据。

② 读。芯片写入后，插入存储系统，只引入+5 V 电源，PD/PGM 端为低。若片选有效，则按地址读出，由 O_0～O_7输出到数据总线。这是 EPROM 在正常工作时的方式，只读不写。

③ 未选中。若片选为高，即未选中本芯片，输出呈高阻，不影响数据总线状态。

④ 功耗下降。虽然芯片处于+5 V 的正常电源之下，但不要求它工作，为降低功耗，可使芯片处于一种低功耗的备用状态。PD/PGM 是功耗下降/编程（Power Down/Program）端，若 PD 端为高，但 V_{PP} 为+5 V（不能写入），则芯片输出呈高阻，且功耗只有原来的 1/4，如 2716 芯片功耗由 525 mW 下降到 132 mW。

⑤ 程序验证。芯片位于写入器环境，V_{PP} 为+25 V，但已编程写入完毕。可让片选 $\overline{CS}$ 有效，但编程控制端 PGM 为低（非写入状态），此时 O_0～O_7 可以按地址输出已经写入的内容，供验证写入是否正确。若无误，可将芯片取出，插入使用该芯片的系统。

⑥ 禁止编程。芯片位于写入环境，V_{PP} 为+25 V，但 PGM 为低，$\overline{CS}$ 为高，则 O_0～O_7 呈高阻与数据线脱离，禁止读写数据。

以上 6 种状态中，①、⑤、⑥属于写入器环境，其余 3 种属于应用环境。

4．EEPROM（电可擦除重编程只读存储器）

常规的 EPROM 芯片需用紫外线照射才能擦除，仍不方便。随着存储芯片制造技术的进展，出现了可加高压擦除的只读存储器，即电可改写（重编程），缩写为 EEPROM（Electrically EPROM）或 E^2PROM。E^2PROM 采用金属－氮－氧化硅（NMOS）集成工艺，仍可实现正常工作方式中的只读不写，但在擦除时只需加高压对指定单元产生电流，形成“电子隧道”，将该单元信息擦除，而其他未通电流的单元内容保持不变。显然，E^2PROM 比 EPROM 更方便，但它仍需在专用的写入器中进行擦除和改写。

5．新一代可编程只读存储器 FLASH

20 世纪 80 年代中期研制出一种快速擦写型存储器（FLASH Memory），具备 RAM（随机存储器）和 ROM（只读存储器）的所有功能，而且功耗低、集成度高，发展前景非常广阔。这种器件沿用了 EPROM 的简单结构和浮栅/热电子注入的编程写入方式，兼备 E^2PROM 的可电擦除特点，而且可在计算机内进行擦除和编程写入，因此也被称为快速擦写型电可重编程只读存储器，即 FLASH E^2PROM。

FLASH 通常称为“闪存”，具有掉电时信息不丢失、擦除快、单一供电、高密度的信息存储等显著特点，从而得到广泛应用，如 U 盘等，主要用于保存系统引导程序和系统参数数据等需要长期保存的各种信息。

FLASH 的信息存储电路由一个晶体管构成，通过沉积在衬底上被氧化物包围的多晶硅浮空栅来保存电荷，以此维持衬底上源、漏极之间导电沟道的存在，从而保持其上的信息存储，如图 4-21 所示。若浮空栅上保存有电荷，则在源极和漏极之间形成导电沟道，为一种稳定状态，可以认为该单元电路保存“0”信息；若浮空栅上没有电荷存在，则在源极和漏极之间无法形成导电沟道，为另一种稳定状态，此时可认为该单元电路保存“1”信息。

上述这两种稳定状态可以相互转换：状态“0”到“1”的转换过程，是将浮空栅上的电荷移走的过程。在栅极与源极之间加一个正向电压 V_{sg}，在漏极与源极之间加一个正向电压 V_{sd}，

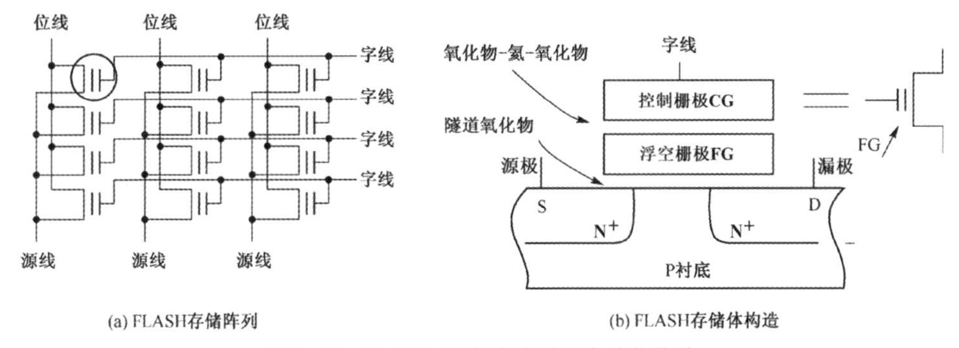

图 4-21　FLASH 的存储阵列和存储体构造

确保$V_{sg} > V_{sd}$，来自源极的电荷向浮空栅扩散，使浮空栅上带上电荷，在源、漏极之间形成导电沟道，完成状态转换，该过程称为对 FLASH 编程。进行正常的读取操作时，只要撤销V_{sg}，加适当的V_{sd}即可。正常情况下，在浮空栅上存在的电荷几乎可以长期保持不消失。

由于 FLASH 只需单个器件（1 个晶体管）即可保存信息，因此具有很高的集成度，这与单管 DRAM 类似，访问速度也几乎接近 EDO 类型的 DRAM。供电撤销后，FLASH 中的信息不丢失，又具有只读存储器的特点；对其擦除和编程时，只要在源极 - 栅极或者漏极 - 源极之间加适当的正向电压即可，可以在线擦除和编程，又具有 E^2PROM 的特点；FLASH 进行擦除时是按块进行的，又具有 EPROM 的整块擦除的特点。总之，FLASH 是一种高集成度、低成本、高速、能够灵活使用的新一代只读存储器。

4.2.5　固态硬盘

FLASH 除了被用来取代 EPROM 和 E^2PROM 外，还被用来部分取代磁盘存储器。这类芯片具有非易失性，当电源断开后仍能长久保存信息，属于非易失性半导体存储器，也不需后备电源。FLASH 的读取速率与 DRAM 芯片相近，是磁盘读取速率的 100 倍左右，而写数据时间（快擦写）则与硬盘相近，因此适合做成半导体硬盘，即用半导体存储器构成，并且当成普通磁盘来调用，这就是已逐渐应用的固态硬盘（Solid State Disk，SSD）。固态硬盘没有机电运动，比传统磁盘的可靠性高，对传统磁盘形成了有力挑战。

固态硬盘由控制单元和存储单元（FLASH 芯片、DRAM 芯片）组成，在接口的规范和定义、功能及使用方法上与普通硬盘的完全相同，在产品外形和尺寸上基本与普通硬盘一致（新兴的 U.2、M.2 等形式的固态硬盘尺寸和外形与 SATA 机械硬盘完全不同）。芯片的工作温度范围很大，商规产品为 0℃～70℃，工规产品为-40℃～85℃。虽然固态硬盘的成本较高，但是正在普及至 DIY 市场。固态硬盘技术与传统硬盘技术不同，所以吸引了很多新兴存储器厂商关注。通常，厂商只需购买 NAND 颗粒，搭配适当的控制芯片，编写主控制器代码，就可以制造固态硬盘。新一代固态硬盘普遍采用 SATA-2 接口、SATA-3 接口、SAS 接口、MSATA 接口、PCI-E 接口、M.2 接口、CFast 接口、SFF-8639 接口和 NVME/AHCI 协议。

固态硬盘的存储介质分为两种，一种是采用闪存（FLASH 芯片）作为存储介质，另一种是采用 DRAM 作为存储介质，甚至还可采用 Intel 公司的 XPoint 颗粒作为存储介质。

1．闪存类固态硬盘

闪存类固态硬盘（IDE FLASH Disk、SATA FLASH Disk）采用 FLASH 芯片作为存储介质，即通常的固态硬盘，可以被制作成多种样式，如笔记本硬盘、微硬盘、存储卡、U 盘等样式。

这种固态硬盘最大的优点就是可以移动，而且数据保护不受电源控制，能适应各种环境，适合个人用户使用，寿命较长，根据不同的闪存介质有所不同。SLC 闪存普遍达到上万次 PE，MLC 闪存可达 3000 次以上，TLC 闪存可达 1000 次左右，QLC 闪存能确保 300 次的寿命，普通用户一年的写入量不超过硬盘的 50 倍总尺寸，最廉价的 QLC 闪存也能提供 6 年的写入寿命。可靠性很高，高品质的家用固态硬盘可轻松达到普通家用机械硬盘十分之一的故障率。

2．DRAM 类固态硬盘

DRAM 类固态硬盘采用 DRAM 作为存储介质，应用范围较窄，效仿传统硬盘的设计，可被绝大部分操作系统的文件系统工具进行存储卷的设置和管理，并提供工业标准的 PCI 和 FC 接口用于连接主机或者服务器。其应用方式可分为 SSD 硬盘和 SSD 硬盘阵列两种。DRAM 类固态硬盘是一种高性能的存储器，理论上可以无限写入，美中不足的是需要独立电源来保护数据安全。DRAM 类固态硬盘属于比较非主流的设备。

3．3D XPoint 类固态硬盘

基于 3D Xpoint 技术的固态硬盘在存储原理上接近 DRAM，但是它是一种非易失性存储器，读取延时极低，可轻松达到现有固态硬盘的百分之一，并且有接近无限的存储寿命。其缺点是密度相对 NAND 较低，成本极高，多用于发烧级台式机和数据中心。

4.3 主存储器的组织

从计算机组成原理的角度，我们更关心如何用存储芯片组成一个实际的存储器。现在，主存储器是用半导体存储器构成的，可能使用 SRAM 芯片或者 DRAM 芯片。如果内存中有固化区，就需部分使用只读存储器如 EPROM 等。主存储器的组织涉及如下问题：

- 存储器基本逻辑设计，而半导体存储器的逻辑主要是寻址逻辑，即如何按地址选择芯片与片内存储单元。
- 如果采用 DRAM，还需考虑存储器的动态刷新问题。
- 所构成的主存如何与 CPU 连接、匹配。
- 主存校验，如何保证存取信息的正确性。

4.3.1 内存的设计原则

在设计和组成计算机系统中的主存储器时，往往需要选择一种或几种存储器芯片构成主存系统，并通过总线把 RAM、ROM 芯片与 CPU 连接起来，并使之协调工作。CPU 对主存储器进行读或写时，总是先输出地址，再送出读或写命令，最后才能通过数据总线进行信息交换。所以，CPU 与存储器连接必须考虑信号线的连接、时序配合、驱动能力等问题。

存储器与 CPU（或总线控制器）的连接主要由三部分组成：地址总线的连接、数据总线的连接和控制总线的连接。

1．驱动能力

在与总线连接时，先要考虑 CPU（或总线控制器）的驱动能力方面的问题。对于 CPU（或总线控制器），一般输出线的直流负载能力都是很有限的，尽管可能经过了驱动放大，且现代存储器都是直流负载很小的 CMOS 或 CHMOS 电路，但由于分布于总线和存储器上的负载电容总是存在的，因此要保证所设计的存储系统稳定工作，就必须考虑输出端能带负载的最大能力。若负载太重，则还必须要专门增加信号的缓冲驱动。

2．存储器芯片类型选择

根据内存各区域的应用不同，在构成主存储器系统时，应选择适当的存储器芯片。如前所述，半导体存储器可以分成 RAM 和 ROM 两大类。

RAM 最大的特点是其存储的信息可以在程序中用读、写指令以随机存取的方式读写，但掉电时信息会丢失，所以一般用于存储用户的程序、程序的中间运算结果及掉电时不需保存的 I/O 数据等。

ROM 中的内容在掉电时不易消失，但也不能随机写入，故一般用于存储系统程序、初始化参数和不需在线修改的数据等。其中，掩膜 ROM 和 PROM 用于大批量生产的计算机产品中。当需要多次修改程序或用户自行编程时，宜选用 EPROM 等芯片。E^2PROM 多用于保存这样一些数据或参数：它们在系统工作过程中被写入而又需要掉电保护。

3．存储器芯片与 CPU 的时序配合

存储器的存取时间是反映其工作速率的重要指标，选用存储芯片时，必须考虑它的存取时间和 CPU 的工作速率的匹配问题，即时序配合。

当 CPU 进行读操作时，什么时候送地址信号，什么时候从数据线上读数据，其时序是固定的，而存储器芯片从外部输入地址信号有效，到内部数据送至数据总线上的时序也是固定的，并由半导体存储器芯片的内部结构和制造工艺决定。因此把它们连接在一起时，必须注意这两种时序的配合，即当 CPU 发出读数据信号时，存储器要把数据输出并稳定在数据总线上，读操作才能顺利进行。

如果存储器芯片读或写周期的工作速率不能满足 CPU 的要求，就可在 CPU 的相应周期内插入一个或数个延迟周期 T_w，人为延长 CPU 读写时间，使二者相匹配。

为简化外围电路及充分发挥 CPU 的工作速率，应尽可能选择与 CPU 时序相匹配的芯片。

4．存储器的地址分配和片选译码

微型计算机中的存储系统通常由 SRAM 类型的 Cache、存储永久信息的 ROM、保存大量信息的 DRAM 这三部分组成。按照空间范围的使用类型，存储器可以分为操作系统保留区域、系统数据区域、设备设置区域、主存储区域和存储扩展区域等。因此，内存的地址分配是一个较为复杂又必须弄清的问题。另外，由于生产出的存储器的单片容量一般总是小于微处理器（或总线控制器）所能寻址的地址范围，因此总是要由许多单片的存储芯片才能组成一个整体的大容量存储系统，这就需要弄清诸多存储芯片之间如何连接，也就是如何分配芯片地址、如何产生片选信号的问题。

5．行选信号 $\overline{RAS}$ 和列选信号 $\overline{CAS}$ 的产生

为了减少芯片的引脚数量，DRAM 存储器的地址输入常常采用分时复用方式，把输入的目标地址分成两部分。高位地址作为行地址，在 $\overline{RAS}$ 的控制下首先送入芯片；然后是低位地址，在 $\overline{CAS}$ 的控制下通过相同的引脚送入芯片。但 CPU 发出的地址码是通过地址总线同时送到存储器的，因此，为了达到芯片地址引脚分时复用的目的，需要专门的存储器控制单元来控

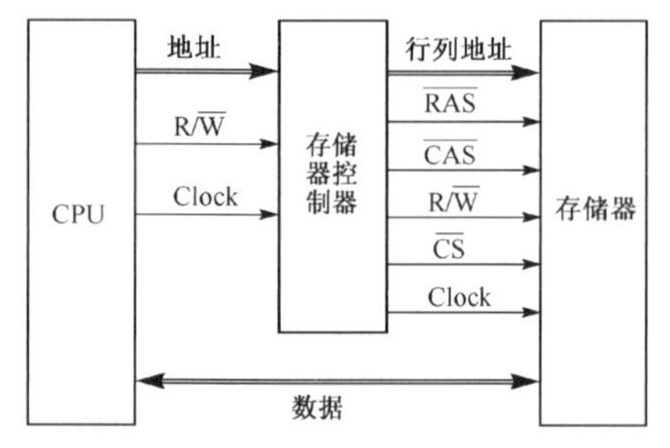

图 4-22　行选信号和列选信号的产生

制这种复用操作，如图 4-22 所示。

存储器的控制单元从总线接收地址码和读写控制信号 R/$\overline{W}$，将行列地址存储到缓冲器，产生 $\overline{RAS}$ 和 $\overline{CAS}$ 信号，并由该控制单元提供 RAS-CAS 的时序和地址复用功能，也由该控制单元向存储器发出 R/$\overline{W}$ 信号和 $\overline{CS}$ 信号。

对于同步动态存储器芯片，控制单元还要提供时钟信号。一般的动态存储器都没有自刷新能力，存储器控制单元还要提供刷新所需的所有信号，比如行地址计数等。

4.3.2　内存的逻辑设计

设计存储器时，需先明确所要求的总容量这一技术指标，即总容量 = 编址单元数×位数。位数指每个编址单元的数据宽度。如果主存按字节编址，那么每个编址单元的宽度为 8 位（1 字节），大多数计算机允许按字节访问。当计算机字长超过 8 位时，为了提高存取速率，有的主存既允许按字节编址，也允许按字编址。按字编址时则需确定每个字多少位。通常让字长为字节的整数倍，在 16 位机中将一个字分为高位字节和低位字节。

然后，需要确定可供选用的存储芯片，即什么型号规格的存储芯片、每片的容量是多少。每片容量通常低于总容量，就需要用若干块芯片组成。在组织芯片时，一般原则是：按地址区从低到高，先安排 ROM 芯片再安排 RAM 芯片，先安排大容量芯片再安排小容量芯片。相应地，可能存在位数与字数的扩展问题。

① 位扩展。例如，PC/XT 机的主存容量典型值为 1 M×8 b，即 1 MB，典型组成方式是用 8 片 1 Mb（1 M×1 b）的存储芯片拼接而成。为了实现位扩展，各芯片的数据输入线、输出线相拼接绑定，如每片分别与 1 位数据线相连，拼接为 8 位。而编址空间相同的芯片，地址线与片选信号分别相同，可将它们的地址线按位并联，然后与地址总线相连，共用一个片选信号。向存储器送出某个地址码，则 8 块存储芯片的某对应单元同时被选中，可向这 8 块芯片各写入 1 位，或各读出 1 位，拼接为 8 位。

② 编址空间的扩展。如果每片提供的地址数量不够，就需用若干芯片组成总容量较大的存储器，称为编址空间的扩展。为此将高位地址译码产生若干不同片选信号，按各芯片在存储空间分配中所占的编址范围，分别送至各芯片。低位地址线直接送至各芯片，以选择片内的某单元。各芯片的数据线按位并联到数据总线上。向存储器送出某地址码，经译码后，则只输出一个唯一的有效片选信号，从而只选中某芯片，而低位地址在芯片内译码能选中某具体的存储地址单元，该芯片便可写入或读出数据。

1. 主存储器的设计举例

在实际的主存储器中，可能只需进行位扩展，也可能既有地址空间扩展又有位扩展。下面通过一个例子介绍存储器逻辑设计的一般方法。

【例 4-3】 某半导体存储器容量 4 K×8 b。其中固化区容量为 2 KB，拟选用 EPROM 芯片 2716（2 K×8 b）；工作区 2 KB，选用 RAM 芯片 2114（1 K×4 b）。地址总线 A_{15}～A_0（低），双向数据总线 D_7～D_0（低），读/写控制信号线 R/$\overline{W}$。

（1）存储空间分配与芯片。先确定芯片数量，再分配存储空间，以作为片选逻辑的依据。本例既有字扩展也有位扩展，共需 1 块 2716、4 块 2114，每 2 块 2114 拼接为同地址的一组，如表 4-2 所示。

表 4-2　芯片组织及地址分配

组　号	芯片组合		$A_{15}A_{14}\cdots A_{12}A_{11}A_{10}A_9A_8\cdots A_1A_0$	地址线
0	2 K×8 (2716)		0 0 …0 **0** 0 0 0…0 0 0 0 …0 **0** 1 1 1…1 1	芯片组分配的起止地址范围
1	1 K×4 (2114)	1 K×4 (2114)	0 0 …0 **1 0** 0 0…0 0 0 0 …0 **1 0** 1 1…1 1	
2	1 K×4 (2114)	1 K×4 (2114)	0 0 …0 **1 1** 0 0…0 0 0 0 …0 **1 1** 1 1…1 1	

（2）地址分配与片选逻辑。

组号	芯片容量	片内地址	片选信号	片选逻辑
0	2K	$A_{10}\sim A_0$	$\overline{CS_0}$	A_{11}
1	1K	$A_9\sim A_0$	$\overline{CS_1}$	$A_{11}A_{10}$
2	1K	$A_9\sim A_0$	$\overline{CS_2}$	$A_{11}A_{10}$

存储器的地址空间是 4K，共需 12 根地址线，$A_{11}\sim A_0$。高 4 位地址线 $A_{15}\sim A_{12}$ 恒为 0，在设计片选信号时可以舍去，不用连接到地址总线。对于 2716，每片 2K 个单元，故应将低 11 位地址线 $A_{10}\sim A_0$ 连接到芯片，余下的高位地址线 A_{11} 作为片选依据。对于两组 2114，每组（由两块拼接）单元数为 1K，故应将低 10 位地址线 $A_9\sim A_0$ 连接芯片，余下的 2 根线 $A_{11}A_{10}$ 作为片选依据。再根据存储空间的分配方案，进一步确定各组芯片的片选逻辑。

（3）存储器设计方案的逻辑结构图。设计的存储器的结构如图 4-23 所示。读写命令 $R/\overline{W}$ 送往每个 RAM 芯片，为高电平（$R/\overline{W}=1$）时从芯片读出，为低电平（$R/\overline{W}=0$）时写入芯片。2716 的每个存储单元输出 8 位，送往数据总线。每组 2114 中的一片输入/输出高 4 位，另一片输入/输出低 4 位，拼接为 8 位，与数据总线相连。产生片选信号的译码电路，其逻辑关系应满足设计所确定的片选逻辑，注意片选信号一般是低电平有效。

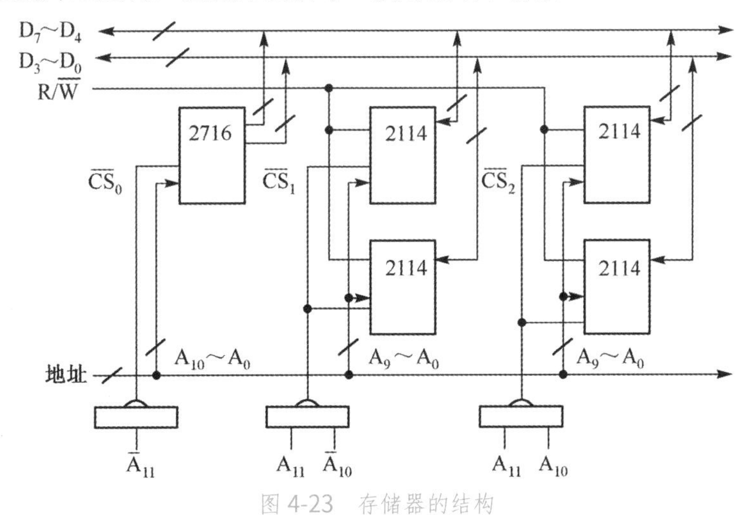

图 4-23　存储器的结构

如果存储器中所有存储芯片的容量相同，那么设计结果将很规整：加到各存储芯片的地址线相同，产生片选的高位地址位数也相同。此时也可使用通用的译码器芯片，如 2-4 译码器或者 3-8 译码器之类。

如果存储器容量较大，所用存储芯片采用地址复用技术，如 2164 类芯片，那么时序控制逻辑将复杂一些。需按照图 4-10 要求产生一组时序信号，先将高位地址线输入芯片地址输入端，作为行地址；再将低位地址线输入芯片地址输入端，作为列地址。在产生片选信号的译码器中，引入行选时序信号 RAS 和列选时序信号 CAS，译码后产生 $\overline{RAS_0}$、$\overline{CAS_0}$、$\overline{RAS_1}$、$\overline{CAS_1}$。

【例 4-4】设计容量为 14 KB 的半导体存储器，按字节编址，要求 0000H～1FFFH 为 ROM 区，2000H～37FFH 为 RAM 区，地址总线 A_{15}～A_0（低），双向数据总线 D_7～D_0（低），读写控制信号线 $R/\overline{W}$。可选用的存储芯片规格有 EPROM（4 KB/片）和 RAM（2K×4 位/片）。

（1）计算芯片数量。

ROM 区容量：$(1FFFH-0000H+1)\div 2^{10}=8K$，故 EPROM 要 2 片。

RAM 区容量：$(37FFH-2000H+1)\div 2^{10}=6K$，故 RAM 要 6 片。

（2）确定地址线和片选信号线。存储器按字节编址，即每个地址对应 1 字节，因此 EPROM 芯片不需进行位扩展，但 RAM 芯片宽度只有 4 位，故要先对其进行位扩展，每两片拼接形成成一组，使数据位的宽度扩展到 1 字节，总共需要 3 个这样的 RAM 芯片组。扩展后的芯片及分组情况如表 4-3 所示。

表 4-3　扩展后的芯片组织及分组情况

组　号	芯片组合		$A_{15}A_{14}A_{13}A_{12}A_{11}A_{10}A_9A_8A_7\cdots A_0$	
0	EPROM　4K×8		**0 0 0 0** 0 0 0 0 0 ··· 0	芯片组分配的起止地址范围
			0 0 0 0 1 1 1 1 1 ··· 1	
1	EPROM　4K×8		**0 0 0 1** 0 0 0 0 0 ··· 0	
			0 0 0 1 1 1 1 1 1 ··· 1	
2	RAM 2K×4	RAM 2K×4	**0 0 1 0 0** 0 0 0 0 ··· 0	
			0 0 1 0 0 1 1 1 1 ··· 1	
3	RAM 2K×4	RAM 2K×4	**0 0 1 0 1** 0 0 0 0 ··· 0	
			0 0 1 0 1 1 1 1 1 ··· 1	
4	RAM 2K×4	RAM 2K×4	**0 0 1 1 0** 0 0 0 0 ··· 0	
			0 0 1 1 0 1 1 1 1 ··· 1	

因为例中明确显示了地址码是 16 位，所以给出的 16 根地址线均要使用。根据每组芯片的容量和地址空间分布情况，可以确定哪些地址线应该用于片内寻址。第 0 组和第 1 组芯片地址空间均为 4K（2^{12}），故其片内寻址需要 12 根地址线。其余各组芯片的地址空间均为 2K（2^{11}），故它们用于片内寻址的地址线应需要 11 根。除了用于片内寻址的地址线，其他地址线将全部被用于片选信号的产生，具体如下：

组号	芯片容量	片内地址	片选信号	片选逻辑
0	4K	A_{11}～A_0	$\overline{CS_0}$	$\overline{A_{15}}\,\overline{A_{14}}\,\overline{A_{13}}\,\overline{A_{12}}$
1	4K	A_{11}～A_0	$\overline{CS_1}$	$\overline{A_{15}}\,\overline{A_{14}}\,\overline{A_{13}}A_{12}$
2	2K	A_{10}～A_0	$\overline{CS_2}$	$\overline{A_{15}}\,\overline{A_{14}}A_{13}\overline{A_{12}}\,\overline{A_{11}}$
3	2K	A_{10}～A_0	$\overline{CS_3}$	$\overline{A_{15}}\,\overline{A_{14}}A_{13}\overline{A_{12}}A_{11}$
4	2K	A_{10}～A_0	$\overline{CS_4}$	$\overline{A_{15}}\,\overline{A_{14}}A_{13}A_{12}\overline{A_{11}}$

（3）绘制设计方案，如图 4-24 所示。其中，4 根地址线 A_{15}～A_{12} 经译码后，分别形成两个 EPROM 芯片的片选信号输入，5 根地址线 A_{15}～A_{11} 经译码后，分别输出，形成 3 组 RAM 芯片的片选信号；$\overline{CS_0}$～$\overline{CS_4}$ 分别代表 5 组芯片（ROM 和 RAM）的片选信号，且每个片选信号也都如上例中那样，由相应地址信号分别通过“与非门”来产生。

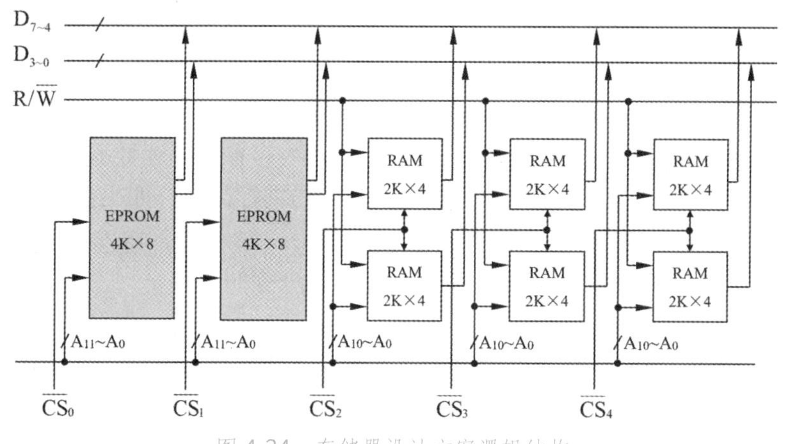

图 4-24　存储器设计方案逻辑结构

2．主存储器的校验

从内存中读到的数据是否正确无误对计算机能否正常工作至关重要。因此，需对读出信息进行校验，若发现错误，或给出检验出错的指示信息，或先让主存重读至少一次。如果重读后正确，就说明原先的错误是偶然发生的（如受到干扰），现已消失。如果重读后始终有错，就说明错误是永久性的，如原存信息已被破坏或主存已产生故障，可能需要停机处理或采取其他故障排除措施。

通俗地讲，校验的方法是让写入的信息符合某种约定规律，在读出时检验读出信息是否仍符合这一约定规律，如果符合，就基本上可判定读出信息正确无误。

1）奇偶校验

大多数主存储器都支持奇偶校验（Parity）方式，这是一种最简单也是应用最广泛的校验方法。奇偶校验是一种总称，其基本思想是根据代码字的奇偶性质进行编码与校验，一般有两种可供选用的编码方式：奇校验（Odd Parity）和偶校验（Even Parity）。带奇偶校验功能的内存一般被称为奇偶内存，广泛用于普通计算机之中。关于奇偶校验的更多细节见 2.5.1 节。

根据主存是按字节编址还是按字编址的不同，以字节或以字为单位进行编码，每字节（字）配一个奇偶校验位。例如，可用 9 片 1 Mbit 的 DRAM 芯片可组成 1 MByte 主存，增设的 1 位用来作为专用的数据校验位，以保存校验码。

带奇偶校验的主存在存储数据时会将有效数据连同校验位一起写入主存。当读取主存数据时，它会再次按奇偶校验方式计算有效数据的校验位，并判断与之前存储的校验位是否一致。如发现二者不同，就会试图去纠正其可能发生的错误。奇偶校验有个缺点，当检查到主存的数据位有错误时，并不一定能确定具体是哪一位发生了错误，因此不一定能纠正错误。所以，带有奇偶校验功能的主存一般仅能“发现错误”，理想情况下只能纠正一部分简单的错误。

计算机的主存一般以字节（或字）为编址单位，为了确保主存的读写速率，在系统层面基本上都是依靠硬件电路来实现主存奇偶校验的编码和检错。除此之外，有时在应用程序层面可以通过软件方式来实现“累加和”，以进行校验编码和检错。

2）ECC 校验

ECC（Error Checking and Correcting，错误检查和纠正）是继奇偶校验之后发展起来的主存校验技术，具有更高的编码效率和更强的自动纠错能力。

内存行业一般习惯将具备 ECC 功能的主存称为 ECC 主存，表明它具备 ECC 方式的检错和纠错能力。这种内存一般多应用在中高档台式计算机、服务器及图形工作站上，能使整个计算机系统在工作时更加安全和稳定。

ECC 内存同样是在有效数据位上额外增加校验位来实现错误检测和纠正的。当数据写入内存时，有效数据位和对应的 ECC 校验码同时被写入内存单元。读数据时，根据读取的有效数据位重新计算 ECC 校验码，并将其与存储的 ECC 码进行比较。如果两个 ECC 码相同，就表明数据校验结果正确，系统正常进行后续的数据使用。如果两个 ECC 码不同，就认为数据发生错误，于是通过 ECC 检错规则确定错误位并对其进行纠正。

使用 ECC 方式来校验的内存，会对系统的性能造成一定影响，但这种检错和纠错对确保计算机的可靠性十分必要。此外，由于带 ECC 校验功能的内存比普通内存的价格昂贵很多，因此 ECC 内存一般只在高端计算机中使用，如高性能笔记本和服务器等。

4.3.3 内存与 CPU 的连接和控制

内存与外部的连接方式主要考虑它与 CPU 及总线的连接。在具体逻辑形态上，连接和控制方式可能有多种变化，但从原理上大致需考虑以下几方面。

1．系统的结构模式

在不同的硬件系统架构中，内存与 CPU 的连接模式互不相同，主要有下列 3 种。

1）直连接模式

将微处理器与半导体存储器集成在一块插件上，做成 CPU 卡，可以作为模块组合式大型计算机系统中的核心部件，或多机系统（如超算）的一个节点。又如，智能型（可编程控制）设备控制器或接口包含微处理器与半导体存储器。在这些情况下，CPU 芯片与存储芯片直接相连，如图 4-25 所示。CPU 输出地址线直接送往存储器，数据线也直接与存储芯片相连，CPU 还发出读、写等控制命令送往主存，即直连接模式。在直连接模式下，内存是 CPU 的局部存储器，仅能在节点模块内使用，不能全局共享。

2）通过系统总线连接

稍具规模的计算机系统设置了一组甚至多组系统总线，供部件共享使用，通常包括地址线、数据线及控制信号线，CPU 通过数据收发缓冲器、地址锁存器、总线控制器等接口芯片，与系统总行进行信息交互，如图 4-26 所示。内存与其他部件共享、竞争使用总线，并通过系统总线实现与 CPU 的连接及信息交互。

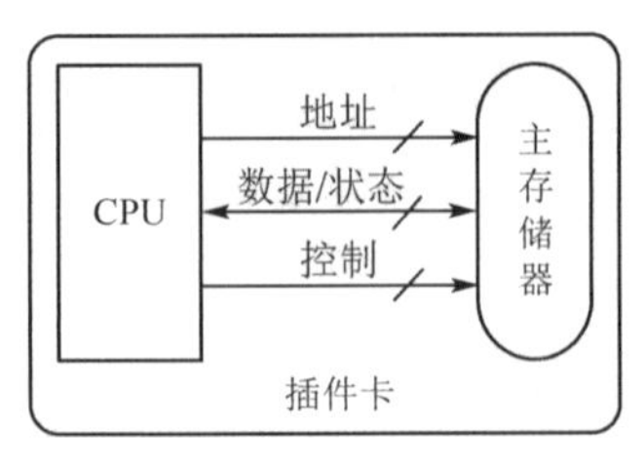

图 4-25 直连接模式

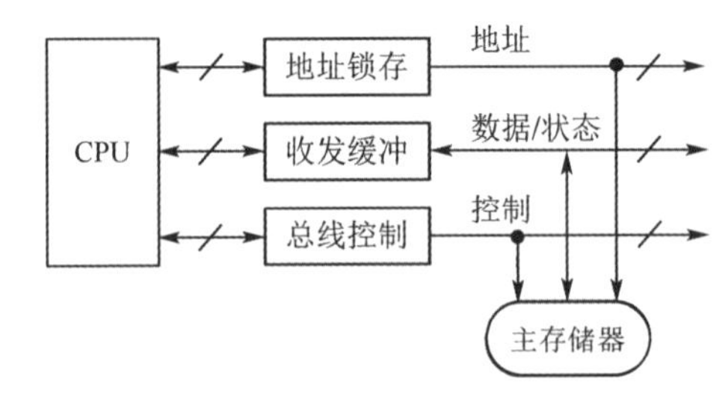

图 4-26 通过系统总线连接

3）通过存储专线连接

如果系统规模较大（所带外围设备多）且对访存速率的要求很高，此时 CPU 还是仅仅通过系统总线与内存来交互数据，就很难满足要求。更高效的策略是在 CPU 与内存之间增设专用的高速存储通路，即存储总线，以专门承担内存与 CPU 之间的高速通信，如图 4-27 所示。通过存储总线连接模式能显著提高 CPU 访存的可靠性和读写效率。当然，在要求不高的场合，可以通过系统总线访问存储器。

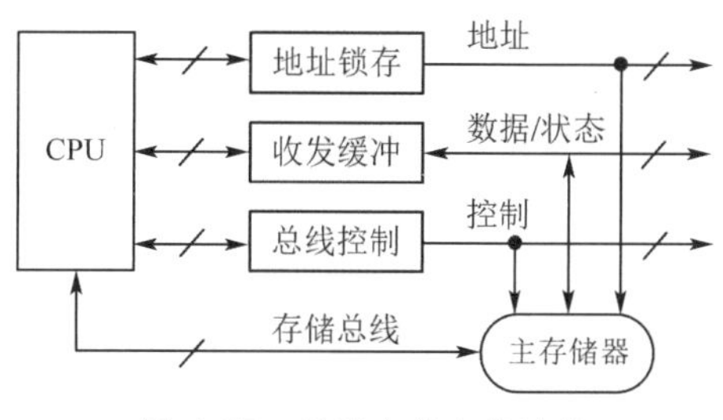

图 4-27　通过存储专线连接

2．速率匹配与时序控制

在早期的计算机中，常为 CPU 内部操作和访存操作设置统一的时钟周期，称为节拍，即以一次访存所需时间为一拍的宽度。CPU 内部操作也是每节拍执行一步。由于 CPU 的执行速率往往高于主存，对 CPU 内部操作来说，时间利用率较低。

现在，大多数计算机对这两类操作设置不同的时间周期。CPU 将操作时间划分为时钟周期，每个时钟周期完成一步 CPU 内部操作，如一次传输或一次相加。可让时钟频率提高，以适应 CPU 的高速操作。而通过系统总线的一次访存操作占用一个总线周期。在同步方式中，一个总线周期可由数个时钟周期组成。大多数主存的存取周期是固定的，因此一个总线周期包含的时钟周期数可以事先确定不变。特殊情况下，也可以安排基本时钟周期数，如果来不及完成读或写，就插入等待（延长）周期。有的系统采用异步方式访存。根据实际需要来确定总线周期的长短，当存储器完成操作时发出一个就绪信号 READY，总线周期需长则长，能短则短，与 CPU 时钟周期没有直接关系。高速系统还能采取一种覆盖式并行地址传输技术，即在现行总线周期结束之前送出下一总线周期的地址和操作命令。

3．数据通路匹配

数据总线一次能并行传输的位数，称为总线的数据通路宽度，常见的有 8 位、16 位、32 位、64 位等。大多数主存储器常采取按字节编址，每次访存读、写 8 位，以适应对字符类信息的处理。这就存在一个主存与数据总线之间的宽度匹配问题，下面通过两个例子说明可能的匹配方法。

【例 4-5】 8088 芯片是一种准 16 位的 CPU，在其内部可一次处理 16 位（按字），也可一次只处理 8 位（按字节）。对外的数据通路宽度只有 8 位，针对 8088 系统的 PC 总线，其数据总线也只有 8 位。因此，它与主存间的匹配关系比较简单，每个总线周期读写 1 字节，典型时序安排占用 4 个 CPU 时钟周期（$T_1 \sim T_4$），构成一个总线周期。

【例 4-6】 8086 芯片是一种 16 位的 CPU，它的内部和外部数据通路宽度都是 16 位。它的标准操作方式是在一个总线周期中存取 2 字节，即先送出偶单元地址（地址编码为偶数），然后同时读写偶单元与随后的奇单元，用低 8 位数据总线传输偶单元的数据，用高 8 位数据总线传输奇单元的数据，被称为规则字数据。如果传输的是非规则字数据，即从奇单元开始的字，就需要安排两个总线周期。

为了实现例 4-6 的传输，需将存储器分为两个存储体。一个存储体的地址编码均为偶数，称为偶地址（低字节）存储体，与 CPU 低 8 位数据总线相连。另一个存储体的地址编码均为奇数，称为奇地址（高字节）存储体，与高 8 位数据总线相连。地址线 $A_{19}\sim A_1$ 同时送往两个存储体，每个存储体均有一个选择信号输入端 $\overline{SEL}$，低电平选中，如图 4-28 所示。体现地址码奇偶的最低位地址 A_0 送往偶地址存储体，A_0 为 0 时，选中该存储体。CPU 输出信号 $\overline{BHE}$（高字节使能），则选择奇地址存储体。

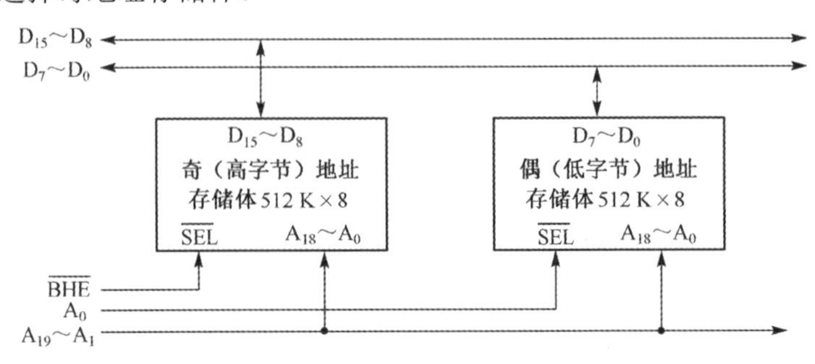

图 4-28　8086 的存储器配置方式

当存取规则字时，地址线送出偶地址，同时让 $\overline{BHE}$ 有效。于是同时选中两个存储体，分别读出高、低字节，共 16 位，在一个总线周期中同时传输。

这种配置方式可以推广到数据通路宽度更高的存储系统，如同时存取 4 个字节，数据总线一次可以传输 32 位数据。在 CPU 中，即可以按字处理，也可以按字节处理。

4．有关内存的控制信号

如前所述，存储芯片本身只需要最基本的控制命令，如 $R/\overline{W}$、$\overline{CS}$，或者为实现地址的分时输入将片选分解为 $\overline{RAS}$ 和 $\overline{CAS}$。为了实现对内存的选择、容量扩展、速率匹配，系统总线可能引申出一些控制和应答信号。不同的系统总线有其自身的约定标准，规定了一些与内存相关的控制信号，从而在某种程度上影响了内存的整体组织和访存工作方式。下面将提及一些可能遇到的控制信号设置情况。

有的系统总线还设置了选择命令 $\overline{M}/IO$，低电平时选中主存，高电平时选中外围设备。相应地，可将该控制信号引入主存。有的计算机将这个信号称为 $\overline{MREQ}$，典型的做法是将该信号引至片选译码器的使能端。当 $\overline{MREQ}$ 为高时，片选译码器的输出无效（所有片选均无效，没有一个存储芯片被选中），则存储器不工作。当 $\overline{MREQ}$ 为低时，片选译码器有一个片选输出有效，则存储器工作。图 4-28 中的选择信号 $\overline{SEL}$ 作用与此相同。

有的系统总线将存储器选中信号与读写命令结合起来，分为两个控制信号：$\overline{MEMW}$（存储器写）、$\overline{MEMR}$（存储器读），将参与控制片选信号的产生，并形成存储芯片所需的 $R/\overline{W}$，或者 $\overline{WE}$（写）和 RD（读）。

为了扩展存储器容量，有的系统允许设置一个基本存储器模板和一个扩展存储器模板，称为存储器重叠。相应地，系统总线送出存储器扩展信号 MEMEX：为低电平时，选择基本存储器模板；为高电平时，选择扩展存储器模板。

16 位系统中常设置字节控制信号 $\overline{BHE}$，为低电平时，有效选中高字节，见图 4-28。

内存的存取周期一般是已知而且固定的，因此可用固定的时序信号完成读写，不需要应答信号。在某些特殊情况下，如内存与外围设备之间的直接传输，其操作完成时间有可能不固定，所以需要设置应答信号，如就绪信号 READY 或应答信号 ACK 等。

限于篇幅，本书不介绍具体的连接逻辑电路，仅指出三种典型的连接模式。在最小系统模式中，内存直接与CPU相连，控制信号简单，见图4-25。在较大系统模式中，CPU将读写控制命令送往总线控制器（如8288类芯片），再由总线控制器送出系统总线信号，连接到内存。有的系统使用8203类存储器控制芯片，由总线控制器8288产生系统总线控制信号，送往8203控制芯片，再由8203输出控制信号到存储器。

4.4 磁表面存储原理

磁表面存储器是目前使用最广泛的外存储器，在可预测的一段时间内，仍将占有重要地位。根据记录载体（介质及基体）的外形，磁表面存储器有磁鼓、磁带、磁盘、磁卡等。由于外形尺寸大而记录面积有限，磁鼓已被淘汰。磁卡的记录信息量较少，主要用于某些专用设备。因此，计算机系统中广泛使用的是磁盘和磁带，特别是磁盘，几乎是稍具规模的系统的基本配置。

本章主要介绍磁表面存储器的基本存储原理，如记录介质和磁头、读写原理、磁记录编码方式，以及在外存储器中采用的校验方法等。

4.4.1 存储介质和磁头

1）基体和磁层

在磁表面存储器中，记录信息的介质是一层很薄的磁层，需要依附于具有一定机械强度的基体之上。根据不同磁表面存储器的需要，基体可分为软质基体和硬质基体两大类，它们要求的磁层材料和制造工艺相应不同。

① 软质基体和磁层。磁带的运行方式要求采用软质基体，如聚酯薄膜带。软盘的盘片在工作时与磁头接触，为减少磁头磨损，也要求用软质基体，如聚酯薄片。将具有矩磁特性的氧化铁微粒，渗入少量钴，用树脂黏合剂混合后，涂敷在基体之上，加工后形成约1 μm厚的均匀磁层。这就是记录信息用介质，属于颗粒型材料。

② 硬质基体和磁层。硬盘的运行方式对基体和磁层要求更高，一般采用铝合金硬质盘片作为基体。为了提高盘片光洁度和硬度，一些新型硬盘采用工程塑料、陶瓷、玻璃作为基体。

硬盘一般采用电镀工艺在盘片上形成一个很薄的磁层，所用材料为具有矩磁特性的铁镍钴合金。电镀形成的磁层属于连续型非颗粒材料，又称为薄膜介质，其均匀性和性能大为提高。磁层厚度大约有0.1～0.2 μm，上面再镀一层保护层，增加抗磨性和抗腐蚀性。

在更新的硬盘中，采用溅射工艺形成薄膜磁层，即用离子撞击阴极，使阴极处的磁性材料原子淀积为磁性薄膜。其性能优于镀膜。

为了确保读出信号的灵敏度，希望选用的材料具有较大磁感应强度。但材料的磁感应强度又不能太大，那样会使磁化状态的翻转时间增加很多，从而影响到数据的记录密度。为了提高记录密度，要求磁层尽量薄，以减少磁化所需时间。但磁层很薄又会使磁通量变化$\Delta\Phi$很微小，这会使读出信号的强度很弱。这种情况下就要求改进读出信号的放大技术，以降低磁层制造工艺要求，或在相同工艺水平条件下，提高密度和读写可靠性。

除此之外，对磁层材料还要求磁层内部无缺陷，表面组织致密、光滑、平整，磁层的厚薄均匀，磁层无杂质污染，磁层对环境温度不敏感，磁层性能稳定等。

2）读写磁头

磁头是实现数据读写操作的关键元器件。写入时，将脉冲代码以磁化电流的形式加入磁头线圈，使记录介质产生相应的磁化状态，即电磁转换。读出时，磁层中的磁化翻转区能使磁头读出线圈产生感应信号即磁电转换，据此就可以转化成数字代码。

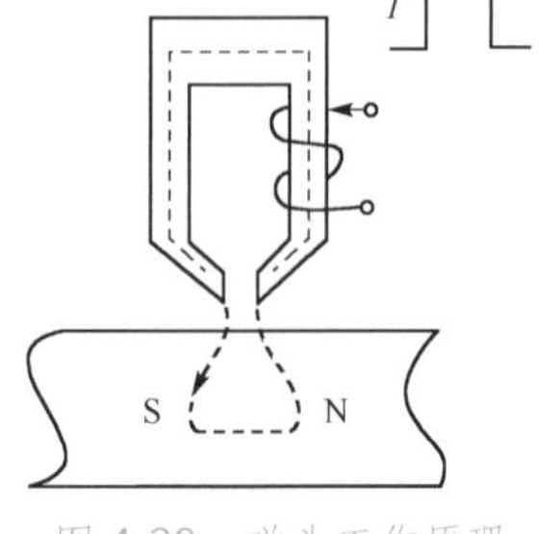

图 4-29　磁头工作原理

磁头工作原理如图 4-29 所示。磁头由高导磁材料构成，上面绕有线圈。由一个线圈兼作写入磁化和读出，或分设读磁头、写磁头。磁头面向记录介质的部分开有间隙，称为磁头间隙，简称头隙。如果没有这个间隙，磁化电流产生的磁通将只在闭合磁路中流过，对记录介质没有作用。因此，大部分磁通将流经头隙所对应的记录介质局部区域，使该作用区留下某种磁化状态。读出时，记录了信息的介质经过磁头，由于正对磁头的区域中存在磁化状态翻转，若由正向饱和变为负向饱和，或由负向饱和变为正向饱和，会使磁头的磁路中发生 $\Delta\Phi$ 的磁通量变化。读出线圈产生感应电势，即读出信号。因此头隙部分的形状和尺寸至关重要，又称为工作间隙。磁头的磁路其余部分既可做成圆环形，也可做成马蹄形，影响不大。

在磁盘或磁带进行读写时，记录介质运动而磁头不动，磁头在记录介质上的磁化区形成磁道。磁化后，磁道中心部分可达到磁饱和，而磁道两侧的边缘部分磁化不足。在写入后，常将两侧进行清洗，称为夹缝清除。

从磁头任务来看，在磁盘中，每个记录面有一个磁头，兼作读磁头和写磁头，又称为复合磁头。磁带机常一次并行地读写几个磁道。每个磁道中有一对磁头：一个读磁头和一个写磁头，可实现写后读出检查。将几个磁道的读磁头和写磁头装配为一体，道间加屏蔽，称为组合头块。

根据制造工艺，磁头可分为早期的传统工艺磁头和近期的薄膜磁头。在早期制造工艺中，或用高导磁性铁淦氧材料热压成型，或用高导磁性铁镍合金（坡莫合金）叠片组装成形。通常是先制成几部分，其中一段绕有线圈，再将它们黏接起来。用于软盘的磁头将上述铁芯封装在特种塑料外壳中。外壳做成球面形或平面扣子形，便于安装和定位，并使磁头与盘面接触良好，工作时磨损小。用于硬盘的磁头将铁芯封装在一个陶瓷块中，该陶瓷块被称为浮动块，工作时可由气垫使其浮空于盘面上；后来又将铁芯和浮动块改为用同样的材料制成。

近期的硬盘采用薄膜磁头，用类似于半导体工艺的淀积和成型技术，在基板上形成薄膜合金的铁芯和具有一定匝数的线圈，如平面螺旋式导体线圈。制造成形过程中使用掩模光刻技术精度很高，可获得比较理想的极尖形状和工作间隙。然后在基板上烧固一层氧化铝和碳化钛，再切割加工成浮动块。相比之下，薄膜磁头在各方面的性能均优于传统工艺的磁头。

为了写入不同的数据，磁化电流按一定编码方法呈波形变化，写入电流的方向随时间而变。在写入或读出数据的过程中，磁层记录介质与磁头之间做相对运动，一般是记录介质运动而磁头保持不动。磁表面存储器通过磁层的不同磁化方向的状态变化来存储信息，常见的磁层磁化方式主要有两种，即水平磁化方式和垂直磁化方式。早期的磁盘采用水平磁化，现在的磁盘一般采用垂直磁化，能获得更大磁化密度，降低读写延迟，形成更大的磁盘容量。

1．水平磁化方式

水平磁化方式（如图 4-30 所示）可采取分解不同时刻的电流变化、磁化状态、留下的剩磁状况、读出时的感应电势等来分析其原理，如图 4-31 所示。

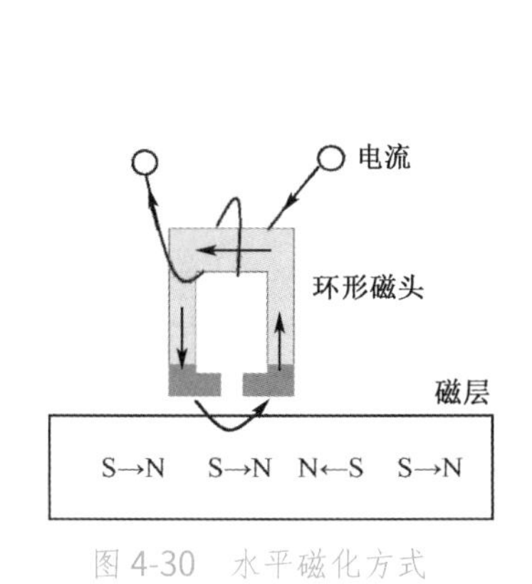

图 4-30 水平磁化方式

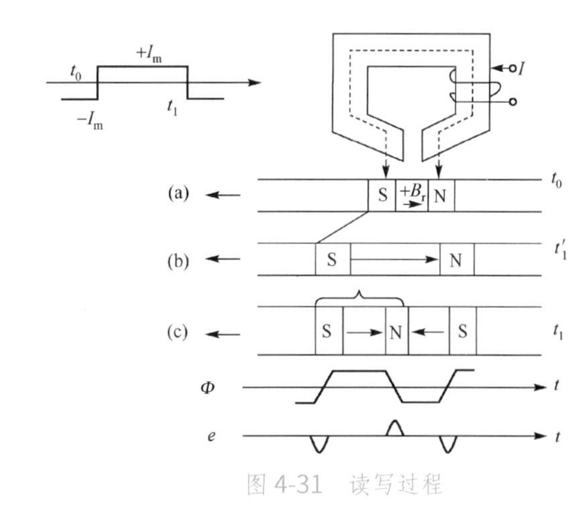

图 4-31 读写过程

1）写入（位单元的形成）

$t = t_0$ 时，线圈中流过正向电流 $I = +I_m$，则磁头下方将出现一个与此对应的磁化区。磁通进入磁层的一侧为 S 极，离开磁层的一侧为 N 极。如果磁化电流足够大，S 极与 N 极之间被磁化到正向磁饱和，以后将留下剩磁 $+B_r$，用→表示，如图 4-31(a)所示。磁层是矩磁材料，剩磁 B_r 的大小与饱和磁感应强度 B_m 相差无几。

$t_0 \to t_1'$（电流方向变化前），由于记录磁层向左运动，而磁化电流维持 $+I_m$ 不变，相应地出现图 4-31(b)所示磁化状态，即 S 极左移一段距离 ΔL，N 极仍位于磁头作用区右侧不变。

$t = t_1$ 时，则磁化电流改变方向，$I = -I_m$，相应地磁层的磁化状态也出现翻转，如图 4-31(c)所示。已移离磁头作用区的 S 极和一段 $+B_r$ 区，维持原来磁化状态不变（剩磁）。而磁头作用区出现新的磁化区，左侧为 N 极，右侧为 S 极，N、S 之间是负向磁饱和区 $-B_r$，用←表示。

在写入电流的作用下，会在记录磁层中留下一个对应 $t_0 \to t_1$ 的位单元，其起始处和结束处两侧各有一个磁化状态的转变区。根据转变区是否存在及其磁化特征（位置、方向、频率等），体现出所存储的信息。后面再分析信息代码（0、1）与转变区之间的关系，这与所采用的磁记录的编码方式有关。

2）读出

读出时，磁头线圈不加磁化电流，作为读出线圈使用。当已经磁化的记录磁层位于磁头下方时，由于铁芯部分的磁阻远小于头隙磁阻，则记录磁层与磁头铁芯形成一个闭合磁路，大部分磁通将流经铁芯再回到磁层。若记录磁层在磁头下方运动，则各位单元将依次经过磁头下方。每当有转变区经过磁头下方时，铁芯中的磁通方向也随之改变，在读出线圈中产生相应的感应电势 $e = -\mathrm{d}\Phi / \mathrm{d}t$。感应电势 e 即读出信号，它的方向取决于记录磁层转变区方向（由 $-B_r$ 变为 $+B_r$，或者由 $+B_r$ 变为 $-B_r$），其幅值大小则与 B_r 值有关（最大变化量 $2B_r$）。

如果记录磁层中没有转变区，维持一种剩磁状态（$-B_r$ 或 $+B_r$），那么磁层经过磁头下方时，铁芯中磁通量没有变化，也就没有读出信号。

2．垂直磁化方式

垂直磁化技术是新一代硬盘普遍采用的一种先进存储技术，通过把原本横向放置的磁记录单元变为纵向排列（如图 4-32 所示），减少每个磁单元所占用的表面积，从而提高存储密度增加存储容量。与水平磁化方式相比，垂直磁化方式的数据存储密度几乎翻了一倍，使每平方英寸的面积上甚至可以存储高达 230 GB 的数据。

垂直磁化技术是丹麦科学家 Valdemar Poulsen 在 19 世纪后期首创的，他被业界公认为第一个能利用垂直磁化技术在磁带上记录声音的人。1976 年，日本东北工业大学岩崎俊一（Shunichi Iwasaki）教授在这项技术上实现了重大突破。从那以后，业界在研究水平磁化技术的同时，对垂直磁化技术的研究和探索从未停止。2005 年，希捷公司推出了第一块真正意义上的垂直磁化商用硬盘，此后垂直磁化方式存储数据的硬盘便逐渐成为主流。

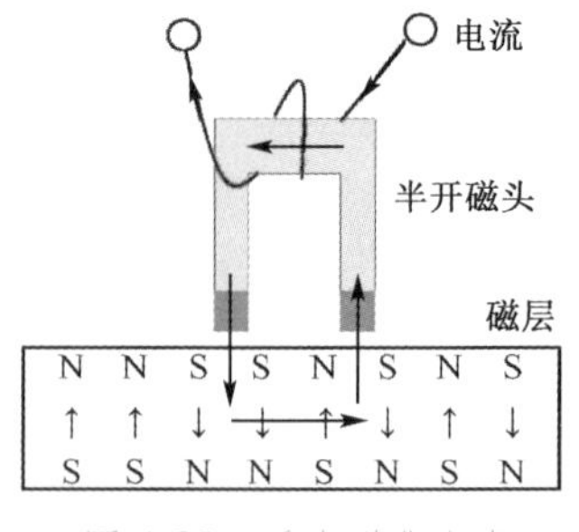

图 4-32 垂直磁化方式

应用了垂直磁化记录数据的硬盘在结构上不会有什么明显变化，依然是由磁盘（超平滑表面、薄磁涂层、保护涂层、表面润滑剂）、传导写入元件（软磁极、铜写入线圈）和磁阻读出元件（检测磁变换的 GMR 传感器或磁盘的新型传感器设计）组成。从磁层的微观细节上，垂直磁化方式下磁记录单元的排列方式有根本性的变化，从原来水平磁化“首尾相接”式的水平排列变为了“肩并肩式”的垂直排列。磁头的构造也有了改进，并且增加了软磁底层，这样做的优点是：① 磁盘材料的厚度增厚，使微型磁粒更能抵御“超顺磁效应”的不利影响；② 软磁底层让磁头可以提供更强的磁场，让其能够以更高的稳定性将数据写入存储介质；③ 相邻的垂直位可以长时间保持相互稳定。

根据对上述两种磁化原理的分析，磁表面存储器的特点如下：

- 记录信息可以长期保存，属于非易失性存储器（原则上允许记录介质脱机保存，但要注意防止外界强磁场破坏其剩磁状态）。
- 非破坏性读出，读出过程不会影响原来存储的信息。
- 记录介质可以重复使用。
- 连续记录数据，所以基本是顺序存取方式，不能如 RAM 那样随机访问。
- 由于是连续记录，需要比较复杂的寻址定位结构配合。
- 由于是在相对运动中读写，可靠性低于半导体存储器，需要更复杂的校验技术。

4.4.2 磁记录编码方式

前面只讨论了磁表面存储器中读写过程的电磁转换原理，究竟什么是 0、什么是 1？这取决于采用何种磁记录编码方式。磁记录编码方式就是采用某种变换规律，将一串二进制代码序列转换成记录磁层中相应的磁化状态。具体地讲，是如何按照写入代码序列形成相应的写入（磁化）电流波形，还派生出相应的读出识别方法。

记录方式对提高记录密度至关重要，为此出现了多种记录方式，至今仍在探索改进之中。它的演变思想对我们颇有启发价值。

人们习惯于用两种彼此相反的静止状态分别表示 0 或 1，如用负向磁饱和状态表示 0，用正向磁饱和状态表示 1。相应地，在写 0 时让磁化电流为 $-I$，在写 1 时让磁化电流为 $+I$。这就派生出两种传统的磁记录方式：归零制（RZ）和不归零制（NRZ）。归零制的基本点是：写 0 时，先发 $-I$ 电流脉冲，然后回到零（I=0）；写 1 时，先发 $+I$ 脉冲，然后归零。实际上这种归零是不必要的，导致读出信号幅度小、转变区数目过多，所以不利于记录密度的提高。不归零制的基本点是：写 0 时维持 $-I$ 不变，不归零；写 1 时维持 $+I$ 不变，也不归零。换句话说，改变写入内容时才改变磁化电流方向，只有信息变换（0→1，或 1→0）时才在磁层中产生转变区。转变区数目少，有利于提高记录密度。但一连串相同代码序列（如一串 0 或一串 1）时，没有转变区，无法分辨有几位连续 0 或几位连续 1，一旦因干扰发生了 1 位数据出错，这种错误将会传导延伸。

为了克服传统记录方式的缺点，人们摆脱了传统观念的束缚，改以动态观念去设计磁记录方式。例如，以电流方向的变与不变、相位变化的不同、频率变化的不同，来表示和区分 0 和 1，这就出现了实用的不归零-1 制、调相制、调频制。再进一步，我们不必孤立地用一个位单元对应一位代码，也可将一串位单元整体地对应一串代码序列，从而导致一些新的记录编码方式，如改进型调频制、群码制及一些更新的记录编码方式，并发展了游程长度受限码理论。

1．不归零-1 制（No Return to Zero-1，NRZ-1）

不归零-1 制是在不归零制的基础上改进形成的，其写入规律可概括为：电流见 1 则翻转。

写 0 时，写入电流维持原方向不变（$-I$ 或$+I$）。写 1 时，写入电流方向翻转（由$-I\rightarrow+I$，或由$+I\rightarrow-I$）。欲写入代码 001101，假定起始状态为$+I$，写入前两个 0 时，电流维持$+I$不变（可见是以“不变”为 0，不一定是负向饱和，也可能是正向饱和），如图 4-33 所示。每写入一个 1，电流就改变一次方向，既可能是由$+I\rightarrow-I$，也可能是$-I\rightarrow+I$，因此是以“变”为1。相应地，每写一个 1，就在磁层中留下一个转变区。

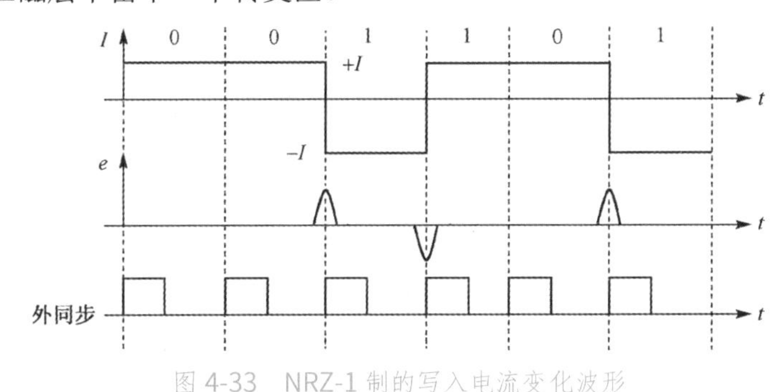

图 4-33　NRZ-1 制的写入电流变化波形

读出时，逢 0 没有读出信号，逢 1 有转变区，就有读出的感应电势；即有读出信号为 1，无读出信号为 0。写入一串代码，NRZ-1 制产生的转变区数较少，在同样技术条件下可以缩短位单元长度，因而可以提高记录密度。这是 NRZ-1 制的主要优点。

但在 NRZ-1 制中，读一连串 0 时，由于没有转变区存在而没有读出信号，如何识别这是几位 0 呢？这就需要外加同步信号来辨识各位单元，称为外同步方式。换句话说，NRZ-1 制没有自同步能力。因此，NRZ-1 制不能直接用于像磁盘这种单道记录方式中，但可用于像磁带这种同时读写多道的设备。有两种方法可产生外同步信号：一种是在磁带上专门写入一个同步信号道，每位均为 1，即每位均有一个转变区，读出时每位都产生一个同步信号，以选通数据道的各位；另一种方法是不设专门的同步道，而是让同时读写的各位（称为一个带字）采取奇校验，则每个带字中至少有一个 1，可以提取出来作为同步信号。

外同步方法限制了记录密度的提高，这是 NRZ-1 制的主要缺点。因为磁带在运动中难免出现扭斜，各位并不总是准确地同在一根垂直线上（与磁带运转方向垂直）。当记录密度较高时，外同步信号就难以准确地选通其他各位。

为了提高记录密度，要求读出信号序列具有自同步能力，即能从自身读出信号序列中提取同步信号的能力，不需外加同步信号。例如，让每个位单元都至少产生一个转变区，改用转变区变化方向或变化频率的不同区分 0 或 1，这就出现了调相制和调频制。

NRZ-1 制曾直接应用在早期低速磁带机中，现在仍是多种记录方式的基础或中间形式，这一点在后面还会提及。

2．调相制（Phase Modulation，PM）

调相制又称为相位编码（Phase Encoding，PE），其写入电流变化波形如图 4-34 所示，写入规律如下：

- 写 0，在位单元中间位置写入电流负跳变，由$+I \to -I$。
- 写 1，在位单元中间位置写入电流正跳变，由$-I \to +I$。

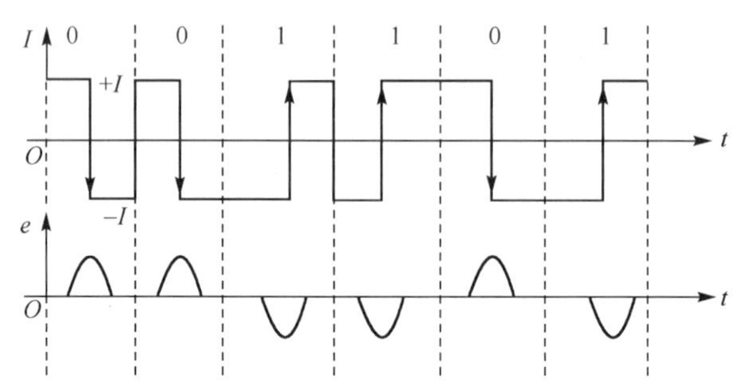

图 4-34　调相制的写入电流变化波形

由此派生出一个结论：若相邻两位相同（连续两个 0，或连续两个 1），则两位交界处写入电流需改变一次方向，才能使相同两位的磁化翻转相位保持一致；若相邻两位不同（如 01 或 10），则交界处没有翻转。

在这样的写入电流作用下，记录磁层的每个位单元中将有一次基本的磁通翻转（0 与 1 的翻转方向不同），即用相位的不同来区分 0 与 1，所以又称为相位编码。

读出时，位单元中间的转变区将产生读出信号。它既是数据信号，也是同步信号，所以调相制具有自同步能力。根据读出信号的相位可识别所存信息在该位是 0 还是 1。如果某位信息丢失，该位没有读出信号，而读出 0 和读出 1 都有读出信号，仅相位相反。可见，在调相制中的信息丢失与 0、1 存在有明显区别，可靠性较高。此外，在读出信息的电路中，位单元交界处可能产生的感应电势也将被弃之不用。

调相制因具有自同步能力，记录密度可做得比 NRZ-1 制高，广泛用于常规磁带机中。

3．调频制（Frequency Modulation，FM）

调频制的写入电流变化波形如图 4-35 所示，其写入规律如下：

- 每个位单元起始处写入电流都改变一次方向，留下一个转变区，作为本位的同步信号。
- 在位单元中间记录数据信息。若写入 0，则位单元中间不变；若写入 1，则写入电流在位单元中间改变一次方向。

对比写入 0 与写入 1：写 0 时每个位单元只变一次，写 1 时每个位单元变化两次，即用写入电流方向变化频率的不同来区分 0 与 1，所以称为调频制（FM）。写 1 时频率是写 0 的 2 倍，所以又称为倍频制或者双频制（DM）。

读出时，每个转变区都将产生感应电势，所以读出信号序列中包含了同步信号和数据信号。通过分离电路，将每个位单元起始处的信号分离，作为该位的同步信号。同时它还将触发一个单稳电路，宽度为 $2T/3$（T 为位单元周期宽度），以形成一个信号选通窗口，用于选通位单元中部的读出信号。位单元中部有读出信号，该位为 1；若无读出信号，则该位为 0。

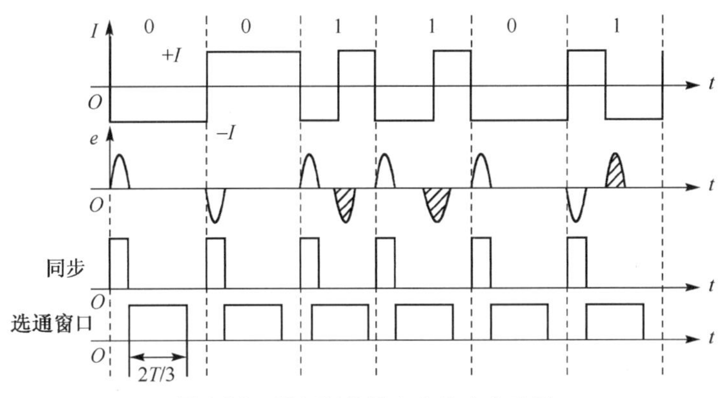

图 4-35　调频制的写入电流变化波形

显然，调频制能从读出信号序列中提取同步信号，具有自同步能力。记录密度可做得比 NRZ1 制高，广泛用于早期的磁盘机中，是磁盘记录方式的基础。

4．改进型调频制（Modified FM，MFM 或 M^2F）

调相制和调频制都属于位间无关型的按位编码。为了获得自同步能力，不一定要求每位都有转变区，还可以将记录序列中相邻位联系起来，即采取位间相关型编码，既有一定自同步能力，又进一步减少转变区数，从而提高记录密度。按照这个思路，可对调频制进行改进。

我们将调频制的写入电流波形重画于图 4-35 上半部，分析哪些转变区需要保留，哪些转变区可以省去。写 1 时，位单元中间的转变区用来表示数据 1 的存在，因此它应当保留，但位单元交界处的转变区就可以省去。连续两个 0 都没有位单元中间的转变区，所以它们的交界处应当有一个转变区，以产生同步信号。

因此，改进型调频制的数据写入规律如下：

① 写 1 时，在位单元中间改变写入电流的方向；

② 写入两个以上 0 时，在它们的交界处改变写入电流的方向。

如图 4-36 所示，为记录相同代码，M^2F 的转变区数约为 FM 的一半，在相同技术条件下，M^2F 位单元长度可缩短为 FM 的一半，使 M^2F 的记录密度提高近一倍。所以，常将 FM 制称为单密度方式，将 M^2F 制称为双密度方式。M^2F 制广泛用于软盘和小容量硬盘。

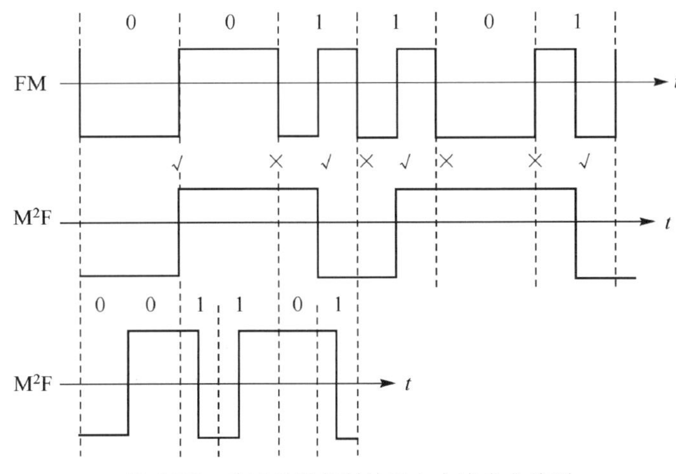

图 4-36　改进型调频制的写入电流变化波形

5．群码制（GCR）

群码制即成组编码（Group Coded Recoding，GCR）方式。在数据流式磁带机中，广泛采用 GCR(4/5)编码。它的基本方法是将 4 位一组的数据码，整体转换成 5 位一组的记录码；在数据码中连续的代码 0 的个数不受限制，但在转换后的记录码中，连续 0 的个数最多不能超过 2 个，并将转换后的记录码按 NRZ-1 制记入磁带。

从记录数据信息量的角度，代码从 4 位扩大为 5 位，对应的代码组合数量会增加 1 倍，因此可以只选取其中连续 0 的个数不超过 2 个的代码组合来使用，与此同时将连续 0 的个数在 2 以上的代码组合丢弃不用。GCR(4/5)转换规律如表 4-4 所示。

表 4-4　GCR(4/5)转换规律

数据码	记录码	数据码	记录码	数据码	记录码
0000	11001	0110	10110	1100	11110
0001	11011	0111	10111	1101	01101
0010	10010	1000	11010	1110	01110
0011	10011	1001	01001	1111	01111
0100	11101	1010	01010		
0101	10101	1011	01011		

以上介绍了 5 种常见的磁记录方式，简明地说明了编码规律与基本概念。事实上，在磁记录编码理论研究中提出了一个通用的概念：游程长度受限码（Run-Length Limited Code，RLLC），上述编码方式也可纳入这个概念中进行分析。游程是指在数据序列中一串连续 0 的个数。按 RLLC 编码形成的记录序列，可用 5 个参数描述其结构特性：数据码长度 m 位，记录序列长度 n 位（$m<n$），记录序列中两个 1 之间至少存在 d 个 0，最多存在 k 个 0，一次变换的最大数据长度与最小数据长度之比值 r。游程长度受限即对 d 与 k 的值的限制。

4.5　磁盘存储器及其接口

磁盘存储器，如硬盘，是一种作为磁表面存储技术的典型应用产品，不仅是目前计算机系统中应用最广泛的输入、输出设备，也是计算机存储体系结构中绝不可缺少的外部存储器。常见的磁盘子系统包括下述两部分。

1．硬件

① 盘片（存储体）。

② 磁盘驱动器。在软盘存储器中，盘片可以拆卸，所以盘片可与驱动器相分离。在许多硬盘存储器中，盘片常被密封地组装于驱动器中，因此一般情况下不可被分离，硬盘驱动器就包括了存储信息的盘片。

③ 磁盘控制器与接口。磁盘控制器是用来控制磁盘驱动器工作的，而接口是主机与磁盘存储器之间的连接逻辑。在常见的微机系统中，磁盘控制器与接口往往制作在一块插件上，称为磁盘适配卡。

2．软件

磁盘控制程序是磁盘控制器中的软件，实现磁盘驱动器的有关操作。在微机系统中，这部分常固化于磁盘适配卡的 ROM 中。

操作系统提供了用户界面，如键盘命令、系统功能调用命令，用户可以按文件名操作。如从某盘中调出某个文件到主存，或从主存将某文件存入某磁盘等。在这个层次上，用户不必过问该文件究竟在磁盘中的哪个物理存储区中。

操作系统中的文件系统对用户发出的文件操作命令进行解释，通过文件目录检索找到该文件所在的物理位置，然后启动设备管理程序。操作系统中的设备管理程序一般包含：I/O 调度程序、设备读/写管理程序、缓冲区管理程序（在主存中开辟相应的缓冲区）、设备驱动程序。在磁盘驱动程序控制下，向磁盘适配器发出操作命令、回收有关状态信息、接收中断请求与 DMA（直接存储器访问）请求、收发数据信息等。驱动程序涉及磁盘存储器的物理特性与寻址信息，如驱动器的存储容量、记录面数、磁道数，以及驱动器号、记录面号、磁道号、起始扇区（数据块）号、需传输的扇区数等寻址信息。

现在的磁盘控制器常属于所谓智能控制器型，内含微处理器，可以执行控制程序。它向驱动器发出控制命令，如选择驱动器、磁头、寻道方向与寻道信息、读/写命令等；接收驱动器的有关状态信息，如选中回答、准备就绪、寻道完成、0 道检测、索引信号等。磁盘控制器将写入数据编成某种记录码序列，发送到驱动器，以产生写入电流。从驱动器获得读出序列，从中分离与提取同步信号与数据信号。

4.5.1 硬盘存储器

硬盘存储器的工作原理与软盘存储器基本相同，但作为外存储器的主体，它追求更大的存储容量、更长的使用寿命，以及更高的数据传输速率。因此，要求采用更多的硬质记录盘片、更高的记录密度、浮动式磁头、高精度定位系统，甚至密封的整体结构。相应地，硬盘存储器造价也较软盘存储器高。本节将着重介绍其与软盘存储器不同的部分。

1．盘片、盘组、磁盘阵列

1）盘片

为了提高记录密度，并适应高度精密的驱动器结构，采用硬质基体制成非常平整光滑的圆形盘片，再在盘片上生成一层很薄且很均匀的记录磁层，所以称为硬盘。常规硬盘采用铝合金基片，上面电镀磁层。新型硬盘则采用光洁度更高的工程塑料、玻璃、陶瓷作基片，用溅射工艺形成更薄、更均匀的记录磁层。

最早的硬盘片外径为 24 英寸，后来缩小为 14 英寸、8 英寸、5.25 英寸、3.5 英寸、2.5 英寸、1.8 英寸、1.3 英寸甚至更小的微型硬盘。由于磁盘制造工艺水平的提高，盘径尺寸不断减小，使盘片的转动惯量减小，容量却不断增大，使用也越来越广泛。

2）盘组

为了提供更大的容量，常将多个盘片组装在一起，可同轴旋转，称为盘组。为了提高精度与传动稳定性，多将盘组的主轴与驱动电机（直流无刷电机）的转子做成一体，即将各盘片直接装在主轴电动机的转轴上，盘片之间用间隔区分，间隔约为 10～20 mm，如图 4-37 所示。

微机系统中的小型硬盘驱动器一般采用 2 片、4 个记录面。大容量硬盘驱动器中可采用多片，如 6 片、12 片一组。相应地，将一个驱动器的容量称为每轴多少字节。

根据盘组是否可拆卸，硬盘存储器常分为可换盘片式和固定盘片式两种。

可换盘片式硬盘驱动器的盘组与主轴电动机的转轴分离，盘组做成圆盒形，可整体拆卸，以脱机保存，可更换装入新的盘组。

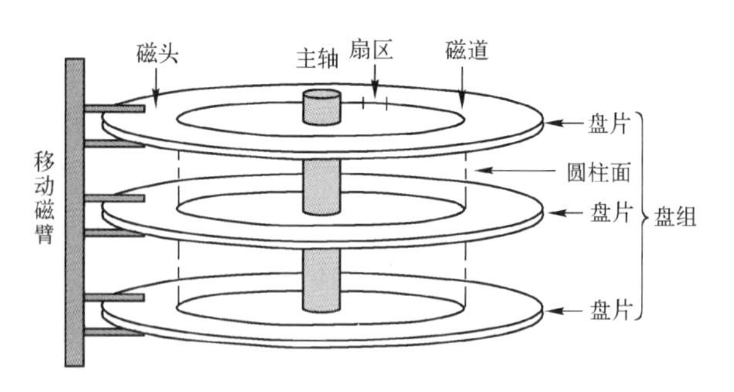

图 4-37　盘组的物理结构

固定盘片式的盘组与主轴电动机的转轴不可分离更换，因为常采用的是密封式结构。在中、小、微型硬盘驱动器中普遍采用固定盘片式结构。

3）磁盘阵列

独立磁盘冗余阵列（Redundant Arrays of Independent Disks，RAID）简称磁盘阵列，是由美国加州大学伯克利分校 D.A. Patterson 教授在 1987 年提出的一种新型存储方案。RAID 可以理解成一种使用磁盘驱动器的方法，它将一组磁盘驱动器用某种逻辑方式联系起来，作为逻辑上的一个磁盘驱动器来使用。物理上，磁盘阵列是把很多价格低廉的磁盘组合成一个容量巨大的磁盘组，并用一个盘阵列控制器进行控制，将目标数据切割成若干小区段，然后把它们按一定规则分别存放在各磁盘上，以此提高存储系统的可靠性和读写效率，其逻辑结构如图 4-38 所示，4.8 节将详细介绍相关技术。

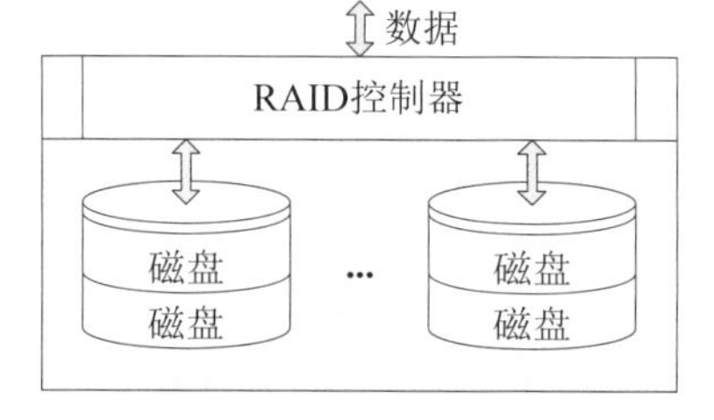

图 4-38　磁盘阵列逻辑结构

2．温切斯特技术

1956 年，IBM 公司制成第一台硬盘存储器 IBM350，盘片外径 24 英寸，容量 5 MB，平均寻道时间约 600 ms。此后，硬盘技术经历了四代更新。第一代硬盘主要特征是：用 24 英寸盘片，盘组可达 50 片，盘片固定不可拆卸，通过外供压缩空气使磁头浮动于盘面之上。第二代硬盘的主要特征是：采用 14 英寸盘片，盘组可拆卸更换，依靠气垫原理使磁头浮动。第三代硬盘的主要特征是：磁头定位装置采用音圈电动机驱动与伺服盘定位技术。第四代硬盘技术称为温切斯特技术，采用这种技术制作的硬盘常被称为温切斯特盘，简称温盘。

第四代硬盘产品是由 IBM 公司的一个研究所研制成功的。这个研究所位于美国加州坎贝尔市温切斯特（Winchester）大街，人们将这种以他们为代表的第四代硬盘技术称为温切斯特技术，于 1973 年首先用于 IBM3340 硬盘系统中。温切斯特技术实际上是一系列综合改进的制造技术，其主要特点如下。

1）密封的头、盘组件

温切斯特盘的最主要特征是将磁头、盘组、定位机构、主轴电机等主要部件密封在一个盘盒中。这就消除了可卸盘机械结构不够稳定等因素，提高了定位精度。因此，温切斯特盘属于固定盘结构。密封是靠磁性流体密封技术实现的。将极细的铁钴粉微粒与分散液相混合，填充于盘腔与外部的连接处。在磁场作用下，磁性流体使盘腔密封，腔内净化高达 100 级，即 0.5 μm 以上的尘埃数小于 3.5 个/千克（人的头发粗约 80 μm，一般尘埃直径约 40 μm，烟雾中的微粒直径约为 5 μm）。可见，硬盘驱动器的密封腔内净化程度很高，但对外部环境要求不高。在一般环境下切勿打开密封腔，否则会损坏磁层材料而出现硬盘故障。

密封室的基座与上盖选用导热性能较好的金属材料制成。此外，复杂的硬盘驱动器在密封室内还设置有自循环散热系统。

2）采用薄膜磁头、溅射薄膜磁层

采用微型薄膜磁头后，磁头尺寸减小、重量减轻，使浮动高度降低。与此配套的薄膜磁层是用集成电路制造工艺中的溅射工艺生成的，厚度薄、内部结构均匀、表面光洁度高。这些措施有利于记录密度的提高。

3）将集成化的读写电路安置在靠近磁头的位置

这样可以改善高频传输特性、减少干扰。

4）接触起停式浮动磁头

硬盘不允许在读写时磁头接触记录区，否则会划伤磁道。这是因为硬盘与软盘不同，采用硬质基体，转速也高。因此，硬盘在工作时要求磁头浮空，离开盘面。

通常在记录区以内（靠近轴心）有一空白区，被当成“起停区”（又称为着陆区），有的硬盘将起停区设置在记录区往外的空白区上。不工作时（如未上电时），盘片不旋转，磁头停在起停区内，并与盘面相接触。驱动器加电后，盘片开始旋转并加速到额定转速。当达到一定转速时，由于盘片旋转所造成的气流形成气垫，气垫的浮力使磁头浮起，离开盘面，称为磁头从起停区起飞。盘片达到额定转速需时约 6～10 s，在额定转速下磁头浮动高度仅数分之一微米。然后定位机构使磁头从起停区移至记录区，并定位于 00 磁道，称为“定标”。此时可令驱动器进行寻道及读、写操作。

3．磁头定位系统

由于硬盘的道密度高，而且要求快速寻道，因此对磁头定位机构的要求比软盘更高，这是驱动器中的关键部件。定位系统包括运载部件、驱动部件、控制部件等。运载部件又称磁头小车，各记录面的磁头（每面一个）装在小车的读写臂上，呈梳状，同步地沿径向移动，同时指向各自记录面的相同序号磁道上。驱动电动机与相应的控制系统有以下两大类。

1）步进电动机驱动、开环控制

在小容量硬盘驱动器中，如容量 20 MB 的 5.25 英寸温盘，其道密度约为 300 tpi，就采用步进电动机驱动定位机构，相应地设置现行道地址计数器 CAC 和目标道地址寄存器 CAR。启动时，先让磁头定位于 00 道，CAC=0，求出二者差值即所需的步进脉冲数。

2）音圈电动机驱动、闭环控制

大、中容量的硬盘驱动器多采用音圈电动机驱动定位机构，通过速率控制提高寻道速率，通过位置控制提高定位精度。

音圈电动机的工作原理类似于电动式喇叭的音圈运动原理，并由此得名。如图 4-39 所示，动圈位于永磁的磁路中，当驱动电流注入动圈时，电磁力推动动圈运动，从而带动梳形读写臂在盘片上做径向运动。音圈电动机分为两种：① 直线形，又称为直线电动机，可直接驱动磁头做直线运动，减少常规旋转电动机因传动换向机构带来的传动误差，是最常用的一种；② 旋转型音圈电动机，在某些结构中需做弧形运动，因而需将音圈电动机做成旋转型。

音圈电动机的反馈闭环控制系统通常分为两级控制模式，常用单片机或专门的数字信号处理器（Digital Signal Processing，DSP）来进行控制。

（1）速率控制（粗控阶段）

定位机构启动后，经过加速达到额定速率，以尽可能快的速度移向目标磁道；在接近目标

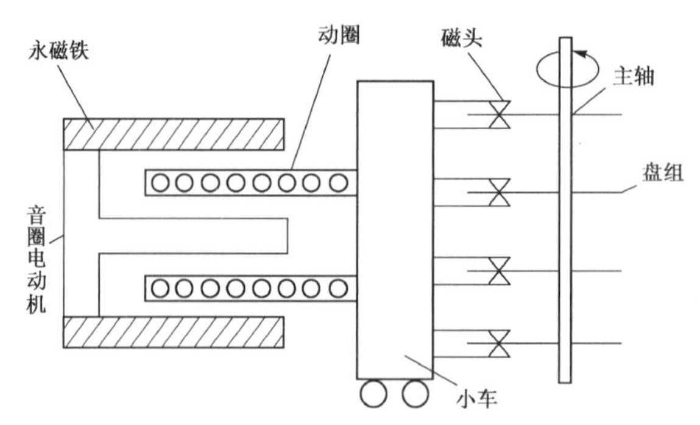

图 4-39　音圈电动机与定位机构

磁道时，转入减速刹车阶段。为了停在目标磁道上，减速刹车阶段的反馈调节是关键。如果寻道距离较短，定位系统可能还未达到额定速率就已转入减速阶段，即只有加速段和减速段。

（2）位置控制（精控阶段）

准确定位对于读写的可靠性至关重要。当磁道密度提高、磁道宽度变小后，步进电动机开环控制方式不能满足要求，因而采用音圈电动机闭环调节。位置控制的关键是提供精确的位置检测信号，作为反馈调节的依据。早期曾用过光栅式、感应同步器等位置检测手段，在高精度硬盘定位系统中则采用伺服技术进行检测。后者又分为以下 3 种。

① 伺服盘方式

在盘组中选取一个记录面，专门用来记录磁道位置信息，称为伺服盘面。伺服面上的磁道数与数据面上的磁道数相同，我们将伺服面上的磁道称为伺服道，将数据面上的磁道称为数据道。如前所述，伺服面上的磁头与各数据面上的磁头同步移动，伺服道中心位置与数据道中心位置相差半个道距。换句话说，数据道中心正好处于两个伺服道之间。

伺服面的奇数道与偶数道，分别记录两种不同的特殊编码。一种方法是：让伺服面磁头读出信号 e 与磁道位置间的关系呈三角波波形，如图 4-40 所示。当 $e=0$ 时，磁头位于两个伺服道之间，也就是位于数据道的中心。据此可判断磁头定位后的准确位置，通过统计 e 的过零次数可以知道磁头所跨越过的磁道数目。

② 嵌入式（分段式）伺服方式

伺服盘方式占用一个记录面，减少了盘组的有效记录面积。伺服面与各记录面虽然组装于同一个盘组之中，但毕竟分属不同盘面，机械位置变动和温度影响等因素，还是会在一定程度上影响定位精度。为了克服这些缺点，又出现了嵌入式即分段方式。

嵌入式伺服方式是在数据面上安排一段定位伺服信息，不另设专门的伺服面，如图 4-41(a)所示。通常是在闭合磁道的末尾，即索引脉冲到来之前约 200μs 的一段区域，安排成伺服区，又称为索引伺服区。因此，这种嵌入式伺服方式又称为索引伺服方式。由于它紧靠数据区，温度影响极相近，又共用同一个磁头，因此定位精度更高；缺点是只有等索引伺服区到来时才能获得定位后的位置信号，这种方式会使磁头的定位时间加长。

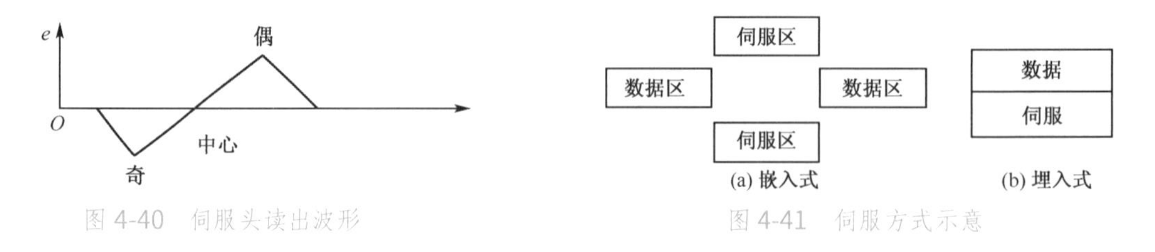

图 4-40　伺服头读出波形　　图 4-41　伺服方式示意

另一种方法是在每个扇区的开始区域嵌入伺服道，则定位时间减小，而且温度影响更小。这种嵌入式又称为扇区伺服方式。

③ 埋入式伺服方式

埋入式伺服方式是将磁层分为上下两层，上层记录数据，下层记录磁道伺服信息。其效果更好，但技术难度加大，如图 4-41(b)所示。

有的磁盘驱动器采用了双重伺服技术，将伺服盘方式用于速率控制粗定位，将扇区伺服方式用于位置控制精定位。其相应的控制机构十分复杂。

4．硬盘信息分布与寻址信息

1）磁道

与软盘相同，硬盘的每个记录面划分为若干呈同心圆环的磁道，只是道密度更高，依靠索引脉冲标志一个磁道的起始位置。

2）圆柱面

一个盘组有若干记录面，所有记录面上相同序号的磁道构成一个圆柱面，圆柱面号与道号相同，如 00#圆柱面、79#圆柱面等。每面的道数即盘组的圆柱面数。

为什么引入圆柱面概念？让我们考虑这样的问题：磁盘上的信息通常以文件的形式组织并存储，如果一个磁道存放不完，我们将它继续存放在同一记录面的相邻磁道上，还是继续存放于同一圆柱面的相邻记录面上？若采用前一种方法，则更换磁道时必须进行寻道操作，所需时间较长。若采取后一种方法，由于定位机构使所有记录面的磁头都对准同一序号磁道，大家都处于同一圆柱面中，只需通过译码电路选取相邻面的磁头，即可继续读写，几乎没有时间延迟。所以引入圆柱面这一级，让文件尽可能存储于同一圆柱面上，然后才是相邻圆柱面。

3）数据块

每个磁道可存放若干数据块，可分为定长数据块与不定长数据块两类记录格式。

小容量硬盘大多采用定长数据块格式，每个磁道划分为若干扇区，每个扇区中存放一个定长数据块，与软盘相似。大容量硬盘有的采用不定长数据块格式，该长则长，能短则短。相应地，不采取扇区划分（扇区一般只用于等长度划分格式），直接以数据块号或记录号标志。

因此，硬盘寻址信息一般由驱动器号、圆柱面号（磁道号）、磁头号（记录面号）、数据块号（记录号，对于定长数据块格式用扇区号）和数据字节序号等组成。

5．磁道记录格式

1）定长数据块磁道格式举例

图 4-42 是在 IBM 系列微机硬盘中常用的定长数据块格式，其中用索引脉冲前沿标志磁道的开始。间隔区 G_1，16 字节（每字节均为 4E）。每个扇区包含下述 5 个部分。

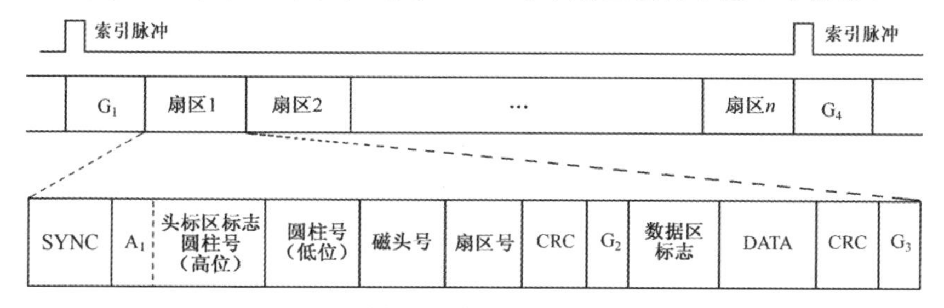

图 4-42　磁盘磁道格式（定长的数据块）

① 同步区 SYNC，14 字节均为 00。经历这一段，使控制器中的锁相电路与读出信号序列的频率同步，为读头标区做好准备。

② 头标区（地址标识区），共 7 字节。

- 头标区标志，其中第 1 字节为 A_1，第 2 字节给出圆柱号高位。
- 圆柱号低位，1 字节。
- 磁头号，1 字节。其中，第 0、1、2 位为磁头号，可标志 8 种头号；第 3、4 位为 0；第 5、6 位为扇区计数值；第 7 位为坏块标志，若该位为 1，则表示本扇区段为坏块，不能使用。
- 扇区号，1 字节，存放逻辑扇区号。
- CRC 校验，2 字节，存放头标区的循环校验码。

③ 间隔 G_2，16 字节均为 00。

④ 数据区

- 数据区标志，2 字节：A1F8。
- 数据 DATA，定长数据块，有 128 B、256 B、512 B、1024 B 等规格。DOS 操作系统多采用 512 B 规格。
- CRC，2 字节。

⑤ 间隔 G_3，18 字节：前 3 个字节均为 00、后 15 个字节均为 4E。

2）不定长数据块磁道格式举例

IBM 3350、3357、3380 等磁盘采用不定长的数据块磁道格式，如图 4-43 所示。磁道的信息由若干记录（Record）组成，每个记录包含计数段（Count）、关键字段（Key）、数据段（Data）这三段，所以这类磁道格式又被称为 CKD 结构格式。

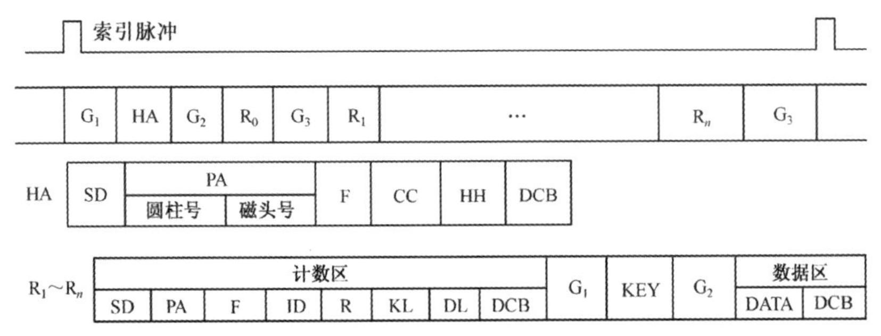

图 4-43 硬盘磁道格式（不定长的数据块）

标准的 CKD 布局磁道格式大致如下：索引脉冲标志着磁道的开始。间隔区 G_1，共有 116 个字节，其中前 115 字节均为 00，最后 1 个字节为 19（用作同步信息）。

（1）标志地址 HA（Home Address）

这是用来标志磁道的地址区，共 20 字节，其中：

- SD（Skip Displacement），6 字节，指出该磁道上有几个瑕疵及其在磁道上的位置。
- PA（Physical Address），3 字节，表明磁道的物理地址。其中，第 1、2 字节为圆柱面号，第 3 字节为磁头号。
- F（Flag），1 字节，用来说明磁道状况，如该磁道是好的磁道或是坏的磁道，是基本磁道（又称为原始道）还是替补（备用）磁道等。

❖ CC（Cylinder Address），圆柱面逻辑地址，2 字节。

❖ HH（Head Address），2 字节，磁头逻辑地址。CC 与 HH 的含义是：若本磁道是好的原始磁道，则逻辑地址就是该磁道磁头的物理地址；若本磁道是坏磁道，已用备用磁道替代，则逻辑地址就是替补磁道的物理地址。

❖ DCB（Detection Code Byte），6 字节，错误校验字节。

间隔 G_2，76 字节，其中 75 字节 00，1 字节 19。G_2 用来分隔 HA 与 R_0。

（2）零号记录 R0

在磁道标志地址 HA 后，经 G_2 分隔，首先是 R_0，它不是用户的数据记录，而是用来说明本磁道的有关状态的。如果磁道发生故障，将依据 R_0 提供的信息实现磁道替换。与一般用户记录区不同，R_0 只应用计数区部分，不设置关键字段；虽然设置了数据区但一般不用。对计数区组成，后面将要介绍，所以对 R_0 不专门细述。

（3）用户数据记录 $R_1 \sim R_n$

在各记录之间用 G_3 分隔，G_3 为 79 字节，其中 65 字节均为 00、3 字节为地址标记、10 字节均为 00、1 字节为 19。

① 计数区 Count，包含：

❖ SD，6 字节，同前（指本区有瑕疵）。

❖ PA，3 字节，同前。

❖ F，1 字节，同前。

❖ ID 识别区，提供 CCHH 信息，5 字节：

磁道状况	CCHH 信息
好的原始磁道	本磁道的物理地址
坏的原始磁道	替补磁道的物理地址
好的替补磁道	所替换的坏磁道物理地址
坏的替补磁道	本磁道的物理地址

❖ R，1 字节，记录号。

❖ KL，1 字节，本记录的关键字长度。

❖ DL，2 字节，本记录内数据长度。

❖ DCB，6 字节，校验码。

② 关键字区 KEY：关键字是数据的识别信息，如顺序号、密码等。关键字区也有自己的校验码字节 DCB。

③ 数据区 DATA：用来记录用户数据，允许使用不同长度，然后是 6 字节的数据校验码。

在一个记录内的三个区之间，也用 G_2 分隔。

如上所述，在进行硬盘格式化时，可以发现坏道并将其更换。用户使用的逻辑地址可以不变，磁道格式信息 CC、HH 提供替换道的物理地址。

6．硬盘驱动器的发展方向

20 世纪 90 年代多媒体计算机的出现，对硬盘驱动器提出了更高的要求。为了满足存储视频、语音和文本等信息的需要，以及满足 Windows 操作系统和便携机需要，硬盘驱动器（Hard Disc Drive，HDD）正加速向微型、轻量化、大容量、快速低功耗和低价格方向发展。

硬盘驱动器的发展已经历了 70 多年。1956 年，IBM 公司首创的世界第一台 HDD IBM 350，面记录密度仅为 2000 位/平方英寸，硬驱容量仅为几百 KB；2004 年，IBM 公司为笔记本电脑装配的 2.5 英寸硬盘，其容量为 80 GB，现在已有高达几 TB 的硬盘了。

磁盘驱动器主要采取了以下技术措施来提高其性能：

① 采用浮动磁头，降低浮动高度。浮动高度已从 20 μm 降到 0.1 μm 以下。

② 采用伺服机构，提高磁道密度，从最初的磁道密度 20 tpi 提高到 5000～17000 tpi。一般采用嵌入伺服或光伺服技术。

③ 采用温切斯特技术。

④ 采用 MR 磁头和 PRML 信号处理方法。可以确保提高读出信号幅度，提高信号噪声比（S/N），使数据传输率和面记录密度分别提高了 30%～40%和 30%～50%。

⑤ 改进存储介质和盘基，提高记录密度。改进存储介质材料性质和制造工艺，采用垂直磁记录方式，提高记录密度。

⑥ 缩短平均存取时间，提高数据传输率。其主要措施包括缩短磁头行程、提高主轴转速（3600 rpm→4500 rpm→5400 rpm→6300 rpm→7200 rpm→15000 rpm），使平均寻找时间小于 10 ms，平均等待时间缩短为 4.2 ms。扩大超高速缓冲存储器容量（>8 MB），改进接口，发展廉价冗余磁盘阵列（RAID）等。有的磁盘采用恒密度记录，即从内径开始，随着半径的增加，相应磁道的存储量增加但保持位密度不变。

⑦ 硬盘的微小型化。磁盘直径经历了 14 英寸→8 英寸→5.25 英寸→3.5 英寸→2.5 英寸→1.8 英寸，甚至 1.3 英寸。设备厚度依次为 82 mm、41 mm、25.4 mm、17 mm。

磁盘驱动器的容量大致以每年翻一番的速率增长。主要措施是提高面记录密度和增加内装盘片数量，但增加盘片数量后会导致主轴电动机功耗的增加、设备加厚。目前在工作站和 PC 机中使用最多的是 3.5 英寸的驱动器，为了配合多媒体对硬盘的大容量要求，早在 2004 年已有容量大于 160 GB 的硬盘面市，传输速率已可达 3 GBps。

早期的硬盘采用 IDE（Integrated Drive Electronics）数据传输接口，数据线并行 40 针引脚，电源接口线是 4 针，采用直流 5 V 驱动电压工作，这种接口也被称为 PATA（Parallel Advanced Technology Attachment）接口。PATA 接口标准从 PATA-1 发展到 PATA-7（即 PATA133），与此相应的硬盘数据传输速率可达 133 MBps。发展到 PATA-7 后，由于硬盘并行接口的电缆属性、连接器和信号协议都遇到了很大技术瓶颈，还存在不支持热插拔、冗错性差、功耗高、影响散热及连接线长度短等缺陷。要在技术上突破这些缺点难度很多，于是 PATA 硬盘退出了历史舞台，逐渐被另一种新型接口标准的硬盘取代。

将 PATA 硬盘完全取代的是串行接口硬盘（Serial ATA，SATA）。这种硬盘采用了串行数据传输接口，其电源接口是 15 针（每 3 针为一组，共 5 组），数据接口仅为 7 针，使用直流 0.5 V 的驱动电压，如图 4-44 所示。

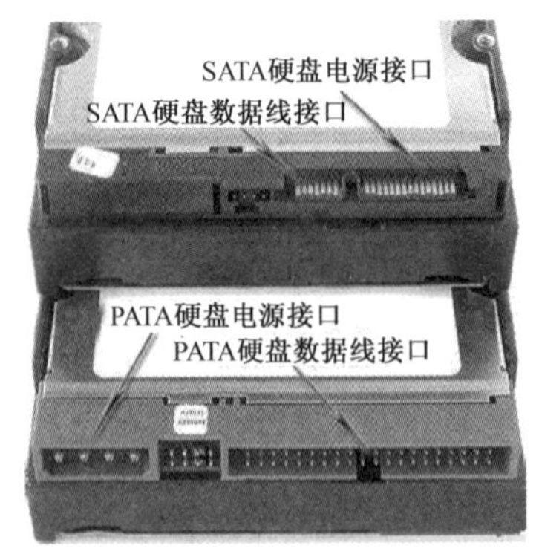

图 4-44　SATA 和 PATA 硬盘接口

由于技术原因，第一代 SATA 硬盘（SATA 1.0 标准）的数据传输速率仅为 150 MBps，传输距离约 1 米。随着技术的发展，历经 SATA 2.0 阶段后，如今已发展到 SATA 3.0，此时的 SATA 硬盘数据传输速率已可达到 600 MBps，比第一代硬盘提高了近 4 倍，最大传输距离也超过了 2 米。

与早期的 PATA 硬盘相比，SATA 硬盘具有发热量小、功耗低、传输距离更远、传输更可靠、接口电路结构更简单、支持热插拔等优点。

除了普通硬盘（ATA 或 SATA），硬盘大家族还有一种基于半导体技术的硬盘，俗称固态硬盘（Solid State Drives，SSD）。这种硬盘的存储介质是 FLASH 芯片或 DRAM 芯片，外形尺寸与普通硬盘无异，其接口除了支持经典的 SATA 标准，一般还支持 MSATA 和 CFast 接口。第一款固态硬盘诞生于 1989 年，发展到现阶段，固态硬盘除了用于笔记本电脑硬盘外，更多是用于移动存储设备（如移动硬盘等）。在工业界，近年甚至出现了 SSD+HDD 的混合型硬盘，将 SSD 的高速特性与 HDD 的大容量特性完美结合，使硬盘的整体性能接近固态硬盘，又能提供更大的存储空间。现阶段，无论是普通固态硬盘还是混合型硬盘，都尚未大规模替代传统磁盘作为主存的直接大容量后援，但用 SSD 替代 HDD 正在成为发展趋势。随着 SSD 的不断发展，其性价比越来越高，将来它很可能全面替代传统磁盘。

4.5.2 磁盘技术指标和校验

1. 磁盘的格式化

由于不同计算机系统的磁道格式可能不同，因此盘片在出厂时并没有写入上述格式信息。所以，空白盘片在使用前需要进行格式化，即用操作命令按其格式写入格式信息，进行扇区划分等，然后才能写入有效程序与数据。当用户的软盘在使用中发现有故障或沾染上病毒时，也可通过格式化清除原有信息，重新记录。

① 建立磁道记录格式，称为物理格式化或初级格式化。经过这一级格式化，磁道被划分为若干个扇区，每个扇区又划分为标志区与数据区，并写入同步字段 SYNC、地址标志 AM1 与 AM2、标志信息 ID 等，但 DATA 段空着，待写入信息。

② 建立文件目录表、磁盘扇区分配表、磁盘参数表等，这些称为逻辑格式化或高级格式化。有关内容将在“操作系统”课程中介绍。

2. 磁盘存储器技术指标

软盘和硬盘的技术指标项目基本相同，在这里一并描述。

1）磁盘容量

存储容量是磁盘的一项重要技术指标，有以下两种容量指标。

① 非格式化容量

非格式化容量 = 面数×磁道数/面×内圈周长×最大位密度

该指标表明一个磁盘所能存储的总位数，其中包括各种格式信息、间隔信息等。由于磁盘各磁道安排的存储容量完全相同，通常只给出最内圈磁道的位密度（最大位密度），所以我们选取最内圈磁道计算道容量。

② 格式化容量

格式化容量 = 柱面数×磁道数/柱面×扇区数/磁道×字节数/扇区

用户感兴趣的是在除去各种格式信息后可用的有效容量，即各 DATA 区容量的总和，称为格式化容量，占非格式化容量的 90%左右，如西部数据出品的硬盘 WD5000AAKX- 083CA1，其标称容量为 500 GB，但其格式化容量仅约为 465 GB。下面以两种常用软盘驱动器为例，说明格式化容量计算及相应的信息分布情况。

5.25 英寸高密盘（双面记录）格式化容量= 80 柱面×2 磁道/柱面×15 扇区/磁道×512 B/扇区= 1.2 MB

3.5 英寸高密盘格式化容量= 80 柱面×2 磁道/柱面×18 扇区/磁道×512 B/扇区= 1.44 MB

【例 4-7】 某型磁盘由 3 个盘片组成，共 4 个可用记录面，转速为 7200 r/min，盘面的有效记录区其外直径为 356 mm，内直径为 100 mm，内层记录的位密度为 250 b/mm，磁道密度为 8 道/mm，每磁道分 16 个扇区，每扇区 512 字节，计算该磁盘的格式化容量。

解 格式化容量= (356−100)/2×8 柱面×4 磁道/柱面×16 扇区/磁道×512B/扇区=32 MB

注意：例中给出的转速为干扰项，给出的位密度也仅在计算非格式化容量时才使用，此外盘面上的磁道为圆周形，故只能根据有效区半径来计算每个记录面的磁道数（圆柱面数）。

2）工作速率

与随机存储器不同，磁盘的存取时间与信息所在磁道、扇区的位置有关。所以，需要分阶段地描述其速率指标，无法采取单一的速率指标，这是由磁盘工作方式决定的。

① 平均寻道（定位）时间。启动磁盘后，第一步将是寻道，即将磁头直接定位于目的磁道上。每次启动后，磁头首先定标于 00 磁道，以该道为基准开始寻道。若目的道就是 0 道，则磁头不需移动；若目的道是最内圈，则所需寻道时间最长，因此，寻道时间是一个不定值。我们用平均寻道时间（或称为平均定位时间）指标衡量磁盘驱动器的寻道速率。

② 平均旋转延迟（等待）时间。寻道完成后，需在磁道内顺序查找起始扇区，此时磁头不动而盘片旋转。如果寻道完成后起始扇区即将通过磁头下方，则不需要等待；如果寻道完成后起始扇区刚刚通过了磁头下方，则需等待盘片旋转一周（起始扇区再次经过时）才能开始读写。这也是一个不定值，最长等待时间是盘片旋转一周的时间。我们用平均旋转延迟时间（或称为平均旋转等待时间）指标来衡量磁盘驱动器寻找扇区的速率，取决于主轴转速。早期常用 5.25 英寸软盘的主轴转速为 300 转/分，相应的平均旋转延迟为 100 ms。常用 3.5 英寸软驱的主轴转速为 600 转/分，平均旋转延迟时间为 50 ms。由于软盘采用接触式读、写方式，盘片转速过高会加大磁头与盘片之间的磨损，因此限制了主轴转速的提高。

③ 数据传输速率（带宽）。找到扇区后，磁头开始连续地读或写：从内存中获得数据，写入磁盘；或从磁盘中读出数据，送往内存。因此，我们用数据传输速率指标来衡量磁盘驱动器的读、写速率，以波特（位/秒）为单位，其物理含义就是单位时间内磁盘输入、输出的数据量。例如，5.25 英寸软驱的数据传输率约为 250 Kbps，3.5 英寸软驱为 500 Kbps。

上述 3 个指标反映了 3 种工作阶段的速率。用户启动磁盘后，等待多久才能开始获得数据，取决于前两项指标。此时允许 CPU 继续访问内存，执行自己的程序。开始连续读或写后，需要占用总线与内存进行数据传输，将影响主机工作。已知内存的工作速率（存取周期）和磁盘的数据传输速率，可以计算出内存需以多大的时间比例，用于向磁盘传输数据，还剩下多少时间比例供 CPU 访存。

【例 4-8】 某计算机字长为 32 位，CPU 主频为 500 MHz，磁盘共有 16 个盘面，1024 个圆柱面，每磁道包含 256 个扇区，每个扇区 512 字节，该磁盘旋转速率为 9600 rpm。求该磁盘的总容量和带宽。

解 磁盘容量 = 1024 柱面×16 磁道/柱面×256 扇区/磁道×512 B/扇区=2 GB；

磁道容量 = 256 扇区/磁道×512 B/扇区=128 KB；

磁盘转速 = 9600 转/60 秒=160 转/秒；

磁盘带宽 = 160 转/秒×128 KB/转=20 MBps。

3．磁盘的数据校验方法

磁表面存储器在磁头与记录介质相对运动中读出，读出信号很小（微伏级），作为外围设备，与内存间的传输距离较长，受干扰较大，因此出错的概率较主存高，相应地需要采取更复杂的校验方法，以判定从磁盘中读取的数据是否正确。

磁表面存储器曾广泛使用海明校验（Hamming Check，HC）方法来校验磁盘存储的数据，或者对数据进行纠错。现阶段普遍使用循环冗余校验（Cyclic Redundancy Check，CRC）方法来校验和磁盘数据纠错。循环冗余校验方法也是一种通过软件实现在通信领域中被广泛使用的数据校验和纠错方法。海明校验方法和循环冗余校验方法两者都可以用硬件电路逻辑来实现，在磁表面存储器的数据校验中，如果数据的位数较多，则采用循环冗余校验方法比采用海明校验方法能更有效地降低硬件成本。对磁盘数据校验时，国际电报电话咨询委员会（CCITT）为循环冗余校验推荐的是$G(x)=x^8+x^7+x^3+x^2+1$，美国电气和电子工程师学会（IEEE）推荐的是$G(x)=x^{16}+x^{12}+x^5+1$。

磁盘每个扇区的容量一般为512字节，在对磁盘进行CRC时，一般以扇区为基本处理单位。当磁盘I/O系统在进行写入扇区操作时，会自动计算要写入该扇区内容对应的CRC校验码。写入扇区完毕，将计算得到的CRC校验码写到该扇区CRC参数记录位置，作为以后读取该扇区成功与否的判断依据。在后续每次读取该扇区的数据时，磁盘I/O系统都会计算所读取的扇区其数据对应的CRC值，并与扇区保存的对应CRC值进行比较，若相符，则说明读取的扇区数据正确，否则该扇区CRC比对未通过，磁盘I/O系统可采用重读策略再次读取该扇区数据。如果重读过程的次数过多，耗时会十分严重，这会严重拖慢计算机的运行速率。

4.5.3 磁盘适配器

如前所述，磁盘子系统的组成可划分为接口、磁盘控制器、磁盘驱动器、盘片。在不同的磁盘子系统中，控制器与驱动器之间的逻辑划分可能不同；从装配级看，它们所处的位置也可能不同，相应地，各部分之间采用的接口标准也就不同。

在多数微型计算机系统中采取这样的逻辑划分：将磁盘控制器与接口合为一块磁盘适配器，一端插入主机系统总线的插座槽口，另一端用电缆与磁盘驱动器相连接。驱动器在组装方式上可以采用内置式或外接式，小容量磁盘驱动器常内置于主机机箱之内，大容量磁盘驱动器则往往作为一个单独的外围设备，置于主机机箱之外，通过电缆连接。

1．磁盘适配器简述

在以上逻辑划分中，磁盘适配器的逻辑组成和功能大致包括：① 与主机系统总线的接口逻辑，如端口地址选择，读/写数据、命令、状态信息的输入/输出、中断请求逻辑、DMA请求逻辑等；② 磁道格式控制；③ 数据缓冲存储器；④ 串并转换，写入时将数据总线传送过来的并行数据（字节或字）转换为串行写入数据序列，读出时将磁道的串行数据组装成字节，并行送往数据总线；⑤ 读、写控制，写入时将串行数据编码为M^2F制或其他记录方式的记录码序列，读出时将驱动器送来的读出信号序列分离出同步信号与数据信号序列（为了使读时钟信号与读出信号频率一致，通常用锁相电路实现频率自动调整）；⑥ 按照某种接口标准（如ST506）与驱动器连接，向驱动器发出命令，接收驱动器状态信息，收发读、写信号序列。现在，磁盘适配器中常用微处理器或单片机作为控制核心，相应地将控制程序固化于ROM中，称为智能控制器。有关磁盘适配器的逻辑组成将在5.5节中详细介绍。

2．磁盘驱动器逻辑结构举例

磁盘驱动器的逻辑组成与功能主要是：① 驱动盘片旋转；② 选择磁头，实现磁头的寻道和定位；③ 进行读、写操作，写入电流的放大驱动，读出信号的放大；④ 按照某种接口标准（如 ST506）与适配器连接等。磁盘驱动器的工作原理例如图 4-45 所示，反映了软盘驱动器、小型硬盘驱动器的大致组成。

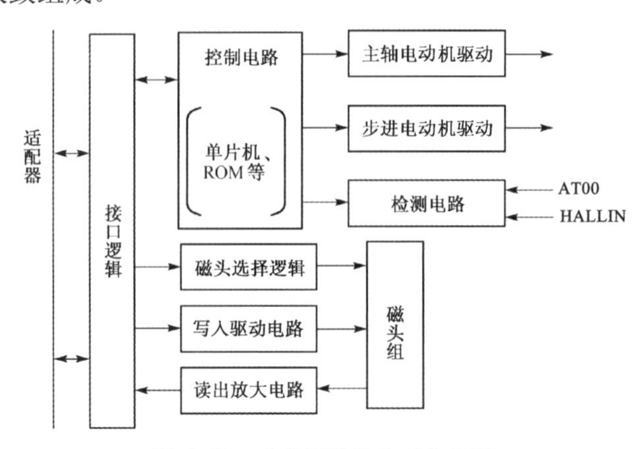

图 4-45 磁盘驱动器的工作原理

1）控制电路

控制电路通常以单片机为核心，实现对驱动器的编程控制。常用的单片机如 MC6801、MC6803、Intel 8048 等，控制程序可以固化在 EPROM 中，如 2716（2 KB）。

2）接口和接口逻辑

驱动器与适配器之间的读写数据传输采用串行方式，常用 RS-422 串行接口连接。

接口逻辑接收适配器发来的有关命令，如驱动器选择、磁头选择、寻道方向选择、寻道步进脉冲、读写命令等。向适配器提供有关驱动器的状态信息，如回答驱动器被选中、准备就绪（主轴电动机达到额定转速、磁头已定位于 0 号磁道）、寻道完成、0 号磁道信号、索引脉冲、写故障等。

3）写入驱动电路、读出放大电路、磁头选择逻辑及磁头组

适配器发送来的写入信息，是按照某种记录方式进行编码的记录码序列，经过电流放大产生足够幅度的写入电流波形，送入选中的磁头线圈，使记录磁层产生完全的磁化翻转，即能由负向磁饱和翻转到正向磁饱和，或者由正向磁饱和翻转到负向磁饱和。

由磁头读出的感应电势是很小的（μV 级），需经过放大电路放大，再经接口发送给适配器。读出放大器应尽量靠近磁头，否则弱信号在长距离传送中会受到干扰。

磁头选择靠译码器实现，根据适配器发送来的磁头选择信号，译码后输出某磁头的选择信号。某时刻，驱动器中只有一个读写磁头工作，单道、逐位地串行读或写。磁头组是一组读写磁头，它们的一些工作状态信息发送给单片机，以供判别，如有无写故障等。

4）电动机驱动系统

主轴电动机一般采用直流电动机，靠一套伺服驱动电路驱动，作稳速旋转，故常需速率反馈调节。适配器根据寻道信息发送出寻道方向信号与步进脉冲，驱动器中有一个步进电动机驱动电路。每接到一个步进脉冲，步进电动机使磁头按寻道方向步进一个磁道。

5）检测电路

为了提供 00 道检测与索引检测两种基准信号，磁盘驱动器一般采用霍尔传感器，将压力变换为电信号。当磁头小车退到 00 道检测传感器附近时，发出 00 道检测信号 AT00。经控制

电路处理，形成 00 磁道信号 TRKZER0（数字信号），送往磁盘适配器。

如前所述，软盘片上有一个索引孔。相应地，在驱动器中有光电检测电路，盘片每转一周，将产生一个索引检测信号。

硬盘驱动器一般在主轴电动机附近装一个霍尔传感器。主轴每转一周，传感器产生一个索引检测信号 HALLIN。经控制电路处理，形成索引脉冲 INDEX（数字信号），送往磁盘适配器。

3. 磁盘适配器的工业标准

目前在硬盘系统中，常将磁盘控制器与驱动器合成为一个设备整体，即硬盘存储器设备或称硬盘机。磁盘适配器只剩下接口功能，可以作为单独的多功能适配器插件插在主机箱中（适配器的一端插入主机系统总线插座槽口，逻辑上与系统总线相连；另一端采用电缆与机外的硬盘存储器相连），也可以直接做在主板上。当用户需要在自己的计算机系统中装入硬盘机时，必须选择一种合适的硬盘接口方式，才能适应自己的计算机系统。

现在常用的硬盘接口类型有 SCSI、IDE 和 SATA 接口。

1）SCSI 接口

SCSI 接口即小型计算机接口（Small Computer System Interface），是在美国 Shugart 公司开发的 SASI（Shugart Associates System Interface）的基础上，增加了磁盘管理功能后组合而成的。其本质是采用 IBM 公司提出的 I/O 通道结构方式，使一台智能外设能在单一总线上与多台主机进行通信。SCSI 接口方式当初是为磁盘设备设计的，目前使用 SCSI 接口最多的也是磁盘，但本质上，SCSI 是一种用于适配器和智能控制器的统一 I/O 总线。SCSI 接口有很高的通用性，除了用于磁盘，还广泛用于光盘、CD-ROM、扫描仪、打印机等，是一种多用途的 I/O 接口。其传输速率达 4 MBps，属于高级智能型接口，是 ANSI 标准化后公布的 X3T9.2 标准。

2）磁盘 IDE 接口

前面介绍的硬盘接口对各种计算机都是通用的，只要主机和磁盘驱动器之间的控制器分别符合它们之间的接口约定就可以了。IDE（Integrated Drive Electronics，电子集成驱动）接口是 AT 微机及其兼容机专用的，又被称为 AT-BUS 或并行 PATA（Parallel ATA）接口。

PATA（Advanced Technology Attachment，高级技术附件）接口标准从 PATA-1 发展到 PATA-7（ATA133），支持最大仅为 133 MBps 的数据传输速率，最远传输距离仅为 0.5 米。

IDE 接口是一种早期的智能化驱动器电子接口，它的主要特点如下：

① IDE 是在早期硬盘接口的基础上改进而成的，其最大特点是把控制器集成到驱动器中，在硬盘适配卡中不再有控制器这部分电路。

② IDE 实际上是系统级的接口，除了对 AT 总线的信号进行必要的控制，其余信号基本上是原封不动送往硬盘驱动器的，所以它采用命令线和控制线合用的 40 芯电缆线，将接口适配器与 IDE 驱动器连接起来。这个接口适配器只是由一些地址译码和总线缓冲等少数电路组成，有些设计者甚至将这个接口电路集成到系统主板上，40 芯接口电缆直接插到主机上，省出了一个扩展槽。

③ 采用高性能的旋转音圈电动机，再配以嵌入式的扇区伺服机构，定位精确，速率快，其传输速率达 7 MBps 以上，且省电、抗震性能好，断电后磁头能自动锁定在启停区。

④ 接口卡不需另配驱动程序，所有 IDE 硬盘均由系统 BIOS 利用保存在 CMOS 中的硬盘参数直接驱动。对不同的 IDE 硬盘，必须在 CMOS 中为其设置并保存相应的硬盘参数，这组参数的设置直接影响系统对硬盘的驱动效果。

IDE 硬盘驱动器大多数是 3.5 英寸的微型驱动器，在驱动器内部已装有控制器 ASIC 芯片。它已把通常的控制器和驱动器合成一体，不但能完成寻道、读、写等驱动器功能，而且可以完成将主机命令转换成控制器的操作，即完成通常的控制器功能。

3）磁盘 SATA 接口

SATA 是 Serial ATA 的缩写，即串行 ATA，它是一种完全不同于并行 ATA 的新型硬盘接口类型，由于采用串行方式传输数据而得名。

2001 年，由 Intel、IBM、希捷等几大厂商组成的 Serial ATA 委员会正式确立了 SATA 1.0 规范；2002 年，正式确立 SATA 2.0 规范，并于 2009 年正式发布了 SATA 3.0 规范。SATA 接口需要硬件芯片的支持，如 Intel ICH5 芯片，如果计算机主板南桥芯片不能直接支持的话，就需要选择第三方的芯片，如 Silicon Image 3112A 芯片等，这样就会引起一些接口硬件性能上的差异，且接口的驱动程序也会比较繁杂。

与传统的 IED（Parallel ATA）接口相比，SATA 总线使用嵌入式时钟信号，具备了更强的纠错能力，与以往相比，其最大的区别在于能对传输指令（不仅是数据）进行检查，如果发现错误，会自动纠正，这在很大程度上提高了数据传输的可靠性。此外，SATA 采用的电源接口是 15 针（3 针为一组，共 5 组），数据接口也只有 7 针，这使得其在结构上比 IDE 接口更简单。SATA 还使用了差动信号系统，能有效地将噪声从正常信号中滤除。因为具备良好的噪声滤除能力，这使得 SATA 只需使用较低的驱动电压（0.5 V）即可。与 IDE 接口高达 5 V 的驱动电压相比，SATA 接口设备的功耗更低，其驱动 IC 的成本也更便宜。

使用普通的 IDE 接口磁盘，最高只能达到 133 MBps 的数据传输速率，目前采用 SATA 3.0 接口标准的磁盘的数据传输速率最高可达 600 MBps，大约是 IDE 接口的 4.5 倍，其理论传输距离也更远，甚至可达 2 米以上。除此之外，SATA 接口还支持热插拔操作。

4.6 光存储原理及器件

光盘存储器的功能、部件和结构组成与磁盘存储器相似，是计算机系统的另一种重要的大容量辅助存储器。

4.6.1 光存储原理

光存储技术是用激光照射存储介质，通过激光与介质的相互作用，使介质发生物理和化学特性上的变化，从而将信息存储下来的一种技术。光存储技术的基本物理原理可以概括为：当存储介质受到激光照射后，介质的某种性质（如反射率、反射光极化方向等）将发生改变，用表示介质特性的两种不同状态就可以与二进制代码 0 和 1 相对应，从而实现对二进制数据的存储，而存储介质上数据的读出，则通过识别光学存储单元特性的变化来实现。

光盘就是利用光存储技术于近代发展起来的一种光学存储器件，其信息的写入和读出均需要通过激光束处理信息记录介质才能完成，因而又被称为激光光盘，简称光盘。按照信息记录原理，光盘可以分为形变型、相变型和磁光型等。按照读写特性，光盘还可以分为只读型和读写型两种。光盘的读写特性与信息记录原理之间也存在十分紧密的联系，下面从信息记录的特性角度分别进行介绍。

1．存储介质的特性

1）形变型

存储介质经激光照射后，会在光盘记录薄膜上形成小孔（凹坑）或微小气泡，这种介质的物理形变一般是不可逆的，因此这种记录原理常用于只读型光盘。

光盘的基片材料一般采用聚甲基－丙烯酸甲酯（简称 PMMA），它是一种耐热的有机玻璃，基片厚度约为 1 mm 左右。记录介质为碲（Te）合金薄膜，厚度约为 0.035 μm。

盘片结构有两种。一种被称为夹层结构，在两张基片上涂敷碲合金薄膜，然后将两张盘片黏接起来，记录面朝里，两张盘片之间形成一个空腔，其中充以惰性气体，使记录介质得到保护。另一种被称为双层结构，在基片上先涂敷一层反射层（铝薄膜），反射层上涂一层二氧化硅保护膜，然后涂敷碲合金记录层，再涂一层透明的保护膜。它也被称为三层结构，即基片、反射层、记录层。

写入时，能量集中的激光光斑照射在某区域，使该微小区域加热达到可熔点温度，保护膜和记录薄膜蒸发，留下一个凹坑（融坑），这就记录了一个 1。读出时，低功率激光光束沿光道扫描。当照射到记录 1 的凹坑时，由于该处的记录层已蒸发掉，光束直接照射到反射层，反射光强，经光检测器转换为读出信号。当照射到无凹坑处，由于记录层存在，反射光较弱，表示读出为 0。读出时激光功率只有写入时的 1/10，约 2 mW，不会使记录层发生新的形变。

这种物理上的形变一般是不可逆的，因此常常用于不可改写型的光盘。这种光盘用母盘复制而成，或由用户一次性写入，后续只读而不能再次写入数据。

2）相变型

利用存储介质的晶相结构即结晶状态发生的可逆性变化，可以制成一种可改写型光盘。这种光盘盘片一般采取带沟槽结构，即在基片上预先刻制若干沟槽，在上面蒸发成一层记录介质薄膜，再涂一层树脂保护层。记录介质一般采用碲（Te）氧化物中渗入 5%的锗（Ge）。沟槽宽度即光道宽度，典型值为 0.5～1 μm。槽深与所用激光的波长成正比，约为 0.07 μm，有槽处（记录信息处）的记录层厚度约为 0.12 μm；而无槽处记录层厚度仅约为 0.05 μm。

写入时，强激光照射 TeOx-Ge 记录薄膜，被照射的微小区域突然加热，Te 的粒子直径变大。由于照射时间极短，已变化了的粒子直径来不及再缩回去，就保持扩大了的直径不变。粒子直径的变化引起元素结晶状态的变化，使光折射率增加约 20%，因此写入 1 的区域（照射过的区域）与写入 0 的区域（未照射的区域）在光的反射率上存在明显的差别。

读出时，弱激光对光道进行扫描，利用反射率的差异鉴别扫描位置记录信息是 0 还是 1。

擦除时，用激光照射记录介质，使记录信息区域退火，即加热后缓慢冷却。于是 Te 粒子的直径由大变小，恢复原有结晶状态，反射率差异随之消失，记录信息被抹去。

3）磁光型

另一种可改写型光盘是磁光型光盘，它以磁性材料为记录介质，利用热磁效应写入信息，利用磁光效应读出信息，通过恢复原有磁化状态进行擦除。这种光盘大多采用稀土类的铁族系非晶态磁性合金作为记录介质，如 TbFe、GdTbFe 等。盘片一般分为三层结构：在 PMMA 基片上镀一层厚约 0.1 μm 的记录薄膜，如 TbFe，其上涂一层氧化硅保护膜，然后镀一层银反射膜，再涂一层氧化硅保护膜。

写入数据之前，记录介质在外加磁场作用下全部呈垂直磁化状态，称为自旋按垂直于薄膜的方向规则排列，如图 4-46 所示。写入数据时，强激光照射会使记录介质的微小区域温度升高，其自旋排列因受到热振动而被打乱，所以磁化强度会随之下降。外加反向磁场使该区域的磁化方向发生翻转，就能记录 1 位数据信息，如图 4-47 所示，它展示了一种磁光型介质上利用热磁效应来记录数据信息的基本原理。

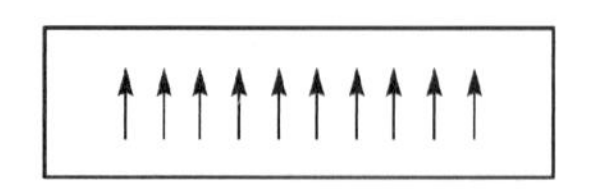

图 4-46　磁光型介质的记录原理：写入前

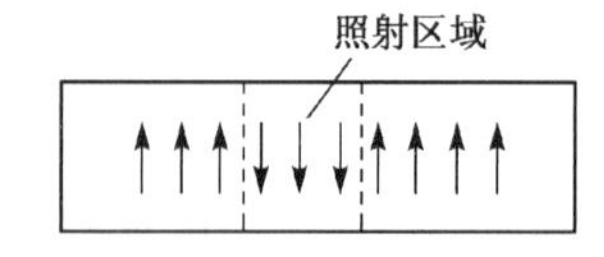

图 4-47　磁光型介质的记录原理：写入后

读出数据时，弱激光照射记录介质，获得反射光。根据磁光效应（又称为克尔效应），反射光的振动方向与记录介质的磁化方向有关。当照射到向上磁化区时，反射光的偏振面将旋转一定角度；适当安置检偏器角度，使上述反射光不能通过检偏器。当照射到向下磁化区时反射光的偏振面将反向旋转同一角度，可以通过检偏器，经光电转换为读出信号 1。

擦除数据时，一方面用激光照射记录介质，另一方面外加磁场，使介质回到"写入前"的状态，即清除原存的信息。可见，在写入和擦除时都是利用热磁效应，即利用激光局部加热，改变加热区的磁特性，从而可用外加磁场改变磁化状态。

以上简要介绍了三种利用光来进行信息存储的工作原理。由于激光可以聚焦成极细的光斑，因此光盘的记录密度很高，约为同面积磁片的数十倍。目前，光盘已成为一种重要的大容量数据外存储器。

2．激光波长与记录密度

普通 CD（Compact Disc）光盘、DVD（Digtal Video Disc）光盘和 BD（Blue-ray Disc）光盘的结构基本相同，只是厚度和存储介质材料各不相同。这三种光盘的单片容量也存在显著差异，主要与其相关的激光光束波长密切相关。一般，光盘片的记录密度受限于读出的光点大小，即光学的绕射极限（Diffraction Limit），其中包括激光波长 λ，物镜的数值孔径 NA。所以，要提高光盘的记录密度，一般只能通过使用短波长激光或提高物镜的数值孔径使光点缩小。

CD 光盘的激光（近红外光）波长 λ=780 nm，物镜的数值孔径 NA=0.45，激光束汇聚到一点的距离需要 1.2 mm，这就决定了 CD 光盘基板的厚度为 1.2 mm。不管是 CD 光盘的基板过厚还是过薄，激光束都不能汇聚到一点，从而严重影响数据的烧录和读取。

普通 DVD 光盘的激光（红光）波长 λ=650 nm，物镜的数值孔径 NA=0.6，激光束汇聚到一点的距离只需要 0.6 mm，因此 DVD 光盘基板的厚度为 0.6 mm。不过，0.6 mm 的厚度太薄，制造出来的光盘也会因为太薄而容易折断。所以，在 DVD 的实际制造过程中会把两片 0.6 mm 厚的基板叠合在一起，共同组成 1.2 mm 的厚度。当然，在这种情况下，只有一片基板在记录数据，另一片基板则完全起保护的作用。

BD 光盘的激光（蓝光）波长 λ=405 nm，物镜的数值孔径 NA=0.85，这就决定了蓝光产生的光点更小，从而使存储介质上的记录密度更大，也能做成单片容量更大的光盘。

4.6.2　光盘存储器和光驱

正如前文所述，光盘存储器是一种利用激光进行读写的大容量数据存储器，也是计算机的另一种重要辅助存储器，可以存储文字、声音、图像和动画等数字信息，属于非易失性存储器，信息能永久保存，体积小、价格低廉，普及广泛。

1．光盘的基本特性

从分层物理结构上，光盘一般包括基板、信息记录层、光反射层。基板是各功能结构层的载体，通常用聚碳酸酯材料制作，冲击韧性极好、使用温度范围大、尺寸稳定且无毒。记录层是真正用来刻录、保存数据的载体，一般用有机染料、碲合金薄膜或者稀土类磁性材料制作。反射层是用来反射激光光束的区域，借反射的激光光束读取光盘片中的资料，其材料一般为高纯度的纯银金属。除了这三层，根据具体的应用需要，光盘还可增加保护层或者印刷层等。

从外观上，120 型光盘普及最广，其外径尺寸为 120 mm，中心孔径为 15 mm，盘片厚度 1.2 mm，重约 14～18 g。其他外形规格的光盘，如 80 型等，用量稀少。目前，普通 CD 光盘的最大容量约为单面 700 MB，普通 DVD 光盘的单面容量约为 4.7 GB，BD 光盘则容量更大，其单面单层的数据总存储容量可高达 25 GB。

从信息分布形态上，光盘与磁盘不同。磁盘是划分为若干分布均匀的同心圆磁道，而光盘的盘片一般由一条由内向外的螺旋线（类似蚊香）光道组成，光道的密度和光道上的数据密度远远大于磁道，如普通 CD 光盘，其相邻螺旋光道之间的距离约 1.6 μm，光道密度约为 16000 tpi。而对于 DVD 光盘，光道间距则已缩小至 0.74 μm，BD 光盘则更小约为 0.32 μm。光盘的光道又划分为若干等容量扇区。例如，容量为 650 MB 的普通 CD 光盘（数据模式）的光道由 333000 个扇区组成，每个扇区中可记录 2352 B 的数据，其中 304 B 为系统保留区，剩余 2048 B 用于保存用户数据。DVD 光道每个扇区（包括扇区头标 130 B）大小为 2697 B，其中真正用于用户存储数据的容量仅为 2048 B。

光盘的数据编码逻辑一般采用“交叉交错理德-所罗门编码”（Cross Interleaved Read-Solomon Code，CIRC），除了增加二维纠错编码，还将源数据打散，再根据一定的规则进行扰频和交错编码，使数据相互交叉交错，这样能让用户数据的错误很难连续起来，有利于提高整体的纠错能力。CD 光盘数据的纠错一般由 4 B 的 ECC 码和 276 B 的 EDC 码（采用 CRC）共同完成。DVD 与 CD 类似，但纠错的基本单位并不是一个扇区，而是一个纠错块（ECC Block，ECCB）。一个纠错块包含 16 个物理扇区的数据区，共 32 KB。纠错块中对应每个扇区的纠错码分散存储在这 16 个扇区之中。

2．光盘的三种类型

光盘从读写特性上可分为只读型（Read-Only）光盘（如 CD-Video、CD-ROM、DVD-ROM 和 DVD-Video 等）和读写型（Read-Write）光盘（如 CD-RW、DVD-RW 和 DVD-RAM 等）。

根据使用的光波，光盘主要分为：① CD 光盘，使用近红外光，波长 780 nm，单张总容量一般为 650 MB；② DVD 光盘，使用红光，波长 650 nm，单层总容量一般为 4.7 GB；③ BD 光盘，使用蓝光，波长 405，单层总容量可达 25 GB。

总体上，光盘的发展趋势是面向高容量存储（如 DVD+R DL 产品），业界的技术研发也以此为导向。单面双层 DVD 盘片（DVD+R Double Layer）是利用激光聚焦的位置不同，在同一面上制作两层记录层。单面双层盘片在第一层及第二层的激光功率（Writing Power）相同（激光功率小于 30 mW），反射率（Reflectivity）也相同（反射率为 18%～30%），刻录时，可从第一层连续刻录到第二层，实现资料刻录不间断。

3．光驱的工作原理

光盘是数据信息的存储载体，光盘驱动器是实现对光盘进行信息写入和读出的一种光学驱动器设备，因此常常被简称为光驱。光驱一般由光驱主体支架、光盘托架和激光头组件等构成。其中，激光头组件最为重要，是光驱的核心部件。

① 激光头组件：包括光电管、聚焦透镜等部分，配合运行齿轮机构和导轨等，在通电状态下，根据系统信号确定、读取光盘数据并通过数据带将数据传输到系统。

② 主轴驱动电机：提供光盘高速旋转所需的驱动力，在光盘的高速运行过程中提供快速、准确的数据定位功能。

③ 光盘托架：在开启和关闭状态下的光盘承载体。

④ 启动机构：控制光盘托架的进出和主轴马达的启动，加电运行时启动机构将使包括主轴马达和激光头组件的伺服机构都处于半加载状态中。

⑤ 机芯电路板：控制伺服系统和控制系统的器件，是光驱的控制机构。

在光驱工作时，将数据先调制成二进制记录码，形成相应的写入脉冲序列，控制脉冲电流生成，再送入半导体激光器。激光器发出的激光，聚焦成能量高度集中的、只有微米数量级大小的光点，照射记录介质使其发生变化，其工作原理如图 4-48 所示。

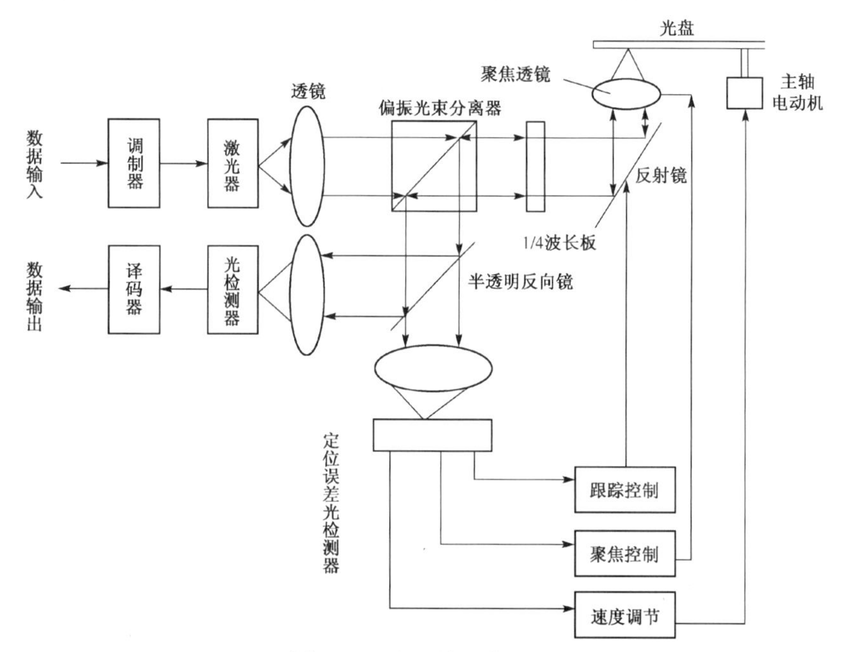

图 4-48 光驱的工作原理

半导体激光器根据输入电流，以一定功率发出激光脉冲。激光束经过透镜汇聚为平行光，通过偏振光束分离器、1/4 波长板，然后经反射镜折向聚焦透镜，聚焦为直径小于 1 μm 的细微强光点（又称光斑，红光为 0.4 μm，蓝光为 0.14 μm）后，用于照射光盘记录介质。写入数据 1 时，脉冲信号输入激光器产生细微光斑。写入 0 时，无脉冲信号输入激光器，因而无光斑。换句话说，激光束受到写入数据代码的调制，转换为光斑的有无。直流电动机驱动光盘片旋转，光脉冲将在光道上形成一串有间隔的记录点。光头由定位系统驱动，可径向寻道，定位系统则用音圈电机为执行电机。

读出时，激光器加较低的直流电压，输出一小功率的连续激光束。其功率约为写入时的 10%，因此不会破坏光盘上已经写入的信息。扫描光盘时，激光器发出的激光仍然经过透镜、偏振光束分离器、1/4 波长板、反射镜、聚焦透镜，聚焦为直径小于 1 μm 的光斑后照射光盘记录介质层，再通过光盘的反射层形成反射光。反射光经透镜、反射镜折向 1/4 波长板、偏振光束分离器，和入射光束相分离，折向半透明反射镜，经由光电转换器将光信号转变为电信号，即读出信号，经过反向调制后译码成相应的数据代码。

对于普通 CD 光盘而言，图 4-48 中的调制器一般是按 EFM（Eight-Fourteen Modulation，8 位输入，14 位输出，另加入 3 位的附加码，记为 8-17）方式进行调制，DVD 则是按 EFM+（8 位输入，16 位输出，无附加码，记为 8-16）方式进行调制编码，蓝光采用的是 EFMCC 调制，其平均码率低于 CD 的 8-17 和 DVD 的 8-16，大约等效于 8-15 制式。

4. 光驱的常见类型

光驱是计算机里比较常见的一个配件。随着多媒体的应用越来越广泛，光驱在台式机中已经成为标准配置，常见的有 CD-ROM 光驱、DVD 光驱（DVD-ROM）、康宝（COMBO）光驱和可刻录光驱等。

CD-ROM 光驱又称为致密盘只读存储器，是一种只读的光存储介质，利用原本用于音频 CD 的 CD-DA（Digital Audio）格式发展起来。

DVD 光驱是一种可以读取 DVD 碟片的光驱，除了兼容 DVD-ROM、DVD-VIDEO、DVD-R、CD-ROM 等常见的格式，还支持 CD-R/RW、CD-I、VIDEO-CD、CD-G 等光盘格式。

COMBO 光驱是一种集合了 CD 刻录、CD-ROM 和 DVD-ROM 为一体的多功能光存储产品，蓝光 COMBO 光驱指的是既能读取蓝光光盘也能刻录 DVD 光盘的光驱。

蓝光光驱是一种能读取蓝光光盘的光驱，一般向下兼容 DVD、VCD、CD 等格式。

可刻录光驱包括 CD-R、CD-RW、DVD 刻录机和蓝光刻录机等。其中，DVD 刻录机又分为 DVD+R、DVD-R、DVD+RW、DVD-RW（W 代表可反复擦写）和 DVD-RAM。刻录光驱的外观与普通光驱差不多，只是其前置面板上通常都清楚地标志着写入、复写和读取三种速率。

5. 主要的性能指标

光驱性能指标参数是生产厂商产品推出过程中的标称值，包括接口类型、数据传输速率、平均寻道时间、纠错能力、稳定性、内部数据缓冲、多种光盘格式支持等。

1）读盘模式

① CLV（Constant-Linear-Velocity）：恒定线速度方式，在低于 12 倍速的光驱中使用的技术，为了保持数据传输率不变，随时改变光盘的旋转速率。读取光盘内沿光道数据时，盘片旋转速率要比读取外沿光道要快许多。

② CAV（Constant-Angular-Velocity）：恒定角速度方式，用同样的速率来读取光盘上的数据。但光盘上的内沿光道数据比外沿光道数据的传输速率要低，越往外越能体现光驱的速率，即最高数据传输率。

③ PCAV（Partial-CAV）：区域恒定角速度方式，是一种融合了 CLV 和 CAV 的新技术，它在读取外沿数据时采用 CLV 方式，在读取内沿数据时则采用 CAV 方式，以提高速率。

2）读盘速率

光驱的平均寻道时间比磁盘长很多，早期的 CD 光驱高达 400 ms，目前主流的 DVD 光驱虽已大幅降低了平均寻道时间，但仍需要 75～95 ms，磁盘为 10 ms 左右。这是因为光盘的光道更多，定位精度要求更高，且光头本身也比磁头更复杂，驱动速率也更低。

光驱在读盘时的数据传输率通常用“倍速”来表示，这个数值是指光驱在读取盘片最外圈时的最快速率。光驱的实际工作速率与读写模式和光盘的种类密切相关。

对于 CD 光驱，其 1 倍速相当于 150 KBps；对于 DVD 光驱，1 倍速相当于 1358 KBps，BD 光驱则高达 36 MBps。最快的 CD 光驱一般为 52 倍速，数据传输率 7800 KBps，DVD 光驱已发展到 24 倍速，数据传输速率为 32592 KBps，BD 光驱目前已发展到 15 倍速。

3）数据缓存

CD/DVD 典型的缓冲器大小一般只有 128 KB，针对光驱具体型号的不同互有差异，如外置式 DVD 光驱就采用了较大容量的缓存。可刻录 CD 或 DVD 光驱一般具有 2～4 MB 以上的大容量缓冲器，目前有采用 8 MB 容量的高端光驱。

大容量的缓存主要用于防止缓存欠载（buffer underrun）错误，同时可以使刻录工作平稳、恒定地写入。一般，驱动器速率越快，就需要更多的缓冲存储器，以适应更高的传输速率。受制造成本的限制，光驱的缓存不可能制作到非常大，但适量的、足够的缓存容量还是选择光驱的关键指标之一。

早期的 CD 光驱其接口有两种：IDE 接口和 SCSI 接口。普通计算机一般采用 IDE 接口，SCSI 接口的光驱一般用于网络服务器。目前，DVD 光驱多采用 ATAPI/EIDE 接口或 SATA 接口。外置光驱的接口多采用 USB 接口方式。普通的内置 BD 光驱现在多采用 SATA 接口，而外置的 BD 光驱则采用 USB 接口的居多。

6. 光驱的发展趋势

1991 年，全球 1500 家 IT 厂商加入软件出版商协会的 Multimedia PC Working Group，公布了第一代多媒体个人计算机规格，它带动了光盘的流行。第一张光盘的容量仅为 640 MB，光驱的数据传输率为 150 KBps（单倍速），平均搜寻时间为 1 s。

此后，第二代以提高速率为目标的光驱逐渐发展，从单倍速发展到超过 32 倍速。第二代光驱的应用场景使光驱逐渐普及，光驱支持的数据格式也逐渐多了起来。相对于用户不断发展的速率需求，其速率慢的弱点也凸显，因此提高速率成为各厂商技术竞争的核心目标。

第三代光驱解决了速率问题，此时速率已不是各厂商发展技术的主要目标，各厂家纷纷推出新技术，使光驱读盘更稳定，发热量更低，工作起来更安静，寿命更长。伴随着第三代光驱技术的逐渐成熟，国内厂商也发展起来，其产品也成为市场主流。

经过几十年的发展，光驱技术已经趋于成熟。早期的 CD 光驱现已退出历史舞台，DVD 和 BD 光驱正成为市场的主流。纵观各光驱厂商，其产品在技术上略有不同，但产品的品质都日臻完善。未来的光驱可能会追求更强的纠错率，更快的传输速率，更稳定的工作过程，更安静的工作噪声，更低的功耗，更小的体积，更易于携带。

4.7 计算机的三级存储体系

计算机系统的整体性能在很大程度上受制于其存储子系统。对于存储器子系统，根据其不同特性采取适当的管理和技术措施，可以提高计算机系统的整体性能。本节将从计算机系统的三级存储体系角度出发，如图 4-49 所示，先介绍基本概念，再讨论高速缓存（Cache）与主存之间的映射逻辑以及主存通过虚拟存储与外存实现数据交互的映射原理，并分析信息从“外存→内存→Cache→内存→外存”这套完整闭环传递过程。

Cache：在 CPU 中通常集成有两级或者三级 Cache（L_1～L_3），内核直接读写 L_1 级 Cache。

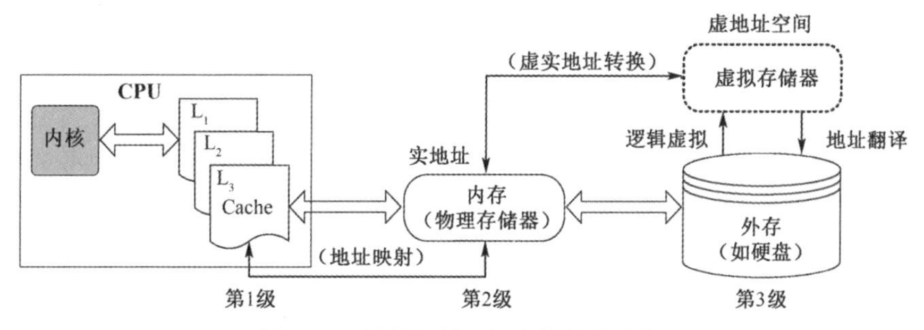

图 4-49　计算机的三级存储体系结构

内存：用于存储程序运行期从外存中读入的指令和数据。

外存：如硬盘、光盘或者 U 盘等，用于以文件方式存储程序的全部指令和数据。

4.7.1　基本概念

当 CPU 执行一个程序时，要先将程序指令、数据从外存读入内存，为了提高 CPU 读取指令和数据的速度，通常还需将热点数据、指令提前读入各级 Cache，因此 CPU 访问内存的操作就可以被转换为直接访问 CPU 内部 Cache 的操作，能显著提高访存速度。

内存与 Cache 之间的数据交互是以数据块（Block）为单位整体进行调度的，块大小与 CPU 相关，如 Core i7 中每块固定为 64 字节。Cache 的数据块只是内存访问“热点”数据的一个副本，需要把访问主存的操作转换为直接访问 Cache 的操作。为了确保 Cache 数据与内存数据之间的一致性，必须有一套严密的地址转换逻辑来确保主存块与 Cache 块的对应。

在图 4-49 所示的三级存储体系中，第 1 级中的 Cache L_3 与第 2 级中的物理内存之间的数据块地址映射和调度方式主要有 3 种基本模式：直接映射、全相联映射、组相联映射。不同的数据块地址映射方式，其映射规则和特性各不相同。

此外，存储在外存（如硬盘）中的数据，其寻址模式是：磁盘号、圆柱面号、磁头号、扇区号、字节序号等，与内存按地址码进行随机访问的模式截然不同，因此内存与外存之间也必须设计一套数据地址映射逻辑，以解决主存数据和外存数据的对应和关联问题。

计算机的三级存储体系主要通过虚拟存储技术来管理内存（第 2 级存储）与外存（第 3 级存储）的地址转换和数据交换问题，就是在硬件系统的配合下，操作系统可以把外存的存储空间通过技术手段虚拟成一个存储形态与内存相似的存储器（如按地址码寻址、随机访问），但这个存储器在物理形态上又不存在，也不能存储数据，只是基于外存虚拟出来的，所以这个存储器就被称为虚拟存储器。

如以硬盘为例，它通过物理圆柱面号、磁头号和扇区号能定位一个唯一的物理扇区。操作系统管理磁盘的时候，它通常把所有的物理扇区进行统一编号（线性编址），这些编号就是扇区的全局逻辑序号，这样每个字节的物理地址（4 段：圆柱面号+磁头号+扇区号+字节序号）就可被虚拟成一个逻辑地址（2 段：逻辑扇区号+字节序号），硬盘控制器中通常还设置有地址翻译器能把逻辑地址转换成物理地址。硬盘数据的所有数据字节逻辑地址组合在一起，就形成了一个硬盘物理地址空间对应的逻辑地址（虚地址）空间，可以被看成一个基于硬盘数据物理存储空间而抽象出来的虚拟存储器。

如果把内存单元的地址称为内存实地址或者物理地址，相应就可以把虚拟存储器的地址称为虚地址或者逻辑地址。虚拟存储器地址空间大小取决于外存的数据总容量，与内存的物理总容量并无直接对应关系，两者之间仅存在“虚 - 实”地址的逻辑对应关系。

从计算机系统的存储管理角度，操作系统都以文件的方式来管理外存中的数据，文件的存储则以“簇块”为基本分配单位，每个簇块又包含若干物理扇区，如 NTFS 簇可以是 1、2、…、32 个扇区，每个扇区数据 512 字节。一个文件通常被链式地存储在多个（至少 1 个）簇块中，并由文件目录表（File Directory Table，FDT）中对应的目录项（File Control Block，FCB）来记录为此文件分配的首簇块号。

文件的簇块号也可以看成文件存储的一种逻辑地址（虚地址），可以翻译成磁盘的逻辑扇区号和物理地址。执行文件时，操作系统自动把文件的逻辑地址翻译成外存的物理地址，并启动外存，把当前急需使用的文件数据读入内存，以供 CPU 运算处理。

外存与内存之间的数据交换是以数据“页”为单位整体进行调度的，页面大小通常是簇块的整数倍。由于内存容量有限，因此在运行期操作系统还会按一定规则，把暂不需要的数据页从主存中淘汰掉并将其写回到外存，再将新的数据页从外存中读入内存。

从存储管理模式的角度，外存与内存之间的数据交换也有三种基本的存储管理模式：页式存储管理、段式存储管理、段页式存储管理。在不同的管理模式中，采用的外存虚地址和内存实地址转换规则也相互不同。

系统在执行程序时，操作系统可以把指令、数据的虚地址（逻辑地址）转换成了主存的物理地址并以数据页为单位把数据读入主存，故 CPU 只需访问内存。存储管理部件把虚地址翻译成实地址时，通过页表项判断目标数据页是否已调入主存，若已调入，则输出实地址供 CPU 访问；若未调入，则产生缺页中断，由操作系统将目标数据页从外存读入内存再访问。此外，主存数块可以通过硬件被自动映射到 CPU 内部的 Cache 中，因此 CPU 访问内存的操作最后又被转换成了访问内部 Cache 的操作。存储管理部件把内存地址翻译成 Cache 地址时，要通过 Cache 数据块的标志位来检查目标数据块是否已经从主存调入 Cache。

上述这种“外存↔内存↔Cache”的组织模式是计算机系统中普遍采用的三级存储体系。在这种体系中，配置的外存使计算机系统能拥有足够大的存储容量，配置的内存使 CPU 读写数据的速度得到保障，而 CPU 中集成的 Cache 进一步弱化了 CPU 和主存速度差异，使 CPU 读写数据和指令的速度得到提升。

4.7.2 高速缓存与内存的数据交换

本章概述中简要介绍了高速缓存（Cache）的基本概念。第一级高速缓存（L1 Cache）一般容量只有几 KB 到几百 KB，第二级高速缓存（L2 Cache）一般有几 MB，一些高端 CPU 甚至集成了第三级高速缓存（L3 Cache）。Cache 用来存放当前最活跃的程序和数据，作为主存某些局部区域数据的副本，如存放现行指令地址附近的程序，以及当前要访问的数据区内容。

由于编程时指令地址的分布基本上连续，对循环程序段的执行往往要重复若干遍，在一个较短的时间间隔内，对存储器的访问大部分将集中在一个局部区域中，这种现象被称为程序的局部性。因此，可以将这个局部区域的内容提前从主存复制到 Cache 中，使 CPU 能高速地从 Cache 中读取程序与数据，其速率可比主存高 5～10 倍，这个过程由硬件实现。对具体指令而言，访问主存的操作就被硬件系统透明地转换成了访问 Cache 的操作。随着程序的执行，Cache 内容也会按一定的规则进行相应替换更新。

为了实现 Cache 的上述功能，需要解决这样一些问题：首先是 Cache 的内容与主存之间的映射关系；其次是如何实现地址转换，将访问主存的地址转换成对应的 Cache 地址；再次是对 Cache 的读或写方式；最后是更新 Cache 内容的替换算法。

1．数据映射模式

主存与 Cache 之间的数据交换，都是以固定大小（如 512 B）的数据块为基本单位进行整体操作的，因此主存与 Cache 的存储空间应被分别划分成若干大小相同的数据块。假定某计算机的主存和 Cache 都按字节来编址，其中主存容量为 1 MB（地址码长度为 20 位），每块包含 512 B，共划分成 2048 块，块序号为 0～2047；Cache 容量为 8 KB，每块的容量也是 512 B，故 Cache 可被分成 16 块，块序号为 0～15。

下面将以此为例介绍 3 种基本的主存↔Cache 的数据映射。

1）直接映射方式

基本特征：主存和 Cache 都按每个数据块 512 字节划分成若干数据块；主存分组，且每组包含的数据块的数量与 Cache 数据块的数量相同。

直接映射规则：主存与 Cache 进行数据块交换时，主存的数据块只能整体映射到与该数据块具有相同组内数据块序号的 Cache 数据块位置，如图 4-50 所示。

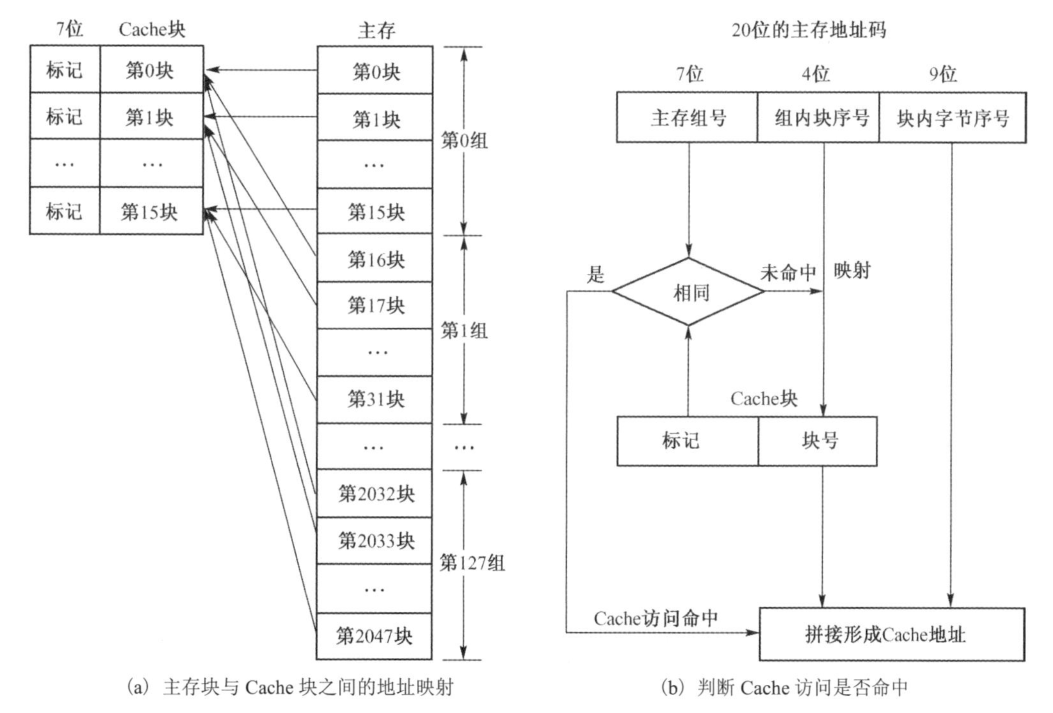

(a) 主存块与 Cache 块之间的地址映射　　(b) 判断 Cache 访问是否命中

图 4-50　直接映射方式

主存与 Cache 进行直接映射时，两者的块序号、代码位数满足对应关系：$K = J \bmod 2^C$。这里的“mod”操作表示模运算，即相除以后求余数。此外，K 为 Cache 中的数据块序号，J 为主存数据块的全局序号，C 用来表示 Cache 块序号的二进制代码位数，因此 2^C 实际上就是主存中每个分组内包含的数据块的数量。

在上例中，参数 C=4。在图 4-50(a) 中，主存共 2048 块，Cache 共 16 块，主存被划分 128 组，每组 16 块（与 Cache 的块数相同）。按照直接映射规则，主存的第 J（全局序号）个数据块只能映射到与其组内序号（J 除以 16 的余数，即 $J \bmod 2^C$）相同的 Cache 第 K 块位置。

因此在直接映射方式下，每个主存数据块只能复制到某个固定的 Cache 块。基本映射规律是：将主存的 2048 块按顺序分为 128 组，每组的 16 个数据块分别与 Cache 的 16 个数据块位置是一一对应的。具体而言，主存第 0 块、第 16 块、第 32 块……第 2032 块，共 128 块，这些块的全局序号 J 与 16 相除后得余数 K=0，故只能映射到 Cache 的第 0 块对应的位置上。

同理，主存的第 1 块、第 17 块、第 33 块……第 2033 块，共 128 块，这些块的全局序号 J 与 16 相除后得余数 K=1，故它们就只能映射到 Cache 第 1 块对应的位置上。以此类推，其余主存数据块在 Cache 中的映射位置，如主存第 15 块、第 31 块……第 2047 块，共 128 块，也只能映射到 Cache 的第 15 块对应位置。

当访问主存的数据时，CPU 会先给出一个 20 位的主存地址码，其中地址码的最高 7 位可以看成主存分组后的组序号（范围为 0～127），随后的 4 位可以看成组内的块序号（范围为 0～15），最后的 9 位可以看成主存数据块中的字节序号（也称块内地址，范围为 0～511），因此该 20 位的主存地址码在逻辑上就被分解成：组号（7 位）+组内的块序号（4 位）+块内的字节序号（9 位），其地址结构如图 4-50(b)所示。

在具体映射时，主存的每组中都有一个数据块可以映射到 Cache 的同一块上，因而单靠主存地址分解得到的组内块序号，只能确定该主存块在 Cache 中可能的位置，并不能确定该主存块是否已被实际映射到了对应的 Cache 块位置。例如，主存第 0 组的第 0 块、第 1 组的第 0 块、第 2 组的第 0 块都可以映射到 Cache 的第 0 块上，当根据主存的 20 位地址码访问主存第 1 组的第 0 块时，该块的直接映射位置为 Cache 的第 0 块，但 Cache 的第 0 块就一定是主存第 1 组的第 0 块映射过来的吗？答案是不确定的，因为也可能是主存第 0 组的第 0 块或者第 3 组的第 0 块映射过来的。

为了准确判定 Cache 的某块具体是由哪一个主存块映射过来的，在 Cache 方面，为每块设立一个长度为 7 位的 Cache 组号标记，该标记恰与主存分组的组号对应。如果现在 Cache 的第 0 块是由主存第 16 块（全局序号）映射过来的，那么该 Cache 块对应的组号标记段被设置为 1，以标记当前的 Cache 块是由主存第 1 组中的某块映射过来的。根据直接映射规则，该主存块必须与第 1 组的第 0 块（组内序号）对应。因此，访存时只需两步就可以确定 Cache 访问是否命中：第一步，根据直接映射规则确定主存块对应的 Cache 块；第二步，比较主存地址码中的高 7 位（主存组号）与 Cache 块的 7 位组号标记，若两者相同，则表明目标主存块已被映射到对应的 Cache 块中，Cache 访问命中，否则访问未命中。

直接映射方式的优点是：在硬件实现方面比较容易，只需容量较小的可按地址访问的组号标志存储器和少量的比较电路，硬件成本很低，映射速率快。

其缺点是不够灵活、Cache 块的冲突概率很高，可能使 Cache 的存储空间得不到充分利用。例如，需将主存第 0 块和第 16 块同时映射到 Cache 中时，由于它们都只能映射到 Cache 的第 0 块，即使 Cache 的其他数据块空闲，这两个数据块中也始终会有一个主存块不能被映射到 Cache 中，这会使 Cache 访问的命中率急剧下降。

2）全相联映射方式

全相联映射的基本特征为：主存和 Cache 只按 512 字节分成数据块，两者均不分组。

全相联映射的规则为：当主存与 Cache 进行数据块交换时，主存中的每个数据块可以随意映射到 Cache 中的任意一个数据块位置，如图 4-51(a)所示。

采用全相联映射方式时，如果淘汰了 Cache 中某数据块的内容，则可调入任何一个主存块

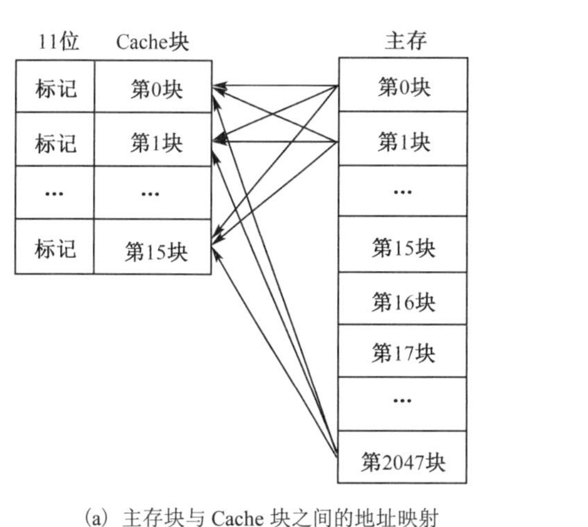

(a) 主存块与 Cache 块之间的地址映射

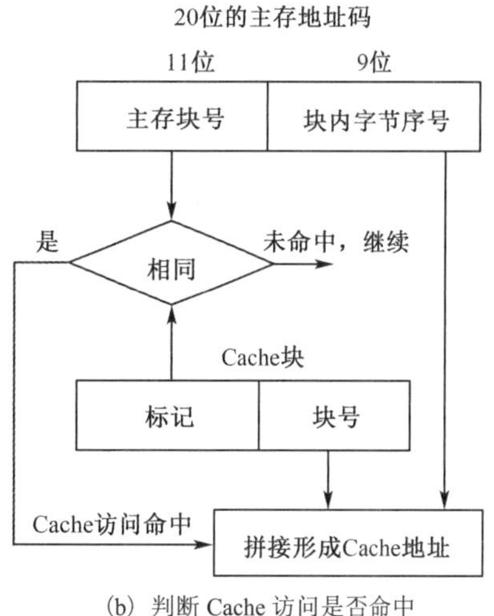

(b) 判断 Cache 访问是否命中

图 4-51 全相联映射方式

的内容，因而比直接映射方式更加灵活，但也存在一些严重缺陷。

在全相联映射模式中，因为不存在对主存数据块的分组，而且任何一个地址码对应的那个字节，均从属于唯一的一个数据块，该字节数据在主存数据块中的字节序号也是唯一的，因此就可以把 CPU 给出的 20 位主存地址码解析成两部分：主存块号（11 位，0～2047）+ 块内的字节序号（9 位，0～511），如图 4-51(b)所示。

由于每个 Cache 块可由 2048 个主存块中的任意一块映射过来，因此每个 Cache 块的标记字段也需要 11 位（与主存的块号对应），这样才能通过它确定当前的 Cache 块是主存中的第几块映射得到的。所以，在全相映射中，与直接映射方式相比，Cache 块的标记字段的位数会增加，这会导致其硬件比较逻辑的成本也增加。

采用全相联映射方式，Cache 块的冲突概率最低。只有当 Cache 块全部装满后才可能出现数据块冲突，因此 Cache 的空间利用率最高。

根据地址码访问主存时，由于该地址码所在的主存块，可以被映射到 Cache 的任何一块，于是要从 Cache 的第 0 块开始，把它的标记字段与该主存块的序号进行比较，相同则表示 Cache 访问命中，否则未命中。最好情况是第一次比较就判定 Cache 访问命中，最差情况是从 Cache 的第 0 块开始，逐一与全部 16 块的标记字段比较，直到找到符合的标记字段（Cache 访问命中），或者全部比较完后仍无符合的标记字段（Cache 访问未命中），最终才能判定本次 Cache 访问是否命中，因此全相联映射方式的速率比直接映射方式更慢，不能凸显缓存应有的高速性能。为了提高速率而把主存块号与各 Cache 块的标记字段并行比较，那么比较电路会很复杂、硬件成本太高。

3）组相联映射方式

组相联映射的基本特征为：主存和 Cache 均要分组。先将 Cache 成若干组，每组若干数据块，再将主存分组，主存每组包含的数据块数量与 Cache 划分成组数是一样的。

组相联映射的规则为：当主存与 Cache 以数据块为单位进行整体映射时，主存中的每个数据块都可以映射到 Cache 特定分组中的任意一个 Cache 数据块位置，但此时还要求主存块的组内块序号与 Cache 块所属的组号两者必须相同，如图 4-52(a)所示。

Cache 在分组时，若每组包括 2 个数据块，则 Cache 被划分为 2 路组，此时的映射方式相

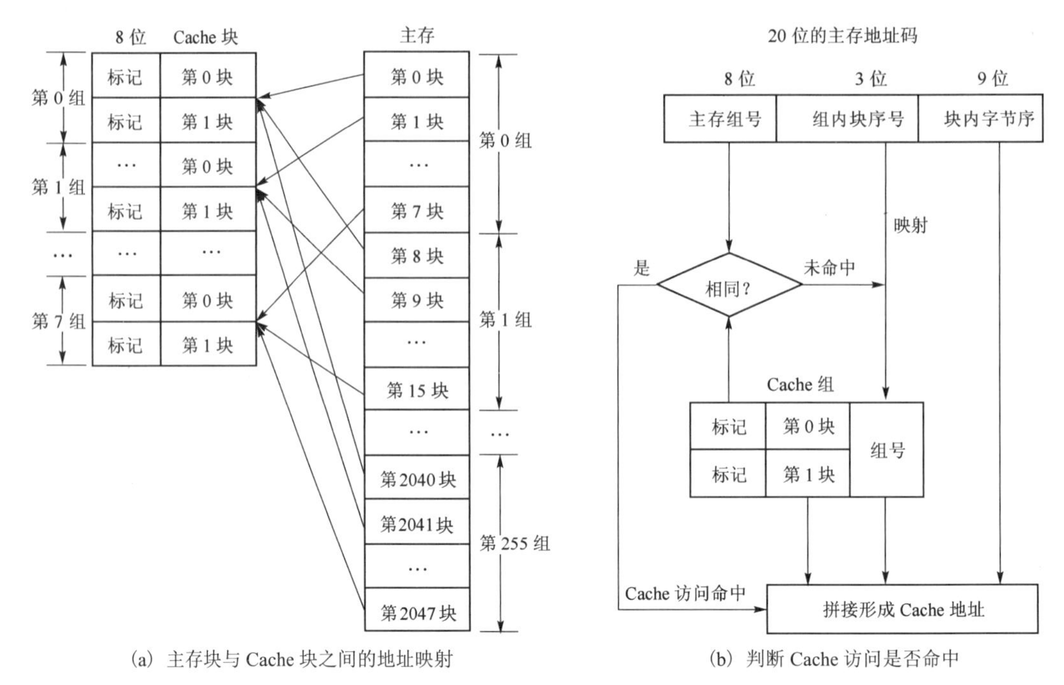

(a) 主存块与 Cache 块之间的地址映射　　(b) 判断 Cache 访问是否命中

图 4-52　组相联映射方式

应地被称为“2 路组相联”映射。同理，若 Cache 每组中包括了 4 个数据块，则相应的映射方式就被称为“4 路组相联”映射，其余情况以此类推。

在实际情况中，通常根据传输速率和命中率要求来设计组相联映射的路数，且 Cache 的存在对程序员是透明的，主存与 Cache 之间的地址变换和数据块替换都通过硬件来实现。

在直接映射方式中，主存分组，主存每组内的各块只能映射到一个唯一的 Cache 块，两者之间存在固定的对应关系，且主存各组中均有一块可以映射到某特定的 Cache 块。在全相联映射方式中，主存和 Cache 均不分组，两者之间以块为单位自由映射，没有固定的对应关系。在组相联映射方式中，主存和缓存均分组且主存每组内的各块只能映射到一个唯一的 Cache 组，但与 Cache 组内的各块是自由映射的，没有固定的对应关系。根据图 4-52，组相联映射时，在确定主存块应该映射到 Cache 中哪一组时，采用的是直接映射关系，再映射到此 Cache 组内的哪一个 Cache 块位置，采用的则是全相连映射方式。由此可见，组相联映射实际上是直接映射方式和全相联映射方式的一种混合、折中模式。

如前所述，组相联映射要求主存和 Cache 都分组，主存中各组内的块数与 Cache 分组的组数相同。如图 4-52 所示的 2 路组相联映射，Cache 划分成 8 组（范围为 0～7），每组 2 块（范围为 0～1），则主存被划分成 256 组（范围为 0～255），每组 8 块（范围为 0～7）。

两者之间的具体映射情况如下：

主存的第 0 块，即第 0 组的第 0 块，应映射到 Cache 第 0 组（两块中任意一个块的位置）。

主存的第 1 块，即第 0 组的第 1 块，应映射到 Cache 第 1 组（两块中任意一个块的位置）。

……

主存的第 7 块，即第 0 组的第 7 块，应映射到 Cache 第 7 组（两块中任意一个块的位置）。

主存的其余块，以此类推。

若 Cache 分成 16 组，每组只包括 1 块（1 路组相联），此时主存应被划分为 128 组，每组 16 块。按组相联映射规则执行时，主存各组内的块先映射到对应的 Cache 组，但由于 Cache

组只包括 1 个数据块，此时主存块就只能映射到该块位置，故此时的 1 路组相联映射便退化成了直接映射。反之，若 Cache 只分成 1 组（组号为 0），每该组包含 16 块（16 路组相联映射，相当于 Cache 未分组），此时主存对应划分为 2048 组，每组仅 1 块（组内的块号为 0）。按组相联映射规则执行时，主存块应先映射到组号也为 0 的 Cache 组中，由于这个唯一的 Cache 组包含 16 个数据块，因此主存块可以进一步映射到这 16 个数据块中的任意块位置，此时的 16 路组相联映射等效于标准全相联映射。

需要访问主存时，CPU 给出一个长度为 20 位的主存地址码，如图 4-52(b)所示。此地址码可以被理解成三段：高 8 位是主存的组号（范围为 0～255），随后的 3 位实际上就是代表组内的块序号（范围为 0～7），第 9 位则代表地址单元在主存块内的字节序号（范围为 0～511）。因此，CPU 给出的任意一个 20 位的主存地址码都可以被解析成三段分别表示不同含义的地址段：组号（8 位）+组内的块序号（3 位）+块内的字节序号（9 位）。

由于采用组相联映射时，主存块是按其组内序号映射到特定的 Cache 组中的，进入 Cache 组后，由于每个 Cache 组中可能又有若干块，因此主存块再按全相联方式随机映射到 Cache 组的某个块。换个角度，在一个 Cache 组中，某个块也可能来自主存的任意一个分组。对于某 Cache 块，通过其所属的 Cache 组号可以断定该块是由主存分组中的第几块映射而来，却不能断定数据块对应的主存组号。因此，为了确保与主存块所属组号的对应关系，需要为 Cache 的各块再增设一个 8 位的标记字段。

如图 4-52(b)所示，在判断 Cache 访问是否命中时，按 2 路组相联映射规则，先将主存地址码中的第二部分（即组内的块序号，3 位）映射成 Cache 的组号（0～7），从而确定该主存块对应的 Cache 组。再将主存地址码中第一部分（组号，8 位）分别与 Cache 组内的各块（序号 0 和 1）设置的标记字段（8 位）进行逐一比较。若在该 Cache 分组中找到了与主存块所属组号一致的 Cache 块标记，则表明当前 Cache 访问命中，随即生成 Cache 地址码，据此把对主存单元的访问转化为对 Cache 单元的访问。如果比较结束，在 Cache 组内的两块中，均未找到与主存组号相同的标记字段，就表明 Cache 访问未命中。而对于这种 2 路组相联映射，比较标记字段的次数最多达到 2 次，即可给出当前的 Cache 访问是否命中的判别结论。

【例 4-9】 某计算机按字节编址，Cache 共包括 16 块，若采用 2 路组相联映射模式，每块的大小为 64 字节，主存第 268 号单元应映射到 Cache 的第几组？

解　2 路组相联，则 Cache 分成 8 组、每组 2 块，则主存分组后每组也应是 8 块。

对主存的第 268 号单元，先将其地址码转换成二进制：268=100001100；

主存每组 8 块，则组内数据块的序号为 3 位（因为 $2^3=8$）；

每个数据块 64 字节，则块内的字节序号是 6 位（因为 $2^6=64$）。

主存地址隐含了 3 段信息：组号+3 位组内的数据块序号+6 位块内的字节序号，因此主存单元地址 100001100 被分解成 3 段：0（组号）、100（块序号=4）、001100（字节序号=12）。各段译码结果表明第 268 号单元属于主存中第 0 组的第 4 个数据块。

主存↔Cache 采用 2 路组相联映射，要求装入时主存数据块在组内的序号应与 Cache 的组号相同，因此第 268 号单元应装入 Cache 的第 4 组。

Cache 在分组时，每组有若干块可以供主存块自由选择，因此它在主存与 Cache 之间进行地址映射时比直接映射方式更加灵活，命中率更高。Cache 组内的页面数量有限，因而对标记字段进行比较时付出的代价也不是很大，2 路组相联最多只需比较 2 次就可判断是否命中，而全相联映射中最多时需要比较 16 次才能判断是否命中，显然组相联比全相联映射速度更快。

2．常用的替换算法

Cache 刚从主存调入数据块内容时，访问命中率较高。随着程序的执行，访问频繁地区将逐渐迁移，Cache 中的内容逐渐变得陈旧，这会使 Cache 的访问命中率下降，这就需要不断地对 Cache 内容进行更新。常用的替换算法策略大致有以下两类。

1）先进先出策略（First In First Out，FIFO）

FIFO 的基本思想是：按调入 Cache 的先后顺序决定淘汰的顺序，在需要更新 Cache 块时，总是淘汰最先调入 Cache 的主存块。这种方法容易实现，系统开销（为实现替换算法而要求系统做的事所花费的时间和代价等）较小，但有些内容虽然调入较早，但可能仍在继续使用，因此这种替换算法存在很多缺陷。

2）最久被使用策略（Least-Recently Used，LRU）

LRU 的基本思想是：先为 Cache 的各块建立一个 LRU 目录，并按某种方法记录这些块的使用情况。当需要替换时，优先淘汰 Cache 存储区中最久没有被使用的数据块，并从主存装入新的数据块。这种策略的基本假设就是：最久没有被使用的 Cache 数据块后续将被使用的概率最低，因此将其淘汰。这种思路比较合理，能够确保 Cache 有很高的访问命中率，因而被广泛使用，但 LRU 比 FIFO 算法复杂，系统开销也大。

除此之外，还有最小使用频率策略（Least-Frequently Used，LFU）和随机替换策略等。在选择具体的替换策略时，应优先确保 Cache 访问命中率这个关键指标。

3．Cache 的读、写

1）读操作

需要访问主存时，可以将主存目标地址和读命令同时送往主存和 Cache，同时启动主存和 Cache。按系统定义的映射方式把主存目标地址转换成 Cache 目标地址，定位 Cache 目标数据块并比较标记字段。经过比较，若二者相同，则 Cache 访问命中，直接将 Cache 中的数据读出并送往访存源（如 CPU 中的某寄存器），放弃访问主存。若本次 Cache 访问未命中，此时只能从主存中读取数据并送给访存源，并且把该数据所在的主存数据块整体调入 Cache，同时要修改 Cache 块中相应的标记字段。这种方式即旁路式读（Look-aside）。

还有一种读操作方式是：主存目标地址和读命令只发送给 Cache，若 Cache 访问命中，则直接从 Cache 中读取数据；若 Cache 访问未命中，再把主存目标地址和读命令单独发送给主存，启动主存进行读操作。这种方式即通过式读（Look-through）。

存储体系正是采用了上述读取机制，使 CPU 读取 Cache 的命中率非常高，大多数 CPU 可达 90%左右，即要读取的目标数据 90%都在 Cache 中，只有大约 10%需要从主存读取，这大大节省了 CPU 直接读取主存的时间，从而使 CPU 读取数据时几乎无需等待。

总体而言，为了提高效率，CPU 读取数据的优先顺序是：先 Cache、后主存。

2）写操作

在程序执行过程中，常需将信息的处理结果写入主存，通常有以下两种写入方法。

一种方式是回写法（Write-Back）。先只修改主存单元对应的 Cache 单元，并用标志予以注明，直到该 Cache 块从 Cache 中被替换出去时，才修改其对应的主存块。这种方式不需要在快速写入 Cache 时插入慢速的写主存操作，可以保持程序运行的快速性，但在写回主存之前，主存块的内容与对应 Cache 块的内容可能不一致，有可能导致程序错误。

另一种方式称为通写法（Write-Through），即每次写入修改 Cache 时，同时写入修改 Cache 单元对应的主存单元。这种方式能使主存与 Cache 的内容始终保持一致，写入方式也比较简单，但需要插入慢速的主存访问操作，而且有些数据的写修改过程有可能不必要，比如修改暂存的中间结果，因此这种方式的效率不高。

当 Cache 写未命中时，只能直接写入主存，此时是否将修改过的主存块调入 Cache 有两种选择：一是将主存块立即调入 Cache，称为 WTWA（Write Through with Write Allocate），二是不将主存块立即调入 Cache，称为 WTNWA（Write Through with No Write Allocate）。前一种方法保持了 Cache 与主存的一致性，但操作复杂。后一种方法操作简单，但 Cache 命中率会降低，主存块只有在读未命中时才调入 Cache。

通写法是写 Cache 与写主存同时进行，优点是 Cache 每行不需设置修改位及相应的判测逻辑，缺点是 Cache 对 CPU 向主存的写操作无高速缓冲功能，这与 Cache 的设计初衷不太一致。

还有一种方式叫一次写法（Write Once），是一种综合回写法和通写法的策略，即写命中和写未命中的处理与回写法基本相同，仅第一次写命中时需同时写入主存。这种策略主要用于某些处理器的片内 Cache，如 Pentium 处理器的片内数据 Cache 采用的是一次写法。若对片内 Cache 块的再次或多次写命中，则按回写法进行处理。

4.7.3 内存与外存的数据交换

4.1.2 节中曾简要介绍了虚拟存储器的基本概念，解释了虚存、实存、虚拟空间、实存空间、虚拟地址或逻辑地址、实地址或物理地址这些术语。采用“内存 - 外存”存储体系后，需要在存储管理部件（硬件）和操作系统存储管理模块的支持下，把外存（如硬盘）空间的物理地址抽象成逻辑地址，再通过地址转换部件实现逻辑地址与内存实地址之间的翻译，这样就能把外存物理地址、逻辑地址（虚地址）和内存地址关联起来，这样才能保障数据可靠地在外存和内存之间进行交互。内存与外存的数据交互原理和地址转换逻辑如图 4-53 所示。

以磁盘为例，操作系统对物理地址进行逻辑化处理时，就是把物理扇区进行全局统一的逻辑编号，如此磁盘的任意 1 字节的数据，其物理地址被转换成了逻辑地址：逻辑扇区号+扇区内字节序号。假设硬盘容量 2 GB，被格式化成 4096 个圆柱面、每个圆柱面 1024 个扇区、每个扇区 512 B。则物理地址格式可表示成：圆柱面号（12 位）+扇区序号（10 位）+扇区内的字节序号（9 位），且物理地址逻辑化后形成的逻辑地址也是 31 位：逻辑扇区号（22 位）+扇区内的字节序号（9 位），这 31 位逻辑地址形成的虚拟存储空间也是 2 GB（因为 2^{31}=2G）。

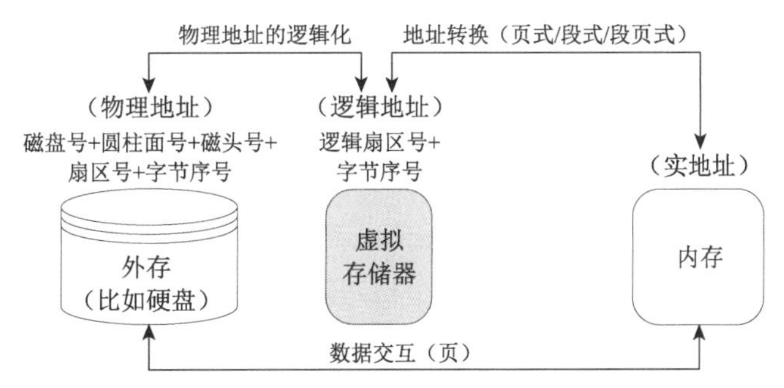

图 4-53　外存与内存的数据交互逻辑

假设磁盘上某个文件被分配的存储空间是 24 个簇块、每簇块包含 8 个扇区，则文件的逻辑地址格式又可表示成：19 位簇块序号+3 位簇块内扇区序号+9 位的扇区内字节序号。文件目录表项显示此文件的存储的第 1 个簇块序号是 169、第 2 个簇块序号是 170、第 3 个簇块序号是 228、第 4 个簇块序号是 229、…，故文件前 4 个簇块的逻辑地址空间分别是：

LA_1=10101001000000000000 ～ 10101001111111111111

LA_2=10101010000000000000 ～ 10101010111111111111

LA_3=11100100000000000000 ～ 11100100111111111111

LA_4=11100101000000000000 ～ 11100101111111111111

其中的簇块的全局逻辑序号是 19 位，但高 11 位均为 0，因此上述地址码中仅列出 8 位。

计算机处理此文件时，需要把文件的 24 个簇块数据从磁盘中按需读入内存。由于外存与内存之间的数据交换是以页为单位整体进行的，设每页等于 4 个簇块（16 KB），此时的 31 位 LA 从页面角度又可以表示成：逻辑页号（17 位）+页内簇块序号（2 位）+簇块内扇区序号（3 位）+ 扇区内字节序号（9 位）。文件前 4 个簇块地址空间显示，第 1、2 块属于页号=101010 的同一页，所以需要把逻辑地址空间范围为 101010 00 000 00000000～101010 11 111 111111111 的页面从磁盘读出并且写入主存的特定存储区。

从磁盘中读数据页面前，需要先要把页面的逻辑地址空间转换为物理地址空间，才能启动磁盘进行读操作。依据磁盘的物理地址格式，页面逻辑地址转换得到磁盘物理地址范围是：10101000000 00000000～1 0101011111 111111111。这段物理地址表明，目标数据页位于磁盘第 1 个圆柱面中第 320～351 扇区，系统根据这些物理地址可以从磁盘读出 1 页共 16 KB 数据，并将其整体写入内存。页面的写入规则仍可以采用直接映射、全相联映射或组相联映射模式。

在把磁盘数据按页写入主存后，为了记录虚地址和内存实地址的一一对应关系，操作系统还要按照当前采用的存储管理模式，同时维护页表、段表或者段页表这些重要的数据结构，同步并更新相关的基址寄存器和标志位，具体是：在这些表格中详细记录每个虚地址页号对应的内存实地址页号（页框号）和装入标志（有效位）等必需的信息。

CPU 执行程序时，先由存储管理部件判断该逻辑地址数据是否已装入主存，若已装入，则按逻辑地址转换得到的主存实地址（物理地址）访存，否则发出缺页中断信号，通知操作系统将目标数据页面从外存中读出并装入内存，再根据主存的实地址访存。

内存的可用容量是有限的，当内存可用空间不足以从外存装入新的数据页时，操作系统就会按照一定的替换规则淘汰内存页面、装入新页面，并将淘汰的且数据已经发生了变化的页面写回与其对应的外存区域，以确保内外数据能保持一致。

操作系统编制者则需考虑内存与外存空间如何分区管理，虚地址、实地址之间如何映射、如何转换，内存与外存之间如何进行数据页整体交换等。其策略与 Cache 所用策略非常相似，一般有页式、段式、段页式这三种存储管理模式。一些高档微处理器已将有关的存储管理部件集成在 CPU 芯片中，可以支持操作系统选用上述三种模式中的任何一种。

1. 页式虚拟存储管理

将虚存空间与内存空间都划分为若干大小相同的页，虚存页称为虚页，内存（实存）页称为实页。每页的大小固定，常见的有 512 B、1 KB、2 KB、4 KB 等。这种划分是面向存储器物理结构的，有利于内存与外存间的调度。用户编程时也将程序的逻辑空间分为若干页，即占用若干虚页。相应的虚地址可分为两部分：高位段是虚页号，低位段是页内地址。

必须在内存中建立一个页表，以作为虚实地址变换的依据，并维护页面的一些控制信息。如果计算机采用多道程序工作方式，甚至还可为每个用户作业都建立一个页表，硬件中设置一个页表基址寄存器，存放当前运行程序的页表的起始地址（页表在主存中的基准地址）。

表 4-5 给出了 X86 系统中页表的组织结构示例，每行记录了与某虚页对应的页表项。其中的页框号（页帧号）是该虚页在物理存储器（内存）中对应的实页号（页的起始地址），指明该虚页在内存中可能的存储区位置。控制位有若干位，例如：① 装入标志位，用来表示虚页数据是否已从外存装入内存，1 表示已装入内存，0 表示尚未装入主存、虚实地址映射结果无效；② 读写保护位，用来指明该页数据是否允许读写，1 表示允许读、写和执行，0 表示仅允许读和执行、不允许写；③ 用户访问权限位，1 表示任何权限的用户均可访问此页，0 表示仅允许超级用户访问此页；④ 已被访问标志（由处理器维护），1 表示处理器已访问过对应的实页，0 表示尚未访问过对应的实页；⑤ 已被修改位，1 表示对应的实页数据已经被处理器修改过，0 表示对应实页尚未被修改过。

表 4-5 X86 系统中页表的组织结构示例

虚页号	页框号	装入标志位（Present）	读写保护位（R/W）	用户权限位（User/Supervisor）	已被访问位（Accessed）	已被修改位（Dirty）
0000	24H	1	0	1	0	1
0001	3FH	0	1	1	0	0
0002	81H	1	1	0	1	1
…	…	…	…	…	…	…

页式虚拟存储器的地址转换如图 4-54 所示，根据虚地址访问内存时先要进行地址转换：首先将虚页号与页表起始地址合成，形成访问页表对应行的地址，根据页表内容判断该虚页是否在内存中。若已调入内存，则从页表中读取对应的实页号，再将实页号与页内地址合成，得到对应的主存实地址。据此可以访问实际的主存单元。

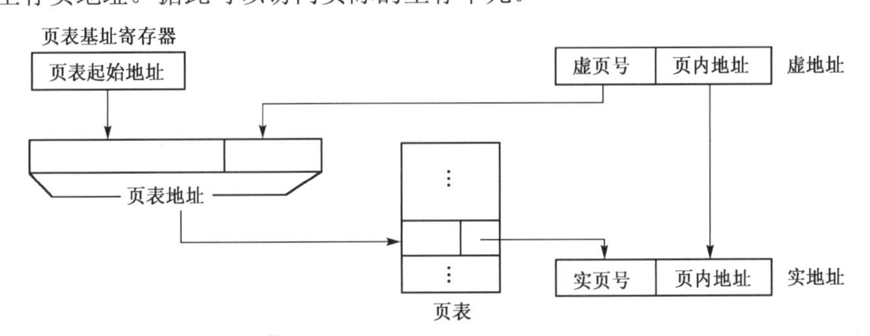

图 4-54 页式虚拟存储器地址转换

根据页表项中的装入标志位判断，若虚页尚未调入内存，则系统产生缺页中断信号，并以中断方式将所需的虚页调入内存。若内存中可用的页存储空间已满，则需执行页面替换算法，将被淘汰的主存页内容回写、更新外存，再将所需的虚页从外存装入内存。

虚页面调入到内存的方式可分为预调和请调这两种。预调是指把不久即将用到的页面预先调进主存，在需要时就可立即在内存中访问，但要预测哪些页面将要用到是比较困难的。因此，较多使用的是请调方式，即发现当前 CPU 访问的虚页面不在内存中时才产生缺页中断（或称调页中断），把虚页面从辅存调入内存。这种方法比较容易实现，但在需要访问内存时插入至少一页的调入操作，这可能会影响到系统的响应速度。

与内存↔Cache 数据块交换方法相似，把页面数据从内存中调出的淘汰算法有先进先出策略（FIFO）、最久被使用算法（LRU）和最小使用频率策略（LFU）等。还有一种最优化算法（OPT）：提前预测内存中各页将被访问的先后顺序，据此把最后才被访问的页面调出。这种算法虽然很合理，能降低访问内存的缺页率，但太理想化、不易实现，在程序运行之前要精准预测内存的页面访问顺序，几乎是不可能的。

页表一般由操作系统负责维护且存储于内存中。按虚地址访存时，首先要访问内存中的页表，以进行虚实地址的转换，这样会增加访问内存的次数，降低有效工作速率。为了将访问页表的时间消耗降低到最小，许多计算机系统中除了设置基本页表（慢表），还常常为页表增设专用的快表（Translation Lookaside Buffer，TLB），即高速查找缓冲区。

在虚拟存储系统中，普通页表就是慢表，系统根据外存和内存的情况对其进行初始化设置，慢表一般保存在内存中。快表一般是用一个专用的小容量高速存储器构成，其容量一般很小，只有 8～16 行，只能缓存页表中最热点的 8～16 行页表项。它可按虚页号并行查询，能迅速找到对应的实页号。页表项地址到快表项地址的转换完全由专用硬件自动实现，可以快速实现虚实地址转换，速率比访问内存中的页表快很多。

【例 4-10】 某计算机存储器按字节编址，虚拟（逻辑）地址空间大小为 16 M，内存（物理）地址空间为 1 M，页面大小为 4 KB。系统运行到某时刻时，页表的部分内容和 TLB 的状态分别如表 4-6 所示，表中的页框号和标记为十六进制数。请回答下列问题：

表 4-6 某时刻的页表和快表存储器状态

虚页号	有效位	页框号	…
0	1	06	
1	1	04	
2	1	15	
3	1	02	
4	0	—	
5	1	2B	
6	0	—	
7	1	32	

组号	有效位	标记	页框号
0	0	—	—
	1	001	15
	0	—	—
	1	012	1F
1	1	013	2D
	0	—	—
	1	008	7E
	0	—	—

（1）存储系统的虚拟地址共有几位，其中是用哪几位来表示的虚页号？存储系统的物理地址共有几位，哪几位用来表示的页框号（物理页号）？

（2）虚地址 001C60H 和 024BACH 所在的页面是否在内存中？若在内存中，则该虚拟地址对应的物理地址是什么？若不在，则请说明理由。

解

（1）由于虚拟地址空间大小为 16 M，且按字节编址，$16M=2^{24}$，所以虚拟地址长度应为 24 位。由于页面大小为 4 KB，$4K=2^{12}$，故页内地址需 12 位，又由于 24-12=12，故虚页号为虚地址代码中的最高 12 位。

由于内存（物理）地址空间大小为 1 M，按字节编址，$1M=2^{20}$，因此物理地址共 20 位，而页内地址 12 位，所以 20-12=8，即内存地址的最高 8 位为页框号。

（2）虚地址 001C60H，则 C60H 为页内地址（12 位），剩余为虚页号即 001H=1，查表 4-6 可定位虚页号为 1 的那行，即第 1 行的有效位为 1、对应页框号为 04H。

故 001C60H 所在的虚页面已在内存中，其对应的物理地址为页框号 04H 与页内地址 C60H

直接进行拼接得到，得到的结果为04C60H。

页表与TLB之间是4路组相联映射模式，而TLB中可存8个页表项，则每组存4个页表项，共分成2组。此外，页表也应按每组2行进行分组。

而虚页号是12位且每个虚页在页表中对应1行，故页表中应有2^{12}行，按每组2行分组，共分成2^{11}组。所以页表分组后，虚页号可以被看成：组号（11位）+组内序号（1位）。

虚地址是024BACH，则12位的虚页号为024H（0000 0010 0100），而其高11位是组号，其低1位是组内序号，则分解成：组号0000 0010 010（012H）+ 组内的序号0。

对4路组相联映射模式，映射时页表项的组内序号=TLB的组号，因此虚地址024BACH所在虚页对应的页表项应被映射到TLB中的第0组。

因此在表4-6中分别对比组号为0的4个TLB行，结果显示第0组的最后一行中，标记字段为012H，它与虚地址024BACH所在的虚页面对应的组号012H一致，且装入有效为1、页框号为1F，据此可确定虚地址024BACH所在的虚页面已在内存中。

虚地址024BACH对应的主存地址为页框号与页内地址直接拼接，即1FBACH。

如果计算机采用多道程序的工作方式，慢表可以有多个，但全机一般只有一个快表。增设快表后，可以将页表中当前最常用的虚页面对应的页表项按一定映射模式存放于快表中，显然快表中存放的是慢表当前最活跃的一部分页表项的副本。采用快表、慢表结构后，快表项和慢表项之间的映射关系等同于Cache块与内存块之间的关系，也可以使用直接映射、全相联映射和组相联映射这3种方式。系统访问页表时，先根据虚页号优先访问快表，若该虚页号已存在于快表中（TLB访问命中），则迅速将其映射成对应的实页号，并形成用于访问主存的实地址。若该虚页号不在快表中（TLB未命中），则只能依靠访问慢表的结果来实现虚－实地址转换，此时还要按某种预设规则考虑是否更新快表中的页表项内容。

2．段式虚拟存储器

在段式虚拟存储器中，将用户程序按其逻辑结构（如模块划分）分为若干段，各段大小可变。相应地，虚拟存储空间也应随程序的需要动态地分段，并将段的起始地址与段的长度写入段表。编程时使用的虚地址分为两部分：高位是段号，低位是段内地址。如80386的段号为16位，段内地址（又称为相对于段首的偏移量）32位，可将整个虚拟空间最多分为64K个虚段，每段最高可达4GB，使用户有足够大的选择余地。

典型的段表结构如表4-7所示，其中装入位为1，用来指示该段是否已经调入内存。如果该段已在内存之中，那么段起点登记为它在内存中的起始地址。与分页方式不同，段的长度是可变的。除此之外，段表中还包括其他一些信息，比如读、写和执行权限等。

表4-7　段表的基本结构

段号	装入位	段起点	段长	其他控制位
0	1	FF01H		
1	0	02FBH		
…	…	…	…	…

段式虚拟存储器的虚－实地址变换与页式虚拟存储器地址变换相似，如图4-55所示。当CPU根据虚地址访存时，首先将段号与段表本身的起始地址合成，形成访问段表对应行的地址，根据段表内装入位判断该段是否调入内存。若已调入内存，从段表读出该段在内存中的起始地址，与段内地址（偏移量）相加，得到对应的内存实地址。

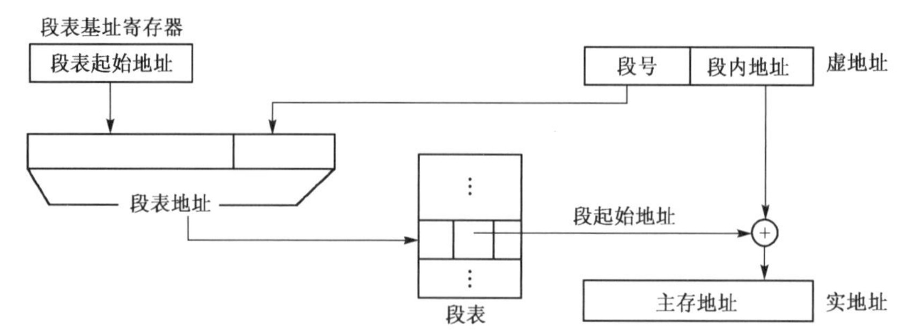

图 4-55　段式虚拟存储器地址转换

注意：在页式虚拟存储管理中，页的大小是固定的，且为 2^n 字节（n 为整数），所以页的划分是固定的，只要将实页号与页内地址两段拼接，即可得到主存地址。而在段式虚拟存储器中，段的大小不固定，取决于程序模块的划分，但通常是簇的整数倍，因此在段表中给出的是段的起始地址，与段内偏移量相加，才能得到主存地址。

段式虚拟存储管理的调入、调出及替换策略，与页式虚拟存储管理相似，不再重复。

3．段页式虚拟存管理

如前所述，页的大小固定且都取 2 的整数次幂字节。所以在页式虚拟存储器中，可以将虚拟空间与实存空间进行静态的固定划分，与运行程序无关。假定某程序需占用两页半，则可填满前两页，仅第三页留有半页空区，称为零头，其他程序需从新的页面开始。由于页表可按页表项提供虚实映射关系，因此一个程序所占的各页可以不连续，如某程序占有实页号可以为 0、2、5。一个程序运行完毕，所释放的页面空间可以按页为单位地分配给其他程序。由此可见，页式虚拟存储是面向存储器自身的物理结构分页的，有利于存储空间的调度和利用。但是，单靠页面的划分不能反映程序的逻辑结构，一个在逻辑上独立的程序模块本该作为一个整体处理，但可能被机械地按大小划分在不同页面里，这给程序的执行、保护和共享带来许多不便。

段式虚拟存储则是按程序的逻辑结构进行段划分，一个在逻辑上独立的程序模块可作为一段，可大可小。因此，存储空间的分段与程序的自然分段相对应，以段为单位进行调度、传送和定位，有利于对程序的编译处理、执行、共享和保护。但段的大小可变，不利于存储空间的管理和调度。一方面，段内必须连续，因各段的首、尾地址没有规律，地址计算比页式管理稍微复杂。另一方面，当一个段的程序执行完毕，新调入的程序段可能小于回收的段空间，各段之间会出现空闲区（所谓零头，碎片），造成存储浪费。

为了综合分页和分段这两种方式的优点，计算机还可采用段页式虚拟存储技术。在这种混合方式中，将程序先按逻辑结构分成若干段，每段再分成若干页，主存空间也相应划分成同样大小的若干页。相应地，需要建立段表和页表，分两级查表才能实现虚－实地址转换。这样，系统既可以实现以页为单位的存储管理，也可以实现以段来共享和保护程序及数据。

若计算机是以单道程序方式工作，则虚地址码可被解析成段号、段内的页号和页内地址；若是以多道程序方式工作，此时虚地址码则应当被解析成基号（用户标志号）、段号、段内的页号和页内地址，如图 4-56 所示。

每道程序都有专属段表，这些段表的起始地址存放在段表基址寄存器组中。相应地，虚地址中每道用户程序都有自己的基号，根据它选取相应的段表基址寄存器，从中获得自己的段表起始地址。将段表起始地址与虚地址中的段号合成，得到访问段表对应行的地址。从段表中取

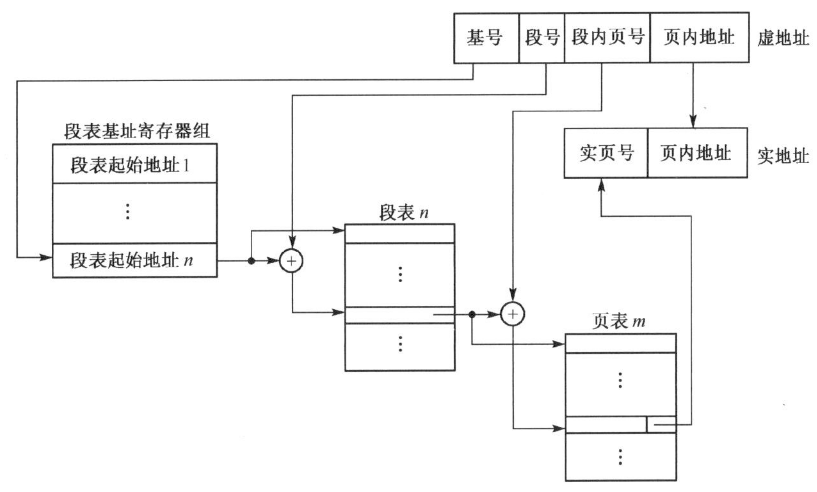

图 4-56　段页式混合虚拟存储器地址转换

出该段的页表起始地址，与段内页号合成，形成访问页表对应行的地址。从页表中取出实页号，与页内地址直接拼接，即可形成访问主存单元的实地址。

段页式虚拟存储器兼有页式和段式的优点，但要经过两级查表，即先要查询段表再查询页表才能完成虚实地址的转换，因此耗费的时间更多，地址转换速度相对最慢。

4.8　高性能存储系统介绍

4.8.1　多端口存储器

常规存储器是单端口存储器，即每次只能接收一个地址，访问一个编址单元，并从中读出或写入一个字节或一个字。在执行双操作数指令时，就需要分两次读取操作数，工作速率较低。在高速计算机系统中，主存储器通常是信息交换的中心，一方面，CPU 频繁地访问主存，从中读取指令和存取数据；另一方面，外围设备需较频繁地与主存交互数据信息。而单端口存储器每次只能接受一个访存者的读或写操作请求，这也影响了整体的工作速率。为了提高存储器的性能，在某些系统或部件中常使用双端口存储器，且已有集成的存储芯片可用。

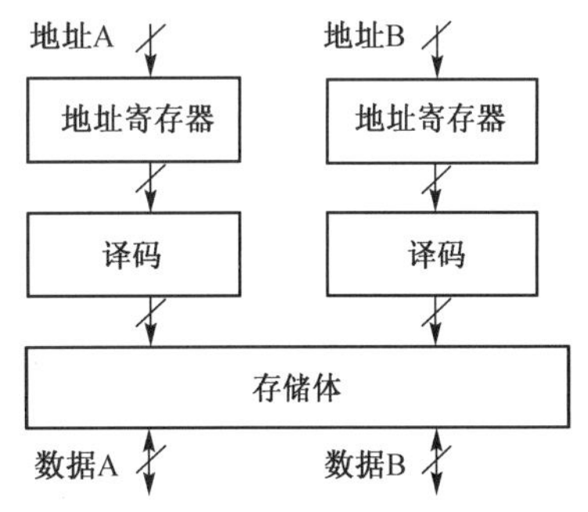

图 4-57　双端口存储器

图4-57所示双端口存储器具有两个彼此独立的读/写口，每个读/写口都有一套独立的地址寄存器和译码电路，可以并行地独立工作。两个读/写口可以按各自接收的地址，同时读出或写入，或一个写入而另一个读出数据。与两个独立的存储器不同，双端口存储器两个读/写口的访存空间相同，可以访问同一区间甚至同一单元。

双端口存储器的常见应用场合如下。① 在运算器中采用双端口存储芯片，作为通用寄存器组，能快速提供双操作数，或快速实现寄存器间传送。② 让双端口存储器的一个读/写口面向 CPU，通过专门的存储总线（或称局部总线）连接 CPU 与主存，使 CPU 能快速访问主存；另一个读/写口则面向外围设备或输入/输出处理机 IOP，通过共享的系统总线连接，这种连接方式具有较大的信息吞吐量。此外，多机系统常采用双端口存储器甚至多端口存储器，作为各 CPU 的共享存储器，实现多 CPU 间的通信。

4.8.2 独立磁盘冗余阵列

如 4.5 节的简要介绍，独立磁盘冗余阵列（Redundant Arrays of Independent Disks，RAID，简称磁盘阵列）是把很多块单独的磁盘（物理硬盘）组合成一个容量巨大的磁盘组（逻辑硬盘），然后就可以把相同的数据存储在多个硬盘的不同区域，使输入和输出操作能以平衡的方式交叠进行，能显著改良存储系统的性能，也能增加平均故障间隔时间。RAID 采用的冗余数据备份策略，也增加了存储系统的容错能力、安全性和可靠性，如图 4-58 所示。

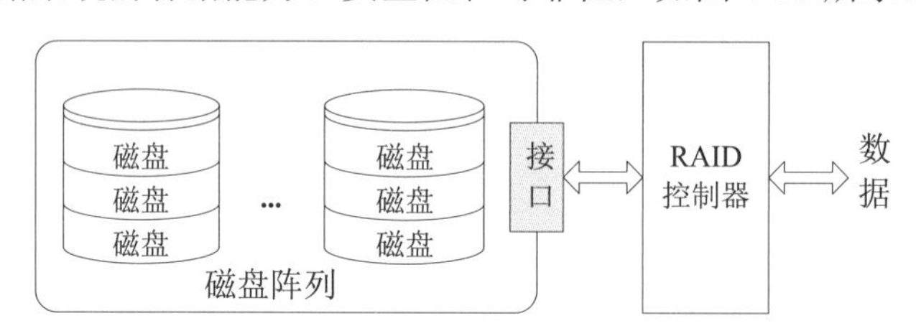

图 4-58　磁盘冗余阵列的结构模式

在大型存储系统中应用 RAID 技术，主要有以下优点：

① 多个物理上独立的磁盘组织在一起作为一个大型的逻辑磁盘，提供了磁盘的跨越功能，也方便对存储系统的有效管理和利用。

② 通过对数据进行条带化处理，把数据分成多个细粒度数据块，因此可以把数据块并行写入多个磁盘，也可以并行从多个磁盘读出数据，提高了磁盘的读写速度和系统吞吐力。

③ 通过镜像或校验操作提供容错能力。

磁盘阵列的具体形态主要有三种：外接式磁盘阵列柜、内接式磁盘阵列卡和软件仿真式磁盘阵列。阵列柜常用于大型服务器，具有热抽换（Hot Swap）特性，但价格昂贵。阵列卡虽价格便宜，但安装使用烦琐、技术要求高。仿真式阵列是指通过网络操作系统自身已标配的磁盘管理功能，将挂接的多块独立的普通硬盘配置成大容量逻辑硬盘，提供磁盘阵列服务。软件阵列能提供数据冗余功能，但会降低物理磁盘的性能，不适合大流量的数据服务器。

经过不断发展，RAID 已实现了多种级别的技术方案，主要包括：RAID0（数据条带化分散存储），RAID1（磁盘镜像），RAID 0+1（数据条带化分散存储和镜像），LSI MegaRAID（数据保护）、Nytro（数据加速）和 Syncro（数据共享），RAID2（海明校验），RAID3（奇偶校验、并行传输），RAID4（奇偶校验、独立磁盘结构），RAID5（分布式奇偶校验、独立磁盘结构），RAID6（两种分布式存储、奇偶校验、独立磁盘结构），RAID7（优化的高速数据传输磁盘结构），RAID10（高可靠性、高效磁盘结构），RAID53（高效数据传输磁盘结构），RAID5E 和 RAID5EE，等等。

采用 RAID 技术的存储系统，其主要优点如下：

① 成本低，功耗小，传输速率高。在 RAID 中，可以让很多磁盘驱动器同时传输数据，这些磁盘驱动器在逻辑上又是一个磁盘驱动器，所以可以达到单个的磁盘驱动器几倍、几十倍甚至上百倍的速率。

② 提供容错功能。这是使用 RAID 的第二个原因，因为如果不包括写在磁盘上的 CRC（循环冗余校验）码，普通磁盘驱动器就无法提供容错功能。而 RAID 的容错是建立在每个磁盘驱

动器的硬件容错功能基础之上的，所以它能提供更高的安全性。

③ RAID 比起传统的大直径磁盘驱动器而言，在相同容量下，价格要低很多。

4.8.3 并行存储系统

如前所述，存储器系统速度的提高跟不上 CPU，这成为限制系统速度的一个瓶颈。因此，在高速的大型计算机中普遍采用并行存储系统，可在一个存取周期中并行存取多个字，从而依靠整体信息吞吐率的提高来解决 CPU 与主存之间的速率瓶颈问题，其中又分为单体多字方式和多体并行存储这两种典型的并行存储模式。

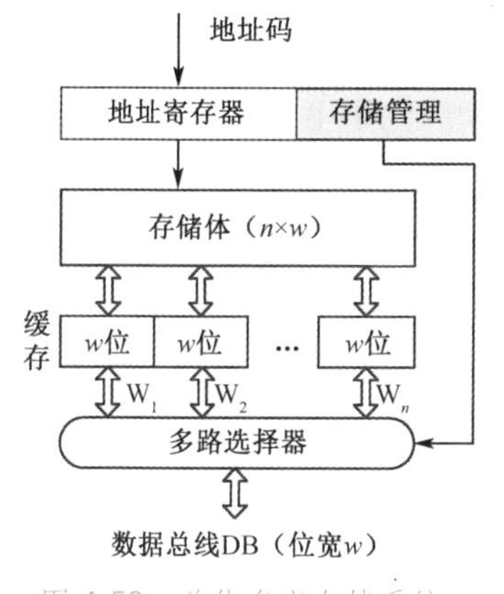

图 4-59 单体多字存储系统

1．单存储体多字并行存储

如图 4-59 所示，一个存储体由 n 个并行的存储模块构成，每个存储模块的存储单元宽度是 w 位（1 个字长），各模块共享同一套地址寄存器，各存储模块按同一地址码可并行地访问自己的存储单元，分别读出 1 个字长的 w 位数据，因此一个访存周期 T 就可以读出 n 个字合计 $n\times w$ 位数据。假定送入的地址码为 A，则 n 个存储模块同时访问自己地址码为 A 的存储单元，存储体就能输出 n 个字（$n\times w$ 位）的数据并存入缓存。这种方式，通过多个存储模块并行构成单个存储体，且每个存储周期可以实现多个字的读写，因而称为单体多字并行存储系统。

单体多字并行存储系统相当于是扩展了单体单字模式中的存储单元宽度，把存储单元的宽度从 w 位扩展到了 $n\times w$ 位，因而把存储带宽提高到单体单字的 n 倍。从存储体中读出或者写入 n 个字的操作，需要在存储管理部件的配合和控制之下才能完成。

单体多字并行存储适用于向量运算等场景。在执行向量运算时，一个向量型的操作数通常包含 n 个标量操作数，因此给定一个地址就可以把向量的 n 个分量数据分别存储在 n 个并行配置的存储模块中。例如，执行 $C^{n\times 1}+D^{n\times 1}$ 运算时，就特别适合采用这种并行存储模式。

2．多分体并行存储

在大型计算机中使用更多的是多存储体的并行存储系统，一般使用 m 个相同的存储分体来构成，每个分体的存储宽度通常是 1 个字（w 位），都具有自己独立的地址寄存器、数据线、控制线和时序等外围电路，可以独立编址、并行工作，又被称为多体单字并行存储系统。多存储体并行存储的编址模式主要有两种：体内顺序编址和体间交叉编址。

1）体内顺序编址

体内顺序编址如图 4-60 所示，每个存储分体中的存储单元均纵向按序连续编址，而且分体的最末存储单元地址与下一个分体的第 1 个存储单元地址连续，也被称为分体之间的地址编码“高位交叉、低位不变”。比如，第 1 个分体 M_0 的单元地址分别是 000000、000001、…、001111，第 2 个分体 M_1 的首地址是 010000，后续单元依次是 010001、…，其特点是各分体的存储单元先在体内连续编址，分体间再进行连续编址。

因为可以有多个分体，且每个分体又有多个地址连续的存储单元，所以访存时处理器发出的任何一个地址码都隐含了两段信息：分体的体号编码和分体内的单元地址编码。在图示的 4 分体存储系统中，每个分体包含 16 个存储单元，其对应地址码可被理解成：分体号（2 位）+

体内地址（4 位）。这里的分体号经过译码后可以首先定位某个分体，它与存储芯片组中的片选信号作用相似，因此也可以把分体号看成针对多存储体的“体选信号”。

假设存储体的存取周期为 T，总线传输周期为 T_0，若读取的 n 个数据字（共 nw 位）连续存储在同一个分体之中，则所需的总时间为 nT，这是因为只有从存储体中读出的数据通过总线传输操作结束后才能再次从存储体中开始读数据，否则会对正在传输的数据造成影响。这就意味着，存储系统的存取周期 T 实际上已经考虑了数据通过总线进行传输的时间。

2）体间交叉编址

体间交叉编址如图 4-61 所示，各存储分体之间交叉编址，即把统一的存储单元地址代码按顺序横向交叉式地分配给各存储体，也被称为分体之间的地址编码“高位不变、低位交叉”。以 4 个存储分体组成的多体交叉存储系统为例：M_0 分配地址序列分别是 0、4、8、12、…，M_1 的是 1、5、9、13、…，M_2 的是 2、6、10、14、…，M_3 的是 3、7、11、15、…。换句话说，一段连续的程序或数据将会被水平式地逐一存放在并列的存储分体中，因此整个并行存储系统是以 m（分体数量）为模交叉进行存取的。

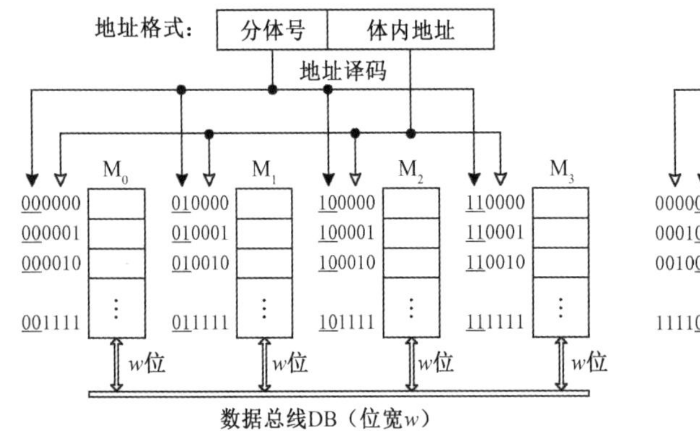

图 4-60 多存储分体并行存储系统之体内顺序编址

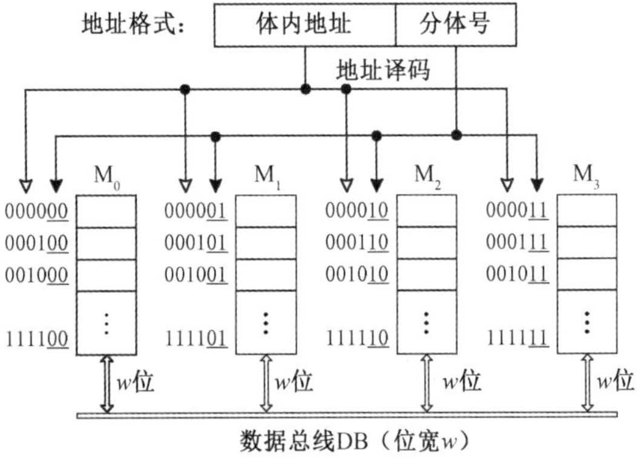

图 4-61 多存储分体并行存储系统之体间交叉编址

体间交叉编址模式可以采用分时、流水式访问不同的存储体，如图 4-62 所示。这里仍然以一个 4 分体存储为例，其对应的模 m=4。考虑到各存储分体是分时启动读/写操作，为了使总线资源利用效率的最大化，因此这里约定：当从 M_0 读出的数据经总线传输完毕时，从 M_1 读出的数据能恰逢其时地到达总线；当 M_1 数据传输完毕时，从 M_2 读出的数据能恰好到达总线；当 M_2 数据经总线传输完毕时，从 M_3 读出的数据恰好能到达总线并进行传输。

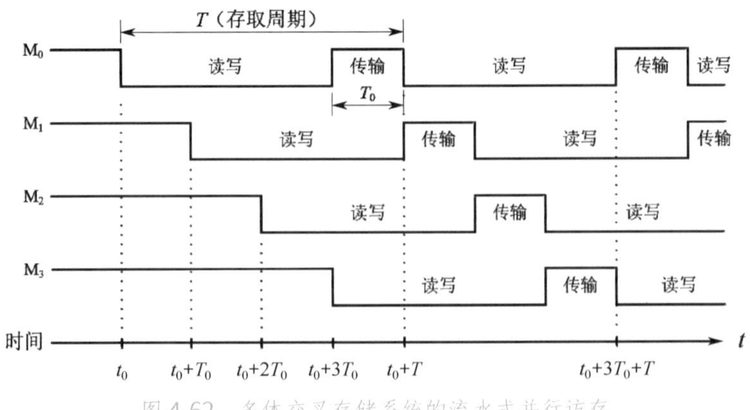

图 4-62 多体交叉存储系统的流水式并行访存

数据字通过总线的传输时间是固定的，通常等于总线周期T_0。为了充分利用总线资源，各分体的启动在时间上就必须按顺序延后一定的时间，才能使前一个字刚好传完、后一个字就能立即开始传输，保持总线不空闲，且各分体延后启动的这个时间就应被设置成与T_0相同。假设在时间$t = t_0$处启动 M_0，则应在$t = t_0 + T_0$时启动 M_1，然后在$t = t_0 + 2T_0$时启动 M_2，在$t = t_0 + 3T_0$时才启动M_3，这样才能使各分体的数据充分利用总线，前后衔接、连续不断地传输到下一站。采用流水式访存时，每个存取周期T分时安排连续4次访存操作，在$t_0 + T + 3T_0$时，已通过总线连续输出4个数据字（共$4w$位），当$T_0 \ll T$时，能显著提高系统带宽。

流水式多体交叉存取方式需要一套存储器控制逻辑，简称为存控部件。它由操作系统设置或控制台开关设置，确定主存的模式组合，如所取的模是多大；接收系统中各部件或设备的访存请求，按预定的优先顺序进行排队，响应其访存请求；分时接收各请求源发来的访存地址，转送至相应的存储分体；分时收发读写数据；产生各存储体所需的读/写时序；进行校验处理等。显然，多体交叉存取方式的控制逻辑比多体顺序存取方式更复杂。

多体交叉存取模式非常适合流水式访存处理，而流水式处理也是CPU执行指令的一种典型方式。因此，多分体的交叉存储结构也是大型高速计算机系统中的典型存储模式。

3．并行处理机与多机系统的存储组织

存储器的组织与计算机系统结构有密切的关系，它本身也是系统结构的一部分。前面提到的技术主要针对单机系统而言，而当前计算机系统结构的一个重要发展方向就是加强并行处理能力。传统的并行处理机一般指单指令流、多数据流结构，它有一个统一的指令部件和多个相同的执行部件（处理单元）。各处理单元可以有自己的局部存储器或共享一组存储器。多机系统一般指多指令流、多数据流结构，各处理机可以独立执行自己的指令，因而可在任务级甚至指令级上实现并行处理，互连结构更为灵活、多样化。按各处理机间耦合的松紧程度，多机系统又可分为紧耦合和松耦合两大类。紧耦合多机系统通过共享存储器实现互连，松耦合多机系统则通过通信网络实现互连。

因此，在并行处理机与多机系统中，存储器按其在系统中的作用和地位，可分为局部存储器（本地存储器）和共享存储器两类。并行处理机，特别是多机系统，结构模式甚多，我们仅举几个例子，用以说明存储组织的典型模式。

1）并行处理机的存储结构

在图4-63中，CU（Control Unit）是控制部件，PE（Processing Element）是一组相同的处理单元，即执行部件，PEM（Processing Element Memory，局部存储器）是各处理单元的本地存储器。在图4-63(a)中，主存分为两部分：一部分集中在CU中，用来存放系统程序和用户程序；另一部分是若干可并行操作的PEM，分布在各PE中。

因此，各PE可以高速地从自己的局部存储器中获得数据。大容量后援存储器则由磁盘存储器承担。各PE可以通过互连网络实现交换，也可由其PEM读出，送入CU，再经数据总线传送给另一个PE。

图4-63(b)结构中，各PE的PEM集中在一起，构成统一的主存储器(Main Memory，MM)，各PE可以通过互连网络共享这些主存储器，也可以实现高速并行访问。

2）紧耦合多机系统的存储结构

小规模紧耦合多机系统常采用总线互连模式，如图4-64所示。各处理机有自己的本地存储器（局部存储器，Local Memory，LM），存放该CPU执行的程序和数据。如果规模不大，

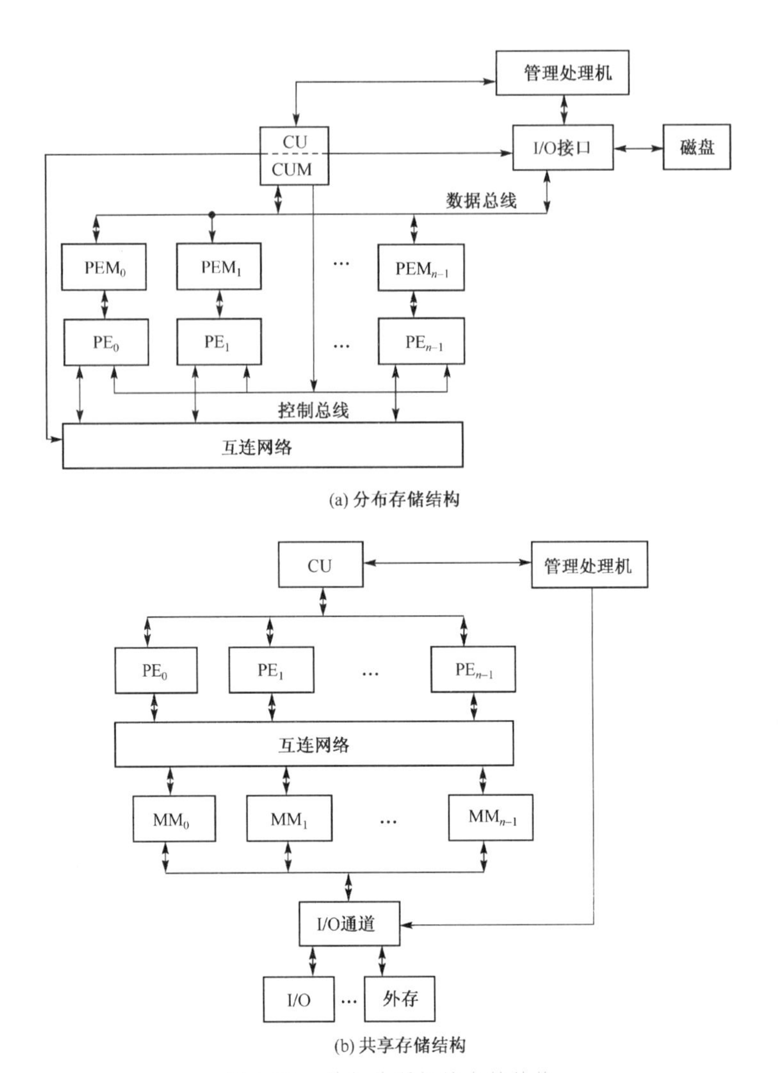

(a) 分布存储结构

(b) 共享存储结构

图 4-63 并行处理机的存储结构

就可将 CPU 与其 LM 组装在一个插件上。总线上还挂接了共享存储器，各 CPU 可以通过公共总线访问它。共享存储器就像一个公用的信箱，通过它实现各 CPU 之间的信息交换。例如，CPU_0将信息写入共享存储器，而 CPU_1从共享存储器中读取该信息。

一组总线的数据传输率有限，而且总线控制权的转换要花费一些时间。因此，高速系统或大规模系统常采用纵横开关实现多处理机与多存储体之间的共享型互连。如图 4-65 所示，每

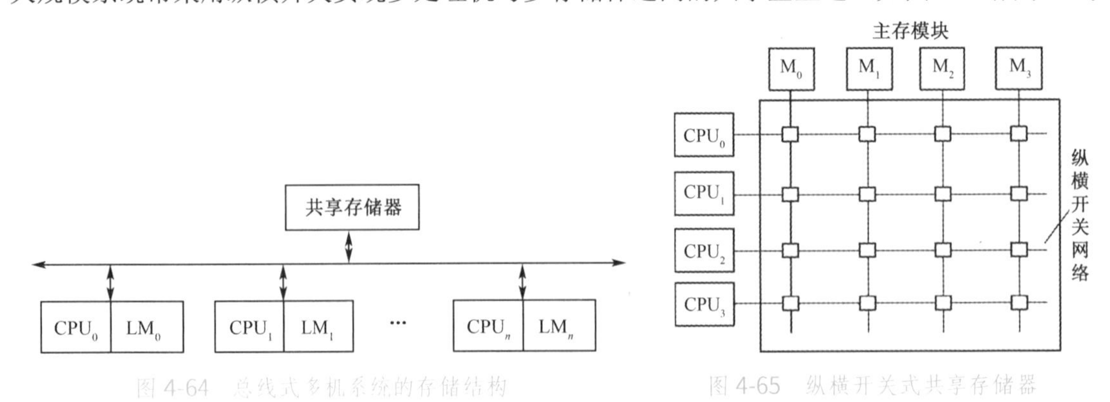

图 4-64 总线式多机系统的存储结构

图 4-65 纵横开关式共享存储器

个 CPU 与一条水平通路连接，每个存储模块与一条垂直通路连接，行列交叉处有一连接部件，称为转接点。在任一时刻，各行、各列中只允许激活其中的一个转接点。若是 4×4 纵横开关，则最多可连接 4 个处理机和 4 个存储模块，最多有 4 个转接点被激活，使 4 个 CPU 各访问一个存储模块，因而可同时传送 4 路数据。若 2 个或 2 个以上 CPU 同时请求访问同一个存储模块，则属于冲突，转接点将排队，轮流响应。

纵横开关内部的逻辑比较复杂，其复杂程度与成本不亚于 CPU，已有集成芯片供选用。在大规模并行处理系统中往往采用这样的结构：用纵横开关芯片将若干 CPU 与相应的局部存储器连接为一组（如 64 个 CPU 芯片），再将若干组连接成（分级连接）大规模的多机并行处理系统，这样的系统可以连接成千上万个 CPU 及其局部存储器。

3）松耦合多机系统的存储结构

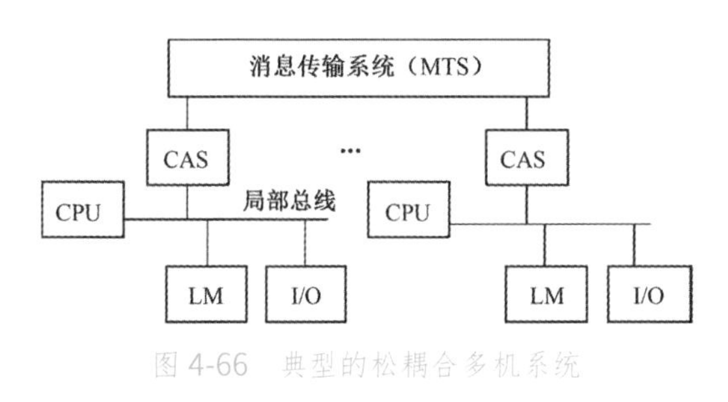

图 4-66 典型的松耦合多机系统

图 4-66 是典型的松耦合多机系统，通过消息传输系统连接多个计算机模块。每个模块是一个可以独立的基本系统，CPU 通过局部总线连接局部存储器 LM、局部 I/O 设备。CAS 是通道及仲裁开关，实现局部总线与上一级通信线路的连接，常带一个通信用的高速缓冲存储器。

消息传输系统（MTS）可以设计得很简单（如一级通信总路线），则 CAS 中的通信缓存为多个处理机模块所共享，以传递消息。消息传输系统本身也可以较复杂（如一个共享存储系统），由互连网络连接；也可以是一个多端口存储器，各处理机分占一个端口，从而实现通信；还可以理解为一种多级通信体系。

4.8.4 联想存储系统

常规存储器是按地址码访问的，即送入一个地址码，译码后就可选中唯一的一个存储单元进行读/写操作。而在信息检索一类工作中，常常需要按信息内容选中相应的存储单元进行读/写操作。例如，从一份学生档案中查找某生的学习成绩，送出的检索依据是该生的姓名（字符串），找到相应的存储单元或存储区，从中读出他的成绩数据。当使用常规存储器进行检索时，就需要采用某种搜索算法，依次按地址选择某存储单元，从中读出姓名信息（字符串），与检索依据进行符合比较。若不符合，则按算法修改地址，再读出另一姓名信息，进行比较。直到二者相符，表示已找到所需寻找的学生姓名，然后按此找到对应的存储区域并读出成绩数据。

由此可见，用常规存储器进行信息检索，需将检索依据的内容设法转化为地址码，转换效率往往很低。能否将有关的这些姓名与检索依据同时进行符合比较，快速找到相符内容所在的存储单元呢？答案是肯定的，这就需要利用到“联想存储器”。

联想存储器（Associative Memory）是一种不是根据地址码，而是根据所存储信息的部分或者全部特征对目标存储单元进行寻址的存储系统，它是一种按内容寻址的特殊存储器。

为了实现输入信息（检索依据）与存储信息的符合比较操作，联想存储器的每位存储单元均包含一个双稳态触发器、一个符合比较线路逻辑和读/写电路。由于每位存储单元都有符合比较逻辑，因此输入信息可以同时与所有字进行对应比较，也称为字并行操作。常规存储器是字串行操作，每次只能读出一个字（一个编址单元）进行比较，逐字进行。使用联想存储器实现信息检索，可以一次并行比较就找到符合单元，大大提高了检索效率。

联想存储系统的组织逻辑比常规存储系统复杂得多，成本自然也高得多，目前还只能生产小容量的集成电路芯片，如 256×48 b 的联想存储器芯片的存取周期为 100 ns。现在可以达到的指标大约是每片数十个 Kb。因此，在实用中往往只将检索所需的关键字存放在联想存储器中，如学号、姓名等，其他数据（如成绩等）仍存放在大容量的常规存储器中。图 4-67 展示的是一种以联想存储器为核心的快速信息检索系统硬件组成框架模型。检索中可能要查询的关键字信息，即需要被比较的信息，存放在可各自并行比较的联想存储器中，共 m 字×n 位。这些信息是数据的关键特征位，如学号、姓名、科目号一类，总位数不超过 n 位。

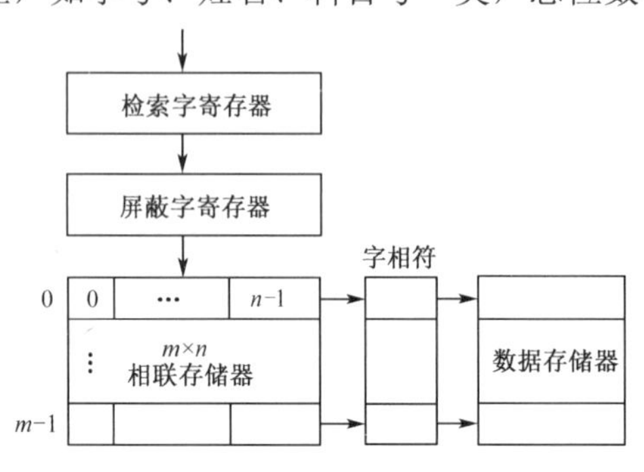

图 4-67　联想（相联）存储器的工作原理

输入的检索依据称为检索字，存放在检索字寄存器中。检索字寄存器的总位数与联想存储器的位数 n 相同，但每次检索时一般只用到其中的一部分，如只输入学号或者只输入姓名，检索字又称为关键字或者比较字。

因此可设置一个 n 位的屏蔽字寄存器，用来存放屏蔽字代码。若本次检索只用到高 8 位信息，即输入的检索字为高 8 位，则屏蔽字的高 8 位为 1，而其余低位均为 0，将本次不用的无效位屏蔽掉。高 8 位有效检索信息将能与联想存储器中的 m 个字的高 8 位同时进行符合比较，其余被屏蔽掉的无效位将不进行符合比较。若输入的检索字是另外的检索项，则修改屏蔽字。屏蔽字中为 1 的诸位就像一个窗口，只允许窗口对应的检索项进行比较操作。

如果联想存储器中某单元的对应位内容与检索项完全符合，那么将符合寄存器中的相应位设置为 1，表示该字就是要查找的字。符合寄存器有 m 位，每位对应一个联想存储器的字单元。

若其他信息（如各科成绩）存放在另一个常规数据存储器中，则符合寄存器的各位经编码产生地址，据此到数据存储器中读、写。若一个学生的各种成绩占用一段连续字节，则该地址就是对应区的首址，可连续读、写若干单元。

若全部信息（如果不是很长）都存放在联想存储器中，则符合寄存器中为 1 的位将直接指向对应的字单元，该位符合信息打开对应字单元的读/写控制门，可对其进行读/写操作。

在虚拟存储器中需要建立段表和页表，如果这些表存放在联想存储器中，就能实现快速查找。在大容量数据库、知识库中进行检索的专用系统中，在进行逻辑推理的模式匹配中，以及多种联想型操作中，越来越多地用联想存储器来作为对内容寻址方式的支持。

习题 4

4-1　简要解释下列名词术语。

虚拟存储器　　随机存储器 RAM　　只读存储器 ROM　　存取周期

数据传输率　　动态刷新　　直接映射 Cache　　全相联映射 Cache
组相联映射 Cache　　段页式虚拟存储器　　联想存储器

4-2 请简述计算机系统中的三级存储体系结构模式，并分析这种模式的优点和缺点。

4-3 何谓随机存取？何谓顺序存取？何谓直接存取？请各举一例进行说明。

4-4 某半导体存储器容量为 8K×8 位，可选 RAM 芯片规格为 2K×4/片。地址总线 A_{15}～A_0（低），双向数据线 D_7～D_0（低）。请设计并画出该存储器的逻辑结构图，并注明地址分配与片选逻辑式及片选信号的极性。

4-5 某半导体存储器容量为 7K×8 位。其中固化区 4K×8 位，可选 EPROM 芯片：2K×8 位/片。随机读/写区容量为 3K×8 位，可选 SRAM 芯片：2K×4 位 /片和 1K×4 位/片。地址总线 A_{15}～A_0（低），双向数据总线 D_7～D_0（低），$R/\overline{W}$ 控制读写。另有控制信号 $\overline{MREQ}$，低电平时允许存储器工作。请设计并画出该存储器逻辑图，并注明地址分配与片选逻辑式及片选信号极性。

4-6 某机地址总线 16 位 A_{15}～A_0（低），访存空间大小为 64K。外围设备与主存统一编址，即将外围设备接口中有关寄存器与主存单元统一编址，I/O 空间占用地址空间 FC00H～FFFFH。现在用 2164 芯片构成主存储器，请设计并画出该存储器逻辑图，并画出芯片地址线与总线的连接逻辑，以及行选信号与列选信号的逻辑式，使访问外设时不能访问主存。

4-7 某半导体存储器容量为 14KB，其中 0000H～1FFFH 为 ROM 区，2000H～37FFH 为 RAM 区，地址总线 A_{15}～A_0（低），双向数据总线 D_7～D_0（低），读写控制线 $R/\overline{W}$。可选用的存储芯片有 EPROM（4K×8 位/片）和 RAM（2K×4 位/片）。

（1）计算所需各类芯片的数量。

（2）说明加到各芯片的地址范围值和地址线。

（3）写出各片选信号的逻辑式。

（4）画出该存储芯片逻辑图，包括地址总线、数据线、片选信号线（低电平有效）及读写信号线的连接。

4-8 SRAM 和 DRAM 分别依靠什么原理存储信息？哪种存储器功耗更大？需要刷新吗？

4-9 某机内存容量为 1MB，用 1MB/片的 DRAM 芯片（存储矩阵有 2048 行）构成，如果该型芯片最大刷新周期 2ms，那么合理安排的刷新周期是多少？

4-10 某机主存容量为 64KB，用 2164 DRAM 芯片构成。地址线 A_{15}～A_0（低），双向数据线 D_7～D_0（低），$R/\overline{W}$ 控制读写操作。请设计并画出该存储器逻辑图。对地址的行、列转换与数据线连接，应有明确描述。

4-11 某机内存容量为 64KB，用 2164 DRAM 芯片构成。请为它设计一种动态刷新逻辑。

4-12 动态刷新周期的安排方式有哪几种？简述它们的安排方法，并指出在下列情况下可选取哪一种或几种刷新方式。

（1）教学用单板计算机。

（2）常用个人计算机。

（3）带多个分时终端的超小型计算机。

（4）如果内存的存取周期 200 ns，CPU 平均访存时间约占主存工作时间的 90%。

（5）如果内存的存取周期 200 ns，CPU 平均访存时间约占主存工作时间的 40%。

4-13 若需要向磁表面存储器中写入代码：10011，请画出采用不同的记录模式 NRZ-1、PE、FM 和 M2F 时，写入电流波形变化的对应情况。

4-14 某磁盘有 100 个圆柱面，每个圆柱面有 10 个磁道，每个磁道有 128 个扇区，每个扇区的容量为 512 字节。该磁盘的存储容量是多少？

4-15　某计算机字长为32位，CPU主频为500 MHz，磁盘共有16个盘面，512个柱面，每磁道包含100个扇区，每个扇区512字节，该磁盘旋转速率为12000 rpm。

（1）计算该磁盘的总容量。　　（2）计算该磁盘的数据传输率（b/s）。

4-16　磁盘的磁道和光盘依靠什么原理来记录信息，磁道和光道有何不同？

4-17　双端口存储器与两个独立存储器有何不同？

4-18　何谓单体多字并行主存系统？何谓多体交叉存取并行主存系统？

4-19　某计算机的内存按字节编址，而系统总线数据通路宽为32位。请提出一种总线与内存的连接方案，用粗框图进行描述，并对方案进行简要说明。

4-20　如果要求半导体存储器在完成读/写操作后产生状态信号READY，并通过系统总线通知其他设备存储器的当前状态。请设计该信号的产生逻辑。

4-21　如果两台CPU通过各自的地址总线与数据总线共享一个半导体存储器，请为此设计存储器逻辑，使两组地址/数据线之间能够分离，且能处理访存冲突。

4-22　如果需用常规存储芯片构成双端口存储器，允许存取周期延长。请设计此存储器的逻辑。

4-23　试比较当前光盘与磁盘两者的记录密度、平均存取时间和数据传输率三项性能指标。

4-24　内存与高速缓存之间的映射方式有哪几种？请简述每种方式的基本思想，并分析每种方式中如何通过变换内存地址以得到高速缓存的目标地址。

4-25　计算机存储系统按直接编址，其中Cache可以分成16块，每块的大小固定为64字节。内存与Cache之间可以采用多种映射方式，请针对内存的268单元回答下列关于Cache的问题：

（1）如果采用直接映射，那么对应的块号和标记分别是什么？

（2）如果采用全相联映射，那么对应的块号和标记分别是什么？

（3）如果采用2路组相联映射（每组2块），那么对应的组号和块标记分别是什么？

（4）如果采用4路组相联映射（每组4块），那么对应的组号和块标记分别是什么？

4-26　什么是TLB？它和页表之间是什么关系？试分析TLB和页表之间的直接映射、全相联映射、组相联映射的异同点。

4-27　某计算机的存储器系统参数如下：① TLB共有256项，和页表之间按2路组相联方式组织映射；② 64KB的数据Cache，块大小为64B，组织方式也是2路组相联方式；③ 虚拟地址32位，物理地址24位；④ 页面大小固定为4KB。图4-68给出了系统的简单示意，请分别计算其中各字段A、B、C、D、E、F、G、H和I各段所占的位数，并给出计算过程。

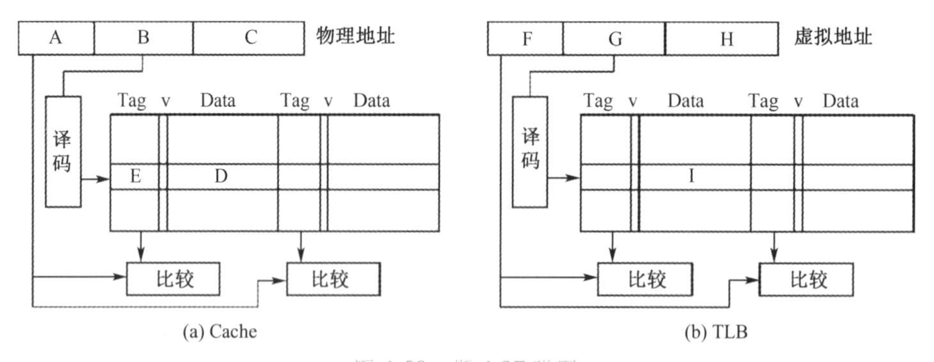

图4-68　题4-27附图

4-28　某计算机的存储器按字节编址，虚拟（逻辑）地址空间为16M，主存（物理）地址空间为1M，采用每页固定为4KB的页式虚拟存储管理。存储系统中的Cache共分成8块，与内存之间按32B/块进行整块直接映射。当计算机运行到某时刻时，跟踪到的页表片段和Cache状态分别如表 A 和表 B 所示，页表中的实页号和 Cache 的标记均已表示为十六进制数。

表 A 页面片段

虚页号	有效位	实页号	…
0	1	06	…
1	1	04	…
2	1	15	…
3	1	02	…
4	0	-	…
5	1	2B	…
6	0	-	…
7	1	32	…

表 B Cache 状态

块序号	有效位	标记	数据区
0	1	020	…
1	0	-	…
2	1	01D	…
3	1	105	…
4	1	064	…
5	1	14D	…
6	0	-	…
7	1	27A	…

请回答下列问题，并说明理由和依据：

（1）虚拟地址应有几位，哪几位表示虚页号？物理地址应是几位，哪几位表示实页号（物理页号）？

（2）根据物理地址访问 Cache 时，这个物理地址应被自动解析成哪几个地址段？请简要说明每个地址段的位数及它们在物理地址中的代码位置。

（3）虚拟地址 001C60H 所在的页面是否在内存中？若是，则该虚拟地址对应的物理地址是什么？访问这个虚地址时，是否会 Cache 访问命中？

（4）假定为该机配置了一个用于 4 路组相联映射的 TLB，可以存放 8 个页表项，若其当前内容（十六进制数）如表 C 所示，则虚拟地址 024BACH 所在的页面是否已被调入内存？

表 C TLB 状态

组号	有效位	标记	实页号	有效位	标记	实页号
0	0	—	—	1	001	15
	0	—	—	1	012	1F
1	1	013	2D	0	—	—
	1	008	7E	0	—	—

第5章 总线与输入/输出子系统

计算机硬件系统可以粗略地分成五大部分：运算器、控制器、存储器（内存）、输入设备（如键盘、鼠标）、输出设备（如显示器），这些部件必须连接起来，实现信息交互，并协调一致地工作，才能实现计算机的基本功能，即执行程序。在计算机中将连接这些部件的通信线路称为总线。

输入设备、输出设备是人们与计算机交互的平台，通过输入/输出接口与总线连接，将数据输入处理器，把处理结果通过总线和输入/输出接口输出到输出设备。

输入/输出子系统的硬件主要包括四个部分：输入设备、输出设备、输入/输出（I/O）接口和总线。

在前面章节的基础上，本章将讨论计算机各组成部件的连接方式和信息交换手段，主要包括两方面的内容：部件之间的连接结构，各部件之间交换的数据和控制信号及管理连接结构所需的控制机制。连接结构的设计取决于部件之间所需交换信息的类型、交换信息的方式和信息的传输范围等因素。一般而言，所有的连接结构都要支持以下部件之间的传输。

- 存储器到 CPU 的传输：CPU 需要从存储器读取指令和数据。
- CPU 到存储器的传输：处理结果写入存储器。
- I/O 设备到 CPU 的传输：CPU 从 I/O 设备读取数据。
- CPU 到 I/O 设备的传输：CPU 向 I/O 设备发出数据或命令。
- I/O 设备与主存储器间的传输：I/O 设备通过硬件方式直接与主存储器交换数据，即直接存储器访问（DMA）方式。

在上述传输中，CPU 与主存储器之间的传输被视为主机内部的传输，除此之外的其他传输被视为主机系统与外部设备之间的传输。

为了使结构规整、明了，便于管理和控制，目前的计算机系统大多以总线的方式来连接各部件。由于外部设备的种类繁多，特性各异，通常外部设备都是通过一个转接电路连接在总线上的，这个转接电路即接口。外部设备通过接口连接到总线，与主机系统通信，就可以使外部设备的设计独立于主机系统。

因此，在输入/输出子系统中涉及的内容包括：总线、接口、信息输入/输出的控制机构和相关的程序。信息输入/输出的控制模式不同，在接口的具体构成上也会有所不同。比如，以中断方式与主机交换信息的外部设备，在接口中就要设计能完成中断传输的有关部件和处理机制，这样的接口又常被称为中断接口。

“计算机组成原理”课程是从硬件的组成、设计和工作原理的角度来解释整个计算机硬件系统的，因此本章重点讨论的是输入/输出子系统中前三部分的内容。

5.1 输入/输出子系统概述

输入/输出子系统的主要功能是主机将外部数据通过某种控制方式传输到总线上，再传输到主存中保存，或者把主存中的数据通过总线并利用某种控制方式，将数据传输到指定的外部设备中去处理。从硬件的逻辑结构上，输入/输出子系统的硬件组成至少包括系统总线、外部设备接口、外部设备控制器和外部设备等。

接口的主要功能是连接计算机与外部设备。接口一般以插卡的形式插在计算机主板的插槽中或直接集成在计算机主板上，其中一些公共接口逻辑（如中断控制逻辑、DMA 控制器和 USB 接口等）常配置于主板上。早期的计算机系统（如 IBM PC/XT 机）用中小规模的集成电路（如 Intel 8259 中断控制器、8237 DMA 控制器、8250 串行通信接口等外设接口芯片）组成公共接口逻辑。随着集成电路技术的发展，芯片的集成度快速增长，设计了一系列的专用芯片把这些中小规模集成电路和并行接口芯片（如 Intel 8255）、定时电路（如 8253）等近百种接口芯片集成在一起，形成现代计算机中典型的芯片组来完成控制功能，但其控制原理是一致的。所以，在中断及 DMA 的技术介绍中，涉及控制芯片时仍以单个芯片的功能进行介绍。

接口的一侧是面向外部设备的，应与外部设备在连接方式、数据格式及控制逻辑等方面保持一致，否则接口无法与外部设备正常交互信息；而另一侧则是面向符合某种标准的总线，因此也应与总线在连接形式、数据格式及控制逻辑等方面都保持一致，否则接口就无法与总线交互信息。显然，接口两侧的连接特性不可能完全保持一致，因此在接口内部需要进行相应的转换，使总线能与外部设备进行顺畅的信息交互。

总线上不仅连接有各种输入/输出接口，还连接有主存储器及 CPU，它们之间的信息交换都需要通过总线进行。总线通常一次只允许一个设备发送数据，但允许同时有一个或多个设备接收数据，如何确定总线控制权（拥有总线控制权的设备才能主导数据的收发）是总线设计时需要考虑的一个关键问题。

在软件层面，对外部设备的输入和输出操作涉及如下三个层次的程序。

① 设备控制程序：固化在设备的控制器中，如磁盘控制器、打印机控制器等，其功能是控制外部设备的具体读、写操作，以及处理总线上的访问控制信号。

② 设备驱动程序：由操作系统、主板厂商或设备制造商提供的一组针对各种外部设备的驱动程序，为用户屏蔽了外部设备的物理细节，用户只需采用简单统一的操作界面来实现设备控制，如通过逻辑设备名调用外部设备。

③ 用户输入/输出程序：用户编写来对外部设备进行输入/输出控制的程序。

本节将对计算机部件的连接模式、总线和接口的通用功能和特性加以描述。后面将具体介绍几种主要的信息传输控制机制。

5.1.1 总线与接口简介

总线是一种用来连接计算机各功能部件并承担部件之间信息传输任务的公共信息通道，能在各部件之间传输数据和控制命令。总线可以被多个部件分时共享，每时刻只能有一个设备掌握总线进行数据收发，但多个设备可以同时从总线接收数据。

计算机中的总线一定是符合某种技术规范标准（总线标准）的，在标准规范中定义了某一类总线机械结构规范、功能规范、电气规范及时间特性等方面应严格遵守的规定。只有约定了总线标准，才能使计算机中的各部件在逻辑上相互独立，部件的接口只要符合规定的总线标准，相互之间就能通过总线实现互连互通，从而使计算机硬件系统的层次结构更清晰、模块化程度更高，计算机系统的扩展也更容易实现。

如前所述，计算机中需要通过总线进行传输的信息主要有三类，即数据信息、地址信息和控制信息，因此承载信息种类的不同，也有三类与之相适应的总线类型，分别是数据总线（Data Bus）、地址总线（Address Bus）和控制总线（Control Bus）。

根据总线的层次结构，总线又有（芯）片内总线、局部总线、系统总线、I/O 总线、通信总线的划分。比如，Intel 平台的前端总线属于局部总线。

根据总线传输数据的格式，总线又分为基于并行线路的并行总线和基于差分线路的串行总线两类。比如，PCI 就是一种并行总线标准，而 PCI-E 则是一种串行总线标准。

根据总线数据传输所采用的控制方式，总线又分为同步总线（Synchronous Bus）和异步总线（Asynchronous Bus）。顾名思义，同步总线就是利用同步时钟信号来控制数据的输入和输出，异步总线则是利用“主 - 从”设备两者的交互应答来控制数据的输入和输出。除了这两种总线控制方式，还存在一种在标准的同步控制方式中引入延长时钟周期概念的总线控制方式，这种被看成标准同步控制方式的一种扩展，所以这类总线一般也被称为扩展同步总线。

通常，用总线宽度、总线频率和总线带宽等技术指标来评价一类总线的综合性能。在设计总线时，除了要遵守该总线的技术标准，还应考虑设备如何申请总线，用什么方式对多个申请进行优先级仲裁，以及总线的控制方式和传输过程中的时序安排等因素。

接口泛指设备部件（硬件、软件）之间的交接部分。主机（总线）与外部设备或其他外部系统之间的接口逻辑称为输入/输出（I/O）接口，或称为外部设备接口。在现代计算机系统中，为了实现设备间的通信，不仅需要由硬件逻辑构成的接口部件，还需要相应的软件，从而形成了一个含义更广泛的概念，即接口技术。

软件模块之间的交接部分称为软件接口。例如，作为计算机与操作人员之间的接口操作系统中有一个面向硬件特别是外部设备的软件模块，称为基本输入/输出系统（Basic Input/Output System，BIOS），固化在主机主板上的ROM中。BIOS中有一个软件模块，称为BIOS接口模块，用来连接不同版本的操作系统的其他软件模块，如连接命令处理程序与文件系统。

硬件与软件的相互作用，所涉及的硬件逻辑和软件又称为软硬件接口。例如，由硬件信号引发相应软件模块的调用，或者由软件执行产生的相应硬件信号。

1．I/O接口的基本功能

I/O接口一般位于总线与外部设备之间，负责控制和管理一个或几个外部设备，并负责这些设备与主机间的数据交换。总线通常是符合某种总线标准定义的，因而可以被符合这种标准的外部设备所通用，它不局限于特定的设备。外部设备各有其特殊性，如命令/状态含义、工作方式等都有可能不同，因此只能在它们之间设置接口部件，以解决数据缓冲、数据格式变换、通信控制、电平匹配等问题。一般而言，I/O接口的基本功能可概括为以下几个方面（作为一种具体的接口，其功能可能只有其中的一部分）。

1）寻址

接口逻辑接收总线送来的寻址信息，经过译码，选中该接口中的某个有关寄存器。

2）数据传输与缓冲

设置接口的基本目的是为设备之间提供数据传输通路，但各种设备的工作速率不同，特别是CPU、主存与外部设备的差异较大。为此，需要在接口中设置一个或数个数据缓冲寄存器，甚至设置局部缓冲存储器，以提供数据缓冲和实现速度匹配。所需的缓存容量（如字节数）称为缓冲深度。

3）数据格式变换、电平变换等预处理

接口与总线之间通常采用并行传输；接口与外部设备之间可能采取并行传输，也可能采取串行传输，视具体的设备类型而定。因此，接口通常还要承担数据串－并格式转换任务。

设备使用的电源与总线使用的电源有可能不同，因此它们之间的信号电平有可能不同。例如，主机使用+5 V电源，某个外部设备采用+12 V电源，则接口应实现信号电平的转换，使采用不同电源的设备之间能正常运行并进行信息传输。

更复杂的信号转换，如声、光、电之间的转换，一般由外部设备本身实现，不属于接口范畴。在采用大规模集成电路后，一些专用型电子设备往往与接口做成一块插件，直接插入主机机箱或总线插槽，如语音I/O板、图像输入板等，这种情况下没有必要机械地在物理意义上将设备与接口分开。

许多接口中采用微处理器、单片机（又称为微控制器）、局部存储器等芯片，可编程控制有关操作的处理功能大大超出了纯硬件的接口，这样的接口常被称为智能接口。

4）控制逻辑

主机通过总线向接口传输命令信息，接口予以解释，并产生相应的操作命令发送给设备。接口形成设备及接口本身的有关状态信息也通过总线回送给 CPU。

若采用中断方式控制信息的传输，则接口中有相应的中断控制逻辑，如中断请求信号的产生、中断屏蔽、优先级排队、接收中断批准信号、产生相应的中断类型码等，其中的部分逻辑也可能集中在公共接口逻辑中。

若采用 DMA 方式控制信息传输，则接口中有相应的 DMA 控制逻辑，如 DMA 请求信号的产生、屏蔽、优先级排队、接收批准信号等。现在较多的逻辑结构是将 DMA 控制器与接口分开，由 DMA 控制器接收并保存 DMA 初始化信息（如传输方向、主存缓冲区首址、交换量），控制总线实现 DMA 传输。DMA 接口则接收外部设备寻址信息，从设备读出或向设备写入数据信息，通过总线送入主存或接收主存的数据。

简单的接口根据总线时序信号或设备的时序信号工作；复杂的接口可能有自己的时序信号，如在串行接口中需要控制移位寄存器操作，实现数据的串并转换等。

2．I/O 接口的编址

在计算机系统中，设备的种类很多，即使是同一类设备，也可能有多个。为了确保外设通过相应的设备接口能与主机正常通信和数据交互，就要求 I/O 接口能承担起主机和外设之间数据通信枢纽的任务。I/O 接口中一般设置有很多寄存器，如命令寄存器、地址寄存器、状态寄存器和数据缓冲寄存器等。在一次具体的 I/O 操作中，主机实际上只能利用 I/O 指令直接控制到 I/O 接口，再由设备控制器对外设实施具体的 I/O 控制。

对于主机而言，外设仅是抽象存在的逻辑实体，主机对外设的寻址实际上只能通过对设备控制器中特定功能寄存器的寻址来间接实现，因此在设计设备接口时必须考虑外设的编址方式。

① 外设单独编址。为设备接口中的每个寄存器（也叫 I/O 端口）都分配一个独立的端口编号（地址），这些端口的编号与主存单元的地址是无关的，它们不占用主存的单元地址。比如，系统为某主存单元已分配总线地址码 0100H，此时仍可以为设备控制器中的某寄存器分配端口地址 0100H，两者可以完全相同。

对于这种编址方式，需要设置专用的 I/O 指令，即“显式 I/O 指令”，而且在 I/O 指令中必须明确指明外设对应的 I/O 端口地址。显然，I/O 指令中指明的地址自然应该是设备控制器中的寄存器地址，也就不会被解析成主存单元地址；同理，访存指令中给出的地址自然就是主存单元的地址，也就不会再被解析成接口寄存器的端口地址。

② 外设与主存统一编址。将一部分总线地址（低端地址）分配给主存使用，另一部分（高端地址）分配给设备接口中的寄存器（也叫 I/O 端口）作为寄存器端口地址。外设的这种编址方式中，接口寄存器的端口地址实际上占用了一部分本应分配给主存的地址。比如，某内存单元的总线地址为 1AFFH，则接口寄存器就不能再使用地址 1AFFH 了，两者不能相同。

对这种编址方式不需设置专用 I/O 指令，因为接口寄存器已被处理成为特殊的主存单元，所以可以利用通用的访存指令来实现外设的 I/O 操作。此外，访存指令给出的地址虽然都是总线地址，但可以根据该地址的高低端分布情况来确定是对主存寻址还是对外设寻址，因此也不会发生混淆。能通过通用的访存指令来实现对外设的 I/O 操作，但其实质并未使用 I/O 指令，所以这类指令也常被称为“隐式 I/O 指令”。

3．I/O 接口的分类

1）按数据的传输格式划分

① 并行接口：接口与外部设备之间采用并行方式传输数据。

② 串行接口：接口与外部设备之间采用串行方式传输数据。

注意：接口与总线之间可以采用并行和串行方式传输数据，并行传输时串行接口中一般需要移位寄存器以及相应的产生移位脉冲的控制时序，以实现串并转换。

选用哪种接口，一方面取决于设备本身的工作方式是串行传输还是并行传输，另一方面与传输距离的远近有关。当设备本身是并行传输且传输距离较短时，一般采用并行接口。如果设备本身是串行传输，或者传输距离较远，需降低传输设备的硬件成本时，一般适合采用串行接口。例如，通过调制解调器（Modem）的远距离通信就需要串行接口。

2）按时序控制方式划分

① 同步接口：与同步总线连接的接口，与总线间的信息传输由统一的时序信号控制，如 CPU 提供的时序信号或专门的总线时序信号，与外部设备之间允许有独立的时序控制操作。

② 异步接口：与异步总线相连的接口，与总线间的信息传输采用异步应答的控制方式，无统一的时序控制信号可供使用。

3）按信息传输的控制方式划分

① 直接程序传输方式接口（通用接口）：接口中设置有状态寄存器保存设备的当前状态，CPU 可以通过 I/O 指令查询接口中的状态字，然后进行相应的输入和输出控制操作。

② 中断接口：接口中有中断系统所需的完整控制逻辑，主机与外部设备通过这类接口得以实现数据传输的程序中断控制方式。

③ DMA 接口：接口中有 DMA 操作的完整控制逻辑，主机与外部设备通过这类接口得以实现数据传输的 DMA 控制方式。

将接口设计成中断接口后，也可以不按中断方式来工作，只采用程序查询方式来实现信息的传输控制。换句话说，中断接口可覆盖程序查询方式接口的基本功能。事实上，一些接口（如磁盘存储器接口）既有 DMA 功能也有中断功能，因此既属于 DMA 接口也属于中断接口。

此外，通道是比一般的 DMA 接口更复杂的控制器，甚至发展出了输入/输出处理器（I/O Processor，IOP）和外部处理机（Peripheral Processor Unit，PPU），但它们已超出了一般的 I/O 接口层次的概念。

这些分类方法是从不同的角度出发的，各种分类标准并不矛盾。因此，常常可以同时从多个不同的逻辑角度来描述同一个接口的特性，比如某接口是同步并行中断接口。

5.1.2 输入、输出与控制

为了适应大数据、高性能计算服务的需求，现代计算机系统的硬件规模越来越大，体系架构也变得越来越复杂，因此对系统的输入、输出操作提出了越来越高的要求，这使得计算机系统采用的输入、输出控制方式也在不断发展和完善中。

无论计算机系统的规模有多大、结构有多复杂及外部设备的种类和数量有多少，从 I/O 控制的角度考虑，其逻辑上的层次体系结构基本上可以抽象成一种典型的两级模式，第 1 级：主机－设备接口，第 2 级：设备接口－外部设备，如图 5-1 所示。因此，在讨论数据 I/O 的控制时也应立足于这两个层面进行分析。

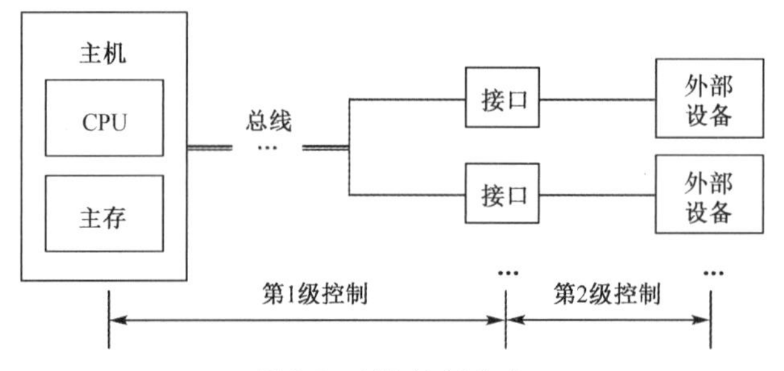

图 5-1 I/O 控制方式

一般而言，在这两个层次下，主机与设备控制器之间通过总线实现连接和信息交互。对于简单的计算机系统，图示的总线可能就只有单独一级系统总线，如 PCI 总线，对于更复杂的大中型甚至超级计算机，图示的总线就有可能包括了若干层次的总线，如系统总线 - 第 1 级 I/O 总线 - 第 2 级 I/O 总线等。

因此，在分析计算机系统的数据输入、输出控制方式时既要考虑“主机 - 设备接口”层面的控制机理，也要考虑“接口 - 外部设备”层面的控制机理。在计算机系统中，外部设备对主机而言，通常已经被处理成了一个抽象存在的逻辑实体，因此在进行数据输入、输出时对外部设备的控制一般只能直接控制设备接口，再由设备控制器根据第 1 级的控制命令来实施对外部设备的具体控制。这种典型的两级控制模式也可以理解成外部设备的输入、输出控制实际上是通过设备接口来间接实现的，即交由设备控制器来具体实施。主机重点考虑第 1 级层面的控制，因为第 2 级控制是由设备控制器来实现的。

第 1 级控制层面的数据输入、输出控制通常有如下典型的方式。

1．直接程序传送方式

直接程序传送（Programmed Input/Output，PIO）的工作原理是：CPU 通过执行 I/O 指令，分析设备控制器接口中专门用来指示设备运行状态的状态寄存器，了解设备当前的运行状态，再根据设备的运行状态来执行对外设的数据 I/O 操作。

直接程序传送方式虽然涉及的硬件结构比较简单，但在整个 I/O 操作的过程中，主机 CPU 要反复执行 I/O 指令才能完成对设备的 I/O 控制，外设的整个 I/O 操作过程都会占用 CPU，所以 CPU 不能再执行其他任务。因此，CPU 与外设 I/O 不能并行工作，CPU 的利用率较低，I/O 的吞吐率也低，系统的响应延迟也较大。直接程序传送方式一般只适合低速 I/O 设备，如传统的非增强型串口、并口、早期的 PS/2 鼠标、键盘，以及一些老旧网络接口等。现在，直接程序传送方式在一些功能比较单一、I/O 要求很低的单片机中还在使用。

2．中断方式

中断（Interrupt，IT）方式的 I/O 控制原理是：CPU 一直执行当前分配的计算任务，当设备随机地提出了某 I/O 请求时，CPU 立即暂停执行当前的任务，并切换到相应的中断服务程序执行。在中断服务程序中，CPU 进行具体的 I/O 控制，当中断服务程序执行完成后，CPU 再返回原来的计算任务继续执行。在执行中断服务程序的过程中，CPU 还可以再次响应优先级更高的设备的 I/O 请求，从而实现中断嵌套。

采用中断控制方式，当设备没有 I/O 请求时，CPU 不必反复查询设备当前的运行状态，只有设备提出了 I/O 请求，CPU 才参与具体的 I/O 控制。在中断控制方式下，当没有设备提出 I/O 请求时，CPU 和设备是可以并行工作的，能把 CPU 从反复查询设备状态的简单任务中解放出来，去执行更复杂的计算任务。因此，中断方式使得 CPU 的利用率较高，系统的响应延迟也较小，适合中低速设备但实时性要求很高应用领域，如温度控制。

3．直接存储器访问方式

直接存储器访问（Direct Memory Access，DMA）几乎是所有现代计算机系统都具备的一种重要 I/O 控制机制，原理上与直接程序传送方式刚好相反。直接存储器访问是这样一种 I/O 控制方式：当设备提出随机的 I/O 请求后，控制系统依靠控制器硬件（主要是 DMA 控制器）直接控制主机与外部设备之间的数据 I/O 操作。CPU 不参与具体的 I/O 操作控制，只负责启动 DMA 控制器，以及执行 I/O 操作的善后处理工作。直到具体的 I/O 操作结束后，DMA 控制器再通过中断方式通知主机 CPU。

直接存储器访问方式意味着主存储器与外部设备之间应有直接的数据 I/O 通路，不必经过 CPU，因此也常称为数据直传。具体是，设备的数据经由总线系统直接输入主存，主存中的数据也是经由总线系统直接输出给设备，直接存储器访问实际上因此得名。此外，在直接存储器访问方式下，数据直传是直接由 DMA 控制器硬件来控制 I/O 操作的，不会依靠 CPU 执行指令来实现，因此在具体的 I/O 操作期间不需 CPU 参与。

在直接存储器访问方式下，CPU 仅负责启动 DMA 控制器和执行 I/O 操作善后处理，进一步提升了主机 CPU 与外部设备的并行性，使 CPU 的利用率更高，响应时间延迟也很小，还具备高速的数据 I/O 控制能力，但其硬件结构比中断方式更复杂，一般适用于主存与高速外设之间的大批量数据简单传输场合，如高速磁盘的读、写等。

4．IOP 与 PPU 方式

高性能计算机经常会用一个专用处理器来执行 I/O 程序从而实现对具体 I/O 操作的控制，被称为输入/输出处理器（IOP），因其一般位于主处理器外，也被称为外围处理器（Peripheral Processor，PP）。虽然 IOP 有自己简单的指令系统，但它的功能有限，且仍受控于主机，因此在逻辑上，IOP 仍然属于主机系统的硬件范畴。

通道（Channel）是一种典型的 IOP 控制方式，其基本任务是通过执行通道程序来管理主机与外设之间的数据输入和输出，主机 CPU 不需参与具体的 I/O 控制。通道控制器有自己的专用 I/O 控制指令，即通道指令，能够通过执行由通道指令构成的通道程序来控制多个外设的 I/O 操作，并且还能提供多个外部设备之间的 DMA 共享功能。除了 IOP，还有外围处理机（PPU）方式。PPU 有自己完善的指令系统，能够执行多种运算和 I/O 控制，能独立于主机系统运行，因此逻辑上，PPU 可以看成一台独立的计算机。

本章介绍的直接程序传送（PIO）方式、直接存储器访问（DMA）方式、中断方式及通道方式等在逻辑关系上并非完全相互独立。在实际系统中，这些方式之间常存在交叉融合，如中断方式的 I/O 过程可能涉及 PIO 方式，也可能采用 DMA 方式，在通道方式中一般还会涉及中断方式等。通道的 I/O 操作一般采用 DMA 方式，但有一些低速设备也使用 PIO 方式。

5.2 计算机系统中的总线

总线是用来连接计算机硬件系统各功能部件，如 CPU、存储器和 I/O 设备等，并且能够被多个部件分时共享或者始终独占的一组信息传输通道。通过总线，计算机的各组成部分可以进行各种数据、命令和地址等信息的双向传输或者收发。

总线有多种类型，各具特色，如有的总线连接线有 184 条（PCI 总线），有的总线连接线只有 4 条（如 PCI-E 总线）。通常所说的总线一般是指系统级的总线，是计算机系统的重要组成部分，其性能和实现方式对整个计算机系统的功能和性能影响较大。

有的总线位于计算机的主板上，用来连接 CPU、存储器、集成电路芯片和主板上的扩展槽等；有的总线则位于机箱外，用来连接计算机的各种外设，如键盘和显示器等。计算机系统通常使用多种总线来连接不同的功能部件，其要求也不尽相同。

从总线的角度，计算机的硬件系统结构大体上有两种基本的体系模式：一种是早期的单总线连接模式（目前已很少使用），另一种则是现在主流的多总线连接模式。

单总线连接模式只使用一组总线（系统总线）连接计算机的各功能部件，如图 5-2 所示，可用于连接 CPU、存储器、各类输入设备、输出设备。在单总线连接模式中，当部件的连接特性与系统总线相一致时，可直接连接到系统总线上，如 CPU 和主存。当部件的连接特性与系统总线不一致时，需要通过相应的 I/O 接口进行连接转换，才能将该外设连接到系统总线上，如显示器、键盘和外存等设备。单总线计算机虽然结构简单，但总线既要兼容高速设备也要兼容低速设备，造成系统的整体 I/O 能力较差。所以，综合性能更优的多总线连接模式逐步发展起来，如图 5-3 所示。

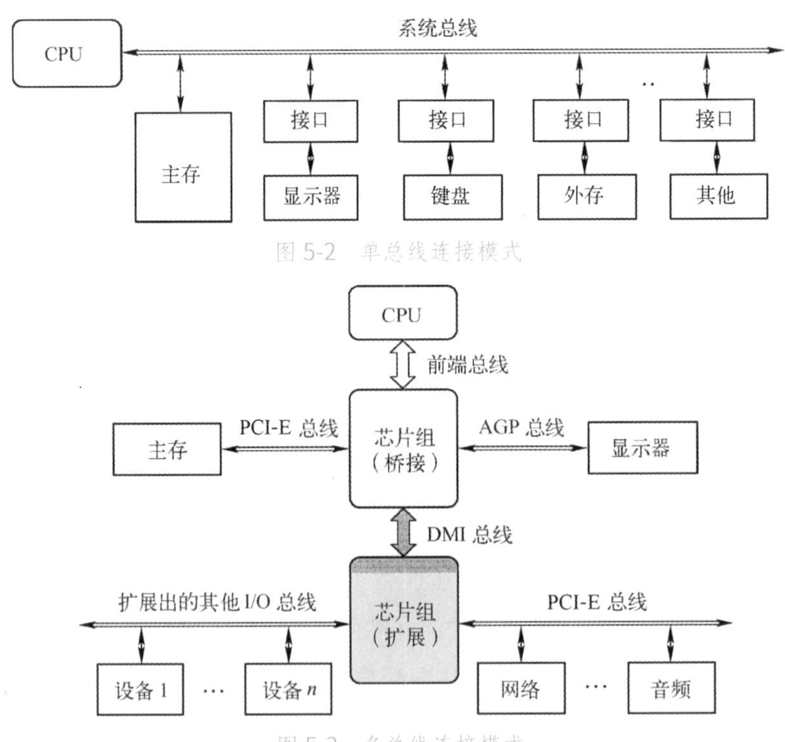

图 5-2 单总线连接模式

图 5-3 多总线连接模式

多总线连接模式涉及多种类型的总线，如连接 CPU 与芯片组之间的 CPU 前端总线（Intel 平台的 FSB）、芯片组与主存之间的 PCI-E 总线、芯片组与显示器之间的 AGP 总线、连接两个芯片组之间的 DMI 总线，以及由芯片组扩展出的 PCI-E 总线或者符合特定标准的其他 I/O 总线等。根据图 5-3，在同一组总线上可以同时挂接多个外部设备，如网络设备和音频设备等，而且这些外部设备可共享同一组总线，但在同一时刻只能有一个设备（主设备）掌握总线控制权，以实现设备之间或者该设备与主机之间的通信。

无论是在单总线连接模式还是多总线连接模式，总线的确是一组必不可少的信息传输公共通道，它扮演了一个必不可少的信息传输载体、路径和桥梁枢纽角色。

5.2.1 总线的特性和分类

目前，总线的类型繁多，有的总线有很高的数据传输速率，有的有较好的连接性。在信号的表示上，有的总线采用正逻辑，有的采用负逻辑。总之，不同的总线会呈现出不同的特性，其应用场合也不一样。

1. 总线的特性

总线是连接各部件的一组信号线。信号线上的信号表示信息，通过约定不同信号的先后次序即可约定操作如何实现。总线的特性如下：

① 物理特性。物理特性又称为机械特性，指总线上部件在物理连接时表现出的一些特性，如插头与插座的几何尺寸、形状、引脚个数及排列顺序等。

② 功能特性。功能特性是指每根信号线的功能，如地址总线表示地址码，数据总线表示传输的数据，控制总线表示总线上操作的命令、状态等。

③ 电气特性。电气特性是指每根信号线上的信号方向及表示信号有效的电平范围。通常，数据信号和地址信号定义的高电平为逻辑1、低电平为逻辑0，控制信号则没有统一的约定，如 $\overline{WE}$ 表示低电平有效、Ready 表示高电平有效。不同总线的高电平、低电平的电平范围也无统一的规定，但通常与TTL电路的电平相符。

④ 时间特性。时间特性又称为逻辑特性，指在总线操作过程中每根信号线上信号什么时候有效、持续多久等，通过这种时序关系约定，确保总线操作正确进行。

2. 总线的分类

总线的分类方式有多种，常见的分类方式如下。

1）按功能分类

总线中传输的信息主要有三类：数据信息、地址信息和控制信息，因此按所传输信息的不同，相应也有三类总线，即数据总线、地址总线和控制总线。

数据总线（Data Bus，DB）用于传输数据信号，有单向传输和双向传输数据总线之分，双向传输时通常采用双向三态（输入、输出和高阻）形式。数据总线通常由多条并行的数据线构成，如32位总线是指该总线的数据线有32条。数据线越多，总线一次能够传输的位数越多。32位的数据总线一次最多可以同时传输32位数据，也可以只传输16位或8位数据。

地址总线（Address Bus，AB）用于传输地址信号。地址信号由获取总线控制权的设备发出，用于选择进行数据传输的另一方或主存的存储单元。地址总线位数决定了总线的可寻址范围，地址总线越多其寻址范围则越大。例如，如果地址总线有20条，则其可寻址空间的大小为 2^{20}，即1M（寻址范围：$0 \sim 2^{20}-1$）。

控制总线（Control Bus，CB）用于传输控制信号和时序信号，如Read（读）、Write（写）、Ready（就绪）等。总线的控制信号越多，总线的控制功能越强，但控制协议和操作越复杂。

数据总线、地址总线和控制总线统称为系统总线，通常意义上所说的总线无特别说明一般是指系统总线。有的计算机系统中，数据总线和地址总线是分时复用的，即总线上在某些时刻出现的信号表示数据而另一些时刻表示地址；有的系统是分开的，51 系列单片机的地址总线和数据总线是复用的，而一般的计算机中的总线则是分开的。

2）按数据传输格式分类

按总线所传输的数据格式划分，总线可以分为并行总线和串行总线。

并行总线（Parallel Bus）通过并行线路同时传输多位数据，如 8 位（1 字节）、16 位（2 字节）或 32 位（4 字节），可同时传输的数据位数称为该总线的数据通路宽度。由于并行总线连线较多，通常只用于短距离的数据传输，其传输距离通常不超过 5 m。

串行总线（Serial Bus）一般基于一组差分线路，每次只传输 1 位数据，因此是按数据代码的位流顺序来逐位传输的。串行总线传输常用在传输距离较远、传输速度快的场景，如外部总线常采用串行总线作为通信线路，这样可以节省硬件的成本，或者为了利用远距离的通信工具。在多机系统中，节点之间的信息流量常低于节点内部信息流量，常用串行总线作通信总线。

3）按时序控制方式分类

按总线的时序控制方式划分，总线可以分为同步总线和异步总线。

在同步总线（Synchronous Bus）方式中，数据传输操作由一个公共的时钟信号控制同步，这个公共时钟可以由总线控制器发出。由于采用了公共时钟，每个部件什么时候发送或接收信息都由统一的时钟规定，完成一次数据传输的时间是固定的，因此同步通信控制简单、实现容易且支持较高的传输频率。在同步总线中，时钟频率的设计必须兼顾到速率最慢的部件，因此时间的利用和安排不够灵活和合理，特别是部件的速率差异较大时，会降低总线效率。

在异步总线（Asynchronous Bus）方式中，由于没有一个统一的公共时钟，总线上的部件都可以有各自的时钟，对总线操作控制和数据传输是以应答方式实现的，操作时间根据传输的需要安排，完成一次数据传输的时间是不固定的。异步总线常用于传输距离较长、系统内各设备差异较大的场合。其优点是时间选择比较灵活、利用率高，缺点是控制比较复杂。

常见的微型计算机系统较多采用同步总线，但部分引入了异步控制思想，如 PC 总线。具体方法是让总线周期所含时钟数可变，若时钟频率较高（时钟周期短），则时间浪费变得很小，总线周期的长度可以根据需要灵活调整。也可以采取“请求 - 批准 - 释放”的应答方式，但以时钟周期为时间基准。这既保持了同步总线的优点，也一定程度上具有异步总线的优点。

有的系统总线，如 IBM PS/2 中的微通道总线，具有几种选择：同步周期（标准周期）方式、扩展同步周期方式、异步方式，既可支持同步方式，也可支持异步方式。

4）按总线的结构层次分类

按结构层次进行划分，总线可分为芯片内总线、局部总线、系统总线和外部总线等。

芯片内总线是指用于连接芯片内部各基本逻辑单元的总线，如 CPU 的内总线等。

局部总线用来连接 CPU 和外围控制芯片和功能部件，用于芯片一级的互连，如 Intel 平台的 FSB（前端总线）、AMD 平台的 HT 总线等。

为了提高访存效率，CPU 一般通过存储总线（Memory Bus）与主存或者高速显卡进行数据传输，主要有数据线、地址线和控制线。从结构层次上，存储总线也属于芯片级总线，因此它通常被归属为局部总线的范畴。

系统总线（System Bus）也称为 I/O 通道总线，是用来与扩展插槽上的各扩展板相连的总线，用于部件一级的互连，将各种功能不同的部件连接成一个计算机系统。通常所说的总线一般是专指系统总线，比如 ISA、PCI、以及 AGP 和 PCI-E 等总线。

外部总线（External Bus）是若干计算机系统之间或计算机系统与其他系统（如通信设备、传感器等）之间的连接总线，有时被视为通信总线，属于广义范畴的总线。例如，连接并行打印机的 Centronics 总线、以太网线、USB 总线和 CAN 总线等。

5.2.2 总线的技术规范

总线的主要功能就是连接计算机系统中的每个功能部件，为了使不同的功能部件和接口都能连接到总线上并与之通信，就必须详细定义总线的各项技术规范，即总线标准。任何一个部件只要符合总线标准都可以连接到总线上，并与总线上的其他设备进行数据交换。总线标准除了定义信号线的功能，还必须制定总线的机械和电气方面的规范，使负载适宜，接头合适，并能提供合适的电压和时序信号等。

每个总线标准都有详细的规范说明，通常是一个包含上百页、几十万字（含大量图标）的文档。总线标准主要包括以下几部分：

① 机械结构规范——确定模块的尺寸、总线插头、边沿连接器插座等规格及位置等。

② 功能规范——确定总线每根线（引脚）信号的名称和功能，对它们相互作用的协议（如定时关系）和工作过程等进行说明。

③ 电气规范——规定总线每根信号线在工作时的有效电平、动态转换时间、负载能力及各类电气性能的额定值、最大值等。

为了使不同的外部设备都能连接到总线上，使外部设备的开发独立于主机和系统总线，制定总线标准就显得尤其重要。总线标准为计算机系统中各模块的互连提供了一个标准的界面，该界面对其连接在两侧的模块部件都是透明的，界面任一方只要根据总线标准的要求来实现接口的功能，就可实现各种配件的插卡化。

特别是在微型计算机系统中，系统组成模式灵活多样。一类是选用某主流微机系统，再根据自己的需要扩充功能插件。另一类是选用有关的功能模块（插件），再按照自己的需要，积木式地组装成系统。这就更需要约定某种互连标准（总线标准），包括上述机械结构、功能和电气方面的规范。根据总线标准，用户就可以自行选购符合某种总线标准的部件，方便对计算机硬件系统进行扩展，甚至不必关心插件的内部细节。

国际上制定总线标准的组织主要有 IEEE（Institute of Electrical and Electronics Engineers，电气和电子工程师协会）、ITU（International Telecommunication Union，国际电信联盟）、ANSI（American National Standards Institute，美国国家标准学会）、EIA（Electronic Industries Association，电子工业协会）和 PCI-SIG（Peripheral Component Interconnect Special Interest Group，外围部件互连特别兴趣组）。目前，计算机系统中常用的总线标准主要有以下几种。

1）ISA（Industry Standard Architecture，工业标准结构）总线

ISA 是 IBM 公司于 1984 年为 PC/AT 机制订的系统总线标准，又称为 AT 总线。

ISA 总线共有 98 条引脚线，为了与早期的 XT 总线兼容，ISA 总线的扩展槽由两部分构成：一部分由 62 引脚构成，其信号分布及名称与 PC/XT 总线的扩展槽基本相同，差异很小；另一部分是 AT 机的添加部分，由 36 引脚组成，分为 C 列和 D 列。

ISA 总线是 8/16 位总线，当只使用 ISA 总线插槽的前面部分（由 62 引脚构成）时，与 XT 总线兼容，有 20 条地址线，8 条数据线，作为一个 8 位总线使用；当两部分都使用时，可作为一个 16 位总线使用，地址线也增加到 24 位，可寻址 16M 的地址空间。ISA 总线的主频为

8.33 MHz，因此 ISA 总线的最大数据传输速率能达到 8.33/16.66 MBps。

ISA 总线曾在 80286 到 80486 的计算机中广泛使用。

2）EISA（Extended Industry Standard Architecture，扩展工业标准结构）总线

EISA 总线是由 Compaq 等 9 家公司于 1988 年联合推出的总线标准。EISA 总线是 32 位总线，是为满足 32 位微处理器需求而推出的。EISA 总线与 ISA 总线兼容，这样可以保护厂商和用户已在 ISA 总线上的巨大软件和硬件投资。EISA 总线的引脚数有 196 条，EISA 总线的连接器是一个双层插槽设计，既能接受 ISA 卡，又能接受 EISA 卡，上层与 ISA 卡相连，下层则与 EISA 卡相连。

EISA 总线主要性能指标包括：① 32 位地址线，可直接寻址范围 2^{32}=4G；② 32 位数据线；③ 总线时钟频率 8.33 MHz，最大数据传输速率 33.3 MBps。

3）AGP（Accelerated Graphics Port，加速图像接口）总线

AGP 是 Intel 公司推出的一种 3D 标准图像接口，能够提供 4 倍于 PCI 的效率。随着多媒体的深入应用，三维技术的应用越来越广，处理三维数据不仅要求有惊人的数据量，还要求有更宽广的数据传输带宽，PCI 总线已不能满足快速数据传输的需求。为了解决此问题，Intel 公司于 1996 年 7 月推出了 AGP 总线，这是显示卡专用的局部总线，基于 PCI 2.1 版规范并进行扩充修改而成，以 66.6 MHz 的频率工作，采用点对点通信方式，允许 3D 图形数据直接通过 AGP 总线进行传输。

AGP 总线的主要特点包括：以主存作为帧缓冲器，即将原来存于帧缓冲区中的纹理数据存入主存中，采用流水线操作，从而减少了内存的等待时间，提高了数据传输速率。

AGP 总线的数据线是 32 位，有多种工作方式：基频工作（以 66.6 MHz 的频率工作）、2 倍频工作、4 倍频工作和 8 倍频工作，对应的数据传输速率分别是 266.4 MBps、532.8 MBps、1065.6 MBps 和 2131.2 MBps。

4）PCI 和 PCI-E

关于 PCI 和 PCI-E 的详细情况请参见 5.2.4 节的相关内容介绍。

5.2.3 总线的设计要素

在遵守某种总线标准的前提下，无论哪一种总线，其设计要素都会涉及总线的位宽、工作频率、带宽、时序控制及仲裁方式等技术层面。下面将从总线的技术指标、时序控制和仲裁方式三方面来分析总线的设计要素。

1. 总线的技术指标

1）总线宽度

总线的位宽又称为总线的宽度，是指总线中数据线的位数。例如，总线的宽度若为 32 位，则表明通过该总线进行一次数据传输最多可以传输 32 位，当然也可以少于 32 位，如每次只传输 16 位或者 8 位。

显然，增加总线的宽度能提高总线的数据传输率。例如，如果数据总线有 8 位，每条指令长 16 位，那么每个指令周期必须访问存储器 2 次才能读出指令。如果数据总线为 16 位，只需访存 1 次就能读出该条指令。

地址总线用于传输读入或写出数据所在单元的地址。地址线的宽度决定了计算机系统能

够使用的最大寻址空间。总线中地址信号线数越多，CPU 能够直接寻址的内存空间也就越大。若总线中有 n 位地址线，则 CPU 能用它对 2^n 个不同的内存单元进行寻址（$0 \sim 2^n - 1$）。为了达到更大的寻址空间，总线需要的地址线就应越多。

总之，总线宽度越宽，越能提高系统的性能。但随着连接线数的增加，系统需要更大的物理空间（如主板上的总线要占用更多的面积）和更大的连接器，这些都将增加总线的成本。

为平衡性能与成本的问题，现代计算机系统常用复用总线设计代替原来的分立专用总线设计。在分立专用总线方式中，地址线和数据线是分开的。由于在数据传输的开始，总是先把地址信号放在总线上，等地址信号有效后，才能开始读写数据。这样地址和数据信息都可以用同一组信号线传输，在总线操作开始时，这些线路传输地址信号，随后它们又可以继续传输数据信号。分时复用的优点是减少了总线的连线数，从而降低了成本，节约了空间。其缺点是降低了系统的传输速率，增加了连接和控制的复杂度。

2）总线的工作频率

总线工作速率的一个重要指标就是总线频率，是指总线每秒进行传输数据的次数。总线频率越高，则总线的数据传输率越高。总线频率通常用 MHz 表示，如 PCI 总线标准频率为 33 MHz，PCI-E 1.0 总线的标准频率为 2.5 GHz。

3）总线带宽与数据传输率

在计算机中，“带宽”一词通常被借用来表示总线的数据传输率。因此总线的带宽也是指单位时间内总线上的数据传输量，单位为 b/s、bps（比特/秒）或者 B/s、Bps（字节/秒）。总线的实际带宽与总线的位宽和总线的工作频率以及编码方式等多个参数相关，实际带宽与各参数之间的基本关系为

$$BW = \frac{f \times w \times d \times L \times E}{8} \quad (\text{Bps}) \tag{5-1}$$

其中，BW 是总线的实际带宽，f 是总线的工作频率，w 是总线通路的位宽，d 是工作模式（单工 d=1，双工 d=2），L 是总线的通道（Lane）路数，E 是编码方式。对于单工单通道的总线，如标准 PCI 总线，相应的 d=1、L=1，若忽略 E，则式(5-1)与式(1-1)的含义一致。

例如，PCI-E 3.0 ×32 的总线频率为 8 GHz、1 位宽、双工模式，采用 128/130 编码方式，则它的最大实际带宽 BW=(8 GHz×1 bit×2×32×128/130)÷8≈63.02 GBps。

2．总线周期和操作过程

总线周期通常指的是 CPU 完成一次访问主存或 I/O 端口操作所需要的时间。总线的一个操作过程，是指完成两个设备之间信息传输的完整过程。这里的设备主要指主存和 I/O 端口。通常，一个总线周期与一次操作过程是对应的。

申请并掌握总线控制权的一方称为“主设备”，另一方则被称为“从设备”。

注意：区别主设备与从设备身份差异的基本依据在于谁申请并掌握总线控制权，并不在于谁发送数据、谁接收数据，主设备可以发送数据也可以接收数据；反之，从设备也一样。

总线操作的步骤可以概括为：

<1> 主设备申请总线控制权，总线控制器进行裁决并发出批准信号。

<2> 主设备掌握总线控制权，启动总线周期，发出地址码和总线操作类型。

<3> 从设备响应，主－从设备之间进行数据传输。

<4> 主设备释放控制权，结束总线周期。

总线周期具体持续多长时间与系统的时钟周期及总线采用的控制方式有关。在同步控制方式下，总线周期一般包括 4 个基本的时钟周期，有时会插入一些延长的时钟周期。插入的延长时钟周期数为 0，即为标准的同步控制方式；插入的延长时钟周期数不为 0，则为扩展的同步控制方式。在异步控制方式下，一个总线周期的时间就只能视具体情况而定，无统一的标准。

总线上的数据传输模式主要有如下 2 种。

① 单周期模式：一个总线周期只传输一个数据，传输完成后主设备释放总线控制权。如果还需再次传输数据，则应重新申请总线控制权。

② 突发模式（burst）：主设备获取总线控制权后，可以进行多个数据的传输。在总线周期中寻址时，只给出目的首地址，访问数据 1、数据 2、数据 3、…、数据 n 时的地址在首地址基础上按一定规则自动产生（如自动加 1）。

3. 总线的控制方式

总线的数据传输操作是在时序信号的控制下进行的。如前所述，根据时序控制的方式不同，总线可以分为同步控制总线和异步控制总线。

1）同步控制方式

同步控制方式的主要特征是以时钟周期为划分时间段的基准。总线的每一步操作都必须在规定的时间段内完成，每次数据传输所需的时间段数是固定的。

由于外设的速度通常较慢，而且变化幅度比较大，因此在实际使用的各类同步总线中，往往允许每次数据传输所需的时间段数是可变的，以适应不同操作速度的需要。改进途径主要有两种：一是同步控制方式的数据读/写过程中插入若干延长周期，二是在同步控制方式中引入以时钟周期为基础的“请求－应答”方式。第二种改进途径可以看成在同步控制的基础上部分地引入了异步控制思想，时间能长则长，能短则短，由设备根据实际情况协商决定，但这种方式还是以基本的时钟周期为基准，因此被称为扩展的同步控制方式。

同步总线的读时序如图 5-4 所示。在 T_0 时，CPU 在地址总线上给出要读的内存单元地址，在地址信号稳定后，CPU 发出内存请求信号 $\overline{\text{MREQ}}$ 和读信号 $\overline{\text{RD}}$。信号 $\overline{\text{MREQ}}$ 说明 CPU 要访问的是主存储器单元（反之则是访问外设），信号 $\overline{\text{RD}}$ 说明要进行读操作。

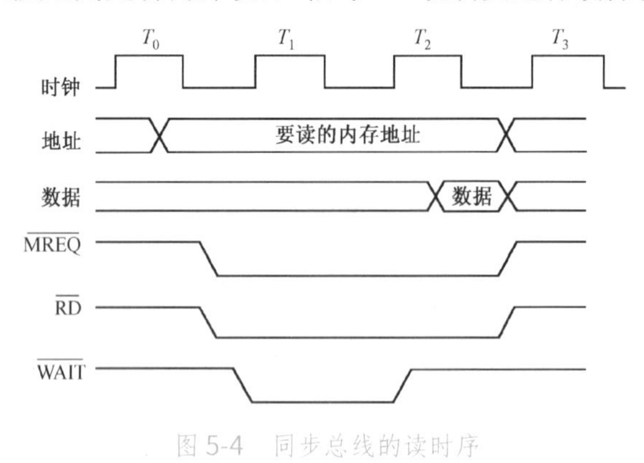

图 5-4　同步总线的读时序

由于内存的读写速率低于 CPU，在地址建立后不能立即给出数据，因此内存在 T_1 的起始处发出等待信号 $\overline{\text{WAIT}}$，通知 CPU 插入一个等待周期，直到内存完成数据输出并将信号 $\overline{\text{WAIT}}$ 置反，等待周期的插入可以是多个。

在 T_2 的前半部分，内存将读出的数据放到数据总线，在 T_2 的下降沿，CPU 选通数据信号线，将读出的数据存放至内部寄存器中。读完数据后，CPU 再将信号 $\overline{\text{MREQ}}$ 和 $\overline{\text{RD}}$ 置反。如果需要，CPU 可以在时钟的下一个上升沿启动另外一个访问内存的周期。

同步总线的操作状态如图 5-5 所示，简要描述了 DMA 控制器掌握总线且在同步控制方式下的一次总线操作过程。它表明，DMA 控制器向 CPU 提出总线请求，在获得总线控制权后，通过总线完成了一次数据传输。

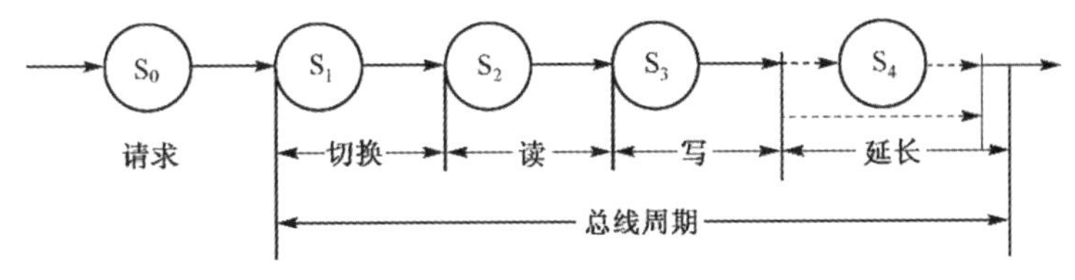

图 5-5　同步总线的操作状态

① S_0 状态。DMA 控制器提出总线请求，送往 CPU。此时 CPU 可能正在控制系统总线去访问主存，因此 DMA 控制器就只能处于等待总线请求被批准的 S_0 状态，也有可能需要等待几个时钟周期。

② S_1 状态。CPU 结束一次总线周期操作后，发出总线批准信号，然后进入总线控制权交换状态 S_1。在 S_1 状态，CPU 对总线的有关输出呈高阻态，与总线脱钩（放弃总线）。DMA 控制器向总线送出地址码，接管总线控制权，并进入 S_2 状态。一般，S_1 状态只需一个时钟周期即可完成总线控制权的切换。

③ S_2 状态。在 S_2 状态，由 DMA 控制器发出读命令，从发送设备中读出数据，并送入有关的接口数据寄存器，再发送到数据总线上。

④ S_3 状态。在 S_3 状态，由 DMA 控制器发出写命令，将数据总线信息写入接收设备。

⑤ 延长状态 S_4。如果在 S_2 或 S_3 状态没有完成总线传输，就可延长总线周期，进入 S_4 状态，继续总线传输操作。S_4 状态可以是一个时钟周期或数个时钟周期。

结束一个总线周期后，DMA 控制器放弃总线控制权（有关输出呈高阻态），并将总线的控制权交回 CPU。在图 5-5 中，DMA 控制器所掌管的一个总线周期包括 S_1、S_2、S_3，或许还有 S_4。其中，S_1 用于接管总线，S_2 和 S_3 等用于实现总线传输操作。S_0 属于前一个总线周期。在同步方式中，总线周期的宽度一般为时钟周期宽度的整数倍。

2）异步控制方式

异步控制方式没有统一的时序信号来控制各项操作，设备之间采取交互式“请求－应答”的方式来实现通过总线的数据传输控制，所需总线时间视需要而定。例如，异步总线读操作时序如图 5-6 所示。我们可以将申请并获得总线控制权的设备称为主设备，将响应主设备请求并与之通信的设备称为从设备。

在异步控制方式下，主设备在给出地址信号、内存请求信号 $\overline{\text{MREQ}}$ 和读信号 $\overline{\text{RD}}$ 后，再发出主同步信号 $\overline{\text{MSYN}}$，表示有效地址和控制信号已送到系统总线。从设备得到这个信号后，以其最快的速度响应和运行，完成所要求的操作后，立即发出从同步信号 $\overline{\text{SSYN}}$。主设备接收到从同步信号 $\overline{\text{SSYN}}$，就知道数据已就绪，且已出现在数据总线上，因此开始接收数据，并撤销地址信号，将 $\overline{\text{MREQ}}$、$\overline{\text{RD}}$ 和 $\overline{\text{MSYN}}$ 信号置反。与此同时，当从设备检测到 $\overline{\text{MSYN}}$ 信号已被置反后，得知主设备已接完数据，一个访问周期已经结束，因此便将 $\overline{\text{SSYN}}$ 信号置反。这样工作流程就回到了起始状态，又可以准备开始下一个总线周期。

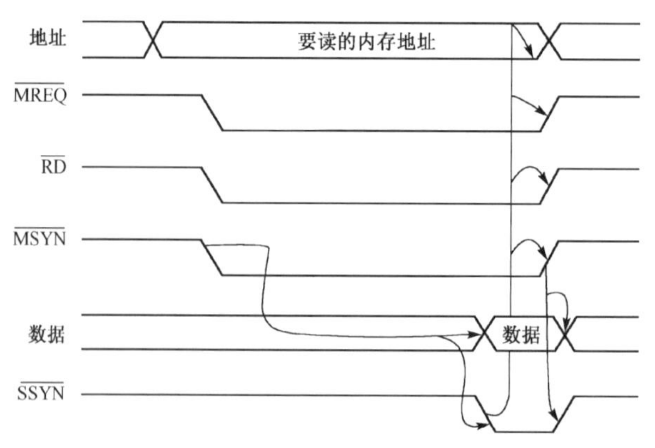

图 5-6　异步总线读操作时序

图 5-6 中的箭头表示了事件起始和结束的因果关系，即代表了异步应答信号的关系。一般，异步应答关系分为不互锁、半互锁、全互锁三类。

不互锁如图 5-7 所示，设备 1 发出请求信号，经过一定时间（确信设备 2 收到请求信号）后，自动撤销请求信号，设备 2 收到请求后，在条件允许时发出回答信号，经过一定时间（确信回答信号发生作用了）后，自动撤销回答信号。在这种应答方式中，回答信号是因请求信号而引发的，用箭头表示这种引发关系。但两个信号的结束都是由设备自身定时决定的，不存在互锁关系。

半互锁如图 5-8 所示，设备 1 收到设备 2 的回答信号后，知道它的请求信号已被接收，便撤销请求信号，但回答信号的撤销则仍由设备 2 本身定时决定，不采取互锁方式来控制。

全互锁如图 5-9 所示，设备 1 在收到设备 2 的回答信号后，撤销其请求信号，设备 2 在获知请求信号撤销后，便撤销其回答信号。

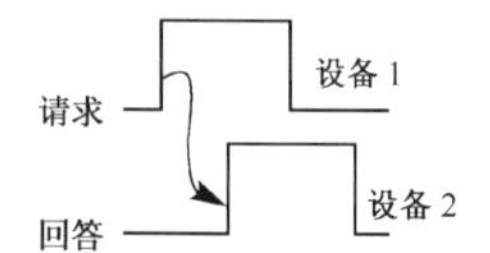

图 5-7　异步应答关系之不互锁

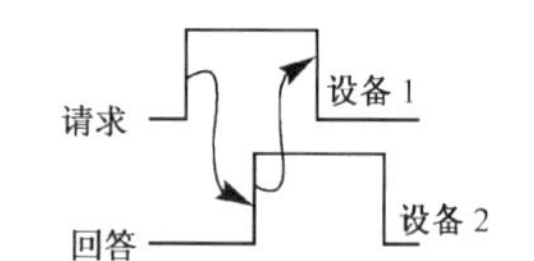

图 5-8　异步应答关系之半互锁

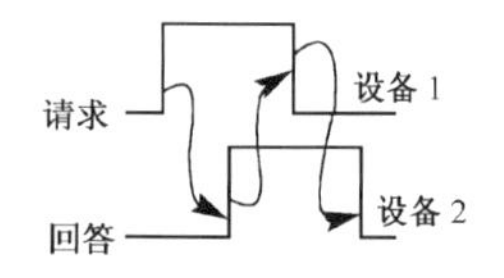

图 5-9　异步应答关系之全互锁

采用全互锁方式，一旦完成任务便立即撤销有关信号，时间安排非常紧凑，但实现比较复杂，可靠性会相应地降低。采用不互锁方式，按照固定定时结束信号，较易实现，可靠性较高，但信号维持时间必须满足最长操作的需要，耗时更短的操作会出现时间浪费现象，可能降低总线操作的效率。例如，在图 5-6 所示的异步总线操作中，$\overline{\text{MSYN}}$ 信号使数据信号建立，并让从设备发出 $\overline{\text{SSYN}}$ 信号，反过来，$\overline{\text{SSYN}}$ 信号的发出将导致地址信号的撤销以及 $\overline{\text{MREQ}}$、$\overline{\text{RD}}$ 和 $\overline{\text{MSYN}}$ 信号置反。最后，$\overline{\text{MSYN}}$ 信号的置反触发 $\overline{\text{SSYN}}$ 信号置反，结束整个操作过程。

总线的同步时序控制方式实现和控制都很简单，但是时间利用不合理，也没有异步时序灵活；同时，一旦总线的周期确定了，以后即使出现了更快的设备，也无法发挥其性能。异步时序的总线不但能合理利用时间，而且不论设备是快还是慢，使用的技术是新还是旧，都可以共享总线，但异步总线控制比较复杂。采用以时钟周期为基准但引入了异步控制的思想的扩展同步总线方式在一定程度上兼有两者的优点，现在应用比较广泛。

4．总线的仲裁

在总线上连接了多个部件，任意两个部件间都可以通过总线传输数据，这样在某时刻就有可能出现不止一个部件提出使用总线的申请。当多个部件同时申请使用总线时，就会出现总线冲突的现象，因此必须采用一定的方法对总线的使用权进行仲裁。按照总线仲裁电路的位置不同，仲裁方式可分为集中式仲裁和分布式仲裁两种。

1）集中式总线仲裁

集中式总线仲裁需要中央仲裁器，总线的控制逻辑集中放在一起，分为链式查询方式、计数器定时查询方式和独立请求方式仲裁。在集中式仲裁中，由专门的总线控制器或者仲裁器来管理总线。总线控制器可包含在 CPU 内，但更多是由专门器件来承担。连接在总线上的设备都可以发出总线请求信号，当总线控制器检测到有总线请求时，它发出一个总线授权信号。

链式查询方式如图 5-10 所示，即总线授权信号被依次串行地传输到所连接的 I/O 设备上。当逻辑上与控制器最近的设备收到授权信号时，若该设备发出了总线请求信号，则由它接管总线，升起总线忙信号，并停止授权信号继续往下传播。若该设备没有发出总线请求，则将授权信号继续传输到下一个设备。该设备再重复上述过程，直到有一个设备接管总线为止。在链式查询方式中，设备使用总线的优先级由它与总线控制器的逻辑距离决定，越近的优先级越高。

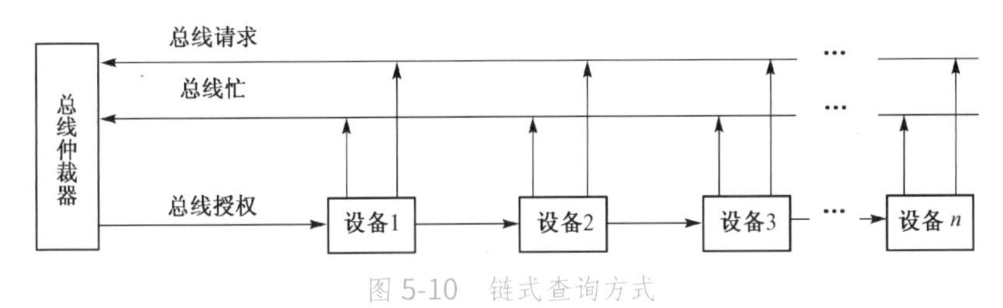

图 5-10　链式查询方式

链式查询方式的优点是查询链路简单，易于控制和扩充新设备，缺点是对故障比较敏感，当某个设备出现故障时，会中断查询链路，无法继续传递总线授权信号。此外，链式查询方式中各设备的优先级由它与总线仲裁器的距离决定，越近则优先级越高，优先级是固定的。

计数器定时查询方式如图 5-11 所示。总线上的每个部件通过“总线请求”线发出请求信号，总线仲裁器（内设查询计数器）收到请求以后，计数器开始计数，定时查询各设备以确定是哪个设备发出的请求。当查询计数器的计数值与发出请求的设备编号一致时，计数器中止查询，该设备发出总线忙信号后获得总线控制权。

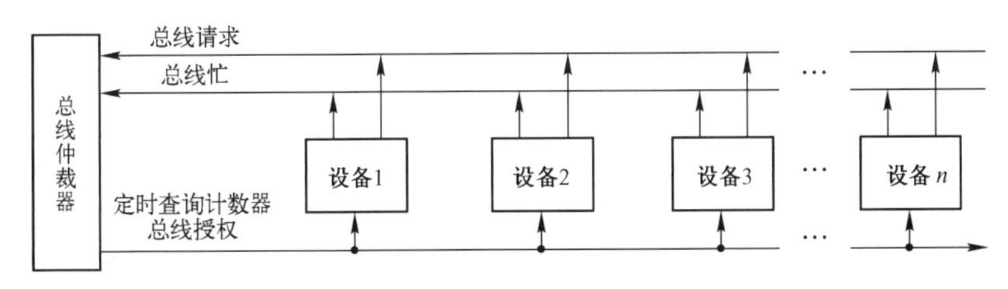

图 5-11　计数器定时查询方式

启动每次新的计数前，计数器清 0，查询则从 0 开始进行，设备优先级安排类似于链式查询方式。若每次查询前计数器不清 0，则从中止点继续查询，就是一种循环优先级，为所有设备提供相同的总线使用机会。重新启动一个新的仲裁查询时，若将计数器设置为与某个设备对应的初值，则可以将此设备的优先级设定为最高。

计数器定时查询方式的总线仲裁优点是优先级比较灵活，计数初值、设备编号都可以通过程序设定，优先次序可用程序来控制。某些设备故障也不会影响到其他部件，可靠性较高。其缺点是需要向各设备广播计数值，因此会增加连线数量，控制复杂。

独立请求方式如图 5-12 所示。每个设备都通过自己专用的总线请求信号线与总线仲裁器连接，并通过独立的总线授权信号线接收总线批准信号。需要使用总线时，各设备独立地向总线仲裁器发送总线请求信号，仲裁器可以根据某种算法对同时送来的多个总线请求进行仲裁，以确定批准哪个设备可以使用总线，并通过该设备的总线授权线向设备发送总线批准信号，该设备再通过公共线路设置总线忙信号后获得总线的控制权。

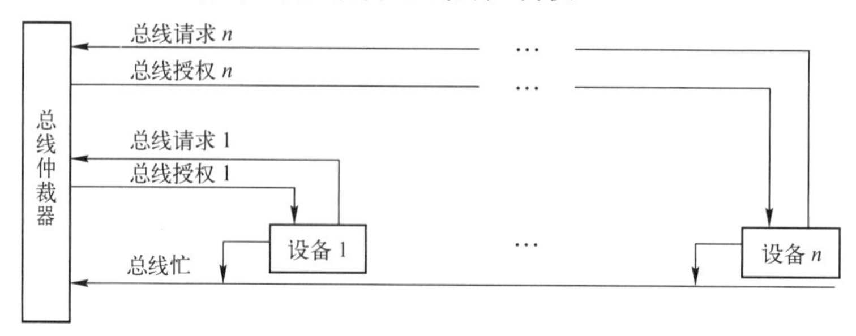

图 5-12 独立请求方式

独立请求方式的优点是总线分配速度快，所有设备的总线请求信号能同时送到总线仲裁器，不需进行任何查询。总线仲裁器可以使用多种方式由程序灵活地设置设备的优先级，也能方便地隔离故障设备的总线请求。其缺点是控制线路数量较大，所需要的独立线路较多，成本较高、控制起来复杂。

2）分布式总线仲裁

与集中式仲裁方式相比，分布式仲裁不需要设置一个集中的总线仲裁器，各设备都设有自己专用的仲裁电路和设备号，各设备之间通过仲裁电路竞争使用总线，如图 5-13 所示。

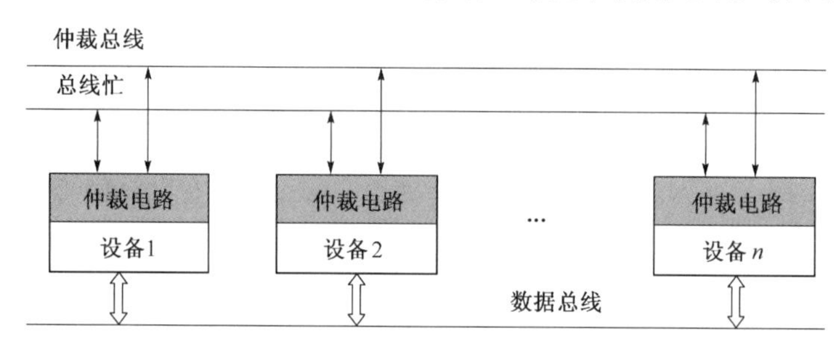

图 5-13 分布式总线仲裁

分布式仲裁方式以优先级仲裁策略为基础，当设备有总线请求时，就把各设备唯一的设备号发送到共享的仲裁总线上，由各设备自己的仲裁电路去比较，通过比较，保留设备号大的设备、撤销设备号小的设备。竞争获胜者的设备号将保留在仲裁总线上，设备通过设置总线忙信号而获得总线的控制权，并在下一个总线周期使用总线。

与集中式总线仲裁相比，分布式总线仲裁要求的总线信号更多、控制电路也更复杂，但它能有效地防止总线仲裁过程中可能出现的时间浪费，提高总线的仲裁速度。

5.2.4 PCI-E 总线介绍

PCI-E（Peripheral Component Interconnect-Express，外部组件互连特快总线标准）是在 PCI 标准上发展起来的一种技术标准。它最早由美国的 Intel 公司在 2001 年首次提出，曾计划命名为“3GIO”（第3代I/O技术标准），旨在替代旧的PCI、PCI-X和AGP等总线标准。这套总线技术标准提交给PCI-SIG（Special Interest Group，也是由Intel发起成立）认证通过后，并于2003年正式发布1.0版，最后定名为“PCI-Express”，简称PCI-E。

传统的PCI总线是一种并行总线，由同一组总线上的所有外部设备分时共享总线的全部带宽。PCI-E总线使用的是高速差分线，采用端到端的设备连接方式，每条PCI-E通路的带宽只被一对收发设备独占，设备不需要向整个总线请求带宽。除了连接方式与PCI不同，PCI-E总线还支持多种数据路由方式、多通路的数据传输方式，以及基于数据报文的数据传送方式，同时充分考虑了数据传输的服务质量（Quality of Service，QoS）和流量控制等。

1．发展背景

PCI-E总线标准的前身是PCI总线，也是由Intel公司在1991年提出的一种高带宽、独立于处理器的并行总线标准。PCI总线能够作为中间层或直接连接外部设备的总线，允许在计算机内安装多达10多个遵从PCI总线标准的扩展卡。PCI总线取代了ISA总线，有许多优点，如支持即插即用（Plug and Play）和中断共享等。PCI总线标准从最初的PCI 1.0发展到PCI-X，出现了多个版本，它们均交由PCI-SIG认证通过后统一发布，如表5-1所示。

表5-1　PCI和PCI-E的主要版本参数对照

版本号	发布时间	传输类型	位宽	传输速率	编码方式	数据传输率
PCI 1.0	1992	并行线路（并行）	32	33 MT/s	8/10	133 MBps
PCI X 66	1998		64	66 MT/s	8/10	533 MBps
PCI-E 1.0 ×1	2003	差分线路（串行）	1	2.5 GT/s	8/10	250 MBps
PCI-E 2.0 ×1	2007		1	5 GT/s	8/10	500 MBps
PCI-E 3.0 ×1	2010		1	8 GT/s	128/130	984.6 MBps
PCI-E 4.0 ×1	2017		1	16 GT/s	128/130	1.969 GBps
PCI-E 5.0 ×1	2019		1	32 GT/s	128/130	3.9 GBps

注：T/s = Transmission per second。

之所以从PCI总线标准发展到PCI-X乃至现在的PCI-E，主要是因为计算机系统CPU的发展速度太快，对总线的传输速率提出了越来越高的要求。并行传输的PCI或者PCI-X想要提高传输速度，只能提升总线工作频率或者增加总线的位宽。但是，频率提升得过高，并行传输线路之间的信号串扰让时序难以收敛；若增加总线的位宽，则信号线的数量也要相应增加，这会增加系统结构的和控制的复杂度。为了解决这些问题，工业界提出用串行替代并行的设计思路，即通过差分线路替代并行线路，由此催生了PCI-E标准规范的出现。

2003年，自从PCI-SIG正式发布了PCI-E 1.0标准后，主板制造商逐渐减少了传统PCI插槽，大量引入了PCI-E接口，随后在工业界被广泛支持。与PCI标准一样，PCI-E总线技术规范标准家族也包括逐步被PCI-SIG认证并发布出来的多个版本，且每个版本都是前一版本的技术和性能升级，见表5-1。

PCI-E采用“端到端”的串行连接方式，能使每个设备都有自己的专属连接，不需要向整个总线请求带宽，可以把数据传输率提高到传统PCI总线所不能提供的超高带宽。

2．PCI-E硬件协议

PCI-E总线链路是围绕称为通路（Lane）的串行（1位）点对点连接的专用单向耦合的。这与早期的PCI总线连接模式截然不同，PCI连接是一种基于总线的系统，其中所有设备分时共享相同的双向 32 位或 64 位并行总线。PCI-E 是一种分层协议，由事务层、数据链路层和物理层组成，其硬件协议模型如图 5-14 所示。

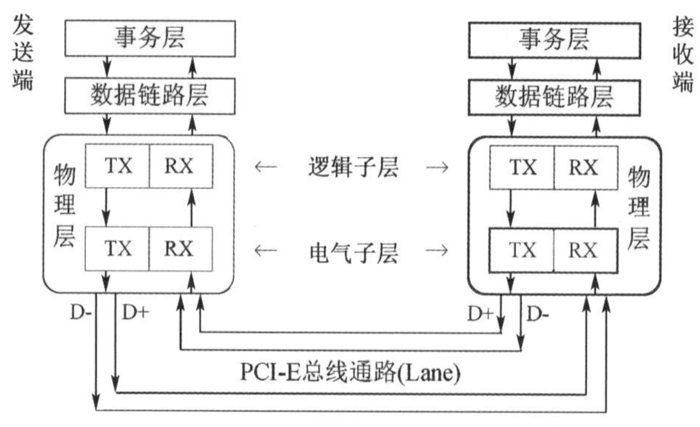

图 5-14　PCI-E 总线的硬件协议模型

1）事务层（Transaction Layer）

事务层是 PCI-E 三层事务结构的最高层，接收 PCI-E 设备核心层的数据请求，并将其转换为 PCI-E 的总线事务。数据被封装成事务层数据包（Transaction Layer Packet，TLP）。在发送端，事务层接收来自 PCI-E 设备核心层的数据并封装成事务层数据包，然后向数据链路层发送。在接收端，事务层接收来自数据链路层的报文，然后转发到 PCI-E 设备核心层。

PCI-E 使用基于信用的流量控制。设备在其事务层中为每个收到的缓冲器通告初始信用量。链接相对端的设备在向该设备发送交易时，会计算每个 TLP 从其账户中消耗的信用数量。发送设备只有在这样做时才传输 TLP，使其消费的信用计数不超过其信用限额。当接收设备从其缓冲区完成 TLP 的处理时，它向发送设备发出信用回报信号，从而将信用额度增加了恢复的数量。信用计数器是模块化计数器，消费信用与信用限额的比较需要采用模/数运算。与其他方法如等待状态或基于握手的传输协议相比，它的优点是只要不超过信用额度，信用回报的延迟不会影响性能。如果每个设备的缓冲区足够，就容易满足这些假设条件。

事务层数据包（TLP）通常包括 4 部分：可选的 TLP Prefixes（前缀）、Header（包头）、Data Payload（数据有效负载）和 Digest（摘要）。包头大小通常是 4 个双字，包含地址、类型、数据长度、请求/应答 ID、属性等字段。有效数据负载区封装了需要交由总线发送的数据。摘要字段则通常用于放置 TLP 中基于包头和有效数据负载生成的端对端校验码 ECRC。

2）数据链路层（Data Link Layer）

数据链路层又包括媒体访问控制（MAC）子层，介于事务层和物理层之间，主要执行 3 个重要任务：① 对由事务层生成的事务层数据包（TLP）进行排序；② 通过确认协议（ACK 和 NAK 信令）确保两个端点之间可靠地传递 TLP，这些确认协议明确定义了 TLP 重发的条件；③ 初始化和管理流量控制信用。

在发送端，数据链路层遵循流量控制机制从事务层接收 TLP，并生成递增 12 位序列号和链路 CRC（LCRC）。这 12 位序号作为每个传输的 TLP 的唯一标识，被插入 TLP 头部。32 位 LCRC 也被附加到每个 TLP 的尾部，形成链路层的数据封包。

在接收端，收到的 TLP 的 LCRC 和序列号都在链路层中被验证。若 CRC 校验未通过，则该 TLP 及后续 TLP 均被判定为无效而被丢弃，并向发送方返回一个带序列号的 NAK DLLP（Data Link Layer Packet），请求重发相关的全部 TLP。若收到的 TLP 通过 CRC 校验，则转发

TLP 并向发送端返回 ACK DLLP，以表明 TLP 已经被接收端成功接收。

若发送端接收到 NAK，或者超时没有收到确认，则必须重发所有未收到 ACK 的 TLP，直到收到 ACK。除了设备或传输介质的持续故障，数据链路层提供与事务层的可靠链接。

PCI-E 数据链路层之间的 ACK 和 NAK 是通过封装成的 6 字节 DLLP 进行通信的。通常，链路上的未确认 TLP 的数量受到两个因素的限制：发送端的重发缓冲区大小，以及流量控制接收端发给发送端的信用。PCI-E 要求所有接收者发出最少数量的信用，以保证一个链路允许发送 PCIConfig TLP 和消息 TLP。

3）物理层（Physical Layer）

作为 PCI-E 总线的底层，物理层直接连接 PCI-E 设备，并为设备提供高速数据通信的传输介质。物理层又可分为电气子层和逻辑子层。逻辑子层主要完成对数据包（含 TLP、DLLP 和物理层数据包）的数据编码（如 8b/10b 或 128b/130b）和逻辑控制等工作任务。电气子层主要完成串行数据传输和时钟恢复等任务。

PCI-E 物理层发送单元的数据源由三部分组成：第一部分是总线上层单元发送的数据，这部分在缓存中；第二部分是物理层需要发送的特殊字符，如符号间的分隔符，这种分隔符通常选择 8b/10b 或者 128b/130b 编码表中不存在的特殊字符；第三部分是物理层训练所需的字符集，被称为链路训练字符集。这三部分数据来源通过选择开关进行选择。

在物理层，PCI-E 1.0/2.0 使用 8b/10b 编码来确保连续相同数字（0/1）的代码串长度有限。该编码用于防止接收端丢失数据位边缘标记，每 8 bits 有效数据位被编码成 10 bits，会额外占用物理带宽中的 20%开销。为了提高可用带宽，从 PCI-E 3.0 开始使用 128b/130b 编码。这种编码方式通过加扰来限制数据流中连续相同代码的串长度，确保接收端与发送端保持同步，并通过防止发送数据流中的重复数据模式来降低电磁干扰。

PCI-E 总线物理链路的数据通路由两组差分信号共 4 根线组成（见图 5-14）。发送端的 TX 部件与接收端的 RX 部件使用同一组线路（D+和 D−），构成收发链路。与此同时，接收端的 TX 部件和发送端的 RX 部件的收发链路则使用另外一组差分线（D+和 D−）。PCI-E 总线的物理链路通常包含多条 Lane，目前可以支持×1、×2、…、×32 通路模式。物理层中的每条通道均可独立用作全双工字节流，在链路端点之间实现双向同时传输数据包。通路上使用的总线频率和数据传输速率与 PCI-E 的版本有关，如 PCI-E 3.0 的总线频率为 4 GHz，但通道的双工数据传输速率可达 8.0 GT/s，因此其理论上的数据传输率可以高达 984.6 MB/s。

3．基于 PCI-E 的系统架构模型

基于 PCI-E 的系统架构与基于 PCI 总线的系统架构存在很大不同，其中被广泛采用的模型（如 Intel X86 体系）如图 5-15 所示。此系统架构模型通过虚拟 PCI-E 桥来分离总线域和存储域。根复合体（Root Complex，RC）由两个 FSB-PCI-E 桥接器和存储管理部件构成，其中一个桥接器通过 PCI-E ×8 链路连接到交换机（Switch）的上行（Upstream）端口，进行 PCI-E 链路的扩展，把 PCI-E ×8 链路扩展成 4 个 PCI-E ×2 链路。此外，交换器的下行（Downstream）端口可以通过 PCI-E 桥接器的转换来实现 PCI-E 架构对传统 PCI 设备的兼容。

在采用不同处理器来构建的硬件系统中，根复合体（RC）的实现方案存在较大差异，PCI-E 规范没有规定根复合体的实现细节。因此，有的处理器系统直接把根复合体当成 PCI-E 主桥，有的则视为 PCI-E 总线控制器。在 X86 系统中，除了包含 PCI-E 总线控制器，根复合体通常还包含其他功能组件，因此根复合体并不等同于 PCI-E 总线控制器。

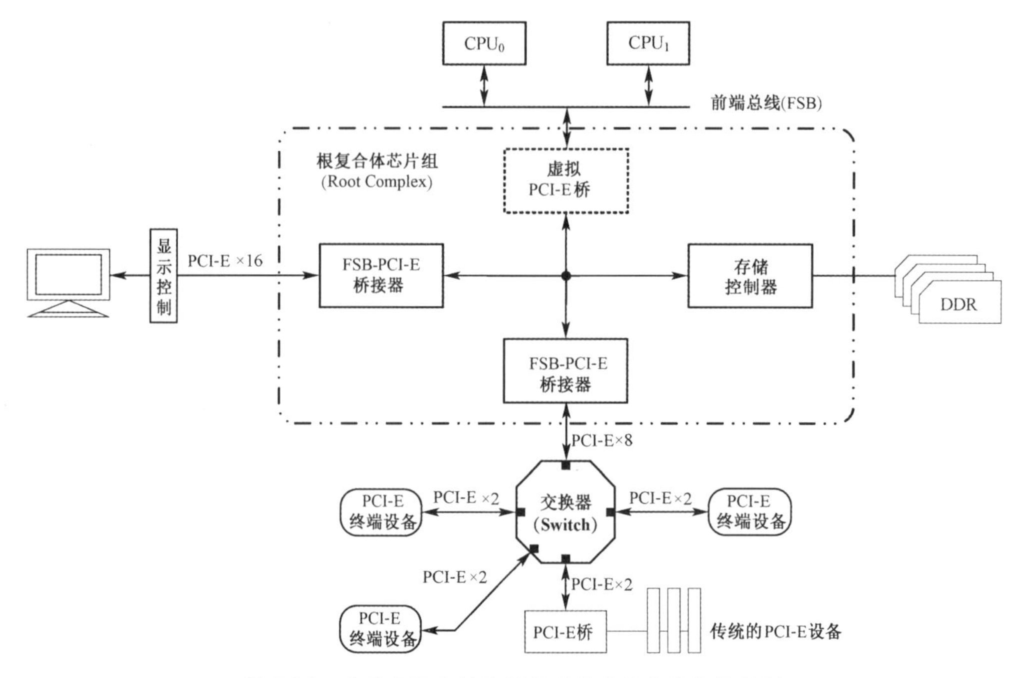

图 5-15　基于 PCI-E 的计算机硬件系统体系结构示例

PCI-E 总线采用端到端的连接方式，每个 PCI-E 端口只能连接一个终端设备，也可以连接到交换器进行链路扩展，扩展出的端口也可以继续挂接更多的终端设备或下级交换器。

4．PCI-E 端口仲裁与虚拟通道仲裁

传统的 PCI 总线在同一时刻只能被一个主设备独占全部总线资源。当有多个设备同时发出总线请求信号时，一般只在设备级进行总线控制权的集中式仲裁，仲裁的粒度较粗。与 PCI 总线截然不同，PCI-E 总线采用的是基于通路的端对端连接方式，且收、发设备以数据报文为单位进行数据交换，因此设备不需独占全部的总线资源。

交换器通常有多个端口：入端口（Ingress Port）和出端口（Egress Port）。来自多个入端口的报文可以同时发向同一个出端口，因此必须进行仲裁，才能确定报文通过端口的先后顺序。由于 PCI-E 采用了虚拟通道（Virtual Channel，VC）技术，并在数据报文中设定了一个 3 位的数据报流量类型（Traffic Class，TC）标签，因此报文可以根据优先权分为 8 类，每类报文又可以根据优先级选择不同的虚拟通道进行传递。

总体上，PCI-E 体系中存在两类仲裁：端口仲裁和虚拟通道仲裁。端口仲裁机制主要针对根复合体和交换机。PCI-E 中有三类端口需要仲裁：交换器的 Egress 端口、多端口根复合体的 Egress 端口和根复合体通往主存储器的端口。虚拟通道仲裁是指：发向同一个端口的数据报文根据使用的不同虚拟通道而进行仲裁，从而确定报文通过端口的优先级顺序。

假设 PCI-E 的交换机中有 2 个入端口（A 和 B）和 1 个出端口 C（如图 5-16 所示），A 和 B 同时向 C 发送数据报文。来自 A 端口的数据报文（仅通过 VC_0 通道）和来自 B 端口的数据报文（可分别通过 VC_0 和 VC_1 通道）在到达 C 端口之前，就需要先进行端口仲裁，再进行 VC 仲裁，才能确定这些数据报文依次通过 C 端口的先后顺序，从而确保服务质量（QoS）。

PCI-E 总线可以使用以下三种方式进行端口级仲裁：

① Hardware-fixed 仲裁策略。如在系统设计时，采用硬件固化的轮询（Round Robin，RR）

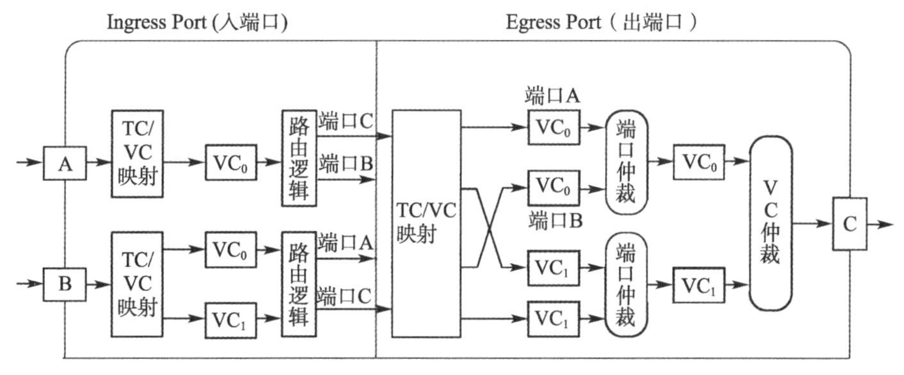

图 5-16　交换器的端口仲裁和虚拟通道仲裁示例

仲裁方法。这种方法的硬件实现原理简单，但系统软件不能对端口仲裁器进行配置。

② WRR（Weighted-RR）仲裁策略，即加权的轮询仲裁策略。

③ Time-Based WRR 仲裁策略，即基于时间片的 WRR 仲裁策略。PCI-E 总线将一个时间段分为若干时间片（Time Phase），每个端口占用其中的一个时间片，并根据端口使用这些时间片的多少对端口进行加权的一种方法。WRR 和 Time-based WRR 仲裁策略可以在一定程度上提高 PCI-E 数据传输的 QoS 指标。

此外，PCI-E 设备的 Capability 寄存器中还可能指明端口仲裁的具体算法。一些不支持多种端口仲裁策略的 PCI-E 设备可能不会配置 Capability 寄存器，此时该设备只能使用默认的 Hardware-fixed 轮询仲裁策略。

除了端口仲裁，PCI-E 总线也定义了三种可用的虚拟通道仲裁规则，分别是：严格优先级（Strict Priority，SP）算法、轮询（RR）算法和加权的轮询（WRR）算法。

当使用严格优先级算法时，发向 VC_7 的数据报文具有最高的优先级，发向 VC_0 的数据报文则优先级最低。总线系统允许对交换机或者根复合体的一部分虚拟通道单独采用严格优先级方式进行仲裁，对其余虚拟通道采用轮询或者加权的轮询算法，如 VC_7～VC_4 采用严格优先级仲裁、VC_3～VC_0 采用其他仲裁规则。

使用轮询算法时，所有虚拟通道具有相同的优先级，因此所有虚拟通道会轮流使用 PCI-E 链路。加权的轮询算法与轮询算法类似，但可以对每个虚拟通道进行单独加权处理，可以适当提高 VC_7 的优先权，同时将 VC_0 的优先权适当降低。

5.3　直接程序传送模式

直接程序传送（PIO）模式是最简单的控制方式，依靠 CPU 直接执行相关的 I/O 程序来实现对数据输入和输出的控制。

如果有关操作的时间固定且已知，可以直接执行输入指令或输出指令，比如从目标设备接口的缓冲区中读取数据，或者向缓冲区输入数据。

如果有关操作的时间未知或不定，如打印机的初始化操作或打印时的机电控制操作，就往往采用查询、等待、再传输的方式。在启动外部设备后，主机 CPU 不断通过 I/O 指令查询设备状态，如是否准备好或是否完成一次操作。直到设备准备好，或完成一次操作，CPU 才通过执行 I/O 指令来进行 I/O 传输。在外部设备工作期间，CPU 将持续执行与 I/O 有关的操作，即查询、等待和传输，所以又被称为程序查询方式，如图 5-17 所示。

CPU 利用 I/O 指令实现数据在主机和外设间的 I/O 传输操作，可采用的接口模式有三种：第一种是具有中断功能的中断接口，程序查询方式及不需查询的直接传输方式均可利用中断接口实现；第二种是按程序查询针对性设计的专用接口；第三种是不需查询的简单接口。

程序查询方式的设计方案很多，一方面与 I/O 指令及系统总线有关，另一方面与外部设备有关。为了提供程序查询依据，接口中应设置状态字寄存器（或只有几位状态触发器），各位的设置方式也将影响到接口逻辑细节，如图 5-18 所示，以寄存器级功能模型粗框图描述，略去了门电路级的逻辑细节。

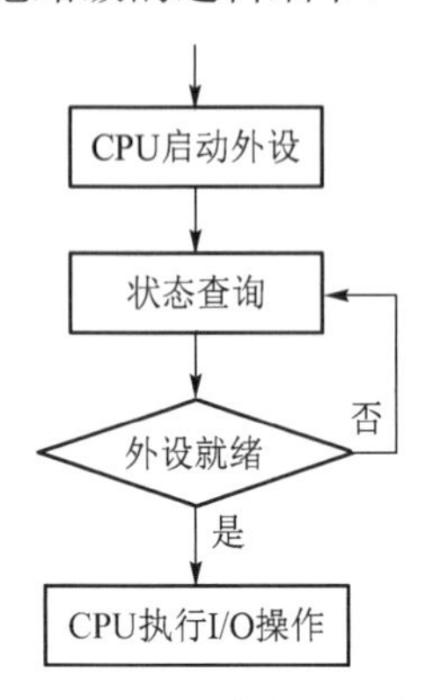

图 5-17 程序查询方式

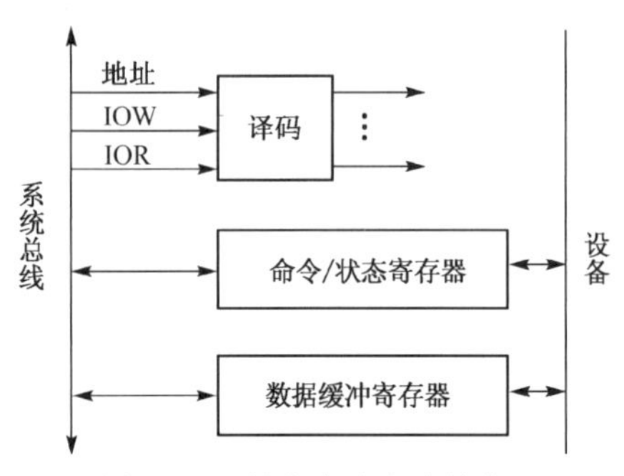

图 5-18 程序查询方式的接口

接口中一般设置了数据缓冲寄存器和命令/状态寄存器，并分别分配独立的 I/O 端口地址。当 CPU 访问外部设备的接口寄存器时，通过低 8 位地址总线向接口发出 I/O 端口地址码，再送 IOR（读）或 IOW（写）命令，经译码后可选中某寄存器，然后通过数据总线进一步进行数据的输入、输出操作。

命令/状态字寄存器的高位段作为命令字，可由 CPU 通过 I/O 指令设置，而具体的控制命令经接口解释或直接送往设备。寄存器的低位段作为设备的状态字，是 CPU 查询的对象，也可由 CPU 初始化。假设状态字只设 2 位，分别对应设备的“忙”（B，Busy）和“完成”（D，Done）。当不需要设备工作时，可通过复位命令，或由 I/O 指令设置，使设备的状态标志位 D 和 B 均为 0。这种操作也常被称为对接口状态字的清零。

如果需要启动外部设备工作，那么 CPU 通过启动命令使 D=0 与 B=1，外部设备开始工作。此后，CPU 通过输入指令读入接口状态字，发现 D=0 且 B=1，知道外部设备还未准备好一次数据传输，就继续进行查询和等待。

如果启动设备以向主机输入数据，那么当数据从设备输入数据缓冲寄存器后，接口自动修改状态标志位 D=1 且 B=0。此时 CPU 通过读取状态字，解析得知接口已准备好数据，便执行输入指令，把数据缓冲寄存器中的数据经数据总线输入主机，再设置 D=0 且 B=1。

如果启动设备以向设备输出数据，那么当数据缓冲寄存器为空时，接口自动设置使 D=1 与 B=0。CPU 通过状态字判别，得知接口已做好接收数据的准备，便执行输出指令将数据经总线输出到接口的数据缓冲寄存器，并使 D=0 且 B=1。当接口将数据输出到外部设备后，数据缓冲寄存器再度为“空”，此时自动设置，又使 D=1 且 B=0。

由此可见，程序查询方式体现的是这样一种编程策略：当 CPU 获知接口做好准备时，便执行 I/O 传输；当接口尚未准备好时，CPU 便等待并继续执行查询，而接口中的状态字为查询提供设备状态依据。若 CPU 同时以程序查询方式启动多台 I/O 设备，则编程中可以采取依次查询各设备接口状态的策略，并视设备的状态情况进行相应的处理。

模型机可以采用通用传输指令实现I/O操作，也可利用余下的操作码组合扩充显式I/O指令，相应地用端口地址选择接口寄存器。在这两种指令设置中，CPU都需要先将状态字读入，再进行状态判别。有的CPU还设置有专门的判转型I/O指令，可以直接根据接口的D、B等状态标志完成状态的判别与I/O操作的转移。

CPU采用直接程序传送方式来控制主机与外部设备之间的I/O操作，对应的I/O接口结构简单、通用性强。由于这种方式必须由CPU来执行I/O程序以控制完成相关操作，且需不断执行程序查询设备状态，因此虽然硬件开销较小，但是实时性差、主机和设备的并行度低，主要适合主机与设备之间传输效率要求不高、实时性要求不高、数据量不大的I/O操作。

5.4 中断处理模式

程序中断方式简称中断（Interrupt），几乎是所有计算机系统都应具备的一种重要机制，在实际工作中广泛应用。因此，许多课程从各自的角度阐述有关中断技术的知识，或者涉及与此有关的内容。前面章节着重从CPU角度介绍了基本概念，本节将进一步深入讨论中断方式，并从接口的角度介绍中断系统的组成及原理，这也是本章的重点内容。

5.4.1 中断的基本概念

1. 中断的基本定义

程序中断方式是指：在计算机运行过程中，如果发生某种随机事态，CPU将暂停执行现行程序，转向去执行中断处理程序，为该随机事态服务，并在服务完毕自动恢复原程序的执行。由此可见，中断的操作过程涵盖了程序切换和随机性这两个重要特征。中断过程实质上一定会涉及两个程序之间的切换，即由原来执行的程序切换到中断服务程序，执行完毕再切换到原来被暂停的程序继续执行，如图5-19所示。它通过执行程序为随机事件提供服务，而程序可以按需进行灵活扩展，因此处理能力很强，可以处理多种复杂事态。

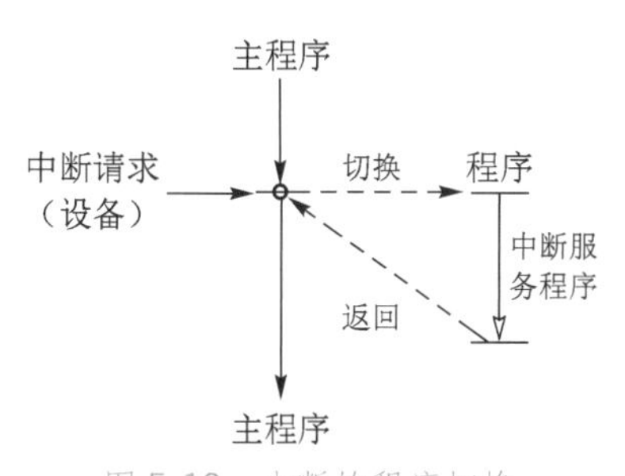

图5-19　中断的程序切换

在实时控制系统中，许多功能模块是以中断处理程序的形态存在的，对应的主控程序只是组织功能模块的一个集成框架而已。为了实现程序切换，CPU在中断周期即IT中完成隐指令操作：保存断点、读取服务程序入口地址；在中断服务程序中应先执行如保护原程序现场信息等操作；在返回原程序前，还需恢复现场、读取返回地址等。这一系列操作过程比较耗时，因此中断方式难以适应高速数据传输，一般只适用于处理中低速的I/O操作和随机请求。

与中断过程中的程序切换类似，在通常的程序中调用子程序和返回操作也是一种程序的切换，但这种切换是编程时预先安排好的，并非响应随机事态的请求。编程时，在特定的代码位置有意安排了子程序的一次调用，还需为此约定参数。例如，调用一个浮点运算子程序，必须先准备好浮点数，并约定这些操作数所在的存储位置，子程序本身也需约定运算结果的保存位置。显然，在何处和在何种条件下调用子程序，这是用户在编写程序时预先安排好的，调用位置固定，并不是随机插入到主程序之中。

中断和调用子程序虽然都涉及两个程序之间的切换，但两者存在显著差异。中断与调用子程序的本质区别主要表现在：① 转子子程序的执行是由程序员事先安排好的，中断服务程序的执行则是由随机的中断事件引起的调用；② 转子子程序的执行受到主程序或上层子程序的控制，中断服务程序一般与被中断的现行程序没有关系；③ 不存在一个程序同时调用多个转子子程序的情况，却经常可能发生多个外设同时请求 CPU 为自己服务的情况。

与一般的转子含义不同，程序中断方式的主要特点是具有随机性。初学者不难理解这一点，但遇到实际问题时，往往不知道如何对随机事态安排程序中断，以及为随机出现的事件编制中断服务程序。为了深入理解，我们将中断方式的随机性进一步分为如下几类：① 随机出现的事件；② 主机在宏观上有意调用外部设备，但以随机请求提出方式实现服务处理；③ 随机插入的软中断等。下面结合中断方式的典型应用加以说明。

2．中断方式的典型应用

1）以中断方式管理中低速 I/O 操作，使 CPU 与外部设备并行工作

工作时，像键盘这类设备主动地向主机提出随机请求。我们编程时并不能确切地知道何时会有按键操作发生，如果让 CPU 以程序查询方式管理键盘，那么 CPU 会持续执行程序，以查询键盘是否有按键操作，因此无力再执行其他处理任务。所以，需要以中断方式管理键盘。平时 CPU 执行其程序，当按下某个键时，键盘产生中断请求，CPU 转入键盘中断服务程序，获取按键编码，并根据键码要求做出相应处理。这种情况被称为随机出现的事件。

像打印机这类设备有时是在特定位置安排调用，有时是随机发生的打印请求。如果采用中断方式管理，在启动打印机后，CPU 仍可继续执行原先安排的程序，因为打印机启动后还需要一段初始化准备过程。当打印机做好准备可以接收打印的数据时，将提出中断请求。CPU 转入打印机中断服务程序，将一行打印信息送往打印机，然后恢复执行原程序，此时打印机进行打印。当打印完一行后，打印机再次提出中断请求，CPU 再度转入中断服务程序，送出又一行打印信息，如此循环，直至全部打印完毕。这种管理方式被称为“有意调用，随机处理”。相应地，在编程时采取这样的方式：在准备好打印的信息（一般是送入主存的一个输出缓冲区）后，启动打印机，然后编写可并行执行的程序；将打印机中断服务程序作为一个独立模块，单独编写，以便在响应中断时调用。由于打印机是一种机电型设备，其打印时间较长，如果 CPU 还有其他任务，它就可以与初始化和打印操作并行执行。

虽然中断方式一般只适合管理中低速 I/O 操作，但磁盘一类高速外设中也包含中低速的机电型操作，如磁盘寻道等，所以磁盘接口一方面按 DMA 方式实现数据传输，同时具备中断功能，用于寻道判别和结束处理等。

2）软中断

许多计算机系统都设置有软中断指令，如指令“INT n”，这里的 n 为中断号。有的计算机将它称为程序自愿中断。执行“INT n”指令，将以响应随机中断请求方式进行服务程序处理，并切换到服务程序。初看起来，执行软中断指令与执行转子指令似乎相似，其实它们在处理方法上是有区别的。如前所述，转子指令（子程序调用）只能按严格的约定，在特定位置执行。而软中断指令的执行是作为中断来处理的，在中断周期中保存断点，按软中断指令给出的中断号来查找中断向量表，找到相应的中断服务程序入口，实现程序切换。因此，软中断可以随机插入程序的任何位置，我们将它的随机性理解为“有意调用，随机插入”。

早期，软中断用于设置程序断点，引出调试跟踪程序，分析原程序执行结果，帮助调试。现在操作系统常为用户提供一种操作界面，称为系统功能调用，即由系统软件编制者将用户常用的一些系统功能（如打开文件、复制文件、显示、打印、跟踪调试程序等）事先编成若干中断服务程序模块，纳入操作系统的扩展部分。用户通过执行软中断指令，调用中断服务程序模块。虽然在有些操作系统中，这种系统功能调用实际上是按一般子程序调用方式编写的，不能随机插入，但仍利用响应中断的方式和机制实现。

根据程序模块之间的关系，中断服务程序是临时嵌入的一段，所以又被称为中断处理子程序。原程序被打断，以后又自动恢复，作为程序的主体，常被称为主程序。这是广义的主程序和子程序，与指令系统中的转子和返回过程是有区别的。

3）故障处理

计算机工作时可能产生故障，但何时出现故障、是什么故障显然是随机的，只能以中断方式处理。即事先估计到有可能出现哪些故障，如果出现这些故障应当如何处理，编成若干故障处理程序；一旦发生故障，提出中断请求，转故障处理程序进行处理。

常见的硬件故障有掉电、校验发现数据出错、运算出错等。大多数计算机都有掉电处理和校验处理功能。当电源检测电路发现电压不足或掉电时，发出中断请求，利用直流稳压电源滤波电容的短暂维持能力（毫秒级），进行必要的紧急处理，如将关键信息存入由后备电池供电的 CMOS 存储器，或将电源系统切换到 UPS 电源。当产生校验出错时，发出中断请求，一般处理方法是重复读出，判断是否为偶然性故障；如果是永久性故障，将显示出错信息，操作员可以考虑停止运行。有些计算机具有运算出错的判断能力，从而也可提出中断请求。

常见的软件故障有运算溢出、目标地址越界、使用了非法指令等。在定点运算过程中，由于比例因子选择不当可能产生溢出，通过溢出判别逻辑可能会引发中断请求，在中断处理中修改比例因子，重新启动有关运算过程。在多道程序工作方式中，操作系统为各用户分配了存储空间，如果某用户程序访存地址越界，就可由地址检查逻辑引发中断，提示用户修改。许多计算机将执行程序状态分为用户态和管态，用户态执行用户程序，管态执行系统管理程序。少数指令是为编制系统管理程序专门设置的，被称为特权指令。如果用户程序误用了这些特权指令，称为非法指令，将引发故障中断。

4）实时处理

实时处理是指在事件出现的实际时间内及时地进行处理，而不是积压起来留待以后批量处理。实时程度视具体应用需要而定。这是计算机的一个重要应用领域，如巡回检测系统、各种生产过程的计算机控制系统等，都属于实时处理系统。实时处理需要广泛应用中断技术，中断服务程序量可能很大，甚至占应用程序的大部分。

在实时控制系统中常设置实时时钟，定时地发出实时时钟中断请求。CPU 转入中断服务程序，在其中采集有关参数，与要求的标准值进行比较，当有误差时，按一定控制算法进行实时调整，以保证生产过程按设定的标准流程，或按优化的流程进行。

如果需要实时监控的对象发生异常，也可直接提出中断请求，以便及时处理。

5）多机通信

在多机系统和计算机网络中，各节点之间需要相互通信，以便交换信息或者协同工作。当一个节点要与其他节点通信时，便向目标节点提出中断请求，对方接受到中断请求后，就转入中断服务程序执行，通过这种方式来实现节点之间的相互通信。

6）人机对话

现代计算机越来越强调良好的人机交互界面。用户可以通过键盘终端或其他设备向计算机输入命令和数据，主机则通过显示器输出设备，提供运行结果和有关状态。或者，用户向计算机提出某种询问，计算机给出提示、回答。信息检索系统常以菜单形式供操作者做出选择，或者由计算机主动显示执行情况，给操作者提供干预的可能等。这种交互式操作被形象地称为人机对话，其操作也带有明显的随机性（何时提出询问或要求？何时做出回答？），因而也以中断方式提出和处理。

可见，中断方式不仅用于I/O操作的控制，其应用极为广泛。我们没有必要也不可能穷举所有应用实例，希望读者从上述例子中得到启示，能够举一反三。

3．中断系统的硬件和软件组织

与中断功能有关的硬件、软件通常被称为中断系统，如图5-20所示。第3章介绍了CPU中有关中断响应逻辑、中断周期中的隐指令操作等内容。有关接口方面的硬件组成原理将在后面几节深入讨论。现在先介绍有关的软件组织。

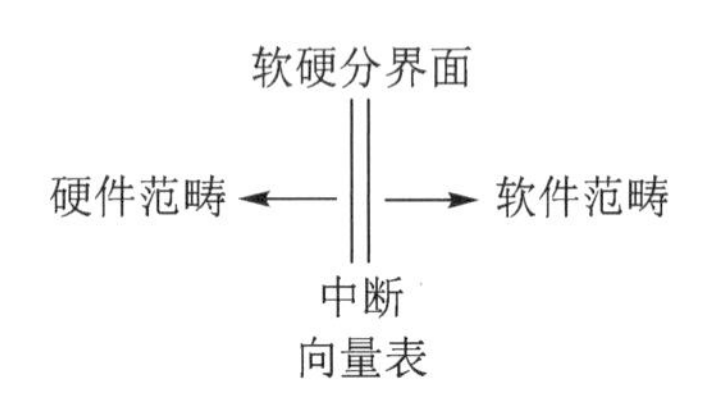

图5-20 中断系统的硬件和软件组织

由于中断请求的发出具有明显的随机性，因此无法在主程序的预定位置进行相应处理，需要独立地编制中断处理程序。现以模型机的中断处理为例，提供一种比较典型的软件组织方法。

1）需处理的中断请求

假设模型机的外部硬件中断源包括：IRQ_0 —系统时钟，如日历钟；IRQ_1 —实时时钟，供实时处理用；IRQ_2 —通信中断，组成多机系统或联网时用；IRQ_3 —键盘；IRQ_4 —CRT显示器；IRQ_5 —硬盘；IRQ_6 —软盘；IRQ_7 —打印机。

如果实时处理需要的中断源较多，就可通过IRQ_1和IRQ_2进行扩展。

模型机内部硬件中断源有掉电中断、溢出中断、校验错中断。

模型机软中断有INT　11～INT　n，可以根据需要进行扩充，作为系统的功能调用命令。

2）中断源的中断服务程序

这些服务程序在主存中的存储空间不必连续，允许分散存放和补充。

3）中断服务程序的入口地址写入中断向量表

在模型机CPU设计时，我们将主存的0号和1号单元用于复位时转入监控程序入口，所以中断向量表从2号单元开始。中断向量表中存放着各中断服务程序的入口地址（未考虑中断服务程序状态字），称为中断向量。模型机只用16位地址，并按字编址，所以每个中断向量占一个编址单元。访问中断向量表的地址称为向量地址，在模型机中，向量地址=中断号+2。例如，IRQ_0对应的服务程序入口地址，存放在0+2=2号单元；INT　11H对应的服务程序入口地址，则存放在13号单元中，其他软中断指令以此类推。

按照这样的软件组织方法，中断服务程序是独立于主程序事先编制的。在编制用户主程序时只需提供允许中断的可能（如开中断），不必细致考虑何时中断以及如何处理中断等，也不必考虑中断服务程序如何嵌入主程序。一旦发生中断请求，可通过硬件中断请求信号或软中断指令“INT　n”提供的中断号，经过一系列转换得到向量地址，据此从向量表中找到相应的服务程序入口地址，从而转入中断服务程序执行。

4．中断的分类

1）硬件中断和软件中断

硬件中断是由某硬件中断请求信号引发的中断，软中断是由执行软中断指令（软件）所引起的中断。二者处理上几乎相同，其区别仅在于：硬件中断通过中断请求信号形成向量地址，而软中断由指令提供中断号，再被转换为向量地址，后续的响应和处理过程几乎相同。

2）强迫中断和自愿中断

强迫中断是由于故障、外部请求等引起的强迫性中断，非程序本身安排的，这种请求的提出和相应的服务处理都是随机的。

自愿中断又称为程序自陷中断，即软中断。这是程序有意安排的，以中断方式引出服务程序，实现某种功能。这种中断虽是有意安排的，但可以随机插入。

3）内中断和外中断

内中断指来自主机内部的中断请求，如掉电中断、CPU 故障中断、软中断等。外中断指中断源来自主机外部，一般指外部设备中断，如时钟中断、键盘中断、显示器中断、打印机中断、磁盘中断等。从输入/输出子系统角度，本章重点讨论外中断的提出、传递、排优（优先级排序）、响应、处理及相应的中断接口模型。

4）可屏蔽中断和非屏蔽中断

外中断请求是由于某外部设备（接口）或某个外部事件的需要而提出的，但 CPU 可对此施加某种控制，其中一种基本方法就是屏蔽技术。CPU 可向外围接口送出屏蔽字代码，每位可屏蔽一种中断源，不允许它提出中断请求，或者不允许它已经发出的中断请求信号送达 CPU，因此可将中断分为可屏蔽中断和非屏蔽中断两种。有些微处理器芯片，如 Intel 8086/8088，将其中断请求输入端细分为可屏蔽中断 INTR 和非屏蔽中断 NMI 两种。

一般的外部设备中断都是可屏蔽的中断，CPU 通过屏蔽技术施加控制。作为非屏蔽中断，一些必须响应的中断请求（如掉电、故障等引起的中断）不受 CPU 屏蔽。此外，软中断发生于 CPU 内部，不属于外中断范畴，从概念上，它也是不可屏蔽的。

5）向量中断和非向量中断

如何形成中断服务程序的入口地址，这是向量中断和非向量中断的本质差别。

如果直接依靠硬件，通过查询中断向量表来确定入口地址，就是向量中断；如果通过执行软件（如中断服务总程序）来确定中断服务程序的入口地址，就是非向量中断。

向量中断和非向量中断的内容将在 5.4.3 节中深入讨论。计算机一般具有向量中断功能，但可运用非向量中断思想对向量中断方式进行扩展。前面介绍的模型机中断系统将各中断服务程序的入口地址组织成一个中断向量表，这种方式就属于向量中断。

5.4.2 中断请求和优先级裁决

中断过程的第一步是由设备发出中断请求，而是否能产生有效中断请求取决于多种因素。发出中断请求后，还涉及优先级裁决、中断响应和后续中断处理等。

1．中断请求的产生

一个中断的出现会触发一系列的事件发生，而要形成一个设备的中断请求逻辑，则需同时具备以下逻辑条件。

① 外部设备有中断请求的需要，如“准备就绪”或“完成一次操作”，可以用完成触发器状态 $T_D=1$ 表示。例如，打印机接口可接收数据时，$T_D=1$；键盘接口在可输出键码时，$T_D=1$。

② CPU 没有屏蔽该中断源，允许其提出中断请求，这可以用屏蔽触发器状态 $T_M=0$ 表示。相应地，可将接口中与中断有关的逻辑设置为两级：第一级是反映外部设备与接口工作状态的状态触发器，如以前讨论过的忙触发器 T_B 和完成触发器 T_D，用它们来组成状态标志位，反映了提出请求的需要；第二级是中断请求触发器 IRQ，表明是否产生物理级的中断请求。中断屏蔽则可以采取分散屏蔽或者集中屏蔽的策略。

分散屏蔽是指 CPU 将屏蔽字代码按位分送给各中断源接口，接口中各设一位屏蔽触发器 T_M，接收屏蔽字中对应位的信息，为 1，则屏蔽该中断源，为 0，则不屏蔽。

一种途径是在中断请求触发器 IRQ 的 D 端进行屏蔽，如图 5-21(a)所示。若 $T_D=1$、$T_M=0$，则同步脉冲将 1 送入请求触发器，发出中断请求信号 IRQ。另一种方法是在中断请求触发器的输出端进行屏蔽，如图 5-21(b)所示。图 5-21(c)采取的是集中屏蔽策略，即在公共接口逻辑中设置一个中断控制器（集成芯片，如 Intel 8259），内含一个屏蔽字寄存器，CPU 将屏蔽字送入其中，对各中断源的接口不再另设屏蔽触发器，只要 $T_D=1$ 即可提出中断请求 IRQ。控制器汇集请求信号并将其与屏蔽字比较，若未被屏蔽，则控制器发出公共的中断请求信号 INT 并将其送入 CPU，否则不发出 INT。

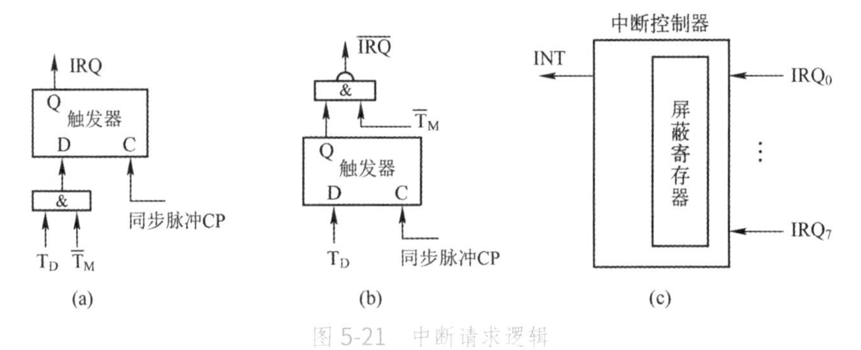

图 5-21　中断请求逻辑

中断请求的提出可以设计成同步定时方式，如图 5-21(a)和(b)，同步脉冲 CP 加到中断请求触发器的 C 端口。也可以设计成异步触发方式，当具备请求条件（如 $T_D=1$）时通过置入端口触发，立即发出中断请求信号 IRQ，但 CPU 响应中断请求后都采取同步控制方式。

2．中断请求信号的传输

计算机系统中通常涉及多个中断源，因此可能产生多个不同的中断请求信号。如果要将产生的这些中断请求信号直接传输给主机的 CPU，那么可以采用哪些方式来进行传输呢？一般而言，通常可以采用 4 种中断请求信号的传输模式，如图 5-22 所示。

① 各中断源单独设置自己的中断请求线，多根请求线直接送往 CPU，如图 5-22(a)所示。当 CPU 接到中断请求信号后，立即知道请求源是哪个设备，这有利于实现向量中断，因为可以通过编码电路形成向量地址。但 CPU 所能连接的中断请求线数目有限，特别是微处理器芯片引脚数有限，不可能给中断请求信号分配多个引脚，因此中断源数目难以扩充。

② 各中断源设备发出的中断请求信号通过三态门汇集到 1 根公共请求信号线，如图 5-22(b)所示。只要负载能力允许，挂接在公共请求信号线上的中断请求源设备可以任意扩充，对于 CPU 来说，只需要从 1 根中断请求信号线上接收中断请求信号。

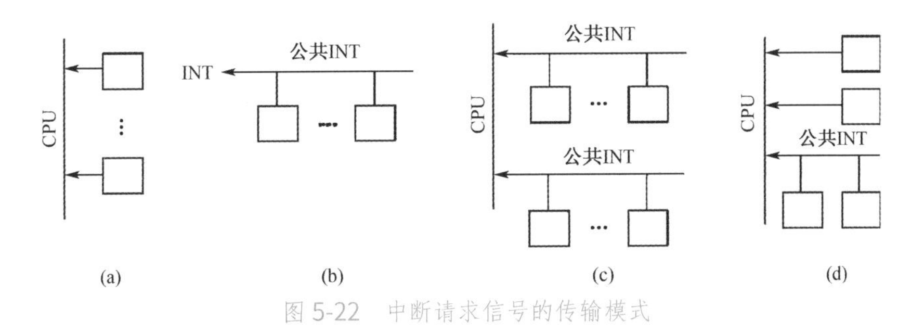

图 5-22 中断请求信号的传输模式

这种连接逻辑也可在如图 5-21(c) 所示的中断控制器芯片 8259 内部实现，多根请求线 IRQ_i 输入 8259 控制器，在芯片内汇集为一根公共请求线 INT 输出。采用这种方式，CPU 需要通过一定逻辑来识别被批准的中断源，也可在 8259 芯片内实现。

③ 一种折中方案是采用二维结构，如图 5-22(c) 所示。CPU 设置数根中断请求输入线，它们体现不同的优先级别，称为主优先级。再将主优先级相同的中断请求源汇集到该公共请求线上。这就综合了前两种模式的优点，既可以在主优先级层次迅速判明中断源，又能随意扩充中断源数目。在小型计算机中，允许 CPU 对外连线数超过一般的微型计算机 CPU 芯片所能支持的最大对外连线数，因此常选用这种连接模式。

④ 另一种折中方案是兼有公共请求线与独立请求线的混合传输模式，如图 5-22(d) 所示。将要求快速响应的 1～2 个中断请求采取独立请求线方式，以便快速响应中断源的请求。再将其他响应速度允许相对低的中断请求汇集为一根公共请求线。有些微处理器由于引脚数有限，因此常采用这种独立传输与集中传输相结合的混合连接模式。

当外部设备发出中断请求时，CPU 是否响应？这取决于 CPU 现行程序的优先级和中断请求的优先级。此外，当有多个中断源同时提出请求时，CPU 首先响应哪个设备的请求？这就要靠中断控制系统对中断请求的优先级进行识别和判断后才能确定。

3. 中断请求的优先级裁决

中断处理过程的优先级裁决涉及两类裁决：一是裁决多种中断请求之间的优先级，二是裁决 CPU 当前任务与外部中断请求之间的优先级。

各种请求之间通常是根据什么原则安排优先级别（简称“排优”）呢？按请求的性质，一般的优先顺序是：故障引发的中断请求 → DMA 请求 → 外部设备的中断请求。因为处理故障的紧迫性最高，DMA 请求是要求高速数据传输，高速操作一般应比低速操作更优先。

按中断请求要求的数据传输方向，一般原则是输入操作的优先级高于输出操作。这是因为如果不及时响应输入操作请求，就有可能丢失输入信息。输出信息一般可暂存于主存或者缓存之中，如果暂时延缓一些处理，也不致丢失信息。

当然，上述原则也不是绝对的，在设计时必须具体分析。在多数计算机中，一方面用硬件逻辑实现优先级判别，常简称为排优逻辑，即按优先级排队。在硬件排优逻辑中，各中断源的优先级是固定的。另一方面，计算机可采用软件查询方式来体现优先级，还可动态调整优先级。除此之外，屏蔽技术可以在一定程度上动态地调整优先级顺序。

1）软件查询式优先级仲裁

响应中断请求后，先转入查询程序，按优先顺序依次查询各中断源是否提出请求。如果查询到中断源，就转入相应的服务处理程序，否则继续往下查询。查询的顺序体现了优先级别的高低，先被查询的则优先级更高，改变查询顺序也就改变了优先级。

如前所述，有些计算机设置了专门的查询 I/O 指令，可以直接根据外围接口中状态触发器的状态，进行判别和转移；也可以用输入指令或通用的传输指令取回状态字，进行判别；或者在公共接口中设置一个中断请求寄存器，用来存放中断源发出请求的标志（为 1 则表示该中断源提出了请求）。在进行软件查询时，就可将中断请求寄存器的内容取回 CPU，按照优先级顺序逐位判定，再结合各标志位的优先级裁决出优先级高的中断请求。

采用软件查询方式进行判优不需要硬件判优逻辑，可以根据需要灵活地修改各中断源的优先级；但通过程序逐个查询，所需时间较长，特别是对优先级较低的中断源不太公平，可能需要查询多次后才能轮上。因此，软件查询方式通常只适合应用在低速的小型系统中，更多时候，它是硬件判优逻辑的一种软件补充手段。

2）硬件电路优先级仲裁

除了可以利用软件查询方式来进行优先级仲裁，还可以采用基于硬件电路来对各中断源发出的中断请求进行优先级快速仲裁，如图 5-23 所示。

在仲裁电路中，各中断源的中断请求触发器向仲裁电路送出自己的请求信号：IRQ_0、IRQ_1 和 IRQ_2 等。输入的每个中断请求信号 IRQ 经与非门后都要接入另外请求信号对应的与非门的输入端，这种电路逻辑意味着，左边的中断请求信号高电平有效时，经反相输入会对所有右边的中断请求信号形成封锁。例如，当同时出现 IRQ_0～IRQ_3 时（高电平），IRQ_1、IRQ_2 和 IRQ_3 对应的与非门输入端始终会有一个输入是 0（低电平，来自 IRQ_0 经过与非门后的输出），此时的 $IRQ_0=1$，对其余 3 个端口的中断请求进行了封锁。优先级仲裁的结果就是优先级最高的中断源 IRQ_0 被选中（$INT_0=1$），其余中断请求未被选中（保持 $INT_1=INT_2=INT_3=0$）。这种优先级仲裁电路的响应速度虽然很快，但硬件电路复杂、代价较高，而且还不易扩展新的中断源。

计算机硬件系统广泛使用中断控制芯片（如 Intel 8259A 等）对中断请求的寄存、屏蔽、优先级仲裁、向 CPU 发中断信号等操作进行集中处理，如图 5-24 所示。

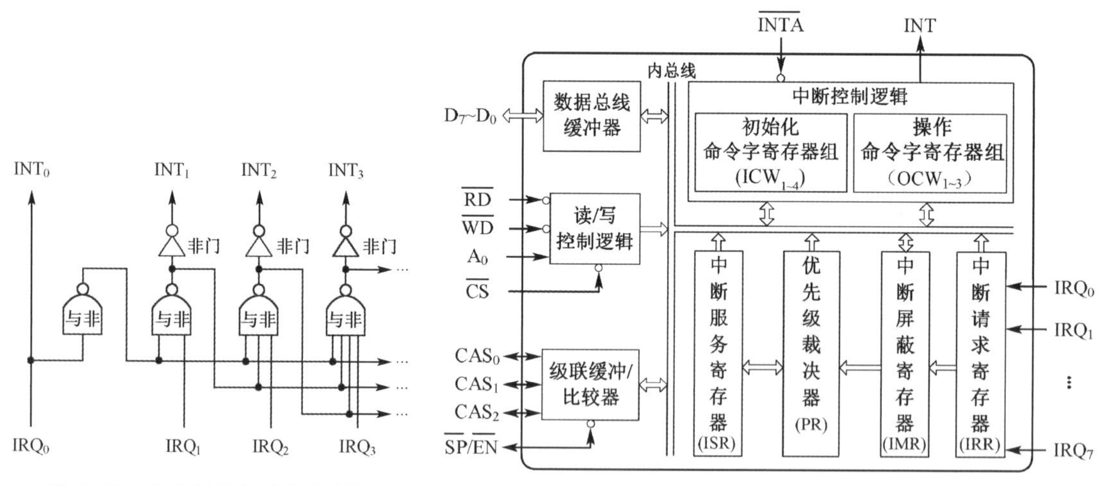

图 5-23　优先级仲裁的电路逻辑

图 5-24　中断控制器 8259A 结构模型

一片 8259A 最多可以接受并管理 8 级可屏蔽中断请求，因此再通过 8 片级联（并列二级从片）可扩展至对 64 个中断源的优先级裁决和控制。每个中断源都可以通过程序指令来设置屏蔽。在中断响应周期，由 8259A 向 CPU 提供中断类型码。8259A 具有多种工作方式，并且可通过编程设置命令字来灵活选择，主要包含如下部分。

① 中断控制逻辑：8259A 全部功能的核心，包括一组初始化命令字（ICW_1～ICW_4）寄存器、一组操作命令字（OCW_1～OCW_3）寄存器和相关控制电路。芯片的全部工作过程完全由上述两组寄存器内容设定，这两组寄存器可以通过编程写入不同的参数，进行预设置。例如，在程序中可以通过指令设置 OCW_1=E0H=11100000b，即可实现对 IRQ_5、IRQ_6 和 IRQ_7 的屏蔽。

② 中断请求寄存器（Interrupt Request Register，IRR）：8 位，可存放 8 个中断请求信号，作为向 CPU 申请与判优、编码的依据，收到外部的中断请求后，自动将对应标志位设置成 1。

③ 优先级裁决器（Priority Resolver，PR）：中断源的优先级裁决逻辑，通过裁决来选择优先级最高的中断申请源。通常有两种优先级裁决规则：固定优先级 IRQ_0>…>IRQ_7，以及循环优先级（通过 OCW_2 的 D_7 位设置）。

④ 中断服务寄存器（Interrupt Service Register，ISR）：8 位，用来标识当前正在处理的中断源（如在多重嵌套时）。中断源的优先级对应哪位，就将相应的 ISR 位设置成 1。

⑤ 中断屏蔽寄存器（Interrupt Mask Register，IMR）：8 位，其内容由 CPU 通过 I/O 指令预置 OCW_1 而定。这就是前面提到的集中屏蔽方式，各接口可以提出自己的中断请求信号，在 8259A 中再与屏蔽字比较。对应位（IMR_i）若为 1，则与之对应的中断请求（IRQ_i）被屏蔽。

⑥ 数据总线缓冲器：三态的 8 位数据缓冲器，8 位数据线 D_0～D_7 与系统的数据总线相连，用来进行 CPU 与 8259A 之间的数据传输，当 CPU 从 8259A 进行读操作时，用来传输从 8259A 内部送往 CPU 的数据字或者状态信息和中断类型码；写操作时，由 CPU 向 8259A 内部传输数据字或者控制字。

⑦ 读/写控制逻辑：接收来自 CPU 的读、写命令，由 $\overline{CS}$、$\overline{RD}$、$\overline{WD}$ 和地址线 A_0 共同控制，完成寻址、读/写寄存器组（ICW_s 和 OCW_s）等规定操作。其中，A_0 引脚功能一般直接与地址总线的 A_0 位相连，A_0 为 0 或 1 时，可以选择芯片内不同的寄存器进行读写。

⑧ 级联缓冲/比较器：存放和比较在系统中用到的所有 8259A 的级联地址。8259A 通过 CAS_0、CAS_1 和 CAS_2 发送级联地址，对下一级 8259A 进行寻址；其中的 $\overline{SP}/\overline{EN}$ 是一个双功能双向信号线：在缓冲模式时，输出高、低电平以控制数据的输入、输出；在非缓冲模式时（如级联方式），输入的高、低电平可以分别标识 8259A 是主片还是从片。

在输入/输出子系统中，中断控制器 8259A 作为公共接口逻辑，一般位于主板上，接收各路中断请求信号 IRQ_0～IRQ_7，将它们存入中断请求寄存器；并将未被屏蔽的中断请求送入优先级分析电路参加判优，产生一个公共的中断请求信号 INT，送往 CPU。

CPU 响应中断请求时，发出批准信号 $\overline{INTA}$，送往 8259A。然后，8259A 设置 ISR 相应位为 1 并复位 IRR 相应位为 0，表明此中断请求正在被 CPU 处理，而不是正在等待 CPU 处理。

随后，CPU 会再次发送一个 $\overline{INTA}$ 信号给 8259A，以询问中断源，8259A 根据被设置的起始向量号（通过初始化命令字 ICW_2 设置的中断类型号高 5 位）和当前响应的中断源（填充中断类型号的低 3 位）计算出该请求的中断向量号（中断类型码），并将其通过 D_0～D_7 向数据总线输出。若 OCW_2 的 D_5 标志位 EOI=1，则此时还将自动清除 ISR 中的对应位，以便能响应更低级的中断请求，否则应在中断服务程序结束时通过指令发送 EOI 消息来清除 ISR 中对应的标志位。CPU 从总线上收到该中断向量号后，以此为地址在中断向量表中查询，获取中断服务程序的入口地址和 PSW，再转向对应的中断服务程序并取指令执行。

除了单独使用，8259A 中断控制器芯片还可以进行多级串联（级联），以扩展硬件系统可支持的中断源数量。级联时，应将下一级 8259A 的 INT 输出端作为上一级的 IRQ_i 端口输入；

在初始化时，一般通过 ICW_1 和 ICW_3 进行级联设置。

前面已经提到了中断请求屏蔽技术，它的基本含义是通过 I/O 指令送出一个屏蔽字，有选择地允许某些中断请求，屏蔽某些中断请求，常用于如下两种场合。

1）多重中断方式中实现中断嵌套

当 CPU 响应某个中断请求后，在中断服务程序中送出一个新的屏蔽字，以禁止与该请求同一优先级或者优先级更低的其他设备请求。只允许响应优先级更高的其他中断请求，使 CPU 有可能暂停现行中断服务程序，转去执行更紧迫的中断处理任务；而低于或等同于该请求级别的请求则被屏蔽，不对现行中断处理任务造成干扰。

2）利用屏蔽字动态调整优先级

基于硬件电路的裁决、判优逻辑所分配的优先级是固定的，但很多时候需要动态地修改优先级顺序。例如，有些设备的优先级低，经常得不到响应的机会，在适当的时候需要修改设备的优先级，使各设备得到均衡、合理的响应机会。因此，可在一段时间内，利用屏蔽字将原来优先级高的设备请求暂时屏蔽。原来级别低的请求由于未被屏蔽，优先级相对提高，称为中断升级。过一段时间还可以再进行屏蔽字调整，或者复原最初屏蔽字，或者按一定规律不断地修改屏蔽字，以动态地适应程序的需要。

在采用集中式优先级仲裁逻辑的中断系统中，通过在中断服务程序中设置各中断源的屏蔽字代码，可以灵活实现对中断源优先级的动态调整。假设优先级仲裁电路硬件确定的中断源优先级的顺序是：$IRQ_0>IRQ_1>IRQ_2>IRQ_3>IRQ_4$，在系统运行过程中如果要临时性地把这些优先级顺序重新调整为：$IRQ_2>IRQ_3>IRQ_0>IRQ_1$，就在中断服务程序中对中断源的屏蔽字进行重新设置即可，如在 IRQ_0 的服务程序中把屏蔽字 IMR[3:0]设置成 0011，以屏蔽 IRQ_0 和 IRQ_1，其余以此类推。其基本原则就是：屏蔽自己的同级和比自己还低级的中断请求。

优先级裁决器在裁决中断请求时，需要对 IRR 中的请求标志位和 ISR 中的响应标志位进行综合判断，系统只响应比当前 ISR 任务更高优先级的中断请求，不响应相同甚至更低优先级的中断请求。如果 ISR 中当前任务的优先级是 IRQ_4（设对应标志位 ISR_3=1 未被自动清除），那么在进行优先级裁决时，应把 IRQ_4 与其他所有未被屏蔽的 IRQ 请求进行判断，只有存在比 IRQ_4 优先级还高的未屏蔽请求时，系统才会做出响应。

除此之外，几乎所有 CPU 都设置了“允许中断”触发器 TIEN（对应中断标志位 PSW_4）。指令系统提供开中断和关中断功能，开中断操作使 TIEN =1，而关中断使 TIEN=0。若关中断，则不响应外中断请求。换句话说，此时任何新的中断请求都没有现行任务重要。若开中断，则允许 CPU 响应外部中断请求。一般微型计算机中只有这一级的中断控制。

除了设置 TIEN 触发器来控制中断的开关，性能更强的计算机还可在程序状态字 PSW 中设定现行程序的优先级字段，以标志当前任务的重要程度。CPU 有一个优先级比较逻辑，可以对 PSW 中的优先级与中断请求的优先级进行比较，决定是否需要暂停现行程序去响应中断请求。如果程序任务比较紧迫希望不被打断，就可把 PWS 中的优先级设定高些，但是不恰当地提高现行程序的优先级会降低 CPU 对外部事件的响应速度，反之会影响现行程序的执行。

【例 5-1】 某中断控制系统通过 8259A 芯片来集中处理外部中断源的请求，设在时间点 T_1、T_2 和 T_3，外部设备通过中断请求端口 IRQ_2 和 IRQ_4 向控制器发出了中断请求信号，各时间点控制器中的 IMR 和 ISR 寄存器状态如下所示，初始化时，通过 ICW_2 设置的中断类型码 IVR[7:3]=01011。试分析各时刻对应的 IRQ 和 IRR 的代码状态，以及控制器是否会向发出 INT 信号，如果会则请指明生成的中断类型码 IVR。

时间点	T_1		T_2		T_3
IRQ[7:0]	①		③		⑤
IRR[7:0]	②		④		⑥
IMR[7:0]	00000100		00000000		00010100
ISR[7:0]	00001000		00001000		00000000

解　IRQ_2和IRQ_4端口接收到请求，所以在T_1、T_2和T_3时，①=③=⑤=IRQ[7:0]=00010100，IRR中对应位也被设置成了代码1，即②=④=⑥=IRR[7:0]= 00010100。

T_1时，仅IMR_2=1，则IRR_2对应请求被屏蔽、IRR_4未屏蔽，此时ISR_3=1，所以参加优先级仲裁的是IRQ_3和IRQ_4，由于IRQ_3>IRQ_4，因此8259A不会发出INT信号。

T_2时，IMR[7:0]=00000000，则端口IRQ_0～IRQ_7都未被屏蔽，此时ISR_3=1，所以参加优先级仲裁的等效端口是IRQ_3、IRQ_2和IRQ_4，由于优先级IRQ_2>IRQ_3>IRQ_4，仲裁结果是端口IRQ_2的优先级最高（对应的端口编码是010）需要被响应，因此8259A发出INT信号，此时形成的中断类型码IVR[7:0]=(IVR[7:3], 010)= 01011010。发出INT请求后，IRR中的对应码位被复位，即IRR[7:0]= 00010000，同时置位后的ISR[7:0] = 00000100。

T_3时，仅IMR_4 = IMR_2 = 1，端口IRQ_2和IRQ_4都被屏蔽了，因此8259A控制器不会启动端口仲裁，也就不会发出INT请求信号。

5.4.3　中断响应和中断服务程序

CPU 响应优先级最高的中断请求后，通过执行中断服务程序进行中断处理。服务程序事先存放在主存中，为了转向中断服务程序，关键是获得该服务程序的入口地址。因此我们先讨论如何获得服务程序的入口地址，再说明响应中断的条件和中断响应过程。

1．中断服务程序入口地址的获取

如前所述，通常可以通过向量中断方式（硬件方式）或非向量中断方式（软件查询方式）获取中断服务程序的入口。

1）向量中断方式

① 中断向量。采用向量化的中断响应方式时，将中断服务程序的入口地址及其程序状态字PSW存放在特定的存储区中，入口地址和状态字合称中断源对应的中断向量。有些计算机（如普通的微型计算机）没有完整的PSW，中断向量仅指中断服务程序的入口地址。

② 中断向量表：用来存放中断向量的一个逻辑表。在实际的系统中，常将所有中断服务程序的入口地址（或包括服务程序状态字）组织成一个一维表格，并存放于一段连续的存储区中，此表就是中断向量表。

③ 向量地址：访问中断向量表的地址码，即读取中断向量所需的地址（也称为中断指针）。

向量中断是指这样一种中断响应方式：将各中断服务程序的入口地址（或包括状态字）组织成中断向量表；响应中断时，由硬件直接产生中断源的向量地址；按该地址访问中断向量表，从表中读取服务程序入口地址和 PSW，由此转向中断服务程序并执行。向量中断的特点是依靠硬件操作快速地转向对应的中断服务程序。因此，现代计算机基本上都具有向量中断功能，其具体实现方法可以有多种。

如图5-25所示，IBM PC系统的中断向量表存放在主存的0～1023（十进制）单元中，每个中断源用4字节来存放服务程序入口地址，其中2字节存放段地址，2字节存放偏移量。整

个中断向量表可支持 256 个中断源，对应中断类型码 0～255。对于 8086/8088 系统，中断向量表分为三部分：第一部分是专用区，对应中断类型码 0～4，用于系统定义的内部中断源和非屏蔽中断源；第二部分是系统保留区，对应中断类型码 5～31，用于系统的管理调用和留作新功能开发；第三部分是用户扩展区，对应的中断类型码是 32～255。

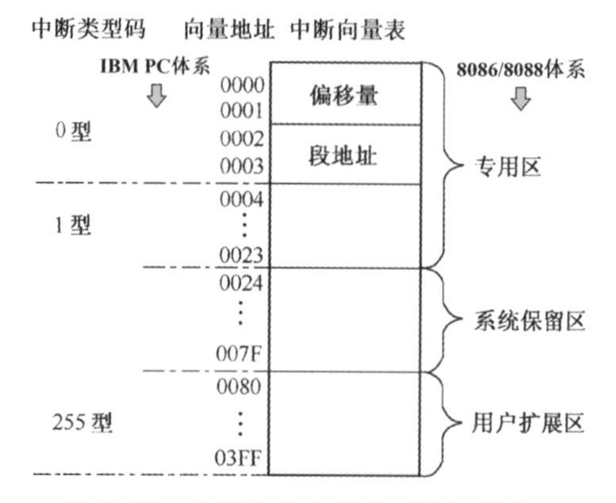

图 5-25 中断向量表的典型组织模式

CPU 响应中断请求时，向 8259A 送去批准信号 $\overline{\text{INTA}}$；通过数据总线从 8259A 取回被批准请求源的中断类型码后再乘以 4，以形成向量地址；访问主存，从中断向量表中读取服务程序入口地址；然后转向服务程。若中断类型码为 0，则从 0 号单元开始，连续读取 4 个字节的入口地址（段基址及偏移量）。若中断类型码为 1，则从 4～7 号单元读取其入口地址，以此类推。

当 CPU 执行软中断指令“INT n”时，将中断号 n 乘以 4，形成向量地址；访问主存，从中断向量表中读取服务程序入口地址。可见，软中断是由软中断指令给出中断号即中断类型码 n，而外部中断是由某中断请求信号 IRQ_i 引起的，经中断控制器转换为中断类型码 n。

80386/80486 系统的性能较之 8086/8088 有所提升。中断向量表可以存放在主存的任何位置，将向量表的起始地址存入一个向量表基址寄存器。中断类型码经转换后，形成距向量表基址的偏移量。80386/80486 的访存有实地址方式和虚拟地址保护方式之分。在实地址方式中，物理地址 32 位，每个中断源的服务程序入口地址在中断向量表中占 4 字节（与 8086/8088 系统相似）。在虚地址方式中，虚地址 48 位，每个中断源在中断向量表中占用 8 字节，其中 6 字节给出 48 位，以虚地址编址服务程序入口地址，其余 2 字节存放状态信息。

除了上述两种，产生向量地址的方法还有多种。如在具有多根请求线的系统中，可由请求线编码产生各中断源的向量地址。又如，在菊花链结构中，经由硬件链式查询找到被批准的中断源，该中断源通过总线向 CPU 送出其向量地址。再如，中断源送出一种复位指令 RST　n 代码，再转换成向量地址。在 IBM PC 和 80386/80486 中，中断源产生的是偏移量，与 CPU 提供的中断向量表基址相加，形成向量地址。在有些系统中，CPU 中有一个中断向量寄存器，存放向量地址的高位部分，中断源产生向量地址的低位部分，二者拼接形成完整的向量地址。

另一种使用向量中断的技术是总线仲裁。对于总线仲裁，I/O 模块在引发中断请求线前必须首先获得总线控制权，因此一次只有一个模块引发这条线。当 CPU 检测到中断时，在中断响应线上响应，然后请求中断的外设把它的向量放在数据线上。

2）非向量中断方式

非向量中断是指这样一种中断响应方式：CPU 响应中断时只产生一个固定的地址，由此读取中断查询程序（也称为中断服务总程序）的入口地址，然后转向查询程序并执行；通过软件查询方式，确定被优先批准的中断源，然后获取与之对应的中断服务程序入口地址，分支进入相应的中断服务程序。例如在 DJS-130 机中，CPU 响应中断时，在中断周期中让 PC 和 MAR 的内容均为 1，从 1 号存储单元中读出查询程序的入口地址；然后再转向查询程序，通过执行查询程序，按优先级顺序逐个查询各中断源是否发出了中断请求。若某个中断源发出了中断请求，则停止查询，立即转向相应的服务程序；若未发出中断请求，则继续查询。

查询程序是为所有中断请求服务的，因此又被称为中断总服务程序。它的任务只是判定优先的、提出请求的中断源，从而转向实质性处理的服务程序。查询程序本身可以存放在任何主存区间，但它的入口地址被写入一个固定的单元，如写入 1 号单元，这在硬件上是固定的。各中断服务程序的入口地址则被写入查询程序。

查询方式可以是软件轮询（分设备地逐个查询有关状态标志），也可以先通过硬件取回被批准中断源的设备码，再通过软件判别，而优先排队电路提供优先设备的设备码。

可见，非向量中断方式是通过软件查询方式来确定应响应哪个中断源，再分支进入相应的服务程序处理的。这种方式硬件逻辑简洁，调整优先级方便，但响应速度慢。现代计算机通常具备向量中断功能，非向量中断方式一般作为向量中断的一种补充。

2．响应中断的条件

针对可屏蔽的中断请求，满足下述几个条件，CPU 才能响应中断。

① 有中断请求信号发生，如 IRQ_i 或软中断指令 INT n。

② 该中断请求未被屏蔽。

③ CPU 处于开中断状态，即中断允许触发器 TIEN=1（或中断允许标志位 PSW_4=1）。

④ 没有更重要的事件要处理（如因故障引起的内部中断，或是其优先级高于程序中断的 DMA 请求等）。

⑤ CPU 刚刚执行完的指令不是停机指令。

⑥ 在一条指令执行结束时响应（因为程序中断的过程是程序切换过程，显然不能在一条指令执行的中间就切换，否则代价太大）。

3．中断的响应过程

不同计算机的中断响应过程可能不同。以模型机为例，在现行指令将结束时响应中断请求。例如，在现行指令的最后一个时钟周期，向请求源发出中断响应信号 $\overline{INTA}$；并形成 1→IT 条件，在时钟周期结束时发出 CPIT，使 CPU 在执行完该指令后就转入中断周期 IT。如前所述，中断周期是响应过程的一个专用的过渡周期，有的机器称之为中断响应总线周期。这个周期依靠硬件实现程序切换，需完成如下 4 项操作。

① 关中断。为了保证本次中断响应过程不受外界干扰，CPU 在进入中断周期后，便立即关中断（通过设置使 TIEN=0 或 PSW_4=0）。

② 保存断点。保存程序计数器 PC 的内容一般是压入堆栈。此时，PC 内容为恢复原程序后的后继指令地址，称为断点。在低档微型计算机中，为了简化硬件逻辑，在中断周期中只将断点压栈保存，以后再在中断服务程序中保存程序状态字和有关寄存器内容。在某些高档计算机中，为加快中断处理速度，在中断周期中依靠硬件，将程序状态字也压入堆栈来保存，甚至将其他寄存器内容也一同压入堆栈。

③ 获取服务程序的入口。被批准的中断源接口通过总线向 CPU 送入向量地址（或相关编码，如中断类型码），CPU 据此在中断周期中访问中断向量表，从中读取服务程序的入口地址（或包括服务程序状态字）。

④ 转向程序运行状态，以开始执行中断服务程序。如组合逻辑控制方式，在中断周期将要结束时形成 1→FT，再切换到“取指”周期。

以上响应阶段的操作是在中断周期中直接依靠硬件实现的，并非执行程序指令，自然不需编制程序实现，所以也常被称为中断隐指令操作。CPU 设计制成后，就应具备这些功能。但编程者应了解硬件、软件之间的界面，即在中断周期中 CPU 已完成了哪些操作，才能知道如何在此基础上编制后面的中断服务处理程序。

4．执行中断服务程序

进入中断服务程序后，CPU 通过执行程序指令，按照中断请求的需要进行相应的中断服务处理。不同的中断请求所期望的具体服务处理诉求通常是不一样的。这里主要讨论一些共性问题，如保护现场、开/关中断、多重中断与单级中断、恢复现场与返回等。

为了形成完整的中断处理过程的概念，我们将 CPU 对中断的响应操作（主要是执行中断隐指令）和进行中断处理所做的软件操作（执行中断服务程序）按序列在表 5-2 中，并按多重中断方式和单级中断方式进行了对比。

表 5-2　中断隐指令与中断服务程序中完成的操作

	多重中断方式	单级中断方式
中断响应（执行中断隐指令）	关中断 保存断点及 PSW 读取服务程序入口地址及新的 PSW	关中断 保存断点及 PSW 读取服务程序入口地址及新的 PSW
中断服务程序	保护现场 设置新的屏蔽字 开中断	保护现场
	服务处理（只允许响应更高级的请求）	服务处理
	关中断 恢复现场及原屏蔽字 开中断 返回	恢复现场 开中断 返回

1）保护现场

执行中断服务程序时，可能使用某些寄存器，这就会破坏它们原先保存的内容。因此需要事先将它们的内容保存起来，称为保护现场。由于各中断服务程序使用的寄存器不同，对现场的影响各不相同，因此较多的是安排在服务程序中进行现场保护。服务程序需要使用哪些寄存器，就保存哪些寄存器的原内容，一般是压入堆栈来保存。

在服务程序中进行现场保护，可以根据实际需要有针对性地进行，不做无用操作。但通过执行程序来实现，速度可能较慢。因此有的计算机在指令系统中专门设置一种指令，可成组地保存寄存器组内容，或者在中断周期中直接依靠硬件快速实现现场保护。

2）多重中断与单级中断

在编制中断服务程序时，可以根据需要选择如下两种策略之一。

（1）多重中断处理方式

多重中断处理方式允许在服务处理过程中响应、处理优先级别更高的中断请求，可能形成一种中断嵌套关系，如图 5-26 所示。

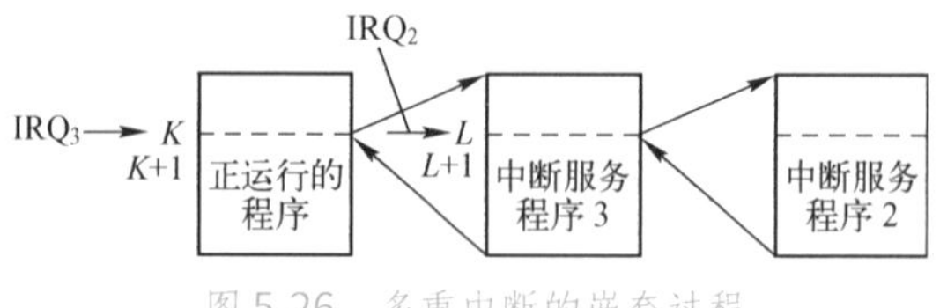

图 5-26　多重中断的嵌套过程

假定 CPU 在执行第 K 条指令（对应优先级 IRQ_4）时，设备 3 发出中断请求信号 IRQ_3，其优先级高于现行程序。则 CPU 在执行完第 K 条指令后，转入中断周期，将断点 $K+1$ 压栈保存，然后转入中断服务程序 3。在执行服务程序 3 时，又接到优先级更高的中断请求 IRQ_2，于是 CPU 暂停执行服务程序 3，转入中断周期，将断点 $L+1$ 压栈保存，然后转入中断服务程序 2。当执行完服务程序 2 时，从栈中取出返回地址 $L+1$，返回服务程序 3。在执行服务程序 3 后，又从堆栈中取返回地址 $K+1$ 并返回到原程序继续执行，这种方式就是多重中断方式。大多数计算机都允许嵌套多重中断，使紧急的事件能够得到及时处理。

为了允许多重中断，在编制中断服务程序时，采取下述安排方法：在保护现场后，设置新的屏蔽字。该屏蔽字将屏蔽掉与本请求同一优先级和更低级的其他请求，然后开中断，再开始本请求源要求的服务处理（注意，在中断周期中已由硬件关中断，为了能响应新的更高级别请求，服务程序需执行开中断指令）。如果在处理过程中，CPU 又接到优先级更高的新请求，就可以暂停正在执行的服务程序，保存其断点，转去响应新的中断请求。如果在处理过程中并无新的中断请求，那么中断服务程序可以完整地执行，不被打断。

（2）单级中断处理方式

如果响应某中断服务请求后，CPU 只能为该请求源提供排他式服务，不允许被其他任何优先级的中断请求所打断，只有当本次中断服务全部完成并返回到原程序后，CPU 才能重新响应新的中断请求，称为单级中断方式。在单级中断方式下，在执行中断服务程序的全过程中，CPU 处于关中断状态，禁止响应任何常规的中断请求。

如果只允许单级中断，就在编制中断服务程序时采取下述安排方法：在保护现场后，即开始实质性的服务处理。由于在中断周期中已由硬件关中断，因此在本次服务过程中不再响应新的中断请求。直到本次服务完毕，临返回之前才开中断。

3）恢复现场、返回源程序

当服务程序完成处理任务即将返回原程序时，应使 CPU 的有关状态恢复到被中断前，为此应当恢复现场，然后打开允许中断触发器。

在恢复现场时不允许被打扰，CPU 应被设置为关中断。对于多重中断方式，此时应暂时关中断，再恢复现场和原来的屏蔽字。对于单级中断方式，处理过程本来就处于关中断状态。可见，在编制中断服务程序时应遵循一个原则：在响应过程、保护现场、恢复现场、恢复原屏蔽字等敏感操作阶段，应当先使 CPU 关中断，使这些敏感操作不受干扰。

现场恢复后，先执行开中断指令，再执行返回指令 RETI。开中断指令一般在完成开中断操作后，立即转入下一条指令即 RETI，才能开始响应新的中断请求。

5．中断处理过程举例

在处理单级中断的过程中，CPU 一直处于关中断状态，不会再响应新的中断请求，处理过程相对简单。而多重中断不同，在处理中断服务的过程中，CPU 处于开中断状态，因此它就有可能对新的中断请求做出响应，完成多个中断的嵌套处理。

【例 5-2】 系统通过 8259A 中断控制器处理 4 级中断请求，OCW_2 中的 EOI 标志既可以置为 0，也可以置为 1，且仲裁电路确定的优先级顺序是 $IRQ_1>IRQ_2>IRQ_3>IRQ_4$。现在可以利用在中断服务程序中设置屏蔽字，把中断处理过程中各中断源的相对优先级高低顺序调整为 $IRQ_1>IRQ_4>IRQ_3>IRQ_2$。假设在 CPU 运行主程序时，同时发生了 IRQ_2 和 IRQ_4 中断请求，且

执行 IRQ_2 中断服务程序时发生了 IRQ_1 和 IRQ_3 中断请求，试分析中断屏蔽字的设置情况和CPU 对这 4 个中断请的处理过程。

解　在中断服务程序中设置屏蔽字时，应屏蔽与自己同级和更低级的中断源，且经屏蔽字调整的优先级 $IRQ_1>IRQ_4>IRQ_3>IRQ_2$，因此在关闭中断的运行模式下，在各中断源对应的中断服务程序中应按下表内容来重新设置新的屏蔽字。

IRQ 对应中断服务程序	中断屏蔽字代码			
	IMR_1	IMR_2	IMR_3	IMR_4
P1	1	1	1	1
P2	0	1	0	0
P3	0	1	1	0
P4	0	1	1	1

中断处理过程涉及各中断源的优先级仲裁，当前正在执行的中断服务程序对应的等效优先级（ISR 中的标志位）是否参与仲裁，也会影响到各中断的处理过程。ISR 的标志位在处理中断时是否自动清除，与通过 OCW_2 设置的 EOI 位有关，因此需按两种情况分析。

（1）EOI=1 时

此时 8259A 通过数据总线向 CPU 送出中断类型码后，会自动清除中断源在 ISR 中的标志位，这意味着正在处理的中断服务不参加优先级仲裁，因此就会出现高优先级的中断服务程序被低优先级的中断请求打断的情况，处理顺序如图 5-27 所示。

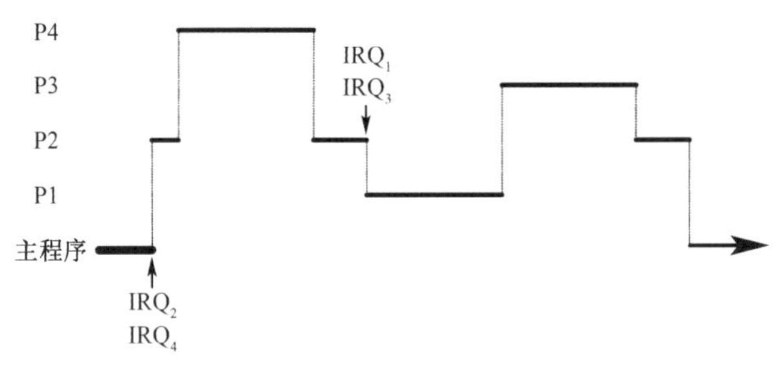

图 5-27　处理顺序（一）

主程序执行时未设屏蔽字，因此 IRQ_2 和 IRQ_4 同时发生时，硬件仲裁结果是响应 IRQ_2。在 IRQ_2 中断服务程序中设置的新屏蔽字是 IMR[4:1]=0010，且 ISR_2 已被复位。开中断后，从 IRR 中查询到 IRQ_4 的存在，因此针对队列{IRQ_4}启动仲裁的结果是响应 IRQ_4。在 IRQ_4 的中断服务程序中设置的屏蔽字是 IMR[4:1]=1110 且 ISR_4 已被复位，中断服务程序执行过程中未查询到 IRR 中有中断请求出现，所以 IRQ_4 的服务程序 P4 可以连续执行完毕。

P4 结束后关中断，恢复成 IRQ_2 程序中设置的屏蔽字 IMR[4:1]=0010，开中断后，恢复 P2 的执行。此时 IRR 出现了中断请求 IRQ_1 和 IRQ_3，且针对队列{IRQ_1, IRQ_3}启动的仲裁结果是响应 IRQ_1。在 IRQ_1 的服务程序中，设置的新屏蔽字 IMR[4:1]=1111，且 ISR_1=0，此时 IRQ_3 是被屏蔽的。尽管此时 IRR_3=1 但 IRQ_3 无法参加仲裁，因此 P1 得以执行完毕。

P1 结束后，恢复 P2 中设置的屏蔽字 IMR[4:1]=0010，开中断后，查询到 IRR_3 的存在且当前未被屏蔽，因此针对队列{IRQ_3}的仲裁结果是立即响应 IRQ_3。在 IRQ_3 服务程序中，设置的新屏蔽字是 IMR[4:1]=0110 后续执行过程中 IRR 无未被处理的中断请求，P3 得以执行完毕。

P3 执行完后关中断，恢复到程序 P2 继续执行，执行完成后，再恢复到主程序继续执行。

（2）EOI=0 时

此时 8259A 向 CPU 发出当前响应的中断类型码后，不会自动清除中断源在 ISR 中的标志位，这意味着正在处理的中断服务要参加优先级仲裁，因此低优先级的中断请求就无法打断正在执行的高优先级中断服务程序，处理顺序如图 5-28 所示。

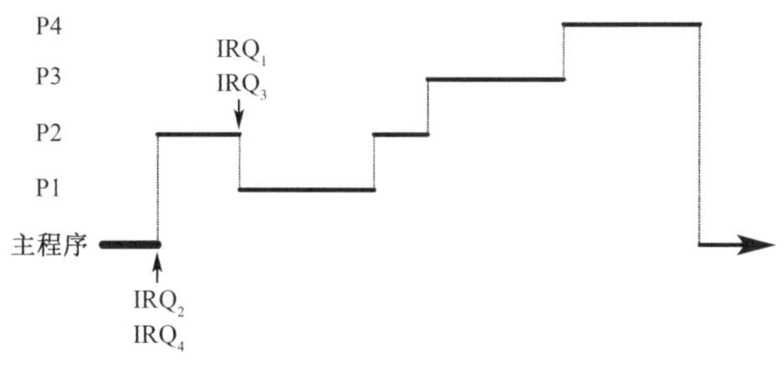

图 5-28　处理顺序（二）

但 IRQ_2 和 IRQ_4 同时发生时，仲裁结果是响应 IRQ_2。在 IRQ_2 的服务程序中设置的新屏蔽字是 IMR[4:1]=0010，且 ISR_2=1。开中断后尽管此时查询到 IRQ_4 对应的 IRR_4=1，但针对队列{ISR_2, IRQ_3}的仲裁结果是不响应 IRQ_3（因为优先级 IRQ_2>IRQ_3），所以继续执行 P2。当同时出现中断请求 IRQ_1 和 IRQ_3 时，因为两者均没有被屏蔽，所以针对队列{ISR_2, IRQ_1, IRQ_3}的仲裁结果就是立即响应 IRQ_1（因为 IRQ_1>IRQ_2>IRQ_3）。

暂停执行程序 P2，转向程序 P1 执行。在程序 P1 中设置的新屏蔽字是 IMR[4:1]=1111，且控制器在 EOI=0 模式下不会自动复位 ISR，故保持 ISR_1=ISR_2=1。执行 P1 的过程中，寄存器虽然保持了 IRR_3=IRR_4=1，但两者的优先级比正在执行的 P1 优先级更低，所以针对队列{ISR_1, IRS_2, IRQ_3, IRQ_4}的仲裁结果是不响应新的中断请求。程序 P1 连续执行完毕，通过指令复位寄存器 ISR 使 ISR_1=0，然后恢复到 P2，继续执行。

在 P2 执行过程中，屏蔽字是 IMR[4:1]=0010、ISR_2=1、IRR_3=IRR_4=1，所以 P2 会连续执行完毕并复位 ISR，使 ISR_2=0。程序 P2 结束后，恢复到主程序的初始屏蔽字是 IMR[4:1]=0000、ISR[4:1]=0000，开中断后，查询到中断请求标志 IRR_3=IRR_4=1，队列{IRQ_3, IRQ_4}仲裁的结果是立即响应 IRQ_3，所以执行 IRQ_3 的服务程序 P3。在 P3 执行过程中，设置的新屏蔽字 IMR[4:1]=0110，且 ISR_3=1，此时尽管 IRR_4=1，但队列{ISR_3, IRQ_4}的仲裁结果是 IRQ_4<IRQ_3，而暂不响应 IRQ_4，P3 继续执行到结束并复位 ISR，使 ISR_3=0。

P3 执行结束后，系统关闭中断响应模式，并恢复主程序的原屏蔽字 IMR[4:1]=0000，此时的 ISR[4:1]=0000。打开中断后，能立即从寄存器 IRR 中查询到 IRR_4=1，仲裁结果是响应 IRQ_4 并执行它的服务程序 P4。在执行过程中，控制器保持 ISR_4=1，而且从 IRR 中查询不到新的中断请求，因此 P4 连续执行完毕并复位 ISR_4，然后恢复到主程序断点，继续执行。

5.4.4　中断接口的逻辑模型

中断接口是支持程序中断方式的 I/O 接口，位于主机与某台外部设备之间。它的一侧面向系统总线，另一侧面向某台外部设备。不同的主机、不同的设备、不同的设计目标，其接口逻辑可能不同，这决定了实际应用的接口的多样化。

我们先构造一个中断接口的基本组成模型，来体现中断接口的基本组成原理；再以此为基础，讨论实际接口的各种可能变化；然后举出一个实际的中断接口实例，对接口模型予以印证。

中断接口组成如图 5-29 所示，其中虚线以上部分代表一个设备的接口逻辑，虚线以下部分是各设备公用的公共接口逻辑部分。

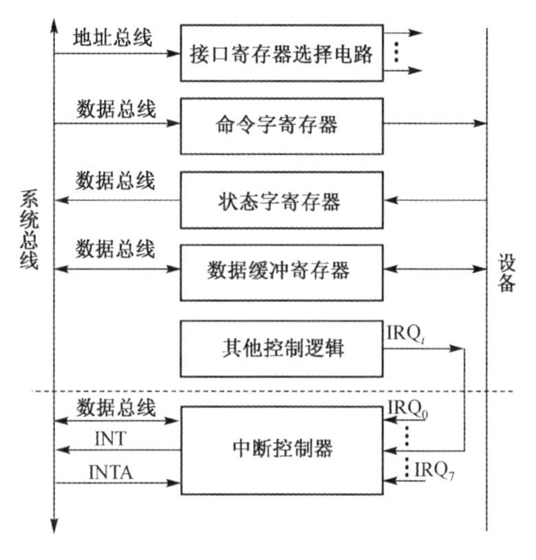

图 5-29　中断接口组成

1. 接口寄存器选择电路

I/O 子系统中可能有多个外部接口，每个接口中可能有数个与系统总线相连接的寄存器（或寄存器级部件，如输入通道、输出通道等），因此每个接口需要一个设备选择电路，实际上是一个 I/O 端口地址译码器。选择电路接收从系统总线送来的地址码，译码后产生选择信号，用于选择本接口中的某寄存器。选择电路的具体组成与 I/O 系统的编址方式有关，因而有以下两种主要方式可供选择。

1）统一编址方式

计算机系统将接口中的有关寄存器与主存储器统一编址，像访问主存单元一样地访问设备接口中的相关寄存器。相应地，为接口中的有关寄存器分配地址总线代码，寄存器选择电路对地址总线代码译码，形成选择信号，选择某个寄存器。在统一编址方式中，CPU 使用通用数据传输指令访问接口，实现输入和输出。根据地址码的范围，可以区分访问主存还是访问外部设备接口。某些单片机系列采用统一编址方式。

2）单独编址方式

在 IBM PC 中，用地址总线的低 8 位送出 I/O 端口地址，共 256 种代码组合，每个接口视其需要可占用一至数个端口地址。端口地址直接定位到接口的某寄存器，一个接口占用端口地址数可多可少，因而这种编址方式更为灵活。接口的寄存器选择电路根据 I/O 端口地址译码产生选择信号。这与访问主存的总线地址不同，I/O 端口地址是为设备接口而专设的。

在单独编址方式中，CPU 只能通过显式 I/O 指令访问外部设备接口中的寄存器。许多接口常将端口地址与 IOR、IOW 命令一道译码，直接形成对某寄存器的读、写操作命令，既包含端口寄存器的选择，又包含向端口发送的读、写控制命令。

2. 命令字寄存器

每种外部设备往往有自己的特殊操作，如让磁带机正转越过 n 个数据块，或者反转越过 n 个数据块。在各种应用场合中更是常有这类情况，如让某加热炉升温或降温，等等。而通用计算机的指令系统是通用的，并不针对特殊操作，因此接口需要将通用指令转换成设备所需的特殊命令。为此，可在接口中设置一个命令字寄存器，按信息数字化的思想，事先约定命令字代码中各位的含义，或是分段译码的含义。例如，约定命令字最低位 D_0 为启动位，为 1 启动磁带机，为 0 关闭磁带机；约定 D_1 为方向位，为 1 正转，为 0 反转；约定 D_2～D_4 为越过 n 个数据块，诸如此类。CPU 给出命令字寄存器所对应的端口地址，用输出指令从数据总线送出某个约定的控制命令字到接口的命令字寄存器，接口再将命令字代码转换为一组操作命令，送往设备。为便于调回分析，可采用双向连接。

3. 状态字寄存器

采用程序控制的一个特点是可以根据实际运行状态做出动态调整。为此，接口中常设置一个状态字寄存器，用来记录、反映设备和接口的运行状态，作为 CPU 执行 I/O 程序时的重要判别依据。

外部设备与接口的工作状态可以采取抽象化的约定与表示方法，如以前提到过的忙（B）、完成（D）、请求（IRQ）状态等，也可采取具体的描述，如设备故障、校验异常、数据延迟等这类的状态信息。在设备与接口的工作过程中，将有关状态信息及时地送入状态字寄存器，或采取 R、S 端置入方式，或采取由 D 端同步输入方式，视具体的状态信息产生方式而定。

4．数据缓冲寄存器

I/O 子系统的基本任务是实现数据的传输，由外部设备经接口输入主机，或由主机经接口输出到外部设备。为此，在接口中应设置一定容量的数据缓冲寄存器。若该寄存器只担负输入或输出缓冲，则可采用单向连接模式；若既可输入又可输出，则采取双向连接模式。

由于主机与外部设备的数据传输率往往不同，前者快于后者，因此数据缓冲寄存器的任务就是实现数据缓冲，缓解两者之间的差异。缓冲区的容量称为缓冲深度，也是接口必须满足的技术指标。接口中可设置多个缓冲寄存器，甚至可用小容量 SRAM 构成缓冲寄存器组。

5．其他控制逻辑

上面的三种寄存器是接口中基本信息的存储逻辑，这些信息或者传输内容，或者控制与有关操作的基本依据。为了按照程序中断方式实现 I/O 控制，以及针对设备特性的操作控制，接口中还需有相应的控制逻辑。这些控制逻辑的具体组成视不同接口的需要而定，也不太规整，在组成模型框图中没有具体描述。下面列举一些可能的内容。

① 中断请求信号 IRQ 的产生逻辑。

② 与主机之间的应答逻辑。

③ 控制时序。例如，在串行接口中需有一套移位逻辑，实现串行数据传输的串并转换，相应地需有自己的控制时序，包括振荡电路、分频电路等。

④ 面向设备的某些特殊逻辑。例如，许多外部设备具有机电性操作，如电动机的启动、停止、正转、反转、加速、减速，电磁铁、继电器的动作，磁记录的编码与译码等。有些控制功能由设备控制器实现，有些则由接口负责。又如，设备的信号电平与主机不同，由接口进行电平转换等。在各种应用系统中，更需考虑这类面向设备的特殊要求。

⑤ 智能控制器。功能要求比较复杂的接口常使用通用的微处理器、单片机或专用的微控制器等芯片，与半导体存储器构成一个可编程控制器，由于可以编程处理复杂的控制，常被称为智能控制器型接口。

6．公用的中断控制器

如前所述，在微型计算机系统中广泛使用集成化的中断控制器芯片（如 Intel 8259A）的任务是：汇集各接口的中断请求信号，经过屏蔽控制优先排队，形成送往 CPU 的中断请求信号 INT；在收到 CPU 批准信号 INTA 后，通过数据总线送出向量地址（或中断类型码）。这是各中断接口的公用部分，可称为公共接口逻辑，一般组装在主机板上。图 5-29 中将它画在虚线之下，一是与各设备接口从组装角度区分开，二是可与设备接口连成一个整体，形成完整的接口逻辑概念。

针对基本接口的组成模型，以抽象化的方式对接口的工作过程描述如下。

① 初始化中断接口和中断控制器。CPU 通过调用程序或系统初始化程序，对中断接口初始化（如设置工作方式，初始化状态字、屏蔽字），为各中断请求源分配中断类型码（或其他相应的向量编码）等。

② 启动外部设备。通过专门的启动信号或命令字，使接口状态为 B=1（忙标志位）、D=0（完成标志位），据此启动设备工作。

③ 设备提出中断请求。当设备准备好，或完成一次操作，使接口状态变为 B=0、D=1，据此向中断控制器发出中断请求 IRQ_i。

④ 中断控制器提出中断请求。IRQ_i 送中断控制器 8259A，经屏蔽控制和优先排队，向 CPU 发出公共请求 INT，并形成中断类型码。

⑤ CPU 响应。CPU 向 8259A 发回批准信号 INTA，并通过数据总线从 8259A 取走对应的中断类型码。

⑥ CPU 在中断周期中执行中断隐指令操作，进入中断服务处理程序。有关 8259A 的使用细节，将在后续课程中介绍。

与如图 5-27 所示的接口模型相比，在实际应用中的接口可能存在以下两种变化。

1）命令/状态字的简化

有的接口需要的命令/状态信息不多，可以合为一个寄存器，称为命令/状态字寄存器。其中有些位可由 CPU 编程设置，体现主机向设备与接口发出的控制信息。有些位用于记录设备与接口的运行状态，据此反映状态信息。有些接口没有明显的命令/状态字，因而可进一步简化为几个触发器。例如，DJS-130 的基本中断接口中只设置了 4 个触发器，用以体现基本的命令/状态字信息：工作触发器 C_{GZ}（相当于忙触发器 B）、结束触发器 C_{JS}（相当于完成触发器 D）、中断请求触发 C_{QZ}（IRQ）和屏蔽触发器 C_{PB}（IM）。当 CPU 发出清除命令时，清除信号使 C_{GZ}=0 和 C_{JS}=0。当 CPU 发出启动命令时，启动信号使 C_{GZ}=1 和 C_{JS}=0。当设备准备好或者完成一次操作时，自动设置 C_{GZ}=0、C_{JS}=l。根据 C_{JS}=1、C_{PB}=0 的条件，使请求触发器的 C_{QZ}=l，从而通过这种方式向 CPU 发出中断请求信号。

在 DJS-130 实际的外部设备接口中，往往根据需要，在上述基本接口中增加一些逻辑电路（与外部设备的具体特性有关）。

2）命令/状态字的具体化与扩展

许多外部设备接口是为了连接常规外部设备而设置的，如键盘接口、打印机接口、显示器接口和磁盘接口等。这就需要针对设备的具体要求，将命令字和状态字具体化。例如，对磁带机发出的命令中，可能包含正转、反转、越过 *n* 个数据块、读、写等。可以按照信息数字化的基本思想，分别确定命令字和状态字的位数，以及每一位代码的约定含义。

在构成计算机应用系统时，有些接口连接的是广义外部设备，其变化可能更多。

【例 5-3】 用计算机控制某 *n* 层楼房的电梯系统，在主机与电梯的电动机驱动系统中应设置一个接口。主机对电梯所发出的命令中可能包含启动、停止、上升、下降、加速、减速等；作为控制依据的电梯状态中可能包含：到达 1～*n* 层的请求、1～*n* 层提出的使用电梯请求等；通过接口传输的数据可能包含电梯所处位置、电梯升降速度等。因此，电梯系统接口设计的任务之一是将上述信息用约定的数字代码表示，并根据要求确定命令字、状态字、数据等寄存器的位数。

【例 5-4】 用计算机控制 *n* 台电热炉，启动或关闭它们，定时采集它们的炉温数据，并及时进行反馈调节。一种可能的方案是通过定时中断，激活数据采集及调节程序。在系统中，时钟中断作为一个中断源；但在它所引发的中断处理程序中，需分别控制 n 台电热炉，这可视为一种设备数量的扩充。在接口中可设置一个命令字寄存器，分为 n 段，每段的若干代码按约定格式表明主机向对应电热炉发送的控制命令，状态字寄存器的设计也与此相类似。

上述例子涉及命令/状态字信息的复杂化与具体化以及设备数量扩充等问题，处理的基本思路是充分利用信息表示的数字化（用约定的数字代码格式去表达主机发出的控制命令，及外部设备与接口本身的各种状态），通过数据总线送出或回收，从而实现各种情况下的 I/O 控制。

5.5 直接存储器访问模式与接口

中断模式比程序查询方式更有效，但数据的 I/O 操作仍需由 CPU 执行中断服务程序来实现，效率仍然不高。大数据量的 I/O 操作需要更高效的技术，如直接存储器访问（Direct Memory Access，DMA）等。本节将从接口的角度进一步讨论 DMA 模式的 I/O 传输控制原理、有关组成逻辑，并举例说明 I/O 操作过程。

5.5.1 直接存储器访问的基本概念

1. 定义

直接存储器访问（DMA）几乎是所有计算机系统都具备的一种重要的 I/O 工作机制，是指这样一种传输控制方式：依靠硬件直接在主存与外部设备之间进行数据传输，在数据的 I/O 传输过程中不需要 CPU 执行程序来干预。

直接存储器访问意味着在主存储器与 I/O 设备之间有直接的数据传输通路，不必经过 CPU，也称为数据直传。也就是说，输入设备的数据可经系统数据总线直接输入主存；而主存中的数据可经数据总线直接输出给输出设备，所以也称为直接存储器存取。定义的又一层含义是，这样的数据直传是直接由硬件控制实现的，不依靠执行程序指令来实现，所以在直接存储器访问传输期间不需要 CPU 执行程序来控制干预。

我们再简要回顾一下另外两种 I/O 传输的控制方式。在程序查询方式（直接程序传输方式，即 PIO 方式）中，当数据传输条件具备时，CPU 执行 I/O 指令，发出有关的微操作命令，实现数据的输入或者输出。在中断方式中，它首先切换到中断服务程序，并在该服务程序中执行相关的 I/O 指令，实现数据的输入/输出操作。

2. 特点和应用

根据直接存储器访问（DMA）方式的定义，其特点是以响应随机请求的方式，实现主存与 I/O 设备间的快速数据传输；传输周期的插入不影响 CPU 程序的执行状态，除非 CPU 与直接存储器访问主存引起冲突，否则 CPU 可以继续执行自己的程序，因而显著提高了 CPU 利用率；但是，也正因为无 CPU 参与，直接存储器访问方式只能处理简单的数据传输。

与程序查询方式相比，直接存储器访问（DMA）方式也可以像中断那样响应随机请求。当传输数据的条件具备时，接口提出 DMA 请求，获得批准后，占用系统总线，进行数据的输入/输出，CPU 不必为此等待查询，可以并行地执行自身的程序。传输的实现是直接由硬件控制的，CPU 不必为此执行指令，其现行程序也不受直接存储器访问的影响（除非访存冲突）。

与程序中断方式相比，DMA 方式仅需占用系统总线，CPU 不必切换程序，不存在保存断点、保护现场、恢复现场、恢复断点等操作，因而在接到随机请求后，可以快速插入 DMA 传输。从原理上，只要不存在访存冲突，CPU 也可与 DMA 传输并行地工作。仅仅依靠硬件，可以实现简单的数据传输，但难以识别和处理复杂事态。

鉴于以上特点，DMA 方式一般应用于主存与高速 I/O 设备之间的简单数据传输。高速 I/O 设备包括磁盘、磁带、光盘等外存储器，以及其他带有局部存储器的外部设备、通信设备等。

对磁盘的读、写是以数据块为单位进行的，一旦找到数据块起始位置，就连续地读、写。找到数据块起始位置是随机的，相应地，接口何时具备数据传输条件也是随机的。由于磁盘读写速度较快，在连续读写过程中不允许 CPU 花费过多的时间，因此从磁盘中读出数据或向磁盘中写入数据时，一般采用 DMA 方式传输：直接由主存经数据总线输出到磁盘接口，然后写入盘片；或由盘片读出到磁盘接口，然后经数据总线写入主存。

当计算机系统通过总线与外部通信时，常以数据帧为单位进行批量传输。何时引发一次通信，可能是随机的。开始通信后，常以较快的数据传输速率连续传输，因此适合采用 DMA 方式。在不通信时，CPU 可以照常执行程序，在通信过程中仅需占用系统总线，系统开销很少。

大批量数据采集系统中也可以采用 DMA 方式。为了提高半导体存储器芯片的单片容量，许多计算机系统选用 DRAM，并用异步刷新方式安排刷新周期。刷新请求的提出对主机来说是随机的。DRAM 的刷新操作是对存储内容按行读出，可视为存储器内部的批量数据传输。因此，也可采用 DMA 方式来实现，把每次刷新请求当成一次 DMA 请求，CPU 在刷新周期中交出系统总线，按行地址（刷新地址）访问主存，实现芯片的 1 行刷新操作。利用系统的 DMA 机制实现动态刷新，可简化专门的动态刷新电路逻辑，提高主存的利用效率。

DMA 是直接依靠硬件实现的，可用于快速的数据直传，传输过程不需 CPU 参与。也正是由于这点，DMA 方式不能处理复杂事务。因此，在某些复杂场合常将 DMA 与程序中断方式相结合，二者互为补充。典型的例子是磁盘调用，磁盘读写采用 DMA 方式进行数据传输，而对寻道正确性的判别、数据传输结束后的后续处理则采用中断方式。

3. 单字传输方式与成组连续传输方式

每提出一次 DMA 请求，将占用多少个总线周期？是单字传输还是成组连续传输？如何合理地安排 CPU 访存与 DMA 传输中的访存？这是系统设计时应该考虑的问题。采用 DMA 方式是为了实现一次批量传输，如从磁盘中读出一个文件，但在实施上可以有两种方案。

1）单字传输方式

每次 DMA 请求获得批准后，CPU 让出一个总线周期的总线控制权，由 DMA 控制器控制系统总线，以 DMA 方式传输一字节或一个字（如一次并行传输 8 位、16 位、32 位等）。结束后，DMA 控制器归还总线控制权，CPU 再重新判断下一个总线周期的总线控制权是 CPU 保留，还是继续响应一次新的 DMA 请求。这种方式称为单字传输方式，又称为周期挪用或周期窃取，即每次 DMA 请求都从 CPU 控制时间中挪用一个总线周期，用于 DMA 传输。

当主存工作速度高出 I/O 设备很多时，采用单字传输方式可以提高主存利用率，对 CPU 程序执行的影响较小。因此，高速的主机系统常采用这种方式，这是因为在 DMA 传输数据尚未准备好（如尚未从磁盘中读得新的数据）时，CPU 可使用系统总线访问主存。根据主存读写周期和磁盘的数据传输速率，可以计算出主存操作时间的分配情况：有多少时间需用于 DMA 传输（被挪用），有多少时间可用于 CPU 访存，这在一定程度上反映了系统的处理效率。由于访存冲突，每次 DMA 传输会对 CPU 正常执行程序带来一定的影响，但由于主存传输速率较快，单字传输方式不会造成一段死区，因而影响不严重（每次申请、判别、响应、恢复，毕竟要花费一些时间）。

2）成组连续传输方式

每次 DMA 请求获得批准后，DMA 控制器掌管总线控制权，连续占用若干总线周期，进行成组连续的批量传输，直到批量传输结束，才将总线控制权交还给 CPU。这种方式就称为成组连续传输方式，在传输期间，CPU 停止访问主存，无法执行需占用总线或访问的指令。

当 I/O 设备的数据传输率接近于主存，或者 CPU 除了等待 DMA 传输结束并无其他任务（如单用户状态下的个人计算机）时，常采用成组连续传输方式。这种方式可以减少系统总线控制权的切换次数，有利于提高 I/O 效率。由于系统必须优先满足 DMA 高速传输，若 DMA 传输速率已接近于主存，则每个总线周期结束时将总线控制权交回给 CPU 就没有多大意义。单用户个人计算机一旦启动调用磁盘，CPU 就等待这次调用结束才恢复执行程序，因此也可以等到批量传输结束才收回总线控制权。高速计算机常采用多道程序工作方式，且主存的传输速率超出 I/O 的很多，如果采用成组连续传输方式，就会影响主机的利用率。

4．硬件的组织逻辑

我们一再强调，DMA 传输是直接依靠硬件实现的，这是它不同于程序查询方式与程序中断方式之处。那么，为了实现 DMA 传输，需要哪些硬件？由谁控制 DMA 传输？

DMA 方式能够实现主存与 I/O 设备之间的数据直传。为此，应当指出传输方向是输入还是输出；也应当给出 I/O 设备的寻址信息，如磁盘的驱动器号、圆柱面号、磁头号、起始数据块号等；还要给出主存缓冲区的寻址信息，对于连续存储区来说，往往给出该缓冲区首地址（起始地址），以及本次 DMA 数据的交换量，以便判断 I/O 操作是否结束。

在早期的计算机中，DMA 传输是由 CPU 与 DMA 接口协同控制的。以 DJS-100 系列为例，它将 DMA 方式称为数据通道方式，在主机与高速 I/O 设备之间设置数据通道接口。该接口中有如下寄存器：数据缓冲寄存器 J；控制/状态寄存器 A，其中存放主机送来的传输命令与外部设备的寻址信息；地址寄存器 B，在 DMA 初始化时送入主存缓冲区首址，每次 DMA 传输后，内容加 1，指向主存缓冲区下一单元；交换字数计数器 C，在 DMA 初始化时送入批量传输字数的补码值，每次 DMA 传输后，内容加 1，当计数器溢出时表明批量传输结束，提出中断请求以进行 DMA 传输的结束处理。此外，接口中设置了一些触发器，如数据通道请求触发器、数据通道选中触发器、同步触发器等。当具备数据通道传输条件时，接口向 CPU 提出数据通道请求。CPU 响应请求后，进入数据通道状态，相当于模型机的 DMA 周期。在该状态周期中，CPU 暂停执行程序，先发出读取数据通道地址的命令，再将接口 B 寄存器的内容送至地址总线；将接口 A 寄存器中的数据通道操作方式信息取回到 CPU，据此由 CPU 发出相关的微操作命令，实现 DMA 传输。因此，这种控制策略是在 DMA 初始化时通过程序将有关控制信息送往 DMA 接口；在进行 DMA 传输时，以接口提供的有关信息为依据，由 CPU 根据传输指令发出微命令，实现 DMA 传输。

现在的计算机系统中通常专门设置了 DMA 控制器，由它控制 DMA 传输，而且多是采用 DMA 控制器与 DMA 接口相分离的方式。DMA 控制器只负责申请、接管总线的控制权，发出传输命令和主存地址，控制 DMA 传输过程的起始和终止，因而可以通用，独立于具体 I/O 设备。DMA 接口则实现与设备的连接和数据缓冲，反映设备的特定要求。按照这种方式，DMA

控制器中存放着传输命令信息、主存缓冲区地址信息、交换量等，其功能是接收接口发来的DMA 请求，向 CPU 申请掌管总线，然后向总线发出传输命令与总线地址，控制 DMA 传输。在逻辑划分上，DMA 控制器是 I/O 子系统中的公共接口逻辑，为各 DMA 接口所公用，是控制系统总线的设备之一。

在具体组装上，DMA 控制器有多款集成芯片可供选用，常将它们装配在主机的系统板（主板或母版）上。因此，DMA 接口的组成与功能则相应简化，一般只包含数据缓冲寄存器、I/O 设备寻址电路、DMA 请求逻辑。可以根据寻址信息访问 I/O 设备的端口寄存器，将数据读入数据缓冲寄存器，或由数据缓冲寄存器写入设备。在需要进行 DMA 传输时，接口向 DMA 控制器提出请求；请求获得批准后，接口将数据缓冲寄存器内容经数据总线写入主存缓冲区，或将主存内容写入接口（CPU 不参与传输过程的具体控制）。

5．程序准备（DMA 的初始化）

虽然 DMA 传输本身是直接依靠硬件实现的，但为了实现相关控制，CPU 需要事先向 DMA 控制器送出有关的控制信息。在调用 I/O 设备时，通过程序所做的这些准备工作常称为 DMA 的初始化，即向 DMA 控制器和接口传输并设置初始信息。一般来说，在 DMA 初始化时，CPU 通常要完成下述 4 步基本操作。

<1> 向接口送出 I/O 设备的寻址信息。例如，要从磁盘中读出一个文件，则需送出该文件所在磁盘的驱动器号、圆柱面号、磁头号（记录面号）、起始扇区号（或数据块号）。

<2> 向 DMA 控制器送出控制字，主要是数据的传输方向，输入主存还是从主存输出。

<3> 向 DMA 控制器送出主存缓冲区首地址。数据的输入或输出，往往需在主存储器中设置相应的缓冲区，这是一段连续的存储区，为此在初始化时送出其首地址。

<4> 向 DMA 控制器送出交换量，即数据的传输量。视设备的需要，传输量可以是字节数、字数甚至是数据块的数量。

5.5.2 直接存储器访问控制器与接口的连接

为了与常用芯片的用语相吻合，本书将 DMA 控制器定义为负责申请、控制总线，以控制 DMA 传输的功能逻辑，将狭义的 DMA 接口定义为与具体设备相适配，进行数据传输的接口逻辑。这两部分组成了广义的 DMA 接口。

DMA 控制器与接口的具体组成，取决于对以下几方面的设计考虑，因而有多种方案。

- DMA 控制器与 I/O 接口是相互分离，还是合为一体？
- 数据传输是经由 DMA 控制器，还是接口直接经数据总线与主存相连？
- 如果一个 DMA 控制器连接多台设备，是采取选择型工作方式，还是多路型工作方式？
- 如果一个计算机系统中有多个 DMA 控制器，是采用公共 DMA 请求方式，还是采用独立 DMA 请求方式？

下面列举若干常见的连接模式。

1．单路型 DMA 控制器

如果一个 DMA 控制器只连接一台 I/O 设备（只有一个通道），那么 DMA 控制器与 I/O 接口没有必要分开，可合为一个整体，称为单路型 DMA 控制器，如图 5-30 所示。

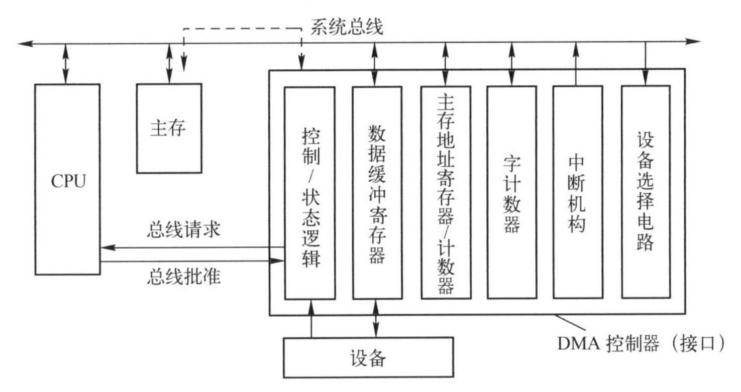

图 5-30　单路型 DMA 控制器的逻辑结构

① 设备选择电路：接收主机在 DMA 初始化阶段送来的端口地址码，经译码产生选择信号，选择 DMA 控制器内的有关寄存器。

② 数据缓冲寄存器：一侧与数据总线相连，另一侧与 I/O 设备相连。

③ 主存地址寄存器/计数器：在初始化时，CPU 将主存缓冲区首地址经数据总线送入。在 DMA 控制器掌管总线时，经地址总线送出主存缓冲区地址。每传输一次，计数器内容加 1，指向下一次传输单元。

④ 字计数器：在初始化时，CPU 经数据总线送入本次调用的传输量，以补码表示。每传输一次，计数器内容加 1。当计数器溢出时，结束批量传输。

⑤ 控制/状态逻辑：初始化时，CPU 经数据总线送入控制字，内含传输方向信息；当满足一次 DMA 传输条件时，DMA 请求触发器为 1，控制/状态逻辑经系统总线向 CPU 提出总线请求。若 CPU 响应则返回批准信号，DMA 控制器接管总线，送出 I/O 命令和总线地址。

⑥ 中断机构。如前所述，DMA 控制方式常与程序中断方式配合使用，所以在 DMA 接口中常含有中断机构。典型应用是：当计数器计数归零时（表示数据传输完毕）便提出中断请求，CPU 响应中断并通过执行特定的中断服务程序进行 DMA 操作的结束处理。

当从设备向主存输入数据时，数据经 DMA 控制器、数据总线，直接输入主存缓冲区，不经过 CPU；当数据从主机向外部设备输出时，由主存缓冲区经过数据总线、DMA 控制器输出到设备，此时传输的数据也不会经过 CPU。

2. 选择型 DMA 控制器

选择型 DMA 控制器的逻辑结构如图 5-31 所示。在物理意义上，一个 DMA 控制器可以连接多台同类设备，或者多台设备都通过一个公共 DMA 控制器进行 DMA 传输。工作时，某段时间内控制器只选择其中一台设备进行 DMA 传输，所以被称为选择型 DMA 控制器。

在逻辑划分上，这种连接模式是将大部分接口逻辑与 DMA 控制器合为一体，经由 DMA 控制器进行数据传输。各设备通过一个简单的局部 I/O 总线与 DMA 控制器相连接，某一段时间内，只有被选中的一台设备使用局部 I/O 总线。因此，设备一侧只需要简单的发送/接收控制逻辑，接口逻辑中的大部分，如数据缓冲寄存器、设备号寄存器、时序电路等都在 DMA 控制器中。此外，DMA 控制器中还包括为申请、控制系统总线所需的功能逻辑，如 DMA 请求逻辑、控制/状态逻辑、主存地址寄存器/计数器、交换字数计数器等。

在 DMA 初始化时，CPU 将所选择的设备号送入 DMA 控制器的设备号寄存器，据此选择某台 I/O 设备。每次预置后，以数据块为单位进行 DMA 传输。当一个数据块传输完成后，CPU

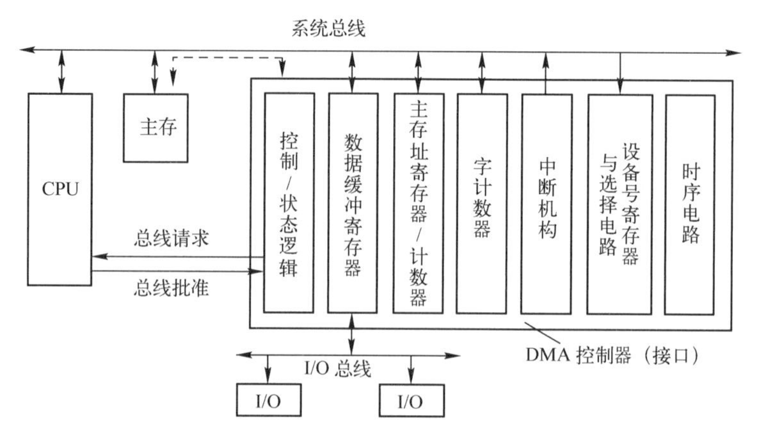

图 5-31　选择型 DMA 控制器的逻辑结构

可以重新设置，选择另一台 I/O 设备。

因此，这种选择型 DMA 控制器适合数据传输率很高以至接近主存传输速率的同一类 I/O 设备，在这种情形下，不允许在批量传输中切换设备。选择型 DMA 控制器的功能相当于一个数据传输的切换开关，以数据块为单位进行选择和切换。

3．多路型 DMA 控制器

如果所连接的多台设备速度、性能差异较大，为了确保它们能同时工作，以字节或字块为单位交叉地轮流进行 DMA 传输，此时就需要使用适应能力更强的多路型 DMA 控制器。

多路型 DMA 控制器的逻辑结构如图 5-32 所示，可以将 DMA 控制器与设备的专用 I/O 接口分离，此时各设备都有自己的接口，如硬盘适配器、软盘适配器、通信适配器等。设备对应的这些 I/O 接口中含有数据缓冲寄存器或小容量的高速缓冲存储器，数据经过接口与总线直接向主存传输，不必再经过 DMA 控制器（DMA 控制器负责申请并接管总线）。

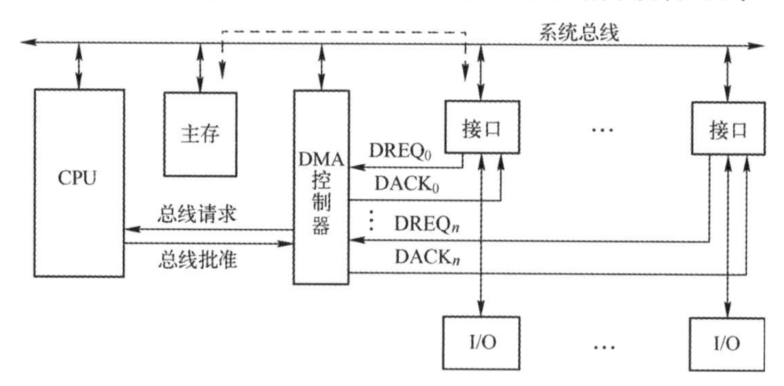

图 5-32　多路型 DMA 控制器的逻辑结构

这样，DMA 控制器可以更加通用并集成化，还可不受具体设备特性的约束，存在两级 DMA 请求逻辑：I/O 接口中的请求逻辑与设备特性有关，在该设备需要进行 DMA 传输时，接口向 DMA 控制器提出 DMA 请求；然后，DMA 控制器向 CPU 申请占用系统总线。若 CPU 响应，则放弃对系统总线的控制权（有关输出呈高阻抗，与系统总线脱钩），并向 DMA 控制器发出批准信号。DMA 控制器获得批准后，接管系统总线（送出总线地址与传输命令），并向设备接口发出 DMA 响应信号。

各 I/O 接口与 DMA 控制器之间可以采取独立请求线与批准线的连接模式，也可采用链式连接方式，比如采用菊花链式连接模式。

实用的多路型 DMA 控制器可以兼有选择型功能，可实现前述单字传输和成组连续传输方式。如果采取单字传输方式，让各 I/O 设备以字节或字为传输单位，交叉占用系统总线，进行 DMA 传输，就是典型的多路型。

如果各设备的传输速率差异较大，那么传输相同数据量时占用总线的时间差异也会很大。速率慢的设备准备一次 DMA 传输数据所需的时间长些，占用系统总线的间隔也长些；速率快的设备准备一次 DMA 传输数据所需的时间短些，占用系统总线的间隔也短些。在这种情况下，如果对不同速度的设备，都按周期挪用的方式让设备单字传输数据，那么总线的利用率会很低，甚至拖慢高速设备的 I/O 效率，进而使计算机系统的总体 I/O 效率也很低。

如果采取成组连续传输方式，让各设备以数据块为单位占用系统总线进行相应的 DMA 传输，就是典型的 DMA 选择型模式。设备连续占用多个总线周期来连续传输一个数据块，直到该设备传输完数据块后才切换、选择另一台设备，可以提高设备的 DMA 效率，使系统的总体 I/O 效率保持最高。由于在一个数据块的传输过程中不允许打断，因此在系统设计时需要妥善安排优先顺序、数据块大小及 I/O 接口的缓冲深度等。在设备 1 传输过程中，设备 2 可能提出请求，且不能耽误太久，则应将设备 1 的数据块长度安排得小些，让设备 2 接口的数据缓冲寄存器容量适当大些，这样也有利于系统 I/O 性能的提高。

4．多个 DMA 控制器的连接

如前所述，当一个系统需要连接多台 I/O 设备时，可以采用选择型或多路型 DMA 控制器。常用的 DMA 控制器集成芯片的通路数量往往十分有限。如果系统规模较大，连接的设备数量较多、传输速率差异较大，这时就需要采用几块 DMA 控制器芯片，芯片与系统常见的连接方式如图 5-33～图 5-35 所示。

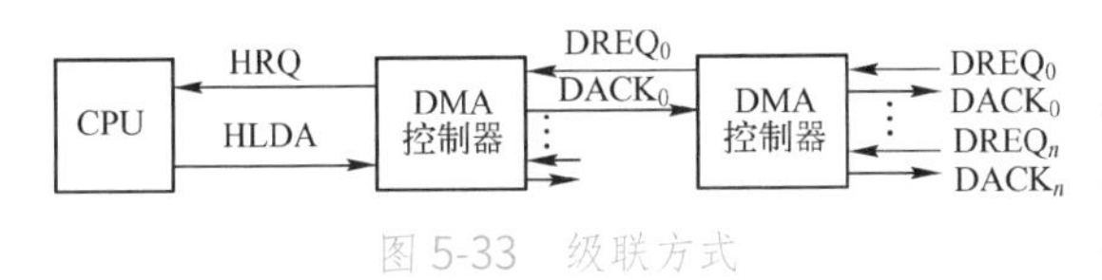

图 5-33　级联方式

级联方式如图 5-33 所示，将 DMA 控制器分级相连。每个 DMA 控制器可接收多路设备请求，最后汇集为一个公共请求 HRQ。第二级 DMA 控制器的 HRQ，送往前一级 DMA 控制器的请求输入端；第一级 DMA 控制器的输出 HRQ，则送往 CPU 作为总线请求。

链式公共请求方式如图 5-34 所示，各 DMA 控制器的请求输出 HRQ，通过一条公用的 DMA 请求线送往 CPU，作为总线请求。CPU 发回的批准信号采用链式传递方式送给各 DMA 控制器（按优先顺序连接）。在提出请求的 DMA 控制器中，优先级高的先获得批准信号，就将该信号暂时截留。待它完成 DMA 传输后，再往后继续传输批准信号，允许其他 DMA 控制器获得总线控制权，控制相应设备进行 DMA 传输。

独立请求方式如图 5-35 所示，每个 DMA 控制器与 CPU 之间都有一对独立的请求线与批准线，取决于 CPU 是否有多对 DMA 请求输入端与批准信号输出端，并有一个专门的优先级判别电路（或总线仲裁逻辑），以确保能响应优先级最高的 DMA 请求。

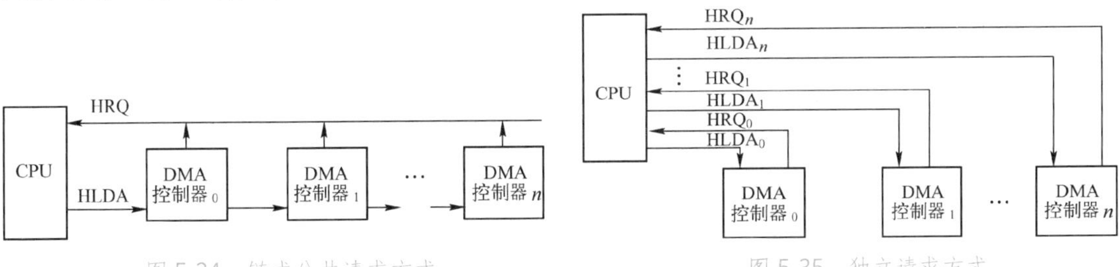

图 5-34　链式公共请求方式

图 5-35　独立请求方式

5.5.3 直接存储器访问控制器的组成

在上述几种连接模式中，较常使用的是将 DMA 控制器与 I/O 接口相分离的模式。因为 I/O 接口通常需要反映对应设备的特性，所以常常分别设置。DMA 控制器负责申请总线控制权、控制总线操作，这些公共操作可由一个通用的 DMA 控制器实现。下面以 Intel 8237 为例，介绍一种常用的多路型 DMA 控制器芯片的基本结构。

Intel 8237 是一种四通道的多路型 DMA 控制器芯片，四个通道按优先顺序分配给动态存储器刷新、磁盘和同步通信等使用。如果多片级联，还可扩展控制器的有效通道数。

8237 芯片不仅支持 I/O 设备与主存之间的数据直传，也能支持存储器与存储器之间的传输。允许编程选择的三种基本数据传输模式分别是：单字节传输、数据块连续传输、数据块请求传输（数据块间断传输方式）。在第三种传输模式中，当 DMA 请求 DREQ 信号有效时，数据块连续传输；当 DREQ 信号无效时，暂停传输；此信号再次有效时，继续传输。按此方式继续传输，直至目标数据块传输完毕。

Intel 8237 芯片工作在 5 MHz 的时钟频率下，数据传输率可达 1.6 MB/s，每通道允许 64 KB 访存空间，允许批量传输数为 64 KB，如图 5-36 所示。

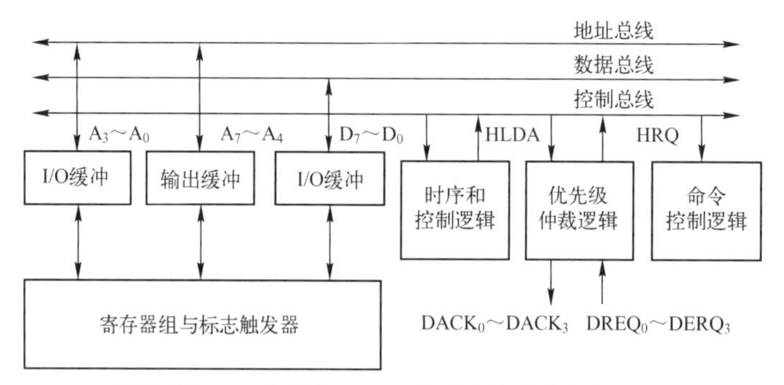

图 5-36 Intel 8237 DMA 控制器芯片的内部组成

1．内部寄存器组

在 8237 芯片内共有 12 种寄存器和三种标志触发器，用来存放 DMA 初始化时送入的预置信息，以及在 DMA 传输过程中产生的有关信息，作为控制总线进行控制的依据。有些寄存器是四个通道公用的，有些是每个通道单独设置的。

每个通道各有一组寄存器：基地址寄存器（16 位），当前地址计数器（16 位），基本字节数寄存器（16 位），当前字节数计数器（16 位），方式控制字寄存器（8 位），屏蔽标志触发器和请求标志触发器（各 1 个）。

各通道公用的一组寄存器：暂存地址寄存器（16 位），暂存字节数计数器（16 位），操作命令字寄存器（8 位），屏蔽字寄存器（4 位），主屏蔽字寄存器（4 位），状态字寄存器（8 位），请求字寄存器（4 位），暂存寄存器（8 位），先/后触发器（1 个）。

① 基地址寄存器：在初始化时，由 CPU 写入主存缓冲区首地址，作为副本保存。可在自动预置期间重新预置当前地址计数器，这种预置不需 CPU 干预。

② 当前地址计数器：在初始化时，由 CPU 同时写入主存缓冲区首地址，每次 DMA 传输 1 字节后，内容加 1 或减 1（由方式控制字选择），因此它存放着在 DMA 传输期间的当前地址码（主存缓冲区）。若选择自动预置操作，则在 EOP 信号有效时，该寄存器内容返回到初始值。

③ 基本字节数寄存器：在初始化时，由 CPU 写入需要传输的数据块字节数，并作为初值的副本保存。如果需要重复数据块的传输过程，就可选择自动预置方式，每当数据块传输结束后，结束信号 $\overline{EOP}$ 将副本保存的初值自动重新预置给当前字节计数器。

④ 当前字节数计数器：在初始化时，由 CPU 写入需要传输的数据块字节数，一般以补码表示。每传输 1 字节，计数器内容加 1。一个数据块传输完毕，计数器满，产生信号 $\overline{EOP}$ 。

⑤ 方式控制字寄存器：初始化时由 CPU 写入，以确定该通道的操作方式。

D_1D_0 为通道选择，因为四个通道的方式控制字寄存器共用一个端口地址，故由 D_1D_0 进一步指明该方式字应写入哪一个通道的方式字寄存器。

D_3D_2 为 DMA 传输方向。

D_4 为自动预置方式选择位。

D_5 为地址增减选择位，选择地址自动加 1 或减 1 方式。

D_7D_6 为工作模式的四种选择控制：数据块请求传输方式、单字节传输方式、数据块连续传输方式和 8237 芯片的级联方式。

⑥ 暂存地址寄存器：暂存当前地址寄存器的内容。

⑦ 暂存字节数计数器：暂存当前字节数计数器的内容。

这两个寄存器与 CPU 不直接发生关系。

⑧ 操作命令字寄存器：初始化时由 CPU 写入操作命令字，指定 8237 的一些操作方式。

D_7 选择各通道对设备的批准信号 DACK 是低电平有效，还是高电平有效。

D_6 选择各通道设备的请求信号 DREQ 是低电平有效，还是高电平有效。

D_5 选择是正常写入还是扩展写入。所谓扩展写入，是指写信号比正常写信号延长一倍时间，以适应慢速存储器或慢速 I/O 设备的写入操作。

D_4 选择是固定优先级方式还是循环优先级方式。

D_3 选择是正常时序还是压缩时序。正常时序是指 DMA 周期为一个总线周期，包含 4 个时钟周期。压缩时序是指一个总线周期只占 2 个时钟周期，适应快速 DMA 传输。

D_2 允许或禁止 8237 芯片工作。

D_1 选择通道 0 的源地址不变，或是递增、递减。

D_0 允许或禁止存储器与存储器传输。

D_1D_0 用于控制存储器与存储器传输。在这种传输方式中，8237 规定用通道 0 保存源存储块的地址，用通道 1 保存目的存储块的地址和传输字节数。

⑨ 屏蔽字寄存器：由 CPU 送入屏蔽字，使某个通道的屏蔽标志触发器置位或复位，以确定该通道的 DMA 请求被禁止或是允许。编程时屏蔽字可为 8 位，位 D_7～D_3 并未定义，可为 0。有效码位只有最低 3 位，其中 D_2 决定对屏蔽标志触发器是置位还是复位操作，并由 D_1D_0 译码后决定选择的是哪一个通道。

⑩ 主屏蔽字寄存器：采用由 CPU 送主屏蔽字的方式，可同时使 4 个通道的屏蔽标志触发器置位或复位。D_3～D_0 这 4 位分别对应通道 3～通道 0，为 0 复位，为 1 置位。

状态字寄存器：保存状态字，供 CPU 了解各通道的工作状态。

D_7～D_4 分别对应 4 个通道的 DMA 请求是否被处理。为 0 表示尚未处理。

D_3～D_0 分别对应 4 个通道的 DMA 传输是否结束，为 0 表示尚未结束。

请求字寄存器：8237 允许 CPU 编程发出请求命令字，使各通道的请求标志触发器置位或复位。若某通道的请求标志被置位为 1，则该通道申请 DMA 传输，以数据块方式传输。D_2 决定是置位或复位，D_1D_0 选择通道。以这种方式提出的请求被称为软请求。

暂存寄存器：在存储器与存储器传输时，需要给出源地址和目的地址，但 DMA 控制器 8237 每次只能给出一个地址，因而需要占用两个总线周期。在第一个总线周期中，8237 给出源地址，将数据读出并送入暂存寄存器。在第二个总线周期中，8237 再给出目的地址，将数据从暂存寄存器写入目的存储单元。

先/后触发器：由于 8237 中有些寄存器是 16 位的，而 PC/XT 机系统总线的数据通路宽度为 8 位，需分两次访问，故设置了一个先/后触发器。初值为 0，CPU 读、写低字节；然后触发器为 1，CPU 可读、写高字节；读、写完 16 位后，触发器又复位为 0。

2．数据、地址缓冲器

这组缓冲器实现数据与地址的输入/输出，由于芯片引脚数有限，采取复用技术。

① 芯片空闲期。当 8237 芯片尚未申请与接管系统总线的控制权时，称其处于空闲期。其间，CPU 可以访问它并进行 DMA 初始化工作（预置工作方式与有关信息），也可读出芯片内部的寄存器内容，以供判别。为此，由 CPU 向 8237 送出端口地址信息和读/写控制命令，然后准备发送或者接收数据。

地址输入 A_3～A_0，配合读、写命令 IOR、IOW，选择 8237 某内部寄存器，读出或写入。数据的输入、输出 D_7～D_0 经另一缓冲器实现。此时，A_7～A_4 未用。

② DMA 服务期。当 8237 提出总线申请、接管总线，直到 DMA 传输结束前，芯片处于 DMA 服务期。其间，由 8237 送出总线地址以控制 DMA 传输。此时 3 个缓冲器全部输出：A_3～A_0、A_7～A_4 和 D_7～D_0 共输出 16 位地址，其中 D_7～D_0 输出到芯片外的地址锁存器。

若是存储器与 I/O 设备间的 DMA 传输，则送出的总线地址为主存缓冲区地址。传输的另一方是设备接口中的数据缓冲器，数据直接由数据总线传输，不经过 8237。

若是存储器与存储器间的 DMA 传输，则分两个总线周期进行，如前所述。D_7～D_0 在送出总线地址高 8 位后，又提供数据的输入/输出缓冲。

3．时序和控制逻辑

这部分逻辑接收外部输入的时钟、片选及控制信号，产生内部的时序控制及对外的控制信号输出。

① 输入信号，包括：

- CLK—时钟输入，5 MHz。
- $\overline{CS}$—片选，低电平有效。
- RESET—复位，高电平有效。使芯片进入空闲期，除了屏蔽寄存器被置位，其余寄存器均被清除。
- READY—就绪，高电平有效。当选用慢速存储器或低速 I/O 设备时，需要延长总线周期，可使 READY 处于低电平，表示传输尚未完成。当完成一次传输后，让就绪信号 READY 变为高电平，通知 8237。

② 输出信号，包括：

- ADSTB—地址选通，高电平有效。将 8237 数据缓冲器送出的高 8 位地址，选通送入一个外部的地址锁存器（此后数据缓冲器就可作为数据的输入/输出缓冲用）。

❖ AEN—地址允许输出，高电平有效。将地址送入地址总线，其中高 8 位来自芯片外的地址锁存器，低 8 位直接来自芯片内的地址缓冲 A_7～A_0，共 16 位。

❖ $\overline{MEMR}$ —存储器读，低电平有效，8237 发出的控制命令。

❖ $\overline{MEMW}$ —存储器写，低电平有效，8237 发出的控制命令。

③ 双向信号，包括：

❖ $\overline{IOR}$ —I/O 读，低电平有效。

❖ $\overline{IOW}$ —I/O 写，低电平有效。

❖ $\overline{EOP}$ —过程结束，低电平有效。当外部向 8237 送入过程结束信号时，将终止 DMA 传输，如由 CPU 发出结束命令。当 8237 内部的传输字节计数器计满时，表明数据块传输完毕，将由 8237 向外发出 $\overline{EOP}$，终止 DMA 服务。

8237 处于空闲期时，CPU 可向 8237 发出 $\overline{IOR}$ 或 $\overline{IOW}$，对 8237 内部寄存器进行读写。在 DMA 服务期，由 8237 向总线送出这两个命令之一，控制对 I/O 设备（接口）的读写。

4．优先级仲裁逻辑

优先级仲裁逻辑控制 I/O 设备接口与 8237 之间的请求与响应，若同时有多个设备提出请求，则优先级仲裁逻辑将进行排队判优，而且提供了固定优先级和循环优先级这两种模式。

若在 DMA 初始化时选择固定优先级，则优先级顺序固定，从高到低依次为通道 0～通道 3；若选择循环优先级，则通道被服务一次后将降为最低优先级，其他通道优先级依次递升。

❖ $DREQ_0$～$DREQ_3$—DMA 请求，由设备（接口）发来，共 4 根请求线。

❖ HRQ—总线请求，由 8237 发往 CPU 或其他总线控制器。

❖ HLDA—总线保持响应，由 CPU（或其他总线控制器）发给 8237 的响应信号。

❖ $DACK_0$～$DACK_3$—DMA 应答，由 8237 发往某个被批准的设备（接口），共 4 位。

5．程序命令控制逻辑

这部分逻辑负责对 CPU 送来的命令字进行解析、译码处理。

5.5.4 直接存储器访问的传输过程

下面将以 IBM PC 为例，并结合 Intel 8237 芯片的具体信号，进一步解释说明 DMA 传输的全过程。Intel 8237 的工作状态可以分为空闲周期和操作周期。操作周期又可细分为若干状态，有的状态只维持一个时钟周期，有的状态则可能维持若干时钟周期。我们以时序状态图形方式描述微机 DMA 操作的一般工作过程，如图 5-37 所示。

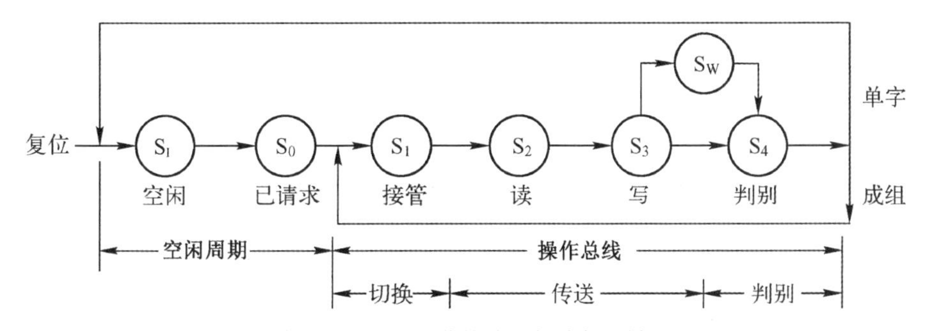

图 5-37　DMA 传输的一般过程示例

1. S_I空闲周期（静态）

CPU 可以利用 8237 处于空闲周期进行 DMA 初始化，如预置 DMA 操作方式、传输方向、主存缓冲区首址、传输字节数等。同时，CPU 应向接口送出 I/O 设备的寻址信息。在 S_I 中，CPU 也可从 8237 读取状态字等信息，以供 CPU 判断。

8237 的每个时钟周期都采样$\overline{CS}$，看 CPU 是否选中 8237 芯片，以便对 8237 进行读/写。每个时钟周期也要采样 DREQ，看设备是否提出 DMA 请求。

当 8237 完成初始化设置时，若已收到设备的 DMA 请求，则向 CPU 发出总线请求信号 HRQ，并进入 S_0 状态。

2. 操作周期（DMA 传输服务）

① 初始态 S_0：8237 已经发出总线请求信号，等待 CPU 的批准，若总线正忙，则 8237 有可能等待若干时钟周期。8237 收到 CPU 发来的批准信号 HLDA 后，进入 S_1 状态。

② 操作态 S_1：CPU 已经放弃总线控制权，8237 接管总线，送出总线地址，然后进入 S_2 状态。所以，S_1 是进行总线控制权切换的状态，又称为应答状态。

③ 读出 S_2：8237 向设备发出响应信号 DACK，并向总线送出读命令$\overline{MEMR}$或$\overline{IOR}$。从存储器或从 I/O 设备（接口）读出数据。

④ 写入 S_3：8237 发出写命令$\overline{IOW}$或$\overline{MEMW}$，将数据写入 I/O 设备（接口）或存储器；同时，8237 中的当前地址计数器与当前字节数计数器进行内容修改（如前者加 1，后者减 1）。

⑤ 延长等待 S_W：若在 S_2/S_3 内来不及完成传输（READY 为低电平），则进入 S_W，延长总线周期继续进行数据传输。完成一次 DMA 传输后，READY 变为高电平，进入 S_4。

⑥ 判别 S_4：判别 8237 采取的传输方式，以采取相应的操作。

若是单字节传输方式，则 8237 结束操作，放弃对总线的控制，然后返回到 S_I空闲周期。当设备再次提出 DMA 请求时，8237 再次申请总线控制权。

若是数据块连续传输方式，则 8237 在完成一次传输后，返回到 S_I状态，继续占用下一个总线周期，经 S_1～S_4 继续传输，直到一个数据块批量传输完毕。

从时序控制方式看，图 5-37 所示的过程是以时钟周期为单位的，所以属于同步控制方式。时钟周期数可在一定程度上随需要而变，如在传输过程中可插入或不插入 S_W，因此部分引入了异步控制的策略。在 S_I 和 S_0 状态，8237 并未占有总线；在 S_1～S_4 状态，8237 占有总线。所以在微机中，一个典型的总线周期包含 4 个时钟周期。根据 CPU 的时钟频率，可以计算出 PC 总线的总线周期基本时长，从而计算出总线的数据传输速率。

5.5.5 典型的 DMA 接口举例

前面基本上是以 Intel 8237 DMA 控制器为中心，分析它控制总线进行 DMA 传输的过程。本节将以一种微机常见的磁盘适配器为例，讨论 I/O 接口方面的情况。

选择这个实例有以下两点理由：① 在磁盘的调用过程中，既有 DMA 方式也有程序中断方式的具体应用；② 磁盘适配器的组成是一种比较典型的智能型控制器结构，I/O 接口中采用了微处理器和局部存储器。

磁盘是计算机硬件系统中非常重要的外部设备之一，通过本节的介绍，希望读者对磁盘子系统的组成及其调用过程有深入的了解。

1．磁盘适配器的组成

微机中的磁盘子系统与系统的连接方式如图 5-38 所示。微机系统中有两级 DMA 控制器，其中一级 DMA 控制器 8237 安装在系统板上，作为全机的公用 DMA 控制逻辑，管理软盘、硬盘、DMA 刷新、同步通信 4 个通道，如 5.5.4 节所述。在磁盘适配器上还有一级 DMA 控制器，其任务是管理磁盘驱动器与适配器之间的传输。两级 DMA 控制器使得适配器可以连接与控制磁盘驱动器，并使适配器具有较大的缓冲能力，足以协调多个硬盘设备之间的 I/O 冲突。

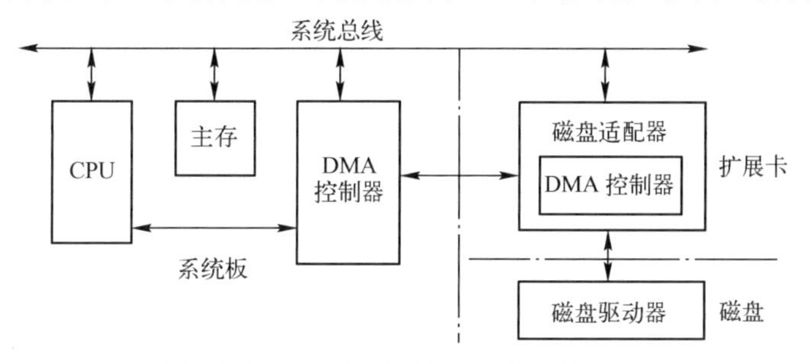

图 5-38　磁盘子系统与系统的连接方式

磁盘适配器的基本组成结构如图 5-39 所示，一侧是面向系统总线的接口逻辑即处理机接口，另一侧面向磁盘驱动器的接口逻辑即驱动器接口，两者之间是由微处理器与局部存储器构成的智能主控器、反映设备工作特性的一组控制逻辑和一块 8237DMA 控制器。磁盘适配器有一组内部总线，用来连接有关的部件。这种结构十分规整，也为设计复杂接口和局部控制器提供了一种参考模式。

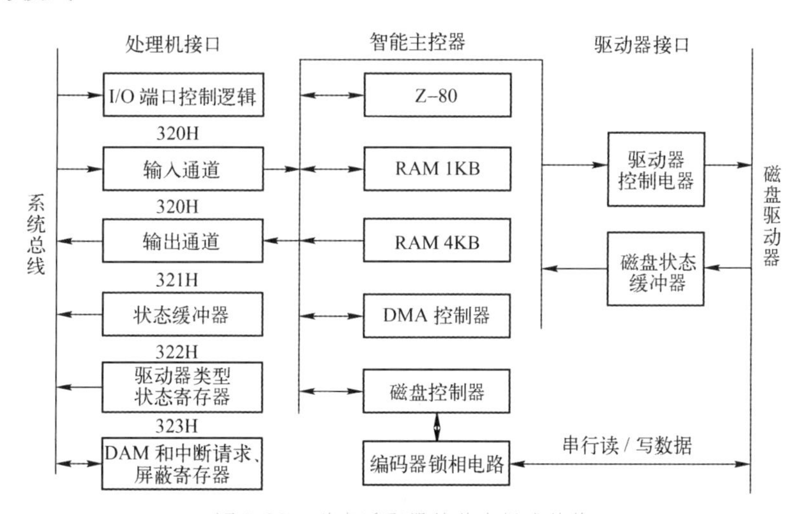

图 5-39　磁盘适配器的基本组成结构

1）处理机接口

处理机接口是与主机方面的接口逻辑。I/O 端口控制逻辑接收 CPU 发来的端口地址、读/写命令，经译码产生一组选择信号，选择下述 5 种端口和相关部件。

① 输入通道。这里所指输入是对磁盘适配器而言的，由端口地址 320H 和写命令 IOW 选中，可由 74LS373（8D 锁存器/直通门）组成。输入通道可以输入 CPU 命令，包括磁盘寻址信息在内的有关参数、需要写入磁盘的数据等。

② 输出通道。这里所指的输出也是对磁盘适配器而言的，由端口地址 320H 和读命令 IOR

选中，可由 74LS244（8 路驱动器）组成。输出通道可以输出执行命令的状态，以及从磁盘读出的数据。

输入通道和输出通道占用一个端口地址 320H，辅之以读、写命令，以区分当前选中的是输入通道还是输出通道。

③ 状态缓冲器。由端口地址 321H 选中，由 74LS244 组成，其中存放着 6 种状态信息：中断请求 IRQ_5、DMA 请求 $DREQ_3$、忙状态标志 BUSY、读/写 IN/OUT、命令/数据传输命令 CMD/DATA、DMA 传输有效 REQUEST，可供 CPU 读取。

④ 驱动器类型状态寄存器。由 74LS244 组成，端口地址 322H 选中。早期的磁盘驱动器类型参数是由一组开关设置的，存入本状态寄存器，现在可由 CMOS 的 RAM 提供设置信息。这些信息包括驱动器容量、圆柱面数、磁头数等，供 CPU 进行驱动器类型检查，作为驱动器复位时的初始化参数。

⑤ DMA 和中断请求、屏蔽寄存器。它包含两个请求触发器和两个屏蔽触发器，由端口地址 323H 选中。CMD/DATA 为 0 时，产生 DMA 请求 $DREQ_3$，请求传输数据字节；CMD/DATA 为 1（传输命令字节）且 IN/OUT 为 1（CPU 读）时，产生中断请求 IRQ_5。

2）智能主控器

温切斯特磁盘（简称“温盘”）的智能主控器是其核心，控制着磁盘存储器的操作。因此，这部分起着设备控制器的作用，其功能包括：

① 对 CPU 送来的命令进行译码，使专用的磁盘控制器产生相应的控制信号，通过驱动器接口发往磁盘驱动器，驱动设备完成指定的操作。

② 通过磁盘状态缓冲器检测磁盘驱动器的有关状态。

③ 通过处理机接口中的状态缓冲器，向主机报告命令的执行结果。

④ 将写入数据进行并－串转换，按 M^2F 制编码，形成写脉冲序列，送往磁盘驱动器。

⑤ 由磁盘驱动器读出数据，由锁相器调整适配器振荡频率，使之与读出时钟同步；通过数据、时钟分离电路，使数据信号与时钟信号相分离，从读出序列中分离得到数据信号，再经串－并转换形成并行的数据字节。

⑥ 进行错误检验和纠错。

⑦ 对磁道进行格式化。

为了实现上述功能，智能主控器由下列逻辑部件组成。

① Z-80 微处理器：执行磁盘控制程序。

② ROM：固化磁盘控制程序。磁盘子系统的软件包含两级程序：一是操作系统的磁盘驱动程序，二是适配器的磁盘控制程序，后者实现磁盘驱动器与适配器的物理操作。

③ 扇区缓冲器：由 SRAM 芯片构成，可缓存两个扇区内容，使适配器有足够的缓冲深度。

④ DMA 控制器：由一片 Intel 8237 芯片构成，为避免硬盘请求被屏蔽（优先响应软盘）带来的问题，设置了两级 DMA 传输控制。磁盘驱动器与适配器扇区缓冲器之间的传输由适配器的 8237 管理，扇区缓冲器与主存之间的传输则由 8237 管理。

智能主控器中的 8237 芯片也有 4 个通道。其中，通道 0 用于扇区地址标志检测，一旦检测到地址标志，将产生对本 8237 的请求 DRQ_0；通道 1 供主控器内部软件使用；通道 2 供专用的磁盘控制器使用，当产生校验错时，提出请求信号 DRQ_2；通道 3 供数据传输用。

⑤ 专用磁盘控制器（HDC）、编码器、锁相器、数据、时钟分离电路。专用磁盘控制器有

专用集成芯片，控制有关读盘、写盘的信息变换。编码器可由 PROM、延迟线路、八选一驱动器等组成，需要写入的数据送入 PROM，输出其对应的 M^2F 制编码。锁相器是一种振荡频率控制电路，根据本地振荡信号与驱动器读出序列信号间的相位差，自动调整振荡频率，使其始终与读出序列保持同步。读出序列中既有时钟信号，又有数据信号，分离电路从中分离出数据信号。

- 写盘：从适配器扇区缓冲器 RAM 中取得写入数据，做并－串转换，经编码器形成 M^2F 制代码，送往磁盘驱动器。当有一个扇区缓冲区为空时，适配器向主机提出 DMA 请求，请求主机送来写入数据。此时，适配器还有一个扇区数据可供写入驱动器。
- 读盘：驱动器送来串行读出信号序列，分离电路使得数据信号与时钟信号分离。此时，锁相器调整本地振荡频率，始终跟踪同步的读出信号。获得的数据信号先经过串－并转换，再送入扇区缓冲器暂存。

当有一个扇区缓冲区装满时，适配器向主机发出 DMA 请求，请求主机取走数据。此时，适配器还有一个扇区的存储空间可供存放继续读出的数据。这样可保证一个扇区（数据块）的连续传输，既不会在写盘过程中发生数据迟到，也不会在读盘过程中出现数据丢失。

3）驱动器接口

驱动器接口是与磁盘驱动器方面的接口逻辑。为了使适配器连接不同型号的磁盘驱动器，一般要求双方都符合某种工业标准接口约定，早期较常使用的有 ST506 接口标准。

① 驱动器控制电路，用来产生对磁盘驱动器的控制信号，送往驱动器。例如：

- 驱动器选择 0、1、2、3：共 4 个选择信号，可选择 4 个驱动器之一。
- 磁头选择 20、21、22：共 3 个选择信号，经译码可选择 8 个磁头（记录面）之一。
- 方向选择：控制寻道方向，为 1 则使磁头向中心方向运动。
- 步进脉冲：每发一个步进脉冲，驱动器中磁头在步进电动机驱动下，将移动一个道距。
- 写命令：为 1，写入磁盘；为 0，从磁盘中读出。
- 减少写电流：磁头越往内圈移动，浮动高度降低，而位密度增加。为减少内圈各位之间的干扰，应减少写电流。最外圈的写电流与最内圈的写电流相比，可相差 30%。

② 温盘状态缓冲器，接收驱动器状态信息，供 Z-80 判别。例如：

- 驱动器选中：由被选中的驱动器发回的应答信号。
- 准备就绪：当驱动器主轴电动机达到额定转速且磁头重定标于 0 号磁道时，驱动器送来准备就绪信号，便可开始启动寻道操作。
- 寻道完成：当磁头定位于目标磁道后，驱动器送来寻道完成信号，可借此引起一次中断请求，根据从该道上读出的磁道号，判断寻道是否正确。
- 磁道 0：当磁头位于 0 号磁道时，驱动器送出本信号，作为磁道位置的基准。
- 索引脉冲：盘片每旋转一周，驱动器送出一个索引脉冲，作为磁道的开始的同步标志。
- 写故障：当驱动器的写操作发生故障时，送出本信号。

③ 读、写数据，按 M^2F 制的记录序列串行传输数据。数据按给定的编码模式转换成对应的写入电流变化向磁盘写入数据，或者通过磁头感应电势变化，以读出数据。

2. 磁盘调用举例

磁盘调用过程涉及许多处理细节，例如：CPU 应对 DMA 控制器及磁盘适配器发出哪些命令、命令格式、发出命令的时间；在调用过程中需做哪些状态检测，以直接程序查询方式还是中断方式进行检测；一旦发现错误，适配器应提供哪些出错信息，主机又如何处理；主机为磁盘控制器设置哪些操作命令，磁盘驱动程序中包括哪些功能模块等，不同计算机对磁盘调用的设计可能不同。

从软件的角度，对磁盘的调用是通过磁盘驱动程序实现的，涉及对 DMA 控制器的初始化、对磁盘适配器的操作命令和诊断命令等。磁盘适配器和磁盘驱动器的自身操作由适配器的磁盘控制程序控制。DMA 传输由纯硬件控制实现，DMA 控制器控制系统总线、适配器与主存储器的读、写。调用过程的某些诊断可配合程序中断予以处理。

操作系统的温盘驱动程序以软中断 INT　13H 调用，包含一个主程序框架和 21 个功能子程序模块，可向磁盘控制器发出 22 种操作命令和诊断命令。

主程序的功能包括测试驱动器参数判别可否调用；设置命令控制块，其中给出圆柱面号、磁头号、扇区号、传输扇区个数、寻道的步进速率、功能子程序模块号；转入某个功能子程序；传输完毕判断调用是否成功等。

共有 21 个功能子程序模块可供选用，例如：磁盘复位；读取磁盘操作状态；读盘，即将指定扇区内容读入主存；写盘，即从主存写入指定扇区；检验指定的扇区；格式化指定的磁道，设置故障扇区的标志；从指定的磁道开始格式化；返回当前驱动器参数；初始化驱动器性能参数；长读（每扇区 512 字节+4 校验字节）；长写（每扇区 512 字节+4 校验字节）；磁道寻找；磁盘复位（DL 寄存内容为 80H～87H）；读扇区缓冲器；写扇区缓冲器；测试驱动器准备状态；诊断磁盘控制器中的 RAM；诊断驱动器；控制器内部诊断。

进入功能子程序后，以主程序设置的命令控制块为基础，填入有关控制信息后形成设备控制块，发往磁盘适配器。设备控制块 1～6 字节不等，按照约定格式形成 22 条硬盘控制器（HDC）命令，例如：测试驱动器就绪；重新校准；请求检测状态；格式化驱动器；就绪检验；格式化磁道；格式化坏磁道；读；写；寻道；预置驱动器特性参数；读 ECC 猝发长度；从扇区缓冲区读出数据；向扇区缓冲区写数据；RAM 诊断；驱动器诊断；控制器内部诊断；长读；长写等，还有几条保留未定义。这些 HDC 命令体现了各功能子程序的主要功能。

磁盘适配器中的微处理器执行磁盘控制程序，当执行 HDC 命令结束时，都要向主机返回 1 个表示完工的状态字，通知主机在执行该命令期间是否出现错误。如果允许中断，状态字的传输与处理将采用中断方式。磁盘适配器准备好传输状态字节时，向主机发出中断请求 IRQ_5，主机通过中断处理程序取走状态字，结束 HDC 命令，适配器则清除“BUSY”标志。

如果操作中出现错误，适配器形成 4 字节的检测数据。其中，字节 0 给出错误类型及错误代码，字节 1～3 则指明驱动器号、圆柱面号、磁头号、扇区号。错误类型及错误代码指出 4 类 27 种错误之一，例如：磁盘控制器没有检测到来自驱动器的索引信号；寻道之后没有收到寻道完成信号；检测到驱动器出现写故障；选择驱动器后，没有收到就绪信号；没有 0 道信号；寻道不能结束；标志区读出校验错；数据读出错；未能检测到磁道地址标志；未能找到目标扇区；寻道错；坏磁道；适配器收到的是无效命令；非法磁盘地址（超出最大范围）；RAM 错（在 RAM 扇区缓冲器的诊断中发现数据错）；在控制器内部诊断中发现其程序存储器的检查和有错；在控制器内部诊断中发现 ECC 多项式错……当主机从状态字中发现有错时，可进一步从适配器取回反映出错状态的检测数据，以判明错误性质。

当主机执行完一个功能子程序后，CPU 也将形成出错与否的信息代码。进位标志 CF 为 0，表示操作成功，此时寄存器 AH 内容为 0，表示没有错误，可结束磁盘调用，返回用户程序的主程序。如果进位标志 CF 为 1，就表示操作有错误发生，此时 AH 中给出错误码，指出错误性质，如磁盘 I/O 命令错误、地址标志未找到、需要的扇区未找到、复位故障、驱动参数有问题、DMA 超越 64K 范围、坏磁道、读盘出现校验错、ECC 校正数据错误、磁盘控制器故障、寻道故障、设备未响应、发现未定义的错误、检测操作出现故障等。发现有错后，或重新执行，看是否属于干扰造成的偶然性故障，或通过显示器报告故障信息。

下面以 X86 机读/写磁盘为例，说明磁盘调用的大致过程，其间略去了一些细节。

<1> 以软中断“INT 13H”调用磁盘驱动程序，并在寄存器 AH 中写入所需功能子程序号：读盘，AH=02H；写盘，AH=03H。

<2> 在磁盘驱动程序的主程序段中，设置命令控制块，其中给出磁头号、圆柱面号、起始扇区号、扇区数、寻道步进速率。

<3> 根据 AH 值，转入相应功能子程序。

<4> 在读盘、写盘子程序中进行 DMA 初始化。

向 DMA 控制器 8237 送出方式控制字，其中包括 DMA 传输方向、传输方式（单字节方式或数据块连续传输方式）、是否选择自动预置方式、地址增/减方式。初始化磁盘将占用的 DMA 通道，即向 8237 送出主存缓冲区首址、交换字节数等信息。判断 DMA 传输量是否超过 64 KB。若超出，则执行异常处理；若正常，则向磁盘适配器（端口地址为 323H）送入允许信息，允许适配器发出 DMA 请求和中断请求。

<5> 在读/写子程序中检测适配器状态（端口 321H），然后以主程序设置的控制块为基础形成设备控制块，发往适配器端口 320H，产生 HDC 命令，启动寻道和读、写操作。

<6> 当寻道完成时，磁盘驱动器向适配器发出“寻道完成”信号，适配器判别寻道是否正确。若寻道正确，则可启动读、写操作。若不正确，可重新定标，让磁头回到 0 道，然后重新寻道。若仍不正确，则产生寻道故障信息。

<7> 当磁头找到起始扇区时，开始连续地读、写，将读出数据送入适配器的扇区缓冲器，或将扇区缓冲器中的数据写入磁盘扇区。

<8> 当适配器准备好 DMA 传输时，适配器向 8237 提出 DMA 请求。

- 读盘：当磁盘适配器的扇区缓冲器有一个扇区缓冲区装满时，提出 DMA 请求。
- 写盘：当扇区缓冲器有一个扇区缓冲区为空时，提出 DMA 请求。

<9> DMA 控制器申请并接管系统总线，实现 DMA 传输，并相应地修改主存地址、数据传输的字节数。

<10> 批量传输完毕，DMA 控制器发出结束信号 $\overline{EOP}$，终止 DMA 传输。适配器再向主机提出中断请求。

<11> 主机的读盘、写盘子程序在接到中断请求 IRQ_5 后，从适配器取回完工状态字节，判断 DMA 传输是否成功。若有错，则取 4 个检测数据字节，进行出错处理。若成功，则向适配器送出屏蔽请求的屏蔽字，然后返回，结束调用。

在上述描述中，有些内容与具体计算机调用方式有关，如：以何种方式调用磁盘驱动程序，命令格式与传输，做哪些检测等；有些内容是具有共性的，如：DMA 控制器初始化，向适配器送出寻址信息与传输方向，以纯硬件方式实现 DMA 传输，DMA 控制器控制传输过程的终止，以及通过中断方式进行结束处理等。

5.6 输入/输出处理器和外部处理机模式

现代计算机系统中通常会连接许多种类各异的输入设备、输出设备，可能既有高速设备也有低速设备，甚至同一类设备也可能有多台。在这种情况下，每个外设都配置一个专用的 DMA 控制器不太现实，且多个控制器并行工作还会造成存储器访问的冲突，反而会降低系统的 I/O 性能。解决多个设备 DMA 问题的基本思路就是设置一个可被多种外设共享的专用控制器，在此思路上发展出了输入/输出处理器（IOP）的概念。输入/输出处理器（IOP）是一种设置专用处理器来控制具体 I/O 操作的数据输入/输出控制方式，把主机 CPU 从繁杂的 I/O 控制中解放出来，实现了 I/O 控制与 CPU 的并行性，显著提升了计算机系统的整体 I/O 性能。

通道（Channel）是典型的输入/输出处理器（IOP）方式，本节将重点介绍通道的结构、类型和工作原理。

5.6.1 通道的系统结构

通道是一个带有专用 I/O 处理器的高级输入/输出控制部件，其任务是通过执行程序来管理主机与外设之间的数据传输。通道可以有自己的指令，即通道指令，能够通过程序控制多个外设，还能提供 DMA 共享功能。大中型计算机一般都使用通道，如图 5-40 所示。

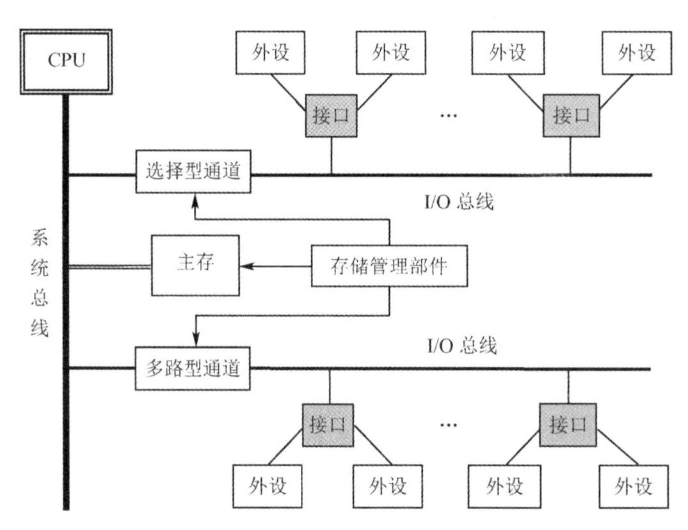

图 5-40 带通道的大型计算机系统结构

从逻辑结构层次上，采用通道后会涉及三个层面的连接交互，即“主机 - 通道”层面、“通道 - 接口”层面、“接口 - 外设”层面。通道与外设之间的接口是计算机硬件系统的一个重要界面，为了便于用户配置设备，“通道 - 接口”层面一般采用 I/O 总线，使各种 I/O 设备与通道之间有相同的接口线和工作方式。在更换支持通道标准的 I/O 设备时，通道几乎不需要任何改变，这也提高了通道对不同类型 I/O 设备的适应性。

当需要进行主机与外设之间的数据输入输出时，CPU 先启动通道，并将数据传输的具体控制任务交给通道，通道负责控制主机与接口之间的具体 I/O 操作（多数情况下采用的是 DMA 方式），CPU 只负责数据处理功能。这样，通道 I/O 系统和 CPU 就能分时使用主存，也就能实现 CPU 与 I/O 系统的并行工作。

5.6.2 通道的类型

一台计算机可以配置多个通道，一个通道上有可以挂接多个外设。根据数据传输方式的不同，通道总体上可以分为两种：选择型通道和多路型通道。

1．选择型（Selector）通道

选择型通道（只能以突发模式工作）可连接多个外设，但这些设备不能同时工作，在某个时间段内只能选通一个设备进行工作，只有当这个设备的全部通道程序执行后，才能选择其他设备进行工作。选择通道主要用于连接高速的外部设备，如磁盘等。

2．多路型（Multiplexer）通道

多路型通道也可以连接多个外设，兼容选择型通道，在某时段内可以同时选通多路设备进行工作，且允许这些外设按一定的单位轮流进行数据的输入、输出。根据每次数据传输单位的差异，多路型通道又分为字节多路型通道和数组多路型通道。

① 字节多路型通道：一种简单的分时共享通道，主要用于连接多路低速或中速设备。通道选择一路设备后，该设备开始传输数据，但只能传输 1 字节，若该设备有多字节数据需要传输，则该外设需要多次请求，被通道多次选择才能完成传输。

字节多路型通道把可用的传输时间分为若干时间片，每个时间片传输 1 字节，由多个外设分时方式共享一个通道，主要用于连接多种低速外设。

② 数组多路型通道：在物理上可连接多路高速外设，数据以成组（块）交叉的方式进行传输。通常，一个外设在进行工作时，除了数据传输，还包括寻址等操作。数组多路型通道的基本思想是：当某个设备进行数据传输时，通道只为该设备服务；当设备在执行寻址等非传输型操作时，通道暂时断开与这个设备的连接，挂起该设备的通道程序，去执行其他设备的通道程序，为该设备的输入或输出服务。

选择型通道和多路型通道的工作特点和性能对比如表 5-3 所示。

表 5-3　选择型通道和多路型通道的性能对比

性　能	选择型通道	多路型通道	
		字节多路型	数组多路型
单次数据传输量	不定长，全部数据	1 字节	定长数据块
适用范围	高优先级的高速设备	大量的低速设备	大量的高速设备
工作方式	独占通道	各设备按字节交叉	各设备成组交叉
通道的共享性	独占，完成后释放	分时共享	分时共享
选择设备的次数	仅一次	可能多次	可能多次

例如，假设有 P 台设备连接在通道上，每台设备传输数据需要经历设备选择和数据传输 2 个时间段。分别用 TS_i、TD_i 和 n_i（字节）来表示第 i 台设备的选择时间、传输 1 字节数据所需时间和数据传输量，其中 $i=1,2,\cdots,P$ 。

对于选择型通道，完成 P 路设备的数据传输所需的总时间为

$$T_{\text{select}}=\sum_{i=1}^{P}(\mathrm{TS}_i+\mathrm{TD}_i\times n_i) \tag{5-2}$$

对于字节多路型通道，完成 P 路设备数据传输所需的总时间为

$$T_{\text{byte}}=\sum_{i=1}^{P}(\text{TS}_i+\text{TD}_i)\times n_i \tag{5-3}$$

对于数组多路型通道，假设每次传输的数据量为 m_i 字节，则完成 n_i 字节数据共需要进行 n_i/m_i 次断点续传才能完成，所以 P 路设备的数据传输所需的总时间为

$$T_{\text{block}}=\sum_{i=1}^{P}(\text{TS}_i+\text{TD}_i\times m_i)\times\frac{n_i}{m_i} \tag{5-4}$$

由式(5-2)～式(5-4)可以看出，在传输数据量相同的情况下，选择型通道花费在设备选择上的时间开销最少，传输效率最高，但其最大缺点是当一个设备被通道选择使用后，要等它的数据全部传输完毕才会被通道释放，因此单次通道占用时间比较长，这会导致通道对其他外部设备传输请求的响应时间延迟会很长。

字节多路型通道与选择型通道刚好相反，因为要多次选择设备，故其花费在设备选择上的时间中开销最多，传输效率也最低。由于被选择的设备一次只能传输 1 字节数据就要被通道释放，故单次通道占用时间比较短，因此通道对其他外设传输请求的响应时间延迟最短。

数组多路型通道的数据传输效率和传输请求响应延时介于选择型通道和字节多路型通道之间，实际是这两种通道的一种优化折中，在系统效率和响应时间上取得了完美平衡。

5.6.3 通道的工作原理

通道的逻辑结构如图 5-41 所示。

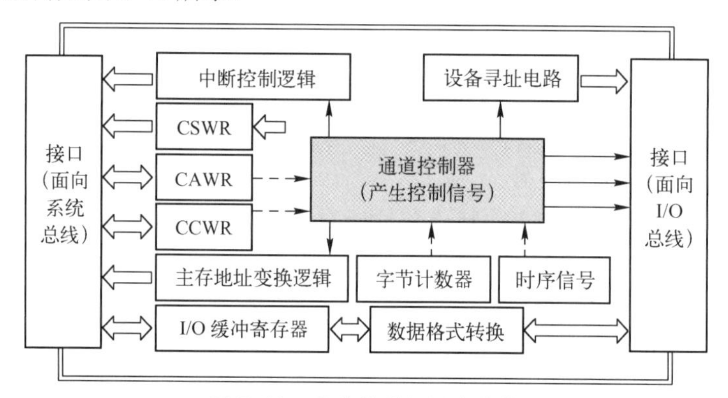

图 5-41　通道的逻辑组成结构

在介绍通道的工作原理之前，先介绍通道的几个主要部件和相关术语。

① 通道控制器：通道内部设置的一个专用控制器，用来产生控制通道操作的各种信号，从功能和作用上看，非常类似于 CPU 中的微命令发生器。

② 中断控制逻辑：用来产生并向 CPU 发送中断请求信号的逻辑电路单元。两种情况下通道会产生中断请求：一种是数据传输正常结束，另一种是传输过程中发生某种异常。

③ I/O 指令：属于管态指令（涉及操作系统的 I/O 管理程序），是 CPU 专门用来启动、停止通道，测试通道和外设状态等的简单指令，不直接参与控制具体设备的 I/O 操作。

④ CSW（Channel Status Word，通道状态字）：类似 CPU 中的 PSW（程序状态字），主要用于记录 I/O 操作结束的原因及操作结束时通道自身和 I/O 设备的状态。CSW 通常存储在固定的主存单元中（IBM 3600 中为 64H 单元），以便 CPU 能快速地读取所需的各种状态信息。

⑤ CSWR（Channel Status Word Register）：即通道状态字寄存器，专门用来暂存通道操作

过程产生的状态字 CSW，也是通道控制器产生 I/O 控制信号的依据。

⑥ CAW（Channel Address Word，通道地址字）：主要用于指明通道程序在主存中的首地址，通常保存在一个固定的内存单元中。比如，IBM 3600 的 CAW 就固定存放在 72H 单元中。

⑦ CAWR（Channel Address Word Register）：通道地址字寄存器，存放从主存中读取的 CAW。

⑧ CCW（Channel Command Word，通道命令字）：也称通道指令，是通道控制器产生各种控制信号来控制 I/O 操作的主要依据，类似于 CPU 执行的机器指令，由命令码、主存地址、标志码及传输字节数等命令字代码段构成。

⑨ CCWR（Channel Command Word Register）：通道命令字寄存器，专门用来暂存通道命令字 CCW，其逻辑角色大致相当于普通 CPU 中的 IR，即指令寄存器。

⑩ 通道程序：由一条或若干条 CCW 组成，也称为通道指令链，由通道取指机构从主存中逐条读取并暂存在 CCWR 中。通道程序一般由 CPU 根据 I/O 请求来进行编制，再由 I/O 管理程序将其存放在主存中，并将程序在主存中的首地址写入 CAW。

通道的基本工作过程如图 5-42 所示，从主机和通道的角度分别描述如下。

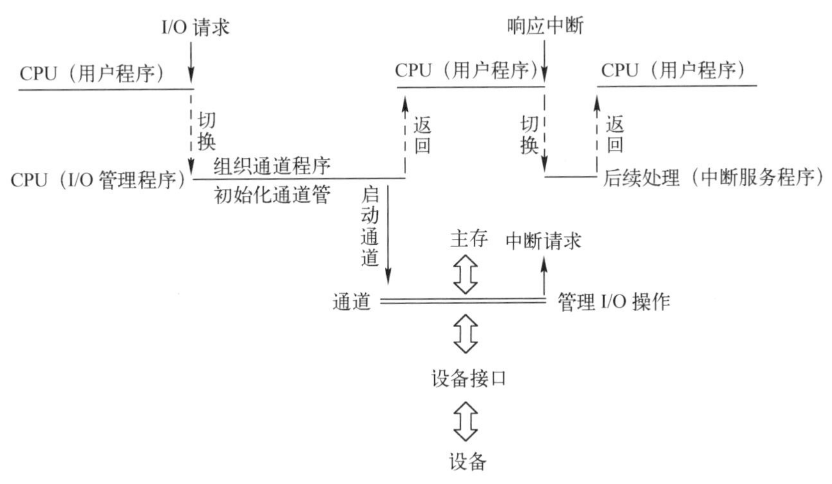

图 5-42　通道的一般工作过程

<1> 用户程序提出 I/O 请求。

<2>CPU 响应 I/O 请求，切换至管态，执行 I/O 管理程序，组织通道程序，将其保存在内存中并记录通道地址字，安排主存区，确定主存缓冲区首地址和数据传输量等。

<3> 初始化通道号和设备号，向通道发出启动命令，CPU 返回用户程序执行。

<4> 通道收到启动命令后，从固定的主存单元中读取 CAW 并存入 CAWR。

<5> 通道暂存设备号，然后对外设进行寻址，连接到目标外设。

<6> 根据 CAW 读取通道程序的首条 CCW 并存入 CCWR，然后启动外设。

<7> 通道继续逐条读取并执行当前通道程序剩余的 CCW 来控制具体的 I/O 操作，直到最后一条 CCW 执行完毕。在此过程中，更新 CSWR 的内容。

<8> 通道控制的 I/O 操作结束后，或者在数据传输过程中发生了某种异常，通道向外设发出结束命令，向 CPU 发出中断请求，将 CSWR 的内容保存到固定的主存单元。

<9> CPU 暂停执行当前用户程序，响应通道的中断请求，然后切换到通道的中断服务程序执行。中断服务程序通过主存中存放的 CSW 了解本次传输的情况，并进行 I/O 善后处理，

如输入、输出异常处理和数据校验等操作。

从通道的工作过程可以看出，主存与设备之间的数据 I/O 操作是在通道的控制下完成的，而通道对 I/O 的控制是通过执行通道程序来实现的。此外，通道又是被主机指挥和控制的。具体的 I/O 过程不需要主机干预，CPU 可以与通道并行工作，主机仅在管理通道（如启动或停止通道）、I/O 操作发生异常或数据 I/O 结束时才参与处理。

总体上，通道最核心的功能就是执行通道程序，控制主存与外部设备之间的数据 I/O 操作，因此通道的基本功能可总结如下：

① 接收 CPU 发出的 I/O 指令，外设寻址，控制外设。

② 执行通道程序，向外设发送 I/O 操作控制命令。

③ 组织和控制主存与外设之间具体的数据 I/O 操作，如数据缓冲、主存寻址、数据量控制和数据格式的转换等。

④ 记录状态信息并更新 CSWR，并将 CSW 保存到固定的内存单元，供 CPU 使用。

⑤ 向主机 CPU 发出 I/O 中断请求。

此外，设备控制器的完成的主要功能也可概括为：

- 从接口接收通道的 I/O 控制命令，如启动、停止等，以及向外设发送各种控制信号，控制外设完成指定的 I/O 操作。
- 通过接口向通道提供外设的状态信息。
- 按通道和接口的标准，对不同的外设非标信号进行格式转换。

在使用通道的这种 I/O 方式中，除了主机系统的处理器，一般采用另一个可以执行通道指令来进行具体 I/O 控制的处理器，因此通道是一种典型的 IOP 方式。同时，该处理器一般位于主机之外，因此也有文献称之为外围处理器（Peripheral Processor，PP）。

IOP 独立于主 CPU 进行具体的 I/O 操作控制，也要接受主 CPU 的控制，因此逻辑上它仍然属于主机硬件系统的大范畴。有些 IOP 还能提供数据的变换、搜索、字装配/拆卸能力，如 Intel 80891，这类 IOP 通常应用在中小型和微型计算机中。

从输入/输出的控制模式角度，除了 IOP 方式，还存在外围处理机（PPU）方式。外围处理机方式一般独立于主机系统，甚至有独自的、完善的指令系统，能够完成算术/逻辑运算、读、写主存、控制外设 I/O 操作等。因此，外围处理机与一个完整的计算机系统并无差异，有的场合甚至直接用通用计算机作为外围处理机。一般，大型计算机系统会采用外围处理机构建多机系统，从而使其具备令人惊叹的高效计算和 I/O 控制能力。外围处理机已超出了一般 I/O 子系统的概念，更接近于多处理机系统，本书只对其简要介绍，并没有进行深入分析讨论。

习 题 5

5-1 简要解释下述名词术语。

总线	总线宽度	总线带宽	主设备	从设备
直接程序传输方式		中断	软中断	硬件中断
可屏蔽中断		非屏蔽中断	向量中断	非向量中断
中断向量	向量地址	中断向量表	中断隐指令操作	DMA

5-2 比较并说明下述几种 I/O 控制方式的优缺点及其适用场合。

（1）直接程序传输方式（含程序查询方式）

（2）程序中断方式

（3）DMA 方式

5-3 某机连接 4 台 I/O 设备，序号为 0#～3#，采用软件查询确定其中断优先级。请分别按下列两种要求拟定查询程序流程图。

（1）固定优先级

（2）轮流优先，使机会均衡

5-4 分别用多重查询和菊花链结构设计优先链排队逻辑，画出门级逻辑电路。

5-5 串行接口和并行接口的实质区别是什么？

5-6 I/O 接口的主要功能有哪些？

5-7 程序中断方式与一般所指的转子有何不同？

5-8 什么是向量中断方式和非向量中断方式？各有什么优缺点？

5-9 某机连接 4 台 I/O 设备，序号为 0#～3#，允许多重中断。

（1）优先顺序为 0#～3#，分别拟定响应各设备请求后应送出的屏蔽字。

（2）若采取轮流优先策略，则屏蔽字应如何变化？

5-10 某 I/O 设备的工作状态可抽象为空闲、忙、完成，CPU 发来清除命令使其进入“空闲”状态，启动命令使其进入“忙”状态，设备完成一次操作使其进入“完成”状态。若进入“完成”状态，且 CPU 没有对其屏蔽，则提出中断申请。试为此设计中断接口，画出逻辑图。

5-11 某微机用于控制 8 层楼电梯系统，请根据你对电梯运行方式的了解，设计中断接口，画出寄存器级逻辑粗框图，并拟定其命令字和状态字格式。

5-12 某机中断控制器能处理的 5 级中断响应优先级是 $IRQ_1>IRQ_2>IRQ_3>IRQ_4>IRQ_5$，在中断处理过程中拟将优先级顺序动态调整为 $IRQ_1>IRQ_4>IRQ_5>IRQ_2>IRQ_3$，假设此中断控制器中的自动结束标志位被设置成 EOI=1，请完成如下问题：

（1）各中断服务程序中的屏蔽字 IMR[5:1]应如何设置？

（2）若在运行主程序时同时出现了 IRQ_3 和 IRQ_4，在执行 IRQ_3 服务程序时同时出现了 IRQ_1、IRQ_2 和 IRQ_5，请绘制 CPU 执行各中断服务程序的过程示意图。

5-13 DMA 的初始化阶段主要应完成哪些任务？

5-14 总线系统的信号类型主要有哪几种？

5-15 通道的类型有哪几种？分别应用在什么场合？

5-16 某字节多路通道连接 A、B、C、D、E 共 5 台设备，这些设备分别每隔 10 μs、20 μs、30 μs、50 μs 和 75 μs 向通道发出一次数据传输的服务请求，请回答下列问题：

（1）这个字节多路型通道的实际流量是多少？

（2）如果设计字节多路型通道的最大流量正好等于通道实际流量，并假设对于这 5 台设备通道对它们的响应优先级为 A>B>C>D>E。试分析，计算通道能正常为这 5 台设备提供传输通道吗？如果不能，那么应当如何解决这个问题？

第 6 章

输入/输出设备

中央处理器（CPU）和主存储器一起构成了计算机的逻辑主机。主机以外的大部分硬件设备被称为输入/输出设备（或外围设备），而输入/输出接口则是主机与输入/输出设备之间的交接面，从而实现主机与设备之间的信息交互。

输入设备和输出设备是计算机系统与人或其他设备、系统之间进行信息交换的装置。人们习惯用数字、文字、图形图像和声音等形式来表示各种信息，而计算机所能处理的是以电信号形式表示的数字代码。因此，需由输入设备将各种原始信息转换为计算机能识别处理的信息形式，并输入计算机；由输出设备将计算机处理的结果转换为人或其他系统能识别的信息形式，并向外输出。

在通常的计算机系统中，一般用户的外围设备将占总成本的50%以上，从故障发生情况来统计，约有80%的故障发生在输入/输出子系统上。此外，外围设备不仅种类繁多，它们的构成和工作原理也差别甚大，且与主机的连接方式复杂多变。因此，本章在按功能分类予以概述后，重点介绍几种常用的输入/输出设备：比如键盘、显示设备、打印设备等。

6.1 输入/输出设备概述

6.1.1 设备的基本功能

用户在使用计算机系统时，接触最多的是输入/输出设备。输入/输出设备是计算机主机与外界实现联系的装置，对计算机系统使用方便与否影响很大。输入/输出设备的种类繁多，不胜枚举。但总的来说，输入/输出设备具有以下功能。

1．完成信息的转换

通常，人们习惯用字符、声音、图形、图像等来表达信息的含义，处理机只能识别和处理用“0”和“1”表示的二进制代码。因此，在计算机进行数据处理时必须先将处理程序、原始数据及操作命令等信息变成处理机能识别的二进制代码；同样，处理机处理的结果要告诉用户，也必须变换成为人们熟悉的表示形式。这种处理机与外界联系时信息格式的转换通常需要通过输入设备或者输出设备才能实现。

2．实现人机交互

无论计算机用于何处，都要由人去操作，尽管在自动控制或某些其他领域里，人与计算机可能不直接接触，但在研制、开发程序的过程中，人仍然需要直接与计算机交互联系。实现这一联系的装置仍然是输入设备或者输出设备。例如，有了显示器、键盘、鼠标等外部设备，用户可直接、方便地与计算机实现多种形式的交互，这样可以大大提高计算机的处理效率，加速计算机的应用推广，并充分发挥人的智能作用、提升计算机的用户体验。

3．存储信息资源

随着计算机功能的增强，系统软件的规模和被处理的信息量也日益扩大，因此不可能将它们全部存于主存中。这样需要有一种能扮演系统软件和各种数据信息驻留地的输入/输出设备，如便携式移动硬盘和U盘。

4．促进计算机应用领域的拓展

输入/输出设备是计算机在各领域应用的重要物质基础，早期的计算机主要用于数值计算，输入/输出设备比较简单。随着计算机应用范围的扩大，很快超出了数值计算的范围，输入/输出设备作为计算机系统的重要组成部分，便以多种多样的形式进入各领域。“模/数”（A/D）、“数/模”（D/A）转换装置使计算机适应于工业自动化的需要。图形数字化仪、智能式绘图仪及带光笔的交互式字符图形显示器为计算机在辅助设计方面的应用提供了有力的支持。语音输入识别装置、传真机、图像输入设备使办公自动化深受人们的重视。此外，由于计算机在商业、金融、情报等部门的应用，出现了磁卡和条形码阅读机；医疗卫生部门已广泛采用计算机断层扫描设备来获取人体内部清晰的图像，进行辅助诊断。

6.1.2 设备的种类

为了增强系统功能，计算机系统配置的外围设备越来越多。由于计算机极其广泛地应用在各种领域，除了配置一些基本的输入/输出设备，还可能配置一些与应用领域相关的外围设备。

这些设备的工作原理，除了常见的机电式、电子式，还涉及各种新的技术成果，涉及各式各样的物理、化学机制，而且在不断发展中。外围设备的一个显著特点就是多样性，这也导致了多种分类，如按功能与用途、工作原理、速度快慢、传输格式等进行分类。如果不是从设备研制本身，而是从计算机系统组成的角度分类，一般选择按设备在系统中的作用来划分，可将它们分为 6 类。同一种设备可能具有其中几种功能。

1. 输入设备

如前所述，输入设备将外部的信息输入主机，通常将操作者（或广义的应用环境）提供的原始信息转换为计算机能识别的信息，然后送入主机。例如，将符号形式（如字符、数字等）或非符号形式（如图形、图像、音频等）的输入信息转换成代码形式的电信号。常见的输入设备有键盘、穿孔输入设备、数据站（脱机录入装置）、图形数字化仪、字符输入与识别装置、语音输入与识别装置，以及光笔、鼠标、跟踪球、操纵杆等辅助装置。

键盘是目前最常用也是最基本的输入装置。通过键盘，用户可输入程序和数据（字符方式），甚至编写程序或编制文件。键盘操作也是主要的人机交互界面之一，在人机对话中，通过键盘向计算机发出命令，或提供回答信息。

早期曾广泛使用穿孔信息载体，如穿孔纸带、穿孔卡片。每个孔的位置记录 1 位二进制信息，有孔为 1，无孔为 0。相应地，在输入设备中有纸带输入机（光电式、电容式）和卡片输入机。穿孔纸带的使用源于邮电通信，纸带中的一行穿孔信息表示一个字符，分为 5 单位（每行 5 位）和 8 单位（每行 8 位）两种；通过光电检测或电容检测进行识别，并转换为相应的电信号。在通用计算机中，穿孔纸带不再使用，但在数控机床一类设备中，目前还作为一种可供选用的方式。

数据站是一种数据录入装置。为了不让数据录入占用主机宝贵的运行时间，大批量数据录入往往采取脱机录入方式。即先在专门的录入装置（有时也称为数据站）中由人工录入数据（装置一般具有显示、编辑、存盘/带功能），录入结果存入软盘或磁带，再联机送入主机。

图形数字化仪将图形、图像信息转变为数字代码，然后送入计算机处理。最常见的方法是通过自动光扫描或运用摄像机，将图形、图像信息以像素为单位转换为数字信息。现在广泛应用的扫描仪，从简易的手持式扫描仪到复杂的自动扫描仪、摄像扫描仪，种类很多。对于比较简单、较规整的图形，人工移动光标的方法可以跟踪已有图形，或绘制图形。例如，在 CRT 显示器屏幕上，用光笔移动光标，实现跟踪定位和绘制。又如，在图形输入板上，用画笔在输入板上跟踪图形移动，将图形的位置坐标（如一根直线的起点与终点）转换为数字，输入计算机，所采用的原理有电磁感应式、超声波式等。

随着模式识别技术的发展，出现了智能输入设备，让计算机直接“会看、会听”的梦想已在很大程度上实现。如光学字符阅读机，在光电扫描时，字符在纸面上各点的反射光强度大大低于空白点的反射光强度，据此转换为电信号送入计算机。又如，磁性字符阅读机，字符是用磁性墨水书写的，通过磁头对其扫描，也可转换为电信号。在计算机中，运用模式识别技术可判断字符是什么，从而产生相应的字符编码。对规整的印刷体字符，自动识别率已经很高。对人工书写体字符，计算机经过学习，也能达到很高的识别率。

语音输入及处理技术的发展很快。将声波转换为数字信号，或者从中提取某些特征参数，然后输入计算机，根据需要进行编辑处理、还原，这方面的技术已较成熟，广泛用于多媒体系统中。但语音信号远比字符信息的模式复杂，因此语音识别技术还未成熟。目前，只能对有限的语音信息进行学习和识别，比如对操作人员的有限操作命令（开机、关机等），经过学习后可以自动识别和并且执行对应的命令。

2．输出设备

如前所述，输出设备将计算机处理结果输出到外部，通常是将处理结果以数字代码形式转换成人或其他系统能识别的信息形式。例如，显示器或打印机提供人能识别和理解的信息、程序执行的结果、运行状态，或者人机对话中计算机发出的询问、提示等。又如，计算机将结果输出到磁盘、磁带，下次可再输入计算机（本身或其他计算机）进行处理，也可作为其他系统所能识别的信息。常见的输出设备有显示器、打印机、绘图仪、复印机、电传机等办公设备。

显示器和打印机都是属于基本配置的重要输出设备，后面将介绍。打印结果一般可以长期保存，因此打印机被称为硬拷贝设备。显示结果不能保存，因此显示器常常被称为软拷贝设备。

绘图仪是常用的图形输出装置，按工作原理可分为多种。常见的绘图仪是用墨水绘笔绘制图形的，绘笔由步进电动机驱动，笔架可使绘笔抬起（离开纸面），或接触纸面。彩色绘图仪有数支不同颜色的绘笔，可根据需要选取。这种绘图仪称为平板式绘图仪，也有滚筒式绘图仪。另外，光绘仪直接使底片按绘制图形感光，可用于制作印制电路板。绘图仪由计算机控制，按计算机输出的代码进行绘制。

现代办公设备也就成了计算机系统的输入/输出设备。计算机连接电传机，成了办公室与外部的通信设备。传真机收到报文后可以直接输入计算机，自动识别处理。计算机形成报文后，可以直接送往传真机，向外发送。语音输出得到广泛应用，如自动广播系统、警报系统、计算机自身的语音提示等。产生语音的方法可分为两大类。一类是语音合成，计算机内存中有各种基本音素的数字化信息，可以根据需要自动合成各种词汇和语句。这种方法的优点是可生成的词汇数几乎不受限制，缺点是语音质量尚差，与自然的语音尚有明显差别（自然度较低）。另一类是将标准语音数字化后输入计算机，以常用词汇或常用语句为单位进行组织、存储，构成语音库。当需要语音输出时，从语音库中读取所需的词汇和基本语句，编辑为所需的语句，向外播出。这种方法产生的语音自然度较高，但由于存储容量的限制，语音库能存储的词汇有限，一般用于专用领域。

3．外存储器

外存储器是指主机之外的一些存储器，如磁盘、磁带、光盘、磁泡等。它们既是存储器子系统的一部分，也是一种输入/输出设备，既是输入设备也是输出设备。外存储器的任务是存储或读取数字代码形式的信息，一般不负责信息转换，所以常被视为输入/输出设备中专门的一类。

4．过程控制设备

当计算机对一个生产过程或实验过程实施实时控制时，必须从被控对象中取得各种参数，如位移、转角、压力、速度和温度等，它们是模拟量，通过各种类型的传感器，可将相应的非电量转换为电信号。在许多情况下，传感器的原始输出是模拟信号，如以电流或电压的大小反映被测物理量；经过模/数（A/D）转换，将模拟信号转换为二进制数字信号，才能送入计算机处理。实现调节控制的各类执行元件，如电磁阀、电动机等，有的可由数字信号直接驱动，有的需由模拟信号驱动。后一种情况则需要将计算机输出的数字信号，经数/模（D/A）转换，转换为模拟信号，再进行功率放大，才能驱动执行元件。这就需要 ADC 或 DAC。ADC 和 DAC

均属于过程控制设备，有关的检测设备也属于过程控制设备。

5．数据终端设备

与计算机信息网络的一端相连接的设备被称为终端设备。终端设备可以让用户在一定距离之外操作计算机，以及输入信息、获得处理结果。

在不同领域的习惯语中，“终端”一词的含义可能不同。例如，在谈论一套计算机系统带有多少终端时，一般是指可供多个用户同时使用的分时终端数，一个单用户方式的个人计算机称为单终端。一个可以同时接纳 32 个用户上机的分时系统带有 32 台终端，有的系统将这些分时终端称为工作站（与现在流行的使用高档微机组成的工程工作站 EWS 不同）。每个用户至少需要一个键盘和一个显示器，这样的终端从构成的角度出发被称为键盘显示终端。

在计算机信息网络中，“终端”一词的含义更侧重于与计算机有一定距离，需由通信线路连接，即在计算机通信线路的另一端的设备，如键盘显示终端、打印终端、传真终端或其他通信终端等。按与计算机之间的距离，终端可分为本地终端和远程终端两类。

与主机距离较近的终端被称为本地终端。在计算机局域网络中，连接距离有限，往往在同一座大楼、厂房之中，所连接的终端也属于本地终端。与主机距离较远的终端被称为远程终端。在主机与远程终端之间往往需要通过交换装置（如交换机、调制解调器等）与光纤或公共电话线相连接。计算机输出的数字信号，经交换器，能在光纤、公共电话线或其他传输介质上远距离传输高频数字、模拟信号，然后送往远程终端或系统。

6．数据通信设备

为了实现全球信息资源的共享和异地之间的通信，需用专用的设备把计算机连接成网络，这就需要数据通信设备。

6.1.3 主机与设备的信息交换

I/O 设备与主机之间的关系归根结底是信息的输入或输出，泛称为信息交换。因此，我们关心信息交换中所使用的代码格式、传输格式（串行、并行）和传输速率。

1．代码格式

虽然可能传输的信息有许多种，从数值型到非数值型，从字符型到非字符型等，但在进入计算机或由计算机输出时，一般采用二进制编码形式，计算机才便于识别和处理。即使是非数值型、非字符型的信号，如图像信息，也常常在数字化后，被转换为一串数字编码进行传输。为了使所传输的信息格式具有通用性，能为各种计算机所识别，国际上普遍采用 ASCII 作为标准的代码格式。有些大公司除了支持 ASCII，也有自己的专用信息交换码。

2．传输格式

主机与外围设备间的数据传输格式有以下两种。

1）并行传输

同时用多根传输线，并行地传输一字节或一个字，称为并行传输。大多数外围设备适用于以字节为单位传输数据，因为一个字符的 ASCII 值为 7 位，加上 1 位奇偶校验位，正好是 1 字节。计算机系统则取决于系统总线的数据位数（数据通路宽度）。为提高计算机的传输速率，系统总线的数据位数常设计得较多。如微型计算机经历了 16 位总线发展到 32 位总线、64 位总线。因此，在外围设备与系统总线之间需要接口部件，实现字节与字之间的组装和拆卸。

虽然并行传输格式的传输速率高，但相应的硬件代价也高，因此这种方式一般用于传输距离近且速率要求不太高的设备。

2）串行传输

采用单根信号传输线（对公共地线形成电位差），或采用一对传输线（差分电路，一根信号线和一根地线），逐位地串行传输数据代码，称为串行传输。这种方式的硬件代价较低，但传输速率较低，一般用于允许低速传输或远距离传输的场合。例如，人工按键的操作速度以数分之一秒计，允许在键码传输过程的某些环节采用串行发送。又如打印机，机电型的打印操作速度也较慢，因此有的打印机采取串行接口传输数据。注意，远距离通信线路代价比较昂贵，一般采用串行传输。所以，在计算机与调制解调器之间一般采用串行传输。

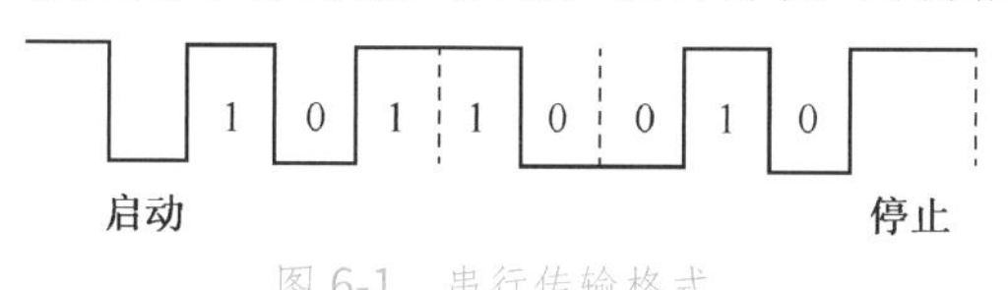

图 6-1　串行传输格式

既然采用单线串行传输，就需要约定传输的速率，以按时间区分字符的各位；需要约定串行传输格式，以区分各字符。典型的串行传输格式如图 6-1 所示。

收发双方需要采用相同的数据传输速率，单位为 b/s 或 bps。一旦确定了数据传输速率，也就确定了各代码位之间的时间间隔，即每发送一位代码，其电平（高或低）所维持的时间（位单元时间）。见图 6-1，高电平为 1，低电平为 0，所发送的字符代码为 10110010。

字符之间用高电平隔开。一个字符的起始标志是一个启动信号。启动信号称为启动位，维持一个单位的低电平。启动位之后是 8 个位单元，可传输 8 位代码。字符的结束标志称为停止位，维持 1.5 单位的高电平。

6.2　键盘

在计算机系统中，键盘是最基本的人机对话和信息输入设备。除了使用标准的、通用的键盘，工作中也常需自行设计并构成各种专用的小型特殊键盘。因此，本节的重点是介绍按键编码的基本原理和方法。

计算机系统本身使用的往往是按标准字键排列的通用键盘。这种键盘包含字符键和一些控制功能键。字符键一般是 ASCII 字符集中的最常用键，如英文字母和数字键，它们的排列符合通常的打字机排列习惯。不同机型的控制功能键的设置可能不同，排列也有所不同。对于汉字键盘，如果采用拼音输入，可直接使用通用的西文键盘；如果采用以字形为基础的输入码，就需对字符键重新定义，定义为以偏旁、部首等字形命名的键码。为使有限的键产生更多的按键编码，在键盘上常设有一个换挡键，使一键二用，具有两种键名及相应的键码。

一些专用系统或设备中常需设置专用的键盘。键可能安装在一个小键盘上，或者安装在控制面板上。一般来讲，这类专用键盘的键的数目比较少，因而常被称为小键盘，但键名往往针对具体应用领域的需要来命名。也可以在 CRT 显示屏幕上示意地显示出键名或者画出键，用户可以通过移动光标寻找并“按键”，还可在屏幕上安装触摸屏，用手或专用的笔在触摸屏上“按键”。常将这种形式称为软键盘。

如何由按键动作产生相应的按键编码呢？一种可能的方法是将按键产生的电信号输入编码电路，编码器将产生对应的按键编码（在“数字逻辑”课程中已有介绍）。早期曾将这种键盘称为“编码键盘”。当键的数量较多时，编码逻辑的成本较高。直接编码产生键码的方法也不够灵活，一旦编码逻辑电路固定，如果需要重新定义键名和键码，就不够方便。仅当按键数量较少，或者在形成 8421 码这类很有规律的简单编码时，一般才会采用直接编码逻辑。

在通用键盘上，键的数量较多时，普遍采用扫描方式产生键码。将键连接成矩阵，每个键位于某行、某列交点上，先通过扫描方法找到按下的键的行、列位置，称为位置码或扫描码；再查表（ROM 构成或软件实现）将位置码转换为按键编码。键盘逻辑固定后，某位置上的键具有固定的位置码；更换转换表的内容，即可重新定义键名和键码。有的文献将这种键盘称为“非编码键盘”，但我们认为这种提法容易误解为没有对应的按键编码，因此主张不用这个名称，而习惯将这类键盘称为“扫描式键盘”。

6.2.1 键盘的类型

键盘的按键可以看成一种普通的开关，按键或抬键使开关产生不同的信号。按键开关的种类有很多种，产生信号的原理也有较大的差别。

从有无接触点的角度，键盘可分为有触点式、无触点式和虚拟式三大类。有触点式键盘一般是通过金属（导体）触头把两个接触点接通或断开，以控制信号输入。无触点式键盘利用磁场变化的霍尔效应或者电流电压引起的电容变化来产生输入信号。虚拟式键盘则是通过图像投影的方式产生虚拟键盘，再通过光电转换装置或位置感应产生按键信号。

从按键编码的角度，键盘有全编码和非编码两种。全编码键盘是由硬件完成键盘识别功能的，通过识别键是否按下及所按下键的位置，由全编码电路产生一个唯一对应的编码信息（如 ASCII 值）。非编码键盘是由软件完成键盘识别功能的，利用简单的硬件和一套专用键盘编码程序来识别按键的位置，然后由 CPU 将位置码通过查表程序转换成相应的编码信息。非编码键盘的反应速度较慢，但结构简单，并且通过软件能为某些键的重定义提供很大的方便。

按工作原理分，键盘分为机械键盘、塑料薄膜键盘、导电橡胶键盘和静电电容键盘。

机械（Mechanical）键盘采用类似金属接触式开关，工作原理是使触点导通或断开，具有工艺简单、噪音大、易维护、打字时节奏感强、长期使用手感不会改变等特点。

塑料薄膜（Membrane）键盘内部共分四层，实现了无机械磨损。其特点是低价格、低噪声和低成本，但是长期使用后由于材质问题手感会发生变化。

导电橡胶（Conductive Rubber）键盘触点的结构是通过导电橡胶相连，键盘内部有一层凸起带电的导电橡胶，每个按键都对应一个凸起，按下时把下面的触点接通。这种键盘是市场由机械键盘向薄膜键盘的过渡产品。

静电电容（Electrostatic capacitance）键盘利用类似电容式开关的原理，通过按键时改变电极间的距离引起电容容量改变，从而驱动编码器，其特点是无磨损且密封性较好。

1. 接触式

接触式按键有两个触点，按键时闭合，抬键后分离。其具体结构分为以下 3 种形式。

1）机械触点式键

如图 6-2 所示，一个机械触点式键由一对触点、键杆、键

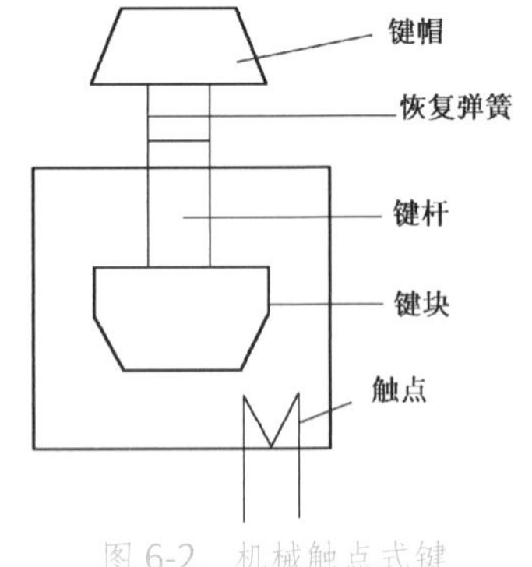

图 6-2　机械触点式键

块、键帽、恢复弹簧等构成。在自然状态时，一对触点处于断开状态，称为常开触点。当键帽被按下时，键块将左边的触点压向右边，使一对触点闭合。手离开键帽后，恢复弹簧使键块上升，恢复自然状态，触点断开。

这种键的结构简单，成本较低，是一种广泛使用的键。其缺点是触点较易氧化，使用寿命相对较短，触点的接触电阻较大，一般用于要求不很高的场合。

2）薄膜式键

薄膜式键是目前广泛使用的一种短行程触摸式开关，其结构如图 6-3 所示。薄膜是一层很薄且韧性很好的聚酯薄膜，它的背面涂有导电的金属层。基底的正面是印制导电板或者涂有一层导电金属层的柔韧薄膜。基底与薄膜之间用绝缘衬垫隔开，在自然状态下是断开的。按键对应的位置有一个碳心接触点，通过键帽将薄膜按下时，碳心接触点使两个导电层接触。这种键的行程很短，所以也称为触摸式。薄膜式键的结构简单，按键噪声较低，生产成本低，接触层寿命较长，可增加防水处理，可用于恶劣环境；其缺点是长时间使用后，薄膜将逐渐失去弹性。

可将薄膜结构和电容式键的优点结合起来，构成电容薄膜式键。

3）干簧键

触点焊装在一对簧片上，簧片安置在一个密封的玻璃管内。按键使一个磁铁向下运动，磁力使簧片运动，触点闭合。抬键后，恢复弹簧使磁铁回到原来位置，簧片触点分离。干簧键的触点不易氧化，使用寿命较普通触点式键长，接触也较可靠，但成本较高，一般用于要求较高的专用场合（键盘上很少使用）。

2．无触点式

为了提高键的寿命，可应用非接触（无触点）式键。如前所述的分类，常规按键动作方式的无触点式键常见的有以下两种。

1）电容式键

如图 6-4 所示，电容式键有一个活动极，两个固定极。在自然状态下，活动极与固定极之间的距离较大，极间电容量很小，两个固定极之间为开路状态。当按下键帽时，活动极位置下移，与固定极之间仍保持一个很小的间隙（约 0.3 mm），极间电容增大为约 30 pF。此时，从一个固定极（驱动极）输入脉冲信息，可通过极间耦合电容，从另一固定极（检测极）输出，相当于键开关闭合（但并未接触）。换句话说，形成开关动作的是电容量的变化。

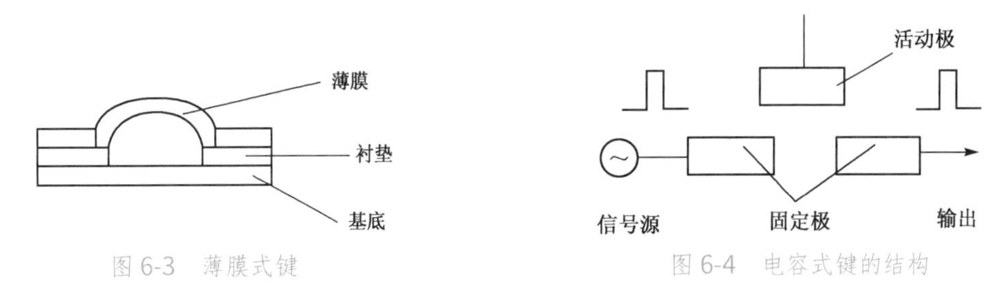

图 6-3　薄膜式键

图 6-4　电容式键的结构

电容式键采用类似电容式开关的原理，通过按键改变电极间的距离而产生电容量的变化，暂时形成振荡脉冲允许通过的条件，具有噪声小、磨损小、手感好、工艺复杂的特点，应用广泛。

2）霍尔效应键

霍尔效应键是利用霍尔效应产生电信号。按键将驱动一个磁铁下移，造成磁场变化，使霍尔元件产生电位差。在自然状态下，磁铁远离霍尔元件，磁场很弱，没有电信号产生。霍尔效应键寿命长、可靠，但成本较高，一般用在要求较高的特殊场合。

3．虚拟式

虚拟式键盘并不是物理存在的，但可以起到常规键盘的输入功效。常见的虚拟式键盘有虚拟激光键盘和触摸屏等。

1）虚拟激光键盘（Virtual Laser Keyboard，VLK）

虚拟激光键盘最初由 HRR 公司生产，它是一种大小与小型移动电话相仿的虚拟键盘，让用户能像操作普通键盘一样输入。虚拟激光键盘采用光投照技术，几乎能在任意平面上投影出全尺寸的键盘。用在 PDA 和智能手机上时，可方便地进行电子邮件收发、文字处理及电子表格制作。虚拟激光键盘的适用性技术对用户手指运动加以研究，对键盘击打动作进行解码和记录。由于虚拟键盘是光投照所形成的影像，不使用时会完全消失。

典型的虚拟激光键盘如图 6-5 所示。虚拟激光键盘的硬件价格十分昂贵，对应的按键识别技术难度也非常大。苹果（Apple）公司最初计划在 iPhone 5 上配置这种虚拟键盘，但考虑到价格因素、使用时的方便性和用户的接受程度，最终将该项光学虚拟键盘计划取消了，还是继续沿用触摸型虚拟键盘。美国的谷歌（Google）公司已于 2013 年 1 月向美国专利商标局提交新专利申请，该专利指向激光投射键盘，甚至可以将用户身体变成触控屏，提供奇特的用户体验。

图 6-5　虚拟激光键盘

2）触摸屏

随着多媒体技术的发展，触摸屏的应用日益广泛。触摸屏为透明的薄片，安装于显示屏上，与 CRT 或 LCD 等显示器及计算机系统配套使用。显示器显示可供选择的项目，称为键名。当手触摸相应位置时，产生信号，将触摸点的位置坐标送入计算机，可以判别选取的键名。产生信号的原理有多种，常用的有电容式触摸屏（触摸点的电容发生变化）、电阻式触摸屏（压力产生电阻变化）和红外线感应式触摸屏（分辨率较低）。前两种触摸屏的位置分辨率较高，已达到 1280×1024。严格地说，触摸屏已不是传统的键盘，但能提供另一种形式的按键操作输入方式，我们暂将它归并在有关键操作的一节，简单介绍。

6.2.2 硬件扫描键盘

在键盘上，各键的安装位置可根据操作的需要而定；但在电气连接上，可将所有键连接成矩阵，即分成 n 行、m 列，每个键连接于某个行线与某个列线之间。通过硬件扫描或软件扫描，识别所按下的键的行列位置，称为位置码或扫描码。如果由硬件逻辑实现扫描，这种键盘称为硬件扫描键盘，或电子扫描式编码键盘。所用的硬件逻辑可称为广义上的编码器。

硬件扫描键盘的逻辑组成如图 6-6 所示，包括：键盘矩阵、振荡器、计数器、行译码器、列译码器、符合比较器、ROM、接口、去抖动电路等。

假定键盘矩阵为 8 行×16 列，可安装 128 个键，则位置码需要 7 位，相应地设置一个 7 位计数器。振荡器提供计数脉冲，计数器以 128 为模循环计数。计数器输出 7 位代码，其中高 3 位经译码输出，送键盘矩阵行线。计数器输出的低 4 位送列译码器，列译码器输出送符合比较器。键盘矩阵的列线输出也送入符合比较器，二者进行符合比较。

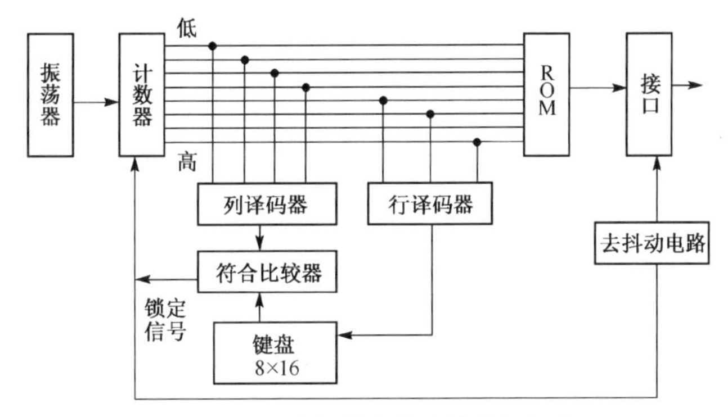

图 6-6 硬件扫描式键盘的逻辑组成

假定按下的键位于第 1 行、第 1 列（序号从 0 开始），则当计数值为 0010001 时，行线 1 被行译码器输出置为低电平。由于该键闭合，使第 1 行与第 1 列接通，则列线 1 也为低电平。低 4 位代码 0001 译码输出与列线输出相同，符合比较器输出一个锁定信号，使计数器停止计数，其输出代码维持为 0010001，就是按键的行列位置码，或称为扫描码。

用一个只读存储器 ROM 芯片装入代码转换表，按键的位置码送往 ROM 作为地址输入，从 ROM 中读出对应的按键字符编码或功能编码。更换 ROM 中写入的内容，即可重新定义各键的编码和功能含义。由 ROM 输出的键码经接口芯片送往 CPU。键在闭合过程中往往存在一些难以避免的机械性抖动，使输出信号也产生抖动。抖动发生在前沿部分，对于接触式键，这种抖动可达数十毫秒。若不避开抖动区，有可能误认为多次按键。因此，在硬件扫描键盘中设置硬件延时电路（如单稳电路），延迟数十毫秒才识别读取键码，直到键稳定闭合，这种电路被称为去抖动电路。

还需注意一个问题，即重键问题。当快速按键时，有可能发生这样一种情况：前一次按键的键码尚未送出，后面按键产生了新键码，造成键码的重叠混乱。图 6-6 所示的逻辑是依靠锁定信号来防止重键现象的。在扫描找到第一次按键位置时，符合比较器输出锁定信号，使计数器停止计数，只认可第一次按键产生的键码。仅当键码送出后，才解除对计数器的封锁，允许扫描识别后面按下的键。当然，这种暂停扫描的方法只能防止两键重叠，如果由于 CPU 延缓接收而发生多键重叠，中间的按键编码就会丢失。所以，在功能更强的键盘中采取存储多个键码的方法来解决重键问题。

硬件扫描键盘的优点是不需要主机担负扫描任务。当键盘产生键码后，才向主机发出中断请求，CPU 以响应中断方式接收随机按键产生的键码。用户已很少用小规模集成电路来构成这种硬件扫描键盘，而是尽可能利用全集成化的键盘接口芯片，如 Intel 8279 芯片。

6.2.3 软件扫描键盘

可以通过执行键盘扫描程序对键盘矩阵进行扫描，以识别按键的行列位置，这种键盘被称为软件扫描键盘。

首先考虑由谁来执行键盘扫描程序。如果对主机工作速率要求不高，如教学实验用的单板计算机，可由 CPU 执行键盘扫描程序。按键时，键盘向主机提出中断请求，CPU 响应后转去执行键盘中断处理程序，其中包含键盘扫描程序、键码转换程序、预处理程序等。如果对主机工作速率要求较高，希望尽量少占用 CPU 的处理时间，可在键盘中设置一个单片机，由它负责执行键盘扫描程序、预处理程序，再向 CPU 申请中断送出扫描码。现代计算机的通用键盘大多采用第二种方案。其次考虑如何进行软件扫描。

下面以单片机用的简易键盘和 IBM PC 键盘为例，介绍两种常用的扫描方法。

1. 逐行扫描法

简易扫描式键盘矩阵如图 6-7 所示。16 个字键连接成 4 行、4 列，4 条列线分别通过上拉电阻接+5 V 电源，若没有行线的影响，则列线输出高电平。在执行键盘扫描程序时，CPU 数据输出送往行线，并将列线输出取回，判别按键位置。

当有键按下时，键盘产生中断请求信号，CPU 响应后执行键盘扫描子程序。监控程序中一般含有扫描子程序，其流程如图 6-8 所示。

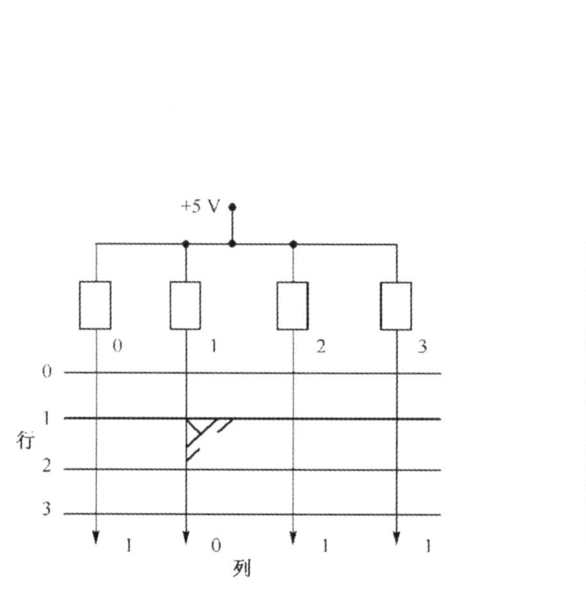

图 6-7 简易扫描式键盘矩阵

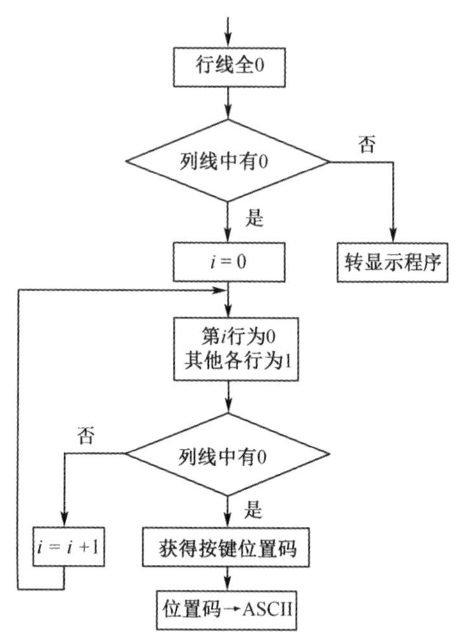

图 6-8 逐行扫描法程序流程

CPU 通过数据线输出代码，送往行线。从第 0 行开始，逐行为 0，其余各行为 1。将列线输出取回至 CPU，判别其中是否有一位为 0，是哪一位为 0。假定按下的键将第 1 行第 1 列接通，则当第 1 行行线为 0 时，第 1 列列线也为 0，其余各列线为 1。由此可知按键位置，即位置码（扫描码），再查表转换为对应的 ASCII 值。在程序中可插入延时程序，以避开闭合初期的抖动阶段。上述程序也可由专门的单片机负责执行。

2. 行列扫描法

现在以常用的 IBM PC 键盘为例，说明一种通用键盘结构、键盘接口及行列扫描法原理。

IBM PC 的通用键盘采用电容式无触点式键，83～110 键，排列成 16 行、8 列，如图 6-9 所示，虚线左边是键盘逻辑，右边是接口逻辑。通用键盘采用单片机 Intel 8048 控制，以行列扫描法获得按键扫描码。键盘通过电缆与主机接口相连，以串行方式将扫描码送往接口，由移位寄存器组装成并行扫描码，再向 CPU 请求中断。CPU 以并行方式从接口中读取按键扫描码。

键盘接口电路一般在微机主板上，主要功能：① 串行接收键盘送来的按键扫描码；② 将按键扫描码转换为并行扫描码并暂存；③ 向主机发中断请求，通知 CPU 读取扫描码；④ 接收主机发来的命令并传输给键盘，等候键盘响应，自检时用来判断键盘有无故障。

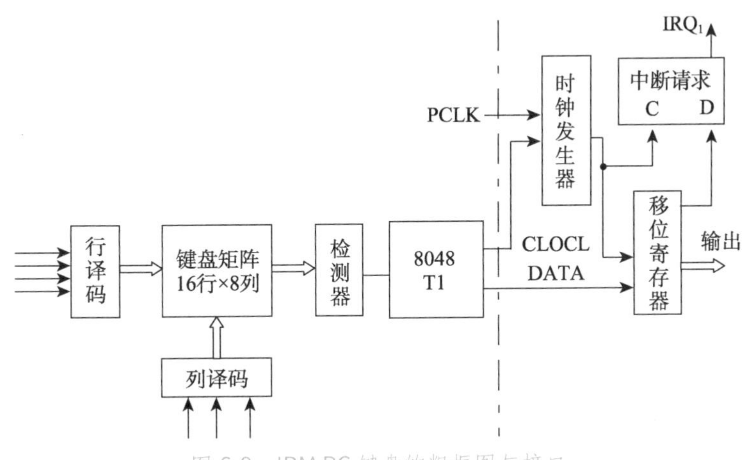

图 6-9 IBM PC 键盘的粗框图与接口

单片机 8048 的数据输出分送行译码器和列译码器，可按行列扫描法对键盘矩阵扫描。矩阵经检测器输出，可判别一组行线或一组列线中是否有 1，检测器输出送 8048 的检测端 T1。

行列扫描法的工作原理是：先逐列为“1”地步进扫描，由 8048 的 T1 端测试，列为“1”的行线输出为 1，从而判明按键的列号；再逐行为“1”地步进扫描，判明按键的行号。

1）初始化

封锁 8048 送往接口的时钟信号，禁止键盘工作；清除键盘接口中的移位寄存器（8 位）和中断请求触发器，准备接收 8048 送往接口的按键扫描码。

2）允许键盘工作

解除对 8048 送往接口的时钟 CLOCK 的封锁，由系统时钟 PCLK 触发，在时钟发生器输出端产生移位寄存器和中断请求触发器所需的时钟信号。

3）扫描键盘

由 8048 输出计数信号控制行、列译码器，先逐列为“1”地步进扫描。当某列为“1”时，若该列线上无键按下，则行线组输出为“0”；若该列线上有键按下，则行线组输出为“1”。将每次扫描结果串行送入 8048 的 T1 端，检测某列为“1”时，行线组输出也为“1”，即表明该列有键按下。再逐行为“1”地步进扫描，由 T1 端判断某行为“1”时，列线组输出也为“1”，即判断哪行按了键。8048 根据行、列扫描结果便能确定按键位置，并由按键的行号和列号形成对应的扫描码（位置码）。例如，位于键盘第 2 行第 3 列（序号从 0 开始）的键被按下，该位置的序号（从 1 开始）为 50（十进制），对应一个 8 位的扫描码 32H，其中高 4 位表明列线序号（第 3 列），低 4 位表明行线序号（第 2 行）。键盘的每个键位都对应一个扫描码，各键位置对应的扫描码列于表 6-1（第 0 列 0 行交点处不设键）中。

4）8048 处理重键

8048 的 RAM 中开辟了一个缓冲区，能暂存 20 个扫描码。当多键滚按时，若干按键的扫描码便被放入缓冲区。按“先进先出”原则，从缓冲区取出扫描码送往接口，就不会出现因快速按键所造成的后按键的扫描码取代先按键的扫描码的情况。

5）传输扫描码

按键动作是机械动作，相对于代码传输，速度就很慢了。因此，从减少传输线的角度出发，可以只用一根数据线来串行传输扫描码。

8048 在确定某键按下的位置后，由端口 P22 向移位寄存器的 D1 端串行送出 9 位代码，包括 1 位标志和 8 位扫描码。8 位串行扫描码在移位寄存器中由时钟控制依次右移，组装成并行扫描码。1 位标志则由 D 端送入中断请求触发器的数据端，置“1”触发器，产生键盘中断请求 IRQ_1。在本次中断未响应前，移位寄存器不再接收新的扫描码。

表 6-1　键位与对应的扫描码

键位	扫描码	键位	扫描码	键位	扫描码	键位	扫描码	键位	扫描码	键位	扫描码
		14	0E	28	1C	42	2A	56	38	70	46
1	01	15	0F	29	1D	43	2B	57	39	71	47
2	02	16	10	30	1E	44	2C	58	3A	72	48
3	03	17	11	31	1F	45	2D	59	3B	73	49
4	04	18	12	32	20	46	2E	60	3C	74	4A
5	05	19	13	33	21	47	2F	61	3D	75	4B
6	06	20	14	34	22	48	30	62	3E	76	4C
7	07	21	15	35	23	49	31	63	3F	77	4D
8	08	22	16	36	24	50	32	64	40	78	4E
9	09	23	17	37	25	51	33	65	41	79	4F
10	0A	24	18	38	26	52	34	66	42	80	50
11	0B	25	19	39	27	53	35	67	43	81	51
12	0C	26	1A	40	28	54	36	68	44	82	52
13	0D	27	1B	41	29	55	37	69	45	83	53

6）中断处理

在 IBM PC 中，对 I/O 设备提供设备级控制的系统软件称为 BIOS，即基本输入/输出系统。当 CPU 响应键盘中断请求后，执行由 BIOS 提供的键盘中断子程序 KB-INT。该程序首先从接口取出扫描码送入堆栈保存，随后立即清除键盘，使移位寄存器准备好接收新的扫描码，并使中断请求触发器能再次产生中断请求；同时解除对 8048 输出的封锁，允许 8048 送出下一个扫描码。对收到的扫描码进行识别，并由中断程序通过查表，将扫描码转换为相应键符的（或扩展的）ASCII 值，并将转换后的 ASCII 码送入键盘缓冲区。中断处理完毕，返回主程序。

缓冲区的容量足以存放一个快速操作员每秒钟所按的键符。当系统或用户需要键盘输入时，可直接在主程序中以软中断指令（INT　16H）的形式调用 BIOS 的键盘 I/O 程序，从缓冲区中取走所需的字符。

6.3　显示设备

6.3.1　常见的显示器

显示器也被称为监视器，是计算机系统的一种最重要的输出设备，是一种将抽象数据信息通过特定的设备转化成直观的字符或图像的显示工具。

广义上，生活中随处可见的大屏幕、电视机、BSV 液晶拼接的荧光屏、手机和平板电脑等的显示屏都可算在显示器的范畴，然而更多时候，显示器一般是专门指与计算机的主机相连的专用显示器件。

计算机运行的结果往往要以字符或图形的方式在屏幕上显示出来，操作员才能够直观理解。如果需要对程序做某些修改，人们可以根据显示情况，通过键盘、光笔、鼠标等，将有关数据和命令送入计算机，以便对程序的运行随时进行人工干预和控制。因此，显示设备是一种较为理想的人机交互工具。

对一般用户来讲，显示器应在屏幕上指定的位置显示需要的字符、数字和图形。从更深入的层次来讲，如在计算机辅助设计和辅助制造中要求显示设备能绘制三维图形，能实现图形的裁剪、平移、旋转、放大、缩小、投影等几何变换操作；在管理系统中，能够从大表格中提取部分子栏进行处理，开设窗口显示多道程序运行状况等。总之，显示设备与其他 I/O 设备相比较，不仅工作速度快、无机械噪声、灵活轻便，还具有更强的编辑功能和通信功能，被广泛用于 CAD、CAM、计算机模拟、过程控制及各种数据处理系统、计算机网络和通信网络中。

显示设备显示的字符、图形不能永久记录下来，一旦关机，屏幕上的信息就消失了，所以显示设备又常被称为“软拷贝”装置。

显示设备子系统的硬件组成一般包括显示器件（或称为显示器）、控制器和接口。在微机系统中，控制器和接口往往合为一个整体，称为显示器适配卡（简称显卡）。其软件组成包含操作系统中的驱动程序，可由操作系统命令调用，能专门提供图形功能的各种图形软件包等。

按照显示器工作原理的不同，常见的显示设备如下。

1）CRT（Cathode Ray Tube）显示器

CRT 显示器是一种使用阴极射线管的显示设备。阴极射线管主要由 5 部分组成：电子枪（Electron Gun），偏转线圈（Deflection Coils），荫罩（Shadow Mask），荧光粉层（Phosphor），玻璃外壳。CRT 显示器在 20 世纪应用非常广泛，常用于家用电视机、个人计算机及各类监视设备。目前，这类显示器已很少使用，基本上退出了历史舞台。

2）LCD（Liquid Crystal Display）显示器

LCD 显示器俗称液晶显示器，其基本工作原理是：在显示器内部有很多液晶粒子，它们有规律地排列成一定的形状，并且每面的颜色都不同，分为红色、绿色和蓝色。这三原色能还原成任意颜色，当显示器收到计算机需显示的信息时，控制每个液晶粒子转动到不同颜色的面，组合形成不同的颜色和图像。

LCD 显示器的优点是辐射弱、体积小，缺点是色彩不如 CRT 显示器丰富，可视角度也不如 CRT 显示器广等。目前，LCD 显示器已经在很多领域中全面取代了 CRT 显示器，成为了业界最主流的显示器之一。

3）LED（Light Emitting Diode）显示器

LED 即发光二极管。LED 显示器是一种通过控制半导体发光二极管来显示信息的设备，可以显示文字、图形、图像、动画、行情、视频、录像信号等。

早期，LED 只是用于微型指示灯，在计算机、音响和录像机等高档设备中应用。随着大规模集成电路和计算机技术的不断进步，LED 显示器正在迅速崛起，逐渐扩展到证券行情股票机、数码相机、PDA 及手机领域。LED 显示器集微电子技术、计算机技术、信息处理于一体，以其色彩鲜艳、动态范围广、亮度高、寿命长、工作稳定可靠等优点，在大型广场、商业广告、体育场馆、信息传播、新闻发布、证券交易等领域应用得十分广泛。

4）PDP（Plasma Display Panel）显示器

PDP 显示器即等离子显示器，是一种采用等离子平面屏幕技术的新一代显示设备。PDP 显示器的成像原理是，在显示屏上排列着数量众多的微小低压气体室，当通过电流时，能激发并使这些气体室发出肉眼看不见的紫外光，然后控制紫外光撞击后面玻璃上的红、绿、蓝三原色荧光体，使其发出可见光，据此成像。

PDP 显示器的优点是：厚度薄、亮度高、分辨率高、体积小等，常作为家用的壁挂式电视机使用，可能代表了未来计算机显示器的发展趋势。

5）3D 显示器

与一般显示器不同，3D 显示器能显示出立体感很强的画面，业界一直认为它是未来显示技术发展的终极目标。从 20 世纪开始，有很多企业和研究机构从事 3D 显示器的研究。日本、欧美、韩国等发达国家早在 80 年代就涉足 3D 显示技术的研发，并于 90 年代开始陆续取得不同程度的研究成果，现在已逐步发展出需佩戴立体眼镜和不需佩戴立体眼镜的两个 3D 显示技术分支体系。

传统的 3D 电影在荧幕上有两组图像（来源于在拍摄时的互成角度的两台摄影机），观众必须戴上偏光镜才能消除重影（一只眼只接收一组图像），形成视差（Parallax），从而让观众产生立体感。另一种是“真 3D”显示，通过自动立体（Auto-stereoscopic）显示技术来实现。这种技术利用“视差栅栏”，使观众的两只眼睛分别接收不同的图像，从而形成立体视觉效果。平面 3D 显示器要形成立体感强的影像，技术上至少要提供两组相位不同的图像才能实现，其中快门式 3D 技术和不闪式 3D 技术是目前 3D 显示器中最常用的两种技术。

6.3.2 显示成像原理

在介绍显示器基本工作原理前，本节先介绍几个与显示密切相关的基本概念：图像、分辨率、颜色、刷新频率，以及显示存储器。

1．图形和图像

图形（Graphic）最初是指没有亮暗层次变化的线条图，如建筑、机械所用的工程设计图、电路图等。早期的图形显示和处理只是局限在二值化的范围，只能用线条的有无来表示简单的图形；图像（Image）最初是指具有亮暗层次的图，如自然景物、新闻照片等。经计算机处理后显示的图像被称为数字图像，就是将图片上连续的亮暗变化转换为离散的数字量，并以颜色光点阵列的形式显示输出。

在显示屏幕上，图形和图像都是由称为像素（Pixel）的光点组成的。现在的图形也可以有颜色、深浅层次的变化。但图形学和数字图像处理是两个不同的学科，它们所研究的问题不同，应用领域不同，使用的技术方法不同，图形和图像的输入手段也不同。

2．分辨率和灰度

分辨率是指显示器单屏所能表示的像素个数。相同面积，显示屏幕上的像素点密度越大，则显示器的分辨率越高，图像也就越清晰。

显示器的分辨率取决于显像管成像光点的粒度、屏幕尺寸等因素，还要求显示缓冲存储器（刷新存储器）要有能与显示像素数相匹配的存储空间，以用来存储每个像素的信息。

例如，12 英寸彩色显示器的分辨率为 640×480 像素。每个像素的间距为 0.31 mm，水平方向的 640 像素所占显示长度为 198.4 mm，垂直方向 480 个像素按 4∶3 宽高比例分配（640×3/4=480）。按这个分辨率表示的图像具有较好的水平线性和垂直线性，否则看起来会失真变形。同样，16 英寸的显示器显示 1024×768 个像素也满足 4∶3 宽高比。某些专用的方形显示器其显示分辨率可达 3840×2880 像素，甚至更高。

灰度级是指黑白显示器中所显示的像素点的亮暗差别，在彩色显示器中则表现为颜色的不同。灰度级越大，图像层次越清楚逼真。灰度级取决于每个像素对应刷新存储器单元的位数和显示器本身的性能。如果用 4 位表示一个像素，就只有 16 级灰度或颜色；如果用 8 位表示一个像素，就有 256 级灰度或颜色。字符显示器只用“0”“1”两级灰度就可表示字符的有无，故这种只有两级灰度的显示器被称为单色显示器。具有多种灰度级的黑白显示器称为多灰度级黑白显示器。图像显示器的灰度级一般在 256 级以上。

3．颜色深度和颜色数

颜色深度一般是指用来表示一个像素的二进制代码的长度，如颜色深度 24 就表示 1 个像素用 24 bit 来表示，也称为 24 位色。颜色数是指单个像素可以显示出的不同颜色数量，与颜色深度直接相关。例如，颜色深度 24，则其对应的颜色数是 2^{24}=16M，可以理解成 1 个像素可以显示成 2^{24} 种不同颜色。像素颜色数越多，色彩就越丰富，画质越艳丽。

4．刷新频率和显示存储器

显示器上显示的内容只能维持短暂时间，为了使人眼能在显示器上看到持续稳定的图像，必须使屏幕上显示的内容在彻底消失之前重新显示，这个过程称为屏幕的刷新。单位时间内（通常指 1 秒）屏幕内容刷新的次数就是屏幕的刷新频率，单位为赫兹（Hz）。

按人的视觉生理特性，刷新频率一般大于 25 Hz 时，人眼就不会感到闪烁。早期的 CRT 显示设备中通常选用 75 Hz 的刷新频率（帧频），即每秒刷新 75 帧图像。而现在主流的 LCD 显示器采用 60 Hz 的刷新频率，家用彩色电视机的刷新频率一般为 50 Hz，就能提供稳定的图像画质。

为了持续不断地提供刷新图像所需的数据信号，必须把一帧图像对应的数据信息存储在一个专用的刷新存储器中，这个存储器被称为显示存储器（Video Random Access Memory，VRAM），一般由随机访问存储器构成，因此简称为显存。

显示器一方面对屏幕进行扫描，另一方面同步地从显存中读取需显示的内容，送往显示设备。因此，对显存的操作是显示器工作的软件、硬件分界面。从软件角度，执行显示软件的最终结果是向显存写入显示信息。为了在指定的屏幕位置显示某个字符，就需要向显存的相应单元写入该字符或像素编码。为了更新屏幕显示内容，就需相应地刷新显存的内容。为了使画面呈现某种动画效果，就需要使显存中的内容作相应变化，或者在读取时进行某种地址转换。

从硬件角度，显示器控制器的基本任务是将显存内容同步地送往显示屏幕。为此，需要确定何时发出同步信号，何时访问显存，如何产生显存地址码，以及从显存中读出的代码是否要经过一定的转换等。这些操作以一定的工作频率，同步地、周而复始地进行。采用不同的显示规格，上述各项操作的逻辑关系将互有不同。

显存中的内容一般包含显示内容和属性内容两部分。前者提供显示字符代码或图像的像素信息，后者则提供与之相关的属性信息。这两部分内容可分别存放在两个缓冲存储器中，一个可被称为基本显示缓存，另一个可被称为属性缓存。这两个存储体被统一编址，一个为偶数地址，另一个为奇数地址，也可以被存放在一个存储器中，依靠地址码为偶数或奇数进行区分。

显存一般设置在显示器的控制适配器中，如 CGA 卡、EGA 卡、VGA 卡。在有些集成显卡的微机中，显存一般占用部分主存空间，从软件上被视为主存的一部分。在带独立显卡的显示终端中，显存作为外围设备存在，通常与主存分离。

作为显示系统的重要组成部分，显存随着显示芯片的发展也一直在快速发展。早期普遍采用标准的 EDORAM 和 SDRAM 显存（已淘汰），目前已广泛使用 DDR 显存（DDR2 和 DDR3），甚至已开始出现更高端的 GDDR5 显存。

在理解各种显示器的工作原理时，应当紧紧抓住屏幕显示与显存之间的对应关系这一条主线，即显示缓存的存放内容、容量大小、地址组织、字符编码到字符点阵之间的转换关系，以及如何通过同步计数器控制屏幕的水平扫描与垂直扫描、何时访问显示存储器，等等。

1）显存的内容和容量

显示器通常能以字符/数字和图形/图像这两种显示模式进行工作。

当工作于字符/数字模式时，在缓存 RAM 中存放的是一帧待显示字符的 ASCII 编码（也可能是其他形式的编码），字符的点阵信息则放在字符发生器（字库）中。在这种方式下，一个字符的编码占显存的 1 字节，此时显存的容量是由屏幕上字符的行列规格来决定的。例如，一帧字符的显示规格为 25 行×80 列，那么 VRAM 的最小容量是 25 行×80 列×1 B=2 KB。

缓存的容量也可以大于一帧字符数，用来存放几帧字符的编码。在这种情况下，通过控制缓存的指针就可以在屏幕上显示不同帧中的字符内容，实现屏幕的“硬件滚动”。

在图形/图像模式下，显存中保存的内容就是一帧待显示图像的像素编码信息，不同的代码表示图形中像素的不同颜色。这些图形可以是几何图形、曲线图形、汉字或字符。这里需要特别说明的是，在图形方式下字符的点阵是以位图的形式直接存放在显示缓存中的，因此字符可按像素为单位在屏幕的任意位置上显示。这与字符方式不同，字符显示的缓存中存放字符的 ASCII 值，信息安排比较紧凑整齐，便于进行编辑修改操作，但格式死板。

在图形方式中，缓存的容量不仅取决于屏幕分辨率的高低，还与显示的颜色种类有关。在单色显示（黑白显示）时，图形的每个点一般只用一位二进制代码来表示。该点若为白色（亮点），则该位代码取 1；若为黑色（暗点），则代码取 0。因此，缓存的一个字节可以存放 8 个点。很显然，显示的分辨率越高，缓存的基本容量需求就越大。例如，屏幕分辨率为 200 线×640 点，那么显存的最小容量就是 200 线×640 点×1 bit/8=16 KB。

在彩色显示或灰度显示时，每个像素点需要若干位代码来表示。例如，显示器分辨率为 1024 线×1024 点，显示 256 级灰度图，则显存的基本容量为 1024 线×1024 点×8 bits/8 = 1 MB。

若显示器的分辨率不变，显存的容量增加，则能显示的颜色数也会增加。反之，若显存的容量不变，提高显示器的分辨率，则能显示的颜色种类将减少。

2）属性信息与属性缓存

在某些情况下，人们希望屏幕上的字符能够闪烁，以作提示；或字符下面划一横线，表示强调；或背景与字符采用不同的颜色，使显示效果更为生动等。我们称这些特色为字符的显示属性。屏幕上每个字符的属性信息可以存放在 1 字节中，因此需要一个与显示缓存容量相同的存储器来存放一帧所有字符的属性信息。这个存储器被称为属性缓存。例如，用来存放字符的显示缓存若为 2 KB，那么相应的属性缓存也应该至少有 2 KB 的容量。

在早期的低端微机中，将 32 KB 的显示缓存和 32 KB 的属性缓存共 64 KB 空间合在一起编址。其中，偶地址字节放字符代码，奇地址字节放属性代码。在黑白显示和彩色显示下，属性字节的内容并不完全相同，表 6-2 给出了两种方式下属性字节的信息。

从以上分析可以看出，分辨率、颜色数与显存容量密切相关。对于字符显示方式，如分辨

表 6-2　字符显示的属性字节与属性代码

(a) 黑白显示下的属性字节与属性代码

	D_7	$D_6\ D_5\ D_4$	D_3	$D_2\ D_1\ D_0$
奇地址	闪烁	底色（背景）	增辉	显示色（前景）

底色	显示色	显示效果	闪烁		增辉	
000	000	不显示（黑）	0	不闪烁	0	正常
000	001	正常显示加下横线	1	闪烁	1	加亮
000	111	黑底白字				
111	000	白底黑字				
111	111	白色块				

(b) 彩色显示下的属性字节与属性代码

	D_7	$D_6\ D_5\ D_4$	$D_3\ D_2\ D_1\ D_0$
奇地址	闪烁	底色显示色	前景彩色

前景彩色	颜色	背景彩色	闪烁	
0000	黑	与彩色选择器提供的背景色、亮度信号组合，选择 16 种颜色之一	0	不闪烁
0001	蓝		1	闪烁
0010	绿			
0111	白			
1111	强白			

率为 C 列×L 行，而一个字符的编码与属性、颜色数共占 n 字节，则显存的总容量应不少于 $C\times L\times n$ 字节。对于图形显示方式，如果分辨率为 $C\times L$ 像素，而每个像素的颜色数用 n 位二进制代码表示，那么显存容量应不少于 $C\times L\times n$ 位。两种显示方式的 C、L 值不同，显然，图形方式所需的显存容量一般大于字符方式。

若一台显示器既可工作于字符模式又可工作于图形/图像模式，还存在多种可选的分辨率规格，则显存的基本容量计算应以图形/图像方式的最高分辨率为准。这是因为在相同条件下，分辨率越大所需的基本显存容量也越大。除此之外，显存的存取周期还必须满足显示刷新频率的基本要求，因此存储容量和存取周期也是显存的重要指标。

5. 随机扫描和光栅扫描

电子束在荧光屏上按某种轨迹运动称为扫描（Scan），控制电子束扫描轨迹的电路称为扫描偏转电路。扫描方式主要有两种，即随机扫描和光栅扫描。

随机扫描是控制电子束在显示区随机运动，从而产生图形和字符。电子束只在需要作图的地方扫描，而不必扫描全屏幕，所以这种扫描方式画图速度快，图像清晰。

光栅扫描是 CRT 显示器采用的一种扫描方法。CRT 显示器要求图像充满整个画面，因此要求电子束扫过整个屏幕。光栅扫描是从上至下的扫描，采用逐行扫描和隔行扫描两种方式。逐行扫描是从屏幕顶部开始一行一行地扫描，反复进行。采用隔行扫描，就是把一帧图像分为奇数行和偶数行，若本批次均逐次扫描奇数行，则下批次则逐次扫描偶数行，交替进行。

由于 CRT 显示器技术历史久、技术成熟，因此计算机的 CRT 显示器广泛采用光栅扫描方式。其主要优点是显示部分易于配套，易于维修，甚至可用家用 CRT 电视机作为“显示头”。但其主要缺点是显示时冗余时间多，分辨率不如随机扫描方式高，图形的直线和圆弧不够光滑。尽管如此，光栅扫描在 20 世纪仍然是显示设备采用的主流技术。目前，主流的 LCD 显示器已基本淘汰了这种光栅扫描方式。

通常，根据显示器工作模式的不同，一般可以粗略地划分为两种方式，即字符/数字模式和图形/图像模式，这两种模式的成像原理存在很大不同。下面分别介绍这两种显示原理。

1）字符/数字模式的显示原理

这种显示方式以字符为显示内容的基本单元，又被称为文本显示方式。实际上，字符是由点阵组成的，工作在字符/数字模式的显示器对应显存中保存的是字符/数字的 ASCII 值，因此显示过程中需要将从显存中读取的 ASCII 值转换为字符点阵代码再显示。

显示器工作在字符/数字模式下时，其显存只取决于屏幕上所需显示的字符/数字的数量。

例如，300×400 的字符/数字显示器，屏幕上可显示 300 行×400 列共 120000 个字符，每个字符在显存中对应 1 字节数据，则基本显存容量应为 120000 字符×1 B/字符=120000B。

一台显示器可显示的字符种类与字符点阵规格，决定了字符发生器 ROM 的容量大小，而显存的容量则与此无直接关系。

进一步描述字符/数字模式的指标是每个字符/数字在屏幕上显示时，字符点阵的组成情况，即每个字符点阵由横向多少个像点（像素）数与纵向多少个像点（像素）数组成，以及字符之间的横向间隔、各行字符之间的纵向间隔。

常用的字符点阵结构有 5×7、5×8、7×9 点阵等。所谓 5×7 点阵，是指每个字符由横向 5 个点、纵向 7 个点共 35 个点组成。在显示到屏幕上时，点阵中需要显示的部分为亮点（颜色），不需要显示的部分则为暗点。字符点阵结构所包含的点数越多，所显示的字符就越清晰，且字符曲线表示得越平滑和越逼真，所以用 7×9 点阵可以用来形象地显示小写字符。

在显示设备中，用来根据 ASCII 编码产生字符点阵图的部件称为字符发生器。字符发生器一般由专用存储芯片构成，如 Apple-I 的 2513 芯片采用 5×8 点阵，能产生 64 种字符的点阵信息。通常，可以用 ROM 作为字符发生器，如在微机上可用 8 KB ROM 空间来存放 256 个字符的点阵代码，有三套字体，即每个字符可采用 7×9、7×7、5×7 点阵。图 6-10 是 2513 芯片的逻辑图，其核心是一个 ROM，能存储 64 个字符的点阵（5 列×8 行），如图 6-11(a)所示。在点阵图中，任何字符（如 H）需要显示的点（亮点）均用代码 1 表示，其余的点（暗点）则用代码 0 来表示，如图 6-11(b)所示。每个字符都以这种点阵图形的代码形式存放在 ROM 中，通常 1 行代码占 1 个存储单元，因此一个字符的点阵代码共需 8 个存储单元，每单元只需 5 位。

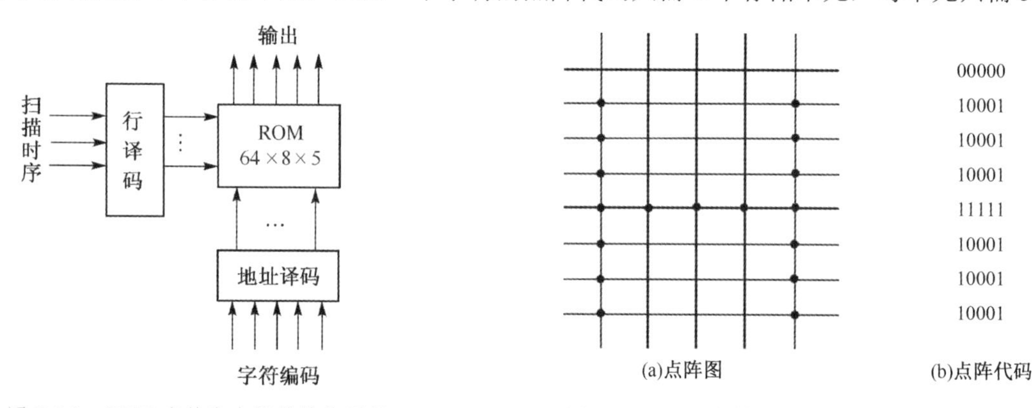

图 6-10　2513 字符发生器的结构逻辑　　　图 6-11　5×8 字符点阵图形与点阵代码

64 个字符以各自的 6 位编码作为字符发生器的高位地址，当需要在屏幕上显示某字符时，按该字符的 6 位编码访问 ROM，选中该点阵。该字符的点阵信息是按行输出的，并且要与扫描保持同步。因此，可用显示控制器提供的扫描时序（扫描线序号）作为字符发生器的低 3 位地址，经译码后依次取出字符点阵的 8 行代码。

例如，字符 H 的 6 位 ASCII 值是 001000，以这 6 位编码作为高位地址访问 ROM，选中字符 H 的点阵代码。当控制器的扫描线序号为 000 时，即扫描屏幕上该字符位置的第一行时，字符发生器输出该点阵图形的第一行代码；序号为 001 时，输出第二行点阵代码……直到序号为 111，即扫描字符位置的最后一行时，字符 H 的 8 行代码全部输出完毕。

在屏幕上，每行一般要显示多个字符。在进行全屏显示时，并不是对一排的每个字符单独进行点阵输出（输出完一个字符的各行点阵，再输出同排下一字符的各行点阵），而是采用对一排的所有字符的点阵进行逐行依次输出的方式。例如，欲显示某字符行字符 RE…T，当扫描线序号为 000 时，显示电路根据各字符编码依次从字符发生器中取出 R、E、…、T 各字符的第一行点阵代码输出，并在屏幕上的当前行第一条扫描线位置上显示出这些字符的第一行点阵；再扫描本行字符的下一行点阵代码，依次取出该排各字符的第二行代码，并在屏幕上显示出它们的第二行点阵。如此循环，直到显示完该行字符的全部点阵，那么每个字符的所有点阵（如 8 行点阵）便全部显示在相应的位置上，屏幕上也就出现了一排完整的字符。当显示下一排字符时，用同样的过程继续重复上述字符点阵输出过程。

如前所述，为了使屏幕上显示的字符不挤在一起、易于辨认，每行中各字符之间要留出若干点的位置，作为字符间的横向间隔，这些点不能显示（消隐）；在各行字符之间也要留出若干条扫描线位置作为字符行间的间隔，这些位置上的点也是不能显示（消隐）的。例如，微机的显示器一般采用 7×9 有效字符点阵，字符所占区间为 9×14 点阵。换句话说，字符之间的横向间隔是 2 个消隐点宽度，各行字符之间的间隔是 5 条消隐线高度。

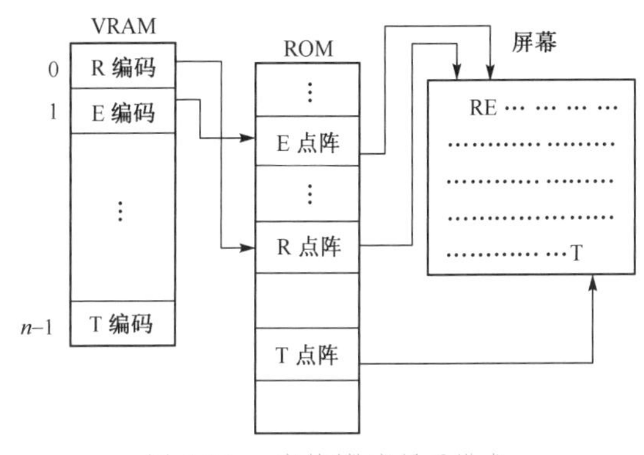

图 6-12　字符/数字显示模式

注意，工作在字符/数字模式的显示器的屏幕显示的基本控制单位仍然是像点（像素），此时的显示原理可以归纳为如图 6-12 所示。

屏幕上每个字符位置对应显存中 1 字节的字符编码，各字节单元的地址按屏幕由左向右、自上而下的显示顺序从低向高安排。也就是说，缓存 0 号单元所放的字符数据经字符发生器转换为字形点阵后，显示在屏幕第一排字符左边第一个位置上，1 号单元放的字符数据转换后显示在屏幕第一行左边第二个位置上……缓存中最后一个单元放的字符数据转换后显示在屏幕最后一排右边最末一个位置上。

字符/数字模式的显示成像原理可以笼统地概括为：从 VRAM（显存）中读取字符编码（ASCII 值），根据字符编码定位 ROM（点阵发生器），再根据点阵的行控制信号，控制各行字符相同行号的点阵代码输出，再用输出的各行点阵代码形成视频控制信号，去控制屏幕像点（像素）的明暗及颜色变化，从而将字符最终显示在屏幕上。

2）图形/图像模式的显示原理

根据数字图像的基本原理，一个像素显示出的视觉效果主要取决于三原色 R（Red，红色分量）、G（Green，绿色分量）、B（Blue，蓝色分量）和其他参数。例如，以 24 位真彩色图像为例，RGB 为(0, 0, 0)，对应像素便显示为黑色；RGB 为(255, 0, 0)，像素变为红色；若 RGB 为(0, 255, 0)，像素变为绿色；RGB 为(255, 255, 255)，此时像素又变为白色。

在 24 位的真彩图像中，每个分量均由 8 位数据来表示，因此 R、G、B 这三个分量一共能组合成 2^{24} 种颜色，其中一部分对应关系如表 6-3 所示。

显示器工作在图形/图像模式时，屏幕显示主要就是利用三原色控制像素点，使像素显示为不同的颜色。屏幕上显示的不同颜色的像素一起构成了一帧画面。

如图 6-13 所示，在图形/图像模式时，它与字符/数字模式不同，此时显存（VRAM）中保存的是屏幕像素对应的二进制 RGB 颜色编码。此时，直接从显存中读取当前目标位置上的像素在显存中对应的 RGB 编码，再将 RGB 编码经过一系列的转换，最后形成视频控制信号，

表 6-3　部分 R、G、B 分量与颜色的对应关系

R（红）	G（绿）	B（蓝）	组合颜色	R（红）	G（绿）	B（蓝）	组合颜色
0	0	0	黑色	255	165	0	橙色色
0	0	255	蓝色	0	0	139	深蓝色
0	255	0	绿色	144	238	144	淡绿色
0	255	255	青色	0	139	139	深青色
255	0	0	红色	0	100	0	深绿色
255	0	255	紫红	255	140	0	深橙色
255	215	0	金色	173	255	47	绿黄色
255	255	255	白色	259	192	103	粉红色

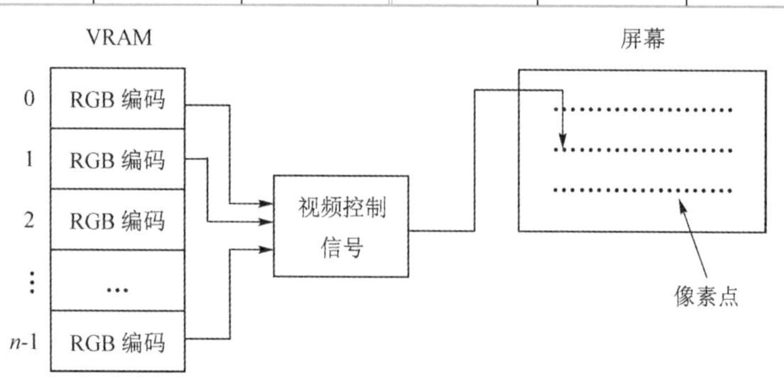

图 6-13　图形/图像显示模式

这些视频信号再用来直接控制对应像素点的 RGB 各种颜色的分量值，从而使像素显示为一定的颜色。全部像素显示完成后，屏幕上的一帧画面就完整显示了。在这种工作模式下，显存的地址组织一般也是按屏幕像素的相对位置由低向高地进行递增。低地址端存放的像素点先显示，高地址端存放的像素点则后显示。

6.3.3　LCD 显示器

LCD 即液晶显示器，通过控制液晶粒子显示颜色来完成画面显示，是继 CRT 显示器后逐渐应用的显示器，现在已取代 CRT 显示器，成为使用最广泛的显示器。

1. 液晶基本知识

1888 年，奥地利植物学家莱尼茨尔合成了一种奇怪的有机化合物，它有两个熔点。把它的固态晶体加热到 145℃时，便熔成液体，只不过是浑浊的，而按照常理，之前发现的一切纯净物质熔化时应该是透明的。但是，如果接下来继续把这种有机化合物加热到 175℃，它似乎又能再次熔化，进而从 145℃时的浑浊状态变成 175℃的清澈透明的液体。1889 年，德国物理学家莱曼在对同样的有机物进行研究时，发现了这种白浊物质具有多种弯曲性质。这种物质被认为是流动性结晶的一种，由此而取名为液晶（Liquid Crystal，LC）。

在自然界中，大部分材料像水一样，随温度的变化只呈现固态、液态和气态三种状态。而新发现的液晶是不同于固态、液态和气态的一种新的物质状态，它能在某个温度范围内兼有液体的流动性和晶体的光学特性，也称为液晶相或中介相（物质的状态通常也称为“相”）。故液晶又称为物质的第四态。图 6-14 展示了水和液晶的状态变化情况对比。

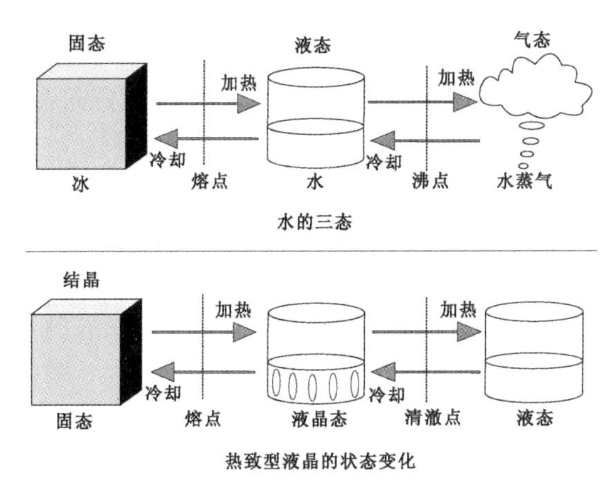

图 6-14　水和液晶的状态变化示意

2．液晶的分类

液晶种类很多，根据材料的内部分子排列来分类，液晶可以分为 4 种：层状液晶（Sematic）、线状液晶（Nematic）、胆固醇液晶（Cholesteric）、碟状液晶（Disk），如图 6-15 所示。

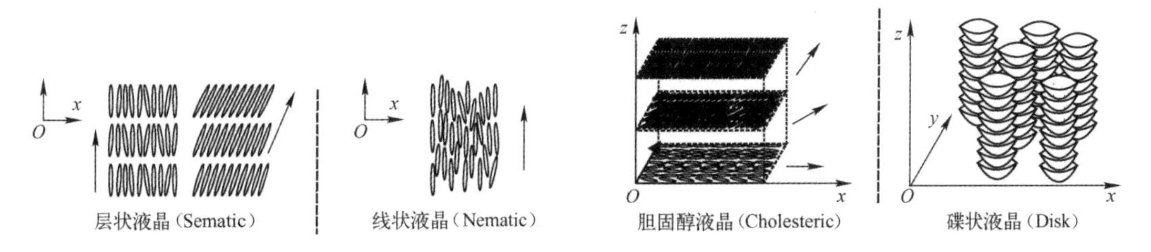

图 6-15　四种类型的液晶分子排列

1）层状液晶

层状液晶是由液晶棒状分子聚集一起，形成层状的结构。其每一层的分子的长轴方向相互平行，并且长轴方向相对于每一层平面呈垂直（或某倾角）方向。由于结构非常近似于晶体，层状液晶又被称为“近晶相”。层状液晶的多个层面靠“键结”组合在一起。当温度变化的时候“键结”会容易断裂，所以层状液晶的层与层之间较容易滑动。但是每层内的分子“键结”比较强，不易被打断，就单层来看，分子排列不但有序（分子长轴方向排列一致）而且黏性较大。在层状液晶中，每一层的液晶分子的长轴方向都具有相对于层状平面一定倾斜角度，而且通常层与层之间的分子倾角还会形成像螺旋一样的结构。

2）线状液晶

线状液晶用希腊单词 Nematic 命名，义同英文单词 Thread。因为这种液晶分子的排列看起来会有像丝线一样的形状。这种液晶分子在空间上具有一维的规则性排列，所有液晶分子呈长棒状，且长棒的长轴会选择某特定方向，即指向矢（Director）。指向矢是长棒状液晶分子的主轴，并且所有液晶分子平行排列。线状液晶不像层状液晶那样具有分层结构，与层状液晶相比，线状液晶的分子排列比较杂乱。

线状液晶的分子间黏度较小，所以较易流动（在长轴方向，分子较易自由运动）。在 TFT 液晶显示器的相关技术资料中常提到的 TN（Twisted Nematic）型液晶就是线状液晶。

3）胆固醇液晶

胆固醇液晶大部分情况下是由胆固醇的衍生物所生成的，故得名。然而，某些没有胆固醇结构的液晶也具有这种晶相。如果把胆固醇液晶一层一层分开，层内分子排列很像线状液晶，但是从分层的垂直方向，会发现它的指向矢会随着层分子排列方向不同而呈现螺旋分布。由于指向矢的不同，胆固醇液晶各层分子的光电学特性会有较大差异。

4）碟状液晶

碟状液晶也称为柱状液晶（Discoid）。以单个的液晶分子来说，它的形状呈碟状（Disk），但是多个分子的排列会重叠排列，呈柱状。

根据产生液晶的条件，液晶又可以分为热致液晶（Thermotropic LC）和溶致液晶（Lyotropic LC）两大类。

某些有机物在加热时，结晶晶格会被破坏，有机物熔解，进而形成的液晶，这种液晶就是“热致液晶”。热致液晶的光电效应受控于温度条件。层状液晶与线状液晶一般多为热致液晶。到2014年，液晶屏幕的液晶材料基本上都是热致液晶。

某些有机物放在特定溶剂中，结晶晶格会被溶剂破坏，从而即可形成液晶就是溶致液晶。溶致液晶受控于溶剂的浓度条件。溶致液晶在溶剂中浓度很低时，分子杂乱地分布于溶剂中，形成“等方性”的溶液。但是当浓度升高大于某临界浓度时，由于分子已没有足够的空间来形成杂乱的分布，部分分子开始聚集形成较规则的排列，以减少空间的阻碍，因此形成“异方性”的溶液。也就是说，溶致液晶的产生就是液晶分子在特定溶剂中达到某临界浓度时，便会形成液晶态。

溶致液晶有一个最好的例子，就是水面上的肥皂泡。当肥皂泡漂在水面上时并不会立刻变成液态，而在水中泡久了，肥皂泡便会溶解为乳白状物质，就是它的液晶态。

3．液晶的光电特性

液晶是一种特殊的物质，以最常用的线状晶体为例，其分子形状为长棒状，长宽分别为1～10 nm。这种晶体在常规状态下，分子长轴会选择某特定方向作为主轴并相互平行排列，当光线沿长轴方向从分子的一端入射时，由于液晶分子在长轴方向具有和晶体分子一样良好的透光性，光线几乎可以全部顺利从分子另一端透射出，如图6-16(a)所示。但是，一旦给液晶施加某种电场，液晶分子的排列就会发生变化，同时液晶的透光性会随之发生改变，进而会阻碍入射光线的通过，如图6-16(b)所示。液晶的这个特殊的光电特性常被用来制造LCD面板。常见的液晶显示器其形状外观如图6-17所示，比CRT显示器轻薄得多，主要由LCD面板模块、信号控制模块及逆变器和底座支架等组成。其中，LCD面板是液晶显示器的核心模块，也是LCD显示器与CRT显示器的本质区别。

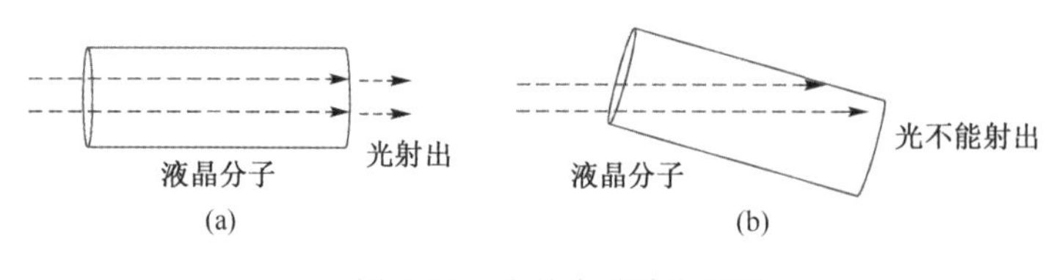

图6-16　液晶分子透光原理

图6-17　液晶显示器外观

1）LCD面板构造及工作原理

LCD屏幕是一块薄薄的面板。与CRT屏幕相比，LCD屏幕的体积明显减小且更轻薄，但其内部构造比CRT复杂。如果对LCD面板进行切割和解剖，其断面如图6-18所示。

LCD 面板的多层薄片从上至下排列，最上面是偏光板（上偏光板），依次向下分别是上配向膜、液晶层、下配向膜、下偏光板，最下面是由多个背光灯管组成的背光源板。其中，偏光板和配向膜（沟槽玻璃板）都有上下两片（两片偏光板、两片配向膜的构造分别不同），液晶层夹在两片配向膜的中间。

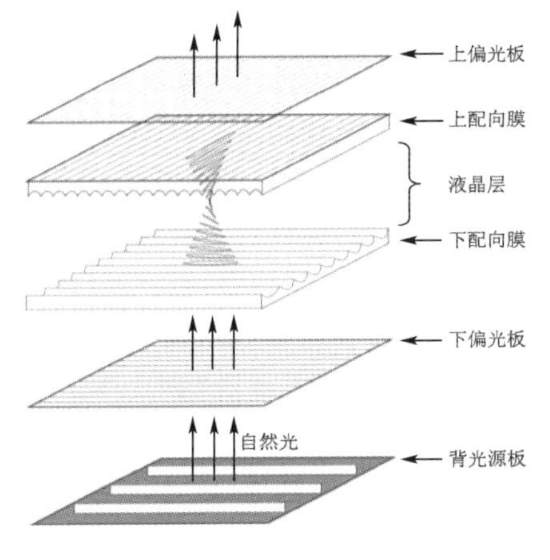

图 6-18　LCD 面板剖面结构

根据图 6-18，LCD 面板的成像过程为：点亮背光源的灯管，背光源可以发出由下向上的自然光线，自然光首先透射穿过下偏光板、下配向膜，来到液晶层；这时，液晶层在两旁矩阵排列的电线产生的电场信号的作用下按指定方向排列长棒形的液晶分子，液晶分子控制光线按照指定方向偏转行进，光线就可以从上配向膜透射出来而到达上偏光板，射出的光线最后会形成 LCD 屏幕上相应位置的像素“亮点”。反之，如果光线自下而上传输过程中有任何一层薄片阻挡光线，它最后无法到达屏幕的最上面，LCD 屏幕相应位置上的点就是像素“暗点”。

（1）偏光板

光具有波粒二象性，所以光有光波，其波长为 380～780 nm。不同颜色的光波波长不同。在可见光中，红色波长最长，紫光波长最短。光波的波形是一种正弦振动波，自然光包含的光波振动面不只限于一个固定方向，而是在各方向上均匀分布。如果光的振动面只限于某固定方向，这种光就被称为偏振光或线偏振光。自然光和偏振光对人眼的刺激效果相同，人眼无法鉴别射入眼睛的光是自然光还是偏振光。

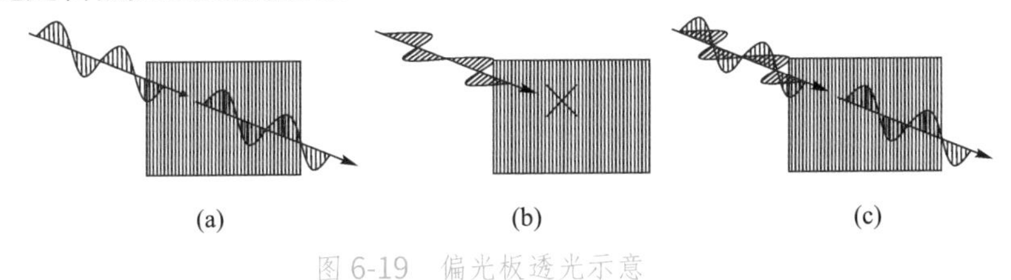

图 6-19　偏光板透光示意

能透过偏振光的透光板就叫偏光板。偏光板是以特制的玻璃板或聚乙烯醇高分子化合物薄膜作为片基制作薄膜片，其中有特制的密集的平行线条，从而具备了这样的特性：只允许与偏光板上线条平行的光振动波通过，如图 6-19（a）所示，其他振动方向的光波全部被阻止通过，如图 6-19（b）所示。偏光板上能透光的方向称为偏光板的“透光轴”，也就是说，与透光轴平行的偏振光可以通过偏光板。

当自然光试图通过偏光板时，偏光板只允许振动面和偏光板透光轴平行的自然光成分通过，阻挡其他光通过，如图 6-19（c）所示。可见，偏光板实际上的作用就是一个偏振光滤波器，专业领域一般将它称为极化滤波器。

如果将两块透光轴相互垂直的偏光板重叠在一起，透过两块偏光板观看景物，这时景物自然光中振动面与第一块偏光板透光轴平行的偏振光就会穿透第一块偏光板，但是无法穿透第二块偏振轴垂直的偏光板，这就是 LCD 屏幕黑屏的状况。

（2）液晶层

LCD 面板中的上下两块偏光板的透光轴是相互垂直的。如果没有液晶层作用，自然光是无法穿透两块偏光板透射形成图像的。但是，如果保持这两块偏光板的位置不变，只要把通过第一块偏光板的水平偏振光扭曲 90º，使之变成与偏振面垂直的偏振光后就可以穿透第二块偏光板，如图 6-20 所示。偏光板 A 和偏光板 B 中间夹着一层液晶层，液晶层的主要作用就是控制由通过偏光板 A 之后的偏振光是扭曲还是不扭曲，从而决定通过偏光板 A 后的偏振光能否继续穿透偏光板 B。

（3）沟槽玻璃板与配向膜

在两片偏光板之间填充液晶必须有一个“容器”来装载固定液晶。在如图 6-21 所示的 LCD 面板剖面结构中，一般用两片非常平整且透明度相当高的玻璃板充当液晶“容器”来夹住液晶。由于线状液晶分子的形状呈长棒状，为了让液晶分子的排列更加整齐有序，在玻璃“容器”的内侧（临近液晶层的表面）上还有锯齿状的沟槽，这就是沟槽玻璃板。沟槽就像小爪子，可以抓住身旁的液晶分子“棒”，使长棒形液晶分子沿着沟槽整齐排列。如果没有沟槽而只是光滑的平面，玻璃板就无法抓牢液晶分子，液晶分子的排列就会不整齐，光线透射液晶层时就会发生散射，从而导致 LCD 面板出现漏光现象。

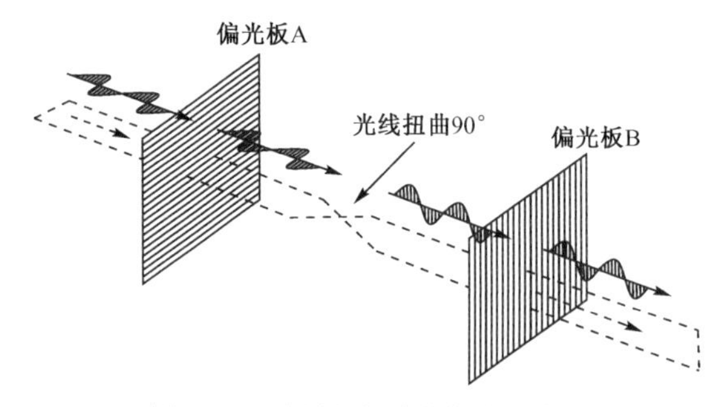

图 6-20　液晶层扭曲偏振光示意

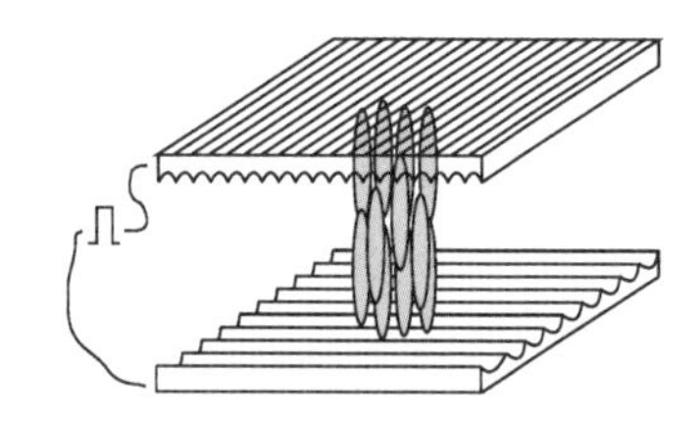
图 6-21　电场驱动下的液晶分子状态

在图 6-21 中，两片沟槽玻璃板的开槽方向相互垂直，靠近下面一块玻璃板的液晶分子排列方向与靠近上面一块玻璃板的液晶分子的排列方向也相互垂直。两片玻璃板之间的线状液晶分子在玻璃沟槽的抓附力、液晶分子间的黏附力和线状液晶分子同向排列的回弹力共同作用下，液晶层中的液晶分子就会呈现出规则的螺旋状排列结构。

在实际工业生产过程中，LCD 面板的这两块玻璃板“容器”内并没有沟槽，而是在上面涂一层比沟槽厚度更薄的化学制剂，这就是 LCD 的配向膜，其作用与沟槽一样，可以让液晶分子从下到上呈螺旋状均匀排列在两块玻璃板之间。

不管是沟槽玻璃还是配向膜，在不加电场驱动的自然状态下，液晶层的分子从下到上呈螺旋状均匀排列，这种状态下的液晶分子会对两块偏光板的偏振光刚刚好扭曲 90º 。也就是说，在不加电场驱动的状态下，偏振光可以顺利穿透液晶层和两块偏光板，从而在 LCD 面板相应位置形成“亮点”，见图 6-18。

如果在两块玻璃板各设置一个电极，并施加一定的电压，就会在玻璃板中间的液晶分子的周边形成相应的电场。由于液晶分子对电场极其敏感，在电场的驱动作用下，液晶分子将打乱原来的螺旋状排列结构而进行重新排列。这时液晶分子将不再受到配向膜的抓附力的控制，变为“竖立”排列状态。

在施加电场驱动时，偏振光将不会被液晶层扭曲，而是保持原来的偏振方向继续前行。偏振光达到第二块偏光板后，由于偏振面和第二块偏光板的透光轴是垂直的，偏振光将会被完全阻挡，从而在 LCD 面板的相应位置上形成像素“暗”点。

（4）背光板

CRT 是通过电子枪发射电子束轰击屏幕上的荧光粉来产生亮点的，而 LCD 的液晶层本身并不发光，它只对偏振光进行扭曲控制。因此，为了产生图像，LCD 面板需要一个背光板来提供高亮且均匀分布的光源。背光源能提供自然光，一般采用两个或多个冷阴极荧光灯管作为背光源。背光源发出光线后，背光板的其他部件如导光板、限光板、扩散板、增亮膜则将背光均匀分布到 LCD 的各区域，为液晶层提供分布均匀的入射光。

LCD 面板在通电工作的状态下，不管屏幕的点显示为“亮”或“暗”，LCD 面板中的背光灯管都是发光状态（除非 LCD 面板断电）。LCD 屏幕上之所以能呈现“暗点”（黑点），是因为在液晶层的作用下，背光被偏光板遮挡，但通常情况下，这种遮挡并不彻底，即 LCD 面板的暗点并不是绝对地没有任何光线透射的“纯黑点”，而是“黑灰点”。这也是 LCD 面板的功耗比较高的原因之一。

以上是 LCD 面板剖面结构及一个像素点的成像原理。要想知道 LCD 屏幕如何由“亮点”“暗点”组合成一幅完整图像，还要了解 LCD 的矩阵驱动原理。

2）LCD 的矩阵驱动方式

LCD 的成像原理是矩阵驱动原理，与 CRT 采用的光栅扫描成像原理截然不同。

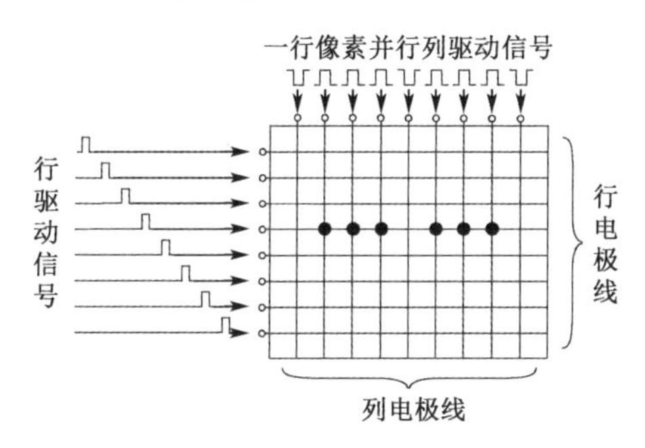

图 6-22　LCD 的矩阵电路结构

LCD 虽然也是把像素点进行排列组合来形成图像，但 LCD 像素点的排列组合方式完全不同于 CRT 的光栅扫描方式，LCD 靠矩阵电路驱动液晶层来呈现完整图像。LCD 的矩阵电路结构如图 6-22 所示。

这种矩阵驱动电路的结构特点是：在背光源一侧的偏光板与玻璃板之间安排一层矩阵驱动电极板。LCD 面板的分辨率与 CRT 分辨率表示规格相同，为“线数×点数”，矩阵电极板的行电极线数与 LCD 分辨率的“线数”相同，矩阵电极板的列电极线数与 LCD 分辨率的“点数”相同。以尺寸比例为 16∶9、分辨率为 1920×1080 像素的全高清 LCD 面板为例，它的矩阵驱动电极板的水平行电极线有 1080 根，垂直列电极线有 1920 根。

行电极线与列电极线相互垂直，其交叉点位置刚好就是一个 LCD 面板像素点的位置。如果一个像素点位置对应的行电极线和列电极线同时施加电压，该像素点就会产生一个电场，在电场驱动下，对应位置的液晶分子就会重新排列，从而控制偏振光的通过。

在 CRT 光栅扫描方式中，屏幕图像/字符从左至右、从上到下逐点扫描显示。而 LCD 通过水平的行电极线控制，在同一时刻把一行视频信号的像素点同时显示在屏幕上。从控制一行像素点的视频信号来看，CRT 接收串行信号，以控制逐点扫描一行；LCD 是先通过时序转换电路把主机发送的串行视频信号进行串－并转换，转换成一行像素对应的并行视频信号，再根据并行视频信号把一行像素点同时显示到屏幕上，如图 6-23 所示。

在 LCD 驱动系统中，串行视频信号经过时序转换电路后，能够被转化为相应的水平（行）驱动信号和垂直（列）驱动信号，这些驱动信号再通过 LCD 的矩阵驱动电路“寻址”，产生屏幕上相应像素点的驱动电场。屏幕上每个像素点都会有各自的电场驱动信号，在电场驱动下，液晶层中的液晶分子排列成将要显示图像的形状（这时的液晶层就像经过感光的照相“底片”，然后“底片”再经过背光源的光线照射，就能“显影”成为真实的图像）。LCD 的这种成像方式通常也被称为矩阵驱动方式。

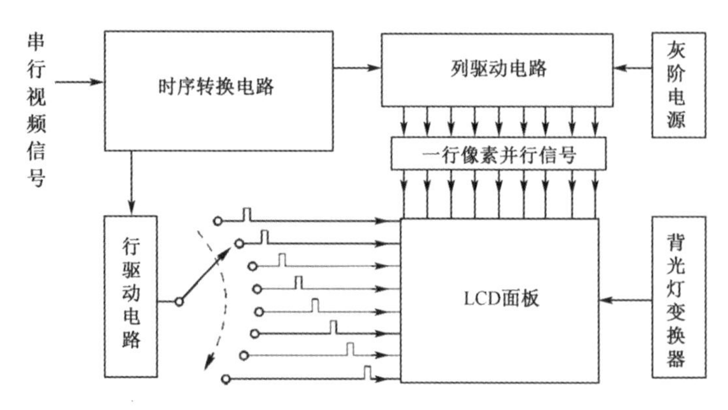

图 6-23　LCD 驱动系统的控制逻辑

3）LCD 的分类

根据液晶驱动方式的不同，LCD 可以分为被动矩阵式 LCD、主动矩阵式 LCD。

（1）被动矩阵式 LCD

被动矩阵式 LCD 在亮度及可视角方面受到较大的限制，响应速度也较慢。由于画面质量的问题，这种显示设备不利于发展为桌面型显示器。被动矩阵式 LCD 又可分为 TN-LCD（Twisted Nematic-LCD，扭曲向列 LCD）、STN-LCD（Super TN-LCD，超扭曲向列 LCD）和 DSTN-LCD（Double layer STN-LCD，双层超扭曲向列 LCD）。这三种被动矩阵式 LCD 的成像原理相同，只是液晶层的液晶分子排列扭曲角度不同。由于成像原理的缺陷，这三种被动矩阵式 LCD 中除 TN-LCD 还被用于电子计算器等低端黑白屏幕外，其他两种几乎已经绝迹。

（2）主动矩阵式 LCD

主动矩阵式 LCD 是目前应用最广泛的一种 LCD。最有代表性的就是 TFT-LCD（Thin Film Transistor-LCD，薄膜晶体管 LCD）。TFT-LCD 面板在每个像素位置内建了一个 FET 晶体管（Field Effect Transistor，场效应晶体管），可控制光的穿透率，使面板亮度更明亮、色彩更丰富，并提供更宽广的可视面积。TFT-LCD 是目前主流的计算机显示器。

TFT-LCD 面板结构中除了包含图 6-18 中所示的偏光板、配向膜、液晶层、背光源板，还有一块彩色滤光片。彩色滤光片的作用是使每个像素点都有 R、G、B 这三个标准的色彩块（原理同 CRT 显示器 RGB 色彩原理）。

在电路结构中，TFT-LCD 还有 FET 及驱动电路、背光控制模块等核心的功能部件，相互独立的 FET 晶体管驱动像素点发出各种彩色的光，就可以使 LCD 显示器呈现出高响应速度、高亮度和高对比度的彩色图像信息。

与被动矩阵式 LCD 不同，TFT-LCD 的 FET 晶体管具有电容效应，能够靠电容效应在一段时间内保持电场的稳定，这样就可以将透光排列的液晶分子一直保持这种透光排列状态，直到 FET 电极改变其排列方式为止。通过晶体管的充电电容维持液晶分子的电场，因此 TFT-LCD 的功耗相对被动式矩阵 LCD 非常低。

4）平板显示器技术展望

以 LCD 为代表的平板显示器技术发展快速，TFT-LCD 后又发展出 IPS-LCD（In-Plane Switching LCD，平面转换 LCD）、S-LCD（Super LCD，超级 LCD）。这两种 LCD 因为拥有更好的色彩还原、更宽广的视角、更薄的面板、更低的功耗而被广泛应用于各种平板电脑、智能手机、PC 显示器和家用大屏幕电视机。

目前还有一种不同于 LCD 的平板显示屏技术，即 OLED（Organic Light-Emitting Diode，有机发光二极管）技术。由于显示方式的不同，OLED 相较于 LCD 有很多先天优势：OLED 具有自发光的特性，不需背光板，因此 OLED 的面板较 LCD 面板更薄、功耗更低。

在 OLED 基础上，韩国三星公司已经研制出 AMOLED（Active Matrix OLED，主动矩阵式 OLED）面板，并应用于三星公司的多种平板电脑和智能手机上。随着技术的发展，以 OLED 技术为基础的 AMOLED、Super AMOLED（超级 AMOLED）面板产量将大幅提高，生产成本也将大幅降低，将来极可能取代 LCD 显示器的地位。

6.3.4 显示适配卡及其接口

显示规格取决于显示适配卡（控制器）提供的显示规格（也称为显示方式）和显示头所能满足的分辨率要求这两方面。随着计算机技术的发展，显示设备的不断升级换代是极为重要的，它直接影响到用户所感受到的功能强弱。为此，除了提高显示器本身的分辨率和清晰度，还应不断推出新的显示器适配卡。

IBM 公司为个人计算机先后主要推出了以下显示适配卡：彩色图形适配器 CGA（Color Graphics Adapter），增强型图形适配器 EGA（Enhanced Graphics Adapter），多色图形适配器 MCGA（Multiple Color Graphics Adapter），视频图形阵列 VGA（Video Graphics Array），扩展图形阵列 XGA（eXtended Graphics Array）。每种显示适配卡中允许编程选择几种显示规格。这些显示标准被称为 IBM PC 视频标准（方式），已为国际上普遍接受。各厂家在微机硬件开发和软件开发中，都以与这些标准相兼容作为其产品性能的基本要求。

1. VGA 方式

VGA（Video Graphics Array）显示接口由 15 针 D-Sub 组成，即 D 形、三排、15 针的标准插口方式，其中有一针未使用，其对应连接使用的信号线空缺，但接触片是完整的，这种接口通常被简称为 D-15 型接口。

早期的 CRT 显示器因为设计制造上的技术原因，只能接收模拟信号输入，最基本的信号常常包含 R、G、B、H 和 V（分别对应红、绿、蓝、行和场）这 5 个分量，不管以何种类型的接口接入，其信号中至少包含这 5 个基本的信号分量。

VGA 接口除了前述 5 个必不可少的信号分量，在 1996 年后逐渐加入了 DDC 数据分量信号，通过它可以读取显示器中内置的 EPROM 存储芯片中的记录，如显示器品牌、型号、生产日期、序列号和各项指标参数等出厂信息内容，并根据显示器的这些基本信息，Windows 操作系统才能实现所要求的即插即用（Plug and Play，PnP）功能。

VGA 接口一般与 CGA 和 EGA 接口保持兼容，还增加了几种新的显示方式。通常，VGA 接口的技术指标，包括分辨率、显示的颜色数量等，都有了明显的提高，可用来显示高质量的、有真实感的图形，因此 VGA 已广泛地用于各种微机中。VGA 方式本身的规格正在继续提高，许多与 VGA 兼容且性能有各种改进的图形显示器也在不断涌现，有的快速图形显示器的分辨率甚至高达 3200×1024 像素。

2. XGA 接口

XGA 是 IBM 公司继 VGA 后开发的扩展图形显示适配卡。配置有协处理器，是智能型适配卡，它能实现 VGA 的全部功能，运行速度比 VGA 更快，也能支持高分辨率显示。

3．DVI 接口

DVI（Digital Visual Interface，数字视频接口）是近年来随着数字化显示设备的发展而同步发展起来的一种新型显示接口标准。

普通 RGB 接口在显示过程中，先要在显示适配卡中经过数/模转换，将数字信号转换为模拟信号，输入显示器。在数字化显示设备中，又要经模/数转换将模拟信号转换成数字信号后显示。在经过二次转换后，会造成信息丢失，对图像质量有一定影响。DVI 直接以数字信号的方式将显示信息传输到显示器，可避免二次转换过程，因此从理论上讲，采用 DVI 接口的显示器的图像质量更好。

另外，DVI 实现了真正的即插即用（PnP）和热插拔（Hot-plugging 或 Hot Swap）功能，在连接过程中不需关闭计算机和显示设备。现在有很多 LCD 显示器采用这种接口，但 CRT 显示器在被淘汰之前很少使用 DVI。

目前的 DVI 接口分为两种。一种是 DVI-D 接口，只能接收数字信号，接口上只有 3 排 8 列共 24 个针脚，其中右上角的一个针脚为空，不兼容模拟信号。另一种是 DVI-I 接口，可同时兼容模拟信号和数字信号。兼容模拟信号并不意味着 RGB 模拟信号的 D-15 接口可以直接连接到 DVI-I 接口上，而是必须通过一个转换接头才能使用，一般采用这种接口的显示适配卡都会带有相匹配的转换接头。

考虑到兼容性问题，目前的显示适配器一般采用 DVI-I 接口，这样可以通过转换接头连接到普通的 VGA 接口。带有 DVI 接口的显示器一般使用 DVI-D 接口，因为这样的显示器一般带有 VGA 接口，所以不需要带有模拟信号的 DVI-I 接口。当然也有少数例外，有些显示器只有 DVI-I 接口而没有 VGA 接口。

4．HDMI 接口

HDMI（High Definition Multimedia Interface，高清晰度多媒体接口）接口的音频/视频采用同一电缆进行传输，可以提供高达 5 Gbps 的数据传输带宽，可以传输无压缩的音频信号及高分辨率视频信号。同时，不需在信号传输前进行数/模或者模/数转换，可以保证最高质量的影音信号传输。此外，HDMI 接口支持 HDCP 协议，为收看有版权的高清视频奠定了基础。

5．DisplayPort 接口

DisplayPort 也是一种高清数字显示接口标准，这种标准最早在 2006 年 5 月由视频电子标准协会（VESA）确定了 1.0 版标准，并在半年后升级到 1.1 版。DisplayPort 既可以连接计算机与显示器，也可以连接计算机与家庭影院，它是一种针对所有显示设备（包括内部和外部接口）的开放标准，甚至可以全面取代 DVI 和 VGA 接口。

从性能上，DisplayPort 1.1 最大支持 10.8 Gbps 的传输带宽，HDMI 1.3 标准仅支持 10.2 Gbps 的带宽；DisplayPort 可支持 WQXGA+（2560×1600）、QXGA（2048×1536）等分辨率及 30/36 位（每原色 10/12 位）的色深，1920×1200 像素分辨率的色彩支持到了 120/24 位，超高的带宽和分辨率完全足以适应显示设备的发展。

与 HDMI 一样，DisplayPort 也允许音频与视频信号共用一条线缆传输，支持多种高质量数字音频。比 HDMI 更先进的是，DisplayPort 在一条线缆上还可实现更多的功能。除了 4 条主传输通道，它还提供了 1 条功能强大的辅助通道。该辅助通道的传输带宽为 1 Mbps，最高延迟仅为 500 μs，可以直接作为音频、视频的传输通道，也可用于低延迟的游戏控制。

DisplayPort 的外部接头有两种型号：一种是标准型，类似 USB、HDMI 等接头；另一种是 Mini 型，最早由 Apple 公司开发，主要针对连接面积有限的应用，比如超薄笔记本电脑等。这两种接头都有 20 针引脚，但 Mini 型接头的宽度仅约为全尺寸的一半。这两种型号的接头的最长外接距离都可以达到 15 m。除了能够实现设备与设备之间的连接，DisplayPort 还可用于设备内部的接口，甚至也可用作芯片与芯片之间的数据接口。

6．ADC 接口

除了以上介绍的几种显示设备常见的接口，ADC（Apple Display Connector）接口也是 Apple 公司为显示器开发的一种专用显示器接口。

从用户的角度，ADC 接口集成了 DVI-D 接口、USB 接口和 DC（直流电源）接口，其最大特点就是数据线和电源线集成在一起，显示器只需一根线就能满足 Apple 系列计算机清爽时尚的风格。目前，Apple 公司生产的系列显示器产品都广泛采用了 ADC 接口。

在前述介绍的几种适配器接口中，VGA、DVI、HDMI 和 DisplayPort 等接口的应用目前比较广泛。其他接口标准，如 CGA、EGA 和 XGA 等，有的因为技术落后已被淘汰，有的因为各厂商的支持度不高而没有大规模发展起来。

6.4 打印设备

6.4.1 打印设备概述

打印设备是计算机的重要输出设备之一，能将计算机的处理结果以字符和图形等人们所能直观识别的形式打印在相关介质上，作为硬拷贝长期保存。为适应计算机飞速发展的需要，打印设备已从传统的机械式打印发展到新型的电子式打印，从逐字顺序打印发展到成行打印，从窄行打印（每行打印几十个字符）发展到宽行打印（每行打印上百个字符），并继续朝着不断提高打印速度、降低噪声、提高打印清晰度和彩色打印等方向发展。

打印设备品种繁多，按一行字的形成方式、工作时是否有击打动作和打印字符的结构及采用的技术等，可以分为如下类型。

1．串行打印和并行打印

按数据传输方式的不同，打印设备可分为串行打印机和并行打印机两类。

串行打印时，字符按先后顺序逐字打印，速度较慢，一般用“字符/秒”来衡量打印速度。

并行打印也称为行式打印，一次同时打印一行中的某种相同字符，打印输出过程是逐行进行的。行式打印常常需要设置缓冲存储器，用来暂时存放准备打印的一行字符。这种方式打印速度比串行方式快，常用“行/秒”或“行/分”作为速度单位。

2．击打式打印和非击打式打印

按印字方法的不同，打印设备可分为击打式打印机和非击打式打印机两种。

击打式打印机是通过字锤或字模的机械运动推动字符击打色带，使色带与纸接触，从而在纸上印出字符。色带与纸接触瞬间，若字符和纸处于相对静止状态，则称为“静印”。有的打印机（如快速宽行打印机）多采用“飞印”方式打字，以提高打印速度。字符被字轮带动高速旋转，在击打的瞬间，字符和纸张之间有微小的相对位移，故称为“飞印”或“飞打”。

非击打式打印机具有打印速度快、噪声小（或者无噪声）、印刷质量好等优点，它们通过电子、化学、激光等非机械方式来印字。例如，激光打印机、磁打印机等，利用激光或磁场先在字符载体上形成潜像，然后转印在普通纸上形成字符或图形；喷墨打印机不通过中间字符载体，由电荷控制直接在普通纸上印字；静电打印机及热敏、电敏式打印机等通过静电、热、化学反应等作用，在特殊纸上印出图像。

3．全形字打印和点阵打印

按字符产生方式来划分，打印设备有全形字打印机和点阵打印机两类。

全形字打印机是将字模（活字）装在链、球、盘或鼓上，用打印锤击打字模将字符印在纸上（正印），或者打印锤击打纸和色带，使纸和色带压向字模实现印字（反印）。字模型用在击打式打印机中，打印出的字迹清晰，但组字不灵活，且不能打印图形、汉字等图像。

点阵式打印机不用字模产生字符，而是将字符以点阵形式存放在字符发生器中。打印时，用取出的点阵代码控制在纸上打印出字符的点阵图形。常用的字符点阵为5×7、7×9、9×9，汉字点阵为24×24。点阵式打印机组字灵活，可以打印各种字符、汉字、图形、表格等，且打印质量很高。针式打印机及所有非击打式打印机等均采用点阵型。

4．针式、喷墨式和激光打印

针式打印机是通过打印头中的24（或9）根针击打复写纸，从而形成字体。针式打印机在打印机历史上曾经占据重要地位，在很长的一段时间内流行不衰，具有打印成本低、易用性好等优点，特别适合多联票据的打印。针式打印机也有打印质量差、噪声大以及打印速度慢等缺点，所以只在银行、超市等需要打印票据的场合中使用。

喷墨式打印机是在针式打印机之后发展起来的，采用非打击的工作方式，比较突出的优点有体积小、操作简单方便和打印噪声低，如使用专用纸张可以打印高质量照片。喷墨式打印机按打印头的工作方式可以分为压电喷墨技术和热喷墨技术两种，按照喷墨的材料性质又可以分为水质料、固态油墨和液态油墨等。

激光打印的原理是将待打印页面转换成电信号控制发射激光，经过反射后让感光鼓感光，并将感光鼓上的碳粉转移到纸上的对应位置并进行高温加热融化固定，从而完成打印。激光打印机有黑白打印和彩色打印两种，打印质量更高，快速速度更快，打印成本更低，有望全面替代喷墨式打印机。

与打印机相关的性能指标主要有打印分辨率、打印速度、打印幅面、接口方式、缓冲区的大小和打印介质类型等。

1）打印分辨率（dpi）

打印机的打印质量是指打印出的字符的清晰度和美观程度，常用打印分辨率来表示，单位为每英寸打印的点数（dot per inch，dpi）。针式打印机的分辨率一般为180 dpi，喷墨打印机的分辨率一般为720 dpi，激光打印机的分辨率一般为300 dpi或600 dpi以上，甚至高达1200 dpi。低档的精密照排机约为700～2000 dpi，高档的可达2000～3000 dpi。

2）打印速度

打印速度可分为串式、行式和页式打印速度。如前所述，串式打印机的打印速度用每秒钟的字符数（cps）来表示，行式打印机用每分钟打印的行数（lpm）来表示，页式打印机用每分钟打印的页数（ppm）来表示。表6-4列出了高、中、低速打印机的打印速度。

表 6-4　打印机的打印速度

打印机类型	低　速	中　速	高　速
串式	小于 30 cps	30～200 cps	大于 200 cps
行式	小于 150 lpm	150～600 lpm	大于 600 lpm
页式	小于 10 ppm	10～30 ppm	大于 30 ppm

3）打印幅面

打印幅面是衡量打印机输出文图页面大小的指标。

针式打印机中一般给出行宽，用一行中能打印多少字符（字符/行或列/行）表示。常用的打印机有 80 列和 132/136 列两种。

激光打印机常用单页纸的规格表示，可以分为 A3、A4 或 A5 等幅面打印机。打印机的打印幅面越大，打印的范围越大。

喷墨打印机也常用单页纸的规格表示。通常，喷墨打印机的打印幅面为 A3 或 A4 大小。有的喷墨打印机也使用行宽表示打印幅面。

4）缓冲区

打印机的缓冲区相当于计算机的内存，单位为 KB 或 MB。最简单的缓冲区只能存放一行打印信息，通常小于 256 字节，主机只能发送一行信息给打印机。当这一行信息打印完后，即清除缓冲区的信息，并告诉主机"缓冲区空"，主机将再发送新的信息给打印机，如此反复，直到所有信息打印完毕为止。

在主机 CPU 不断升级的情况下，为了解决计算机和打印机速度的差异，必须扩大打印机的缓冲区。目前，24 针的针式打印机的缓冲区一般为 64 KB，也有高达 128 KB 的；喷墨打印机一般为 64 KB 或 128 KB；激光打印机的缓冲区容量一般为 4～8 MB，高端机型有的可高达 256 MB。缓冲区越大，一次输入数据就越多，打印机处理打印任务所需的时间就越长，因此与主机的通信次数就可以减少，从而提高主机的效率。

5）接口方式

打印机的接口在早期大多数都配置标准的并行接口，一般称为 Centronics 接口，也称为 IEEE1284，其最高传输速率可达 16 Mbps，其他标准接口一般作为附件而需另外购置。

在 IEEE1284 标准中定义了多种并行接口模式，常用的有以下 3 种：① SPP（Standard Parallel Port），标准并行接口；② EPP（Enhanced Parallel Port），增强并行接口；③ ECP（Extended Capabilities Port），扩展功能并行接口。这三种模式的硬件和编程方式不同，传输速率为 50 KBps～2 MBps。一般情况下，打印机一侧采用 Centronics 36 针弹簧式接口，主机一侧常采用 25 针 D 型接口。这种 25 针并行接口尺寸小，也有一部分小型的打印机（如 POS 机的打印机）采用。

另一种打印机适配器接口就是串行接口，其特点是传输速率慢但传输距离长。现在的台式计算机一般有两个串行口 COM1 和 COM2。通常，COM1 是 9 针 D 形接口（RS-232），而 COM2 是 25 针接口（RS-422）。此外，打印机一般支持另一种特殊的串口方式，即 USB（Universal Serial Port）。普通 USB 能提供 12 Mbps 的连接速度，比早期的并口的速度提高了差不多 10 倍，能使打印文件的传输时间大大缩减。如果采用 USB 2.0 标准，还能进一步将接口速度提高到 480 Mbps，大幅减少打印文件的传输时间。

6.4.2 点阵针式打印机

点阵针式打印机（简称针打）是一种串行击打式打印机，与其他击打式打印机不同，它不是通过击打字模印字而是靠若干钢针在字符点阵代码的控制下击打色带和纸，在纸面上印出与点阵代码对应的字符图案。它的打印速度比其他串行打印机速度快，达 180～300 字符/秒，有的甚至高达 600 字符/秒。针打的字库容量可以很大，这就为打印图形和汉字提供了条件。打印针的工作频率较高，驱动打印针的能量又很小，因此打印时所发出的噪声容易被吸收和阻尼，使噪声降低。另外，点阵针式打印的结构简单，使用方便，成本也低，所以获得了广泛的应用，特别在微机系统中已成为必不可少的硬拷贝输出装置。其主要缺点是打印的字迹不如字模型打印机的清晰，但近年来采用了 NLQ（Near Letter Quality，准铅字质量）技术，使印字质量大大提高，几乎接近字模型。

1．打印方式

与显示器的显示方式相类似，点阵针式打印机也有两种打印方式。一种是文本字符方式，根据待打印字符的编码从字符发生器依次取出字符的各列点阵数据，控制钢针在纸上打印出字符。与字符显示方式不同的是，字符发生器按列组织字符点阵代码而不是按行组织，且点阵数据由 ROM 取出后，不经过并－串转换而直接送往打印头。另一种打印方式是点图形方式，将图形的点数据存入 RAM，打印时从 RAM 中取出点数据，送打印头驱动钢针打印。

2．基本结构

点阵针式打印机主要由打印头、小车横移机构、走纸机构、色带机构、保护装置和控制系统几部分组成，核心是打印头和控制系统。

1）打印头

打印机的关键部件是打印头，由电磁铁、打印针、导向部件和复位部件组成，如图 6-24 所示。每根打印针通过各自的导向管、复位弹簧和衔铁与一个电磁铁相连。打印时，在相应电磁铁线圈中通入电流，产生磁场，使衔铁杠杆在磁场作用下被吸合而运动，压缩弹簧，推动打印针沿导向管并通过导板击打色带，将色带和纸压向滚筒，从而在纸上印出一个小点。断开电流时，磁场消失，衔铁杠杆被释放，使被压缩的弹簧产生弹力，将打印针拉回起始位置。

电磁铁和打印针一般排成圆周形，打印针通过导向部件后，前端排成一列（9 针，如 FX-80、100）或互相错位排成两列（24 针，如 M2024、TH3070 等），如图 6-25 所示。24 根针排成奇数针和偶数针各一列，呈锯齿状。打印时，先打印一列针，打印头移动一定距离后再打印另一列针，两次击打打印完字符的同一列点阵。

打印头是靠电磁铁线圈中电流的有无来驱动打印针移动的，它的常见工作方式有：螺管式、拍合式、储能释放式等驱动方式。

以目前仍在一些特殊行业（比如银行的票据单打印、超市的购物单打印等）使用的储能释放式为例，它是利用永久磁铁的吸力使复位弹簧储存一定能量，作为推动针运动的驱动源。不打印时，由永久磁铁吸住衔铁、弹簧和针，弹簧被压缩而储备能量，使打印针处于准备击发的状态。打印时，在另一个线圈（释放线圈）中通入电流，该线圈所产生的磁场方向与永久磁铁的磁场方向相反，因而削弱甚至抵消永磁吸力，将衔铁释放，在所存储的弹性能的作用下，由簧片推动针打印。当打印动作完成后，切断释放线圈的电流，永久磁铁又恢复吸力，重新吸住

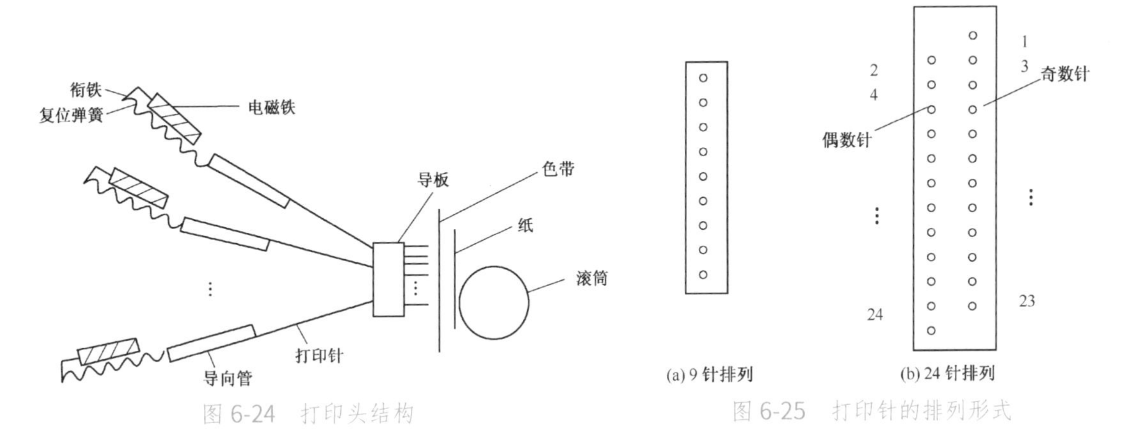

图 6-24　打印头结构　　　　图 6-25　打印针的排列形式

衔铁，使弹簧再次储能，并迫使打印针能够很快地回到起始位置。这种驱动方式使针的打印速度较快，可以高达 600 字符/秒。

2）水平横移机构

打印头装在小车上，由步进电动机或直流电动机驱动水平往返运动。伺服电动机上装有位置检测编码盘，小车移动时编码盘与之同步旋转。盘上刻有光栅，通过光电转换检测小车位置。每次打印字符的一列点阵时，小车将打印头移动到打印位置，打印头根据列点阵的 1、0 代码控制相应的打印针运动或不运动。打印完一列后，小车再拖动打印头到第二列位置继续打印。

3）走纸机构

在打印一行字符的过程中纸是不动的，打印完一行后纸走动一格，以便打印下一行字符，因此走纸动作是间歇的。通常由步进电动机驱动滚筒按顺时针方向旋转，滚筒每旋转 36°，纸将通过摩擦方式或针牵引方式向前移动一步。

4）色带机构

色带直接受打印针击打，若打印时色带不动，固定在一个位置打印，会很快被打破。但色带不能运动太快，否则会使印字模糊。所以，一般用电动机拖动色带按一定速度移动，并将色带头尾相接，装在色带盒内。当小车正反运动时，色带轴带动色带沿一个方向旋转，可使色带均匀使用，不致因某段色带使用太频繁而过早损坏。

5）保护装置

当出现卡纸、纸歪斜或纸用完等情况时，保护装置均发出报警信号，如指示灯闪烁或发出响声，以便操作人员及时进行处理。

3．打印机控制器举例

现在的打印机都广泛采用了微处理器芯片对打印过程进行控制，有单 CPU 控制和双 CPU 控制两种方式。例如，M2024 打印机控制器便采用主、从双 CPU 方式，整个控制电路分布在接口板和逻辑板上，如图 6-26 所示。其中，位于接口板上的输入端口、输出端口和控制电路分别接收输入数据和控制命令，并返回输出状态。8 KB 的 RAM 作为行缓冲器和程序工作区，用行缓冲器事先存放待打印的一行字符信息。

位于逻辑板上面的 8 KB ROM 划分一部分空间作为 ASCII 字符发生器，存放字符点阵信息，另一部分空间用来存放打印主控程序。汉字 ROM 作为选件，若不配置该选件，则汉字库可由软盘提供。数据锁存器接收一列点阵信息（先由 ROM 字符发生器送 CPU 进行某些处理，

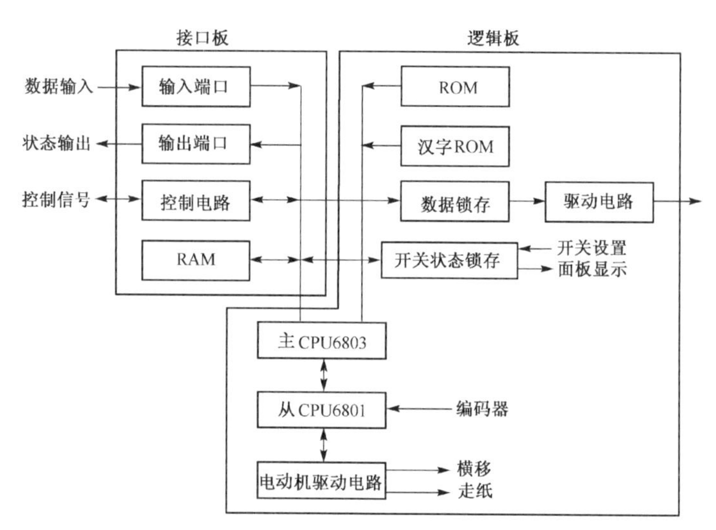

图 6-26　打印机控制器

再送往数据锁存器)，提供给驱动电路控制打印头上的针的动作。主 CPU 通过执行主控程序对输入数据进行分析，接收主机送来的控制命令，控制打印机各部分协调操作，完成打印功能，并将打印机状态返回主机和面板指示灯。从 CPU 则根据主 CPU 的命令，通过电动机驱动电路控制直流电动机和步进电动机的动作，完成小车横移、走纸等辅助打印操作，并向主 CPU 回送小车运行状态的标志。

6.4.3　喷墨打印机

喷墨打印机是类似于用墨水写字一样的打印机，可直接将墨水喷射到普通纸上实现印刷，如喷射多种颜色墨水可实现彩色硬拷贝输出。

喷墨打印机的喷墨技术有连续式和随机式两种，目前市场上流行的各种型号打印机大多采用随机式喷墨技术。早年的喷墨打印机及当前输出大幅面的打印机采用连续式喷墨技术。

1．连续式喷墨打印机工作原理

图 6-27 是一种电荷控制式喷墨打印机的印刷原理和字符形成过程，主要由喷头、充电电极、偏转电极、墨水供应及过滤回收系统和相应控制电路组成。其工作原理如下。

喷墨头后部的压电陶瓷受到振荡脉冲的激励会产生伸缩，从而使墨水断裂形成细微的墨滴而喷射出来，只要电脉冲存在，细微墨滴就能连续不断地喷射出来。因为墨滴自身不带电，其前面通常设置有充电电极，以施加静电场给墨滴充电。所充电荷的多少由字符发生器控制，根据所印字符各点位置的不同而充以不同的电荷。

充电电极所加电压越高，充电电荷越多，墨滴经偏转电极后偏移的距离也越大，最后墨滴落在印字纸上。图 6-27(a)中只有一对偏转电极，因此墨滴只能在垂直方向偏移。

若垂直线段上某处不需喷点，则相应墨滴不充电，在偏转电场中不发生偏转而射入回收器，横向偏转则靠喷头相对于记录纸作横向移动实现。图 6-27(b)为墨滴落在纸上的顺序（H 字符)，字符由 7×5 点阵组成。

有的喷墨打印机采用两对互相垂直的偏转板，对墨滴的印字位置进行二维控制。上面介绍的打印机只有一个喷头，因此打印速度较慢。

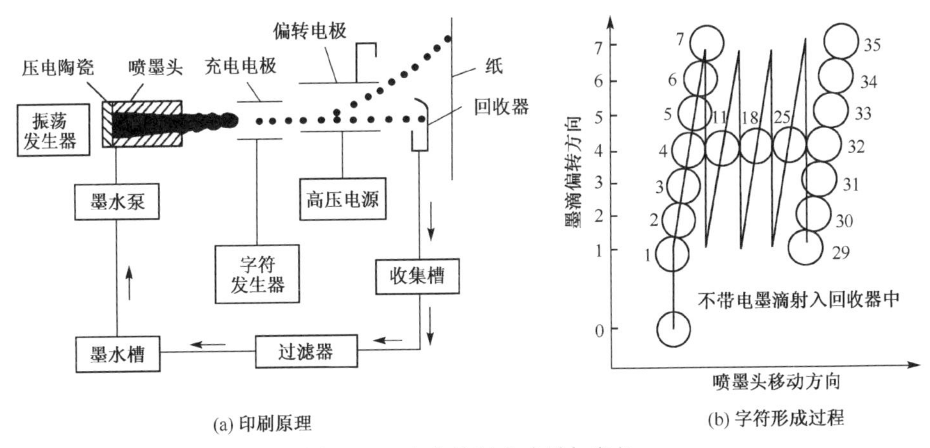

(a) 印刷原理　　(b) 字符形成过程

图 6-27　电荷控制式喷墨打印机

2. 随机式喷墨打印机的工作原理

随机式喷墨打印机供给的墨滴只在需要印字时才喷出，因此不需要墨水循环系统，省去了墨水泵和收集槽等。与连续式相比，随机式喷墨打印机结构简单、价廉，可靠性高。为提高印字速率，这种印字头采用单列、双列或多列小孔，一次扫描喷墨即可打印出所需的字符或图像。

产生墨滴的机构可采用不同的技术，流行的有压电式和热电式。压电式喷墨又分为压电管型、压电隔膜型和压电薄片型等多种。它们的机械结构不同，但基本原理都是采用加高电压脉冲到墨水压电换能器上的方式，使墨水受力生成墨滴并喷出完成印字过程。喷出的墨滴是不连续的，墨滴的发生频率最大可超过 10 kHz。图 6-28 为压电管型喷墨结构和喷嘴结构示意图，现以它为例来说明喷墨技术的工作原理。

压电式喷墨打印机由印字头组件、印字头车架和墨水盒等组成。印字头组件中可容纳多个喷嘴，如图 6-28(b)所示，由压电管、墨水管道和喷嘴组成。墨水在容器中的水平位置低于喷嘴的最低位置，因毛细管作用使剩余的墨水保持在喷嘴内，不致溢出。压电管为换能器，60～200 V 脉冲电压作用其上，可使压电管内部截面积收缩或扩张，将墨滴喷出，多余的墨水被收回。生成墨滴的平均周期约 200 ns。

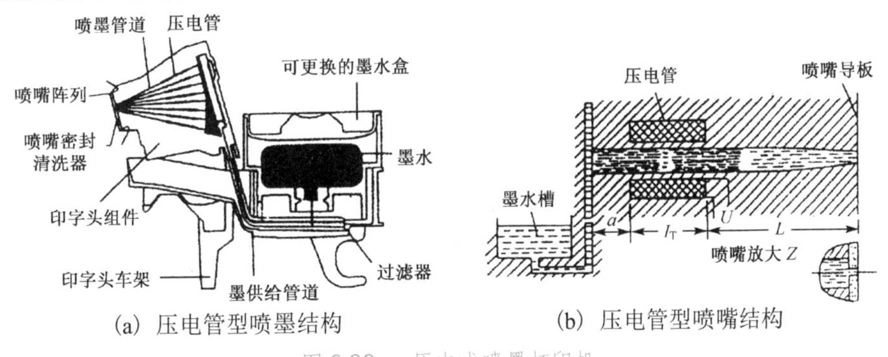

(a) 压电管型喷墨结构　　(b) 压电管型喷嘴结构

图 6-28　压电式喷墨打印机

3. 喷墨打印机的消耗品及辅助装置

喷墨打印机所选用的墨水、记录纸（打印纸）和印字头的清洗密封装置与印字质量有密切关系。喷墨打印机需要特殊的墨盒，其价格较贵。彩色喷墨打印机一般都只装有 4 只分别装有品红、黄、青、黑色的喷墨打印机专用墨水盒。

1）墨水

墨水有严格的性能要求，不能随意更换不同规格的墨水，否则会对喷墨系统造成致命的损害，甚至报废。随机式喷墨结构一旦发生故障，是不可修复的。

对墨水的要求如下：① 墨水所用原料必须满足印字机构要求，不应含有颗粒等；② 墨水在管道和喷嘴内，不应有渗漏、沉积或干涸现象；③ 在-25℃～+70℃温度范围内存放；④ 在+10℃～+40℃温度范围内使用，应符合规定的浓度、黏度和表面张力值。

印字质量对墨水的要求如下：印字清晰，不产生模糊边缘，快干，印字有防水、不褪色和不可擦除的性能。

2）记录纸（打印纸）

一般喷墨打印机要求使用与规定墨水要求相符的普通纸（复印纸），对穿透性和渗析性有一定要求。穿透性是指墨滴在纸面上向另一面的穿透能力，以不穿透到另一面为佳。渗析性也称为浸润性，会使印刷输出字符的边缘产生浸润模糊。另外，不要因纸的质量问题而引起细微喷嘴的堵塞。

3）辅助装置

喷墨打印机带有一些通用的或专用的选件和辅助装置，如接口卡、输纸机构、供纸和接纸盘等。为确保喷嘴不受阻塞，对使用水性墨水的喷墨打印机应带有清洗装置，定期（或遇有故障）对印字机构进行清洗。由于水性墨水容易干涸造成喷头阻塞，有些厂商开发了静电型使用油性墨水的印字头。依靠静电的吸引力，高温沸腾（200℃）的油性墨水从喷嘴中喷出，这样可省去清洗装置。使用油性墨水的打印机可进一步提高分辨率。

6.4.4 激光打印机

随着电子摄影技术和激光扫描技术的发展，一种新型的非击打式打印输出设备即激光打印机在 20 世纪 70 年代中期问世。其优点为：打印速度快，印字质量好，分辨率高，噪声小，能打印各种字符、图形、汉字、图表等。如美国 HP 公司的 HP Laserjet P3015 型（最高分辨率 1200×1200 dpi、最高打印速度 40 ppm、黑白激光打印机）、日本施乐公司的 DocuPrint 211 型（最高分辨率 1200×1200 dpi、最高打印速度 22 ppm 类型的、黑白激光打印机），比击打式打印机提高性能几十倍至几百倍。特别是在半导体激光器和高灵敏度感光材料研制成功后，激光打印机的体积大大缩小，各种小型台式、多功能、低价格的中低速激光打印机相继出现，并能够与各类计算机配套，成为一种理想的办公自动化设备和输出设备。

激光打印机主要由激光扫描系统、电子摄影系统和控制系统组成，如图 6-29 所示。激光打印机利用激光扫描技术，将经过调制的、载有字符点阵信息或图形信息的激光束扫描在光导材料上，并利用电子摄影技术让激光照射过的部分曝光，形成图形的静电潜像。再经过墨粉显影、电场转印和热压定影，便在纸上印刷出可见的字符或图形。

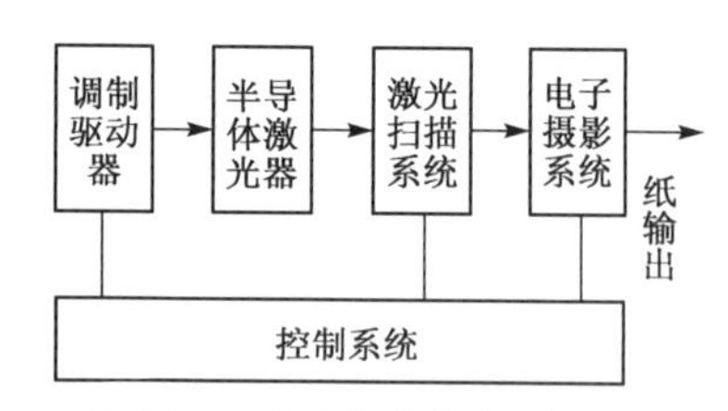

图 6-29 激光打印机的逻辑组成

1．主要组成

1）激光扫描系统

激光扫描系统由激光器、调制部件、扫描部件和光学部件组成，其功能是对激光器产生的激光按字符点阵信息或图像信息进行高频调制，将电信号转变成光信息。调制后的载有信息的激光束经过光学部件整形、聚焦，由扫描部件控制在光导材料上逐行扫描，从而形成静电潜像。

激光器是激光打印机的光源，在受激时能发射出具有单色性和单方向性的强辐射光—激光。激光可以聚焦成极细的光束，特别适于记录高分辨率的信息。早期的激光打印机多采用氦氖气体激光器，由于体积大、成本高，使激光打印机的应用范围受到一定限制。20 世纪 70 年代末，随着激光二极管的出现，这种体积小能直接进行高频调制的半导体激光器被广泛地用于各种小型激光打印机中。

对氦氖激光器需进行偏转调制，可采用机械、电光或声光的方法实现。对半导体激光器可直接按照字符或图像的二进制信息进行开关调制，将字符点阵代码通过调制器转变为激光驱动信号，控制激光二极管接通或断开。

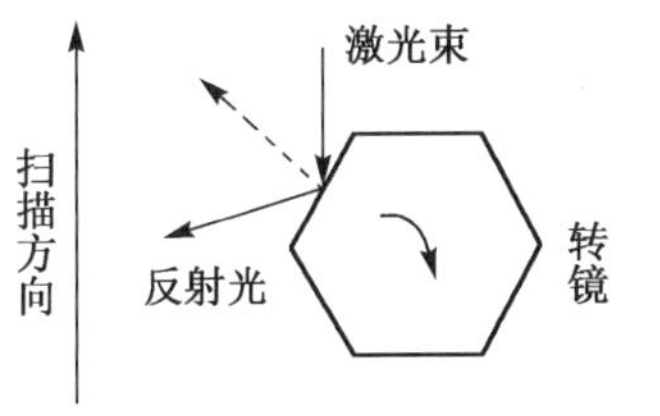

图 6-30 转镜扫描原理

激光扫描部件一般采用转镜扫描器，这是一种多面棱镜，由扫描马达带动匀速旋转。当激光束照射在转镜的某一面上时，随着镜子的转动，反射光便扫描成一条直线，如图 6-30 所示。

当转镜旋转到下一面时，反射光随着镜子的转动又扫描成一条直线。因此，若转镜有 *n* 面（如 6 面），旋转一周，便扫描 *n* 条（6 条）直线。

2）电子摄影系统

电子摄影系统包括感光鼓充电器、显影磁刷、转印分离部件、定影器及消电清洁装置等。

感光鼓是一个用铝合金制成的圆筒，表面涂有一层光导材料（如硒）。这种光导材料在黑暗中为绝缘体，若被光照射，其电阻值下降，成为导体。感光鼓预先在暗处充电，以便当载有字符信息的激光束扫描鼓面时，其光照部分的电阻值降低，使电荷流失，而未照部分保持电荷，这样便在鼓面形成字符的静电潜像。

显影磁刷中装有能带电荷（与静电潜像极性相反）的墨粉，当磁刷接触鼓面时，墨粉被潜像吸附，从而形成了即将打印的可见图像。

充电器、转印器、分离器和消电器一般均采用电晕丝，通过电晕放电实现对感光鼓充电、将墨粉图像转印在纸上、将纸与感光鼓分离、印刷完成后消除感光鼓表面残留的电荷等。

墨粉转印到纸上后容易被擦掉，需要经过定影将墨粉图像固定在纸上。可用热辊作定影器。当纸接触到热辊时，墨粉受高温立即熔化而黏附在纸上，并经加压形成固定图像。

3）控制系统

控制系统对激光打印机的整个打印过程进行控制，包括控制激光器的调制；控制扫描电动机驱动多面棱镜匀速转动；进行行同步信号检测，控制行扫描定位精度；控制步进电动机驱动感光鼓等速旋转，保证垂直扫描精度，使激光束每扫描一行都与前一行保持相等的间距。此外，还对显影、转印、定影、消电、走纸等操作进行控制。接口控制部分接收和处理主机发送来的各种信号，并向主机回送激光打印机的状态信号。

2．激光打印过程

一台激光打印机的完整打印过程如图 6-31 所示。随着感光鼓的旋转，一次完整的打印过程一般分成 7 步进行。

1）充电

预先在暗处由充电电晕靠近感光鼓放电，使鼓面充以均匀电荷。

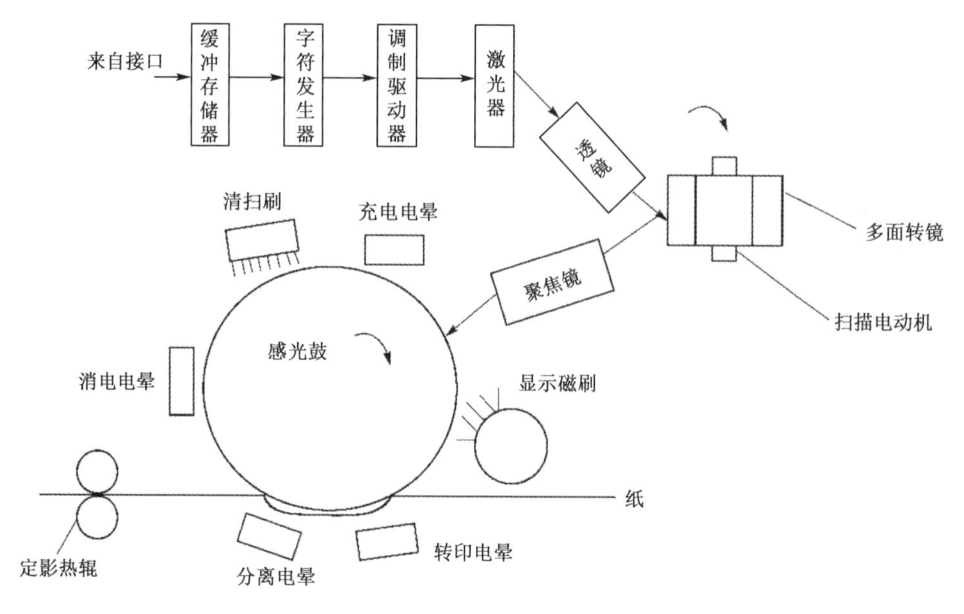

图 6-31　激光打印机的打印过程

2）曝光

主机输出的字符代码经接口送入激光打印机的缓冲存储器，通过字符发生器转换为字符点阵信息。调制驱动器在同步信号控制下，用字符点阵信息调制半导体激光器，使激光器发出载有字符信息的激光束。这种激光束是发散的，经透镜整形成为准直光束，并照射在多面转镜上，通过聚焦镜将反射光束聚焦成所需要的光点尺寸，然后光束沿感光鼓轴线方向匀速扫描成一条直线。

当充有电荷的鼓面转到激光束照射处时，便进行曝光。由于激光束已按字符点阵信息调制，使鼓面上不显示字符的部分被光照射。光照部位电阻下降，电荷消失，其他部位仍然保持静电荷，于是在鼓面形成一行静电潜像。转镜每转过一面，由同步信号控制重新调制激光束，并在旋转的鼓面上再次扫描，形成下一行静电潜像。

3）显影

当载有静电潜像的感光鼓面转到显影处时。磁刷中带相反电荷的墨粉便按鼓面上静电分布的情况，被吸附在鼓面带有电荷的部位，从而在鼓面显影成可见的字符墨粉图像。

4）转印

墨粉图像随鼓面转到转印处，在纸的背面用转印电晕放电，使纸面带上与墨粉极性相反的静电荷，于是墨粉靠静电吸引而黏附到纸上，完成图像的转印。

5）分离

在转印过程中，静电引力使纸紧贴鼓面。当感光鼓转至分离电晕处时，用电晕不断地向纸施放正、负电荷，消除纸与鼓面因正、负电荷所产生的相互吸引力，使纸离开鼓面。

6）定影

将分离后的纸送定影热辊。墨粉中含有树脂，纸接触到热辊时树脂被加热而熔化，使墨粉紧贴在纸上，同时使热辊挤压纸面。这样，经过热压处理，图像便牢牢地定影在纸上。

7）消电和清洁

完成转印后，感光鼓表面还留有残余的电荷和墨粉。当鼓面转到消电电晕处时，利用电晕向鼓面施放相反极性的电荷，使鼓面残留的电荷被中和掉。感光鼓再转到清扫刷处，刷去鼓面的残余墨粉。这样感光鼓便恢复到初始状态，又可开始一次新的打印过程。

6.4.5 3D 打印技术简介

3D 打印是一种快速成型的打印技术，以数字模型文件为基础，运用粉末状金属或塑料等可黏合材料，通过逐层打印的方式来构造物体。原理上，3D 打印与普通打印基本相同，打印机内装有黏合液体或粉末状金属、粉末状塑料、陶瓷颗粒等可黏合的打印材料，通过计算机控制，把打印材料一层层叠加起来，最终把数字模型变成实物。

1．发展历程

3D 打印出现在 20 世纪 90 年代中期，它是一种基于光固化和纸层叠等技术的新型快速成型方法。与普通打印类似，内装液体或粉末打印材料，在计算机的控制下把打印材料一层一层叠加起来，最终生成实物。这种特殊的、先进的打印技术被称为 3D 打印技术。

1986 年，Charles Hull 开发了第一台商业 3D 印刷机。

1993 年，美国麻省理工学院获 3D 印刷技术专利。

1995 年，美国 ZCorp 公司从麻省理工学院获得唯一授权并开始开发 3D 打印机。

2005 年，市场上第一台高清晰彩色 3D 打印机 Spectrum Z510 由 ZCorp 公司研制成功。

2010 年，世界上第一辆由 3D 打印机打印而成的汽车 Urbee 问世。

2011 年，发布了全球第一款 3D 打印的比基尼。

2011 年，英国研究人员开发出世界上第一台 3D 巧克力打印机。

2011 年，南安普敦大学的工程师们开发出世界上第一架 3D 打印飞机。

2012 年，苏格兰科学家利用人体细胞首次用 3D 打印机打印出人造肝脏组织。

2013 年，全球首次成功拍卖一款名为“ONO 之神”的 3D 打印艺术品；美国得克萨斯州奥斯汀的 3D 打印公司“固体概念”（Solid Concepts）设计制造出了 3D 打印的金属手枪。

2．打印原理

3D 打印技术也被称为“增材制造”或“累积制造”。“增材制造”的理念不同于传统的“去除型”制造。传统“去除型”数控制造一般是在原材料基础上，使用切割、磨削、腐蚀、熔融等办法，去除多余部分，得到零部件，再用拼装、焊接等方法组合成最终产品。3D 打印的“增材制造”与之截然不同，不需原胚和模具，就能直接根据数字模型数据，通过叠加材料的方法直接制造与数字模型完全一致的三维物理实体模型。

3D 打印实物的主要流程是：先运用计算机软件进行三维建模，再将建成的三维模型“分区”为逐层的截面数据（切片数据），模型切片以特定的文件格式保存在计算机中，以便指导 3D 打印机进行逐层打印。与计算机连接后，3D 打印机在计算机的控制下，根据模型文件的截面数据，用液体状、粉末状或片状的材料将这些截面逐层地打印出来，再将各层截面以各种方式黏合起来，从而“打印”出模型实体。

3D 打印机打出的截面厚度（Z 方向）以及平面方向（X-Y 方向）的分辨率是以 dpi 或者 μm 来计算的，一般的厚度为 100 μm。有时打印出来的实物弯曲表面比较粗糙（像计算机图像上的锯齿失真一样），如要获得更高分辨率的物品，可以先打印出稍大一点的物体，再经过表面轻微打磨，即可得到表面光滑的“高分辨率”实物。

3．发展趋势

3D 打印几乎可以造出任何形状的物品。过去这种技术经常在模具制造、工业设计等领域被用于制造模型，再根据模型制模进行大批量产品或零件生产。现在 3D 打印技术逐渐开始用于一些产品的直接制造，已经有使用这种技术直接打印而成的零部件。3D 打印技术可以简化产品的制造程序，缩短产品的研制周期，提高设计效率。

目前，3D 打印技术的主要打印材料为塑料，金属等其他打印材料由于价格昂贵和工艺复杂，使用得也比较少。因为受限于可使用的打印材料的种类，所以 3D 打印技术还无法应用于大批量高强度工业产品的工业化生产；同时，打印机本身的成本及打印材料费用都非常高，故 3D 打印机的普及化、家庭化在短期内也较难实现。如果未来的打印材料技术突破了目前的这些限制，那么 3D 打印技术及设备的发展和普及将更迅速。

习题 6

6-1　简要解释下列名词术语。

I/O 设备	并行传输	串行传输	扫描码
逐行扫描法	行列扫描法	像点（像素）	分辨率
灰度级	字符/数字方式	图形方式	

6-2　简要回答下列各题。

（1）举例说明一种实用的键码形成方法。

（2）简述 CRT 显示器由字符代码到字符点阵的转换过程。

（3）简述激光打印的基本原理。

（4）字符显示器为了实现同步控制，一般应设置哪几级同步计数器？

（5）图形显示器应设置哪几级同步计数器？

6-3　某 CRT 显示器作字符显示，能显示 64 种字符，每帧可显示最大容量为 25 行×64 字符，每个字符采用 7×8 点阵，即横向 7 点，纵向 8 点，则字符发生器的容量为多少？

6-4　某 CRT 显示器作字符显示，每帧可显示 25 行×80 列字符，每个字符采用横 7×纵 9 点阵，字符间横向间距 2 点，行间间距 5 点。则点计数器应如何分频？字符计数器应如何分频？线计数器应为如何分频？行计数器应如何分频？

6-5　某图形显示器的分辨率为 800×600 像素（横向×纵向），则同步计数器的点计数器应如何分频？字节计数器应如何分频？线计数器应如何分频？

6-6　在字符显示器与点阵针打中都有字符发生器，它们的主要区别是什么？

6-7　若将图形显示器的显示分辨率从 800×600 像素提高到 1024×1024 像素，那么应当在显示适配卡上采取哪些措施？

6-8　若将显示字符从 7×9 点阵放大为 14×18 点阵，请提出一种实现方案。

6-9　若将显示画面（字符型）自下而上地滚动，请提出一种实现方案。

6-10　若将显示字符 A 从屏幕左上角逐渐地移向屏幕右下角，请提出一种实现方案。

6-11　若让一个图形在屏幕上旋转，请提出一种实现方案。

参考文献

[1] DAVID A P, JOHN L H．计算机组成与设计[M]．4 版．康继昌，樊晓桠，安建峰等译．北京：机械工业出版社，2011.

[2] 袁春风．计算机组成与系统结构[M]．3 版．北京：清华大学出版社，2022.

[3] 包健．计算机组成原理与系统结构[M]．2 版．北京：高等教育出版社，2015.

[4] 王诚．计算机组成与设计[M]．北京：高等教育出版社，2011.

[5] 蒋本珊．计算机组成原理[M]．3 版．北京：清华大学出版社，2013.

[6] 唐朔飞．计算机组成原理[M]．2 版．北京：高等教育出版社，2008.

[7] 白中英，戴志涛．计算机组成原理[M]．5 版．北京：科学出版社，2013.

[8] 王爱英．计算机组成与结构[M]．5 版．北京：清华大学出版社，2013.

[9] 周明德．微型计算机系统原理及应用[M]．5 版．北京：清华大学出版社，2007.

[10] 李继灿．新编 16/32 位微型计算机原理及应用[M]．北京：清华大学出版社，2008.

[11] 百度百科.

[12] 维基百科.